The Penguin Dictionary of
CHEMISTRY
edited by D.W.A.Sharp

ペンギン
化学辞典

山崎 昶
[監訳]

朝倉書店

The Penguin Dictionary of
CHEMISTRY
Third Edition

edited by

David W.A. Sharp

Fifth Edition of Miall's Dictionary of Chemistry, copyright © Longman Group Ltd., 1981.
This adaptation copyright © Penguin Boks Ltd., 1983, 1990, 2003.
All rights reserved.
The moral rights of the author have been asserted.
The Penguin is a registered trademark of Penguin Books Ltd. and is being used under the license from Penguin Books Ltd.
Japanese translation rights arranged with Penguin Books Ltd., London through Tuttle-Mori Agency, Inc., Tokyo.

は じ め に

　この「化学辞典（Dictionary of Chemistry）」の新しい版は，化学のいろいろな分野で用いられているいろいろな用語や，重要な物質，化学操作法などについて簡明な説明を提供することを目的としている．利用者としては，高等学校から短期大学，さらには通常の大学の2年生ぐらいまでを想定していて，まだ専門課程に進んでいない学生・生徒諸君にも使ってもらえるようにと考えてつくった．また，ほかの分野の研究室や作業場などで，化学関連の事項をちょっと調べたくなったような場合にも，何とかお役に立てるようにと考えている．

　この前の版のペンギン化学辞典（第2版，1990）の刊行後，化学においては情報の爆発的な増加が起きた．その結果として，生物化学や固体物性論などの領域においても化学の重要性は著しく大きくなったのである．したがって，今回の改訂にあたってもこれらの分野に関連する記述を重点的に改訂することとした．しかし紙面の制限がある以上，完全を期すことは困難であり，不足している部分は M. Thain and M. Hickman 編の「Penguin Dictionary of Biology, 10th ed. (2001)」（日本語訳は太田次郎 監訳「現代生物化学辞典（1999）」講談社サイエンティフィク，ただし1つ前の第9版の訳である．なお現在は，2004年に11th ed. が刊行されている），V. Illingworth 編「Penguin Dictionary of Physics, 3rd ed. (2001)」などを参照されたい．このほかの一般的な参照文献としては，

　G. W. C. Kaye and T. H. Laby「Tables of Physical and Chemical Constants and Some Mathematical Functions (1911)」Longman

　「Handbook of Chemistry and Physics 89th ed. (2008)」CRC Press

　P. W. Atkins「Physical Chemistry 8th ed. (2006)」Oxford University Press（日本語訳は千原秀昭・中村亘男 訳「アトキンス物理化学第8版（上・下）(2009)」東京化学同人）

　F. A. Cotton, G. Wilkinson, C. A. Murillo and M. Bochmann「Advanced Inorganic Chemistry 6th ed. (1999)」Wiley-Interscience（日本語訳は中原勝儼 訳「コットン-ウィルキンソン無機化学（1987）」（ただし第4版の訳）培風館）

　「Organic Chemistry」（訳者記：どの書籍を指すか不明．以下のような書籍が考えられる）

はじめに

① Francis A. Carey and Richard J. Sundberg「Advanced Organic Chemistry：Part A/Part B 5th ed.（2007）」Springer.
② Michael B. Smith and Jerry March「March's Advanced Organic Chemistry 6th ed.（2007）」Wiley-Interscience（日本語訳は山本嘉則 訳「マーチ有機化学（2003）」丸善）.
「The Merck Index 14th ed.（2006）」Merck

などが挙げられる．薬剤や医薬品として開発された化合物に関する諸情報は，薬局方のような専門の情報源が存在するのであまり増補は行わなかったが，殺虫剤，除草剤そのほかの農業などについては時代に即した改訂を行った．もちろんこれに関してもふさわしい一覧リストやデータベースは存在している（訳書では巻末に一覧を掲載している）．

以前の版と同様，使用した命名法については利用者の目的にできるだけ合致するようにした．簡単な化合物については系統的な命名法をなるべく採用したが，これは時として非専門家にとっては不便きわまりない．しかし系統的命名法と構造と性質の間の関連性を考慮して，本文中の構造式は努めて減らした．無機化合物の誘導体はアルファベット順に配列した．たとえば「aluminium」「alminium, organic derivatives」「aluminium acetate」のような順となる（訳書では必ずしもこの通りにはなっていない）．

前版の執筆協力者各位には深甚の謝意を表したい．特に Dictionary of Chemistry を編集する際に多大の貢献をされた I. M. マイアル氏とその同僚各位には感謝の言葉もない．この辞典なくしては，このペンギン化学辞典が完成することはなかったであろう．今までの版と同様であるが，誤謬や脱漏はすべて編者たる自分の責任であり，忌憚ないご指摘を賜れるよう期待しているものである．

デーヴィッド W. A. シャープ
グラスゴー大学化学教室
グラスゴー，G12 8QQ
UK

編 集 者 紹 介

　本辞典の編集者であるシャープ教授（David William Arthur Sharp）は，南イングランドのフォークストンに 1931 年に生まれ，生地の Ashford Grammar School と Harvey Grammar School を卒業後，ケンブリッジ大学の Sidney Sussex College に進んだ．1957 年から 1961 年の間はロンドン大学のインペリアルカレッジ（Imperial College of Science and Technology）で講師を務め，その後 1965 年から 1967 年までスコットランドのグラスゴーにあるストラスクライド大学（University of Strathclyde）の化学の教授となった．1968 年にグラスゴー大学の化学の教授となり，その後 30 年間在職し，1997 年に名誉教授となった．著作は数多いが，なかでも歴史のあるマイアルの化学辞典（New Dictionary of Chemistry，Longman 社より刊行）の第 3 版から第 5 版までの執筆者であり，第 5 版では編集者となった．またペンギンの化学辞典では第 1 版から引き続き編集者の任にある．専攻分野はフッ素化合物の無機化学を中心としていて，内外の有名学術雑誌に発表した専門の論文や高名な著書も数多い．

安全について

　この辞典を利用されるすべての方々にお願いしたいのは，あらゆる化学薬品を扱うにあたっては，常に細心の注意が必要となるということです．この辞典の中でも，いくつかの重要なものについては有害な影響があるということを強調してありますが，その他の大部分のものでも，使い方次第では危険なものとなります．たとえば純粋な窒素や大過剰の水だって，時と場合次第では充分に致命的なものとなりうるのです．ですからどのような物質でも，専門の情報源から完全な保健，医療，毒性データが入手できない場合には軽々しく扱うべきではありません．中でも特に，気化した物質を吸い込んだり，皮膚に曝したり，呑み込んだり，眼に接触したりすることは何としても回避する必要があるのです．

凡　例

◆見出し語は**太字**（ゴチック）で示し，脇に原綴りを付した．

◆見出し語は原則として50音順に配列した．50音順配列にあたっては，濁音・半濁音，音引きは無視した．アルファベットはカタカナ読みとした（[例] A：エイ，B：ビ）．接頭辞（「*o*-アニシジン」，「2-アミノ安息香酸」などの"*o*-"，"2-"）の読みは無視した．「●●●の×××」などの項目は「●●●」の直後に置いた（[例]「亜鉛の化学的性質」は「亜鉛」の直後に置いた）．

◆人名などの固有名詞は，原語の発音に近いカタカナ表記とした（[例] Sandmeyer：○ザントマイヤー　×サンドマイヤー）．

◆見出し語および解説文中の用語に関連する項目がある場合には，矢印（→）で参照項目を示した．

◆巻末付録として，記号一覧表，原子団一覧表，接頭語一覧表，単位一覧表，略語・略記号一覧表，および農薬一覧表を付した．

◆索引は欧文索引のみとした．欧文の脇に日本語を付したので，英和辞典としても活用されたい．

アイアンバフ iron buff
　水和した酸化鉄(Ⅲ)．重要な黒色顔料．絹の染色，綿のカーキ染色，塗料，エナメルに用いられる．

アイシングラス isinglass
　→にべ

アイソタクチックポリマー isotactic polymers
　立体特異的なポリマー．例えば$\{CH_2CHR\}_n$において置換基を持ったすべての炭素原子の立体配置が同じで，仮想的な直鎖を考えた場合，すべての置換基が鎖の同じ側に位置するポリマー．立体特異的触媒を用いて重合させることにより作られる．→シンタクチックポリマー

アイソトポマー isotopomers
　例えばCH_4とCD_4のように同位体組成だけが異なる化学種．

アイソレプチック isoleptic
　$Fe(CO)_5$や$[Co(NH_3)_6]Cl_3$のようにリガンド(配位子)がすべて同じであること．

アインシュタインの光化学当量の法則
Einstein's law of photochemical equivalence
　光化学反応が起こるためには，反応物分子が光を吸収することが必要である．アインシュタインは反応する分子1個が光子を1個吸収することにより励起されると提唱した．しかし，一次反応に続いて二次的な反応が起こったり，分子が蛍光などによりエネルギーを放出したりするため，この法則を実験的に確かめるのは困難である．

アインスタイニウム einsteinium
　元素記号 Es．人工アクチニド元素，原子番号 99，原子量 ^{252}Es 252.08，融点 860℃，電子配置 [Rn]$5f^{11}7s^2$．^{253}Es(半減期 20 日)は Am，Pu，Cm に複数の中性子を照射することにより生成し，イオン交換クロマトグラフィーにより精製できる．現在のところ，これといった用途はまだない．

アインスタイニウムの化合物 einsteinium compounds
　$+2$，$+3$，$+4$ の酸化状態をとり，$+3$ 価の状態では典型的な 3 価のアクチニドとして振舞う．EsO_2，$EsCl_3$，$EsOCl$，EsI_2 が既知である．$EsBr_3$ を水素で還元すると $EsBr_2$ が生じる．

アーヴィング-ウィリアムス系列 Irving-Williams order
　一連の錯体の安定性は $Mn^{2+}<Fe^{2+}<Co^{2+}<Ni^{2+}<Cu^{2+}>Zn^{2+}$ の順序となる．これはアーヴィング-ウィリアムス系列といわれ，多くの配位子について成り立つ．

アヴォガドロ定数 Avogadro's constant (N_A, L)
　すべての純粋な物質は 1 モル中にこの数の粒子(原子または分子)を含んでいる．$L=6.022\times10^{23}$ mol^{-1}．ブラウン運動，電子電荷，α 粒子の計数などさまざまな方法で求められている．ドイツ語圏の文献ではロシュミット数と呼ばれていることが多いが，これは最初にこの値を計算で求めたオーストリアのロシュミット(J. J. Loschmidt)を記念したものである(なお，英語圏では通常の場合，「ロシュミット数」は単位体積あたりの理想気体分子の粒子数を指す用語として使われている)．なお，「アボガドロ定数」は古いシステムによる用語で，テキスト類はこちらの採用例が多い．

亜　鉛 zinc
　元素記号 Zn．金属元素，原子番号 30，原子量 65.39，融点 419.5℃，沸点 907℃，密度(ρ)$=7133$ kg/m^3($=7.133$ g/cm^3)，地殻存在比 75 ppm，電子配置 [Ar]$3d^{10}4s^2$．遷移元素．閃亜鉛鉱(ZnS)，菱亜鉛鉱(ZnCO$_3$)，珪亜鉛鉱(Zn$_2$SiO$_4$)，フランクリン鉄鉱(ZnFe$_2$O$_4$)として産する．焙焼により ZnO として抽出し，炭素によって還元して亜鉛を得る．単体金属は青味がかった白色で(変形した hcp 構造)，かなり硬くもろい．空気中で燃焼し，またハロゲンや硫黄の単体と直接化合する．赤熱すると水蒸気とも反応する．希酸や熱アルカリ溶液に溶ける．合金(真鍮，ハンダなど)，ダイキャスト，鋼鉄の被覆保護(メッキ)に用いられる．犠牲防食用電極に利用される．酸化亜鉛は別名を「亜鉛華」ともいうが，電池，塗料，ゴム，プラスチック，織物，不活性フィラー，電気部品に用

いられる．硫化亜鉛（ZnS）は蛍光性塗料，X線やテレビのスクリーン，蛍光灯に利用される．Zn^{2+} は炭酸脱水酵素（カルボニックアンヒドラーゼ），脱水素酵素（デヒドロゲナーゼ）や転写因子など多くの酵素タンパク質の活性部位に含まれる．

亜鉛の化学的性質 zinc chemistry

亜鉛は電気的に陽性な12族の遷移元素である（$E°\ Zn^{2+} \rightarrow Zn$. $-0.76\ V$，酸性溶液中）．ある種の融解物中では Zn^+ や Zn^{2+} が存在するが，それ以外の亜鉛化合物はすべて＋2価の状態である．通常，八面体または四面体の配位構造をとる．容易に（特に酸素や窒素を配位原子とする配位子と）錯体を形成する．

亜鉛の有機誘導体 zinc, organic derivatives

$RZnX$，R_2Zn．ジアルキル亜鉛やジアリール亜鉛は，金属亜鉛か，または亜鉛と銅の合金を有機ハロゲン化物とオートクレーブ中で 150℃ で反応させて得る．RLi，$RMgX$，R_2Hg を用いた製法もある．R_2Zn は空気により容易に酸化される．$TiCl_4$ とともにオレフィンの重合触媒として用いられる．合成中間体としても利用される．

亜鉛アマルガム zinc amalgam

Zn と Hg の固溶体．還元剤として用いられる．
→ジョーンズ還元器

亜鉛華 Chinese white

化学式 ZnO．→酸化亜鉛

亜鉛酸イオン zincates

$[Zn(OH)_4]^{2-}$，$[Zn(OH)_3H_2O]^-$ のようなイオン．Zn^{2+} の溶液に過剰の塩基を作用させると得られる．

亜鉛蒸気メッキ vapour galvanising
→亜鉛末含浸

亜塩素酸 chlorous acid

$HClO_2$．遊離酸は知られていないが，塩素酸（Ⅲ）塩，亜塩素酸塩はよく知られており，酸化剤や漂白剤に用いられている．

亜塩素酸塩 chlorites

$HClO_2$ の塩類．酸化剤，消毒剤．

亜塩素酸ナトリウム sodium chlorite

$NaClO_2$．塩素酸（Ⅲ）ナトリウムともいう．亜塩素酸塩の合成原料や浄水，漂白に用いられる．

亜鉛ハイドロサルファイト zinc dithionite (zinc hydrosulphite)
→亜二チオン酸亜鉛

亜鉛末含浸 sherardizing (vapour galvanising)

シェラダイジングともいう．あまりサイズの大きくない金属（鉄）製品を，亜鉛末とともに密閉容器中で亜鉛の融点よりやや低い温度に加熱し表面被覆を行うこと．

青写真法 ozalid process
→青焼紙

青写真用紙 blue print paper
→青焼紙

青焼紙 blue print paper

青写真用紙．$[Fe(CN)_6]^{3-}$ とクエン酸鉄（Ⅲ）あるいはシュウ酸鉄（Ⅲ）で含浸した感光性の紙．露光によって青色になる．水で洗うと定着する．ブラウンプリントペーパー（茶色に変色する）は金属（Pt, Pd, Au, Hg, Cu）塩と Fe（Ⅲ）を含有している．ジアゾ紙は光の作用でカップリングするアゾ化合物を含浸したもの．

アカシア acacia

アフリカ原産のマメ科ネムノキ亜科のアラビアゴムノキ（*Acacia senegal*）の分泌物を乾燥・粉末化したものを指す．アラビアゴム（gum acacia, gum arabic）を含む．

アキシャル axial
→コンフォメーション

アキラル achiral

ある化合物が光学活性でないとき，その分子をアキラルであるという．

アクアイオン aqua ions

水溶液中の水和金属イオンのこと．$[Co(H_2O)_6]^{2+}$ など，水和されている錯イオンにも用いられる．水和イオンはプロトンを失い，酸として作用することができる．例えば

$[Fe(H_2O)_6]^{3+} + H_2O$
$\rightarrow [Fe(H_2O)_5(OH)]^{2+} + H_3O^+$

以前はアクオイオン（アコイオン）と呼んだので，現在でもしばしばこの古い名称を目にすることがある．

アクア化 aquation

他の配位子を水分子で置換するプロセス．例えば

$[Co(NH_3)_4(H_2O)(NO_3)]^{2+}$
$\rightarrow [(Co(NH_3)_4(H_2O)_2]^{3+}$
などの水分子による錯形成プロセス．

アクオイオン aquo ions (aqua ions)
→アクアイオン

アークスペクトル arc spectrum

電気アークをかけて物質が励起されるときに放出する発光スペクトル．電気の火花から得られるものは閃光スペクトル（spark spectrum）という．

アクセプタ acceptor

電子不足の原子，分子あるいはイオンであって，電子供与体と配位結合を形成することのできるものをいう．したがって錯イオン[Co(NH$_3$)$_6$]$^{3+}$において，3価のコバルトイオンはアクセプタであり，アンモニアは電子供与体である．π-アクセプタは電子をπすなわちpまたはd軌道に受け取る分子や原子であって，例えば，金属-アルケン（オレフィン）錯体を形成する．

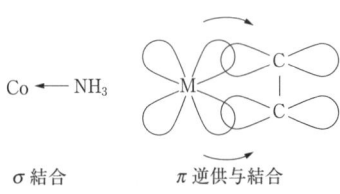

σ結合　　　π逆供与結合

また通常は酸素による酸化や水素による還元を受けないが，酸化や還元を行う物質の存在下で酸化または還元されうる物質のことも指す．

アクチニウム actinium

元素記号 Ac．放射性金属元素，原子番号89，原子量227.03（^{227}Ac），融点1051℃，沸点3198℃，密度（ρ）10060 kg/m^3（=10.06 g/cm^3），電子配置 [Rn]6d^{1}7s^2．天然にはウラン鉱中に微量成分として産出するが，分離は困難．最良の生成法はラジウムに中性子を照射するものである．イオン交換や溶媒抽出により他の化学種から分離する．最も安定な同位体^{227}Acは極めて放射性が高く（半減期が22年），金属は空気中で酸化されて青く発光する．金属アクチニウムはAcF$_3$をリチウム蒸気により1200℃で還元することにより生成され，銀白色を呈する．

アクチニウム化合物 actinium compounds

第3族の元素．放射性が高いため，単離されているアクチニウム化合物の数は極めて少ない．化合物中でアクチニウムは+3の酸化数を示し，ランタンに極めて類似した化合物を形成する．アクチニウム塩は無色．

アクチニド元素 actinides

アクチニウム，トリウム，プロトアクチニウム，ウラン，ネプツニウム，プルトニウム，アメリシウム，キュリウム，バークリウム，カリホルニウム，アインスタイニウム，フェルミウム，メンデレビウム，ノーベリウムおよびローレンシウムをまとめてアクチニド元素と呼ぶ．このうち原子番号の大きい元素は1つ上の周期のランタニド元素に類似した性質を示すようになる．原子番号が93以上のものは人工的に作られた元素で，ウランやその他の人工元素に中性子，α粒子，あるいは炭素，窒素などの重いイオンを照射することによって作り出されている．アクチニド元素では，5f殻が充填していくため，大まかにはその性質がランタニド元素と類似している．アクチニド元素のうち原子番号の小さい元素では，4f電子よりも5f電子の遮蔽が少なく，また5fと6dの両オービタル間のエネルギー間隔が小さいため，酸化数は4以上を示すことが普通である．原子番号の大きい元素ではランタニド元素と同様に+3の酸化状態が安定である．有機アクチニド錯体の多くは活性な水素添加触媒である．アクチニド元素はすべて放射性元素で，健康にさまざまな悪影響を及ぼす．放射性が高い元素を扱う際は，すべての処理をリモートコントロールで行い，元素に直接接触してはならない（訳者記：以前は89番のアクチニウムから103番のローレンシウムまでの15元素の総称は「アクチノイド」で，トリウムからあとの14元素の総称が「アクチニド」であったが，IUPACは1999年に15元素の総称として「ランタニド」，「アクチニド」の使用を認めることとなった．わが国のテキスト類は古いシステムのままで改訂されていない．海外では「ランタノイド」，「アクチノイド」はむしろ少数派であった）．

アクチニド後続元素 post-actinide elements

原子番号104番（ラザホージウム，ラザフォルディウム）以降の元素で，6d遷移系列の一

部（識者によってはローレンシウム以降としているこもある）．原子番号109までの元素（Rf, Db, Sg, Bh, Hs, Mt）が生成されており，また110, 111, 112番の原子も得られているが，まだ名称が確定していない（訳者記：その後110番元素はダルムスタチウム（Ds），111番元素はレントゲニウム（Rg），112番元素はコペルニシウム（Cn），となった．113番元素も発見されているが名称は未定（リケニウム？））．→周期表

アクチノイド元素　actinoids
89番のアクチニウムから103番のローレンシウムまでの15元素の総称としてIUPACから提案されたもの．ただし，ランタニドと同じように1999年以降はアクチニドの使用も許容されるようになった（化学では，"…oid"はアルカロイドやセルロイドなど，「…もどき」の意味で使われることがほとんどなので，その中にランタンやアクチニウムを含める使い方は評判が悪かったのである）．

アクチン　actin
筋肉を形成している主なタンパク質であり，真核細胞の重要な成分．さまざまな形がある．

アクトミオシン　actomyosin
筋肉における最も重要なタンパク質．カルシウムイオンの存在下でアクチンとミオシンから生成される．

アークトン　Arctons
→フレオン

アグリコン　aglycon(e)
配糖体（グリコシド）の中で炭水化物と結合している非糖質部分をいう．→グリコシド

アクリジン　acridine
$C_{13}H_9N$．無色の針状結晶．融点111℃．三環の複素芳香族．一連の染料の原料として用いられる．

アクリラン（商品名）　Acrilan
アクリロニトリルをベースに少量のビニルモノマーを加えて共重合して得た合成繊維．→アクリロニトリル

アクリルアミド　acrylamide, propenamide
$CH_2=CHCONH_2$．ポリマー原料として用いるほか，合成，染料，製紙，テキスタイル分野で使用されている．神経毒．ポリアクリルアミドは容易にゲル化し，電気泳動分離における媒体用ゲルとして頻用される．

アクリルアミドポリマー　acrylamide polymers
→ポリアクリルアミド

アクリル酸　acrylic acid (propenoic acid, vinylformic acid)
$C_3H_4O_2$．$CH_2=CHCOOH$．プロペン酸，ビニルギ酸．酢酸に類似の臭いを持つ無色液体．融点13℃，沸点141℃．プロピオンアルデヒドを湿った過酸化銀（AgO）で酸化するか，あるいは3-ヒドロキシプロピオニトリルを硫酸で処理して得る．常温で徐々に樹脂化する．現在では，重要なガラス様樹脂がアクリル酸メチルから製造されている（→アクリル樹脂）．アクリル酸自体も重合して重要なポリマーを生成する．→アクリル酸ポリマー

アクリル酸エチル　ethyl acrylate (ethyl propenoate)
$C_5H_8O_2$．$CH_2=CHC(O)OCH_2CH_3$．プロペン酸エチル．無色液体，沸点101℃．エチレンクロロヒドリンをシアン化ナトリウムで処理し生成した β-ヒドロキシプロピオニトリルをエタノールと硫酸とともに加熱して得る．放置すると無色の樹脂を形成する．合成樹脂の製造に用いられるが，これにはアクリル酸メチルエステルのほうがより多く使われる．

アクリル酸ポリマー　acrylic acid polymers
アクリル酸（$CH_2=CHCO_2H$）およびメタクリル酸（$CH_2=CMeCO_2H$）がフリーラジカル重合してできたポリマーであり，吸収性ポリマー，増粘剤，テキスタイル処理，ボーリング泥水添加剤，凝集剤，製紙工程に使用されるほか，例えばジビニルベンゼンなどと共重合することによりイオン交換樹脂としても用いられる．

アクリル酸メチル　methyl acrylate (methyl propenoate)
$C_4H_6O_2$．$CH_2=CHC(O)OCH_3$．系統名ではプ

ロペン酸メチル．無色液体．沸点80℃，水に不溶で有機溶媒に可溶．製法は，①エチレンクロロヒドリンをシアン化ナトリウムで処理し，生じたβ-ヒドロキシプロピオニトリルを，メタノール，硫酸とともに加熱する，②乳酸メチルから誘導される酢酸エステルの熱分解，③ニッケルカルボニルの存在下で，アセチレン，一酸化炭素，メタノールを反応させる方法がある．容易に重合して無色ゴム状のポリアクリル酸メチルを生成する．→アクリル樹脂

アクリル樹脂 acrylate resins and plastics

一般にポリマー状のアクリル酸メチル（methyl acrylate，プロペン酸メチル（methyl propenoate））およびポリマー状のメタクリル酸メチル（methyl methacrylate，2-メチルプロペン酸メチル（methyl 2-methylpropenoate））をいう．ポリマー状のアクリル酸メチルは主にエマルジョンの形で，テキスタイルや皮革製品の仕上げ，ラッカー，塗料，接着剤，および安全ガラスの中間層として用いられるほか，吸収性ポリマーとして使用されている．ポリマー状のメタクリル酸メチル（PMMA）は透明な固体材料（Perspex）となり，射出成型および押し出し成型で用いられている．場合によってはアクリロニトリルのポリマーや，ポリアクリル酸塩なども含めることがある．

アクリロニトリル acrylonitrile (propenenitrile, vinyl cyanide)

C_3H_3N，$CH_2=CHCN$．揮発性の液体．沸点78℃．エチレンシアノヒドリンの触媒による脱水，CuCl存在下でのアセチレンへのシアン化水素の付加，モリブデン系触媒を用いたプロペン，アンモニア，空気の反応により製造される．アクリロニトリルは非常に反応性が高く，重合や活性水素を有する化合物への付加反応（例えばシアノエチル化）を容易に起こす．重合体や共重合体は工業的に合成繊維として重要であり，熱可塑性組成物の成分としても用いられる．貯蔵穀物の害虫に対して有効な燻蒸剤（ポストハーベスト農薬）である．

アクリロニトリルポリマー acrylonitrile polymers

→ポリアクリロニトリル

亜クロム酸塩 chromite

クロム鉄鉱と同様，形式的に$[CrO_2]^-$陰イオンを含む複合酸化物．磁性材料．電子材料などに用いられている．

亜クロム酸銅 copper chromite

混合酸化物で，ときにはBa^{2+}を添加して，ケトンやエステルをアルコールに還元するための触媒として用いられる．

アクロレイン acrolein (propenal, acrylaldehyde, vinyl aldehyde)

$C_3H_4O_2$，$CH_2=CHCHO$．系統的命名ならばプロペナール．アクリルアルデヒド，ビニルアルデヒドなどと呼ばれることもある．特徴的な臭気を持つ無色揮発性液体．蒸気は有毒で目や鼻に強い刺激を与える．沸点53℃．グリセリン，硫酸カリウム，硫酸水素カリウムの混合物を蒸留することにより得られる．プロピレンの直接酸化またはアセトアルデヒド（エタナール）とホルムアルデヒド（メタナール）の交差縮合によっても得られる．太陽光に晒すと，白色の不溶性樹脂であるディサクリルに変化する．空気により酸化されてアクリル酸を生じるが，この生成は少量のヒドロキノンを加えると阻害される．臭素と反応すると二臭化物を生じ，これを水酸化バリウムで処理するとDL-フルクトースが得られる．脂肪を燃やしたときの刺激性の臭気は微量のプロペナールによる．メチオニンの製造や，制御された重合反応によるアクロレインポリマーの製造，香料の合成に用いられる．

アクロレインポリマー acrolein polymers (propenal polymers)

$CH_2=CHCHO$のポリマー．一般にフリーラジカル重合によって製造する．通常，ビニル基が重合し，アルデヒド基はアセタールとして存在する．強塩基を用いて重合すると，カルボニル基の部分での重合が生じる．アクロレインポリマーは化学的に修飾することができ，増粘剤や保護コロイドとして用いられる．プラスチックやラッカーにも使用されている．

アゴスティック agostic

電子不足の金属原子と，隣接するC-H基（あるいはSi-H基のこともある）との間に生じる相互作用．

アゴニスト agonist

生理系を活性化する分子（物質）．アンタゴ

ニストは系を遮断する．

アコニット酸 aconitic acid
$C_6H_6O_6$, $trans$-(HO)OCCH=C(COOH)CH_2COOH．クエン酸を50％の硫酸で脱水することによって生成する．

アザクラウンエーテル aza crown ethers
環に窒素原子を有するクラウンエーテル．

亜酸化窒素 nitrous oxide
N_2O．→窒素の酸化物

アジ化水素酸 hydrazoic acid (azoimide)
HN_3，NNNH．アゾイミド．融点$-80℃$，沸点$37℃$．アジ化ナトリウムと酸，または$(N_2H_5)^+$と亜硝酸HNO_2から得る．重金属の塩（アジド）は起爆剤として用いられる．アルカリ金属の塩は安定で，有機合成試薬として利用される．

アジ化ナトリウム sodium azide
NaN_3．自動車のエアバッグに用いる窒素ガスの発生源として用いる．→アジド

アジ化鉛 lead azide
以前は窒化鉛とも呼んだ．$Pb(N_3)_2$．酢酸鉛（II）とアジ化ナトリウムの複分解反応で作られる．起爆剤．以前は自動車のエアバッグに用いられた．

アシッドエッグ acid egg
腐食性の高い液体を取り扱うための耐酸耐圧容器．耐腐食性の容器に入れられた液体を，圧縮空気によってデリバリーラインへと送り出す．

アシッドオイル acid oil
①クラッキングによるガソリン製造の際に得られるフェノール誘導体のアルカリ抽出物．クレジル酸と総称される置換フェノール類が主成分である．
②原文では原油の精製のみだが，現在では油脂一般（植物油・食用油なども対象となっている）からのアルカリ抽出物を指す．

アジド（アジ化物） azides
アジ化水素酸，HN_3の誘導体．重金属アジド（多くは水に不溶性）は極めて爆発性が高く，雷管に用いられている．アルカリアジド，例えばNaN_3（$NaNH_2$とN_2Oから生成）は安定であるが，加熱により例えばNaとN_2に分解する．アジドイオンは良好な錯化剤である．アジドイオンは直線形であり，有機アジドは一般に比較的安定である．

アジドジチオカルボネート azidodithiocarbonates
$SCSN_3$基を含有する化合物．擬ハロゲン化物．

アジドチミジン azidothymidine (AZT)
HIVに対して用いられる抗ウイルス薬．

アジピン酸 adipic acid, hexane-1,6-dioic acid
ヘキサン-1,6-二酸 $C_6H_{10}O_4$，(H)(O)OC(CH$_2$)$_4$COOH．融点$153℃$．ビート（甜菜）の搾汁に含まれる．シクロヘキサノールまたはシクロヘキサンを空気あるいは硝酸により酸化するか，またはベンゼンからフェノールおよびシクロヘキサノンを経て合成する．カルシウム塩を蒸留するとシクロペンタノンが得られる．ジアミンと長鎖ポリマーを形成し，ナイロンの製造に幅広く用いられている．また可塑剤やビニルプラスチック，ウレタンプラスチックの製造原料にも使用されている．

アジポニトリル adiponitrile (1,4-dicyanobutane)
$C_6H_8N_2$．1,4-ジシアノブタン．1,4-ジクロロブタンとシアン化ナトリウムより生成する．ナイロンの製造に用いられるが，内分泌腺や交感神経終末にも存在する．

亜硝酸 nitrous acid
→窒素の酸素酸

亜硝酸アンモニウム ammonium nitrite
NH_4NO_2．NH_3の部分酸化または$Ba(NO_2)_2$と$(NH_4)_2SO_4$から作られる黄色固体．加熱により分解し，N_2とH_2Oとを生成する．純窒素の調製原料にも使われる．

亜硝酸エステル nitrites
亜硝酸エステルは酸素原子で結合した有機化合物 RONO．

亜硝酸塩 nitrites
[NO_2]$^-$イオンを含む亜硝酸の塩．金属の錯体（ニトリト錯体）は酸素原子で金属と結合したものをいう．アルカリ金属の亜硝酸塩は保存料として用いられる．

亜硝酸カリウム potassium nitrite
KNO_2．融点$440℃$．KNO_3の熱分解，あるいはKNO_3と金属鉛から作られる．ジアゾ化

に用いられる.

亜硝酸ナトリウム　sodium nitrite
$NaNO_2$. 硝酸ナトリウムを金属鉛で還元するか, 熱分解すると得られる. 融点271℃, 320℃で分解する. 用途は色素原料, 腐食防止剤, 肉の保存剤など.

アシリウムイオン　acylium ions
$RC\equiv O^+$. フリーデル-クラフツ反応をはじめとするさまざまな反応における中間体.

アジリジン　aziridine
→エチレンイミン

アシル化　acylation
分子にアシル (RCO-) 基を導入する化学反応であって, 通常, 例えば -OH 基などの活性水素をアシル基で置換することによって行われる.

アシル基　acyl
カルボン酸から -OH 基を除いた残りの部分である. 有機酸基の一般名. 例えば塩化アセチル (エタノイル) acetyl chloride (ethanoyl chloride) CH_3COCl は酢酸 CH_3COOH から作られる塩化アシルである. 各アシル基の名称は英名の -ic を -yl に代えることによって作られる.

アシロイン　acyloins
RCOCHR'OH 型の 1,2-ケトアルコール.
→アセトイン, ベンゾイン

アシロイン縮合　acyloin condensation
エステル2分子を金属ナトリウムで縮合することにより, アシロイン (多くは環状) を生成すること.

アジン　azines
C=N-N=C 基を含有する化合物. カルボニル化合物とヒドラジンから生成する. 複数の N_2 基を含む化合物やアジン染料に使用される.

アスコルビン酸　ascorbic acid (Vitamin C)
$C_6H_8O_6$. ビタミンC. 融点 190～192℃. 3-オキソ-L-グルコフラノラクトンのエノール型. グルコースから合成することができるが, ローズヒップ, ブラックカーラント, そのほか植物 (柑橘類の果物など) から抽出することもできる. 容易に酸化されるので抗酸化剤, 抗菌剤である. コラーゲン, 細胞間質, 骨, 歯を形成する上で, また傷の治癒に欠くことができない. アルカリ溶液に加えて, 写真現像剤として使用

されることもある.

L-アスコルビン酸

亜スズ (錫) 酸塩　stannite
SnO_2^{2-} を含む塩類.

アスタチン　astatine
元素記号は At. 放射性のハロゲン元素. 原子番号85, 原子量 ^{210}At 209.99. 融点302℃, 地殻存在量は微量, 電子配置 $[Xe]5d^{10}6s^26p^5$. 自然放射性崩壊系列中で生成するが, ^{209}Bi の α 線照射により形成される ^{211}At について研究がなされている. 17族の元素. 確立されている酸化状態には -1 (SO_2 や Zn により還元されて生じる At^-, 不溶性の AgAt), +1 (At^- 水溶液の Br_2 か Fe^{3+} による酸化で得られる $[AtO]^-$, あるいは $[Atpy_2]^+$ など), および +5 ($[AtO]^-$ の次亜塩素酸塩 ClO^- や過二硫酸塩 $[S_2O_8]^{2-}$ による酸化で得られる $[AtO_3]^-$) がある.

アスパラギン　asparagine (2-aminosuccinamic acid)
$C_4H_8N_2O$, $H_2NCOCH_2CH(NH_2)COOH$. 2-アミノスクシンアミド酸. 融点 234～235℃. アミノ酸. 加水分解してアスパラギン酸になる. L-アスパラギンはルピナスの苗から得られる. DL-アスパラギンはアンモニアと無水マレイン酸から合成される. L-アスパラギンは植物界に極めて広く分布しており, マメ科 *Leguminosae*, イネ科 *Gramineae* の植物すべてに見られるほか, その他の植物の種子, 根, および芽にみられる.

アスパラギン酸　aspartic acid (aminosuccinic acid)
$C_4H_7NO_4$・$HO_2CCH_2CH(NH_2)CO_2H$. アミノコハク酸. 融点271℃. 天然に産出するものはL-アスパラギン酸である. タンパク質の加水分解により得られるアミノ酸の1つ. 分散剤に用いるほか, アスパルテームの原料に使用されている.

アスパルテーム　aspartame

アスパラギン酸とフェニルアラニンからなるジペプチドのメチルエステル H$_2$NCH(CH$_2$CO$_2$H)-CONH-CH(CH$_2$ph)-COOMe で，人工甘味料として使用されている．

アスピリン aspirin (2-O-acetylsalicylic acid, 2-acetoxylbenzoic acid)

2-アセトキシ安息香酸 (2-O-アセチルサリチル酸)．C$_9$H$_8$O$_4$．無色結晶．融点 135～138℃．無水酢酸をサリチル酸に作用させて作る．酸または塩は錠剤の形で鎮痛，解熱剤として広く使用されている．ほかにも多くの有用な医療効果を有する．

アスファルテン asphaltenes

主に高濃度の芳香族環状構造からなる，高分子量の化合物．飽和炭化水素溶媒や芳香族を除去したミネラルスピリットにより瀝青（ビチューメン）から沈殿させて得る．マルテンも同様の物質だが，アスファルテンよりも分子量が低く，可溶性が高い．

アスファルト asphalt

英国では，アスファルトとは一般に瀝青（ビチューメン）と鉱物質材料がある割合で混ざっている天然の混合物（例えばロックアスファルト）を指す．または瀝青と骨材，砂および充填材を人工的に混合したもの（例えばホットロールドアスファルト）をいう．米国などの諸国でいう「アスファルト」は，英国で瀝青（ビチューメン）と呼んでいる物質そのもの（混合材料を含まない）を指している．

アスファルトエマルジョン asphalt emulsions
→瀝青

アスファルト鉱 asphaltites

天然に産出する，高純度の固い瀝青．不純物としての鉱物分がわずか 1～2% である．

アスファルト除去操作 deasphalting

石油残渣油を向流カラム中で液体プロパンなどの軽い溶媒で処理する．単一溶媒沈殿法．アスファルテンが沈殿し，高品質の潤滑油原料（ブライトストック）がプロパンに溶解するが，これは溶媒抽出などによりさらに精製される．

アスファルト性瀝青 asphaltic bitumen
→瀝青

アスファルトプラスチック bituminous plastics

アスファルト性瀝青，コールタールピッチ，石油蒸留残渣などの混合物．熱可塑性成型材料，フロアリング組成物として用いられている．

アスベスト asbestos

鎖状に結合した SiO$_4$ 基を含む，さまざまな繊維状の多種類のケイ酸塩鉱物．石綿（いしわたとも読む）．最も重要なものは繊維状の角閃石（透角閃石（トレモライト），青石綿（クロシドライト））と繊維状のタルクや粘土鉱物（温石綿（クリソタイル），蛇紋石（アンチゴライト），カミングトン閃石（カミントナイト），グリュネル閃石（アモサイト，茶色），直閃石（アントフィライト））である．繊維は紡績し織布として，断熱材や絶縁材として，あるいは耐火布として用いられている．以前はアスベストセメント建材にバインダーとして，また沪過に用いられていた．アスベストは現在他の繊維材料に置き換えられている．アスベスト繊維を吸い込むことにより，極めて重篤な肺疾患である石綿肺（中皮腫など）をひき起こすことがあり，昨今問題となっている．

アズレン azulene

C$_{10}$H$_8$．ナフタレン臭を持つ，青紫色の結晶性固体．ナフタレンの異性体でもある．融点 99℃．「アズレン」という総称は最初さまざまなエッセンシャルオイルを蒸留，酸化，あるいは酸処理して得た青い油に対して与えられた．これらの青色は通常，グアイアズレン（グアヤズレン）またはベチバズレンが存在するためである．アズレン本体はシクロペンタノシクロヘプタノールの脱水素，あるいはシクロペンタジエンをグルタコンジアルデヒドアニルと縮合することによって合成できる．アズレンは芳香族化合物で1位で置換反応を行う．270℃で異性体のナフタレンに転換する．

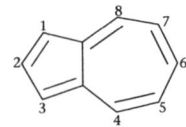

アゼオトロープ azeotrope, constant-boiling mixture

多くの混合物を蒸留する際に得られた，液相組成と気相組成が等しくなっている混合物．こ

のような混合物を蒸留しても組成が変化しないが，圧力を変化させると，両相の組成が違ってくるから，化合物ではなく混合物である．→共沸混合物，共沸蒸留

アセタール acetal

$C_6H_{14}O_2$，$CH_3CH(OEt)_2$．アセトアルデヒドジエチルアセタールの慣用名．心地よい香りを持つ液体．沸点 104～105℃．アセトアルデヒドとエタノールを HCl などの触媒の存在下で混合することによって，または C_2H_2 を触媒の存在下でエタノール中に通すことによって生成する．

アセタール樹脂 acetal resin

→アルデヒドポリマー

アセタール類 acetals

アルデヒドとアルコールの縮合で生じる $RCH(OR'_2)_2$ の一般式で表される一連の化合物．もっと広義の場合には，一般式 $R_3R_4C(OR_1)(OR_2)$ で表される化合物，すなわちアルデヒドだけではなくケトンのカルボニル基とアルコールとから脱水縮合反応で生成したものを意味する．溶媒として有用なものもいくつかある．

アゼチジン azetidine

トリメチレンイミン．$\underline{CH_2CH_2CH_2NH}$．無色液体．沸点 61℃．アンモニア臭があり，極性溶媒に可溶．アゼチジン-2-カルボン酸は，ドイツスズランの葉から単離されたが，メチオニンからも生合成により得られている．縮合アゼチジン環はペニシリンの構造に見られる．

アセチリド acetylides

C_2^{2-} または C_2R^- 種を含む炭化物．より電気的に陽性の元素（例えば K，Ca，Al など）や遷移元素（例えば Cu，Ag，Au など）によって生成する．加水分解によりアセチレンになる．遷移金属アセチリドのほとんどは爆発性を有する．アルキンを末端に有する RC≡CH の金属誘導体もアセチリドである．アセチリド錯体（例えば $[M(C\equiv CR)_n]^{x-}$）を形成する遷移金属はしばしば低い酸化状態を示す．

アセチルアセトン acetylacetone (pentan-2,4-dione), Hacac

$C_5H_8O_2$，$CH_3COCH_2COCH_3$．ペンタン-2,4-ジオン．エノール性を有する β-ジケトン．エノラートイオン acac$^-$（→エノール）は多くの金属と安定な錯体を形成する．例えばトリス（アセチルアセトナト）鉄（Ⅲ），Fe(acac)$_3$ など．金属誘導体は一般に有機溶媒に可溶で，かなり揮発性の高いものも多い．これらは溶媒抽出や質量分析で用いられる．アセチルアセトンはワニスの乾燥剤として用いられている．アセチルアセトンの誘導体，例えばトリフルオロアセチルアセトン（$CF_3COCH_2COCH_3$），ベンゾイルトリフルオロアセトン（$C_6H_5COCH_2COCF_3$），およびテノイルトリフルオロアセチルアセトン $C_4H_3S\text{-}COCH_2COCF_3$ はとりわけ安定な誘導体を形成する．

アセチルアセトン錯体 acetylacetonates

アセチルアセトンの金属誘導体で，一般に，図示した原子群（Macac）を含む．ここで環を作っている原子には若干電子の非局在化が見られる．金属に結合するアセチルアセトナト配位子の数は 1～4 までの値をとりうる（一部の金属では，活性メチレン部分の炭素原子に直接金属が結合することもある）．

$$\begin{array}{c} R' \\ R''C \\ R''' \end{array} \begin{array}{c} C-O \\ \diagdown \\ C-O \end{array} M$$

アセチルエチレングリコールモノエチルエーテル ethylene glycol monoethyl ether acetate (Cellosolve acetate)

$C_6H_{12}O_3$，$CH_3CH_2OCH_2CH_2O(O)CCH_3$．セロソルブアセテート，アセチルエチルセロソルブ．快いエーテル様の臭気を持つ無色液体．沸点 156℃．エチレングリコールモノエチルエーテルと酢酸を加熱して得る．ニトロセルロースラッカーの溶剤として用いられる．

アセチル化 acetylation (ethanoylation)

IUPAC 方式ならばエタノイル化となる．例えば -OH，-NH$_2$ あるいは -SH 基などを含有する有機化合物にアセチル基を導入する操作．これは有機化合物を無水酢酸や塩化アセチルとともに通常ベンゼンなどの不活性溶媒の存在下で加熱することによって行われる．多くの場合，塩化亜鉛あるいはピリジンなどが，反応を促進するために用いられる．

アセチルCoA acetyl CoA (acetyl coenzyme A)

代謝や生合成において欠くことのできない重要性を持つ反応性チオエステル．神経刺激伝達物質でもある．アセチルコエンザイム A はクエン酸回路 (citric acid cycle) における重要な物質である．また例えばアセチルコリンの生成などでは，アセチル化剤としても作用する．三大生合成経路で有用な役割を果たしている．ニッケル，銅，鉄原子を含有している．

アセチルコエンザイム A acetyl coenzyme A
→アセチル CoA

アセチルコリン acetylcholine

$C_7H_{17}NO_3$，$[(CH_3)_3N^+CH_2CH_2O(O)CCH_3]$ $(OH)^-$．両性イオン．末梢神経系および中枢神経系における神経刺激伝達物質．

アセチルサリチル酸 acetylsalicylic acid
→アスピリン

アセチレン acetylene (ethyne)

C_2H_2, $HC≡CH$．無色の気体で，純粋なものにはかすかな芳香がある．融点 $-84.7℃$, 沸点 $-80.7℃$．

空気との混合物の爆発限界が極めて広い（体積比で 2.3〜80%）が，液体状態でも，また空気が存在しない純気体でも 2 気圧以上の条件下では爆発性を示す．貯蔵や輸送は，鋼鉄製のボンベ中にケイ藻土のような多孔質の媒体を封入し，この中にアセトンを満たしてこれに吸収させた形で行う．

最初にアセチレンを工業的に生産するために用いられた方法は，炭化カルシウム（カーバイド）と水との反応であった．現在では低級の飽和炭化水素の水蒸気存在下での熱分解や，天然ガス（メタン）の部分的酸化，電気アークを利用した炭化水素のクラッキングなどの方法が採用されている．

アセチレンは極めて広範囲の化学製品の出発物質となっている．中でも重要なものとしてはアクリロニトリル，塩化ビニル，酢酸ビニル，アセトアルデヒド，酢酸，トリクロロエチレンやペルクロロエチレン，ネオプレン，ポリビニルアルコールなどが挙げられる．ビニル化，エチニル化，カルボニル化，オリゴマー形成，レッペ反応などのいろいろなプロセスを駆使すると，多種多様の有機化学製品が安価に合成可能となる．酸素と混合して燃焼させると高熱を発生させることができるので，酸素アセチレン炎（溶接用）も広く用いられている．ポリアセチレンは Br_2 や I_2 をドープすることで導電性のポリマーとなる.

末端部に三重結合を有するアセチレン系の炭化水素（アルキン）において，三重結合炭素に直接結合しているプロトンは，十分に強力な塩基によって交換可能となっている．例えばナトリウムアミド $NaNH_2$ との反応では $RC≡CNa$ が生じるし，グリニャール試薬 $R'MgX$ との反応では $RC≡CMgX$ が生じる．アセチレンの場合には両方のプロトンが同じように反応する．他のいろいろな金属イオンもアセチリドと呼ばれる塩類を形成するが，多くは刺激に敏感な固体である．だがこれは純粋なアセチレン誘導体の調製にも用いられる．例えば銀のアセチリド $AgCCH$ は白色の固体で，ショックで爆発する性質を持っているが，薄い無機酸で分解すると純粋なアセチレンを放出する．

アセチレン錯体 acetylene complexes

アルケン錯体に類似の配位化合物．

アセチレンジカルボン酸 acetylene dicarboxylic acid

$HOOCC≡CCOOH$．ジメチルエステルは強力な催涙剤である．→アセチレンジカルボン酸ジメチルエステル

アセチレンジカルボン酸ジメチルエステル
dimethyl acetylenedicarboxylate

$C_6H_6O_4$, $CH_3O(O)CC≡CC(O)OCH_3$．催涙性の液体, 沸点 195〜198℃．ディールス-アルダー反応の親ジエン試薬として広く用いられる．

アセチレンブラック acetylene black (cuprene)

アセチレン（エチン）の熱分解により生成するカーボンブラックの一種．

アセチン acetins

グリセロール（グリセリン）の酢酸エステル．5 種類の酢酸エステル，すなわち 2 種類のモノエステル，2 種類のジエステル，および 1 種類のトリエステルが存在する．市販のアセチンはさまざまな酢酸エステルが混合したもので，無色，あるいはわずかに茶色を帯びたシロップ状の液体となっている．グリセロール，酢酸および硫酸から製造する．

モノアセチンには主に 1-アセテート（$CH_2(OH)CH(OH)CH_2OC(O)CH_3$）が含まれる．紙袋の印刷に用いられる染料用の溶媒として利用されている．

ジアセチンには主に 1,3-ジアセテート（$CH_2C(O)OCH_2CH(OH)CH_2OC(O)CH_3$）が含まれる．アセチルセルロースラッカーの可塑剤や塩基性染料の溶媒として用いられる．

トリアセチンは約 90% のグリセロールトリアセテートと 10% のジアセテートを含む．ラッカーの可塑剤，ゴムや樹脂の溶媒，香水の定着剤として用いられている．

アセテート繊維 acetate fibres
→酢酸セルロース系プラスチック

アセトアニリド acetanilide
C_8H_9NO，$C_6H_5NHCOCH_3$．融点 114℃ の白色結晶．アニリンと過剰の酢酸または無水酢酸を反応させて製造する．主に染料中間体やゴムの製造に用いられるほか，過酸化物の安定剤としても使用される．加水分解されてアニリンとなる（以前は解熱剤（アンチフェブリン）として用いられたこともある．現在汎用されるアセトアミノフェン（パラセタモール）はアセトアニリドのパラ位に -OH 基が導入されたものである）．

アセトアミド acetamide（ethanamide）
系統的命名ではエタンアミド．CH_3CONH_2．長針状の無色結晶であるが，吸湿しやすく容易に粘稠な液体となってしまう．粗製品はネズミのような強い臭気を持っている．融点 82℃，沸点 111℃．酢酸アンモニウムを乾留するか，アンモニアと酢酸エチルの反応で得られる．弱い塩基性を示す．樹脂類の溶媒や可溶化剤として用いられる．

アセトアルデヒド acetaldehyde（ethanal）
CH_3CHO．系統的命名法ではエタナール．無色の液体で，特徴ある臭気を示す．沸点 20.8℃．水，アルコール，エーテルと自由に混合可能であるが，濃厚塩化カルシウム水溶液には不溶．製造法としては，エタノール蒸気の触媒上での酸化（脱水素）反応によるか，ブタン蒸気の気相酸化（この場合，メタノールやホルムアルデヒドが副成する），あるいはエチレンを塩化銅（Ⅱ）/塩化パラジウム（Ⅱ）混合系で空気酸化する（ワッカー法）などの方法がある．実験室で少量を調製するには，エタノールをクロム酸混液（二クロム酸カリウムと濃硫酸の混合液）に滴下する．酸化されると酢酸になり，還元されるとエタノールに変化する．重合するとパラアルデヒド（三量体）やメタアルデヒド（四〜六量体）に変化する．これらをアルカリと加熱すると褐色のアルデヒド樹脂を形成する．2 分子のアセトアルデヒドが縮合するとアルドールとなる．アセトアルデヒドは，3 種類の重要な物質，すなわち酢酸，無水酢酸，n-ブタノールの工業的合成における重要な原料で，生産量の大部分はこれらの原料として消費されている．このほかにアセトアルデヒドは 2-エチルヘキシルアルコールやペンタエリスリトール，クロラール，さらに種々の染料などの合成原料としても重要である．

アセトアルデヒドジアセタート acetaldehyde diethanoate（ethylidene diacetate, ethanal diacetate）
$CH_3CH(OCOCH_3)_2$．→二エタン酸エタナール

アセトイン acetoin（3-hydroxy-2-butanone）
$C_4H_8O_2$，$CH_3CH(OH)COCH_3$．3-ヒドロキシ-2-ブタノン．融点 15℃，沸点 148℃．化粧品業界では昔風の命名システムでの「アセチルメチルカルビノール」が今でも用いられている．プロピレングリコールやブチレングリコールに細菌を作用させて得るほか，アセトアルデヒドからは酵母の作用により製造する．ジアセチル（2,3-ブタンジオン）を還元することによっても得られる．蒸留によりジアセチルとなる．

アセトキシ基 acetoxy
CH_3COO- で表される基．よく AcO- と略される．

アセト酢酸 acetoacetic acid（acetonemonocarboxylic acid, 3-oxobutanoic acid）
CH_3COCH_2COOH．アセトンモノカルボン酸，3-オキソブタン酸．無色，強い酸性を示すシロップ状液体．不安定で，100℃ 以下で脱炭酸反応を起こし，アセトンと二酸化炭素に分解する．アセト酢酸エチルを加水分解して製造する．

アセト酢酸エステル acetoacetic ester
アセト酢酸エチルの通称．

アセト酢酸エチル ethyl acetoacetate (acetoacetic ester, ethyl 3-oxobutanoate)

$CH_3COCH_2C(O)OC_2H_5 \rightleftharpoons CH_3C(OH)=CHC(O)OC_2H_5$. 3-オキソブタン酸エチル. 快い臭気を持つ流動性の大きい無色液体, 沸点 181～182℃. ナトリウムまたはナトリウムエトキシドを酢酸エチルに作用させて得る. ケト－エノール互変異性の古典的な例で, 通常, 93%がケト型, 7%がエノール型で存在する. 両者の比は温度や溶媒に依存する. 石英またはパイレックス容器を用いて蒸留するとケト体とエノール体が分離できる. 純粋な異性体を放置すると元の平衡混合物に戻る. ナトリウムまたは他の金属と塩を形成し, その構造は $CH_3C(ONa)=CHC(O)OC_2H_5$. この塩はハロゲン化アルキル RX と反応し, アルキル置換アセト酢酸エステル $CH_3COCHRC(O)OC_2H_5$ を与える. この生成物もナトリウム塩を形成し, 同様にハロゲン化アルキルと反応し, ジアルキルエステルを生じる. アセト酢酸エチルやそのアルキル誘導体は強アルカリと反応して酢酸またはアルキル酢酸を与える. 多くの窒素化合物と反応して含窒素環状化合物を与える. 例えば尿素との反応ではウラシルが得られ, ヒドラジンとの反応ではメチルピラゾールを与える. 長時間煮沸すると分解してアルコールが脱離しデヒドロ酢酸が生成する. 合成に広く用いられる.

アセトニトリル acetonitrile (methyl cyanide, ethanenitrile)

別名シアン化メチル. CH_3CN. 系統的命名によればエタンニトリル. 有毒な液体. 沸点 82℃. アセチレンとアンモニアをアルミナ触媒上 600℃ で反応させるか, あるいはアセトアミドの脱水により生成する. 無機化合物および有機化合物を溶解する溶媒として幅広く用いられている. 例えばイオン反応などに, 特に高誘電率の非水性極性溶媒が求められるときに有用である.

アセトニルアセトン acetonylacetone
→ヘキサン-2,5-ジオン

アセトニル基 acetonyl
CH_3COCH_2- で表される基.

アセトフェノン acetophenone
C_8H_8O, $PhCOCH_3$. IUPAC 方式ではフェニルエタノン. 無色の板状結晶. 融点 20℃. 苦扁桃（ビターアーモンド）に似た臭いを持つ. 塩化アセチルか無水酢酸を塩化アルミニウムの存在下でベンゼンに反応させる（フリーデル－クラフツアシル化）ことで生じる. 典型的な芳香族ケトン. セルロースエーテルの溶媒や菓子類の芳香づけに用いられるほか, 重合触媒としても使用される.

アセトリシス acetolysis

有機化合物からアセチル基を除去するプロセス. 通常アセチル化合物をアルカリ水溶液またはアルコール溶液とともに加熱し, アセチル基を酢酸として除去することによって行われる.

アセトール acetol

$C_3H_6O_2$. ヒドロキシアセトン, アセトンアルコール, メチルケトールなどの別名もある. ラクトアルデヒドを常圧で蒸留すると転位してアセトールが得られる. 水, エタノール, エーテルに可溶. 通常は安定剤として少量のメタノールを添加して保存する.

アセトン acetone

C_3H_6O, CH_3COCH_3. ジメチルケトン, プロパノン. 快いエーテル様の臭気を持つ無色揮発性液体. 可燃性が高い. 沸点 56℃. 2-プロパノールを 500℃, 4気圧で銅触媒上で脱水素するか, あるいはクメンの酸化により多量に製造される. 他の化学薬品, 特にグリセリン, 過酸化水素, フェノールの製造においてもかなりの量が作られる. 病的状態では血液や尿中にかなり高濃度に含まれることもある. アンモニアを沸騰アセトンと反応させるとジアセトンアミンが生成する. 水酸化ナトリウムで処理すると縮合してジアセトンアルコールが生じ, もっと激しい条件では, ピナコールを経てメシチルオキシドとホロンが生成する. これらは, 少量の鉱酸で処理した際にもメシチレンとともに生成する. アセトンを還元すると, イソプロピルアルコールとピナコールを生じる. ヒドロキシルアミン, フェニルヒドラジンまたはセミカルバジドを作用させると, 結晶性の誘導体を生成する. ヨウ素と水酸化ナトリウムを加えるとヨードホルムが生成することにより検出できる. アセトンは溶媒としての用途のほか, メタクリル酸メチル (30%), メチルイソブチルケトン, メチルイソ

ブチルカルビノールなどの化学品の製造原料に用いられる.

アセトンアルコール acetone alcohol
→アセトール

アセトンジカルボン酸 acetone dicarboxylic acid（3-oxo-glutaric acid）
3-オキソグルタル酸. $C_5H_6O_5$, $CO(CH_2COOH)_2$. 無色の針状結晶. 融点135℃（分解）. 硫酸をクエン酸に作用させて生成する. 熱湯, 酸あるいはアルカリにより簡単に分解し, アセトンと二酸化炭素になる. アセトンジカルボン酸のジエステルは, アセト酢酸エステルと同じように, 活性メチレン基がナトリウムと反応する. 有機合成に用いられる.

アセトン体 acetone bodies
→ケトン体

アセトンモノカルボン酸 acetone monocarboxylic acid
→アセト酢酸

アセナフテン acenaphthene
$C_{12}H_{10}$. 無色の針状結晶. 融点95℃, 沸点278℃. 染料中間体で, プラスチック原料に使用される. 酸化（脱水素）されてアセナフチレンとなる.

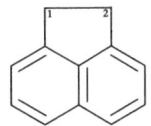

アゼライン酸 azelaic acid（lepargylic acid）
$C_9H_{16}O_4$. 別名をレパルギン酸という. $HO(O)C·(CH_2)_7COOH$. 無色の板状結晶. 融点106℃. オレイン酸をオゾンで酸化することによって生成する.

亜セレン酸 selenious acid
H_2SeO_3. →セレンの酸素酸

亜セレン酸塩 selenites
$[SeO_3]^{2-}$イオンを含む塩. →セレン（IV）酸塩

アゾイック染料（ナフトール染料） azoic dyes
不溶性アゾ染料. ナフトール染料. 別名をアイス染料, イングレイン染料とも呼ばれる. まず繊維中にナフトール系の化合物を吸収させておき, 氷浴中でジアゾニウム塩溶液と反応させると, 不溶性の色素が繊維の中で形成される.

アゾ化合物 azo-compounds
2個の芳香核に結合した-N=N-発色団を含む多数の化合物の総称で, 可視光範囲の光を吸収する. 芳香核にアミノ, ヒドロキシ, スルホン酸あるいはその他の塩を形成する基があると, 化合物には動物繊維, 植物繊維, あるいは人工繊維に対する親和性が生まれ, 染料となる. アゾ化合物は, ニトロ化合物の還元か, またはヒドラゾ化合物の酸化によって生成することができる. しかし通常はフェノールまたはアミンをジアゾニウム塩と反応させて生成する. この結合は通常ヒドロキシ基やアミノ基のパラ位で生じるが, この位置がすでにふさがっているときは, オルト位で生じる. 例えば
$$PhN_2Cl + PhOH \rightarrow 4-(C_6H_5-N=N)-C_6H_4(OH)$$
ベンゼンアゾフェノール
アゾ化合物は通常極めて安定で, 直接塩素化, ニトロ化, スルホン化することができる. 急激に還元すると, 分子はアゾ基のところで2つに分裂し, 2個の第一級アミン分子, 例えばベンゼンアゾフェノールの場合$PhNH_2$と$4-(HO)C_6H_4NH_2$を生じる. 脂肪族アゾ化合物は重合触媒として用いられる.

アゾキシベンゼン azoxybenzene
$C_{12}H_{10}N_2O$. アゾベンゼンのモノN-オキシド.

アゾ染料 azo-dyes
重要な染料. -N=N-発色団を有する. ジアゾニウム塩をフェノールや芳香族アミンと結合させる, あるいは複素環式ヒドラジンと芳香族アミンを結合させることによって生成する. 多くのアゾ染料はスルホン酸の誘導体であり, 水に可溶. 羊毛に対し, 酸性染料として用いられており, 綿に対する親和性は助色団やアゾ基数の増加とともに向上する. フェノール基をアルキル化すると堅牢度が増す. アゾ染料は顔料として用いられるほか, カラー写真にも用いられており, またほとんどの材料に対し染料として使用することができる. 媒染剤としても, また含金属染料としても使用することができる.

アゾビスイソブチロニトリル azobisisobutyronitrile（AIBN）
$[Me_2C(CN)N]_2$. 白色固体. 融点102℃, ゆっくりと分解し, シアノプロピルラジカルを生成

する．ラジカル反応の開始に用いられる．

アゾフェノール類 azophenols
ジアゾニウム塩とフェノールとのカップリングにより得られる化合物．→アゾキシベンゼン

アゾベンゼン azobenzene
$C_{12}H_{10}N_2$, PhN=NPh. 赤橙色結晶．融点68℃．還元によりアニリンやヒドラゾベンゼンになる．これはまた反応条件のもとでベンジジンに戻すことができる．ニトロベンゼンの部分還元により生成する．-N=N-発色団を持つ最も単純な化合物であるが，繊維に親和性がないため，実用的な重要性はない．通常，最も安定なトランス型を示すが，紫外線の照射により，安定性が低い，融点71.5℃の明るい赤色のシス型に変換する．加熱すると速やかにシスからトランスへの異性化が生じる．

アゾメチン azomethines
アルデヒドとアミン類が縮合して生じた化合物．→シッフ塩基

アタクチックポリマー atactic polymer
結晶性ポリマー中で，鎖上に結合した置換基の向きが全く規則性を持たないものをいう（全部が同じ相対配置にあるものがアイソタクチック，1つおきに（交互に）同じ配置をとるものをシンジオタクチックという）．

アダクト（付加物） adduct
2つ以上の異なる化合物同士が，一般に簡単な比率で直接に結合（多くは配位結合）を形成することで生じる化合物．ルイス酸とルイス塩基との反応の場合には付加物は同時に錯体でもある．

アダマンタン adamantane
$C_{10}H_{16}$. 無色の炭化水素．融点269℃であるが，大気圧，室温のもとで容易に昇華する．アルキル化アダマンタンとともに，石油留分に含まれる（原油中 0.0004% 未満）．3個の縮合椅子型シクロヘキサン環を有する固い骨格構造は，ダイヤモンドの格子と同じ立体配置を持つ．テトラヒドロジシクロペンタジエンから合成する．1-アダマンチルアミン塩酸塩はウイルス感染に対し効果があることがわかっているほか，パーキンソン病の治療にも用いられている．アダマンチル誘導体は潤滑油や樹脂として用いられている．

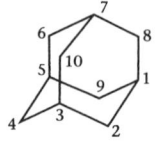

アダムズ触媒 Adams' catalyst (platium oxide hydrate)
$PtO_2 \cdot nH_2O$. 酸化白金の水和物である．H_2PtCl_6 を硝酸ナトリウムとともに 500～550℃ で溶融し，溶融物を冷却し，水で浸出して調製する．空気中で安定で，水素により活性化される．低温低圧にてアルケンをアルカンに変換する際の水素添加触媒として使用される．SiO_2 に担持して用いることが多い．

圧搾 expression
固-液2相系から液体を除き固体を圧縮機中に残すように圧縮すること．スラリーの粘度が高すぎて吸引できない場合に沪過の代わりに用いられる．また植物の種子から油を得る際に溶媒抽出の代わりに利用されることもある．工業的にはさまざまなバッチ法や連続圧縮，ローラーミルが用いられる．

圧搾カラシ油 oil of mustard-expressed
カラシの種子を圧搾して得られる．グリセリドを含む．マーガリン，石鹸，潤滑剤の製造に利用される．

アッタパルジャイト attapulgite
漂布土．粘土鉱物の1つ．

圧電性 piezoelectricity
→ピエゾ電気効果

圧力計 manometers
→マノメーター

アデニル酸 adenylic acid
→アデノシン一リン酸

アデニン adenine (6-aminopurine)
$C_5H_5N_5$, 6-アミノプリン．ビタミンB_4. 核タンパク質の核酸部分の成分であり，またリボース三リン酸と結合してアデノシン三リン酸

$HOP(O)(OH)-O-[P(O)(OH)O]_2-CH_2$ ○ adenine

アデノシン三リン酸（ATP）

（ATP）となり，エネルギー担体となっている．代謝過程で極めて重要な役割を持つ．

アデノシン adenosine
核酸塩基のアデニンとリボースとが結合したもの．→ヌクレオシド

アデノシン一リン酸 adenosine monophosphate (AMP)
通常アデノシン-5′-リン酸（筋肉アデニル酸）．核酸やいくつかの補酵素（コエンザイム）の重要な構成成分である．→サイクリックAMP

アデノシン二リン酸 adenosine diphosphate (ADP)
アデノシン-5′-二リン酸（ピロリン酸）．ATPの前駆体であり，同時にATPが関与するプロセス中でATPから生成される．

アデノシン三リン酸 adenosine triphosphate (ATP, adenosine nucleotide triphosphate)
アデノシンヌクレオチド三リン酸．いわゆる高エネルギー化合物の中で最も重要なもので，天然に産出する有機リン酸群である．高い加水分解自由エネルギーを持つことを特徴とし，生合成や能動輸送，筋動作において必須の役割を果たしている．ATPは植物，動物および細菌細胞の代謝における主たるエネルギー源である．→糖分解

亜テルル酸 tellurous acid
→テルルの酸素酸

亜テルル酸塩 tellurites, tellurates (IV)
→テルル (IV) の酸素酸

アトリションミル attrition mill
摩擦製粉機．反対方向に回転する2枚の歯付き円板で原料を粉砕する機械．→粉砕機

アドレイヤー adlayer
→吸着

アドレナリン adrenaline (epinephrine：米国式表記)
$C_9H_{13}NO_3$，(R)-4-[1-ヒドロキシ-2-(メチルアミノ)エチル]ベンゼン-3,4-ジオール．(R)-N-メチル-2-ジヒドロキシ-2-(3,4-ジヒドロキシフェニル)エチルアミン．融点212℃．ノルアドレナリンとともに副腎髄質より分泌される．グリコーゲンからグルコースへの異化を促進するホスホリラーゼの細胞活性化を誘導する．アレルギー反応や循環虚脱の治療に用いられる．高峰譲吉博士が最初に結晶化させたホルモンとして有名である．日本薬局方では以前には「エピレナミン」という呼称を採用していた．

アトロピン atropine ((±)-hyoscyamine)
$C_{17}H_{23}NO_3$，(±)ヒヨスチアミン．融点114～116℃．アルカロイド．ヒヨスチアミンのラセミ化によって生成する．アトロピンおよびその塩は瞳孔を開くなどの医療用に用いられる．

アトロプ異性 atropoisomerism
単結合の周りの回転が制限されることにより生じる対掌性．

アトロプ異性体 atropoisomers
立体配座効果から生じる異性体．しばしば低温でのみ生じる．

アトロラクチン酸 atrolactic acid (2-hydroxy-2-phenylpropionic acid)
$C_9H_{10}O_3$，$C_6H_5C(OH)(CH_3)COOH$．2-ヒドロキシ-2-フェニルプロピオン酸．無色のラセミ化合物．融点94.5℃．水溶性の極性有機溶媒．アセトフェノンシアンヒドリンより生成する．

アナターゼ anatase, octahedrite
TiO_2．→鋭錐石

アナプレロティック経路 anaplerotic sequences
生命体中の異化サイクルにおいて中間体が生合成のために取り出されてしまっても，そのレベルを維持するように作用する補助経路．

アナボリック薬剤 anabolic agents
→同化剤

アニオン重合 anionic polymerization
アニオン（塩基）によって誘発される重合反応．

***o*-アニシジン** *o*-anisidine (2-methoxyaniline)
C_7H_9NO，2-メトキシアニリン．無色の油．

融点2.5℃，沸点225℃．o-ニトロアニソールを鉄と塩酸で還元して生成する．アゾ染料の製造に用いられる．発ガン性を有する可能性が高い．

アニシル基　anisyl
4-メトキシベンジル基．

アニスアルデヒド　anisaldehyde（4-methoxybenzaldehyde）
4-メトキシベンズアルデヒド，$C_8H_8O_2$．無色の液体，沸点248℃．アニス子（アニシード）中に産出する．サンザシの花の匂いの合成香料として用いられている．

アニス油　oil of anise（oil of aniseed）
アニス子油ともいわれる．セリ科のアニスの種子から得られる．主成分はアネトールで着香料に使用される．

アニソール　anisole（methoxyhenzene）
C_7H_8O，$C_6H_5OCH_3$．無色液体．沸点155℃．硫酸ジメチルを過剰のアルカリの存在下でフェノール溶液と反応させて生成する．香水に用いられる．

亜ニチオン酸　dithionous acid（hydrosulphurous acid, hyposulphurous acid）
$H_2S_2O_4$．溶液中でのみ存在する酸．不安定で強力な還元剤．亜ニチオン酸塩は亜硫酸塩を還元して得る．重なり配座の$(O_2SSO_2)^{2-}$イオンを含む．

亜ニチオン酸亜鉛　zinc dithionite（zinc hydrosulphite）
ZnS_2O_4．亜鉛ハイドロサルファイト．亜鉛末の水系懸濁液にSO_2を作用させて得る．強力な還元剤で，漂白，建染めに使われる．

亜ニチオン酸ナトリウム　sodium dithionite
$Na_2S_2O_4$．Na_2SO_3とSO_2を金属亜鉛で還元して得る．強力な還元剤（$E°\ S_2O_4^{2-} \rightarrow SO_3^{2-}$．+1.12V アルカリ溶液中）．染色に利用される．2-アントラキノンスルホン酸存在下で気体からO_2を除去するのに用いられる（フィーザー溶液）．

アニリド　anilides
アニリンのアシル誘導体に用いられる名称．最も一般的なのは，アセトアニリド．

アニリン　aniline（phenylamine）
C_6H_7N，$PhNH_2$．系統的命名法ではフェニルアミンとかベンゼンアミンなどの名称となるが，一部を除いて用例は少ない．無色油状液体．酸化されると褐色になる．融点-6.2℃，沸点184℃．ニトロベンゼンを銅触媒存在下で気相で水素化するか，微量の塩酸を含む水中で鉄により還元して製造する．抗酸化剤やゴム工業の架橋促進剤の製造，色素や医薬品の製造に用いられる．アセチル化するとアセトアニリドを生じる．ニトロ化やハロゲン化を受ける．塩基性であり，鉱酸と水溶性の塩を形成する．アニリン硫酸塩を190℃に加熱するとスルファニル酸を生じる．塩化アルキルまたは脂肪族アルコールとともに加熱すると，モノまたはジアルキル誘導体，例えばジメチルアニリンが得られる．グリセロールと硫酸と反応させると（スクラウプ反応）キノリンを生じる．アニリン，パラアルデヒド，塩酸を反応させるとキナルジンが得られる．希塩酸中で0℃で亜硝酸ナトリウムと反応させると塩化ベンゼンジアゾニウムが得られ，加温すると窒素を放出してフェノールを生成する．ジアゾニウム基はCuXまたはCuCNにより複分解するとハロゲン原子やシアノ基で置換することができる（ザントマイヤー反応）．フェノールやアミンとカップリングさせるとアゾ色素を生じる．酸化すると導電性ポリマーであるポリアニリンを生じる．

アニーリング　annealing
物質（通常は金属やガラス）を加熱後，制御しつつゆっくりと冷却し，応力を解消すること．焼鈍（焼きなまし）という．一般にアニーリングにより秩序構造が生成される．

アニル（N-フェニルイミド）　anils（N-phenylimides）
→シッフ塩基

アヌレン類　annulenes
単純な共役環状ポリアルケン．接頭辞[n]は，環に含まれる炭素原子の数を示す．[18]アヌ

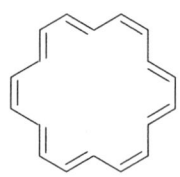

レンは適度に安定な赤茶色の結晶性固体で, *cis* と *trans* の二重結合を有する. アヌレンの中には芳香族性を有するものがある.

アネーション anation
錯体に含まれる H_2O などの電荷を持たないリガンド（中性配位子）が Cl^- などの陰イオン性配位子によって置換されること.

アネトール anethole (*trans*-1-methoxy-4-prop-1-enylbenzene)
トランス-1-メトキシ-4-プロペニルベンゼン, $C_{10}H_{12}O$. 白色小葉状固体. 強力な臭いと甘味を持つ. 融点22℃, 沸点235℃. アニス油やフェンネル（茴香）油の主成分. アニソール（メトキシベンゼン）からも合成できる. 香味料, 薬, 歯磨剤, 香水に広く用いられている.

アノイリン aneurine
→チアミン

アノード anode
→陽極

アノマー anomers
ヘミアセタール炭素原子の立体配置のみが異なる, 炭水化物の立体異性体に用いられる用語. これらの立体異性体は α および β アノマーと呼ばれ, ピラノース型の D-グルコースでは両方とも知られている.

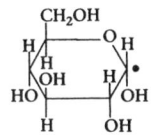
α-D-グルコピラノース

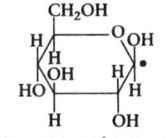
β-D-グルコピラノース

アパタイト apatite
$Ca_5(PO_4)_3F$. フッ化物とリン酸アニオンを含有するリン酸塩鉱物（リン灰石）. 過リン酸塩をはじめとするリン化合物やリンの製造に用いられている. ヒドロキシアパタイト $Ca_5(OH)(PO_4)_3$ はアパタイトと同型. これらの化合物は歯や骨の成分として重要である. 本鉱物はしばしば有用量のウランを含有している. 合成アパタイトはセラミックスとしても, また工業的にも重要である. 軟磁器のボーンチャイナはもともとは獣骨を添加していたが, 現在ではアパタイトを添加して作られる.

アビエチン酸 abietic acid
$C_{20}H_{30}O_2$. 結晶性ジテルペノイドカルボン酸. 融点 172～175℃. 松脂を酸で処理することにより得られる. 市販の製品はガラス状で融点が低いことがある. プラスチック, 塗料, ワニス, 紙のサイジング剤, 洗剤, ラッカー, 石鹸, 香水の製造に広く用いられる.

亜ヒ酸塩 arsenite (arsenate (Ⅲ))
ヒ(Ⅲ)酸塩. 無水亜ヒ酸 As_2O_3 と塩基から生成されるが, 遊離酸は知られていない. ピラミッド型の $(AsO_3)^{3-}$ や, もっと複雑な化学種を含む亜ヒ酸塩も知られている. 亜ヒ酸ナトリウムと, 亜ヒ酸銅-酢酸銅の複塩（エメラルドグリーン, シェーレグリーン）は以前は優れた緑色顔料として用いられたが, 現在ではもっぱら殺虫剤（シロアリ駆除用など）として用いられている. 亜ヒ酸ナトリウムは還元剤の標準溶液として用いられることがある.

アフィニティクロマトグラフィー affinity chromatography
天然の高分子, 特にタンパク質を精製する方法. 特定の化学種が不溶性不活性担体へ共有結合的に結合することを利用したものである. 吸着する化学種と高分子間に特異的親和力が存在することが必要である. この親和力により, 吸着化学種からなるカラムに溶液を流したときに, 高分子の流れる速度は選択的に遅くなり, 不純物である他の分子から分離される.

アブシジン酸 abscisic acid
重要な植物生長調節物質.

アフラトキシン aflatoxins
一群の菌の二次代謝産物. 有毒な発ガン物質.

アブレーション ablation
「溶発」という訳語もある. 熱による腐食, 分解のこと. 耐溶発性材料, 特にナイロン繊維をフェノール樹脂で固めたものは大気突入時の宇宙船の保護に用いられている. 分解して気体が生じ, 耐火性の多孔体を後に残すものが望ましい.

阿片 opium
阿片はもともと opium に対する宛字である. 阿片ゲシ（*Papaver somniferum*）の未熟な萌果に傷を付け, 滲み出てくるラテックスを乾燥したもの. 多数の有用なアルカロイドを含む.

主なものにはモルフィン(モルヒネ),コデイン,パパベリンなどがある.

アポ- apo
誘導された化合物であることを示す接頭辞.アポモルヒネはモルヒネからの誘導体.

アボガドロ定数 Avogadro's constant (N_A, L)
→アヴォガドロ定数

アポ酵素 apoenzyme
酵素の補酵素を含まない部分,すなわちペプチド部分.

亜ホスフィン酸塩 phosphinites
$R_2P(H)O$ の誘導体.殺虫剤,殺鼠剤.Al, Mg, Zn 塩が多く用いられる.

亜ホスホン酸エステル phosphonites
$RP(OR)_2$ のような誘導体はアルキル亜ホスホン酸のジアルキルエステルである.

アポモルヒネ apomorphine
$C_{17}H_{17}NO_2$.アポモルフィン.白色結晶.塩酸塩はモルヒネを塩酸と加圧下で加熱することにより生成する.強力な催吐薬.

アマトール amatol
NH_4NO_3 と TNT(トリニトロトルエン)の混合物で,爆薬として用いられる.

アマニチン amanitins
毒キノコの一種タマゴテングタケ(*Amanita phalloides*)に含まれる,極めて有毒な一群の環状ペプチド.

亜麻仁油 linseed oil
亜麻の種子から得られる植物油.典型的な乾性油で,塗料やマーガリンの材料となる.油絵にも使われる.→リノレン酸

アマランス amaranth
羊毛や絹の染色やカラー写真に用いられる重要な赤色アゾ染料.

アマルガム amalgam
液体または固体の水銀と金属との合金.→水銀アマルガム

アマルガメーション amalgamation
アマルガムを形成するプロセスのこと.

亜マンガン酸塩 manganites
通常はマンガン(Ⅳ)酸塩のことを指す.

アマンタジン塩酸塩 amantadine hydrochloride (aminoadamantane hydrochloride)
アミノアダマンタンの塩酸塩である.最初の抗ウイルス剤.

アミグダリン amygdalin
$C_{20}H_{27}NO_{11}$.シアン配糖体.融点 215℃.バラ科に属するほとんどの果実の種子(仁),特にビターアーモンド(苦扁桃)に含まれる.ゲンチオビオースマンデロニトリル $C_6H_5CH(CN)\cdot O\cdot C_6H_{10}O_4\cdot O\cdot C_6H_{11}O_5$ はビターアーモンドのエッセンスの形で香味料として用いられている.

アミジン amidines
$RC(=NH)NH_2$.強酸と塩を形成する強い一酸塩基.酸加水分解によりアミドのイミド誘導体へと変換される.R_2NH をケテンイミンに付加して生成する.

アミド amides
アンモニアの水素を1つ以上,有機酸基で置換することによって得られる有機化合物で,$RCONH_2$ は一級アミド,$(RCO)_2NH$ は二級アミド,$(RCO)_3N$ が三級アミドとなる.アミドはアルコールやエーテルに可溶の結晶性固体で,水に可溶なものもある.一級アミドはアンモニアあるいはアミンを酸塩化物と反応させるか,酸無水物,あるいはエステルと反応させることによって得る.アミドによっては適当な酸のアンモニウム塩を蒸留することによって得ることもできる.二級,三級アミドはニトリルや一級アミドを有機酸やその無水物で処理することによって生成する.一級アミドは亜硝酸と反応し,カルボン酸を生じるが,多くの場合,鉱酸やアルカリとともに加熱しても同じ結果を得ることができる.アミドは弱塩基性.P_4O_{10} で脱水するとニトリルになる.ナトリウム,カリウムおよび水銀などの金属と化合物を生じる.HClO や HBrO と反応させると N-クロロ(またはブロモ)アミドを生じる.これらはアルカリで処理するとアミンとなる.アルキル化アミド,特にジメチルアセトアミド(DMA)とジメチルホルムアミド(DMF)はイオン性試薬を用いる置換反応(例えば KF を用いて塩素原子をフッ素原子で置換する)を行うのに好適な溶媒である.

無機アミドは NH_2^- を含有するが,これは共有結合で結合している場合も,また橋をかけている場合もある.これらはアンモニアを金属に

作用させるか，あるいは窒化物のアンモノリシスにより生成する．重金属アミドは液体アンモニア中で複分解反応を行わせて得る．例えば

$Cd(SCN)_2 + 2KNH_2 \rightarrow Cd(NH_2)_2 + 2KSCN$

アルカリアミドは安定で結晶性の塩である．重金属アミドはしばしば爆発性を有する．無機のアミドは液体アンモニア系における塩基である．

アミドのホフマン分解 Hofmann degradation of amides
　　→ホフマン分解

アミド基 amido
　　→アミノ基

アミドール amidol
　　→アミノフェノール類

アミドン amidone
　　→メサドン

アミノアセタール aminoacetal
$C_6H_{15}NO_2$, $H_2NCH_2CH(OC_2H_5)_2$. 無色の油状液体で，アンモニアのような臭いを持つ．沸点172～174℃．アンモニアをクロロアセタール $ClCH_2 \cdot CH(OEt)_2$ に作用させて生成する．塩酸によりアミノアセトアルデヒドに変換される．芳香族アルデヒドと縮合するとイソキノリン誘導体が生じる．

アミノアゾ染料 aminoazo-dyes
　　→アゾ染料

アミノアゾベンゼン aminoazobenzene
$C_6H_5-N=N \cdot (C_6H_4 \cdot 4-NH_2)$, $C_{12}H_{11}N_3$. 茶色がかった黄色の針状結晶．融点127℃．塩酸塩は灰青色の針状結晶となる．アニリン塩酸塩の存在下でジアゾアミノベンゼンの分子内転移により，またはアニリンとアニリン塩酸塩の溶液に不足量の亜硝酸を作用させてジアゾ化する一段の反応で生成する．アゾ染料の合成において最初に用いられる成分．

2-アミノ安息香酸 2-aminobenzoic acid
　　→アントラニル酸

4-アミノ安息香酸 4-aminobenzoic acid (PAB)
$C_7H_7NO_2$. 黄色味を帯びた赤色結晶．融点186～187℃．4-アミノ安息香酸はある種の細菌細胞にとっての主要代謝産物であり，ビタミンB群に属する．エチルエステルは局所麻酔に用いられる．

1-アミノアントラキノン 1-aminoanthraquinone (α-aminoanthraquinone)
$C_{14}H_9NO_2$. α-アミノアントラキノン．赤色角柱型結晶．融点252℃．典型的な芳香族アミン．$BaCl_2$ の存在下に高温でアントラキノン-1-スルホン酸に濃アンモニア溶液を長時間作用させ，続いて得られたニトロ化合物を還元する，またはクロロアントラキノンのアミノ化によって生成する．分散液の形でアセテート人絹の染色に用いられるが，その他の繊維に対しては親和性を持たない．アルキル（あるいはアシル）アミノアントラキノン合成の出発物質としても用いられているが，これは建染め染料として，またはスルホン化後に羊毛用の酸性染料として使用される．

2-アミノアントラキノン 2-aminoanthraquinone (β-aminoanthraquinone)
$C_{14}H_9NO_2$. β-アミノアントラキノン．赤橙色の物質．融点302℃．典型的な芳香族アミン．アントラキノン-2-スルホン酸に MnO_2 またはバリウム塩の存在下200℃でアンモニアを長時間作用させて生成する．2-クロロアントラキノンのアミノ化によっても得られる．フラヴァンスレン，インダンスレン染料の製造において中間体として用いられている．

アミノエチルアルコール aminoethyl alcohol
　　→エタノールアミン類

1-(2-アミノエチル)ピペラジン 1-(2-aminoethyl) piperazine
$C_6H_{15}N_3$. エポキシ樹脂の硬化剤．染料中間体，腐食防止剤．止血剤．

アミノカプロン酸 aminocaproic acid
$C_6H_{13}NO_2$, $H_2N(CH_2)_5COOH$. 6-アミノヘキサン酸．カプロラクタムの加水分解で得られるほか，ε-ベンゾイルアミノカプロニトリルまたは1-ヒドロキシシクロヘキシルヒドロペルオキシドから生成する．融点205℃．ポリカプロラクタムの原料．

アミノ基 amino
炭素に直接結合したアミノ基（-NH₂）を含む化合物を示す接頭辞．以前はアミドという接頭辞も用いられていたが，これは現在アミド基（-CO・NH₂）を含む化合物のみに用いられて

いる．

アミノ基転移酵素　transaminases
アミノ基の移動を触媒する酵素．→トランスアミナーゼ

アミノ酢酸　aminoacetic acid
→グリシン

4-アミノサリチル酸　4-aminosalicylic acid (PAS)
$C_7H_7NO_3$．融点150℃．3-アミノフェノールを炭酸アンモニウムまたは炭酸水素カリウムとともに溶液中で加圧下に加熱して生成する．結核感染の治療に用いられてきた．

アミノ酸　amino acids
狭義のアミノ酸はカルボキシル基 COOH とアミノ基 NH_2 の両方を含む有機化合物の一群で，グリシン $H_2N\cdot CH_2\cdot COOH$ をはじめとする多くの化合物がその中に含まれる．その重要性はタンパク質がすべてアミノ基とカルボキシル基の縮合により結合されたアミノ酸からなっていることに由来する．これらのタンパク質に含まれるアミノ酸は一般に α-アミノ酸で，アミノ基はカルボキシル基と同様，α 炭素に結合し，α 炭素の周りは不斉基でL型の立体配置をとっている．下記のアミノ酸はほとんどのタンパク質（アミノ酸のポリマー）において，実にさまざまな割合で成分として含有されている．

Ala	アラニン
Arg	アルギニン
Asp（NH_2）	アスパラギン
Asn	
Asp	アスパラギン酸
CySH	システイン
CyS	シスチンの半分
Glu	グルタミン酸
Glu（NH_2）	グルタミン
Gln	
Gly	グリシン
His	ヒスチジン
HyLys	ヒドロキシリジン
HyPro	ヒドロキシプロリン
Ileu	イソロイシン
Leu	ロイシン
Lys	リジン
Met	メチオニン
Phe	フェニルアラニン
Pro	プロリン
Ser	セリン
Thr	トレオニン（スレオニン）
Try	トリプトファン
Tyr	チロシン
Val	バリン

ここにまとめたアミノ酸のほとんどは $H_2NCHRCOOH$ という基本構造を持つ．L-ピロリジン誘導体のプロリンとヒドロキシプロリンは，厳密にはイミノ酸である．セレノシステイン誘導体も知られている．その他のアミノ酸，例えば $H_2NCHRCHR'COOH$ は異なるポリマーを形成する．ペプチドを表す際には短縮形が用いられ，はじめに記載されるアミノ酸は遊離のアミノ基を持つ．β-アミノ酸などその他のアミノ酸もいくつかのタンパク質中に存在する．また必ずしも α- や L-アミノ酸ではないその他のアミノ酸も天然には遊離の状態で，あるいはペプチドの成分として産出している．アミノ酸は無色の結晶性の物質で，融解させると分解する．ほとんどのものは水溶性でアルコールに不溶．炭素含有隕石中で発見されている．タンパク質の成分であるアミノ酸は動物の食物の重要な成分である．いくつかのアミノ酸はアンモニアと窒素を含まない原料とから体内で合成することができ，また他のアミノ酸から合成できるもの（例えばフェニルアラニンからチロシン，メチオニンからシスチンを合成する場合など）もある．しかし，多くは食餌の必須成分である．必須アミノ酸の種類は種によって部分的に異なる．なお広義のアミノ酸には，アミノスルホン酸やアミノホスホン酸も含まれる．→ペプチド，タンパク質

アミノ酸分析法　amino-acid analysis
ペプチドを酸（例えば6M の HCl）で加水分解すると，いくつかのアミノ酸（例えばトリプトファン）は分解されてしまう．アルカリ溶液によってもペプチドは加水分解し，その他のアミノ酸（例えばアルギニン）が破壊され，ラセミ化が生じる．酵素による加水分解はゆっくりで不完全である．特定の方法を用いることによりペプチドを分解し，アミノ酸配列を決定することができる．加水分解されたアミノ酸は，例

えばイオン交換クロマトグラフィー，ペーパークロマトグラフィー，沪紙電気泳動，NMRなどにより分析する．配列決定の全プロセスならびに合成の逆プロセスは自動化が可能である．アミノ酸の配列は特定の反応，例えばC末端をヒドラジンと反応させる，$NaBH_4$や$LiAlH_4$を用いて，末端のCOOHをCH_2OHに還元させる，遊離のα-COOHをカルボキシペプチダーゼで攻撃する，などによっても決定することができる．例えばサンガー試薬（1-フルオロ-2,4-ジニトロベンゼン）を用いることでペプチドの末端アミノ基を保護する手法が採用されることもある．

アミノ樹脂（アミノプラスチック） amino resins and plastics

アミノ誘導体（尿素，メラニン，チオ尿素，ジシアノジアミン，アクリルアミド，アニリン）とメタナールの縮合によって生成される，有機の窒素を豊富に含むポリマーの重要な1グループ．

アミノトルエン aminotoluene
→トルイジン

アミノナフトール aminonaphthols
$C_{10}H_9NO$．通常はニトロナフトールの還元により製造．スルホン化アミノナフトールは貴重な染料中間体である．

アミノフェノール類 aminophenols
ニトロフェノールの還元によって生成する．重要な化合物としては2-アミノフェノール，4-アミノフェノール（ロディノール），4-メチルアミノフェノールヘミサルフェート（メトール），N-4-ヒドロキシフェニルグリシン（グライシン）および2,4-ジアミノフェノール二塩酸塩（アミドール）がある．染料の合成原料や写真の現像剤として幅広く用いられている．

6-アミノヘキサン酸 6-aminohexanoic acid
→アミノカプロン酸

アミノメチル化 aminomethylation
→マンニッヒ反応

2-アミノ-2-メチル-1-プロパノール 2-amino-2-methyl-1-propanol
$C_4H_{11}NO$．ニトロ化合物の還元によって得られる．表面活性剤，塗装つや出し剤，ヘアスプレーに使用されている．

5-アミノレブリン酸 5-aminolaevulinic acid, 5-amino-4-oxopentanoic acid
$C_5H_9NO_3$, $H_2N \cdot CH_2CO \cdot CH_2CH_2COOH$. 5-アミノ-4-オキソペンタン酸．ポルフィリンの生合成における基本ユニットであり，したがってヘモグロビン，ミオグロビン，チトクローム（シトクロム），カタラーゼ，ペルオキシダーゼに含まれるヘムや，クロロフィルのジヒドロポルフィリン環のすべての炭素と窒素原子を供給する源である．ビタミンB_{12}のコリン環にも含まれている．5-アミノレブリン酸はスクシニルCoAとグリシンから生成される．2分子を縮合するとポルホビリノーゲン（ピロール誘導体）が生じ，これが4分子集まってポルフィリン骨格ができる．

アミラーゼ amylases (diastase)
ジアスターゼ．多糖類を加水分解する酵素．動物，植物組織中に広く分布している．デンプンの加工，製パン，動物の飼料，下水処理に用いられている．

アミル amyl
本来はC_5H_{11}-基（ペンチル基）すべてを指す慣用名である．異性体は8種類あるが，通常はn-C_5H_{11}-を指す．

① イソアミル amyl (*iso*-3-methylbutyl). 3-メチルブチル $(CH_3)_2CHCH_2CH_2$-で表される基．

② n-アミル amyl (normal, n-amyl, pentyl). 直鎖のC_5H_{11}-，すなわち$CH_3CH_2 \cdot CH_2CH_2CH_2$-で表される基．

③ *sec*-アミル amyl (secondary, 1-methylbutyl). 1-メチルブチル $CH_3CH_2CH_2CH(CH_3)$-で表される基．

④ t-アミル amyl (tertiary, 1,1-dimethylpropyl). 1,1-ジメチルプロピル $CH_3CH_2C(CH_3)_2$-で表される基．

アミルアルコール amyl alcohols (pentanols)
$C_5H_{12}O$．系統的名称ではペンタノール．この式で表されるアルコールは8種ある．市販のアミルアルコールはフーゼル油の蒸留で得られ，イソアミルアルコールと13～60%の*sec*-アミルアルコールの混合物で沸点128～132℃である．酢酸アミルや亜硝酸アミル，アミレン（ペンテン）の製造に用いられる．主要なもの

を以下に示す.

①イソアミルアルコール（イソブチルカルビノール，3-メチルブタノール）$(CH_3)_2CHCH_2CH_2OH$. 不快臭を有する無色液体. 蒸気を吸入すると激しく咳き込む. 沸点131℃. フーゼル油から得るか，あるいは$(CH_3)_2CHCH_2CH_2Cl$を水酸化ナトリウムで処理して製造する. クロム酸により酸化すると3-メチルブタン酸を生じる.

②sec-アミルアルコール，sec-ブチルカルビノール（2-メチルブタノール）active pentanol alcohol（sec-butyl carbinol, 2-methylbutanol）$CH_3CH_2CH(CH_3)CH_2OH$. 沸点128℃.

③n-アミルアルコール（1-ペンタノール）normal pentanol alcohol（1-pentanol）$CH_3CH_2CH_2CH_2CH_2OH$. 沸点137℃. 1-クロロペンタンを水酸化ナトリウムで処理して得る.

④tert-アミルアルコール（tert-ペンタノール，2-メチル-2-ブタノール）. 別名をアミレンヒドラートともいう. $CH_3CH_2C(CH_3)_2OH$. 浸透性の樟脳のような臭気を有する液体で沸点102℃. β-イソアミレン（2-メチル-2-ブテン）を濃硫酸に通じ，その後，水で希釈して製造する. 種々のアミルアルコールの複雑な混合物は石油由来のクロロペンタンから得られる.

アミルエーテル　amyl ether

1,1′-オキシビスペンタン，ペンチルエーテル. 心地よい香りを持つ無色の液体. 沸点172.5～173℃. アミルアルコールを硫酸とともに加熱して生成する. 市販のアミルエーテルはイソアミルエーテル$[(CH_3)_2CHCH_2CH_2]_2O$中に，sec-アミルエーテル$(CH_3CH_2CH_2CHMe)_2O$がさまざまな量で混在している. 溶媒として用いられる.

4-t-アミルフェノール　4-t-amylphenol

$C_{11}H_{16}O$, $CH_3CH_2CMe_2-C_6H_4OH$. 融点95℃, 沸点265℃. フェノールのアルキル化により生成する. 熱硬化性樹脂の製造（ホルムアルデヒドとともに）や，界面活性剤の製造（エチレンオキシドとともに）に使用される.

t-アミルメチルエーテル　t-amylmethyl ether

$MeCH_2C(Me)_2OMe$. ガソリン燃料の添加剤. オクタン価向上のために用いられる.

アミレンヒドラート　amylene hydrate

$CH_3CH_2C(CH_3)_2OH$. tert-アミルアルコールの別名である. →アミルアルコール

アミロース　amylose
→デンプン

アミロバルビトン　amylobarbitone

$C_{11}H_{18}N_2O_3$, 5-エチル-5-イソ-アミルバルビツール酸，アモバルビタール（日本薬局方などはこちらを採用している）. 白色結晶性粉末. 融点155～158℃. 中時間作用型バルビツール酸塩.

アミロペクチン　amylopectin
→デンプン

アミンオキシド　amine oxides

R_3NO. ヒドロキシルアミンのアルキル化や第三級アミンをオゾンや過酸化水素で酸化することによって製造する. 長鎖脂肪族アミンオキシドは洗剤やシャンプーに使用されている（アルキル-ビス(2-ヒドロキシエチル)アミンオキシドおよびアルキルジメチルアミンオキシド）. アミンオキシドのなかには生理活性を有するものもある.

アミン類　amines

アンモニアの水素を1つ以上，炭化水素基で置換して得られる有機化合物. 置換する水素の数に応じてそれぞれ第一級，第二級，第三級アミンと呼ぶ. 脂肪族アミン，芳香族アミン，複素環式アミン，および脂肪族-芳香族混合アミンが知られている. 第一級アミンはアンモニアをアルコールまたは炭化水素のハロゲン誘導体に作用させて得る. このアンモニアを第一級または第二級アミンに置き換えると第二級，第三級アミンが生じる. アルデヒドによってはニッケル触媒の存在下，アンモニアおよび水素と加圧下で反応してアミンを生じるものがある. 第一級アミン, RCH_2NH_2はニトロ化合物，ニトリル, ケトオキシムおよびアミドの還元によっても，あるいはアミドを$NaOBr$で処理することによっても得ることができる. 第二級アミン$(RCH_2)_2NH$はシッフ塩基の還元により得ることができる. アミンの一般的な製法はフタルイミドカリウムとハロゲン化合物を原料とし，得られる生成物を加水分解するものである. 脂肪族アミンは強塩基であり，分子量の小さいものは水に可溶でアンモニアよりも強塩基性を示

し，アンモニア，または魚のような臭いを持つ．分子量の大きいものは無臭の固体．一般にニトロ化合物の還元によって生成される芳香族アミンは，このような強塩基性を示さない．一般に水に溶解せず，特徴的な臭いを持つ．すべてのアミンが酸と結晶性の塩を形成し，例えば$SnCl_4$や$HgCl_2$などと錯体を作り，その他の金属ハロゲン化物と弱く錯形成する．脂肪族第一級アミンは亜硝酸と反応してアルコールを生じる．芳香族アミンは冷却時にジアゾニウム塩を生じるが，高温で反応を行うと分解してフェノールとなる．第二級アミンはどのタイプもニトロソアミンとなる．シッフ塩基，あるいはアゾメチンはアルデヒドを第一級または第二級アミンと反応させて形成する．第三級アミン$(RCH_2)_3N$を除くすべてのタイプは，塩化アセチル（エタノイル）または無水酢酸と反応させるとアセチル（エタノイル）化合物を生じる．これらアセチル誘導体は通常結晶性で，難溶性の固体である．これらのアミンは芳香族塩化スルホニルとの反応でスルホンアミドを生じる．第一級アミンはクロロホルムおよび水酸化カリウムと反応してイソシアン化物あるいはカルビルアミンを生じる．第一級および第二級アミンは二硫化炭素のアルコール溶液により，チオカルバミン酸の誘導体を生じるが，芳香族アミンは置換チオ尿素を生じる．芳香族アミンは染料中間体として極めて重要である．アミン類は合成に用いられるが，第三級アミンはアミンオキシド界面活性剤および四級アンモニウム塩として殺生物剤の製造に用いられる．

アメリシウム americium

元素記号 Am．アクチニド元素．原子番号95，原子量 ^{241}Am 241.06，融点 1176℃，沸点 2011℃，密度（ρ）13676 kg/m^3（= 13.676 g/cm^3），電子配置 [Rn]5f^{7}7s^2．最も安定な同位体は ^{243}Am（半減期 7650 年）と ^{241}Am（433 年）で，^{239}Pu の逐次中性子捕獲の結果生成する．イオン交換により精製する．AmF_3 をおよそ 1200℃でバリウムで還元して得る金属アメリシウムは，銀色の陽性元素で酸と反応する．放射性のため健康には有害である．^{243}Am はさらに原子番号の大きいアクチニド元素を生成するためにターゲットとして用いられる．^{241}Am は厚みを測定するための放射線源として使用されるほか，火災報知器（煙探知機）に利用されている．

アメリシウム化合物 americium compounds

アメリシウムはウランに類似の化学的性質を示す典型的なアクチニド元素である．水溶液中の Am(Ⅲ) は容易に酸化されないが，Am^{4+} は不均化して Am^{3+} と AmO_2^+ を生成する．アメリシウム(Ⅱ)のハロゲン化物（Cl, Br, I）は金属アメリシウムと HgX_2 を 300～400℃で反応させて生成する．三ハロゲン化物はすべて既知化合物である．黄褐色の AmF_4 はフッ素と AmO_2 から生成する．AmO_2 は空気中で安定な酸化物で Am_2O_3 も既知．混合酸化物，例えば $Li_6Am^{Ⅵ}O_6$ と $Li_3Am^{Ⅴ}O_4$ は，酸化物，過酸化物および酸素を用いた固相反応により得られる．ペルオキシ二硫酸塩を用いると水溶液中で AmO_2^{2+} に酸化される．最も酸化数の高いのは Am(Ⅵ)．

アモバルビタール amobarbital

アミロバルビトンの，日本薬局方などに記載されている標準名．

アモルファス amorphous

本来は「定まった形を持たない」すなわち「無定形」を意味する用語である．ただし最近ではやや拡張されて，「部分的には微細な結晶体からなっているものの，全体としては規則性の存在しない固体」を指す用語として使われている．

亜ヨウ化ホウ素 boron sub-iodide
→ホウ素のヨウ化物

アラキジン酸 arachidic acid, n-eicosanoic acid (icosanoic acid)

$C_{20}H_{40}O_2$, $CH_3[CH_2]_{18}COOH$．アラキン酸，エイコサン酸ともいう．融点 75℃．ピーナッツなどの植物油中にグリセリドとして産出する脂肪酸．

アラキドン酸 arachidonic acid（cis,cis,cis,cis-5,8,11,14-eicosatetraenoic acid）

$C_{20}H_{32}O_2$．$CH_3[CH_2]_4[CH=CHCH_2]_4CH_2CH_2COOH$．アラキドン酸は動物の代謝における「必須脂肪酸」の 1 つで，プロスタグランジン E_2 と F_{2a} の生物学的前駆体である．

α-アラニン α-alanine（L-2-aminopropionic acid）

$C_3H_7NO_2$, $CH_3CH(NH_2)COOH$. 2-アミノプロピオン酸. 融点297℃. 天然に産出するアミノ酸の1つで, いろいろなタンパク質の加水分解によって得られる.

β-アラニン　β-alanine (3-aminopropionic acid)

$C_3H_7NO_2$, $H_2NCH_2CH_2COOH$. 3-アミノプロピオン酸. 融点200℃. プロピオン酸をアンモニアの存在下で加熱することによって得られる. 工業的にも生体中でもパントテン酸合成の一段階を形成している. タンパク質中には存在しない.

アラビアゴム　gum acacia (gum arabic)
→ガム・アカシア

L-アラビノース　L-arabinose

$C_5H_{10}O_5$. ヘミセルロース, ゴム, 植物粘質物およびいくつかのグリコシド, 特にビシアノシド (ビシアノースは α-L-アラビノピラノシル-(1→6)-D-グルコース) を構成する五炭糖. 結晶は β-ピラノース型. 融点160℃. 培地として用いられる. D-アラビノースは, アロエの瀉下作用の源となるグリコシドのバルバロインや, 結核菌の多糖類中に含まれている.

アラミド類　aramides

芳香族骨格と [NH-CO] 基を含有する軽量で強度の大きいポリマー. 例えばケブラー (商品名:Kevlar) やノメックス (商品名:Nomex) など. 米国では警察官の防弾チョッキなどにも使用されている.

霰　石　aragonite

あられいし. $CaCO_3$. 炭酸カルシウムの1つの形. 常温では不安定相であり, 放置すると方解石型に変わってしまう.

アランダム　alundum

コランダム ($α-Al_2O_3$) の1つの形で, 人工的に得られたもの. 焼成したボーキサイトを電気炉の中でいったん融解させたのち, 比較的速やかに冷却して作る. アランダムは高耐火性レンガ (融点2000〜2100℃), るつぼ, 耐火セメントおよびマッフルに使用される. また高温で使用される小型の実験室用器具 (燃焼管, パイロメーター管など) にも用いられている.

アラントイン　allantoin (glyoxyldiureido-5-ureidohydantoin)

グリオキシルジウレイド-5-ウレイドヒダントイン. $C_4H_6N_4O_3$. 融点235〜236℃. プリン代謝の最終生成物.

アリーイン類　arynes

相当する芳香族化合物の縮環部ではない隣接する炭素原子から2個の水素原子が除去された一時的な中間体. よく知られた例としては, ベンゼン, ナフタレン, ピリジンおよびクマロン型化合物から誘導されるものがある. アリーインの存在はディールス-アルダー反応においてこのような化学種をトラップして生じた生成物の同定により, またハロ芳香族化合物の脱離-付加反応の異性体の配向性や分光分析から推定された. →ベンザイン

アリザリン　alizarin (1,2-dihydroxyanthraquinone)

$C_{14}H_8O_4$. 1,2-ジヒドロキシアントラキノン. 赤橙色の染料. アルカリ溶液に溶け紫赤色の溶液を生じるが, これは重金属塩によりレーキとなって沈殿する (金属イオンの斑点分析試験). 天然にはグリコシドの形でセイヨウアカネに含まれる. 人工的にはアントラキノン-2-スルホン酸と NaOH および $KClO_3$ を溶融することによって合成する. 染色は沸騰させた水溶液中で行われる (日本産のアカネには, アリザリンのほかにトリヒドロキシ体であるプルプリンも含まれているので, 色調がやや異なる).

亜硫酸　sulphurous acid

H_2SO_3, $OS(OH)_2$. 二酸化硫黄は水に入れると気体水和物 $SO_2·7H_2O$ を形成し, 遊離の H_2SO_3 は存在しない. 溶液中で塩基と反応し, $[SO_3]^{2-}$ または $[HSO_3]^-$ イオンを含む亜硫酸塩を形成する. 亜硫酸塩は酸と反応して SO_2 を遊離する. 亜硫酸塩は還元剤.

亜硫酸塩　sulphites

亜硫酸の塩で $[SO_3]^{2-}$ を含む化合物. 保存料.

亜硫酸カリウム　potassium sulphite

K_2SO_3. KOH 溶液と SO_2 から得る. この溶液からはピロ亜硫酸カリウム (メタ重亜硫酸カ

リウム）$K_2S_2O_5$ も生成する．

亜硫酸カルシウム　calcium sulphite
$CaSO_3$．SO_2 と石灰水または $CaCl_2$ と亜硫酸イオンを反応させると沈殿として生じる．過剰の SO_2 に溶解する．殺菌に用いられるほか，製紙産業で木材パルプ中のリグニンの溶解に用いられている．

亜硫酸ジメチル　dimethyl sulphite
$(CH_3O)_2SO$．かすかな臭気を持つ無色液体，沸点126℃．メタノールを塩化チオニルと煮沸して得る．沸騰水により分解して黄色くなり SO_2 を発生する．有機酸，アミン，アルコールと反応してメチルエステル，メチルアミン，メチルエーテルを生成する．合成用メチル化剤．

亜硫酸水素カルシウム　calcium hydrogen sulphite
$Ca(HSO_3)_2$．溶液中でのみ存在が知られている．殺菌剤，保存剤，消毒剤．

亜硫酸水素ナトリウム　sodium hydrogen sulphite
$NaHSO_3$．以前は重亜硫酸ナトリウムとも呼んだ．還元剤，漂白剤，殺菌剤．

亜硫酸ナトリウム　sodium sulphite
Na_2SO_3．NaOH溶液に SO_2 を作用させて得る．空気により容易に酸化されて Na_2SO_4 を生じる．いろいろな水和物を形成する．食品保存料，漂白後の塩素除去，製紙工業でリグニンの溶解に用いられる．

アリルアルコール　allyl alcohol（propenol）
C_3H_6O，$CH_2=CHCH_2OH$．系統的命名法ではプロペノール．刺激性の臭気を有する無色液体，沸点97℃．グリセリンとシュウ酸を加熱するか，あるいはプロピオンアルデヒドを還元して得られる．工業的製法は大きく2通りある．
①プロピレンを500℃で直接塩素化して，得られた塩化アリルを加水分解する．
②プロピオンアルデヒドとイソプロピルアルコール（ともにプロピレンから製造する）を400℃で触媒の存在下で反応させる．
合成原料のほか，樹脂，可塑剤に用いられる．

アリルイソチオシアナート　allyl isothiocyanate（allyl propenylate, mustard oil）
C_4H_5NS，$CH_2=CHCH_2NCS$．正式名称はイソチオシアン酸プロペニル，辛子油（マスタードオイル）ともいう．強い刺激臭を持つ無色液体，沸点151℃．黒コショウの精油に含まれる．ヨウ化アリルとチオシアン酸カリウムの反応で生成できる．アンモニアと反応してアリルチオ尿素を生じる．強力な糜爛（びらん）性物質．

アリル基　allyl（propenyl）
$CH_2=CHCH_2-$ 基．系統的命名法に従うとプロペニル基．

アリール基　aryl
ベンゼン系列の炭化水素や芳香族炭化水素から水素原子を1つ取り除いたとき，残りをアリール基と呼ぶ．

アリルチオ尿素　allylthiourea（thiosinamine, rhodallin, propenylthiourea, rhodalin）
$C_4H_8N_2S$，$CH_2=CHCH_2NHCSNH_2$．系統的名称ではプロペニルチオ尿素となる．別名をローダリンやチオシナミンともいう．かすかなニンニク様の臭気を持つ無色結晶性固体．融点74℃．アリルイソチオシアナートをアルコール中でアンモニアで処理して得る．医療用に用いられるが，有害な副作用を起こすこともある．アリルチオ尿素は写真用の塩化銀エマルジョンの化学増感剤であるが，やや毒性がある．

アリル転位　allylic rearrangement
3個の炭素原子からなる系において，炭素原子1と2の間にある二重結合が炭素原子2と3の間に移ること．炭素原子3が有する置換基も同時に3から1に移る．

$$\overset{1}{C}=\overset{2}{C}-\overset{3}{C}-X \rightleftarrows X-\overset{1}{C}-\overset{2}{C}=\overset{3}{C}$$

最も簡単な例としては，塩化クロチル（塩化2-ブテニル）の加水分解によりクロチルアルコール（2-ブテン-1-オール）と α-メチルアリルアルコール（1-ブテン-3-オール）が生じるものが挙げられる．

アリルポリマー　allyl polymers
アリル基（プロペニル基）$CH_2=CHCH_2-$ を含むポリマー．熱硬化性ポリマーを構成する重要な1グループであり，重合は熱や光（光照射），あるいは触媒の作用により開始される．シアヌル酸トリアリルとイソシアヌル酸トリアリルをポリエステルと共重合したものは強化ラミネートに使用される．炭水化物をはじめとするポリオールをスチレンなどのビニルモノマーと共重

合して得たアリルエステルは自動車部品や接着剤，家具の仕上げ剤に用いられる．アリルエステル（RCOOCH$_2$CH=CH$_2$），なかでもジアリルフタレートとイソフタレートは容易に重合し，耐摩耗性と対薬品性に優れた架橋熱硬化性材料となる．アリルホスフェートは難燃性ポリマーを生じる．

アリレン　allylene
→メチルアセチレン（プロピン）

亜リン酸　phosphorous acid
3価のリンを含むリンの酸素酸で，特にH$_3$PO$_3$を指す．ただし遊離酸は不安定で互変異性体のホスホン酸として存在する．いわゆる「亜リン酸塩」類もみなホスホン酸イオンのみを含む．亜リン酸のエステル(RO)$_3$P は安定な化合物である．

亜リン酸エステル　phosphites
(RO)$_3$P. 亜リン酸の誘導体で，PCl$_3$ と ROH または ArOH から得られる．遊離の亜リン酸は互変異性体のホスホン酸の形となっているが，エステルのみは安定に存在できる．(RO)$_3$P は潤滑油中の抗酸化剤として用いられる．ハロゲン化アルキルと R'X を作用させると (RO)$_3$P はミハエリス-アルブーゾフ反応を起こし (RO)$_2$P(O)R'（ホスホン酸エステル）を生成する．遷移金属と錯体を形成する．有機合成の中間体としても利用される．

亜リン酸トリエチル　triethyl phosphite
(C$_2$H$_5$)$_3$P. 無色液体, 沸点156℃. 水に不溶. PCl$_3$ とアルコールから得る．ハロゲン化アルキルと反応して四級塩［(EtO)$_3$PR］$^+$X$^-$を形成する．これは容易にC$_2$H$_5$Xを放出してホスホン酸エステル (EtO)$_2$P(O)R を生成し，改良型ウィティッヒ反応に使われる．脱硫剤の脱酸素剤として用いられる．

アルカナール　alkanals
脂肪族のアルデヒド．RCHO で表される．ここでRはアルキル基である．

アルカノールアミン石鹸　alkanolamine soaps
→アルカノールアミン類

アルカノールアミン類　alkanolamines (alkylolamines)
アルキロールアミンともいう．アルケンオキシドを50～60℃でアンモニア水と反応させることによって製造するヒドロキシアミン．低融点を持つ吸湿性の固体で，通常アンモニア臭を持つ，無色でやや粘稠な液体として得られる．ゴム製造用の硬化促進剤，重合反応用触媒，さらに二酸化炭素や硫化水素などの酸性気体の吸収剤として用いられている．脂肪酸とともに石鹸を作るが，これらは反応に際し，ほとんど中性であるので，洗剤や乳化剤として用いられる．
→エタノールアミン類，イソプロパノールアミン類

アルカノール類　alkanols
脂肪族のアルコール．ROH で表される化合物．ここでRはアルキル基である．

アルカリ　alkali
アルカリ金属元素，またはアルカリ土類金属元素の水酸化物のこと．CaO, Ca(OH)$_2$, Na$_2$CO$_3$ など，水に溶けてアルカリ性溶液（pH＞7）となり，酸と反応するような物質に対しても使用される．水溶液に対して用いられるとき，アルカリは塩基と実質的に同義語である．

アルカリ金属化合物（アルカライド）　alkalides
M$^-$イオンを含む NaCs などのアルカリ金属の化合物．

アルカリ金属元素　alkali metals
リチウム，ナトリウム，カリウム，ルビジウム，セシウム，およびフランシウムを指す．つまり周期表での第1族元素．外殻の s^1 電子によりすべて電気的陽性が強く，容易にM$^+$イオンを形成する．

アルカリ性　alkaline
水溶液のpHが7以上であることを指す．

アルカリ土類金属元素　alkaline earth metals
ベリリウム，マグネシウム，カルシウム，ストロンチウム，バリウム，ラジウムの7元素を指す．もっとも識者によってはベリリウムを除外したり，あるいはベリリウムとマグネシウムの2元素を除外すべきだと主張する向きもある．電気的陽性が強く，容易にM^{2+}イオンを形成する．歴史的には「土」は非金属物質（酸化物）を意味していて，水にほとんど不溶であり，加熱しても変化がないもの（希土，礬土，ケイ土など）を指した．アルカリ土類金属の酸化物，例えばCaOは，明らかに「土」であるが，それに加えてアルカリとしての反応性も有す

る.「苦土（MgO）」,「重土（BaO）」などは今でもしばしば用いられる用語である.

アルカロイド alkaloids

有機酸と結合し，多くの植物中にさまざまな形で存在するほか，限定的に動物にも存在する有機物質．多くの薬物の薬効成分でもある．アルカロイドには極めて毒性の高いものが多く，微量でも特徴的な薬理活性を示す．化学的性質と組成はさまざまである．すべてのアルカロイドには窒素が含有されており，塩基性で酸と結合して結晶性の塩を形成するが，これは通常水溶性である．大半は水には極めて溶けにくいが，アルコール，クロロホルムおよびエーテルなどの有機溶媒には通常容易に溶ける．アルカロイドを含有する薬物から商業的にアルカロイドを抽出するには，薬物を粉末にし，あるいはそのアルコール抽出物をアンモニアや石灰などのアルカリで処理してアルカロイドを遊離させる．アルカロイドはギ酸，あるいはメチオニンまたは酢酸あるいはメバロン酸と結合したアミノ酸，あるいはシキミ酸やテルペン類など，これらのさまざまな高次転換生成物から生成される．多くのアルカロイドはピリジン，キノリン，イソキノリンあるいはピリミジンの誘導体で，キラルである．アルカロイドには多くの重要な薬物が含まれ，例えばモルヒネ，カフェイン，ニコチン，アトロピン，コカイン，ヒヨスチアミン，キニーネ，ストリキニーネ，ピロカルピンなどが挙げられる．植物中でこれらがどのような生理的な役割を果たしているのかについては知られていない．一般的なアルカロイドの多くは，化学的利用法の1つとしてラセミ体（通常酸である）をエナンチオマーへと光学分割するのにも一部利用されている．

アルカン alkanes (paraffins)

パラフィン系炭化水素．メタン系炭化水素ともいう．一般式 C_nH_{2n+2} で表される脂肪族炭化水素．$C_1 \sim C_4$ のアルカンは気体で，それに続くアルカンは液体，$C_{16}H_{34}$ 以降はロウ状の固体．これらは水に不溶で，クロロホルムやベンゼンに溶ける．石油の主成分．化学作用に対して強い抵抗性を持ち，反応可能なのは塩素と臭素のみで，それぞれクロロ-，ブロモ置換パラフィンを生じる．アルカンの脱水素により有用なアルケンが生じる．アルカンはアルケンを還元するかまたはヨウ化アルキルをナトリウムのエーテル溶液で処理することによって作られる．

アルキド樹脂 alkyd resins

多価アルコールとフタル酸などの多塩基酸（一塩基酸のこともある）の縮合生成物．塗装，特に塗料に広く用いられている．

アルギニン arginine (D-2-amino-5-guanidinopentanoic acid)

$C_6H_{14}N_4O_2$, $H_2NC(=NH)NH(CH_2)_3CHNH_2COOH$ (D-2-アミノ-5-グアニジノペンタン酸)．融点207℃．アルギニンは必須アミノ酸の1つで，プロタミンとヒストンのタイプに属するタンパク質から高濃度で得られる．窒素の排泄物質である尿素の生成や，酸化窒素細胞シグナリングにおいて重要な役割を果す．

アルキリデン錯体 alkylidene complexes

遷移金属を含む化合物 M=CR'R．金属誘導体とアルカンから生成され，アルケンメタセシスおよび関連反応，カルベン錯体において重要である．

アルキルアミド alkylamides

E-NR$_2$ 基を持つ金属および非金属誘導体（例：W(NMe$_2$)$_6$）．ハロゲン化物とアミン，シリルアミドあるいはリチウムアルキルアミドLiNR$_2$ から生成される．しばしば揮発性で，アルコキシドよりも会合性が低い．低配位数の分子種が知られている．

アルキルアルミニウム aluminium alkyls

→アルミニウムの有機誘導体

アルキル化 alkylation

正式にはアルキル基を炭化水素鎖や芳香族環に導入すること．アルケンとイソアルカンまたは芳香族化合物を反応させることによって分岐鎖炭化水素を生成すること．例えばイソブタンと1-ブテンを反応させることによってオクタン価の高いガソリンとしてのイソオクタンを製造するなど．アルキル化は熱により行うこともできるが，硫酸やフッ化水素触媒を用いれば，より穏やかな反応条件で行うことも可能である．芳香族化合物のアルキル化については「フリーデル-クラフツ反応」を参照．

アルキル基 alkyl

脂肪族炭化水素から水素原子1個を取った残

りで，例えば CH_3-, C_2H_5- など．これらのフリーラジカルもよく知られており，アルカンの熱劣化や石油化学の諸プロセスなど，多くの反応の中間体である．

アルキルフェノール類 alkylphenols
フェノールまたはその同族体のアルキル化により生成される．熱硬化性樹脂の形成（ホルムアルデヒドを併用）や特に表面活性剤および洗剤として用いられている．長鎖誘導体のポリエーテルを作る（エチレンオキシドを併用）のに使用される．ビス t-ブチル誘導体である BHT（ビス(t-ブチル)ヒドロキシトルエン）などは酸化防止剤として有用．

アルキルリチウム, アリールリチウム lithium alkyls, lithium aryls
→リチウムの有機誘導体

アルキロールアミン alkylolamines
→アルカノールアミン類

アルキン（アセチレン系炭化水素） alkynes (acetylenes)
アセチレン系の炭化水素．$C\equiv C$ を有する化合物．メチルアセチレン $CH_3C\equiv CH$ はプロピン，ジメチルアセチレン $MeC\equiv CMe$ は 2-ブチンである．

アルギン algin
海藻コロイド．主にアルギン酸（D-マンヌロン酸）からなる．主にポリマンヌロン酸の形で用いられ，そのナトリウム塩は極めて粘性が高い水溶液となる．食品（アイスクリームなど）や薬の安定剤として，また外科手術用包帯として用いられるほか，繊維産業でも染色固定，捺染などに用いられている．入れ歯の型どりなどにも利用されている．

アルギン酸 alginic acid
→アルギン

アルケン alkenes (olefins)
オレフィン．二重結合を1つ含む，一般式 C_nH_{2n} の脂肪族炭化水素．シクロアルカンとは異性体の関係にある．物性はアルカンと極めて似ており，低級アルケンは気体，中間が液体で高級アルケンは蝋状の固体である．水に不溶で，クロロホルムやベンゼンに可溶．煙を出して明るい炎をあげて燃える．原油のほか石油分解ガスにも含まれる．アルケンはアルカンよりさらに反応性に富み，二重結合には他の基が付加する．触媒の存在下で水素により還元されてアルカンを生じる．ハロゲンとの反応によりジハライドを，HX との反応によりハロアルカンを生じる．塩素水または臭素水と反応させるとクロロ-またはブロモヒドリンを生じる．濃硫酸に溶けてアルキルスルホン酸およびジアルキルスルホネートを生じる．また過マンガン酸カリウムや四酢酸鉛により酸化されてグリコールとなる．アルケンはさまざまな触媒を用いることにより，または加圧下で重合する．脂肪族アルコールを硫酸とともに加熱するか，またはアルコールの蒸気を加熱したアルミナ上に流すことによって生成できる．燃料として用いられるほか，アルコールや三員環である C_2O 環を含有するアルケンオキサイド，グリコールなどの物質の原料としても用いられる．水銀化合物の存在下で水と反応し，付加物を生じるが，これはさらに反応を進めてアルコールにすることができる．アルケンの重合は $TiCl_3$ ベースの触媒（ツィーグラー-ナッタ触媒），不均一系触媒（$Cr^{III}{}_n SiO_2$, Phillips 触媒），および均一系である第4族金属の化合物を用いて行われており，これらのポリマーは広く用いられている．

アルコキシド alkoxides (alcoholates)
アルコラートともいう．アルコールの金属誘導体（例えば $KOCH_3$, $Al(OC(CH_3)_3)_3$）．アルカリ金属誘導体は直接合成することが可能であるが，多くの誘導体（例えば遷移金属のもの）は間接的に合成しなくてはならない（例えば $TiCl_4$ と ROH および三級アミンから $Ti(OR)_4$ を生成するなど）．アルコキシドの多くはオリゴマーであるが，揮発性であるものが多い．反応試薬として用いられる（→アルミニウムの有機誘導体）ほか，触媒としても用いられる．商業的には $Al(OPr^i)_3$ が還元剤，塗料添加剤として用いられている．NaOMe は触媒および試薬として使用されており，$Ti(OPr^i)_4$ およびその他のアルキルチタネートはポリマー産業および塗料で使用されている．

アルコーリシス alcoholysis
加水分解における水と同様の役割をアルコールが果たす反応．アルコールとエステルの間の反応に最も多く用いられ，これにより，もとの

エステルを構成しているアルコールが別のアルコールによって置換される．このような反応は通常ナトリウムアルコキシドが少量存在すると，急速に進行する．多くの場合この反応は可逆的である．

アルコール alcohol
→エタノール，アルコール類

アルコール類 alcohols
炭素原子に直接結合しているヒドロキシ基を1つ以上有する有機化合物．芳香環を構成している炭素原子に直接結合しているヒドロキシ基を有する芳香族誘導体はフェノールと呼ばれ，特徴ある性質を持つ．OH基を1つ有する化合物は一価アルコールと呼ばれ，それ以上持つものは二価，三価，多価アルコールとなる．脂肪族二価アルコールはグリコールと呼ばれる．最も重要な三価のアルコールはグリセリンであり，四価，五価，六価アルコールは一般に糖より誘導される．一価アルコールは，対応するパラフィン炭化水素の名称をもとに名前がつけられている．例えばエタノールはエチルアルコール CH_2CH_2OH のことである．一級アルコールは $-CH_2OH$ 基，二級アルコールは $>CH(OH)$ 基，三級アルコールは $\geq C(OH)$ 基を持つ．一連の一価アルコールの中で，分子量の小さいものは臭いのある液体であり，分子量の大きいものは白色無臭の固体である．ナトリウム，カルシウム，アルミニウムなどの金属と反応してアルコキシドを形成し，酸と反応するとエステルとなる．硫酸およびその他の試薬により水が脱離するとアルケンを生成する．酸化すると一級アルコールはアルデヒド，二級アルコールはケトン（→オッペンナウアー酸化，デス-マーチン酸化）となるが，三級アルコールは分解し元のアルコールより炭素原子数の少ない化合物を生じる．

アルゴン argon
元素記号 Ar．希ガス元素．原子番号 18, 原子量 39.948, 融点 -189.35℃, 沸点 -185.85℃, 密度 (ρ) 1633 kg/m³ ($=1.633$ g/dm³)．大気中の存在量 9300 ppm, 地殻存在比 1 ppm, 電子配置 [Ne] $3s^23p^6$．希ガス元素中で最も存在量の多い気体（乾燥空気の 0.93%）．液体空気の分留により得られる．電球，アーク溶接時の不活性雰囲気，金属や半導体の製造（Ti, Si）に用いられている．アルゴンは外殻電子配置 $3s^23p^6$ を持ち，水に溶けていくつかの包接水和物を形成するが，真の化合物は励起状態の誘導体を除き存在しない．マトリックス中で $Cr(CO)_5Ar$ を形成する．

アルシン arsine
AsH_3．水素化ヒ素，昔風の表現では「砒化水素」．

アルシン類 arsines
→ヒ素の有機誘導体

アルデヒドポリマー aldehyde polymers
{CHROX} という基本骨格を有するポリマーであって，アルデヒド RCHO を重合することによって生成する．商業的に重要なアルデヒドポリマーは極性溶媒中で CH_2O を重合させることによって得られる，ポリホルムアルデヒド（ポリオキシメチレン，デュポン社の商品名のデルリン（Delrin）で広く知られている）（R=H），ポリアセトアルデヒド（ポリエタナール）（R=CH_3），およびポリクロラール（R=CCl_3）である．これらの材料は軽量だが強くて硬く，薬品にはかなり耐性がある．機械部品，自動車部品などに使用されている．アルデヒドはテロマー化して三量体などになる．

アルデヒド類 aldehydes
炭素に直接結合している CHO 基を持つ有機化合物．ホルムアルデヒド（メタナール）HCHO もアルデヒドに含まれるものであるが，典型的なアルデヒドとは異なる性質をいくつか持つ．アルデヒドは通常無色の液体（脂肪族）または固体（分子量の多い芳香族）で，特徴的な臭いを持ち，酸化によりカルボン酸に，還元により一級アルコールになる．さまざまな製法があり，一級アルコールの酸化，カルボン酸誘導体（アミド，ニトリルおよび塩化物）を金属のヒドリド錯体で選択的に還元するなどがある．芳香族アルデヒドは芳香族炭化水素を一酸化炭素，塩化水素，無水塩化アルミニウムおよび塩化銅（I）とともに加熱（ガッターマン-コッホ反応）することにより生成できる．またフェノールのアルカリ溶液をクロロホルムと反応（ライマー-チーマン反応）させると，カルベンを経てサリチルアルデヒドのようなフェノール性アルデヒ

ドが生じる．ほとんどの脂肪族および芳香族アルデヒドはアルカリ金属の亜硫酸水素塩と反応し，付加物を生じるほか，シアノヒドリン，アルドキシム，セミカルバゾンおよびフェニルヒドラゾンを生じる．アルデヒドはケトンとは異なりシッフ試薬をピンク色に戻し，アンモニア性硝酸銀およびフェーリング溶液を還元する．またアルコールとアセタールを形成する．脂肪族アルデヒドはアルデヒドアンモニアを生成するほか，アルドール縮合を起こすものもある．芳香族アルデヒドは脂肪酸のナトリウム塩およびその無水物とともに加熱すると不飽和酸を生成（パーキン反応）する．一級アミンとともにシッフ塩基（アゾメチン）を生成し，フェノールおよびジメチルアニリンと反応してトリフェニルメタン誘導体を生じる．すべての芳香族アルデヒドといくつかの脂肪族アルデヒド（α位に水素原子を含まないもの）はカニッツァーロ反応を起こして不均化し，相当するカルボン酸とアルコールを生じる．

アルドキシム aldoximes

アルデヒドにヒドロキシルアミンが作用して生成する-CH=NOH基を含有する化合物．第一級アミンを過一硫酸（H_2SO_5，カロの酸）で酸化することによっても得られる．脂肪族アルドキシムは無色の液体か低融点の固体で，そのうちのいくつかは水溶性である．芳香族アルドキシムは結晶性の固体で，例としてはベンズアルドキシムが挙げられる．アルドキシムはすべてシン（*syn*）体，アンチ（*anti*）体と呼ばれる2つの立体異性体として存在することが可能だが，実際にはほとんどの脂肪族アルデヒドからは*anti*体のみが単離されている．芳香族アルデヒドからは*syn*体が生じるが，これはしばしばHClによって異性化されて*anti*体となる．*syn*アルドキシムは塩化アセチルによりアセチル誘導体を生じるが，*anti*アルドキシムは脱水されて対応するニトリルRCNを生じる．希塩酸によりアルデヒドとヒドロキシルアミン塩酸塩が再生する．

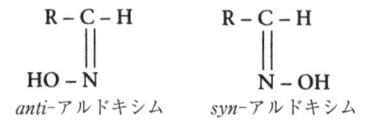

アルドース aldose

潜在的なアルデヒド基（CHO）を有する糖．環に含まれると，この基はそれとわかりにくい．アルドースは含有する炭素原子数に応じてアルドペントース，アルドヘキソースなどと呼ばれる．

アルドステロン aldosterone

$C_{21}H_{28}O_5$．副腎皮質から分泌されるステロイドホルモン．

アルドール aldol

$C_4H_8O_2$．$CH_3CH(OH)CH_2CHO$．アセトアルドール，3-ヒドロキシブタナール，β-ヒドロキシブチルアルデヒド．無色の油状液体．沸点83℃/20 mm．アセトアルデヒドを炭酸アルカリ，石灰，ホウ砂，その他のアルカリ縮合剤で処理することによって製造する．加熱により分解し，クロトンアルデヒドになる．加圧下で水素により還元すると1,3-ブチレングリコールとなる．ゴムの加工，香水，鉱石の油浮選に用いられている．

アルドール縮合 aldol condensation

脂肪族アルデヒド2分子が反応してβ-ヒドロキシアルデヒドを生じる反応．最も簡単な例は，アセトアルデヒドの場合で，アルドール$CH_3CH(OH)CH_2CHO$を生じる．この反応は触媒，通常はシアン化カリウム，酢酸ナトリウムあるいは希水酸化ナトリウムなどのアルカリの存在下で低温で行われる．$-CH_2CHO$基を含有するアルデヒドのみがこの反応を生じ，その他のアルデヒドはカニッツァーロ反応を行う．β-ヒドロキシアルデヒドは容易に水を失って不飽和アルデヒドとなる．脂肪族ケトンは同様に脂肪族ケトンまたはアルデヒドと，あるいはいくつかの芳香族アルデヒドと反応してβ-ヒドロキシケトンを生じるが，これはまた容易に水を失って不飽和ケトンとなる．

アルトロース altrose

アルドヘキソースでアロースのエピマーに当たる．→ヘキソース

アルドン酸 aldonic acid

アルドースのアルデヒド基を酸化し，カルボキシル基にすることにより派生する酸．例えばグルコン酸．

$$\begin{array}{cc} R-C-H & R-C-H \\ \| & \| \\ HO-N & N-OH \\ \textit{anti}\text{-アルドキシム} & \textit{syn}\text{-アルドキシム} \end{array}$$

アルニコ合金　alnico alloys
　アルミニウム（Al），ニッケル（Ni），コバルト（Co）および鉄（Fe）を含む合金．永久磁石に用いられる．

α壊変　alpha decay
　α粒子（ヘリウムの原子核）を放出する放射壊変のこと．

αヘリックス　alpha helix
　ほとんどのタンパク質が有する螺旋型構造．

α粒子　alpha particle（α-ray）
　He^{2+}イオン，すなわち外殻電子を持たないヘリウム原子核．放射線としては「α線」と呼ぶことが多い．α粒子はラジウム（Ra）などの放射性物質から高速（約$2×10^9$ cms^{-1}）で放出されている．α粒子の検出と計測には専用のカウンターが必要となる．α粒子をそのまま，あるいはさらに加速して標的原子核に衝突させ，核反応を起こさせるための衝撃粒子として用いることができる．α粒子のエネルギーすなわち飛程は放出源に特徴的なものである．

アルブチン　arbutin
　融点195℃．典型的なフェノールグリコシド，ヒドロキノン-β-D-グルコピラノシド $C_6H_{11}O_5·O·C_6H_4OH$．無色結晶．ほとんどのツツジ科の植物の葉に産出する苦い物質．消毒剤，利尿剤．

アルブミン　albumins
　→蛋白質

アルミナ　alumina
　→酸化アルミニウム，アルミン酸塩

アルミナゲル　alumina gel
　→水酸化アルミニウム

アルミナセメント　aluminous cement, cement fondu
　水硬（性）セメント．ポルトランドセメントによく似ているが，主にアルミン酸カルシウムからなる．固化するのはゆっくりであるが，いったん開始すると急速に固くなる．海水および溶液中の硫酸イオンに耐性を持つ．耐火セメントとしても用いられる．別名を急結セメントという．

アルミニウム　aluminium, aluminum：米国式表記
　元素記号 Al．原子番号13の金属元素．原子量 26.982，融点 660.32℃，沸点 2519℃，密度（ρ）2698 kg/m^3（=2.698 g/cm^3），地殻中の存在量 82000 ppm，電子配置 [Ne]3s^{2}3p^1．天然には粘土を始めとする多くのケイ酸塩（→アルミノケイ酸塩）中に存在するほか，水和酸化物（ボーキサイトなど）として存在する．通常地下水に含まれる量は限られているが，酸性雨によりその濃度は増加する．融解 Na_3AlF_6（氷晶石）にAl_2O_3を溶解し，Li_2CO_3を添加して，炭素電極を用いて電気分解することにより製造する．生成物の純度は99％以上であるが，若干の Fe や Si を含む．アルミニウムの多くは回収され，再利用されている．極めて純度の高い Al は $NaAlF(C_2H_5)_3$ などの化合物の電気分解により得られる．Al は多くの酸化物を還元（ゴルトシュミット反応，テルミット反応）して金属を遊離する．純粋な金属は酸化物の皮膜で覆われており，水の攻撃はほとんど受けないが，微量の不純物により腐食が生じる．塩や海水により腐食する．酸に可溶．アルミニウムおよびその合金は低密度で高強度が必要な用途，例えばエンジニアリング，飛行機，台所用品，送電用ケーブル線などに用いられている．アルミニウム箔はミラーコーティングや包装材として，また酸化鉄で被覆した板状の粒子は金属粉塗料に用いられている．アルミニウム塩は浄水や硬水軟化（→ミョウバン類）に，また触媒（→アルミニウムの有機誘導体，酸化アルミニウム）として重要であり，酸化物は耐火材，研磨剤，セメント，セラミックス，制酸剤，制汗剤，あるいは光学用人造宝石（ルビーレーザー用）として有用である．

アルミニウムの化学的性質　aluminium chemistry
　アルミニウムは13族の元素である．常温での化学的性質は Al（Ⅲ）のものである（酸溶液中での $Al^{3+} \rightarrow Al$ の $E°$ は -1.66 V）が，気体状の Al（Ⅰ）化合物も知られている（例えば高温で $AlCl_3$ と Al を反応させると AlCl となる）．固体の Al（Ⅲ）の通常の配位構造は八面体 $[Al(OH_2)_6]^{3+}$ と四面体 $[AlCl_4]^-$ である．アルミニウムの有機誘導体は産業的にも重要なよく知れた化合物である．酸化アルミニウムとアルミノケイ酸塩も工業的に重要な資源・材料である．

アルミノケイ酸塩の中では，Al^{3+}イオンは6配位であることもあるが，ほとんどの場合には$[SiO_4]^{4-}$四面体のSiを置換した4配位である．

アルミニウムの酸素酸塩 aluminium oxy-acid salts

アルミニウムのほとんどの酸素酸塩は水に可溶（リン酸塩を除く）で，水溶液は加水分解により酸性を呈する（実はアルミニウムイオンの水和水が一部解離して弱酸として作用するのである）．一般に極めて水和度が高い．セメントやフラックスとして用いる．最も重要な塩は酢酸塩，硝酸塩，硫酸塩などである．媒染剤，紙のサイジング剤や水処理に用いる．カルボン酸塩，例えばオレイン酸塩，パルミチン酸塩，ステアリン酸塩などは染色，なめし，防水加工，ペンキやワニスの乾燥剤に用いられている．

アルミニウムの有機誘導体 aluminium, organic deriatives, aluminium alkyls

金属アルミニウムとジアルキル水銀，または無水塩化アルミニウムとグリニャール試薬との反応で得られる．商業規模ではR_2Al-HとC_nH_{2n}（アルケン）から$R_2AlC_nH_{2n+1}$を製造する．後者の反応はAlとH_2およびAlR_3を直接反応させてAlR_2Hをまず製造し，これをアルケンと反応させることによって行うことができる．アルミニウムの有機誘導体はすべて酸化されやすく，低級アルキルの誘導体は自然発火性である．これら低級アルキル誘導体は多中心結合の架橋アルキル基を有するポリマー性の液体である．錯体（AlR_3L）は簡単に生成する．アルキルアルミニウムはアルキル基の導入に用いられるほか，工業的にはアルケンの重合（ツィーグラー-ナッタ重合法）やアルケンの短鎖重合による洗剤や脂肪用中鎖誘導体の生成に用いられている．これらのプロセスはアルケンをAlR結合中に挿入することにより行われる．

アルミニウムアルコキシド aluminium alkoxides

$Al(OR)_3$．触媒としての$HgCl_2$の存在下にAlとアルコールを反応させるか，$AlCl_3$とRONaから作る．これらのアルコキシドは多量体（オリゴマー）で（例えば$[Al(O-tBu)_3]_2$，$[Al(O-iPr)_3]_4$）かなり融点の低い固体であり，水により容易に加水分解される．カニッツァーロ反応によりアルデヒドからエステルを作る際のC=O基の還元剤として用いられる（$Al(O-iPr)_3$）ほか，過剰のMe_2COの存在下で第二アルコールを酸化してケトンを生成（オッペンナウアー酸化，$Al(O-tBu)_3$）し，例えば$TiCl_4$などの共触媒とともにアルケンの重合（ツィーグラー-ナッタ重合法など）反応での触媒としても用いられている．最も重要なアルミニウムアルコキシドは$Al(O-tBu)_3$と$Al(O-iPr)_3$である．

アルミニウムイソプロポキシド aluminium isopropoxide aluminium isopropylate

$Al(O-iPr)_3$．アルミニウムイソプロピラート．融点125℃．

アルミニウムエトキシド aluminium ethoxide (aluminium ethylate)

$Al(OCH_2CH_3)_3$．→アルミニウムアルコキシド

アルミニウム合金 aluminium alloys

軽量で強度が高く，一般に腐食に強いという性質を併せ持つので重要な材料である．ジュラルミン（デュラルミン）などが有名である．

アルミニウム-t-ブトキシド aluminium t-butoxide（aluminium t-butylate）

$Al(OC(CH_3)_3)_3$，$Al(O-tBu)_3$．アルミニウム-t-ブチラートと呼ぶこともある．→アルミニウムアルコキシド

アルミノキサン aluminoxane

→メチルアルミノキサン

アルミノケイ酸塩 aluminosilicates

アルミニウムを含有するケイ酸塩．最も重要なアルミノケイ酸塩ではAlがSiを置換して四面体の中心の位置を占めている．電荷を釣り合わせるためには，Alによって置換されたSi 1原子あたり，M^+イオン（あるいは等価物，例えば$1/2(M^{2+})$）が1個存在する必要がある．SiO_2をベースとする枠組み構造を持つケイ酸塩にはAlO_4基が含まれなくてはならない．このタイプの重要なアルミノケイ酸塩としては，長石，雲母，ゼオライトおよび若干の粘土鉱物が挙げられる．Alが通常の陽イオンとして機能する場合，Alは八面体配位でケイ酸塩中に存在する．セメント，ガラス，塗料に使用される．

アルミノン aluminon (ammonium aurinetricarboxylate)

アウリントリカルボン酸アンモニウム．種々の金属イオンと反応して有色錯体（レーキ）を生成する．アルミニウムの検出，比色定量に用いられる．

アルミン酸塩 aluminates

正式には，陰イオン性のヒドロキシ錯体やオキソ錯体中にAl^{3+}イオンを含有している化合物をいう．$[Al(OH)_4]^-$や$[(HO)_3Al\text{-}\mu\text{-}O\text{-}Al(OH)_3]^{2-}$を含有している化学種および高次のポリマーは，高 pH のAl^{3+}水溶液から生じる．固体塩は結晶化や沈殿によって得られる．金属酸化物とAl_2O_3を一緒に溶融することにより得られるアルミン酸塩は，混合金属酸化物で，酸素イオンの四面体や八面体の配位構造中にAl^{3+}を有する（例えばスピネル，$MgAl_2O_4$）ものである．$NaAlO_2 \cdot xH_2O$（Al_2O_3とシュウ酸ナトリウムから得られるが，商業的にはボーキサイト$AlO(OH)$を水酸化ナトリウム水溶液に溶かして生成する）は媒染剤として使用されるほか，レンガの製造や紙のサイジング剤，また水の軟化剤として用いられている．アルミン酸バリウムは効率はよいが高価な水軟化剤である．アルミン酸カルシウムはポルトランドセメントの成分である．いわゆるβ-アルミナは理想的な組成としては$Na_2O \cdot 11Al_2O_3$を持つアルミン酸塩で，イオン伝導体．他のカチオンにより置換され得る，可変量のNa^+を含む．

アルミン酸カルシウム calcium aluminate

セメント，特にアルミナセメント中に含まれる．

アルミン酸ナトリウム sodium aluminate

$NaAlO_2$，または$NaAl(OH)_4$を指す．織物の染色，サイジング，アルミニウム石鹸合成などに用いる．

アルント-アイステルト合成 Arndt-Eistert synthesis

カルボン酸を，1つ炭素の多い同族化合物およびその誘導体，すなわちエステルまたはアミドへと変換するプロセス．

$$RC(O)OH \longrightarrow RC(O)Cl \xrightarrow[Et_2O]{CH_2N_2} RC(O)CH_2N_2 \xrightarrow{Ag^+} RCH_2C(O)OH$$

アレニウスの式 Arrhenius equation

温度に対する化学反応速度の変化はアレニウスの式により定量的に表すことができる．

$$k = A \exp(-E_a/RT)$$

ここで，kは速度定数，AとE_aは定数で，それぞれその反応における前指数項，活性化エネルギーと呼ばれる（Rは気体定数）．前指数項Aは衝突頻度因子で，比較的温度の影響を受けない．$A = pZ$　ここでZは衝突頻度，pは立体因子で，反応に有効な衝突の効率の尺度である．アレニウスの式は拡散，電解伝導，粘性流や化学反応などのプロセスに用いることができる．

アレン allene (1,2-propadiene)

$CH_2=C=CH_2$，C_3H_4．系統的命名法では1,2-プロパジエン．無色気体．イタコン酸カリウムの電解あるいは1,3-ジブロモプロパンに亜鉛とアルコールを作用させて得る．容易にメチルアセチレン（プロピン）に異性化する．

アレーン錯体（π-） π-arene complexes

芳香族系が自身のπ-電子を通じて金属に結合している錯体．一般に無電荷の芳香族系の錯体（例えば$[(C_6H_6)_2Cr]$）にのみ用いられるが，正式には芳香族系の錯体であればすべてに用いることができる（例えば$(C_5H_5)^-$の錯体としてのフェロセン$[(C_5H_5)_2Fe]$など）．

アレン類 allenes

>C=C=C<の骨格を持ち，一般式C_nH_{2n-2}で表される1,2-ジエン．1,2-プロパジエン（アレン）の誘導体で，アルキンの異性体．アルケンの典型的な付加反応を生じる．共役，孤立二重結合を有するアルケンほど安定ではない．通常塩基の作用で異性化してアルキンになる．アレンは通常無色の液体でニンニク臭を持つが，炭素数の多いものは固体である．通常1,2,3-トリブロモプロパン誘導体にKOH，続いて亜鉛とエタノールを作用させて，脱臭素および脱臭化水素反応を起こさせることで生成する．

アロキサン alloxan (2,4,5,6-tetraoxohydropyrimidine)

$C_4H_2N_2O_4$．メソシュウ酸のウレイドにあたる．2,4,5,6-テトラオキソヒドロピリミジン．アロキサンチンや尿酸の酸化によって得られる．栄養学研究で用いられている．誘導体であるアロバルビトン（催眠薬）とアロキサンチンはよ

く知られているが，以前に比べると使用は減少している．

アロキサンチン　alloxantin

$C_8H_6N_4O_8$． 5,5′-ジヒドロキシ-5,5′-ビバルビツール酸．尿酸を希硝酸で酸化して得られる．さらに酸化するとアロキサンになる．

アロース　allose

グルコースの異性体で3位の立体配置が逆になっているアルドース．→ヘキソース

アロステリック効果　allosteric effects

他の分子との相互作用により，その分子の持つ分子機能が制御されること．アロステリック効果は生合成経路による生産活動をコントロールする．

アロソルヴァン法　Arosolvan process

芳香族炭化水素と飽和炭化水素の混合物からベンゼンとトルエンを水とN-メチルピロリドンを使用して抽出するプロセス．このプロセスはナフサを分解しアルケンを製造するときに用いられる．アルケンが抽出されないように，抽出に先立ち水素添加を行って飽和化し，アルカンにしておく．

アロバルビタール　allobarbital

→アロバルビトン

アロバルビトン　allobarbitone (diallylbarbituric acid)

バルビツール酸と臭化アリルを酢酸ナトリウムの存在下で反応させて得られる．融点173℃．水に可溶．強い催眠作用を示し，鎮痛剤，催眠薬として用いられる．

アロファン酸　allophonic acid (carbamylcarbamic acid)

カルバミルカルバミン酸，$C_2H_4N_2O_3$，NH_2CONHCOOH．遊離の酸は不安定で，たちまち尿素とCO_2に分解するため知られていないが，誘導体は安定な既知物質である．塩類はアロファン酸エチルを適当な水酸化物で処理することによって生成する．アルコールやフェノールとのエステルは結晶性の固体で，水やアルコールにやや溶けにくい．これらはシアン酸をアルコール中またはアルコールやフェノールのベンゼン溶液に通して生成する．アロファン酸のアミドがビウレットである．アルコールによっては，アロファン酸のエステルにして遊離，同定

できる．

アロモン　allomone

環境のなかで異なる種の間に作用する化合物または混合物．発散者それぞれにとって適応に有利な物質，例えば防御用分泌物や花粉媒介昆虫を引き寄せるための花の香りなど．→カイロモン，フェロモン

泡（バブル）　bubble

主に大きい泡．空気や気体が薄いフィルムに閉じ込められた領域．安定性は表面張力によって生じる．表面活性剤の作用において重要．

泡（フォーム）　foams

主に細かい泡をいう．泡は液体中に気体が粗く分散した状態．相の大部分は気体で，液体は気泡の間に薄い層を形成している．泡は純粋な物質では形成されず，泡安定化剤の存在下で液体と気体を撹拌すると生じる．泡安定化剤は通常，溶液の表面張力を大幅に低下させ気-液界面に強く吸着する界面活性剤（ラウリルアルコールなど）である．泡の崩壊を避けるには，この吸着過程が非常に速く起こる必要がある．泡の持続時間は数秒のもの（アミルアルコール溶液など）から，数時間あるいは，数ヶ月に及ぶもの（石鹸やタンパク質の溶液）まである．

泡は家庭や工業的に利用され，またゴムの製造（発泡ラテックス）や消火において重要である．燃えている表面上に泡が浮いて連続的な層を形成すると可燃性蒸気の発生を抑制する．泡は気体の吸着や液体生体試料からタンパク質を分離するのにも利用される．→消泡剤

泡鐘段（バブルキャッププレート）　bubble-cap plate（bubble-cap tray）

あわかねだん．泡鐘トレイともいう．蒸留塔や吸収塔で使用される気-液接触装置．バブルキャッププレートと呼ぶこともある．

アンギオテンシン　angiotensins

血圧に作用する生理活性ペプチド．血管収縮，血圧上昇などの効果がある．

アンゲリカ酸　angelic acid（Z-2-methyl-2-butenoic acid）

Z-2-メチル-2-ブテン酸　$C_5H_8O_2$．融点45〜46℃，沸点185℃．天然にはアンジェリカ *Angelica archangelica*（ヨロイグサ（鎧草），別名セイヨウトウキ（西洋当帰））の根の中に

産出する．そのまま，あるいは酸やアルカリとともに加熱するとE-異性体のチグリン酸となる．

アンゲリカ油 oil of angelica
アンゼリカ油と呼ぶ向きもある．フェランドレンと吉草酸を含む．リキュールに利用される．

アンセリン anserine (β-alanylmethylhistidine)
$C_{10}H_{16}N_4O_3$. β-アラニルメチルヒスチジン．融点 238～239℃．さまざまな生物における筋肉のジペプチド成分．

安息香酸 benzoic acid
$C_7H_6O_2$, PhC(O)OH．無色で光沢のある小葉状結晶．融点 122℃，沸点 249℃．1608 年に安息香から昇華することが初めて記載されたが，その他多数の天然樹脂中に産出する．安息香酸はトルエンをコバルト錯体の存在下に液相中で 150℃，4～6 気圧で空気酸化する，水の存在下に液相あるいは気相中で無水フタル酸の部分脱炭酸を行う，あるいはトルエンの塩素化により得たベンゾトリクロリドの加水分解を行って生成する．ソーダ石灰とともに加熱するとベンゼンを生じる．酸化剤に対しては極めて安定で，製造される安息香酸の多くは安息香酸ナトリウムに変換され，食品保存剤（安息香酸も）や腐食防止剤として用いられる．安息香酸のその他の重要な用途としては，アルキド樹脂，可塑剤，カプロラクタム，染料，薬品の製造が挙げられる．

安息香酸エステル benzoates
安息香酸のエステル．

安息香酸エチル ethyl benzoate
$C_6H_5C(O)OC_2H_5$．香粧品やフルーツ香料に用いられる．

安息香酸塩 benzoates
安息香酸の塩．おおむね水に可溶．

安息香酸ナトリウム sodium benzoate
$C_6H_5CO_2Na$．白色粉末．水に可溶．エタノールに微溶．腐食防止剤，保存剤，医療用殺菌剤，通風・リューマチ薬．

安息香酸ベンジル benzyl benzoate
$C_{14}H_{12}O_2$, $PhCH_2OC(O)Ph$．白色結晶．融点 20℃．溶媒，香料および製薬に用いられる．

アンタゴニスト antagonists
→拮抗薬

アンタビュース antabuse
テトラエチルチウラムジスルフィドの薬剤としての名称．アルコール依存症の治療剤．

アンチ異性体 *anti*-isomer
特定の，指定された置換基が分子中で反対側にある異性体．例えば平面の［(MeSCH$_2$CH$_2$SMe)PtCl$_2$］．

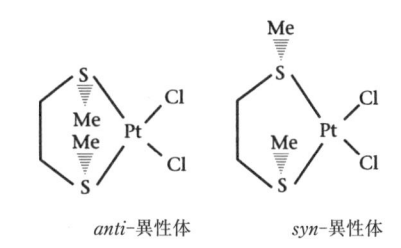

anti-異性体   *syn*-異性体

アンチコドン anticodon
t-RNA を RNA の特定の部位に結合させる特定の塩基配列．

アンチコンフォメーション *anti*-conformation
特定の置換基同士が反対方向を向いている分子の形．→アンチ異性体

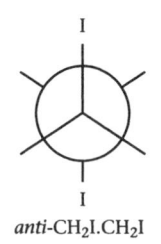

anti-CH$_2$I.CH$_2$I

アンチ同形構造 anti-isomorphism
→逆同形

アンチノック価 anti-knock value
→オクタン価

アンチノック剤 anti-knock additives
エタノールなどの物質をガソリンに添加すると，ノッキングのもとになる燃焼前の酸化連鎖を抑えることができる．これまで行われてきた，アルキル鉛とジブロモエタンやジクロロエタンの混合物（エチル液）をガソリンに添加し，鉛を揮発性の鉛化合物として排気ガス中に排出する方法は，段階的に削減されてきている．ノッ

キングの削減に現在もっぱら用いられているのは，例えば燃料混合物を変えるなどのその他の手段であり，メチル-t-ブチルエーテルなどの新たなアンチノック剤が使用されるようになりつつある．

アンチ蛍石構造 anti-fluorite structure

ホタル石 CaF_2 型構造の F^- をカチオンが占め，Ca^{2+} の位置をアニオンが占めている M_2X タイプの化合物がとっている構造．例えば K_2S や K_2O など．

アンチモニル誘導体 antimonyl derivatives

見かけ上 $[SbO]^+$ 基を含有する化合物．実際に存在している化学種ははるかに複雑な構造のものである．→アンチモンの硫酸塩，酒石酸アンチモニルカリウム

アンチモン antimony

元素記号はラテン語元素名 stibium に由来したSbである．第15族の半金属性元素，原子番号51，原子量121.76，融点630.63℃，沸点1587℃，相対密度 (ρ) 6691 kg/m³ (=6.691 g/cm³)．地殻存在比0.2 ppm，電子配置 [Kr] $4d^{10}5s^25p^3$．主原料は輝安鉱 Sb_2S_3．この原鉱を金属鉄か炭素を用いて還元して抽出する．この元素の最も安定な形は金属的な外観と，白色または青みがかった白色を有する．層状構造のなかで3個の原子は近くに，3個はより離れた所に位置している．空気中で燃え，水や希酸の作用は受けない．酸化性の酸やハロゲンの攻撃は受ける．また，アンチモンは合金に広く用いられている（活字合金）ほか，半導体にも重要な元素である．アンチモン化合物は防炎剤，塗料，セラミック，エナメル，ガラス，陶器，ゴム工業，および染料に用いられている．アンチモン誘導体はかなり毒性が強い．

アンチモンの化学的性質 antimony chemistry

アンチモンは15族の半金属元素である．その化学的性質は+5と+3の酸化状態によるもので，これらは一般に共有結合性であるが，$(SbO)^+$ と Sb^{3+} の擬陽イオン的な性質（陽イオンには常に酸素が配位している）も知られている．アンチモン化合物は金属とポリマー性陽イオンや陰イオンから生成する．例えば Sb_4^{2-}，Sb_7^{3-} が知られている．見かけ上4価とされるアンチモン化合物は Sb(Ⅲ) と Sb(Ⅴ) を等モル含有する．

アンチモンの酸化物 antimony oxides

三酸化アンチモン Sb_2O_3 と五酸化アンチモン Sb_2O_5 が主要な酸化物である．

①三酸化アンチモン：白色の酸化物 Sb_2O_3（単体アンチモンを水蒸気と反応させるか，あるいは硫化アンチモン（輝安鉱）を酸素と反応させて得る）は加熱により黄色に変わる．融点656℃，1550℃で昇華する．固体の Sb_2O_3 には Sb_4O_6 分子が含有されており，空気中で加熱すると SbO_2 を形成する．Sb_2O_3 は赤熱温度で H_2 により単体アンチモンに還元され，水に不溶，酸に溶けて $SbCl_3$，$Sb_2(SO_4)_3$ などの溶液を生じ，アルカリに溶けて亜アンチモン酸塩を生じる．塗料の乳白化剤として，またプラスチックの難燃剤として用いられている．

②二酸化アンチモン：SbO_2．Sb_2O_3 を空気中で加熱して得られる．黄色がかった化合物で Sb(Ⅲ) と Sb(Ⅴ) を含有する．

③五酸化アンチモン antimony pentoxide (Sb_2O_5)：黄色で，アンチモンを濃硝酸で酸化して得られる．加熱により分解して SbO_2 になる．アルカリとの反応でアンチモン酸塩を生じる．難燃剤．

アンチモンのフッ化物 antimony fluorides

①三フッ化アンチモン antimony trifluoride (SbF_3)：融点292℃，319℃で昇華する（フッ化水素酸中に三酸化アンチモン (Sb_2O_3) を溶解させると得られる）．錯体 $[SbF_4]^-$ を含有するポリマーを形成する．C-F結合を作るための，穏やかなフッ素化剤として広く用いられている．

②五フッ化アンチモン antimony pentafluoride (SbF_5)：融点7℃，沸点150℃．会合性液体．単体アンチモンとフッ素との反応，または五塩化アンチモンとフッ化水素との反応で生成する．$[SbF_6]^-$ や $[Sb_2F_{11}]^-$ などの多くの錯体および錯イオンを形成し，極めて強力なフッ化物イオンアクセプターとして作用する．錯陰イオンを形成することにより，HF や HSO_3F などの解離を強力に進める（マジック酸，超強酸）．フッ素化剤として（場合によってはグラファイトの層間化合物の形で）用いられている．

アンチモンの有機誘導体 antimony organic

derivatives（stibines）
スチビン類（stibines）すなわち R_3Sb である．一連の誘導体が多数（例えばグリニャール試薬と $SbCl_3$ から）合成されている．良好なドナーであり，テトラ有機スチボニウムイオン $[R_4Sb]^+$ を形成する．R_5Sb 誘導体もまた知られている．

アンチモンの硫化物 antimony sulphides
三硫化物 Sb_2S_3 は，安定相の黒色形（輝安鉱）と，赤色形（H_2S と塩酸に溶かした Sb（Ⅲ）化合物から沈殿として生成する．不安定形）で産出する．赤外線を通す．過剰の硫化物イオンの存在下でチオアンチモン（Ⅲ）酸塩（$[SbS_3]^{3-}$ など）を生成する．硫化アンチモン（V）は極めて不安定で，加熱により硫黄を失う．チオアンチモン（V）酸塩 M_3SbS_4（Sb_2S_3 と S およびアルカリから生成）は酸と反応すると Sb_2S_5 を生じる．

アンチモンの硫酸塩 antimony sulphates
正塩の $Sb_2(SO_4)_3$（Sb_2O_3 と濃 H_2SO_4 より生成する）は簡単に入手できるが，水により加水分解される．硫酸溶液中ではアンチモン（Ⅲ）や（V）の複雑な化学種（例えば $[SbO]^+$，$[Sb(OH)_2]^+$，$[Sb_3O_9]^{3-}$ など）が混在する．

アンチモン酸塩 antimonates
アンチモン（Ⅲ）酸塩（亜アンチモン酸塩）M^ISbO_2 は，アルカリと Sb_2O_3 から生じる．遊離酸は知られていない．アンチモン（V）酸塩（普通のアンチモン酸塩）は水和 Sb_2O_5 とアルカリから生じ，$[Sb(OH)_6]^-$ イオンを含む．アンチモンの混合酸化物 M^ISbO_3，$M^{III}SbO_4$ および $M^{II}_2Sb_2O_7$ も知られており，これらは SbO_6 八面体を含む．

アンチモンバタ butter of antimony
三塩化アンチモン $SbCl_3$ の通称．→塩化アンチモン

安定度定数 stability constant
溶液中で金属と配位子の間で錯体が生成するときの平衡は，以下の過程の自由エネルギー変化に関係する定数により表される：

$$M + A \rightleftharpoons MA ; K_1 = \frac{[MA]}{[M][A]}$$

K_1 は安定度定数であり，[ ] でくくった項は活量を示す（電荷は省略してある）．

$$-\Delta G = RT \ln K_1$$

逐次平衡についても以下のように定義できる．

$$M + A \rightleftharpoons MA ; K_1 = \frac{[MA]}{[M][A]}$$

$$MA + A \rightleftharpoons MA_2 ; K_2 = \frac{[MA_2]}{[MA][A]}$$

$$M_{(n-1)} + A \rightleftharpoons MA_n ; K_n = \frac{[MA_n]}{[MA_{(n-1)}][A]}$$

$K_1, K_2, \cdots, K_n$ を逐次安定度定数（stepwise stability constants）という．全安定度定数（overall stability constants）は β で表し，個々の安定度定数の積で見積もられる．例えば

$$M + 2A \rightleftharpoons MA_2 ; \beta_2 = \frac{[MA_2]}{[M][A]^2} = K_1 K_2$$

アントシアニジン anthocyanidines
グリコシド含有アントシアニンの加水分解により得られる着色アグリコン（非糖質部分）．→アントシアニン

アントシアニン anthocyanines
植物の色（赤，青）のもととなっている色素．加水分解によりアントシアニジンを生じるグリコシド．天然では光合成に関与している．重要な例としてはペラルゴニジン，シアニジン，デルフィニジンが挙げられる．

アントラキノン anthraquinone（9,10-dioxo-9,10-dihydro-anthracene）
$C_{14}H_8O_2$（9,10-ジオキソ-9,10-ジヒドロアントラセン）．無色針状または角柱結晶．昇華や水蒸気蒸留により精製．融点285℃．ベンゼンを塩化アルミニウムの存在下で無水フタル酸と縮合して2-ベンゾイル安息香酸を作り，これを濃硫酸と 120～150℃ で加熱することによりアントラキノンを生成する．別法としてはナフタレンの気相酸化により得た1,4-ナフトキノンを，ブタジエンと縮合させる．アントラキノンは極めて安定な化合物で，キノンよりもジケ

ンに類似しており，一酸化物を生じるが，生成は容易ではない．

アントラキノンを還元すると，オキシアントロール，アントラヒドロキノン，ジアントリル，アントロン anthrone を経て最後にアントラセンとなる．

アントラキノンは建染め染料の親化合物であるが，この建染め染料（バット染料）とは，色素の還元形（ロイコ形）を含む溶液（浴，バット）中に浸した後に，空気酸化することによりもとの不溶性の化合物に戻して染着を行うものである．

アントラキノンは直接テトラハロ（1,4,5,8）段階まで臭素化や塩素化を行うことができる．鳥類忌避剤．

アントラキノンスルホン酸 anthraquinone sulphonic acids

アントラキノンのスルホン化により生成する．ほとんどすべてのアントラキノン誘導体が，アントラキノンスルホン酸から作られるため，これは極めて重要な化合物である．1-スルホン酸と2-スルホン酸がある．

アントラキノン-1-スルホン酸 anthraquinone-1-sulphonic acid

無色の小葉状結晶．融点214℃．1-アミノアントラキノンの生成に用いられる．

アントラキノン-2-スルホン酸 anthraquinone-2-sulphonic acid

ナトリウム塩（通常「シルバーソルト」と呼ばれる）は，アリザリンと2-アミノアントラキノンの生成に用いられるほか，フィーザー試薬の調製に用いられる．アミノアントラキノン誘導体は多くの色素の母体となっている．

アントラキノン染料 anthraquinone dyes

アントラキノンをベースにした色素の一大グループ．大きく分けて2つのタイプがある．アリザリン系色素とインダンスレン色素である．いずれもアントラキノンスルホン酸かそのアミノ誘導体を経て合成される．

アントラセン anthracene

$C_{14}H_{10}$．青みがかった蛍光を持つ無色板状結晶．融点217℃，沸点354～355℃．芳香族三環式炭化水素．コールタールに含まれて（0.5%）おり，分別蒸留により分離する．塩素化，スルホン化のほか，硝酸，酢酸，無水酢酸の混合物を用いてニトロ化が可能．硫酸と硝酸による処理を行うとアントラキノン誘導体が生成する．アントラキノンを作る以外，商業的な用途はほとんどない．アントラキノンの生成には，酸性の重クロム酸カリウム溶液で酸化するほか，さらによい方法として，180～280℃でバナジウム酸塩やその他の金属酸化物触媒を用いて空気酸化を行う方法が挙げられる．

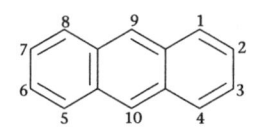

アントラニル酸 anthranilic acid（2-aminobenzoic acid）

$C_7H_7NO_2$．2-アミノ安息香酸．無色小葉状結晶．融点145℃．酸性で，かつ塩基性である．水酸化ナトリウムと次亜塩素酸ナトリウム NaOCl とをフタルイミドに作用（ホフマン反応）させて得る．ソーダ石灰とともに加熱するとアニリンとなる．アントラニル酸は重要な染料中間体であり，クロロ酢酸と縮合反応し，フェニルグリシン-カルボン酸を生じるが，これはインジゴの合成に用いられる．ジアゾ化によりアゾ染料の第一成分として用いられている．クロロアントラキノンとの縮合により，アントラキノン染料用の中間体となる．分子内塩（両性イオン）の分解により，有機合成用ベンザインの便利な供給源となる．蛍光指示薬として用いられることもある．

アントラノール anthranol

$C_{14}H_{10}O$．9-ヒドロキシアントラセン．金茶色の針状結晶．120℃で分解する．アントロンの異性体で，反応においては典型的なヒドロキシ化合物として挙動する．これら2つの化合物の平衡混合物は主にケト型からなる．アントラノールは加熱によって大部分アントロンに変換される．グリセリンと硫酸とともに加熱するとベンズアントロンを生じる．染料中間体．

アントラヒドロキノン anthrahydroquinone

9,10-ジヒドロキシアントラセン．アントラ

キノンの還元生成物である．別名を「オキシアントロール」という．

アントラリン anthralin, dithranol, anthracene-1,8,9-triol

アントラセン-1,8,9-トリオール．ジトラノールという名称で呼ばれることもある．なお1,8-dihydroxy-9,10-dihydroanthracen-9-one (1,8-ジヒドロキシ-9,10-ジヒドロアントラセン-9-オン) を指すと記すものもあるが，これは互変異性体である．医薬品．

アンドリュース滴定 Andrews titration

還元剤の定量に用いられる重要な滴定．還元剤を濃塩酸に溶解し，ヨウ素酸カリウム水溶液を標準液として滴定する．溶液に四塩化炭素かクロロホルムを1滴添加しておくと，終点においてこの層からヨウ素の紫色が消える．還元剤は酸化され，ヨウ素酸塩はICl に還元される．KIO_3 1 モルは4 当量，すなわち4 電子相当分の変化が生じる．

アンドロステロン androsterone (3α-hydroxy-5α-androstan-17-one)

3α-ヒドロキシ-5α-アンドロスタン-17-オン $C_{19}H_{30}O_2$．融点183℃．最初に発見された雄性ホルモンである．体内で酵素によりテストステロンに変換される．

アントロン anthrone (9(10H)-anthoracenone)

$C_{14}H_{10}O$．9(10H)-アントラセノン．無色針状結晶．融点154℃．アントラキノンを氷酢酸中，スズと塩酸で還元するか，あるいは亜二チオン酸ナトリウムで長時間処理することによって還元して得る．加熱により部分的にエノール型のアントラノールに変換する．

アンバー umber

天然の $Fe(OH)_3$ で，MnO_2 を含むことが多い．顔料として用いられる褐色粉末．

アンバーライト（商品名） Amberlite

Rohm & Hass 社の販売しているイオン交換樹脂の商品名．

アンヒドロン（商品名） Anhydrone

脱水・乾燥用に用いられる過塩素酸マグネシウムの商品名．

アンフェタミン amphetamine (β-aminopropylbenzene)

$C_9H_{13}N$，C_6H_5-$CH_2CH(CH_3)NH_2$．β-アミノプロピルベンゼン．無色の液体．沸点200℃（分解）．フェニルアセトンオキシムの還元によって生成する．常習性を有する向精神薬．法律で規制されている．

アンブリゴ石 amblygonite

$LiAl(F,OH)PO_4$．リチウムの資源鉱物の1つ．

アンミン錯体 ammines

金属イオンに配位したアンモニアを有する錯体で，例としてはヘキサアンミンコバルト塩化物 $[Co(NH_3)_6]Cl_3$ がある．以前は「銅アンミン」とか「コバルトアンミン」のような呼び方もあり，工業現場では現在も間々用いられている．

アンモニア ammonia

NH_3．窒素と水素との化合物の中で最も重要なもの．特徴的な刺激臭を持つ無色の気体．冷却や加圧により容易に液化する．沸点 -33.5℃，融点 -77.7℃．アンモニアは水によく溶け，室温での飽和溶液の密度 ρ は 0.88（英語圏では比重に因んで「880 Ammonia」と呼ばれる．28％アンモニア水に相当する）．水和物として $NH_3\cdot 2H_2O$，$NH_3\cdot H_2O$，$2NH_3\cdot H_2O$ が知られている．NH_3 は天然には温泉ガス（イエローストーン地域など）に含有されて産出する．ハーバー法（N_2 と H_2 を500℃，300気圧で触媒（Rhベースの触媒の使用が増えている）の下に反応させる．H_2 は一般に水蒸気改質プロセスから得られるものである）により製造され，その用途としては硝酸の製造（25％），尿素製造（15％），硝酸アンモニウム製造（15％），ナイロン製造（10％）などが主要用途に挙げられるが，最終生成物としては肥料（80％），爆薬（5％），プラスチック，発泡体，フィルム（10％）が挙げられる．実験室ではアンモニウム塩と強アルカリから，あるいは窒化物の加水分解により製造する．純酸素中で燃え，$NH_3:O_2$ 混合物は触媒上で NO を生成し，加熱した金属酸化物上では酸化されて N_2 となる．NH_3 は多くの元素に配位してアンミン錯体を生成し，Na や K と反応してアミド MNH_2 を生じる．液体アンモニアは良好なイオン化溶媒である（自己解離により $2NH_3 \rightleftharpoons NH_4^+ + NH_2^-$ の平衡がある；$pK=30$；NH_4^+ 塩は酸，NH_2^- 塩は塩基）．一般に有機化合物にとっては水よりも良好な溶媒であるが，無機化合物（NH_3 錯体が形成される場合

を除く) にとっては貧溶媒である. 多くの金属が溶解し, 溶媒和電子を含む青い還元性の溶液となる. アンモニアはその臭気のほか, $Hg_2(NO_3)_2$ 紙の黒化, あるいはネスラー試薬により検出される.

アンモニア水 aqueous ammonia

アンモニアの水溶液. →水酸化アンモニウム

アンモニアソーダ法 ammonia-soda process

→炭酸ナトリウム

アンモニウムイオン ammonium ion

1価の陽イオン $[NH_4]^+$. アルカリ金属塩に似た, ほとんどが水に可溶性である一群の塩を形成する (NH_3 と酸から). ほとんどの塩は陽イオンと陰イオンの間に強い水素結合を有する. 置換アンモニウム陽イオン (例えば $[Me_4N]^+$ や $[Me_3NH]^+$) は有機アミンと酸 (もしくはハロゲン化アルキル) から作られる.

イ

E_1 反応 E_1 reaction

律速段階が脱離基の解離である単分子反応.

E_2 反応 E_2 reaction

塩基の攻撃と脱離基の脱離が同時に起こる2分子的脱離反応.

硫 黄 sulphur

元素記号 S. 非金属元素, 原子番号 16, 原子量 32.066, 融点 119.6℃, 沸点 444.6℃, 密度 (ρ) 2070 kg/m³ (=2.07 g/cm³), 地殻存在比 260 ppm, 電子配置 [Ne]$3s^23p^4$. 16族. 黄色非金属元素. 天然に存在する (地下にある天然硫黄を, 過熱した水蒸気により抽出する:フラッシュ法). 石膏 ($CaSO_4\cdot 2H_2O$)・硬石膏 ($CaSO_4$) のような硫酸塩および硫化鉄鉱・銅硫化物鉱物などの硫化物としても存在する (SO_2 源として使われる). 天然ガスや石油には H_2S を含むものもあり触媒上で SO_2 と反応させて回収する. 硫黄には多くの同素体がある. α-S (斜方硫黄) は王冠状構造の S_8 単位を含む. β-S (単斜硫黄) も S_8 環を含む (95.5℃で $\alpha \rightleftharpoons \beta$ 体に変換する). γ-S (単斜晶系) はある溶媒から析出し S_8 環を含む. 菱面体の ρ-S は $Na_2S_2O_3$ と濃塩酸を 0℃ で反応させ, トルエンで抽出すると得られ, 椅子型の S_6 環を含む. 硫黄を融解すると S_8 環を含む S_λ になるが 160℃ で μ-S の螺旋状鎖を形成する. π-S (おそらく S_6) もある. 無定形硫黄 (溶融硫黄を水に注入して得る) は μ-S の鎖を含む. 硫黄蒸気は S_2 (主成分, 常磁性), S_4, S_6, S_8 を含む. 反応性に富み, ほとんどの他の元素と化合する. 主な用途は硫酸の製造 (90%) であるが, パルプ工業, 写真, 皮革, ゴム, 色素工業, 洗剤, 肥料, 殺虫剤, 抗菌剤にも用いられる.

硫黄と窒素の化合物 sulphur nitrogen derivatives

硫黄と窒素の化合物は広範にわたり, それらの中には環状のものもある. S_4N_4 (S_2Cl_2 と NH_4Cl の反応または Cl_2 中の S と NH_3 の反応

で得る）は一連の誘導体を形成し，例えば $SOCl_2$ と反応すると $(S_4N_3)Cl$ を与える．$(SN)_x$ はポリマーで良好な導電体である．S_7NH, $S_5(NH)_3$, $S_4(NH)_4$（S_2Cl_2 と NH_3 から得る）はいずれも S_8 に関連した構造を持つ．→サルファ剤，スルホンアミド

硫黄の塩化物 sulphur chlorides

硫黄と塩素はいろいろな原子比で反応する．

①一塩化硫黄（sulphur monochloride）S_2Cl_2: 正確には二塩化二硫黄である．融点 $-80℃$, 沸点 $138℃$. 黄色液体．水により加水分解され SO_2, HCl, S を生じる．塩素の割合が低い S_xCl_2（x は5まで）は S_2Cl_2 と H_2 を加熱した表面で反応させ生成物を凍結することで得られる．S_2Cl_2 はゴム工業で硫黄の溶媒として用いられる．重合剤．

②二塩化硫黄（sulphur dichloride）SCl_2: 沸点 $59℃$. 赤色液体．

③四塩化硫黄（sulphur tetrachloride）SCl_4: 融点 $-30℃$. 固体でのみ安定．硫黄（IV）の酸化塩化物は $SOCl_2$ (→塩化チオニル)．硫黄（VI）は酸化塩化物（塩化スルフリル SO_2Cl_2）を形成する．→ハロゲン化スルフリル

硫黄のオキシハロゲン化物 sulphur oxide halides

SO_2F_2, SOF_4, SOF_2, SO_2Cl_2, $SOCl_2$ が既知である．→硫黄の塩化物，硫黄のフッ化物のほか，ハロゲン化スルフリル，ハロゲン化チオニル．

硫黄の化学的性質 sulphur chemistry

硫黄は16族元素で，$+6$, $+4$, $+2$, 0, -2 の酸化数をとる．非金属としての挙動が中心で，共有結合した化学種を形成する（S_5^+, S_4^{2+} などもある）．長鎖構造を形成する傾向がある．スルホニウムイオンを容易に形成する（例：Ph_3S^+）．

硫黄の酸化物 sulphur oxides

①一酸化二硫黄（disulphur monoxide）S_2O: SSO. 不安定．SO_2 のグロー放電処理で得られる．

②三酸化二硫黄（disulphur trioxide）S_2O_3: 青緑色固体．S と SO_3 から得る．

③二酸化硫黄（sulphur dioxide）SO_2: 融点 $-72.7℃$, 沸点 $-10℃$. 特有の臭気を持つ無色気体．硫黄，金属硫化物または H_2S を空気中で燃焼させると生成する．硫化水素に酸を作用させても生じる．特に水溶液中で強力な還元剤．水に溶けて気体水和物を形成する．溶液は酸としての挙動を示す（→亜硫酸）．用途は硫酸製造用の SO_3 の原料，食品保存料，殺菌剤，漂白剤．硫黄を含む燃料の燃焼で発生する大気汚染物質．

④三酸化硫黄（sulphur trioxide）SO_3: 融点 $17℃$, 沸点 $49℃$. SO_2 と O_2 を触媒上で反応させて得る（接触法については「硫酸」を参照）．固体にはいくつかの変態がある．気体は平面型の単量体であるが，放置するとより反応性の低い三量体や重合体を生成する．水に容易に吸収されて硫酸を生じ，硫酸に吸収させると発煙硫酸になる．

硫黄の酸素酸 sulphur oxyacids

硫黄は多種多様なオキソ酸を形成する．遊離の酸が知られていないものも多い．

$S(OH)_2$ $HS(O)OH$	スルホキシル酸†
$OS(OH)_2$	亜硫酸†
$O_2S(OH)_2$	硫酸
$S(O)S(OH)_2$	チオ硫酸
$O(HO)SS(OH)O$	次亜硫酸
$O(HO)SS_nS(OH)O$	ポリチオン酸
$O_2(HO)SS(OH)O$	ピロ亜硫酸†, 二亜硫酸†
$O_2(HO)SS(OH)O_2$	二チオン酸（ジチオン酸）
$O_2(HO)SOS(OH)O_2$	ピロ硫酸，二硫酸
$H_2S_3O_{10}$	三硫酸
$H_2S_4O_{13}$	四硫酸
$O_2S(OH)(OOH)$	ペルオキシ一硫酸（カロの酸，過一硫酸）
$O_2(HO)SOOS(OH)O_2$	ペルオキシ二硫酸（過二硫酸）

このうち「†」印のものについては，遊離の酸は知られていない．HSO_3F のようなハロゲノ硫酸（ハロゲノスルホン酸）も知られている．

硫黄のフッ化物 sulphur fluorides

①六フッ化硫黄（sulphur hexafluoride）SF_6: 融点 $-51℃$. S と F_2 から得る．反応性が非常に乏しく，不活性誘電体，気体の動きの追跡，レーザーに用いられる．S と F_2 からは S_2F_{10}（有

毒）も生成し，SF_5Cl（ClF と SF_4 から得る）など SF_5 を含む化合物は多い．酸化フッ化物にはフッ化スルフリル SO_2F_2 のほか SOF_4 がある．$N≡SF_3$ も知られている．

②四フッ化硫黄（sulphur tetrafluoride）SF_4：$-121℃$，沸点 $-40℃$．反応性の高い気体（SCl_2 と NaF を MeCN 中で反応させて得る）．フッ素化剤として利用される（例えば $>C=O$ と反応して $>CF_2$ を与える）．$F_3SN(CH_2CH_2OCH_3)_2$ のような誘導体は取り扱いやすい．酸化フッ化物（フッ化チオニル）SOF_2（$SOCl_2$ と NaF から得る）および $(NSF)_4$ が知られる．

③二フッ化二硫黄（disulphur difluoride）S_2F_2：2種の異性体 FSSF および $S=SF_2$ が AgF と S の反応で生じる．反応性が高い．

イオノール（商品名）　Ionol
ジブチルヒドロキシトルエン（BHT）の商品名．→2,6-ジ-t-ブチル-4-メチルフェノール

イオノン　ionone
→ヨノン

イオン　ion
1つまたはそれ以上の電子を失ったり得たりして，正または負の電荷を持った原子または原子団．イオンは誘電率の高い溶媒の電解質溶液中に存在し，通常は溶媒と会合している．溶融状態や気体のイオン性物質中にも存在する．気体に高圧放電や電子線などの電気的な擾乱を与えるとイオンが生成する．イオン結合化合物の結晶の構成単位もイオンである．例えば NaCl の結晶中では各 Na^+ イオンは6個の Cl^- に囲まれ，各 Cl^- イオンは6個の Na^+ に囲まれ静電的に結合している．このような構造の結晶はイオン結晶といい，独立した分子が結晶内に存在しない．

イオンの移動度　mobility, ionic
電場中で溶液内のイオンは電極に向かって加速される一方，溶媒の摩擦や逆電荷のイオンにより減速され最終速度に達する．イオンのドリフト速度は電場強度に比例し $uε$ で表され，u はそのイオンの移動度である．モル電気伝導率 $λ$ とイオンの移動度は $λ=ZuF$（Z は電荷，F はファラデー定数）で関係づけられる．

イオンの水和　ions, hydration
→水和

イオンの流体力学的半径　hydrodynamic radius of ions
溶液中でのイオンの有効半径．

イオン化エネルギー　ionization energies（ionization potentials, enthalpies of ionization）
気体状態の自由原子または自由イオンから電子を1個取り去るのに必要なエネルギー．イオン化ポテンシャル，イオン化エンタルピーとも呼ばれる．通常，eV（電子ボルト）または kJ/mol 単位で表す．

イオン化チェンバー　ionization chamber
X線やイオン化をもたらす粒子線の絶対強度を測定するための装置．電離箱．

イオン化熱　ionization, heat of
1モルの電解質が成分イオンに解離するのに必要なエネルギー．水のイオン化熱は 57.3 kJ/mol．→エンタルピー

イオン化ポテンシャル　ionization potential
→イオン化エネルギー

イオン強度　ionic strength
電解質溶液のイオン強度は
$$I=1/2\,\Sigma m_i z_i^2$$
で与えられる．ここで，z はイオンの電荷，m はモル濃度を表し，求和は溶液中のすべてのイオン種についてとる．この概念は特に低濃度で活量を計算する際に使われる．

イオン交換　ion exchange
イオン担持性表面が水などのイオン化する溶媒に接触しているとき，電気二重層が形成される．対イオンの一部は束縛されておらず，可溶性電解質から供給される同符号の他のイオンと置き換わることができる．例えばある種のケイ酸塩を KCl 溶液で徹底的に洗浄するとナトリウムイオンをカリウムイオンで置き換えることができる（→塩基交換）．これには特にイオン交換樹脂が利用される．酸性あるいは塩基性の側鎖を持つ不溶性の合成架橋ポリマーはイオン交換容量が大きく，水処理，抽出，分離，分析，触媒など多くの応用がある．陰イオン交換樹脂と陽イオン交換樹脂の混床を用いて水溶液から電解質を除去すると，非常に純粋な水を得ることができる．

イオン交換クロマトグラフィー　ion-exchange chromatography

→クロマトグラフィー

イオン交換樹脂 ion-exchange resin
　→イオン交換

イオン性液体 ionic liquids
　大きなイオンを含む低融点のイオン性固体．有用な非汚染性の反応媒体となりうる．例：ヘキサフルオロリン酸 1-オクチル-3-メチルイミダゾリウム．

イオン性化合物 electrovalent compounds
　→極性化合物

イオン積 ionic product
　溶液中に存在するイオンの濃度の積．弱電解質では解離していない物質が大過剰に存在するため，この値は一定である．→溶解度積

イオン選択性電極 ion-selective electrodes
　溶液中に存在するある特定のイオンに応答し，その濃度に対応した電位を示す電極．金属イオンや陰イオンに対するものがある．電極は標準溶液または他の特殊な化学種と，調べる溶液に接触させる膜などの伝導体からなっている．pH 測定用のガラス電極は，おそらく最も広く用いられているイオン選択性電極である．

イオン担持性表面 ionogenic surface
　コロイド粒子の安定性はその粒子が持つ電荷による．電荷はイオン性のものであり，表面上のイオンの安定化が粒子の壁を構成している物質のイオン化によるとき，このような表面はイオン担持性であるという．

イオン対分配(抽出) ion-pair partition
　→相間移動の化学

イオン排除 ion exclusion
　イオン交換樹脂の孔内にある媒質ではドンナン膜平衡が成り立っている．それゆえ電解質の濃度は外部の溶液に存在する濃度より低くなっており，この現象をイオン排除という．一方，非電解質はドンナン膜平衡の効果を受けないので電解質と非電解質を分離することができる．クロマトグラフィーの手法を用いて完全に分離できる場合もある．

イオン半径 ionic radii
　結晶格子中のイオンの有効半径．

イオン雰囲気 ionic atmosphere
　デバイ-ヒュッケルの理論によれば溶液中で一方の電荷を持つイオンは逆電荷を持つイオンに優先的に囲まれている．溶液中のイオンのエネルギーや化学ポテンシャルは，イオンとイオン雰囲気との静電的相互作用により低くなる．中心イオンの受ける効果はどの方向に対しても等しいが，溶液に電場を印加すると中心イオンは一方に動きイオン雰囲気は逆方向に動くので，中心イオンの周りにイオンの非対称な分布が生じる．この効果は溶液の電気伝導率の研究において重要である．

異化作用 catabolism
　糖を二酸化炭素と水に分解するなどの分解反応で，多量のエネルギーが放出される．→代謝

閾値 threshold limit values (TLV)
　ある物理量が一定の値を超えたときに，ある現象が急激に発現する場合，この一定の値を閾値という．

閾値限界濃度 threshold limit values (TLV)
　化学物質が作業環境に存在しても，人が耐え得るとされる時間平均濃度．物質によっては C という記号が付され，超えてはいけない値を示す．例としてはベンゼン-25 C (25 ppm)；キシレン-100；ペンタン-500．

異極鉱 hemimorphite
　$Zn_4Si_2O_7(OH)_2 \cdot H_2O$．$(Si_2O_7)^{6-}$ ユニットを含む重要な亜鉛鉱石．かつてはカラミン，または(特に米国で)「エレクトリックカラミン」と呼ばれた．

イサチン isatin (indole-2,3-dione)
　$C_8H_5NO_2$，インドール-2,3-ジオン．黄赤色プリズム晶．融点 200〜201℃．α-イサチンアニリドを希鉱酸と加熱して得る．インドキシル(インディルビンを生じる)またはチオインドキシルと縮合して建染め染料の合成に用いられる．

イジェクタ ejector
　液体や気体を送り出すための単純な装置．カラープリンタなどで顔料の微細粒子を吹き出す装置もイジェクタと呼ぶことがある．

異種核分子 heteronuclear molecule
　→等核分子

椅子型 chair form
　→コンフォメーション

異性 isomerism
　組成と分子量は等しいが化学構造が異なる化

合物同士について，一方を他の異性体であるという．異性体は化学的，物理的，生理学的性質が異なる．異性にはいくつかの種類がある．

①構造異性 structural isomerism：原子が結合している順序が異なる．

　a. 鎖または環構造の異性：例えば $CH_3CH_2CH_2CH_3$ と $CH_3CH(CH_3)_2$ のように分子内の炭素原子の配列が異なる．

　b. 位置異性 position isomerism：$CH_3CH_2CH_2Cl$ と $CH_3CHClCH_3$ のように炭素鎖や環に結合している置換基の場所が異なるもの．

　c. 官能基異性 functional group isomerism：CH_3COCH_3 と CH_3CH_2CHO のように化合物の種類が異なる．

　d. 互変異性（動的異性）tautomerism (dynamic isomerism) は構造異性の特殊な場合で2つの異性体が直接相互変換する．ある基または原子が分子内のある位置から他の位置へと移動したり，また二重結合が移動することにより可逆的な変化が起こることはよくある．多く見られるのはケト-エノール互変異性で，アセト酢酸エステルなどに見られる．

$$>\!\!\underset{H}{C}\!\!-\!\!C = O \;\rightleftarrows\; >\!\!C = \underset{}{C}\!\!-\!\!OH$$

これらの異性体（互変異性体）は液体状態や溶液中では平衡として存在する．一方から他方への変換の速度はさまざまで，両者が比較的純粋な状態で単離できるほど遅い場合もある．desmotrope という語は互いに分離可能な互変異性体を指す．異なる互変異性体は NMR 分光法などで検出できる．

②立体異性 space isomerism (stereoisomerism)：分子内の原子の空間的配向のみが異なる．

　a. 光学異性 optical isomerism：不斉に基づく異性．このような異性体（エナンチオマー）は平面偏光の偏光面を回転させる向きが逆である．→光学活性

　b. 幾何異性（シス-トランス異性）geometrical (*cis-trans*) isomerism：二重結合で結合した原子または環を構成する原子に異なる原子や基が結合しているとき，その向きが異なる．例えばフマル酸とマレイン酸は互いに異性体である．

$$\begin{array}{cc} H-C-C(O)OH & H-C-C(O)OH \\ \parallel & \parallel \\ HO(O)C-C-H & H-C-C(O)OH \end{array}$$

二重結合はそれを構成する炭素原子が自由回転できないため，2種の異性体が存在する．ある種の環構造では二重結合がなくても原子間の結合が自由回転できないため，それらに結合している原子や基の環面に対する配向（上下）の違いによる幾何異性が生じる．この異性は $>\!C\!=\!C\!<$ 結合に限らず，$>\!C\!=\!N\!-$ や $-\!N\!=\!N\!-$ 結合に関してもありうる．$>\!C\!=\!C\!<$ 二重結合または炭素環の場合には，注目している2つの原子または基が二重結合または環の同じ側に位置するか反対側に位置するかによって *cis-* または *trans-* という接頭辞で区別する．他の場合には *syn-* および *anti-* という接頭辞を用いる．例えば *syn-*アルドキシムとは以下の構造である．

$$\begin{array}{c} R-C-H \\ \parallel \\ N-OH \end{array}$$

ケトキシムの場合，ヒドロキシ基と *syn* または *anti* の関係にある基を特定する必要がある．アルケンに置換している2つの基が互いに同一でもなく類似してもいない場合，*cis* か *trans* かを決めるのに問題が生じる．そこで (*E*) [ドイツ語の entgegen＝「向う側」に由来] および (*Z*) [ドイツ語の zusammen＝「一緒」に由来] を *trans/cis* の代わりに用いる．多くの場合（すべてではないが）*cis* は (*Z*) に *trans* は (*E*) に対応する．この命名法ではオレフィンのそれぞれの炭素原子に結合している基に順位則に基づいて優先順位をつけ，最も優先順位の高い基が反対側にあれば (*E*) とする．同様の命名法はオキシムに対しても適用される．

立体異性は無機の錯体においても見られる．例えば平面四角形白金錯体

$$\underset{cis}{\begin{array}{c} CH_3P \\ \diagdown \\ Ph_3P \end{array}\!\!\text{Pt}\!\!\begin{array}{c} Cl \\ \diagup \\ Cl \end{array}} \qquad \underset{trans}{\begin{array}{c} CH_3P \\ \diagdown \\ Cl \end{array}\!\!\text{Pt}\!\!\begin{array}{c} Cl \\ \diagup \\ PPh_3 \end{array}}$$

や八面体配位 (MX_4Y_2) では中心原子に関してシス-トランス異性がある．他の種類の異性

としては

イオン化異性 ionization isomerism：例えば $[Pt(NH_3)_4Cl_2]Br_2$ と $[Pt(NH_3)_4Br_2]Cl_2$.

mer/fac 異性：CoL_3X_3 などで中心原子（Co）周りの配置が異なる．

結合異性 linkage isomerism：例えば亜硝酸イオンは酸素でも窒素で配位が可能である．

無機化合物の配位数は炭素原子によりさまざまであるので，無機化合物では有機物より広範な異性がありうる．キレート形成によっても異性が生じる．→コンフォメーション，キレート化合物

異性化 isomerization
ある化合物がその異性体に変換すること.

イソアミルアルコール isoamyl alcohol
→アミルアルコール

イソアミルエーテル isoamyl ether
→イソペンチルエーテル

イソアミル基 isoamyl
$Me_2CHCH_2CH_2$- 基．

イソオイゲノール isoeugenol (2-methoxy-4-(1-propenyl)phenol)
2-メトキシ-4-(1-プロペニル)フェノール．バニリンの製造原料に用いられる．オイゲノールから作られる.

イソオクタン isooctanes
2,2,4-トリメチルペンタン．オクタンの異性体の1つである．→オクタン

イソ吉草酸 isovaleric acid (3-methylbutanoic acid)
$C_5H_{10}O_2$．3-メチルブタン酸．香料や着香料の原料に用いられる．

イソキノリン isoquinoline
C_9H_7N．錠剤のような結晶．融点24℃，沸点242℃．キノリンと類似の臭気を持つ．色素の合成，抗マラリア剤，ゴムの架橋促進剤などの原料に用いられる．

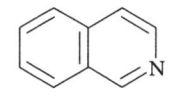

イソクロトン酸 isocrotonic acid
→クロトン酸

イソシアナート isocyanates

-N=C=O 基を含む化合物．アルキルイソシアナートは硫酸ジアルキルとシアン酸カリウムから得る．容易に重合してイソシアヌル酸エステルを生じる．ホフマンのアミド分解やクルチウスのアジド分解で中間体として生成する．アリールイソシアナートはホスゲンと芳香族アミンの反応で得られる．PhNCO はアルコールと反応してウレタンを生じ，アンモニアと反応するとフェニル尿素，アニリンと反応するとジフェニル尿素を生成する．加熱するとカルボジイミドに変換される．ジイソシアナートが多価アルコールと縮重合するとさまざまなポリウレタンを生じる．

イソシアニド isocyanides
→イソニトリル

イソシアン酸フェニル phenyl isocyanate (isocyanatobenzene)
→フェニルイソシアナート

イソシアン酸メチル methyl isocyanate (MIC)
→メチルイソシアナート

イソジュレン isodurene
→イソデュレン

イソ多形 isopolymorphism
ある物質が他の物質と同型の2つ以上の結晶型を持つこと．例えば As_2O_3 の八面体形と斜方形は Sb_2O_3 の対応する結晶形と同形であり，これらの酸化物は同質二形であるという．

イソチオシアナート isothiocyanates
RNCS で表される化合物．→チオシアン酸

イソチオシアン酸フェニル phenylisothiocyanate
→フェニルイソチオシアナート

イソチオシアン酸プロペニル allyl isothiocyanate (propenyl isothiocyanate, mustard oil)
→アリルイソチオシアナート

イソデュレン isodurene
1,2,3,5-テトラメチルベンゼン．デュレンの異性体である．

イソニアジド（イソナイアジド） isoniazide
イソニコチン酸ヒドラジドの薬剤としての一般名．抗結核剤．

イソニトリル isonitriles (isocyanides, carbylamines)
イソシアニド，カルビルアミン．R-NC で表

される有機化合物．無色で不快臭を持つ液体で有毒．ハロゲン化アルキルをシアン化銀で処理して得られるが，より簡便にはホルムアミド（RNHCHO）を塩基の存在下でオキシ塩化リンで脱水して得る．一級アミン，クロロホルム，アルコール性 KOH の反応でも生成し，これは定性試験としては有用であるが，合成的価値は限られる．反応性の高い物質である．酸で処理すると一級アミンとギ酸に分解する．100～200℃に加熱するとニトリルに異性化する．硫黄により酸化されてイソチオシアナートを生じる．HgO で酸化するとイソシアナートになる．カルボニル化合物とアミンと反応して α-アミノ酸誘導体を与える．遷移金属との安定な錯体は金属カルボニルに類似し，例えば Ni(CNPh)$_4$ は Ni(CO)$_4$ に類似している．

イソニトロソケトン isonitrosoketones
α-ジケトンモノオキシムの互変異性体．ジケトンを亜硝酸アミルと塩酸で処理して得る．無色結晶．アリカリに溶けて強い黄色の塩を生成する．H$_2$SO$_4$ または HNO$_2$ で処理すると α-ジケトンを生じる．

$$-\underset{O}{\overset{}{C}}-\underset{NOH}{\overset{}{C}}- \rightleftarrows -\underset{O}{\overset{}{C}}-\underset{N=O}{\overset{H}{C}}-$$

イソノナノール isononanol
可塑剤原料として用いられるアルコール．フタル酸ジイソノニルは食品に用いられる．

イソパラフィン isoparaffins
分岐した鎖状構造の脂肪族炭化水素．通常，対応する直鎖のノルマルパラフィンよりアンチノッキング性に優れる．→オクタン

イソバレルアルデヒド isovaleraldehyde（3-methylbutanal）
C$_5$H$_{10}$O，3-メチルブタナール．香料や着香料に用いられる．

イソブタナール isobutanal
イソブチルアルデヒドの系統名．

イソブタノール isobutanol
→ 2-メチル-1-プロパノール

イソフタル酸 isophthalic acid（1,3-benzene dicarboxylic acid）
1,3-ベンゼンジカルボン酸．無色結晶，融点345～347℃．昇華する．m-キシレンを酸化して得る．

イソブタン isobutane（2-methylpropane）
C$_4$H$_{10}$，2-メチルプロパン．Me$_2$CHCH$_3$．無色気体，融点 -145℃，沸点 -10℃．天然ガスに含まれる．石油のクラッキングにより多量に製造される．冷却プラントに用いられる．化学的性質は「パラフィン系炭化水素」を参照．

イソブチリル基 isobutyryl
Me$_2$CHCO- 基．すなわち 2-メチルプロパノイル基．

イソブチルアルコール isobutyl alcohol
→ 2-メチル-1-プロパノール

イソブチル基 isobutyl（2-methylpropyl）
2-メチルプロピル基．Me$_2$CH$_2$CH$_2$- 基．

イソプレン isoprene（2-methylbuta-1,3-diene）
C$_5$H$_8$，H$_2$C=CMe-CH=CH$_2$．2-メチル-1,3-ブタジエン．刺激臭を持つ無色液体，沸点34℃．粗製ゴムを蒸留するかテレピン油の蒸気を赤熱した管に通して得る．メチルエチルケトン（ブタノン）とホルムアルデヒドを KOH の存在下で反応させ，ついで還元および脱水するか，あるいはアセトンとアセチレンをエーテル溶媒中，粉末にした KOH の存在下で反応させても得られる．この場合，生成したアセチレンアルコールを触媒を用いて還元して 1,1-ジメチルアリルアルコールとし，それを蒸気の状態でアルミナ上に通して脱水して得る．触媒を作用させると合成ゴムが得られる（→イソプレンポリマー）．おそらく発ガン性を有する．

イソプレン則 isoprene rule
テルペンの炭素骨格は，1つの C^{1}C^2(C)C^{3}C^4 ユニットの C^4 が次のユニットの C^1 に結合するというように，イソプレン単位から構成されているという法則．例外として，まれに生合成のある段階でメチル基が転移すると仮定すると，この法則が成り立つことがある．実際の前駆体ピロリン酸イソペンチルや，これと密接に関連したメバロン酸はカロテノイド，スクアレン，コレステロールや他のテルペノイド化合物に高収率で挿入される．

イソプレンポリマー isoprene polymers

イソプレンの立体規則的重合によりシスポリイソプレンが得られ，これは天然ゴムに類似の合成ゴムである．この重合はツィーグラー-ナッタ触媒またはアルキルリチウムを用いて行われる．エラストマーや天然ゴムの代替品（ポリイソプレンとして）として利用される．共重合体としても用いられる．トランスポリイソプレンはゴルフボールの表面に用いられる．

イソプロパノール isopropanol
イソプロピルアルコール（2-プロパノール）の慣用名．医学や薬学，生理学方面では世界的にこちらのほうが通用している．各国の薬局方などでもこちらが採用されている（IUPAC命名法に従うと「イソプロパン」という．炭化水素が存在しないからこの名称は正しくないのだが，慣用の力は大きいのである）．

イソプロパノールアミン isopropanolamines
→ 2-プロパノールアミン

イソプロパノールアミン類 isopropanolamines
少なくとも1個のNCH$_2$CHOHCH$_3$基を含むアルカノールアミンをいう．2-プロパノールアミンが正式呼称であるが，通称としてこちらの方がよく用いられている．中でも重要な物質として，モノイソプロパノールアミン NH$_2$CH$_2$CHOHCH$_3$（沸点159℃），ジイソプロパノールアミン NH(CH$_2$CHOHCH$_3$)$_2$（沸点248℃），トリイソプロパノールアミン N(CH$_2$CHOHCH$_3$)$_3$（沸点300℃）がある．アンモニアとプロピレンオキシドから合成される．除草剤，プラスチックの安定剤，洗剤，アルカノールアミン石鹸，天然ガスのスイートニング，合成試薬に用いられる．

イソプロピリデン基 isopropylidene
Me$_2$C= 基．

4,4′-イソプロピリデンジフェノール 4,4′-isopropylidenediphenol
→ ビスフェノール A

イソプロピルアルコール isopropyl alcohol
→ 2-プロパノール

イソプロピルエーテル isopropyl ether
C$_6$H$_{14}$O，Me$_2$CHOCHMe$_2$．甘い樟脳のような香りを持つ無色液体，沸点68℃．イソプロピルアルコールを硫酸と加熱して得る．工業用の溶媒，特に潤滑油の脱ロウや油脂の抽出に用いられる．

イソプロピル基 isopropyl
(CH$_3$)$_2$CH- 基．

イソプロピルナフタレン isopropylnaphthalenes
重要な溶媒．

イソプロピルベンゼン isopropylbenzene
→ クメン

イソプロピルメチルベンゼン isopropylmethylbenzenes
→ シメン

イソペンチルエーテル isopentyl ether
[(CH$_3$)$_2$CHCH$_2$CH$_2$]$_2$O．イソアミルエーテル．通常は異性体の混合物．特にグリニャール反応の優れた溶媒として用いられる．

イソポリ酸 isopolyacids
形式的に1種の金属のみを含む，オキソ架橋またはヒドロキソ架橋したポリマー構造の陰イオンを生じる酸．例えば Mo(VI) は [Mo$_6$O$_{19}$]$^{2-}$ を形成する．遊離の酸は存在しないことも多い．

イソボルネオール isoborneol
C$_{10}$H$_{18}$O．融点214℃．ボルネオールの異性体．

イソホロン isophorone (3,5,5-trimethylcyclohexen-1-one)
3,5,5-トリメチルシクロヘキセン-1-オン．接着剤に用いられる溶媒．

イソメラーゼ isomerases
異性化を触媒する酵素．

イソ酪酸 isobutyric acid
→ 酪酸

イソロイシン isoleucine (2-amino-3-methylvaleric acid)
C$_6$H$_{13}$NO$_2$，CH$_3$CH$_2$CHMeCHNH$_2$C(O)OH，2-アミノ-3-メチル吉草酸．無色結晶，融点284℃（分解）．天然に存在するものは右旋性．ロイシンとともにタンパク質加水分解生成物として存在するアミノ酸．

板（トレイ，プレート） tray, plate
→ 蒸留段

イタコン酸 itaconic acid (methylenesuccinic acid)
C$_5$H$_6$O$_4$，HO(O)CC(=CH$_2$)CH$_2$C(O)OH，メチレンコハク酸．無色結晶，融点162～164℃．糖をカビ *Aspergillus terreus* により発酵させ

と得られる．または無水シトラコン酸を水とともに150℃に加熱して得る．カリウム塩の溶液を電気分解すると1,2-プロパジエン（アレン）を与える．イタコン酸はプラスチックのコモノマーとして用いられる．イタコン酸エステルを重合させると潤滑油や可塑剤が得られる．

一塩化アルミニウム aluminium monochloride

$AlCl$. $AlCl_3$とAlを極めて高温で反応させると生成するが，冷却すると反応は逆向きに進み，不均化して金属アルミニウムと無水塩化アルミニウムになってしまう．

一塩基酸 monobasic acid

形式的に交換可能なプロトンを1つ持ち，1種類の塩のみ形成可能な酸．例：HCl, H_3PO_2 ($=HOP(O)_2H_2$).

一次スペクトル first order spectra

→核磁気共鳴

一重項状態 singlet state

→スピン多重度

一重線 singlet

スペクトル上のエネルギーの異なる状態間の1本の遷移．

位置選択性 regioselectivity

2種類以上の反応が進行する可能性がある場合に一方のみが起こる傾向．例えばオレフィン誘導体への付加反応で1,2-付加物のみを与えるなど．

位置特異的 regiospecific

位置選択性の結果，特定の生成物のみを生じること．レギオ特異的ともいう．

一酸化炭素 carbon monoxide

CO. →炭素の酸化物

一酸化二窒素 dinitrogen oxide

N_2O. 通常は亜酸化窒素という．別名は笑気．→窒素の酸化物

イッテルビウム ytterbium

元素記号Yb．原子番号70，原子量173.94，融点819℃，沸点1196℃，密度（ρ）6903 kg/m^3（$=6.903$ g/cm^3），地殻存在比3.3 ppm，電子配置$[Xe]4f^{14}6s^2$．典型的なランタニド．単体の構造はccp（<798℃）またはbcc（融点まで）．イッテルビウム系ガーネットには人造宝石として用いられるものもある．nmrシフト試薬に利用される．

イッテルビウムの化合物 ytterbium compounds

イッテルビウムは+3と+2の酸化状態をとる．Yb(Ⅲ)の化合物は典型的なランタニド元素の化合物であり，Yb^{3+}（f^{13}無色）→Yb（-2.27 V 酸性溶液中）．二ハロゲン化物YbX_2は真のYb^{2+}塩である．Yb^{3+}→Yb^{2+}（-1.15 V）．

イットリウム yttrium

元素記号Y．金属元素，原子番号39，原子量88.906，融点1522℃，沸点3345℃，密度（ρ）4469 kg/m^3（$=4.469$ g/cm^3），地殻存在比30 ppm，電子配置$[Kr]4d^15s^2$．3族元素．主要な鉱石はガドリン石（ケイ酸塩，ランタニド元素も含む）やゼノタイム（リン酸塩，ランタニド元素をも含む）．ユウロピウムをドープしたY_2O_2Sはカラーテレビの赤色発光体として用いられる．イットリウム-鉄-ガーネット（YIG）はマイクロ波のフィルターとして用いられる．混合酸化物はリン光体や人工宝石として用いられる．Y_2O_3は鋼鉄の下塗り被覆として用いられる．

イットリウムの化合物 yttrium compounds

イットリウムは+3価の状態でのみ化合物を形成する．

Y^{3+}（無色）→Y（-2.37 V 酸性溶液中）

化学的性質はランタニド元素の化合物に類似している．スカンジウムとイットリウムとランタニド元素を一括して「希土類元素」と呼ぶことが普通であるが，これは産出状態やイオンの性質などが互いに酷似しているためである．

遺伝子コード genetic code

タンパク質のアミノ酸配列とメッセンジャーRNAのヌクレオチド配列の関係．各アミノ酸は3つのヌクレオチドの組でコードされる．例えばフェニルアラニンはメッセンジャーRNA中で，ピリミジン塩基であるウラシル-ウラシル-ウラシルによってコードされ，リジンはアデニン-アデニン-アデニンによってコードされている．ほとんどのアミノ酸は2つ以上の3つ組（コドン）によりコードされており，このような場合はコードが縮重しているという．これは実際，変異の効果を抑制するために非常に有用である．

イドース idose
 六炭糖の1つ．グルコースの異性体．

イトスギ油 oil of cypress
 サイプレス油とも呼ばれる．セイヨウイトスギ（*Cupressus sempervirens*）から得られる．フルフラール，D-ピネン，D-カンフェンを含む．香料に利用される．

イニシエータ initiators
 発ガンに際して誘発機能を有する物質．これに対してガン細胞の成長を促進するものをプロモータという．

イノシトール inositol
 $C_6H_{12}O_6$，シス-1,2,3,5-トランス-4,6-ヘキサヒドロキシシクロヘキサン．9種の異性体（シクリトール）があり得るが，*mesa*-イノシトール（*i*-イノシトール）のみが広くみられる．酵母菌や植物にフィチン酸エステルとして含まれ，また動植物のホスファチドの構成成分である．融点 225～226℃．二水和物は融点 218℃．甘味を呈する．*i*-イノシトールはある種の微生物にとって必須の成長因子でビタミンB群の1つである．細胞のシグナル伝達や受容体を刺激するのに重要である．トウモロコシの煎じ液から得るのが最も簡便である．

 cis-イノシトール （1,2,3,4,5,6/O-イノシトール）
 epi-イノシトール （1,2,3,4,5/6-イノシトール）
 allo-イノシトール （1,2,3,4/5,6-イノシトール）
 myo-イノシトール （1,2,3,5/4,6-イノシトール）
 muco-イノシトール （1,2,4,5/3,6-イノシトール）
 neo-イノシトール （1,2,3/4,5,6-イノシトール）
 chiro-イノシトール （1,2,4/3,5,6-イノシトール）
  D体，L体が存在
 scyllo-イノシトール （1,3,5/2,4,6-イノシトール）

 これらのうち，*chiro*-イノシトールのみが光学活性化合物であり，他はすべてメソ体である．

イノシン酸 inosinic acid (hypoxanthine riboside-5-phosphate)
 $C_{10}H_{13}N_4O_8P$，ヒポキサンチンリボシド-5-リン酸．最初に単離されたプリンヌクレオチド．アデニル酸（AMP）やグアニル酸（GMP）の生合成における前駆体．アデニル酸の酵素による脱アミノ化で生成する．ナトリウム塩は調味料（旨味料，鰹節の旨味である）として用いられる．

異方性 anisotropic
 ある物質の物性（例えば熱や電気の伝導性，屈折率など）が主軸方向により異なるとき，その物質は異方性であるという．立方晶系に属するものを除く結晶は異方性である．ある種の物質（例えば4-アゾキシアニソール）は溶融して曇った異方性の液体（液晶）を形成するが，これを再びより高温で溶融すると，通常の液体（等方性）となる．

イミダゾール imidazole (glyoxaline, iminazole)
 $C_3H_4N_2$，グリオキサリン，イミナゾールともいう．窒素原子2個を含む複素環芳香族五員環．ポリベンズイミダゾールはこの環構造を含む．

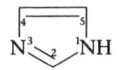

イミド imides
 有機化学では -C(O)-NH-C(O)- 基を含む窒素含有環状化合物をイミドという．二塩基酸またはその無水物をアンモニアと加熱して作られる．>NH の水素原子は酸性であり金属で置換されうる．温和な加水分解により環が開裂して酸のハーフアミドが生じる．→スクシンイミド，フタルイミド
 N-置換イミドからは，ケブラーのような非常に強靱なポリマーが得られる．
 無機のイミドは，NH_2- または >NH 基を含む化合物を指す．アミドを加熱するか，あるいは液体アンモニアのメタセシス反応で得る．重金属イミドは爆発性．

イミニウム塩 iminium salts
 窒素原子に非局在化した電荷を持つ $RR'C=NH_2^+$ のような陽イオンを含む塩．

イミノ基 imino
 窒素原子が環を構成しているか，または1つの原子と二重結合を形成している >NH 基の名称．R-CO-NHR のような化合物はイミノ化合

物ではなく，置換アミドとみなす.

イミン imines

\>NH 基を含む有機化合物．環状（ジヒドロアジリン（エチレンイミン）など）のものと鎖状のものがあるが，後者は通常ジアルキルアミンと呼ばれる.

イリジウム iridium

元素記号 Ir．白金族の金属元素，原子番号 77，原子量 192.22，融点 2443℃，沸点 4428℃，密度 (ρ) 22420 kg/m^3（=22.420 g/cm^3），地殻存在比 3×10^{-6} ppm，電子配置 [Xe]5d^{7}6s^2．単離法については「ルテニウム」を参照されたい．オスミリジウム中や自然白金との合金として産する．単体は ccp 構造で高温での強度や耐腐食性に優れるが，もろい傾向がある．融点が非常に高いので 1600℃ 以上でも機械的性質に優れる．宇宙における放射性燃料容器，電気機器，触媒（自動車の排出ガス処理用触媒など），Cl_2 と NaOH の製造に用いられる．主な用途は電気化学（25%），触媒（8%），ルツボ（11%）.

イリジウムの化学的性質 iridium chemistry

イリジウムは9族で最も重い元素．酸化数は+6(IrF_6) から $-1([Ir(CO)_4]^-)$ をとる．+6価と+5価の状態は強い酸化力を持ち，+4価と+3価が最も安定である．イリジウムは Rh と比べて+4価の安定性が高い．Ir(Ⅲ)やIr(Ⅳ)のアンミン錯体や他のNが配位した錯体は非常に安定である．+2価の状態はあまり知られていない．+1価（通常，平面四角形）はホスフィンやカルボニルを配位子とする場合が多くよく知られているが（例えばヴァスカ化合物），酸化的付加反応を起こして Ir(Ⅲ)を生成する．Ir(0) は $Ir_2(CO)_8$ のようなカルボニル錯体やホスフィン錯体にみられる．種々の有機イリジウム化合物や水素化物が知られている（昨今話題の有機 EL 素子にはイリジウム錯体が利用されているものが多い）.

イリジウムの酸化物 iridium oxides

黒色の IrO_2 はイリジウムを空気中で加熱すると生成する．水和物や水和した Ir_2O_3 は，Ir(Ⅳ) または Ir(Ⅲ)の溶液にアルカリを加えると析出する．Ir_2O_3 は容易に酸化されて IrO_2 を生じる．$CaIrO_3$ などの混合酸化物は固相反応で得られる．イリジウム酸塩は溶液中で安定ではない.

イリジウムのハロゲン化物 iridium halides

フッ化物では，IrF_6（黄色，Ir と F_2 から得る，融点 44℃，沸点 53℃）；$(IrF_5)_4$（黄色，Ir と F_2 から得る）；IrF_4（赤褐色，Ir と IrF_6 から得る）；IrF_3（黒色，IrF_5 を熱して得る）が知られている．IrF_6^-，IrF_6^{2-} または IrF_5^{2-} を含むフッ化イリジウム酸塩も知られる．無水の塩化物は $IrCl_3$ (Ir と Cl_2 を 600℃ で反応させて得る) のみである．$IrBr_3$，IrI_3 および水和物が知られている．塩化イリジウム酸(Ⅳ)イオン $[IrCl_6]^{2-}$ は，いろいろなイリジウム化合物と Cl_2 と HNO_3 から得られ，還元すると $[IrCl_6]^{3-}$ になる.

イリジウム酸塩 iridates

→イリジウムの酸化物

イリド ylides

$R_2C=PPh_3 \leftrightarrow R_2C^- - P^+Ph_3$ のような，ヘテロ原子が形式的に陽イオンの状態にある分子内塩．N，P，S がイリドを形成する元素である．ウィッティヒ反応の中間体.

色中心 colour centre

光の吸収（結晶の色の変化）を引き起こす，結晶の欠陥.

イワシ酸 clupanodonic acid (docosapentaenoic acid)

ドロサペンタエン酸．別名をクルパドン酸ともいう．プロスタグランジン前駆体の1つ．魚油の成分.

陰イオン anion

1つ以上の電子を得た原子，あるいは負に帯電した原子団．陰イオンは固体中に存在する（例えば NaCl における Cl^- のように）ほか，溶液や溶融液に存在する．電気分解の際，陰イオンは陽極に移動し，そこで放電する．分野によっては「負イオン」や「アニオン」がもっぱら使われている領域もある.

引火点 flash point

可燃性液体を標準状態で加熱した際に，その液体上の蒸気に小さな炎を近づけて着火する最低温度.

インキ inks

溶媒または担体に着色物質を溶解あるいは分散させたもの．乾くと（または添加物を加えると）着色物質は基板や紙などの表面に固定化さ

れる.

陰極（負極） cathode

カソード．電解槽で負の電荷を有する電極．電気分解において正の電荷を持つイオン（カチオン）は陰極（カソード）で放電する．

陰極防食 cathodic protection

電解防食ともいう．活性が大きくて自らが酸化されやすい金属と連結させて，金属を保護する方法．水中や地中の金属製品の腐食を防止するために用いられる．例えば係留してある船舶はマグネシウム陽極を船から少し離して吊り下げ，それを船体と短絡させることにより，船自身を電池の陰極（負極）とすることができる．あるいは別法として，淡水中では電気があまり流れないので，電極の代わりに直流を流す方法を用いることもある．すなわち地下の配管を電源のマイナス側のリード線に接続し，少し離れた場所に設けた炭素または鉄の陽極にプラス側のリード線を接続し，湿った土を電解質として利用する．

インコネル（商品名） Inconel

→ニッケル合金

印刷インキ printing inks

通常，カーボンブラックなどの顔料を適切な粘度を持つオイルに分散した混合物．

インジウム indium

元素記号 In．金属，原子番号 49，原子量 114.82，融点 157℃，沸点 2070℃，密度（ρ）7310 kg/m^3（=7.31 g/cm^3），地殻存在比 0.049 ppm，電子配置 [Kr]$3d^{10}5s^25p^1$．閃亜鉛鉱はインジウムを含むことがある．溶液から電解法あるいは亜鉛を加えて析出させる．単体は正方晶系でゆがんだ最密充填構造．空気中で強熱すると酸化される．酸に溶解する．低融点合金に用いられる．InP は電気モーターで用いられ，InGa，InAs，InS，In$_4$Te$_3$ は電子部品や半導体に用いられる．スズとの混合酸化物（ITO と略称）は透明電極材料として重要である．インジウム化合物は有毒である．

インジウムのオキシ酸塩 indium oxyacid salts

In(NO$_3$)$_3$·5H$_2$O，In(ClO$_4$)$_3$·11H$_2$O，In$_2$(SO$_4$)$_3$ は In(OH)$_3$ と対応する酸から得られる．硫酸塩はミョウバンを形成する．

インジウムの化学的性質 indium chemistry

インジウムは13族元素で，価電子配置は $5s^25p^1$．通常の酸化状態は +3 価（$E°$ In^{3+} → In -0.34 V（酸性溶液中））．+1 価の状態は不安定で（$E°$ In$^+$ → In -0.25 V（酸性溶液中）），水溶液中で不均化する．+3 価の化学的性質は Al(Ⅲ) や Ga(Ⅲ) と類似．1 族元素とツィントル相を形成する．

インジウムの酸化物 indium oxides

In$_2$O$_3$（In と O$_2$ から得る）は，In(OH)$_3$（In^{3+} と OH$^-$ から得る）の脱水でも生成する．In$_2$O（In$_2$O$_3$ を熱して得る）は熱すると黄色くなる（低温では赤色）．容易に酸化されて黄色の In$_2$O$_3$ を生じる．

インジウムのハロゲン化物 indium halides

インジウムは InX$_3$（X = F, Cl, Br, I）を形成する（単体ハロゲンを金属インジウムに作用させることで生じる）．InF$_3$，InCl$_3$，InBr$_3$ はかなりイオン的である．InI$_3$ は I$_2$In(μ-I)$_2$InI$_2$．InF$_3$·3H$_2$O および InCl$_3$·4H$_2$O が知られている．錯体 [InX$_6$]$^{3-}$ は F と Cl について知られている．InX（X = Cl, Br, I）は InX$_3$ と In から得られる．中間の組成を持つハロゲン化物 InCl$_2$（In^{Ⅰ}[In^{Ⅲ}Cl$_4$]），In$_2$Cl$_3$（In$^{Ⅰ}_3$[In^{Ⅲ}Cl$_6$]），In$_5$Cl$_9$，In$_7$Cl$_9$ も知られる．

インジカン indican (indoxyl-3-glucoside)

C$_{14}$H$_{17}$NO，インドキシル-3-グルコシド．またインドキシル-3-スルホン酸のカリウム塩を指すこともある．これは有毒なインドキシルを体内から排出するために硫酸エステルとなった形である．

インジゴ indigo

→インジゴチン

インジゴイド染料 indigoid dyes

インジゴ類似の構造を持ちインジゴと似た色を呈する建染め染料または顔料．インドールまたはチオナフテン環を含む．

インジゴチン indigotin (indigo)

C$_{10}$H$_{10}$N$_2$O$_2$．特に純粋なインジゴを指す．インジゴは非常に古くから知られている重要な濃青色染料．ヨーロッパでは大青という植物から採取されていた（日本ではタデ科の蓼藍（たであい）や琉球藍（りゅうきゅうあい）（山藍（やまあい）ともいう），インドではマメ科の多年生草本のインド藍を原料としていた）．元はインジカン（インドキシルのグルコシド）から

得ていたが，現在ではアントラニル酸とクロロ酢酸からフェニルグリシン-o-カルボン酸を得て，それをKOHとNaNH$_2$で処理してインドキシル酸とし，脱炭酸してインドキシルを得て空気酸化することによりインジゴチンを合成している．藍色のインジゴチンは亜二チオン酸ナトリウムで還元すると水溶性のロイコ体インジゴホワイトを与える．これを用いて染色し，その後再酸化してインジゴチンとする．スルホン化されたインジゴ染料（インジゴカーミンなど）も知られている．

インシュリン（インスリン） insulin
分野によっては「インスリン」が正式名称となっている．膵臓のランゲルハンス島から分泌されるホルモン．グルコースの代謝のバランスを保つ．インシュリンの欠乏は糖尿病を引き起こす．

インスリン insulin
→インシュリン

インターカレーション化合物 intercalation compounds
特にグラファイトの誘導体で，格子中のホールや層間に別の分子が取り込まれて形成された化合物．化合物の取扱いや保存が容易になる．例えばグラファイト-SbF$_5$（フッ素化剤として利用される）やグラファイト-FeCl$_3$（水中で安定）がある．

インターフェロン interferons
ウイルス細胞の複製を阻害する一群のタンパク質．

インターロイキン interleukins
白血球の伝達因子．

インダン indan (2,3-dihydroindene)
C$_9$H$_{10}$．2,3-ジヒドロインデン．沸点176℃．インデンを還元した際の最初の生成物．コールタールに含まれる．

インダンスレン染料 indanthrene dyestuffs
アントラキノンのアミノ置換体を基本とする一連の重要な染料．

インデン indene (indonaphthene)
C$_9$H$_8$．インドナフテンともいう．無色液体，沸点182℃．石油画分から得られる．酸性の水素を持つ炭化水素で，ナトリウム塩を形成する．五員環はシクロペンタジエンと類似の反応性を示す．

インドキシル indoxyl
C$_8$H$_7$NO．黄色結晶，融点85℃．水やアルコールに可溶．大青や蓼藍，インド藍などの植物に，グルコシドであるインジカンとして含まれる．哺乳類の尿中に硫酸と結合してエステルとして含まれ，これもインジカンと呼ばれる．体内ではトリプトファンの分解により生じる．

インドリジン環系 indolizine (pyrrocoline) ring system
ピロコリン環と呼ぶこともある．各原子の番号は下記構造式を参照．

インドール indole
C$_8$H$_7$N．融点52℃．悪臭のある液体で沸点253～254℃．コールタールや種々の植物に含まれる．トリプトファンに腸内細菌が作用すると生じるので糞便中にも含まれる．ピルビン酸のフェニルヒドラゾンに酸を作用させてイン

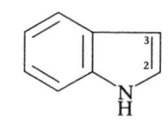

ドール-2-カルボン酸とし，それを脱炭酸して得られる．非常に薄く希釈して香料に用いる．

インドール酢酸 indole-3-acetic acid（indol-3-yl ethanoic acid）

$C_{10}H_9NO_2$．融点 164〜165℃．植物生長因子．

インバール（インヴァール）（商品名） Invar
→ニッケル合金

インベルターゼ invertase（sucrase）

スクラーゼと呼ぶこともある．ショ糖をグルコースとフルクトースに加水分解する酵素．菓子類のシロップを作るのに使われる．名称は加水分解により偏光面が反転（inversion）を起こすことに由来する．

ウ

ヴァスカ化合物 Vaska's compound

$trans$-[Ir(CO)(Ph$_3$P)$_2$Cl]．容易に酸化的付加反応を起こしてIr(Ⅲ)錯体を与える．優れた触媒．

ヴァンスライク定量法 van Slyke determination

亜硝酸を用いたアミノ基の定量法．

ヴィクトルマイヤー法（蒸気密度測定）

Victor Meyer method for vapour densities

既知の質量の蒸気が占める体積（通常は排除された空気の体積として）を測定して蒸気密度を求める方法．

ヴィシナル vicinal

有機化合物の名称で隣接する2個の炭素原子に置換基または原子が結合していることを表す接頭辞．例えば1,2-ジクロロプロパンを vic-ジクロロプロパンという．

ウィスウェッサー線形記載法 Wiswesser line notation

よくWLNと略記される．化合物の構造を，記号を線形に並べて表す図式的表記法．この表記法によりコンピュータ処理に適した，あいまい性のない簡潔な表記が可能になる．例えばエタノールは2Qとなる（2はアルキル基の炭素数，Qはヒドロキシ基を表す）．

ウィッティヒ反応 Wittig reaction

アルキリデンホスホラン RR'C=PR'$_3$ とアルデヒドまたはケトン R''R'''C=O との反応で，アルケン RR'C=CR''R''' を生成する．アルケンの二重結合の位置は決まっているが，反応は完全に立体特異的ではなく，シス・トランス混合物が生じる．→ホスホニウム塩

ウィリアムソンのエーテル合成 Williamson ether synthesis

単にウィリアムソン反応ということもある．ハロゲン化アルキルとナトリウムまたはカリウムアルコキシド（またはフェノキシド）を反応させてエーテルを得る反応．

RX + NaOR′ → ROR′ + NaX
収率は低いこともあり，特に一級以外のハロゲン化物では低収率であるが，非対称エーテルの合成法としては有用である．

ウィルキンソン触媒 Wilkinson's catalyst
[Rh(Ph$_3$P)$_3$Cl]．均一系の水素化で重要な触媒．O$_2$ による酸化や有機物からの CO 脱離を触媒する．

ヴィルスマイヤー試薬 Vilsmeier reagent
→フィルスマイヤー試薬

ウェイド則 Wade's rules
クラスター化合物の構造を理解・予測するのに利用される．→多面体型骨格電子対理論

ヴェイリウム(商品名) Valium
マイナートランキライザーのジアゼパムの商品名．→ジアゼピン

ヴェガードの法則 Vegard's law
固溶体の組成範囲内の相において，格子定数は成分のモル比に対して線形に変化するという法則．この法則が厳密に成り立つのは稀である．

ウェストン電池 Weston cell (cadmium cell)
広く用いられる標準電池．カドミウム電池ともいう．Cd(Hg)|CdSO$_4$·8/3H$_2$O(s)||Hg$_2$SO$_4$(s)|Hg．電解質は CdSO$_4$·8/3H$_2$O の飽和溶液．20℃ で起電力は $E° = 1.01485$ V で起電力の温度依存性が小さい．

ヴェトロコークプロセス Vetrocoke process
排ガスからの二酸化炭素除去を行う方法の1つ．→カタカルブプロセス

ウォルフラム wolfram
タングステンの別名．元素記号が「W」になっているのは，ドイツ語やラテン語ではウォルフラムを使用しているためである．

右旋性化合物 dextrorotatory compound
平面偏光を時計回り方向に旋回させる化合物．

ウッドワード試薬 K Woodward's reagent K (N-ethyl-5-phenylisoxazolium-3′-sulphonate)
N-エチル-5-フェニルイソキサゾリウム-3′-スルホナート．よく WRK という略称で呼ばれている．ペプチド結合形成用の優秀な試薬．またタンパク質中のカルボキシル基をエステル化する化学修飾試薬として広く用いられている．

ウッドワード-ホフマン則 Woodward-Hoffmann rules
閉環および開環反応に関する軌道の対称性則．→フロンティアオービタルの対称性

ウラオ urao
→トロナ

ウラシル uracil (2,6-dioxytetrahydropyrimidine)
C$_4$H$_4$N$_2$O$_2$．2,6-ジオキソテトラヒドロピリミジン．無色結晶．融点 338℃（分解点）．リボ核酸の構成成分．誘導体には医薬品として重要なものもある．5-フルオロウラシル（5-FU）はガン治療に用いられる．

ウラニル化合物 uranyl derivatives
直鎖の UO$_2$ ユニットを含むウラン(VI)の化合物．ウラン(V)の化合物もあるが数は遙かに少ない．市販品が入手できるのは酢酸塩，リン酸水素塩，マグネシウム酢酸塩，硝酸塩，過塩素酸塩，硫酸塩，酢酸亜鉛との複塩などである．多くの化合物は水和しており，多数の陰イオンが配位している．水は他の窒素あるいは酸素配位子で置換しうる．酢酸ウラニル亜鉛は Na$^+$ イオンを加えると水から沈殿を生成する．ほとんどのウラニル化合物は強い黄色を呈し，鮮やかな緑色の蛍光を発する．釉薬(ゆうやく)に用いられる．

ウラン uranium
元素記号 U．原子番号 92．原子量 238.03．融点 1135℃．沸点 4131℃．密度 (ρ) 18950 kg/m^3 (= 18.95 g/cm^3)．地殻存在比 2.4 ppm．電子配置 [Rn]4f^{3}6d^{1}7s^2．ウランは天然に広く存在する．いずれの同位体も放射性．重要な鉱石はピッチブレンド（U$_3$O$_8$），閃ウラン鉱（U$_3$O$_8$），カルノー石（KUO$_2$VO$_4$·1.5H$_2$O），コフィン石（ケイ酸塩），リン灰ウラン鉱（ウラン雲母）や銅ウラン鉱（水和した複リン酸塩）などがある．浮遊選鉱，酸による抽出，酸化条件での抽出，イオン交換，水和酸化物（または二ウラン酸ア

ンモニウム）として沈殿．溶媒抽出による精製を行って取り出す．単体を得るには UF_4 を Mg により 700℃ で還元するのが最適である．単体は空気中で速やかに曇り，熱水や酸により侵される．核分裂性同位体 ^{235}U，およびもっと多量に存在する同位体 ^{238}U（半減期 4.51×10^9 年）の両者とも，核反応やアクチニド元素の生成において重要である．核分裂性の ^{235}U は核兵器や原子炉に用いられる．同位体分離には工業的には UF_6 の気体拡散または遠心分離法が採用されている．劣化ウラン（^{235}U を濃縮した残りのウラン）は鋼鉄の添加物，兵器，放射線シールドとして用いられる．炭化ウランは NH_3 合成の触媒．

ウランの化学的性質 uranium chemistry

化合物中でウランは $+3 \sim +6$ の酸化数をとる．

$$UO_2^{2+}（黄色）\xrightarrow{-0.063\,V} UO_2^+（青）\xrightarrow{+0.58\,V}$$
$$U^{4+}（緑）\xrightarrow{-0.63\,V} U^{3+}（赤褐色）\xrightarrow{-1.80\,V} U$$

湿った空気中で酸化すると最終生成物は直線型の UO_2^{2+}（ウラニルイオン）で，このユニットは多くのウラン(Ⅵ)化合物中に含まれる．UO_2^+ イオンは水溶液中で不均化するが，U(V) はフッ化物イオンやアルコキシドなどが配位すると安定化される（UF_5, $U(OR)_5$）．U(Ⅲ) は空気や水により速やかに酸化される．多くのウラン化合物は高い配位数をとる．例えば UX_4(8), UO_2Cl_2(7)．有機ウラン化合物には $U(C_5H_5)_4$, $U(C_5H_5)_3X$ (X はハロゲン，アルキルまたはアリール；UCl_4 と KC_5H_5 から得る)，ウラノセン $U(C_8H_8)_2$（$K_2C_8H_8$ と UCl_4 から得る；2つの平面状シクロオクタテトラエン環にウランがはさまれている）がある．

ウランの酸化物 uranium oxides

ウランは種々の酸化物を形成する．UO（半金属），UO_2（核燃料に用いられる），U_3O_8（空気中で安定），U_4O_9, $UO_{2.25} \sim UO_{2.40}$, UO_3 がある．水和した過酸化物 $UO_4\cdot2H_2O$ は U(Ⅵ) 塩の水溶液から H_2O_2 により沈殿として得られ，加熱すると UO_3 を生じる．不溶性のウラン(Ⅵ) 酸塩錯体は一般に多量体の混合酸化物で，ウラン(Ⅵ) 塩の溶液から沈殿させるか，あるいは固相反応で得る．多くのウラン(Ⅵ) 酸塩は直鎖の UO_2 ユニットを含む．U(V) や U(Ⅵ) の混合金属酸化物は固相反応により得られる（例えば $BaUO_3$ と UO_3 を 550℃ で反応させると，$Ba(UO_3)_2$ が生じる）．二ウラン酸ナトリウム（ピロウラン酸ナトリウム，ウランイエロー）$Na_2U_2O_7\cdot6H_2O$ は不溶性のナトリウム塩でガラスの着色に用いられる．

ウランのハロゲン化物 uranium halides

+6 価のハロゲン化物は UF_6（U と F_2 または UF_4 と O_2 から得る．融点 64℃，昇華点 57℃，^{235}U の分離に用いられる）と UCl_6（UCl_4 と Cl_2 から得る）があり，両者とも水により速やかに加水分解され，UOF_4 や UO_2F_2 を生じる．他のハロゲン化ウラニル UO_2X_2 は直接反応により得られる（例：UCl_4 と O_2 を 350℃ で反応させると UO_2Cl_2 が生じる）．また水和物など酸素配位子が結合した錯体は容易に形成され，フッ化物錯体も知られる．+5 価のハロゲン化物は UF_5, UCl_5 および UBr_5（例えば UF_6 と HBr から UF_5 が生じる）があり，UF_6^- イオンは HF 水溶液中で安定に存在する．四ハロゲン化物 UX_4 はすべて知られている（UO_2 と HF を 500℃ に加熱すると UF_4 を生じる．U_3O_8 と C_3Cl_6 から UCl_4 が生じる）．いずれも O や N と結合した錯体を形成する．広範のフッ化物錯体が既知である．+3 価のハロゲン化物 UF_3, UCl_3, UBr_3 は対応する UX_4 の水和物を H_2 で還元して得る．アミンや他の窒素配位子との錯体が知られている．

ウラン雲母 autunite
→リン灰ウラン鉱

ウラン酸塩 uranates
→ウランの酸化物

ウリカーゼ uricase
プリン骨格を分解する酵素．

ウリジン uridine (1-β-D-ribofuranosyluracil)
1-β-D-リボフラノシルウラシル．→ヌクレオシド

ウール wool
主としてヒツジ（緬羊）の毛から得られる天然のタンパク質繊維（ケラチン）．他の多毛質の動物（ヤク，アルパカ，カシミアヤギなど）から得られるものも多種あるが，量は少ない．

ウルスター塩 Wurster's salts
N,N,N',N'-テトラメチル-4-フェニレンジア

ミンなどの1電子酸化で得られる安定なラジカルカチオンを塩として単離したもの.

ウルソール酸 ursolic acid
クランベリーから得られる多環式の酸.乳化剤.

ウルツ鉱 wurtzite
別名を繊維亜鉛鉱という.硫化亜鉛 ZnS の結晶形態の1つ.重要な結晶構造タイプの1つでもある.六方格子で Zn も S も四面体配位である.S に関して hcp 構造で Zn は四面体の穴に位置する.この構造を持つ他の化合物は ZnO, BeO, AlN, GaN など.

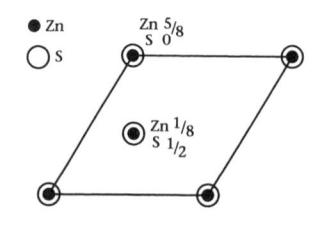

●Zn
○S
Zn 5/8 S 0/8
Zn 1/8 S 1/2

ウルツ合成 Wurtz synthesis
ハロゲン化アルキルをナトリウムと乾燥エーテル中で反応させカップリングにより炭化水素を得る反応.2種の異なるハロゲン化物を等量ずつ用いると,3種の炭化水素 R-R,R-R′ および R′-R′(R, R′ は元の炭化水素基)の混合物が生じる.副反応も起こるため収率は低いことも多い.

ウルトラマリン ultramarine
(Al, Si)O_2 骨格を持つアルミノケイ酸塩で硫黄を含みその一部は S_2 ユニットとして存在する.青色を呈し,陶土,硫黄,Na_2CO_3,SiO_2 および少量成分から作られる顔料.かつて岩絵具の「群青」の高級品はこれであった.衣類洗濯時の黄ばみ止めや,ある種の特殊印刷に用いられる.

ウルマン反応 Ullmann reaction
銅末などの金属によりハロゲンを除去し,ハロゲン化アリールを自己カップリングさせたり,または他のハロゲン化物とカップリングさせジアリールを合成する反応.例えばブロモベンゼンからビフェニルが得られる.金属フェノラートとハロゲン化アリールを反応させてジアリールエーテルやジアリールチオエーテルを合成するのにも用いられる.

ウレアーゼ urease
尿素を加水分解して,アンモニアと CO_2 に変換する反応を触媒するニッケル依存酵素.多くの植物にみられるが脊椎動物にはない.ナタマメのウレアーゼは最初に結晶化された酵素でもある.

ウレイド ureides
尿素の一方または両方の窒素が有機酸と結合した化合物.ジカルボン酸や α-ヒドロキシ酸は,バルビツール酸やヒダントインのような環状ウレイドを形成する.無色結晶性固体,水に微溶,エタノールに可溶.アルカリにより分解する.塩を形成する.

ウレキサイト ulexite
$NaCaB_5O_9·8H_2O$.和名を曹灰硼鉱(そうかいほうこう)という.天然の光学ファイバー状の性質を示し,俗にテレビ石などと呼ばれる.ホウ酸塩の重要な原料.

ウレタン urethane(ethyl carbamate)
$NH_2COOC_2H_5$,カルバミン酸エチル.無色プリズム晶,融点 49〜50℃,沸点 184℃.オルトギ酸エチルにアンモニアを作用させて得る.優れた溶媒.合成原料に用いられる.

ウレタン類 urethanes
カルバミン酸 NH_2COOH のエステル.無色結晶性固体.蒸留しても分解しない.炭酸エステルまたはクロロ炭酸エステルにアンモニアを作用させるか,あるいはアルコールを硝酸尿素またはイソシアン酸塩で処理して得る.アンモニアと加熱すると尿素とアルコールを生じる.フェニルウレタンやナフチルウレタンはアルコールやフェノールの同定に利用される.ウレタンとはポリウレタンを指すこともある.ポリウレタンは主要なプラスチックで用途はウレタンフォーム(85%)やエラストマーなど.

ウロース -ulose
ケト糖を表す接尾語.

ウロン酸 uronic acids
糖の一級ヒドロキシ基を酸化して得られるカルボン酸で,母体の糖に対応して命名される.すなわちグルクロン酸はグルコースから得られる.D-グルクロン酸,D-マンヌロン酸,D-ガラクツロン酸が重要.ポリウロニドはガムや粘液の成分である.アルギン酸はマンヌロン酸と

ガラクツロン酸のペクチン酸からなるポリマー．

2-ウンデカノン 2-undecanone (methyl nonyl ketone)

$CH_3COC_9H_{19}$．メチルノニルケトン．天然油や香料に用いられる．

ウンデカン undecane (hendecane)

$C_{11}H_{24}$．以前はヘンデカンとも呼んだ．炭素数11のパラフィン系炭化水素で沸点195℃．

ウンデセン酸 undecenoic acid (hendecenoic acid, Δ^{10}-undecylenic acid)

$CH_2=CH[CH_2]_8C(O)OH$．ヘンデセン酸．Δ^{10-}ウンデシレン酸．淡黄色液体，融点20〜24℃．ヒマシ油またはリシノール酸を真空蒸留して得る．抗菌剤．

運動エネルギー kinetic energy

運動に基づくエネルギー．質量mの物体が速度vで移動しているときの運動エネルギーは$(1/2)mv^2$である．

ウンベリフェロン umbelliferone (7-hydroxycoumarin)

$C_9H_6O_3$．7-ヒドロキシクマリン．ウンベル酸（2,4-ジヒドロキシケイ皮酸）の分子内エステルに相当する．結晶，融点223〜224℃．多くの植物に見られるアグリコン．日焼け止めや蛍光指示薬として用いられる．

ウンベル酸 umbellic acid (2,4-dihydroxycinnamic acid)

$C_9H_8O_4$．2,4-ジヒドロキシケイ皮酸．黄色粉末．240℃で黒化し260℃で分解する．生薬の阿魏（Asa foetida）にエステルとして分子内エステルのウンベリフェロンとともに含まれる．

雲母 micas

粘土やタルクに類似したアルミノケイ酸塩イオン，すなわち$(Si, Al)O_4$の四面体構造が連結した層状構造のアルミノケイ酸塩鉱物．剥離しやすく薄い絶縁シートが得られる．絶縁材（マイカコンデンサーなど）やフィラーとして，また壁紙や塗料の艶出しに用いられる．最も重要なものは金雲母（phlogopite $KMg_3(OH)_2Si_3AlO_{10}$）と白雲母（muscovite $KAl_2(OH)_2Si_3AlO_{10}$）である．層間に（Kの代わりに）水和イオンが存在するものは水和雲母と呼ばれ，粘土鉱物の一員となる．モンモリロナイト，バーミキュライトがあるが，これらは通常は粘土鉱物に分類される．フルオロフロゴパイト $K_2Mg_6Al_2Si_6O_{20}F_4$は他の雲母とともに電気工業で用いられる．金属酸化物で被覆してパールエッセンス色の着色料に利用される．

エ

エアフィルター air filters

空気流から空気中に含まれるゴミを除く（または空気や気体に含まれるゴミを処理する）ために設計されたフィルター．一般的には，ガラスファイバーやスラグウールなどのフィルター材を充填した空間に空気を流す．

エアーリフトアジテータ air-lift agitator

固体微粉末を分離するために使用するプラント装置．

エアロゾル，エアロゲル aerosol, aerogel

コロイドサイズの微細な固体粒子が空気または気体中に分散しているもので，例としては煙や霧が挙げられる．エアロゲルは多孔性物質（固体泡，高野豆腐やスチロフォームなど）である．エアロゾルは，金属酸化物などの蒸気を急速に冷却する際などによく生成する．エアロゾルスプレーは液体に溶解または懸濁した物質からなるもので，圧力を緩めると気化して細かなスプレーを生じる．このスプレーは有効成分を含み，ヘアスプレー，塗料などに用いられている．噴射剤は不活性で不燃性のものが要求され，これまでクロロフルオロカーボン（CFC．フレオン類）が広く用いられてきたが，現在は他の液化天然ガス（LNG）などに置き換えられた．

AES

オージェ電子分光法（Auger electron spectroscopy）の略称．

英国規格 British Standards

試験法，品質，安全性，性能および行動基準に関する国家規格．英国規格協会により制定されている（英国標準年鑑．British Standards Year Book）．

英国熱量単位 British thermal unit（Btu）

SI単位系ではない熱エネルギーの単位．広く用いられている工業的な熱単位である．規定条件のもとで1ポンドの水の温度を1°F上げるのに必要な熱量．これは国際蒸気表カロリーで1055.06ジュールに相当する．英国規格協会が用いるのはこの値である．Btuと略記されることも多い．

鋭錐石 anatase

TiO_2，アナターゼ．二酸化チタンの低温領域における安定構造である．灰青色または黄色の鉱物．合成品は純白色である．以前はオクタヘドライト（octahedrite）と呼んだこともある（現在では，オクタヘドライトは特殊な隕石（隕鉄）の呼称として使われるほうが多くなった）．

ABSプラスチック ABS plastics

スチレン－アクリロニトリル（70：30）コポリマーとブタジエン－アクリロニトリルコポリマー（65：35）のブレンド，およびポリブタジエンとスチレンおよびアクリロニトリルのブロックコポリマーをベースにした一群のプラスチック材料．パイプ（25％），電気製品（20％），自動車部品（15％）に用いられている．

栄養薬品（ヌートラスーチカル） nutraceuticals

健康増進または疾病予防商品で規制を受けないもの．ニュートラスーチカル．

EVAプラスチック EVA plastics

エチレンと酢酸ビニルのコポリマー．

液-液抽出 liquid-liquid extraction

目的とする成分を含む溶液（多くは水溶液）を，これと混和しない別の溶媒と接触させて振り混ぜ，必要とする成分を抽出する分離方法．溶媒のほうへ移行した成分が抽出物となり，もとの溶媒相に残存する分はラフィネート（抽出残分）と呼ばれる．

液化石油ガス liquefied petroleum gas（LPG）

石油精製過程で得られるC_3，C_4の炭化水素の混合物．市販のプロパンは92％がプロパンで，あとはエタンとブタンを含む．市販のブタンは85％がブタンであり，プロパンとペンタンとを含んでいる．家庭用燃料や工業用燃料として広く用いられている．通常はボンベに充填して保存・輸送を行う．液化は圧縮・冷却によって行われる．総発熱量は$10^5 kJ/m^3$ほどで，かなり大きい．

液化天然ガス liquefied natural gas（LNG）

輸送の便利のために液体窒素温度に冷却して液化した天然ガス．通常はメタンの沸点（-164℃）に保たれている．

エキサイプレックス exciplex
励起錯体，エキシプレックスともいう．励起状態のドナー（またはアクセプター）と基底状態のアクセプター（またはドナー）が錯形成して生じる分子間の電荷移動錯体．励起錯体は励起状態においてのみ安定である．例えばXeとClなど原子間で形成される励起錯体はエキシマーレーザーに利用される．

エキシピエント excipients
→賦形剤

エキシマー excimer
励起二量体．励起状態の分子と基底状態の分子から形成される二量体．

液晶 liquid crystals
4-アゾキシアニソールやオレイン酸アンモニウムなどのある種の物質を加熱すると，まず濁った液体となり，さらに加熱して初めて透明な液体に変化する．これらの変化はそれぞれ一定温度で起きる．この濁った液体は1つの中間相で，粘性や流動性を持ち液体類似ではあるが明確な秩序構造を持っている．これが液晶と呼ばれる．液晶を形成する分子は，低温では自由に回転しにくい非対称な形状で，細長い棒状や平板状のものである．二次元の規則性を持つものにはコレステリック相とスメクチック相とがあり，一次元の規則性を持つものをネマチック相という．キラルなスメクチック相は強誘電性を示し，電子機器にも利用される．電圧を印加すると秩序性が失われるので，これを利用して液晶ディスプレイが作られている．コレステリック液晶からの散乱光は着色，偏光しているが，これを利用して感熱素子や温度計が作られている．分光学にも応用され，単純な手法で多種多様な情報を得ることが可能となっている．

液相線 liquidus curve
混合物が溶融状態にあったとき，その凝固点を混合物の組成に対してプロットして得られる曲線をいう．混合物は純品とは違って，固相と液相の共存する温度範囲が広くなる．平衡に達するのに十分な時間が経過したという前提で，液相が固化し終わる温度を組成に対してプロットした曲線は固相線という．

エキソペプチダーゼ exopeptidases
末端のアミノ酸残基に作用するペプチド切断酵素群．さらにカルボキシ末端に作用するカルボキシペプチダーゼとアミノ末端に作用するアミノペプチダーゼに分類される．→エンドペプチダーゼ

液体酸素爆発物 liquid oxygen explosives (LOX explosives)
液体酸素と燃料（多くはカーボンブラック）とを混合した強力な爆薬．

液体の構造 liquids, structure of
液体とは，完全に無秩序状態である気体と，完全な規則的状態である固体（結晶）との中間状態である．液体中における原子間，分子間の距離は固体とそれほど違わず，充填密度はわずかに小さいぐらいであるが，その秩序状態は局部的なもので長距離にわたる秩序は存在しない．液体はその表面積をできるだけ小さくしようとする傾向がある．→表面張力

液滴 droplet
それ自身の蒸気または他の気体に囲まれた少量の液体．

エキレニン equilenin
$C_{18}H_{18}O_2$，3-ヒドロキシエストラ-1,3,5,7,9-ペンタエン-17-オン．融点259℃（分解）．ステロイドホルモン．

エクアトリアル equatorial
立体配置．→コンフォメーション

エクイリン equilin (3-hydroxy-1,3,5(10),7-estratetraen-17-one)
$C_{18}H_{20}O_2$，3-ヒドロキシ-1,3,5(10),7-エストラテトラエン-17-オン．融点238～240℃．妊娠した牝馬の尿に含まれる雌性ホルモン．

エクゴニン ecgonine (3-hydroxy-2-tropanecarboxylic acid)
$C_9H_{15}NO_2$，3-ヒドロキシ-2-トロパンカルボン酸．無色結晶．融点203℃．コカイン分子の骨格部分をなす．コカインを酸加水分解して得る．ベンゾイル化およびメチル化するとコカインを与える．安定な塩酸塩（融点246℃）を形成する．

エクジステロイド　ecdysteroids

昆虫，海洋動物，植物の変態，発達，生殖などに関与するステロイド系のホルモン．脱皮を司るエクジソンのほかにも植物起源のエクジステロイドが多数知られている．

エクジソン　ecdysone

昆虫の脱皮や変態を司るホルモンで，脱皮 (ecdysis) を促進する．1940年に日本の福田宗一博士によって存在が発見され，1954年にブテナントがカイコの蛹から単離した．ただしエクジソン自体はホルモン前駆体で，代謝された20-ヒドロキシエクジソンが機能を発揮する物質である．→エクジステロイド

エクスタシー　ecstasy

MDMA, 3,4-メチレンジオキシメタンフェタミンの俗称．レクリエーションドラッグとして用いられるが，使用すると神経細胞に永久的な損傷を与える．

エクステンダ　extender

ゴムの配合成分．単にフィラーのみの場合も多い．

エージェントオレンジ　Agent Orange

2,4-ジクロロフェノキシ酢酸と2,4,5-トリクロロフェノキシ酢酸の混合物からなる枯葉剤．ヴェトナム戦争などで使用された．

S_N1 反応　S_N1 reaction

S_N1 反応とは，脱離基が他の基（通常は求核試薬）の攻撃を受ける前に脱離する反応で，速度はその1つの化学種の濃度のみに依存する．

S_N2 反応　S_N2 reaction (AnDn reaction)

反応の速度が，ある化学種とそれを攻撃する化学種の両方の濃度に依存する反応．炭素を含む化学種の場合，中心原子の立体配置は脱離基を失う際に反転する．攻撃は脱離基の背面から起こる．

エステラーゼ　esterases

→酵素

エステル　esters

酸とアルコールとが脱水縮合して生じる有機化合物．揮発性液体または低融点の固体で，通常水に不溶でアルコールやエーテルに可溶．多くの低分子量のエステルは特徴的な果実の香りを有し，果実中に含まれる．酸とアルコールの反応は可逆的であり，生成する水を除去しないと反応を完全に進めることはできない．大過剰のアルコールを用いることで高収率でエステルが得られる場合もある．そうでない場合にはベンゼンや四塩化炭素のような液体を混合物に加え，共沸混合物として水を留去するのが一般的である．アルコールと酸の反応は常温では非常に遅いが，高温で硫酸，塩酸，ベンゼンスルホン酸のような酸が少量存在するとエステルが速やかに生成する．アルコールに酸塩化物や酸無水物を加えても得られる．アミドも三フッ化ホウ素の存在下ではアルコールと反応してエステルを与える．アルデヒドにアルミニウムエトキシドまたはアルミニウムイソプロポキシドを作用させて得ることもある．メチルエステルやエチルエステルは酸のナトリウム塩を硫酸メチル，硫酸エチルで処理して得られる．ジアゾメタンを有機酸と反応させるとメチルエステルが得られる．メチルエステルまたはエチルエステルを他のアルコールと加熱しても得られる（アルコールの交換が起こり，メタノールまたはエタノールが副生する）．エステルは希水酸化ナトリウム溶液と加熱すると，アルコールと酸に完全加水分解される．アンモニアと反応するとアミドを生じる．ナトリウムアミドの存在下でケトンと反応させると1,3-ジケトンが得られ，グリニャール試薬と反応すると三級アルコールを生じる．エステルをナトリウムとエタノールの混合物で還元すると酸に対応するアルコールが得られる．溶媒，着香料，香料に用いられる．多くの化学処理でも利用される．

エステル化　esterification

酸とアルコールからエステルを合成する反応．

エストラジオール　estradiol (oestradiol, 1,3,5(10)-oestratriene-3,17β-diol)

$C_{18}H_{24}O_2$, 1,3,5(10)-エストラトリエン-3,17β-ジオール．融点174℃．妊娠した牝馬の尿やブタの卵巣に含まれる．細胞レベルで働き，標的組織の細胞核に結合することでRNA合成を誘発すると考えられている．

エストリオール　estriol (oestriol, 1,3,5(10)-oestratriene-3,16α,17β-triol)

$C_{18}H_{24}O_3$, 1,3,5(10)-エストラトリエン-3,16α,17β-トリオール．融点283℃．妊娠した女性の

尿に含まれるエストロゲン．雌性ホルモン活性を持つがエストロンほど高活性ではない．

エストロゲン estrogens (oestrogens)

沪胞性雌性ホルモン．妊娠中は多量に分泌される．雄ウマの尿にも含まれる．エストラジオールは天然に存在するエストロゲンの中で最も活性が高い．また天然のエストロゲン中のエストロン，エストリオール，エクイリン，エキレニンなどは代謝産物である．スチルベストロールとヘキソエストロールはエストロゲン活性を持つ合成薬品で，経口投与が可能で，天然に存在するエストロンより安価であるため，医薬用に多用されている．

エストロン estrone (oestrone, 3-hydroxy-1,3,5(10)-oestratrien-17-one)

$C_{18}H_{22}O_2$，3-ヒドロキシ-1,3,5(10)-エストラトリエン-17-オン．融点258℃．雌性ホルモン．

エタナール ethanal
→アセトアルデヒド

エタナールジアセタート ethanal diacetate
→二エタン酸エタナール

エタノイル化 ethanoylation
→アセチル化

エタノール ethanol (ethyl alcohol, alcohol, spirits of wine)

CH_3CH_2OH，エチルアルコール，アルコール，酒精．快い匂いを持つ無色液体，沸点78.3℃．水と混和する．その際発熱し体積の減少を伴う．純水なエタノールは水蒸気を吸収する．多くの気体は水よりエタノールに対するほうが溶解度が高い．ある種の無機塩や多くの有機化合物を溶かす．天然での存在は少ないが，糖の多い植物を酵母菌で発酵させた産物として，またそれほど多くはないがある種の細菌やカビによる発酵でも生じる．アルコールはかつてはほとんどすべてデンプンや糖を含む原料の発酵により製造されていたが，現在ではこの方法はアルコールビネガーの製造以外では主流ではない．蒸留により濃縮できる．現在はほとんどがエチレンの触媒を用いた水付加，または90％硫酸にエチレンを吸収させて生じる硫酸モノエチルか硫酸ジエチルの加水分解により製造される．エチレンは精製ガスや他の石油画分からクラッキングにより得られる．エタノールは水と共沸混合物を形成するので，95.6重量％以上のアルコールは水溶液から直接分留したのでは得られない．100％エタノールの製造には3成分系共沸蒸留法が利用される．エタノールを酸化するとアセトアルデヒド，さらに酸化すると酢酸を生じる．硝酸を用いると，グリコール酸，シュウ酸など種々の生成物が得られる．ナトリウム，カルシウム，アルミニウムなどの金属を作用させるとエタノラート（エトキシド）を形成する．これらは酸と反応してエステルを与える．エタノールを硫酸で処理すると，エーテル，エチレン，硫酸水素エチルが生成する．さらし粉（次亜塩素酸塩）と反応させるとクロロホルムに変換され，また塩素と反応させるとクロラールになる．エタノールの用途は，主にアセトアルデヒドなどの化学品の合成原料，食品用，溶剤，ガソリンなどへの添加物．変性アルコールは飲用に適さなくなるように種々の添加物を加えたものである．薬学的作用は基本的に中枢神経系抑制剤であるが，少量ならば通常の抑制的効果を除く興奮剤としての効果を持つ．

エタノールアミン類 ethanolamines

3種類のエタノールアミンがある．いずれも無色で低融点の固体で水を吸収し粘稠な液体となる．アンモニア臭を有し，強い塩基である．

①モノエタノールアミン（2-アミノエチルアルコール，2-ヒドロキシエチルアミン）monoethanolamine $HOCH_2CH_2NH_2$：融点10.5℃，沸点171℃．

②ジエタノールアミン（ジ(2-ヒドロキシエチル)アミン）diethanolamine $(HOCH_2CH_2)_2NH$：融点28℃，沸点217℃/150 Torr.

③トリエタノールアミン（トリ(2-ヒドロキシエチル)アミン）triethanolamine $(HOCH_2CH_2)_3N$：融点21℃，沸点277℃/150 Torr.

これらの化合物はいずれもエチレンオキシドを高圧下で濃アンモニア水と反応させて得る．3種の混合物が得られ，生成比はアンモニア/エチレンオキシド比に依存する．分留により分離する．

エタノールアミンは脂肪酸と反応して中性でベンゼンに可溶な石鹸を生成する．これは工業的価値が高く，洗剤，乳化剤，化粧品・抗菌剤・除草剤の製造に用いられる．モノエタノールア

ミンやジエタノールアミンは天然ガスから二酸化炭素や硫化水素のような酸性成分を除去するのに用いられる．その後これらの酸性ガスは水蒸気脱離法により除かれる．

エタール反応　Etard's reaction

ベンゼンのメチル置換体を塩化クロミル CrO_2Cl_2 で酸化して芳香族アルデヒドを直接合成する方法．より長いアルキル側鎖を持つベンゼンを CrO_2Cl_2 で処理すると，通常はケトンを与えるが，エチルベンゼンの場合にはフェニルアセトアルデヒドとアセトフェノンの混合物が得られる．

エタン　ethane

CH_3CH_3. 無色無臭の気体．空気と爆発性の混合物を形成する．沸点 $-89°C$．天然ガスに含まれる．固体のエタンは冥王星に検出されており，気体のエタンが彗星に検出されている．気相ではねじれ配座をとる．エチレンまたはアセチレンを，ニッケル触媒を用いて加圧した水素で還元するか，酢酸カリウムの溶液を電解還元して得る．一般的なパラフィンの性質を示す．低温プラントの冷媒に用いられる．

エタンアミド　ethanamide
→アセトアミド

エタン酸　ethanoic acid
→酢酸

エタン酸亜鉛　zinc ethanoate
→酢酸亜鉛

エタン酸アルミニウム　aluminium ethanoate
→酢酸アルミニウム

エタン酸イソプロピル　isopropyl ethanoate
→酢酸イソプロピル

エタン酸エステル　ethanoates
酢酸エステルの系統的名称．→酢酸エステル

エタン酸エチル　ethyl ethanoate
→酢酸エチル

エタン酸塩　ethanoates
酢酸塩の系統的名称．酢酸イオンはよく AcO^- と記す．アセチル基は Ac と略記される．

エタン酸カリウム　potassium ethanoate
→酢酸カリウム

エタン酸カルシウム　calcium ethanoate
→酢酸カルシウム

エタン酸クロム(Ⅱ)　chromium(Ⅱ)ethanoate
→酢酸クロム(Ⅱ)

エタン酸鉄　iron ethanoate
→酢酸鉄

エタン酸銅　copper ethanoate
→酢酸銅

エタン酸ナトリウム　sodium ethanoate
酢酸ナトリウムの系統名．→酢酸ナトリウム

エタン酸ビニル　vinyl ethanoate
→酢酸ビニル

エタン酸ブチル　butyl ethanoates
→酢酸ブチル

エタン酸ベリリウム　beryllium ethanoate
→酢酸ベリリウム

エタンジアール　ethanedial (glyoxal, biformyl)
→グリオキサール

エタンジチオール　ethanedithiol (1,2-ethylene dimercaptan)
$HSCH_2CH_2SH$. エタノール，チオ尿素．$C_2H_4Br_2$ から得る．沸点 $146°C$．合成試薬．

エタンチオール　ethanethiol
→エチルメルカプタン

エタン二酸　ethanedioic acid
→シュウ酸

エタンニトリル　ethanenitrile
→アセトニトリル

エタンブトール　ethambutol
重要な抗結核薬．

エチジウムブロミド　ethidium bromide (homidium bromide, 3,8-diamino-5-ethyl-6-phenylphenanthridinium bromide)
核酸の分離や検出に用いられる試薬．突然変異誘発性．フェナントレン誘導体．

エチステロン　ethisterone (ethinyltestosterone)
$C_{21}H_{28}O_2$. エチニルテストステロン．避妊薬に使われるステロイド誘導体．

エチニル化　ethinylation
アセチレンと有機化合物を反応させアセチレン結合を有する化合物を合成すること．例えばホルムアルデヒドとアセチレンの反応で 3-ブチン-1,4-ジオール $HOCH_2C\equiv CCH_2OH$ を得る．

エチリデン基　ethylidene
$CH_3CH<$ 基.

エチルアミルケトン　ethyl amyl ketone (5-

methyl-3-heptanone）
$C_2H_5COC_5H_{11}$, 5-メチル-3-ヘプタノン．沸点 157～162℃．樹脂の溶剤．

エチルアミン ethylamines
アンモニアの水素をエチル基で置換した一群の有機化合物．強いアンモニア臭を持つ無色液体．黄色い炎を上げて燃える．エチレンまたはエタノール蒸気を熱した触媒上でアンモニアと反応させて得る．3種のアミンの生成比はアンモニアとエチレンまたはアルコールの比に依存する．3種ともに強い塩基性を示し，塩酸塩や金属錯体を形成する．脂肪族アミンの典型的な性質を示す．

①エチルアミン（モノエチルアミン）ethylamine（monoethylamine）$CH_3CH_2NH_2$：沸点19℃．アセトニトリルの還元または塩化エチルとアンモニアのアルコール溶液を加圧下で反応させて得る．強塩基でアンモニウム塩からアンモニアを遊離させる．樹脂用の安定化剤，色素，石油精製に用いられる．

②ジエチルアミン diethylamine $(CH_3CH_2)_2NH$：沸点55.5℃．結晶性の水和物を形成する．沸騰した水酸化ナトリウム水溶液をニトロソジエチルアニリンに作用させて得る．浮選剤として用いられる．

③トリエチルアミン triethylamine $(CH_3CH_2)_3N$：油状液体，沸点89℃．エチルアミンと塩化エチルのアルコール溶液を加圧条件で加熱して得る．過マンガン酸カリウムにより容易に酸化される．

エチルアルコール ethyl alcohol
→エタノール

エチル液 ethyl fluid
→四エチル鉛，アンチノック剤

エチル化 ethylation
化合物にエチル基を付加する反応．脂肪族化合物では水酸基，アミノ基，イミノ基の水素原子をエチル基で置換してエーテル，二級アミン，三級アミンに変換することを意味する．芳香族化合物では，環の水素原子をエチル基で置換する反応もあり，これはフリーデル-クラフツ反応により行われる．

エチル基 ethyl
CH_3CH_2- 基．C_2H_5-，Et- とも書く．

エチルビニルエーテル ethyl vinyl ether
$CH_3CH_2OCH=CH_2$, C_4H_8O．沸点35℃．触媒を用いてアセチレンにエタノールを付加させて得る．容易に重合する．高分子量のポリマーは接着剤，コーティング，フィルムに用いられる．低分子量のポリマーは可塑剤や樹脂の乳化剤として用いられる．合成に利用される．

エチル-n-ブチルケトン ethyl-n-butyl ketone
→3-ヘプタノン

2-エチルヘキサノール 2-ethylhexanol
$C_8H_{18}O$, $CH_3(CH_2)_3CHEtCH_2OH$, 2-エチルヘキシルアルコール，オクチルアルコール．沸点181℃．1-ブタノールをKOHおよび酸化ホウ素と270～300℃に加熱して得る．用途は消泡剤，織物のマーセル処理，溶剤，色素の分散媒，セラミックス工業，2-エチルヘキシル基の導入試薬．フタル酸，ステアリン酸，ホウ酸などとのエステルは可塑剤として用いられる．アクリル酸エステルは他のモノマーと共重合させると内部可塑化された樹脂を生じる．他のエステルは潤滑剤，殺菌剤，抗菌剤，殺虫剤として用いられる．薬学における水-オクタノール分配係数測定の基準溶媒．

エチルベンゼン ethylbenzene
$C_6H_5CH_2CH_3$．沸点136℃．石油化学プロセスでキシレン混合物中から回収される．ベンゼンにエチレンを付加して製造される．実験室スケールではC_2H_5Clとベンゼンのフリーデル-クラフツ反応でも得られる．触媒により特に水蒸気の存在下で脱水素されてスチレンを与える．

エチルメルカプタン ethyl mercaptan（ethane thiol）
C_2H_5SH．エタンチオール．エタノールとH_2Sから得る．沸点35℃．天然ガスに含まれる．腐敗臭がある．

エチル硫酸 ethylsulphuric acid
→酸性硫酸エチルエステル

エチレン ethylene
$CH_2=CH_2$．無色でかすかなエーテル様臭気を持つ気体．天然ガス，原油，石炭ガスに含まれる．融点-169℃．沸点-105℃．多量に必要とされる場合はほとんどがエタンやほかの種々の石油画分，ときには原油そのものを気相でクラッキングして作られる．エタノール蒸気を

350℃で活性アルミナ触媒を用いて脱水しても得られる．220℃に熱したシロップ状のリン酸上にエタノールを滴下して得ることもできる．可燃性で空気と爆発性混合物を形成する．濃硫酸に容易に吸収され硫酸水素エチルを生じる．加圧条件で反応を行うと硫酸ジエチルが多く生成する．過マンガン酸カリウム溶液に吸収させるとエチレングリコールを生じる．希塩素水と反応してエチレンクロロヒドリンを与える．臭化水素またはヨウ化水素と100℃で反応させると，臭化エチル，ヨウ化エチルを生じる．この条件では塩化水素とは反応しない．加圧下でアンモニアと反応させるとエチルアミンが得られる．450℃以下で触媒の存在下，水と反応させるとエタノールを生じる．パラジウム触媒を用いて酸素と反応させるとアセトアルデヒドを与える（→ワッカー法）．熟したトマトやリンゴからも少量放出され，果実が熟すのを促進する作用，つまり植物ホルモンとしての作用がある．エチレングリコール（20%），エチレンオキシド（15%），エタノール，スチレン（14%），ジクロロエチレン，塩化エチル，酢酸ビニルなどのビニルエステル，ビニルエーテル，塩化ビニル（10%）の製造に用いられる．高圧下または触媒の存在下，低圧で重合させるとエチレンポリマーを生じる（40%）．

エチレンイミン ethylene imine (dihydroazirine, aziridine)

C_2H_5N, ジヒドロアジリン, アジリジン．
CH_2CH_2NH

強いアンモニア臭を持つ無色液体，沸点56℃．水と混和する．強塩基性．工業的には2-アミノエタノールから製造する．純粋な無水のアジリジンは比較的安定であるが，痕跡量の水が存在すると爆発的に重合する．工業的用途はヒドロキシポリマーの架橋．ポリエチレンイミンは潮解性液体で，湿潤状態での強度を増強する目的で製紙に用いられる．織物にも用いられる．N-アルキル誘導体も有用なポリマーを与える．発ガン性．

エチレンオキシド ethylene oxide (1,2-epoxyethane, oxirane)

1,2-エポキシエタン，オキシラン．無色気体，おそらく発ガン性．沸点10.5℃．エチレンクロロヒドリンを $Ca(OH)_2$ または NaOH 水溶液と加熱して得る．またはエチレンを250～300℃で銀触媒を用いて直接酸化して得る．空気と爆発性の混合物を形成する．硫酸の存在下で水と反応しエチレングリコールを生じる．アルコールやフェノールと反応するとグリコールエーテルを生成する．塩酸と反応するとエチレンクロロヒドリンを生じる．種々の一級アミン，二級アミンと反応しエタノールアミン誘導体を生じる．有機酸と反応するとエチレングリコールモノエステルを生じ，酸無水物と反応するとジエステルを与える．水素で還元するとエタノールを与える．アルミナの存在下200～300℃に加熱するとアセトアルデヒドを与える．主な用途は重合によるエポキシポリマーの製造．エチレングリコール，ポリエチレングリコール，グリコールエーテル，エタノールアミンなどの化合物の製造中間体．燻蒸剤としても利用される．

$$CH_2-CH_2 \atop \diagdown O \diagup$$

エチレングリコール ethylene glycol (1,2-dihydroxyethane)

$HOCH_2CH_2OH$．無色無臭で粘性が高く，吸湿性で甘味のある液体．沸点197℃．エチレンクロロヒドリンと $NaHCO_3$ 溶液の反応，またはエチレンオキシドを希硫酸か水により195℃で加圧下で水和して得る．用途はエンジンの不凍剤や冷却剤（50%），ポリエステル繊維（テリレン，日本では「テトロン」にあたる）の原料，各種のエステルは可塑剤として使われる．硝酸エステルは爆薬用でニトログリコールという．→エチレングリコールモノメチルエーテル（メチルセロソルブ）

エチレングリコール二硝酸エステル ethylene glycol dinitrate

→ニトログリコール

エチレングリコールモノエチルエーテル ethylene glycol monoethyl ether (2-ethoxyethanol, Cellosolve)

$CH_3CH_2OCH_2CH_2OH$, 2-エトキシエタノール，セロソルヴ．快い臭気の無色液体．沸点156℃．エチレンオキシドと触媒を加熱して得る．またはエチレングリコールを硫酸ジエチル

および水酸化ナトリウムで処理して得る．ニトロセルロースラッカーの溶剤としてよく用いられる．

エチレングリコールモノエチルエーテルアセテート ethylene glycol monoethyl ether acetate（Cellosolve acetate）
→アセチルエチレングリコールモノエチルエーテル

エチレングリコールモノブチルエーテル ethylene glycol monobutyl ether（butyl Cellosolve）

$C_6H_{14}O_2$，$CH_3CH_2CH_2CH_2OCH_2CH_2OH$，ブチルセロソルブ．快い臭気の無色液体，沸点171℃．エチレンオキシドと1-ブタノールを硫酸ニッケルを触媒として反応させて得る．ラッカー塗りの溶剤として用いられる．

エチレングリコールモノメチルエーテル ethylene glycol monomethyl ether（methyl cellosolve）

$C_3H_8O_2$，$CH_3OCH_2CH_2OH$，メチルセロソルブ．快い臭気の無色液体，沸点124℃．エチレンオキシドとメタノールを加圧条件または触媒の存在下で加熱して得る．エチレングリコールを硫酸ジメチルおよび水酸化ナトリウムで処理しても得られる．酢酸セルロースラッカー，色素，樹脂の溶剤として用いられる．

エチレンクロロヒドリン ethylene chlorohydrin
→2-クロロエチルアルコール

エチレンジアミン ethylenediamine

$NH_2CH_2CH_2NH_2$，1,2-ジアミノエタン．無色の発煙性液体で，強いアンモニア類似の臭気を放つ．融点11℃，沸点116℃．大気中から二酸化炭素や水分を吸収して，カルバミン酸エチレンジアミンを形成する．製造するには加圧下で塩化銅（CuCl）の存在のもとにアンモニアとジクロロエタンとを反応させる．結晶性の塩酸塩を形成する．また脂肪酸があると油溶性の石鹸を形成するため，界面活性剤や洗剤としての用途を持っている．ある種の建染め染料やカゼイン，シェラック，樹脂などに対しても優れた溶剤となる．多くの遷移金属イオンと安定なキレート錯体を作る．繊維工業や製紙業に利用されるほか，塗料や接着剤，フィルム，ゴム成型用，さらには脂肪酸と反応させて乳化剤としての用途がある．

エチレンジアミン四酢酸 ethylenediaminetetraacetic acid（EDTA）

$(HO_2CCH_2)_2NCH_2CH_2N(CH_2CO_2H)_2$．錯化剤．多座配位子．多くの金属と錯体を形成する．誘導体は洗剤，織物処理，微量元素の輸送に用いられる．遊離酸は水に対する溶解度が低いので，通常は二ナトリウム塩が用いられ，EDTAはこの二ナトリウム塩を指すものとして使われることもある．薬学や化粧品業界では「エデト酸」という．

エチレンポリマー ethylene polymers（polyethene, polyethylene, polythene）

ポリエチレン．最も重要といえるポリマー．重合は金属酸化物触媒上でラジカル重合により高圧で行うか，またはツィーグラー触媒を用いて低圧で重合させる．結晶性ポリマー（高密度）も非晶質ポリマー（低密度）も得られる．種々の家庭用品，玩具などの材料のほか，管，電線被覆，加工機械，織物に用いられる．低密度のものは分枝が多く，クラッキングを受けにくい．高密度のもののほうが剛直である．塩素化するとフロアリングや絶縁材の材料となる．クロロスルホン化（SO_2Cl基の導入）を行うと耐久性の高い材料が得られる．

エチン ethyne（acetylene）
→アセチレン

X線 X-rays

波長が1nm～1pmの電磁波．発生法は種々あり，例えば固体に電子を衝突させると原子の内側の軌道に電子が遷移する際に放射される．特性X線スペクトルは各元素に固有である．

X線は写真法またはイオン化計数器により検出できる．透過力が強く，振動数が高いほどより透過性が強い．人体も含めて固体内部の撮影や建造物の欠陥の検出に利用される．X線の応用範囲は広く，X線撮影（ラジオグラフィー）や結晶学などがある．ヒトの身体はX線を長く被曝すると皮膚に危険な障害を起こし，不妊にいたることすらある．一方で，被曝量を制御してガン治療に利用されている．

X線回折 X-ray diffraction

結晶中の原子がX線の回折部位として作用

することを利用した結晶構造決定手法．原子の面は数 nm の間隔を持つが，それは X 線の波長と同程度の長さである．それゆえブラッグの式に従い，結晶の特定の方向では散乱が強く起こる．タンパク質，単結晶，粉末，繊維などの X 線回折を得るには種々の手法がある．コンピュータを用いると，測定した X 線パターンから結晶格子の三次元電子密度図が得られる．

X 線回折計 X-ray diffractometer
単色化した細い X 線ビームを光路にマウントした単結晶に照射し，種々の角度に回折された X 線の強度を測定する．X 線結晶構造解析に用いる装置．

X 線管 X-ray tube
X 線を発生させる管球．クーリッジ管など．

X 線蛍光 X-ray fluorescence, XRF
XRF と略して呼ばれることも多い．物質中に存在する重元素を互いに区別して同定および定量するのに用いられる手法．観測する元素の特性 X 線よりも高いエネルギーの X 線ビームを試料に照射すると，重元素は励起されて，それぞれに対応する特性 X 線を放出する．これを各波長に分光して測定する．この手法はカルシウムより原子番号の小さい元素には適さない．WDXRF（波長分散 XRF 法）は定量測定に利用され，EDXRF（エネルギー分散 XRF 法）は定性的または定量的情報を与える．

X 線分光学 X-ray spectroscopy
試料に X 線を照射し，そこから散乱された特性 X 線を測定する分析法．

エッシェンモーザー塩 Eschenmoser's salt
[(CH$_3$)$_2$C=N(CH$_3$)$_2$]$^+$I$^-$．ヨウ化ジメチル（ジメチルメチレン）アンモニウムの別名である．

エテニル基 ethenyl
ビニル基の系統的名称．

エーテル ether (diethyl ether, ethyl ether, diethyl oxide)
(CH$_3$CH$_2$)$_2$O．ジエチルエーテル，エチルエーテル，ジエチルオキシド．特有の快い臭気を有する無色液体．揮発性が非常に高く，その蒸気は空気と爆発性の混合物を形成する．沸点 34.5℃．エタノール蒸気を 92％エタノールと 78％硫酸の混合物中に 128℃で通して得る．エチレンからエタノールを製造する際の副生成物

としても得られる．市販のエーテルは少量の水，エタノール，アセトアルデヒド，爆発性の過酸化物を含んでいる．比較的反応性が低く，多くの有機化合物に対する優れた溶媒となる．硝酸で酸化すると酢酸を生じる．濃硫酸と反応して硫酸水素エチルを生じる．ヨウ化水素と反応するとヨウ化エチルを与える．低温で塩素で処理すると種々のクロロエーテルが生じる．薬用，医療用（麻酔剤）はエーテルの使用量のうちの比較的少量であり，主な用途は化学合成中間体，精油や脂肪，ロウ，アルカロイド用の溶剤である．

エーテル類 ethers
R-O-R′ という部分構造を持つ有機化合物．ここで R および R′ はアルキルまたはアリール基を表す．ヒドロキシ化合物のナトリウム塩とハロゲン化アルキルまたはハロゲン化アリールの反応で得る．またはヒドロキシ化合物を酸化銀の存在下でハロゲン化アルキルと反応させて得る．メチルエーテルやエチルエーテルは，ヒドロキシ化合物を水酸化ナトリウム水溶液の存在下で硫酸ジメチルや硫酸ジエチルと反応させると簡便に得られる．ジアゾメタンをフェノールとエーテル溶液中で反応させるとメチルエーテルが得られる．単純な脂肪族エーテルはアルコールまたはオレフィンに硫酸を作用させて得られる．たいていは快い香気を持つ液体であるが，分子量の大きい芳香族エーテルは結晶性固体である．水に不溶でアルコールやジエチルエーテルに可溶．最もよく使われるのはジエチルエーテルで，通常，単に"エーテル"という場合にはジエチルエーテルを指している．

エデレアヌプロセス Edeleanu process
芳香族炭化水素や極性化合物を石油画分から，液体二酸化硫黄を用いて抽出して除去する方法．

エテン ethene
→エチレン

エテンポリマー ethene polymers
→ポリエチレン

エトキシカルボン酸塩 ethoxycarboxylates
界面活性剤，泡安定化剤．

エトキシ基 ethoxy
CH$_3$CH$_2$O- 基．EtO- とも表す．

エトキシル基 ethoxyl
→エトキシ基

エトキシレート ethoxylates
界面活性剤．泡安定化剤．

エドマン分解法 Edman degradation
タンパク質からアミノ酸を順に遊離させる方法．一次構造を決定するために重要である．

エナミン enamines（vinylamines）
$R_2N-C=C-$ という構造を持つ化合物，ビニルアミン．窒素上に水素を有するものは通常不安定で，対応するイミンに転位する．α-水素を持つケトンとピロリジンのような二級アミンから酸触媒を用いて容易に合成できる．多くのものは円滑に C-アルキル化を起こし，生じた置換エナミンは容易に開裂してケトンを再生するため，ケトンの α-位の置換反応に用いられる．

エナメル enamels（vitreous enamel）
高温で金属を融解させて表面の保護や装飾用に形成したガラス状のコーティング．

エナンチオ選択的 enantioselective
一方のエナンチオマーが優先して生成すること．

エナンチオトピック enantiotopic
プロキラル中心（Caabc）に結合した2つの同一の基（aの一方）がa, b, cと異なる基dと置換した場合に1対のエナンチオマー（Cadbc）を生じるとき，これらの基はエナンチオトピックであるという．一方，置換によりジアステレオマーが生じる場合にはジアステレオトピックであるという．

①プロキラル中心のエナンチオトピックな基
②エナンチオマー
③プロキラル中心のジアステレオトピックな基
④ジアステレオマー

エナンチオマー enantiomers
不斉原子の立体配置が異なる異性体．光学対掌体．

エナンチオマー過剰率 enantiomeric excess（enanciomeric purity）
反応により生成したエナンチオマーの比の割合を $\dfrac{|Y_+ - Y_-|}{Y_+ - Y_-} \times 100\,(\%)$ で表した数値．ここで Y_+, Y_- はそれぞれ（+）-体と（-）-体の収率を表す．

エナント酸 oenanthic acid（enanthic acid）
→ヘプタン酸

エニル錯体 enyl complexes
奇数個の電子が金属に供給されているとみなされる有機基の錯体．π-アリル錯体は3電子を供給している（η^3型，3つの炭素原子が金属に結合）．

エネルギー energy
基本単位はジュール（J）．1ジュールは1ニュートンの力に抗して1メートルの移動を行うのに要するエネルギー．$1\,\mathrm{erg} = 10^{-7}\,\mathrm{J}$．1キロワット時 $= 3.6 \times 10^6\,\mathrm{J}$．化学および関連分野では，以前からのカロリーもまだ用いられている．$1\,\mathrm{cal} = 4.184\,\mathrm{J}$．→電子ボルト，波数

エネルギー準位 energy levels
原子や分子のとりうるエネルギー．光の吸収などにより分子がエネルギーを獲得すると電子遷移が起こる．電子オービタルはいずれも固有のエネルギー（エネルギー準位）を持つ．エネルギーの吸収により，分子全体の回転エネルギー，または分子を形成している原子間の振動のエネルギーが増加することもある．エネルギーの変化は決まった値を単位として起こるので，回転や振動状態はある決まったエネルギー値のみとりうる．図式化する際は，各準位を互いに平行な水平線で表し，間隔がエネルギー差に比例するように表記する．

エネルギー等分配の定理 equipartition theorem
平衡状態の系ではすべての自由度が等しい平

均エネルギーを持つという法則. 二次の項（速度の2乗）に関する平均エネルギーは $1/2kT$（k はボルツマン定数）である.

エネルギー分散X線蛍光分析法 EDXRF
→X線蛍光

エネルギー保存則 law of conservation of energy

質量の増減のない系においては，エネルギーを創造することも消滅させることも不可能である. ある形のエネルギーが消滅したように見えたとしても，何らかの形の他のエネルギーが作り出されている. 例えばハンマーで何かの表面を打ったとき，ハンマーの持っているエネルギーは熱と音のエネルギーに転換するだけで，系全体のエネルギーは変化しない（熱力学第一法則）. エネルギーと質量相互変換可能である.

エノール enols（enolic compounds）

$α$-CH 基を持つケトンの互変異性体で >C=C-OH 基を持つ. この構造はフェノール類にも見られ，エノールはある種の反応においてフェノール類と類似した挙動を示す. -OH 基の水素原子は酸性で，ナトリウムなどの金属と置換し得る. 1,3-ジケトン（アセチルアセトンなど）や $β$-ケトエステルの銅錯体がこの種である. ナトリウム塩は塩化アルキルまたは塩化アリールと反応して, -C(R)-C(=O)- で表される化合物を生成する.

エバポレーター evaporators

溶液を蒸発により濃縮する装置. 種々のタイプがある.

エピクロロヒドリン epichlorohydrin（3-chloropropylene oxide, 3-chloro-1,2-epoxypropane）

C_3H_5ClO. 3-クロロプロピレンオキシド, 3-クロロ-1,2-エポキシプロパン. クロロホルムに類似の臭気を持つ無色液体, 沸点115～117℃. 製法は, ① ジクロロプロパノールを 25～30℃で固体 NaOH により処理するか, ② 塩化アリルと塩素水の反応, または, ③ アクロレインの塩素化などの方法がある. ナトリウムアマルガムで還元するとアリルアルコール（プロペノール）を生じる. 硝酸で酸化すると $β$-クロロ乳酸を生じる. 水酸化カリウムの存在下でアルコールと反応してグリセロールのジエーテルを与える. 用途としてはグリセロール，

グリセロールエーテル, トリエチルオキソニウム塩, エポキシ樹脂の製造, 溶媒が挙げられる.

$$CH_2 \cdot CH \cdot CH_2Cl$$
$$\underset{O}{\diagdown\diagup}$$

エピネフリン epinephrine
→アドレナリン

エピマー化 epimerization

いくつかの不斉中心を持つ化合物が，それらのうち1つの立体配置のみが異なる化合物に異性化すること. 炭水化物化学では，この用語は糖やその誘導体でアルデヒド基となりうる部分の隣の炭素原子に結合している基の立体化学のみが異なる異性体に変換する場合に限定して用いられる. D-グルコン酸と D-マンノン酸は星印をつけた炭素の立体化学のみが異なっており，これらはピリジンまたはキノリン中で加熱すると相互変換する. この過程はエピマー化である. 糖を希アルカリで処理すると，ある程度エピマー化が進行するが，副反応も起こる.

HOH_2C—C—C—C—C*—COOH
 　　| | | |
 　　OH OH OH

D-グルコン酸

HOH_2C—C—C—C—C*—COOH
 　　| | | |
 　　OH OH OH

D-マンノン酸

FEPプラスチック FEP plastics

テトラフルオロエチレンとヘキサフルオロプロピレンのコポリマー. テフロン同様, 化学的に不活性で腐食耐性を持つが, 溶融法により加工できる.

エフェドリン ephedrine

$C_{10}H_{15}NO$, PhCH(OH)CH(NHMe)Me. 無色結晶, 約1/2分子の結晶水を含む. 融点40℃, 沸点225℃. 種々の麻黄属の植物から得られる. 合成も可能である. 薬理作用はアドレナリンに類似.

エプソム塩 Epsom salts

天然産の硫酸マグネシウム七水塩, $MgSO_4 \cdot$

$7H_2O$. 瀉利塩(しゃりえん)ともいう．→硫酸マグネシウム

F中心 F centre
　結晶中で電子だけが占めている陰イオン部位．例えば NaCl 結晶を Na 蒸気に晒すと，青色の F センターを持つ $Na_{1+x}Cl$ が得られる．

エポキシ化 epoxidation
　アルケン結合に酸素架橋を付加する反応．特別な場合は酸素と触媒を用いるが，より一般的には過安息香酸やその置換体のような過酸を用いる．

エポキシ樹脂 epoxy resins
　例えばエピクロロヒドリンとビスフェノール A のようなポリオールの縮合，またはペルオキシ化合物のディールス-アルダー付加によるエポキシ化で得られるポリマー．ポリエーテルを樹脂に変えるには硬化剤が必要である．樹脂は熱硬化性で硬く，接着性があり化学薬品に対する耐性が強い．電気特性にも優れる．用途は接着剤（16%），保護用コーティング（48%），複合材料（22%）など．

エポキシド epoxides
　オキシラン環 C-C-O を持つ化合物．特に酸触媒による反応性が高い．ポリマー形成の反応物として用いられる．→エポキシ化

1,2-エポキシドポリマー 1,2-epoxide polymers
　エチレンオキシド（オキシラン）やその誘導体がルイス酸または塩基の存在下でオキシアルキル化したり，または触媒を用いて重合させて得られるポリマー．生成するポリマーはポリエチレングリコールといい，液体（潤滑剤，バインダー，溶剤用）から非常に高分子量の固体（シート，フィルム，増粘剤，バインダー用）までさまざまある．他のエポキシド（CF_2CF_2O など）も有用なポリマーを形成する．→エポキシ樹脂

1,2-エポキシプロパン 1,2-epoxypropane
　→プロピレンオキシド

エボナイト ebonite (hard rubber, vulcanite)
　反応性に乏しい硬い黒色の物質．ゴムと硫黄を重量比で 2:1 付近に混合したものを架橋して作る．硬化ゴム，ヴルカナイトともいう．非結合硫黄の含量は 4% 未満．

エマナチオン emanation
　ラドンの旧名．

エマルジョン emulsion
　分野によってはエマルションと清音になっている．乳濁液．2 相以上の分散系で，両方の相が液体であるもの．通常，一方の液体は水で他方は油または水と混和しない液体である．1 組の液体（例えば水と油）に対してどちらが分散媒になるかによって 2 種類の異なるエマルジョンがあり得る．油が水中に分散しているエマルジョンを水中油滴型(O/W)エマルジョンという．水が分散相である系は油中水滴型(W/O)エマルジョンという．乳濁系では，相の比はどのような値でもとることができる．自然に形成されるエマルジョンには，ごく少量の油を含むようなもの（エンジンの凝縮水）から，水中に 95% の油を含むもの（半固体ペースト）まで存在する．非常に希薄なエマルジョン以外では，系を安定化させる第 3 の物質として乳化剤を加える必要がある．エマルジョンは工業的に広く利用されている（食品，医薬品，化粧品，園芸や殺虫剤スプレー，油性のものを含む水性塗料，潤滑剤，道路用噴霧剤など）．

エマルジョン安定剤 emulsion stabilizers
　感光乳剤の粒子表面に弱く吸着し，化学増感剤と置換して曇りの発生を防ぐ試薬．

エマルジョン解消 de-emulsification
　→抗乳化，抗乳化度

エメチン emetine
　$C_{29}H_{40}N_2O_4$．吐根（イペカク根(とこん)）から抽出されるアルカロイド．他の吐根アルカロイドであるケファリンのメチル化でも得られる．強い嘔吐剤．

エメラルド emerald
　緑柱石（ベリル）のうちで鮮明な若草色を呈するものをいう．この色調は含有している微量の Cr(III) に起因する．

エメラルドグリーン emerald green (Paris green, Schweinfurter green)
　酢酸銅と亜ヒ酸銅との複塩（塩基性塩）．殺虫剤．以前は絵具や顔料として多用された．

エメリー emery
　不純物として酸化鉄（磁鉄鉱）を含む α-アルミナ（Al_2O_3，コランダム）．研磨剤として用いられる．

エライジン酸 elaidic acid (*E*-9-octadecenoic

acid)
　$C_{18}H_{34}O_2$, $CH_3(CH_2)_7CH=CH(CH_2)_7C(O)OH$, E-9-オクタデセン酸．板状晶，融点 46.5℃．オレイン酸のトランス異性体で，オレイン酸を硝酸などの異性化試薬で処理して得る．天然にも産出する．

エラスターゼ　elastase
　哺乳類の膵臓にあり，エラスチンを加水分解するタンパク質分解酵素．

エラスタン　elastane
　弾性を持つポリウレタンの英国での名称．米国ではスパンデックス（Spandex）という．

エラスチン　elastin
　弾性を持つ組織，靱帯，血管壁にあるタンパク質．

エラストマー　elastomers
　ゴムのように，大きな変形を迅速に回復することができる物質．完全なエラストマーの内部エネルギーは伸張に依存しない．一般には合成品．有用なエラストマーにはゴム，合成ゴム（ポリ-シス-1,4-イソプレンやポリブタジエン），ポリクロロプレンやブタジエンコポリマーなどがある．

エリオクロームブラック T　eriochrome black T
　アゾ色素．Ca^{2+} や Mg^{2+}，Zn^{2+} に対する錯形成指示薬．水の硬度測定に用いられる．EBT，ErioT などと略される．

エリキシル剤　elixirs
　医薬品として用いられる溶液．多くの場合，アルコールを含み，薬品の甘味付けや香り付けに利用される．

エリスリトール　erythritol
　$C_4H_{10}O_4$．日本化学会方式ならばエリトリトールなのだが，通常はこちらが用いられている．四炭糖アルコール（テトリトール）は4種すべてが知られているが，天然に存在するのは下記の立体配置を持つエリスリトール（メソエリスリトール）のみである．コケ類や藻類にみられ

る．融点 120℃．水に易溶でショ糖の約2倍の甘味を呈する．エリトロ erythro- という名の基準となる化合物．

エリスロポエチン　erythropoietin
　赤血球の産生に影響するペプチドホルモン．

エリスロマイシン　erythromycin
　$C_{37}H_{67}NO_{13}$．ストレプトミセス属の菌が産生する大環状ラクトン構造の抗生物質．

エリトロース　erythrose
　$C_4H_8O_4$．四炭糖．$(HO)H_2C-CH(OH)-CH(OH)-CHO$．D-体，L-体ともに合成されている．液体として得られる．水やアルコールに易溶．

エリンガムダイアグラム　Ellingham diagram
　温度に伴う自由エネルギー変化を表す図．通常，酸化物の還元を表すのに利用される．

LS カップリング　LS coupling
　→ラッセル-ソーンダーズカップリング

エルカ酸　erucic acid (*cis*-13-docosenoic acid)
　cis-13-ドコセン酸．$C_{22}H_{42}O_2$，$CH_3(CH_2)_7CH=CH(CH_2)_{11}C(O)OH$．融点 35℃．オレイン酸系列の不飽和脂肪酸．菜種油などの植物油にグリセリドとして含まれる．シス体であり，トランスの異性体はブラシジン酸．

エルゴタミン　ergotamine
　$C_{33}H_{35}N_5O_5$．麦角アルカロイドの一種．

エルゴメトリン　ergometrine
　$C_{19}H_{23}N_3O_2$．麦角に含まれる水溶性のアルカロイド．融点 195～197℃（分解）．

エルトリエーション　elutriation
　→風簸（ふうひ）

エルビウム　erbium
　元素記号 Er．ランタニド金属元素，原子番号 68，原子量 167.26，融点 1529℃，沸点 2868℃，密度 (ρ) 9066 kg/m³ (= 9.066 g/cm³)．地殻存在比 3.8 ppm．電子配置 [Xe]$4f^{12}6s^2$．単体金属は *hcp* 構造．バナジウムの加工性を改良するために添加物として用いられる．酸化物はガラスの着色に用いられる．

エルビウム化合物　erbium compounds
　エルビウムは+3価の状態で一連の典型的なランタニド元素の化合物を形成する．Er^{3+} ($4f^{11}$，バラ色) → Er (−2.30 V，酸性溶液中)．近赤外部のレーザー材料．光ファイバー増幅器などにも使われる．

エールリッヒ試薬　Ehrlich's reagent
　4-Me$_2$NC$_6$H$_4$CHO. 4-ジメチルアミノベンズアルデヒドの別名.

エレクトライド　electrides
　1族元素とクラウンエーテルまたはクリプタンドから形成され, 捕捉された電子を持つ化合物 (形式的には M$^-$).

エレクトロキネティックス　electrokinetics
　固体と液体 (通常は水) または2種の液体の界面で電気二重層を形成している系に見られる現象. 電気泳動, 電気浸透, ストリーミング電位, 沈殿電位などがある. これらはいずれも電気二重層の固定化された部分と可動性の部分との部分的な分離に起因する.

塩　salt
　通常は塩化ナトリウムを指す. 一般的には, 当量の酸と塩基の相互作用により形成される物質を塩という. アクア酸 (H$_3$O$^+$を生じるもの) を考えると, 水素がすべて置換されたもの (例えば Na$_2$SO$_4$) を正塩といい, 一部のみ置換された場合には酸性塩 (例えば NaHSO$_4$) が生成する. 一般に, 強酸と強塩基からなる塩のみが水溶液中で安定であり, どちらかあるいは両方が弱い場合には加水分解が起こり, 溶液は酸性または塩基性を示す.

塩の水和物　salt hydrates
　水素結合した水と陰イオンからなる骨格を持ち, 格子中に陽イオンが占める孔がある構造からなるクラスレート化合物. 例えば (Pr$^n_3$S)F·20H$_2$O のように水含有率が非常に高いものがある.

塩化亜鉛　zinc chloride
　ZnCl$_2$. 白色塊状 (Zn と HCl ガスから, あるいは溶液中で Zn または ZnO と塩酸を反応させて得る). 水和物を形成する. 用途は材木の保存料, 電池, 脱水剤, 歯科用充填剤など. 塩酸溶液はハンダ付けに際しての融剤 (フラックス) として使われる.

塩化アセチル　acetyl chloride (ethanoyl chloride)
　CH$_3$COCl. 刺激臭を持つ無色液体. 湿った空気中で発煙し, 酢酸と塩酸を生じる. 沸点 55℃. 水やヒドロキシ基を有する他の化合物と反応する. 酢酸と PCl$_3$ または POCl$_3$ の混合物を蒸留して得る. ヒドロキシ基またはアミノ基のアセチル誘導体の合成に用いられる.

塩化アルミニウム　aluminium chloride (aluminium trichloride)
　AlCl$_3$. 三塩化アルミニウム. 無水の塩化アルミニウムは室温で安定な, 無色から淡黄色の固体. 一塩化アルミニウム (AlCl) と区別が必要な場合には三塩化アルミニウムと呼ぶこともある. 密度 (ρ) 2440 kg/m^3 (=2.44 g/cm^3), 180℃で昇華する. 多くの有機溶媒に可溶. 金属アルミニウムと塩素ガスや塩化水素との反応, または塩素と酸化アルミニウムを炭素の共存下で加熱反応させて製造する. H$_2$O, H$_2$S およびアミンなどと [AlCl$_3$L] (L:リガンドを表す. ここでは H$_2$O と H$_2$S) タイプの付加物 (錯体) を形成し, 塩化物イオンと [AlCl$_4$]$^-$, [Al$_2$Cl$_7$]$^-$ 錯体を形成する. 固体の AlCl$_3$ は八面体配位構造. Al は気相では二量体 [Cl$_2$Al(μ-Cl)$_2$AlCl$_2$]. 多くのハロゲン化物とともに, 塩化物架橋された揮発性化合物を生成する. 無水の塩化アルミニウムはフリーデル-クラフツ合成などの触媒として有用である. 水酸化アルミニウムを塩酸で処理した溶液からは六水和物の AlCl$_3$·6H$_2$O の結晶が得られるが, 加熱しても無水塩とはならず分解して酸化アルミニウムになる (塩化水素気流中で加熱すれば AlCl$_3$ となる). この六水和物はいろいろなアルミニウム塩の原料として用いられるほか, 殺菌剤や木材用保存剤として使用される.

塩化アンチモン　antimony chlorides
　① 三塩化アンチモン antimony trichloride (SbCl$_3$):アンチモンバター. 無色の固体. 融点 73℃, 沸点 283℃. アンチモンの化合物を濃塩酸に溶かし, 蒸留して得られる. 水で容易に加水分解され塩基性塩化物となる. [SbCl$_4$]$^-$ (ポリマー), [SbCl$_5$]$^{2-}$ (四角錐) および [SbCl$_6$]$^{3-}$ をはじめとする多くの錯体を形成するほかに, 例えば N-結合性の配位子とも錯体を形成する.

　② 五塩化アンチモン antimony pentachloride (SbCl$_5$):融点 7℃, 沸点 79℃の液体 (単体アンチモンまたは三塩化アンチモンと塩素 (Cl$_2$) から生成する). 水により容易に加水分解され, [SbCl$_6$]$^-$ などの錯体を形成する. ア

ンチモン（Ⅲ）/（Ⅴ）の混合錯体は，$M_2[SbCl_6]$塩の形となる．$SbCl_5$は塩素化剤として広く用いられている（訳者記：ルイス酸でもあり，ドナー数測定の際の基準となる）．

塩化アンモニウム ammonium chloride (sal ammoniac)

NH_4Cl．白色結晶性固体．水によく溶け，加熱により昇華する．NH_3とHClから生成するが，商業的には$CaCl_2$溶液（ソルヴェイ法副生物）とNH_3とCO_2から，または同プロセスから得られる溶液を再結晶することにより得られる．また$(NH_4)_2SO_4$とNaClを含む溶液を再結晶させ，$Na_2SO_4·10H_2O$を晶出させたあと結晶化させて得る．乾電池，媒染剤，ハンダ付け，亜鉛メッキ用融剤として用いられている．肥料（塩安）としても用いられてはいるが，他のアンモニウム塩肥料に比べるとあまり適当ではない．

塩化イソプロピル isopropyl chloride
→2-クロロプロパン

塩化イソボルニル isobornyl chloride
→塩化ボルニル

塩化エタノイル ethanoyl chloride (acetyl chloride)
→塩化アセチル

塩化エチル ethyl chloride
→クロロエタン

塩化カドミウム cadmium chloride

$CdCl_2$構造は重要な結晶格子のタイプで，Clの立方最密充填（ccp）をベースとする層状構造である．写真，染料，顔料，潤滑剤に用いられる．→カドミウムのハロゲン化物

塩化カリウム potassium chloride

KCl．融点776℃，昇華点1500℃，密度（ρ）1984 kg/m^3（=1.984 g/cm^3）．天然にはカリ岩塩として，またシルビン（KCl-NaCl），カーナル石（$KMgCl_3·6H_2O$），カイニット（$KCl·MgSO_4·3H_2O$），ハードソルト（$KCl·NaCl·MgSO_4$）や多くの海水中に存在する．分別結晶により分離する．水や低級アルコールに可溶．肥料の製造，他のカリウム塩の合成，電解に用いられる．

塩化カルシウム calcium chloride

$CaCl_2$．天然には南極石（$CaCl_2·6H_2O$．南極大陸で発見された今のところ唯一の新鉱物）のほか，岩塩鉱床中にタキハイドライト（$CaCl_2·$ $2MgCl_2·12H_2O$）として産出する．海水やミネラルウォーター中にも含まれる．純粋なものは$CaCO_3$とHClから生成され，$CaCl_2·6H_2O$，融点30℃，$CaCl_2·4H_2O$，$CaCl_2·2H_2O$ならびに無水塩がある．アルコール類やアンモニアとともに付加物を形成する．商業的には天然鹹水（ブライン）から分離するほか，Na_2CO_3を製造するアンモニアソーダ法で得られる．道路の除氷，防塵に用いられるほか，コンクリートミックスに入れる不凍剤，冷凍プラントで使用する低温循環液としても用いられている．

塩化カルボニル carbonyl chloride
$COCl_2$．→カルボニル誘導体

塩化銀 silver chloride

AgCl．白色固体．融点449℃．水溶液から沈殿させて得る（沈殿生成はAg$^+$またはCl$^-$の検出や分析に利用される．この沈殿はアンモニア水やチオ硫酸ナトリウム水溶液に可溶）．アンモニアと反応してアンミン錯体を生成する．写真に広く用いられる．AgClの層は赤外線に対して透明なのでIR分光の支持体に用いられる．光に晒すと黒くなる．

遠隔操作機器 remote handling facilities

例えばアメリシウムのような強い放射能を持つ元素を利用した化学反応を行わせたり，原子炉からの燃料棒など非常に放射能の高いものを取り扱う場合に用いる装置や設備．よくホットラボなどと呼ばれる．また強力な生物活性を持つ物質や悪性の伝染性疾患病原体を扱う場合に用いる装置や設備をもいう．

塩化クロミル chromyl chloride
CrO_2Cl_2．→クロミル化合物

塩化クロム chromium chlorides
→クロムの塩化物

塩化シアヌリル cyanuric chloride (trichloro-s-triazine)

トリクロロ-s-トリアジン．$C_3N_3Cl_3$．融点154℃，沸点190℃．ClCNを重合する，またはCl_2，HCNおよびHClから生成する環状化合物．染料，薬品，トリアジン除草剤，プラスチック，爆薬，漂白剤および殺菌剤の製造に用いられている．NaFとの反応で，シアヌル酸フッ化物，$C_3N_3F_3$を生じる．

塩化シアン cyanogen chloride

→ハロゲン化シアン

塩化臭素　bromine chlorides
　→臭素のハロゲン化物

塩化水素　hydrogen chloride
　HCl．融点 -115 ℃，沸点 -85 ℃．炭化水素の塩素化の副生成物として得られる（90％）．また H_2 と Cl_2 の反応や NaCl と H_2SO_4 の反応でも作られる．大部分は水溶液（塩酸）として用いられる．塩化水素は無色気体で刺激臭を持つ．水和物を形成する（一水和物，二水和物）．多くの金属と反応する（低酸化状態の塩化物が生じる．→塩素）．有機塩素化合物の合成試薬，有機反応の縮合剤として用いられる．

塩化スキサメトニウム　suxamethonium chloride（succinyl choline chloride, succinyl dicholine）
　$C_{14}H_{30}Cl_2N_2O_4$．塩化サクシニルコリンの名でも知られている．ジメチルアミノエタノールとコハク酸塩化物を反応させ，次にメチル化して得られる白色粉末．神経筋ブロック剤．

塩化ストロンチウム　strontium chloride
　$SrCl_2$．無水 $SrCl_2$ は Sr と Cl_2，あるいは SrO または $SrCO_3$ に HCl を作用させて得る．水和物を形成する．

塩化セシウム　caesium chloride
　CsCl．典型的なハロゲン化アルカリで，Cs_2CO_3 と HCl から生成する．構造は A：X の半径比が大きい多くの化合物に見られるもの（塩化セシウム型構造）であるが，各イオンの配位数は 8 である．CsCl, CsI, AgLi, HgTl などがこの結晶構造を有する．

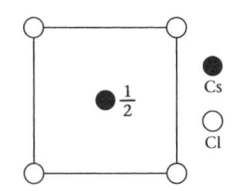

塩化石灰　chloride of lime
　→塩化カルシウム

塩化チオニル　thionyl chloride
　$SOCl_2$．融点 -105 ℃，沸点 79 ℃．SO_2 と PCl_5 から，あるいは S_2Cl_2 と SO_3 から得る．水により加水分解されて HCl, SO_2, H_2O を生じる．

C-OH から C-Cl への変換や水和した金属塩化物の脱水に用いられる．

塩化鉄（Ⅲ）　iron（Ⅲ）chloride
　→鉄の塩化物

塩化トルエン-4-スルホニル　toluene-4-sulphonyl chloride（tosyl chloride）
　$C_7H_7ClO_2S$，$4\text{-}CH_3C_6H_4SO_2Cl$ 塩化トシル．無色結晶，融点 71 ℃．トルエンにクロロ硫酸（クロルスルホン酸）を作用させて得る．トルエンスルホン酸のエステルはトシラートといい，それを合成することをトシル化という．

塩化ナトリウム　sodium chloride
　NaCl．融点 801 ℃，沸点 1439 ℃，密度（ρ）2170 kg/m^3（$=2.17$ g/cm^3）．天然には厚い岩塩鉱床として各地に広く存在するほか，海水中に約 3％含まれる．工業的には海水を太陽光により蒸発させるか，鉱床の採掘，または地下の堆積層に水を通じて濃厚食塩水（鹹水）として得る．鹹水は不純物として Ca^{2+}, Fe^{2+}, Mg^{2+} を含むが，これらは Na_2CO_3 と NaOH を加えて沈殿として除去する．純粋な NaCl は飽和食塩水に HCl ガスを通じて得る．塩化ナトリウムは NaOH や Na_2CO_3（アルカリとして，またガラス工業用）の製造，塩素（クロロカーボン工業用）の製造に用いられ，化学工業で最も重要な原料の 1 つである．固体 NaCl は氷雪の除去（粗製のもの）や保存剤にも用いられる．塩化ナトリウムの構造として，Na および Cl は八面体配位（ともに ccp）である．他の多くの MX 化合物の結晶もこの構造をとる．

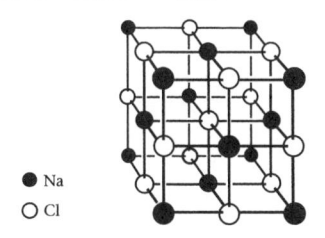

塩化鉛　lead chlorides
　塩化鉛（Ⅱ）$PbCl_2$ は冷水に難溶の固体であるが熱水には可溶である．いろいろなクロロ錯体や塩基性塩化物を生成する．塩化フッ化鉛 PbFCl は難溶性で，天然にもマトロック石として産出する．カッセルイエローと呼ばれる黄

色顔料は，$PbCl_2 \cdot 7PbO$ に近い組成であるが，成分を混合して溶融することで作られる．塩化鉛(IV)の組成は $PbCl_4$．黄色の液体で融点 $-15℃$，$100℃$ で爆発的に分解する．$(NH_4)_2PbCl_6$（ヘキサクロロ鉛酸アンモニウム）に冷たい硫酸を反応させると得られる．ヘキサクロロ鉛(IV)酸塩は黄色の結晶で，PbO_2 を冷濃塩酸に溶かした溶液から沈殿として得ることができる．

塩化ニッケル nickel chloride

$NiCl_2$．八面体構造のニッケルを含む水和物を形成する．塩化物錯体，例えば $[NiCl_4]^{2-}$（青色，エタノール中で生成する）が知られている．

塩化バリウム barium chloride

$BaCl_2$．→バリウムのハロゲン化物

塩化ビスマス bismuth chlorides

$BiCl_3$, $BiCl$．→ビスマスのハロゲン化物

塩化ビニリデン vinylidene chloride (1,1-dichloroethene)

$CH_2=CCl_2$．1,1-ジクロロエチレン．無色液体，沸点 $32℃$．トリクロロエタンの脱塩化水素反応により製造される．光と空気により分解して HCl，ホスゲン，ホルムアルデヒドを発生したりポリ塩化ビニリデンの沈殿を生じたりする．遮光し酸化防止剤（フェノールやアミンなど）を溶かして保存する．ラジカルやイオン重合触媒が存在すると容易に重合して塩化ビニリデンポリマーを生成する．これは工業的に重要である．

塩化ビニリデンポリマー vinylidene chloride polymers（Saran polymers）

サランポリマー．$CH_2=CCl_2$ のラジカル重合により得られる．ホモポリマーおよびコポリマーが用いられる．熱可塑性で成型品，ラップ，コーティング材料，繊維（漁網など）材料に用いられる．熱安定性が高く，気体の透過性は小さい．自己消火性がある．

塩化ビニル vinyl chloride (monochloroethylene, chloroethene)

$CH_2=CHCl$．モノクロロエチレン，クロロエテン．無色気体，沸点 $-14℃$．発ガン性．アセチレンと HCl を触媒上で反応させるか，1,2-ジクロロエタンを熱分解するか，ジクロロエチレンを希 NaOH 溶液で加水分解して得る．ポリマーやコポリマーの製造に広く用いられる．工業界では塩ビモノマーのほうが通用する．→ポリ塩化ビニル

塩化物 chlorides

正式には $Cl(-1)$ の化合物で，希ガスを除く（$XeCl_2$ は多少とも安定であるが，通常の尺度からすると不安定化合物に属する）あらゆる元素と安定な化合物として生成することがわかっている．電気的に塩素よりも陽性の元素との塩化物はイオン性であり，逆に電気的により陰性の元素は共有結合性の塩化物を形成する．高次の酸化状態を持つ塩化物のほとんどは共有結合性である．塩化物は Cl_2 または HCl を元素に作用させるか，あるいは複分解反応（例えば $AgNO_3$ と NaCl から AgCl を得る）によって生成する．無水塩化物は塩化アセチルか塩化チオニルを用いて乾留煮沸することで得られる．塩化物イオンは良好な錯形成剤で，通常は単座配位子であるが，ときには架橋配位子（例えば $Cl_2Al(\mu-Cl)_2AlCl_2$）として作用することもある．

塩化ベリリウム beryllium chloride

$BeCl_2$．→ベリリウムのハロゲン化物

塩化ベンザル benzal chloride（benzylidene chloride, α,α-dichlorotoluene）

$C_7H_6Cl_2$, $PhCHCl_2$．塩化ベンジリデン，α,α-ジクロロトルエン．無色で屈折率の高い催涙性の液体．沸点 $205℃$．金属触媒を使用せずにトルエンを直接塩素化して生成する．ベンズアルデヒドやケイ皮酸の製造に用いられる．

塩化ベンザルコニウム benzalkonium chloride

塩化アルキルベンジルジメチルアンモニウムの混合物で，一般に水溶液の形のまま使用される．透明で無色あるいは薄黄色のシロップ状液体．消毒用逆性石鹸，点眼薬などの薬品の保存剤として用いられる．この水酸化物を水に溶かしたものは強力な塩基で，相間移動触媒，溶媒抽出試薬に用いられる．

塩化ベンジリデン benzylidene chloride

→塩化ベンザル

塩化ベンジル benzyl chloride

C_7H_7Cl, $PhCH_2Cl$．特徴的な臭いを持つ無色液体．沸点 $179℃$．沸騰水によりゆっくり加水分解されベンジルアルコールを生じる．トルエ

ンを PCl_5 の存在下に直接塩素化して生成する. 未反応トルエンと高次塩素化生成物の混合物から分留により生成する. アミンのベンジル化, およびベンジルアルコールの製造に用いられる.

塩化ベンゾイル　benzoyl chloride

C_7H_5ClO, $PhC(O)Cl$. 無色, 催涙性の液体. 沸点198℃. 刺激臭を持ち, 冷水によりゆっくりと加水分解され安息香酸となる. アルコールと反応させると安息香酸エステルが得られる. 安息香酸を PCl_5 あるいは塩化チオニルとともに加熱することによって生成する. ベンゾイル化剤 (すなわち, H をベンゾイル基で置換する) として用いられる.

塩化ホウ素　boron chlorides
→ホウ素の塩化物

塩化ボルニル　bornyl and isobornyl chlorides (2-chlorobornanes)

$C_{10}H_{17}Cl$, 2-クロロボルナン. 樟脳 (camphor) に関連するモノクロロ誘導体. 塩化ボルニルは *exo*-塩化物 (Cl がかごの中を向く) である.

塩化マグネシウム　magnesium chloride

$MgCl_2$. カーナル石 $KCl \cdot MgCl_2 \cdot 6H_2O$ を加熱融解させると塩化カリウムが沈殿として除かれ, 母液を冷却すると $MgCl_2 \cdot 6H_2O$ が得られる. 結晶水を除くには塩化水素雰囲気中で加熱する. 無水の $MgCl_2$ は融点708℃, 沸点1412℃. 六水和物は潮解性が大きく, 綿紡績時の湿潤剤や難燃剤として用いられる. オキシ塩化物は六水和物を加熱して得られるが, マグネシアセメントの材料となる. 無水塩は電気分解で金属マグネシウムを製造する原料となる. $MgCl_2$ は $[Et_4N]_2[MgCl_4]$ などのクロロ錯陰イオンを含む塩類を生じることが知られている.

塩化メチル　methyl chloride
→クロロメタン

塩化メチレン　methylene chloride
→ジクロロメタン

塩化ヨウ素　iodine chlorides
→ヨウ素の塩化物

塩化リチウム　lithium chloride

著しく潮解性の大きな塩で, 炭酸リチウムと塩酸との反応で作られる. 何種類かの水和物も知られている. アルミニウムの溶接に用いられるほか, 吸湿性を利用した空調装置にも使われている.

塩基　base

簡単にいうと塩基とは, 水溶液にして酸と反応させると塩と水のみを生じる物質, すなわち水酸化物イオンを生じる物質である. 非水溶液にもあてはまる, より一般的な定義 (ブレンステッド-ローリー) では, 塩基とはプロトンを受け取りやすい物質のことである. この定義によれば, OH^- や弱酸の陰イオン, 例えば CH_3COO^- は水溶液中で塩基である. プロトンを含まないイオン性溶媒に対しては, その系における酸と反応し, 塩と溶媒とを生じる物質が塩基である. したがって $KBrF_4$ (塩基) は三フッ化臭素中で BrF_2SbF_6 (酸) と反応し, $KSbF_6$ (塩) と BrF_3 (溶媒) を生じる. ルイス塩基とは, 利用可能な電子対を持つ分子のことで, 例としてはアンモニアを挙げることができる. 形容詞として金属に用いるとき, base (卑) は noble (貴) の反対を意味する. すなわち base metal (卑金属) は鉱酸の攻撃を受ける.

塩基強度　base strength

塩基がプロトンを配位結合する傾向. 塩基強度が高いと, 共役酸の強度は低くなる.

塩基交換　base exchange

土壌, ゼオライト, 粘土などが構造変化をすることなく, 自らの陽イオン (Na^+, K^+, Ca^{2+}) を他の陽イオンに交換すること. 古い用語. イオン交換 (ion exchange) という一般的なプロセスの一例である.

塩基性塩　basic salts

O^{2-} や OH^-, あるいはその他の陰イオンを含有している化合物. 金属塩の加水分解により生じ, しばしば炭酸ナトリウム溶液で沈殿する.

塩基性スラグ　basic slag
→スラグ

塩基性染料　basic dyes (cationic dyes)

陽イオン性のイオン種を含む染料. 塩化物は一般に水に溶け, 有機酸塩 (ステアリン酸塩やオレイン酸塩) は有機溶媒に可溶であり, 印刷用インクに用いられる. ヘテロポリアニオンとは不溶塩を形成するが, これは高い堅牢度と鮮やかな色を有する. 塗料や壁紙, 顔料に用いられる. 塩基性染料はほとんどの天然繊維に対し

ては媒染剤を必要とし，アクリルやポリエステル繊維に広く用いられている．

塩基対合　base-pairing
塩基対生成ともいう．核酸の二重螺旋構造で，相補的なプリンとピリミジン塩基が水素結合により結びついていることを指す用語．アデニンはチミンまたはウラシルと，グアニンはシトシンと対合する．

塩　橋　salt bridge
多くの電気化学セルでは，セル内の2つの溶液を多孔性の栓や膜で仕切り，電気伝導は起こるが，イオンの移動は起こらないように隔離されている．この場合,溶液の抵抗は非常に高い．つまり液間電位が著しく大きくなる．実際上は，液間電位を大幅に減少させるために塩（通常はKCl）の飽和溶液を含む有機物ゲル（例えば寒天）を満たした逆U字型の管を用いて液間電位差を減らす方法が採用される．この電解質を満たした管のことを塩橋という．塩橋の末端を2つの半電池に浸すと，イオン移動度がほぼ等しいK^+とCl^-イオンにより電流が運ばれる．

エンケファリン　enkephalins
脳に存在するペンタペプチド．麻酔性などモルフィンやコデインに類似の性質を持つ．

塩効果　diverse salt effect
共通イオンを持たない塩が，析出するイオンの活量に影響を及ぼすことにより沈殿形成に及ぼす効果．

炎光分光分析法　flame emission spectroscopy
火炎中の原子からの輻射を分析する発光分光法．

塩　酸　hydrochloric acid（muriatic acid）
HCl_{aq}．塩化水素の水溶液．濃塩酸は約43%のHClを含み，ほぼ12mol/lである．定沸点混合物となる．化学工業，食品工業（グルコース，グルタミン酸一ナトリウム，洗浄用），冶金，石油工業で広く用いられる．非常に腐食性が強く，ガラス，プラスチック，または特殊合金（Ta, Ni-Mo）製の容器で扱う．

塩酸アミロカイン　amylocaine hydrochloride
局所麻酔薬．

塩酸塩　hydrochlorides
HClと有機塩基（またはトルエンのような塩基性でない溶媒中で作られる弱い塩）からなる塩．[ClHCl]⁻陰イオンを含む塩もある．

塩酸ゴム　hydrochlorinated rubber, rubber hydrochloride
ゴムのベンゼン溶液にHClガスを通じて得られる．薄膜状（フィルム）にして使われる物質．約30%のClを含む．

エンジイン　enediynes
バクテリアが産する一群の抗性物質で，かつ抗腫瘍性を持つもの．

エンジオール　enediols
炭素-炭素二重結合と2つのヒドロキシ基を持つ有機化合物．

遠心分離　centrifugation
遠心分離機を用いて物質を分離すること．

遠心分離機　centrifuges, centrifugal separators
遠心力を利用して高効率の沈降，沪過を行い，固体と液体，または2つの混ざり合わない液体を分離する機器．

遠心ポンプ　centrifugal pump
化学工業やプロセス工業で最も幅広く用いられているポンプで，多数のカーブした羽根が平べったい筒状のケーシングの中で回転するローターからなる．ローターの軸に沿って，ケーシングの中央に入ってくる液体は，羽根に押されて環状の渦型室へ入って送り出される．

円錐四分法　coning and quartering
試料粉末で円錐を作り，平たく潰し，四分して対角の2部分を取りのけ，適切な大きさのサンプルが得られるまでこの操作を繰り返すサンプリング技法．

塩精（塩化水素）　spirits of salt
塩酸の旧名．

塩　析　salting out
コロイド溶液にも，コロイドでない溶液にも用いられる用語．コロイド溶液に対して用いる場合，塩析とは，例えばゼラチンや石鹸のような親水性コロイドが高濃度の強電解質を加えることにより凝集することを指す．このことを疎水性ゾルが少量の電解質の添加により凝集することと混同してはならない．非コロイド溶液の場合，塩析とは，強電解質の添加により非電解質の溶解度が減少することをいう．

遠赤外線分光学　for-infrared spectroscopy (FIR)

約 $400\,\mathrm{cm}^{-1}$ より低い波数の遠赤外線を用いた分光法．テラヘルツ分光学．

塩素　chlorine

元素記号 Cl．非金属元素．原子番号 17，原子量 35.453，融点 $-101.15\,°\mathrm{C}$，沸点 $-34.04\,°\mathrm{C}$，密度 $(\rho)\ 3214\,\mathrm{kg/m^3}\ (=3.214\,\mathrm{g/cm^3})$，地殻存在比 130 ppm，電子配置 $[\mathrm{Ne}]3s^23p^5$．天然には $NaCl$，$MgCl_2$ をはじめとする塩化物の形で産出する．海水には 1% 以下の NaCl が含まれる．Cl_2 は NaCl を例えば $KMnO_4$ などで酸化することによって生成できるが，商業的には食塩水や $MgCl_2$ の電気分解により生産されており，特に隔膜電解槽の使用が増えている．塩水の電気分解の経済性は同時に NaOH が生成されることに依存している．塩素は Cl_2 分子を含む緑色の有毒ガスとして得られ，液体 Cl_2 として貯蔵される．塩素は極めて反応性の高い元素で，他の元素のほとんどと直接化合する．水に溶け，冷水からはクラスレート構造を持つ，塩素水和物 $Cl_2\cdot 7.27H_2O$ が得られる．そのごく一部は反応して Cl^- と $[OCl]^-$ を生じる．塩化物イオンは細胞過程において電気的活動を調節する重要な役割を果たしている．塩素は化学工業における基本物質の 1 つで有機塩素系誘導体の製造に用いられるほか，間接的にさまざまな化合物の製造にかかわっており，塩素や塩化物誘導体を経て多くの化合物が製造されている．例えばアンチノック剤や塩化炭化水素（65%）が挙げられる．塩素誘導体は水の殺菌，パルプや紙の製造（15%），溶媒，ポリマー（主に塩化ビニルとゴム），冷媒およびエアゾール噴射剤として用いられている．

塩素の化学的性質　chlorine chemistry

塩素は 17 族元素すなわちハロゲン元素の 1 つで電子配置は $[\mathrm{Ar}]3s^23p^5$．典型的な化学的性質は -1 価の酸化状態（$E°\ Cl_2 \rightarrow Cl^- + 1.36\,\mathrm{V}$（酸溶液中））を持つ非金属元素としての挙動で，イオン性の塩化物と共有結合性のクロロ誘導体を形成する．塩素はまた，主に酸素，フッ素，および他のハロゲン元素との間で化合物を形成し正の酸化状態もとる（→塩素酸塩）．Cl_2^+ イオンは気相中でその存在が知られている．Cl_4^+ および Cl_3^+ の塩も存在する．

塩素の酸化物　chlorine oxides

① 一酸化塩素（chlorine monoxide）Cl_2O：融点 $-116\,°\mathrm{C}$，沸点 $4\,°\mathrm{C}$．赤みがかった黄色い気体（Cl_2 と HgO から生成）．水に溶けて若干の HOCl を生じる．解離して Cl_2 と O_2 を生じる．

② 二酸化塩素（chlorine dioxide）ClO_2：融点 $-6\,°\mathrm{C}$，沸点 $10\,°\mathrm{C}$．常磁性の黄色い爆発性気体（$NaClO_3$ と H_2SO_4 から生じる）．強力な酸化剤．水と反応して $HClO_2$ と $HClO_3$ を生じる．木材パルプの漂白剤として用いられるほか，燻蒸剤に使用される．

③ 四酸化塩素（chlorine tetroxide）ClO_4：寿命が極めて短い．

④ 四酸化二塩素（dichlorine tetroxide）Cl_2O_4：正確には $ClOClO_3$ で過塩素酸塩素に相当する．$CsClO_4$ とフルオロ硫酸塩素，$ClOSO_2F$ から生成する．

⑤ 六酸化二塩素（dichlorine hexoxide）Cl_2O_6：油状の赤い液体（オゾンと ClO_2 から生成）．Cl_2O_4 と Cl_2O_6 は不安定．

⑥ 七酸化二塩素（dichlorine heptoxide）Cl_2O_7：融点 $-91.5\,°\mathrm{C}$，沸点 $82\,°\mathrm{C}$．最も安定な酸化塩素であるが，やはり爆発性を有する（$HClO_4$ と P_2O_5 より生成）．水と反応して $HClO_4$ を生じる．

塩素のハロゲン化物　chlorine halides

① 五フッ化塩素（chlorine pentafluoride）ClF_5：融点 $-103\,°\mathrm{C}$，沸点 $-14\,°\mathrm{C}$．四角錐型．ClF_6^- も知られている．

② 三フッ化塩素（chlorine trifluoride）ClF_3：融点 $-76\,°\mathrm{C}$，沸点 $12\,°\mathrm{C}$．T 字型．強力なフッ化剤．

③ 一フッ化塩素（chlorine monofluoride）ClF：融点 $-157\,°\mathrm{C}$，沸点 $-100\,°\mathrm{C}$．解離して元素になる．フッ化塩素はそれぞれ水により加水分解され（ClF_3 は爆発的に）Cl_2 と F_2 から生成される．塩素はまた BrCl（→臭素のハロゲン化物）や ICl および ICl_3（→ヨウ素の塩化物）をも形成する．→ハロゲン間化合物

塩素のフッ化物　chlorine fluorides

→塩素のハロゲン化物

塩素化ゴム　chlorinated rubbers

70% 以下の Cl を含有する材料で，ゴム（固体，溶液またはラテックス）を Cl_2 と反応させて得る．速やかな反応で $C_{10}H_{14}Cl_2$ が生じ，続いて

環化を経て均一な材料となる．アルキド樹脂用ブレンド剤として，また耐腐食性塗料のフィルム形成剤として用いられる安定な材料である．接着剤としても使用される．HClとゴムの反応により塩酸ゴムが生成するが，これも塗料に用いられる．

塩素化炭化水素 chlorocarbons (chlorohydrocarbons)
→クロロカーボン類

塩素化ビフェニル chlorinated biphenyls (diphenyls)
ポリ塩素化ビフェニル類．→ビフェニル（ジフェニル）

塩素酸 chloric acid
$HClO_3$．通常の塩素酸（系統的命名法に従うと塩素（V）酸）である．

塩素酸塩（狭義） chlorates
塩素酸 $HClO_3$ の塩類．酸化剤．

塩素酸塩（広義） chlorates
さまざまな塩素の酸素酸に由来する塩の総称でもあるが，通常は塩素酸（$HClO_3$）の塩を意味する．次亜塩素酸塩（塩素（I）酸塩）は $[OCl]^-$ イオンを含み，Cl_2 と H_2O，または HgO，Cl_2 および冷 NaOH 溶液から生成する．遊離酸は気相の H_2O と Cl_2 から生成する．亜塩素酸塩（塩素（III）酸塩）は「く」の字型に曲がった $[ClO_2]^-$ イオンを含む．二酸化塩素と塩基との反応で得られる．この遊離酸は弱酸で単離できない．次亜塩素酸塩と亜塩素酸塩はどちらも漂白剤として用いられる．塩素酸塩と通常呼ばれるものは塩素（V）酸塩であり，四角錐型の $[ClO_3]^-$ イオンを含有し，熱溶液中で Cl_2 と OH^- から生成する．遊離酸は強酸である．過塩素酸塩（塩素（VII）酸塩）は四面体型の $[ClO_4]^-$ イオンを含み，$[ClO_3]^-$ の電解酸化により生成する．遊離酸は極めて強力な酸で広く酸化剤として用いられている．有機物質と接触すると爆発するおそれがある．過塩素酸の塩類は非配位性不活性電解質として用いられている．これらの塩素酸塩はすべて酸化性の化学種である．

$[ClO_4]^- \to Cl^- + 0.56\,V$ （酸性溶液中）
$[ClO_3]^- \to Cl^- + 0.63\,V$ （酸性溶液中）
$[ClO_2]^- \to Cl^- + 0.78\,V$ （酸性溶液中）
$[ClO]^- \to Cl^- + 0.89\,V$ （酸性溶液中）

どの酸の場合もナトリウム塩は容易に得られ，水溶性の大きな化合物である．一方，過塩素酸カリウム $KClO_4$ は難溶性であり，古典分析法ではナトリウムとカリウムの分離に利用された．

塩素酸カリウム potassium chlorate (potassium chlorate (V))
$KClO_3$．水に溶解するが溶解度はあまり大きくないので，他の塩素酸塩（Cl_2 と $Ca(OH)_2$ から，あるいは NaCl 水溶液の電解で調製する）の水溶液から沈殿として得られる．加熱すると KCl と $KClO_4$ を生じるが，高温では KCl と酸素に分解する．爆薬，花火，染色，マッチ，印刷に用いられる．

塩素酸ナトリウム sodium chlorate (V)
$NaClO_3$．Cl_2 を熱 NaOH 溶液に作用させるか，あるいは NaCl を水中で電気分解して陽極と陰極の生成物が接触するようにして得る．パルプ工業で漂白用の ClO_2 を生成するのに用いる．塩素酸塩や過塩素酸塩の製造，除草剤に用いられる（訳者記：わが国でもクサトールなどの商品名で販売され，一時期爆弾犯人に愛用された）．

塩素水和物 chlorine hydrate
組成は $Cl_2 \cdot 7.27H_2O$．

エンタルピー enthalpy (H)
$H = E + pV$ で定義される熱力学量．ここで E は内部エネルギー，p は圧力，V は体積．系によってなされる仕事が体積変化のみであるならば，定圧条件下で吸収・放出される熱量はエンタルピー変化に等しい．すなわち定圧過程では $\Delta H = \Delta E + p\Delta V$．化学反応においてはエンタルピー変化（$\Delta H$）はギブス自由エネルギー変化（$\Delta G$）およびエントロピー変化（$\Delta S$）との間に $\Delta G = \Delta H - T\Delta S$ の関係が成り立つ．エンタルピーは通常 kJ/mol の単位で表す．標準状態におけるエンタルピー変化は $\Delta H°$ で表す．

[種々のエンタルピー変化]

活性化（activation）：$\Delta_{act}H$ 活性複合体の形成

原子化（atomization）：$\Delta_{at}H$ 気体化学種の原子への分解（解離ともいう）

燃焼（combustion）：$\Delta_c H$ 定容での過剰の O_2 との反応

電子受容（electron gain）：気相における陰イ

ンの生成（電子親和力）
生成 (formation)：$\Delta_f H$ 単体または標準状態からの生成
融解 (fusion)：$\Delta_{fus} H$ 固体から液体への変化
水和 (hydration)：$\Delta_{hyd} H$ 気体イオンから水に溶媒和されたイオンへの変化
イオン化 (ionization)：$\Delta_{ion} H$ 気相における原子からイオンの生成（イオン化ポテンシャル）
格子 (lattice)：$\Delta_{lat} H$ 固体から気体のイオンの生成
混合 (mixing)：$\Delta_{mix} H$ 混合物の調製
反応 (reaction)：$\Delta_r H$ 生成物の生成
溶解 (solution)：$\Delta_{sol} H$ 溶質から溶液の生成
昇華 (sublimation)：$\Delta_{sub} H$ 固体から気体への変化
転移 (transition)：$\Delta_{trs} H$ 相変化
蒸発 (vaporization)：$\Delta_{vap} H$ 液体から気体への変化

エンタルピーは通常，1モルあたりで測定される．標準状態から，あるいは標準状態への変化を測定することになる．

エンタルピー変化　enthalpy change
→エンタルピー

鉛丹　red lead, minium
Pb_3O_4．四酸化三鉛．→鉛の酸化物

塩度　salinity
灌漑水中の塩，特に塩化ナトリウム含量の尺度．農業用植物の多くは塩度の高い条件では成長できない．また食品中の塩分含量の尺度として用いることもある．

鉛糖　sugar of lead
$Pb(O_2CCH_3)_2 \cdot 3H_2O$．酢酸鉛（Ⅱ）の慣用名である．

エンドペプチダーゼ　endopeptidases
ポリペプチド鎖の末端ではなく内部のペプチド結合に作用するペプチド切断酵素群．重要な例はトリプシン，キモトリプシン，ペプシンで，いずれも消化に関与している．→エキソペプチダーゼ

エントレインメント　entrainment
→飛沫同伴

エントロピー　entropy (S)
系の無秩序さの尺度となる熱力学量．

$$\Delta S = \int_i^t \frac{dq_{rev}}{T}$$

与えられた熱をその時の温度で除した値．無秩序度が大きいほどエントロピーは高い．したがってある物質については$S_{気体} > S_{液体} > S_{固体}$．エントロピーの増加を伴う変化では，エントロピー変化（ΔS）は正である．自発的に起こる熱力学過程のほとんどはエントロピーの増加を伴う．単位は J/K/mol．単原子気体のエントロピーはサッカー－テトロードの式で与えられる．

円二色性　circular dichroism (CD)
直線偏光した電磁波が物質を通り抜けるときに楕円偏光が生じる．右円偏光と左円偏光に対する吸収強度の差（円偏光二色性）のことをいう．CDを周波数に対してプロットしたものがCDスペクトルである．この作用の強度は次の式で表される．

$$\phi = \pi/\lambda (\eta_l - \eta_r)$$

ここでϕは透過光の楕円率（ラジアンで表す）で，η_lとη_rはそれぞれ左円偏光，右円偏光の吸収係数である．楕円率を波長の関数としてプロットして得られる曲線の極大値は旋光分散曲線中で角度ゼロの波長に対応する．光学異性体が示すCD曲線は，一方の作用が正，すなわちϕの値が正で，他方のϕが負である以外は全く同一の形をしている．d電子錯体の絶対配置を決定するうえで有用である．

鉛白　white lead
塩基性炭酸鉛．優秀な白色顔料で絵具に多用されるが，毒性がある．通常のものの組成は$Pb_3(OH)_2(CO_3)_2$．なお以前は塩基性酢酸鉛をも意味した．→炭酸鉛

エンバーミング（死体衛生保全）　embalming
死体の防腐および保存．保存料としてメタノールが広く用いられる．

鉛筆の芯　lead, of pencil
筆記用の材料で黒鉛（グラファイト）と粘土の混合物である．鉛を含むことはない．

塩分　salinity
海水1kg中に含まれる溶存無機物質の重量（g）．通常は千分率（‰）で表示する．

塩分濃度　salinity
天然水中の塩分（主として塩化ナトリウム）の濃度をいう．農業分野では塩度ということも多い．

円偏光二色性　circular dichroism
　→円二色性
エンボン酸　embonic acid
　→パモ酸

オ

オイカリプトール　eucalyptol (1,8-cineole, 1,3,3-trimethyl-2-oxabicyclo[2.2.2]octane)
　$C_{10}H_{18}O$．1,8-シネオール，1,3,3-トリメチル-2-オキサビシクロ[2.2.2]オクタン．広範の精油に含まれる．薬用ユーカリ油の有効成分と考えられている．セメンシナ油，カユプテ油のほか，種々のユーカリの精油にも含まれる．無色で粘性の高い油状で樟脳様の臭気を持つ．融点 $-1°C$，沸点 $174.4°C$．香料に用いられる．

オイゲノール　eugenol (4-allyl-2-methoxyphenol)
　$C_{10}H_{12}O_2$．4-アリル-2-メトキシフェノール．無色液体，沸点 $254°C$．丁字油の主成分．他の天然油にも含まれる．強力な殺菌剤や局所麻酔剤として歯科用に用いられる．香料，バニリン，イソオイゲノールの製造に用いられる．

オーヴァーハウザー効果　Overhauser effect (nuclear Overhauser effect)
　核オーヴァーハウザー効果．よく NOE と略して呼ばれる．ある核から他の核（例えば ^1H から ^{13}C）へエネルギーが移動すること．これにより NMR のシグナルの強度が増加する．

黄錫鉱　stannite
　Cu_2FeSnS_4．閃亜鉛鉱構造から導かれる構造の鉱物．形式的には $Sn(II)$ を含む混合硫化物．

黄色硫化アンモニウム　yellow ammonium sulphide
　多硫化アンモニウムの別名．→硫化アンモニウム

王　水　aqua regia
　濃硝酸 1 容とその 3〜4 倍容の濃塩酸の混合液体．金や白金などの「貴」金属を溶解できることからその名が付いた．その強力な酸化作用は，これら 2 つの酸の相互作用により生じる塩化ニトロシル（NOCl）と塩素によるものである．高濃度の塩化物イオンの存在下，安定なクロロ錯体を形成しやすいため，貴金属も溶解可能なのである．

黄鉄鉱 pyrites

FeS$_2$. 金属光沢を持つ黄銅色の一般的な鉱物. 構造は S$_2^{2-}$ を含む. H$_2$SO$_4$ の製造に用いられる.

黄 銅 brass

40％以下の Zn を含む Cu-Zn 合金. 真鍮. 合金は大きく2つのグループに分けられる. ① α-黄銅は30％以下の Zn を含む単相の α-固溶体で, 極めて延性が強い. 厳しい冷間成型により, 例えば薄いシート, 針金, 管, カートリッジケースなどを作るのに適している. ② αβ-黄銅はおよそ40％の Zn を含み, Zn の Cu に対する溶解度を超えているため, 構造は2相 (α+β) である. β-相は規則的または不規則な体心立方構造で, α よりも強度は高いが延性に欠けるので冷間成型には適さない. 大小の製品の鋳造に適しているほか, 加熱成型, とりわけ延伸に適している. 少量の他の金属を添加すると物性が向上する. γ-黄銅構造は, 電子：原子比が21：13である一連の合金, 例えば Cu$_5$Zn$_8$, Cu$_9$Al$_4$, Cu$_3$Sn$_8$ に採用されている.

黄銅鉱 chalcopyrite (copper pyrites)

CuFeS$_2$. 最も重要な銅鉱石. 真鍮 (黄銅) のような黄金色で金属光沢を持つ.

オキサゾリジノン oxazolidinones

一群の合成抗生物質の総称.

オキサゾール環 oxazole ring

窒素原子1個と酸素原子1個を含む五員環.

オキサミド oxamide

C$_2$H$_4$N$_2$O$_2$, (C(O)NH$_2$)$_2$. 無色結晶性固体でシュウ酸エチルと濃アンモニア水から得られる. P$_2$O$_5$ と加熱するとジシアンを生成する.

オキシアゾ染料 oxyazo dyes

ヒドロキシ基を有するアゾ色素.

オキシアニオン oxyanions

形式的に金属あるいは非金属陽イオンに酸素陰イオン O^{2-} が配位して形成されているとみなされる陰イオン. 例えば硫酸イオン SO$_4^{2-}$ は形式的に S^{6+} と 4 つの O^{2-} からなっている. オキシアニオンは水中では通常の化学種である (無水のフッ化水素酸中でフッ化物錯体陰イオンが通常の化学種であるのと同様である).

オキシアントロール oxanthrol

アントラキノンの還元生成物. 9,10-アントラヒドロキノン.

オキシ塩化ケイ素 silicon oxide chlorides

ケイ素の塩化物を限定量の水と反応させて, 制御して加水分解することで得られる.

オキシ塩化銅 copper oxide chloride

Cu$_2$Cl(OH)$_3$. 塩基性塩化銅. 殺菌剤として用いられる.

オキシシアノーゲン oxycyanogen

(OCN)$_2$. 擬ハロゲン (KOCN と Cl$_2$ から得る).

オキシ水銀化 oxymercuration

多重結合への OH と HgO(O)CR の付加.

オキシダーゼ oxidases

酸化反応に関与する酵素.

オキシタリウム化 oxythallation

タリウム (Ⅲ) 塩は種々の有機化合物をアルコール, 希酸またはジグライム中で温和な条件下で酸化できる. 不安定な有機タリウム化合物が中間体として形成される.

オキシテトラサイクリン oxytetracyclin

世界的に広く用いられている抗生物質.

オキシトシン oxytocin

脳下垂体後葉から分泌されるポリペプチドホルモン.

オキシトール oxitol

→セロソルブ

オキシム類 oximes

炭素原子に直接結合した =N-OH 基を含む有機化合物. カルボニル基にヒドロキシルアミンが縮合すると生じる. →アルドキシム, ケトキシム

オキシラン oxirane

酸素を含む三員環の系統的名称. エポキシドと呼ばれることのほうが多い.

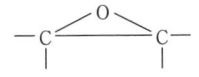

オキシン oxine

8-ヒドロキシキノリン, または 8-キノリノールとも呼ばれる. 分析試薬, 蛍光試薬. 銅オキ

シンは抗菌剤である．

オーキシン類 auxins
　植物の生長を調節・左右するホルモン．何種類か知られている．

オキセタンポリマー oxetane polymers
　形式的にオキセタン環 $CH_2CH_2CH_2O$ から誘導されるポリマー．多くのオキセタン誘導体はペンタエリスリトールから誘導されるので，繰り返し単位は $(CH_2CR_2CH_2O)_n$ である．重合はルイス酸，特に BF_3 を用いて行われる．ポリ(3,3-ビス(クロロメチル)オキセタン)は塩素を含むポリエーテルで($R=CH_2Cl$)，ウィリアムソン反応により得られる．射出成型品や塗料に広く利用されている．

オキセタン類 oxetanes
　C_3H_6O．オキセタン(トリメチレンオキシド)の誘導体．$CH_2CH_2CH_2O$
　例えばペンタエリスリトール誘導体の分子内ウィリアムソン反応，環状炭酸エステルの熱分解，あるいはアルデヒドまたはケトンとオレフィンの光付加反応で得られる．産業的に重要な3,3-ビス(クロロメチル)オキセタン(沸点90℃)はウィリアムソン反応により得られる．オキセタンはルイス酸の作用により容易に重合して有用なオキセタンポリマーを生成する．

オキソニウム oxonium
　酸素原子を中心に有する陽イオン．狭義のオキソニウムイオン(ヒドロキソニウムイオン) H_3O^+ は酸の水溶液中で存在し，このイオンを含む固体の塩も合成できる．トリメチルオキソニウムイオン Me_3O^+，トリフェニルオキソニウムイオン Ph_3O^+ などの誘導体も知られている．トリアルキルオキソニウムイオンは有機あるいは無機の求核剤に対する強力なアルキル化剤である．

オキソ反応 oxo reaction (hydroformylation)
　水性ガスまたは合成ガス(H_2+CO)が触媒存在下，加圧条件でアルケンに付加する反応．ヒドロホルミル化反応ともいう．触媒はコバルト，トリウム，銅の酸化物の混合物をキーゼルグール(ケイ藻土)に担持させたものや，コバルトカルボニルまたはロジウムホスフィン錯体が用いられる．生成物はアルデヒドで，同じ触媒を用いてさらに水素化して第一級アルコールを得ることもできる．水性ガスの代わりにCOと水を用いるとカルボン酸が得られる．末端アルケン $RCH=CH_2$ は通常，末端アルデヒド RCH_2CH_2CHO と分枝アルデヒド $RCH(CHO)CH_3$ の混合物を生成するが，触媒や条件に依存する．これらはアルコール混合物に変換され，特に可塑剤や洗剤の製造に利用される．→カルボニル化，ヒドロホルミル化

オキソピラゾリン oxopyrazolines
　→ピラゾロン類

オクタデカン誘導体 octadecane derivatives
　$CH_3(CH_2)_{16}CH_3$ から誘導される．例えばステアリン酸(オクタデカン酸)，ステアリルアルコール(オクタデカノール)．このほか，液体クロマトグラフ用カラムの「ODS」もオクタデシルシリカの意味である．

Z-9-オクタデセノール Z-9-octadecen-1-ol (oleyl alcohol)
　→オレイルアルコール

Z-9-オクタデセン-1-オール Z-9-octadecen-1-ol
　→オレイルアルコール

E-9-オクタデセン酸 E-9-octadecenoic acid
　→エライジン酸

オクタノール octanols
　$C_8H_{17}OH$．オクチルアルコール．いくつもの異性体がある．中でも重要な1-オクタノール，2-オクタノールについては各項目を参照．

1-オクタノール 1-octanol
　香料(エステルとして)としての用途のほか，薬剤の親水性/親油性の尺度として水/1-オクタノール系の分配比が採用されることになっている．

2-オクタノール 2-octanol (capryl alcohol)
　カプリルアルコール．沸点178℃．乳汁のグリセリドや天然油(リシノール酸の分解物)中に存在する．石鹸，脂肪，エステル中の消泡剤として，またエステルは可塑剤として用いられる．

オクタヘドライト octahedrite
　鉄隕石．八面体晶隕鉄．

オクタメチルシクロテトラシロキサン octamethylcyclotetrasiloxane
　$Si_4O_4(CH_3)_8$．ジメチルシリコーン類の合成

オクタメチルトリシロキサン octamethyltrisiloxane

$Si_3O_2(CH_3)_6(OCH_3)_2$. シリコーン類の合成に用いられる鎖状化合物.

オクタン octanes

C_8H_{18}. パラフィン系炭化水素. この分子式に対し18種類の異性体があり得る. それらは石油中に存在し, 沸点は 99～125℃ の範囲にある. 最も主要な異性体は 2,2,4-トリメチルペンタン $(CH_3)_3CCH_2CH(CH_3)_2$ で, 通常はイソオクタンと呼ばれる. 石油をクラッキングしたガスのブタン, ブチレン画分から種々の方法により多量に製造されている. 無色液体で沸点 99℃. 優れたノッキング防止能を有し, ガソリンのノッキング価の標準として利用される. 溶剤, 希釈剤として用いられる. 他の異性体, 2-メチルヘプタンもイソオクタンと呼ばれることがある. 香料, ワニス, オイル用のカプリル酸誘導体の合成に用いられる.

オクタン価 octane number

自動車あるいは航空機用ガソリンは, ノッキング価の指標となるオクタン価(任意指標であるが)によって性能を表示される. イソオクタン(2,2,4-トリメチルペンタン)を100とし, n-ヘプタンを0とする. ガソリンのオクタン価は, 標準の試験条件において, そのガソリンと同一のノッキング防止能を有するイソオクタンと n-ヘプタンの混合物中でイソオクタンが占める割合(%)である.

オクタン酸(カプリル酸) n-octanoic acid (caprylic acid)

$C_8H_{16}O_2$, $CH_3(CH_2)_6C(O)OH$. 慣用名はカプリル酸. 融点 16℃, 沸点 239℃. 脂肪酸で, 汗中に遊離酸として, またフーゼル油中にエステルとして(このエステルから最も容易に得られる), ウシやヤギの乳, ココナッツ油, パーム油中にグリセリドとして存在する. 香料や溶剤に利用される(慣用名は, カプロン酸やカプリン酸と同様にヤギ (capra) に由来している).

オクタント則 octant rule

コットン効果の符号および大きさとシクロヘキサノン誘導体の構造および置換様式の間の経験的な関係. 特にステロイドに適用される. 他の環状ケトンにも拡張して適用できる.

オクチルアルコール octyl alcohols

化学式 $C_8H_{17}OH$ の化合物. →オクタノール

4-t-オクチルフェノール 4-t-octylphenol(diisobutylphenol)

$C_{14}H_{22}O$, $Me_3CCH_2CMe_2C_6H_4OH$, ジイソブチルフェノール. 融点 81～83℃, 沸点 286～288℃. フェノールのアルキル化により合成される. ホルムアルデヒドと縮合して油溶性の樹脂を生成する(オイル添加物用の塩を形成する), また(エチレンオキシドと反応させて)界面活性剤として利用される.

オクテット octet

8個の価電子群(d電子は除く). 希ガス(ヘリウムは除く)は8個の価電子を持ち, このような電子配置はイオン性化合物(例えば Na^+ F^-), また共有結合性化合物(例えば CCl_4)においても安定である. つまり希ガス構造の電子配置の安定性を意味する. 以前は八隅子とも呼ばれた. オクテットを持たない化合物も多く存在する. ほとんどの遷移元素化合物(有効原子番号則が成り立つ化合物を除く)や, NO(常磁性), BF_3(Bは6個の価電子), SF_6(Sは12個の価電子)がある.

オークル(オーカー) ochre

鉄を含有する顔料(水酸化鉄(Ⅲ)を主とする)で, 土から採取する. 黄色～赤褐色.

オサゾン osazones

隣接する炭素上に2つの C=N-NHAr 基を持つ有機化合物. α-ジケトン, α-ヒドロキシアルデヒド, ヒドロキシケトン, アミノアルデヒドあるいはアミノケトンをアリールヒドラジンで処理すると得られる. 糖の同定に利用され, 各糖のオサゾン誘導体は特徴的な融点, 生成時間, 結晶の外観を有する.

オージェ電子分光法 Auger spectroscopy

AES という略語が使われることもある. 原子が光により誘起されて電子を放出すると正孔が生じる(→光電子分光法). このプロセスに続き内部電子の再編成が生じ, より高いエネルギー準位の電子が正孔へと落ちてくる. このプロセスで余ったエネルギーは蛍光 X 線として, あるいは第2の電子(オージェ電子)を放出することで解放される. オージェ電子(AE)の

運動エネルギーは元素とその環境の特性を示している．オージェ分光法は特に，軽い元素に有用であり，固体試料の表層に含まれている元素を同定するのに用いることができる．走査型オージェ電子顕微鏡（SAM）は表面をスキャンする．

オージェルダイアグラム Orgel diagrams
錯体の種々の電子配置と結晶場分裂の関係を表す簡便なグラフ．

オシメン ocimene (3,7-dimethyl-1,3,6-octatriene)
$C_{10}H_{16}$．3,7-ジメチル-1,3,6-オクタトリエン．非環式モノテルペン．2種類の異性体がある．種々の精油に含まれる．

オーステナイト austenite
製鉄業界では，かつて大捨と呼んでいた．
→鉄，鋼

オストヴァルト熟成 Ostwald ripening
ある物質の粒度の大きい結晶と小さい結晶の混合物を溶媒中で接触させておき，結晶を成長させる方法．この結果，小さい結晶は消費されて大きい結晶が成長する．

オストヴァルトの希釈率 Ostwald dilution law
モル伝導度の濃度依存性を表す法則．

オスミアム酸塩 osmiamates
→オスミウムの酸化物

オスミウム osmium
元素記号 Os．白金族に属する遷移元素，原子番号76，原子量190.23，融点3033℃，沸点5012℃，密度（ρ）22590 kg/m³（22.59 g/cm³），地殻存在比 1×10^{-4} ppm，電子配置 $[Xe]4f^{14}5d^66s^2$．オスミウムは8族白金族金属で，硫化物あるいはオスミリジウムとして天然に存在する（抽出法についてはルテニウムの項を参照）．金属は hcp（六方最密充填）構造で，性質はルテニウムと非常によく類似している．高温で酸素と反応して OsO_4 を生じる．オスミウムは他の白金族金属との合金（オスミリジウム）で硬度を高めるために利用されたり，また水素化やアンモニア合成の触媒に用いられる．

オスミウムの化学的性質 osmium chemistry
ルテニウムの化学的性質と類似しているが，高酸化状態（ハロゲン化物，酸化物）がより安定である．酸化数は+8から0まで知られてい

る．$Os(CO)_5$ や多量体のカルボニル錯体を形成し，有機金属化合物としては鉄に類似している．Os(Ⅲ)とOs(Ⅱ)（主に八面体構造）はN-, P- および As- 配位子と種々の錯体を形成する．オスミウムニトロシル，また窒化物誘導体は非常に安定している．→オスミウムの酸化物

オスミウムの酸化物 osmium oxides
無色の OsO_4（Os と O_2 を高温で反応させて得る．融点25℃，沸点100℃）は毒性があり，浸透性の臭気を持つ．酸化剤として用いられ，アルケンに作用させるとジオールが得られる．暗色の OsO_2（Os と OsO_4 から得る）はルチル構造である．強アルカリ溶液中では OsO_4 は赤色のオスミン(Ⅷ)酸イオン $[OsO_4(OH)_2]^{2-}$ を生じ，これは還元されるとピンクあるいは青色のオスミン(Ⅵ)酸イオン $[OsO_2(OH)_4]^{2-}$ となる．オスミン(Ⅶ)酸は混合酸化物を酸素中で加熱すると得られる．オスミン(Ⅵ)酸は陰イオンによる置換反応を受け，例えば CN^- と反応して $[OsO_2(CN)_4]^{2-}$ を生じる．オスミアム酸塩，例えば $KOsO_3N$（$K_2OsO_4(OH)_2$ とアンモニアから得る）は安定であり，関連化学種，例えば $[Os^{VI}NCl_4]^-$ が置換反応により得られる．

オスミウムのハロゲン化物 osmium halides
黄色の OsF_7（Os と F_2 を60℃，400気圧で反応させて得る）は容易に解離して OsF_6 を生じる．淡緑色の OsF_6（Os と F_2 から得る，融点32℃），青色の四量体 OsF_5 および黄色の OsF_4（いずれも OsF_6 と $W(CO)_6$ から得る）が既知である．フッ化酸化物，例えば $OsOF_5$（Os, F_2 および O_2 から得る）やフッ化物錯イオン，例えば $[OsF_6]^-$，$[OsF_6]^{2-}$ が知られている．$(OsCl_5)_2$ および赤色の $OsCl_4$（Os と Cl_2 を600℃で反応させて得る）は加熱すると分解して緑色の $OsCl_3$ を生じる．クロロオスミ酸(Ⅳ)および(Ⅲ)イオン $[OsCl_6]^{2-}$，$[OsCl_6]^{3-}$ はオスミウム化合物の出発物質として有用である．$OsBr_4$，$OsBr_3$ および OsI_3，また酸化ハロゲン化物，酸化ハロゲン化物錯体も知られている．

オスミウム酸 osmic acid
オスミン酸というほうが多い．

オスミウム酸塩 osmates
→オスミウムの酸化物

オスミリジウム osmiridium
オスミウム（15～40％）とイリジウム（50～80％）の天然あるいは合成の合金．万年筆の先や点火器具の先など，非常に硬く腐食されない材料が必要とされる特殊な用途に用いられる．イリドスミンともいう．

オスミン酸 osmic acid
四酸化オスミウムおよびその水溶液に対する名称．この水溶液は遊離の OsO_4 を含む．アルカリ性溶液には $[OsO_4(OH)_2]^{2-}$ イオンが存在する．

オゾケライト（石蝋） ozokerite
せきろう．天然に存在する鉱物性ワックス．精製により得られる白色ワックスはセレシンとして知られる．

オゾナイザー ozonizer
酸素中で無声放電を行わせてオゾンを発生させる装置．

オゾニド（無機） ozonides（inorganic）
オゾン化カリウム KO_3 のように O_3^- イオンを含む塩をいう．

オゾニド（有機） ozonides（organic）
>HC(μ-OO)(μ-O)CH< という構造を持つ化合物．種々の不飽和有機化合物にオゾンを作用させて得られる生成物．適当な溶媒に有機化合物を溶解し，空気または酸素から発生させたオゾンを通じて得られる．不快な息苦しい臭気を有する粘稠な油状物．水や酢酸を作用させると容易に分解し，かつては元の不飽和化合物中の二重結合の位置を決定するために利用されていた．→オゾン分解

オゾン ozone
O_3．酸素の同素体，融点 -193℃，沸点 -112℃．青色．上空大気中に存在し，紫外線を吸収する．地球表面に過剰な紫外線が照射するのを防いでいる．オゾンホールは，例えばフロンなどから生成する物質とオゾンが反応することにより生じ得る．オゾンは地上で，酸化窒素 NO_x と炭化水素（自動車排ガスから発生する）の反応により生成する．呼吸系に刺激性であり，作物へ損害を与えることがある．O_2 を放電処理して製造され，分留により O_2 と分離できる．分子構造は折れ曲がり型である．酸化，殺菌，浄化に利用される．

オゾン分解 ozonolysis
不飽和有機化合物にオゾンを付加させてオゾニドを形成し，その不安定なオゾニドを通常，単離せずにその場で分解する過程．例えば非対称アルケンからは，オゾニドを亜鉛と希酸水溶液で処理すると 2 種類のケトンが得られる．

$$R^1_{R^2}C=C^{R^3}_{R^4} \xrightarrow[2)分解]{1) O_2} R^1_{R^2}C=O + R^3_{R^4}C=O$$

オッペンナウアー酸化 Oppenauer oxidation
アルミニウム t-ブトキシドとアセトンを用いた第二級アルコールからケトンへの酸化．逆の反応はメールワイン・ポンドルフ・ヴァーリイ還元である．

オートクレーヴ autoclave
加圧下の気体と液体あるいは固体反応物間の反応に用いる，金属でできた装置（ガラスや不活性プラスチックで内張りしてあることもある）．本来は殺菌用の高熱水蒸気消毒釜を指す言葉であり，ナイティンゲール女史がクリミア戦争時に使用したことで名高い．

オートファイニングプロセス autofining process
石油精留物の接触脱硫プロセス．この反応に用いる水素は，処理する石油に含まれるナフテンの脱水素によって得られる．

オートリシス autolysis
死後の生物系で生じる自己分解．リソゾームからの酵素の放出がその主な原因である．

オニウム化合物 onium compounds
アンモニウム化合物に類似の，R_xA^+ 構造の陽イオンを含む一群の化合物．このようなイオンにはホスホニウム R_4P^+，オキソニウム R_3O^+，スルホニウム R_3S^+，ヨードニウム R_2I^+ がある．

オパール opal
タンパク石，半貴石．微細粒の水和した SiO_2 粒子が規則的に集積したもの．単結晶は光学的な特異性を持ち，遊色性を示す．

オピオイド opioids
阿片アルカロイドと類似した麻酔作用を有する，天然または合成の化合物．

オービタル（軌道関数） orbital

電子の存在確率の最も高い位置を幾何学的に図示して表現したものを指すが，より正確には電子の取り得るエネルギー準位をいう．→電子配置

オービタル分裂 orbital splitting
エネルギーの等しい一群の軌道関数が，結晶場内などに置かれたときに縮重が解けること．

オプシン opsin
→ロドプシン

オボアルブミン ovalbumin (egg albumin)
卵白の主なポリペプチド成分（卵白アルブミン）．食品に利用される．

オーラミン auramine, Basic Yellow 2
羊毛や綿の染料，および生物学的の染料として用いられる，重要な黄色トリアリールメタン塩基性染料．$[H_2NC(C_6H_4NMe_2\text{-}p)_2]^+Cl^-$．その昔はタクアンの着色に用いられたが，変異原性が指摘されて現在では食用色素のリストから外され，使用されなくなった．

オリーヴ油 olive oil
調理油および食品．主成分はオレイン酸（83％）とパルミチン酸の混合グリセリド．

オリゴ糖 oligosaccharides
複数の糖同士が結合した誘導体．自動合成が可能である．

オリゴマー oligomer
少数のモノマー単位の重合，すなわちオリゴマー化により生成する重合体．エチレンが重合するとポリエチレンを与えるが，オリゴマー化して生成するC_{16}〜C_{20}の分子は洗剤などの原料として有用である．

オーリン aurine (rosolic acid)
別名をロゾール酸という．$(4\text{-}C_6H_4OH)_2\text{-}(4\text{-}C_6H_4O)C$．黄色染料．レーキ染料は壁紙に用いられる．オーリンは酸塩基の指示薬として使用されることもある．

オルガノゾル organosol
有機分散媒体を用いたコロイド分散液．具体的には分散媒体がアルコールのものをアルコゾル，ベンゼンのものをベンゾゾルということがある．例えば，硝酸セルロース，コロジオン，ゴムのトルエンあるいはナフサ溶液に対して用いる．

オルガノリシック organolithic
有機物とケイ酸塩との複合体．

オルトギ酸エステル orthoformic ester
→オルトギ酸エチル

オルトギ酸エチル triethyl orthoformate (orthoformic ester, triethoxymethane)
$HC(OC_2H_5)_3$，オルトギ酸トリエチルエステル，トリエトキシメタン．沸点146℃．クロロホルムとナトリウムエトキシドをエタノール中で反応させて得る．脂肪族や芳香族の基質にホルミル基-CHOを（ジエチルアセタール-$CH(OC_2H_5)_2$として）導入する有用な試薬．他の用途としてアセタールやエチルエステルの生成，複素環の合成が挙げられる．

オルト水素 ortho-hydrogen
水素分子H_2には2つの核スピンの相互配向が異なる2種類が存在する．スピンが平行のものをオルト水素といい，スピンが対称的すなわち反対向きのものをパラ水素という．通常の分子は両者の混合物で，常温における組成は25％がパラで75％がオルトである．通常の水素を炭に接触させるか，あるいは変換を触媒する作用を持つ金属上で非常に低温まで冷却すると，ほぼ純粋なパラ水素が得られる．両者は化学的性質は等しいが，物理的性質はわずかに異なる．オルト水素はパラ水素に比べて不安定である．

オルニチン ornithine (2,5-diaminovaleric acid)
$C_5H_{12}N_2O_2$，$NH_2CH_2CH_2CH_2CH(NH_2)C(O)OH$，2,5-ジアミノ吉草酸．融点140℃．体内に存在しているアミノ酸．ある種の鳥の尿中にジベンゾイルオルニチンとして存在する．オルニチンは植物，動物，細菌においてアルギニンの前駆体である．尿素サイクルの重要な化合物であるが必須アミノ酸ではない．

オレイルアルコール oleyl alcohol
$C_{18}H_{35}OH$．オレイン酸ブチルまたはトリオレインから還元により得られる．スルホン酸エステルに変換して界面活性剤，湿潤剤，発泡防止剤，可塑剤に用いられる．

オレイン酸 oleic acid (*cis*-9-octadecenoic acid)
$C_{18}H_{34}O_2$，$CH_3(CH_2)_7CH=CH(CH_2)_7C(O)OH$，*cis*-9-オクタデセン酸．無色液体．沸点286℃/100 Torr．水に不溶．オレイン酸は他の脂肪酸よりも天然に多く存在し，ほとんどの

油脂にグリセリドとして含まれる．牛乳の全脂肪酸中の1/3を占める．牛脂の可食部以外の部分から得られる粗製物は潤滑剤，洗剤，樹脂などの製造に用いられる．異性化するとトランス体のエライジン酸になる．除草剤，殺虫剤，消毒・殺菌剤，塩として使用されることも多い．→植物油

オレガノ油　oil of origanum

シソ科のハナハッカ（*Origanum vulgare*）から得られ，カルバクロールを含む．香料に利用される．

オレフィン錯体　olefin complexes

オレフィンが金属に配位した錯体で，結合性π-軌道と金属の適切な軌道との重なり，および金属の適切な軌道からオレフィンの反結合性π-軌道への逆供与によって結合している．オレフィン（またはアセチレン）は金属に対して横向きに結合する．多くの遷移金属，非遷移金属がオレフィン錯体を形成する．オレフィン錯体は金属存在下でのオレフィンの反応における中間体でもある．例を示す．

$$\text{H}_2\text{C}=\text{CH}_2 \cdots \text{Pt}(\text{Cl})_2\text{-Pt}(\text{Cl})_2 \cdots \text{CH}_2=\text{CH}_2$$

$$\text{H}_2\text{C}=\text{CH-CH}=\text{CH}_2 \cdots \text{Fe}(\text{CO})_3$$

オレフィンポリマー　olefin polymers
→ポリオレフィン

オレフィン類　olefins
→アルケン

オレンジ油　oil of orange

オレンジの皮および花から得られる．D-リモネンを含む．着香料，香料に利用される．

オロチジン 5′-リン酸脱炭酸酵素　orotidine 5′-monophosphate decarboxylase

ウリジン一リン酸の生合成における最後の段階を触媒する酵素．この反応を10^{17}倍加速する．

音階律　law of octaves

ニューランズが1863～1864年に発見した法則．元素を原子量が増加する順に並べたときに，1番目の既知元素と8番目，2番目の既知元素と9番目，3番目と10番目などが類似していることを発見し，音階律（オクターヴの法則）と名付けた（→周期律）．この法則は元素周期表の最初のほうの諸元素の性質に関しては（当時はまだ希ガス元素がなかった）まさに当然の結果だったのだが，当時の学界には極めて不評であった．

音化学　sonochemistry
→ソノケミストリー

温室効果　greenhouse effect

CO_2やCH_4などの気体が太陽輻射中の赤外線を吸収して大気の温度を上昇させること．

温室効果気体　greenhouse gases

赤外線を吸収し温室効果に寄与する気体．

オンス　ounce（oz）

重量の非SI単位．化学においては白金族金属（および金）に対してのみ用いられる．1 oz $=3.110\times10^{-2}$ kg（これは金衡（トロイオンス）である）．常衡のオンスは 1 oz $=2.548\times10^{-2}$ kg．

温　度　temperature（T）

物体間の熱の移動方向を決める相対的な物性．熱力学温度はケルビン単位で表されるが，実用的な温度の単位はセルシウス温度（摂氏，℃）またはケルビン（K）で表記する．このほかに慣用のものとしてファーレンハイト温度（華氏，°F），ランキン温度（°R，華氏温度での絶対温度）がある．

カ

回映 improper rotation (S_n)
ある軸の周りに $2\pi/n$ 回転し，その回転軸に垂直な鏡面に投影する対称操作．

回映軸 alternating axis of symmetry
回転と回転軸に対して垂直な面での投影とを組み合わせた対称軸．

ガイガーカウンター Geiger counter
放射線の検出や測定に使う機器．放射線による気体のイオン化を利用してパルス数を計測する．

開殻化合物 open-shell compound
価電子の総数が，対応する希ガス構造またはオクテット則と一致しない化学種．例えば BF_3（価電子数 6），SF_6（価電子数 12）．遷移元素化学種では d 殻や f 殻が部分的に満たされた化合物をいうが，近年ではあまり用いられない．

貝殻状裂面 conchoidal fracture
通常の結晶面（劈開面）を示さない固体が割れて生じる面．この断口は一般に貝殻のように曲がった表面からなっており，無定形のガラス状物質の特徴となっている．

外圏錯体 outer sphere complexes
内側に配位している配位子に影響を最小限しか与えずに形成される弱い錯体．多くの電子移動反応の機構で提唱されている．

解膠 peptization
かいこう．凝集の逆の過程，すなわち分散．特にコロイド状ゾルの形成される過程を表す意味で一般的に用いられる用語．しかし通常，電荷を持ったイオンを吸着させてコロイド粒子を安定化して分散させることを指す．例えばヨウ化銀のゾルを中性の沈殿と小過剰の KI または $AgNO_3$ と振り混ぜて得る過程が挙げられる．KI はゾルを負に帯電させ，$AgNO_3$ は正に帯電させる．ペプチゼーションともいう．

会合 association
ある物質の分子同士が結合してより複雑な化学種を形成すること．そのような物質は会合しているという．この現象は純粋な液体，蒸気，溶液中で生じ，通常の分子量測定や氷点降下などによって判定することができる．

会合性液体 associated liquids
2つ以上の分子が緩やかに結合した凝集体が全体，あるいはその一部を構成している液体．これに対して，通常の非会合液体は単一の分子からなっている．水やエタノールは会合性液体の例で，比較的高い沸点などの特異な性質を示す．液体中での会合は隣り合う分子との間の結合（特に水やその他のヒドロキシ化合物中では水素結合）から生じる．

海酸 muriatic acid
塩酸に対する古い名称（18～19世紀頃に用いられた）．英米の工業界では現在でもたまに使われることがある．例えば塩化カリウムは海酸加里（muriate of potash）と呼ばれたりする．

改質 reforming
一次蒸留後の直留ガソリンを熱あるいは触媒で処理する過程．リフォーミング（リホーミング）ということもある．直鎖アルカンは異性体へと変換され，シクロアルカンは脱水素されて芳香族化合物になる．熱改質はサーマルクラッキングに類似しているが，より高温（500～600℃），高圧（約 7000 kN/m²）で行われる．改質を行うと，オクタン価の向上した沸点範囲の広いガソリンが得られる．改質プロセスは通常，触媒の存在下ではより低温，低圧条件で行うことができ，特定のガソリンの収率を増加させることもできる．

改質ガス reform gas
→メタノール

灰重石 scheelite
かいじゅうせき．天然産のタングステン酸カルシウム鉱物．重要な結晶構造タイプの1つ．

海水 sea water
pH 8.0～8.4 の水系（主に炭酸水素イオン，Ca^{2+} などによる緩衝を受けている）．主成分とその濃度 (ppm) は Cl^- (19000)，Na^+ (10500)，SO_4^{2-} (2650)，Mg^{2+} (1270)，Ca^{2+} (400)，K^+ (380)，HCO_3^- (140)，Br^- (65)，H_3BO_3 (26)，Sr^{2+} (8)．臭素やマグネシウム製造の原料である．海底には金属（Mn など）の源となりうるマンガンノジュールなどが存在している．

回折パターン　diffraction pattern
　X線，電子線あるいは中性子線が結晶性固体を通過すると，写真乾板やその他の記録体上に回折パターンを生じる．このパターンは回折格子により光が回折するのと同様にして生じる．結晶性の物質から反射されたX線，電子および中性子もまた回折パターンを生じる．この回折パターンは構造決定に用いられる．

海藻コロイド　seaweed colloids
　藻類（特に海藻類）から抽出して得られる多糖類，寒天，アルギン，カラギーナンなど．食品材料に用いられる．

灰チタン石　perovskite
　$CaTiO_3$. ペロブスカイトという英語読みでも通用している．酸化物高温超伝導体など，さまざまな重要物質の骨格的構造として重要である．

過一硫酸ナトリウム　sodium permonosulphate
　Na_2SO_5. ペルオクソ一硫酸ナトリウム．強酸化剤で漂白，空気浄化，殺菌，抗菌剤に用いられる．

回転異性体　rotamers
　単結合の周りの束縛された回転より生じる異性体．

回転スペクトル　rotational spectrum
　分子がエネルギーを吸収すると，全体として回転エネルギーが増加する場合がある（バンドスペクトル）．逆に回転エネルギーの高い状態から低い状態への遷移はエネルギーの放出に対応し，そのエネルギーは振動数 ν の光として放射されることもある．放出されるエネルギー E は $E=h\nu$ で表される．分子スペクトルにおいてそのような遷移に対応する線を回転バンドといい，その分子に特有である．回転バンドの集まりが，その分子の回転スペクトルをなす．回転遷移に伴うエネルギーは振動遷移や電子遷移より小さく，それゆえ放出される光の振動数が低い．回転スペクトルは電磁波の遠赤外線やマイクロ波領域に相当する．適当なレーザーにより放射を誘起することができ，解離を起こすこともできる．

解　糖　glycolysis
　→糖分解

カイナイト　kainite
　$MgSO_4 \cdot KCl \cdot 3H_2O$. ドイツのシュタッスフルト岩塩鉱床から産出する．カリウム塩原料のほか，肥料としても用いられる．

カイネチン　kinetin
　植物の生長調節物質．6-フルフリルアミノプリンである．

解氷剤　deicers
　雪や氷を除去するのに用いられる化学薬品．尿素やNaCl，$CaCl_2$などが道路に用いられる．プロピレンやエチレングリコールなどの液体解氷剤は航空機に用いられている．解氷剤はすべて氷点を低下させる作用を利用したものである．

外部指示薬　external indicators
　反応容器外で用いる指示薬．反応溶液を1滴取り出して滴板の上などで指示薬と反応させる．現在ではほとんど使われなくなった．

壊変定数　decay constant（λ）
　放射性壊変は指数関数的に起こる．壊変法則 $N=N_0 e^{-\lambda t}$ に従う．ここで N_0 は時間0のときに存在する原子の数，N は時間 t のときに存在する原子の数である．λ が壊変定数で，半減期を $t_{1/2}$ としたとき $0.693/t_{1/2}$ に等しくなる．壊変定数は核種ごとに特異的な値である．

灰硼鉱　colemanite
　かいほうこう．コールマン石の別名．

界面活性　surface activity
　界面層に存在する分子（またはイオン）間に働く引力の非対称な分布により生じる現象．この結果，表面近くにある分子は内部へと引き寄せられ，液体は表面積をできるだけ小さくしようとする．表面を拡張するには仕事が必要であり，その大きさは表面張力に等しい．固体の界面活性は特に微粒子の場合に顕著であり，気体の吸着を引き起こし，それが触媒作用に関係していることも多い．

界面活性剤　surface-active agents (surfactants)
　水は分子間引力が非常に強く，表面張力が大きい（20℃で72.8 dyn/cm）．多くの水溶性物質（主に有機物）は，水に溶かすと低濃度でも表面張力を低下させる．界面活性剤は分子間引力が水より弱く，表面の水分子を押しのけ表面に濃縮される．表面に集まる界面活性剤の濃度はギブスの吸着エネルギーを介して表面張力の

変化量と関係づけられる.界面活性剤は溶媒(通常は水)に溶けることが必要で,極性および溶解性が互いに逆の性質を持つ部分からなる.相の境界面で単分子層を形成したり,ミセルを作ったりする.洗剤,発泡剤,湿潤剤,乳化剤,分散剤としての性質を持つ.界面活性剤は電気的に中性の電離しない(非イオン性)物質であったり,イオン化して界面活性を持つ陰イオンや陽イオンと小さい対イオン(通常,金属イオンやハロゲン化物イオン)を生じる物質であったりする.長鎖のスルホン酸は典型的な界面活性剤で,フッ素化した誘導体はさらに強力である.糖由来の界面活性剤やアルコールのエチルエーテルも有用である.鉱物の処理(浮遊選鉱)などにも利用される.

界面動電電位 electrokinetic potential (zeta (ζ) potential)
ゼータ電位ということも多い.二重層の拡散部分を隔てた両側,すなわち剛性の溶液層とバルク溶液に隣接した移動性の溶液部分との電位差.→電気二重層

解離 dissociation
分子がより小さなフラグメント(分子,原子,ラジカル,イオン)へと分解する過程.気体分子の解離は振動構造の喪失により検出されるが,前期解離によっても振動のパターンは影響を受ける(→ビルジ-スポーナープロット).光反応,熱分解,電解質のイオン解離に対して用いることが多い.

解離エネルギー dissociation energy (D)
解離により生成した化学種の全エネルギーと,解離前の化学種のエネルギーとの差.→結合エネルギー

解離定数 dissociation constant
解離の度合いを表す尺度.AB → A+B の解離定数 K は $K=[A][B]/[AB]$ で表され,ここで [ ] は化学種の濃度(活量)を表す.

カイロモン kairomone
異なった生物種間で作用する化合物や混合物で,受容側の種のほうが応答して行動することで利益が得られるようなものを指す.肉食の捕食者が餌の認識に利用する化学物質や,植物がそれを餌とする昆虫を誘引する化学物質などが例である.→アロモン,フェロモン

ガウルテリン gaultherin (methyl salicylate-2-primeveroside)
$C_{18}H_{26}O_{12}$.サリチル酸メチルのグリコシド.植物界に広く存在する.

火炎前面 flame front
気相燃焼反応において,輝いている領域と暗い領域の間の部分.火炎前面の移動は気体混合物の燃焼速度の測定に用いられる.

火炎速度 flame speed
→燃焼速度

過塩素酸 perchloric acid
$HClO_4$.過塩素酸($KClO_4$ と H_2SO_4 から得る)は無色または黄色味を帯びた発煙性の液体で,減圧下で蒸留でき,$HClO_4 \cdot H_2O$ として結晶化できる.遊離の酸は爆発性で,有機化合物の存在下でしばしば爆発を起こす.$HClO_4$ は強い酸化剤で分析用に利用されることもある.イオン性の塩を形成する.

過塩素酸亜鉛 zinc perchlorate
$Zn(ClO_4)_2 \cdot 6H_2O$.無色の潮解性結晶.

過塩素酸アンモニウム ammonium perchlorate
NH_4ClO_4.白色結晶性固体(NH_3 と $HClO_4$ から生成する).固体推進薬の酸化剤として用いられている.

過塩素酸塩 perchlorates
$MClO_4$.正四面体型の ClO_4^- イオンを含む.塩素酸塩水溶液の電解酸化で作られる.錯形成能力に乏しいので不活性電解質としてよく用いられる.ナトリウム塩は水に易溶だがカリウム塩は難溶である.有機物の過塩素酸塩は爆発性である.花火や火薬などの原料でもある.有機陽イオンの過塩素酸塩は爆発性である.

過塩素酸カリウム potassium perchlorate (potassium chlorate (Ⅶ))
$KClO_4$.$KClO_3$ を 500℃ に加熱するか,あるいは $HClO_4$ と KOH を反応させて得る.水には比較的溶けにくいので,カリウムイオンの分離,定量に用いられる.

過塩素酸カルシウム calcium perchlorate
$Ca(ClO_4)_2 \cdot 6H_2O$.可溶性のカルシウム塩.

過塩素酸銀 silver perchlorate
$AgClO_4$.Ag_2CO_3 に $HClO_4$ を作用させて得る.水・エーテルに易溶.ベンゼンやトルエンに可溶.

過塩素酸鉄(Ⅲ) iron(Ⅲ) perchlorate
 $Fe(ClO_4)_3 \cdot 6H_2O$

過塩素酸銅 copper perchlorates
 過塩素酸銅(Ⅱ) $Cu(ClO_4)_2 \cdot 6H_2O$ は CuO と $HClO_4$ から生成する．過塩素酸銅(Ⅰ) $CuClO_4$ は水溶液中では不安定で，有機溶媒（Et_2O, C_6H_6）の溶液中で $AgClO_4$ の Ag を Cu で置換することによって生成する．$[Cu(NCCH_3)_4]ClO_4$ はアセトニトリル中で得られるが，^{63}Cu NMR スペクトル測定の標準物質でもある．

過塩素酸ナトリウム sodium perchlorate
 $NaClO_4$. 系統的命名システムならば塩素(Ⅶ)酸ナトリウムとなる．塩素ナトリウムの熱分解で得られる．他の過塩素酸塩の合成や爆薬，花火などに用いられる．

過塩素酸ニッケル nickel perchlorate
 $Ni(ClO_4)_2 \cdot xH_2O$. 可溶性ニッケル塩．

過塩素酸マグネシウム magnesium perchlorate
 $Mg(ClO_4)_2 \cdot 6H_2O$. 水溶液から結晶として得られる．無水塩はアンヒドロンと呼ばれるが優れた乾燥剤で，気体の乾燥に用いられる．

火炎熱量計 flame calorimeter
 炎熱量計ということもある．反応物を火炎中に通して温度上昇を測定する熱量計．→発光分光分析

カオリナイト kaolinite
 カオリンの主成分鉱物で，組成は $Al_2(OH)_4Si_2O_5$.

カオリン kaolin
 別名をチャイナクレイという．高陵土．陶磁器の素材である．

化学吸着 chemisorption
 →吸着

化学現像 chemical development
 写真乳剤の露光したハロゲン化物粒子中の Ag^+ を還元して Ag にする写真処理．

化学合成 chemosynthesis
 深海における熱水噴出孔付近で，管棲虫内のバクテリアが行っている H_2S と CO_2 を炭素化合物へと変換するプロセス．

化学シフト chemical shift
 →核磁気共鳴

化学蒸気沈着法 chemical vapour deposition, CVD
 化学反応を利用して，気相から固体を均一な被覆層として堆積させること．例えば $SnCl_4$ と H_2S から SnS を堆積させる．化学蒸着法．

化学情報学 chemioinformatics
 ケモインフォーマティックス．化学に関連する諸情報（文献，化合物，化学構造やその他の化学情報一切）のデータベースの構築，利用・活用を取り扱う学問分野．

化学浸透仮説 chemiosmotic hypothesis
 葉緑体とミトコンドリアは膜を横断するプロトン濃度勾配を持ち，それが ATP 合成に結びついているという説．

化学親和力 chemical affinity
 化学反応の親和性という用語は，標準状態のもとでその反応が起こるときの系の自由エネルギー変化を示すのに用いられる．反応性を示す正しい尺度となる．

化学当量 chemical equivalent
 酸素 8 g（1/2 モル）と結合する，またはそれと置き換わることのできる物質の質量．他の元素の質量と関係づけられる（例えば 35.5 g の Cl，1 g の H）．酸化還元反応における 1 ファラデー（1 モル電子）に相当する量（分子量や原子量，式量を原子価で割った値のグラム数にほかならない）．→電気化学当量

化学反応速度論 chemical kinetics
 物理化学の一分野．圧力や温度，濃度などによる反応速度の変化をもとに化学反応についての研究を行う．

化学分類法 chemotaxonomy
 生体内に含まれる化学成分の違いを頼りとして，植物，動物その他の有機体の系統発生および分類を調べる学問分野．

化学兵器用物質 chemical warfare agents
 化学兵器に用いられている，あるいは用いられる可能性のあるものとして有毒化学物質．火炎発生剤，発火剤，発煙剤，枯葉剤などがある．以前は毒ガスなども含まれていた．

化学ポテンシャル chemical potential
 記号は μ. 一定の温度と圧力条件下で，ある成分 A の無限小量（dn_A モル）をある系に加えたときに，その系のギブスの全自由エネルギー G が dG ずつ増加するならば，その系における A の化学ポテンシャル（μ_A で表す）は

下記の式で与えられる.
$$\mu_A = (dG/dn_A)_{P,T}$$
したがって μ は部分モル自由エネルギーと呼ばれることがある. そのような系が初期に平衡になければ, すべての相中において各物質に対する均一の化学ポテンシャルが得られるまで, 物質は1つの相から別の相へと移動する(例えば固体が溶解する, あるいは結晶化する)傾向にあるということを簡単に証明することができるという点で, 化学ポテンシャルは不均一系平衡理論における有用な関数である.

化学療法 chemotherapy
化学物質を使用することによってホスト内の病原組織や病原体（例えばガン）などを選択的に破壊する治療法.

化学量論 stoicheiometry (stoichiometry)
通常, 反応に関して用いる用語. 反応物や生成物の相対的な原子数や分子数の関係.

化学量論的 stoicheiometric (stoichiometric)
化学量論的化合物とは, 原子数の比が簡単な整数で表される化合物である. 非化学量論的化合物では結晶中に欠陥があったり原子の一部が他の元素で置換されたりしている.

過キセノン酸塩 perxenates
キセノン(Ⅷ)酸イオンを含む塩.

可逆過程 reversible process
平衡にある系において, 平衡位置を支配する因子（圧力, 温度, 濃度）の1つを無限小だけ変化させることにより, どちらの方向の変化も起こし得るとき, そのような過程は可逆的に起こるという. 例えば $N_2O_4 \rightleftharpoons 2NO_2$ のような反応が平衡にあるとき, 圧力が少し増加すると, 平衡位置は N_2O_4 側にずれる. しかし圧力が元に戻ると, 平衡は直ちに元の位置を回復する. 不可逆過程では, わずかな条件の変化により平衡の完全な変化が起こり, 条件が元に戻っても, 系が元の値を回復することはできない.

架橋促進剤 accelerators
ポリマー架橋反応を促進するために用いる物質. 特にゴムの加硫反応を助け, また耐疲労性を向上させることもある. さまざまな種類の有機化合物を用いることができるが, 例えば, ジフェニルグアニジン, チアゾール類（例えばメルカプトベンゾチアゾール）, およびチウラムジスルフィドなどが挙げられる. 熱硬化性樹脂の硬化速度を増加させる触媒として作用する物質も促進剤と呼ばれる.

核安定性の島 islands of nuclear stability
超重元素群の中で, 陽子数・中性子数が魔法数となり, 大きな安定性を持つと考えられる核種の一群.

核異性 nuclear isomerism
同じ原子番号, 同じ質量数を持つが, 核のエネルギーや放射性壊変特性の異なる核が存在すること. 例えば ^{124}Sb には3つの異性体核種 ^{124}Sb, ^{124m1}Sb, ^{124m2}Sb がある.

核オーヴァーハウザー効果 nuclear Overhauser effect
NOE. →オーヴァーハウザー効果

核外電子 extranuclear electrons
→電子配置

核 酸 nucleic acids
すべての生物細胞の必須成分. 遺伝情報を担い, 特異性の高いタンパク質合成を可能にする. 核酸には2種類あり, デオキシリボ核酸DNAは細胞の核に存在し, リボ核酸RNAは主に細胞質に存在する. これらはポリヌクレオチドである. DNAはプリンであるアデニン, グアニンおよびピリミジンであるシトシン, チミンのヌクレオチドから構成される (→ヌクレオシド). DNA分子は同じ軸に沿って旋回する2本鎖の螺旋により構成され, 各鎖はリン酸基と糖が五炭糖の3位と5位で交互に連なっており, 塩基は五炭糖に結合している. これらの鎖は一般に塩基同士の水素結合により互いに保持しあっている. 立体的要請により, 水素結合する2つの塩基において一方はプリンで他方はピリミジンとなる. また2つの特異的な組み合わせ, アデニンとチミンおよびグアニンとシトシンの対のみが結合可能であると考えられている. それゆえ, 一方の鎖の塩基配列により他方の鎖の配列が決定される. 2本鎖がほどけると, 新たに元の2本鎖における他方の鎖を複製した鎖が作られる. 2本鎖には右巻きと左巻きがあり, 分子認識の決定要因となっている. RNAでは糖はリボースでチミンの代わりにウラシルが使われる. RNAの分子量は種類によって大きく異なっている. メッセンジャーRNAはDNA

中の塩基配列情報をリボソーム RNA へと伝達し，そこで RNA の情報に従ってアミノ酸からタンパク質が合成される．塩基3つ（コドンと呼ばれる）で1つのアミノ酸に対応している．タンパク質中のアミノ酸配列は究極的には DNA 分子中のヌクレオチドの配列に基づいている（→遺伝子コード）．トランスファー RNA（t-RNA）または可溶性 RNA は，リボソームにおいてリボソーム RNA の情報に従ってタンパク質が合成される際の特異的なアミノ酸運搬体である．各アミノ酸に対して少なくとも1つのトランスファー RNA がある．合成あるいは天然の DNA や RNA の断片は遺伝情報を伝達することができる．

拡　散　diffusion

均一温度に保たれたあらゆる気体混合物，あるいは液体溶液中においては，当初の分布がどうあろうと，その組成は最終的にその系全体にわたって均一になる．これは分子の運動に基づいて説明することができる．これが拡散である（→グレアムの拡散の法則）．グレアムは，異なる気体が多孔性隔膜を通って拡散する速度は，その質量の平方根に逆比例すると提唱した．これが気体分離方法の基礎となっている．水素と重水素の分離，また UF_6 を用いたウラン同位体の分離に利用され成功している．拡散機構は，晶質からコロイドを分離する手段である透析（dialysis）でも用いられている．ゲル中の分子の拡散速度は実質的に水の場合と同様であり，このことから水相の連続性が示される．水蒸気流への気体の拡散は拡散ポンプにおいて極めて重要である．ゆっくりとではあるが，拡散は固体中でも生じる．→フィックの拡散法則

拡散ポンプ　diffusion pump

高レベルの真空を作り出すために用いられている非機械式ポンプ．気体分子はボイラーからの油や水銀の蒸気流によって起こる分子との衝突により，細いジェット流に引き込まれる．ジェット流が終わるところで，重い蒸気は凝縮されボイラーに戻り，排出されたガスは機械式の補助ポンプにより除去される．

核　子　nucleon

質量数1の粒子，すなわち陽子，中性子の総称．

核磁気共鳴　nuclear magnetic resonance

NMR という略称のほうで通用している．もともとは物理学で核磁気モーメントの研究に用いる手段であった．試料を強い静磁場中に置くと核スピンのエネルギー準位が分裂する．この試料に周囲のコイルからラジオ波を照射して付加的な弱い振動磁場を与え，このラジオ波の周波数を適切な範囲内でゆっくり掃引（スキャン）する．ある正確に決まった周波数において，核磁子は磁場と共鳴を起こし磁気エネルギー準位間を遷移する．この共鳴をサーチコイルにより検出し，増幅して記録する．特定の元素の共鳴周波数はその原子の分子内のサイトにおける電子的環境を反映するため，この手法は分子構造の解析に非常に有用である．核スピンが0でない核は NMR の研究対象となりうる（→核の常磁性）．エタノールでは3種の異なる水素原子が検出され，CH_3，CH_2 および OH に対応する．共鳴周波数からの直接情報に加えて，核同士のカップリングにより NMR スペクトルには微細構造が見られ，カップリングの特性と大きさは分子構造に関してさらなる情報を提供する．NMR スペクトルからの情報を分類すると，化学シフト δ（基準 [^{1}H, ^{13}C に対しては Me_4Si；^{19}F に対しては CCl_3F] からの相対シフトで，磁場に依存しない）とカップリング定数 J でスペクトルから直接読み取れる．化学シフト値の大きい核は脱遮蔽されているという．2つのシグナルのカップリング定数の大きさが化学シフトの差と同程度の場合はスペクトルは二次であるといい，化学シフト差がカップリング定数よりずっと大きい場合は，スペクトルはより単純で一次のスペクトルとなる．複雑な NMR スペクトルはシフト試薬を利用するか，ずっと高磁場での測定，あるいはデカップリングにより単純化できる．核磁気共鳴は溶液にも生物体（人体も含む，磁気共鳴イメージング MRI）を含めた固体にも適用できる．分析手段として，例えば食品中の水や油の定量に用いることもできる．

核四重極モーメント　nuclear quadrupole moment

核の電気四極子モーメント．化学的環境の影響を受け，構造の研究に利用できる（NQR 分

核　種　nuclide
　原子核の構成粒子により特徴づけられた原子種を指す．原子番号と質量数（核子数）で定められる．つまり陽子の数と中性子の数で特定される．

核スピン　nuclear spin
　核のスピンにより特徴づけられる性質．核子の角運動量は $(h/2\pi)$ 単位（h は Planck 定数）で表される．→核磁気共鳴，核の常磁性

角閃石群　amphiboles
　$[Si_4O_{11}]_n^{6n-}$ の二重鎖構造を有するケイ酸塩，例えば透角閃石（トレモライト (OH)$_2$Ca$_2$Mg$_5$(Si$_4$O$_{11}$)$_2$）などの一群の鉱物をいう．→アスベスト

核タンパク質　nucleoproteins
　ヌクレオプロテインともいう．→蛋白質

角度歪み　angle strain
　電子のオービタル（波動関数）の角度依存を表す関数の特性により，理想的な結合角からの偏差に起因して（多くは環状化合物に）生じる反応性のこと．例えば炭素の通常の四面体角は 109°であるが，シクロプロパンの炭素が作る角度（∠CCC）は 60°である．

核の常磁性　nuclear paramagnetism
　多くの核種はスピンを持ち，その全角運動量は

$$\frac{h}{2\pi}\sqrt{I(I+1)}$$

で表される．ここで I は核スピン数（$I=0, 1/2, 1, 3/2, \cdots$）である．$I=0$ はスピンを持たない核に対応する．核は磁気双極子のように振る舞い，$I>0$ の核は核磁気共鳴法による研究の対象となる．

　代表的な核の核スピン数を以下に示す．

同位体	スピン数(I)	存在比(%)
^{1}H	1/2	99.98
^{2}H	1	0.0156
^{12}C	0	98.9
^{13}C	1/2	1.1
^{14}N	1	99.62
^{15}N	1/2	0.38
^{19}F	1/2	100
^{31}P	1/2	100

核分裂　fission
　→原子力エネルギー

核分裂生成物　fission products
　重い原子核の分裂で生じる生成物．一般に核分裂は非対称的に起こり，質量数 90 と 140 の生成物の収率が高く，生成物分布は壊変を起こす粒子のエネルギーに依存する．壊変生成物は一般に強い放射性を示す（短寿命であるが，いくつか長寿命のものもあり，これが以後の放射能汚染の原因となる）．

核分裂連鎖反応　chain reactions (nuclear chemistry)
　→連鎖反応，原子力エネルギー

隔膜　membrane
　溶媒は通過させるが固体や大きな分子の通過を妨げる多孔性物質．一般に，高分子化合物からなる．精製，電池，浸透，分離に用いられる．

隔膜加水分解　membrane hydrolysis
　例えば巨大陰イオンと通常の陽イオンからなる電解質コロイド溶液と純水を膜で隔てておくと，陽イオンは拡散により膜を通り抜けることができるが，コロイド性陰イオンは通過できない．膜を通過した陽イオンの 1 電荷に対し水 1 分子が解離して OH$^-$ を生じて電荷が補償され，同時に生成した H$^+$ は膜を通過して，コロイド状電解質の元の陽イオンの代わりを果たすようになる．その結果，透析膜の内側の溶液は酸性になり，外側はアルカリ性になる．この過程を隔膜加水分解という．→コロイド，コロイド性電解質，ドンナン膜平衡

隔膜電解槽　membrane cell, diaphragm cell
　陽極室と陰極室を隔膜で仕切って食塩水から NaOH と Cl$_2$ を生成する電解槽．

隔膜バルブ　diaphragm valve
　液体や気体の流れを制御する弁．弾力のあるダイヤフラムが，弁本体を横切って長く伸びている突起に対して押し付けられている．弁本体とダイヤフラムのみが液体に接触するため，弁は耐腐食性を有する．

花崗岩　granite
　建設用石材や道路舗装用に広く用いられる火成岩（深成岩．訳者記：この「花崗岩」という名称は日本でできたものらしい．諸説があるが今のところ周防（山口県）の花岡に因んでいる

といわれる．現代中国では花剛石というらしい）．

加工硬化 work hardening

合金に対し，再結晶した温度（通常は室温）より低い温度で可塑的な変形を加え，強度や硬度を増し，延性や粘性を低下させる処理．張力の強いワイヤ製造には低温での延伸が有利であり，張力の強いバネの製造には低温で巻き取るのがよい．欠陥同士が交差するすべり面や粒界や欠陥に沿って動き，互いに干渉する．

化合体積の法則 law of combining volumes
→ゲイ-リュサックの法則

化合比一定の法則 law of equivalent proportions

元素や化合物が反応する場合には，必ずその当量に比例した質量比で化合するというもの．この法則はいささか簡略に過ぎるので，多数の原子価（酸化数）を持つ元素や，不定比化合物などには適用できない．

火工品 pyrotechnics

花火およびその関連物質．発光用，焼夷弾，起爆，警報，発煙用組成物などの可燃性混合物．硝酸塩や塩素酸塩のような酸化剤，炭，硫黄，硫化アンチモンなどの可燃性物質を含む．金属粉末は発光性を付与するために添加され，金属塩は着色するために添加される．焼夷弾組成物では，テルミットで見られるような非常に発熱的な反応が起こり，多量の熱を発生する．

化合物 compound

化合物という用語に関しては，化学者たちの使い方は必ずしも明確ではない．火薬が混合物であり，食卓塩が化合物ということに全員異論はないであろう．塩化ナトリウム，砂糖あるいは水などの，組成が一定である化合物に関してはあまり問題は生じない．しかし，組成が変化しうるもので，その組成の変化に応じて物性もまた変わり得るような物質に関しても同様に使用できるかとなると，話は難しくなる．ガラス，鉄鋼，酸化鉄，デンプンなどはこのような物質の一例で，すべての原子は周りの原子との間に引力が生じ（結合し）ており，均一な（極めて均一に近い）固体を形成している．このようなものは明らかに単なる機械的な混合物ではない．これらは変動する（不定）組成を持つ化学的な化合物である．長石をはじめとする多くのケイ酸塩もまた一定の組成を持たない．同様に多くのプラスチックを初めとするポリマーは完全な化学的な結合を持っており，変動組成を持つ化学化合物と見なされるべきである．白目や真鍮などの合金は化合物であって単なる混合物ではない．化合物に対する精密な定義を与えることはあまり役に立たない．典型的な化合物と典型的な混合物の間には中間状態が存在する．

籠型化合物 cage compounds
→クラスレート化合物

カコジル誘導体 cacodyl derivatives

$AsMe_2$ 基を含有する有機ヒ素化合物．カコジルは $Me_2AsAsMe_2$ を指す．

過酢酸 peroxyacetic acid

$CH_3C(O)OOH$．無水酢酸と過酸化水素から作られる．→有機過酸化物

重なり型 eclipsed
→コンフォメーション

過　酸 per-acids

ペルオキシ酸．酸素酸の酸素陰イオンを $[O-O]^{2-}$ または $[O-OH]^-$ で置換した化合物（スーパーオキシドイオン $[O_2]^-$ を含む化合物は形式的には過酸ではないが，区別が難しい場合も多い）．O-O 基は，$[M-O-O]$ のように端で結合している場合もあるし，2つの酸素原子が対称的に結合している場合もある．

$$\left[M-\begin{matrix}O\\|\\O\end{matrix}\right]$$

濃厚過酸化水素を用いるか，電気化学的酸化により作られる．過硫酸，過ホウ酸塩が重要である（過マンガン酸塩，過塩素酸塩，過ヨウ素酸塩は過酸の塩ではないことに注意）．有機過酸も同様にして得られる．過安息香酸，3-クロロ過安息香酸，モノ過フタル酸のような，より安定な過酸を用いてオレフィンをエポキシドに変換し加水分解すると，トランスジオールを得ることができる．過酢酸や過ギ酸はオレフィンと反応してグリコールモノエステルを与える．
→有機過酸化物

過酸化カルシウム calcium peroxide

$CaO_2 \cdot 8H_2O$．高濃度では無水塩として生成する（$Ca(OH)_2$ と H_2O_2 から生成）．防腐剤用

には $Ca(OH)_2$ と Na_2O_2 を反応させて製造，氷水で洗浄して得る．

過酸化ジベンゾイル dibenzoyl peroxide
→過酸化ベンゾイル

過酸化ジラウリル dilauryl peroxide
$(CH_3(CH_2)_{10}CO)_2O$．→有機過酸化物

過酸化水素 hydrogen peroxide
H_2O_2．融点 $-0.4℃$，沸点 $150℃$．密度 (ρ) $1450\ kg/m^3$ $(=1.450\ g/cm^3)$．無色から淡青色のシロップ状液体．アントラキノールを空気で酸化（自動酸化）し，水で分解して得る（生成したアントラキノンは水素で還元して元に戻す）．過硫酸塩の電解でも得られる．木星の衛星の1つであるエウロパの表面での存在が検出されている．H_2O_2 は生体内で，種々の疾病の際に見られる．水溶液は不安定で，アルカリや塵により触媒的に分解して水と酸素になる．水溶液で用いられることが多い．強力な酸化剤として作用し，自らは H_2O になる（$E°+1.77\ V$, 酸性溶液中）．また $KMnO_4$ などを反応させると還元剤として働き，自らは O_2 になる（$E°+0.68\ V$）．過酸化物の母体化合物．ある種の塩と付加物（過酸化水素和物）を形成する．用途は化学品（33%），汚染防止（19%），繊維工業（17%），製紙（13%）．遊離の H_2O_2 は推進薬として用いられる．

過酸化ストロンチウム strontium peroxide
SrO_2．SrO を O_2 を加圧下で赤熱して得る．$Sr(OH)_2$ と H_2O_2 を冷水中で反応させると $SrO_2\cdot 8H_2O$ が生じる．

過酸化ナトリウム sodium peroxide
Na_2O_2．空気中で金属ナトリウムを燃焼させると得られる．強力な酸化剤である．→ナトリウムの酸化物

過酸化バリウム barium peroxide
BaO_2．→バリウムの酸化物

過酸化物 peroxides
単結合で結ばれた1対の酸素原子を含む化合物，すなわち H_2O_2 の誘導体．希酸と反応すると H_2O を生じる．BaO_2 や Na_2O_2 は典型的な過酸化物である．なお以前には過酸化鉛や過酸化窒素，過酸化マンガンなどと呼ばれた PbO_2, NO_2, MnO_2 は，その組成から過酸化物と間違えられたものだが，O_2^{2-} イオンを含まないので

現在ではこの呼称は使われなくなった．

過酸化ベンゾイル benzoyl peroxide
$PhC(O)OOC(O)Ph$．正式名は過酸化ジベンゾイルであるが，通常こう呼ばれる．融点 $107℃$．塩化ベンゾイルと過酸化ナトリウムの冷却溶液から生成する．おだやかに加熱すると分解し，ラジカルを生じ，重合反応，アルケンの反マルコフニコフ付加（例えば HBr），アルカンのラジカル的ハロゲン化反応の触媒として作用する．工業的には幅広いスチレンベースのポリマーの製造に用いられている．→有機過酸化物

カシウスの紫 purple of cassius
金のコロイド（ナノ粒子）である．→金

加　湿 humidification
→湿度補給

過臭化ピリジニウム pyridinium bromide (perbromide)
$[C_5H_5NH]^+Br_3^-$．ピリジン．HBr, Br_2 から調製する．小規模の臭素化に用いる．

過臭素酸 perbromic acid, $HBrO_4$
$HBrO_4$．→臭素酸塩

過臭素酸塩 perbromates, $M[BrO_4]$
$M[BrO_4]$．→臭素酸塩

加水分解 hydrolysis
水中の水素イオンや水酸化物イオンの存在による反応．塩を水に溶かしたとき，加水分解により，生じた溶液がやや酸性やアルカリ性を示すことがある．例えば酢酸ナトリウム水溶液は加水分解によりアルカリ性を示す．これは酢酸イオンの一部が水中の水素イオンと結合して解離していない酢酸分子を生成し，溶液中に水酸化物イオンが放出されるためである．この反応は

$Na^+ + CH_3COO^- + H_2O \rightleftharpoons Na^+ + OH^- + CH_3COOH$

と書くことができる．この反応の平衡定数 K は

$$K_1 = \frac{[OH^-][CH_3COOH]}{[CH_3COO^-][H_2O]}$$

で表されるが，水は大過剰に存在するのでその濃度は一定とみなすことができ，

$$K_2 = \frac{[OH^-][CH_3COOH]}{[CH_3COO^-]}$$

となる．K_2 は加水分解定数と呼ばれる．加水

分解は弱酸または弱塩基の塩を水に溶かした際に起こる.

溶液中の金属イオンでもしばしば見られる加水分解は, $[M(H_2O)_n]^{x+}$型のイオンの配位水分子が解離して水酸化物イオンを含む化学種 $[M(H_2O)_{n-1}(OH)]^{(x-1)+}$ と水素イオンを生じる現象（オール化）である. 加水分解された化学種が塩基性塩として結晶化することもある.

加水分解（有機化学） hydrolysis (in organic chemistry)

有機化学では, エステルの酸とアルコールへの変換（ケン化）, 分子に水が付加する反応（例えばニトリルからアミドへの変換：$RCN + H_2O \rightarrow RCONH_2$）, ある基が水酸基で置き換わる反応（例えば $RCH_2Cl + H_2O \rightarrow RCH_2OH + HCl$）を加水分解という. いずれの加水分解反応も酸, 塩基, またはその両方により触媒される.

加水分解生成物 hydrolysed product

加水分解により生じた物質.

加水分解度 degree of hydrolysis

塩の加水分解度はその塩全体に対する水により加水分解されたものの割合として定義される. すなわち, 塩 AB の溶液中でその 90％が加水分解されて塩基 AOH と酸 HB を生成しているとき, 加水分解度は 0.90 である. 百分率で 90％と表すこともある.

ガス化 gasification

固体または液体の燃料を, より低分子量で炭素/水素比の低い気体燃料に変換すること. 固体燃料ガス化, 原油のガス化, 石炭のガス化などがある.

ガスクロマトグラフィー gas chromatography
→クロマトグラフィー

ガスクロマトグラフィー質量分析 gas chromatography-mass spectroscopy (GC-MS)

ガスクロマトグラフィーで分離した成分を質量分析計に直接導入する分析法. GC-MS と略称されることが多い.

カスティリア石鹸 castile soap

オリーブ油から作られる石鹸.

カストナー–ケルナー電解槽 Castner-Kellner cell

水銀法で水酸化ナトリウムを製造するための電解槽.

ガス熱量計 gas calorimeter
→気体熱量計

ガスハイドレート gas hydrates
→気体水和物

ガス分析 gas analysis

気体混合物の分析法. ① 試薬により特定の成分を優先的に吸収させる（例えば CO_2 を KOH 溶液に吸収させる, CO をアンモニアアルカリ性の CuCl 溶液に吸収させるなど）. ② 酸素または空気を用いて気体を燃焼させ, 体積変化と発生した排ガスを吸収法により測定する. ③ 容量分析と同様の滴定（例えば NH_3 や H_2S）. ④ 気体を吸収させる前後で吸収体の質量を測定する. ⑤ 熱伝導率の変化（例えば燃料ガス中の二酸化炭素）. ⑥ IR または UV スペクトル測定. ⑦ ガスクロマトグラフィー. ⑧ 磁化率測定などの諸方法がある.

霞石 nepheline

かすみいし. 長石鉱物. 組成はほぼ (Na, K)$AlSiO_4$.

ガス油 gas oil

石油を蒸留した際の灯油と軽質潤滑油の中間の留分. このうち低沸点の部分は家庭用, 工業用燃料のほか, クラッキングの原料として用いられる. もう少し高沸点で粘度の高い（炭素数の多い）種類のものはディーゼル燃料として用いられる.

苛性加里 caustic potash

かせいかり. KOH. 工業用の（低純度の）水酸化カリウムを指す. →水酸化カリウム

苛性硝酸銀 lunar caustic

硝酸銀の古名（雅名）でもある. 薬用のもの（硝酸銀棒）は 97％の硝酸銀に 3％の塩化銀を加えて融解し, 棒状に固化させたものである. 腐食剤.

苛性曹達 caustic soda

かせいそうだ. 工業界における水酸化ナトリウムの呼称. 「苛性」は皮膚を激しく侵すという意味である.

カゼイン casein

リンタンパク質の 1 つで, 哺乳類の乳の中でカゼインカルシウムとして懸濁している. ミルクを鉱酸やレンネットで処理することによって

も得ることができる．→レンニン

仮像 pseudomorphic
鉱物が，本来の結晶の持つ対称性に支配された構造とは別の，他の鉱物の結晶形態を擬装した形をとること．

加速器質量分析器 accelerator mass spectrometer
同位体比を測定するための技法．もともと放射性炭素年代測定に使用されたものであったが，現在では化学一般で用いられている．

可塑剤 plasticizers
加工性，柔軟性，流動性，耐衝撃性を変えるためにプラスチック樹脂に添加する物質．熱可塑性樹脂（特にポリ塩化ビニルやポリ酢酸ビニル）は可塑剤の存在により性質が大きく変化する．可塑剤は高分子量の液体または低融点の固体であり，カルボン酸リン酸エステルが多く用いられるが，炭化水素やハロゲン化炭化水素，エーテル，ポリグリコールも用いられる．

カソード cathode
→陰極

ガソリン gasoline
モーターや航空機の燃料として用いられる炭化水素画分の複雑な混合物．全体の組成は処理法に依存するが，主成分は一般に原油の一次蒸留で得られる直留ナフサで，これに安定化した天然ガソリンや，重質留分を，触媒を用いたクラッキングまたは化学処理の副産物から得た分解ガソリン，異性化や触媒を用いた改質などの変換過程で得られる成分が加えられることもある．特に航空ガソリンは，アルキル化処理で得られる分枝アルカンを特別に含むこともある．必要な性質を実現するために種々の添加物が加えられる：例えば抗ノッキング剤，抗酸化剤，金属不活化剤，凍結防止剤など．北米では petrol という．

カタカルブプロセス catacarb process
プロセスガスから二酸化炭素を除去するために，熱ガスを炭酸カリウム溶液で洗浄する抽出法で，炭酸カリウム溶液には溶液中でのガスの水和率を増加させるための添加剤が加えられている．ヴェトロコークプロセスも同様である．
→ベンフィールド法

カダベリン cadaverine (pentamethylenediamine)
$H_2N\text{-}[CH_2]_5\text{-}NH_2$，ペンタメチレンジアミン．シロップ状で発煙性の液体．沸点 178〜180℃．カダベリンは腐敗しかけた組織に存在する．アミノ酸のリシン（リジン）からバクテリアの作用によって生成する．遊離塩基は同族のプトレッシンと同様に有毒．

カタラーゼ catalase
過酸化水素を分解する酵素．補欠分子族としてヘマチンおよび関連化合物を含有する．商業的にはラテックスをゴムに変換する，あるいは H_2O_2 を食品から除去するのに用いられている．
→ペルオキシダーゼ

過炭酸塩 percarbonates
結晶中に結晶水の代わりに結晶過酸化水素を種々の量で取り込んだ炭酸塩．固体状態で安定．$2Na_2CO_3 \cdot 3H_2O_2$ は洗濯用の漂白剤や入れ歯の洗浄に用いられる．

過炭酸ナトリウム sodium percarbonate
この塩は本当のペルオキシ炭酸塩なのか，結晶過酸化水素を含むものなのかは，現在でも判然としない．酸素形漂白剤の成分でもある．
→過炭酸塩

カチオン cation
→陽イオン

カチオン重合 cationic polymerization
陽イオン（または酸）により開始される重合．

褐色環試験 brown ring test
硝酸塩の検出試験．→褐輪反応

活性化エネルギー activation energy (energy of activation)
反応物の化学種が反応して生成物となる前に，活性錯体を形成する（すなわち遷移状態になる）のに必要な最小のエネルギー．活性化エネルギー（E_a）はアレニウスの式 Arrhenius equation を用いて反応速度の温度依存性から算出することができる．ある反応におけるギブスの活性化エネルギーは，エンタルピー項とエントロピー項に分割できる．

活性化吸着 activated adsorption
化学吸着はしばしばそれに伴う活性化エネルギーを持つため，活性化吸着と呼ばれる．

活性化分子 activated molecule
他の分子が所有する平均値よりも高いエネル

ギーを得たため，他より反応性に富んだ状態にあり，活性化分子と呼ばれる．光や熱により活性化されるほか，分子の生成プロセス中にも活性化される．分子は，ある最低量を上回るエネルギーを持つときにのみ，衝突により反応する．

活性錯体（活性錯体） activated complex
→活性化エネルギー，遷移状態理論

活性炭 activated carbon（active carbon）
高温で水蒸気，空気あるいは CO_2 を用いて処理した炭素（炭）．気体や液体から少量の不純物を除去するための吸着剤として使用される．水や排水の処理，大気汚染の制御，触媒，砂糖の精製，化学薬品の精製，ガス（ガスマスク），ドライクリーニング，ゴムの再生，タバコのフィルターなどに幅広く用いられている．
→カーボンブラック

活性中心，活性部位 active centres, active sites
不均一系触媒において，吸着は特に触媒表面にある特定のサイト（活性中心）で起こる．この活性中心は吸着が生じる特定の部位である．活性中心という概念は酵素や微生物の作用にも拡張されている．

活性粘土 activated clay
→漂布土

活性白土 active earths
→漂布土

褐石 braunite
→ブラウン鉱

滑石 talc
→タルク

カッセルイエロー Cassel yellow
黄色顔料．塩基性塩化鉛．→塩化鉛

ガッターマン合成 Gattermann synthesis
芳香族ヒドロキシアルデヒドまたはアルコキシアルデヒドの合成法．例えば無水の $AlCl_3$ の存在下，フェノールに塩化水素ガス，シアン化水素を反応させて縮合することが可能である．

ガッターマン-コッホ反応 Gattermann-Koch reaction
芳香族炭化水素を CO，HCl および $AlCl_3$ で処理してホルミル化し，対応するアルデヒドを得る反応．大気圧下で行い，CuCl も必要である．

ガッターマン反応 Gattermann's reaction
ザントマイヤー反応の変法．銅（Ⅰ）の塩，または金属銅粉末と銅（Ⅱ）塩の混合物とハロゲン化水素をジアゾニウム塩の溶液と反応させて，芳香環上のアミノ基をハロゲンで置換する反応．

褐炭 lignite（brown coal）
炭化が不十分な段階の石炭．泥炭よりは炭化が進んでいるが瀝青炭ほどではない．厚い炭層として地表近くに存在していることが多い．

カットバックアスファルト cutback bitumen
揮発性溶媒で中-高硬度の瀝青の粘度を低下（カットバック）させたアスファルト道路バインダー．

カップリング coupling
特に核磁気共鳴で用いられる，核または電子間の相互作用．記号 J．単位は Hz で表す（→核磁気共鳴）．また2つの分子が結合して小さい分子が脱離するような反応もいう．→ヘック反応，ジアゾカップリング

カップリング定数 coupling constant, J
→核磁気共鳴

活量 activity
ある化学系において特定の物質の有効濃度や強度の尺度となる熱力学量．ある物質の絶対活量（absolute activity）$a°$ は $\mu = RT \ln a°$ で表される．ここで，μ はこの物質の化学ポテンシャル（chemical potential），R は気体定数，T は絶対温度．相対活量（relative activity）は $\mu = \mu° RT \ln a$ で表される．ここで，$\mu°$ はこの物質の標準状態（standard state）における化学ポテンシャル．希薄な理想溶液では活量は濃度に正比例する．理想気体では活量はその気体の分圧に比例する．

活量係数 activity coefficient
f または γ で表す．化学系においてある物質の熱力学的活量（a）の厳密な大きさを求めるために，その濃度（c）に掛け合わせる無次元数（すなわち $a = fc$）．これはその溶液が理想的挙動からどの程度外れているかを示す尺度となる．理想的な混合物では $f = 1$ であり，非理想の混合物系では1より大きくなることも小さくなることもある．電解質（electrolytes）の活量係数は，解離して生じる個々のイオン活量の幾何平均であると考えられるが，この個々のイ

オンの活量は仮想的な量であり，別々に求めることはできない．

褐輪反応 brown ring test
硝酸塩の検出試験．鉄(Ⅱ)のニトロシル錯体の呈色を利用する．

カテコール catechol
→ 1,2-ジヒドロキシベンゼン

カテコールアミン catecholamines
尿や血漿中に含まれる一連の活性のあるアミン．ドーパミン，アドレナリンおよびそれらの代謝産物などである．

カテナン類 catenanes
互いに絡み合った2つの環(2つ以上のものも作られている)を含有する化合物．ウイルスコートタンパク質はカテナンを作り，これがカプシドと呼ばれるコートを形成する．5個の環からできているカテナンも合成されていて，オリンピアーダンという．

カテネーション catenation
炭化水素や高次のシランにみられる元素間の結合形成．炭素は連鎖を形成する傾向が最も大きい元素である．

過電圧 over-voltage (over-potential)
観測可能な速度で電気分解を起こさせるために，電極の可逆的な電位よりさらに過剰に加える必要のある電位．例えば，白金黒付き白金電極では，可逆電位で実質的な水素発生が起こるが，水銀電極では過電圧が約1Vに達しないと水素発生は起こらない．電気メッキ，電気化学的分析，電解還元などのプロセスにおいてこれは非常に重要である．過電圧は電極上の不可逆過程あるいは電極付近で電解質が減少することにより生じる．

価電子 valency electrons
原子の外殻電子で，その元素の化学的反応性，形成する化合物やその化合物の形を支配している．一般に，周期表で1つ前の周期の希ガスと比べて多く持っている電子が価電子である．

価電子殻電子対反撥理論 valency shell electron pair repulsion theory (VSEPR theory)
分子構造を予測するのに用いられる理論．
→原子価理論

カドミウム cadmium
元素記号 Cd．原子番号48の金属元素．原子量 112.41，融点 321.07℃，沸点 767℃，密度 (ρ) 8680 kg/m^3 (=8.680 g/cm^3)．地殻存在比 0.11 ppm，電子配置 [Kr]4d^{10}5s^2．カドミウムは亜鉛や鉛，銅などの鉱石中に含まれているほか，硫カドミウム鉱(グリーノック石，CdS)として産出する．カドミウムは亜鉛 Zn よりも揮発性が高く，亜鉛製造工場の排煙中のダスト内に集まる．酸化物を炭素で還元するか，あるいは溶液中の Cd^{2+} を亜鉛末により還元して得る．金属カドミウムは白色光沢があり，ゆがんだ六方稠密構造を持ち，同一平面内に隣接した6原子，やや離れて6原子が存在する．カドミウムは加熱により酸素と反応し，また酸とも反応する．電気メッキ(35%)に広く用いられているほか，合金，Ni-Cd バッテリー，原子炉にも使用されている．カドミウム化合物は顔料，可塑剤に用いられており，またカラーテレビの蛍光体や光電素子にも使用されている．テルル化カドミウムは多くの電子用途を有する．カドミウム化合物は有毒であるが，炭酸脱水酵素に必要と考えられている．

カドミウムの化学的性質 cadmium chemistry
カドミウムは12族の陽性元素で，唯一安定な酸化状態は+2であり，主にイオン状態で存在する．

$$Cd^{2+} \rightarrow Cd \text{ の } E° \text{(酸溶液中)} -0.402 V$$

これより低い不安定な酸化状態の Cd(Ⅰ)の存在も知られていて，Cd-CdCl$_2$ や Cd-CdCl$_2$-AlCl$_3$ などの溶融塩系中などにみられ，いずれも Cd-Cd 結合を含んでいると考えられる．Cd^{2+} の一般的な配位数は6(八面体)であるが，4配位や5配位の錯体も知られている．

カドミウムの酸素酸塩 cadmium oxy-acid salts
無色の塩．カドミウムの酸化物または炭酸塩を適当な酸に溶解して得られる [Cd(O$_2$CCH$_3$)$_2$·2H$_2$O，Cd(NO$_3$)$_2$·4H$_2$O，Cd(ClO$_4$)$_2$·6H$_2$O，3CdSO$_4$·8H$_2$O など]．炭酸塩(CdCO$_3$)は Cd^{2+} の水溶液から CO$_3^{2-}$ によって生成する．その他の塩は水に可溶であるが，溶液は加水分解する．

カドミウムのハロゲン化物 cadmium halides
すべての二ハロゲン化物(CdX$_2$)が知られている．CdF$_2$ はイオン性でルチル構造を持つ．CdCl$_2$ は融点 868℃．塩化物イオンの立方最密充填を骨格とする層状構造をとる．水和物やク

ロロ錯体を形成する．臭化物とヨウ化物は塩化物に類似．CdF_2 は蛍光体やガラスに使用されている．

カドミウムの有機誘導体 cadmium, organic derivatives

R_2Cd や $RCdX$ などの誘導体は，極性溶媒中で RLi と CdX_2 または Cd と RI の反応で得られる．これらは熱的にかなり不安定である．反応はグリニャール試薬と似ているが，特に塩化アシル $RCOCl$ からケトン $RCOR'$ を調製するのに用いられる．

カドミウムイエロー cadmium yellow

もともとは天然産の硫化カドミウム．黄色顔料として用いられる．

カドミウムレッド（オレンジ，スカーレット） cadmium red (orange, scarlet)

$CdS(Se)$ からなる顔料で，$CdSO_4$ 溶液に BaS や Se を添加して調製する．硫黄とセレンの比率によって色調は変化する．

ガドリニウム gadolinium

元素記号 Gd．ランタニド金属元素，原子番号 64，原子量 157.25，融点 1313℃，沸点 3273℃，密度 (ρ) 7901 kg/m³（= 7.901 g/cm³），地殻存在比 7.7 ppm，電子配置 $[Xe]4f^75d^16s^2$．単体の構造は hcp（< 1262℃）および bcc（融点まで）．ガドリニウムの最も多い用途はフェライト，電子部品用のセレン化物．ガドリニウム化合物は触媒，特にオレフィンの重合触媒として広く用いられる．錯体は磁気緩和試薬（コントラスト向上剤）として NMR イメージングに利用される．

ガドリニウムの化合物 gadolinium compounds

ガドリニウムは +3 価の状態で一連の典型的なランタニド元素の化合物を形成する．Gd^{3+}（f^7 無色）→ Gd（-2.40 V，酸性溶液中）．GdI_2（GdI_3 と Gd から得る）は $Gd^{3+}(I^-)_2 e^-$．Gd_2Cl_3 および $GdCl$（$GdCl_3$ と Gd から得る）は金属-金属結合を持つ．

カナバニン canavanine

$C_5H_{12}N_4O_3$．アミノ酸の1つであるが，タンパク質に含まれるものではない．$H_2N(HN)CNH-O-CH_2-CH_2-CH(NH_2)-COOH$．融点 184℃，ナタマメ（*Canavalia gladiate*）から単離された．

カーナル石 carnallite

$KCl \cdot MgCl_2 \cdot 6H_2O$．多くの塩類鉱床の主要成分．カリウム塩源として用いられている．

カニッツァーロ反応 Cannizzaro reaction

α 位に水素を持たない多くのアルデヒドでは，希アルカリの影響下におくと，2分子の相互作用の結果として一方が還元されてアルコールに，他方が酸化されて酸になる．つまり不均化反応が起こる．ベンズアルデヒドの場合はベンジルアルコールと安息香酸が生じる．→ アルドール縮合

過二硫酸 perdisulphuric acid

$HOS(O)_2OOS(O)_2OH$．マーシャル酸ともいう．二塩基酸．硫酸塩を低温で，高い電流密度で電気分解すると塩として得られる．この酸および塩は強力な酸化剤（$E°[S_2O_8]^{2-} \rightarrow SO_4^{2-} +$ 2.01 V 酸性溶液中）であるが，反応は遅いことが多い．→ ペルオキソ一硫酸

過熱 superheating
→ 過冷却

加熱炭酸塩プロセス hot carbonate processes

炭酸ナトリウムまたは炭酸カリウムの熱水溶液で抽出することにより，気体から二酸化炭素を除くプロセス．かなりの量の硫化水素も同時に除去できる．

ガーネット garnets

ザクロ石．孤立した SiO_4^{4-} ユニットを含み $M^{II}{}_3M^{III}{}_2(SiO_4)_3$（$M^{II}$ = Ca, Mg, Fe；M^{III} = Al, Cr, Fe）で表されるケイ酸塩．赤黄色から深赤色やエメラルドグリーンの色を持つものもあり，宝石として用いられる．ザクロ石の砂は研磨剤（金剛砂）としても利用される．

加熱用油 heating oil

家庭用，業務用の熱源に用いられる燃料油全般．灯油や軽油を指すことが多い．

カフェイン caffeine (1,3,7-trimethylxanthine, theine)

$C_8H_{10}N_4O_2$．1,3,7-トリメチルキサンチン，テインともいう．茶，コーヒー，ガラナに含まれるアルカロイド．テオブロミンのメチル化や，酢酸と尿素の縮合によっても製造される．融点（無水）235℃，176℃で昇華する．無臭，強い苦みを持つ．カフェインは刺激剤，利尿剤として作用し，コーラ飲料，茶，コーヒーの成分で

カプスチンスキーの式　Kapustinskii equation
　格子エネルギー（U）を成分イオンを剛体球とみなして表現する式．

カープラスの式　Karplus equation
　ヴィシナル（ビシナル）プロトン間のカップリング定数 $^3J_{HH}$ と，2つのC-H結合の作る二面角との関係式である．

ガブリエル反応　Gabriel's reaction
　ハロゲン化物をフタルイミドカリウムと反応させ，中間体の置換フタルイミドを加水分解して対応するアミンに変換する反応．例えばモノクロロ酢酸からグリシンが得られる．純粋な第一級アミンが得られる．

カプリルアルコール　capryl alcohol
　→ 2-オクタノール

カプリル酸　caprylic acid
　→ オクタン酸

カプリン酸　capric acid
　$C_{10}H_{20}O_2$，$CH_3(CH_2)_8COOH$．融点 31.5℃，沸点 268〜270℃．n-デカン酸にあたる．羊毛中にはカリウム塩として，フーゼル油中にはエステルとして，またウシやヤギの乳，ココナッツオイルおよびヤシ油の中ではグリセリドとして含まれている脂肪酸．エステルはフルーツ香味や香水に用いられている．

カプロラクタム　caprolactam
　$C_6H_{11}NO$．ブタジエンからアジポニトリルを経て，あるいはシクロヘキサノンオキシムのベックマン転位によって得られる．融点 68〜70℃，沸点 139℃/12 Torr．加熱により重合してポリアミドを生じるので，ナイロン6の製造に用いられる．シクロヘキサノンオキシムはシクロヘキサンと塩化ニトロシルから合成できる．

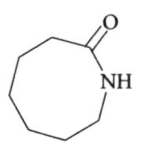

カプロラクトン　caprolactone（2-oxepanone, 6-hexanolactone）
　融点 -10℃．別名を 2-オキセパノン，または 6-ヘキサノラクトンという．整形外科で使用する熱可塑性プラスチックを生成する．

カプロン酸　caproic acid
　$C_6H_{12}O_2$，$CH_3(CH_2)_4COOH$．油状液体．融点 -3.4℃，沸点 205℃．n-ヘキサン酸である．ウシやヤギの乳，ココナッツオイルおよびヤシ油の中ではグリセリドとして含まれている．合成に用いられるほか，香味料や香水に用いられる．

貨幣用金属元素　coinage metals
　11族の元素，銅，銀，金．

過ホウ酸塩　perborates（perborax）
　$NaBO_4 \cdot nH_2O$．過ホウ酸ナトリウム（ホウ砂と Na_2O_2 または H_2O_2 と $NaOH$ から得る）は非常に安定で漂白剤や防腐剤に利用される．

過ホウ酸ナトリウム　sodium perborate
　$NaBO_3 \cdot 4H_2O$．この塩は本当のペルオキシホウ酸塩なのか，結晶過酸化水素を含むものなのか現在でも判然としない．繊維類の漂白，染料の酸化，クリーニングに用いる．酸素形漂白剤の成分の1つでもある．

過飽和　supersaturation
　溶けている溶質の飽和温度より低い温度まで溶液を冷却してもその溶質が析出しない場合，過飽和という．→過冷却

カーボランダム　carborundum
　炭化ケイ素の一般名（もともとは商品名）．

カーボンブラック　carbon black
　天然ガスや液体炭化水素を不完全燃焼させることによって得られる，産業的に有用な一連の材料．粒径と明度が異なるさまざまな種類が存在する．発ガン性の疑いがある．ゴムの生産，フィラー（タイヤ 65%，その他のゴム 25%）および，塗料，インク，磨き粉，ゴム，皮革製品用の顔料として，また脱色にも用いられている．

ガマ毒　toad venoms, batrachotoxins
　ヒキガエルが皮膚腺から分泌する有毒物質．生薬の「蟾酥（せんそ）」にも含まれる．多くはステロイド骨格を持ち，ブホトキシンは一例である．この動物性アルカロイド類似の毒素は南洋産の鳥類にも見られる．バトラコトキシン類．

過マンガン酸　permanganic acid
　$HMnO_4$．遊離酸 $HMnO_4$ および $HMnO_4 \cdot 2H_2O$ は -75℃ で $Ba(MnO_4)_2$ と H_2SO_4 から得られ，ともに強烈な酸化剤である．これらは酸化物

Mn_2O_7 に対応する酸である.

過マンガン酸塩　permanganates

濃紫色の $[MnO_4]^-$ イオンを含む塩.$KMnO_4$ は最も重要で MnO_2（軟マンガン鉱）をKOHおよび空気と300℃で反応させ,次いで生じた $[MnO_4]^{2-}$ を電解あるいは CO_2 と反応させて $[MnO_4]^-$ と MnO_2 に変換して得られる.金属加工用や殺菌剤として利用される.$NaMnO_4 \cdot 3H_2O$ はカリウム塩よりも溶解度が高い.その溶液は消毒薬（コンディ液）として利用される.$AgMnO_4$ は極めて難溶であるが非常に反応性が高い.

過マンガン酸塩滴定　permanganate titrations

強い着色と精製の容易さから,過マンガン酸カリウムは $0.01\,M$ 溶液でも指示薬の不要な容量分析用酸化剤として重要である.使用の際は多くの場合,定量用であるが,硫酸の存在下で行い Mn^{2+} まで還元する（5電子還元）.溶液は沸騰させた後（あるいは調製後,数日放置した後）に析出した不純物沈殿を沪別してから標定する.標定用試薬として最も優れているのはシュウ酸ナトリウムや純粋な（電解によって得た）鉄である.結晶性シュウ酸（$H_2C_2O_4 \cdot 2H_2O$）やモール塩（$Fe(NH_4)_2(SO_4)_2 \cdot 12H_2O$）もよく利用されるが,信頼性は劣る.$Fe^{2+}$,$H_2O_2$,$[Fe(CN)_6]^{4-}$,シュウ酸イオンの直接滴定に利用できる.適切な逆滴定により種々の酸化剤や還元剤の定量が可能である.Fe^{2+} の定量は,Cl^- による妨害を受けるが,過剰の硫酸マンガン（Ⅱ）の存在下で滴定すればよい.ほぼ中性の条件で行うこともあるが,その際には水和した二酸化マンガン $Mn(IV)$ の段階まで還元される.この手法の重要な例は $Mn(II)$ の定量（フォルハルト法）で,Zn^{2+} 塩と懸濁させたZnOの存在下で行う.

過マンガン酸カリウム　potassium permanganate（potassium manganate(Ⅶ)）

$KMnO_4$.強力な酸化剤として広く利用される（漂白,なめし,写真,消毒殺菌用).容量分析試薬,あるいは放射能除染にも用いられる.

過マンガン酸ナトリウム　sodium permanganate

$NaMnO_4$.紫色の結晶.カリウム塩よりも溶解度が大きい.殺菌剤,酸化剤.

紙　paper

水和したセルロース繊維を薄膜状に成型したもの.ほとんどの種類の繊維状セルロース材料が使用できる.紙の性質は水和の程度と繊維の分断の度合いによる.紙の多孔性を減少させ,撥水性を持たせるにはサイジングを行う.ある種の無機物,例えば $BaSO_4$ などをフィラーとして添加することもある.

カーミン　carmine

→カルミン酸

ガム・アカシア　gum acacia（gum arabic）

アカシアの木（アラビアゴムノキ）から得られる多糖類を含む浸出液.アカシアゴムが正式名称であるが,別名のアラビアゴムのほうがよく知られている.グルクロン酸,アラビノース,ラムノース,ガラクトース単位からなる複合多糖であるアラビンのカルシウム塩.用途は医薬用の乳化剤や懸濁剤,しっくいの製造,食品工業,接着剤.以前は切手用の糊にも用いられた.

ガム類　gums

真の植物由来のゴム（アカシアゴム（アラビアゴム),トラガカントゴムなど）は種々の植物を傷つけた際に浸出する樹液を乾燥させたもの.水溶性で粘稠なコロイド溶液を生じる.有機溶媒には不溶.複雑な多糖で,いくつかの異なる種類の糖やウロン酸基を含む.食品や医薬品の増粘剤として用いられる.石油化学工業でいうゴムとは,クラッキングまたはリホーミングしたガソリン中の不飽和化合物を酸化して得られる暗色のポリマーを指す.

ガメキサン（γ-BHC）　gammexane

γ-BHC の通称.→ベンゼンヘキサクロリド

火薬　explosives

→爆発物

可溶性オイル　soluble oil

一般に,乳化剤を含む鉱油は水に加えると安定なエマルジョンを形成する.可溶性オイルは金属の切削や研磨処理において,潤滑や冷却のために用いられる.極圧剤,凍結防止剤,発泡防止剤など他の添加剤を含むものも用いられる.→エマルジョン

過ヨウ素酸　periodic acids

ヨウ素酸の水溶液の電解酸化で得られる.HIO_4（メタ過ヨウ素酸）と H_5IO_6（パラ過ヨウ

素酸）が知られている．ヨウ素酸の電解酸化では $H_5[IO_6]$ が得られる．過塩素酸に比べるとかなり弱い酸である．強酸化剤．

過ヨウ素酸塩 periodates
HIO_4（メタ過ヨウ素酸）の塩と H_5IO_6（パラ過ヨウ素酸）の塩が知られている．ヨウ素酸の電解酸化では $[IO_6]^{5-}$ イオンが得られ，これをアルカリで中和することで NaH_4IO_6 のような塩が得られる．熱分解すると脱水されて $NaIO_4$ の形になる．強酸化剤である（$H_5IO_6 \rightarrow IO_3^- + 1.7V$）．

過ヨウ素酸カリウム potassium periodate (potassium iodate (Ⅶ))
KIO_4．KIO_3 溶液と Cl_2 から得る．酸化剤として利用される．他のヨウ素酸塩（Ⅶ），例えば $K_4I_2O_9 \cdot 9H_2O$ も知られている．→ヨウ素酸塩

過ヨウ素酸ナトリウム sodium periodates
系統的命名法ではヨウ素（Ⅶ）酸ナトリウムであるが，滅多に使われない．種々の組成がある．強力な酸化剤で，マンガンイオンを過マンガン酸イオンに酸化できる．他の過ヨウ素酸塩の製造に利用される．$Na_2H_3IO_6$, $Na_3H_2IO_6$, Na_5IO_6 は八面体配位のヨウ素を含み，$NaIO_4$ は四面体の IO_4^- を含む．

カラーインデックス colour index（CI）
最も信頼のおける染料と顔料の一覧．商品名，使用方法，堅牢度などが記載されている．

カラギーナン carrageenan
アイルランド近海に産出する紅藻類のツノマタ類似の藻から採取される多糖類．古くはカラギーニンやカラゲーニンと呼ばれたが，ガラクトースを主とするポリマー（多糖類）であることが判明して，糖類の命名規則に従ってこちらとなった．親水コロイドを作りやすく，食品などの増粘剤として用いられている．

ガラクタン galactans
加水分解するとガラクトースを与える多糖．木や多くの藻類に含まれる．最も主要なのは寒天である．

ガラクトース D-galactose
$C_6H_{12}O_6$．結晶中ではピラノース型．融点165.5℃（無水物）．グルコースの異性体で動植物に広く分布する．脳に存在する糖．化学的挙動はグルコースによく類似．ガラクタンを形成する．

カラゲーニン carageenin
紅藻類の海藻から得られる多糖であるカラギーナンのかつての名称．→カラギーナン

カラー写真法 colour photography
カラープリントやスライドを作るプロセス．白色光はフィルター（イエロー，マゼンタ，シアン）で3つの成分（赤，緑，青）に分割される．それぞれの色により増感色素を含有するハロゲン化銀の粒子が（一般には各色ごとに特定の層の中で）活性化される．カラー現像（発色操作）を行うとカラーの画像が現れる．

辛子油 mustard oil
マスタードオイル．→アリルイソチオシアナート

ガラス glass
一般には過冷却された液体が規則的な格子を形成せずに固化した非晶質の物質．具体的には硬く，もろく無定形で，通常は透明または半透明で化学的に不活性な物質．通常のビンなどに使われるソーダガラスはケイ酸ナトリウムとケイ酸カルシウムの過冷却された混合物で，砂，Na_2CO_3，石灰または $CaCO_3$ の混合物から作られる．現在では種々の特殊ガラスが製造されており，そのようなガラスでは，ケイ酸部分が部分的あるいは稀ではあるが完全に B_2O_3 や P_2O_5 など他の酸化物で置き換えられ，また Na が K（カリガラス），Li，アルカリ土類金属，または Pb で置換されたものとなっている．クラウンガラスは塩基性成分として K_2O または BaO を含む．光学部品に多く利用されているフリントガラスは PbO を含んでいる．ガラスを軟化点まで長時間熱すると，成分が結晶化し始めてガラス状態ではなくなる，すなわち構造に規則性が出現し，不透明化し，より脆くなる．溶融物に少量の金属酸化物（または他の化合物）を加えると着色したガラスが得られる．ガラスを強化するには表面を急冷するか，あるいは表面の化学処理を行う．平らなガラスシートは融解スズフロート法により作られる．

ガラス状シリカ silica, vitreous（quartz glass）
石英ガラス．溶融シリカを冷やして得られる無定形ガラス状物質．約 2000 Å までの紫外光

に透明で，光学部品に用いられる．膨張係数が低いため，石英ガラス製の器具は不規則な加熱や急激な温度変化に耐え得る．天然産のガラス状（無定形）シリカはルシャトリエライトという．

ガラス状態 vitreous state
　→ガラス

ガラス転移温度 glass transition temperature
　無定形の固体がガラス状態から，硬く脆い状態に転移する温度．

ガラス電極 glass electrode
　pHなど特定のイオンの濃度を測定するのに用いる電極．pH測定に用いる電極は緩衝液を含み，溶液に浸すと，その液のpHに依存した電位を発生する．→イオン選択性電極

ガラスファイバー glass fibre
　熱硬化性樹脂に強度を賦与する目的で加えられる，フィラメント，織物，切断繊維状のガラスの繊維．プラスチック添加剤のほかにも，建築や絶縁材に用いられる．

カラミン calamine
　$ZnCO_3$（菱亜鉛鉱（英国）），$Zn_2SiO_4 \cdot H_2O$（ケイ亜鉛鉱（米国））または $Zn_4Si_2O_7(OH)_2 \cdot H_2O$ を指す．医薬としてのカラミンは Fe_2O_3 で着色された塩基性炭酸亜鉛．以前はこの炭酸塩から得ていたが，現在は沈殿法で調製している．ローションまたは粉末の形で，日焼け，皮膚のただれ，皮膚炎の治療に用いられる．

カラムス油 oil of calamus
　サトイモ科のカラムス（ショウブ，*Acorus calamus*, *Araceae*）から得られる．76%は$β$-アサロン．香料に利用される．

カラメル caramel
　甘蔗糖やその他の炭水化物を熱して得られる茶色い物質．化学的性質は未知のところが多い．製造方法によって異なる反応を示す．水に可溶で，食品や飲料の着色剤として用いられている．

カリウス管 Carius tube
　肉厚のガラス管．もともとカリウス法で用いられていたものであるが，揮発性物質を扱うさまざまな反応で用いられている．

カリウス法 Carius method
　共有結合性（有機）化合物に含まれる硫黄やハロゲンの定量分析方法．化合物試料を硝酸銀や硝酸カリウムを含む濃硝酸とともにガラス管（カリウス管）中に密閉し，鉄砲炉で加熱して完全に酸化した上で沈殿してくる AgX または $BaSO_4$ を定量する．

カリウム potassium
　元素記号 K．アルカリ金属元素，原子番号19，原子量39.098，融点63.7℃，沸点756℃，密度（$ρ$）862 kg/m³（= 0.862 g/cm³），地殻存在比21000 ppm，電子配置 [Ar]$4s^1$．環境中に広く分布しており，ケイ酸塩鉱物としても例えば正長石 $KAlSi_3O_8$ に含まれる．植物中にはシュウ酸塩として，血液や乳汁中には酒石酸塩として存在する．岩塩鉱床中にはカーナル石 $KMgCl_3 \cdot 6H_2O$（→塩化カリウム）の形で，また海水中にも存在する．生物には必須の元素であり，特にすべての細胞膜を介してのイオン輸送（神経刺激）に関与している．単体金属は KCl を高温低圧で金属ナトリウムで還元するか，融解塩を電解して得る．柔らかい銀白色の金属で立方体心構造であり，水と激しく反応し容易に酸化される．O_2 と反応して超酸化カリウム KO_2 を生じる．金属カリウムは還元剤として用いられ，また Na/K 合金は低融点のため熱伝導用媒体に利用できる．水銀に溶けてアマルガムを形成する．カリウム化合物は肥料として（95%）広く利用されている．KOH は電池の電解質，ガラス，セラミックス，合成用に用いられる．^{40}K は放射性核種である．

カリウムの化学的性質 potassium chemistry
　カリウムは典型的な1族のアルカリ金属である．単純な化合物においては酸化状態は+1のみであり，通常は6配位である．水和イオンや，クラウンエーテルのような大環状配位子と錯体を形成する．アンモニア錯体も知られているが不安定である．K⁻錯体も知られている．

カリウムの酸化物 potassium oxides
　カリウムを空気中で燃焼させると，主に橙色の超酸化物 KO_2 を生成し，これは加熱により分解して K_2O_2 と K_2O を生じる．KO_2 は水と反応すると H_2O_2，KOH と O_2 を生成する．過酸化カリウム K_2O_2 は −60℃ で液体アンモニア中，カリウムに酸素を通じるか，あるいは KO_2 を加熱すると得られ，酸と反応すると H_2O_2 を生じる．一酸化カリウム K_2O は KNO_3 をカリ

ムまたは KN_3 とともに加熱すると得られる．水と激しく反応して KOH を生じる．

カリウムの有機誘導体 potassium, organic derivatives

カリウムは限られた範囲のイオン性の有機誘導体，例えば $K^+[CPh_3]^-$ を形成する．アルキルカリウムは非常に反応性が高く，メタレーション反応に利用される．

カリウムのリン酸塩 potassium phosphates

K_3PO_4, $K_4P_2O_7$ など多くのリン酸塩およびリン酸水素塩がある．KH_2PO_4 は純品が得やすく，また非常に大きな結晶を調製することができ，それをカットしてレーザーの波長変換器に用いる．洗剤，界面活性剤，水処理，緩衝溶液用試薬などに用いられる．

ガリウム gallium

元素記号 Ga．半金属元素，原子番号 31，原子量 69.723，融点 29.8℃，沸点 2204℃，密度 (ρ) 6080 kg/m³ (= 6.080 g/cm³)．地殻存在比 18 ppm，電子配置 $[Ar]3d^{10}4s^24p^1$．Zn, Al 鉱物やゲルマン石（0.7% Ga）中に痕跡量含まれる．単体は金属様の外観で構造は複雑．ガリウム塩の電気分解で得られる．酸やアルカリに溶ける．空気中で加熱すると酸化物の薄い被膜が形成される．用途は半導体（ドーピング用や GaAs），発光ダイオード（GaAs, GaP, GaN），電気機器，リン光体．

ガリウムの化学的性質 gallium chemistry

ガリウムは 13 族の元素である．主な酸化状態は +3 ($Ga^{3+} \rightarrow Ga - 0.56V$，酸性溶液中）で，$Ga^{3+}$ イオン（通常八面体配位）は水溶液中の化学的挙動が種々知られている．$(GaCl_3)_2$ などのハロゲン化物は二量体で，共有結合性が強い．$GaHCl_2$ のようなヒドリドを含む化合物は還元剤として有用．有機ガリウム化合物 R_3Ga は単量体．$[R_2Ga]^+$ の錯体（$[Me_2Ga(H_2O)_2]^+$, $[Me_2(GaOH)]_4$ など）は水溶液中でも安定である．錯体は容易に形成する．ガリウム（Ⅰ）化合物は比較的不安定で $GaCl_2$, GaS などに見られる．これらは Ga_2 ユニットを含む．

ガリウムの酸素酸塩 gallium oxyacid salts

ガリウム（Ⅲ）の塩は Ga_2O_3 と対応する酸から得られ，いずれも熱すると分解して Ga_2O_3 を生じる．よく知られた塩としては $Ga(NO_3)_3$・9H_2O, $Ga(NO_3)_3$・3H_2O, $Ga(ClO_4)_3$・6H_2O, $Ga_2(SO_4)_3$・18H_2O などがある．

ガリウムのハロゲン化物 gallium halides

フッ化ガリウム（Ⅲ）GaF_3 はイオン性で GaF_3・H_2O を形成する．$(NH_4)_3GaF_6$ のような錯体は HF 水溶液中で生成する（分解すると GaF_3 を生じる）．塩化ガリウム（Ⅲ）$[Cl_2Ga(\mu-Cl)_2GaCl_2]$ は共有結合化合物で水と反応すると GaOCl を生じる．臭化物やヨウ化物は塩化物と類似している．$GaCl_3$ と Ga が反応すると強力な還元剤である $Ga^I[Ga^{III}Cl_4]$ を生じる（Br や I も同様）．

カリウムアミド potassium amide (potassamide)

KNH_2．白色固体．液体アンモニア中の塩基．カリウムを液体アンモニアに溶解すると青色の溶液（溶媒和電子による）を生じ，優れた還元剤となる．この溶液から過剰のアンモニアを除去すると H_2 が発生し，KNH_2 が生成する．

カリウムエトキシド potassium ethoxide

KOC_2H_5．金属カリウムを無水エタノールに溶解して得る．白色固体．強塩基．カリウム t-ブトキシドに類似した塩基．

ガリウム酸 gallic acid

形式的な酸で $H[Ga(OH)_4]$, $H[GaO_2]$ にあたる．塩類および混合酸化物のみ知られている．

ガリウム酸塩 gallates

金属ガリウム，Ga_2O_3 または $Ga(OH)_3$ を過剰のアルカリに溶解すると生成するガリウム陰イオンを含む化学種．混合酸化物も知られている．

ガリウムヒ素 gallium arsenide

わが国の電気工学や物理学の分野で「ヒ化ガリウム」を指すものとして用いられる俗称．

カリウム t-ブトキシド potassium t-butoxide

$KOCMe_3$．融点 220℃．白色固体．金属カリウムを t-ブチルアルコールに溶解して得る．非常に強い塩基．吸湿性．

カリウムメトキシド potassium methoxide

$KOCH_3$．金属カリウムをメタノールに溶解して得る．カリウム t-ブトキシドと同様の白色固体で強塩基である．

カリオフィレン caryophyllene

$C_{15}H_{24}$．セスキテルペン炭化水素で，丁子油

の主成分炭化水素．無色の油，沸点123～125℃/10 Torr．香水に使用される．

カリーシュ（カリーチェ） caliche
不純物の混じった硝酸ナトリウム（チリ硝石）．

カリックスアレーン calixarenes
合成に用いられる酒杯型の分子．開口部を通してサイズの小さな分子を取り込んで包接化合物を形成できる．

ガーリック油 oil of garlic
ニンニク精油．低濃度でも殺菌能力に優れている．食用油で抽出したものは料理用である．

カリホルニウム californium
元素記号 Cf．原子番号98の放射性元素．原子量 ^{252}Cf 252.08，融点900℃，密度(ρ) 15100 kg/m^3 (= 15.100 g/cm^3)．電子配置[Rn] $5f^{10}7s^2$．^{252}Cf（半減期961日）は^{243}Am と^{244}Cm の中性子照射により，^{249}Cf（360日）は^{249}Bk のβ壊変により生成する．Cfはイオン交換クロマトグラフィーにより精製される．これまでに Cf$_2$O$_3$ を金属ランタンで還元することにより，銀灰色の金属が得られており，二重六方最密構造(dhcp) および ccp 構造を持つと考えられている．^{252}Cfからα壊変によって^{248}Cm が得られると考えられる．^{252}Cfは原子炉燃料棒中で中性子源として用いられる．

カリホルニウムの化合物 californium compounds
カリホルニウムは+2価の状態を示す最初のアクチニド元素で，CfBr$_3$ を水素で還元することにより得られる CfBr$_2$ 中に存在する．通常の酸化状態は，ハロゲン化物（CfBr$_3$ 黄緑），酸化物 Cf$_2$O$_3$ でみられるように+3である．強酸化剤と反応させると CfO$_2$ や CfF$_4$ が生成する．

カリミョウバン potash alum
→ミョウバン（明礬）

加 硫 vulcanization
プラスチック（通常はゴム）の架橋構造を増し，可塑性や粘着性を減らし有機溶剤に対して膨潤しにくくし，弾性を強化する処理．ゴムを架橋剤と加熱して架橋する．多くの場合，架橋剤は硫黄である．S$_2$Cl$_2$，テトラメチルチウラムジスルフィド，Se，Te，有機過酸化物は架橋速度に影響を及ぼす添加物として用いられる．なお，セレンやテルルなどでの処理は加硫とはいわずにキュアリングと呼ぶ．

顆粒化 granulation
顆粒を作るプロセス一般を指す．微粒子を圧縮したのち，粉砕することが多い．すなわち，粒径を大きくする技術と小さくする技術の両方を用いる．

加硫ゴム vulcanite
→エボナイト

過硫酸 persulphuric acid
過一硫酸（カロの酸 H$_2$SO$_5$）と過二硫酸（マーシャル酸 H$_2$S$_2$O$_8$）の総称である．

過硫酸アンモニウム ammonium persulphate (ammonium peroxodisulphate)
(NH$_4$)$_2$S$_2$O$_8$．ペルオキソ二硫酸アンモニウム．無色固体．水に可溶で，冷却飽和 (NH$_4$)$_2$SO$_4$ 希硫酸溶液の電気分解により生成する．強力な酸化剤．小麦粉の漂白剤としても使用される．過硫酸アンモニウムのアンモニア溶液は鉄から真鍮メッキを剥がすのに用いられる．

過硫酸塩 persulphates
過硫酸（ペルオキソ硫酸）の塩．通常はペルオキソ二硫酸の塩である．

過リン酸石灰 calcium superphosphate, superphosphate
不溶性のリン酸カルシウム Ca$_3$(PO$_4$)$_2$ を濃硫酸で処理するとリン酸二水素カルシウム Ca(H$_2$PO$_4$)$_2$ が得られ，これは水溶性で効果的な肥料である．乾燥した製品は可溶性のカルシウム塩，硫酸カルシウムおよび原料中に存在する他の金属の硫酸塩からなり，超リン酸塩という．最も広く使われる種類はリン酸含量約13.7%（リン酸三カルシウム含量30%）とリン酸含量16～17%のものである．→カルシウムのリン酸塩

軽 石 pumice
火山由来の多孔質物質で，研磨用，防火，濾過材，触媒担体などに用いられる．

ガルヴァニ電池 galvanic cell
化学反応により電気を発生させる電池．

カルコゲン chalcogens
16族に属する，酸素，硫黄，セレン，テルル，ポロニウムの各元素．カルコゲニドは X^{2-} を含む化合物である（もともとは「親銅元素」の意

味なので，本来は酸素は含めない）．

カルコゲン化物 chalcogenides (chalconides)
カルコゲニドの別表記．→カルコゲン

カルコン chalcones
α,β-不飽和ケトン ArCH=CHCOAr' の慣用名．芳香族アルデヒドをアリールメチルケトンと塩基の存在下で縮合することによって得られる．これに属する最も簡単な化合物はベンザルアセトフェノン Ph-CH=CHC(O)Ph である．

カルゴン （商品名）Calgon
メタリン酸ナトリウムの商品名．硬水軟化剤．粉末洗剤や洗浄剤として用いられている．→リンの酸素酸

カルシウム calcium
元素記号 Ca．原子番号20番の金属元素．原子量 40.078，融点 842℃，沸点 1484℃，密度（ρ）1550 kg/m^3（=1.550 g/cm^3）．地殻存在比は 41000 ppm，電子配置 [Ar]4s^2．カルシウム化合物は広く自然界に分布しており，$CaCO_3$（大理石，石灰石，チョーク，方解石，霰石，白雲石），$CaSO_4$（石膏），$Ca_3(PO_4)_2$（リン灰石），ハロゲン化物，ケイ酸塩（各種長石，灰長石）として産出している．金属カルシウムは，塩化物融解塩の電気分解や $CaCO_3$ と Al の高温高圧での還元反応により調製できる．柔らかく銀白色の金属カルシウムは，室温では立方最密充填構造（ccp），450℃ 以上では六方最密充填構造（hcp）となる．空気中で急速に曇り，水と激しく反応し，酸素およびハロゲン元素単体と化合する．金属カルシウムは，トリウムやバナジウム，ジルコニウムなどの金属の製造において還元剤として用いられるほか，脱酸素剤や合金剤として用いられる．酸化カルシウムは化学工業における重要な塩基である．Ca^{2+} イオンは生体系中で重要な役割を持ち，いくつかの酵素や骨，歯の主要成分である．

カルシウムの化学的性質 calcium chemistry
カルシウムは2族の元素で，電子配置は [Ar]4s^2．酸化状態は1種類で+2価（酸性溶液中での Ca^{2+} から Ca への $E°$=−2.76 V）．Ca^{2+} イオンは通常八面体と立方体の配位様式を持つ．幅広い種類の塩が知られており，また使用されている．錯体は酸素原子を有する配位子，特に EDTA やポリリン酸イオンなどのキレート剤（硬水軟化剤）との間で生成しやすい．

カルシウムのリン酸塩 calcium phosphates
オルトリン酸カルシウム $Ca_3(PO_4)_2$ は天然に産出するが，リン酸イオンにより Ca^{2+} 溶液から沈殿させても得られる．スチレンの重合助剤として用いられるほか，栄養補助剤としても使用されている．$CaHPO_4\cdot 2H_2O$（$CaCl_2$ 溶液と Na_2HPO_4 から生成）および $Ca(H_2PO_4)_2\cdot H_2O$（他のリン酸塩に H_3PO_4 を作用させる）も知られている．後者は過リン酸石灰（肥料）の主な活性成分である．リン酸カルシウムは食品に使用される．なおリン灰石（アパタイト）はオルトリン酸カルシウムを含む複塩で，$Ca_5(PO_4)_3X$（X=F, Cl, OH）の形であり，X によってフッ素リン灰石，ヒドロキシリン灰石，塩素リン灰石などと呼ばれる．歯牙の強化用にフッ化物を塗布するのは，表面にフッ素リン灰石を生成させて虫歯になりにくくするためである．

カルシウムアセチリド calcium acetylide
CaC_2．→炭化カルシウム

カルシウムシアナミド calcium cyanamide
CaNCN．N_2 と CaC_2 を 1100℃ で反応させて得る．肥料．加水分解により土壌中で NH_3 と尿素を生じる．炭素粉末と炭酸ナトリウムとを混合して 1200℃ に加熱溶融するとシアン化物を生じる．

カルシフェロール calciferol
ビタミン D の成分．

カルセプレックス carceplexes
2つのカップ型の分子が結合して分子トラップ（カルセランド）を形成したもの．不安定な化学種を調べるのに用いられる．

カルダモン油 oil of cardamom
小荳蔲油ともいう．ショウガ科の多年草のカルダモン（*Elettaria cardamomum*）の種子から採取した精油．着香料に利用される．カルダモンはインドカレーに不可欠の香辛料である．

カルナウバワックス carnauba wax
ブラジル産のヤシ科のブラジルロウヤシの葉から浸出した液を乾燥したもの．主成分はセロチン酸メリシル $CH_3(CH_2)_{24}COO(CH_2)_{29}CH_3$．融点が約 80℃ ほどで，他のワックスと混合するとそれらの硬度を増加させ，さらに光沢を増すため，多くのつや出し剤やワニス，特に自動

車用のワックスに使用されている．化粧品や薬のコーティングにも広く用いられている（訳者記：日本で作られた世界最初のエレクトレットはカルナウバワックスが材料であった）．

カルニチン　carnitine
$C_7H_{15}NO_3, (CH_3)_3N^+-CH_2CH(OH)CH_2COO^-$．骨格筋より単離された．生合成や脂肪酸の酸化の際にアセチル基や脂肪族アシル基を運搬してミトコンドリア膜を透過させる．薬品に用いられている．

カルノーサイクル　Carnot cycle
理想熱機関のための仮想的なスキーム．等温膨張→断熱膨張→等温圧縮→断熱圧縮の循環過程である．熱を仕事に変換するための最大効率は熱エンジンが作用する2つの温度にのみ依存し，用いる物質の性質には全く関係しないことを示す．熱エンジンの効率は，仕事を熱源から供給される熱量で割ったものとなる．

カルノシン　carnosine（N-β-alanylhistidine)
$C_9H_{14}N_4O_3$, N-β-アラニルヒスチジン．融点246～250℃（分解）．哺乳類の筋肉中に存在するジペプチド．タンパク質中には見出されないアミノ酸の1つβ-アラニンを含有する．→アンセリン

カルノー石　carnotite
$KUO_2VO_4 \cdot 1.5H_2O$．重要なウラン鉱石の1つ．

カルバクロール　carvacrol (2-hydroxycymene)
$C_{10}H_{14}O$, 2-ヒドロキシシメン．テルペンアルコールの1つで無色の液体．沸点237～238℃．多くの精油の成分．抗炎症剤として用いられている．

カルバコール　carbachol (carbamylcholine chloride)
$[H_2N-COCH_2CH_2NMe_3]^+Cl^-$, $C_6H_{15}ClN_2O$, 塩化カルバミルコリン．無色，吸湿性結晶．融点210～212℃（分解）．アセチルコリンに類似の生理作用を有する．獣医用の医薬品に用いられている．

カルバゾール　carbazole (9-azafluorene)
$C_{12}H_9N$．9-アザフルオレン．粗製の固体アントラセン中に含まれ，アントラセン油より分離される．2-ビフェニルアミンより生成する．写真や染料中間体として用いられる．融点238℃，沸点335℃．

カルバニオン　carbanions
R_3C^-．ある種のC-H, C-X, C-MおよびC-C結合が切れることによって生じる．空気や水などとの反応性が高い．多くの場合，これらの負に帯電した化学種の存在は反応機構の解析から推論されるにとどまる．複数の結合にわたり電荷が非局在化すると安定性が増加する，例えばトリフェニルメチルナトリウムやシクロペンタジエニルナトリウムは比較的安定である．

カルバボラン類　carbaboranes
→カルボラン類

カルバミド　carbamide
→尿素

カルバミド基　carbamido-
$-NHC(O)NH_2$で表される基．

カルバミル基　carbamyl-
$-C(O)NH_2$で表される基．

カルバミン酸　carbamic acid
$H_2N-COOH$．遊離酸としては知られていないが，塩とエステルが存在する．カルバミン酸アンモニウムは乾燥した二酸化炭素を乾燥アンモニアに作用させて生成する．市販の炭酸アンモニウムにはカルバミン酸アンモニウムがかなりの量含まれている．プラスチック産業で幅広く用いられているウレタンはカルバミン酸のエステルである．

カルバミン酸エステル　carbamates
カルバミン酸のエステル．

カルバミン酸エチル　ethyl carbamate
→ウレタン

カルバミン酸塩　carbamates
カルバミン酸の塩．

カルビトール　carbitols
ジエチレングリコールのモノアルキルエーテルに与えられた慣用名．例えばブチルカルビトール$C_4H_9OCH_2CH_2OCH_2CH_2OH$など．→セロソルブ，ジエチレングリコールモノエチルエーテル

カルビノール　carbinol
メタノールの旧名（カルビノール命名法の基本化合物）．カルビノール命名法は現在ではほとんど使用されなくなった．

カルビルアミン　carbylamines

→イソニトリル

カルビルアミン反応　carbylamine reaction

第一級アミンを検出する定性試験．アミンをクロロホルム，水酸化カリウムのアルコール溶液とともに加熱すると，第一級アミンであればカルビルアミン（イソニトリル）に特有の，吐き気を催す悪臭を生じる．

カルビン誘導体　carbyne derivatives

M≡CR 基を含有する金属の誘導体．

カールフィッシャー滴定　Karl Fischer titration

試料中の水含有率を求めるための滴定法．ピリジン–メタノール混合溶媒中におけるヨウ素（I_2）と SO_2 との反応を利用する．水が存在すればヨウ化水素（HI）が遊離するので，これによる pH 変化を計測する．

カルベオール　carveol

$C_{10}H_{16}O$．単環式テルペンアルコール．

カルベストレン　carvestrene

シルベストレンのラセミ体．

カルベニウムイオン　carbenium ions (carbonium ions)

以前の呼び名ではカルボニウムイオンであった．3価の炭素原子 R_3C^+ を含むプラスの電荷を持つ化学種．反応性，安定性はさまざまで，安定性は三級＞二級＞一級の順に減少する．多くの反応（例えば強酸中でのアルケンの溶解，ハロゲン化アルキルの脱ハロゲン化水素，およびある種の加溶媒分解など）において，中間体として存在する．カルベニウムイオンは分光学的（NMR）方法で検出することができる．トロピリウムおよびトリフェニルメチルカルベニウムイオンは安定で，分離も簡単である．アルキルカルベニウムイオン（$[SbF_6]^-$塩）は，低温条件下の液体亜硫酸（SO_2）あるいは $ClSO_2F$ 中で，SbF_5 とフッ化アルキルの反応で生じる．あるいは HF/SbF_5 や FSO_3H/SbF_5 溶液などのいわゆる超強酸（魔法酸）中にアルコールやアルケンを溶かすと直ちに生成する．すべてのカルベニウムイオンは強力なカチオン型アルキル化剤である．水などの求核剤に対する強い親和性を有する．

カルベン　carbene

$R_2C=$．形式的に2価の炭素原子を含む，反応性の化学種．ジアゾアルカンの光分解や，H(X)CR_2 から HX の α 脱離などによって生成する．$Cl_2C=$ のようなジハロカルベンは化学合成で有用で，Cl_3C-CO_2Na の熱分解などにより生じさせてそのまま反応試薬として用いられる．ライマー–チーマン反応条件下での塩基とハロホルムの反応や，アルント–アイステルト合成は，カルベン中間体を経て進行する反応である．カルベンは遷移金属にリガンドとして作用し，安定な錯体を形成することもしばしばある．$R_2C=$ は対スピン（一重項）または不対スピン（三重項）を有する．

カルボエトキシ–　carbethoxy-

$-C(O)-OCH_2CH_3$ で表される基．

カルボキシ–　carboxy-

カルボキシル基 –COOH を含む物質を示す接頭辞．

カルボキシヘモグロビン　carboxyhemoglobin

配位結合により，O_2 の代わりに CO がヘモグロビンに結合するとカルボキシヘモグロビンになる．ヘモグロビンの一酸化炭素に対する親和性はヒトでは酸素の 500 倍であるため，一酸化炭素はヘモグロビンの本来の目的（酸素と結合する）を妨げる有毒ガスとなる（「カルボキシ」という接頭辞を含むが，–COOH 基は含まれないことに注意）．

カルボキシラーゼ　carboxylase

酵母，細菌および植物に含まれる酵素で，α–ケト酸，特にピルビン酸の脱カルボキシル化（脱炭酸反応）によるアセトアルデヒドへの転化を触媒する．デカルボキシラーゼはそれぞれのアミノ酸に高度に特化しており，これらを脱カルボキシル化してアミンにする．

カルボキシル化　carboxylation

CO_2 の付加．

カルボキシル基　carboxyl group

–COOH 基．

カルボジイミド　carbodiimides

RN=C=NR' で表される化合物．ジシクロヘキシルカルボジイミドなどが好例である．ジメチルカルボジイミド（MeNCNMe）はジメチルチオ尿素（MeNHC(S)NHMe）を酸化水銀で処理して得られる．低温で安定．カルボジイミドはイソシアネートを加熱することによって生じ，触媒下で重合できる．シアナミドの二量

体もカルボジイミドである．すなわ $H_2N-C(=NH)-N=C=N-H$ である．アミドの合成に用いられる．

カルボニウムイオン carbonium ions

以前からカルボニウムイオンと呼ばれてきたものはカルベニウムイオンのことである．この名がふさわしいのは，超強酸中に飽和炭化水素（メタンなど）を溶かしたときに生じる $[CH_5]^+$ などである．

カルボニルオキシム carbonyloxime

雷酸（HONC）の名称（誤称）．

カルボニル化 carbonylation

有機化合物や有機金属中間体化合物と CO との反応．例えばメタノールが Co や Rh 触媒上で反応すると酢酸や酢酸メチルエステルとなる．アルキン類は金属カルボニル（例えば $Ni(CO)_4$）と水の存在下で一酸化炭素と反応しアクリル酸（R-CH=CH-COOH）同族体を生じ，アルコール類（R'OH）と反応するとアクリル酸エステル（RCH=CHC(O)OR'）を生じる．アミン（R'NH_2）との反応ではアクリルアミド（RCH=CHC(O)NHR'）が得られる．別の触媒，例えば $Fe(CO)_5$ を用いるとアルキン類と一酸化炭素からシクロペンタジエノン類やヒドロキノール類が生じる．本プロセスの一種であり，商業的に重要な反応としてはヒドロホルミル化（→オキソ反応）が挙げられる．

カルボニル基 carbonyl group

アルデヒド類，ケトン類，金属カルボニル，ホスゲンなどに含まれる >C=O 基．この基に関する一般的な反応については，アルデヒドやケトンのそれぞれの項を参照されたい．

カルボニル誘導体 carbonyl derivatives

>C=O 基を含有する誘導体．アルデヒド類 RCHO，ケトン類 RR'CO，カルボン酸やそのエステル，金属カルボニル，ハロゲン化カルボニルがこの範疇に含まれる．ハロゲン化物 X_2CO はすべてゆっくりと加水分解される．

①フッ化カルボニル carbonyl fluoride, F_2CO. 融点 -114℃，沸点 -83℃（Cl_2CO と KF から生成する）

②塩化カルボニル carbonyl chloride, Cl_2CO（ホスゲン phosgene）．融点 -127.9℃，沸点 8℃．無色の有毒ガス（CO と Cl_2 を光の下，または触媒（炭素など）上で反応させる）．アンモニアとの反応で尿素 $OC(NH_2)_2$ と NH_4Cl を生じる．ポリウレタンプラスチックに用いられるトルエンジイソシアネートを作るのに用いられるほか，ポリカーボネートや金属の回収に使用されている．

カルボニルカルコゲニドとしては SCO（CO と S を反応させる）がある．爆発性，可燃性のガス．

カルボヒドラーゼ類 carbohydrases

炭水化物に作用する酵素．アミラーゼ，グルコシダーゼ，セルラーゼ，インベルターゼ，マルターゼなどが含まれる．

カルボプラチン carboplatin

白金（II）錯体．抗腫瘍薬．

カルボベンゾキシクロリド carbobenzoxy chloride

→クロロ炭酸ベンジル

カルボメトキシ基 carbomethoxy-

$-C(O)-OCH_3$ で表される基．

カルボラン色素 Carbolan dyes

長鎖の置換基を有する一連のアゾあるいはアントラキノン染料．光安定性が大きい．もともとは英国の ICI 社が提供する一連の堅牢な染料の商品名である．

カルボラン類 carboranes (carbaboranes)

カルバボランということもある．BH^- を形式的に CH 基で置き替えたボランアニオンの誘導体．アルキン類とボラン誘導体の作用によって生成する．このシリーズにはクロソ（多面体）カルボラン（例：1,2- および 1,7-$B_{10}C_2H_{12}$（20面体）），$B_7C_2H_9$ およびニド（開いた）カルボラン（例：$B_7C_2H_{13}$）がある．ニドカルボランアニオン，例えば $[B_9C_2H_{11}]^{2-}$ はこのイオン（ジ

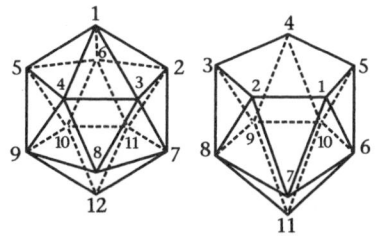

クロソ-$[B_{10}C_2H_{12}]$ ニド-$[B_9C_2H_{11}]^{2-}$
（C は 1,2- または 1,7-）　（C は 1,2- または 3,5-）

カルボリド誘導体）の開いた五角形の面を通じて金属に結合し，例えば $[(B_9C_2H_{11})_2Fe]^{2-}$ などの錯体を形成する．ホウ素の中性子捕捉療法用化合物に用いられる．

カルボワックス（商品名） Carbowaxes
　一般式 $HOCH_2(CH_2OCH_2)_xCH_2OH$ で表される一連のワックス様のポリエチレングリコール類の商標（ダウケミカル）．高分子量のカルボワックスはゴム混合物に用いられるほか繊維産業における分散剤として，また製薬に用いられている．GLC カラム用固定相にも用いられる．

カルボン carvone
　$C_{10}H_{14}O$．テルペンのリモネンから得られるケトン．沸点230℃．キャラウェイやディルの種に含まれている．

カルボン酸 carboxylic acids
　カルボキシル基（-COOH）を少なくとも1個含有する有機化合物．含有されているカルボキシル基の数はモノ，ジ，トリなどのギリシャ語系の接頭辞により示される．塩酸などの鉱酸よりはるかに弱い酸だが，水溶液中ではすべて部分的にイオン化しており，金属の炭酸塩や炭酸水素塩から二酸化炭素を遊離する．酸の強さはカルボキシル基以外の部分の性質に大きく依存しており，例えばトリクロロ酢酸（Cl_3CCOOH）は強酸である．金属や有機塩基と塩を形成し，アルコールと反応してエステルを生成する．-C(O)-O-C(O)- 基を含む無水物は2個のカルボキシル基から水分子1つを除去することにより，ほとんどのカルボン酸から生じるが，この水分子の除去は分子内（同一分子からの除去）であっても分子間（2つの分子からの除去）であってもよい．ヒドロキシル（-OH）基を PCl_5 などのハロゲン化剤を用いて置換するとハロゲン化アシルとなる．カルボン酸はアルコールまたはアルデヒドの酸化，ニトリルのアルカリによる加水分解，グリニャール試薬を二酸化炭素で処理し，得られた生成物を硫酸で分解することなどにより生成する．カルボン酸の多くは天然に産出し，植物や動物中に遊離の酸あるいは塩やエステルとして存在する．

カルミン酸 carminic acid
　$C_{22}H_{20}O_{13}$．サボテンカイガラ虫から得られる赤い色素．食品をはじめとする染色，着色剤として用いられている．

過冷却 supercooling
　液体が，通常結晶化が起こる温度より低い温度まで固相が現れずに冷却される現象．例えば純粋な水は，懸濁微粒子のような結晶核が存在しなければ凝固点より数度低い温度まで過冷却される．ガラスは過冷却の極端な場合であり，結晶化しないまま固化している．過熱は沸騰に関する同様の現象である．

過レニウム酸塩 perrhenates
　$HReO_4$ の塩類を指す．過マンガン酸塩と違って酸化力は弱い．→レニウムの酸化物

カレン carenes
　二環式テルペンで，テレビン油の成分．

カロチノイド carotenoid
　カロテノイドの以前の名称（ドイツ語由来）．

カロチン carotene
　カロテンの以前の呼称．栄養学や食品方面などでは現在でもこちらの使用例がはるかに多い．

カロテノイド carotenoids
　カロテン関連色素であり，植物，特に葉の中およびある種の動物組織中に産出する．光合成において重要な保護抗酸化物質である．視覚系に関与．化粧品および食品に使用されている．視紅（レチノール）などは動物性のカロテノイドである．

カロテン carotene
　$C_{40}H_{56}$．融点 $181 \sim 182$℃．カロテンは緑色植物に含まれる色素で，多くの動物や細菌組織中にもみられる．ニンジンやバター，卵の黄身が黄色いのは主にこの色素による．いくつかの異性体として存在するが，最も一般的なのは β-カロテンで，これはヒトや動物のビタミン A の主供給源である．カロテンは植物のクロロプラスト中にも存在し，動物ではビタミン A の前駆体である．食品に使用される．構造式を示す．

カロの酸 Caro's acid (permonosulphuric acid)
　H_2SO_5．過一硫酸（ペルオクソモノ硫酸）の別名．

カロメル calomel
　Hg_2Cl_2．以前は甘汞（かんこう）と呼んだ．塩化水銀（I）のことである．

β-カロテン

カロリー calorie
非 SI 単位系の熱量の単位．現在ではジュール（J）を用いて定義される．熱化学的カロリーは 1 カロリー＝4.184 J．燃料に対しては通常発熱量の尺度としてキログラムあたりのキロカロリーを用いるが，食品に対しては 1 グラムあたりのキロカロリーが単位（大カロリー）として用いられ，しばしば Calorie と略記される．したがって炭水化物は 1 グラムあたり 4.1 Calories（大カロリー）であり，これは 4100 カロリー/g と同じことになる．

カロールガス，カロールプロパン（商品名）
Calor gas, Calor propane
英国での家庭用石油ガス燃料の名称（商品名）．加熱用の燃料ガスである．家庭用（または産業用）の，ボンベ入りの液化石油ガス（LPG）の商標．単にカロールガスというとブタンガスを指し，市販のプロパンガスはカロールプロパンと呼ばれる．

岩塩 rock salt
NaCl．天然産の塩化ナトリウム．堆積鉱床中に広く存在する．

環化ゴム cyclized rubbers
ゴムを触媒（$SnCl_4$, H_2SnCl_6）とともに加熱することにより製造する．環系を含有する変性ゴム．これらは固く，熱可塑性，非弾性で，耐腐食性塗料や接着剤（とりわけゴムと金属の継ぎ目）に用いられている．

環化反応 annulation
有機合成において大環状化合物を形成すること．

ガングリオシド gangliosides
スフィンゴシン，脂肪酸，少なくとも 1 つの糖，シアル酸からなるスフィンゴ脂質．脳，神経組織，赤血球に存在する．

還元 reduction
電気的に陰性の成分の割合が減少する化学過程（例えば $FeCl_3 \rightarrow FeCl_2$），イオンの価数が減少する化学過程（例えば $Sn^{4+} \rightarrow Sn^{2+}$），または酸化数が減少する化学過程（例えば $[Fe(CN)_6]^{3-} \rightarrow [Fe(CN)_6]^{4-}$）．有機化学においては，最も顕著な還元として水素の割合の増加，酸素の割合の減少，例えば C_2H_4（エチレン）$\rightarrow C_2H_6$（エタン）のような多重結合の減少がある．

還元剤 reducing agent
還元を行い，それ自身は酸化される物質．例えば Sn^{2+} は Fe^{3+} を還元し，それ自身は酸化されて Sn^{4+} となる．

還元質量 reduced mass
→換算質量

還元糖 reducing sugar
還元性を示す糖．ヘミアセタールまたはヘミケタール基を持つ．

甘汞 calomel
かんこう．Hg_2Cl_2．塩化水銀（I）のことである．

甘汞電極 calomel electrode
水素電極を実験室で一般的な標準電極として用いるのは不便なので，その代わりに水素電極の電位を基準にした既知の電位を持つ甘汞電極がよく用いられる．これは水銀の上を Hg_2Cl_2（甘汞，カロメル）と Hg のペーストで覆い，これに接触させた Hg_2Cl_2 飽和 KCl 標準溶液を用いたものである．この電池の電位は Hg 上に生じるので，白金製のリード線を用いて端子に接続する．甘汞電極としては通常塩化カリウム濃度の異なる 3 種類，すなわち 0.1M, 1.0M および飽和 KCl が使用されている．298K における水素を基準としたそれぞれの電位を V 単位で表すと $-0.3338, -0.2800, -0.2415$ V となる．

乾固点 dry point
実験室スケールの蒸留において，液体の最後の 1 滴がフラスコの底から蒸発したときの温度

計の示度.

寒　剤　freezing mixtures
0℃より十分低い温度まで凝固しない塩，氷，水の混合物．小スケールの冷却に用いる．ドライアイスや液体窒素と有機溶媒の混合物も寒剤調製に利用される．→低温浴

換算質量　reduced mass
質量 m と M の粒子が互いに調和振動している系では，換算質量 μ は次式で表される．
$$\mu = mM/(m+M)$$

環　式　cyclic
開鎖脂肪族化合物と対極にある，シクロヘキサン環などの閉じた環系を有する化合物．環式化合物は，環が炭素原子のみからなる同素環化合物と，2種類以上の原子から構成されている複素環化合物に二大別される．

環式付加　cycloaddition
2つの連結された基の反応により新しい環を生じる反応．例えばディールス-アルダー付加．

緩衝能力　reserve acidity and alkalinity
→貯蔵酸度・貯蔵アルカリ度

環状ヘミアセタール　cyclic hemiacetals
→ヘミアセタール

緩衝溶液　buffer solutions
明確なpHを持ち，アルカリや酸を加えてもpHが急激に変化しないような溶液が必要となることはしばしばある．そのような溶液を緩衝溶液と呼ぶが，一般にこれは弱酸の塩の溶液と，遊離酸としての弱酸からなる．この溶液のpHは遊離酸の解離平衡によって決まる．例えば酢酸ナトリウムと酢酸からなる溶液では，
$$\frac{[\mathrm{H}^+][\mathrm{CH_3COO^-}]}{[\mathrm{CH_3COOH}]} = K$$
ほとんどが解離している酢酸ナトリウムは酢酸イオンの供給源として作用する．緩衝溶液に水素イオンが加えられた場合，酢酸イオンはそれと結合して酸を生成する．水素イオンの添加は，水に対して行われた場合の影響に比べると，緩衝溶液に対してははるかに少ない影響しか及ぼさない．同様に，強酸と弱塩基の塩の溶液の持つpHは，弱塩基の存在下ではアルカリの添加に敏感ではない．→ヘンダーソン-ハッセルバルクの式

甘蔗糖　cane sugar
→スクロース

緩徐燃焼　slow combustion
→冷炎

鹹　水　brine
かんすい．濃厚食塩水．最近の岩塩採掘には，温水を注入して鹹水とし，ポンプで抽出する方法も用いられる．なお，塩水という用語を使う分野もあるが，厳密には区別すべきである．なお油田の滞油層の下に位置するものは油田鹹水（塩水）と呼ばれる．

乾性油　drying oils
空気により酸化されて，乾いた硬い樹脂となる液体．このような油の主成分は不飽和トリグリセリド（亜麻仁油，桐油，サフラワー油，脱水ヒマシ油）で，ポリブタジエン（$\mathrm{CH_2CH=CHCH_2}$）$_n$ のような不飽和の炭化水素ポリマーも含む．コーティング，塗料，エナメル，ラッカーに用いられる．自然界では酸化は光化学的に起こり，C-O-C架橋が形成される．

カーン石　kernite
四ホウ酸ナトリウム四水和物（$\mathrm{Na_2B_4O_7 \cdot 4H_2O}$）の天然に産出する結晶．カリフォルニアが主産地で，いろいろなホウ素化合物の主要な原料となっている．

完全気体　perfect gas
気体の法則（ボイルの法則，シャルルの法則）に厳密に従う気体．原子間または分子間相互作用のない気体である．

乾　燥　drying
試料から少量の水を物理的または化学的手法により除去すること．固体からの水の除去は試料を加熱すると促進される．水以外の溶媒の除去も乾燥という．→凍結乾燥

乾燥機　drier (dryer)
物質を乾燥させる装置やプラント．

乾燥剤(1)　desiccant
乾燥に用いる物質．乾燥剤のいくつかは乾燥対象と化学的に反応するので注意が必要．主にデシケータ中で用いられる．効力の順に通常の乾燥剤を並べると，$\mathrm{CaCl_2} < \mathrm{CaO} < \mathrm{NaOH} < \mathrm{MgO} < \mathrm{CaSO_4} < \mathrm{H_2SO_4} <$ シリカゲル $< \mathrm{Mg(ClO_4)_2} < \mathrm{P_2O_5}$ となる．

乾燥剤(2)　drier (dryer)
乾燥を促進するために塗料やワニスに添加す

る金属石鹸や溶剤.

乾燥装置 drying equipment
気体は吸着カラムなどにより乾燥できる．液体は蒸留などで乾燥する．固体では種々の装置や手法が用いられる．

含窒素ドナー分子 nitrogen-donors
3価の窒素化合物，特にアンモニアやその誘導体は，ローンペアを配位させることで多種多様の錯体を形成する．ニトロシル錯体は窒素で配位結合している．$(NO_2)^-$ は N（ニトロ錯体）でも O（ニトリト錯体）でも結合し得るが，ニトロ錯体のほうが安定である．硝酸イオンは O で結合する．

寒天 agar (agar-agar)
海藻コロイドの一種．2つの多糖類，アガロースとアガロペクチンの混合物．加水分解によりガラクトースになる．寒天は紅藻であるテングサ (*Rhodophyceae*) の細胞壁の成分として産出する．固形培地として微生物の培養に用いられるほか，増粘剤や乳化安定剤として食品工業で用いられる．緩下剤でもある．

カンナビス cannabis
→大麻

カンファン camphane
→ボルナン

カンフェン camphene
$C_{10}H_{16}$. 融点 51℃，沸点 159℃．2,2-ジメチル-3-メチレンノルボルナン（樟脳）．樟脳油類に含まれている．人工的には塩化ボルニルの脱塩化水素反応で得られるほか，ボルネオールおよびイソボルネオールの脱水，無水酢酸をボルニルアミンに作用させる，などの反応により生成する．

含フッ素二相触媒 fluorous biphasic catalysis
ある相で反応させたのち他の相に移動させる2相系の触媒反応で，フッ素含有溶媒を利用すること．フルオラス二相触媒ともいう．

含フッ素薬剤 fluorine-containing drugs
フッ素の存在は，例えばフルオロウラシルのように，その分子の生物活性に大きな（たいていは好ましい）影響を与える．→巻末の農薬一覧表 (flu で始まる名称の殺虫剤を参照)

カンペステロール campesterol ((24*R*)-24-methyl-5-cholesten-3*β*-ol)
$C_{28}H_{48}O$. (24*R*)-24-メチル-5-コレステン-3*β*-オールにあたる．融点 158℃．多くの植物中（例えば菜の花など）にシトステロールとともに産出する．

甘扁桃油 oil of sweet almond
かんへんとうゆ．種々のサクラ科の仁から浸出する．主成分はグリセリンのオレイン酸エステル．着香料，石鹸，潤滑剤に利用される．

γ 線 gamma rays (γ-rays)
非常に短い波長 ($10^{-10} \sim 10^{-13}$ m) の電磁波．非常に硬い X 線ともいえる．透過力が大きい．ほとんどの核壊変過程で発生する．

甘味料 sweetening agents
糖，特にショ糖，果糖，ブドウ糖，麦芽糖（マルトース）は古典的な甘味料である．ソルビトールやマンニトールは甘味を有する糖アルコールである．人工甘味料はカロリーがない．シクロヘキシルスルファミン酸ナトリウム（チクロ）は発ガン性の可能性があるとされて，使用量は激減した．現在ではサッカリンやアスパルテームが広く用いられる．

完面像 holohedral forms
→半面像

肝油 cod-liver oil
→タラ肝油

カンラン石（橄欖石） olivine
Mg_2SiO_4, Fe_2SiO_4. ネソケイ酸塩 $M_2^{II}SiO_4$ (M = Mg, Fe, Mn) の典型．独立した SiO_4^{2-} 陰イオンを含む．Mg に富むものは耐火ブロックの製造に利用される．オルトケイ酸マグネシウム Mg_2SiO_4（苦土橄欖石，フォルステライト）は近年注目されているニューセラミックスの1つである．

還流 reflux
蒸気が部分的に凝縮した液体が分留塔の先端から下方へと戻り，上ってくる蒸気と接触しながら逆に塔内を下がっていくこと．

顔料, 色素 pigments
材料の表面，プラスチック，インクなどを着色するために用いる物質で，顔料は基材の他の性質には影響を及ぼさない．染料は通常は何らかの溶媒に可溶なもので分子レベルで作用するが，顔料は粒子状で不溶である点が異なる．天然の顔料の多くは無機物である．白色（二酸化

チタン，塩基性炭酸鉛，硫酸鉛，酸化亜鉛，硫化亜鉛），赤および褐色（酸化鉄，鉛丹，カドミウムレッド），黄色（酸化鉄，クロム酸鉛，クロム酸亜鉛，硫化カドミウム），緑（クロム(Ⅲ)化合物），青（プルシアンブルー（鉄のシアン化物），ウルトラマリン），黒（炭素）．金属粉（アルミニウム，ブロンズ，亜鉛）も表面被覆に用いられる．多くの不溶性有機色素（例えばフタロシアニン）も顔料として利用される．

緩　和　relaxation

　ある励起状態から他の励起状態または基底状態へとエネルギーを失う過程．平衡へと戻ること．→ソノケミストリー，超音波科学

キ

輝安鉱　stibnite
　Sb_2S_3．アンチモンの唯一の主要鉱石．

幾何異性　geometrical isomerism
　→異性

希ガス元素（貴ガス元素）　rare gases, noble gases

　本来は貴ガスであった．ヘリウム，ネオン，アルゴン，クリプトン，キセノン，ラドンの元素．いずれも空気中の微量成分として存在し，ヘリウムはある種の天然ガス井からの炭化水素ガス中にも含まれる．分留により分離できる．溶接などにおける不活性雰囲気（特にヘリウムとアルゴン），電球，放電管（特にネオン，クリプトン，キセノン）に用いられる．液体ヘリウムは低温を得るために利用される．Krは複層材料における絶縁材として用いられる．鉱物中で放射性壊変により生じたヘリウムやアルゴンを定量することで試料の年代測定ができる．キセノンは化合物を形成する．クリプトンやラドンも数少ないながら化合物を作ることが知られている．その他の希ガスはこれほど安定な化合物は形成しないが，マトリックス単離法によっていくつかの不安定な化学種の生成が認められている．他の用途はそれぞれの元素の項を参照されたい．

希ガス則　inert gas formalism
　価電子数（最外殻電子数）が8個（オクテット則），や18個（18電子則）となったときに安定性の大きい化合物が生じるという原則．

輝銀鉱　argentite
　Ag_2S．重要な銀鉱石．

菊酸類　chrysanthemum carboxylic acids
　この酸のエステルは除虫菊（*Pyrethrum*）の活性成分である．ジカルボン酸では，側鎖-COOH基がエステル化しているものもある．モノカルボン酸が知られている．環の-COOH基がエステル化しているものもある．→アレスリン（allethrin．巻末の農薬一覧表），ピレトリ

ン，シネリン

気圏 atmosphere
地球の最外部を形成している気体の存在している部分．低いほうから対流圏，成層圏，中間圏，熱圏に区分されている．

気硬性 air hardening
セメントなどが大気中で硬化して強度を増加すること．

輝コバルト鉱 cobaltite
組成はCoAsS．重要なコバルトの鉱物である．

ギ(蟻)酸 formic acid
HCOOH．系統名ではメタン酸．無色液体でかすかに発煙し刺激臭がある．融点8.4℃，沸点100.5℃．汗や尿，イラクサ(蕁麻)に含まれる．シュウ酸とグリセリンを加熱すると生成し蒸留により取り出される．一酸化炭素と水酸化ナトリウムを反応させて得られるギ酸ナトリウムを硫酸で分解しても得られる．一酸化炭素とメタノールの反応で得られるギ酸メチルを加水分解しても作られる．繊維の染色や仕上げ，皮革のなめし，他の化学薬品の合成中間体として用いられる．多くの有機化合物や無機化合物のよい溶媒．カルボン酸のうちではかなり強い酸である．

ギ酸エステル formates (esters)
ギ酸のエステル，系統名ではメタン酸エステル．

ギ酸エチル ethyl formate (ethyl methanoate)
HC(O)OCH$_2$CH$_3$．系統名ではメタン酸エチル．モモの核のような臭気を持つ無色液体，沸点54℃．エタノールとギ酸を少量の硫酸とともに加熱して得る．燻蒸剤，ドライフルーツ，タバコ，食品の殺幼虫剤，着香に用いられる．アルデヒドの合成にも用いられる．

ギ酸塩 formates (salts)
ギ酸の塩，系統名ではメタン酸塩．

キサンタンガム xanthan gum
トウモロコシデンプン(コーンスターチ)などを細菌 *Xanthomonas campestris* により分解させて作られる．食品添加物に用いられる．

キサンチン (1) xanthin
→親水コロイド

キサンチン (2) xanthine (2,6-oxypurine, 3,7-dihydro-1*H*-purine-2,6-dione)

$C_5H_4N_4O_2$．2,6-ジオキソプリン，3,7-ジヒドロ-1*H*-プリン-2,6-ジオン．無色結晶の一水和物を与える．核酸の代謝における分解産物．体内で酸化されて尿酸(トリオキソプリン)になる．

キサンチンオキシダーゼ xanthine oxidase
酸化還元酵素．基質の酸化の際にスーパーオキシドラジカル(O_2^-)を発生するが，これはスーパーオキシドディスムターゼにより阻害される．

キサントゲン酸塩 xanthates
不安定な酸 ROC(S)SH (R はアルキルまたはアリール基)の塩．ナトリウム塩はアルコールなどの水酸基を持つ化合物を二硫化炭素と水酸化ナトリウムで処理するか，ナトリウムアルコキシドを二硫化炭素で処理すると得られる．エステルは上記のようなナトリウム塩をハロゲン化アルキルで処理すると得られる．遊離の酸は非常に不安定．他の金属塩はこのナトリウム塩を複分解して得る．キサントゲン酸セルロース(セルロースザンセート)は人絹製造のビスコース過程で作られる．他のキサントゲン酸塩は浮遊法やある種の金属の検出に利用される．ゴムの硬化や架橋にも用いられる．工業現場では上のように通常，ザンセートと呼んでいる．

キサントシン xanthosine, xanthine riboside
キサンチンリボシド．グアノシンの脱アミノ化で生成する．→ヌクレオシド

キサントヒドロール xanthydrol (9-hydroxyanthrene)
$C_{13}H_{10}O_2$．9-ヒドロキシアントレン．無色結晶，融点122℃．キサントンをアルコール中，ナトリウムアマルガムで還元して得る．

キサントフィル xanthophyll
$C_{40}H_{56}O_2$．カロテノイド色素．カロテンの酸化生成物．古くは葉緑素(クロロフィル)に対して葉黄素と呼んだこともある．

キサントン xanthone (dibenzo-4-pyrone)
$C_{13}H_8O_2$．ジベンゾ-4-ピロン．無色結晶，融

点174℃. サリチル酸フェニルを加熱して得る. 還元するとキサンテンを生じる（C=Oが還元される）．キサントン系色素の母体化合物.

ギ酸ナトリウム sodium formate
HCOONa. 系統的命名法ではメタン酸ナトリウムとなる.

ギ酸メチル methyl formate (methyl methanoate)
HC(O)OCH$_3$. 優れた溶媒.

擬似移動床式 simulated moving bed technology (SMB)
クロマトカラムに基づく自動分離システム.

基質 substrate
酵素反応において酵素が作用する物質を基質という.

基準酒精飲料 proof spirit
→プルーフスピリッツ

基準状態 reference state
特定の温度において1気圧下で熱力学的に最も安定な状態（リンは例外で白リンを基準状態としている）．標準状態ともいう.

基準振動数 fundamental frequencies
IRやラマンスペクトルで観測されるそれぞれの物質に特徴的な振動モード．これを基準とすると観測可能な許容振動モードはすべて表現できる.

キシラン xylans
リグニン化した細胞壁，落葉樹の心材，穀類のワラや籾殻，そのほかの植物性物質にセルロースと会合して存在する．鎖状または分岐した構造のD-キシロピラノシル単位を含む多糖類（C$_5$H$_8$O$_4$）$_n$. 分岐鎖にアラビノース単位を含むアラビノキシランや，そのポリ硫酸エステル誘導体（ペントサン硫酸）は医療用に用いられる.

キシリジン xylidenes
C$_8$H$_{11}$N, C$_6$H$_3$(CH$_3$)$_2$NH$_2$. キシレンの異性体混合物を分離せずにニトロ化して得られるニトロキシレンの混合物を，鉄と塩酸で還元すると5種のキシリジン（アミノキシレン）の混合物が得られる．アゾ色素の第一成分として用いられる.

キシリル酸 xylic acid
2,4-ジメチル安息香酸の慣用名.

キシレノール xylenols
C$_8$H$_{10}$O, C$_6$H$_3$(CH$_3$)$_2$OH. ヒドロキシジメチルベンゼンで6種の異性体がある．純粋なものは低融点の固体でフェノール類の一般的性質を持つ．キシレノールと呼ばれるのはコールタールのフェノール画分から得られる異性体混合物で溶剤として用いられる．2,6-キシレノールは樹脂に用いられ，また塩素化誘導体に変換して殺菌剤に用いられる.

キシレン xylene (dimethylbenzene)
C$_8$H$_{10}$. ジメチルベンゼン．無色で屈折率の高い液体で空気中で黒い煙を出して燃焼する．通常得られるのは3種の異性体，オルト(1,2-)キシレン（沸点144℃)，メタ(1,3-)キシレン（沸点139℃）およびパラ(1,4-)キシレン（沸点138℃）の混合物．クロム酸または過マンガン酸で酸化すると対応するジカルボン酸を生じる．工業的にはナフテンを水素の存在下で接触改質して製造する（→トルエン）．以前はコールタールから製造していた．このように製造されたものは溶剤やガソリンとして適しており，キシレンの主な用途となっている．化学薬品として使用するには異性体の分離が必要である．オルト異性体は分留により容易に分離できるが，メタ体とパラ体の分離には分別結晶，溶媒抽出，包接化合物形成が必要である．オルトキシレンは無水フタル酸の製造に用いられ，メタ体およびパラ体はそれぞれイソフタル酸，テレフタル酸の製造に用いられる.

D-キシロース D-xylose (wood sugar)
C$_5$H$_{10}$O$_5$. 以前は木糖と呼んだ．融点144℃. ワラ，綿実の外皮や種々のヘミセルロース，プリメベロシドのようなグリコシドに含まれる五炭糖．発酵させることはできないが，化学的性質は他の糖と同様である．なめしや染色に用いられる．以前はアスコルビン酸の原料でもあった.

輝水鉛鉱 molybdenite
MoS$_2$. モリブデンの主要鉱石．層状構造を有し，潤滑剤として用いられる.

輝石 pyroxenes
(SiO$_3$)$_n^{2n-}$の組成を持つ単純な鎖を含む一群のケイ酸鉱物．例えば頑火輝石SiO$_3$や透輝石CaMg(SiO$_3$)$_2$が挙げられる.

キセニルアミン　xenylamine(4-aminobiphenyl)

$C_{12}H_{11}N$，4-アミノビフェニル．無色結晶，融点 53～54℃．4-ニトロビフェニルを水溶液中で鉄またはスズにより還元して得る．置換基を持つ誘導体はキセニルアミン類と呼ばれる．いずれも発ガン性の可能性あり．

キセノン　xenon

元素記号 Xe．原子番号 54，原子量 131.29，融点 -111.79℃（4 Pa），沸点 -108.12℃，密度（液体）352 g/L（= 0.352 g/cm^3），地殻存在比 2×10^{-6} ppm，電子配置 $[Kr]4d^{10}5s^25p^6$．希ガス（空気に 8.7×10^{-6}% 含まれる）．液体空気の分留により分離される．ランプや放電管，霧箱に用いられる．水にやや溶ける．麻酔効果がある．

キセノンの化学的性質　xenon chemistry

キセノンは18族の希ガスであるが，他の希ガス元素よりも化合物を作りやすく，かなりの数のものが知られている．酸化数は +2（XeF_2）（Xe と F_2 に光照射して得る），$XeCl_2$（Xe と Cl_2 を放電させる），ともに直線型），+4（XeF_4）（Xe と F_2 から得る；平面四角形；酸性フッ化物と付加物を形成する）），+6（XeF_6（Xe と F_2 から得る），XeO_3（爆発性；XeF_6 と H_2O から得る））および +8（$(XeO_6)^{4-}$（$(HXeO_4)^-$ と塩基から生成））．他の誘導体としては $[XeO_3F]^-$ のような酸化フッ化物陰イオン，$XeOF_2$ や $XeOF_4$ のような酸化フッ化物がある．有機キセノン（II）または（IV）化合物も知られている．$[AuXe_4]^{2+}$ カチオンもある．

キーゼルグール　kieselguhr

→ケイ藻土

キセロゲル　xerogels

ゲルの一種．キセロゲルは分散媒体の含有量が比較的少ない．乾燥剤用のシリカゲルなどはキセロゲルである．これに対してリオゲルは分散媒が多く含まれるものをいう．

気相浸透圧測定　vapour phase osmometry

温度上昇に伴う蒸気圧上昇の溶液と溶媒の差．分子量測定に利用される．

基体　substrate

基板ということもある．反応が起こる媒体や活性種を保持する担体，吸着する表面を提供する物質．

気体　gas

気体は物質が最も希薄に拡散した状態で，分子はほとんど束縛を受けずに運動している．圧力が連続的に減少するにつれて，体積は連続的に無限に増加する．蒸気は液相や固相などの共存している場合を指し，物質の臨界点以上の温度の場合を指す気体とは区別される．

気体の圧力　pressure of gasses

気体が容器の壁に及ぼす力の尺度．1 パスカル Pa（1 m^2 あたりの力）は 1 N/m^2．大気圧（1 atm）は 101325 Pa である．760 mm の水銀柱は 1 atm すなわち 760 Torr の圧力を与える．1 Torr = 133.32 Pa．1 bar = 10^5 Pa．

気体の吸収係数　absorption coefficient of a gas

1 cm^3 の液体に溶解する気体が 0℃，760 Torr の圧力のときに占める体積（cm^3）で表す．ブンゼンの吸収係数ということもある．0℃のときの水に対する一般的な気体の吸収係数は次のとおり．N_2/0.024, O_2/0.049, C_2H_4/0.25, CO_2/1.71, H_2S/4.68, SO_2/79.8, HCl/506, NH_3/1300.

気体の諸法則　gas laws

気体の振る舞いに関する法則．ボイルの法則，シャルルの法則，ゲイ-リュサックの気体の体積に関する法則，アヴォガドロの法則（仮説）がある．

気体吸収　gas absorption

気体の混合物からある成分を液体に溶かしたり表面に吸着させること．選択的吸収は気体や蒸気の混合物の成分分離に使われる．例えば NH_3 と空気の混合物から NH_3 を水に吸収させて除去できる．

気体収着　gas adsorption

気体混合物のある成分を液体または表面に吸着させること．触媒において重要．→吸着等温式

気体水和物　gas hydrates

ガスハイドレート．水により単原子気体，低分子の気体または有機小分子が取り込まれて形成されたクラスレート．固体の水が開いたかごを形成し孔に気体が取り込まれている．例えば $Cl_2 \cdot 7.3H_2O$ など．最近では海底に存在するメタンハイドレートが注目されている．

気体定数　gas constant

ボイルの法則は一般式 $Pv = kT$ で表され，こ

こで P は圧力，v は体積，T は温度，k は気体の物質量に依存する定数で P と v の単位によって決まる．1 mol の気体を考えるとき k を R と書き，式は $Pv=RT$ となる．R を気体定数といい，$R=8.314$ J/mol K ($=0.08205\, l$ atm/mol K).

気体熱量計 gas calorimeter
燃料ガスを既知の速度で燃焼させるか，あるいは少量の可燃性ガスの場合には既知の体積のガスを燃焼または爆発させて発熱量を測定する装置．

気体反応の法則 combining volumes, law of
→ゲイ-リュサックの法則

気体分子運動論 kinetic theory of gases
気体の持つ諸性質は，その構成粒子が弾性粒子とみなされ，温度に依存するランダムな運動を行うものと仮定して，粒子運動の法則と確率の法則を適用することで導かれるという理論．

キチナーゼ chitinase
カタツムリや糸状菌類の消化液の酵素で，甲殻類や菌類のキチンおよび関連化合物を加水分解することができる．生成物は N-アセチルグルコサミンである．

キチン chitin
N-アセチル-D-グルコサミン単位が β-$(1\rightarrow 4)$-位で結合している構造の多糖類．甲殻類や昆虫の外皮を形成するほか，ある種の菌類にもみられる．水の浄化において凝固剤として用いられるほか，食品加工に使用される．酵素キチナーゼにより加水分解される．

気付け薬 sal volatile
主成分は炭酸水素アンモニウム（鹿角塩）である．→サル・ヴォラティル

拮抗薬 antagonists
反応性を弱める物質．原語のままアンタゴニストと呼ばれる場合も多い．

吉草酸 valeric acids
C_4H_9COOH，バレリアン酸ともいう，以前は纈草酸と書いた．系統的命名ではペンタン酸となる．n-吉草酸は無色の液体で不快臭がある．沸点 186℃．ヨウ化 n-ブチルのグリニャール反応で調製するか，n-アミルアルコールの酸化で得られる．イソ吉草酸（2-メチル酪酸）は無色の液体で不快な臭気を持つ．沸点 177℃．カノコソウ（纈草）の根（吉草根）やアンジェリカ根から，異性体の 1-メチル酪酸の光学活性体とともに得られる．イソアミルアルコールの酸化で合成できる．フーゼル油の酸化で得られる吉草酸はこれらの天然の吉草根から得られるものと同様の混合物である．

ギブサイト gibbsite
γ-$Al(OH)_3$．ギブス石と呼ぶこともある．

キップの装置 Kipp's apparatus
実験室で小規模に気体を発生させるために用いられる装置．液体と固体とを接触させることで気体を発生させる．3 種類の容器（受器）からなっていて，最上部は液体留で，中心部の管で最下部に接続されている．中央部は固体を入れる器で，気体を取り出すための栓がついている．栓を開けて気体を放出すると，下の容器から液体が上昇してきて固体と反応して気体を生じる．栓を閉じると内部の圧力が上昇して液面は押し下げられ，接触がなくなると反応は停まる．以前は実験室での硫化水素ガス（塩酸と硫化鉄の反応）や炭酸ガス（塩酸と石灰石の反応）の発生によく用いられた．

基底状態 ground state
原子，分子，イオンの電子，振動または回転状態のエネルギーが最も低い状態．

規定度 normality
→規定溶液

規定濃度 normality
→規定溶液

規定溶液 normal solution
溶液 1l 中に 1 グラム当量の物質を含む溶液．規定溶液とはある特定の反応（中和，酸化還元，沈殿滴定など）に対する当量濃度を本来意味するべきであるが，必ずしもそうではないことも多い．規定濃度は N の文字で表されることもあり，1N 塩酸とは塩化水素の 1 規定溶液（酸塩基滴定に関して）を意味する．正式な化学の報告ではモル濃度を使用するほうが望ましいのだが，分析化学や薬学，医学などの分野では便利さもあって規定濃度表示のほうが世界的にも

普通である．

起電力 electromotive force（e.m.f.）
　電池に正味の反応が起こらないように逆向きの電圧をかけて電流がゼロになるときの電位．

軌道運動電子 planetary electrons
　核外電子のこと．→電子配置

軌道角運動量 orbital angular momentum（L）
　ある原子またはイオンの1組の（ある殻を満たす）電子による全角運動量．電子ですべて満たされているか全く電子が充填されていない殻では L は0である．

軌道磁気モーメント orbital magnetic moment
　原子またはイオンの磁気モーメントのうち核の周りの電子の運動により生じる成分．

軌道電子捕獲 orbital electron capture
　原子核が電子を捕捉し，陽子1個が中性子に変化し，原子番号が1だけ小さくなること．

キトサン chitosan
　キチンを脱アセチル化した形．

希土類元素 rare earths
　厳密にはランタニド元素の酸化物を指すが，それら元素自身，およびスカンジウムとイットリウムを包括した諸元素に対しても用いられる．2009年の全世界の希土類酸化物の需要量は約13万トン．磁石，ニッケル水素電池，触媒，蛍光体，電気素子に用いられる．

キナーゼ kinase
　ATPから基質へのリン酸基の転移反応を触媒する酵素．例えばヘキソキナーゼはヘキソースのリン酸化反応を触媒する．多くの疾病に関与している．

キナルジン quinaldine（2-methylquinoline）
　$C_{10}H_9N$, 2-メチルキノリン．無色の油状液体．沸点246～247℃．水蒸気蒸留で精製が可能．安定な塩や四級化合物を形成する．アニリン，アセトアルデヒド，塩化亜鉛を加熱すると得られる．増感色素の製造に用いられる．

キニザリン quinizarin（1,4-dihydroxy-9,10-anthraquinone）
　$C_{14}H_8O_4$, 1,4-ジヒドロキシ-9,10-アントラキノン．種々の色素合成に用いられる．

キニジン quinidine
　$C_{20}H_{24}N_2O_2 \cdot 2H_2O$．融点172℃．キニーネの右旋性立体異性体．キナノキ（*Cinchona* 属）の樹皮に含まれ，キニーネ製造時の副生成物として得られる．キニーネと同様の薬理作用を持つ．

キニトール quinitol
　1,4-シクロヘキサンジオールの慣用名．

キニーネ quinine
　$C_{20}H_{24}N_2O_2 \cdot 3H_2O$．日本化学会方式の命名システムではキニンであるが，ペプチドのキニン（kinin）と混同されないように通常はこちらが用いられている．白色の微結晶粉末．融点57℃（無水物は177℃）．キナノキ（*Cinchona* 属）の樹皮の主要アルカロイド．キニーネやその塩はマラリアの治療に用いられていたが，現在ではこれに不感受性の多くのマラリアが広がり，他の抗マラリア薬が併用されている．

絹 silk
　カイコガのマユや蜘蛛（クモ）の糸から得られるタンパク質である β-ケラチンの繊維．

キヌクリジン quinuclidine
　$C_7H_{13}N$．昇華性の固体．融点158～159℃．立体障害を持つ強い塩基（$pK_b=11$）．マグネシウム，リチウム，亜鉛の有機金属化合物と易溶性の結晶性錯体を形成する．これらは同定やメタレーションのような変換反応に用いられる．例えば，この塩基によりトルエンとアルキルリチウムとの反応によるベンジルリチウムの生成が促進される．

キヌレニン kynurenine（3-anthraniloylalanine）
　$C_{10}H_{12}N_2O_3$．トリプトファンの代謝生成物．イヌの尿から最初に発見されたため，イヌ（kyn-）と尿（urin）から命名された．

キネチン（商品名） Kinetin
展着剤として用いられるヒアルロニダーゼ多糖の名称（商品名）．

キノリノール quinolinol
8-ヒドロキシキノリン．分析試薬．蛍光試薬．抗菌剤．

キノリン quinoline（benzazine）
C_9H_7N．無色の油状で屈折率の高い液体．沸点238℃．吸湿性が高く，不快臭を有する．アルカリ性過マンガン酸塩により酸化されてキノリン酸（ピリジン-2,3-ジカルボン酸）を生じる．スズと塩酸により還元すると，テトラヒドロ体を生じる．塩基性で，鉱酸との安定な塩を形成し，ハロゲン化アルキルと反応すると四級アンモニウム塩（キノリニウム塩）を生成する．コールタールの高沸点留分に含まれる．最も便利な製法はアニリン，グリセロール，硫酸，ニトロベンゼンを加熱するスクラウプ反応である．色素や医薬品製造に用いられる．

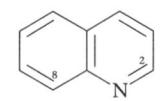

キノール quinol
ヒドロキノンの別名．

キノン quinone
ベンゾキノンの別名．通常はパラベンゾキノンを指す．

キノン類 quinones
形式的に芳香族化合物のジヒドロ体の2つの>CH_2をそれぞれ>C=Oで置換したジケトン．非常に強い色を持つ物質．多くのキノンが天然に存在し，例えばビタミンKが挙げられる．フェノールの酸化により得られる．種々の有機化合物，特にキノールと付加化合物を形成する．容易に還元されて2価フェノールを生じるので，脱水素剤として用いられる．用途は写真・酸化剤．

起爆装置 initiators
→爆発物

希薄溶液 dilute solution
溶質を少量しか含まない溶液．通常は1 mmol/l 以下のものを指す．

揮発性有機化合物 VOC（volatile organic compound）
特に塗料やポリマーに関して用いられる用語．

揮発油 white spirits（mineral solvents）
→ホワイトスピリット

擬ハロゲン pseudohalogens
ハロゲンに類似した反応を起こしハロゲン化物と類似の性質を持つ化合物を与える物質．擬ハロゲン X_2 は X^-，XO^-，XO_3^- 陰イオンを形成する．AgX化合物は水に不溶．例えば$(CN)_2$，$(SCN)_2$，$(SeCN)_2$，$(SCSN_3)_2$ が挙げられる．

基板 substrate
半導体の薄い板（ウエハ）．この上にプリント配線を行ったり，イオンを注入して素子を組み込んだりする．

基盤 base
堆積した地層の下部に当たる堅い部分．

ギブスエネルギー Gibbs' energy（G）
→ギブスの自由エネルギー

ギブスの自由エネルギー Gibbs' free energy
記号は G．$G = H - TS$．すなわちエンタルピー（H）とエントロピー項（TS）の差である．
→自由エネルギー

ギブスの等温式 Gibbs' isotherm
界面の化学ポテンシャルと表面張力の変化の関係式．

ギブスの表面濃度等温式 Gibbs' isotherm of surface concentration
溶液の表面張力（γ）と表面の単位面積あたり吸着している溶質の量（Γ）の関係式．定性的には，この式は，水中の石鹸やアミルアルコールのように表面張力を低下させる溶質は表面濃度が正であることを表している．逆に表面張力を増加させる溶質は表面濃度が負である．濃度依存性がわかれば，表面過剰率が求められ，界面活性剤1分子あたりの面積も知ることができる．

ギブスの溶媒和エネルギー Gibbs' energy of solvation
→ボルンの公式

ギブス-ヘルムホルツの式 Gibbs-Helmholtz equation
化学反応が起こる際の熱と自由エネルギー変化の関係式．定圧条件で反応を行うと

$$\Delta G = \Delta H - T\Delta S$$

ΔG はギブス自由エネルギー変化，ΔH はエンタルピー変化，ΔS はエントロピー変化である．

$$\left(\frac{\partial}{\partial T}\left(\frac{G}{T}\right)\right)_p = -\frac{H}{T^2}$$

この式を用いると，ΔG の温度依存性から反応熱を求めることができる．

気泡撹拌機　air-lift agitator
→エアリフトアジテータ

起泡分離　froth flotation
→フローテーション

基本ピーク　base peak
質量スペクトル中で最も強度の高いピーク．

キモトリプシン　chymotrypsins
重要な一群のタンパク質分解酵素．膵臓から腸に分泌される．キモトリプシンはフェニルアラニンまたはチロシンの隣のペプチド結合に特異的に作用する．

逆供与結合　back bonding
アクセプタの充填軌道（通常は d 軌道）とリガンドの空軌道である d, p または π 軌道（結合性または反結合性軌道）の重なり合い．形式的には中心原子上の負電荷の蓄積を軽減する．特に金属カルボニルなど低酸化状態の錯体で重要である．→アクセプタ

逆合成　retrosynthesis
種々の前駆体を経る合成を逆方向に辿って計画して行うこと．

逆浸透　reverse osmosis
溶媒を通常の浸透圧より高い圧力で膜を通過させて，溶液から溶質を分離すること．逆浸透は海水の脱塩，化学プラントにおける水の再生処理，工業廃水の分離に利用される．この手法は牛乳やフルーツジュースのような食品の濃縮脱水や飲料からのアルコール除去にも用いられる．→限外沪過

逆スピネル構造　inverse spinel
→スピネル類

逆滴定　back titration
容量分析において，定量する物質と反応する試薬を測定溶液に過剰に加え，この過剰量を求める方法．

逆同形　anti-isomorphism
同じ結晶格子を持つが，アニオンとカチオンの相対的な位置が交換されているもの．例えば CaF_2 構造を持つ ThO_2 と Li_2O．→アンチ蛍石構造

キャピラリー電気泳動　capillary electrophoresis
バッファーを充填したキャピラリーに電圧をかけて無機イオンやイオン化した有機物を分離させる分析技法．

キャラウェイ油　oil of caraway
セリ科のヒメウイキョウ（姫茴香，キュンメル，*Carum carvi*）の種子から得られる．約60％のカルボンを含む．ラッカーに利用される．

吸エルゴン性　endergonic
自由エネルギー変化が正であること．反応を推進するのに仕事を要すること．反対語は発エルゴン性（exergonic）である．

求核試薬　nucleophilic reagents
それ自身の持つ電子対を供与または共有する性質を持つ化学種，例えば水酸化物イオン，ハロゲン化物イオン，OR^-，SR^-，アミン類．2対以上の電子対を供与するものもある．

求核置換　nucleophilic substitution
広い意味で以下の式①で表される反応
$$R\text{-}X + :Nuc \rightarrow R\text{-}Nuc^+ + X^- \quad ①$$
R はアルキル基，アリール基，金属，半金属であり，X^- と Nuc は種々の無機あるいは有機陰イオン．Nuc は電荷を持たず非共有電子対を持つ化合物，例えばアミン類や水でもよい．これらの反応の機構は研究されており，2通りがある：S_N2 反応（二分子求核置換反応）は，形式的に式①に従い反応の律速段階に2つの粒子が関与している，言い換えれば二次の速度論に従う．一般に S_N2 反応ではワルデン（Walden）反転を伴い，X^- と Nuc が両方とも R 中の同一の C 原子に結合した5配位の中間体（または遷移状態）を経由する．S_N1 反応（単分子求核置換反応）は反応の律速段階において下の式②に示すように R-X が先に開裂し，この反応は次の式③より遅い．
$$R\text{-}X \rightarrow R^+ + X^- \quad ②$$
$$R^+ + Nuc \rightarrow R\text{-}Nuc^+ \quad ③$$
S_N1 反応は一次の速度論に従い，反応部位がキラル中心である場合はラセミ化を伴う．ハロゲン化アルキルは容易に求核置換反応が起こ

り，一級ハロゲン化物はS_N2機構が有利であり，三級ハロゲン化物はS_N1機構が有利である．ハロゲン化アリールは求核置換反応は起こりにくく，場合によってはアリーイン中間体を経由する．

急結セメント quick-setting (cement)

ポルトランドセメントなどの通常のセメントで凝結時間の短いものをいう．

吸光係数 extinction coefficient (ε) (absorption coefficient of light)

光を吸収する媒体に特有の量．光の強度Iは$I=I_0 10^{-J\varepsilon l}$．ここで$J$は吸収を起こす化学種のモル濃度，$\varepsilon$はモル吸光係数，$l$は試料の長さである．吸収係数$K$との間に$\varepsilon=0.4343K$の関係がある．→ベールの法則

吸光光度計 absorptiometer

放射線（光）の吸収を測定して，ランベルトーベールの法則から濃度を定める計測機器．比色計とほぼ同じ．

吸光光度法 absorption spectroscopy

吸収スペクトルを測定することにより定性的，定量的に行うすべての分光学的技法．

吸湿性 hygroscopic

$MgCl_2$，P_2O_5などの物質が湿った空気から水を吸収し，湿った固体や水和物，飽和溶液になる性質．

吸　収 absorption
→気体の吸収係数

吸収カラム absorption column (absorption tower)

小規模な気体吸収装置．円筒中に下から目的物を含む気流を，上端から吸収液体を流して効率的に吸収を行わせる．

吸収計（気体） absorptiometer

液体への気体の溶解度を調べるために用いる装置（ブンゼンの吸収計，ヴァンスライクの吸収計などがある）．

吸収帯 absorption bands
→光吸収

吸収塔 absorption tower

工業現場で気体を吸収するために通常用いられる装置で，吸収カラムを大型化し，円形の断面を有する巨大な塔状としたもの．上昇する気体に対する逆向きの流れとして吸収液が上端から下向きに流れる（向流接触）．吸収が不純物の除去を主目的とする場合にはよくスクラバーと呼ばれる．

球状タンパク質 globular proteins

親油性の側鎖が互いに向き合うように内側に向かい，親水性の側鎖が外側を向くような構造のタンパク質．

吸　蔵 occlusion

金属により気体あるいは固体が保持されること．あるいは電解質が沈殿に吸着されること．

吸　着 adsorption

固体や液体の表面における原子は，バルクの原子と違って結合ができるため，固体や液体の表面は潜在的に活性部位であるといえる．吸着過程において物質の表面に他の物質の原子や分子が付着し，表面の自由エネルギーを引き下げる．例えば洗剤分子が液体の表面に吸着するとその液体の表面張力を弱める．吸着は基本的にどのような表面でも起こり得る．特に表面積の大きな多孔性固体，例えばシリカゲルや炭が気体や液体と接触したときに，吸着は顕著となる．吸着過程では吸着質単分子層か，あるいは多分子層が関与しており，吸着質が表面に結合する力には，物理的性質のもの（物理吸着）と化学的性質のもの（化学吸着）がある．吸着は物質の精製，気体の乾燥，工場廃液の制御，高真空の発生などにおいて，技術的に重要である．吸着現象は不均一系触媒，コロイドおよび乳化挙動の基礎となっている．

吸着原子（アドアトム） adatom

表面上に吸着された原子．触媒作用にとって重要な部位となることがある．

吸着剤 adsorbent

その表面上で吸着プロセスが生じるような物質のこと．

吸着指示薬 adsorption indicator

沈殿の表面に吸着することによって機能する指示薬．過剰のCl^-の存在下で$AgCl$を沈殿させる場合，$AgCl$の表面にはCl^-の層があるので負に帯電している．この溶液に指示薬としてフルオレッセインを添加すると，フルオレッセインの陰イオンは溶液中に存在する．やがて終点に到達し，銀イオンが過剰になった瞬間，沈殿は正電荷を持つようになるので，フルオレッ

セイン陰イオンが対イオンとして吸着して沈殿をピンクがかった赤色に染めるのである.

吸着質 adsorbate

吸着剤の表面に吸着される物質.

吸着層 adlayer

→吸着

吸着操作（化学工業） adsorption, industrial

吸着は工業においてかなりの重要性を持ち，例えば潤滑油の精製，糖溶液の脱色および気体の精製や乾燥に用いられている．工業的吸着ではバッチ式（batch），固定床式（fixed bed）あるいは連続向流式（continuous contercurrent）吸着法が用いられている．

吸着等温式 adsorption isotherms

吸着表面に対する実験的なモデルを表現した式．ヘンリーの吸着等温式，ラングミュアの吸着等温式，フロインドリッヒの吸着等温式，ブルナウアー-エメット-テラー（BET）吸着等温式などがある．

求電子試薬 electrophilic reagents

反応物分子から電子を奪う，または電子を共有する試剤．例えばブロモニウムイオン Br^+ やニトロニウムイオン NO_2^+. 過剰の電子を受け入れるとともに開裂して生成物を生じることも多い．酸性度は求電子性の特殊な場合とみなすことができ，外部電子に対する親和性はより一般的なものである．

求電子置換 electrophilic substitution

求電子試薬が新しく結合することにより，

$$R\text{-}X + E^+ \rightarrow R\text{-}E + X^+$$

のように原子や原子団の交換が起こる反応．芳香族化合物（例：ベンゼン）のニトロ化，スルホン化，フリーデル-クラフツアシル化は典型的な芳香族求電子置換反応の例である．

吸熱反応 endothermic reaction

熱が吸収される化学反応．自発的に起こる吸熱反応は系および外界のエントロピーの増加を伴うはずである．温度が高いほど生成物を与えやすい．

急冷 quenching

過冷却状態をつくることなどを目的として，急激に熱を奪うこと．

キュバン（クバン） cubanes

正六面体型炭化水素 $(CH)_8$ およびその誘導体.

キュリー curie

放射能を表す非 SI 単位．1 Ci＝1 秒あたり 3.7×10^{10} の崩壊．1 g のラジウム-226 の壊変数として最初定義されたが，後に改訂されてこのようになった．→放射能

キュリーの法則 Curie law

物質のモル磁化率は下記のように表すことができる．

$$\chi = \frac{C}{T}$$

ここで C はキュリー定数で χ には反磁性および常磁性の寄与がともに含まれる．すべての物質がこの式に従うわけではなく，より一般的な関係は，キュリー-ワイスの法則により下記のように表される．

$$\chi = \frac{C}{T-\theta}$$

θ はワイスの定数で，扱われている特定の物質の特性を示す．

キュリウム curium

元素記号 Cm．人工のアクチニド金属．原子番号 96，原子量 ^{244}Cm 244.06，融点 1345℃，沸点 3100℃，密度 (ρ) 13510 kg/m^3 （＝13.51 g/cm^3），電子配置 [Rn] $5f^76d^17s^2$. ^{242}Cm（162日）と ^{244}Cm（18年）は ^{239}Pu に複数回中性子照射を行って生成する．^{248}Cm（4.7×10^5 年）は ^{252}Cf の α 壊変により生成する．これらの化合物はイオン交換クロマトグラフィーにより精製する．キュリウムの金属は CmF$_3$ を Ba で還元して調製でき，dhcp 構造を持つ．銀色で急速に酸化される．^{248}Cm は原子番号のより大きいアクチニド核種の重要な原料である．^{242}Cm は原子力電池の電源および熱源になる．

キュリウム化合物 curium compounds

これらは主に＋3状態で，三ハロゲン化物すべてが含まれる．

$$Cm^{4+} \xrightarrow{>2.8V} Cm^{3+}$$

＋4 の状態は水中ではフッ化物イオンにより安定化される．CmO$_2$ と CmF$_4$ は強力な酸化剤で Cm^{3+} を酸化するか，フッ素を作用させて調製する．

キュリー温度 Curie temperature

これ以下の温度においては常磁性である固体

が相転移し，大きなドメインのスピンが協同的に整列することにより，強磁性体となる温度．キュリー点とも呼ばれる．

キュリー-ワイスの法則 Curie-Weiss law
→キュリーの法則

境界層 boundary layer
ある面の上を流体が流れるとき，その表面近くの流体の層では，摩擦抵抗によりバルク部分よりも速度が小さくなる．これが境界層と呼ばれるものである．この層の中で表面に最も近い部分の流れは層流である．すなわち流体の層が互いに平行に流れ，それらの間に混合は生じない．境界層を横切る熱や物質の伝達は，分子拡散という比較的ゆっくりしたプロセスでしか生じないので，その系の熱および物質伝達性を決定する上で，技術的に極めて重要である．

強化プラスチック reinforced plastics
プラスチック（通常は熱硬化性樹脂）と，炭素繊維や金属線，ガラス繊維，紙などの強化材との複合材料．積層体は熱と圧力により形成された熱硬化性樹脂を有する．

凝固点降下 freezing point depression
純粋な溶媒に溶質を加えると，溶液中の溶質粒子の数に比例して溶媒の凝固点が低下する．1 kg の溶媒中に 1 mol の溶質を加えたときに生じる降下を凝固点降下定数，モル凝固点降下（K_f）という．K_f は溶媒毎にある一定の値で，平均分子量を求めるのに用いられている．溶質のモル降下定数（℃/mole），水 1.86，ベンゼン 4.90．→束一的性質

凝固点降下定数 cryoscopic constant (freezing-point depression constant)
→凝固点降下

凝固点降下法 cryoscopy
分子量を求める方法．→ラウールの法則

強磁性 ferromagnetism
キュリー-ワイス則に従わず磁場に依存する磁気的挙動．大きな正の磁化率（χ）を持ち，磁場を取り除いても磁気モーメント（M）がゼロにならない．それぞれの微結晶（クリスタリット）中の磁気モーメントはすべて平行であるとみなすことができ，異なる微結晶中での配向が磁場中では整列する．キュリー点以上の温度では常磁性を示す．

凝縮器 condensers
コンデンサー．工業現場では復水器と呼ぶことも多い．蒸気を凝縮するのに用いる熱交換器で，熱は冷却水によって除去される．実験室ではドイツ風にキューラーと呼んでいるところも多い．

凝析 coagulation
コロイド状の粒子の安定性はその表面電荷，水和被覆を持つかどうか，またこれら両者によって決まる．これらの安定性要因を取り去ろうとする化学的，物理的な作用は，それがどのようなものであろうと凝固（コロイドの不可逆的不安定化）を引き起こす．したがって電流をコロイドゾルに流すと粒子は電極方向へ移動する．これらは放電し凝固する．煙や霧が電気的に凝縮するのも同様の作用による．疎水（すなわち水和されていない）コロイドの凝固において少量の電解質が持つ作用は重要である．コロイドは自らが有する電荷と反対の電荷を持つイオンを吸着すると凝固する．したがって硫化ヒ素ゾル（マイナス）は +1 価のカチオンにより凝固させることができるが，+2 価のカチオンはさらに効率よく，+3 価のカチオンであればはるかに効率よく，この場合は非常に希薄であっても凝固を生じさせることができる．凝固剤を大過剰に加えると，大過剰の（上記の例でいえば，プラスの）イオンを吸着することによって，当初のコロイドが有するのとは反対の電荷のゾルを安定化することもある．そのほか凝集を引き起こすものには超音波，紫外光，沸騰（タンパク質の変成と同様に）などがあるが，紫外光と沸騰は本質的に化学作用である．水和，すなわち親水コロイドも電解質によって凝固するが，高濃度の場合のみである．この作用は塩析と呼ばれ，上に記載した単純な吸着作用とは異なる．→コロイド，電気泳動，フロキュレーション，解膠（ペプチゼーション），塩析

鏡像関係 enantiomorphic
対称面も対称心も持たないこと．キラルであること．このような分子はそれの鏡像と重ね合わせることができない．2つの光学対掌体（分子とその鏡像）は偏光面を回転させる向きが逆である．このような2つの異性体の関係をエナンチオ異性という．

共沈　co-precipitation

ある物質が溶液から析出するときに，その表面に吸着したり，沈殿粒子中に取り込まれて存在する異物のために不純となることがある．通常は母液に溶解している物質により析出物が汚染されることを共沈という．

共通イオン効果　common-ion effect

弱電解質，例えば酢酸（AcOH）溶液中で，イオンの濃度は次の平衡で支配される．

$$AcOH \rightleftharpoons H^+ + AcO^-$$

過剰の H^+ イオンをこの溶液に添加すると平衡は未解離の酸のほうへと移動し，それによって AcO^- の濃度が減少する．この効果が共通イオン効果と呼ばれるものであるが，これは実際にかなり重要である．例えば金属イオンが不溶性の硫化物として沈殿するとき，水溶液中の S^{2-} の濃度は次の平衡により支配されている．

$$H_2S(aq) \rightleftharpoons 2H^+(aq) + S^{2-}(aq)$$

酸を加えると S^{2-} の濃度が減少し，一方，アルカリ溶液中では S^{2-} の濃度が増加する．沈殿が生じるためには，硫化物の溶解度積を上回っていなければならない，すなわち

$$K_{sp} \leq [M^{x+}][S^{2-}]^{x/2}$$

であるから，実際の沈殿の生成・溶解は溶液のpHを変えることによって制御可能となる．

強電解質　strong electrolytes

溶液中で実際上完全にイオン化する物質．水溶液における大部分の可溶性の塩類や強酸，強塩基など．

協同効果　synergism

→相乗効果

共氷晶点　cryohydric point

一般には共融点というが，一方の成分が水であるときに通常この言葉が用いられている．

共氷点　cryohydric point

→共氷晶点

共沸混合物　azeotropic mixtures

液体の混合物を蒸留すると液体の組成と蒸気の組成が一致する点に到達する．蒸気圧を混合物の組成変化に対してプロットすると，多くの液体混合物は最低沸点（例えばメタノールとクロロホルム，n-プロパノールと水など）を持つが，最高沸点（例えば塩酸と水など）を持つものもある．最低沸点を有する系（A＋B）の例を図に示す．上の曲線は蒸気相の組成を，下の曲線は液相の組成を示す．組成 x のときの液体が温度 t で沸騰すると，蒸気の組成 v は液体よりも成分 A に富むため，沸点が高くなることによって，最終的に純粋な B が得られる．しかし曲線の Z（蒸気圧の最小値）においては，溶液と蒸気は平衡にあり，この点での液体を蒸留しても組成に変化はない．Z における混合物を共沸混合物あるいは定沸混合物という．共沸混合物の組成は圧力に応じて変わる．

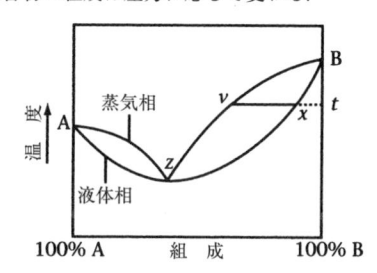

共沸蒸留　azeotropic distillation

2つの物質の沸点が近いとき，またはこれらが共沸混合物を形成するとき，分別蒸留による分離は極めて難しく，不可能ともいえる．共沸蒸留はこれら2つの物質のそれぞれと共沸混合物を形成する第三の物質を添加して蒸留し，その後これらの共沸混合物をさらに処理して純粋な化合物を得るものである．ベンゼンを用いてエタノールと水を分離したり，反応残液中から酢酸を回収したりするときなどに用いられる．

共鳴　resonance

光学的な意味では，電磁波（可視光，赤外線，マイクロ波）がそれを放射することが可能な系により吸収されることを指す．例えば水銀蒸気は放電により適当な励起が起こると波長2536Åの光を放出する．この波長の光は水銀蒸気により容易に吸収され，吸収されたエネルギーは光反応を起こすのに使われることもある．この過程は音響的な共鳴，すなわち2つの振り子のカップリングと類似している．

共鳴という用語は原子価についても用いられる．この意味で共鳴という語が用いられるときは，分子中の原子価電子が，幾何学的構造に差がなくエネルギーがわずかしか違わないいくつかの異なる配置をとることができ，それゆえ実

際の配置はこれらの混成であることを表す（→メソメリズム）．このような系は共鳴のない形より共鳴エネルギー分だけ安定である．

共鳴イオン化分光法 resonance ionization spectroscopy

レーザーを用いて原子を選択的にイオン化することにより単一の種類の原子を少量でも選択，単離，観測できる手法．

共鳴ラマン分光法 resonance Raman spectroscopy

→ラマン効果

共　役 conjugation

いくつもの2重（または3重）結合と単結合が，次のように1つおきに配置していること．

$$-\overset{|}{C}=\overset{|}{C}-\overset{|}{C}=\overset{|}{C}-$$
$$-\overset{|}{C}=\overset{|}{C}-\overset{|}{C}=O,\ など$$

共役塩基 conjugate base

ブレンステッド-ローリーの酸-塩基の理論では，酸は解離してプロトンを放出し，酸の共役塩基になると考えられている．したがってある酸の共役塩基とは酸のアニオンとなることが多いが，アンモニウムイオン（これもブレンステッド酸である）のように共役塩基はアンモニア分子ということもある．

共役酸 conjugate acid

ブレンステッド-ローリーの酸-塩基の理論において，塩基にプロトン（H^+）が1個付加した形のものを指す．逆に酸からプロトンが1個はずれたものは共役塩基ということになる．

共役溶液 conjugate solutions

ある特定の温度で平衡にある2つの物質が互いに相手に溶解している（例えば水にフェノールが溶け，フェノールに水が溶けているような）溶液．

共　融 eutectic

2種類の物質を機械的に混合し加熱したときにシャープな融点を示す現象．このような混合物を共融混合物といい，その融点を共融点という．

共有結合 covalent bond

2個の電子を共有することによる2個の原子の結合で，各原子はそれぞれ1つずつ電子を供給する．同一の原子であるときにのみ，これらの電子は等しく共有される．ほとんどの共有結合において電子は一方の原子により引きつけられている（→電気陰性度）．イオン半径が小さく高い電荷を持つ陽イオンと，大きな拡散した電子雲を持つ陰イオンとが相互作用するような場合には，極性共有結合が形成される．→原子価理論

共有結合半径 covalent radius

共有結合（すなわち単結合，二重結合，あるいは三重結合）で結合した2個の原子間の平衡距離は，ほぼ一定である．C-C結合距離は1.54Åで，ダイヤモンドでも環状飽和炭化水素でも同じである．一般にA-B共有結合距離はA-A結合とB-B結合の距離の平均に近い．したがって，それぞれの共有結合半径を足し合わせることで，共有結合分子中の任意の2つの原子間の距離を求めることができるような，1組の共有結合半径を設定することが可能である．共有結合半径は一般に元素中の核間距離の半分であるが，元素が極めて電気陰性度の高い場合（例えばフッ素）にはこの限りではない．

共融点 eutectic point

混合物の相図において共融混合物の組成と融点を示す点．共融混合物は組成が変化せずに融解する．混合物が共融点を持つことは，常にではないが成分同士が化合物を形成していることを示している場合も多い．

強誘電体 ferroelectrics

誘電ヒステリシスを示す化合物．すなわち結晶内の双極子が打ち消し合わないことによる可逆的な自然分極を持つ化合物．低温相のBaTiO$_3$（チタン酸バリウム）やKH$_2$PO$_4$（KDP，リン酸二水素カリウム）などがある．

供与性共有結合 dative covalent bond

配位結合．→原子価理論

極性化合物 electrovalent compounds

主な結合力が陽イオンと陰イオンの間の静電引力である化合物．格子は個々の分子からなるものではなく，イオンが最も効率的になるようにパッキングして空間を埋めている（通常は陰イオンの密な充填をとる）．共有結合性化合物と異なり，溶融状態で導電性であり，極性溶媒に溶け，揮発性が低い．

極性結合　polar bond（electrovalent bond）

電子の分布が対称的でない共有結合．なお英語の electrovalent bond にはイオン結合までを含める使い方もある．

極性分子　polar molecule

共有結合を形成している1対の電子は，両方の原子に必ずしも等しく共有されているわけではない（電気陰性度が異なる）ので，結合には電荷の分離が生じており，分子全体でその効果が打ち消されていなければその分子全体として電荷分離が生じている．そのような分子を極性分子という．共有結合性の塩化水素分子は塩素のほうが水素よりも結合電子対をより強くひきつけているため，この分子は双極子モーメントを持つ．

$$H^{\delta+}-Cl^{\delta-}$$

非共有電子対も分子を非常に高極性にする寄与を持つ．

極性溶媒　polar solvent

高い溶媒和力を持つ溶媒．一般に溶媒分子の双極子が大きいとイオン性物質に対するよい溶媒となる．

キラリティ　chirality

非対称（不斉）な物体または分子に用いられる用語．ある物体とその鏡像との非同一性はキラリティと呼ばれ，掌性とも呼ばれる．すなわちその物体と鏡像との関係は右手と左手の関係であることを意味する．ある分子がその鏡像と重ね合わせることができないとき（またはそれが別の対称軸を持たないとき），その分子はキラルであるといい，光学活性を示し，すなわち偏光の偏光面を回転する（円偏光二色性）．乳酸はここに示す構造（1対の鏡像）を持ち，分子キラリティを示す．ここで中央の炭素原子がキラルであるといわれることがあるが，キラルなのは分子である．

記号表示に関しては「立体配置」を参照．X線結晶構造解析を用いると，特定の物理化学あるいは生理的影響を生じさせるエナンチオマーの絶対配置を決定することも可能となる．ある種の結晶，例えば水晶では，結晶構造中にキラリティが存在する．キラル炭素原子を持たないけれども重ね合わせることのできない鏡像構造を持つ化合物においては，分子キラリティが可能となる．アレン abC=C=Cba において C=C=C 結合の周りの回転が制限されているためにキラリティが生じ，2つの光学活性な形①と②が生じる．

かさ高い置換基 X と Y により生じる，単結合の周りの制限された回転，アトロプ異性によりキラルなジフェニル誘導体③と，④というエナンチオマーが生じる．例えば X=NO_2 であり Y=CO_2H の場合には自由回転ができないのである．

キラル　chiral

→キラリティ

キラルクロマトグラフィー　chiral chromatography

キラル異性体をキラル物質を用いて分離すること．

キラル触媒　chiral catalysis

一方のエナンチオマーを優先的に生成するために用いられる触媒．製薬合成に用いられている．

キラル薬剤　chiral drugs

光学活性物質のうちの一方のエナンチオマーを含有する薬物．生理学的には一方のエナンチオマーのみが一般に活性であり，他方は生理作用を示さないか，ときには有害な作用を示したりする．

桐　油　tung oil（china-wood oil）

きりあぶら，きりゆ．→桐油(とうゆ)

輝緑岩　dolerite

→ドレライト

キルヒホッフの式　Kirchhoff's equation

ある物理的,化学的な過程が温度 T において起きたときに発生する熱量を Q としたとき同じ過程が別の温度で進行するときの熱量を求めるための式,すなわち $dQ/dT=C_1-C_2$ をいう.ここに C_1, C_2 はそれぞれ,過程の起こる前後の系の総熱容量である.化学反応であれば反応系と生成系にあたる.このキルヒホッフの式は熱力学第一法則から直接導くことができる.

キレート化合物　chelate compound

配位結合により,閉環が生じる化合物.例えばベリリウムアセチルアセトナト錯体に見られる.

キレート錯体中では多数の異性体が生じる可能性がある.トリス(エチレンジアミン)タイプの八面体錯体中では 2 つの光学活性異性体が生じるが,これは Δ と Λ で表される.

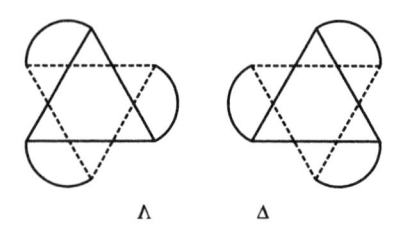

エチレンジアミンのような配位子は平面ではなく,ねじれ型(ゴーシュ)であるので,さらにさまざまな型(配座異性)も生じる.エチレンジアミン中の 1 つの C-C 結合の方向がその 3 回軸と平行であるとき,異性体は lel 型と呼ばれ,それが軸に向かって傾いているときには ob 型となる.

キレート効果　chelate effect

単座配位子を含有する錯体に比較し,キレート含有錯体の安定性が増加すること.例えばエチレンジアミン錯体はビス(エチルアミン)錯体より安定性が高い.

キレート生成　chelation

→キレート化合物

金　gold

元素記号 Au.金属,原子番号 79,原子量 196.97,融点 1064℃,沸点 2856℃,密度 (ρ) 17310 kg/m^3(=17.310 g/cm^3),地殻存在比 0.0011 ppm,電子配置 [Xe]5d^{10}6s^1.天然には石英中に少量含まれる.石英を含む岩石が風化・侵食されたのち,河川の堆積物(重砂)中に集積したものが「砂金」である.ときにはかなりの大きさの金塊として産する.ある種の植物,特にカラシナ属はかなりの量の金を生体内に蓄積する.過酸化物または空気の存在下でシアン化カリウム溶液を用いて抽出すると [Au(CN)$_2$]$^-$ イオンを生じて水溶性となる.金は銅を電気化学的に精製したのちの泥鉱(陽極泥)にも含まれる.明るい黄金色の ccp 構造の金属.熱や電気の良導体.コロイド状の金は塩化金の溶液をヒドラジンなどで還元すると得られるが,他にもいろいろな製法がある.コロイドの色は粒径に依存する.金コロイドは,顕微鏡試料の染色や電子顕微鏡イメージングに用いられる.SnCl$_2$ と SnCl$_4$ の混合物で還元するとカシウス紫を生じる.これは Au を吸着したコロイド状の酸化金で,ルビーガラスの製造に用いられる.金は酸素や単独の酸(H$_2$SeO$_4$ は除く)には不活性である.王水やハロゲンの水溶液には溶ける.フッ素と反応する.主な用途は貨幣であるが,宝石,IR 反射膜,電気的接触部,導電体にも利用される.金化合物はリューマチ性関節炎の治療に有用である.用途は医薬用の金硫黄化合物,陶器の着色,導電体や触媒.^{198}Au は放射線源として利用される(放射性金粒子).

金,標準　gold, standard

純粋な金は装飾品や硬貨として使うには柔らかすぎるので,銅,銀またはその両方との合金にして使われる.合金中の金の純度は千分率またはカラットで表される.純粋な金は 24 カラットで 5 種類の標準合金 22, 18, 15, 12, 9 カラット(合金中に 22/24, 18/24, 15/24, 12/24, 9/24 の金を含む)が法律で認められている.

金の化学的性質　gold chemistry

金は 11 族元素．酸化数は +5, +3, +2, +1, -1 をとる．+5 価の状態は AuF_5 とヘキサフルオロ金(V)酸塩においてのみ知られている．よくみられるのは +3 価（通常は平面正方形錯体）と +1 価（通常は直線形）．+3 価も +1 価も広範の錯体を形成し，特にソフトな塩基と錯形成する．有機金化合物も容易に形成される．金(II)錯体は S 配位子の場合に得られるが，金(II)とみられる組成の化合物の多くは Au(I) と Au(III) から成る．金は他の金属との金属-金属結合やクラスター化合物も形成する．$Au_{11}I_3L_{7.8}$（L=ホスフィン）は還元により得られる．CsAu では Au(-1) である．

金の酸化物　gold oxides

酸化金(I) Au_2O は $[AuBr_2]^-$ とアルカリから得られ 200℃ 以上で分解する．水酸化金(III)（あるいは酸化金(III)の水和物）はまだ詳しく調べられてはいないが，過剰のアルカリに溶けて $[Au(OH)_4]^-$ イオンを生じる．

金のシアン化物　gold cyanides

金のシアン化物は，鉱石から金を抽出する過程において重要である．シアン化金(I) AuCN（HCN を AuOH に作用させる）は $KAu(CN)_2$ を形成する．シアン化金(III) $Au(CN)_3$（$KAu(CN)_4$ に酸を作用させて得る）は $[Au(CN)_4]^-$ イオン（$AuCl_3$ と KCN から得られる）を形成する．

金のハロゲン化物　gold halides

フッ化金(III) Au に BrF_3 を作用させて得る．または $AuF_3\cdot BrF_3$ を熱分解して得る．水により容易に加水分解される．フッ化金(III)酸塩 $MAuF_4$ は MF と Au の混合物に BrF_3 を作用させると得られる．$[AuF_6]^-$ イオンを含むフッ化金(V)酸塩は KrF_2 のような強力なフッ素化剤を用いて得る．赤褐色の AuF_5 は $KrF_2\cdot AuF_5$ を加熱すると得られる．他のハロゲン化金(III) AuX_3（X=Cl, Br, I）は Au と Cl_2 または Br_2 の反応，$AuCl_3$ と KI の反応で得る．二量体構造で金原子は平面型配位である．

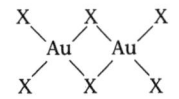

$$\begin{array}{c} X \quad\quad X \quad\quad X \\ \diagdown \;\; \diagup \;\; \diagdown \;\; \diagup \\ Au \quad\quad Au \\ \diagup \;\; \diagdown \;\; \diagup \;\; \diagdown \\ X \quad\quad X \quad\quad X \end{array}$$

ハロゲン化金(III)酸塩，$MAuX_4$ はすべて過剰のハロゲン化物と MX から得る．

ハロゲン化金(I) AuX（X=Cl, Br, I）は三ハロゲン化物をおだやかに加熱して得る．これらは水に不溶であるが，水により Au と AuX_3 に分解する．ハロゲン化金(I)は一般に直線型の錯体，特にホスフィンや CO と錯体を形成する．ハロゲン化物錯体 $[AuX_2]^-$（X=Cl, Br）は $[AuX_4]^-$ の還元により得る．AuF は SF_6 または CF_3I の存在下で金箔にレーザーを照射した際に検出されている．

金の有機化合物　gold, organometallic compounds

金(I)化合物 RAuL（L=スルフィド，ホスフィン，イソシアニド）および $Me_3Au(PPh_3)$ や $[Me_2AuBr_2]^-$ のようなアルキル金(III)が知られている．

金の硫化物　gold sulphides

金化合物に H_2S を作用させると灰色の Au_2S と黒色の Au_2S_3 が生成する．ともに加熱すると分解して金を生じる．

銀　silver

元素記号 Ag．金属，原子番号 47，原子量 107.87，融点 961.78℃，沸点 2162℃，密度 (ρ) $10500\,kg/m^3$（$=10.5\,g/cm^3$）．地殻存在比 0.07 ppm，電子配置 $[Kr]4d^{10}5s^1$．金属（自然銀）としてまたは硫化物鉱石（輝銀鉱 Ag_2S，濃紅銀鉱 Ag_3SbS_3 や輝銀銅鉱 (Ag, Cu)S，硫銅銀鉱 $(Cu, Ag)_2S$）として存在する．銀は銅や鉛の鉱石を処理した後に回収されることが多く，通常シアン化物錯体またはチオ硫酸イオン錯体として抽出し，亜鉛により還元して電気化学的に精製する．単体は ccp 構造で白色で延性を持つ．硝酸や熱硫酸には可溶だがアルカリとは反応しない．銀は宝飾品や電気部品，触媒，圧着材，電池，歯科・外科材料に広く用いられる．かつてはガラスに還元法（銀鏡反応）により銀を付着させて鏡を作ったり，貨幣鋳造にも使用されていた．感光性のある銀化合物は写真に広く用いられる．

銀の化学的性質　silver chemistry

銀は 11 族元素．酸化数は +4, +3, +2, +1 をとり，+4, +3, +2 価は強い酸化力を持つが，
$Ag(II) \to Ag(I) + 2.00\,V$（$4M\,HClO_4$ 溶液）
$Ag^+ \to Ag + 0.8\,V$

フッ化物，フッ化物錯体，酸化物，N配位子との錯体（例えば $Ag(bipyridyl)_2(NO_3)_2$）では安定である．Ag(I)は安定な水和イオンを形成し，また多くの錯体，特にN，PまたはS配位子やオレフィンとの錯体を形成する．ポリマー構造の $[Ag_7O_8]$，$[Ag_6]^{4+}$ や金属-金属結合を持つ化合物（例えば Ag_3O や Ag_2F）も知られている．

銀の酸化物 silver oxides

酸化銀(I) Ag_2O．$AgNO_3$ 溶液にアルカリを作用させると褐色の無定形固体として得られる．純粋なものは得られないが，湿った状態ではかなりの強塩基として作用する．またアンモニア水に可溶．触媒として用いられる．酸化銀(II) AgO．よく過酸化銀と呼ばれるが本当の過酸化物ではない．黒色固体．$Ag^I Ag^{III} O_2$．$AgNO_3$ 溶液を陽極酸化または過硫酸塩で酸化して得る．強力な酸化剤でマンガンイオンを過マンガン酸イオンに酸化することもできる．陽極酸化を続けると，純粋ではないが Ag_2O_3 を生じる．KAgO などの銀(I)酸塩や銀(I)，銀(II)，銀(III)を含む混合金属酸化物も知られる．

銀のフッ化物 silver fluorides

通常のフッ化銀は AgF．過剰の Ag_2O を HF に溶かした溶液を沪過後に蒸発させるか，あるいは無水の $AgBF_4$ を加熱して得る．無水の塩は黄色．水和物も知られている．水や種々の有機溶媒に易溶．温和なフッ素化剤．溶液に Ag を作用させると亜フッ化物 Ag_2F が生成する．フッ化銀(II)は AgF_2．黒色．Ag と F_2 から得る．強力なフッ素化剤．このほか $[AgF_4]^-$ または $[AgF_6]^{3-}$ イオンを含む銀(III)フッ化物錯体や Ag(IV)を含む Cs_2AgF_6 はフッ化銀にさらにフッ素を反応させて得る．これらも強力なフッ素化剤である．

均一系触媒 homogeneous catalysis

触媒が反応物と同じ相で作用する反応．例えばエステルの酸触媒加水分解．または触媒が反応物のうちの1つと同じ相で作用する反応．例えば液体オレフィンを溶液状態の遷移金属錯体を触媒として水素化する反応．

均一系燃焼 homogeneous combustion

→冷炎

均一系反応 homogeneous reaction

気体同士や液体同士のように同じ相にある反応物同士の反応．2つの固体の反応は通常，均一系反応とはみなさない．

均化反応 symproportionation (conproportionation)

不均化反応（disproportionation）の逆で，酸化状態の異なった原料から同一の酸化数の生成物が得られる反応．

金酸塩 aurates

金を含むオキソ化合物．

銀酸塩 argentates

→銀の酸化物

金　数 gold number

保護コロイドの機能の有効性を定義した数値．金のゾルが電解により凝集して赤から青に変化するのを防ぐのに必要な保護コロイドの量に基づいて決められる．

近赤外線 near infrared

NIR は近赤外線領域の略称．

金　属 metal

例えば金，銀，銅，水銀，ナトリウムのように特徴的な光沢のある外観を呈し，熱や電気の良導体であり，一般に陽イオンとして反応に関与するような特徴を持つ元素の総称．ある種の元素，例えばテルルは物理的性質は金属的であるが化学的性質は非金属的である．金属と非金属の間の区別はあまりはっきりしない．金属の典型的な構造は体心立方（bcc），面心立方（立方最密充填）（fcc），六方最密充填（hcp）である．下記の表に例示するようにこれらの構造は広く分布している．

構造	金属
body-centered cubic (bcc)	Li, Na, K, Rb, Cs, Ba, β-Zr, N, Nb, Ta, α-Cr, Mo, α-W, α-Fe
face-centered cubic (cubic close-packing, ccp)	Cu, Ag, Au, Ca (<450 ℃), Sr, Al, β-La, β-Tl, Th, Pb, γ-Fe, β-Co, β-Ni, Rh, Pd, Ir, Pt
hexagonal close packed (hcp)	Be, Mg, Ca (>450 ℃), Y, α-La, α-Ti, Ti, α-Zr, Hf, β-Cr, re, α-Co, α-Ni, Ru, Os.

金属のアリル誘導体 allyl derivatives of metals

$(CH_2=CHCH_2)Mn(CO)_5$ などの η^1 誘導体（炭素原子1個が Mn に結合）と η^3-$(CH_2\text{---}CH\text{---}CH_2)Mn(CO)_4$ などの η^3 誘導体（炭素原子3個が Mn に結合）の2系列があり，前者はグリニャール試薬を用いて調製する．より重要な η^3 誘導体は脱カルボニルや，多くは直接反応により製造される（η^4-ブタジエン錯体と H^+ の反応でも得られる）．アリル錯体は重要な触媒であり，金属のかかわる多くの反応の中間体としても重要である．アリル誘導体は高級同族体が形成する一連の錯体の中で最も簡単な形である．

金属イオン封鎖剤 sequestering agent（complexones）

金属イオン（塩）と非常に効率的に錯体を形成し，単純な水和した陽イオンとして反応することを防ぐ試薬．アミノポリカルボン酸系のエチレンジアミン四酢酸（EDTA）やその関連化合物（コンプレクサンと呼ばれる）はほとんどの M^{2+} および M^{3+} と錯体を形成する．グルコン酸や他のヒドロキシ酸，メタリン酸塩類も同様に反応する．金属イオン封鎖剤は，例えば分析において Fe や Cu が触媒的な悪影響を及ぼすことを防ぐのに用いられる．

金属カルボニル metal carbonyls

金属と一酸化炭素との間に形成される配位化合物で，通常は炭素が金属に結合している．ほとんどの遷移金属およびアクチニド元素は，金属原子と CO の反応でマトリックス分離によりカルボニル錯体 $M(CO)_x$（$x=1, 2, 3, \cdots$）を生成する．これらの化合物は低温マトリックス中でのみ安定である．遷移金属の多くは安定なカルボニル錯体を形成する（MCl_n，$M(acac)_m$ など＋還元剤＋加圧 CO から合成）．カルボニル基は架橋していることもある．単純な安定カルボニル錯体は $V(CO)_6$ を除き，周期表上で次に位置する希ガスと同じ電子配置を持つ．カルボニル基は他の電荷を持たない配位子（例えば PPh_3，ピリジン）や有機基（オレフィン，芳香族誘導体）で置換され得る．また他の誘導体，例えばハロゲン化物，水素化物，硫化物も生成し得る．

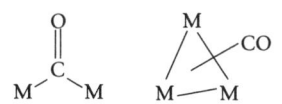

金属カルボニル陰イオン carbonylate ions

金属カルボニルを含有する陰イオン．塩基またはアルカリ金属を金属カルボニルに作用させて調製する（例えば $Mn_2(CO)_{10}$ とピリジンまたは Na から $[Mn(CO)_5]^-$ が得られる）．これらのイオンは一般に希ガス電子構造を持つ．つまり18電子則を満足する（$[Mn(CO)_5]^-$ において Mn は Kr 型電子構造）．なお，金属カルボニル陽イオンを合成するには，ルイス酸と配位性リガンドとを金属ハロゲン化カルボニルと反応させる．例えば $Mn(CO)_5Cl$ と $AlCl_3$ および CO から $[Mn(CO)_6]^+$ が得られる．この $[Mn(CO)_6]^+$ も同じように18電子則を満足している．

金属カルボニル水素化物 carbonyl hydrides

ヒドリドとカルボニルを配位子として含む金属錯体，例えば $HMn(CO)_5$．これらの化合物は弱酸としての性質を持ち $[Mn(CO)_5]^-$ などの金属カルボニル陰イオンを形成する．H-M 結合は極めて短い．

金属カルボニルハロゲン化物 carbonyl halides

カルボニル誘導体である X_2CO（→カルボニル誘導体）や $Mn(CO)_5Cl$ などの金属カルボニルハロゲン誘導体を指す．

金属-金属結合 metal-metal bonds

化合物中の金属と金属の間の共有結合あるいは配位結合．例えば $(OC)_5Mn\text{-}Mn(CO)_5$．磁化率の低さ，ラマンスペクトル，電子数（→有効原子番号則）からその存在が推察されることが多いが，確認は X 線構造解析によってのみ可能である．結合次数は最高4である．

金属クラスター化合物 metal cluster compounds

金属原子同士が共有結合（あるいは配位結合）と多中心結合で互いに結合したクラスターを含む化合物．

金属原子沈着 metal atom deposition

表面に金属原子を析出させて，金属層で被覆すること．→マトリックス分離

金属指示薬 metallochromic indicator, complexometric indicator

遊離の状態とは著しく異なる色の錯体を形成する化合物．例えば Fe^{3+} に用いられる NCS^-，Mg^{2+} に用いられるエリオクロムブラック T などで，キレート滴定の終点の検出に用いられる．

金属性電気伝導 metallic conduction

金属中の電気伝導は部分的に満たされたバンド内の電子の動きによるもので分解を引き起こさない．金属の電気伝導性は，電子の"海"が速度論を適用される気体分子のように振る舞うと仮定することで説明できることもある．金属導体の電気伝導率は温度上昇につれて減少する．

金属石鹸 metallic soaps

長鎖カルボン酸のアルカリ土類，重金属またはリチウム塩で水に不溶．乾燥剤として，グリースや高負荷潤滑油，抗菌剤（銅塩，亜鉛塩），ゴム，防水材，化粧品，医薬品（ステアリン酸亜鉛，ステアリン酸マグネシウム）に使用される．ナパーム（napalm）はガソリンのゲル化および焼夷弾に使用されるがナフテン酸アルミニウム石鹸（$Al(OH)R_2$）である．

金属前処理染料 premetallized dyes

媒染染料と類似の色素であるが，繊維に染着させる前に可溶性の金属錯体を形成させておく点が異なる．

金属表面処理 metal surface treatments

使用されている金属材料はすべていずれかの時点で表面処理を受けている．酸化物は化学的に除去され，汚れや油は有機溶媒，特に有機塩素化合物やアルカリ性洗剤で洗浄除去される．その後，表面は酸（通常はリン酸が用いられる）で洗浄する．表面は他種金属，例えば亜鉛で修飾されたり，O や F で酸化されたり有機物で修飾されることもある（→単分子膜）．

キンヒドロン quinhydrone

$C_{12}H_{10}O_4$．キノン（p-ベンゾキノン）とヒドロキノン分子が交互に水素結合で連結して構成される．固体状態で安定な分子化合物．キノンとヒドロキノンそれぞれのアルコール溶液を混合して作られる．緑色の光沢を持つ赤褐色針状結晶．融点 171℃．冷水にはごくわずかしか溶けず沸騰水中では各成分に分解する．キンヒドロン電極に用いられる．キノンとフェノール類とのこのような化合物が知られており，それらもキンヒドロンと総称される．

キンヒドロン電極 quinhydrone electrode

ヒドロキノン⇌キノンという酸化還元反応に基づく pH 測定用電極．非水溶媒中でも使用可能である．

ク

グアイオール guaiol
→グアヨール

グアニジン guanidine (iminourea)
CH_5N_3, イミノ尿素, $(H_2N)_2C=NH$. 潮解性結晶. 強塩基. 種々の塩, 例えば硝酸塩 (融点 214℃) を形成する. グアニンまたはアルギニンを酸化すると得られる. 通常の合成法はチオシアン酸アンモニウムを加熱してチオシアン酸グアニジンを得て, これを塩基で処理して遊離させる. グアニジン誘導体は医薬品の製造, 色素, 火薬, 樹脂に用いられる.

グアニン guanine (6-hydroxy-2-aminopurine)
$C_5H_5N_5O$, 6-ヒドロキシ-2-アミノプリン. 無定形粉末. 酸やアルカリに可溶. すべての動植物組織に核タンパク質の核酸部分の構成成分として含まれる. 結晶は化粧品や人造真珠などにも利用されている.

グアノシン guanosine
核酸の構成成分. グアニンとリボースの縮合した分子.

グアヤコール guaiacol (guaic alcohol, 2-melhoxphenol)
$C_7H_8O_2$, 2-メトキシフェノール. 日本化学会の正式命名法ではグアイアコールとなっている. 融点 32℃, 沸点 205℃. グアヤック樹脂. ユソウボク (癒瘡木) 樹脂の構成成分で, ブナノキのタールにも含まれる. 特有の臭気と焼けるような味を持つ. 医薬上の性質はクレオソートと同じ. バニリンやパパベリンの製造, アルコールの変性に用いられる.

グアヤズレン guaiazulene (s-guaiazulene, 1,4-dimethyl-7-isopropylazulene)
$C_{15}H_{18}$, s-グアイアズレン, 1,4-ジメチル-7-イソプロピルアズレン. これも日本化学会の正式命名法に従うとグアイアズレンとなる. 青色板状晶, 融点 31.5℃. グアヨールを硫黄により脱水して得る. 高温で脱水反応を行うと, 異性体 2,4-ジメチル-7-イソプロピルアズレン (Se-グアイアズレン) が得られる.

グアヨール guaiol
$C_{15}H_{26}O$. 結晶性のアルコール, 融点 93℃. 南米産のハマビシ科植物 Bulnesia sarmienti, Lorenz の木質油から得られる. 硫黄とともに加熱するとグアヤズレンを生じる.

クイックシルヴァー quicksilver
水銀の旧名.

グイ天秤 Gouy balance
磁化率測定に用いる天秤. 試料を磁場中においた場合と磁場外においた場合の質量の差から磁化率を求める.

空間群 space group
結晶格子における対称要素の全体集合. 可能な空間群の総数は 230. 結晶中の原子の配列はこれらの空間群のいずれかに属する. 空間群を構成する骨格を空間格子という.

空間格子 space lattice
結晶構造のパターンの繰り返しを形成する点の配列. これらの点をあわせると, パターンの単位をすべて含む単位胞 (unit cell) となり, 結晶はこの単位胞が平行に連続したものである. 結晶を構成する原子は格子点を占め, 空間格子は結晶性物質の原子配列を表すのに便利である. 原子が占める点の相対的な位置関係は X 線結晶構造解析により決定できる.

空 気 air
普通の乾燥空気中の体積組成は N_2 (78.08 %), O_2 (20.94 %), Ar (0.934 %), CO_2 (0.03 %), Ne (0.0018 %), Kr (0.0001 %), Xe (0.000009 %), Rn (6×10^{-18} %) である. CO_2 の比率は変動することがあるし, 大気の状態に応じて水分の含有率も大幅に変わる. 空気にはまたその他さまざまな分子が含まれている. 多くは大気汚染による, オゾン, 窒素酸化物および SO_2 などであるが, CH_4 など天然のプロセスから生じるものもある. 乾燥した空気の物理定数としては, 200K における密度 d が 1.746 g/l, 定圧比熱 c_p が 0.2396 cal/gK, 定積比熱 c_v が 0.1707 cal/gK

(比は1.403)である．空気は(加圧下で)冷却し，急速に膨張させることにより液化できる．液体空気はO_2が存在するため薄青色である．沸点は$-192℃$（空気）から$-185℃$（N_2蒸発後）まで変動する．dはおよそ0.9である．液体空気（や液体酸素）は極めて爆発性の高い混合物を生じるので，液体の有機物質と混合して低温浴を作ったり，有機物質の冷却に用いてはならない．

空気/燃料比（空燃比）　air-fuel ratio
燃料と燃焼空気の混合物の組成を体積または重量ベースで表すのに通常用いられる方法．理論空燃比は燃料成分の完全酸化をもたらすのにちょうど足りるだけの酸素が含まれるときの値である．

空気焼き入れ　air hardening, air quenching
空気中で自然冷却して，あるいは衝風により鉄を焼き入れする方法．

空気揚水ポンプ　air-lift pump
U字管と注入空気を組み合わせて用いる，腐食性の液体を汲み上げるための装置．

空孔　vacancy
結晶格子で原子が欠けていること．酸化数の変化，格子内の他のイオン，電子の存在により電荷は補償される．

空冷式熱交換機　air-cooled heat exchangers
通常の配置は外部に羽の付いたチューブを1列に並べ，冷却する液体をこれらのチューブの中に流し，送風機で空気をこれらのチューブ上に送るものである．

クエン酸　citric acid
$C_6H_8O_7$，$HO(O)CO_2C(OH)(COOH)CH_2COOH$．37℃以下の温度で水から一水和物として結晶する．無水のクエン酸は融点153℃．柑橘類の果汁やビート，クランベリーなどの果物中に産出する．工業的には*Aspergillus niger*群に属するカビ（クロコウジカビ）によって砂糖を発酵させて製造する．クエン酸は三塩基酸で，3系列の塩を生じる．アルカリ金属のクエン酸塩は水に可溶であるが，カルシウムとバリウムのクエン酸塩（中性塩）は不溶性である．175℃で水を失い，アコニット酸を生じるが，より高温ではアコニット酸とシトラコン酸が生じる．過マンガン酸カリウムで酸化する．また

は発煙硫酸とともに加熱すると，アセトンとジカルボン酸が得られる．ソフトドリンク類に，また食品産業で広く酸味料や香味料として用いられているほか，樹脂に添加したり，金属封鎖剤（錆落としなど）として利用することも多い．この酸の名称である「クエン」はもともと「枸櫞」と書き，シトロン（丸葉佛手柑）を意味する．

クエン酸エチル　ethyl citrate（triethyl citrate）
$C_{12}H_{20}O_7$．苦味のある無色油状物，沸点185℃/17 Torr．典型的なエステル．香料の保留剤として用いられる．

クエン酸カリウム　potassium citrate
$K_3C_6H_5O_7·H_2O$．無色結晶，水に易溶，アルコールに微溶．利尿剤として医薬用に用いられる．

クエン酸サイクル　citric acid cycle (tricarboxylic acid cycle, Krebs's cycle)
トリカルボン酸サイクル，クレブスサイクル，TCAサイクルなどとも呼ばれる．細胞代謝における一連の循環する反応．ここで炭水化物（→解糖）や脂肪酸（→β酸化）から得られたアセチルCoA（コエンザイムA）が，きちんと制御された経路を辿って酸化的に分解される．アミノ酸などの他の分子もまた分解の結果，このサイクルに組み込まれる．回路の生成物は二酸化炭素と還元されたコエンザイム（CoASH，NADH，NADPH，$FADH_2$）で，これらはエネルギー源として働く．空気存在下では，これは呼吸鎖を通じて行われる．クエン酸サイクルはエネルギーの産生と複雑な細胞成分の生成という2つの中心に位置し，極めて重要である．

クエン酸トリブチル　tributyl citrate
融点157℃．可塑剤．溶媒．脱泡剤．研磨に使用される．

クエン酸ナトリウム　sodium citrate
$C_6H_5O_7Na_3·2H_2O$（$5.5H_2O$も存在する）．クエン酸の塩．医療において血液凝固抑制のために，輸血用の血液に添加する．また血液の酸性度の緩和や，幼児の胃に大きな凝乳が生成するのを阻害するのに用いる．写真や食品にも用いられる．

クォーン（商品名）　Quorn (lycoprotein)
タンパク質を多く含む肉の代替品（英国のマーロウ・フーズ社が販売している．訳者記：

菌類が材料となっているらしい．中国古来の「肉芝」(「芝」はキノコを意味する）のあちら版かもしれない)．

孔雀石 malachite
英語のままにマラカイトと呼ぶこともある．塩基性炭酸銅鉱物の1つ．滑らかに磨き上げた表面を装飾品として用いることが多い．実験室的に合成するには，硫酸銅水溶液に炭酸ナトリウムを添加する．絵画用の絵具としても長いこと利用されてきた．岩絵具では緑青にあたる．

駆虫剤 antheleminitic
寄生虫を駆除するための治療薬．

掘削用液体 drilling fluids
ドリルのビットに流す流体で，ビットの冷却・切断したものの除去・試掘孔の壁を埋めることのために用いる．流体は泥水から非常に粘稠な溶液まで場合に応じていろいろなものが用いられる．添加剤としては重晶石（密度増加のため），粘土，特にベントナイト（粘度増加のため），リン酸塩，タンニンやリグニン系物質（粘度を低下させるため），綿実の外皮，雲母や木材繊維（試掘孔を封じるため）がある．掘削泥水．

グッタペルカ gutta-percha
天然に産出するポリマー物質でポリイソプレン，ゴムの異性体でトランス配置をとっている．種々の南国の樹木の乳液から得られる．絶縁体，歯科セメントに用いられる．

クヌーセンセル Knudsen cell
クヌートセンセルと呼ぶこともある．→噴散

クバン（キュバン） cubanes
正六面体型炭化水素 $(CH)_8$ およびその誘導体．

クプレン cuprene
→アセチレンブラック

クプロン cupron
ベンゾインオキシムの分析試薬としての通称．→ベンゾイン

クペロン cupferron (ammonium N-nitrosophenylhydroxylamine)
$[NH_4][ON(NO)C_6H_5]$，N-ニトロソフェニルヒドロキシルアミンのアンモニウム塩．鉄や銅の優れた沈殿試薬．Fe/Ti と Zr の分離にも用いられる試薬で，酸性溶液から沈殿させる．

発ガン性の可能性あり．

クマリン coumarin
$C_9H_6O_2$．無色の結晶．融点70℃，沸点290℃．トンカ豆に含まれる．工業的にはサリチルアルデヒドを無水酢酸，酢酸ナトリウムとともに加熱して合成する．不安定なクマリン酸の δ-ラクトンである．水酸化ナトリウムで加水分解すると，クマル酸になる．香水産業やワニスに用いられている（桜餅の香りはクマリンに由来する）．クマリン誘導体は多くの殺鼠剤（ワルファリンなど）に用いられている．

クマリングリコシド coumarin glycosides
植物中に広く分布している．アグリコンは1～3個のヒドロキシル基を含むヒドロキシクマリンか，またはそのメチルエーテルからなる．

o-クマル酸 o-coumaric acid (trans-2-hydroxy-cinnamic acid)
$C_9H_8O_3$，trans-2-ヒドロキシケイ皮酸．無色の結晶．融点108℃．クマリンをナトリウムエトキシドとともに沸騰させて得る．o-クマル酸に光照射するとクマリン酸（cis-異性体）が得られる．o-クマル酸の安定な型は trans 型である．

クマロン coumarone
→ベンゾフラン環系

クマロンインデン樹脂 coumarone and indene resins
沸点が150～200℃の精製ナフサを H_2SO_4 で処理して樹脂にして得られる．特に床タイルやホットメルト組成物に用いられている．

組上げの原理 aufbau principle
基底状態にある原子または分子の電子配置を組み立てるにあたり，エネルギーが増加する順に電子を軌道に入れていくこと．

クミル-α-ヒドロペルオキシド cumyl-α-hydroperoxide

$C_9H_{12}O_2$, $PhC(CH_3)_2OOH$. クメンヒドロペルオキシドともいう．微量の塩基性触媒の存在下に液体クメンに空気を通して得られる商業的に重要な中間体．酸処理すると分解してフェノールとアセトンを生じる．

クミン油 oil of cumin

エジプト原産のセリ科植物クミン (*Cuminum cyminum*. ヒメウイキョウ (姫茴香, キャラウェイ) の近縁植物) の種子から得られる．30～40%のクミンアルデヒドを含む．インドカレーなど食品の着香料に利用される．

グメリン Gmelin (Handbuch der anorganischen Chemie)

シリーズになった無機化学の参考図書．貴重な三次情報である．刊行は 1997 年に中断されオンラインデータベース化されたが，まだ全元素を網羅するところまでは完成していない．

クメン cumene (isopropylbenzene)

C_9H_{12}, $PhCH(CH_3)_2$. イソプロピルベンゼン．沸点 152℃．産業的にはベンゼンをフッ化水素などの触媒のもとでプロペン酸と反応させて得る．過酸化物を経由する酸化法はアセトンおよびフェノールを得る有用な商業的プロセスである．

クライゼン縮合 Claisen condensation

1 つのエステルが別のエステル，ケトンまたはニトリルと，ナトリウムエトキシド，ナトリウムまたはナトリウムアミドの存在下でアルコールの脱離をともなって縮合する反応．その結果 β-ケトエステル，ケトンまたはニトリルがそれぞれ生成する．すなわち

$$CH_3C(O)OC_2H_5 + HCH_2C(O)OC_2H_5 \rightarrow$$
$$\underset{\text{アセト酢酸エチル}}{CH_3COCH_2C(O)OC_2H_5} + C_2H_5OH$$

この反応は一般に適用可能で極めて重要なもので，多数の合成に使用されている．

クライゼン反応 Claisen reaction

アルデヒドと別のアルデヒドまたはケトンが水酸化ナトリウムの存在下で，水の脱離を伴って縮合する反応．かくしてベンズアルデヒドとホルムアルデヒドからケイ皮アルデヒド ($PhCH=CH-CHO$) が生じる．

グライム glyme

エチレングリコールジメチルエーテル (ジメチルセロソルブ) の別名 (→ 1,2-ジメトキシエタン). 優れた溶媒として利用されるジエーテル．

クラウジウス-クラペイロンの式 Clausius-Clapeyron equation

純物質が二相平衡にあるとき，当てはまる熱力学の式．この式により相平衡曲線の傾きの大きさがわかる．

$$\frac{dP}{dT} = \frac{\Delta_{trs}S}{\Delta_{trs}V}$$

ここで P は圧力，T は絶対温度，S は転移エントロピーである．一方の相が蒸気であると，温度による蒸気圧変化は

$$\frac{dP}{Td} = \frac{\Delta_{vap}H}{T\Delta_{vap}V}$$

対数表現を用いれば

$$\frac{d\ln P}{dT} = \frac{\Delta_{vap}H}{RT}$$

と表せる．固/液平衡 (融解・凝固) に対しては

$$P = P_0 + \frac{\Delta_{fus}H}{\Delta_{fus}V}\ln\frac{T}{T_0}$$

である．

グラウバー塩 Glauber's salt

硫酸ナトリウムの十水塩．鉱物名はミラビライト (mirabilite) という．ドイツの錬金術師でかつ高名な医師であったグラウバー (Rudolph Glauber, 1604～1668 年) が sal mirabilis (神秘の塩) としていろいろな病気の患者に処方し，卓効を得たためにこの名がある．

クラウン化合物 crown compounds

クラウンエーテルなど，反復単位 (O-CH$_2$-CH$_2$)$_n$ などを持つ大環状ポリ誘導体．図に示す化合物の名称は，ジベンゾ-18-クラウン-6 (18 は環に含まれる原子の総数，クラウンはこのクラスの名称，6 は環に含まれるヘテロ原子の総数)，または 2,3-11,12-ジフェニレン-1,4,7,10,13,16-ヘキサオキサシクロオクタデカンである．最も簡単な化合物はエチレンオキシドの環状オリゴマー化により得られる．これらは錯化剤として作用し，アルカリ金属イオンを非極性溶媒中に溶解する．アルカリ土類カチオン，遷移金属カチオンおよびアンモニウムカチオンを

錯化する．例えば12-クラウン-4は特にリチウムカチオンに作用する．相間移動化学で用いられる．

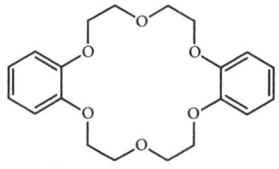

ジベンゾ-18-クラウン-6

チアクラウンエーテルおよびその他のヘテロ原子や基を含有する誘導体もまた知られている．硫黄化合物（チアクラウンエーテル）は工業廃水から水銀（Ⅱ）を抽出できる．→クリプテート

クラーク電極　Clark electrode
→酸素陰極

クラスター化合物　cluster compounds
金属-金属結合で結びつけられ，複数の金属原子群を含む化合物．例えば，$[Rh_6(CO)_{16}]$，$[Mo_6Cl_8]^{4+}$．

クラスレート化合物　clathrate compounds
包接化合物．一方の分子が持つ孔や格子の中にもう一方の分子が取り込まれて形成される分子性化合物．例えば，気体を分離する際に用いられる．

クラッキング　cracking
物質をより低分子量の留分へと分解すること．石油工業で広く用いられているクラッキングプロセスは純熱分解または純接触分解である．→熱分解，接触クラッキング

クラッキング処理ガソリン　cracked gasoline
重質の石油留出物を熱分解，より一般的には接触分解して得られるガソリン．ガソリンが不飽和炭化水素を含むため，抑制剤を添加しないと粘性物質が形成される．

グラファイト　graphite (plumbago, black lead)
（石墨，黒鉛）炭素の同素体の１つで結晶または微結晶．炭素原子が六角形に並んだシートが平行に重なった構造．シート内のC-C距離は1.42Åで芳香環にみられる距離である．シート同士の間のC-C距離は3.40Å．層内は電気伝導率が高い．層に沿った方向にはがれやすく，層間には他の物質が入りやすい（グラファイト化合物，層間化合物，インターカレーション化合物）．用途は潤滑剤，耐火物，鉛筆，電気部品，塗料，炭化スチール．非常に純粋なグラファイト（原油から得たコークスとピッチバインダーを2800℃に熱する）は原子炉の減速材や反射材として用いられる．

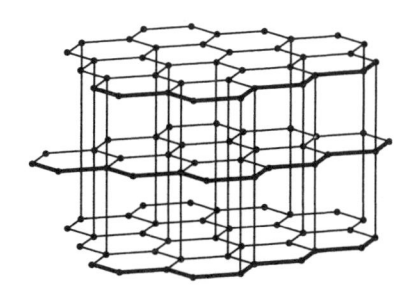

グラファイト化合物　graphite compounds
グラファイトの層間に反応物が侵入して形成された化合物．酸化グラファイト（およびその組成はC_2O，グラファイトとHNO_3または$KMnO_4$から得る）やフッ化グラファイト（グラファイトとF_2から得る）はグラファイトシートの芳香族系が切断されているので非導電性である．フッ化グラファイトCF_x（$0.5<x<1.3$）は有用な潤滑剤で電池にリチウムとともに用いられる．導電性の層間化合物では種々の化合物がシートの間に挿入されている．層間に挿入された化合物の反応性はかなり変わり，例えばフッ化物の加水分解は起こりにくくなる．

グラフェンシート　graphene sheets
グラファイトを構成している各シート．ナノチューブに変換される．

グラフトコポリマー　graft copolymers
→ブロック共重合

クラフト点　Krafft temperature
クラフト温度ということも多い．→臨界ミセル濃度

クラペイロンの公式　Clapeyron equation
→クラウジウス-クラペイロンの式

グラミシジン　gramicidin
土壌細菌が産生する一群の抗生物質．

グラミン　gramine
→3-(ジメチルアミノメチル)インドール

グラム原子　gram atom

質量が原子量にグラムをつけたものに等しくなる元素の量．つまり「原子量」グラム．現在の「モル」の定義の先駆的なものの1つでもある．

グラム当量 gram equivalent
物質の当量をグラム単位で表現したもの．本来は分析化学の用語である．多価の酸や塩基は分子量（式量）を価数で除したものが当量である．

クラム-ブラウン則 Crum Brown's rule
ベンゼン誘導体の置換に関する経験則．

グラム分子 gram molecule
化合物または単体のグラム単位での質量が分子量に等しくなる量．1モルの物質のグラム単位での重さ（つまりモル質量．本来は「分子量」グラムである）．現在の「モル」の定義の先駆的なものの1つである．

グラム分子容 gram molecular volume
1モル（以前ならば1グラム分子）の単体または化合物が気体状態で占める体積（モル体積）．アヴォガドロの法則によれば，同温同圧ではすべての気体は同じグラム分子体積（モル体積）を持ち，標準状態では22.414リットルである．

グラム分子量 gram molecular weight
グラム単位で表したモル質量．つまり分子量にグラムをつけたもの．モル質量．→モル

グリオキサリン glyoxaline
→イミダゾール

グリオキサール glyoxal (ethanedial)
CH(O)CHO，エタンジアール，ビホルミル．黄色プリズム晶．蒸気は緑色で紫色の炎を上げて燃焼する．融点15℃，沸点51℃．湿気のある場所に放置すると容易に重合する．水溶液中では水が2分子付加した化学種が存在する．エチレングリコールを酸化銅（Ⅱ）を触媒として空気酸化して得る．写真用ゼラチンの硬化に用いられる．

グリオキシジウレイド glyoxydiureide
→アラントイン

グリオキシル酸 glyoxylic acid
CH(O)COOH．濃いシロップ状で結晶化しにくい．融点98℃．動植物組織に広く分布する．シュウ酸の電解還元で得る．$(HO)_2CHCOOM$ という塩を形成する．アルデヒドとしての反応性も示す．尿素と縮合するとアラントインを与える．還元するとグリコール酸になる．

グリオキシル酸回路 glyoxylate cycle
微生物や植物でカルボン酸回路を補助するアナプレロティック経路．イソクエン酸が分解されてコハク酸とグリオキサル酸になり，後者はアセチルCoAと結合してリンゴ酸に変換される．

グリコーゲン glycogen
$(C_6H_{10}O_5)_x$．動物の細胞の貯蔵炭水化物．α-グルコースが1,4-結合でつながった短い鎖が多数あり，何本かのα-1,6-グリコシド結合により架橋された形の巨大分子となっている．分子量は約400万．白色の無定形固体で還元性はない．消化系ではグリコシダーゼにより分解されてグルコースになるが，細胞中ではリン酸化酵素によりグルコース-1-リン酸が生じる．

グリココール酸 glycocholic acid (cholylglycine)
$C_{26}H_{43}NO_6$，コリルグリシン．胆汁酸塩に含まれる．→胆汁酸塩

グリコシダーゼ glycosidases
グリコシドから糖残基を加水分解して遊離させる酵素．グリコシドならばグルコースが生じる．

グリコシド glycosides
糖の1位の炭素に結合したヒドロキシ基をアルコキシ基，フェノキシ基などで置換した誘導体．糖としてグルコースを含む場合はグルコシドという．グリコシドとは糖の構造にかかわらずすべてを指す．糖以外の部分をアグリコンという．最も単純なグルコシドはメチルグルコシド $C_6H_{11}O_5OCH_3$ である．1位の炭素は不斉炭素であるので，2種の異性体があり，α-，β-の2タイプに区別される．天然のグリコシドはほとんどすべてβ-型であり，β-グルコシダーゼにより加水分解される．グリコシドは無色結晶で苦味を呈する．

グリコプロテイン glycoproteins
糖タンパク質ともいう．→タンパク質

グリコール glycol
通常はエチレングリコールの別名であるが，1分子内に水酸基を2個（多くは隣接位に）含むジオールを指すこともある．→1,2-ジヒドロ

キシエタン，グリコール類

グリコール酸 glycollic acid
$CH_2(OH)COOH$，ヒドロキシ酢酸．無色結晶，融点80℃．サトウキビ（甘蔗）やサトウダイコン（甜菜）の搾汁に含まれる．モノクロロ酢酸ナトリウムの濃厚溶液を煮沸して製造する．シュウ酸の電解還元でも得られる．100℃に熱すると酸無水物を与える．用途は織物や皮革の加工，洗浄（金属，通常の消毒）．

グリコール類 glycols
脂肪族炭化水素から2つの水素原子を水酸基で置換して得られる2価のアルコール．無色液体．1,2-グリコールはオレフィンを過マンガン酸カリウムまたは酸化鉛で酸化して得る．オレフィンのクロロヒドリンを弱アルカリと加熱したり，ジハロアルカンを水酸化ナトリウムと加熱しても得られる．重要なポリマー（例えばポリエチレングリコール，ポリエチレンテレフタレートなど）の成分でもある．

グリシルグリシン glycylglycine (diglycine)
$C_4H_8N_2O_3$，ジグリシンともいう．$NH_2CH_2CONHCH_2CO_2H$．260〜262℃で分解する．最も小さいジペプチド．塩化グリシルをグリシンに作用させて得られる．またはジケトピペラジンを塩酸で加水分解しても得られる．

グリシン(1) glycine (aminoacetic acide)
H_2NCH_2COOH，アミノ酢酸，グリココール．無色プリズム晶．融点260℃（分解）．228℃で褐色になる．最小のアミノ酸でタンパク質の加水分解生成物，光学活性を示さない．モノクロロ酢酸にアンモニアを作用させて合成する．またはゼラチンのようなタンパク質の酸加水分解で得る．動物の体内で合成できる．硫酸塩は電気分解に用いられる．

グリシン(2) glycin
N-(4-ヒドロキシフェニル)-グリシンの慣用名．写真現像液に用いられた．
→アミノフェノール類

グリース greases
→潤滑用グリース

クリスタリン crystallins
水晶体に存在する水溶性のタンパク質．

クリスタルバイオレット crystal violet
ヘキサメチルパラローズアニリン．メチルバイオレットの一成分で，細胞染色（グラム染色）や指紋検出などにも用いられる．

クリストバライト cristobalite
SiO_2．シリカの高温形で，1470℃から融点1710℃の間で安定．

グリセオビリジン griseoviridine
土壌細菌が産生する抗生物質の一種．

グリセリド glycerides
グリセロールのエステル．ヒドロキシ基に結合している酸の数によりモノグリセリド，ジグリセリド，トリグリセリドに分類される．トリグリセリドは動植物の油脂に含まれる．→脂肪

グリセリル基 glyceryl
$-OCH_2-CH(O-)-CH_2O-$ 基．

グリセリン glycerin
→グリセロール

グリセリンアルデヒド glyceric aldehyde
→グリセルアルデヒド

グリセリン酸 glyceric acid
$C_3H_6O_4$，$HO(O)C-CH(OH)-CH_2OH$，2,3-ジヒドロキシプロパン酸．シロップ状，結晶化しない．光学活性．グリセリンを硝酸で酸化して得る．

グリセルアルデヒド glyceraldehyde (glyceric aldehyde, 2,3-dihydroxypropanal)
$C_3H_6O_3$，$OHCCH(OH)CH_2OH$，グリセリルアルデヒド，2,3-ジヒドロキシプロパナール．光学活性．D-グリセルアルデヒドは無色シロップ．グリセロールの温和な条件での酸化またはグリセルアルデヒドアセタール（アクロレインケタールの酸化で得る）の加水分解により得る．DL-グリセルアルデヒドは無色で二量体構造，融点138.5℃．温希硫酸によりメチルグリオキサールに変換される．これらエナンチオマーはより長い鎖の糖から誘導される化合物に関して立体配置の参照物質となっている．

グリセロリン酸 glycerophosphoric acid (3-phosphoglyceric acid)

3-ホスホグリセリン酸，グリセロールのリン酸エステル．レシチンはグリセロリン酸誘導体の脂肪酸エステル．工業的には医薬用のグリセロリン酸塩（例えばカルシウム塩）の製造に用いられる．

グリセロリン酸カルシウム calcium glycerophosphate

$CaC_3H_5(OH)_2PO_4 \cdot H_2O$. 多くの神経強壮薬や歯磨き剤の成分．

グリセロール glycerol (gulycerin, 1,2,3-trihydroxypropane, propane-1,2,3-triol)

$C_3H_8O_3$, $CH_2OH-CH(OH)-CH_2OH$. グリセリン，1,2,3-トリヒドロキシプロパン，プロパン-1,2,3-トリオール．無色無臭の粘稠な液体．強い甘味を呈する．融点20℃，沸点182℃/20 Torr．それ自身の50％の重量まで水蒸気を吸収する．すべての動植物油脂に種々の脂肪酸と結合したグリセリドとして存在する．グリセリンは工業的には石鹸製造の副産物として得られ，またプロピレンを原料とする種々の合成法がある．例えば塩化アリルからクロロヒドリン，エピクロロヒドリンを経由する方法，アリルアルコールを作りそれを過酸化水素で酸化する方法がある．糖の発酵でも得られる．多くの有機物や無機物の優れた溶媒となる．塩酸と反応してクロロヒドリンを生じ，硝酸と反応するとニトログリセリン（実は硝酸エステルなので「硝酸グリセリン」）を生成する．硫酸および硫酸水素カリウムで処理するとアクロレイン（プロペナール）が生成する．酸化するとグリセルアルデヒド，ジヒドロキシアセトン，グリセリン酸，シュウ酸など種々の生成物を生じる．用途は合成樹脂や食品用のエステルガムの製造，タバコの湿潤剤，火薬やセルロースフィルム（セルロイド）の製造，潤滑剤，発酵用潤滑剤など．

グリセロールジクロロヒドリン glycerol dichlorohydrins

→ジクロロプロパノール

グリセロールモノクロロヒドリン glycerol monochlorohydrins

→ジヒドロキシクロロプロパン

クリセン chrysene (1,2-benzophenanthrene)

$C_{18}H_{12}$. 1,2-ベンゾフェントレン．四環式芳香族炭化水素．無色の板状結晶．融点254℃．沸点448℃．

グリニャール試薬 Grignard reagents

→グリニャール反応

グリニャール反応 Grignard reaction

ハロゲン化アルキルまたはハロゲン化アリール，特に臭化物かヨウ化物を乾燥エーテル中でマグネシウムと反応させるとRMgX（Rはアルキル基またはアリール基，Xはハロゲン）と表される化学種が生成する．このような化学種RMgXはグリニャール試薬と呼ばれ，常に1分子または2分子のエーテルがマグネシウムに配位している．溶液中に存在する化学種はR_2Mg, $RMgX$, MgX_2 および多量体である．この試薬はハロゲン化アルキルまたはハロゲン化アリールと反応して炭化水素を生成し，また金属ハロゲン化物と反応して有機金属化合物を与える．オルトギ酸エステルまたはギ酸エステルと反応させるとエステルが得られ，固体二酸化炭素との反応ではカルボン酸が生じる．アルデヒドからは二級アルコール，ケトンからは三級アルコールが得られる．アミドやニトリルはケトンを与える．水または希酸と反応して炭化水素を生じる．直接の生成物はマグネシウム錯体であることが多く，それを希酸により加水分解して最終生成物を得る．

クリープ creep

金属や合金が破砕を起こさない荷重のもとで（一般には高温で）ゆっくりと形を変えること．このプロセスは拡散律速である．

グリプタール樹脂 glyptals

アルキド樹脂の一般名．

クリプタンド cryptands

ドナー原子を持つ多環式化合物．通常O, N, Sが架橋部分に存在し，金属と強く結合する配位子として挙動する．ほとんどのイオンに対し，それと結合するような特定のクリプタンドを設計することができる．→クラウン化合物

クリプテート cryptates

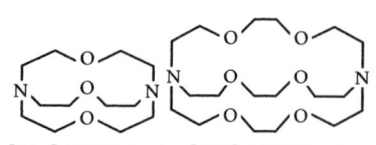

[1.1.1]クリプテート　　[2.2.2]クリプテート

ヘテロ原子を多数含有する二環式大員環でクラウンエーテルに類似の化合物であるが，$-(XCH_2CH_2)_n-$ という架橋部分をさらに有する．化学的な用途としてはクラウンエーテルと非常によく似ており，[2.2.2]クリプテートは特に K^+ と錯形成する．

クリプトン krypton

原子番号36の希ガス（貴ガス）元素．原子量 83.798，融点 −157.38℃，沸点 −153.22℃．標準状態における密度 (ρ) が $3.379 kg/m^3$．大気中の体積含有率は1.14ppm．電子配置は$[Ar]3d^{10}4s^24p^6$．18族元素で液体空気の分留で得られる．アルゴンと同様に蛍光灯の充填ガスや写真用のフラッシュランプに用いられるほか，表面積測定にも使われる．クリプトンの化合物は数少なく，何種類かの包接化合物のほか，数種類のフッ化物が知られているだけである．KrF_2 は直線型分子で，クリプトンとフッ素の混合気体に放電を行うことで得られる．ほかのルイス酸であるフッ化物と $KrF_2 \cdot 2SbF_5$ のようなアダクトを形成する．KrF_2 は強力なフッ素化試薬である．

クリリアム（商品名） Krilium

英国で普及している土壌改良材の商品名．酢酸ビニルとマレイン酸のハーフメチルエステルのモル比1：1の共重合体を主成分とする．このほかに石灰石粉末やベントナイトなどを配合してある．

グリーン酸 green acids

潤滑油画分を発煙硝酸または硫酸で処理して得られる酸性のスラッジ層に含まれるスルホン酸類に対する呼び名．油層に含まれるスルホン酸はマホガニー酸といい，乳化剤や腐食防止剤，潤滑油の添加物として用いられる．水溶性のグリーン酸にはこれといった用途がない．

グルカン glucans

D-グルコピラノースの多量体．β-グルカンは β-D-グルコピラノースの多量体．セルロース，リグニンや他の細胞壁構成成分がこれに属する．

グルクロン酸 glucuronic acid

$C_6H_{10}O_7$．融点165℃．グルコースの酸化物で一級水酸基が酸化されてカルボキシル基になっている．ピラノース環を持ち，α- および β-体が平衡にある．動物は有毒物質をグルクロン酸と結合させて包合体として尿中に排出する．ヘミセルロースや植物ゴムの重要な構成成分．

グルコシダーゼ glucosidase
→マルターゼ

グルコシド glucosides
→グリコシド

D-グルコース D-glucose (dextrose)

ブドウ糖．$C_6H_{12}O_6$．別名をデキストロースというのは，偏光面を右 (dextro-) に回転させるからである．最もよく見られる六炭糖．多くの植物に存在し，また血液中の糖である．二糖，オリゴ糖，デンプン，セルロース，グリコーゲン，ショ糖や種々のグリコシドの構成成分．これらを酸または酵素で加水分解するといずれもグルコースが得られる．すべての六炭糖と同様に，いくつかの型で存在する．

①アルデヒド型

$$HOCH_2-\underset{OH}{\underset{|}{\overset{H}{\overset{|}{C}}}}-\underset{H}{\underset{|}{\overset{OH}{\overset{|}{C}}}}-\underset{OH}{\underset{|}{\overset{H}{\overset{|}{C}}}}-\underset{H}{\underset{|}{\overset{OH}{\overset{|}{C}}}}-CHO$$

溶液中でのみこの型で存在する．ただし，アルデヒド型の安定な誘導体も知られている．

② α-, β- グルコピラノース型

この構造式中，1の炭素原子は不斉であるのでOH基が炭素に対して下向き (α) か上向き (β) かで異性体が存在する．

③ α-, β- グルコフラノース型

この型は不安定で溶液中でのみ存在する．

β-体は 1-OH が -CH(OH)CH$_2$OH と同じ向きである．エチルグリコシドは結晶として得られ，他の誘導体も知られている．

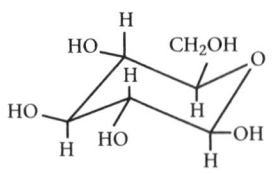

通常のグルコースは α-グルコピラノースの一水和物，融点 80 〜 85℃．右旋性．溶液中でピラノース環は椅子型配座をとり（β-D-グルコピラノース），置換基はすべてエカトリアル位を占める．α-体は -CH$_2$OH と 1- 位の -OH がアキシャル方向である．L 体も既知である．グルコースはデンプンを鉱酸で加水分解して製造され，精製，結晶化されて菓子類などの食品工業に広く用いられる．ショ糖の約 70％の甘味を呈する．

グルコノラクトン　gluconolactone (D-gluconic acid-δ-lactone)

C$_6$H$_{10}$O$_6$．D-グルコン酸-δ-ラクトン．グルコースを臭素水で酸化して得る．多くの洗剤の成分で，特に酪農，醸造，織物の染色に用いられる．

グルコン酸　gluconic acid (D-gluconic acid, pentahydroxycaproic acid, dextronic acid)

C$_6$H$_{12}$O$_7$．別名はペンタヒドロキシカプロン酸，デキストロン酸などという．無色結晶，融点125℃．水やアルコールに可溶．水溶液中ではラクトンとの平衡にある．グルコースをハロゲンあるいは電解により酸化して得る．種々のカビやアセトバクター属による酸化でもよい．グルコノラクトンとして利用される．カリウム塩は電気分解に利用される．

グルコン酸ナトリウム　sodium gluconate

C$_6$H$_{11}$O$_7$Na．金属メッキや皮革なめしの際の錯化剤．豆腐などのゲル化剤でもある．

グルシトール　glucitol
→ D-ソルビトール

グルタチオン　glutathione (glutamylcysteinylglycine, GSH)

C$_{10}$H$_{17}$N$_3$O$_6$S．グルタミルシステイニルグリシン．融点 190 〜 192℃(分解)．トリペプチド．水に易溶．熱に対して安定．多くの細胞の重要な構成成分で通常，主要な非タンパクチオールとなっている．多くの酵素反応において，グルタチオンは特異的に基質または生成物となっている．グルタチオンは酸素運搬体として機能する．グルタチオン還元酵素は酸化型の GSSG を還元して還元型 (GSH) に戻す．グルタチオンは硫黄転移酵素の反応やグリオキシラーゼの作用にも関与している．

L-グルタミン　L-glutamine

C$_5$H$_{10}$N$_2$O$_3$．H$_2$N(O)C-CH$_2$-CH$_2$-CH(NH$_2$)-C(O)OH．針状晶，融点は 184 〜 185℃．グルタミン酸のモノアミド．植物，特にナタネ科 (*Cruciferae*) やナデシコ科 (*Caryophyllacea*) の若芽（もやし），甜菜（サトウダイコン），ニンジン，大根などの根に広く分布する．

L-グルタミン酸　L-glutamic acid (α-aminoglutaric acid)

C$_5$H$_9$NO$_4$．HO$_2$C-CH$_2$-CH$_2$-CH(NH$_2$)C(O)OH．α-アミノグルタル酸．融点 211 〜 213℃．アミノ酸の 1 つでチーズに多く含まれる．コムギのグルテンやサトウキビの糖蜜から加水分解により製造できるが，通常はアンモニウム塩の存在下で炭水化物を発酵させて得る．一ナトリウム塩 (MSG) は肉に似た香りを持ち，着香料・旨味剤（味の素）に用いられる．

グルタミン酸一ナトリウム　monosodium glutamate

「味の素」の本体である．→ L-グルタミン酸

グルタミン酸ナトリウム　sodium glutamate

正式にはグルタミン酸一ナトリウム．MSG と略されることもある．「味の素」の本体である．食品添加物（旨味料）→ L-グルタミン酸

グルタルアルデヒド　glutaraldehyde (pentane-1,5-dial)

H(O)CCH$_2$CH$_2$CH$_2$CHO，ペンタン-1,5-ジアール．タンパク質や工業的にはポリヒドロキシ樹脂の架橋剤．消毒にも用いられる．3,4-ジヒドロ-2-エトキシ-2H-ピラン（アクロレインとエチルビニルエーテルから得る）の加水分解で生成する．

グルタル酸　glutaric acid (pentane-1,5-dioic acid)

C$_5$H$_8$O$_4$．HO(O)CCH$_2$CH$_2$CH$_2$C(O)OH，ペン

タン二酸．融点 97～98℃，沸点 302～304℃．1,3-ジクロロプロパンにシアン化ナトリウムを作用させ，生成物を NaOH と加熱して得る．230～280℃に熱すると酸無水物を生じる．

クルチウス転位 Curtius transformation

エステルからヒドラジド，アジドおよびイソシアネートを経由しアミンを得る．ホフマン転位の別法．酢酸エチルはメチルアミンに変換される．

$$CH_3COOC_2H_5 + NH_2NH_2 \xrightarrow{C_2H_5OH} CH_3CONH \cdot NH_2$$
$$CH_3CONH\text{-}NH_2 + HNO_2 \xrightarrow{H_2O/0℃} CH_3CO\text{-}N_3$$
$$CH_3CO \cdot N_3 \xrightarrow{warm} CH_3 \cdot NCO + N_2$$
$$CH_3\text{-}NCO + H_2O \xrightarrow{H^+} CH_3NH_2 + CO_2$$

別法として，アジドをアルコールとともに還流煮沸してウレタンに変換し，ウレタンを希酸で加水分解することもできる．一般にはホフマン転位法のほうが便利であるが，対象となる化合物がアルカリに弱い場合あるいは簡単に臭素化される場合には，クルチウス法を用いる必要がある．

クルチャトヴィウム kurchatovium

104番元素に対してロシア（当時はソ連）で以前に提案された元素名．元素記号も Ku とされたが，現在ではラザホージウム（ラザフォルディウム）に定められた．元素記号は Rf．

グルテリン glutelins

コムギのタンパク質の主成分．→蛋白質

グルテン gluten

コムギのパン生地からデンプンを洗い流して得られるタンパク質の混合物．主に2種のタンパク質，グリアジンとグルテリンを含む．人によっては消化不良を起こす．パンの製造に用いられる．

クルパドン酸 clupadonic acid

タラの肝油に含まれる不飽和脂肪酸の一種．イワシ酸と同じである．

クレアチニン creatinine (1-methylglycocyanidine)

$C_4H_7N_3O$，1-メチルグリコシアニジン．二水和物として結晶化する．融点260℃（分解）．クレアチンの分子内無水物で，アルカリ溶液中でクレアチンから生成する．体組織の分解生成物として，ヒトの尿中にみられる．

クレアチン creatine (methylguanidinoethanoic acid)

$C_4H_9N_3O_2$, $H_2NC(NH)NMeCH_2COOH$，メチルグアニジノ酢酸．一水和物として結晶化するが，この結晶水を100℃で失う．291℃で分解．クレアチンはあらゆる脊椎動物の筋肉に存在し，筋肉の収縮に関する化学変化サイクル中で重要な役割を果たす；クレアチンのリン酸エステルであるホスファゲンがクレアチンとリン酸に分解し，回復過程でこれらが再結合する．クレアチンはグリコシアミンのメチル化（メチオニンによる）で体内で生成される．筋肉の力を高め，筋疾患の治療に用いられている．

クレアチンリン酸 creatine phosphate (phosphocreatine, phosphagen)

ホスホクレアチン，ホフファゲンともいう．→クレアチン

グレアム塩 Graham's salt

メタリン酸ナトリウムの一種．$(NaPO_3)_x$（→リンの酸素酸）．硬水の軟化，洗剤，皮革なめしに利用される．

グレアムの拡散の法則 Graham's law of diffusion

2種類の気体の拡散する速度は，それぞれの密度の平方根に反比例する．

$$\frac{\text{rate}_A}{\text{rate}_B} = \sqrt{\frac{\rho_B}{\rho_A}}$$

気体の平均自由行程が拡散が起こる穴の直径よりもはるかに大きい場合にのみ厳密に成り立つ．→拡散

グレイ gray (Gy)

放射線被爆量の単位．1 Gy = 1 J/kg．100 rad = 1 Gy．rad の代わりとなりつつある．

クレオソート creosote

コールタールあるいは木タールの蒸留で得られる留分．軽質，中質，重質留分はその沸点範囲（それぞれおよそ 475～540；540～570；570～630 K）により分類される．クレオソート留分はナフタレン油，洗浄油，軽アントラセン油などとも呼ばれる．クレオソートは特徴的な臭いがあり，炭化水素，フェノール，その他の芳香族誘導体の混合物からなる．木材の保存，ピッチやビチューメン（瀝青）の溶剤，燃料などに用いられている．

薬用のクレオソートはフェノール類の混合物で，主にグアヤコールとクレオソール（4-メチル-2-メトキシフェノール）が含まれており，木タールの蒸留により生成する．沸点200℃．ほとんど無色で特徴的な匂い（「正露丸」の匂いである）があり，強力な防腐剤である．フェノールより毒性が弱い．

クレジル酸 cresylic acids

フェノールのメチル誘導体，例えば $C_6H_4(Me)OH$ がクレゾールで，$C_6H_3Me_2OH$ はキシレノールである．これらの混合物を意味する．石炭の蒸留や石油蒸留物の精製から得られるためタール酸とも呼ばれる．殺虫剤や除草剤の出発物質として用いられるほか，フェノール樹脂，消毒剤，酸化防止剤および可塑剤（リン酸クレジル）に用いられている．

クレゾチン酸 cresotic acid

2-ヒドロキシ-3-メチル安息香酸．このほかに 3-，4-，および 5-メチル誘導体が知られている．消毒剤として，また染料の製造に用いられている．

クレゾール cresols (hydroxytoluenes)

C_7H_8O，ヒドロキシトルエン．クレゾールは無色の液体または結晶性固体．水蒸気中で揮発し，亜鉛粉末により還元されトルエンとなる．コールタールおよび分解ナフサ中に存在する．

2-ヒドロキシトルエン，o-クレゾール：融点 31℃，沸点 191℃

3-ヒドロキシトルエン，m-クレゾール：融点 12℃，沸点 203℃

4-ヒドロキシトルエン，p-クレゾール：融点 35℃，沸点 202℃

通常は対応するスルホン酸をアルカリ融解するか，フェノールのメチル化，あるいはトルイジン（アミノトルエン）を亜硝酸で処理し，沸騰させて生成する．2- および 4-クレゾールはどちらもアゾ染料の端成分として用いられている．用途は「クレジル酸」を参照．

クレブスサイクル Krebs's cycle
→クエン酸サイクル

クレメンゼン還元 Clemmensen reduction

アルデヒドやケトンを亜鉛アマルガムと塩酸とともに加熱して還元する方法．還元生成物は対応する炭化水素となる．

グローヴボックス glove box

通常，ガラスまたはプラスチック製ののぞき窓とグローブがついた閉じた空間で，湿気，酸素などに敏感な物質や，有毒，危険な物質，ときには放射能汚染の危険性のある物質の取扱いに使われる（不活性気体ボックス）．パージは静的に行い，例えば P_2O_5 を用いて水蒸気を除いたり，また一連の吸収剤を通して循環させることもある．

グロース gulose
六炭糖の1つ．

クロチルアルコール crotyl alcohol (*cis*-and *trans*-2-buten-1ol)

cis- および *trans*-2-ブテン-1-オール，C_4H_8O，$CH_3CH=CHCH_2OH$．無色の液体．沸点 118℃．クロトンアルデヒドの還元により生成する．
→クロトンアルデヒド

クロチル基 crotyl (2-butenyl)
2-ブテニル基の慣用名．$-CH_2CH=CHCH_3$．

クロトニル基 crotonyl
2-ブテノイル基 $-C(O)CH=CHCH_3$ の慣用名．

クロード法 Claude process

リンデ法に類似の空気の液化プロセスで，膨張する気体に外部仕事をさせることによってさらに冷却する点がリンデ法との違いである．

クロトンアルデヒド crotonaldehyde

C_4H_6O，$CH_3-CH=CH-CHO$．IUPAC 式名称では2-ブテナール．鼻にツンとくる臭いを持つ無色の催涙性の液体．沸点 104℃．アルドールを熱により脱水して製造する．酸化されることもあり，その場合は 2-ブタン酸が生じるが，還元するとクロトニルアルコールおよび 1-ブタノールが得られる．V_2O_5 の存在下で酸素により酸化されると無水マレイン酸になる．エタノールから 1-ブタノールを製造する際の中間体である．

クロトン酸 crotonic acids (2-methylacrylic acid, 2-butenoic acid)

$C_4H_6O_2$．α, β の二異性体がある．

① α-クロトン酸（(E)- またはトランス-クロトン酸，*trans*-CH_2=CHMe-C(O)OH）．融点 72℃，沸点 180℃．クロトンアルデヒドの酸化，あるいはエタノールをマロン酸に作用させて得られる物質を加熱することによって生成する．

樹脂，表面コート，プラスチック樹脂および医薬品に用いられる．

② Z-2-ブテン酸（イソクロトン酸，β-クロトン酸，シス-クロトン酸）無色の針状晶；融点14℃，沸点169℃．β-ヒドロキシグルタル酸を減圧下で，またはメタノールを加えて蒸留することによって生成する．180℃で加熱するか，水溶液に太陽光と臭素を作用させるとE-2-ブテン酸に変換される．染料および製紙に用いられる．

クロノポテンシオメトリー chronopotentiometry

定電流電解法の1つで，電解液中に浸した指示電極と対極との間の電流値を一定に保って指示電極電位の経時変化を測定し，電位-時間曲線を描かせる．定量分析や電極反応の解析などに利用する．

グロビン globin

ヒストンクラスに属する球状のタンパク質．ヘムと結合して呼吸色素ヘモグロビンを形成する．

グロブリン globulins
→蛋白質

クロマトグラフィー chromatography

クロマトグラフ分析．混合物の成分を液相または気相と固相（固定相，シリカまたはアルミナなどを担体としたものがよく使用されるが，粒径が小さく表面積の大きいもの）の間で成分の分配が行われることを利用して，分離する一連の密接に関連した技術．固定相を管に詰めたものが，カラムクロマトグラフィーで，紙や薄層を固定相として用いるシート法もある．活性固体の固定相が吸着剤で，不活性担体が担体である．試料成分をそれぞれのバンドに分離するプロセス全体をクロマトグラムの展開と呼び，溶出により行われるが，移動相（液体または気体）が溶出剤である．これらのプロセスによりクロマトグラムが得られる．クロマトグラムは最終的に一連の成分のバンドまたはゾーンの形で用いるか，成分を順々に溶出し，さまざまな方法で検出する（例えば熱伝導率，フレームイオン化，電子捕獲型検出器により，またはバンドを化学的に調べることもできる）．この検出が非破壊的であれば，実験規模のクロマトグラフィーにより，有用な測定可能量の成分を分離することができる．最終検出段階を質量分析計（GC-MS），FTIR，コンピュータと組み合わせて最終的な同定を行うことができる．

クロマトグラフ法として用いられているものを挙げると，吸着カラムクロマトグラフィー（吸着剤の固体カラム中で液層を用いる），分配カラムクロマトグラフィー（カラム中の2つの液体間での分配），薄層クロマトグラフィー（開放系の薄いシート上での分配），ペーパークロマトグラフィー（紙シートを固定相として使用する），高速液体クロマトグラフィー（HPLC）（高圧下での分配カラムクロマトグラフィー），イオンクロマトグラフィー（IC），イオン交換クロマトグラフィー（イオン交換），ガスクロマトグラフィー（気体状の溶質を気相と液相，または固相間で分配する），ゾーン電気泳動（電場をかけたシートやゲルのカラムを用いるクロマトグラフィー）がある．

ゲル浸透クロマトグラフィー，サイズ排除クロマトグラフィー，ゲル沪過クロマトグラフィーは，分子の体積の違いによって混合物の成分を分離する手法．多孔性の固体相（ポリマー，分子篩）がその孔の中に小さな分子を物理的に取り込む間に，大きな分子はカラムをより速やかに流れ落ちる．1000 psi以下の圧力をかけた溶媒が用いられる．

クロマン chroman

高い屈折率を有する液体で，沸点214〜215℃，ハッカの香りを有する．フラボン，キサントン，トコフェロール（ビタミンE）などはみなクロマン骨格を持っている．

クロミル化合物 chromyl compounds

CrO_2単位を含有するクロム誘導体．塩化クロミル（NaClと$K_2Cr_2O_7$およびH_2SO_4を反応させる）は最もよく知られた誘導体である．暗赤色液体．融点－96℃，沸点117℃．水により激しく加水分解される．強力な酸化剤で，例えばリンや硫黄を酸化し，またエテール反応（芳香族アルキルを酸化し，ケトンやアルデヒドと

する）での酸化剤として用いられる．

クロム chromium

元素記号 Cr．金属元素．原子番号 24, 原子量 51.996, 融点 1907℃, 沸点 2671℃, 密度 (ρ) 7180 kg/m^3 (=7.180 g/cm^3), 地殻存在比 100 ppm, 電子配置 [Ar]3d^{5}4s^1．最も重要なクロムの原料鉱物はクロム鉄鉱 FeCr$_2$O$_4$ で，これを空気の存在下で炭酸アルカリと溶融することによって，水溶性のクロム(Ⅵ)酸塩として取り出すことができる．こうして得られたクロム酸塩は，炭素により還元して Cr$_2$O$_3$ とし，さらに必要ならば金属アルミニウムにより還元して金属クロムを得ることができる．純粋な金属クロムは [CrO$_4$]$_2^-$ を電気分解により還元して得る．クロムは固い銀白色の金属で体心立方構造．非酸化性酸に可溶で O$_2$, ハロゲン類，硫黄などと反応するが，極めて耐酸化性が高い．HNO$_3$ 中で不動態となる．鉄鋼に対する添加剤として電気メッキに幅広く用いられている．クロム化合物は顔料（Cr$_2$O$_3$ とクロム(Ⅵ)酸塩）やガラスの着色，皮革のなめし，テキスタイル，木材保存剤，防錆剤，触媒，酸化剤および耐火物に用いられている．クロム化合物は多量では有毒だが，重要な微量必須元素でもある．

クロムの塩化物 chromium chlorides

①二塩化二酸化クロム(Ⅵ) CrO$_2$Cl$_2$：通常は塩化クロミルという．→クロミル化合物；クロロクロム酸イオン [CrO$_3$Cl]$^-$→クロロクロム(Ⅵ)酸塩

②塩化クロム(Ⅳ) CrCl$_4$：CrCl$_3$ と Cl$_2$ を 600～700℃で反応させ，急速に冷却して生成する．−80℃以上で分解する．

③塩化クロム(Ⅲ)（塩化第二クロム）CrCl$_3$：紫色の固体（Cr と Cl$_2$, 水和物と SOCl$_2$ から生成）．Cr^{2+} が存在すると，水に可溶．触媒，媒染剤．水和物 [Cr(H$_2$O)$_6$]Cl$_3$-紫, [Cr(H$_2$O)$_5$Cl]Cl$_2$(H$_2$O)-緑, [Cr(H$_2$O)$_4$Cl$_2$]Cl·2(H$_2$O)-緑, を初めとする多くの錯体を形成する．

④塩化クロム(Ⅱ)（塩化第一クロム）CrCl$_2$：白色固体（金属クロムと HCl ガスを反応させて得る）．水に溶けて青い溶液を生じる．水和物を形成し，還元剤として広く用いられている．

クロムの化学的性質 chromium chemistry

クロムは 6 族の遷移元素で，+6 から −4 までの酸化状態を持つ．+6 は CrO$_3$, [CrO$_4$]$^{2-}$；+5 は CrF$_5$, [CrO$_4$]$^{3-}$；+4 は [CrF$_6$]$^{2-}$, Cr(OBu)$_4$；+3 は CrCl$_3$；+2 は CrF$_2$；+1 は [Cr(bipy)$_3$]$^+$；0 は [Cr(CO)$_6$]；−1 は [Cr$_2$(CO)$_{10}$]$^{2-}$；−2 は [Cr(CO)$_5$]$^{2-}$；−4 は [Cr(CO)$_4$]$^{4-}$．高酸化状態のクロムの化合物は主に共有結合性であるが，Cr(Ⅲ) と Cr(Ⅱ) 化合物は主にイオン性である．いくつかの誘導体では Cr-Cr 結合がみられる．クロム(Ⅱ)化合物は近接した 4 つの原子と 2 個の遠い原子というヤーン-テラー歪みを示す．高酸化状態にあるクロム化合物は酸性溶液中で強い酸化性を示す．

[Cr$_2$O$_7$]$^{2-}$→Cr^{3+} $E°$ +1.33 V（酸性溶液中）
[CrO$_4$]$^{2-}$→Cr(OH)$_3$ −0.13 V（アルカリ性溶液中）

が，Cr(Ⅲ) と Cr(Ⅱ) は溶液中で安定

Cr^{3+}→Cr −0.74 V
Cr^{2+}→Cr −0.56 V（酸中）

Cr^{2+} はしたがってかなり強い還元剤となる．クロム(Ⅲ)は非常に多種類の不活性な正八面体錯体を，特に O- と N-リガンドとともに形成する．Cr(Ⅱ)（青）と Cr(Ⅲ)（緑）アクオイオンおよび Cr(Ⅵ) アニオンが関わる水溶液中でのクロムの化学は極めて多岐にわたっている．

クロムの酸化物 chromium oxides

①三酸化クロム，CrO$_3$．別名を無水クロム酸という．[CrO$_4$]$^{2-}$ に濃 H$_2$SO$_4$ を加えると得られる赤い結晶性沈殿．融点 198℃, 420℃で酸素を失う．CrO$_3$ は強力な酸化剤として用いられている．酸性で水と反応して [CrO$_4$]$^{2-}$ を生じる．

②二酸化クロム CrO$_2$（H$_2$O と O$_2$ を CrO$_3$ 上で高温で反応させる）．黒色の強磁性の固体．ルチル構造を持ち，固相反応でクロム(Ⅳ)酸塩を形成する．磁気テープに用いられている．二級アルコールを酸化しケトンを生成するのに極めて有効な試薬．

③酸化クロム(Ⅲ) Cr$_2$O$_3$（(NH$_4$)$_2$Cr$_2$O$_7$ の加熱，クロム(Ⅲ)化合物の燃焼，および加水分解により生成）．緑色化合物でコランダム構造を有する．固相反応でクロム(Ⅲ)酸塩を生じ，ヒドロキシイオンによりアニオンを，酸により [Cr(H$_2$O)$_6$]$^{3+}$ を生じる．緑色顔料（ビリジア

ン）として用いられるほか，ガラスや陶器を緑色に染めるのに用いられる．

クロムの酸素酸塩 chromium oxy-salts

クロム（Ⅲ）は結晶性の硫酸塩水和物（これはクロムミョウバンを生じる）および硫酸塩錯体を形成する．硝酸塩，過塩素酸塩およびリン酸塩もまた知られている．すべて Cr_2O_3 と対応する酸から得られるが，みな水和物を形成する．媒染剤として用いられる．アセチルアセトナトを初めとする多くの O-錯体がある．クロム（Ⅱ）塩はクロム（Ⅲ）誘導体の電解還元により作ることができ，例としては酢酸クロム（Ⅱ）や硫酸クロム（Ⅱ）（青色）などがある．

なおクロム（Ⅳ）誘導体 $Cr(OBu^t)_4 (Cr(NEt_2)_3$ を酸化ののち，アルコール分解して得る）は単量体である．

クロムの臭化物 chromium bromides

クロム（Ⅲ）臭化物 $CrBr_3$ および $CrBr_2$ はこれに対応する塩化物とその性質が極めて類似している．

クロムのフッ化物 chromium fluorides

①六フッ化クロム CrF_6：黄色の不安定な化合物．CrF_3 と F_2 を高温，高圧で反応させて得られる．

フッ化クロミル CrO_2F_2 とフルオロクロム（Ⅵ）酸塩（$[CrO_3F]^-$ イオンを含有）が知られている．

②五フッ化クロム CrF_5：赤色融点30℃（CrF_3 と F_2 を 350～500℃で反応させる）．

テトラフルオロクロム（Ⅴ）酸塩（$[CrOF_4]^-$ イオンを含有）は BrF_3 と $M_2Cr_2O_7$ から得られる．

③四フッ化クロム CrF_4：緑色，100℃で昇華する（CrF_3 と F_2 から生成）．

ヘキサフルオロクロム（Ⅳ）酸塩 $M_2[CrF_6]$：2MF と CrF_3 の混合物に F_2 で酸化処理すると得られる．

④フッ化クロム（Ⅲ）CrF_3：緑色の難溶性の物質（HF と Cr_2O_3 または $CrCl_3$ を反応させる）．研磨剤およびハロゲン化触媒として用いられる．水和物および錯体（例えば $M_3[CrF_6]$）を形成する．

⑤フッ化クロム（Ⅱ）：$CrCl_2$ と HF を600℃で反応させる．

高次のフッ化クロム CrF_6, CrF_5, CrF_4 はすべて極めて強力な酸化剤であり，水で直ちに加水分解される．

クロムの有機誘導体 chromium, organic derivatives

クロムはさまざまな有機誘導体を形成する．例えば $Cr(0)(\eta^6-C_6H_6)_2Cr$；$Cr(Ⅰ)[(\eta^5-C_5H_5)Cr(CO)_3]_2$；$Cr(Ⅱ)Li_4Cr_2Me_8$；$Cr(Ⅲ)CrPh_3 \cdot 3THF$, Li_3CrMe_6．これらは RLi または RMgX を適切なクロム誘導体に作用させて調製する．

クロムの硫酸塩 chromium sulphates
→クロムの酸素酸塩

クロムイエロー chrome yellow
→鉛のクロム酸塩

クロムオレンジ chrome orange
→鉛のクロム酸塩

クロムカルボニル chromium carbonyl

$Cr(CO)_6$．白色の固体．融点149℃．$CrCl_3$，還元剤および CO を反応させて調製する．非常に多くの置換誘導体を生成する．

クロム酸 chromic acid

CrO_3（無水クロム酸）を指す．本来は誤称である．

クロム酸亜鉛 zinc chromate

$ZnSO_4$ 溶液に K_2CrO_4 を加えると沈殿として得られる黄色顔料．プルシアンブルーと混合すると緑色のジンクグリーンを生じ，これは特に安定で耐光性を持つ．クロム酸亜鉛はさび止め塗料に用いられる．

クロム酸アンモニウム ammonium chromate

$(NH_4)_2CrO_4$．黄金色の固体（NH_3, CrO_3, H_2O から生成する）．水に可溶，加熱により分解し，重クロム酸塩と NH_3 と H_2O になる．繊維製品の製造に用いられる．

クロム酸塩 chromates

正式には酸素を含有するクロムの化学種すべてを指す（下記参照）．通常はクロム（Ⅵ）酸塩を意味する．

①クロム（Ⅵ）酸塩：CrO_3 の誘導体で四面体の $(CrO_4)^{2-}$ イオンや多量体アニオン，例えば酸素架橋を含有する二クロム酸イオン $Cr_2O_7^{2-}$, $[O_3Cr-(\mu-O)CrO_3]^{2-}$ を酸溶液中で形成する．$(CrO_4)^{2-}$ イオンは黄色で $Cr_2O_7^{2-}$ は赤色である．遊離酸である $H_2(CrO_4)$ は知られていない．

カリウム塩は潮解性を持たず無水塩である．ナトリウム塩は $Na_2CrO_4 \cdot 10H_2O$ と $Na_2Cr_2O_7 \cdot 2H_2O$ である．重金属のクロム酸塩は一般に水には不溶で，顔料として広く用いられている．クロム(VI)酸塩はクロム鉄鉱を Na_2CO_3 とともに空気中で1100℃に熱し，融成物を浸出，これは結晶化させて得られる．クロム(VI)酸塩は強力な酸化剤で（$E°$ $Cr_2O_7{}^{2-} \to Cr^{3+}$．酸中で+0.33 V）酸化剤として用いられるほか，なめし，写真プロセス，印刷および顔料に用いられる．

② クロム(V)酸塩：$(CrO_4)^{3-}$．深緑色の化合物で加水分解により不均化し，Cr(III)とCr(VI)を生じる（K_2CrO_4 と KOH を溶融状態で反応させる）．

③ クロム(IV)酸塩：混合酸化物，例えば $M^{II}{}_2CrO_4$ は固相反応で生成する．

④ クロム(III)酸塩：混合酸化物．例えば $FeCr_2O_4$ はスピネル構造を持ち固相反応で生成する．

クロム酸カリウム　potassium chromate

K_2CrO_4．クロム鉱石を炭酸カリウムと1100℃に加熱融解し，水溶液から結晶として得られる．黄色の結晶で，釉薬や皮革のなめし処理に用いられる．

クロム酸タリウム　thallium chromate

Tl_2CrO_4．黄色粉末．Tl(I)塩の水溶液に Na_2CrO_4 を加えると沈殿として得られる．Tl(I)の定量に利用．

クロム酸ナトリウム　sodium chromate (VI)

$Na_2CrO_4 \cdot 10H_2O$．→クロム酸塩

クロム酸バリウム　barium chromate

$BaCrO_4$．黄色の顔料．可溶性のバリウム塩類の水溶液にクロム酸ナトリウムを添加すると沈殿として得られる．

クロム鉄鉱　chromite

$FeCr_2O_4$．黒茶色の鉱物．スピネル構造を持ち，金属クロムやいろいろなクロム化合物の原料として用いられている．

クローム被覆　chrome

表面にクロムメッキを施してあるもの．

クロムミョウバン　chrome alum

$KCr(SO_4)_2 \cdot 12H_2O$．典型的なミョウバンの1つでゼラチン硬化剤として用いられている．

クーロメーター　coulometer

電量計．電気回路を通る電荷量（何クーロンか）を測定するための機器や装置．銀のクーロメーターは硝酸銀溶液に浸した2個の白金電極からなる．回路を1クーロンの電荷が通過すると 1.118×10^{-3} g の銀がカソードに析出する．したがってカソードの重量増から電荷量が計算できる．

クーロメトリー　coulometry

電量分析．電気量の測定を用いた分析技法．定電流クーロメトリーは電量滴定法に用いられる．例えば Br_2 を電気的に調製し，そのまま反応容器内でオレフィンなどの酸化に用い，終点を分光学的に決定したり，Ag^+ を生成し，Cl^- の滴定に用いるなどがある．定電位クーロメトリーでは，1つの化学種の酸化または還元を利用して，特定の電位で定量することができる．

クロラニル　chloranil

→クロルアニル

クロラミンT　chloramine T（sodium p-toluenesulphonylchloroamide）

$[4\text{-}CH_3C_6H_4S(O)_2NCl]Na \cdot 3H_2O$．4-トルエンスルホンアミドと NaOCl から作られる．正式名は p-トルエンスルホニルクロラルアミドナトリウム塩．容量分析用試薬として用いられるほか，強力な消毒剤でもある．薄い水溶液にして傷口の洗浄に用いる．

クロラール　chloral（trichloroacetaldehyde, trichloroethanal）

$CCl_3\text{-}CHO$．無色の油状液体で鼻にツンとくる臭いを持つ．トリクロロアセトアルデヒド，トリクロロエタナールなどとも呼ばれる．沸点98℃．塩素をエタノールに作用させて製造する．アセトアルデヒドの塩素化によっても生成する．放置するとゆっくりと白色の固体に変化する．水と付加化合物を生成する（→抱水クロラール）ほか，アンモニア，亜硫酸水素ナトリウム，アルコールおよびある種のアミンやアミドと付加化合物を生成する．硝酸により酸化されトリクロロ酢酸になる．アルカリにより分解し，クロロホルムとギ酸を生じる．純粋な $CHCl_3$ を得るのに都合のよい方法である．睡眠薬，麻酔薬として用いられる．規制薬物．

クロリン　chlorin

クロロフィル中に存在するジヒドロポルフィン環系をいう．

クロルアニル chloranil (tetrachloro-1,4-benzoquinone)
$C_6Cl_4O_2$, テトラクロロ-1,4-ベンゾキノン．黄色結晶．融点290℃．フェノールを酸と塩素酸カリウムで酸化することによって生成する．脱水素剤として用いられるほか染料合成に使用される．

クロルアミン chloramine
NH_2Cl, モノクロロアミン．性質についてはハロアミンの項に詳述．なお，N-Cl結合を有する一連の有機化合物をも意味する．

クロール塩 Kurrol salt
メタリン酸ナトリウム$NaPO_3$の一種．グレーアム塩をアニーリング処理することで得られる長鎖のメタリン酸イオンを含む．→リンの酸素酸

クロルスルホン酸 chlorosulphonic acid
→クロロ硫酸

クロールデン chlordane
$C_{10}H_6Cl_8$. 有機塩素系農薬．以前は殺虫剤として用いられていたが高等動物に対し毒性を有するため，多くの国では使用禁止となった．シロアリ駆除に対しては現在も使用されている．

クロルピクリン chloropicrin
CCl_3NO_2, ニトロトリクロロメタン．無色の催涙性で有毒な液体．沸点112℃．ピクリン酸ナトリウムを塩素で処理するか，またはピクリン酸カルシウムをさらし粉で処理することによって製造する．殺虫剤，殺線虫剤として，また穀物の殺菌，各種の合成に用いられている．

クロルプロマジン chlorpromazine (3-chloro-10-(2-dimethylaminopropyl) phenothiazine)
$C_{17}H_{19}ClN_2 \cdot HCl$, 3-クロロ-10-(2-ジメチルアミノプロピル)フェノチアジン）．白色またはクリーム色の粉末．融点194～197℃．重要な精神安定剤．抗嘔吐剤．プロマジン(promazine) $C_{17}H_{20}N_2S \cdot HCl$. 精神安定剤として広く用いられており，また導入麻酔薬としても使用されている．

クロルヘキシジン chlorhexidine
$C_{22}H_{30}Cl_2N_{10}$, [4-ClC_6H_4NHC(NH)NHC(NH)$(CH_2)_3]_2$, ヘキサメチレンビス(4-クロロフェニルビグアニジニン)．通常は二塩酸塩の形で用いられる．二塩酸塩は白色の結晶性粉末で，融点約225℃（分解）である．防腐剤や皮膚の殺菌剤として用いられるほか，ある種の製剤処方中で静菌薬として用いられている．

クロレックス法 chlorex process
2,2-ジクロロジエチルエーテルを用いて，繊維からの脱脂や鉱油からの脱蝋を行う工業的方法．

クロロアセトン chloroacetone (chloropropanone)
CH_2Cl-CO-CH_3, クロロプロパノン．無色，催涙性の液体．沸点119℃．アセトンをさらし粉または塩素で処理して製造する．催涙ガスとして，通常はもっと強力なブロモアセトンと混合して用いられているほか合成に使用されている．

クロロアニリン類 chloroanilines (aminochlorobenzenes)
アミノクロロベンゼン．SO_2Cl_2をアニリンに作用させて（モノ，ジ，トリクロロアニリン）生成する．アニリンより塩基性が弱い．

クロロアルキルアミン chloroalkylamines (N-dialkylchloroalkylamines)
$R_2N(CH_2)_nCl$, N-ジアルキルクロロアルキルアミン．アルカノールアミンを塩化チオニルで処理することによって生成する．いろいろな薬剤などの合成で重要である．

クロロイソプロピルアルコール chloroisopropyl alcohol
→プロピレンクロロヒドリン

クロロエタン chloroethane
CH_3CH_2Cl. 通常は塩化エチルと呼ばれる．無色の液体で，エーテル臭を持つ．燃やすと周縁部が緑色の炎をあげて燃える．沸点12.5℃．ジクロロエタン溶媒中で，塩化水素とエチレンを40℃で$AlCl_3$の存在下で反応させると得られる．またはエタンを触媒的に，あるいは光化学的に塩素化することによって製造する．アンモニアと100℃で反応し，エチルアミン塩酸塩を生じる．KOHとともに加熱するとエタノールになる．以前の主な用途はテトラエチル鉛の製造であった．沸点が低いので，局所麻酔剤と

して有用であり，微細な霧状にスプレーして用いる．急速に蒸発するため，塗布した部分を凍らせる．

クロロエタン酸メチル methyl chloroethanoate（methyl monochlro-acetate）
→モノクロロ酢酸メチル

クロロエタン酸類 chloroethanoic acids
→クロロ酢酸類

2-クロロエチルアルコール 2-chloroethyl alcohol（ethylene chlorohydrin）

$ClCH_2$-CH_2OH. 別名をエチレンクロロヒドリンという．無色の液体で，かすかにエーテル臭を持つ．沸点129℃．エチレンを希塩素水に通すか，エチレンオキシドとHClから製造する．炭酸水素ナトリウム溶液と反応し，エチレングリコールを生じるほか，固体の水酸化ナトリウムと反応してエチレンオキシドを生じる．濃硫酸と100℃で反応すると$β,β'$-ジクロロエチルエーテルを生じ，アンモニアおよびアミンと反応するとアミノエチルアルコールを，有機酸のナトリウム塩と反応し，グリコールエステルを生じる．これらの化合物の製造に用いられているほか，一般的な合成にも使用されている．

3-クロロ過安息香酸 3-chloroperbenzoic acid（m-chloroperbenzoic acid）

3-$ClC_6H_4C(O)OOH$，m-クロロ過安息香酸．白色の固体．融点92℃．m-クロロベンゾイルクロリドを過酸化水素と炭酸ナトリウムで処理することによって生成する．この過酸はかなり安定で，選択性のある高活性酸化剤である．

クロロカーボン類 chlorocarbons（chlorohydrocarbons）

「塩素化炭化水素」という訳もあるが，こちらのほうが多用されている．Cl_2または HCl をオレフィンに付加するか，炭化水素を直接塩素化して生成する極めて重要な一連の化合物．この原料の HCl は，塩素化工程の副生物として生じたものが用いられることが多い．さらにクラッキングにより低分子化を行うこともある．ドライクリーニング用の溶媒（テトラクロロエチレンやメチルクロロホルム（CH_3CCl_3））のほか，殺虫剤原料（DDTなど），ポリマー原料（塩化ビニル，クロロプレン），溶媒（CCl_4）として用いられるほか，化学薬品の中間体（CH_3Cl,

C_2H_5Cl）としても大量に用いられている．多くの有機塩素化合物は健康上の問題を引き起こし，使用量は漸減の傾向にある．

クロロギ（蟻）酸エステル chloroformic ester
→クロロギ酸エチル

クロロギ酸エチル ethyl chloroformate（chloroformic ester, chlorocarbonic ester, ethyl chlorocarbonate）

$ClC(O)OCH_2CH_3$. クロロ炭酸エチル．不快な臭気を持つ揮発性液体．沸点94〜95℃．エタノールに冷ホスゲンを加えて得る．反応性が高く，-OH 基を持つ多くの有機化合物と反応しカルボエトキシ誘導体を生じる．エタノールと反応すると炭酸ジエチルが生じ，アンモニアと反応するとウレタンを形成する．有機合成に利用される．

クロロキシレノール chloroxylenol（4-chloro-3,5-dimethylphenol）

$(CH_3)_2C_6H_3OH$，4-クロロ-3,5-ジメチルフェノール．殺菌剤，保存剤，また化学薬品の中間体として用いられている．

クロロキン chloroquin
重要な抗マラリア薬．

クロロクロム（VI）酸塩 chlorochromate（VI） salts

$MCrO_3Cl$. 塩酸で二クロム酸塩を処理するか，または塩化クロミル（CrO_2Cl_2）を金属塩化物の飽和水溶液に加えることによって生成する．これらの塩には四面体型のアニオン[CrO_3Cl]$^-$が含まれる．遊離酸は知られていない．溶液を沸騰させるとこれらは分解して塩素とクロム（III）塩を生じる．これらの塩は強力な酸化剤で，ピリジニウム塩はアルコールをアルデヒドに酸化するのに使用される．クロロクロム（V）酸塩 M_2[$CrOCl_5$]は濃塩酸とアルカリ金属塩化物を0℃で無水クロム酸（CrO_3）と反応させることによって生じる．

クロロ酢酸類 chloroacetic acids（chloroethanoic acids）

系統名では「クロロエタン酸」類となる．

① モノクロロ酢酸 CH_2Cl-COOH. 沸点189℃．トリクロロエチレンを硫酸とともに加熱して製造するか，赤リン，硫黄あるいは無水酢酸の存在下で氷酢酸を塩素で処理して製造する．アン

モニアと反応してグリシンを生成するほか，多くの種類の有機化合物と反応する．主に化学薬品の中間体として用いられるが，特にクロロフェノキシ酢酸系の除草剤，チオシアネート系の殺虫剤，そのほかさまざまな製剤の製造に用いられている．

②ジクロロ酢酸．$CHCl_2COOH$：融点の低い固体．融点 5～6℃，沸点 194℃．銅粉末をトリクロロ酢酸と反応させるか，シアン化ナトリウムを抱水クロラールに作用させて製造する．

③トリクロロ酢酸．CCl_3COOH：結晶性の固体で，水蒸気を速やかに吸収する．融点 58℃，沸点 196.5℃．赤リン，硫黄またはヨウ素の存在下で塩素を酢酸と 160℃ で反応させて製造する．沸騰水により分解し，クロロホルムと二酸化炭素を生じる．モノクロロ酢酸やジクロロ酢酸と比較するとはるかに強酸である．ナトリウム塩は選択的な除草剤として使用される．

クロロ炭酸エステル chlorocarbonic ester
→クロロギ酸エチル

クロロ炭酸エチル ethyl chlorocarbonate
→クロロギ酸エチル

クロロ炭酸ベンジル benzyl chlorocarbonate (carbobenzoxy chloride)
$PhCH_2OC(O)Cl$．カルボベンゾキシクロリド．ベンジルアルコールとホスゲンから生成する．ペプチド合成などで，アミンの保護に用いられる．

クロロトルエン chlorotoluenes
C_7H_7Cl，2-クロロトルエン，沸点 159℃；4-クロロトルエン，沸点 162℃．トルエンを触媒の存在下で直接塩素化して得る．2-クロロトルエンは酸化により 2-クロロベンズアルデヒドとなる．溶媒および染料中間体として用いられる．

クロロナフタレン類 chloronaphthalenes
1-クロロナフタレン（α-クロロナフタレン），$C_{10}H_7Cl$．無色．沸点 263℃．$FeCl_3$ の存在下でナフタレンを直接塩素化して生成する．工業用溶媒として用いられる．これ以外にも，上記以外のモノクロロナフタレン，理論的に可能な 10 種類のジクロロナフタレン類，14 種類のトリクロロナフタレン類のすべてがすでに製造されている．一般的にはそれぞれに対応するアミノ誘導体からジアゾ化と CuCl 処理によって得られている．これらは工業的にはほとんど重要ではない．

クロロヒドリン chlorohydrins
C(OH)-CCl 基を含有する有機化合物．二重結合を有する化合物を塩素水で処理する，あるいはグリコールやエポキシドを塩酸で処理することによって生成する．炭酸水素ナトリウムなどの弱アルカリと加熱することによってグリコールに変換する．

クロロヒドロカーボン chlorohydrocarbons
→クロロカーボン類

クロロヒドロキシプロパン chlorohydroxypropane
→プロピレンクロロヒドリン

クロロフィル chlorophyll
植物の緑色色素．クロロフィルはあらゆる植物に含まれ，二酸化炭素と水から炭水化物を光合成する上で触媒として作用するため，植物の生命に必要不可欠な存在である．植物には 2 種類のクロロフィルが存在する；クロロフィル a $C_{55}H_{72}MgN_4O_5$ は，黒みがかった青色粉末で得られ，融点 150～153℃．クロロフィル b $C_{55}H_{70}MgN_4O_6$ は，深緑色粉末で，融点 120～-130℃である．ともにアルコールとエーテルに可溶．クロロフィル b では図中の星印の付いたメチル基がアルデヒド基になっている．緑色の葉に含まれるクロロフィル a 対クロロフィル b の比はおよそ 3：1．クロロフィル a を酸で処理すると Mg がはずれて 2 個の水素原子が導入され，茶色がかったオリーブ色の固体，フェオフィチン a が得られる．これを加水分解するとフィトールがはずれ，フェオホルビド a が生じる．クロロフィル b からも類似化合物が得られる．クロロフィルをアルカリで分解すると一連のフィリン（マグネシウムポルフィリン化合物）を経て最終生成物のエチオフィリンとなる．フィリンを酸で処理するとポルフィリン類を生じるが，これは動物の血色素から得られるものと類似はしているが同一の化合物ではない．純度の低いクロロフィルは商業的にはアルファルファの乾燥粉末やイラクサなどからアルコールで抽出し，ベンゼンへと分配抽出して得ている．着色剤として特に食品や製剤に用いら

れるほか，脱臭剤としても使用されている（わが国では以前はカイコの糞が主原料であった）．

R=C$_{20}$H$_{39}$ (Phytol)

クロロフェノール類 chlorophenols

比較的酸性の強い物質で，フェノール類の芳香環を直接塩素化して生成する．広くフェノール樹脂（メタノールと反応させる）に用いられているが，しばしば防腐剤，消毒剤，殺菌剤，殺虫剤，除草剤，木材保存剤として有効である．染料にも用いられている．

2-クロロブタジエンポリマー 2-chlorobutadiene polymers

→ポリクロロプレン

クロロプレン chloroprene (2-chlorobutadiene)

C$_4$H$_5$Cl，CH$_2$=CCl-CH=CH$_2$，2-クロロブタジエン．無色の液体．沸点59℃．触媒としての塩化銅アンモニウムの存在下でビニルアセチレンを塩酸で30℃で処理することによって生成する．耐油性，耐オゾン性合成ゴムの製造に用いられる．おそらく発ガン性．→ポリクロロプレン

クロロプレンポリマー chlorobutadiene polymers

→ポリクロロプレン

2-クロロプロパン 2-chloropropane

別名塩化イソプロピル，C$_3$H$_7$Cl，CH$_3$CHClCH$_3$．無色の芳香性液体．沸点36.5℃．イソプロピルアルコールを塩化亜鉛の存在下で塩酸で処理すると得られる．あるいは加熱した塩化マグネシウムなどの金属塩化物上にイソプロピルアルコールと塩化水素の混合気体を通じてもよい．脂肪の溶剤として用いられる．

2-クロロプロピルアルコール 2-chloropropyl alcohol

→プロピレンクロロヒドリン

3-クロロプロピレングリコール 3-chloropropylene glycol

→ジヒドロキシクロロプロパン

クロロベンゼン chlorobenzene

C$_6$H$_5$Cl．無色の液体．沸点132℃．ニトロ化反応は2-位と4-位で起きる．ベンゼンを鉄触媒の存在下で直接塩素化することによって調製する．主としてその他の化学薬品（特に，フェノール，DDTおよびアニリン）を製造する際の中間体として用いられている．

クロロホルム chloroform

CHCl$_3$．甘い臭気を持つ無色液体．沸点60〜61℃．水に微溶．メタンを塩素化して作る．空気と日光により酸化されホスゲンを生じる．油脂，蝋，ゴムや他の有機化合物に対する優れた溶媒となる．アニリンと水酸化カリウムと反応させると悪臭あるフェニルイソシアナート（カルビルアミン）を生じる．これをカルビルアミン反応という．ブロモホルム，ヨードホルム，クロラールも同様にカルビルアミン反応を起こす．

強力な揮発性麻酔剤として使われたが，肝臓毒性があるため現在はほとんど使われない．主に，クロロフルオロカーボン系冷媒（アークトン（商品名），フレオン（商品名））やポリマーの製造に用いられる（以前は麻酔剤として用いられたが，現在では他の優秀で副作用の少ないものが開発されたため，この方面への使用は止んだ）．

クロロメタン chloromethane (methyl chloride)

CH$_3$Cl．別名の塩化メチルのほうがよく用いられる．快いエーテル臭を持つ無色の気体．沸点-24℃．主にメタノールと塩化水素を気相または液相中で触媒の存在下で反応させることによって製造する．天然には（CH$_3$BrやCH$_3$Iとともに）海岸沿いの塩性湿地から発生するほか，水田（湿田）からも揮散する．塩素と反応し，

塩化メチレン，クロロホルムおよび四塩化炭素を生じる．圧力下で $Ca(OH)_2/H_2O$ で処理するとメタノールを生成する．塩化メチルの主な用途はメチルシリコーンの製造である．テトラメチル鉛（アンチノック添加剤）やブチルゴム，メチルセルロースの製造にも用いられており，また有機塩基の四級化（例えばパラコートの製造）などにも用いられている．

クロロメチル化 chloromethylation

芳香族，特に活性化した芳香族化合物中に -CH₂Cl 基を塩化水素，ホルムアルデヒドおよび無水塩化亜鉛を用いて導入すること．→マンニッヒ反応

$$R-H + CH_2O + HCl \rightarrow R-CH_2Cl + H_2O$$

クロロメチルメチルエーテル chloromethyl methyl ether

$ClCH_2OCH_3$．無色の液体．沸点60℃．塩化水素をホルマリンとメタノールの混合物中に通して生成する．クロロメチル化に用いられるほか，メトキシメチルエーテルの生成（保護基として用いる），無水塩化アルミニウム（触媒）とともに芳香族化合物にホルミル基 (-CHO) を導入するために使用されている．発ガン物質．

クロロ硫酸 chlorosulphuric acid

$HOS(Cl)O_2$．別名をクロロスルホン酸という．無色の液体．融点-80℃，沸点158℃（SO_3 と HCl または H_2SO_4 と PCl_5 または $POCl_3$ から生成する）．水により加水分解される．塩素化剤およびスルホン化剤として用いられる．

クーロン coulomb

電気量の単位．96485 C（1ファラデー）が 1 mol の電子の電気量に相当する．1 A の電流により1秒に運搬される電荷である．→ファラデーの電気分解の法則

群論 group theory

一群の操作（対称要素，結晶場）により性質がどう変わるかを調べる数学的方法．構造，スペクトル，磁化率などの計算に利用される．

ケ

ケイ化物 silicides

例えば Mg_2Si のようなケイ素と他元素との二元系化合物．ケイ化物は構造的には炭化物と関連付けられ，硬く加工しにくい固体である．酸で処理すると水素化ケイ素の混合物（シラン類）と水素を生じる．

鶏冠石 realgar

紅色のヒ素鉱物．組成は As_4S_4．かつては赤橙色の顔料として利用された．人工的には硫黄を過剰のヒ素とともに蒸留して得る．

蛍光 fluorescence

電磁波を吸収したのちに起こるエネルギー放出過程の1つ．電磁波を吸収すると分子や原子は励起される．吸収したエネルギーの一部を，励起光よりも長い波長（低いエネルギー）の電磁波として放出するとき，これを蛍光という．励起エネルギーの一部は振動により緩和されることもある．また，溶媒が蛍光を消光することもある．励起状態は，途中のエネルギー準位を経て元の状態に戻る．X 線蛍光分析は地質学的岩石試料の分析に広く用いられる．蛍光は種々の化学分析に利用されている．→蛍光分析，リン光分析

蛍光指示薬 fluorescence indicator

溶液の pH や酸化還元電位などに依存して蛍光の色や強度が変化する指示薬．強く着色した溶液や濁った試料の滴定に利用される．

蛍光増白剤 fluorescent brightening agents, optical brighteners

白色光を吸収し青紫色の光を放出する洗剤，紙，織物の添加物．この発光により，漂白したものの黄ばみが打ち消される．

蛍光塗料 luminous paints

微量の重金属元素を添加した固体物質（以前であれば硫化カルシウムや硫化亜鉛などであったが，最近ではアルミン酸ストロンチウムなども用いられている）のリン光性顔料を含む塗料．紫外線光を照射したのち，主にリン光の形で長

時間発光する.

蛍光分析 fluorimetry
物質の蛍光特性を利用した分析手法.

ケイ酸 silicic acids
ケイ酸ナトリウム（水ガラス）の希薄溶液に過剰の HCl を加え透析すると水和したシリカのコロイド溶液が得られる．これは極めて弱いが酸としての性質を示し，アルカリと反応して塩を作る．ケイ酸のゾルは容易に凝集してゲルを生じる．ケイ酸自体は遊離の状態では単離できないが，揮発性のエステル，例えば $Si(OMe)_4$（沸点121℃）はよく知られている．

ケイ酸アルミニウム aluminium silicates
→アルミノケイ酸塩

ケイ酸エチル ethyl silicate（tetraethyl silicate, silicon ester）
$Si(OC_2H_5)_4$．ケイ酸テトラエチル，シリコンエステル．おだやかなエステル臭の流動性の大きい液体．融点-77℃，沸点168℃．アルコールと四塩化ケイ素の反応で得る．水により徐々に加水分解されてエタノールとケイ酸を生じる．石造物の撥水処理，精密鋳造物の製造，接着に用いられる．

ケイ酸塩 silicates
広く存在する物質群で，その多くは鉱物である．SiO_2 の誘導体で酸性酸化物として振舞う．天然のケイ酸塩はほとんどの岩石の主成分である．独立した $[SiO_4]^{4-}$ 陰イオンを含むジルコン（$ZrSiO_4$）のような比較的単純な鉱物から，酸素がケイ素を架橋してケイ酸陰イオンが二次元や三次元に広く連なったずっと複雑な構造のものまである．ケイ酸塩はいずれも一部またはすべての酸素原子を共有する $[SiO_4]$ 四面体からなる．ケイ酸陰イオンの Si が Al，B，Be で置換されることもある．陽イオンは格子の孔に位置する．代表的なものは長石，雲母，ゼオライト，アルミノケイ酸塩．アルカリ金属のケイ酸塩は水に可溶で工業的に利用されている．→ケイ酸ナトリウム

ケイ酸カルシウム calcium silicates
重要な鉱物でスラグやセメント中に存在する．ガラスフィルターに用いられる．

ケイ酸テトラエチル tetraethyl silicate
→ケイ酸エチル

ケイ酸ナトリウム sodium silicates
いろいろな組成のものが存在している．シリカを炭酸ナトリウムとともに炉中で溶融すると，Na：Si の比が 4：1 〜 1：4 のものが得られるが，日本のいわゆる「水ガラス」はほぼ Na_2SiO_3 の組成でメタケイ酸ナトリウムに当たる．欧米では Na：Si＝3.2 〜 4 のものを「water glass（水ガラス）」と呼んでいる．これはほぼオルトケイ酸ナトリウムに近い組成である．シリカゲル製造（酸処理による），接着剤，サイジング，卵の保存剤，耐火剤，金属の洗浄，洗剤の製造，土壌固化に用いる．

ケイ酸鉛 lead silicates
実際には PbO と SiO_2 の混合酸化物である．鉛濃度の低いものは陶器の釉薬やガラス製造の原料となる．

傾瀉 decantation
けいしゃ．デカンテーション．懸濁液から，あるいは混じり合わない重い液体から液体（上澄液）を分離する方法．重い液体や沈殿を元の容器内に残しつつ容器を傾けて液体を注ぎ出す．

ケイ素 silicon
元素記号 Si．非金属元素で原子番号 14，原子量 28.086，融点 1414℃，沸点 3265℃，密度（ρ）2330 kg/m^3（＝2.33 g/cm^3），地殻存在比 277000 ppm，電子配置 [Ne]$3s^23p^2$．14族元素．地殻中では 2 番目に存在量が多い元素で，SiO_2（→二酸化ケイ素）や種々のケイ酸塩として存在する．生物の必須元素．

電気炉中で SiO_2 を炭素で還元すると粗製のケイ素が得られる．純粋なケイ素はこれを $SiCl_4$（Cl_2 と反応させて得る）などのハロゲン化物に変換し分留より精製したのち，加熱した鉄線上で還元し帯溶融精製（ゾーンメルティング）により精製する．ケイ素の結晶格子はダイヤモンド構造で，空気中で強熱すると酸化される．単体ハロゲンのうちでは F_2 や Cl_2 と反応する．溶融したアルカリで処理するとケイ酸塩を生じる．超純粋なケイ素に B や P をドープしたものは優れた半導体としての性質を示し，トランジスタなどの固体素子に用いられる．ケイ酸塩や SiO_2 はガラス，耐火レンガ，建造物などの材料となる．

ケイ素と水素の化合物　silicon hydrides

水素化ケイ素，またはケイ化水素と昔風の呼び方が使われることもあるが，現在では「シラン」類のほうが通用．→シラン類

ケイ素の塩化物　silicon chlorides

四塩化ケイ素（silicon tetrachloride）$SiCl_4$ は融点 −70℃，沸点 57℃．無色液体（Si と Cl_2 を反応させ蒸留して得る）．湿った空気あるいは水により加水分解される．純粋なケイ素の製造に用いられる．もっと分子量の大きい塩化物，Si_2Cl_6 から Si_6Cl_{14}（多くの分岐を持つ，環状のものもある）は $SiCl_4$ とケイ素またはケイ化物の反応，あるいは Si_2Cl_6 などのアミン触媒不均化により得る．部分加水分解により，$Cl_3SiOSiCl_3$ のような酸化塩化物を生じる．Si_2Cl_6 は有機化合物から酸素を抽出するのに用いられる．

ケイ素の化学的性質　silicon chemistry

ケイ素は比較的電気陽性な 14 族元素．通常の酸化状態は +4 価で 4 本の共有結合を持つことが普通である．このほか 5 配位や 6 配位の化合物も知られている．C, N, O などを介した鎖状構造をとることができ，脂肪族炭素化合物や環状化合物などに対応した広範の化合物を形成する．末端の Si-X 結合は交換反応を起こし，Si-H は還元性を有する．陽イオン種，例えば $[Ph_3Si(bipyridyl)]^+$ も既知である．ケイ素（Ⅱ）の化学種は重要な反応中間体（→ケイ素のフッ化物）である．いくつかの不安定なケイ素（Ⅲ）の化学種も知られている．C=Si のような通常の多重結合はまれであるが，空の d 軌道が関与する π-結合はよくみられ，例えば直鎖の Si-O-Si ユニットを形成する．

ケイ素の酸化塩化物　silicon oxide chlorides

ケイ素の塩化物の部分加水分解で生成する．

ケイ素の酸化物　silicon oxides

一酸化ケイ素（silicon monoxide, SiO）は SiO_2 と炭素を電気炉で処理して得る．不純物を含む褐色の粉末は顔料や研磨剤として利用される．気相で安定（Si と SiO_2 から得る）．二酸化ケイ素 silicon dioxide，SiO_2．→石英

ケイ素の臭化物　silicon bromides

ケイ素は Si-Br 結合を有する種々の化合物を形成する．二元系化合物で最も単純なものは四臭化ケイ素 $SiBr_4$ で，融点 5℃，沸点 155℃（ケイ素と Br_2 を灼熱して得る）．

ケイ素のタングステン酸塩　silicotungstates

ヘテロポリタングステン酸の一種．最近では鉱物の分離に利用される重液の原料としても利用される．

ケイ素の窒化物　silicon nitrides

Si_3N_4．Si と N_2 を 1500℃ に熱して得る．反応性に乏しい灰色固体．耐摩耗性セラミックスに利用され，酸に耐性であるがアルカリを作用させると NH_3 とケイ酸塩を生じる．Si-N 結合を含む化合物は多数知られており，例えばヘキサメチルジシラザン $Me_3SiNMeSiMe_3$ は NMe 基の導入に用いられる．高分子量の化合物も知られているが，シリコーンより反応性が高い．

ケイ素のフッ化物　silicon fluorides

四フッ化ケイ素（silicon tetrafluoride, SiF_4）は融点 −90℃，沸点 −86℃．無色気体．空気中で容易に加水分解されて発煙し $F_3SiOSiF_3$ さらには SiO_2 を生じる．$SiCl_4$ と KF から，あるいは SiO_2 と HF または HSO_3F から得る．$[SiF_5]^-$ や $[SiF_6]^{2-}$ など種々の錯体（フルオロケイ酸イオン）を形成する．より高次のフッ化物は SiF_4 と Si の反応で得る．Si と SiF_4 を 1100℃ で低圧で反応させると二フッ化ケイ素 SiF_2 を生じる．低圧では数分間安定に存在するが，重合してより高分子量のフッ化物を生じる．非常に反応性に富み，例えば H_2S と反応して $HSiF_2$(SH) を生成する．多くのフッ素化有機ケイ素化合物（Si-Cl 化合物と KF から得る）も知られている．

ケイ素の有機誘導体　silicon, organic derivatives

ケイ素は C-Si 結合を持つ種々の有機物を形成する（合成法は「シリコーン」を参照）．Me_3SiF などの R_3SiX において R_3Si-基は非常に安定な脱離基となる（例えば $Me_3SiNMe_2 + PF_5 \rightarrow F_4PNMe_2 + Me_3SiF$）．

ケイ藻土　diatomite (kieselguhr)

キーゼルゲル．水和シリカ．ケイ藻の遺骸．粒子は中空．この物質は充填剤や吸収剤（ニトログリセリンを吸収したものはダイナマイト）として用いられている．その他の用途には研磨剤，濾過剤，脱色剤，断熱材がある．トリポライトはケイ藻土の中でも高密度のものである．

K 電子捕獲　K capture
　→放射能

ケイ皮酸　cinnamic acid (3-phenylpropenoic acid)
　$C_9H_8O_2$, PhCH=CHCOOH. 3-フェニルプロペン酸（3-フェニルアクリル酸）．無色の結晶．長時間加熱するとカルボキシル基が脱離する．硝酸で酸化されて安息香酸となる．通常のケイ皮酸はトランス異性体で，融点 135～136℃．紫外線を照射すると異性化して不安定なシス異性体（融点 42℃）を生じる．ベンズアルデヒドを酢酸ナトリウムおよび無水酢酸と加熱する（パーキン反応）か，酢酸エチルとナトリウムエトキシドとともに加熱すると得られる．エゴノキやカエデにはケイ皮酸シンナミル（シンナミルアルコール，$PhCH=CH-CH_2OH$，から生じる）の形で含まれる．ケイ皮酸およびその誘導体は香味料，香水，化粧品および製剤に用いられている．

ケイフッ化亜鉛　zinc fluorosilicate
　→フルオロケイ酸亜鉛

ケイフッ化物　silicofluorides
　→フルオロケイ酸塩

軽　油　gas oil
　本来は「ガス油」とほぼ同一であるが，ディーゼルエンジン用の燃料として用いられる比較的高沸点の留分を指すことがわが国では普通である．

ゲイ-リュサックの法則　Gay-Lussac's law
　気体反応比の法則とも呼ばれる．気体同士を反応させて生成物もまた気体であるとき，それらの体積比は単純な整数比になるという法則．例えば1容の窒素は3容の水素と反応して2容のアンモニアを生成する．この法則は近似的なものであり，理想気体においてのみ厳密に成り立つ．このほかにシャルルの法則はまったく違う法則であるが，これをゲイ-リュサックの法則と呼ぶこともある．

蛍リン光　luminescence
　ルミネッセンス．→リン光

蛍リン光体　phosphors
　本来はリン光を発する物質で，蛍光体とは区別しての用語であった．通常は蛍光体とリン光体を一括してこう呼ぶ．例えば Sb や Mn をドープした酸化物格子．$Ca_5(F,Cl)(PO_4)_3$ は蛍光灯に用いられる．YVO_4:Eu はカラーテレビの赤色発光体に用いられるし，郵便物の自動選別用のバーコードスタンプにもユウロピウムキレート錯体の蛍光インキが利用される．Zn_2SiO_4:Mn は赤外線で励起される蛍リン光体で，暗所での観察用に利用される．有機蛍光色素は蛍光増白剤として用いられる．

K-Resin（商品名）
　Chevron-Phillips 社製のスチレン-ブタジエンの共重合体（コポリマー）．SBR 樹脂．

系列（スペクトルの）　series, spectroscopic
　→スペクトル系列

ケヴラー（商品名）　Kevlar
　芳香族ポリアミド繊維の商品名．

ゲオン（商品名）　Geons
　CFC（クロロフルオロカーボン）の商品名．

ケーシングヘッドガス（随伴ガス）　casing head gas
　油井の先端から流出する天然ガス．

ケタール　ketals
　下のような一般式で表現されるものを指す．

$$\begin{array}{c} R \diagdown \quad \diagup OR'' \\ C \\ R' \diagup \quad \diagdown OR''' \end{array}$$

多くは無色の液体で特有の臭気を持っている．ケトンとオルトギ酸エステルとをアルコールの存在下で反応させると得られる．

ケチル　ketyls
　ケトンのラジカルアニオンの塩．例えば Ph_2CO-K^+ など．極めて濃い色調のもので，容易に二量化する．

欠陥構造　defect structures
　結晶格子に不規則な部分のある構造．欠陥のタイプにはいろいろあるが，例えば晶子の不整合，無秩序配向（例えば分子やイオン），原子が結晶表面に移動し，空孔が残る（ショットキー欠陥），格子間に原子が移り，空孔が残る（フレンケル欠陥），不定比性などがある．欠陥を有する結晶は特異な物理的性質，特に密度，色，電気伝導度などを示す．欠陥固体の用途には，触媒，半導体，発光材料などがある．

頁岩油　shale oil

けつがんゆ．油母頁岩を連続的にレトルト（反応釜）で950Kまで加熱して得られるオイル．全世界の頁岩の推定埋蔵量は非常に多く，かつ他のさまざまな潜在的に有用な物質を含んでいる．研究自体は古くから行われているのだが，これまでのところ頁岩油の製造には非常にコストがかかるため，ほとんど実用化段階にはいたっていない．

月桂樹油 oil of bay

熱帯産のベイ樹（ゲッケイジュ，月桂樹，*Pimenta racemosa*）の葉から得られる．オイゲノールを50％含む．医薬品に利用される．整髪料のベーラムにも用いられている．ベイ油ともいう．

結　合 bond

単にボンドということも多い．分子の中の原子間，あるいは結晶中の分子やイオン間にみられる連結．凝集体中の結合物質（接着剤）もボンドという．

結合エネルギー bond energy

ある結合を切り，正確には特定の電子状態の生成物を作り出すのに必要なエネルギー．多重結合のエネルギーは一般に単結合のエネルギーよりも大きい．結合エネルギーの値については化学便覧などを参照されたい．

結合角 bond angle

原子から伸びている2つの化学結合がなす角度．

結合次数 bond order

原子間結合を電子対の数で表したもの．結合次数が高いほど，結合長が短く，結合が強くなる．

結合性オービタル bonding orbitals

→分子オービタル

血　漿 plasma

血液中から血球を取り除いた残りの部分．

結　晶 crystal

明確に限定され，一定の角度で交わる面により囲まれた孤立した固体粒子．ある種の対称性を特性として有する．結晶の外形は固体中の原子，分子またはイオンの規則的な配列によって決定される．

結晶化 crystallization

溶液の濃度を飽和点以上に引き上げ，過剰な固形分を結晶の形で溶液から分離し，溶液から固形分を除去すること．分離精製には連続的な結晶化または分別結晶（溶解度の低いほうの画分を段階的に除去する）を利用する．

結晶核 crystal nucleus

大きな結晶を生成させるときにその中心として働く微小な結晶で，結晶核がないと大きな結晶は形成しない場合も多い．過飽和溶液の結晶化は，機械的ショックやダストの植え込みなどで誘導することができる．

結晶構造 crystal structure

X線，中性子および電子線回折により決定される結晶中の原子や分子の配列．結晶の特徴は原子，分子あるいはイオンが三次元（格子）中で規則的に並んでいることである．したがって，結晶中の任意の起点から出発し，どのような方向（例えばx）に進んでも，ある距離を移動すると，最初の起点と全く同じ環境の一点にたどり着く．このプロセスはさらに別の2方向(y, z)で行うことができ，それぞれに該当する反復距離を知ることができる．これらの3本の参照軸x, yおよびzと対応する3つの反復距離a, bおよびcが1つの平行六面体を定義するが，この平行六面体は対称要素により規定されており，一般に最小体積を持ち，結晶構造の代表的な部分を含み，そしてこれを無限にこれらの方向に繰り返せば結晶が再現されるようなものである．特徴的な平行六面体を単位格子と呼び，反復距離すなわち格子定数（単位格子の各辺）はx, y, z軸に対応するものをそれぞれa, b, cと書く．軸と軸の間の角度はα, βおよびγ（それぞれyz, zx, xyの間）と呼ぶ．結晶中で軸をどう選択するかは三斜晶系を除き，全面的に任意ではなく，対称要素の位置によって決定される．結晶格子の型は，したがってそれを規定するのに必要な定数は，その結晶の対称性に依存している．下記にさまざまな晶系で必要なデータをまとめた．

① 三斜晶系 $a, b, c, \alpha, \beta, \gamma$：軸，面とも対称性なし．

② 単斜晶系 a, b, c, β ($\alpha = \gamma = 90°$)：2回軸1本および/または対称面が1枚．

③ 斜方晶系 a, b, c ($\alpha = \beta = \gamma = 90°$)：2つの対称面が交差するところに2回軸1本または

他の2回軸2本に対し直交する2回軸が1本.
④三方晶系 $a(=b)$, $c(\gamma=120°, \alpha=\beta=90°)$: 他の対称軸に対し直交する3回軸が1本.
⑤六方晶系 $a(=b)$, $c(\gamma=120°, \alpha=\beta=90°)$: 他の対称軸に対し直交する6回軸が1本.
⑥正方晶系 $a(=b)$, $c(\alpha=\beta=\gamma=90°)$: 他の対称軸に対し直交する4回軸が1本.
⑦立方晶系（等軸晶系） $a(=b, =c)(\alpha=\beta=\gamma=90°)$: 互いに正四面体角で配置された3回軸が4本.
結晶構造は格子中の原子の配列を決定するのみならず結晶の外形をも決定する.

結晶軸 crystallographic axes
結晶中の繰り返し単位（単位格子）を規定する独立の軸. →結晶構造

結晶状態 crystalline state
固体中で原子が立体的に規則性を持つ配列を構成するような状態. 配列のパターンはその固体に特徴的で, 一般にその結晶の特徴的な境界面を生じる.

結晶対称 crystal symmetry
結晶面や稜の位置や配列の規則性および結晶中の原子の位置や配列の規則性を指す用語. このような規則性は対称面, 対称軸, 対称中心という言葉で定義される. 対称面は結晶を, それぞれが他の鏡像である全く同一の2つの部分に分割する. 対称軸は, これを軸として結晶を1回転させたときに, 観察者に全く同一の様相がみえるような, 結晶を通って引くことのできる想像上の線のことである. 同じ様相が4回（サイコロを向かい合う面の中心を通る線の周りに回転させたときのように）現れるとき, この軸は4回対称軸と呼ばれる. 同様に, 2回, 3回, 6回対称軸が存在する. ある点を挟んで両側に, 同じような面が組になって配列しているとき, 結晶は対称中心を持つ. 対称面, 対称中心, 対称軸の可能な配列には限りがあるので, 結晶は晶系に従って分類される. 結晶の外見を記載するため, 3本の結晶軸が選ばれる. すべての軸と交わる1つの面を標準あるいはパラメトラル面とし, それに基づきその他のすべての面が参照される. 上に述べた結晶対称の記載は巨視的結晶を対象にしたものである. 対称要素は結晶格子にもまた存在し, 単位格子中の原子に対し作用するが, この場合にはさらに考慮しなくてはならない対称要素が存在する.

結晶単位格子 cell
→単位胞（単位格子）

結晶投影図 crystal drawing
結晶投影図は便宜図法により標準の位置で描かれる. 立方晶系の x 軸は観測者の目の方向ではなく, 時計周りに $18°26'$ 回転している （$\tan^{-1} 1/3$）. 目が水平より $9°28'$ 上部から見下ろしているため, y 軸は縦の c 軸に対し直交していない （$\tan^{-1} 1/6$）.

結晶場理論 crystal field theory
紫外可視スペクトル（電子）や磁性などを, 電子に富む配位子に囲まれた中心イオンの d 軌道が分裂するという観点から説明する遷移金属化合物の物理・化学的性質に対しての理論的アプローチ. 分裂するパターンは錯体の配位構造, 配位子の距離や共有結合性などによって決定される.

ゲッター getter
不純物を取り除くための試薬. 多くの場合は気体に対して用いる. KFはHFを除去するゲッターとして機能する. Liは銅や銅の合金からO, Sなどを除去できる. 真空管などでは金属バリウムや金属ジルコニウムなどがゲッターとして繁用された.

ケテン ketene (ethenal)
IUPAC式命名法ではエテナールとなる. $CH_2=C=O$. 無色の気体. アセトンを $550\sim800℃$ に加熱した金属管中に高速度で通過させるか, 酢酸を $700\sim1000℃$ に加熱することで得られる. ケテンは不安定で容易に二量化してジケテン（3-ブテノ-β-ラクトン）となる. 水と反応すると酢酸になる. 酢酸との反応では無水酢酸を与える. アミンとの反応ではアセトアミドとなる. 強力なアセチル化剤で, 酢酸セルロース（アセチルセルロース）の製造に利用されている.

ケテン類 ketenes
有機化合物のうちで $>C=C=O$ なる原子団を含むものの総称. α-クロロアシルクロリド, または α-ブロモアシルブロミドと亜鉛末との反応で得られる. 一番簡単なケテンは $CH_2=C=O$ である. $CH_2=C=O$ およびアルドケテン

(RCH=C=O) は無色であるが，ケトケテン (RR'C=C=O) は強い着色を示す．ケテン類は水と反応してカルボン酸を，アルコールと反応してエステルを生じる．ハロゲンやハロゲン酸とも容易に反応する．

ケト- keto-
酸素原子1個と二重結合で，他の2個の炭素原子とは単結合で結ばれている炭素原子を含むことを示す接頭辞．

ケトキシム ketoximes
RR'C=NOH を含む有機化合物の総称．ケトンとヒドロキシルアミンの反応で得られる．アルドキシムと類似の性質を有するが，硫酸で処理するとベックマン転位の結果アミドとなる．還元すると第一級アミンとなる．

ケトース ketose
糖類の中で潜在的なケト原子団を含むものをいう．環状のケタール構造を取っていて，一見しては明瞭でないことが多い．炭素数によってケトペントース，ケトヘキソースなどと呼ばれる．

ケトマロン酸 ketomalonic acid
メソシュウ酸に同じ．

ケトール ketols
ケト原子団とアルコール性水酸基とを1分子内にともに含む有機化合物の総称．グリコール類の酸化や2分子のケトンの縮合によって生じる．ケトンとアルコール双方の性質を示す．

ケトン ketones
C-C(=O)-C 結合を含む有機化合物の総称．脂肪族ケトン，芳香族ケトン，環状ケトン，混合ケトンがある．対称的なケトンはカルボン酸のカルシウム塩またはバリウム塩を熱分解するか，400℃に加熱した酸化トリウム上にカルボン酸蒸気を通じることで得られる．芳香族ケトンや混合ケトンはハロゲン化アシルを用いたフリーデル-クラフツ反応で合成できる．脂肪族のケトンは常温で液体，芳香族ケトンは固体である．エーテル様の芳香や臭気を持つ．還元すると第二級アルコールとなる．酸化は受けにくいが，強酸化剤で酸化すると C-C 結合が開裂して酸と他の生成物の混合したものとなる．ヒドロキシルアミンとの反応でオキシム（ケトキシム）を，セミカルバジドとの反応ではセミカルバゾンを与える．亜硝酸ナトリウムと反応するとイソニトロソケトンができる．

ケトン体 ketone bodies（acetone bodies）
アセトン体とも呼ばれる．肝臓で脂肪酸が分解されたときに生じるアセトン（CH_3COCH_3），アセト酢酸（CH_3COCH_2COOH），β-ヒドロキシ酪酸（$CH_3CH(OH)CH_2OH$）の総称である．組織のエネルギー源として重要である．糖尿病や飢餓状態の場合には尿中への排泄量が増加する．

ゲニン genins
→ステロイド

解熱剤 antipyretics
発熱の際，体温を引き下げるために用いる薬．例えばサリチル酸塩．

ゲノム genome
細胞または生物個体の全遺伝子．

ケファリン cephalins, kephalin
レシチンに類似のリン脂質であるが，分子中にはコリンの代わりにエタノールアミンまたはセリンを含む．すべての動物や植物の組織中にみられる．容易に加水分解されて脂肪酸などになる．

Chemical Abstracts（C.A.）
ケミカルアブストラクト．1907年から行われてきた化学関連の分野一切を対称とする抄録サービス（二次情報）．これより以前の研究の文献調査にはドイツで造られた Chemisches Zentralblatt やブリティッシュ・アブストラクトを利用する必要がある．その他に提供されているサービスとして化合物登録番号システム（CAS Registry Number System）があり，2010年3月までに5000万の化合物が収録されている．もともとは冊子体であったが，1960年代ごろから電子化が始まり，現在では巨大な文献データベースとなった．

ケミルミネッセンス chemiluminescence
化学発光．例えば黄リンの酸化の際の発光．ホタルやツチボタルが発する光や，燃えるときに放出される光などは，この極めてありふれた現象の一例である．化学発光は分析（検出・定量）に用いられているほか，反応により生じた活性中間体が色素へとエネルギーを伝達し，その色素が吸収したエネルギーによって蛍光を発

するというような光研究で用いられている.

ケモメトリックス chemometrics
「計量化学」という訳語を用いる向きもある. 計量化学では実験で得られた大量のデータに対し, コンピュータの利用によって次元の圧縮・視覚化・回帰・判別・分類などを行って, 構造的に理解しやすい形に加工し, 実験結果の解釈に重要な情報を提供することを目的とする分野を指す. 統計解析, データマイニングやその他のいろいろな新手法が駆使される. 薬物の構造活性相関などもこれと密接な関連のある分野の1つである.

ケラチン keratins
硬質タンパク質類の中で不溶性の一群を指す. 動物の皮膚, 毛, 爪, 角, 蹄, 羽毛, 毛髪などに存在する. ケラチンは通常のタンパク質を溶解する溶媒には不溶であるし, ペプシンやトリプシンなどの消化酵素の攻撃を受けない.

ゲラニアール geranial
→シトラール

ゲラニオール geraniol (2,6-dimethyl-*trans*-2,6-octadien-1-ol)
2,6-ジメチル-*trans*-2,6-オクタジエン-1-オール. テルペンアルコール. 沸点229〜230℃. 多くの精油に含まれる. テレビン油からも作られる. 無色油状, バラの香りを持つ, 空気中で不安定. 酸化するとシトラール-a を生じる. HClガスで処理するとリモネンに変換される. 香料や昆虫誘引剤に用いられる.

ゲル gel
親水性コロイドはある条件で, 例えば温度を下げると部分的に凝集して互いに絡まった繊維状の塊を形成し, それが分散媒全体を取り込んで固体のようであるが変形しやすいゼリー状になる. 化粧品などの「ジェル(英語読み)」も同じである.
このようなゲルは, ある場合には, 分散媒のわずか1％の溶質しか含まなくても十分な硬さを保つこともある. ゲルは分散媒体によってヒドロゲル, アルコゲルのように分類されることもある.
無機物のゼラチン状沈殿は凝集ゲルと同じ構造のものが多く, 注意深く条件を選べば真のゲルを形成することができる. ゲルは弾性ゲルと剛性ゲルに分けることができる. ゼラチンは前者の例であり, シリカゲルは後者であるが, この分類は厳密ではなくシリカゲルも多少の弾性を有する. ゼラチンのゲルは加熱するとゾルに戻すことができるので, 可逆ゲルである. シリカは簡単な操作ではゾルのように液化することはできないので, ゲル形成は不可逆である.

Kel-F (商品名)
クロロトリフルオロエチレンポリマーの商品名. 多くはコポリマー. 化学反応性に乏しく, 熱可塑性がある. 固体のもののほか液体のものも知られている.

ゲルクロマトグラフィー gel chromatography
→クロマトグラフィー

ケルシトリン quercitrin
$C_{21}H_{20}O_4$. クェルシトリンともいう. 淡黄色結晶. 融点169℃. 植物に広くみられるグリコシド. 酸により加水分解されてラムノースとクェルシチン (3a,4a,5,7-テトラヒドロキシフラバノール) を生じる. 工業的にはナラの樹皮から製造される. 現在でも天然色素 (レモンフラビン) として利用されている.

ケルダール法 Kjeldahl method
窒素の定量法の1つ. 特に有機物中の窒素を定量するのに用いられる. 試料を濃硫酸と触媒の存在化に加熱処理して窒素分をアンモニウム塩の形とし, 中和後アンモニアを気化させて酸の水溶液で捕集し, 滴定により量を求める.

ゲル電気泳動 gel electrophoresis
→電気泳動

ゲルパーミエーションクロマトグラフィー gel-permeation chromatography (GPC)
→ゲル沪過

ケルビン (ケルヴィン) Kelvin (K)
熱力学的温度. 刻み幅は水の三重点の温度を273.16Kとして定める.

ゲルマニウム germanium
元素記号 Ge. 半金属元素, 原子番号32, 原子量72.61, 融点938.25℃, 沸点2833℃, 密度 (ρ) 5323 kg/m^3 (=5.323 g/cm^3), 地殻存在比1.8 ppm, 電子配置 [Ar]$3d^{10}4s^24p^2$. ゲルマニウムは硫化物, 特に亜鉛鉱石に含まれ, また煙道塵から得られる. 揮発性の $GeCl_4$ に変換し, それを水で加水分解して GeO_2 とし, H_2 により

600℃で還元して単体を得る．ダイヤモンドに類似の構造を持つ．空気中で熱すると酸化される．熱すると塩素と化合する．主な用途はエレクトロニクス，リン光体．固化する際に膨張する合金を形成し，これは精密鋳造に利用される．特殊ガラスに用いられる．

ゲルマニウムの化学的性質 germanium chemistry

ゲルマニウムは14族元素で，通常の酸化状態は+4価で，$GeCl_4$ や GeH_4 は共有結合性，GeO_2 はイオン化合物．$[GeF_6]^{2-}$ のような錯体が知られており，多くは八面体構造である．+2価の状態は強い還元力を持つ．有機ゲルマニウム(Ⅳ)化合物は対応するケイ素やスズ化合物に類似している．

ゲルマニウムの酸化物 germanium oxides

酸化ゲルマニウム(Ⅳ) GeO_2 は白色固体．Ge と O_2 から得る．ゲルマン酸塩を形成する．水和した酸化物は単純な水酸化物ではない．

酸化ゲルマニウム(Ⅱ) GeO は黄色．性質はまだ十分に判明していない．$GeCl_2$ の加水分解で生成する．

ゲルマニウムのハロゲン化物 germanium halides

フッ化ゲルマニウム (germanium fluorides) GeF_4 は融点 −15℃（$BaGeF_6$ を熱する，または Ge と F_2 から得る）．水により加水分解される．HF 水溶液中では $[GeF_6]^{2-}$ が生成する．GeF_2 はポリマー構造（Ge と GeF_4 を 100〜300℃で反応させて得る）．

塩化ゲルマニウム (germanium chlorides) $GeCl_4$ は融点 −49℃，沸点 86℃（Ge と Cl_2 から得る）．水により加水分解される $GeCl_2$ は無色で還元剤（$GeCl_4$ と Ge から得る）．臭化物やヨウ化物は塩化物に類似．

ゲルマニウム酸塩 germanates

→ゲルマン酸塩

ゲルマン germanes (germanium hydrides)

ゲルマニウムと水素との化合物．水素化ゲルマニウム，モノゲルマン（GeH_4，沸点 −88℃），Ge_2H_6（沸点 −29℃）および Ge_3H_8 は GeO_2 と $LiAlH_4$ または $NaBH_4$ から得られる．Ge_9H_{20} までのより分子量の大きいゲルマン類は GeH_4 に放電をかけると生成する．空気中で酸化される．GeH_3 基や関連した原子団の化学的性質はよく知られている．ゲルマン類は非常に純粋なゲルマニウムを得るための中間体となる．

ゲルマン酸塩 germanates

ゲルマニウム(Ⅳ)の酸素化合物は単純なケイ酸塩に類似した性質を示す．例えば $SrGeO_3$（環状の $[Ge_3O_9]^{6-}$ から成る）や Mg_2GeO_4（オルトゲルマン酸塩）がある．水和した GeO_2 は過剰のアルカリに溶解し $[Ge(OH)_6]^{2-}$ や他の O や OH を含む陰イオンを生じる．

ゲル沪過 gel filtration

生化学で分子をその大きさによって分離する手法．小さい分子はセファデックスなどのゲルの孔に浸透するが，大きい分子は孔から排除されるので，ゲルのカラムに溶媒を連続的に流すと速く溶出される．適度に架橋されたゲルを用いると分子の大きさ（大まかには分子量）を決定することができる．ゲル沪過はよくタンパク質の分子量測定や医薬品とタンパク質の結合の研究に用いられる．タンパク質の精製にも有用．ゲル浸透クロマトグラフィー，サイズ排除クロマトグラフィーともいう．

ケロゲン kerogen

「油母」ということもある．多環式炭化水素を含み，おそらくは生物起源で，現存の石油の源であろうと考えられている．

ケロシン kerosine

原油を精留したときの留分で，沸点がおよそ 410〜570 K（140〜300℃）のものをいう．

鹸　化 saponification

エステルをアルカリ加水分解して，アルコールとカルボン酸のアルカリ金属塩（石鹸）に変換すること．

限界密度 limiting density (of a gas)

圧力ゼロに外挿したときの気体の密度．理想気体である，すなわち気体の法則に完全に従うと仮定した場合の気体の密度．極限密度．

限外沪過 ultrafiltration

ゾル溶液を細孔性の膜に圧力をかけて通して沪過し，コロイドサイズの粒子と低分子やイオンとを分離する方法．その原理は単なる篩い効果のみでなく，膜とコロイド粒子との電気的状態にも依存する．

幻覚誘発剤 psychotomimetic drugs (psychop-

harmacological agents）
→向精神薬剤

減　感　desensitization
アレルギー源などを極微量接種して，過敏な応答を起きにくくすること．

嫌気性代謝　anaerobic metabolism
吸入した酸素の関与しない自然過程．エネルギー源は解糖（グルコースが乳酸に転化する）．火山の噴気孔や消化管中でも生じることがあり，メタンが発生する．

原　子　atom
安定に存在できる実体として，元素を構成している最小部分．剛体球とみなされることも多い．

原子オービタル（軌道関数）　atomic orbital
本来は「軌道」は orbit の訳なので，orbital は軌道関数のほうがいいのだが，通常は混同されて原子軌道ともいわれている．原子中の電子のエネルギーレベルのことで，4つの量子数により記載することができる．波動力学では，ある系のエネルギーはシュレーディンガー方程式で記載することができ，波動関数 Ψ_{nlm} ($n=1$, $l=0$, $m=0$) はこれらの量子数を用いた波動方程式の解を表すのに使用することができる．波動関数は電子分布を記載するのに用いられ，そのため原子軌道と呼ばれることもある．波動関数 Ψ_{100} は核の周りの球面的電子分布に相当し，s 軌道の例である．その他の波動関数の解もまた p 軌道，d 軌道，f 軌道という観点から記載することができる．

原子価　valency
かつては酸化状態（酸化数）を表すのに用いられた．共有結合性の分子では隣接原子との結合の手の数（単結合に換算した数）を指す．イオンの場合には電荷にあたる．→配位数

原子価異性　valence isomerization
構造の差異が単結合と二重結合の転位のみである異性．シクロオクタ-1,3,5-トリエン系のように2つの異性体間に動的平衡が成り立っているときには原子価互変異性ともいう．

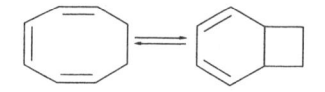

原子核　nucleus, atomic
原子の核は小さいが，原子の中心に存在し，質量と正電荷がここに集中している．原子の質量，核磁気共鳴，放射活性に関する性質は原子核に関係しており，化学的性質や紫外可視吸収は外殻電子に関係している．原子核はより小さい粒子（核子，素粒子）から構成されている．

原子化熱　heats of atomization etc
→エンタルピー

原子価理論　valency, theory of
ある原子の酸化状態，配位数，立体化学は最外殻電子（価電子）により決定される．外側の s または p 殻が完全に満たされている原子は比較的反応性が低い．単純な原子価理論は，原子は外側の電子殻を満たすように電子を得たり失ったり共有したりするという概念に基づいている．このように外殻が満たされた電子配置の元素は希ガスであり，他の元素は希ガスの電子構造をとろうとする．

遷移金属では共有結合化合物を除いては希ガスの電子配置をとることはできない（→有効原子番号則（ウェイド則），Wades' rules）．副殻（d または f）が完全充填，半充填または空であるとき，相対的に安定である．

イオン結合（electrovalent bond）は逆電荷を持つイオン間の静電引力による結合である．例えば Na は価電子を1つ持っているので，この電子を放出し希ガス Ne の電子配置をとり，一方 Cl は価電子を7つ持つので，もう1電子得て Ar の電子配置になる．

$Na(1s^22s^22p^63s^1) \rightarrow Na^+(1s^22s^22p^6) + e^-$
$Cl(1s^22s^22p^63s^23p^5) + e^- \rightarrow$
$\qquad\qquad\qquad Cl^-(1s^22s^22p^63s^23p^6)$

結晶状態の塩化ナトリウムは Na^+ と Cl^- からなる．

共有結合（covalent bond）は電子を共有することにより形成される．メタンの炭素原子は4つの等価な電子を持ち，それらを4つの水素原子と共有することにより炭素原子は8個の電子を共有し（Ne の電子構造），各水素原子は2つの電子を共有する（He の電子構造）．

これは共有結合の単純な表現であり，実際の電子は5つの原子に広がる分子軌道を占めている．多中心結合は3原子以上で形成される．→ホウ素の水素化物

配位結合（coordination bond）は2電子を共有することにより形成されるが，両電子とも同じ原子が提供する．水素イオン H^+ は価電子を持たず，アンモニア中の窒素原子は8個の電子を持ち，そのうち6個は水素原子と共有結合を形成し1対は非共有電子対である．この非共有電子対を水素イオンに提供しアンモニウムイオンが形成される．

$$H:\underset{\underset{H}{..}}{\overset{H}{N}}:H + H^+ \longrightarrow \left[H:\underset{\underset{H}{..}}{\overset{H}{N}}:H\right]$$

Nは8個の電子（Neの電子配置）を保っており，各水素原子は2つの電子を共有しHeの電子配置をとっている．水素原子は4つとも等価である．

共有結合化合物の形は，結合電子対が互いにできるだけ離れて存在するという傾向に従って決まり，非共有電子対は結合電子対よりも大きな効果を持つ（価電子殻電子対反発理論）．

イオン性化合物の配位数はイオンの半径比で決まる．すなわち陽イオン同士の接触を最小にするような構造をとる傾向がある．ヤーン-テラー効果（縮退した軌道が不完全に電子で満たされていることによる変形）や金属-金属結合も，より小さいが影響を与える．

原子間距離 interatomic distances

分子あるいは結晶内の原子核間の距離．X線回折，電子回折，分光法などの物理的手法により求められる．

原子吸光分析法 atomic absorption spectroscopy（AAS）

各元素（時には分子イオン種）に特有の放射線を蒸気状態の非励起原子に吸収させ，その吸収強度をもとに定量を行う分析法．試料は炎やレーザー，黒鉛電気炉などいろいろな手段で気化させる．特に微量金属元素の定量に使用されている．

原子質量 atomic mass（z）
→原子量

原子質量単位 atomic mass unit, amu

標準となる ^{12}C の 1/12 を単位として表した相対的原子質量．単位としてはドルトン（da）を用いることもある（特に生物化学分野）．

原子スペクトル atomic spectrum

原子がエネルギーを吸収すると特定の変化（例えば1つのエネルギー準位にある電子が別の準位に移る）が起こり，励起状態になる．エネルギーの吸収はエネルギー準位間の遷移においてのみ生じる．このプロセスの逆が起こるときには，一般にそのプロセスのエネルギーに相当する1つの明確な周波数を持つエネルギーが放出される．したがって原子スペクトルは一連のとびとびの線からなり，これらの線の位置はそれぞれの電子遷移に応じた周波数と一致する．線スペクトルは原子状態にある元素に特徴的なものである．

原子熱 atomic heat
→デュロン-プティの法則

原子発光分析法 atomic emission spectroscopy

微量金属の判定に用いられている分析技法．試料を気化させ，アークまたは炎中で励起し，発光するスペクトルを観測する．もともとは半定量的分析法であったが，誘導結合プラズマ（ICP）法などの導入により，高感度の定量分析法としても用いられるようになった．

原子半径 atomic radius

元素を構成する原子間の最短距離の半分．これは規則的な構造（例えば最密充填構造の金属など）では簡単に決定されるが，不規則な構造（例えばAs）を持つ元素においては決定するのは難しい．この値は同素体間で異なることがある（例えばC-C間の距離はダイヤモンドでは1.54Å，グラファイトの面内のC-Cは1.42Å）．原子半径はイオン半径や共有結合半径とは大きく異なる．

原子番号 atomic number

ある元素の原子番号とはその元素の原子の核中に含まれる正の電荷（陽子）の数である．これは元素の属性で，これによって周期表における元素の位置が決定する．原子番号は直接元素のX線スペクトルからも決定できる．

賢者の石 philosopher's stone
→元素変成

顕色染料 ingrain dyestuffs
可溶性の成分から繊維上で直接形成される不溶性色素.

原子量 atomic weights (at.wt., relative atomic masses)
相対的原子質量.原子量は ^{12}C を 12.0000 としたときの質量の比として定義されている.原子質量単位は 1.660×10^{-27} kg である.原子量の単位はドルトン.各元素の原子量は元素の項に記載.ある特定の試料の相対原子量はその試料が何から採られたものかに応じて異なる.記号として「u」や「da」が用いられている.

原子力エネルギー atomic energy
質量 (m) とエネルギー (E) は等価であり,アインシュタインの関係式 $E=mc^2$ で結ばれている.cgs 単位系ならエネルギーはエルグ単位,質量はグラム単位;c は光速度で cgs 単位では 3×10^{10} cm/s となる.MKSA 単位系ならそれぞれがジュール単位,キログラム単位,光速度は 3×10^8 m/s ということになる.原子核を作りあげるときに構成粒子の質量の一部は結合エネルギーになる.質量欠損と原子番号の比はパッキング・フラクションと呼ばれる.原子番号の若い元素や原子番号の極めて大きな元素は負のパッキング・フラクションを持ち,中間の原子番号を持つ元素は正のパッキング・フラクションを持ち,より安定である.非常に重い原子核が分裂し,より安定な元素の核となるときには,質量の損失が生じる.また軽い原子核が融合して中くらいの元素になるときにも同様の質量損失がある.この質量損失はエネルギーとして放出される.

低速中性子すなわち「熱中性子」の作用により,^{235}U の原子核は1つ以上の中性子と,U 原子核とほぼ同質量の巨大なフラグメントに分割される.全質量中の損失に相当するエネルギーが解放される.生じる中性子がさらに核分裂をひき起こすと,連続した核分裂の「連鎖反応」が開始する.^{232}U, ^{233}U, ^{235}U, ^{239}Pu, ^{241}Am, ^{242}Am は熱中性子により核分裂を起こす.これらの同位体のうちで最も重要なのは,入手が最も簡単な ^{235}U と ^{239}Pu である.その他の重い原子核は核分裂の誘導に高速中性子を必要とする.このような中性子は自己持続的な連鎖反応への制御がはるかに難しい.^{235}U を初めとする重原子核の急速な核分裂が原子爆弾の原理で,解放されたエネルギーが破壊力となっている.有用なエネルギーにするためには,反応を減速させなくてはならない.これは原子炉の中で,水,重水,グラファイト,ベリリウムなどの減速材により存在している中性子の数や速度を減少させて最も役立つエネルギーとする.原子炉で生じる熱は通常の熱交換方法で除去する.原子炉の中性子は新しい同位体,例えば超ウラン元素,さらなる核分裂性物質 (^{238}U から ^{239}Pu を得る),あるいはトレーサーとして用いることのできる放射性同位元素,の生成に用いることができる.中性子が通常の構造材に対し,破壊作用を及ぼすため,また中性子を選択的に吸収しない材質を用いる必要性から,原子炉の建設には,技術上大きな困難がある.さらなる問題はしばしば極めて放射性の高い核分裂生成物の分離と廃棄である.

軽原子核を誘導して融合させ,より重い原子核とすることができれば,エネルギーはやはり解放される.このような核融合は原子核が高い熱エネルギー(温度で $10^8°C$)を持つときにのみ生じる.このレベルの温度は原子爆弾中で,または恒星の中心で生じるが,恒星の中心では原子核融合がエネルギーの主たる源になっている.核爆発で生じる高温は,水素爆弾中で,極めて軽い原子核 (^1H, ^2H, ^3H) の融合を引き起こすのに用いられる.制御された方法で核融合を生じさせるのに伴う実際上の困難は核分裂からエネルギーを得る場合よりもさらに大きく,いまだに核融合プロセスからは有用なエネルギーが得られていない.

減衰全反射法 attenuated total reflectance
固体,特に表面の赤外線スペクトルを研究するためのシステム.ATR と略称で呼ばれることが多い.

元素 element
化学的な手法でそれ以上分けられない物質.化合物を形成するもととなる物質.元素は原子番号(核の電荷と電子配置)により定義される.

元素の存在度 abundance of elements
元素の相対存在量は地殻,隕石,地球の核など測定場所により異なる.地殻あるいは空気中

の存在比は各元素について ppm 単位が用いられる.

現像試薬 developers, photographic
露光したハロゲン化銀粒子を銀に還元する溶液. →アミノフェノール類, 発色操作

現像中心 development centres
感光乳剤中のハロゲン化銀結晶のなかで, 露光により潜像が生じ, 現像により金属銀への還元が開始される領域.

元素分析 ultimate analysis
化合物中の各元素の割合を正確に求めるための分析. 分子構造や存在状態については一切考慮しない.

元素変成 transmutation
元素が他の元素へと変換する過程. 古い時代から科学者に注目されていた. 賢者の石, すなわち鉄や鉛のような卑金属を金に変えることのできる物質の探索は, 錬金術師の最大の関心事であったが, 実際には 1919 年になって初めて成功した. 高速の陽子をリチウム原子に衝突させると 2 つのヘリウム原子が生成する.

$$^{7}_{3}\mathrm{Li} + ^{1}_{1}\mathrm{p} \rightarrow 2\,^{4}_{2}\mathrm{He}$$

原子に中性子, 陽子, 重陽子 (デューテロン), 炭素, あるいはもっと重い原子核を加速器や原子炉を用いて衝突させることにより多数の核変換が誘発される.

ネプツニウムやプルトニウムはウランに中性子を衝突させて多量に作られる. さらに多くの同位体が元素変成によって得られ, アクチニウムやプロトアクチニウムなどの種々の元素の人工同位体は, 実際上は天然に存在するものよりも容易に得られる. テクネチウムやプロメチウムなどの軽い元素の人工核種も得られる.

なお, ウランやトリウムが最終的に鉛に変わるような放射性元素の変換 (壊変) は, 自然に起こる過程であって実験的に制御できないため, 通常元素変成とは考えない.

懸濁剤 suspending agents
多量の液体に少量の物質を懸濁させることは種々の目的で行われる. このような懸濁液を調製するには, 懸濁させたい物質をできるだけ細かく粉砕し, イオン性界面活性剤を吸着させ電気二重層を形成する必要がある. 別の手法としては, 懸濁させたい固体を保持できるかさばった水和沈殿物を利用して沈殿を防ぐ方法があり, ベントナイトや関連する粘土がこの目的で利用される.

懸濁指示薬 turbidity indicators
例えばわずかに過剰の水素イオンの存在により凝集する弱い有機酸や, 逆に溶解してしまう弱酸の塩などを利用して pH 測定 (滴定) に用いられる指示薬. 適用範囲は限られているが, 例えばグリシンの滴定のように当量点付近の pH 変化が緩やかな場合に用いられる.

懸濁点 turbidity point
滴定において懸濁指示薬の凝集が起こる点.

ゲンチアンバイオレット gentian violet
→メチルバイオレット

ゲンチオビオース gentiobiose
$C_{12}H_{22}O_{11}$. アミグダリンや, ゲンチアノース (6-[β-D-グルコピラノシド]-D-グルコース) など他のいくつかのグリコシドに含まれる糖. 融点 190〜195℃.

顕微鏡 microscope
可視光線を利用した比較的低倍率の拡大装置. 化学では特に鉱物 (結晶形の研究によく用いられる) や爆薬の同定に利用される. より高い倍率を得るには電子顕微鏡が用いられる.

研磨剤 abrasives
他の物質を研削・研磨するために用いられる非常に固い材料. よく使用されるものとしてはカーボランダム (SiC), アルミナ (Al_2O_3, Ti を含むことが多い), ダイヤモンド, 炭化タングステン (WC), 窒化ホウ素 (BN) など. ほかにはスチールウールなどの金属研磨剤がある.

原油 crude oil
天然に産出する主に炭化水素からなる混合物で, 硫黄, 窒素, 酸素誘導体も含有する. 原油は通常貯留岩から液状で採取されるが, 多量の気体, 水または固形物を含んでいることが多い. 原油の性質は薄く色のついた流動性の液体から, 濃色で粘性の物質まで幅広い. 原油の量は通常バレルで量られる.

コ

コアゲル coagel
　ゼラチン状の沈殿．例えば沈降したシリカゲルなど．

コアセルベーション coacervation
　親液性（水和コロイド）ゾルが，2つの混じり合わない液相（それぞれ分散している相濃度が異なる）に分離するプロセス．

鋼 steel
　0.05～1.5%の炭素を含む鉄の合金（→鉄）．合金鋼は鉄と合金を形成する元素を鋼鉄製造過程で残留する量以上に特別に添加した鋼を指す．オーステナイト鋼は室温まで冷やしてもccp構造を保ち，そのため焼入れしても硬化しない．ステンレススチールはクロム鋼およびクロム-ニッケル鋼（ニクロム）で，空気や化学薬品による腐食に対し非常に高い耐性を持つ．このような腐食防止には12%以上のクロムを含むことが必要である．

高アルミナセメント high-alumina cement
　急硬化性，耐性の高い暗色のセメントで，ボーキサイトと石灰石を約1850Kに加熱して製造する．

光安定化剤 light stabilizers
　→紫外線吸収剤

高硫黄留分 sour products
　メルカプタンを含み不快臭を持つ石油画分（多くはガソリンやケロシン）．メルカプタンをジスルフィドに変換することで改質される．「サワープロダクト」とも呼ばれる．→スイートニング

光音響分光法 photo-acoustic spectroscopy (PAS)
　試料にチョッパーを通した単色光を照射して，光の吸収により生じる温度変化を試料に接している気体に伝達させて音波の形に変え，それをマイクロホンに伝える分光法．固体や液体の吸収スペクトルの測定に利用され，不透明な試料にも適用できる．

光解離 photodissociation
　分子が光エネルギーを吸収し，より小さい分子，ラジカル，原子に解離する過程．例えばアセトンは光解離によりメチルラジカルと一酸化炭素を生成する．

光化学 photochemistry
　光の作用により引き起こされる化学反応．物質に吸収された光のみが化学変化を起こし得る．すなわち物質を透過した光や散乱された光は反応を起こしえない．したがって対象物質の吸収スペクトルおよび反応に関与する光の波長を知ることが不可欠である．光の吸収は量子過程である．光化学反応の第一段階は，原子，分子，イオンが光子のエネルギーを吸収し，$h\nu$（hはプランク定数，νは吸収した光の振動数）だけエネルギーの高い励起状態になることである．光化学反応は一般に可視光または紫外光照射により起こり，後者のほうがより高エネルギーである．遠紫外線の照射はほとんどすべての化学結合を切断する力を持ち，例えば酸素の気体は酸素原子に解離する．しかしすべての光化学反応において分子が原子に解離するわけではない．多くの反応では電子的に励起された分子を経由して進行する．励起分子は，速やかに（例えば有機分子では約10^{-8}秒で）吸収したエネルギーを蛍光として放出するか，熱エネルギーとして周囲の分子に与えて基底状態に戻る．このような場合は光化学反応は起こらない．しかし，場合によっては励起分子は，光により反応を引き起こすのに十分な活性化エネルギーを供給され，反応を起こすことができる．

　光化学反応の第一過程に続く第二過程は，例えば原子やフリーラジカルが生成する，複雑な場合もある．それゆえ，量子収率，すなわち吸収された1つの光子が反応を引き起こす分子の数は，正確に1となることは稀である．例えばヨウ化メチルの紫外線照射による分解の量子収率はわずか約10^{-2}であり，これは生成したフリーラジカルの一部が再結合するためである．H_2+Cl_2の反応は連鎖反応なので，量子収率は10^4～10^6（混合物は爆発することもある）である．吸収された光は自発的に起こり得る反応に対する触媒のように働くこともあるが，光照射なしでは熱力学的に不可能な反応を引き起こ

すこともある．ある場合には熱により（例えば暗所に放置した際）逆反応が起こり，光照射中に光定常状態に達することもある．光化学反応を起こす光は最も一般的には反応物のうち1つにより吸収されるが，他の化学種が吸収したエネルギーを反応物に移動する例も多く，この現象を光増感という．

光学エキザルテーション optical exaltation
　有機化合物の屈折率が，共役二重結合の存在により，含まれる結合から加成的に予想される値を超えて異常に増加すること．

光学活性 optical activity
　物質が偏光の偏光面を回転させる性質．この性質は固体，液体（例えば乳酸），そのような物質を含む溶液，気相のいずれでもみられる．分子，イオンあるいは結晶格子の不斉と関連している．1つの炭素原子に異なる4つの基が結合していたり，中心結合の周りの回転が制限されることにより分子は不斉（キラル）になり得る（→キラリティ）．光学活性な物質は入射光の向きに対して偏光面を右に回転させるか左に回転させるかによって右旋性または左旋性と呼ばれる．光学異性体を区別する接頭辞として以前は $d-$ および $l-$ が用いられていたが，現在では右旋性を $(+)-$，左旋性を $(-)-$，ラセミ体を $(\pm)-$ と表記する．光の波長により旋光性は変化し得るので，これら符号には任意性がある（コットン効果，旋光分散（ORD））．炭水化物やアミノ酸では立体配置を示す接頭辞として $D-$ および $L-$ が用いられるが，これは旋光方向を示すものではない．慣例として $D-$ グリセルアルデヒドの立体配置を式①，$L-$ グリセルアルデヒドの立体配置を式②で表されるものとしている．

```
      CHO              CHO
       |                |
  H — C — OH      OH — C — H
       |                |
      CH₂OH            CH₂OH
       ①                ②
```

他の糖類は以下の式③に表される場合，立体配置を表す接頭辞として $D-$ を付け，以下の式④に表される場合，$L-$ を付ける．

同様の命名がアミノ酸に対しても用いられており，α-炭素の立体配置に関して接頭辞 $D-$ お

```
      |                |
  H — C — OH      OH — C — H
       |                |
      CH₂OH            CH₂OH
       ③                ④
```

よび $L-$ で区別される．現在では分子の立体配置の表記は D/L から R/S に大半代わっている．R/S 表記では不斉中心に結合する原子（団）の占める位置について右巻き螺旋のようなキラリティの基準に従い一義的に決定される（→立体配置）．不斉中心に結合する基の優先順位はシーケンス則に従う．

光学活性指数 optical activity index
　分子と右円偏光および左円偏光との相互作用の差として観測される（不斉分子分光学）．両成分の間の位相差 $\Delta\theta$ は

$$\Delta\theta = (n_R - n_L)\frac{2\pi l}{\lambda}$$

n_R および n_L は屈折率，l は光路長，λ は波長である．

光学純度 optical purity
　ある物質の比旋光度と純粋なエナンチオマーの比旋光度の比．

光学電子 optical electrons
　一般に原子中の最外殻電子のみが可視光線の吸収や発光に関与する．そのような電子を光学電子という．

光学分割 resolution
　ラセミ体を2つの光学対掌体（エナンチオマー）すなわち (R) 体と (S) 体に分けること．

硬化ゴム vulcanite
　→エボナイト

交換反応 exchange reaction
　正味の化学変化を伴わない反応．通常，

$$^{16}O_2 + 2H_2{}^{18}O \rightleftharpoons {}^{18}O_2 + 2H_2{}^{16}O$$

や

$$H_2 + D_2 \rightleftharpoons 2HD$$

のような同位体置換反応を指す．同位体の質量の違いによりゼロ点エネルギーが異なるので，平衡定数は1とはならない．この事実を利用して交換反応は同位体分離に利用される．

項記号 state symbols
　化学種のスピン多重度と電子状態を表す記号．例えば d^2 の基底状態は ^3F で，スピン多重

度の記号(3)は不対電子が2個あることを示し，Fは軌道角モーメントの量子数が3であることを示す．

好気性代謝 aerobic metabolism
呼吸により取り込んだ酸素が関与する代謝のプロセス．

工業用変性アルコール industrial methylated spirits (IMS)
95％アルコールにメタノールを添加して飲料に適さなくした変性アルコール．IMSと略して呼ばれることも多い．

合金 alloy
2種以上の金属，または金属と1種以上の非金属元素とが化合したり緊密に結びついたもの．合金は一般に金属性と評される特徴の（ほとんど）すべてを顕著に示す．純粋な金属は，多くの工学目的には柔らか過ぎ，かつ強度が不十分である．合金化は金属の有用な諸物性，例えば強度と硬度などを増加させるために一般に用いられている方法の1つである．

合金元素 alloy elements
合金に耐腐食性，耐熱性，クリープ耐性などの特性を持たせるために添加する元素．

抗菌剤 antibacterials
細菌濃度を減じるのに用いられる．ポリマーや界面活性剤が使用されることが多い．

抗原 antigens
動物の血液中に注入すると抗体の産生を促す高分子タンパク質．抗原としては細菌，ウイルス（生きたものも死んだものも），食物，花粉，タンパク質，いくつかの多糖類，あるいは核酸などがある．

光合成 photosynthesis
緑色植物が光をエネルギー源として，空気中の二酸化炭素から炭素化合物を合成する過程．より広くは，電磁波により引き起こされる，エネルギーを与える過程一般，例えばCO_2から炭水化物を合成し同時にO_2を放出する過程を指す．エネルギーはカロテノイドを含む集光複合体により吸収される．

光散乱 light scattering
媒質中の懸濁粒子による光の散乱．高分子の分子量測定や，沈殿滴定での終点の検出などに利用される．

光子（フォトン） photon
光エネルギーの量子．光子のエネルギーは$E=h\nu$で表され（νは光の振動数，hはプランク定数である），強度は光子の数に対応する．

格子 lattice
結晶中の規則的な原子の三次元配列．結晶の格子は単位格子（単位胞ともいう）の繰り返しからなっている．単位格子の稜の長さとその角度を格子定数という．単位格子の大きさは通常オングストローム（10^{-10}m）単位かピコメートル（10^{-12}m）単位で計られる．なお，固体物理学などの分野では，対称とする系を取り囲む周囲の部分を一括して「格子」と呼ぶのが普通で，この場合には規則的構造は必ずしも要求されない．

格子エネルギー lattice energy
1モルのイオン結晶を，無限遠に離れた気体状態の成分イオンに分解するのに必要とされるエネルギー．すなわち
$$M^{n+}X_n^-(s) \rightarrow M^{n+}(g) + nX^-(g)$$
の過程に伴うエンタルピー変化である．格子エネルギーはボルン-ハーバーサイクルから導くか，カプスチンスキーの式やボルン-ランデの式を用いて計算で求めることができる．

格子間化合物 interstitial compounds
小さな元素（H, B, C, N）が金属（特に遷移元素）の最密充填格子のホールに取り込まれて形成された構造の化合物．

麹酸 kojic acid
2-ヒドロキシメチル-5-ヒドロキシピロン．食品添加物で香味増強剤でもある．殺菌剤や殺虫剤の原料ともなる．コウジカビの培養液から藪田貞次郎が発見したものである．

格子定数 cell dimensions
結晶内の単位格子の大きさ．

高磁場側 highfield
プロトンのNMRスペクトルで化学シフト（δ）が小さいほうを指す．

剛柔酸塩基理論 hard and soft acids and bases
→ハード・ソフト-酸・塩基理論

甲状腺ホルモン thyroid hormones
脊椎動物の甲状腺で作られる種々のホルモン．代謝，組織の成長や発達に影響を及ぼす．

降水 precipitation

硬水軟化剤（コンプレクソン） sequestering agent (complexones)
　→金属イオン封鎖剤

高スピン状態 high spin state
　遷移金属化学で化合物が，不対電子が最も多くなる電子配置および立体化学をとっていることを表す用語．通常よくみられるのは八面体錯体で，結晶場分裂の大きさにより2種のスピン状態を取り得る．例えば d^6（Co^{3+}, Fe^{2+}）では以下のようになる．

e_g — —　　　　　e_g ↑ ↑
t_{2g} ↑↓ ↑↓ ↑↓　　t_{2g} ↑↓ ↑ ↑
低スピン状態，　　　高スピン状態，
不対電子0個　　　　不対電子4個

合成 synthesis
　複雑な化合物をより小さい分子から作ること．

合成ガス synthesis gas
　水素と一酸化炭素の混合物で，通常メタンと水蒸気の加圧下での反応または（それほど多くはないが）メタンの部分酸化により製造される．合成ガスはメタノール，オキソアルコール，炭化水素類の合成に用いられる．→フィッシャー–トロプシュ合成，オキソ反応

合成ゴム synthetic rubbers
　イソプレンポリマー，ゴム，ブナゴム，ネオプレンなど．合成ゴムは通常，天然ゴムより高価であるが，耐油性や耐薬品性に優れたものもある．

合成麝香 artificial musk
　香料の固定剤．麝香自体が使用されることもあるが，通常はあまりにも高価なので他の多くの化合物，例えば芳香族ニトロ化合物，テトラロンなども使われる．

向精神薬剤 psychotomimetic drugs (psycho-pharmacological agents)
　思考，感覚，気分に変化を引き起こす薬剤．例えば メスカリン，LSD（リセルギン酸ジエチルアミド），プシロシビン，THC（テトラヒドロカナビノール）をはじめとするマリファナの活性成分など．

合成繊維 synthetic fibres
　→繊維

抗生物質 antibiotic
　微生物により産生された（あるいは天然に産出する物質に類似の分子構造を有する）有機物質で，低濃度で他の微生物の成長を阻害（あるいは破壊）できるもの．抗生物質は多数の微生物から分離されてきたが，主として細菌（例えばバシトラシン，ポリミキシン，グラミシジンなど），放線菌類（例えばテトラサイクリン，ストレプトマイシン，クロラムフェニコールなど），およびカビ菌類（例えばペニシリン，セファロスポリンなど）から単離されている．細菌由来の抗生物質はほとんどがポリペプチドである．多くの抗生物質は，治療用として使用するには適していないが，それはこれらが一般的に有する有毒性や不安定性，不十分な溶解度や吸収不良などの欠点のためである．

硬石膏 anhydrite
　結晶水を含まない硫酸カルシウム鉱物．$CaSO_4$．通常は石膏 $CaSO_4 \cdot 2H_2O$ や岩塩 NaCl とともに産出する．水を加えると石膏になり体積が60％増加する．硫酸および硫酸アンモニウムの製造原料に用いられる．

酵素 enzymes
　非常に特異的かつ効率的に反応を触媒するタンパク質．例えばオロチジン-5′-モノホスファターゼはウリジン一リン酸の生合成を 10^{17} 倍加速する．酵素はすべての生物に存在し，脂肪，糖，タンパク質の加水分解やそれらの再合成など，細胞内で起こるほとんどの反応は酵素により触媒される．酵素は細胞，つまり体にエネルギーを供給する酸化還元反応も触媒する．
　酵素は植物，動物，微生物から適切な溶媒により抽出することで得られる．抽出には細胞構造体を乾燥や粉砕により破壊しておくことが望ましい．沈殿，分画，吸着，溶出により精製される．構造は NMR からも得られるが，多くの酵素が結晶として得られその構造が決定されている．酵素は活性を発揮するためにタンパク質以外の物質を必要とすることが多い．それらはタンパク質に固く結合している場合もあり補欠分子族と呼ばれる．弱く会合している場合には補酵素という．
　酵素に金属が含まれていることもある．例え

ばアスコルビン酸酸化酵素には銅が含まれ，グルタチオンペルオキシダーゼにはセレンが含まれる．作用するためにマグネシウムなど溶液中に含まれる他の金属を必要とする酵素もある．

多くの酵素は非常に特異的である．炭水化物に作用するものは特に特異性が高く，分子の立体化学のわずかな差でも，ある特定の酵素は加水分解ができなくなる．酵素は自発的に起こる非触媒反応とは異なる中間体や反応機構をとることにより，反応の活性化エネルギーを低下させる．

多くの酵素は狭いpH領域で最も活性が高い．また広範な化合物により失活したり促進されたりする．大半の酵素は約40℃で最も有効に働き，これより高温では急速に失活される．

酵素は触媒する反応の種類や基質により分類される．接尾語"アーゼ"が付き，特定の酵素を指すには慣用名および分類用の系統名を用いる．各酵素には，分類に基づく特定のコード番号が賦されている．

酵素には6つの主な種類がある．

①酸化還元酵素（オキシドレダクターゼ）oxidoreductases：酸化還元反応を触媒する酵素．脱水素酵素（デヒドロゲナーゼ），酸化酵素（オキシダーゼ），還元酵素（レダクターゼ），過酸化酵素（ペルオキシダーゼ），水素化酵素（ヒドロゲナーゼ），ヒドロキシラーゼがある．

②転移酵素（トランスフェラーゼ）transferases：ある化合物から別の化合物へとメチル基やグリコシル基など基を移動させる酵素．例えばアミノ基転移酵素，メチル基転移酵素．

③加水分解酵素（ヒドラーゼ）hydrolases：C-O，C-N，P-Oなどの結合の加水分解を触媒する酵素．例えばエステラーゼ，グリコシダーゼ，ペプチダーゼ，プロテイナーゼ（タンパク質分解酵素），ホスホリパーゼ，スルファターゼ，ホスファターゼ．

④脱離酵素（リアーゼ）lyases：これらの酵素はC-C，C-O，C-Nなどの結合を切断して二重結合が残存するような脱離反応，あるいは逆に二重結合への付加反応を支配する．この種の酵素には脱炭酸酵素，水和酵素（ヒドラターゼ），脱水酵素（デヒドラターゼ），一部のカルボキシラーゼがある．

⑤異性化酵素（イソメラーゼ）isomerases：分子の構造や幾何構造の変換を触媒する酵素．ラセマーゼ，エピメラーゼ，シス-トランス異性化酵素，互変異性化酵素，ムターゼがある．

⑥リガーゼ（合成酵素）ligases(synthetases)：ADPや類似の三リン酸のピロリン酸結合の加水分解を伴って2つの分子の結合を触媒する酵素．カルボキシラーゼの一部や合成酵素（シンセターゼ）と呼ばれる多くの酵素がこの種に属する．

同じ反応が2種以上の酵素に触媒されることもある．

酵素は，デンプン工業や，製パン，チーズ製造，ワイン製造，醸造，食品，医薬品，皮革なめし，製紙，接着剤，廃水処理，飼料，洗剤に利用される．工業的に利用される酵素は，天然物から抽出したもののほか，改良した細菌や菌類から抽出したものも使われている．

高速液体クロマトグラフィー high performance liquid chromatography (HPLC)
→クロマトグラフィー

光速度 speed of light
真空中で$c = 2.997 \times 10^8$ m/s．

抗体 antibodies
血清中に存在するタンパク質分子．抗原antigensという異物の存在に応答して体内で形成される．それぞれの抗原に対し，特定の抗体が存在する．作用は抗原を凝集するかまたは沈殿させることで，細胞性であれば，それらを補体（complement）作用の対象となるように準備する．抗体-抗原機構が免疫応答の基礎である．モノクローナル抗体は工学的に作り出した抗体である．

硬タンパク質 scleroproteins
→タンパク質

紅柱石 andalusite
Al_2SiO_5．造岩鉱物のケイ酸アルミニウムの代表的なものの1つ．同一組成で結晶構造の異なるケイ線石（sillimanite）と藍晶石（kyanite）がある．電気磁器（スパークプラグ）の製造で，耐火材として用いられるほか，耐火レンガ，冶金炉のライニングに使用されている．

鋼鉄 steel
→鋼

光電効果 photoelectric effect
　電磁波の照射による電子の放出．多くの固体は真空紫外線によってのみ活性化されるが，1族の金属は可視光や近赤外光により電子を放出する．

光電子分光法 photo-electron spectroscopy
　原子に光子を衝突させると，エネルギー $E = E_i - E_b$ を持つ電子が放出される．ここで E_i および E_b はそれぞれ光子のエネルギーと放出される電子の結合エネルギーを表す．この手法は価電子や内殻電子の結合エネルギーの測定に利用できる．内殻電子に対する分光は，ESCA (electron spectroscopy for chemical analysis) またはX線光電子分光 (XPS) といわれ，一般に $Al(K\alpha) 1486$ eV が光子源として用いられる．紫外光電子分光やシンクロトロン放射は価電子の研究に用いられる．

光電池 photovoltaic cells (PV), photoelectric cells
　光，特に太陽光をエネルギーに変換する．2種の半導体，例えばリンおよびホウ素でドープしたシリコンの層からなる (→光電効果)．電流強度は入射光強度に比例するため，光エネルギーの測定に利用される．

光伝導 photoconduction
　暗所で半導体の性質を示すある種の物質，例えばセレンに光照射すると良い導電体になる現象．光伝導は光エネルギーの吸収により固体の電子が価電子帯から伝導帯へと上がることにより起こる．この現象は市販のコピー機の原理となっている．

硬　度 hardness
　物質の狭い面積に圧力をかけたときの抵抗力，すなわち粉砕，磨耗，へこみ，伸張に対する抵抗．モース硬度は経験的に決められた10段階の数値で評価される．最も硬い物質はダイヤモンド (硬度10) で，柔らかいものは滑石 (硬度1) である．このほかブリネル硬度，ロックウェル硬度などが材料試験用に用いられる．

抗毒素 antitoxins
　有害菌毒素を導入した血液中で (通常数カ月で) 形成される抗体．

硬軟酸塩基理論 hard-soft acid-base theory
　→ハード・ソフト-酸・塩基理論

抗乳化 demulsification
　さまざまな操作で生じる油と水のエマルジョンから2つの液層を分離するのには特別な技法が必要である．この抗乳化プロセスは物理または化学的手段で行うことができる．化学的方法としては，さまざまな乳化剤が互いに異なる作用を持つことを利用する．エマルジョンのなかには機械的処理により壊れるもの，電気的に高圧電流により破壊されるもの，電解質の存在で凝集するものなどがある．

抗乳化度 demulsibility
　油-水エマルジョンからの油の分離しやすさを示す性質．通常の精製では除去できない極性化合物を除去する特別な精製プロセスを用いると，よい抗乳化度が達成できる．

項の記号 term symbols
　電子状態を表す分光学の記法．→項記号

皓　礬 white vitriol
　こうばん．→硫酸亜鉛

合　板 plywood
　接着剤 (通常，フェノール-ホルムアルデヒド樹脂，尿素-ホルムアルデヒド樹脂，メラミン-ホルムアルデヒド樹脂) で張り合わせた木材の層．積層板．ベニヤ板．

抗ヒスタミン剤 antihistamines
　ヒスタミンの生理的，薬理的作用と拮抗する物質．

鉱物性色素 mineral colours
　無機顔料 (プルシアンブルー，クロムイエロー，鉄バフなど)．かつては繊維内で沈殿させる染色に広く用いられていたが，現在は塗料，紙，プラスチックの着色に利用されている．

光分解 photolysis
　単一あるいは複数の物質に電磁波を照射することにより引き起こされる分解や化学反応．

高分子 macromolecule
　分子量が1万以上ある分子を指す．タンパク質やデンプン，種々の合成ポリマーなど．よく似た言葉であるが，巨大分子 (giant molecule) はダイヤモンドなどの全体で1つの分子とみなせるような構造を指す場合が多い (英語のmacromoleculeはこの両方を含むこともある)．

高分子試薬 polymeric reagents
　架橋ポリスチレンのベンゼン環上に少量の典

型的な有機官能基（例えば Br, Li, SO_3H, CH_2Cl）を導入した不溶性の固体有機合成試薬．選択的反応や後処理の簡略化（沪過），高純度生成物の単離を可能にする．また有害試薬の揮発性を低下させ，ポリマーは再利用可能である．活性基，例えば PR_2 が金属に配位してポリマー中に置換した触媒系も形成できる．

高分子電解質　polyelectrolyte

1つの分子内に多数の電離しうる基を持つ高分子．高分子電解質は陰イオン性，陽イオン性，両性がある．例えばポリスチレンスルホン酸は強酸性，ポリメタクリル酸は弱酸性，ポリ臭化ビニルピリジニウムは強塩基性，ポリビニルアミンは弱塩基性，ポリグリシンやタンパク質は高分子両性電解質である．高分子電解質とは通常，水溶性のものを指すが，繊維状タンパク質は不溶性の高分子電解質とみなすこともできる．

高分子両性電解質　polyampholyte

陰イオン性官能基と陽イオン性官能基の両方を持つ高分子．

高密度媒質分離　dense media separation

「浮き沈み」による分離（重選）を可能にする中間密度の液体を用いて，異なる密度の固体を分離する方法．適度な密度の液体は微粉末固体を水に懸濁することによって得られる．石炭，鉱石，骨材などの鉱物系生産物の分離に用いられる．

向流　counter-current flow

反対方向に流れる2つの物質流を，熱または物質を移す目的で接触させるとき，この流れを向流という．向流操作はある操作条件のもとで，より多くの熱または物質量を移すことができるため，並流（co-current flow）よりも好まれる．

高硫酸塩セメント　cement, supersulphated

→石膏添加セメント

香料化学　perfume chemistry

香料の幅広い成分は精油（主に植物由来だが，動物性のものもある），花油，樹脂やゴムなどの天然抽出物と，香りをさらに長持ちさせるための保留剤（例えばアンバーグリス（竜涎香）やシベット（霊猫香））である．香料に用いられる物質は天然物も合成品もある．

五塩化アンチモン　antimony pentachloride

→塩化アンチモン

コエンザイム A　coenzyme A

よく CoA と略記される．補酵素 A，昨今では「コエンザイム A」という呼称もよく用いられる．生体の細胞中で最も有名なアシル基転移補酵素．さまざまな反応にかかわる．構造的には補酵素 A はアデノシン-3´,5´-二リン酸部分とパントテインリン酸部分とから構成され，パントテインはパントテン酸（pantothenic acid），β-アラニンおよびメルカプトエチルアミンからなっている．アセチル CoA（acetyl coenzyme A）およびマロニル CoA は補酵素 A が産出する形のなかで最も重要なものである．補酵素 A のアシル誘導体は通常 ATP-依存性反応で形成され，多くのアシル基転移に関与する．

氷　ice

固体状態の水．1気圧における液体から固体の転移温度 273.15 K は摂氏0度の基準となっている．圧力が増加すると凝固点は低下する．非常に高い圧力下で水を結晶化することにより通常の氷（ice I）とは異なった物性の氷を作ることができる．氷中の分子は水素結合により結合している．

コカイン　cocaine（benzoylmethylecgonine）

$C_{17}H_{21}NO_4$．ベンゾイルメチルエクゴニン．無色の角柱型結晶．融点 98℃．アルカロイドの1つ．コカ葉から直接精製するかアルカロイド混合物を酸により加水分解してエクゴニンにしてからメチル化およびベンゾイル化を行って得る．コカ葉は中南米の低木樹の葉を乾燥させたものである．コカインは局所麻酔剤としては最も古い歴史を持っている．規制薬物．中枢神経系刺激薬で習慣性を有する．→エクゴニン

呼吸色素　respiratory pigments

生体内で酸素を運搬する一群の色素タンパク質で，その中でもヘモグロビンが最も重要である．ミオグロビン，チトクロム，ヘモシアニンなども呼吸色素である．酸素運搬体でも，必ずしも実際には濃い色の変化を示さないものもある．

コーキング　coking

ピッチやタールなどの残渣をガス，ナフサ，ケロシン（灯油），軽油，コークスの混合物へ

と変換するかなり厳しい条件下の分解プロセス．軽油は主に接触分解の原料として用いられる．

黒鉛 black lead
　黒色顔料および潤滑剤として用いられる粉末グラファイト．

黒色火薬 gunpowder
　最も古くからよく知られた火薬．推進薬としては現代的な無煙のものに置き換えられてきたが，雷管，導火線，花火では依然として大量に用いられる重要な火薬．通常の黒色火薬は重量比で約75％のKNO_3，15％の木炭末，10％の硫黄からなる．製造過程で造粒され，粒径の違いにより燃焼速度の異なるものが作られる．閉じたドラム内を回転させて研磨する．衝撃には比較的安定であるが，極めて容易に引火する．

コークス coke
　炉で石炭を乾留して得られる密度の高い炭素製品．石油コークスは精油から得られる．コークスの色は暗黒色から銀色に光沢のあるものまでさまざまである．燃料として用いられるほか，溶鉱炉（高炉）の還元剤，発生炉ガスの生成，また電極材として用いられている．

コークス用石炭 coking coal
　乾留で商品価値のあるコークスを生じる石炭．粘結炭など．

黒曜石 obsidian
　天然の火山性ガラス．原始人が鏃などの道具の作成材料として用いた（わが国でも，和田峠，神津島，隠岐，姫島，腰岳などの限られた産地から著しい遠隔地へ運ばれた様相が判明してきて，縄文時代当時の交易圏の解明などが行われている）．

固形燃料 Solid fuels
　石炭，石油，まき，煉炭などを指す．

五酸化アンチモン antimony pentoxide
　→アンチモンの酸化物

五重線 quintet
　スペクトルにおける近接した5本線．

胡椒油 oil of pepper
　黒胡椒の未成熟の実から得られる．L-フェランドレンを含む．香辛料として利用される．

湖成アスファルト lake asphalts
　カリブ海にあるトリニダード島から産出する天然アスファルト．この島にはアスファルトを湧出する湖があり，ここから産出するものを湖成アスファルト，あるいはレーキアスファルトという．

固相合成 solid-phase synthesis
　不溶性の固体ポリマーに化学結合した物質に対して化学変換を行う手法．ポリスチレン担体に結合したアミノ酸に他のアミノ酸を反応させてポリペプチドを合成するのに用いられる．利点は多段階合成の各ステップにおける生成物を単離・精製する必要がなく，ペプチドが結合しているポリマーを沪過して過剰の試薬や不純物を洗浄により除くだけでよいので実質的に生成物の損失がないことである．この手法は試薬の自動添加および制御に用いられている．所望の合成終了後，適当な試薬を用いて生成物をポリマーから遊離させる．

固相線 solidus curve
　平衡に達するのに十分な時間が経過したという前提で，液相が固化し終わる温度を組成に対してプロットした曲線．→液相線

固相反応 solid-state reactions
　2種以上の固体化合物が起こす反応，または固体表面での分解反応．気体が発生することもある．ほとんどの三元酸化物は高圧下で水蒸気などの存在下，固相反応で生成する．

固体泡 solid foams
　液相で気体を発生させ，それを取り込んで多孔性のネットワークを形成するように生成した固体．炭はその一例．膨らませたスチロフォームやウレタンフォームなどのプラスチックは有用性が大きい．

固体電極 solid-state electrode
　→イオン選択性電極

固体燃料のガス化 gasification of solid fuels
　固体燃料中の可燃物を燃料ガスに変換すること．発生炉ガス，水性ガスなどの製造から，より優れたルルギ法まで種々の方法が使われている．

　主な反応は，基本的に
$$C + O_2 \rightarrow CO_2$$
$$CO_2 + C \rightleftharpoons 2CO$$
で表される発熱的な発生炉ガス反応と
$$C + H_2O \rightleftharpoons CO + H_2$$

で表される吸熱的な水成ガス反応である．空気（または酸素）と水蒸気の両方を高温の石油または石炭床に通すと，これらの反応がバランスよく起こり，温度と灰の溶融を制御できる．より高圧のルルギ法では

$$C + 2H_2 \rightleftarrows CH_4$$
$$CO + 3H_2 \rightleftarrows CH_4 + H_2O$$

の反応によりメタンガスが得られる．

固体の構造 solids, structures

固体の構造は，原子や原子団同士の結合（イオン結合，共有結合，配位結合，双極子-双極子相互作用，水素結合）により決まる．イオン性物質では，構造はイオンの相対的な大きさ（半径の比）に依存する．多くの構造は近似的に最も大きな粒子が最密充填配列をとるように位置している．

固体のバンド理論 band theory of solids

分子中で分子軌道は原子軌道の結合により生じる．固体中の原子の大きな集合体に対しては非局在化した電子という概念もまた適用できる．これらの電子を量子力学的に取り扱うことによって，金属などの固体のバンド理論が生まれた．固体中には電子準位のバンドがあり，金属中でそれらは重なり合うが，酸化物絶縁体などではそれらの間に禁制帯（バンドギャップ）が存在する．

コーチゾン cortisone
→コルチゾン

コチニール cochineal

サボテンに寄生するカイガラムシ（エンジムシ，*Dactylopius coccus*）の雌の虫体を乾燥したもの．コチニールの深赤色はカルミン酸による．食品，製剤の着色料として用いられるほか，指示薬としても使用されている．かつては染料として広く用いられていた．

骨材 aggregate

セメントや接合材により結合し，固形の塊を形成するのに用いる小片からなる材料．コンクリート中では砕石，スラグ（鉱滓），あるいはクリンカーや砂からなる骨材がポルトランドセメントなどのセメントによって結合されている．レンガをはじめとするセラミック材料中では，非プラスチック材料の粒子が骨材となっている．これらの骨材は生の未焼成の状態でプラスチック粘土により一体化され，その後（焼成されると）ガラスが融解・軟化し，冷却により固化して結合が形成される．骨材を形成している各小片の大きさ，形および機械的性質は，結合して得られる製品の性質に大きく影響する．

骨炭 bone black (animal charcoal)

獣炭ともいう．脱脂骨を乾留したのちの残渣．この黒い残渣，骨炭は全体の約10％を占める無定形炭素がリン酸カルシウム（80％）と炭酸塩などからなる極めて多孔性の素材の中に分布している．鉱酸で処理すると塩分が溶解し，アイボリー・ブラックと呼ばれる炭ができるが，これは脱色剤として砂糖の精製に用いられている．

コットン効果 Cotton effect

吸収バンド中に異常分散があること．図で点線は吸収バンドを，実線は旋光分散曲線を示す．

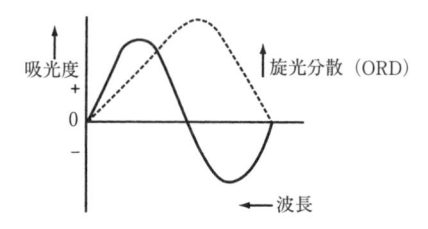

波長が長波長側から短波長へと変化するつれて，回転角はいったん増加し，極値を通って減少しゼロとなるが，この点は吸収スペクトルの極大波長に対応している．さらに低波長へと進むにつれて角度は減少し，最小値を経て再び増加する．この現象をコットン効果という．これは着色化合物や紫外領域に吸収バンドを持つ無色の物質に一般にみられる．→旋光分散，円二色性

骨灰 bone ash

骨を焼成して得られる白またはクリーム色の粉末．基本的にリン酸三カルシウムで，若干の炭酸カルシウムを含む．英国の軟質磁器（ボーンチャイナ）の特徴的な成分．

固定相 stationary phase
→クロマトグラフィー

コデイン codeine (*O*-methylmorphine)

$C_{18}H_{21}NO_3 \cdot H_2O$，*O*-メチルモルフィン．融点155℃．モルフィンをメチル化するか，生薬

の阿片（アヘン）から直接調製する．鎮咳作用がある．規制薬物．

コート紙　coated paper
インクの吸収を避け，印刷用のきめ細かい表面を得るために，例えばカオリン，サテンホワイトなどに，膠，カゼイン，デンプンの接着剤，さらに可塑剤（タンパク質を硬化させ，泡立ちを防ぐため）を加えたコロイド状混合物で表面を塗布して平滑化した紙．

コドン　codon
→核酸，遺伝子コード

ゴナドトロピン　gonadotropins (gonadotropic hormones)
生殖器の機能に影響を及ぼすホルモン．ステロイド系性ホルモンは含めない．脳下垂体前葉などで作られる種々のペプチドホルモンを指す．

コニフェリルアルコール　coniferyl alcohol
$C_{10}H_{12}O_3$, (3-CH$_3$O)(4-HO)-C$_6$H$_3$CH=CH-CH$_2$OH. 角柱状晶．融点 73〜74℃．少量は木材中に産出する．グルコシドのコニフェリン(coniferin)の成分．酸化されてバニリンとなる．鉱酸により樹脂化する．

コニフェリン　coniferin
$C_{16}H_{22}O_8$. コニフェリルアルコールのグルコシドでモミの木に含まれている．酸化してバニリンを合成するのに用いられる．

コパイバ油　oil of copaiba
南米に産するマメ科のコパイバ樹の幹から採取されるコパイババルサムから得られる．カリオフィレンとカジネンを含む．香料に利用される．

コハク酸　succinic acid (butanedioic acid)
$C_4H_6O_4$（ブタン二酸），HO(O)C(CH$_2$)$_2$C(O)OH. 無色プリズム晶．融点 182℃，沸点 235℃. 琥珀から最初に得られたのでこの名がある．いろいろな藻類，コケ類，サトウキビ，ビートなどの植物に含まれる．砂糖，酒石酸，マレイン酸などの物質を種々の酵母菌，菌類，細菌類により発酵させると生じる．マレイン酸の接触還元や1,2-ジシアノエタン（スクシノニトリル）を酸またはアルカリと加熱して製造する．235℃に加熱すると無水マレイン酸を生じる．酸性塩，正塩，エステルを形成する．無水コハク酸の製造，ポリオールとの反応によるポリエステルの製造，酵素，色素，香料，写真に用いられる．ジメチルエステルは特に他のジメチルエステル（例えばアジピン酸ジメチル）と混合すると優れた溶媒となる．

コハク酸エチル　ethyl succinate (diethyl succinate, diethyl butanedioate)
$C_8H_{14}O_4$, EtO$_2$CCH$_2$CH$_2$CO$_2$Et, コハク酸ジエチル，ブタン二酸ジエチル．かすかな臭気を持つ無色液体．沸点 218℃. コハク酸とエタノールを硫酸とともに加熱して得る．典型的なエステル．香料の固定化剤として用いられる．

コハク酸ジエチル　diethyl succinate
→コハク酸エチル

コバラミン　cobalamin
→コバルト，有機金属化合物，コバルトの有機誘導体

コバルト　cobalt
元素記号 Co. 遷移金属．原子番号 27，原子量 58.933，融点 1495℃，沸点 2927℃，密度 (ρ) 8900 kg/m^3 (= 8.9 g/cm^3)，地殻存在比 20 ppm，電子配置 [Ar]3d^{8}4s^2. 商業的には銀鉱石（ヒ化物および硫化物）および Ni や Cu, Pb の混合ヒ化物鉱石（スパイス）から生産する．スマルト鉱 CoAs$_2$ および輝コバルト鉱 CoAsS もまたコバルト源として用いられている．鉱石を焙焼し，Co をまず水酸化物として沈殿させてから炭素で還元して金属コバルト（417℃以下では hcp，それ以上融点までは ccp）とする．コバルトは銀白色の金属で研磨が容易である．希酸に溶け，空気中でゆっくりと酸化される．水素を強く吸着する．コバルトの主な用途は合金と電気メッキである．LiCoO$_2$ はリチウム-コバルト電池に用いられる．コバルト化合物は塗料，ワニス，触媒に用いられる．コバルトは必須元素であり，食餌から摂取する必要がある．

コバルトの化学的性質　cobalt chemistry
コバルトは9族の元素で，水溶液中での通常の酸化状態は+2.

Co^{2+} の $E° \to Co$　−0.28 V（酸性溶液中）

これは水和されたイオンとして存在している．+3の酸化状態は水和物としては非常に不安定であるが，アンミンおよびその他の低スピン錯体としては安定である．

[Co(NH$_3$)$_6$]$^{3+}$ の $E° \to$ [Co(NH$_3$)$_6$]$^{2+}$ + 0.1 V

多くの四面体および八面体Co(Ⅱ)化合物が存在する（例えばハロゲン化物）ほか，主として八面体のさまざまなCo(Ⅲ)錯体が存在する．Coにはその他の酸化状態もあり，例えば-1は$[Co(CO)_4]^-$；0は$Co_2(CO)_8$；$+1$は$CoBr(PR_3)_3$および$[Co(NCR)_5]^+$；$+4$が$[CoF_6]^{2-}$である．コバルト錯体は酸素運搬体として働くものもある．コバルトはいろいろな酵素中に存在し，その作用に極めて大きな役割を果たしている．

コバルトの酸化物　cobalt oxides

①酸化コバルト(Ⅱ)CoO：オリーブグリーン色固体でNaCl構造を有する（$Co(OH)_2$またはコバルト(Ⅱ)の炭酸塩などを空気を断って加熱して得る）．

②四酸化三コバルト(Ⅱ)Co_3O_4：黒色固体（空気中でCoOを燃焼して得る）．スピネル型構造を持つ．その他のスピネルMCo_2O_4もまた知られている．

③CoO_2は純粋なものは得られないが，不純物を含有するCoO_2（アルカリCo(Ⅱ)に酸化剤を作用させて得る）や，コバルト(Ⅳ)とバルト(Ⅴ)，例えばK_3CoO_4などの混合酸化物も知られている．

コバルトの酸素酸塩　cobalt oxyacid salts

コバルト(Ⅱ)は，幅広い種類の酸素酸の塩を形成するが，これらは一般に水和物で，通常はよく水に溶ける．例えば$Co(NO_3)_2·6H_2O$, $Co(ClO_4)_2·6H_2O$, $CoSO_4·7H_2O$など．コバルト(Ⅲ)の酸素酸塩はほとんど知られていないが，硫酸コバルト(Ⅲ)$Co_2(SO_4)_3·18H_2O$は電解酸化によって調製可能で，ミョウバンを生じる．$Co(NO_3)_3$は中性分子で，配位した硝酸イオンを含む（CoF_3とN_2O_5の反応により生じる）．

コバルトのハロゲン化物　cobalt halides

①フッ化コバルト(Ⅱ)CoF_2：無，二，三，四水和物を形成し，$KCoF_3$などのペロブスカイトを生じる．

②フッ化コバルト(Ⅲ)CoF_3：茶色粉末（CoF_2とF_2から生成する）．電解酸化によって緑色の水和物を形成する．CoF_3は有機誘導体のフッ素化に広く使用されている．例えばM_3CoF_6などの錯体を生じる．

フッ化コバルト(Ⅳ)は知られていないが$M_2[CoF_6]$（Cs_2CoCl_4とF_2から生成）は安定である．

③塩化コバルト$CoCl_2$：水溶液から赤色結晶$CoCl_2·6H_2O$として得られる．$CoCl_2·H_2O$と$CoCl_2$は$[CoCl_4]^{2-}$イオンのため，青色．さらに高酸化数のコバルトの塩化物は知られていないが，コバルトハロアンミン類（例えば$[Co(NH_3)_5Cl]^{2+}$は安定である．

臭化コバルトやヨウ化コバルトは塩化物に類似の性質を示す．

コバルトの有機誘導体　cobalt, organic derivatives

低酸化状態の誘導体はよく知られている．例えば$MeCo(CO)_4$（$NaCo(CO)_4$とMeIから生成）．ビタミンB_{12}は天然に産出するコバルト(Ⅲ)の有機金属化合物で，アルキル，特にメチルコバラミン（ビタミンB_{12}はシアノコバラミン）誘導体については多くの化学的研究がされている．オレフィンおよびシクロペンタジエニル錯体が知られており，オレフィン錯体はヒドロホルミル化反応における中間体である．

コバルトアンミン錯体　cobaltammines

コバルト(Ⅲ)にアンモニア分子が配位した錯体，ほぼすべてが八面体配位構造を持つ．コバルト(Ⅱ)のアンミン錯体も知られているが数は少ない．

コバルト華　cobalt bloom

$Co_3(AsO_4)_2·8H_2O$. 重要なコバルトの鉱石．

コバルトカルボニル　cobalt carbonyls

一酸化炭素中で金属コバルトを150℃，300気圧で処理すると$Co_2(CO)_8$（金属間結合を有する$[(OC)_3Co-(\mu-CO)_2-Co(CO)_3]$）が生じる．融点51℃．$Co_2(CO)_8$は加熱により$Co_4(CO)_{12}$を生じる．$OH^-$と反応すると，$Co_2(CO)_8$は$[Co(CO)_4]^-$を生じ，これは希酸と反応して$[HCo(CO)_4]$となる．$Co_2(CO)_8$と$HCo(CO)_4$およびこれらの誘導体は工業的に重要なヒドロホルミル化反応の触媒である．コバルトカルボニルには多くの置換誘導体が知られている．

コバルト合金　cobalt alloys

コバルト生産高の80％までが合金に用いられており，そのうち20％が磁石である．最も重要なコバルト合金は耐食性・耐摩耗性に優れた非磁性四元合金のステライト（これはもとも

と Deloro Stellite 社の商標である）で，30%以下の Cr，18%の W，2.5%の C を含む．バルブや切削工具に多用される．コバルトはまた高速工具にも用いられている．このほか希土類金属との合金は強磁性体として有名である．

木挽台式投影 sawhorse projections

フィッシャー投影では隣接する原子に結合した原子（団）同士の空間的関係を表すには不十分である．木挽台式投影（ソーホース投影ともいう）はそれぞれの原子（団）の相対的位置関係を明確に描こうとするものである．例えば単純な糖であるトレオースの一方のエナンチオマーをフィッシャー投影①，木挽台式投影②および後方の基を 180°回転させた③を図に示す．この構造は③の C_3-C_2 軸に沿って見たニューマン投影④によっても表すことができる．④で C_2 は円で描かれている．

コヒーレント沈殿 coherent precipitate

固相合金系における析出物で，引き続き直接母格子に結合しており，明解な粒界を持たないもの．通常の合金の持つ高強度と関連している．

五フッ化アンチモン antimony pentafluoride
→アンチモンのフッ化物

胡粉 whiting

石灰岩や白亜（チョーク）を粉砕して水簸(すいひ)し，できるだけ粒径の小さい画分を集めたもの．沈降性炭酸カルシウム（なお日本では石灰岩ではなくカキなどの貝殻が原料とされる）．

互変 enantiotropy

変態相互間で定まった温度において可逆的に起こる転移．例えば HgI_2 は 126℃で赤色型から黄色型に転移する．

互変異性 tautomerism（dynamic isomerism）
→異性

コポリマー copolymer

共重合体．2種以上のモノマーを一緒に重合することにより生じる複合高分子．コポリマーは真の意味での化合物であり，モノマー成分を別々に重合させて物理的に混合したものとは，全く異なる物性を持つことが多い．工業的に重要なコポリマーには塩化ビニル-酢酸ビニルやスチレン-ブタジエンモノマー混合物から得られるものがある．→ブロックコポリマー

ゴマ油 sesame oil

オレイン酸，パルミチン酸，ミリスチン酸，リノレイン酸誘導体を含む．マーガリンや化粧品に用いられる．

ゴム rubber

室温で弾性を持つ高分子量の天然または合成のポリマー．天然ゴムはほとんどすべてパラゴムノキ（Hevea braziliensis）の木の幹から樹皮に溝を刻んで滲出させた液体（ラテックス，30～36%のゴムを含む）から得る．このラテックスを濾し，水洗し，ギ酸または酢酸で凝集させて固体のゴムを得る．目的によりゴムは加硫処理を行う．すなわちある程度の架橋を導入することによって性質を改善できる．また配合過程で補強のフィラー（通常はカーボンブラック）を添加して磨耗強度や引張り強度を増強させる．

天然ゴムは，世界中で使用されるゴムの使用量の 25%を占めているが，成分は Z-ポリイソプレンである．合成ゴムは，合成のイソプレンポリマー，ブチルゴム，エチレン-プロピレン共重合体，種々のビニルポリマー，スチレン-ブタジエン，ブタジエンポリマー，ネオプレンなどの種類がある．→エラストマー

ゴムの酸化物 rubber oxidation products
→酸化ゴム

ゴム転換製品 rubber conversion products

ゴムを材料とした諸製品．例えば塩素化ゴム，環化ゴム，塩酸ゴムなどを指す．

固有関数 eigenfunction

波動力学においてシュレーディンガー方程式はハミルトニアン H を用いて $H\Psi=E\Psi$ と表すことができる．エネルギー（E）はこの方程式

を満たす値のみとることができる．対応する波動関数を固有関数または固有波動関数という．物理や化学で扱う問題では $\Omega\phi = \lambda\phi$ と表され，Ω は数学的な演算子，ϕ は固有関数，λ は固有値と呼ばれるオブザーバブル（観測可能な量）である．

固溶体　solid solution

固溶体は2種以上の元素または化合物が共通の結晶格子を形成して成り立っている．組成は広い範囲で変えられることもある．例えばニッケル-銅合金のように，結晶格子中の溶媒とみなせる原子を溶質となる原子で置き換えると置換合金が生成する．炭素のように小さい原子が金属のようにより大きい原子のホスト格子に挿入すると侵入型固溶体ができる．

コーライトプロセス　coalite process

石炭を600℃で炭化しコークス，コールタール油，炭化水素，一酸化炭素，アンモニウム化合物などを得る工業的方法．

コラーゲン　collagen

体内に最も大量に存在するタンパク質で，主にグリシン，ヒドロキシプロリンおよびプロリンを含有する．コラーゲンは本質的に不溶性だが，水に入れて沸騰させるとストランドがほどけ，いくらかの加水分解を受けゼラチンを生じる．コラーゲンが皮に変換する際にはコラーゲン分子間の架橋生成が伴う．コラーゲンはあらゆる結合組織，例えば皮膚，軟骨，腱，靭帯，骨などに存在する．

コラン環系　cholane ring system

通常の胆汁酸の C_{24} 骨格は下図のように番号が振られる．この図で示す炭化水素は 5β-コランで，融点90℃，シス型の環のつながりを持つが，天然にみられる胆汁酸の多くもこの型である．

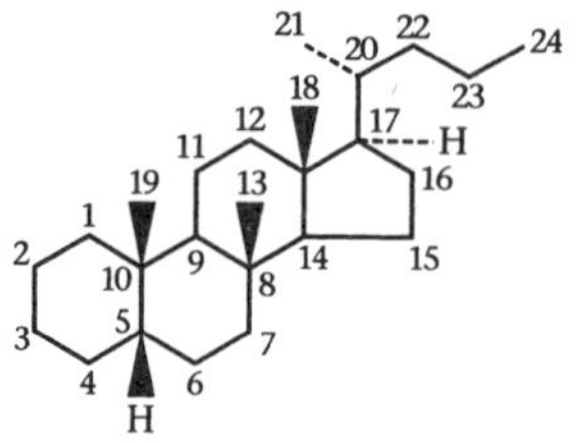

コランダム　corundum

α-Al_2O_3（酸化アルミニウム）．コランダム構造は最密充填された酸素原子と八面体の孔に入った Al を持つ．ルビー，サファイアや金剛砂（エメリー）はコランダムの一種である鉱物である．コランダムから作られる物品は極めて不活性で，耐食性，耐摩耗性がある．軸受け材，研磨に用いられる．

コリアンダー油　oil of coriander

セリ科のコエンドロ（香菜（シャンツァイ）*Coriandrum sativum*）の完熟した果実から蒸留して得られる揮発性油．主成分はコリアンドロール $C_{10}H_{17}OH$．着香料に利用される．

S-コリジン　s-collidine

2,4,6-トリメチルピリジン

コリスミン酸　chorismic acid

$C_{10}H_{10}O_6$．無水和物は融点 148〜149℃．シキミ酸経路による芳香族化合物の生合成における中間体．シキミ酸からの経路は5-ホスホシキミ酸，3-エノールピルビルシキミ酸-5-リン酸を経てコリスミン酸にいたる．

孤立電子対　lone pair

分子内で結合に関与していない電子対．非結合電子対ということもある．孤立電子対は配位結合を形成可能であり，また分子の形状に影響を及ぼす．CH_4, NH_3, OH_2 の各分子において，NH_3 には孤立電子対が1つ，OH_2 では孤立電子対が2つある．結合電子対と孤立電子対の合計は4個で，これがほぼ正四面体型に配置されているが，電子対間の反発に違いがあるため多少のズレが生じている．

コリノイド　corrinoids

ビタミン B_{12} 型の化合物．

コリン(1)　choline(trimethyl-(2-hydroxyethyl) ammonium hydroxide)

[$(CH_3)_3NCH_2$-CH_2OH]$^+OH^-$．水酸化トリメチル-(2-ヒドロキシエチル)-アンモニウムにあたる．無色のシロップ状液体で結晶化は困難．吸湿性の固体となる．強アルカリ性．すべての動物および植物組織中でレシチンの成分として産出し，遊離塩基としても存在する．メチル化反応に関与する．ビタミン B 群の一員とみなされることもある．

コリン(2)　corrin (vitamin B_{12})

ビタミン B_{12} の別名．高度に置換され，還元

されたポルフィリン類似のコリン環とヌクレオチドとからなる．

コリンエステラーゼ choline esterase
神経筋接合部間に存在している加水分解酵素で，アセチルコリンをコリンと酢酸に分解する．エネルギーや神経信号の伝達に関与している．
→アセチルコリン

コール酸 cholic acid
→胆汁酸

コールタール coal tar
コークス炉やガスレトルト中の石炭の高温炭化や，無煙燃料生成のための低温炭化から得られる副生成物．

コールタールの組成は炭化方法によって異なるが，主に単環・多環の芳香族化合物とその誘導体からなる．コークス炉からのタールは比較的脂肪族含有率とフェノール含有率が低いが，低温プロセスからのタールはこれらの含有率がはるかに高い．

粗タールは通常連続プラントで蒸留され，沸点や名称が異なるさまざまな蒸留画分が得られ，最終的にピッチが残渣として残る．

高沸点画分からはクレオソート，吸収油，ナフタレン，アントラセン，コールタール燃料，タールなどが得られる．

コールタール色素 coal tar pigments
一般には金属レーキまたは有機染料の不溶性金属塩を指す．現在はコールタールから製造されることはなくなっている．

コールタール燃料 coal tar fuels (CTF)
コールタール蒸留から得られる蒸留画分と残渣を混合して作る工業用燃料．

コルチソール cortisol
ヒドロコーチゾン（ヒドロコルチソン）．単にコーチゾンということもある．→ヒドロコーチゾン

コルチソン cortisone

$C_{21}H_{28}O_5$．コーチゾンと呼ぶ方面もある．融点215℃．副腎が産生するステロイドホルモン．抗炎症剤で，関節リウマチの症状を取り除くことができるが，根本の病気を抑制することはない．眼の疾患その他の病状にも用いられている．

ゴルトシュミット反応 Goldschmidt reaction
アルミニウム粉末を用いた金属酸化物の還元法．テルミット反応の別名である．

ゴルトシュミット法 Goldschmidt process
加圧したCOとNaOHを約200℃で反応させて酢酸ナトリウムを合成する方法．次いで熱分解するとシュウ酸ナトリウムが得られる．

コルベ反応 Kolbe reaction
脂肪族カルボン酸のアルカリ金属塩を電気分解することで炭化水素を合成する反応．酢酸からはエタンが生じる．すなわち
$$2CH_3COO^- \rightarrow CH_3-CH_3 + 2CO_2 + 2e^-$$

コールマン試薬 Collman's reagent
$Na_2Fe(CO)_4$とトリフェニルホスフィンからなる．ハロゲン化物のカルボニル化（例えば$RBr \rightarrow RCHO$）に重要．

コールマン石 colemanite
$CaB_3O_4(OH)_3 \cdot H_2O$．重要なホウ酸塩供給源．

コールラウシュの式 Kohlrausch equation
強電解質の当量伝導率の希釈度依存性を表す式．
$$\Lambda_\infty - \Lambda_V = kC^{1/2}$$
ここでΛ_∞は無限希釈時の当量伝導率，Λ_Vは体積Vのときの当量伝導率，Cは濃度，kは正の定数である．この式は高希釈度の溶液においてのみ成立する．Λ_∞には陽イオンと陰イオン両方の寄与が含まれる．

コルンブ石 columbite, niobite
$(Fe,Mn)(Nb,Ta)_2O_6$のうち，ニオブの含有量が高いものをいう．ニオブの重要な鉱石．

コレステリック液晶 cholesteric (liquid crystal)
→液晶

コレステロール cholesterol (5-cholesten-3β-ol)
$C_{27}H_{46}O$，5-コレステン-3β-オール．融点149℃．動物の主要なステロールで，体のあらゆる部位に遊離型，エステル型の両方で存在する．コレステロールは商業的にはウシの脊髄あ

るいは羊毛脂（ラノリン）から得ている．このステロールは動物では酢酸エステル単位からメバロン酸，スクアレン，ラノステロールを経て合成されているが，化学的に合成することもできる．本来の生物学的役割（膜成分など）に加えて，コレステロールは代謝で必要なその他のステロイド類（例えば，胆汁酸，性ホルモン，副腎皮質ホルモン）の前駆体としての役割を持つ．薬物体内輸送や化粧品に使用されている．

コロイド　colloid

拡散速度が遅いことを特徴とする分散相で，光束をコロイド溶液に通すと，その通り道が明るく輝くという特徴がある．現在ではおよそ2〜500 nm の範囲の粒子が連続媒体中に分散しているときコロイド状態であるという．コロイドはこのように粒子の大きい懸濁状態と分子またはイオンの溶液との中間に存在する．これらの境界はあいまいで，微細な粒子の懸濁液はいくらかコロイド効果を示すし，大きな分子は本質的に挙動がコロイド的である．ほとんどのコロイドは液体中に固体が存在するものであるが，気体中に液体が存在する（エアロゾル）もや，固体中に固体が存在する（ガラス中に金が存在する）ものもまた知られている．最も一般的な液体は水だが，その他の溶媒も分散相を形成する．コロイドは親液性（溶媒を引きつける）と疎液性（溶媒に反発する）に分類される．

現在では，適切な条件を選択することによりほとんどの化合物のコロイド化が可能である．多くの物質（例えばタンパク質，植物繊維，ゴムなど）はコロイド状態が最も安定であり，天然にはコロイド状態で産出する．コロイド状態においては表面物性が極めて重要である．

コロイドの膨潤　swelling of colloids

乾燥したゼラチンを湿った空気にさらしたり水中に入れたりすると水和してしだいに膨らんでくる．これは親水性コロイド（ほとんどの天然有機物，例えばセルロース，木材，炭水化物）に共通の性質である．膨潤によりコロイド中にかなりの圧力が生じるので，何気圧もの外圧を受けていても起こり得る．電解質の存在はゲルの膨潤過程に大きな影響を及ぼす．

コロイド性電解質　colloidal electrolyte

低級脂肪酸のナトリウム塩は通常の弱い電解質として振舞うが，より高級な脂肪酸になるとコロイド特性が現われるとともに会合が生じる．アニオンはもはや個々の脂肪酸のアニオンではなく，脂肪酸アニオンとイオン解離していない分子とともに凝集体を作る．これは巨大な多価イオンで，表面においては解離し，近傍の同数のナトリウムイオンが電荷を釣り合わせている（→ミセル）．石鹸や多くの染料はコロイド性電解質と分類される．

コロイドミル　colloid mills

粒子や液滴の大きさが1ミクロン未満であるようなコロイド懸濁液またはエマルジョンを生成するための装置．コロイドミルは塗料産業や製剤，食品加工産業において用いられる．

コロジオン　collodion

ラッカーのベースとして広く用いられている硝酸セルロース．ケトンまたはエステルが溶媒として使用される．写真，ラッカー，皮革，セメントに用いられる．極めて可燃性が高い．

コロール　corroles

ポルフィリンの類似体で，例えばピロールとアルデヒドを反応させて生成する．

コロンビウム　columbium

元素記号はCb．かつてニオブの名称および元素記号として用いられていた．米国の書籍では現在でもたまにこう記されている．

コーンオイル　corn oil

→トウモロコシ油

コンクリート　concrete

セメント，砂（または類似物），および水の混合物を硬化させて得る建材．パーライトやポリスチレンを混合することにより軽量化できる．

混合金属酸化物　mixed metal oxides

形式的に酸化物から誘導される化合物であるが，2種類以上の金属を含み，その比は多くの場合，任意である．一般に適切な酸化物の関連

塩同士を加熱することで得られる．構造はおおむね酸素イオン（O^{2-}）の密なパッキングにより決まり，金属原子は酸素原子間の八面体または四面体構造の穴に位置する．孤立した酸素陰イオンを含む混合金属酸化物は極めて少ない．

混合指示薬 mixed indicator, screened indicator

色の変化を明確にするため，あるいは変色が起こるpH領域を狭くするために2種類以上の指示薬を混合したもの．

混合窒素酸化物気体 nitrous fumes

NOとN_2O_4の混合物で酸化剤として用いる．自動車排気ガス中に生じるNO_xも指す．

混晶 mixed crystal

2種の物質（通常は同型結晶のもの）を含む溶液から両者が一緒に結晶化したもの．固溶体とほぼ同義．

コンスタンタン Constantan

Ni(45%)-Cu(55%) からなる合金．電気抵抗が大きく，かつ抵抗の温度係数が小さい．熱対や高温での精密電気抵抗に利用される．

混成 hybridization

種類は異なるがエネルギーが近い原子軌道が組み合わさって1組の等価な混成軌道を形成すると考えることがある．混成とは分子を構成している原子の原子軌道を組み合わせて分子軌道を形成する際の数学演算である．例えばメタンには4本の等価C-H結合があり，C原子の$2s$軌道と$2p$軌道が混成して4つの等価なsp^3軌道を形成し，そのそれぞれがH原子の$1s$軌道と結合すると考えることができる．

コンダクタンス conductance

記号はG．比電気伝導率，比導電率．比抵抗値の逆数である．→電気伝導率（固体）

昆虫忌避剤 insect repellants

昆虫を寄せ付けない効果を持つ物質．

コンディ液 Condy's fluid

過マンガン酸カリウム水溶液と石灰水を混合した消毒液．以前には伝染病患者からの吐瀉物や排泄物の殺菌に広く用いられた．

コンデンサー capacitor（condensers）

電気回路の素子で静電容量を持つもの．キャパシタ．

コンドライト chondrites

最も多量に産出する隕石．ケイ酸塩質の小球粒（コンドリュール）が集まってできている．

コンドロイチン chondroitin

軟骨基質．β-D- グルクロニド，1,3-N-アセチル-D- ガラクトサミンがβ-1,4- 結合で結ばれたポリマー．ヒアルロン酸とはグルコサミンではなくガラクトサミンを有する点でのみ異なる．通常硫酸塩の形で存在する．デルマタン硫酸はコンドロイチン硫酸と極めて類似しているが，D-グルクロン酸の代わりにL-イズロン酸を含有している．栄養補助食品として用いられている．

コンパウンディング compounding

均一な混合物を作るために用いられる混合プロセスで，例えばプラスチックやゴムの組成物に例えばゴムの加硫剤，フィラー，酸化防止剤，顔料などを添加する際に用いられる．

コンビナトリアルケミストリー combinatorial chemistry

一連の多数の化合物を合成し，その生理的活性や特定の性質などを試験する技法．しばしば固体表面（樹脂）の上に固定した分子を用いて自動化された方法で行われる．

コンフォメーション conformation

立体配座．この用語はある分子中の原子または基が持つ潜在的に動的な空間配置に通常限定されており，これらの立体配座同士は平衡状態にあってもよい．立体配置異性体とは異なり，通常の条件下では，個々の孤立分子が単一の立体配座を持つことはない．

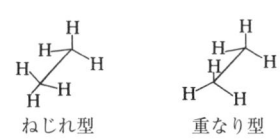

ねじれ型　　重なり型

エタンの2つの極限的立体配座は重なり型とねじれ型で，これらは，C-C結合の周りの回転により簡単に相互交換ができる．

シクロアルカンには別のタイプの配座異性がみられる．例えばシクロヘキサン分子は速やかに相互交換する舟型と椅子型配座をとる．これらを分離することは不可能であるが，室温において椅子型は舟型より相当安定であり，平衡にある混合物の99％以上は椅子型である．

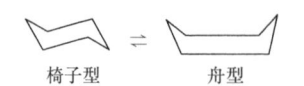

シクロヘキサンの一置換体，例えばメチルシクロヘキサンは，椅子型の環を持つとき理論上は2つの異性体が存在する．すなわちメチル基がアキシャル位とエカトリアル位にあるものである．これらは速やかに環反転と呼ばれるプロセスにより相互変換するため，これらの異性体を物理的に分離することは不可能である．物理的な証拠からメチルシクロヘキサンではエカトリアル位がアキシャル位よりも優位であることが示唆されている．2つ以上の置換基を持つシクロヘキサン誘導体のシス-トランス異性体にはさらに別の配座異性体の可能性がある．椅子型は糖のピラノース形で重要である．→グルコース

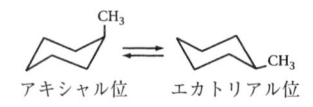

コンプレクソン complexone
アミノポリカルボン酸系のキレート試薬．
→硬水軟化剤

コンプレクソン滴定 complexometric titration
→錯滴定

コンポジット composites
→複合材料

混和性 miscibility
混合の度合いを示す用語．気体は任意の比率で混じり合い，これを完全に混和性があるという．しかし，液体は例えば水とアルコールのように完全に混和するものもあるが，部分的にしか混和しない，すなわち互いに限られた量しか溶解しない場合（例えば水とアニリン）やほとんど混和しない場合（例えば水と水銀）もある．液体の混和性は，化学的および物理的性質の類似性，特に内部圧力に依存する．内部圧力がほぼ等しい液体同士は任意の比率で混じり合う．

サ

サイアロン sialons
機械工具に利用される Si-Al-O-N 系化合物.

再気化機 reboiler
→精留

催奇性物質 teratogen
変異や腫瘍の形態で機能不良を誘発する化学物質．なお，ときとして（物質ではないのだが）高エネルギー放射線をも含めることもある．

サイクリック AMP (cAMP) cyclic AMP (adenosine 3′,5′-monophosphate)
アデノシン-3′,5′-リン酸．ホルモン作用の媒介を行う重要なリン酸ヌクレオシド．

サイクリックボルタンメトリー cyclic voltammetry
印加電位を変動させて，電解溶液中の化学種を連続的に酸化，還元する分析手法．電流を電位に対しプロットする．

サイクレン cyclenes
① 環式の炭化水素で二重結合を1個以上含むもの．② 環状のテトラアミン．特に 1,4,8,11-テトラアザシクロドデカンなどを指す．

サイクロナイト cyclonite (cyclo-trimethylentrinitramine)
シクロナイト，シクロトリメチレントリニトラミン．高性能爆薬．酢酸，無水酢酸および硝酸から生成する．

再結晶 recrystallization
粗製品から不純物を除いたり，すでにかなり純度が高くなっている純粋な物質の，もっと優れた（欠陥の少ない）結晶を得るための操作．

サイジング sizing
紙の細孔を塞いで，ある程度の撥水性を持たせる処理．撹拌器中でロジンとミョウバンまたはデンプンや水ガラスのようなコロイド混合物を加える方法（内添サイジング）と，既製の紙表面に糊などをスプレーする方法（表面サイジング）がある．→紙

サイズ排除クロマトグラフィー size exclusion chromatography
→ゲル沪過

最大共有結合数 maximum covalency
→配位数

最大多重度の法則 law of maximum multiplicity
→フント則

最大配位数 maximum co-ordination number, covalency maximum
→配位数

サイプレス油 oil of cypress
イトスギ油の別名．

細胞質 plasma
原形質のうちで細胞核以外の部分．

細胞毒性物質 cytotoxic agents
生きている細胞を傷つける化学物質．この用語は特に腫瘍の生成に関連して用いられる．多くの細胞毒性薬は二官能性アルキル化剤（例えばマスタードガス，ナイトロジェンマスタードなど）である．

最密充填構造 close-packed structures
金属，合金およびイオン性の無機化合物の大半と，かなり共有結合性である多くの化合物は，一番大きな化学種，原子，あるいはイオンが最密充填になるような構造を持つ．真の最密構造における各層中では，各原子は六角形に配列した6個の隣接原子を持っている．同様の第2層はその原子を第1層の孔の上に置く．第3層の原子は第1層の原子の真上にある（六方最密構造 hcp）か，または第1層と第2層の孔の上にある（立方最密構造 ccp）．後者の場合，第4層は第1層上にくる．より複雑な層の配列も知

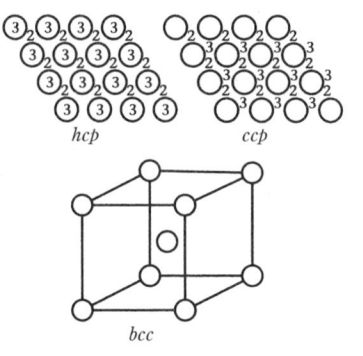

られている．体心立方構造 bcc では，hcp や ccp のように空間の最大限の利用は見られない．多くの構造は，比較的小さな陽イオンが，層と層の間に存在する適切な孔（八面体△または四面体T）を占めるという観点から説明できる．最密充填原子それぞれに対し，1つの八面体型の孔と2つの四面体の孔が存在する（p.185 の図では数字 n が n 番目の層に含まれる原子の位置を示している．1番目の層は○で示す）．

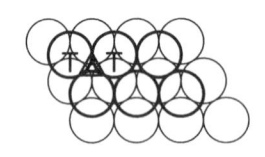

催涙ガス tear gas, lacrimator

眼や皮膚を激しく刺激し痛みと火傷を引き起こす物質．暴動の鎮圧に用いられる．

逆燃え flash-back

さかもえ．→フラッシュバック

先染め染料 developed colours, ingrain dyestuffs

顕色染料の別名．

錯イオン complex ion

錯イオンはあるイオンまたは原子に他のイオンや分子が配位し，安定なイオンとなることによって生じる．Co^{2+} イオンとアンモニアからは $[Co(NH_3)_6]^{3+}$ が生じ，一方 Fe^{3+} イオンとシアン化物イオンからは $[Fe(CN)_6]^{3-}$ 錯体が生じる．錯塩の溶液は，錯体の安定性や置換活性の度合いに応じて，錯体を構成する各成分化学種としての反応性を示すことも示さないこともある．水和塩は一般にアクア錯体，例えば $[Cu(H_2O)_6]^{2+}$ を含む．酸素酸のアニオンは，中心元素の陽イオンと酸化物イオンにより（例えば NO_3^- は N^{5+} と $3O^{2-}$ から）形成されている，と仮想的に考えることも可能である．

酢エチ acetic ester

$CH_3COOC_2H_5$．酢酸エチルの略称（→酢酸エチル）．ドイツ語でも英語と同じ意味の「Essigester」は酢酸エチルを意味する．

錯クロロ酸類 chloro acids

錯クロロアニオンは周期表のほとんどの元素の酸化物あるいは塩化物を濃塩酸に溶解することにより生成する．多くの錯クロロ酸溶液に塩化カリウムを添加すると溶液からカリウム塩が析出する．遊離酸は一般に不安定である．

酢　酸 acetic acid

$C_2H_4O_2$，CH_3COOH．系統的命名法ではエタン酸．無色の液体で強い刺激臭がある．融点16.6℃，沸点119℃．工業的な合成法としては，アセトアルデヒドを60℃で酢酸マンガン(Ⅱ)の存在下に酸素か加圧空気と反応させる方法がよく採用される．酢酸マンガン(Ⅱ)は過酢酸の生成を妨げるために添加する．もう1つの重要な工業的合成法としては，金属酢酸塩の存在下でブタンを50気圧に加圧した空気で150～200℃の条件下で液相酸化する方法がある．エタノールの触媒酸化や，イリジウムやロジウム触媒の存在下でのメタノールと一酸化炭素との反応（カルボニル化）によっても得られる．発酵法でも作られるが，現在では食品用に限定されている．酢酸はほとんどの金属と反応して酢酸塩を生じるが，正塩の他に塩基性塩を生じることも多い．それでもステンレススチール製の容器中で取り扱うことは可能である．工業的に生産される酢酸のほぼ半分はセルロースの酢酸エステル（アセチルセルロース）の生産に振り向けられている．このほかの主な用途としてはポリマー原料の酢酸ビニルや，いろいろな溶媒の原料である．水を含まない酢酸は16.6℃で固化するので氷酢酸（glacial acetic acid）と呼ばれるが，これ自体も優れた溶媒である．いろいろな工業化学プロセスに際しては，低濃度の酢酸水溶液が大量に副成することが多いので，これらを回収することには著しい重要性がある．単純な蒸留法はあまりにも不経済であるため，共沸蒸留法や液-液抽出法が採用されている（共沸蒸留には酢酸ブチルやヘキソン（2-メチル-4-ペンタノン）などが利用されているが，回収する溶液中の酢酸濃度によって他のいろいろなものが試みられている）．

酢酸亜鉛 zinc acetate（zinc ethanoate）

$Zn(CH_3COO)_2 \cdot 2H_2O$．塩基性塩 $Zn_4O(CH_3COO)_6$ も生成する．

酢酸アミル amyl acetate, pentyl ethanoate

エタン酸ペンチル．ナシのような強い香りを持つ，無色の揮発性液体．沸点138.5℃．1-ペ

ンタノールを酢酸カリウム，硫酸とともに，あるいは酢酸エチルと少量の硫酸の存在下で加熱することによって生成する．市販の酢酸アミルは通常酢酸イソアミル(CH_3)$_2$$CHCH_2CH_2O(O)CCH_3$の中に，酢酸 sec-アミル $CH_3CH_2CH_2CH\text{-}MeO(O)CH_3$がさまざまな割合で混在している．酢酸セルロース塗料やペンキの溶媒として用いられるほか，アルコール溶液はセイヨウナシのエッセンスとして香りをつけるのに使用される．

酢酸アルミニウム aluminium acetate, aluminium ethanoate

系統的命名によればエタン酸アルミニウムとなる．$Al(O_2CCH_3)_3$. $Al(OH)_3$と酢酸の反応，または$Pb(O_2CCH_3)_2$か$Ba(O_2CCH_3)_2$と$Al_2(SO_4)_3$の複分解反応で調製する．通常は部分的に加水分解された固体（塩基性塩）として得られる．酢酸アルミニウムは水に溶け，大部分が加水分解された溶液となる．染色では水溶液とした「レッドリカー」に硫酸アルミニウムや硝酸アルミニウムをを併用し，媒染剤として用いられている．レッドリカーは，赤色を発色させる媒染液だったためにこの名称がつけられたという．紙のサイジング剤，ボール紙の硬化剤，不燃紙，不燃布の製造にも用いられ，また薬剤としては消毒薬や収斂剤に用いられている．

酢酸イソブチル isobutyl ethanoate
→酢酸ブチル

酢酸イソプロピル isopropyl acetate (isopropyl ethanoate)

$C_5H_{10}O_2$，$CH_3C(O)OCH(CH_3)_2$．芳香を持つ無色液体，沸点85℃．プロペンを硫酸を含む熱酢酸に通じて作る．またはイソプロピルアルコールを酢酸および硫酸と加熱して得る．硝酸セルロースや種々のゴムの溶媒，燃料の添加物として用いられる．

酢酸イソプロペニル isopropenyl acetate (isopropenyl ethanoate)
→酢酸メタクリル

酢酸エステル acetates (ester)
酢酸とアルコールやフェノールとが脱水縮合して生じるエステル．

酢酸エチル ethyl acetate (ethyl ethanoate, acetic ester)

$CH_3C(O)OC_2H_5$．快い果実臭の無色液体，沸点77℃．エタノールから直接得るか，または酢酸を経由して濃硫酸を触媒として作る．またはアセチレンからアセトアルデヒドを経てアルミニウムアルコキシドを触媒として合成する．非常に有用な溶媒で特にセルロース系ワニスや接着剤の溶剤．化粧品や人工香料にも用いられる．アセト酢酸エチルの製造原料でもある．現場では略称の酢エチと呼ばれることも多い．

酢酸塩 acetates
酢酸の塩類．

酢酸カリウム potassium acetate

KO_2CCH_3．植物の樹液中に含まれる．弱アルカリとしての利用のほかに，空港の滑走路の凍結防止剤に用いられる．系統名ではエタン酸カリウム．

酢酸カルシウム calcium acetate (ethanoate)

$Ca(O_2CCH_3)_2\cdot2$または$1H_2O$．$CaCO_3$に酢酸を反応させる．その他の酢酸塩の製造，更紗染め，なめしなどに用いられている．

酢酸クロム(II) chromium(II) acetate (chromium(II) ethanoate)

$[Cr(O_2CCH_3)_2]_2\cdot2H_2O$．系統名ではエタン酸クロム(II)．水に不溶の赤色化合物で，酢酸ナトリウムと$CrCl_2$を水溶液中で反応させて得る．最も安定なCr(II)化合物．Cr-Cr結合を有する．

酢酸セルロース系プラスチック cellulose acetate (ethanoate) plastics

セルロース（綿，精製木材パルプ）を無水酢酸や酢酸および硫酸で処理して生成する．重度のアセチル化によりトリアセテートが生じ，プラスチック材料として用いられる．部分アセチル化からも極めて有用な物質が得られる．射出成型により加工する．繊維として織物用（アセテートレーヨン）に使用される．比較的強度は低く，水分に弱い．

酢酸セロソルブ Cellosolve acetate
エチレングリコールモノエチルエーテルアセテート．もともとは商品名．重要な溶媒．アセチルセロソルブ．

酢酸鉄 iron acetate
$Fe(O_2CCH_3)_2$と$Fe(O_2CCH_3)_3$の2種類が知られている．

酢酸銅 copper acetate（copper ethanoate）
$[Cu(O_2CCH_3)_2 \cdot H_2O]_2$. Cu-Cu 相互作用を有する二量体化合物（炭酸銅と酢酸から生成）．

酢酸ナトリウム sodium acetate
CH_3COONa. 酢酸を炭酸ナトリウムか水酸化ナトリウムで中和すると得られる．無水塩のほか三水塩もよく知られている．

酢酸ビニル vinyl acetate（ethenyl ethanoate, vinyl ethanoate）
$CH_2=CH-OCOCH_3$. 無色液体，沸点73℃．エーテル様の臭気を持つ．アセチレンと酢酸を酢酸亜鉛触媒の存在下で200℃で気相反応させるか，あるいはエチレンと酢酸を塩化パラジウム(Ⅱ)触媒の存在下で反応させて作る．精製した酢酸ビニルは酸素を吸収し，反応してアセトアルデヒドと遊離の酸を生じる．触媒が存在しなければ酢酸ビニルは重合しにくいが，ラジカル重合触媒によりポリ酢酸ビニルへと変換される．接着剤（30%），塗料（20%），コーティング（10%），紙や織物の仕上げ剤（15%），成型品などの原料として用いられる．ポリ酢酸ビニルはポリビニルアルコールやポリビニルアセタールの製造中間体として極めて重要．酢酸ビニルと他のモノマーとの共重合体，特に塩化ビニルとのコポリマーは商業的価値が高い．→ビニルエステルのポリマー

酢酸フェニルエチル phenylethyl acetate（phenylethyl ethanoate）
フェニルエチルアルコールと同様，香料原料となる．

酢酸フェニル水銀 phenylmercuric ethanoate
→水銀の有機誘導体

酢酸ブチル butyl acetates
4種のブタノールに対応し，4種のエステルがある．無色の液体で果物の香りを持つ．直鎖，イソ，二級ブチルの酢酸エステルはニトロセルロースラッカーの重要な溶媒である．

①酢酸 n-ブチル．$CH_3CH_2CH_2CH_2O(O)CCH_3$. 沸点126℃．

②酢酸イソブチル $(CH_3)_2CHCH_2O(O)CCH_3$. 沸点118℃．

③二級ブチル酢酸エステル $CH_3CH_2CH(Me)O(O)CCH_3$. 沸点112〜113℃．2-ブテンを水中で酢酸と硫酸とともに加熱して製造する．

④ t-ブチル酢酸エステル $(CH_3)_3CO(O)CCH_3$. 沸点98℃．ガソリン添加物として用いられるほか，合成や保護基として使用されている．

酢酸 n-ブチル n-butyl acetate
→酢酸ブチル

酢酸 sec-ブチル sec-butyl acetate
→酢酸ブチル

酢酸 t-ブチル t-butyl acetate
TBAE と略すことがある．→酢酸ブチル

酢酸プロピル propyl acetate
融点-92℃，沸点101.6℃．セイヨウナシ様の芳香を有する液体．着香，香料に用いられる．溶媒，特に樹脂用溶媒としても用いられる．

酢酸ベリリウム beryllium acetate（beryllium ethanoate）
$Be_4O(O_2CCH_3)_6$. IUPAC 命名によるとエタン酸ベリリウム．通常の酢酸ベリリウムは典型的な塩基性カルボン酸ベリリウムであり，水酸化ベリリウムを酢酸と反応させて得られる．構造は Be の四面体の中心に酸素原子が位置し，カルボン酸イオンが四面体の各稜に沿って位置している．正塩の $Be(O_2CCH_3)_2$ は $BeCl_2$ と氷酢酸から調製する．

酢酸メタクリル methacryl acetate
$C_5H_8O_2$, $CH_2=C(CH_3)OCOCH_3$. 無色液体，沸点96〜97℃．アセトンとケテンを硫酸の存在下で反応させて得る．アセチル化剤．アルコールと反応して酢酸エステルを与え，アミンと反応してアセトアミドを与える．アルデヒドやケトンと反応するとエノールの酢酸エステルを生じ，カルボン酸との反応では酸無水物を与える．酢酸メタクリルを塩化ビニルと共重合すると紡績可能な繊維が得られる．

錯体 complex
ドナーの電子対とアクセプタの空軌道との相互作用により結合が生じている化合物．錯体の中には電子の流れが両方向へ同時に起こっているものもある（→逆供与結合）．この相互作用は電荷を持つ，持たないにかかわらず生じる．構造がわかっている場合，例えば $[Co(NH_3)_6]Cl_3$ のように錯体を構成するアクセプタとその配位子部分を [ ] の中に入れて記載する．架

橋配位子は μ-L と表す.例えば $Fe_2(CO)_9$ は $[(OC)_3Fe\text{-}(\mu\text{-}CO)_3Fe(CO)_3]$ となる.ハプト (η) はそのアクセプタに実際に結合している リガンド原子の数を表す.例えば $[(\eta^5\text{-}C_5H_5)Mn(CO)_3]$ はマンガンに5個の炭素原子(と3個のカルボニル)が結合している.

錯滴定 complexometric titration
　錯体の生成または分解を用いた滴定. Fe^{3+} に SCN^- を加えると濃い赤となり,Fe^{3+} を EDTA で滴定すると赤い $Fe^{3+}\text{-}SCN^-$ 錯体の分解を生じ,無色の $Fe^{3+}\text{-}EDTA$ 錯体を生じる.

錯滴定指示薬 complexometric indicator
　→金属指示薬

錯フルオロ酸 fluoro acids
　フッ素を含む酸の塩はほとんどの元素との間に形成されるが,一般に遊離の酸は知られていない.例えば HF と BF_3 は NH_3 などの塩基の存在下でのみ反応する.塩はアルカリ金属のハロゲン化物と他の元素のハロゲン化物の混合物に F_2 を作用させると得られる.または適切な塩の混合物に HF, BrF_3, ClF_3 を作用させても得られる.複ハロゲノ酸の塩のほとんどは加熱すると分解する.多くのフルオロ酸塩は,明確な錯陰イオンを含むが,$KMgF_3$ や K_2UF_6 などの混合金属フッ化物は孤立したフルオロ酸錯イオンを含まず,構造的にはむしろ複フッ化物とみなせる.

錯ブロモ酸類 bromoacids, complex
　白金など多くの元素が濃 HBr 溶液中で錯アニオン(例えば $[PtBr_6]^{2-}$)を形成する.遊離酸は一般に安定ではない.

ザクロ石 garnets
　→ガーネット

左旋性 laevorotatory (levorotatory)
　→光学活性

サッカー-テトロードの式 Sackur-Tetrode equation
　単原子理想気体のエントロピーを求める式.

サッカリン saccharin (1,2-benzisothiazol-3(2H)-one)
　$C_7H_5NO_3S$, 1,2-ベンズイソチアゾール-3(2H)-オン.無色結晶.融点224℃(分解).トルエン-o-スルホンアミドをアルカリ性過マンガン酸塩で酸化して作る.多くの場合ナトリウム塩の形で甘味料として広く用いられる.

サッカリンナトリウム sodium saccharine
　$C_7H_4NNaO_3S\cdot 2H_2O$.甘味料.

殺生物剤 biocides
　→バイオサイド

雑草駆除剤 weedkillers
　農地で望ましくない植物を選択的に抑制する除草剤.

殺虫剤 insecticides
　誘引剤または忌避剤(燻蒸剤,アクリロニトリル,CS_2 など)を利用し,毒(菊酸,接触毒,全身毒)を用いて昆虫を防御するために使う物質.

サテンホワイト satin white
　$CaSO_4$ と $Al(OH)_3$ の混合物($Al_2(SO_4)_3$ またはミョウバンと $Ca(OH)_2$ から得る).顔料として,また紙の表面仕上げに用いる.

作動流体 hydraulic fluids
　→水力運送用液体

錆び生成 rusting
　鉄やスチールの表面に,脆い薄片状の水和酸化鉄(Ⅲ)の層が生じること.この反応は湿った空気中で Fe(Ⅱ) イオンを経由して進行し,大気中の SO_2 や H_2SO_4(都市部)や Cl^-(海岸)により促進される.メッキ,塗装,合金化(例えば 12〜18%のクロムを混ぜると酸化物の保護層が形成される)により防止される.鉄錆びは暑い乾燥した地域では,臨界湿度が非常に低いので問題にならない.

サビネン sabinene
　$C_{10}H_{16}$.無色油状物質,沸点165℃.二環式モノテルペンで多くの精油中に含まれる.

サビノール sabinol
　$C_{10}H_{16}O$.サビネンの2-ヒドロキシ誘導体.沸点208℃.

サファイア sapphire

宝石として有名である．金属不純物を含む酸化アルミニウム（コランダム）の青色の変態が本来のサファイアであるが，現在では添加する微量元素を変えることで多種多様な色調のものが得られる（クロムを含む鮮紅色のものだけが「ルビー」で，それ以外の色調のものはすべてサファイアと呼ばれる）．現在では Al_2O_3 を溶融して人工的に製造される．硬度が大きいので軸受けなど対摩耗性が要求される機器の部分に利用されるほか，不活性物質として例えば HF を扱う際に用いられる．

サブミクロン submicron
通常の顕微鏡では見えないが限外顕微鏡では見える，径が $1\mu m$（ミクロン）程度およびそれ以下の微細の粒子を指す．

サフラワー油 safflower oil
ベニバナ（紅花）の種から得られる．オレイン酸，リノール酸などの不飽和脂肪酸基を含む重要な乾性油である．アルキド樹脂，塗料，食用油に利用される．

サフロール safrole
$C_{10}H_{10}O_2$, 3,4-メチレンジオキシアリルベンゼン．無色液体，融点 11℃，沸点 232℃．樟脳油から得られ，他の精油にも主成分として含まれる．

サポゲニングリコシド sapogenin glycosides
多くの植物にみられるアグリコン．魚類に対して毒作用があり，以前は「毒流し」に用いられた（わが国では現在では禁止されている）．

サポニン saponins
植物中に見られるグリコシドで魚毒性，抗菌性を有する．石鹸（soap）のように界面活性作用を有するものが少なくない（名称もこの性質に由来している）．

サマリウム samarium
元素記号 Sm．ランタニド金属元素の一員である，原子番号 62, 原子量 150.36, 融点 1074℃, 沸点 1794℃, 密度（ρ）7520 kg/m^3（= 7.52 g/cm^3），地殻存在比 7.9 ppm, 電子配置 [Xe] $4f^66s^2$. $SmCo_5$ は永久磁石に用いられる．酸化物は光学ガラスや原子炉の制御棒に用いられる．

サマリウムの化合物 samarium compounds
サマリウムは +3 価と +2 価の酸化状態をとる．Sm(Ⅲ) 化合物は典型的なランタニド元素の化合物としての性質を示す．標準酸化還元電位 $E°$ (Sm^{3+} (f^5 黄色) → Sm) は −2.41 V（酸性溶液中）である．SmX_2 (SmX_3 と Sm から得る）は赤褐色．SmI_2 はテトラヒドロフラン中で青色の溶液として得られ，強力な還元剤かつ錯化剤で多くの有機合成化学反応で用いられる．SmO も同様に得られ，Sm^{2+} の塩は水中では不安定で速やかに酸化される．

サーマルクラッキング thermal cracking
以前は，原油からのガソリン収率を増加させるために軽油や類似の石油画分を熱クラッキングしていた．それには石油画分を約 500℃で 25 bar まで加圧し，ガソリン，軽油，およびさらに高沸点画分中のガスや炭化水素を得る．ガソリン製造では接触クラッキングがサーマルクラッキングにとって代わったが，サーマルクラッキングはコークス製造や特殊燃料の製造（例えば蝋のクラッキングで長鎖アルケンを得る過程）に利用される．→接触クラッキング

サーマルリホーミング thermal reforming
→改質

サーメット cermets
加圧焼結されたセラミック−金属混合物（例えば Cr-Al_2O_3 など）で，高温の用途，例えばジェットエンジン，燃料電池の陽極，水素や炭化水素燃料の酸化などに用いられている．

サーモグラム thermogram
①熱重量分析で測定した温度と重量の関係を表すグラフ．②物体の表面温度分布を図示したもの．

サーモクロミズム thermochromism
温度とともに色（およびスペクトル）が変化する現象．

さらし粉 bleaching powder, chloride of lime
クロールカルキ．Cl_2 と Ca(OH)$_2$（消石灰）から作られる．全体組成はほぼ CaCl(OCl) である．希酸により Cl_2 を生じ，「有効塩素量」（最大約 35％）ベースで取引される．漂白，塩素源に用いられる．

サリゲニン saligenin
→サリチルアルコール

サリシン salicin
$C_{13}H_{18}O_7$, サリチルアルコール（2-ヒドロキ

シベンジルアルコール）の α-D-グルコシド $C_6H_{11}O_5$-O-C_6H_4-CH_2OH. 無色で苦味のある結晶，融点201℃．水やアルコールに可溶．ヤナギやポプラの葉，樹皮，小枝に含まれる．合成原料や鎮痛剤に用いられる．

サリチルアミド salicylamide (2-hydroxybenzamide)

$C_7H_7NO_2$, 2-ヒドロキシベンズアミド．無色結晶性粉末，融点140℃．解熱作用，鎮痛作用，抗リューマチ作用を有する．

サリチルアルコール salicyl alcohol (saligenin, 2-hydroxybenzyl alcohol)

$C_7H_8O_2$, サリゲニン，2-ヒドロキシベンジルアルコール．無色結晶，融点87℃．サリチルアルデヒドの還元あるいはサリシンの加水分解で得る．局所麻酔剤．

サリチルアルデヒド salicylaldehyde (2-hydroxybenzaldehyde)

$C_7H_6O_2$, 2-ヒドロキシベンズアルデヒド．芳香を持つ油状液体，沸点196℃．フェノールにクロロホルムと水酸化カリウムを作用させるか，サリシンを酸化して得る．容易に還元されてサリチルアルコールになり，また酸化されてサリチル酸になる．香料に用いられる．

サリチル酸 salicylic acid (2-hydroxybenzoic acid)

$C_7H_6O_3$, 2-ヒドロキシ安息香酸．無色針状晶，融点159℃．天然には冬緑油（サリチル酸メチル）として存在し，これをアルコール性KOHで加水分解して得る．またはサリチルアルコールの酸化でも得られる．工業的にはナトリウムフェノラートを加圧した二酸化炭素とともに加熱し，生成したサリチル酸ナトリウムを酸性にして製造する（コルベ反応）．医薬品，主にアスピリン，色素製造，擦剤（リニメント），錆止め液に用いられる．

サリチル酸ナトリウム sodium salicylate

2-(OH)$C_6H_4CO_2Na$. 白色粉末．水に易溶．解熱剤・保存料に用いられる．

サリチル酸フェニル phenyl salicylate (salol, phenyl 2-hydroxybenzoate, 2-hydroxybenzoic acid, phenyl ester)

$C_6H_5OC(O)C_6H_4OH$, サロール，2-ヒドロキシ安息香酸フェニル．$POCl_3$, フェノール，サリチル酸から得る．研磨剤，ワックス，ラッカー，接着剤，医薬品（紫外線吸収剤など）の製造に用いられる．

サリチル酸メチル methyl salicylate

$C_8H_8O_3$. 無色液体．融点-8.6℃，沸点223℃．冬緑油（ヒメコウジの精油）や白樺（スイートバーチ）の精油中にほぼ純粋な状態で存在するが，工業的にはサリチル酸のメチル化により合成される．特徴的な好ましい香りを持ち，皮膚から吸収されやすい．色素製造，香料，飲食品，歯磨き粉，化粧品の香料に用いられる．サリチル酸エステルとしての一般的な薬学特性を持ち，単独あるいは他の麻酔薬とともに腰痛，リューマチ，坐骨神経痛などの痛み止めに用いられる．

サリン sarin

MeP(O)F-O-CH(CH$_3$)$_2$. 神経毒ガス．

サル・アンモニアック sal ammoniac
→塩化アンモニウム

サルヴァルサン salvarsan (arsphenamine, 4,4′-(1,2-diarsendiyl)bis(2-aminophenol)dihydrochloride)

4,4′-(1,2-ジアルセンジイル)ビス(2-アミノフェノール)二塩酸塩．最初の梅毒治療薬．歴史的な特異的薬剤の一例．

サル・ヴォラティル sal volatile

アンモニア，炭酸アンモニウム，レモン油とナツメッグのアルコール溶液．救急処置用の興奮剤として，また消化不良治療薬にも用いられる．なお，後にはこの種の混合物よりも鹿角塩（炭酸水素アンモニウム）の別称として用いられるようになった．

サルコシン sarcosine (N-methylglycine, N-methylaminoethanoic acid)

CH$_3$NHCH$_2$CO$_2$H, N-メチルグリシン，N-メチルアミノ酢酸．無色結晶，融点213℃（分解）．クレアチンを加水分解して得る．練り歯磨きに添加されることもある．

サルファ剤 sulpha drugs (sulphonamides)

スルホンアミド．-S(O)$_2$NR^{1}R^2 基を含む化合物．除草剤，殺虫剤，殺菌剤．

サルファターゼ sulphatases

硫酸エステルの加水分解を触媒する酵素．スルファターゼとも呼ぶ．

サロール salol
サリチル酸フェニルの一般名．日焼け止め薬に配合されたり，丸薬，ラッカー，ポリマーのコーティングに用いられる．

サワープロダクト sour products
石油の留分のうち硫黄含量の高いものを指す．

酸 acid
水溶液系では，酸とは水に溶けて水素イオンを生じさせうる物質と簡単に定義できる．ほとんどの無機酸は酸性酸化物と水との化合物とみなせる（ここで酸化物とは金属酸化物である）．水素イオン（プロトン）アクセプタを塩基といい，ある酸化物は両性，すなわちあるときには酸として，またあるときには塩基としての性質を示す．酸の水溶液は酸味を呈し，リトマスを赤変させ，金属の炭酸塩から二酸化炭素を遊離させ，また生成したアニオンに特有の反応を起こす．

遊離のプロトンは気相以外では存在しないため，溶媒がプロトンアクセプタ（すなわち塩基）として働いてはじめて酸としての性質が現れる．つまり，酸の水溶液はヒドロキソニウムイオン H_3O^+ を含んでいる．ブレンステッド－ローリーの酸塩基の理論によれば，酸とはプロトンドナーであり，塩基とはプロトンアクセプタである（→共役塩基）．

酸は非水溶媒中でも存在することができる．アンモニアはプロトンを溶媒和し，アンモニウムイオン（NH_4^+）を生じるため，アンモニアに溶解し，アンモニウムイオンを生じる物質（例えば NH_4Cl）はその系において酸である．

液体の水はイオン化して
$$2H_2O \rightarrow H_3O^+ + OH^-$$
の自己イオン化平衡が成り立っており，このイオンは水溶液系での中和反応の逆過程である．水系で水酸化物イオンを生じる物質は塩基である．

一方，液体アンモニアでは
$$2NH_3 \rightarrow NH_4^+ + NH_2^-$$
というイオン平衡があり，アミドイオン（NH_2^-）がこの系における塩基である．

酸・塩基の概念は水素を持たないがイオン化する溶媒にまで拡張されている．酸として適切な陽イオンを生じる物質がその系における酸である．例えば三フッ化臭素は
$$2BrF_3 \rightarrow BrF_2^+ + BrF_4^-$$
のようにイオン化しており，溶液中で BrF_2^+ を生じる物質（例えば BrF_3 や SbF_5）はこの系における酸である．

典型的な有機酸は -COOH 基を持つが，ほかにも多くの酸性基，例えばスルホ基-$S(O)_2OH$ は有機化合物に酸性を賦与する．フェノール類は酸性を示し，エノール類は pseudo acid とされる．

「酸」という用語はルイスの定義では拡張されて，電子受容体となる物質も含む．例えば，$AlCl_3$ は Cl^- から電子対を受け取って $[AlCl_4]^-$ イオンを生成するのでルイス酸である．

酸の強度は解離定数により定量化される．強酸（例えば HCl, HNO_3）は溶液中で実質的に完全解離しており，弱酸は主として非解離の状態で存在する．

酸と塩基の強さ strengths of acids and bases
水溶液中では酸の強度はヒドロキソニウムイオン（H_3O^+）を生じる能力，塩基の強度は水酸化物イオンを生じる能力またはプロトンを受容する能力である．ルイスの酸・塩基では酸性・塩基性はそれぞれ基準の塩基または酸との反応性により評価される．解離度は希釈により変化するため，等しい濃度の溶液における酸や塩基の相対的な強度を比べる必要がある．これには，ヒドロキソニウムイオンまたは水酸化物イオンの濃度を測定すればよい．塩酸や硝酸のようにほとんどすべて解離する酸は強酸であり，酢酸や酒石酸のようにわずかしか解離しない酸は弱酸である．KOH, NaOH, $Ba(OH)_2$ は大部分が解離する強塩基であるが，一方，水酸化アンモニウムはわずかしか解離せず，弱塩基である．

三塩化アンチモン antimony trichloride
→塩化アンチモン

三塩化窒素 nitrogen trichloride
→窒素の塩化物

三塩化バナジル vanady trichloride, vanadium oxide trichloride
→バナジウムの塩化物

三塩化ホウ素 boron trichloride
→ホウ素の塩化物

三塩基酸 tribasic acid

金属で置換可能な水素原子（プロトン）を1分子内に3個持つ酸．「三価の酸」という分野もある．3種類の塩を生成する可能性がある．例えばリン酸（H_3PO_4）は NaH_2PO_4, Na_2HPO_4, Na_3PO_4 を生じる．

酸塩基指示薬　acid-base indicator

酸性または塩基性の溶液中で異なる色を示す物質で，それ自身は弱酸または弱塩基である．非解離の状態とイオン状態で，色が大きく異なることを利用している．よい指示薬は，pHがわずかに変化しても色変化が生じるものである．例えばメチルオレンジは pH 3.1 で赤色を呈し，pH 4.4 では黄色に変化する．

酸 化　oxidation

化合物中の電気的陰性な構成要素が増加する過程．例えば

$$Cu_2O \rightarrow CuO$$

酸化反応では酸化される化学種から電子が奪われ，酸化数は増加する．例えば

$$Cu^+ \rightarrow Cu^{2+} + e$$

特に有機化学では，酸素の割合が増加する過程が最もわかりやすく，例えば

$$C_2H_5OH \rightarrow CH_3CO_2H$$

などである．水素原子数が減少することも酸化になる．具体的な酸化剤の例についてはオッペンナウアー酸化，二酸化セレン，三酸化クロム（無水クロム酸），四酸化オスミウムなどの各項を参照されたい．

酸化亜鉛　zinc oxide

ZnO．柔らかい粉末．「亜鉛華」と呼ばれる．低温では白色，高温では黄色．Zn を燃焼させるか ZnS 鉱石から得る．酸や塩基に溶ける．用途はゴムのフィラー，プラスチックの硬化補助剤，セラミックス，外用薬，白色顔料（Chinese white）．絵具用には「ブラン・ド・ザンク（blanc de zinc）」という名称で呼ばれている．過酸化亜鉛 ZnO_2 は Zn^{2+} の溶液に低温で Na_2O_2 を加えると得られる．医薬用の消毒剤として用いられる．

酸化アルミニウム（アルミナ）　aluminium oxide (alumina)

Al_2O_3．水酸化アルミニウムや，ほぼすべての酸素酸のアルミニウム塩の加熱によって生じるアルミニウムの酸化物．天然には α 型のコランダムとして産出し，α-AlO(OH)（ジアスポール）の加熱により得られる．融点 2045℃，沸点 2980℃，水にはほとんど溶けない．強熱すると極めて不活性になる．構造に関しては「コランダム」を参照．ギブサイトなどの他の水酸化アルミニウムをおだやかに加熱すると欠陥スピネル構造（Al が四面体配位と八面体配位の両方で存在する）を持つ γ-Al_2O_3 となる．γ-Al_2O_3 は吸着力が強く（活性アルミナ），極めて重要な触媒で，他の金属を微量に含有する結晶である人工の宝石（ルビーやサファイヤ）を製造するのに用いられている．α-Al_2O_3 は研磨剤（金剛砂（エメリー））や不活性物質として用いられている．セラミックスやクロマトグラフィーで使用される．β-アルミナは純粋なアルミニウムの酸化物ではなく，ナトリウムを含むアルミン酸塩である．水和された酸化アルミニウムに関しては「水酸化アルミニウム」を参照されたい．高温用耐火断熱材として優秀なアルミナ繊維を作ることができる．

酸解離定数　acidity constant

弱酸 HA が解離し

$$HA + H_2O \rightleftharpoons A^- + H_3O^+$$

となるとき，解離定数 K_a は $[A^-][H_3O^+]/[HA][H_2O]$ となる．ここで [ ] 内はイオンや分子の活動濃度（活量），実質的には濃度を示す．$[H_2O]$ は変化を無視できるので定数として扱えるから，通常の場合の平衡定数 K_a は $[H_3O^+][A^-]/[HA]$ として表現し，これを酸解離定数と呼んでいる．余対数（$-\log K_a$），すなわち pKa を用いて表示することが多い．

酸化カドミウム　cadmium oxide

CdO．水酸化カドミウム $Cd(OH)_2$ や炭酸カドミウム $CdCO_3$ の熱分解により赤茶から黒までの色を持つ CdO が生じる．これらの色調の差は格子欠陥から生じる．CdO は蛍光体，半導体，電子的用途に用いられている．

酸化ガリウム　gallium oxide

Ga_2O_3．ガリウムの硝酸塩，硫酸塩，水酸化物を加熱すると生成する．Al_2O_3 に類似した種々の形態がある．水酸化物を形成する（Ga^{3+} の溶液に NH_4OH を作用させて得る）．酸化物も水酸化物も両性で，酸にも塩基にも溶ける（ガリウム酸塩を形成する）．

酸化カルシウム calcium oxide (lime, quicklime)
CaO. 石灰, 生石灰とも呼ばれる. 岩塩構造を持つ白色固体で $CaCO_3$ を高温に熱して生成する. 商業的には $CaCO_3$ を $900 \sim 1200℃$ に加熱することによって製造する. 石灰は多く建築や農業に用いられているが, 最大の用途は化学工業である. 多量の生石灰が Na_2CO_3 や NaOH の製造, SO_2 吸収, 鉄 (45％), 耐火材, CaC_2, ガラス, セラミック, パルプや製紙, 砂糖の生産に用いられている. 水処理, 汚水処理, 鉱石の濃縮と精製, 土壌安定化にも使用されている.

酸化還元指示薬 redox indicator, oxidation-reduction indicator
可逆的な酸化や還元反応において視覚的に検出できる色変化を起こす物質. 色変化の起こる酸化還元電位は決まっており, 範囲が狭いのが望ましい. 例えばメチレンブルーは還元されると無色, 酸化されると青色を呈する.

酸化還元触媒 redox catalyst
フリーラジカル触媒とフリーラジカルの生成を促進する還元力を持つイオンや塩を組み合わせたもの. 重合反応に用いられる. ラジカル反応, 多くは重合の速度を増加させる触媒.

酸化還元電位 oxidation-reduction potential
→レドックス

三角図 triangular diagram
3 成分系の相律データを表す図.

三角プリズム型配位 trigonal prismatic coordination
6 つの配位子が三角プリズム型の各頂点を占める配位構造. MoS_2 中の Mo はこの配位構造をとっている. 2 枚の三角形の面と 3 枚の長方形の面を持つ.

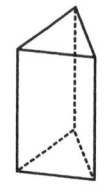

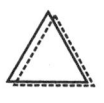

三角プリズム型

酸化ゴム oxidized rubber (Rubbone), rubber oxidation products
触媒存在下でゴムを空気により酸化して得られる. 架橋 (加硫) や塩素化することもできる. 含浸, 電気的絶縁, 接着剤に利用される.

酸化剤 oxidizing agent
酸化反応を起こし自らは還元される物質. 例えば酸性溶液中で MnO_4^- は $Fe^{2+} \to Fe^{3+}$ の酸化反応を起こさせ, それ自身は還元されて Mn^{2+} となる.

酸化ジエチル diethyl oxide
→エーテル

サンガー試薬 Sanger's reagent (1-fluoro-2,4-dinitrobenzene)
DNFB, 1-フルオロ-2,4-ジニトロベンゼン. 末端アミノ酸の標識化に用いる.

酸化状態 oxidation state
→酸化数

酸化数 oxidation number
ある化合物中で原子が持っている電子の数とその原子の単体が持つ電子数の差 (+Ve または -Ve). イオンでは電荷に対応し, 例えば NaCl では Na (+1), Cl (-1) である. 共有結合化合物では, 電気陰性度を考慮してイオン構造を仮定し形式電荷をあてる. 例えば CCl_4 は $C^{4+}4Cl^-$ とみなして C (+4) となる. 配位結合は酸化数には影響せず, 例えば $[Co(NH_3)_6]^{3+}$ では Co (+3) であり, $Fe(CO)_5$ では Fe (0) である. 単体の酸化数は 0 とする. 酸化数は系統的命名法においてはローマ数字で表し, 例えば MnO_4^- はマンガン (Ⅶ) 酸イオンという. 酸化数を表現するには括弧内にローマ数字を記す方式 (ストック方式) を用いるのが普通である.

酸化ストロンチウム strontium oxide
SrO. 融点 2430℃. $SrCO_3$, $Sr(NO_3)_2$ または $Sr(OH)_2$ の熱分解によって得られる. 水中では $Sr(OH)_2$ を生成する.

酸化的付加 oxidative addition
ある元素または多重結合に対して酸化数の増加をもたらす直接付加反応. 例えば PCl_3 に Cl_2 が付加して PCl_5 を生じる反応.

酸化的リン酸化 oxidative phosphorylation
呼吸あるいは電子伝達系において NADH のような還元型補酵素から一連の反応により ATP が合成される過程.

酸化トリウム thorium oxide

ThO$_2$．トリウム塩は水溶液中で加水分解され，アルカリを加えると，水和酸化物が沈殿する．この水和酸化物を燃焼させると白色のThO$_2$が得られるが，他の酸素酸塩からは得られない．

酸化パラジウム palladium oxide

PdOのみが既知であり，PdとO$_2$を約800℃で直接反応させるか，パラジウム塩を燃焼させて得られる．875℃でパラジウムと酸素へと分解する．溶液からは水和物が得られる．触媒として利用される．

酸化ヒ素（Ⅲ） arsenic（Ⅲ）oxide
→ヒ素の酸化物

酸化ヒ素（Ⅴ） arsenic（Ⅴ）oxide
→ヒ素の酸化物

酸化物 oxide

酸素と他の元素との化合物．酸化物は，塩基と反応して塩を形成する酸性酸化物（例えばSO$_2$, P$_2$O$_5$），酸と反応して塩を形成する塩基性酸化物（例えばCuO, CaO），酸・塩基両方の性質を示す両性酸化物（例えばCO, NO），酸とも塩基とも反応しない中性酸化物，過酸化物すなわち過酸化水素誘導体，O$_2^-$を含む超酸化物に分類される．遊離の酸や塩基は必ずしも脱水して酸化物を生じるとは限らない．多くの酸化物（例えばFeO）は非化学量論的であり，2種以上の酸化数の金属原子を含む．多くの固体酸化物は酸化物イオンが最密充填した構造をとっている．加熱により非化学量論性が増加し（例えばZnO），色変化を起こすものもある．2種類以上の酸化物を溶融すると混合酸化物を生成するものが多く，それらは独立した酸化物イオンを含まないことが多い．多くの場合，伝導性であり，また磁性ドメインを含むものもある．

酸化フッ化塩素 chlorine oxide fluorides

ClO$_2$FおよびClOF$_3$．塩素のフッ化物の加水分解により生成する．ClO$_2$Fは例えばBF$_3$と反応して（ClO$_2$）$^+$塩を形成する．

三酸化フッ化塩素ClO$_3$F，フッ化ペルクロリル．融点-148℃，沸点-47℃（KClO$_4$とHFにSbF$_5$を反応させる，またはF$_2$かHSO$_3$FをKClO$_4$と反応させて生成）．有毒ガスで熱的には500℃まで安定．C-H結合を含有する化合物中のHをFで置換するための試薬として用いられる．有機過塩素酸化合物RClO$_3$（例えばPhLiからPhClO$_3$が得られる），FClO, F$_2$ClO$_2$, FClO$_4$もまた知られている．

酸化フッ素 fluorine oxides

フッ化酸素の以前の呼称．→フッ化酸素

酸化ベリリウム beryllium oxide

BeO，ベリリア．Be(OH)$_2$あるいはその炭酸塩などを加熱分解させて調製する．極めて硬度の高い材料で，セラミックや原子炉に用いられる．ガスマントルの添加剤や触媒としても使用される．

酸化防止剤 antioxidants

自動酸化性物質における酸化速度を遅くする物質．果物や野菜中に含まれる．変性疾患から保護する作用を持つ．食物，特に脂肪の酸化防止に添加されているほか，ゴムや多くのプラスチックの老化および劣化の停止，分解石油中のガム生成防止，またその他多数の製品の保存に用いられている．酸化防止剤の多くは高度に置換されたフェノール類，芳香族アミン，または硫黄化合物である．いくつかの金属イオン封鎖剤も酸化を触媒する金属を不活性にするため，酸化防止剤として作用する．多くの有機原料には天然の酸化防止剤が含まれている．日光の紫外線はゴムを活性化し，空気酸化を受けやすくする．このため太陽光にさらされる場合には紫外線吸収剤も添加される．

酸化ホウ素（Ⅲ） boron（Ⅲ）oxide
→ホウ素の酸化物

酸化マグネシウム magnesium oxide（magnesia）

MgO．工業界ではマグネシアのほうが通用している．天然にはペリクレースとして産出する．融点2640℃．合成は金属マグネシウムを酸素中で燃焼させるか，Mg(OH)$_2$, MgCO$_3$, Mg(NO$_3$)$_2$などの煆焼（熱分解）による．岩塩型構造（面心立方格子）で，水と反応してMg(OH)$_2$に変わるが，その速度は製造時の煆焼処理によって変化する．耐火材料，断熱材料，制酸剤などの用途がある．過酸化物Mg$_2$O$_2$も知られていて，希酸で処理すると過酸化水素を生じる．

酸化リチウム lithium oxide

Li$_2$O．白色固体で，水と反応すると水酸化リ

チウムを与える（なお薬用の「リチア水」は炭酸リチウムの飽和水溶液を指す）．

酸化ロジウム rhodium oxide
灰色のRh_2O_3はロジウムを空気中で600℃に加熱すると得られる．水和物はNa_3RhCl_6にアルカリを加えて沈殿として得る．黒色のRhO_2はルチル型構造でRh_2O_3を高い酸素圧で800℃に加熱すると得られる．Na_2RhO_3などのロジウム(Ⅳ)酸塩や$M^{II}Rh_2O_4$，$MRhO_2$のようなロジウム(Ⅲ)酸塩は固相反応で得られるが，ロジウム酸イオンは溶液中では安定でない．

三元化合物 ternary compound
$KNbO_3$のように3種の元素を含む化合物．

三酸化アンチモン antimony trioxide
→アンチモンの酸化物

三酸化クロム chromium trioxide
→クロムの酸化物

三酸化窒素 nitrogen trioxide
三酸化窒素NO_3．不安定な白色固体（N_2O_5とO_3から得る）．

三斜晶系 triclinic system, anorthic system
対称面も対称軸も持たない晶系．単位格子の3本の軸は異なる長さで互いに直交しない．例えば$CuSO_4\cdot 5H_2O$．

三臭化バナジル vanadyl tribromide, vanadium oxide tribromide
→バナジウムの臭化物

三重結合 triple bond
2つの原子間に3対の結合性電子対がある結合．

三重項状態 triplet state
→スピン多重度

三重積層体 integral tripack material
3色の別々の乳濁液（青紫，緑，赤）が1つの支持体に層を成して被覆してあり，露光および発色操作後にそれらの補色（イエロー，マゼンタ，シアン）が現れるカラーフィルムや紙．

三重線 triplet
スペクトルで3本の近接した線．

三重点 triple point
一成分系で3種類の相は1つの温度と圧力でのみ平衡として共存できる（ギブスの相律）．例えば氷-水-水蒸気の系で3相の間に平衡が成立するのは圧力611 Paで273.16 Kのときで

ある．この点を水の三重点という．

三硝酸グリセリン glyceryl trinitrate
→ニトログリセリン

参照状態 reference state
→基準状態

参照電極 reference electrode
電気化学で用いられる基準電極．例としては甘汞電極（カロメル電極），銀/塩化銀電極，硫酸第一水銀電極などがある．

サンスクリーン sunscreens
→日焼け防止剤

酸性雨 acid rain
おおむね工業や内燃機関（エンジン）から排出される酸性の不純物（例えばSO_2や窒素酸化物など）を溶解して，強酸である硝酸や硫酸などを含有するようになった雨．

酸性染料 acid dyes
芳香族発色団と水溶性を与えるための基（通常SO_3H基）をそのナトリウム塩の形で含有する染料．これらは比較的使用が簡単である．酸性染料の種類には以下のものがある．

単純酸性染料（simple acid dye）：多価金属を含まない酸性染料．

酸性媒染染料（mordant acid dye）：媒染剤（通常$Cr(OH)_3$）と繊維とに同時に結合する．この染料には一般にオルト位の関係にあるOH基とアゾ基または2つのOH基が含まれている．

前媒染酸性染料（premetallized acid dye）：単純酸性染料と似ているが，繊維上に金属イオンを結合させておき，これと不溶性の錯体を形成して染着させるものを指す．

三成分系化合物 ternary compound
→三元化合物

酸性硫酸エチルエステル ethyl hydrogen sulphate (ethylsulphuric acid)
$C_2H_6O_4S$，$(EtO)(HO)SO_2$．エチル硫酸ともいう．油状酸性液体．水に可溶で徐々に加水分解されてエタノールと硫酸を生じる．エチレンを濃硫酸に通じるか，またはエタノールと硫酸を加熱して得る．単独で加熱するとエチレンを生じ，エタノールとともに140℃に熱すると硫酸ジエチルを生成する．水溶性の結晶性金属塩を形成する．

ザンセート xanthates

→キサントゲン酸塩

酸素　oxygen

元素記号 O. 二原子気体, 原子番号 8, 原子量 15.999, 融点 -218.79℃, 沸点 -182.95℃, 密度 (気体) 1.429 g/l, 密度 (液体, 沸点) 1.140 kg/l, 地殻存在比 474000 ppm. 空気中では 20.9%, 電子配置 [He]$2s^22p^4$. 無色無臭の気体であるが凝縮すると淡青色の液体または気体になる. 高圧下では赤色の多結晶相をとり, より高圧下では超伝導を示す. 空気中に (21体積%) 存在し, 地球上で最も豊富に存在する (岩石圏 47 重量%, 海洋 89%). 地球上のほとんどすべての生命体にとって必須であり, ヘムまたはミオグロビンの鉄に結合して体内を運搬される. 液体空気の蒸留により製造され, 実験室的には $KClO_3$ を MnO_2 とともに加熱して得られる. 加熱によりほとんどの元素と反応し酸化物を形成する. 常磁性の O_2 およびオゾン O_3 として存在する. 鋼鉄製造 (65%), 化学合成 (例えば HNO_3, H_2SO_4, 合成ガス, エチレンオキシド), 医療・吸入用のほか, 溶接, 採鉱, 爆薬 (→液体酸素爆発物), ロケット燃料, 廃棄物処理に使用される.

酸素の化学的性質　oxygen chemistry

酸素は 16 族の電気陰性元素で, 電子配置は $1s^22s^22p^4$ である. 主要な化学種は酸化数 -2 で酸化物を形成する. 酸化物にはイオン性のものも共有結合性のものもあるが, 共有結合性のものにはハロゲンの酸化物, アルコキシド (ROM) およびエーテル類がある. フッ素との化合物だけは「酸素のフッ化物」である. M-O 結合の結合次数は, F_3PO のような化合物においては 2 に近い. 酸素は通常, 2 配位 (折れ曲がり型) であるが, 3 配位 (R_3O^+ および TiO_2), 4 配位 (Cu_4OCl_6), 6 配位 (MgO) も知られる. O-O 結合はかなり特殊であるが, 例えば O_2, O_2^-, O_3 や過酸化物において見られる. 他の酸化数は二酸素陽イオン (O_2^-) + ($O_2 + PtF_6 \to O_2PtF_6$; $O_2F_2 + BF_3 \to O_2BF_4$) に見られ, $[O_2]^-$ や $[O_2]^{2-}$ も形式的に他の酸化数を含む. 酸素を配位子とする化合物は多い.

酸素陰極　oxygen cathode

O_2 のカソード還元の速度を測定することにより酸素濃度を定量するためのアンペロメトリーで使用する白金または金電極. 参照電極とともに使用する. 酵素を電極に固定化して O_2 吸収量を測定するものもある. クラーク電極は代表的な酸素電極.

酸素欠乏状態　hypoxic

藻類の大発生などによる自然界の酸素不足.

酸素担体　oxygen carrier

分子状酸素と直接反応し (過酸化物や超酸化物誘導体, または錯体を形成し), 次いでその酸素を酸化反応に供することのできる分子. 一般には有機物質で, 例えばミオグロビン, ヘムなど.

酸素分子陽イオン　dioxygenyl (O_2)$^+$
→二酸素

α-サンタロール　α-santalol(5-(2,3-dimethyl)tricyclic[2.2.0^{2,6}]-hept-3-yl-2-methyl-2-penten-1-ol)

$C_{15}H_{24}O$, 5-(2,3-ジメチルトリシクロ[2.2.0^{2,6}]ヘプト-3-イル)-2-メチルペント-2-エン-1-オール. 白檀油に含まれるセスキテルペンアルコール. 香料, 石鹸, 洗剤に用いられる.

三炭糖　triose
→トリオース

三チオン酸　trithionic acid

$H_2S_3O_6$. 硫黄架橋を含む. →ポリチオン酸

三中心結合　three-centre bond

3 つの原子の間で 2 つの電子が形成する結合.
→多中心結合

サンテノン　santenone (α-norcamphor)

$C_9H_{14}O$, α-ノル樟脳. 東インド産の白檀油に含まれる. 異性体の β-サンテノンも知られている. テルペン様分子.

サンテン　santene

C_9H_{14}. ジメチルノルボルネン.

サンドイッチ化合物　sandwich compounds

元来はフェロセンのようなビス-π-シクロペンタジエニル化合物の慣用名であったが, 金属原子が 2 つの炭素環 (シクロペンタジエニル, ベンゼン, シクロヘキサジエニル, シクロブタジエン, トロピリウム, シクロオクタテトラエンなど) に挟まれた化合物全体を指すようになった. このような環を 1 つだけ有する化合物, 例えばシクロペンタジエニルマンガントリカルボニル $C_5H_5Mn(CO)_3$ は半サンドイッチ化合物

（ピアノ椅子型化合物）と呼ばれる．トリプルデッカー化合物も知られている．→有機金属化合物，メタロセン，フェロセン

サンドイッチプラスチック sandwich plastics
　→強化プラスチック

ザントマイヤー反応 Sandmeyer's reaction
　ジアゾニウム基をハロゲン原子または擬ハロゲン基で置換する反応．この反応により芳香族一級アミンを対応するハロゲン化物に変換できる．アミンをジアゾ化し，ジアゾニウム塩溶液をCuClなどで処理すると窒素を発生してハロベンゼンが得られる．塩化物イオン，臭化物イオン，シアン化物イオンは容易に反応する．ヨウ化物の合成はヨウ化カリウムを用いればよい．芳香族フッ化物はフッ化水素酸ジアゾニウムを調製しそれを熱分解して得る．→ガッターマン反応

三フッ化アンチモン antimony trifluoride
　→アンチモンのフッ化物

三フッ化窒素 nitrogen trifluoride
　→窒素のフッ化物

サンプリング sampling
　少量の物質を例えば分析用に全体を真に代表するように取り出すこと．標本は手で取り出すこともあるし機械的に得ることもある．標本中の標本を取り出すことを二次的サンプリングという（→円錐四分法）．不均一な混合物は統計的に扱う必要があるが，均一系（ガラスや液体）の扱いは単純である．

三方晶系 trigonal system
　3回対称の主軸を持つ結晶系．単位格子は通常，3回軸に平行にc軸をとり，他の2軸は互いに60°をなし，3回軸とは直交する．菱面体の単位格子（3辺の長さが等しく，3つの角度が等しいが90°ではない）で三方晶系を表すことができる．例は三方$CaCO_3$.

三方両錐型配位 trigonal bipyramidal co-ordination
　5つの配位子が三角両錐体の各頂点を占める配位構造．PF_5でみられる．6つの三角形の面を持つ．エクアトリアルに位置する3つの配位子と軸方向（アキシャル位）の2つの配位子は等価ではないが，この構造を持つ多くの化学種では動的な構造変換が起こっており，NMRで両者を区別できないことが多い．

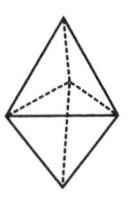

三方両錐型

三ヨウ化ホウ素 boron triiodide
　→ホウ素のヨウ化物

酸浴浸漬 pickling
　金属部分を希硫酸や希塩酸に浸漬し，次いで洗浄して後続のいろいろな処理，例えばメッキが可能な清浄な表面を得ること．

シ

次亜塩素酸 hypochlorous acid
HOCl →塩素酸塩．強力な酸化剤，漂白剤として用いられる．→さらし粉

次亜塩素酸塩 hypochlorites
M[ClO]．HOClの塩．→塩素酸塩

次亜塩素酸ナトリウム sodium hypochlorite
塩素酸(I)ナトリウムでもある．NaOCl．Cl_2と冷NaOH溶液からNaClとともに生成する．水和物を形成する．水溶液は漂白，殺菌，消毒に用いる．

次亜塩素酸 t-ブチル t-butyl hypochlorite
$(CH_3)_3COCl$．催涙性を有する黄色液体．塩素をt-ブタノールのアルカリ性水溶液に通じて生成する．沸点77〜78℃で蒸留することも可能であるが激しく分解しやすい．N- およびC-塩素化（N-ブロモスクシンイミドに類似の反応）に用いられるほかアルコール類の脱水に使用される．

シア構造 shear structures
頂点で連結した正八面体が辺を共有した正八面体で中断されているように，規則的な配列がある線に沿って中断されているようにみえる結晶構造．酸化タングステンのような重金属酸化物にみられる．

ジアザルド（*p*-トルエンスルホニルメチルニトロサミド）（商品名） Diazald
$4-CH_3C_6H_4S(O)_2N(NO)CH_3$の商品名．白色の結晶性固体．融点60℃．貯蔵が簡単で便利なジアゾメタン発生源．アルカリ加水分解によりジアゾメタンが遊離する．

次亜臭素酸 hypobromous acid
HOBr．→臭素酸塩

次亜臭素酸塩 hypobromates
M[BrO]．HOBrの塩．→臭素酸塩

1,2-ジアジン 1,2-diazine
下記の構造を持つ環式化合物．

ジアステレオトピック diastereotopic
→エナンチオトピック

ジアステレオマー diastereomers
エナンチオマーではない立体異性体．例えばメソ酒石酸と光学活性である酒石酸の一方はジアステレオマーであるといい，これらにおいては，1つの炭素原子の立体配置のみが異なる．

メソ酒石酸　　D-またはL-酒石酸

エナンチオマーと異なり，ジアステレオマーの化学的，物理的性質は通常大きく異なる．

ジアスポール diaspore
ディアスポールともいう．α-AlO(OH)．ボーキサイトの主成分．→水酸化アルミニウム

ジアセチル diacetyl (biacetyl)
$CH_3COCOCH_3$．ビアセチルともいう．強い臭気を持つ緑がかった黄色い液体．ゲッケイジュやその他の精油，バターに含まれる．メチルエチルケトン（ブタン-2-オン）をイソニトロソ誘導体に変え，HClによる加水分解を行うか，2,3-ブチレングリコールを270℃で触媒の存在下に酸素で酸化するなどにより生成する．酵母により還元されて2,3-ブチレングリコールとなる．ヒドロキシルアミンによりジメチルグリオキシムを生じる．ジアセチルを写真用ゼラチンに加えると硬化する．バターの香りを強化するのに用いられている．

ジアセチレン類 diacetylenes (dialkynes)
ジアルキン類．2つの三重結合を分子内に持つ炭化水素化合物．流動性のある無色の液体でアセチレンに似た臭いを持つ．物性はアセチレンに類似．$CuCl_2$の存在下にモノアセチレンの銅またはグリニャール誘導体をカップリングして生成する．ジアセチレン（1,3-ブタジイン）は1,4-ジクロロ-2-ブテンを液体アンモニア中

でナトリウムアミドで処理することによって収率よく得ることができる.

ジアセチン diacetin
→アセチン

ジアセトン diacetone
→ジアセトンアルコール

ジアセトンアミン diacetoneamine
$C_6H_{13}NO$, $Me_2C(NH_2)CH_2C(O)Me$. 無色の強塩基性液体. 沸点 25℃/0.2 Torr. メシチルオキシドとアンモニアから,あるいはアンモニアとアセトンから生成する.

ジアセトンアルコール diacetone alcohol (4-hydroxy-4-methylpentan-2-one)
$C_6H_{12}O_2$, $HOC(CH_3)_2CH_2C(O)CH_3$, 4-ヒドロキシ-4-メチルペンタン-2-オン. 無色無臭の液体. 沸点 166℃. プロパノンを石灰または水酸化ナトリウムあるいは水酸化バリウムで処理することにより製造する. 酸および強アルカリにより分解する. ラッカー溶媒,印刷用染料溶媒,また製薬産業における凍結防止剤,さらには油圧油として用いられている.

ジアゼピン diazepine (diazepam, valium, 7-chloro-2,3-dihydro-1-methyl-5-phenyl-2H-1,4-dibenzodiazepin-2-one)
$C_{16}H_{13}ClN_2$, ジアゼパム, ヴェイリウム, 7-クロロ-2,3-ジヒドロ-1-メチル-5-フェニル-2H-1,4-ジベンゾジアゼピン-2-オン. 白色板状結晶. 融点 125℃. 広く鎮静剤として用いられている数種類のジアゼピンの1つであるが, ジアゼパムは規制薬物であり,常習性がある.

ジアゾアミノ化合物 diazoamino-compounds
ジアゾニウム塩を一級または二級アミンと酢酸ナトリウムの存在下に縮合反応させて生成する.
$C_6H_5N_2Cl + NH_2-C_6H_5 \rightarrow C_6H_5-N_2-NH-C_6H_5$ →ジアゾアミノベンゼン
ジアゾアミノ化合物は通常黄色で酸に溶けない. 分解させずに分離結晶化が可能である. NHO_2で処理するとジアゾニウム塩2分子が形成される. アミンとともに加温するとアゾ化合物とその塩酸塩を生成する.
ジアゾアミノ化合物のいくつかは突然変異誘発物質である可能性がある.

ジアゾエタン酸エチル ethyl diazoethanoate
→ジアゾ酢酸エチル

ジアゾ化合物 diazo compounds
炭素原子に結合している -N=N- 基を含有する化合物.

ジアゾ酢酸エチル ethyl diazoacetate (ethyl diazoethanoate, diazoacetic ester)
$C_4H_6N_2O_2$, $N_2CHC(O)OCH_2CH_3$. 黄色油状, 沸点 84℃/61 Torr. グリシンエチルエステル塩酸塩と亜硝酸ナトリウムおよび硫酸を 0℃で反応させ得る. 大気圧で蒸留したり,濃塩酸や濃硫酸で処理すると爆発的に分解する. アルカリで処理すると含窒素環状化合物を生じる. 水と煮沸するとグリコール酸を生じる. アルコールと反応してアルコキシ酢酸エステルを与える. アルデヒドと反応すると β-ケトエステルを生じる. 不飽和脂肪酸のエステルと反応しピラゾリンカルボン酸エステルを生成する. 加熱により窒素を放出してシクロプロパン誘導体になる. 有機合成において用いられる.

ジアゾ染料 diazo dyestuffs
芳香環とアゾ基(-N=N-)を含む色素(染料).

ジアゾニウム化合物 diazonium compounds
RN=NX 基 (ここで R はアリール基) を有する重要な一群の化合物.
ジアゾニウム塩はジアゾ化合物のなかで群を抜いて重要である. これらは塩基 R-N=N-OH から得られる塩で, 例としてはベンゼンジアゾニウムクロリド ($PhN_2^+Cl^-$) がある.
HNO_2 を芳香族アミンに作用させて生成する. アミンを過剰の鉱酸に溶解し, 亜硝酸ナトリウムをゆっくりと HNO_2 が若干過剰量となるまで添加する. 反応は通常氷冷溶液中で行う. 溶液中に用いた酸のジアゾニウム塩が生じる. さまざまな安定性を持つ無水ジアゾニウム塩は $[PF_6]^-$, $[SnCl_6]^{2-}$, $[BF_4]^-$ などの錯アニオンを用いて沈殿させることができる. フルオロホウ酸塩は分解するとフッ化アリールを生じる.
ジアゾニウム塩は通常水とともに加温すると分解してフェノールと窒素を生じる. CuCl, CuBr, KI で処理するとジアゾ基が塩素, 臭素あるいはヨウ素とそれぞれ置換 (ザントマイヤー反応) する. 硫酸ジアゾニウムとヒドロキシルアミンの反応によりアゾイミドが得られる. アントラニル酸 (2-アミノ安息香酸) から

調製されるジアゾニウム塩は分解するとベンザインを生じる.

ジアゾニウム塩の最も重要な反応は,フェノールあるいは芳香族アミンとの縮合反応で,これにより強く着色したアゾ化合物が生じる.フェノールやアミンは第2成分と呼ばれ,ジアゾニウム塩との「カップリング」プロセスがアゾ染料の製造の基礎になっている.アゾ基はベンゼン環の4位が空いている場合,4位に入るが,そうでなければ2位に入る,例えばジアゾ化したアニリンをフェノールとカップリングするとベンゼンアゾフェノールが生じる.芳香族アミンのジアゾ化においてモル比で半量の亜硝酸を用いると,ジアゾアミノ化合物が生じる.

湿式複写法で用いられている.

ジアゾメタン diazomethane

N_2CH_2. カビ臭を持つ黄色気体. 強い毒性を持ち,爆発性が高い.エーテルによく溶ける.ニトロソメチル尿素とエーテルの混合物を冷たい濃水酸化カリウム溶液で処理することによって,より好ましくはジアザルド(diazald)とアルカリから生成する.得られるエーテル溶液はジアゾメタンを処理するのに都合のよい形である.極めて反応性の高い物質で,一般に活性水素などに $=CH_2$ 基を付加し,塩酸と反応して塩化メチルを,シアン化水素と反応してアセトニトリルを,有機酸と反応してメチルエステルを形成する.塩化アシルと反応してジアゾケトンを生じ,不飽和有機酸のエステルと反応してピラゾリンカルボン酸を生じる.アルデヒドと反応させるとメチルケトンとアルケンオキシドの混合物が生成する.この割合は用いるアルデヒドとその反応条件によって異なる.アルコールとは反応しないか,反応してもゆっくりであるが,フェノールとは反応してメチルエーテルを生じる.光分解によりカルベン(メチレン): CH_2 を生じ,これはアルケンとの反応でシクロプロパンを形成する.有機合成における有用な試薬である. →アルント-アイステルト合成

シアナミド cyanamide (carbodiimide)

H_2NCN, カルボジイミド. 無色の潮解性固体. 融点41℃. HgO, チオ尿素, CO_2 を加熱した $NaNH_2$ 上で反応させるか, カルシウムシアナミドを酸で処理して得られる. 通常二量体, $H_2NC(=NH)NHCN$ または $H_2NC(=NH)N=C=NH$ で得られる (→カルボジイミド). 弱酸として作用し塩を形成する (例えば, カルシウムシアナミド(肥料,石灰窒素)). また塩基として強酸と反応する. 酸との反応で尿素を生成し, H_2S からはチオ尿素を, NH_3 と反応すればグアニジンを生成する. 重合するとメラミン $(H_2NCN)_3$ になる. 除草剤および植物生長調整剤としても用いられている.

シアニド cyanide

共有結合性の誘導体である RCN は一般にシアニドまたはニトリルと呼ばれる. 異性体の RNC はイソシアニド, イソニトリルである.

シアニン染料 cyanine dyes

$N-C(=C-C)_n=N$ および関連系列を含有するポリメチン染料. 耐光性はあまり強くなく, カラー写真で分光増感剤として広く用いられている.

シアヌル酸 cyanuric acid (2,4,6-triazinetriol, tricyanic acid, trihydroxycyanidine)

$C_3H_3N_3O_3$, 2,4,6-トリアジントリオール, トリシアン酸, トリヒドロキシシアニジン. 水に難溶性の安定な固体. 尿素を溶融するかシアヌル酸塩化物を加水分解して生成する. N-エステルが知られている. シアン酸塩の原料で, メラミン, 除草剤, 染料の製造に用いられている.

$$\begin{array}{c} OH \\ | \\ C \\ N \diagup \diagdown N \\ \| \quad \| \\ OH-C \diagdown \diagup C-OH \\ N \end{array}$$

2-シアノアクリレート 2-cyanoacrylates

$CH_2=C(CN)C(O)OR$. シアノ酢酸アルキルとホルムアルデヒドの縮合によりポリマーを得,それを解重合してモノマーとして生成する. メチルエステル(沸点 48〜49℃/2.5 mmHg)が市販されている. フリーラジカルにより, またアニオン重合で容易に重合(ビニル基による)するので, 接着剤として用いられる.

シアノエタン酸 cyanoethanoic acid
→シアノ酢酸

シアノエタン酸エチル ethyl cyanoethanoate
→シアノ酢酸エチル

シアノエチル化　cyanoethylation

マイケル反応の特定の場合に相当する．求核試薬の中で，特にカルバニオンなどはアクリロニトリルの二重結合に容易に付加し，シアノエチル誘導体を生じる．例えばアセトンは塩基の存在下（例えばベンジルトリメチルアンモニウムヒドロキシドや水酸化アルカリなど）で，シアノエチル化を行いモノ，ジ，またはトリシアノエチル置換体を生じる．

$CH_3COCH_3 \rightarrow CH_3COCH_2CH_2CH_2CN \rightarrow CH_3COCH(CH_2CH_2CN)_2 \rightarrow CH_3COC(CH_2CH_2CN)_3$

活性メチレン基を持つ化合物に加えて，一級または二級アミン，アルコールおよびフェノールもシアノエチル化を行う．→アクリロニトリル

シアノグアニジン　cyanoguanidine

$C_2H_4N_4$, $H_2NC(NH)NH-CN$. ジシアンジアミド．無色の結晶性固体．融点209℃で，水およびアルコール類に可溶．商業的にはシアナミドを塩基の存在下で二量化して製造する．プラスチックの製造に用いられるほか，アミノ樹脂の製造用のメラミン，ベンゾグアニン，およびジアリルメラミンを作るのに主に使用されている．

シアノーゲン　cyanogen

C_2N_2, NCCN. 無色の可燃性気体．融点−28℃，沸点−21℃．特徴的な苦扁桃（ビターアーモンド）の臭いを有する．極めて有毒．触媒上あるいはNO_2とともにHCNをCl_2で酸化する，Cu^{2+}とCN^-から，または$Hg(CN)_2$と$HgCl_2$から生成する．これらの反応のうちいくつかの場合にはパラシアノーゲン$(CN)_x$が生じる．擬ハロゲンとして挙動する．例えばPd(0)に対しては，酸化的付加反応を起こし，塩基の存在下でCN^-やNCO^-となる．

シアノコバラミン　cyanocobalamine
→ビタミンB_{12}

シアノ酢酸　cyanoacetic acid（malonic acid mononitrile）

$NC-CH_2COOH$, マロン酸モノニトリル．系統的命名法ではシアノエタン酸．大きな角柱状結晶は空気中の水分に触れると液化．融点66℃．シアン化ナトリウムをクロロ酢酸ナトリウムと反応させ硫酸で酸性化して得る．160℃で分解し二酸化炭素とアセトニトリルを生じる．濃酸やアルカリによりマロン酸に変換される．アルデヒドとの縮合反応により不飽和α-シアノ酸類，または不飽和ニトリル類を生じる．シアノ酢酸のエチルエステルは有機合成に用いられている．

シアノ酢酸エステル　cyanoacetic ester
→シアノ酢酸エチル

シアノ酢酸エチル　ethyl cyanoacetate（ethyl cyanoethanoate, cyanoacetic ester）

$C_5H_7NO_2$, $NCCH_2C(O)OCH_2CH_3$. 無色液体，沸点207℃．シアノ酢酸をエタノールおよび硫酸と煮沸して得る．アセト酢酸エステルと同様にナトリウムと反応し，得られた塩は臭化アルキルなどのハロゲン化物と反応する．種々の合成反応でマロン酸エステルやアセト酢酸エステルの代わりに利用できる．

シアノ鉄酸塩　cyanoferrates

ヘキサシアノ鉄(Ⅲ)酸塩$[Fe(CN)_6]^{3-}$, ヘキサシアノ鉄(Ⅱ)酸塩$[Fe(CN)_6]^{4-}$. シアン化アルカリをFe(Ⅲ)またはFe(Ⅱ)塩の溶液に添加して生成する．ヘキサシアノ鉄(Ⅲ)酸塩は赤みがかった色で$[Fe(CN)_6]^{4-}$イオンをCl_2で酸化することによって通常$K_3[Fe(CN)_6]$の形で得られる．$[Fe(CN)_6]^{n-}$イオンのほかその置換化合物を含むシアン化鉄にはさまざまなものがある．鉄が2つの異なる酸化状態で存在するとき，インクや染料に用いられる濃色の化合物（プルシアンブルー，ターンブル青，ベルリングリーン）が生成する．アルカリ溶液中で$[Fe(CN)_6]^{3-}$は酸化性を持つ（例えばK_2CO_3の存在下でCe^{3+}を滴定するのに用いられる）．

ヘキサシアノ鉄(Ⅱ)酸塩は黄色．$[Fe(CN)_5NO]^{2-}$（ニトロプルシド），$[Fe(CN)_5NO_2]^{2-}$などのアニオンを含有する置換シアン化鉄が知られている．顔料として用いられるほか食卓塩の固化を防ぐのに用いられる．

シアノヒドリドホウ酸ナトリウム　sodium cyanoborohydride

$NaBH_3CN$. 水素化ホウ素ナトリウムにHCNを反応させて得る．$NaBH_4$より温和な還元剤．特に他の官能基が存在する有機化合物で特定の官能基を還元するのに有用である．また広いpH領域の水中で安定である．この試薬を使う

と>C=N- は >C=O より容易に還元される.

シアノヒドリン cyanohydrins
　-C(OH)CN 基を含む有機化合物.シアン化水素をアルデヒドまたはケトンと反応させる,あるいはシアン化ナトリウムをアルデヒドまたはケトンの亜硫酸水素塩付加物の冷懸濁液に添加する方法などによって得られる.アルカリによりシアン化物と元の化合物にもどる.鉱酸はシアノヒドリンを α-ヒドロキシカルボン酸に変換する.

2-シアノベンズアミド 2-cyanobenzamide
　$C_8H_6N_2O$.無色の針状晶.融点 173℃.融点まで加熱すると融点 203℃のイミド（フタルイミド）に変換される.容易に加水分解されてフタル酸を生じる.フタルアミドを無水酢酸で部分脱水して生成する.金属塩とともに加熱すると,不溶性色素のフタロシアニン顔料が得られる.

次亜フッ素酸塩 hypofluorites
　-OF 基を持つ共有結合化合物（例：F_2O, CF_3OF, SF_5OF）をいう.酸素含有化合物にフッ素を作用させると生成する.OF^- を含むイオン性の次亜フッ素酸塩で安定なものは知られていない.HOF は F_2 と氷の反応で形成される非常に不安定な物質.

ジアミノエタン 1,2-diaminoethane
　→エチレンジアミン

ジアミノトルエン 2,4-diaminotoluene
　ポリウレタンの前駆体.→4-ニトロトルエン

1,6-ジアミノヘキサン 1,6-diaminohexane (1,6-hexanediamine, hexamethylenediamine)
　$H_2N-(CH_2)_6-NH_2$, 1,6-ヘキサンジアミン,ヘキサメチレンジアミン.純粋なものは無色の固体,融点 41℃,沸点 204℃.アジポニトリルの還元によって製造される.6,6 ナイロンの製造に用いられる.

シアメリド cyamelide
　→シアン酸

ジアモルフィン diamorphine (heroin)
　$C_{21}H_{23}NO_5$.ヘロインとも呼ばれる.ジアセチルモルヒネ.水およびアルコールに可溶な塩酸塩の形で用いられる.融点 231〜232℃.規制薬物.→モルフィン

次亜ヨウ素酸塩 hypoiodites
　M[OI].→ヨウ素酸塩

次亜硫酸 hyposulphurous acid
　$H_2S_2O_4$.→亜二チオン酸

ジアリルメラミン diallylmelamine (2-diallylamino-4,6-diamino-s-triazine)
　2-ジアリルアミノ-4,6-ジアミノ-s-トリアジン.→シアノグアニジン

ジアリン dialin
　ジヒドロナフタレンの2つの異性体に与えられた慣用名.

次亜リン酸 hypophosphorous acid
　H_3PO_2, $H_2P(O)OH$.ホスフィン酸.結晶性固体,融点 26℃.ナトリウム塩 NaH_2PO_2 は黄リンと NaOH から得られる.酸やその塩は強力な還元剤で水素化物や低酸化状態の化合物を生成する.酸は一塩基酸で NaOH と加熱すると H_2 と PH_3 を放出する.

ジアルキン dialkynes
　→ジアセチレン類

シアル酸 sialic acid
　例えばアセチルノイラミン酸のような,ノイラミン酸の N- あるいは O- アシル誘導体の総称.9個以上の炭素を含むアミノ糖.組織や細菌類の細胞壁に広く分布する.細胞の発達に重要.

シアン化カリウム potassium cyanide
　KCN.融点 635℃.溶融した K_2CO_3 と炭素と NH_3 ガスから得る（バイルビー法）.水溶液中で加水分解の結果強アルカリ性を呈する.猛毒.メッキや貴金属精錬に用いられるが,実際にはほとんどが不純なシアン化ナトリウムが用いられている（価格の点もある）.

シアン化水素 hydrogen cyanide (hydrocyanic acid, prussic acid)
　HCN.水溶液はシアン化水素酸,あるいは青酸という.融点 -13℃,沸点 26℃.無色.水と完全に混和する.空気中で燃焼する.アーモンドの臭いを持つ.メタン,空気,NH_3 を触媒上で 1000℃で反応させて得る.金属シアン化物と H_2SO_4 の反応,ホルムアミドの脱水でも得られる.放置すると重合する.弱酸で塩（シアン化物）を形成する.シアン化物,ニトリル (RCN),イソシアン化物,イソニトリル (RNC) を生成する.有機合成や合成繊維の製

造に用いられる．燻蒸剤や殺虫剤として用いられる．猛毒．

シアン化水素酸　hydrocyanic acid
HCN．シアン化水素の水溶液．弱酸．

シアン化銅　copper cyanide
CuCN．白色の化合物（Cu（Ⅱ）を KCN 溶液と反応させると，(CN)$_2$ が遊離する）で，過剰の KCN と反応させると K$_3$Cu(CN)$_4$ を生じる．

シアン化ナトリウム　sodium cyanide
NaCN．その昔はよく「青酸ソーダ」といった．融点 564℃．CH$_4$ と NH$_3$ から HCN を合成し，ついで NaOH で中和して得られる．シアン化物やシアノヒドリンの合成用試薬．毒薬として用いられる．

シアン化ビニル　vinyl cyanide（acrylonitrile, propenenitrile）
→アクリロニトリル

シアン化物　cyanides
シアン化水素，HCN の塩．無機のシアン化物は HCN をアルカリで中和するか，複分解反応（例えば AgNO$_3$ と KCN を反応させ，AgCN の沈殿を得，AgCN と ECl から ECN を得る）によって得られる．シアン化カリウムやシアン化ナトリウムはそれぞれの特定の合成法によって製造されている（→シアン化カリウム，シアン化ナトリウム）．シアン化物イオンはゆっくりと加水分解され CO$_3^{2-}$ と NH$_3$ になる．対応する塩化物に類似した（疑ハロゲン化物）溶解度を持つが，極めて有毒である．多くのシアン化物の錯体（シアノ錯体）が知られている（→シアノ鉄酸塩）．シアノ錯体は容易に還元されて低酸化数の金属イオンを含む錯体を生じる．

シアン化メチル　methyl cyanide
→アセトニトリル

シアン酸　cyanic acid（hydrogen cyanate）
HNCO．シアヌル酸（cyanuric acid）の蒸留により得られる流動性の揮発性液体．弱酸で，0℃以上で重合して固体のポリマーであるシアメリドとなる．水溶液中では加水分解により NH$_3$, H$_2$O, CO$_2$ を生じる．シアン酸塩，有機イソシアネート（RNCO），有機シアネート（NCOR）を生じる．

シアン酸塩　cyanates
シアン酸 HNCO の塩．KNCO は KCN と PbO から調製できる．NH$_4$NCO（KNCO と NH$_4$Cl から生成）は加熱により異性化し尿素になる．シアン酸イオンの錯体および共有結合性化合物，例えば P(NCO)$_3$（PCl$_3$ と AgNCO から生成）は主に N 原子を通じて結合している．

シアン酸カリウム　potassium cyanate
KOCN．融解したシアン化カリウムを PbO により酸化して得る．シアン酸塩の合成に用いられる．

シアン酸ナトリウム　sodium cyanate
NaOCN．シアン酸塩の合成に用いる．

***g* 因子**　*g* factor（Lande factor）
ランデの因子ともいう．磁気モーメント μ と不対電子数の関係式に含まれる比例定数．
$$\mu = g\sqrt{s(s+1)}$$
自由電子では $g = 2.0023$．→磁気回転比

2,4-ジイソシアナートトルエン　2,4-diisocyanatotoluene（toluene-2,4-diisocyanate, 2,4-tolylenediisocyanate, TDI）
トルエン-2,4-ジイソシアナート，2,4-トリレンジイソシアナートともいう．TDI と略される．高屈折率の液体，沸点 251℃．ホスゲンと 2,4-ジアミノトルエンから作られる．ポリヒドロキシ化合物と反応させてポリウレタンフォームや他のエラストマー合成に用いられる．皮膚刺激性があり，アレルギーや気管支ぜん息を引き起こす．

ジイソブチルケトン　diisobutyl ketone
→2,6-ジメチル-4-ヘプタノン

ジイソプロピリデンアセトン　diisopropylideneacetone
→ホロン

ジイソプロピルエーテル　diisopropyl ether
→イサプロピルエーテル

***g* 値**　*g* value, *g* factor
スピン磁気モーメントと角運動量の比例定数．ESR スペクトルの共鳴点の理論値（自由電子としての値）からのずれを表現するパラメーター．自由電子では 2.0023．→*g* 因子

ジイミド　diimide（diimine）
HN=NH．ジイミン．通常，ヒドラジンの酸化（Cu^{2+}/空気，H$_2$O$_2$, HgO による）により系中で発生させる不安定な試薬で，多重結合（C=C, C≡C, N=N）に水素を立体特異的にシス

付加する．低温では安定．

jj カップリング *jj coupling*
→ラッセル-ソーンダーズカップリング

シェヴレル相 *Chevrel phases*
三元モリブデンカルコゲニドで $M_xMo_6X_8$．超伝導を示すものもある．

ジエタノールアミン *diethanolamine*
→エタノールアミン類

ジエチルアミン *diethylamine*
→エチルアミン

ジエチルエーテル *diethyl ether*
→エーテル

ジエチルジチオカルバミン酸 *diethyldithiocarbamic acid*
$Et_2NC(S)SH$．代表的なジチオカルバミン酸化合物．銅塩との反応で茶色の錯体を生じ，CCl_4 に可溶で，銅の定量に用いられる．Zn^{2+} および $Et_2NH_2^+$ 塩はゴムの加硫促進剤として用いられている．

ジエチルジチオカルバミン酸ニッケル *nickel bis(dimethylthiocarbamate)*
抗菌剤．

四エチル鉛 *lead tetraethyl, tetraethyl lead (TEL)*
自動車用ガソリンのアンチノック剤として一時期大量に使用された．→鉛の有機誘導体

ジ(2-エチルヘキシル)フタレート *di(2-ethylhexyl) phthalate (DEHP)*
→フタル酸エステル

ジエチレングリコール *diethyleneglycol*
$C_4H_{10}O_3$，$(HOCH_2CH_2)_2O$．別名を 2,2′-ジヒドロキシジエチルエーテル，あるいはジゴールなどという．無色でほとんど無臭の吸湿性液体．沸点 244℃．エチレンオキシドを水和してエチレングリコールを製造する際の副生成物として得られる．工業的にはエチレングリコールをエチレンオキシドとともに加熱して製造する．凍結防止剤に用いられる溶媒，潤滑剤，繊維製品の繊維柔軟化剤，ある種の染料用溶媒，接着剤，紙およびタバコ用湿潤剤として用いられている．この化合物のエステルおよびエーテルはラッカーの可塑剤や溶媒として用いられている．二硝酸エステルは噴射剤に用いられる．

ジエチレングリコールジエチルエーテル *diethyleneglycol diethyl ether (diethylcarbitol)*
$EtOCH_2CH_2OCH_2CH_2OEt$，$C_8H_{13}O_3$．別名をジエチルカルビトールという．高沸点溶媒．沸点 188℃．

ジエチレングリコールモノエチルエーテル *diethyleneglycol monoethylether (methyl carbitol)*
$C_6H_{14}O_3$，$CH_3CH_2OCH_2CH_2OCH_2OH$．別名エチルカルビトール．心地よい香りを持つ無色の液体．沸点 193℃．水およびほとんどの有機溶媒に混和する．工業的にはエチレンオキシドをエチレングリコールモノメチルエーテルと加圧下に加熱して製造する．ニトロセルロースラッカーや貼合せガラスの製造に，また溶媒として用いられている．

ジエチレントリアミン *diethylenetriamine*
$NH_2CH_2CH_2NHCH_2CH_2NH_2$．沸点 207℃．重要なポリアミン．よく dien と略記される．用途はエチレンジアミンと同様．

ジェット燃料 *aviation turbo-fuels*
航空ジェットエンジン用の燃料で，ケロシン，またはナフサとケロシンの混合物（ワイドカット）からなる．さまざまな物理的化学的性質に対する厳しい規格が設けられている．

シェーナイト *schönite*
$K_2SO_4·MgSO_4·6H_2O$．ドイツ北部の岩塩鉱床のシュタッスフルト塩堆積物から得られる鉱物で硫酸カリウムの原料として用いられる．ミョウバンと同様に，マグネシウムの代わりに Zn^{2+}，Co^{2+}，Ni^{2+}，Fe^{2+}，Cu^{2+}，Mn^{2+}，V^{2+} のような2価のイオンを含む一連のシェーナイト（タットン塩）が形成される．

ジェネトロン（商品名） *Genetron*
クロロフルオロカーボンの商品名（Honeywell 社）．→フレオン

ジエノエストロール *dienoestrol, dienestrol*
$C_{18}H_{18}O_2$，$[4\text{-}HOC_6H_4C(=CHMe)]_2$．ジエンストロールともいう．無色の結晶性粉末．融点 233℃．水に不溶でアルコールや有機溶媒に可溶．4-ヒドロキシプロピオフェノンを還元し，得られるピナコールを脱水して生成する．エストロゲン作用（→エストラジオール）を持ち，スチルベストロールと同様の目的に用いられている．

ジエノフィル dienophile
→ディールス-アルダー反応

シェファー酸 Schaeffer's acid (2-hydroxy-6-naphthalenesulphonic acid)
$C_{10}H_8O_4S$. 2-ヒドロキシ-6-ナフタレンスルホン酸. 2-ナフトールを少量の硫酸で2-ヒドロキシ-8-ナフタレンスルホン酸(クロセイン酸)を得るときよりも高い温度でスルホン化して得る. 有用な色素合成中間体.

シェラック shellac
シェラックカイガラムシ(*Tachardia lacca*)が分泌する樹脂状固体. その樹脂状物質が利用されている. シェラックをアルカリ抽出するとアリューリット酸 $C_{13}H_{26}O_4$ (融点101℃)が得られる. 用途はシェラックニスの製造, 雲母系絶縁材用のバインダー, 封蝋, ワニス, ボタン, 皮革処理などである. 古くはレコード(SP 盤)の材料として大量に使用された.

四塩化アセチレン acetylene tetrachloride
→ *sym*-テトラクロロエタン

四塩化炭素 carbon tetrachloride (tetrachloromethane, perchloromethane)
CCl_4. テトラクロロメタン, パークロロメタンとも呼ばれる. 融点-23℃, 沸点76.5℃. CS_2 と Cl_2 から, あるいは CH_4 を始めとする炭化水素の塩素化により製造する. H_2O の存在下で熱時に HCl とホスゲン Cl_2CO を生じる. 肝臓に対してかなり毒性がある. ペルクロロカーボン類の中で最も簡単な化合物. 試薬や溶媒として用いられる(現在ではこれらの用途はもっと炭素数の多い同族体やクロロエタン誘導体などに置き換えられる傾向にある)ほか, 燻蒸剤や火災消火器にも使用されている.

シェンナ(濃黄土) sienna
水和した Fe_2O_3 を含む土. 木材などの染色や着色フィラーに用いられる.

ジエン類 dienes
2個の炭素-炭素二重結合を含む有機化合物.
→ジオレフィン類

ジオキサン dioxan (1,4-diethylene dioxide), dioxane:米国式表記
$C_4H_8O_2$. 1,4-ジエチレンジオキシド. かすかな臭気を持つ無色液体, 沸点101℃. エチレングリコールを濃硫酸と加熱するか, またはエチレンオキシドを固体の $NaHSO_4$ 上に120℃で通して得る. 有毒. 錯体を形成する. 酢酸セルロース, 樹脂, 蝋など多くの有機物の溶剤として利用される.

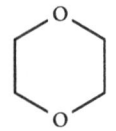

ジオキシゲニル dioxygenyl
→二酸素

ジオキシン dioxin, dioxine:米国式表記
本来は酸素2原子と炭素4原子とからできている六員環で二重結合を2個含むもの($C_4H_4O_2$)をいうのだが, 通常は TCDD, すなわち 2,3,7,8-テトラクロロジベンゾ-4-ジオキシンのみを指している. 非常に発ガン性が強く有毒な物質. 芳香族塩素化合物の燃焼により生成する. 多くの関連化合物に対してもダイオキシンという名称が用いられる.

ジオキソラン dioxolane (1,3-dioxacyclopentane)
$C_3H_6O_2$. 1,3-ジオキサシクロペンタン. 沸点74～75℃. 溶媒.

ジオスゲニン diosgenin
$C_{27}H_{42}O_3$. 融点204～207℃. *Dioscorea* spp. (メキシコヤマノイモ)に豊富に含まれるステロイドサポゲニン. ステロイドホルモンの工業的製造の主要な出発物質として多量に用いられる.

ジオレフィン類 diolefins
2つの二重結合を持つ炭化水素. 二重結合の位置により3種に分類される.
① -CH=C=CH- タイプの化合物はその最も小さい化合物の名称にちなんでアレンと呼ばれる. これらは集積二重結合を持つという. 多くの反応において隣接する二重結合の影響を受けない. 加熱すると異性体であるアセチレン誘導体に変換される.
② -CH=CH-CH=CH- タイプの化合物は共役二重結合を持つといい, 他のジオレフィンとはやや異なった反応性を示す. 例えば臭素や水素の付加反応は -CHBr-CH=CH-CHBr- のような生成物を与えることが多い. またこれらの炭化水素はディールス-アルダー反応を起こす.

③上記の2つの分類に属さないものは孤立二重結合を持つといい，各二重結合が通常の二重結合として反応する．→アレン類，オレフィン類，ブタジエン類，ジエン類

歯牙　teeth
　炭酸塩を含むヒドロキシアパタイト型のリン酸カルシウムを主成分とする．

紫外光電子分光法　ultraviolet photoelectron spectroscopy（UPS）
　200 nm 以下の紫外線を照射する光電子分光法．

紫外線　ultraviolet light（u.v.）
　可視光線より短い波長（＜約 420 nm）の電磁波．さらに短い波長の光には真空紫外線やX線がある．紫外線は可視光より高いエネルギーを持ち，一般に光化学反応に対してより有効であるが透過力は小さい．普通のガラスは約 360 nm 以下の光に対しては透明ではない．石英は約 180 nm まで透明であり，紫外光学装置のプリズムやレンズに用いられる．

紫外線吸収剤　ultraviolet absorbers（light stabilizers）
　紫外線を吸収して害のない形でエネルギーを消失させる化合物．光安定剤．ポリマーを光劣化から保護する目的や日焼け止めローションに使われる．光安定剤の多くは芳香族化合物で共役した C=O や窒素官能基を持つ．

磁化率　magnetic susceptibility
　「受磁率」という訳語が用いられたこともある．原子や分子は永久磁気モーメントを持つものと，電磁場の影響による誘起磁気モーメントを持つものとがある．一般には，ある物質の磁化の大きさは，その物質が置かれた磁場の関数である．体積磁化率（κ）は誘起磁化強度（I）を磁場強度（H）で割ったものである．すなわち $\kappa = (I/H)$．モル磁化率（χ_M）は $\chi_M = M\kappa/\rho$ で表される量で，M は分子量，ρ は密度である．磁化率の測定には通常はグイ天秤やSQUIDを用いる．核磁気共鳴法も利用できることがある．常磁性物質では $1/\chi$ は絶対温度に比例する（キュリー−ワイスの法則）．→磁気モーメント

ジカルボライド　dicarbollides
　→カルボラン類

ジカルボン酸　dicarboxylic acids
　2個のカルボキシル（-C(O)OH）基を有する有機酸．酸性塩，中性塩，およびモノエステルとジエステルを形成する．2個のカルボキシル基から1分子の水が抜けた無水物を形成するものもある．多くは遊離酸またはエステルとして天然に産出する．一般にグリコール，ヒドロキシ酸あるいはヒドロキシアルデヒドの酸化，またはジニトリルやシアノ酸の加水分解によって得られる．

脂環式化合物　alicyclic
　芳香環を持たない炭素環式化合物．これらは脂肪族の性質を有する環式化合物である．例としてシクロプロパンやシクロヘキサンが挙げられる．

閾値　threshold limit values（TLV）
　本来は「いきち」であるが，湯桶読みの「しきい値」を制定している学問分野もある．→閾（いき）値

磁気回転比　gyromagnetic ratio（γ），magnetogyric ratio
　原子核の磁気回転比は磁気モーメント（μ）と角運動量（I）の比に等しい．すなわち
$$\mu = \gamma I$$
ここで $I = h\sqrt{I(I+1)}$，I は核の磁気量子数．

磁気共鳴　magnetic resonance
　→核磁気共鳴（NMR），電子スピン共鳴（ESR）

磁気旋光分散　magnetic optical rotatory dispersion
　→磁気偏光

色素カップラー　colour couplers
　カラーフィルムの写真現像に用いられる化合物で，このアニオンが現像剤と反応して染料を形成する．

色素タンパク質　chromoproteins
　→蛋白質

ジギタリス　digitalis
　ゴマノハグサ科の植物（*Digitalis purpurea*，一般名はキツネノテブクロ）の乾燥させた葉．貴重な強心配糖体源．この配糖体にはジギトース，ジギトキソースをはじめとするいくつかの糖が含まれ，ステロイド系アグリコンに結合している．この配糖体には衰弱した心臓の拍動を，ゆっくりと規則的に，かつ強く鼓動させ

る作用がある．現在では心不全の治療にはジギタリスの抽出物よりはジゴキシンのほうが広く使われている．

ジギタロース digitalose (3-methyl-D-fucose)
$C_7H_{14}O_5$，3-メチル-D-フコース．ジギタリンの糖成分．融点 $106℃$．

磁気テープ magnetic tape
音声や画像，コンピュータ出力，あるいは機器からの出力などの諸情報を記録するのに用いられる磁気媒体．磁性粒子（通常は γ-Fe_2O_3，または Fe_3O_4 などの鉄の酸化物が用いられるが他のもの（CrO_2 など）も利用されている．情報は電気信号として与えられるのだが，これを磁気信号に変換し，これをテープ上の磁性粒子の磁化の変化として記録する．

ジギトキソース digitoxose
$C_6H_{12}O_4$．ジギタリスの強心配糖体のいくつかに存在する 2-デオキシ糖．

磁気分離 magnetic separation
磁気的な性質を利用した分離法．鉱物などの微細な粒子を，強磁性，常磁性，反磁性，非磁性の各フラクションに分離することができる．この分離を行わせるには全処理として試料を微細に粉砕してから行う．

磁気偏光 magnetic polarization of light
平面偏光した光線が磁場中に置かれた透明な媒質中を通過したときに偏光面が回転する現象．磁場旋光，磁気旋光分散，ファラデー効果などとも呼ばれる．光線の進行方向が磁場方向と一致している場合に見られる．磁気偏光は通常の光学活性とは無関係で，透明な媒質であれば不斉中心の有無には関係せずに見られる．

シキミ酸 shikimic acid (3,4,5-trihydroxy-1-cyclohexene-1-corboxylic acid)
$C_7H_{10}O_5$．融点 $190℃$．3,4,5-トリヒドロキシ-1-シクロヘキセン-1-カルボン酸．微生物や植物が芳香族化合物を生合成する経路（シキミ酸経路）の重要な中間体．シキミ酸経路で合成される重要な化合物には，多くのアルカロイド，4-アミノ安息香酸，フェニルアラニン，チロシン，トリプトファン，p-ヒドロキシ安息香酸がある．

磁気モーメント magnetic moment
原子核や電子，素粒子のスピンに由来する性質．常磁性物質においては磁気モーメント（μ）は磁化率（χ）と次のような関係にある．
$$\mu = 2.84\sqrt{\chi_M(T-\theta)}$$
ここで χ_M はモル磁化率，T は絶対温度，θ は物質固有の定数（キュリー温度）である．磁気モーメントの測定は電子配置の研究において極めて有用である．

示強性物理量 internal property, intrinsic property
物質の量に依存しない物理量．例えば温度，圧力．

四極子モーメント quadrupole moment
電気多重極子の1つで電気双極子に次いで重要なもの．核四極子モーメントは原子核の電荷分布の球対称からのズレの尺度である．化合物中の核四極子と非対称な電場とのカップリング．四極子モーメントを測定すると，分子またはイオンに含まれる原子上の電子分布に関する情報が得られる．

磁気量子数 magnetic quantum number
→電子配置

軸比 axial ratios
結晶の単位格子の結晶軸方向の大きさ（a, b および c）の比．b を1とする．三斜晶系，単斜晶系，斜方晶系では $a \neq b \neq c$ であり，したがって軸比は $a/b : 1 : c/b$ で示されるが，単位格子の面と面がなす角も示さなくてはならない．六方晶系や正方晶系では $a = b \neq c$ であり，$c : a$ のみが必要となる．菱面体晶系や立方晶系では，$a = b = c$ である．→結晶構造，晶系

σ 結合 sigma bond（σ-bonds）
1対の電子が軌道の間で主な重なりを生じて，原子間に直接広がった領域にある結合を形成している共有結合．例えば H_2 の結合．単結合である．

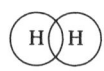

シグマトロピー反応 sigmatropic reaction
1本の σ-結合が1本以上の π-結合の移動を伴って，新たな位置へと動く多中心反応．5-メチルシクロペンタジエン（A）において，元は C-5 と結合している水素との間にあった σ-結合が C-1 と水素との新たな σ-結合に置き換

わっている.

(A) →(heat)→ [structure]

ジグライム diglyme
$C_6H_{14}O_3$, $CH_3\text{-}O\text{-}CH_2\text{-}CH_2\text{-}O\text{-}CH_2\text{-}CH_2\text{-}O\text{-}CH_3$. ジエチレングリコールのジメチルエーテル. 無色液体. 沸点160℃. 典型的なエーテル. 高沸点溶媒として用いられる.

シクラミン酸ナトリウム cyclamate sodium
$C_6H_{11}NHSO_3Na$. N-シクロヘキシルスルファミン酸のナトリウム塩である. シクロヘキシルスルファミン酸はシクロヘキシルアミンのスルホン化により得られる. EUでは甘味剤として用いられる（米国では発ガン性が疑われたため使用禁止となったが, 糖分摂取制限の必要な患者のために, 限定されてはいるものの使用が認められるようになった）.

シクリトール cyclitols
→イノシトール

1,5-シクロオクタジエン 1,5-cyclooctadiene
C_8H_{12}. cis,cis-異性体は例えばニッケルカルボニル化合物などを用いたブタジエンの触媒二量化により得られる. テルペン臭を持つ無色で流動性の液体. 沸点151℃. 融点-69℃. trans,trans-異性体も知られている.

シクロオクタテトラエン cyclo-octatetraene (COT)
C_8H_8. 黄金色の液体. 融点-7℃, 沸点142～143℃. ニッケル塩の存在下にアセチレンを中程度の温度と圧力で重合して生成する. シクロオクタテトラエン分子は平面ではなく典型的な環状オレフィンとして振舞い芳香族性を持たない. 触媒を用いた水素添加によりシクロオクテンを生成するが, Znと希硫酸を用いると1,3,6-シクロオクタトリエンとなる. 金属錯体, 例えばウラノセン, $(C_8H_8)_2U$を形成する.

[structure]

シクロデキストラン cyclodextrans
→シクロデキストリン

シクロデキストリン cyclodextrins
酸素原子により架橋された環状の多糖類. 工業的にはデキストランとして用いられるほか, 水溶液中でのアクリレートの重合, 臭い除去剤, 柔軟仕上げ剤用のデリバリービヒクルとしても用いられている. シクロデキストラン.

シクロトリメチレントリニトラミン cyclotrimethylene trinitramine
→サイクロナイト

シクロバルビタール cyclobarbital
$C_{12}H_{12}N_2O_3$. 短時間作用型バルビツール酸塩で, 睡眠薬として用いられている.

シクロバルビトン cyclobarbitone
→シクロバルビタール

シクロファン cyclophanes
ベンゼン環の1,4位, または1,3位の間をいくつかのメチレン基で架橋したベンゼン誘導体で, 1,4位の場合はパラシクロファン, 1,3位の場合はメタシクロファンという. 1,2位の場合はオルトシクロファンとなるはずであるが, オルト誘導体の場合, 従来の環系に基づいた命名が可能であるため, 通常はシクロファンとはいわない. 接頭辞 [m] の数字の大きさは環に含まれるメチレン基の数を示す. 一方, 接頭辞[m, n など] のなかの数字の個数は, その分子中のベンゼン環の数を示す; [8]-パラシクロファン, [2,2,2]-パラシクロファンなど. ヘテロ環式の分子に基づくシクロファンも知られている.

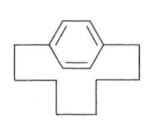

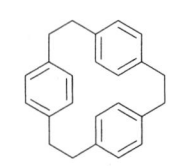

[structure] [structure]

[8]-パラシクロファン　　[2,2,2]-パラシクロファン

シクロブタジエン cyclobutadiene
C_4H_4. 反応性の高いアルケン炭化水素で, 遊離の状態では寿命がとても短い（5秒未満）. シクロブタジエン-金属錯体, 例えば$C_4H_4Fe(CO)_3$のCe^{4+}による分解により生成することができ, その化学については, 例えばアルキンをディールス-アルダー条件のもとで付加することによりデュワーベンゼン誘導体を作らせる

など，反応系内で生成させることで研究されている．C_4H_4 は共役ジエンやアルケンジラジカルのように振る舞う．

シクロブタン　cyclobutane（tetramethylene）

C_4H_8，テトラメチレン，$CH_2-CH_2-CH_2-CH_2$．無色気体．明るい炎をあげて燃える．水に不溶で有機溶媒に可溶．沸点 –15℃．1,4-ジブロモブタンを金属ナトリウムで処理して生成する．ニッケル触媒の存在下 200℃ で水素により還元され n-ブタンを生じる．

シクロプロパン　cyclopropane（trimethylene）

$CH_2-CH_2-CH_2$，C_3H_6，トリメチレン．甘い香りを持つ無色の気体．沸点 –34.5℃．1,3-ジブロモプロパンを亜鉛で処理して生成する．強力な気体状の麻酔薬で，刺激性や肝臓および腎臓への毒性がないが，呼吸抑制作用を持つ．

シクロヘキサノール　cyclohexanol（hexalin, hexahydrophenol）

$C_6H_{11}(OH)$，$C_6H_{12}O$，ヘキサリン，ヘキサヒドロフェノールともいう．無色の液体．融点 24℃，沸点 161℃．触媒を使用し，フェノールを水素と加圧下で加熱して製造する．酸化によりアジピン酸（ナイロン製造の中間体として主に用いられている）を生じる．脱水素によりシクロヘキサノンを生じる．

脱水（例えば $AlCl_3$ などにより）によりシクロヘキセンとなる．セルロイド，エステル（可塑剤），洗剤および印刷インクの製造に用いられている．

シクロヘキサノン　cyclohexanone（pimelic ketone, ketohexamethylene）

$C_6H_{10}O$．別名をピメリックケトン，ケトヘキサメチレンなどという．強いハッカ臭を持つ無色の液体．沸点 155℃．シクロヘキサノール蒸気を加熱した銅錯体上に流して製造する．酸化によりアジピン酸になる．カプロラクタム，ナイロン，アジピン酸，ニトロセルローススラッカー類，セルロイド，合成皮革および印刷インクの製造に用いられる．セルロース誘導体，樹脂およびゴム用溶媒．

シクロヘキサン　cyclohexane

C_6H_{12}．無色の液体．融点 6.5℃，沸点 81℃．ベンゼンをニッケル触媒の下で水素により還元して生成する．また天然ガスより回収される．引火性．舟型と椅子型が存在する（→コンフォメーション）．カプロラクタムを経てナイロン[6]，ナイロン[66] を製造する際の中間体として用いられる．油脂やワックス用溶剤として，また塗料除去剤として用いられる．

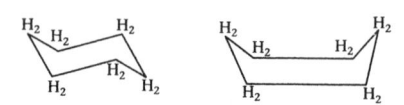

シクロヘキシル　cyclohexyl

$C_6H_{11}-$．環状の置換基で多くの誘導体を形成する．

シクロヘキシルアミン　cyclohexylamine

$C_6H_{11}NH_2$，$C_6H_{13}N$．無色の液体で，沸点 134℃．水と混和し，水蒸気中で揮発する．炭化水素類により水溶液から抽出できる．強塩基であり，染料用溶媒，脱脂槽中の酸抑制剤などをはじめとする工業的な目的に用いられている．

シクロヘキセン　cyclohexene

C_6H_{10}．沸点 83℃．幅広く用いられている環状オレフィンである．

1,3,5-シクロヘプタトリエン　1,3,5-cycloheptatriene（tropylidene）

C_7H_8．トロピリデン．ノルボルナジエンを 450℃ に加熱して得られる．またアトロピンやコカインからも生成する．液体で，沸点 116～118℃ であるが，ヒドリド引き抜きによりトロピリウムカチオンの固体塩を，過マンガン酸アルカリを酸化するとトロポロンを生じる．多くの金属錯体を生成する．

シクロヘプタン　cycloheptane
→スベラン

シクロペンタジエニリド　cyclopentadienylides

C_5H_5 基を有するシクロペンタジエンの金属化合物．グリニャール試薬，NaC_5H_5，LiC_5H_5，TlC_5H_5 などを金属ハロゲン化物や金属カルボニルなどに作用させて生成する．C_5H_5 基はフェロセン（η^5-C_5H_5)$_2$Fe におけるようにペンタハプト（η^5-C_5H_5）であってもよく，あるいは例えば [$(\eta^5$-$C_5H_5)Fe(CO)_2(\eta^1$-$C_5H_5)$] におけるようにモノハプトであってもよい．ペンタハプト誘導体においては C_5H_5 基は金属に対称的に結合しており，モノハプト誘導体はダイナミックな挙動を示し（すなわち結合位置が変換しており），各 C-H は NMR のタイムスケールにおいて等価である．インデン，フルオレンおよびその他のシクロペンタジエン誘導体は関連錯体を形成する．配位した C_5H_5 基はかなり芳香族性を持ち，フリーデル-クラフツ反応条件下でアシル化を行う．この C_5H_5 基は金属に電子 5 個を与えるものと考えられる．触媒や石油添加剤として用いられている．

シクロペンタジエン cyclopentadiene

C_5H_6．甘い特有の臭いを持つ無色の液体．沸点 41.5～42.0℃．水に不溶で，あらゆる有機溶媒に可溶．石油の炭化水素分解工程や石炭乾留で生じる留出物から得られる．室温で放置すると，分子間のディールス-アルダー反応により容易に重合してジシクロペンタジエン（融点 32.5℃）およびさらに高次のポリマーになる．オリゴマーはシクロペンタジエンよりも取り扱いが楽であり，さらにこのオリゴマーは「クラッキング」することにより簡単にシクロペンタジエンを再生することができる．メチレン基の水素原子の 1 つは酸性である．ナトリウムはシクロペンタジエンのエーテル溶液に水素を放出しながら溶け，空気の非存在下で無色からピンク色である $C_5H_5^-Na^+$ を生じる．シクロペンタジエニルアニオン $C_5H_5^-$ は芳香族性を持つ．塩基性溶媒中で，ケトンやアルデヒドからフルベンが生じる．多くの金属との反応でシクロペンタジエニリドが生成される．合成に用いられる．典型的なディールス-アルダー反応を示す．プラスチックおよび殺虫剤の製造に用いられる．

メタロセンおよびその他の金属シクロペンタジエニルにとっての親炭化水素である．

シクロペンタン cyclopentane

C_5H_{10}．石油中に産出する．流動性のある可燃性液体．

シクロホスファミド cyclophosphamide

C_7H_{15}, $Cl_2N_2O_2P \cdot H_2O$．白い微結晶粉末．融点 49.5～53℃．発ガン性を有するがガンの治療に用いられている．

$$\left[\begin{array}{c} H_2C-NH \\ H_2C \quad \quad P \\ C-O \\ H_2 \end{array} \begin{array}{c} O \\ \| \\ N(CH_2 \cdot CH_2Cl)_2 \end{array} \right]$$

sym-ジクロロイソプロピルアルコール sym-dichloro-isopropyl alcohol

→グリセロールジクロロヒドリン

1,2-ジクロロエタン 1,2-dichloroethane（ethylene dichloride）

CH_2Cl-CH_2Cl．別名を二塩化エチレンという．クロロホルムに似た臭いを持つ無色の液体．沸点 84℃．油脂に対して優れた溶媒である．当初は「オランダ人化学者の油」と呼ばれていた．触媒の下でエチレンと塩素を気相あるいは液相で反応させて製造する．無水酢酸と反応してエチレングリコールジアセテートを生じ，アンモニアとの反応でエチレンジアミンを生じる．これらの反応はこれらの化学薬品の製造に用いられている．燃えにくく，沸騰水によっても分解しない．

工業的に製造される二塩化エチレンの大半は，熱分解により，あるいは苛性ソーダと反応させて塩化ビニルを製造するのに用いられている．またガソリンのアンチノック剤にも大量に使われている．溶媒としては一部はトリクロロエチレンやテトラクロロエチレンに置き換えられつつある．

2,2′-ジクロロエチルエーテル 2,2′-dichloroethyl ether（bis(2-chloroethyl)ether）

$(ClCH_2CH_2)_2O$．ビス(2-クロロエチル)エーテル．無色の液体．沸点 178℃．エチレンクロロヒドリン（CH_2Cl-CH_2OH）を 80℃で塩素と過剰のエテンにより処理するか，あるいはエチ

レンクロロヒドリンを硫酸とともに100℃で加熱して製造する．アミンと反応させるとモルホリンを，四硫化ナトリウムと反応させるとゴム様プラスチックを生じる．溶融水酸化カリウムと反応させるとジビニルエーテルを生じる．鉱物油の脱ワックスのためのクロレックス法や繊維製品の脱脂工程で溶媒として用いられる．表面活性剤やエラストマー製造で用いられる．おそらく発ガン物質．

1,1-ジクロロエチレン 1,1-dichloroethylene
別名を塩化エチリデンという．→ジクロロエチレン類

1,2-ジクロロエチレン 1,2-dichloroethylene
2種類の幾何異性体が存在する．→ジクロロエチレン類

ジクロロエチレン類 dichloroethylenes
$C_2H_2Cl_2$．3種類の化合物が存在する．

① 1,1-ジクロロエチレン（1,1-ジクロロエテン，塩化ビニリデン）$CH_2=CCl_2$：無色の液体．沸点37℃．1,1,1- あるいは 1,1,2-トリクロロエタンを過剰の石灰とともに 70～80℃で加熱して生成する．容易に重合して不溶性の固体を生じる．

② および③ 1,2-ジクロロエチレン（二塩化アセチレン）：cis 体と trans 体の2つの体があるが，いずれも四塩化アセチレン（1,1,2,2-テトラクロロエタン）を水，亜鉛とともに 100℃で加熱して生成する．生成物には約80%の cis 体が含まれる．アセチレンと塩素を当量混合したものを 40℃で活性炭上に流すと，trans 体が主生成物として得られる．cis 体は沸点 60℃，trans 体は沸点 49℃．これらは水に不溶で炭化水素溶媒とは混和し，物性はトリクロロエチレンに極めてよく似ている．水分やアルカリの影響を受けない．脂肪抽出のためのエーテル代替品や溶媒（例えばゴム用）として使用されている．

ジクロロエテン類 dichloroethenes
→ジクロロエチレン類

2,2′-ジクロロジエチルスルフィド 2,2′-dichlorodiethyl sulphide
→マスタードガス

ジクロロジフルオロメタン dichlorodifluoromethane
CCl_2F_2．沸点 -30℃．触媒として $SbCl_5$ を用い，CCl_4 に HF を作用させて製造する．市販のものにフレオン-12 あるいはアークトン-12 がある．冷媒として，またエアゾール噴射剤として以前は広く用いられていた．四塩化炭素よりはるかに毒性が低い．

ジクロロトルエン dichlorotoluene
→塩化ベンザル

ジクロロプロパノール dichloropropanols (glycerol dichlorohydrins)
グリセロールジクロロヒドリン．2種の異性体がある．

① sym-ジクロロイソプロピルアルコール（グリセロール α-ジクロロヒドリン，1,3-ジクロロ-2-ヒドロキシプロパン）CH_2Cl-$CHOH$-CH_2Cl．エーテル臭を持つ無色の液体．沸点 174～175℃．2%の酢酸を含有するグリセリンに乾燥 HCl を 100～110℃で通して生成する．KOH により α-エピクロロヒドリンに変換される．硝酸セルロースや樹脂用の溶媒として用いられる．

② 2,3-ジクロロプロパノール（グリセロール β-ジクロロヒドリン）CH_2Cl-$CHCl$-CH_2OH．無色の液体．沸点 182℃．プロペニルアルコールの塩素化により生成する．NaOH と反応してエピクロロヒドリンを生じる．

1,2-ジクロロプロパン 1,2-dichloropropane (propylene dichloride)
$CH_3CHClCH_2Cl$．別名を二塩化プロピレンという．心地よい香りの無色の液体．沸点 96℃．液体塩素を過剰の液体プロペンで処理して製造する．物性は 1,2-ジクロロエタンに極めて類似しており同様の目的に用いられている．

1,3-ジクロロプロパン 1,3-dichloropropane
$Cl(CH_2)_3Cl$．殺線虫剤，土壌燻蒸剤．

ジクロロベンゼン類 dichlorobenzenes
$C_6H_4Cl_2$．3種類の異性体がある．

① 1,2-ジクロロベンゼン，o-ジクロロベンゼン，沸点 179℃．

② 1,3-ジクロロベンゼン，m-ジクロロベンゼン，沸点 172℃．

③ 1,4-ジクロロベンゼン，p-ジクロロベンゼン，融点 53℃，沸点 174℃．

この 1,2-，1,4-ジクロロベンゼンは鉄を触媒として用いてベンゼンを直接塩素化し，得られ

た混合物を分別蒸留して製造する．1,3-ジクロロベンゼンは1,2-, 1,4-ジクロロベンゼンを触媒で異性化して製造できる．

1,4-ジクロロベンゼンはこれらの中で最も重要で，主に蛾の忌避剤や空気脱臭剤，防虫剤として用いられている．1,2-ジクロロベンゼンは染料中間体，殺虫剤，溶媒などのほかさまざまな用途に用いられている．1,3-ジクロロベンゼンには市場価値がない．

ジクロロボス dichlorovos

DDVPとも呼ばれる．有機リン系殺虫剤．リン酸ジエチル（ジクロロビニル）エステル．中国からの輸入食品から検出されて問題となった．

ジクロロメタン dichloromethane (methylene chloride)

CH_2Cl_2．別名は塩化メチレン．クロロホルムに似た臭いを持つ無色の液体．沸点41℃．クロロホルムを，亜鉛，アルコールおよび塩酸とともに加熱して生成する．工業的には直接メタンを塩素化して製造されている．200℃で水により分解し，ギ酸と塩酸を生じる．主に極性，非極性の物質用の溶媒として，特に塗料の除去（30％）や酢酸セルロースの溶解および脱脂（10％）に用いられている．特に水分やアルカリに対して四塩化炭素やクロロホルムより安定である．やや毒性あり．

ジクロロメチレンアンモニウム塩 dichloromethyleneammonium salts (phosgenammonium, phosgene iminium)

$[Cl_2C=NR_2]^+X^-$．ホスゲンアンモニウム塩，またはホスゲンイミニウム塩．Cl_2と$[R_2NC(S)S-]_2$または対応する塩化チオカルバモイルから生成する．合成に用いられる反応性求電子剤．例えばRCH_2COClと$[Cl_2C=NMe_2]^+$から$(Me_2N)ClC=C(R)COCl$が生じる．

ジクワット diquat

$C_{12}H_{12}Br_2N_2$．臭化エチレンビピリジニウム．土壌に施すと雑草を生育できなくする除草剤．

ジケテン diketen (3-buteno-β-lactone)

$C_4H_4O_2$．3-ブテノ-β-ラクトン．催涙性の強い無色液体．沸点127℃，融点-6.5℃．アセトンからケテンを経て作られる．アルコールやアミンと反応してアセト酢酸エステルやアセト酢酸アミドを生成する．安定なアセトン付加体として使用される．

2,5-ジケトピペラジン 2,5-diketopiperazine

$C_4H_6N_2O_2$．2,5-ピペラジンジオン．グリシン無水物．260℃で昇華．水に微溶．アルカリや鉱酸により加水分解されてグリシルグリシンを生じる．この化合物や置換基を持つジケトピペラジンはアミノ酸の縮合により作られ，少量ならばタンパク質の加水分解で得られる．

ジケトン類 diketones

2つのケト基（>C=O）を持つ有機化合物．2つのケト基の間にある炭素原子の数により分類される．α-ジケトン（1,2-ジケトン）はモノオキシムであるイソニトロソケトンを希硫酸と煮沸して得る．脂肪族α-ジケトンは刺激臭を持つ黄色油状．芳香族ジケトンは結晶性固体．o-フェニレンジアミンと特異的に反応し，キノキサリンを生成する．ヒドロキシルアミンと反応するとモノオキシムおよびジオキシムを与え，ヒドラジンと反応するとオサゾンを生成する．β-ジケトン（1,3-ジケトン）RCOCH$_2$COR′はエステルとケトンを金属ナトリウムまたはナトリウムアミドの存在下で反応させて得る．中央の炭素原子は酸性で脱プロトン化して金属塩を形成する．そのような塩の多くは水に不溶で有機溶媒に可溶である．ほとんどのものがキレートを形成する（→アセチルアセトン錯体）．β-ジケトンは，ケト型およびエノール型として存在する．フェニルヒドラジンと反応してピラゾール誘導体を生じ，ヒドロキシルアミンと反応するとイソキサゾール誘導体を与える．γ-ジケトン（1,4-ジケトン）RCOCH$_2$CH$_2$COR′はアセト酢酸エステルのナトリウム塩とα-ブロモケトンを反応させ次いで加水分解して得る．環状化合物を容易に形成する．

自己イオン化 self-ionization
溶媒が，部分的に陽イオンと陰イオンに解離する過程．例えば
$$2H_2O \rightleftharpoons [H_3O]^+ + OH^-$$
$$2NH_3 \rightleftharpoons [NH_4]^+ + NH_2^-$$
ここで生じる陽イオン（ライオニウムイオン）を含むイオン性化学種（例えばNH_4Cl）は酸であり，陰イオン（ライエイトイオン）を含むイオン性化学種（例えばKNH_2）は塩基である．

時効硬化 age hardening
ある種の合金が時間とともに硬化する過程．このとき過飽和溶液は，溶質金属を金属間化合物として部分的に析出しながら分解する傾向がある．

ジゴキシン digoxin
$C_{41}H_{64}O_{14}$．ジギタリス（*Digitalis lanata*）の葉から得られる配糖体で，3つのジギトキソース単位とジゴキシゲニンを含有する．無色結晶．融点265℃．心不全の治療に一番多く利用されている強心配糖体．

仕事 work
物体を力に抗して移動させたときに「仕事がなされた」という．例えば，化学反応により抵抗を通して電流が流れる場合や表面が形成される場合である．

仕事関数 work function
固体内部の最高被占準位から電子を取り除いて表面外部の真空中へ放出するのに要するエネルギー．

ジゴール digol
ジエチレングリコール$O(CH_2CH_2OH)_2$の慣用名．

四酢酸鉛 lead tetraacetate
→鉛の酢酸塩

示差光吸収分光法 differential optical absorption spectroscopy
気体分析，特に汚染物質や火山ガスなどの定量などに用いられる．

示差走査熱測定 differential scanning calorimetry（DSC）
→熱分析

示差熱分析 differential thermal analysis（DTA）
→熱分析

四酸化オスミウム osmium tetroxide
→オスミン酸

四酸化二窒素 dinitrogen tetroxide
N_2O_4．二酸化窒素の二量体．→窒素の酸化物

ジシアンジアミド dicyandiamide
→シアノグアニジン

ジシクロヘキシルアミン dicyclohexylamine
$C_{12}H_{23}N$, $(C_6H_{11})_2NH$．融点0℃．シクロヘキサノンとシクロヘキシルアミンから生成する．工業用溶媒であり，腐食防止剤．

N,N'-ジシクロヘキシルカルボジイミド
N,N-dicyclohexylcarbodiimide
$C_6H_{11}NCNC_6H_{11}$, $C_{13}H_{22}N_2$．結晶性の固体．融点35～36℃，沸点154～156℃．二硫化炭素溶液中でN,N'-ジシクロヘキシルチオ尿素をHgOで酸化して生成する．あるいはシクロヘキシルアミンとホスゲンを高温で反応させて得る．おだやかな脱水剤として特にアミノ酸からペプチドを合成するのに用いられる．皮膚刺激剤．

ジシクロペンタジエニル化合物 dicyclopentadienyl compounds
→シクロペンタジエニリド

ジシクロペンタジエン dicyclopentadiene
無色の固体．融点32℃，沸点170℃（分解）．特徴的な臭いを持つ．シクロペンタジエンの二量体でディールス-アルダー反応生成物．速やかに形成されるのはエキソ型だが，熱力学的に有利なのはエンド型．150℃以上の温度では逆ディールス-アルダー反応が起こり，シクロペンタジエンモノマーが再生する．工業原料に用いられる．容易に重合してポリマーを形成する．

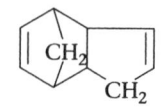

ジシジオライド disidiolide
海水産のカイメンの産する多環式化合物で，タンパク質ホスファターゼを阻害することで細胞分裂の停止を行う．

脂質 lipids
天然物のうちで，油脂と類似した性質を示す化合物の総称．正確な定義は定まっていない．狭義では有機溶媒に可溶で水に不溶な脂肪酸や

その誘導体を指し，例えば単純脂肪，蝋，リン脂質，セレブロシドなどが含まれる．ステロールやスクワレンなども脂質とみなすことが多い．

指示薬 indicator

通常は溶液の色や蛍光の変化や沈殿の様子の変化により，化学変化の過程を追跡することを可能にする物質．例えばメチルオレンジは酸を塩基で中和する際の指示薬として利用され，pHが3.1より低いと赤色であるがpH上昇とともにしだいに橙色になり，pHが4.4まで上昇すると黄色に変わる．水素イオン濃度指示薬のほか，酸化還元指示薬，金属指示薬，吸着指示薬などがある．

磁石 magnet

磁性を示す物体．一時磁石（電磁石）と永久磁石とがある．

四臭化炭素 carbon tetrabromide

CBr_4．融点94℃，沸点190℃．白色の結晶性固体（Br_2とCS_2およびI_2から生成）．他のブロモアルカンとともに顕微鏡や鉱物分離で使われる高密度液体．発ガン性の可能性あり．

四重線 quartet

NMRなどのスペクトルの中で近接位置に出現する4本線．本来は「quadriplet」であるが，洋の東西を問わずこう呼ぶほうが多い．

四重点 quadruple point

2成分系が4相の平衡として存在する，特定の温度と圧力の条件．

四硝酸ペンタエリスリトール pentaerythritol tetranitrate（PETN or penthrite）

→ペンタエリスリトール四硝酸エステル

自触反応 auto-catalysis

反応生成物が反応物質のさらなる反応を触媒するプロセス．

ジスアゾ染料 disazo dyestuffs

2つの$-N_2-$基を持つアゾ色素．印刷用の顔料としてよく用いられる．

シスチン cystine（dicysteine）

$C_6H_{12}N_2O_4S_2$，$[HO(O)C-CH(NH_2)-CH_2S]_2$（ジシステイン）．還元により2分子のシステインとなる．シスチンは動物の骨格組織や結合組織，毛髪や羊毛中のタンパク質に豊富に含まれており，これらより簡単に得られる．

システイン cysteine（α-amino-β-mercapto-propionic acid, β-mercaptoalanine）

$C_3H_7NO_2S$，$HSCH_2-CH(NH_2)-CO_2H$．α-アミノ-β-メルカプトプロピオン酸，β-メルカプトアラニン．シスチンの還元生成物．アミノ酸はシステインが体内で分解する最初のステップで，シスチン1分子が分解して2分子のシステインを生じる．システインは水に溶けるが，溶液は不安定で再酸化によりシスチンを生じる．

シスプラチン cisplatin

cis-ジクロロジアンミン白金（Ⅱ）．重要な抗ガン剤．Pt（Ⅱ）錯体である．

ジスプロシウム dysprosium

元素記号 Dy．ランタニド金属，原子番号66，原子量162.50，融点1412℃，沸点2567℃，密度（ρ）8550 kg/m³（=8.550 g/cm³），地殻存在比6 ppm，電子配置 $[Xe]4f^{10}6s^2$．単体金属は hcp 構造で，金属箔は中性子フラックスの測定に用いられる．ジスプロシウム化合物はレーザー，リン光体，原子炉の制御棒に用いられる（最近脚光を浴びた蓄光性塗料にはジスプロシウム化合物が利用されている）．

ジスプロシウム化合物 dysprosium compounds

ほとんどの化合物は+3価の状態で典型的なランタニド化合物としての性質を示す．

Dy^{3+}（f^9黄緑色）→ Dy（-2.35 V 酸性溶液中）

DyX_2のような より低酸化数のハロゲン化物は DyX_3と Dyから得られ，金属-金属結合を持つ．Cs_3DyF_7は Dy（Ⅳ）を含み，フッ素を用いて得られる．ジシクロペンタジエニルジスプロシウムは N_2を還元する．

ジスルフィラム disulphiram（tetraethylthiuram disulphide）

$C_{10}H_{20}N_2S_4$，$(C_2H_5)_2NC(S)S-SC(S)N(C_2H_5)_2$，テトラエチルチウラムジスルフィド．もともとはゴムの加硫用薬剤であったが，慢性アルコール依存症の治療薬（アンタビュース）として有名になった．

ジチオカルバミン酸塩 dithiocarbamates

$M^+(R_2NCS_2)^-$．アミンを強アルカリ（NaOHなど）の存在下で二硫化炭素に作用させて得る．金属と錯体を形成する（Sで配位．Cu^{2+}などの分析に利用される）．遷移金属との塩は抗菌剤として用いられ，亜鉛塩はゴムの架橋に利用さ

れる．酸化するとチウラムジスルフィドを与える．

ジチオグリセリン　dithioglycerol (BAL, dimercaprol)

$C_3H_8OS_2$, $HS-CH_2-CH(SH)-CH_2OH$. BAL またはジメルカプロールとも呼ばれる．通常は油状で得られるが融点77℃．Hg, Cu, Zn, Cd の解毒に用いられるが Pb には効力がない．ソフトな金属イオンとキレートを形成することにより作用する．略号の BAL は British anti-Lewisite からきていて，ルイサイト（毒ガス）の解毒剤として使われた歴史による．

ジチオトレイトール　dithiothreitol (*threo*-2,3-dihydroxy-1,4-butanedithiol)

$C_4H_{10}O_2S_2$, $HSCH_2CH(OH)CH(OH)CH_2SH$. *threo*-2,3-ジヒドロキシ-1,4-ブタンジチオール．チオールの保護に用いる水溶性の有用な試薬．

ジチオレン配位子　dithiolene ligands

金属に配位した SCR-CRS 基．種々の R を持つものが知られる（例：CF_3, CN, フェニレン基）．2つの硫黄原子はキレート形成に適した位置にある．ジチオレン錯体は平面や三角形プリズム構造をとるものが多く（八面体は少ない），また酸化や還元が容易に起こる．共役 π 系を形成することもある．

四チオン酸　tetrathionic acid

$HO(O)_2SS_2S(O)_2OH$. テトラチオン酸ともいう．→ポリチオン酸

シチジン　cytidine

→ヌクレオシド

ジチゾン　dithizone (diphenylthiocarbazone)

$C_{13}H_{12}N_4S$, ジフェニルチオカルバゾン．融点 165～169℃．青黒色固体．フェニルヒドラジンと CS_2 から得る．クロロホルム溶液は多くの重金属の抽出剤として利用される．特に鉛の抽出および比色定量に以前はよく使われた．

七炭糖　heptose

→ヘプトース

失活（酵素）　deactivation

酵素の触媒作用活性が失われること．

湿気除去　dehumidification

凝縮，吸収，吸着により水蒸気-気体混合物から凝縮可能な水蒸気を除去すること．空気から水蒸気を除去する場合によく用いられる用語である．

脱湿は冷却により行われる．乾燥空気が少量必要な場合，脱湿は化学的吸収剤（例えば塩化カルシウム，五酸化リン，硫酸など）を用いて行うことができる．

湿潤剤（化粧品など）　humectant

→保湿剤

湿潤剤　wetting agents

水は分子間力が強いため表面積を小さくしようとする．水と他の表面との接触角を小さくする界面活性剤を加えると，表面張力が減少し表面が濡れるようになる．このような界面活性剤分子は，通常，親油性で疎水的な基（例えばアルキル鎖）と水に引き寄せられる（親水性の）基（例えば負に帯電したカルボン酸イオンやスルホン酸イオン部分）を持つ．

湿度　humidity

湿潤空気中の水蒸気含量の尺度．表し方には何通りかある．

絶対湿度（absolute humidity）：単位体積の湿潤空気に含まれる水蒸気の質量．

パーセント湿度（percentage humidity）：同温で同量の空気を水蒸気で飽和させたときに含まれる水蒸気の量に対する，実際の乾燥空気単位質量あたりに含まれる水蒸気量の比を百分率で表したもの．

相対湿度（relative humidity）：空気中の水の分圧の，同温で水蒸気で飽和した場合の水の分圧に対する比で，通常百分率で表す（気象通報などで報告される湿度はこれである）．空気以外のものにおける湿度も同様に定義される．

失透　devitrification

ガラス（超冷却液体）が結晶化し，不透明になること．

湿度補給　humidification

気体中に水蒸気を加えること．

シッフ塩基　Schiff's bases (anils, *N*-arylimides)

$ArN=CR_2$, アニル，*N*-アリールイミド．芳香族アミンと脂肪族あるいは芳香族アルデヒドまたはケトンから作る．結晶性の弱塩基性化合物．非水溶媒中で塩酸塩を生じる．希酸を作用させると元のアミンとカルボニル化合物を再生

する．ナトリウムとアルコールで還元すると二級アミンを生じる．二級アミンはグリニャール試薬およびハロゲン化アルキルと反応させても得られる．

シッフ試薬 Schiff's reagent

ローズアニリン（フクシン）を水に溶かし，亜硫酸ガスを通じて脱色した溶液．脂肪族アルデヒドやアルドース型の糖はこの試薬を作用させると赤紫色を呈する．芳香族アルデヒドや脂肪族ケトンでは呈色は遅い．芳香族ケトンは反応しない．

質量欠損 mass defect

→比質量偏差

質量作用の法則 law of mass action

反応する物質量の割合はその濃度（活量）に比例するので，化学反応速度は反応物の濃度の積で表される．

$$A+B \rightleftharpoons C+D$$

で表される反応において，右向きの反応速度は
$$V_f = k_1[A][B]$$
で，k_1 は定数，[ ] は活量（濃度）を表す．同様に逆向きの反応速度は
$$V_b = k_2[C][D]$$
となり，平衡が成立しているときには $V_f = V_b$ すなわち
$$k_1[A][B] = k_2[C][D]$$
ゆえに $k_1/k_2 = [C][D]/[A][B] = K$
が成立する．定数 k_1, k_2 を速度定数といい，K は平衡定数という（訳者記：明治・大正時代にこの訳語が作られた当時は，活量に対して「作用質量」という訳語が用いられていたために，この名称となったという．「mass action」の mass はマスコミやマスプロの「マス」で大量の意味なのだが，その昔のわが国にはどちらの言葉も存在しなかった）．

質量数 mass number

原子核中の主要粒子（陽子と中性子）の総数．核子数ということもある．

質量スペクトル mass spectrum

質量分析計により得られた結果を質量スペクトルという．m/e 比（最近では m/z 比ということが多くなった）に対してイオン量をプロットしたものでチャートあるいはコンピュータ出力として表示される．元素については各ピークは異なる同位体に対応する．化合物においては，各ピークは母体化合物イオン（分子イオン）や質量分析装置中で生成したフラグメントイオンの各同位体化学種に対応する．

質量分析計 mass spectrometer

分子をイオン化して孤立させ，電圧をかけて加速されたイオンを質量と電荷の比により分離する装置．質量分析計では，磁場と加速電圧を制御しながら固定した焦点に到達する正または負のイオン電流を測定することにより同位体や異なるイオン種同士の相対存在量を求めることができる．分解能は 1/50000，精度は $1/10^6$ より高くすることも可能である．物質の同定，分子量測定，開裂過程の研究に用いられる．

質量保存の法則 law of conservation of matter

質量は発生も消滅もしない．しかし放射壊変における粒子の放出は，E/c^2 に等しい質量減を伴う．ここで E は放射能のエネルギーで c は光速である．E/c^2 は普通の化学操作で用いられる物質量と比較すると通常小さい値である．質量とエネルギーを同時に考慮するとき，これらは相互変換が可能となる．→原子力エネルギー

質量モル濃度 molality

重量モル濃度ともいう．溶液の濃度を単位質量の溶媒あたりに溶解している溶質のモル数で表したもの．molarity（モル濃度，容量モル濃度）と混同しないこと．

磁鉄鉱 magnetite

Fe_3O_4．スピネル構造の鉱物である．鉄鉱石として大量に採掘されている．釉薬用の顔料としても用いられる．製鉄時の炉の内貼り材料として用いられることもある．

ジテルペン diterpene

分子式 $C_{20}H_{32}$ で表される不飽和炭化水素．少なくとも1つの炭素環を含むものがほとんどである．ジテルペンという用語はこのような化合物の単純な誘導体をも含めて用いる．多くは植物の産物である．例えばアビエチン酸はジテルペンの誘導体である．

シデロフォア siderophores

主に $Fe(Ⅲ)$ と結合する微生物由来の配位子．

自動酸化 autoxidation

大気の酸素によるゆっくりとした酸化．光や

その系内の他の成分が触媒として作用することが多い。特に食品,油,生体中で生じる。ペルオキシラジカルによる連鎖過程である。

シトクロム cytochromes
→チトクローム

シトシン cytosine (2-oxy-4-aminopyrimidine)
$C_4H_5N_3O$, 2-オキシ-4-アミノピリミジン. DNAの成分. 5-メチル化を受けることがある.

シトステロール sitosterol ((24R)-24-ethyl-colesterol)
$C_{29}H_{50}O$, (24R)-24-エチルコレステロール. 融点137℃. 主要な植物ステロイド. 関連ステロイド化合物と共存して分離が困難な場合もある. そのグルコシド(融点250℃)も植物によくみられ, 種々の名称で呼ばれる. 無脊椎海洋動物の体内に蓄積される.

シドノン sydnones
通常の共有結合では適切な構造式が描けない複素環化合物. メソイオン性といわれ擬芳香族性を持つ. 芳香族置換反応を起こす. 母体シドノンは以下の式で表される. 中性で結晶性がよく安定な化合物であり, ほとんどの有機溶媒に可溶である. N-アリールシドノンは通常 N-ニトロソ-N-アリールグリシンを無水酢酸で処理して得る. シドノンを希アルカリと加熱すると原料のグリシン誘導体が再生する.

シトラコン酸 citraconic acid (methylmaleic acid)
$C_5H_6O_4$, cis-{HO(O)C}CH$_3$C=C(CH$_3$)COOH, メチルマレイン酸. 無色の細い針状結晶. 融点91℃(分解). 水に無水シトラコン酸(無水クエン酸を急速に蒸留して生成する)を添加して生成する. 加熱により無水シトラコン酸(メチルマレイン酸無水物)を生成する. 水素により還元されてピロ酒石酸となる. シトラコン酸の電気分解によりプロピンを生じる.

シトラール citral
$(CH_3)_2C=CHCH_2CH_2C(CH_3)C=CHCHO$, $C_{10}H_{16}O$, テルペンアルデヒド. 揮発性油で心地よい香りを持つ. イーストインディアンレモングラスから得られるレモングラス油の主成分であるが, 他の精油中にも見いだされる. レモングラス油は商業的に重要な製品である. 天然物に見いだされるシトラールは異性体の混合物で, ゲラニアール(cis-CH$_3$/CHO)とネラール($trans$-CH$_3$/CHO)からなる. 希硫酸で処理するとシトラールはp-シメンを生成する. シトラールはアセトンと縮合し, ケトンであるプソイドイオノン($C_{13}H_{20}O$)を生じるが, これは容易にα-ヨノンとβ-ヨノンに転換されるため, 工業的に重要な物質である. ビタミンAの合成, 香味料, 香水に用いられる.

シトルリン citrulline (α-amino-δ-ureidovaleric acid)
$C_6H_{13}N_3O_3$, $H_2N-CO-NH(CH_2)_3-CHNH_2-COOH$, α-アミノ-δ-ウレイド吉草酸. 融点222℃. 体内から過剰の尿素を排出する尿素サイクルにおける中間体.

シトロネラ油 oil of citronella
イネ科のレモングラス(*Cymbopogum citratus*)やコウスイガヤ(*Cymbopogum* (*Andropogan*) *nardus*)の花から得られる. 67%はゲラニオール. 香料や害虫忌避剤に利用される.

シナモン油 oil of cinnamon
クスノキ科のセイロンニッケイ(*Cinnamomum zeylanicum*)の樹皮から得られる揮発性油. この油の主成分はケイ皮アルデヒド(シンナムアルデヒド, $C_6H_5CH=CHCHO$ (50%)). 米国ではカッシア油を精留したものを「シナモン油」としている. 着香料, 香料に利用される.

4,6-ジニトロ-*o*-クレゾール 4,6-dinitro-*o*-cresol (DNOC, 4,6-dinitro-2-hydroxytoluene)
$C_7H_6N_2O_5$, 4,6-ジニトロ-2-ヒドロキシトルエン. 黄色結晶, 融点86℃. 殺虫剤, 殺卵剤, 除草剤としての性質を持つ.

2,4-ジニトロトルエン 2,4-dinitrotoluene
$C_7H_6N_2O_4$. 無色針状晶, 融点71℃. トルエンを温和な条件でニトロ化して得られるモノニ

トロトルエン混合物をニトロ化して得る．対応するモノおよびジアミノ化合物の合成に用いられる．このアミノ化合物は，ポリウレタン製造に用いられるトルエン-2,4-ジイソシアナートの前駆体である．

2,4-ジニトロフェニルヒドラジン 2,4-dinitrophenylhydrazine

$C_6H_6N_4O_4$．赤紫色結晶．融点199℃．2,4-ジニトロクロロベンゼンとヒドラジンをアルコール中で煮沸して得る．カルボニル試薬の一種で，アルデヒドやケトンの同定に有用な試薬．別名をブラディ試薬という．

1,3-ジニトロベンゼン 1,3-dinitrobenzene (m-dinitrobenzene)

$C_6H_4N_2O_4$，m-ジニトロベンゼン．無色結晶．融点90℃，沸点302℃．毒性が強い．ベンゼンまたはニトロベンゼンを直接ニトロ化して得る．このとき，o-およびp-ジニトロ体はごくわずかしか生成しない．3-ニトロアニリンやm-フェニレンジアミンの合成中間体．

1,8-シネオール 1,8-cineol
→オイカリプトール

シネリン cinerins
除虫菊（ピレトルム）の成分．シネロロンと菊酸のエステル．殺虫剤．

シネルジスト synergist
形式上は相互作用が無いか弱いにもかかわらず，系内に存在する他の化合物の活性を増強する物質．

シネレシス syneresis
→離漿

ジヒドロアジリン dihydroazirine
→エチレンイミン

ジヒドロキシアセトン dihydroxyacetone
$HOCH_2C(O)CH_2OH$．モノマーとして結晶化する（融点約80℃）が，放置すると二量体に変わる（融点約115℃）．グリセロールにある種の酢酸菌を作用させて得る．強い還元剤．皮膚を日焼けしたような肌色にする．肌塗布用製剤に用いられる．

1,2-ジヒドロキシエタン 1,2-dihydroxyethane (ethyleneglycol)
→エチレングリコール

ジヒドロキシクロロプロパン dihydroxychloropropanes (glycerol monochlorohydrins)

$C_3H_7ClO_2$（グリセロールモノクロロヒドリン．下記の2種類の異性体がある．

① 1,2-ジヒドロキシ-3-クロロプロパン（1,2-dihydroxy-3-chloropropane（3-chloropropylene glycol, glycerol α-monochlorohydrin）） $CH_2Cl-CH(OH)-CH_2OH$，3-クロロプロピレングリコール，グリセロールα-モノクロロヒドリン）：無色，やや粘性のある液体．沸点139℃/18 Torr．乾燥したHClを105～110℃で2%の酢酸を含むグリセリンに通して生成する．硝酸と反応し，二硝酸エステルを生じるが，これは不凍性ダイナマイトに用いられる．

② 1,3-ジヒドロキシ-2-クロロプロパン（2-クロロトリメチレングリコール，グリセロールβ-モノクロロヒドリン）（1,3-dihydroxy-2-chloropropane（2-chlorotrimethylene glycol, glycerol β-monochlorohydrin）） $CH_2OH-CHCl-CH_2OH$：無色の液体．沸点146℃/18 Torr．α-クロロヒドリンの製造中に少量生じる．

2,2'-ジヒドロキシジエチルエーテル 2,2'-dihydroxydiethyl ether
→ジエチレングリコール

***cis*-ジヒドロキシシクロヘキサジエン** *cis*-dihydroxycyclohexadienes
多目的なキラルシントンとして用いられている．

9,10-ジヒドロキシステアリン酸 9,10-dihydroxy-stearic acid (9,10-dihydroxyoctadecanoic acid)

$C_{18}H_{36}O_4$．9,10-ジヒドロキシオクタデカン酸．融点132℃．化粧品の製造に用いられる．

1,3-ジヒドロキシナフタレン 1,3-dihydroxynaphthalene
→ナフタレンジオール

3,4-ジヒドロキシフェニルアラニン 3,4-dihydroxyphenylalanine (L-Dopa)

$C_9H_{11}NO_4$，$(HO)_2C_6H_3CH_2CH(NH_2)COOH$．L-ドーパ，あるいはレボドパ（日本薬局方など）とも呼ばれる．融点282℃（分解）．天然に存在するのは左旋性．種々の原料から単離されるアミノ酸であるが合成もされる．チロシンがメラニンに酸化される際の最初の中間体．パーキンソン病の治療に用いられる．接着性タンパク

1,3-ジヒドロキシブタン　1,3-dihydroxybutane
→ブタンジオール

1,4-ジヒドロキシブタン　1,4-dihydroxybutane
テトラメチレングリコール．→ブタンジオール

2,3-ジヒドロキシブタン　2,3-dihydroxybutane
→ブタンジオール

ジヒドロキシブタン類　dihydroxybutanes
1,2-，1,3-，1,4-，2,3- の各異性体が存在する．→ブタンジオール

1,2-ジヒドロキシベンゼン　1,2-dihydroxybenzene（catechol, pyrocatechol）
$C_6H_6O_2$．カテコール，ピロカテコール．無色結晶．融点105℃，沸点240℃．強力な還元剤．1,2-ベンゼンジスルホン酸を NaOH とアルカリ溶融して得る．写真現像剤，染料および医薬品の製造，酸化防止剤として用いられている．

1,3-ジヒドロキシベンゼン　1,3-dihydroxybenzene
→レゾルシノール，レゾルシン

1,4-ジヒドロキシベンゼン　1,4-dihydroxybenzene
→ヒドロキノン

ジヒドロキシマロン酸　dihydroxymalonic acid
→メソシュウ酸

3,4-ジヒドロ-2H-ピラン　3,4-dihydro-2H-pyran
C_5H_8O．沸点85℃．テトラヒドロフルフリルアルコールをアルミナ上で脱水，転位させて得る．有機合成において保護基（protecting group）として用いられる．ヒドロキシ基の保護では，極めておだやかな酸触媒のもと，アルコールと反応させてテトラヒドロピラニルエーテルを得る．所望の反応が終了したのち，このエーテルは希酸で容易に分解できる．チオール基，カルボキシル基，およびある種の $>$N-H 基を保護するのにも用いられている．

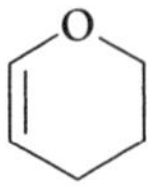

ジビニルエーテル　divinyl ether
C_4H_6O．$(CH_2=CH)_2O$．無色液体．沸点28℃．アンモニア雰囲気中で溶融水酸化カリウムとジクロロジエチルエーテル $(ClCH_2CH_2)_2O$ の反応で得られる．またはエチレングリコールを200℃以上に加熱しても得られる．空気により容易に酸化される．徐々に重合してゼリー状になる．

ジピリジル　dipyridyl（bipyridyl）
$C_{10}H_8N_2$．下図に構造式を示す．ピリジンにナトリウムを作用させ生成した二ナトリウム塩を空気酸化して得る．異性体（2,2'-，4,4'- など）が生成する．四級化した4,4'-誘導体（パラコート）や 2,2'-誘導体（ジクワット）は重要な除草剤である．2,2'-ビピリジル（bipy）は重要なキレート剤．融点70～73℃，沸点273℃．

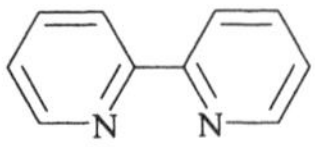

2,2'-ジピリジル 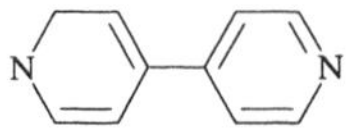　　　　　4,4'-ジピリジル

ジフェニル　diphenyl
ビフェニルの以前の正式名称．現在でも使用する向きが多い．

ジフェニルアセチレン　diphenylethyne
→トラン

ジフェニルアミン　diphenylamine
$C_{12}H_{11}N$，Ph_2NH．無色葉状晶．融点54℃，沸点302℃．アニリンとアニリン塩酸塩を200℃に加熱して得る．塩基性は弱く，鉱酸との塩は水により加水分解される．弱酸性で N-カリウム塩を形成する．モノアゾ染料の第二成分として用いられる．酸化還元指示薬としても利用される．ジフェニルアミン誘導体はロケット推進薬やポリマー（特にゴム）の安定剤，硝酸塩の検出，抗菌剤に用いられる．

ジフェニルアミン-4-スルホン酸バリウム
barium diphenylamine-4-sulphonate
酸化還元指示薬で，特に CrO_4^{2-}/Fe^{2+} 滴定で使用される．酸化型では深い赤みがかった紫．

1,2-ジフェニルエタン　1,2-diphenylethane（dibenzyl, bibenzyl）
$C_{14}H_{14}$，$PhCH_2CH_2Ph$．ジベンジル，ビベンジルともいう．無色結晶．融点52℃，沸点284℃．塩化ベンジルにナトリウムまたは銅を作用させるか，ベンゼンと1,2-ジクロロエタンに $AlCl_3$

を作用させるか,ベンゾインまたはベンジルを加熱して得る.

ジフェニルエーテル diphenyl ether (phenyl ether)

$C_6H_5OC_6H_5$. フェニルエーテルともいう.融点21℃,沸点250℃.ナトリウムフェノキシドとクロロベンゼンから得られる.用途は熱伝達媒体,石鹸の香料,除草剤.

ジフェニルグアニジン diphenylguanidine

$C_{13}H_{13}N_3$, $C_6H_5NHC(=NH)NHC_6H_5$. 無色針状晶.融点147℃.PbOとアンモニアをチオカルボアニリド(ジフェニルチオ尿素)に作用させて得る.ゴムの架橋促進剤として,特にジエチルジチオカルバミン酸亜鉛など他の促進剤と混合して用いられる.

ジフェニルピクリルヒドラジル diphenylpicrylhydrazyl

よくDPPHと略称される.常温でも安定な暗紫色のフリーラジカル.融点137～138℃.1,1′-ジフェニルヒドラジンと塩化ピクリル(2,4,6-トリニトロクロロベンゼン)を縮合し,生成した橙色のヒドラジンをPbOで酸化して得る.脱水剤,ラジカル連鎖抑制剤,分析試薬として用いられる.

ジ-t-ブチルジカルボネート di-t-butyl dicarbonate

$BuOC(O)OC(O)Bu$. アミノ基の保護に用いられる試薬.

2,6-ジ-t-ブチル-4-メチルフェノール 2,6-di-tert-butyl-4-methylphenol (ionol, butylated hydroxytoluene, BHT)

$CH_3C_6H_2(t-Bu)_2OH$. イオノール,ブチル化ヒドロキシトルエン,BHTなどとも呼ばれる.白色固体.融点69～71℃.特にエーテルおよび石油中の過酸化物の生成を防ぐために用いられる抗酸化剤.脂質含有ウイルスの,強力な不活性化剤.皮膚刺激薬.

四フッ化炭素 carbon tetrafluoride

CF_4. 融点-150℃,沸点-128℃.不活性ガス(CとF_2から生成).精錬に用いられているほか,絶縁用気体として使用されている.

四フッ化二窒素 dinitrogen tetrafluoride

N_2F_4. →窒素のフッ化物

シフト試薬 NMR shift reagents

種々の常磁性ランタニドキレート化合物.主にβ-ジケトン錯体は,分子中の電気陰性原子を配位させることでその近傍に位置する核の化学シフトを大きく変化させることができる.これにより,NMRスペクトルを単純化するのに有用である.特に$Eu(dpm)_3$, $Eu(fod)_3$, $Yb(fod)_3$, $Pr(fod)_3$などが用いられる(Hfodはヘプタフルオロジメチルオクタンジオン,Hdpmはジピバロイルメタンの略称である).

ジフルオロメタン difluoromethane

CH_2F_2. 沸点-52℃.冷媒としてのその他のフルオロカーボンとの共沸混合物として用いられる気体.→フルオロカーボン

ジ-n-プロピルケトン di-n-propyl ketone
→3-,4-ヘプタノン

1,2-ジブロモエタン 1,2-dibromoethane

$BrCH_2-CH_2Br$. 別名二臭化エチレン.甘い香りを持つ無色の液体.融点10℃,沸点132℃.エチレンを約20℃で臭素あるいは臭素と水の混合物中に通して生成する.化学的性質は1,2-ジクロロエタンに類似しており,水酸化アルカリとともに加熱すると,臭化ビニルが生じる.ガソリン,貯蔵製品用燻蒸剤および殺線虫剤として用いられている.おそらく発ガン性を有する.

1,2-ジブロモ-3-クロロプロパン 1,2-dibromo-3-chloropropane

$CH_2BrCHBrCH_2Cl$. 沸点196℃.やや刺激性の臭いを持つ,重いコハク色の液体.塩化アリルに臭素を付加させると生成する.土壌燻蒸剤および殺線虫剤として用いられている.ヒトに不妊症を引き起こす可能性がある.おそらく発ガン性を有する.

四分法 quartering
→円錐四分法

ジベレリン gibberellins

東京帝国大学の藪田貞治郎,住木諭介の二人によってイネの馬鹿苗病菌の病原体である

Gibberella fujikuroi という菌類から単離された．いくつかの成分の混合物であるが，最も重要なものはジベレリン酸である．

ジベレリン酸 gibberellic acid（gibberellins）
植物の生長調整因子．イネの馬鹿苗病菌 *Gibberella fujikuroi* の代謝産物であるジベレリンと呼ばれる一連の植物ホルモンのうち最も重要な化合物．

1,2,5,6-ジベンズアントラセン 1,2,5,6-dibenzanthracene
$C_{22}H_{14}$．銀色小葉状結晶．融点262℃．コールタールから得られる多環式芳香族化合物で，発ガン性．1,2,7,8-誘導体も知られており，融点は196°．

ジベンゼンクロム dibenzenechromium
$C_{12}H_{12}Cr$，下図に構造式を示す．焦茶色結晶．融点284～285℃，空気により急速に酸化される．$CrCl_3$，C_6H_6，$AlCl_3$ および還元剤から生成する．π-アレーン錯体のプロトタイプで2つのベンゼン環が対称的に金属に結合したサンドイッチ構造を持つ．

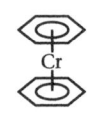

ジペンタエリスリトール dipentaerythritol
$C_{10}H_{22}O_7$，[$(CH_2OH)_3CCH_2$]$_2O$．ペンタエリスリトールの合成途中で生成する．融点222℃．通常のペンタエリスリトールに副生品として含まれる．用途は乾性油・エステル樹脂・アルキド樹脂の製造，可塑剤や難燃性組成物の調製．

ジペンテン dipentene
最も簡単なテルペン系炭化水素．→リモネン

脂肪 fats
一般式 $R^1C(=O)OCH_2-CH(OC(=O)R^2)-CH_2OC(=O)R^3$ で表される脂肪酸とグリセリンのエステル．ここで R^1，R^2，R^3 は同じ脂肪酸残基でもよいが，一般に脂肪は混合グリセリドで，それぞれ脂肪酸が異なっている．脂肪中に最も多く含まれる脂肪酸はオレイン酸，パルミチン酸，ステアリン酸である．"油（オイル）"とは通常20℃で液体のものを指し，"脂肪"とは固体のものを指す．脂肪は酸，アルカリ，過熱した水蒸気，リパーゼで加水分解するとグリセロールと脂肪酸を生じる．アルカリで加水分解すると脂肪酸はアルカリと反応して石鹸を生成する．それゆえアルカリ加水分解は鹸化と呼ばれる．脂肪を250℃以上に熱すると分解してアクロレインを生成し強い臭気を発するので，脂肪の優れた検出法として利用されている．脂肪を組織から抽出するには，エーテルなどの溶媒を用いるのが簡便である．脂肪は動物の食餌の必須成分であり，体内の主な脂質貯蔵物である．動物体内では炭水化物を脂肪に変換している．一部は小腸から脂肪として吸収されリンパ系に入り，また一部はリパーゼにより加水分解されて脂肪酸として吸収され，肝臓に直接運ばれる．体内で主に β-炭素が酸化されることにより分解される．

脂肪酸 fatty acids
炭素，酸素，水素からなりアルキル基がカルボキシルに結合した一塩基酸．飽和脂肪酸は一般式 $C_nH_{2n}O_2$ で表され，ギ酸と酢酸が最も小さく，パルミチン酸，ステアリン酸などがある．不飽和脂肪酸には種々の系列がある．

①オレイン酸系列 $C_nH_{2n-2}O_2$：二重結合を1つ持ち，最も小さいものはアクリル酸．

②リノール酸系列 $C_nH_{2n-4}O_2$：2つの二重結合を持つ．

③リノレイン酸系列 $C_nH_{2n-6}O_2$：3つの二重結合を持つ．

4つ以上の二重結合を持つ脂肪酸，ヒドロキシ基を持つ脂肪酸，環状脂肪酸も天然に存在する．

低分子量のものは液体で水に可溶で，水蒸気蒸留が可能である．炭素数が多くなるにつれて融点や沸点が上昇し固体となり，水に対する溶解度や揮発性が低下する．高級脂肪酸は固体で水に不溶，有機溶媒に可溶である．

脂肪酸は天然に主にグリセリドとして存在し（→脂肪），油脂の主成分をなす．また他のアルコールとのエステルや蝋としても存在する．天然にみられる脂肪酸は，ほとんどのものが直鎖で炭素数は偶数である．天然由来のグリセリド（獣脂（タロー）やヤシ油など）の加水分解により製造される．ヘルスケア用品，潤滑剤，クリーナー，コーティング，接着剤，織物の添加

剤に用いられる.

四ホウ酸ナトリウム sodium tetraborate
$Na_2B_4O_7$. →ホウ砂

脂肪族化合物 aliphatic
炭素原子が鎖を形成し, 閉じた環状になっていない化合物. もともと脂肪や脂肪酸を記載するために用いられた. 脂肪や脂肪酸は脂肪族の典型的な構造を持つ.

ジホスゲン diphosgene
$ClC(O)OCCl_3$. ホスゲンの二量体. ギ酸メチルの光塩素化で得られる. 沸点128℃. 合成に用いられる.

ジホスフィン diphosphines
$Ph_2PCH_2CH_2PPh_2$ や $Me_2PCH_2CH_2PMe_2$ など重要なキレート剤の一種. R_2PNa と1,2-ジハロエタンから得られる. diphos と略記する. 特に水素化の触媒となる錯体の形成に用いられる.

ジホスホピリジンヌクレオチド diphosphopyridine nucleotide (DPN)
→ニコチンアミドアデニンジヌクレオチド

ジボラン diborane
B2H6. →ホウ素の水素化物

シーボルギウム seaborgium
元素記号 Sg. 人工元素. 原子番号 106, 第6族. Mo や W に類似の化学的性質を示す.

ジムシルナトリウム dimsyl sodium
→ディムシルナトリウム

***cis*-ジメチルアクリル酸** *cis*-dimethylacrylic acid
→チグリン酸

ジメチルアニリン dimethylanilines (xylidines)
キシリジンともいう. ニトロキシレンの還元で得る. 染料の製造に用いられる.

***N,N*-ジメチルアニリン** *N,N*-dimethylaniline
$C_8H_{11}N$, PhNMe$_2$. 特徴的な臭気を持つ無色油状物. 沸点 193℃. アニリンをメタノールおよび少量の硫酸と 215℃ に加熱して得る. ペルオキシダーゼを Fe^{2+} や Fe^{3+} の定量に用いられる.

4-(ジメチルアミノ)ピリジン 4-(dimethylamino)pyridine (4-pyridinamine)
$C_7H_{10}N_2$. 融点 111～114℃. 重合触媒で特にウレタンの重合に用いられる.

3-(ジメチルアミノ)フェノール 3-(dimethylamino)phenol
$C_8H_{11}NO$. 無色針状晶. 融点 87℃, 沸点 265～268℃. *N,N*-ジメチルアニリン-3-スルホン酸を NaOH と融解するか, レゾルシノール, ジメチルアミン硫酸塩, ジメチルアミンの混合物を加熱して得る. 他の3-(アルキルアミノ)フェノールも同様の方法で合成できる. 色素製造の中間体として利用される.

4-(ジメチルアミノ)ベンズアルデヒド 4-(dimethylamino)benzaldehyde (Ehrlich's reagent)
4-(Me_2N)C_6H_4CHO. 別名をエールリッヒ試薬という. アルカロイドなどの発色試薬. $Me_2NC_6H_5$ を DMF でホルミル化して得る.

3-(ジメチルアミノメチル)インドール 3-(dimethylaminomethyl)indole (gramine)
無色固体, 融点 132～134℃. インドール誘導体の重要な合成中間体. インドールをホルムアルデヒドおよびジメチルアミンと反応させ(マンニッヒ反応)て得る. 別名をグラミンという.

ジメチルアミン dimethylamine
→メチルアミン類

ジメチルグリオキシム dimethylglyoxime (diacetyl dioxime, butane-2,3-dione dioxime)
$C_4H_8N_2O_2$, $CH_3C(=NOH)C(=NOH)CH_3$, ジアセチルジオキシム, ブタン-2,3-ジオンジオキシム. 無色針状晶, 融点 240～241℃. 215℃ で昇華する. ジアセチルにヒドロキシルアミンを作用させて得る. またはメチルエチルケトンを亜硝酸エチルおよび塩酸と加熱してジアセチルモノオキシムを得て, それをヒドロキシルアミンモノスルホン酸ナトリウムと反応させて得る. 徐々に重合する. *o*-フェニレンジアミンと縮合してキノキサリン誘導体を生成する. ニッケルと定量的に反応して暗赤色結晶性のニッケル塩を生成する. 適切な条件ではジメチルグリオキシムは Bi, Cu, Co, Pd の検出および定量に利用できる. 繊維の防腐剤としても用いられる.

5,5-ジメチル-1,3-シクロヘキサンジオン 5,5'-dimethyl-1,3-cyclohexanedione
→ジメドン

ジメチルジスルフィド dimethyl disulphide

(methyl disulphide)
CH$_3$SSCH$_3$．メチルジスルフィド．二硫化ジメチルということもある．沸点 108～110℃．石油中の硫黄に対する溶媒．合成用の溶媒．メタンチオールを酸化して得る．

ジメチルスルホキシド dimethyl sulphoxide (DMSO, methyl sulphoxide)
Me$_2$SO．単にメチルスルホキシドということもある．よく DMSO と略して呼ばれる．無色無臭の固体．融点 18℃，沸点 189℃．広範の無機化合物，有機化合物に対するよい溶媒．飽和脂肪族炭化水素は DMSO にほとんど溶けない．毒性が低く，生物学や薬学，特に低温保存用に用いられる．化学反応性は低級脂肪族スルホキシドとして振る舞う．水素化ナトリウムと反応して陰イオン[CH$_3$SOCH$_2$]$^-$の塩（ジムシルナトリウム）を形成する．この陰イオンは強力な求核剤で合成に利用されることもある．ジメチルスルフィドの酸化で得る．金属イオンには通常酸素原子で配位するが，Pt(II)などには硫黄原子で配位することもある．

ジメチルスルホラン dimethyl sulpholane (2,4-dimethyltetrahydrothiophene-1,1-dioxide)
2,4-ジメチルテトラヒドロチオフェン-1,1-ジオキシド．融点 280℃．抽出用の溶媒．

ジメチルスルホン dimethyl sulphone
Me$_2$SO$_2$．沸点 238℃．重要な溶媒．

四メチル鉛 tetramethyl lead (TML)
自動車用ガソリンのアンチノック剤として一時期多用された．→鉛の有機誘導体

1,1-ジメチルヒドラジン 1,1-dimethylhydrazine（*unsym*-dimethylhydrazine）
Me$_2$NNH$_2$．融点 -58℃，沸点 64℃．引火しやすく吸湿性で 空気中で発煙する黄色液体．Me$_2$NH と NH$_3$ を触媒の存在下で反応させて得る．ロケット用液体燃料に用いられる．皮膚や粘膜を冒す．

2,3-ジメチルブタジエン 2,3-dimethylbutadiene（β,γ-dimethylbutadiene）
C$_6$H$_{10}$．H$_2$C=CMeCMe=CH$_2$．無色液体，沸点 69.5℃．アセトンをピナコロンに変換し，その蒸気を加熱した KHSO$_4$ 上に通して得る．徐々にゴム状物質に変化する．金属ナトリウムや過酸化物が存在すると変換は促進される．合成ゴムの製造に用いられる．

2,2-ジメチルプロパン酸 2,2-dimethylpropanoic acid
→ピバリン酸（ピバル酸）

2,6-ジメチル-4-ヘプタノン 2,6-dimethyl-4-heptanone（diisobutyl ketone, isovalerone）
[(CH$_3$)$_2$CHCH$_2$]$_2$CO．ジイソブチルケトン，イソバレロン．ホロンを還元して得る．沸点 165℃．アルデヒド樹脂の優れた溶媒．

***N,N*-ジメチルベンジルアミン** *N,N*-dimethylbenzylamine
C$_6$H$_5$CH$_2$NMe$_2$．タンパク質の分析に使用される．

ジメチルホルムアミド dimethylformamide (DMF)
HC(O)NMe$_2$．無色液体，沸点 153℃．融点 -61℃．広範の有機化合物，無機化合物に対する優れた溶媒で，反応媒体として広く用いられる．置換・脱離・付加反応に対して触媒として作用することもある．合成試薬としての用途はアルデヒドの合成（オキシ塩化リンとともに用いる），アミンの合成（ロイカルト反応）．ラッカー，接着剤，色素などの溶媒として利用される．

1,2-ジメトキシエタン 1,2-dimethoxyethane
CH$_3$OCH$_2$CH$_2$OCH$_3$．別名をグライム，またはジメチルセロソルブという．水と混和する無色液体，沸点 83℃．溶媒として用いられる．

ジメトキシメタン dimethoxymethane (methylal, methylformal)
C$_3$H$_8$O$_2$．CH$_2$(OCH$_3$)$_2$．メチラール，メチルホルマール．快い臭気の無色液体，沸点 42℃．市販のホルマリンに含まれる．塩化メチレンとナトリウムメトキシドの反応またはメタノールとホルムアルデヒドの混合物を塩化カルシウムと少量の塩酸で処理して得る．優れた溶媒．多くの反応でメタノールやホルムアルデヒドの代わりに用いられる．

ジメドン dimedone (5,5-dimethyl-1,3-cyclohexanedione)
C$_8$H$_{12}$O$_2$．5,5-ジメチル-1,3-シクロヘキサンジオン．黄緑色針状晶またはプリズム状晶．融点 148～149℃．冷水に微溶．アルデヒドと反

応して結晶性の付加物を生じる．

ジメルカプロール dimercaprol
ジチオグリセリン（BAL）の薬学分野における名称．→ジチオグリセリン

シメン cymenes（isopropylmethylbenzenes）
$C_{10}H_{14}$，イソプロピルメチルベンゼン．4-シメンは無色の液体で，沸点177℃．水に不溶，有機溶媒に混和する．クミン，タイム，アカザなどの多くの精油中に産出する．木材パルプの亜硫酸プロセス廃液中に含まれる油から得る．樟脳を $ZnCl_2$ と加熱しても生成でき，またテレビン油からも得られる．クロム酸により酸化されテレフタル酸を生じ，硝酸により酸化されると4-トルイル酸となる．塗料の薄め液（シンナー）として用いられるほかチモールの製造に使用される．他の異性体はあまり重要ではない．

シーメンス法 Siemens's process
平炉を用い，金属クズ，酸化鉄，フェロマンガンを添加して生子銑（鋳鉄）を溶融する鋼鉄の製法．LD法が普及した現在ではもはや過去のものとなった．

四面銅鉱 fahl ore（tetrahedrite）
Cu_3SbS_3．テトラヘドライトともいう．鉄分やヒ素分を含むものもある．安四面銅鉱．

シモンズ-スミス試薬 Simmons-Smith reagent
ジヨードメタンをエーテル中で亜鉛-銅合金と反応させたとき生成する ICH_2ZnI．この試薬はアルケンに立体特異的にシス付加してシクロプロパン環を高収率で生じる．名称はこの反応を発見したデュポン社の化学者2人にちなむ．

錫石 tinstone, cassiterite
しゃくせき．「すずいし」とも読む．SnO_2．
→スズの酸化物

弱電解質 weak electrolytes
溶液中で完全にはイオン化しない物質．

写真 photography
像を記録するプロセス．化学写真ではハロゲン化銀を含んだ写真フィルムを用いる．ハロゲン化物イオンは電子とホールの対を生じ，Ag^+ はその電子を受け取って Ag 原子を生成し，それがクラスターとなって潜像を形成する．

写真用現像試薬 photographic developers
露光した写真板上のハロゲン化銀粒子を特異的に還元する化学薬品．

写真用ゼラチン photographic gelatin
写真に用いられるハロゲン化銀を乳濁させる媒体．乳濁粒の保護コロイドであり感度を向上させる．

遮断 quenching
アークや電流などを急激に停止させること．真空管中での電子流を停めることをもいう．

遮蔽 shielding
NMR においてシグナルを高磁場シフトさせる効果．逆は脱遮蔽．

シャペロンタンパク質 chaperone protein
タンパク質またはタンパク質のサブユニットで，プロセスにおける必須要素を運搬する．金属シャペロンが金属イオンを運搬することもしばしばある．

斜方向類似性 diagonal relationship
周期表（短周期型）で互いに斜めの位置にある典型元素（例えば Li と Mg や，Be と Al など），それぞれの化合物の間にみられる類似性（溶解度や熱安定性など）．原子やイオンの大きさや結合のタイプが類似していることから生じる．

斜方晶系 orthorhombic system
→直方晶系

シャルルの法則 Charles's law
一定圧力における気体の容積は絶対温度に正比例する．

重亜硫酸ナトリウム sodium bisulphite（sodium hydrogen
→亜硫酸水素ナトリウム

自由エネルギー free energy
2種類あるが，化学で重要なのは G（J. S. ギブスにちなむ．ギブスの自由エネルギーともいう）で表される熱力学状態関数．系の自由エネルギー変化（ΔG）はエンタルピー，エントロピー変化と $\Delta G = \Delta H - T\Delta S$ で関係づけられる．ΔG は想定した変化により取り出せる仕事の最大量の尺度である．いかなる系においても平衡の位置は自由エネルギー変化により決まり，平衡状態では $\Delta G = 0$ になる．標準状態の物質，例えばある温度 T，1気圧で1モルの物質に対する自由エネルギー変化を標準自由エネルギー変化（standard free energy change）$\Delta G°_T$ といい，ある反応が熱力学的に起こり得るか否かを決定するという点で非常に重要である．反応が熱力

学的に起こり得る，すなわち平衡状態において反応物より生成物を多く与えるには $\Delta G°$ の値が負である，すなわち反応物から生成物に変わるとき標準自由エネルギーが減少することが必要である．G，ΔG，$\Delta G°$ は通常，化学反応に関してはキロジュール/モルの単位で表される．もう1つの自由エネルギーである「ヘルムホルツ自由エネルギー」は定圧でのエネルギー変化において重要である．

臭化アルミニウム aluminium bromide
$AlBr_3$．無水の臭化アルミニウムは $AlCl_3$ に極めて似ており，Al と Br_2 の直接反応で，または Br_2 を Al_2O_3 と炭素上で反応させて作る．淡黄色の潮解性の固体である．水和物 $AlBr_3 \cdot 6H_2O$ を生成する．水和物は水酸化アルミニウムを臭化水素酸に溶解させた溶液から結晶として得ることができる．

臭化アンチモン antimony bromide
三臭化アンチモン $SbBr_3$（Br_2 と Sb から生成）．融点97℃，沸点280℃．$SbCl_3$ に類似している．さらに高次の臭化物は知られていないが，ヘキサブロモアンチモン酸塩，すなわち $M_2[SbBr_6]$（Sb(Ⅲ)と Sb(Ⅴ)を等モル含有する）と $M[SbBr_6]$ は知られている．

臭化アンモニウム ammonium bromide
NH_4Br．無色の結晶性固体．空気中で黄色になる．水に容易に溶け，加熱により昇華する．気体または溶液中で，HBr と NH_3 から生成する．

臭化硫黄 sulphur bromide (sulphur monobromide)
一臭化硫黄 S_2Br_2 のみが知られている．

臭化カリウム potassium bromide
KBr．KOH または K_2CO_3 と HBr，あるいは Br_2 と KOH から得る．融点728℃，沸点1376℃．写真用や鎮静剤として用いられる．

臭化カルシウム calcium bromide
$CaBr_2$．塩化カルシウムに極めて類似した化合物．

臭化銀 silver bromide
AgBr．淡黄色固体，融点420℃．水溶液から沈殿させて得る．塩化銀に類似．感光性があり写真用乳剤の主原料となる．

臭化クロム chromium bromides
→クロムの臭化物

臭化コバルト cobalt bromide
→コバルトのハロゲン化物

臭化水素 hydrogen bromide
HBr．融点-88℃，沸点-67℃．無色気体．単体同士を触媒（活性炭または白金）の存在下で反応させて得る．または Br_2，赤リン，H_2O を反応させて得る（揮発性生成物は HBr のみ）．水に溶けて臭化水素酸となる（臭化水素酸は Br_2 と H_2O を SO_2 または H_2S で処理しても得られる）．臭素の発生源に用いられる．臭素化剤や還元剤としても利用される．

臭化水素酸 hydrobromic acid
臭化水素の水溶液．強酸である．

臭化セチルトリメチルアンモニウム cetyl trimethylammonium bromide
→セトリミド

臭化ナトリウム sodium bromide
NaBr．融点757℃，沸点1393℃．Na_2CO_3 または NaOH と HBr から得る．あるいは Br_2 と熱 NaOH 溶液の反応で（$NaBrO_3$ とともに）得られる．NaCl 構造．

臭化鉛 lead bromide
$PbBr_2$．融点373℃，沸点916℃．冷水から沈殿として得られるが，熱水には可溶．鉛(Ⅳ)の臭化物は知られていない．

臭化ニッケル nickel bromide
$NiBr_2$．水和物を形成する．

臭化バリウム barium bromide
$BaBr_2$．→バリウムのハロゲン化物

臭化ビスマス bismuth bromide
$BiBr_3$．→ビスマスのハロゲン化物

臭化ヒ素 arsenic bromide
$AsBr_3$．→ヒ素のハロゲン化物

臭化物 bromides
金属を HBr 水溶液に溶解する，あるいは金属と Br_2 を直接（あるいはメタノール中で）反応させる，あるいは HBr とアルカリ金属（Na，K など）の炭酸塩を反応させることによって得られる．臭化物のいくつか（NH_4，K，Na）は医薬品（鎮静剤）として用いられる．銀塩は感光作用を利用して写真材料に利用される．

臭化ヘキサメトニウム hexamethonium bromide
$[(CH_3)_3N(CH_2)_6N(CH_3)_3]Br_2 \cdot H_2O$．神経節

遮断薬．血圧降下剤．
臭化ベリリウム　beryllium bromide
　→ベリリウムのハロゲン化物
臭化ホウ素　boron bromides
　→ホウ素の臭化物
臭化マンガン　manganese bromide
　$MnBr_2$ 水和物を形成する．水和物を HBr 気流中で加熱すると無水物が得られる．水に極めてよく溶ける．
臭化メチル　methyl bromide
　燻蒸剤．→ブロモメタン
周　期　period
　周期表における元素の系列で，1 周期はアルカリ金属元素（第 1 族）から希ガス（第 18 族）までの元素群である．①非常に短い第 1 周期（2 元素）H と He，②2 つの短周期（8 元素）Li 〜 Ne と Na 〜 Ar，③遷移元素を含む 2 つの長周期（18 元素）K 〜 Kr と Rb 〜 Xe，④ランタニド元素を含むもっと長い周期（32 元素）Cs 〜 Rn と，⑤アクチニド元素を含む未完成の周期 Fr 〜 Rg がある．
周期表　periodic table
　元素を原子番号の順に並べた表で，元素同士の化学的性質や類似の電子配置を持つ元素同士の関係がわかるように配置されている．縦に並んだ元素のグループ（類似の化学的性質を持つ元素群）の番号のつけ方には種々の方式がある．

→周期律
周期律　periodic law
　メンデレエフは 1869 年にニューランズの音階律（→音階律）とは独立に「元素の性質は原子量の周期的な関数である」，言い換えれば元素を原子量が増加する順に並べると類似の性質を持つ元素が特定の間隔で現れるという法則を提案した．この原理は原子量を原子番号に代えるという修正を経て，現在の周期表の基礎となった．
重　合　polymerization
　繰り返し単位からなる巨大分子を生成する過程．構造単位（"mer"という）は反応させる単量体に由来するが，単量体と同一構造とは限らない．mer が反応に用いる単量体と構造的に同一であるポリマーが生成する重合過程を付加重合（addition polymerization）という．スチレンを付加重合させるとポリスチレンが生じる．

$$nPhCH=CH_2 \rightarrow [-CHPhCH_2-]_n$$

このような反応は，過酸化ベンゾイル，過硫酸アンモニウム，アゾビスイソブチロニトリルなどの開始剤に紫外線や γ 線を照射して発生するフリーラジカルにより開始される．または例えば BF_3 や $TiCl_4$ から誘導される反応性のイオンにより開始されるイオン反応の場合もある．この過程はプラスチック工業では，最も良く知

周期表

族	1	2	3	4	5	6	7	8	9	10	11	12	13	14	15	16	17	18
外殻電子配置	s^1	s^2	d^1	d^2	d^3	d^4	d^5	d^6	d^7	d^8	d^9	d^{10}	p^1	p^2	p^3	p^4	p^5	p^6
	H																	He
	Li	Be											B	C	N	O	F	Ne
	Na	Mg											Al	Si	P	S	Cl	Ar
	K	Ca	Sc	Ti	V	Cr	Mn	Fe	Co	Ni	Cu	Zn	Ga	Ge	As	Se	Br	Kr
	Rb	Sr	Y	Zr	Nb	Mo	Tc	Ru	Rh	Pd	Ag	Cd	In	Sn	Sb	Te	I	Xe
	Cs	Ba	La*	Hf	Ta	W	Re	Os	Ir	Pt	Au	Hg	Tl	Pb	Bi	Po	At	Rn
	Fr	Ra	Ac+	Rf	Db	Sg	Bh	Hs	Mt	Ds	Rg	112	113	114	115	116	(117)	(118)
ランタニド*	La	Ce	Pr	Nd	Pm	Sm	Eu	Gd	Tb	Dy	Ho	Er	Tm	Yb	Lu			
アクチニド+	Ac	Th	Pa	U	Np	Pu	Am	Cm	Bk	Cf	Es	Fm	Md	No	Lr			

番号が（　）内に記載された元素はまだ確実に同定されていない．（　）のない番号で示した元素は元素名が確立されていない．

られた例がビニルまたはその関連モノマーを含むため,ビニル重合とも呼ばれる.付加重合は,特にイオン重合の場合,反応速度が大きく比較的低温で行えることが特徴である.連鎖反応の場合に予想される典型的な速度論に従う.この過程は,プラスチックや合成ゴム用のポリマーやコポリマーの製造に工業的に重要である.

塊状重合ではバルクのモノマーがポリマーに変換される.溶液重合では反応は溶媒の存在下で行われる.懸濁・分散・粒重合では,溶解した開始剤を含むモノマーを別の反応不活性な液体媒体(通常は水)中に液滴の形で分散させて重合を行う.乳化重合では水溶性の開始剤の存在下でモノマーの水系乳濁液からポリマーラテックス(水中にコロイド状に分散したポリマー)を得る.

縮重合では重合の各段階で容易に除去される分子(水の場合が多い)が脱離する.例えばポリエステルであるポリエチレンテレフタレート(テリレン)はエチレングリコールとテレフタル酸の縮重合により生成する.

$$n\text{HO}\cdot[\text{CH}_2]_2\cdot\text{OH} + n\text{HO}\cdot\text{CO}\underset{}{\bigcirc}\text{C(O)OH}$$
$$\downarrow$$
$$\left\{\text{O}\cdot[\text{CH}_2]_2\cdot\text{O}\cdot\text{CO}\underset{}{\bigcirc}\text{CO}\right\}_n + n\text{H}_2\text{O}$$

この過程ではポリマーと反応させたモノマーの組成式は異なっており,構造単位(mer)はモノマーと同一ではない.この種の重合の速度論は単純な縮合反応の場合と同じである.このため,多重縮合というのがより適切であろう.速度論的に別の可能性が示唆されない限り,環状生成物が開環して鎖状のポリマーを生成する重合過程は縮重合に分類される.重要なポリマーとしてはフェノール,尿素またはメラミンとホルムアルデヒドを重合させたもの,ポリエステル,ポリアミド(ナイロン),ポリシロキサン(シリコーン)が挙げられる.

重合度 degree of polymerization

オリゴマーあるいはポリマー1分子中のモノマー単位の数.

シュウ酸 oxalic acid (ethanedioic acid)

$C_2H_2O_4$, HO(O)C-C(O)OH.系統的名称ではエタン二酸.水から結晶化すると二水和物の大きなプリズム状晶が得られる.毒性があり,神経系の麻痺を引き起こす.融点101℃(水和物),189℃(無水),157℃で昇華する.サトウキビの葉に遊離の酸として存在し,カタバミおよびルバーブ(大黄)の根にはシュウ酸水素カリウムとして存在する.市販のシュウ酸はギ酸ナトリウムから作られる.ギ酸ナトリウムは無水 NaOH と CO を 150〜200℃,7〜10 気圧で反応させて得られるのだが,反応時の圧力が低いとシュウ酸ナトリウムが生成する.ナトリウム塩に硫酸を加えることで容易に遊離の酸が得られる.シュウ酸はクエン酸製造の副生成物としても得られ,また炭水化物の V_2O_5 存在下における硝酸酸化や,NO とパラジウム塩存在下でのアルコールのカルボキシル化によっても得られる.硫酸と加熱すると,分解して CO,CO_2 および H_2O を生じる.グリセリンとともに加熱するとギ酸を生じる.酸性塩および正塩を形成する.カリウムやアンモニウムとの正塩は水溶性であるが,酸性塩は溶解度が低く,また他の金属塩は微溶性,カルシウム塩は極めて不溶である.シュウ酸は金属の洗浄用また化学合成中間体として利用される.漂白作用を有するため,織物の仕上げ,皮革の漂白に用いられる.家庭用では白いもの,例えば綿から錆や血液汚れを除くのに利用される.

シュウ酸エステル oxalate (ester)

シュウ酸のエステル.

シュウ酸塩 oxalates

$C_2O_4^{2-}$ を含む正塩と,$HC_2O_4^-$ を含む酸性塩が知られている.

シュウ酸カリウム potassium oxalate

$C_2O_4K_2\cdot H_2O$.酸性塩 $C_2O_4HK\cdot H_2O$ も知られており,分解すると四シュウ酸塩 $C_2O_4HK\cdot C_2O_4K_2\cdot 2H_2O$ を生じる.シュウ酸カリウムはインクの染みや鉄錆びの除去,写真,媒染剤に利用される.酸性シュウ酸カリウムは別名を「sal acetosella(カタバミの塩)」,「sorrel salt(ギシギシの塩)」,「salt of lemon(レモンの塩)」などと呼ばれるが,大量に摂取すると中毒する.いずれも KOH または K_2CO_3 とシュウ酸から得られる(訳者記:料理用の「レモン塩」はこれとは全く別物で,レモンの皮の乾燥粉末を食

卓塩に混合したものである．注意のこと)．

シュウ酸カルシウム calcium oxalate
$CaC_2O_4 \cdot H_2O$．最も溶解性の低いカルシウム塩の1つでCa^{2+}の定量に用いられる．沈殿させたのち，このシュウ酸分を過マンガン酸カリウムにより滴定するか，ルツボで熱分解してCaOとして定量する．180℃でH_2Oを失い$CaCO_3$となり，空気中で加熱することにより最終的にCaOを生じる．ルバーブ(大黄)などの植物中に産出する．

シュウ酸ジエチル diethyl oxalate
$C_6H_{10}O_4$，$(C(O)OEt)_2$．単にシュウ酸エステルと呼ばれることもある．無色の液体．沸点185℃．シュウ酸，アルコールおよび四塩化炭素の混合物を蒸留して生成する．ナトリウムの存在下で他のエステルと縮合する．有機合成に用いられるほか，溶媒として用いられる．

シュウ酸ナトリウム sodium oxalate
無色結晶．還元剤．カルシウムイオンなどの沈殿試薬でもある．酸性塩のシュウ酸水素ナトリウムも知られている．

獣　脂 tallow
動物の脂肪組織．主成分は脂肪酸グリセリド．

重晶石 barytes (heavy spar)
$BaSO_4$．よくみられる鉱物で，しばしば見事な斜方晶系結晶として産出する．純粋なものは無色または白色であるが，不純物を含むものは茶色や青みがかった色合いとなる．バリウム化合物の原料として用いられる．微粉末にして顔料や石油採掘泥水に用いる．

重　水 heavy water (deuterium oxide)
D_2O．用途は重水素置換体の合成，トレーサー，反応機構の解明，NMRの重水素溶媒，原子炉の減速材．

重水素 heavy hydrogen
狭義ではD(デューテリウム)のみを指すが，トリチウム(三重水素)をも含めたものとして使うことも多い．

臭　素 bromine
元素記号Br．非金属元素．原子番号35，原子量79.904，融点-7.2℃，沸点58.8℃，密度(ρ) 3100 kg/m^3 ($=3.100$ g/cm^3)．地殻存在比0.37 ppm，電子配置[Ar]$4s^24p^5$．臭素は暗赤色の液体．蒸気はBr_2を含み，赤色で有毒．天然には臭化物として海水や天然塩水，塩類鉱床中に産出する．Cl_2で処理して，得られたBr_2は空気流を送って取り出す．Br_2は極めて反応性に富み，酸化剤として作用するほか，多くの元素の臭化物を生じる．主な用途は二臭化エチレンの原料であるが，その他燻蒸剤，防炎剤，殺菌剤，水浄化材，写真材料としても用いられている．

臭素の塩化物 bromine chlorides
→臭素のハロゲン化物

臭素の化学的性質 bromine chemistry
臭素は17族の典型的なハロゲン元素で非金属．最も安定な酸化状態は-1で，酸性溶液中，および多くの共有結合性の臭化物中でBr^-イオンとして存在する．
$$E° \quad (1/2)Br_2 \to Br^- + 1.07 \text{ V}$$
共有結合性の臭素基は一般的に1つの原子にのみ結合するが，2～3の金属を架橋することもある．簡単に陽イオンとはならないが，不安定な化学種として例えば$[Br(py)_2]^+$ ($AgClO_4$とBr_2およびピリジンから生成)や$[BrF_2]^+$ (BrF_3付加物中に存在)が知られている．臭素は酸化数+1で共有結合を形成(BrF)するほか，酸化数+3 (BrF_3, $[BrF_4]^-$)，酸化数+5 (BrF_5, $[BrO_3]^-$)，酸化数+7 ($[BrO_4]^-$)で共有結合を形成し，これらの多くは陰イオン種も形成する．→臭素酸塩

臭素の酸化物 bromine oxides
一酸化臭素は比較的不安定である．Br_2O，融点-17℃ (Br_2をHgOと反応させて得る)；BrO_2，Br_3O_5はさらにいっそう不安定 (Br_2とO_2を放電管中で反応させる)．これらの酸化物は形式上酸性酸化物であり，さまざまなオキシアニオンが知られている．→臭素酸塩

臭素のハロゲン化物 bromine halides
フッ化物(fluorides) BrF：融点-33℃，沸点20℃．容易に分解してBr_2とBrF_3になる．BrF_3：融点9℃，沸点126℃．T字型構造を持つ黄色液体．フッ素化剤かつ非水溶媒としての役割を有する．BrF_5：融点-60℃，沸点41℃．四角錐型．塩化物のBrClは赤茶色，ヨウ化物はBrI．複雑なハロアニオンとオキシハロゲン化物も知られている．

臭素のフッ化物 bromine fluorides

→臭素のハロゲン化物

臭素化ビフェニル brominated biphenyls (diphenyls)
→ジフェニル

収束限界 convergence limit
→融合限界

収束周波数 convergence frequency
→融合周波数

臭素酸 bromic acid
$HBrO_3$. 臭素酸バリウムと硫酸の複分解によって水溶液として得られる.

臭素酸塩 bromates
広義では臭素のオキソアニオンを含有する塩. 次亜臭素酸イオン$[BrO]^-$, 臭素(I)酸イオン; 臭素酸イオン (通常の意味)$[BrO_3]^-$, 臭素(V)酸イオン; 過臭素酸イオン, $[BrO_4]^-$, 臭素(VII)酸イオンが含まれる. 次亜臭素酸イオンは Br_2 と塩基から生成されるが, 0℃以上で BrO^- は不均化により Br^- と $[BrO_3]^-$ を生じる. 臭素(V)酸イオンは高温で安定であり, $Ba(BrO_3)_2$ と H_2SO_4 から $HBrO_3$ (臭素(V)酸) が溶液として得られる. 過臭素酸イオンは $[BrO_4]^-$ を電解酸化するか XeF_2 または F_2 で酸化して得る; 遊離酸の $HBrO_4$ は減圧濃縮すると二水和物結晶を得ることができる. $[BrO_4]^-$ は強力な酸化剤であるが, 反応は遅い.

$E°$ (酸溶液) $[BrO_4]^- \to [BrO_3]^- + 1.76\,V$
$E°$ (酸溶液) $[BrO_3]^- \to [BrO]^- + 0.56\,V$
$[BrO]^- \to Br_2 + 0.56\,V$

臭素酸カリウム potassium bromate (potassium bromate(V))
$KBrO_3$. Br_2 と熱 KOH 水溶液から合成される. 加熱により分解して KBr と O_2 を生じる. 容量分析の標準試薬として用いられる. パン, 小麦粉に使用される.

臭素酸ナトリウム sodium bromate
$NaBrO_3$. NaBr 水溶液の電解, または Br_2 を熱 NaOH 溶液に作用させて得る. 優れた酸化剤で, コールドパーマなどにも利用される.

重炭酸アンモニウム ammonium bicarbonate
→炭酸水素アンモニウム

重炭酸塩 bicarbonates (hydrogen carbonates)
炭酸水素塩の古称. →炭酸

重炭酸ナトリウム sodium bicarbonate
$NaHCO_3$. 消火器やベーキングパウダーに用いられる. 以前は「重炭酸曹達」といった. 「重曹」はその省略形. →炭酸水素ナトリウム

終点 end point
滴定において, (広い意味での) 指示薬が少量の滴定物の添加により色などの最大の変化を起こす点. 終点は決まった水素イオン濃度, 他のイオンの濃度または還元電位に対応しているが, 必ずしも当量点とは一致しない.

充填カラム packed column (packed tower)
気-液接触, 気体の吸収, 小規模の工業的蒸留, 液-液抽出に利用される.

充填塔 packed tower
工業的な蒸留塔のなかにいろいろな小片を充填して, 気-液交換平衡を達成しやすくした精留塔をいう.

充填率 packing fraction
結晶構造において, 原子やイオンで満たされている空間の割合を表すのにも用いられる.

自由度 degrees of freedom
相律の観点からいえば, ある系が有する自由度は, その系の状態を完全に定義するために規定しなければならない変動因子 (温度, 圧力, 成分の濃度) の数である. 例えばある質量の気体の温度と圧力が規定されると, その気体の容積はある決まった値になる. したがってこの系の自由度は 2 である.

統計力学において (例えば気体の比熱理論など), 自由度は原子の動きによるエネルギー吸収の独立なモードの数を意味する. したがって単原子気体は 3 つの並進自由度を持つ. 多原子分子はこれに加えて振動と回転の自由度を持つ.

周波数 frequency
振動数ともいう. 静止した観測点を 1 秒間に通過する波 (1 波長分) の数 (単位はヘルツ Hz). 周波数は波の速度と波長に依存する. 分光学では波数 (1 cm あたりの波の数, すなわち波長の逆数, 単位は cm^{-1}) を用いる. 周波数はエネルギーに比例する. 電磁波の速度は $c = 3 \times 10^8\,m/s$.

重フッ化ナトリウム sodium bifluoride (sodium hydrogen fluoride)
フッ化水素ナトリウム, 重フッ化ソーダ.

NaHF₂. →フッ化ナトリウム

絨毛性ゴナドトロピン chorionic gonadotropin
　胎盤が産生する糖タンパク質ホルモンで，妊娠期に尿中に排泄される．これを検出することが妊娠の判定に用いられている．

重陽子 deuteron（deuton）
　→デューテロン

重硫酸ナトリウム sodium bisulphate
　硫酸水素ナトリウム．

重量分析 gravimetric analysis
　安定な誘導体を沈殿させてその質量を測定する分析法．

重量モル濃度 molality
　質量モル濃度の以前からの呼称．現在でも用例は多い．

縮合反応 condensation reactions
　1つの分子を別の分子に付加すると同時に，水，アンモニア，アルコールなどの簡単な分子が除去される反応で，例えばクライゼン縮合などがある．

縮重 degeneracy
　同じエネルギーを持つこと．分野によっては「縮退」という訳語を用いることもある．特に波動関数に対して用いられる．例えば遷移金属の気体状原子において，5つのd軌道は縮重している．結晶場ではこの縮重は解ける．

縮重オービタル degenerate orbitals
　→縮重

熟成効果（沈殿） age hardening
　→時効硬化

樹脂 resins
　高温で軟化する高分子量物質．通常分子量はさまざまであるが制御されている（→熱可塑性樹脂）．合成樹脂は重合によって形成される．天然樹脂は植物由来物質（ロジン）や昆虫由来物質（シェラック）に含まれている．

樹枝状塩 dendritic salt
　樹枝状結晶になったNaCl．通常の岩塩に比べて密度が低く，固化しにくく，より速やかに溶解する．

樹枝状結晶 dendrite
　→デンドライト

酒精定量法 alcoholometry
　液体中のエタノールの割合を定量するプロセス．通常は比重測定が用いられるが，呼気や血液試料などを正確に測定するにはクロマトグラフィーが使用される．飲料などのアルコール濃度はプルーフ表示で記されることが多い．

酒石英 cream of tartar
　→酒石酸水素カリウム

酒石酸 tartaric acid（2,3-dihydroxybutanedioic acid）
　$C_4H_6O_6$，$HO_2CCH(OH)CH(OH)CO_2H$，2,3-ジヒドロキシブタン二酸．結晶としては光学活性体2種，不活性体2種がある．（＋）-酒石酸は融点170℃，水に易溶．ブドウや他の果実に含まれる．粗酒石やワインの澱（カリウム塩）からカルシウム塩として沈殿させ硫酸で酸を遊離させて製造する．主な用途は食品，清涼飲料の酸味料．織物，染色，金属洗浄にも使われる．（－）-酒石酸はラセミ体をシンコニン塩として分別結晶により得る．
　ブドウ（葡萄）酸（ラセミ（±）-酒石酸）は2つの光学活性体の等モル混合物結晶．融点273℃（一水和物），融点205℃（無水物）．（＋）-酒石酸を30% NaOH水溶液と加熱するとメソ酒石酸とともに得られる．またはフマル酸の酸化で得る．
　メソ酒石酸はアキラルで融点140℃（無水物）．水に易溶．ブドウ酸を合成する際の母液から，またはマレイン酸の酸化により得る．

酒石酸アンチモニルカリウム antimonyl potassium tartrate（tartar emetic），potassium antimonyl tartrate
　$KSbO(C_4H_4O_6)\cdot 1.5H_2O$．別名を吐酒石という．医薬品として寄生虫駆除に用いられてきたほか，催吐薬でもある．光学分割用の便利な試薬．実際には二量体のビス（タルトラト）二アンチモン酸カリウム．

酒石酸アンチモニルナトリウム sodium antimonyl tartrate
　$NaSbO(C_4H_4O_6)$．酒石酸アンチモン（Ⅲ）酸ナトリウム．古くからカリウム塩（吐酒石）と同様に薬用に用いられた．

酒石酸水素カリウム potassium hydrogen tartrate（potassium bitartrate, argol, cream of tartar）
　$C_4H_5O_6K$，重酒石酸カリウム，酒石．無色の

塩．熱水に可溶．ブドウの果汁に含まれていて，発酵中に粗酒石として沈殿する．再結晶したものは「クレーム・ド・ターター」とか酒石英と呼ばれる．ベーキングパウダーに用いられる（$NaHCO_3$ を作用させると CO_2 を発生する）．懸濁液は「酒石乳」ともいう．

酒石酸ナトリウムカリウム potassium sodium tartrate tetra-hydrate (Rochelle salt, Seignette salt)
　$C_4H_4O_6NaK\cdot 4H_2O$．ロッシェル塩，セニエット塩などと呼ばれる．強誘電性結晶である．フェーリング溶液に用いられるほか，緩下剤として使われる．セニエットとは最初にこの塩を処方したフランス La Rochelle（ラ・ロシェル）在住の医師の名（A.E. Seignette）である．そのため「ロシェル塩」という名称を主張される向きもあるが，まだ少数のようである．

酒石乳 cream of tartar
　→酒石酸水素カリウム

シュタッスフルト岩塩鉱床 Stassfurt deposits
　北ドイツのシュタッスフルト塩鉱で採掘される種々の塩を含む堆積物をいう．食塩の原料としてのほか，カリウムの資源（カーナル石）でもある．カイナイト，キーゼル石，石膏もあり，副産物として臭素も得られる．

シュタルク効果 Stark effect
　外部電場により原子や分子のエネルギーレベルが分裂する効果．

シュトレッカー合成 Strecker reaction
　α-アミノ酸誘導体を合成する反応の1つ．

シューメイカー-スティヴンソンの式 Schomaker-Stevenson equation
　結合長 r_{A-B} とその結合を形成している2つの原子の半径 r_A，r_B および電気陰性度 X_A，X_B の関係を表す経験式．
$$r_A - r_B = r_A + r_B - 0.09\,(X_A - X_B)$$

ジュラルミン duralumin
　もともとドイツのデュレン社で開発された高強度のアルミニウム合金（だから本来は「デュラルミン」のはず）．銅が4％，マグネシウムを2.5％，マンガン 0.25～1.0％．少量のケイ素や鉄を含む．航空機材料のほか機械や鉄道車両にも用いられる．海水に対しても耐腐食性がある．さらに超ジュラルミン，超々ジュラルミンも作られた．

主量子数 principal quantum number
　→電子配置

ジュール Joule
　SI 単位系におけるエネルギーの単位．記号は J である．$1\,\mathrm{J} = 1\,\mathrm{kg\,m^2\,s^{-2}}$．

ジュールの法則 Joule's law
　①理想気体の内部エネルギーは温度のみに依存し，圧力や体積によっては変化しない．他の気体の諸法則と同様，実在気体においては高温，低圧条件においてのみ近似的に成立する．高圧条件下では分子間力の寄与があるためズレが大きくなる．
　②抵抗 R に電流 I が時間 t だけ流れたときに発生する熱エネルギーの量は I^2Rt に等しい．

ジュール-トムソン効果 Joule-Thomson effect (Joule-Kelvin effect)
　ジュール-ケルヴィン（ケルビン）効果と呼ばれることもある．水素とヘリウム以外のほとんどの気体の場合に，細孔を通過して断熱膨張させると温度が低下する現象をいう．温度変化は圧力降下の大きさに比例する．単位圧力変化あたりの温度変化をジュール-トムソン係数という．空気の液化やドライアイスの製造はこれを利用している．水素とヘリウムは通常の場合には細孔を通過しての断熱膨張では昇温がみられるが，反転温度以下では他の気体と同様に冷却がみられる．

シュレーディンガーの波動方程式 Schrödinger wave equation
　場とエネルギーを関係づける波動力学の基本方程式．
$$\frac{-\hbar}{2m}\frac{d^2\Psi}{dx^2} + V(x)\Psi = E\Psi$$
ここで $V(x)$ は x におけるポテンシャルエネルギー，$h = h/2\pi$，E は全エネルギーである．

ジュレン durene
　1,2,4,5-テトラメチルベンゼン．以前は「デュレン」のほうがよく用いられた．現在でもそちらの使用例は多い．

シュワイツァー試薬 Schweizer's reagent
　$Cu(OH)_2$ を濃アンモニア水に溶かして得られる暗青色溶液．セルロースの溶媒として用いられ，酸性にするとセルロースが沈殿する．ベ

ンベルグレーヨン（キュプラ）製造の銅安法（銅アンモニア法）で使用される．

シュワインフルトグリーン Schweinfurter green

エメラルドグリーンに同じ．

準安定平衡状態 metastable state

熱力学的には自発的に変化が起こり得るが，長い間変わらない状態を準安定平衡という．変化が起こるにはきっかけが必要で，例えば水素と酸素の混合物は 298 K で自発的な反応を起こさず，放電または触媒を加えると反応が起こる．

順位則 sequence rules

有機化合物を明確に命名し（→異性），また立体配置（→光学活性）を表すためには，ある1つの原子に結合している基や原子の順位を決める必要が生じる．いくつかの順位則が導入されたが，最も広く受け入れられているのは，結合基に優先性の順序を付与するものである：① 結合基は原子番号の高いほうから低いほうへと並べる．② 原子の原子番号が同じ（同位体）のときは質量数の多いほうから並べる．③ 必要があれば非共有電子対も置換基とみなし ^1H より低い優先順位を与える．④ 複数個の同種原子が特定の原子に結合しているときはさらに遠くの原子により優先順位を決める．⑤ 多重結合は便宜上，単結合が複数あるとみなす．例えば C=O は ⊃C(-O)$_2$，C≡N は -C(-N)$_3$ となる．すなわち優先順位を高いほうから低いほうへ並べると以下のようになる．

原子：I＞Br＞Cl＞F＞O＞N＞C＞H ＞非共有電子対

同位体：^2H＞^1H

基：-C(CH$_3$)$_3$＞-CH(CH$_3$)$_2$＞-CH$_2$CH$_3$＞CH$_3$.

-C(CH$_3$)$_3$＞-CH(CH$_3$)CH$_2$CH$_3$＞-CH$_2$CH(CH$_3$)$_2$＞-(CH$_2$)$_3$CH$_3$

-COOCH$_3$＞-COOH＞-CONH$_2$＞-CHO

-C≡N＞-C$_6$H$_5$＞-C≡CH＞-CH=CH$_2$

潤滑剤 lubricant

摩擦を減少させるために使用する物質．原油から得られる高沸点油分が主に用いられるが，特別な用途にはある種の植物油（菜種油など）が使用されることもあり，また無機質の二硫化モリブデンやグラファイトなども条件によっては固体の潤滑剤として用いられる．さらに航空機のタービン用など特殊な用途には，化学的に合成した特別な液体を用いることもある．この合成潤滑剤としては，エステル，ポリグリコール，シリコーン，ハロゲン化炭化水素，ポリフェニルエーテルなどが使用される．→潤滑用グリース

潤滑用グリース lubricating greases

液体の潤滑剤に増粘剤を添加して製造したもの．半固体か固体の形状で，応力抵抗性や耐熱性を持たせたものである．潤滑剤の基剤には石油系の高融点油が用いられる．増粘剤としては金属石鹸類（リチウム，ナトリウム，カルシウム，アルミニウムなどの塩）と，少量の遊離アルカリ，遊離脂肪酸，グリセリン，抗酸化剤，極圧剤（extreme-pressure agent），さらにグラファイトや二硫化モリブデンなどを添加することもある．金属石鹸類を含まずに微細粒子状固体を添加したグリースは高温用グリースである．有機粘土グリースは，ベントナイトグリースとも呼ばれるが，ベントナイトのジメチルオクタデシルアンモニウム塩や，他の着色した陽イオンの塩を用いたもので，鮮明な色彩を持つものもある．

循環式プロセス cyclic process

一連の変化を経て最初の状態に戻ることにより，循環を完了するシステム．この一連の変化全体が循環過程である．→ボルン-ハーバーサイクルなど．

循環油 cycle oil (cycle stock)

石油の接触分解で中間留分はプロセスに再循環される．ディーゼル油または暖房用の油にブレンドする成分として市販されることもある．

準結晶 quasicrystals

この言葉には3通りの使われ方がある．① 凝固点近傍の液体のように，成分粒子間の相互作用が強くなって，短い範囲においては三次元配列の規則性が現れているが，全体としては無秩序な凝集状態．② 固体高分子の結晶領域の構成単位が正しい格子点からずれて，広い範囲では規則性を持たなくなった状態．狭い範囲では規則性が残っている．③ 溶融物から急冷された合金の示す準安定相．1984 年に Al-Mn 合金について発見された．局所的秩序は持つが全体では

結晶としての秩序を持たない合金をいう．調理用品やカミソリの刃の被覆に用いられる．

常温常圧条件 normal temperature and pressure
標準の温度圧力条件．ただ分野によっては温度が異なり，生理学などではヒトの体温（37℃）に設定していることもある．

消化 digestion
①より沪過しやすい形にするための沈殿の熟成（再結晶）プロセス．②生物が餌を取り込んで自己の栄養とできるような形に分解すること．

昇華 sublimation
固体が液体を経ずに気化して気体に変わること．気体を凝縮させて（多くの場合，冷媒で冷やしたコールドフィンガートラップを用いる）直接固体にする精製過程も昇華という（この過程のみを指す言葉としては「凝華」という言葉があるが，通常は両方を一括して昇華と呼んでいる）．この場合，最初の気化時に融解させてもかまわない．

硝化作用 nitrification
土壌細菌による NH_4^+ から NO_2^- や NO_3^- への酸化．

硝化反応 nitration
グリセリンやセルロース，ペンタエリスリトールなどを濃硝酸と濃硫酸の混合物で硝酸エステル化すること．

蒸解 digestion
製紙・パルプ工業で，原材を高温水蒸気などで加熱処理しセルロースとリグニン分を分離できるようにすること．

晶化器 crystallizers
→晶析装置

消火剤 fire extinguishers
火炎を消火する，あるいは燃焼の伝播を抑える効果のある物質．水は最も広く消火に使われている．他の重要な消火剤には $NaHCO_3$ 溶液，炭酸塩と酸から発生させる泡状の CO_2, $ClBrCH_2$, CH_3Br, CCl_4（臭素を含む物質は現在は使われない）のような液体，$NaHCO_3$, $KHCO_3$, $NH_4H_2PO_4$ のような固体がある．

昇華点 sublimation point (temperature)
昇華温度ともいう．固体の蒸気圧が外圧と等しくなる温度．

沼気 marsh gas
しょうき．メタンの別名．

蒸気圧 vapour pressure
あらゆる液体または固体上にはある圧力の蒸気が存在している．閉鎖系では十分な時間をおくと平衡が達成され，液体表面から蒸発する分子数と気相から液体に戻る分子数が等しくなる．ある特定の温度で液体や固体の蒸気が生じる圧力を，その温度における蒸気圧という．

蒸気圧オスモメトリー vapour phase osmometry
→気相浸透圧測定

蒸気改質 steam reforming
炭化水素（天然ガス）と水蒸気をニッケル触媒上に $800～1000℃$ で通過させて CO と H_2 を生成する反応．水素製造に際して水性ガスシフト反応の後で行われるプロセスである．→メタノール

蒸気密度 vapour density
同温同圧で，ある体積を占める蒸気の質量と同体積の水素の質量の比．現在ではあまり使われない．

晶系 crystal systems
結晶は対称性により，7つの晶系に分類される．立方晶，正方晶，六方晶，三方晶，斜方晶，単斜晶，そして三斜晶である．これらの晶系のそれぞれの特徴については，「結晶構造」と各項目（例えば「立方晶系」）を参照されたい．

焼結 sintering
粉末に圧力をかけて融点よりも少し低めの温度に加熱し，原子または分子を拡散させ粒子同士を結合させる過程．金属やポリテトラフルオロエチレン（PTFE）のような高融点ポリマーに対して行われる．この過程は，表面層の原子や分子が別々の粒子間を拡散して粒子同士を物理的に結びつける動きの起こりやすさに依存している．

消光 quenching
溶媒などが励起種（蛍光発光種など）のエネルギーを奪うことで光の放出を妨げてしまう現象．

硝酸 nitric acid
HNO_3．融点 $-42℃$，沸点 $83℃$（分解点）．

非常に重要な酸で，工業的には NH_3 を Pt 上で酸化して NO と H_2O に変換したのち，NO を酸素と反応させて NO_2 とし，さらに酸化および水に吸収させて HNO_3 水溶液を製造する．水との間に定沸点混合物（68% HNO_3）および 1:1, 1:3 水和物を形成する．濃 H_2SO_4 を用いて濃縮できる．中和すると硝酸塩を形成する．気体状態の硝酸は，窒素が平面構造の $HONO_2$ である．成層圏の雲中には $HNO_3 \cdot 3H_2O$ が存在する．肥料（NH_4NO_3），爆薬，色素などの製造に用いられる．非常に強い酸であり，また特に非金属や有機物に対して強い酸化剤である（還元されて種々の酸化窒素また NH_3 さえも生じる）．有機物，例えばアルコール類と接触すると爆発する可能性がある．ステンレスやアルミニウム製の器具中で扱うことができ，そのとき表面には酸化膜が形成されている．

硝酸亜鉛 zinc nitrate

$Zn(NO_3)_2 \cdot xH_2O$．無色の潮解性結晶．

硝酸アルミニウム aluminium nitrate

$Al(NO_3)_3 \cdot nH_2O$（n は通常 9）．防錆剤，発汗抑制剤，皮革なめし，ウラン抽出用などに用いられている．

硝酸アンモニウム ammonium nitrate

NH_4NO_3．昇華性のある無色結晶．NH_3 と HNO_3 から製造する．おだやかに加熱すると分解し N_2O を生じる．主に肥料に用いられているが，雷管を用いた爆薬や爆薬の成分（例えばアマトール，スラリー状の爆薬）としても使用されている．自然にも爆発し，多くの事故の原因となった．

硝酸エステル nitrates

硝酸のエステル，ほとんどは爆発性を持っている．

硝酸塩 nitrates

HNO_3 の塩．金属硝酸塩はいずれも水溶性．塩によっては例えば $UO_2(NO_3)_2$ は有機溶媒で容易に抽出される．一般に金属の酸化物，水酸化物または炭酸塩と硝酸から水和物として得られる．無水の硝酸塩，例えば $Cu(NO_3)_2$ は，Cu を液体の N_2O_4 に溶解するかあるいは N_2O_5 と反応させて得る．過剰の N_2O_4 と多くの付加物を形成し，それらは有機溶媒に可溶で揮発性の場合も多い．多くの硝酸塩はイオン的であるが，重金属硝酸塩や無水の硝酸塩は，共有結合した硝酸基を有する．ほとんどの硝酸塩は加熱により分解し，金属酸化物，NO_2 および O_2 を生じるが，$NaNO_3$ と KNO_3 は亜硝酸塩と酸素を生じ，NH_4NO_3 は N_2O と H_2O を与える．

硝酸塩は，褐色環試験により検出できる場合もある．これは硫酸鉄（II）を冷却した試験液に加え試験管の壁に沿って濃硫酸を下に加えると硝酸塩が存在する場合には褐色または黒色の環が 2 液の境界に生じる．この試験は臭化物やヨウ化物が存在するときにはこれらも着色した環を生じるため信頼性が低い．硝酸塩のより優れた検出および定量法は，デバルダ合金かアルント合金と NaOH を加えてアンモニアに還元するか，あるいはニトロン硝酸塩を沈殿させる方法がある．硝酸および硝酸塩（特に Na, K, Ca およびアンモニウム塩）は産業的に重要であり，また現代的な爆薬はいずれも硝酸アンモニウムあるいは有機ニトロ化合物を高い割合で含んでいる．硝酸塩はまた肥料や保存料としても利用される．

硝酸カリウム potassium nitrate

KNO_3．$NaNO_3$ と KCl の溶液から分別結晶により得られる．水，アンモニア，メタノールに可溶．火薬（推進薬）やタバコの製造に用いられる．

硝酸カルシウム calcium nitrate

$Ca(NO_3)_2 \cdot 4H_2O$．潮解性の固体．別名を「ノルウェー硝石」という．

硝酸銀 silver nitrate

$AgNO_3$．最も重要な銀化合物．銀を希硝酸に溶解し結晶化させて得る．強熱すると Ag, N_2O_4, 酸素に分解する．融点 212℃．ほくろ除去用の腐食剤として古くから用いられてきた苛性硝酸銀（lunar caustic）は硝酸銀を主原料として棒状に成型したもの．

硝酸ストロンチウム strontium nitrate

$Sr(NO_3)_2$．$SrCO_3$ と HNO_3 から得られる．無水物と四水和物がある．

硝酸セルロース cellulose nitrate (nitrocellulose)

よく「ニトロセルロース」と呼ばれるが，ニトロ化合物ではなく硝酸エステルである．セルロース（綿くず，木材パルプ）を HNO_3 や

HNO₃と硫酸またはリン酸で処理することによって生成する．窒素含有量が13％以上のものは綿火薬，あるいは無煙火薬（三硝酸セルロース）と呼ばれる．より硝酸化度の低いものがコロジオン綿やピロキシリンである．極めて燃えやすく，輸送には湿った状態でなければならない．発射火薬として，あるいは爆発性ゼラチンにも使用されている．ニトロセルロースは主としてラッカーや固形物の形で用いられているが，これらは極めて可燃性が高い．以前はフィルムとして写真や映画などで使用されていたが，現在ではアセチルセルロース系のものに置き換えられた（だから古い映画のフィルムの保存や管理が大変なのである）．

硝酸鉄(Ⅱ) iron(Ⅱ) nitrate
→鉄の硝酸塩

硝酸鉄(Ⅲ) iron(Ⅲ) nitrate
→鉄の硝酸塩

硝酸銅 copper nitrate
$Cu(NO_3)_2 \cdot 3H_2O$．通常は三水塩である．CuO，Cu，CuCO₃のいずれかを希HNO₃と反応させたのち濃縮結晶化させると得られる．ほかに六水塩と九水塩も得られる．加熱により分解して酸化物となる．無水$Cu(NO_3)_2$は液体N₂O₄で含水硝酸銅結晶を処理すると得られるが，また酢酸エチル溶媒中で金属銅と四酸化二窒素とを反応させても生成する．分子性の化合物でかなり強い揮発性を有する．

硝酸ナトリウム sodium nitrate
NaNO₃（チリ硝石）．硝酸塩の原料，亜硝酸ナトリウムの製造に用いる（なおチリでも，もはや採掘されなくなった）．

硝酸鉛 lead nitrate
$Pb(NO_3)_2$．無色の結晶で，一酸化鉛を硝酸に溶解させて得られる．水に溶かすと塩基性硝酸鉛を生成する．捺染や印刷，染色用の媒染剤として広く用いられるほかに，顔料のクロムイエロー（クロム酸鉛）の原料ともなる．

硝酸ニッケル nickel nitrate
$Ni(NO_3)_2 \cdot 6H_2O$は緑色結晶で，水溶液から得られる．$Ni(NO_3)_2$はNiとN₂O₄から得る．

硝酸尿素 nitrourea
→ニトロ尿素

硝酸バリウム barium nitrate
$Ba(NO_3)_2$．無色のバリウム塩（BaOとHNO₃から生成），水に可溶．

硝酸ビスマス bismuth nitrates
→ビスマスの硝酸塩

硝酸ベリリウム beryllium nitrate
$Be(NO_3)_2 \cdot 3H_2O$．容易に得られるベリリウム塩（炭酸ベリリウムに硝酸を反応させる）．溶液中で激しく加水分解する．空気中ではHNO₃を失う．少量ずつ溶液に添加し，白熱ガスマントルの含浸に用いる．

硝酸マグネシウム magnesium nitrate
$Mg(NO_3)_2$．安定な塩で九水塩，六水塩，二水塩が得られる．含水塩を加熱すると塩基性硝酸塩となるが，硝酸雰囲気中で加熱すると無水塩を作ることができる．

硝酸マンガン manganese nitrate
$Mn(NO_3)_2$．無水物はマンガンとN₂O₄から得る．水和物を形成する．加熱すると分解してMnO₂を生じる．

消止 quenching
ガイガーカウンターなどで，放電により電流が流れたのちにすみやかにイオン種を減少させて，次の放電が可能となるようにすること．

常磁性 paramagnetism
物質を磁場中に置いたときに，その物質内部の磁気力線の密度が外部磁場より高くなる場合，その物質は常磁性であるという．常磁性はランダムな配向にある分子やイオンの不対電子の存在に関係している．磁化率は温度の上昇につれて減少する（キュリーの法則）．常磁性物質の磁化率測定は原子価理論や構造の研究に重要な寄与を果たしてきた．断熱消磁は極低温を得るのに利用される．

消色指示薬 achromatic indicators
混合指示薬の一種で，終点において両方の指示薬の呈する色調がちょうど補色となるために，一見無色となるもの．メチルレッド・ブロムクレゾールグリーンの混合指示薬などが例である．1種類の指示薬より鋭敏である．濁った液体試料の滴定にも用いられる．

焼成ボーキサイト calcined bauxite
ボーキサイトを1175 K以上の高温で焼成して得た，極めて硬い，ほとんど不溶のアルミナ．摩擦や研磨に対する耐性が高く，しばしばエポ

キシ樹脂/ビチューメン混合物とともに，特別に危険な場所用の，滑り抵抗の高い道路舗装材用骨材に用いられている．

晶析装置 crystallizers
結晶可能な物質の溶液から結晶を製造する装置．

消石灰 slaked lime
Ca(OH)$_2$．水酸化カルシウム．→水酸化カルシウム

状　態 state
物理量，例えば気体では，体積，量，圧力，温度により定義される状態．

状態の連続性 continuity of state
温度が増加し，臨界点に近づくにつれて，液体と気体の性質はますます似かよい，臨界点に達すると2つは同一になる．液体から気体への変化（または逆の変化）は通常不連続であるが，連続状態で徐々に移行することも可能である．

状態関数 state function
系の現在の状態のみに依存し履歴によらない（熱力学的）性質．

状態方程式 equation of state
系の圧力，体積，温度の関係式．理想気体については「ボイルの法則」を，実在気体の状態方程式については「ファン・デル・ワールスの式」などを参照されたい．

状態密度 density of states
熱力学で用いられる．あるエネルギー範囲にある状態の数をその範囲の幅で割ったもの．

消毒・殺菌剤 disinfectants
微生物を破壊するが胞子は損傷しない物質．塩素や次亜塩素酸塩など．

消毒用アルコール surgical spirit
英国薬局方（日本薬局方でも）によれば体積比で80％のエタノールを意味する（訳者記：原文は「ヒマシ油（2.5％），フタル酸ジエチル（2.0％），サリチル酸メチル（0.5％）を加えてさらに変性させた工業用変性アルコール」とあるが，これは英国の例で，通常用いられている消毒用（手術用）のものとは別らしい）．

樟　脳（カンフル） camphor (2-oxo-bornane)
しょうのう．C$_{10}$H$_{16}$O，2-オキソ-ボルナン．融点179℃，沸点209℃．通常市販されている樟脳はクスノキ（*Cinnamomum camphora*）の木材から得られる（+）-カンファーである．樟脳はセルロイドの材料や爆薬に用いられているほか，可塑剤としても使用されている．

$$\begin{array}{c}\text{CH}_3\\|\\\text{C}\end{array}$$

（構造式：カンファーの化学構造）

ピネンから塩化ボルニルを経てカンフェンを合成し，直接酸化して樟脳とするか，水和してイソボルネオールとし，それから酸化して樟脳を調製する．例えばカンファン（親炭化水素），カンフェン（メチレン誘導体），ボルネオールとイソボルネオール（ヒドロキシ誘導体），塩化ボルニル，塩化イソボルニルといった一連の関連化合物がある．防虫剤のほか，感冒（風邪）の一般的な治療薬であり，多くの塗布薬の成分となっている．

樟脳油 oil of camphor
クスノキ（樟）から水蒸気蒸留によって得られる精油．軽質樟脳油はほぼ無色の画分で少量のカンファー，約30％のシネオールを含み残りはテルペン類である．重質の樟脳油は着色していて，ほとんど大部分がサフロールであり，溶剤として，またラッカーや洗剤に用いられる．

蒸　発 evaporation
液体や固体はいずれも温度によって決まる特有の蒸気圧を持つ．閉鎖系で平衡に達するのに十分な時間を経過したのちには，液体表面から気化する分子と気相から液体に戻る分子の数は等しくなる．開放系ではそのような平衡は達成されず，液体表面のすぐ上にある気化した分子が取り除かれるとさらに多くの液体分子が気化する．このようにして液体全体がしだいに減少し，蒸発が進行する．化学や工業化学では溶液から溶媒を除去する過程を指すことが多い．

晶　癖 crystal habit
同じ種類の結晶における異なる面や結晶面のタイプの相対的な発達の様子を表したもの．

情報化学物質（セミオケミカルス） semiochem-

icals
植物が草食動物の存在を知らせるために分泌する揮発性物質.

消泡剤 anti-foaming agents
泡の発生を防止する化合物.液体表面に強く吸着されるが泡の生成に必要な電気的,機械的性質を持たない.消泡剤としては例えばボイラー用水に添加するポリアミドや,電気メッキ浴や製紙用のオクタノールなどがある.低濃度のシリコーンもまたかなり一般的な用途に用いられる.潤滑油用にはポリシロキサンが広く用いられている.

蒸留 distillation
ある液体をまず気化させ,次で生成した蒸気を凝縮させることにより,他の液体や固体から分離する方法(本来はこの意味を表す「蒸溜」という文字が使われていたが,漢字制限の結果こうなった).大気圧で行うことも減圧下で行うこともある.揮発性物質は低温浴から蒸留する. →分別蒸留,精留

蒸留釜 still
蒸留を行う装置またはプラント.

蒸留カラム distillation column
精留,分別蒸留用のカラム. →精留

蒸留段 plate (tray)
分留塔において蒸気と液体が接触する部分.英国では"plate"ということが多いが,米国では"tray"といわれる. →段塔,泡鐘段

蒸留塔 distillation column
化学工業で用いられる大規模な精留,分別蒸留用のカラム. →精留

食酢 vinegar
種々の酢酸菌(*Acetobacter*)によるアルコールの酸化で生成する酢酸の希薄(4~10%)水溶液.英国では主に麦芽から作られ,酵母菌により糖をアルコールに変え,その後 *Acetobacter* で処理する.合成アルコールも着香に用いられる.ヨーロッパでは低品質のワインから作られ,ワインビネガーという.日本の食酢は本来はコメを原料とした酢が主であったが,種々の穀物酢や果実酢も近年製造されるようになった.

触媒 catalyst
反応混合物に添加したときに,それ自身が恒久的な化学変化を起こすことなく,その系の平衡達成までの速度を変化させる物質.触媒には均一系触媒と不均一系触媒があるが,すべて下記の範疇にあてはまる.

①触媒は反応速度に影響を与えるが,可逆反応における平衡の位置には影響しない.

②理論的には触媒は化学的に変化せず(ただし物理的には変化している可能性がある)反応後に回収可能である.

触媒効率は回転数で表される.触媒はシリカなどの酸化物上に担持して用いられることが多い.

触媒改質 catalytic reforming
芳香族や分岐鎖アルカンの比率を増加させて,直留ガソリンのオクタン価を高めるために用いられているプロセス.原料は主にアルカンとナフテンからなり,主反応はナフテンの脱水素による芳香族類の生成,アルカンとナフテンの異性化,n-アルカンの脱水素環化による芳香族類の生成および水素化分解である.

以前の方法(例えばハイドロフォーミング法)では MoO_3-Al_2O_3 触媒が用いられていたが,現在では白金微粒子をベースにした触媒が広く利用され,触媒を交換するまでの操業時間が長くなった.

触媒コンバータ catalytic converters
炭化水素,一酸化炭素あるいは一酸化窒素を無毒の物質へと変換するために設計され,一般に自動車の触媒系に用いられている.通常はセラミック基板上に分散したパラジウムなどの金属粒子が用いられている.

触媒作用(接触作用) catalysis
反応速度を変えるために触媒を使用すること.

食品添加物 food additives
保存用,あるいは風味や外観の改善を目的として食品に添加する化学物質.このような添加物の種類としては,固化防止剤(リン酸ナトリウムなど),消泡剤(シリコーン),漂白剤(過酸化物),着色料,乳化剤,ゲル化剤,増粘剤(海藻由来コロイドなど),酵素(カルボヒドラーゼなど),堅固剤(カルシウム塩),風味剤や増香料(グルタミン酸ナトリウムなど),栄養素(ヨウ化物,フッ化物,ビタミン),pH 調整剤(酸,

塩基), 保存剤 (抗生物質, 安息香酸, SO_2 など), 離型剤 (容器への付着防止用のアセチル化モノグリセリド), デンプン改質剤 (無水酢酸など) がある.

植物化学 phytochemistry
　植物に関連する化合物の化学.

植物毒性 phytotoxic
　植物の生育にとって有毒であること.

植物粘質物 mucilages
　多糖. 通常ガラクツロン酸, キシロース, アラビノース残基を含み, 水により膨潤する.
　→ガム類

植物ホルモン plant hormones (plant growth substances)
　植物生長因子. 栄養素以外で植物の生理過程に影響を及ぼす化合物. 例えばオーキシン, ジベレリン.

植物油 (精油) oil
　天然物 (植物) から得られる油状物質, 例えばアニス油など. 代表的なものを下の表に挙げる. 主に香料, 石鹸, 着香料, 医薬品に利用される. 詳しくは表を参照.

助色団 auxochrome
　孤立電子対を含み, 発色団の色を変化させる基.

除草剤 herbicides
　雑草除去剤. 選択的であることが多い.

除虫菊剤 pyrethrum
　殺虫剤. シロバナジョチュウギク (*Chrysanthemum cinerariaefolium*) の花を乾燥したものをすりつぶすか抽出するかにより得られる混合物. 通常, ピペロニルブトキシドなどの相乗剤とともに用いられる.

ショットキー欠陥 Schottky defect
　→欠陥構造

ジヨードチロシン iodogorgic acid
　別名をヨードゴルジ酸という. チロシンの3,5-ジヨード置換体である.

3,5-ジヨードチロシン 3,5-diiodotyrosine (iodogorgic acid)
　$C_9H_9I_2NO_3$, $C_6H_3I_2CH_2CH(NH_2)COOH$. 別名をヨードゴルギン酸という. 淡褐色針状晶, 融

植物油 (精油)

圧搾カラシ油	oil of mustard, expressed	チャンパカ油	oil of champaca
アニス油	oil of anise	丁字油	oil of cloves
アンゲリカ油	oil of angelica	テレビン油	turpentine, oil of turpentine (spirit of turpentine)
イトスギ油	oil of cypress		
オレガノ油	oil of origanum	冬緑油	oil of wintergreen
オレンジ油	oil of orange	杜松油	oil of juniper
カラマス油	oil of calamus	ナツメッグ油	oil of nutmeg
ガーリック油	oil of garlic	ニオイヒバ油	oil of white cedar
カルダモン油	oil of cardamom	パセリ油	oil of parsley
甘扁桃油	oil of sweet almond	パチョリ油	oil of patchouli
キャラウェイ油	oil of caraway	薄荷油	oil of peppermint
クミン油	oil of cumin	バラ油	oil of rose
月桂樹油	oil of bay	ビターオレンジ油	oil of bitter orange
胡椒油	oil of pepper	ペチグラン油	oil of pettigrain
コパイバ油	oil of copaiba	ベチバ油	oil of vetiver
コリアンダー油	oil of coriander	ヘンルーダ油	oil of rue
シトロネラ油	oil of citronella	マージョラム油	oil of marjoram
シナモン油	oil of cinnamon	ラベンダー油	oil of lavender
樟脳油	oil of camphor	リナロエ油	oil of linaloe
ジンジャ油	oil of ginger	レモン油	oil of lemon
スイートベイ油	oil of sweet bay	レモングラス油	oil of lemon grass
ゼラニウム油	oil of geranium	ローズマリー油	oil of rosemary
セロリ油	oil of celery		

点198℃．海洋生物や甲状腺に見られる．チロニン合成に必要．

除毛剤 depilatories
→脱毛剤

初留点 initial boiling point
実験室スケールの蒸留において，凝縮器の下端から，凝縮した液体の最初の1滴が落ちたときの温度計の示度．

ジョーンズ還元器 Jones reductor
亜鉛アマルガムを充填した管．容量分析（酸化還元滴定）に際して予備的な還元（例えば $Fe^{3+} \rightarrow Fe^{2+}$）を行い，酸化状態を揃えるのに便利である．

シラザン類 silazanes
Si-N 結合を有する化合物．→ケイ素の窒化物

ジラード試薬 Girard's reagents
$(Me_3NCH_2CONHNH_2)^+X^-$ で表される第四級アンモニウム塩．アルデヒドやケトンと水溶性のヒドラゾンを形成するため，他の中性物質からの分離に利用できる．分離後にアルデヒドやケトンを簡単に再生することができる．

シラード-チャルマース効果 Szilard-Chalmers effect
→反跳原子

シラン類 silanes (silicon hydrides)
水素化ケイ素，またはケイ化水素．炭化水素と同様に一連の同族体が存在するが，かなり不安定である．モノシラン（monosilane）SiH_4：沸点 -112℃．SiO_2 または $SiCl_4$ と $LiAlH_4$ から得る．より高次のシランである Si_2H_6 から Si_6H_{14} までは Mg_2Si と希塩酸の反応，Mg_2Si と NH_4Br の液体アンモニア中での反応，SiH_4 の放電処理で得られる．いずれも酸素や空気中で自然発火する．アルコールを作用させると $Si(OR)_4$ と H_2 になる．Si-H を持つ化合物は良い還元剤である．

シリカ silica (silicon dioxide)
→二酸化ケイ素，ガラス状シリカ

シリカゲル silica gel
無定形の水和したシリカで，シリカゾルの沈殿・フロキュレーション・凝集，あるいはある種のケイ酸塩の分解により得られる．調製した直後はゼラチン状であるが，放置すると沈殿してゼリーを形成する．加熱後は容易にはゾルの状態に戻らない．脱水したシリカゲルは溶媒回収用の吸着，空気の乾燥，ガスの脱水，鉱油の精製，沪過，種々の触媒の担体として工業的に利用されている．硬い粒状で，化学的，物理的に不活性であるが吸湿性が高い．使用後は加熱により再生できる．カラムクロマトグラフィーに用いられる．乾燥剤としてのシリカゲルにはコバルト（Ⅱ）化合物（塩化物）が添加されることが多い．ゲルがかなりの水蒸気を吸収するとピンク色になり，加熱脱水すると青色に戻り，再び乾燥剤として使用可能となったことがわかる．

シリコンエステル silicon ester
→ケイ酸エチル

シリコーンゴム silicone rubbers
$(Me_2SiO)_n$（メチル基以外のアルキル基置換体も含む）で表されるシリコーンの誘導体．広い温度範囲で弾性を保ち，酸・アルカリ・油・酸化剤に対して耐性を持つ．

シリコーン類 silicones
Si-O-Si 結合を持つ高分子の有機ケイ素化合物．前駆体であるハロゲン化有機ケイ素化合物を合成するには，RX と Cu-Si 合金または Ag-Si 合金の反応；RX と $SiCl_4$ の Zn または Al 存在下の反応，$SiCl_4$ または Si-H 結合を持つ化合物とオレフィンの触媒存在下の反応（ヒドロシリル化）を行う．実験室スケールでは $SiCl_4$ と RLi，RMgX などの反応でも得られる．このハロゲン化物を加水分解すると，重合度（加水分解の度合い）に依存してさまざまな物性を持つポリマーが得られる．シリコーンはグリース，油圧媒体，潤滑剤，誘電，ワニス，樹脂，合成ゴムに用いられる．シリコーン樹脂は電気的絶縁や積層材に用いられる．無色無臭で化学的に不活性で，水と混和せず，引火点が非常に高い．

シリル化 silylation
R_3Si- 基（R は H または有機基）を導入すること．→シリコーン類

シリル化合物 silyl compounds
H_3Si- 基を持つ誘導体．

次リン酸 hypophosphoric acid
$H_4P_2O_6$．$NaClO_2$ と赤リンから得られる．塩

は $[O_3P-PO_3]^{4-}$ イオンを含む．アルカリ性水溶液では安定だが，溶融した NaOH を作用させるとリン酸塩に変換される．四塩基酸．テトラアルキルエステルを形成する．

シルヴィン sylvine (sylvite)

KCl（カリ岩塩）．塩の堆積物中に含まれる．カリウムの重要な原料．

ジルコニウム zirconium

元素記号 Zr．金属元素，原子番号 40，原子量 91.224，融点 1855℃，沸点 4405℃，密度 (ρ) 6506 kg/m³（=6.506 g/cm³），地殻存在比 190 ppm，電子配置 [Kr]4d²6s²．4族の遷移元素．原料鉱石はバッデレイ石（ZrO_2），ジルコン（$ZrSiO_4$）．通常，ハフニウムとともに存在し，イオン交換により分離できる．単体金属（$ZrCl_4$ と Mg を 1150℃ で反応させて得る）は *hcp* 構造（<862℃）または *bcc* 構造（融点まで）．外観は鋼鉄に類似し，非常に腐食されにくいが王水や HF には溶け，高温の酸素中では燃焼する．中性子吸収能が低く，合金は原子炉の建造に用いられる．単体も実験室器具に用いられる．Nb-Zr 合金は超伝導磁石に利用される．

ジルコニウムの化合物 zirconium compounds

ほとんどのジルコニウム化合物は +4 価の酸化状態で，水溶液中ではこの状態のみである．Zr^{4+} イオンは水溶液中で加水分解を受ける．$[Zr_3(OH)_4]^{8+}$ のようなポリマー構造の化学種も存在する．Zr(IV) 化合物は高い配位数をとり，さまざまな幾何構造をとる．より低酸化状態のハロゲン化物 ZrX_3(Cl,Br,I)，ZrX_2(Cl,Br,I)，ZrCl（$ZrCl_4$ と Zr から得る）は固体状態でのみ安定．ジルコニウム(II)化合物は Zr_6X_{12} ユニットを含むものが多い．$ZrCl_4(OPCl_3)_2$ のように 4 つのハロゲン化物イオンが配位した錯体やジケトナトジルコニウムのような酸素配位子を持つ錯体は安定である．有機ジルコニウム化合物としては，$Zr(CH_2C_6H_5)_4$ および $(C_5H_5)_2ZrCl_2$ や $(C_5H_5)_2Zr(CO)_2$ などの比較的安定なシクロペンタジエニル錯体が既知である．$(C_5H_5)_2ZrHCl$ はアルキンと反応しアルキルジルコニウムを生じ，これはアルコールや他の化合物に変換できる．アルコキシドやアルキルアミドは容易にポリマーとして生成する．

ジルコニウムの酸化物 zirconium oxides

酸化ジルコニウム ZrO_2 は安定で天然にバッデレイ石として産する．非常に反応性が低く，耐火物や絶縁材として利用されている．ZrO_2 は Zr が 7 配位の形態と，高温での安定相である立方晶系の蛍石型構造のもの（キュービックジルコニア）があり，後者は CaO や Y_2O_3 を添加すると低温条件下でも安定化される．耐火物に利用される．水和物は Zr(IV) 塩の水溶液から沈殿として得られる．混合金属酸化物は固相反応により得られる．ZrO_2 はセラミックス，釉薬，コーティングに用いられる．低酸化状態の ZrO も知られている．

ジルコニウムの酸素酸塩 zirconium oxyacid salts

硝酸塩（五水塩）は濃硝酸溶液から得られ，無水の硝酸塩（$ZrCl_4$ と N_2O_5 から得る）は揮発性．酸化硝酸塩は市販されている．酸化硫酸塩，過塩素酸塩，酢酸塩は水和物として得られる．いずれもジルコニウムの配位数は高い．

ジルコニウムのハロゲン化物 zirconium halides

単体同士の反応で得られる．ZrF_4 は HF ガスを ZrO_2 に作用させて得る，$ZrCl_4$（331℃ で昇華）は ZrO_2 と CCl_4 または C および Cl_2 を反応させて得る．ZrF_4 は（融点 932℃ で，一水塩や三水塩を形成する．ZrF_4 以外のハロゲン化ジルコニウムは，水中で容易に加水分解され，$ZrOCl_2$ やヒドロキシ基を含む多量体陽イオンを生じる．ハロゲン化物錯体は F^-，Cl^-，Br^- について知られている．ZrF_8^{2-} は 8 配位で四角形逆プリズム構造．ZrF_7^{3-} は五角両錐構造．K_2ZrF_6（8 配位），$(NH_4)_2ZrF_6$（7 配位）のような多量体化学種も知られている．より低酸化数のハロゲン化物（Cl, Br, I）は固相で得られる（ZrX_4 と Zr を反応させる）．ZrCl には金属-金属結合が存在する．

ジルコン zircon

$ZrSiO_4$．風信子石．ジルコニウムの主要な原料であるがハフニウムも含む．ジルコニウムを原子核技術で利用する際には，いろいろな方法でハフニウムを除去する必要がある．

シルバー・ソルト（商品名） silver salt

アントラキノン-2-スルホン酸ナトリウムの商品名．→アントラキノンスルホン酸

シルビナイト sylvinite
KCl-NaCl. カリウム塩の原料.

シルベストレン sylvestrene
$C_{10}H_{16}$. Δ^3- および Δ^4- カレンの異性化により生じる単環式テルペン. 2つの二重結合を持つ.

脂蝋（屍蝋） adipocere
死人の体脂肪から生じた蝋状の脂肪酸やそのカルシウム塩.

シロキサン類 siloxanes
Si-O-Si 基を含む分子化合物. 例えばヘキサクロロシロキサン $Cl_3SiOSiCl_3$（$SiCl_4$ の部分加水分解または $SiCl_4$ を高温で空気と反応させて得る）. シリコーンは有機ポリ（シロキサン）にほかならない. 例えば $Me_3SiO(Me_2SiO)_nSiMe_3$ のような構造である. 消泡剤, 軟膏の基剤.

しろめ（白鑞） pewter
ピュータのほうでよく知られている. もともとは鉛とスズの合金であったが, 最近はスズを主としアンチモンなどを含む合金を指す.

真空結晶化装置 vacuum crystallizer
→晶析装置

真空ポンプ vacuum pump
大気圧より相当低い圧力の空間から気体を排出し大気中に放出するポンプ. この目的に使用される機械的ポンプは通常, 回転式の容積移動型で約 $1 \sim 3\,Pa$（$=N/m^2$）の圧力まで到達できる. 化学工業では, 特に蒸留塔やエバポレーターでは蒸気ジェット排出機が広く用いられ, 段数によるが $0.13 \sim 6.5 \times 10^{-9}\,Pa$（$=N/m^2$）まで到達できる. 分子蒸留のように高真空が必要な際は, 拡散ポンプが用いられる.

シンクロトロン放射 synchrotron radiation
シンクロトロンからの強力な放射線は構造決定や反応の誘発に用いられる.

神経ガス nerve gases
サリン, タブン, ソマンなどのフルオロリン酸系化合物.

神経性殺虫剤 systemic insecticides
植物の葉や茎, ときには根に付けると, 植物の通常の代謝過程で吸収・輸送され, 植物に対して無害な濃度でその植物を餌とする昆虫には致死量となる物質. 浸透性殺虫剤とも呼ばれる.

人工放射能 radioactivity, artificial
元素の原子核が, 例えば α 粒子, プロトン（陽子), デューテロン（重陽子), 中性子さらにはもっと重いイオンと衝突して核反応を起こすと, 生成する原子は安定な場合と準安定な場合がある. 後者の場合, その原子は放射能を持ち, 人工放射能あるいは誘導放射能と呼ばれる現象を示す. 例えばアルミニウム原子核と α 粒子の反応は次式で表される.
$$^{27}_{13}Al + ^{4}_{2}He \rightarrow ^{30}_{15}P + ^{1}_{0}n$$
$^{1}_{0}n$ は中性子を表す. 新たに生成したリン原子はケイ素の同位体と陽電子に崩壊する（$^{30}_{15}P \rightarrow ^{30}_{14}Si + ^{1}_{1}e$). すなわち, この過程により人工放射能が作り出される. この過程において, 実際に放射性のリン原子を生成するのは壊変を引き起こす α 粒子の一部のみで, 大部分は (α, p) 反応により直接 $^{30}_{15}Si$ を生成する. このような過程における陽電子や他の荷電粒子の放出は, 気体中でそれらがイオンを発生することに基づいて実験的に検出できる. 計数器は, この効果を利用して放出された粒子の数を計数し, 放射能の減衰速度を求めている. 通常, 人工放射能はそれなりの質量を持つ粒子, すなわち α 粒子, プロトン, デューテロン, 中性子, さらにもっと重い元素の原子核の衝突により誘起されるが, 非常に高エネルギーの γ 線も核から中性子を放出して元の元素の同位体を生成する反応を起こさせることが可能で, こうして生じた同位体核種は壊変に際して β 線を放出する. 中性子は電荷を持たないため強い静電気力を受けずに最も重い原子に浸透することができる. このため, 中性子は特に人工放射能を作り出すのに有効である. 最も良い中性子源は原子炉やサイクロトロンであり, これらを利用して多くの放射性同位体が作られている.

シンコニジン cinchonidine
$C_{19}H_{22}N_2O$. キナ・アルカロイド. シンコニンの立体異性体（プロトンとビニル基が入れ替わっている）. 融点 210℃.

シンコニン cinchonine
$C_{19}H_{22}N_2O$. 無色の針状晶. 融点 255℃. キナ・アルカロイド. (+)-シンコニンはキラルな酸の光学分割に用いられる.

シンジオタクチック syndiotactic
→シンタクチックポリマー

ジンジベレン zingiberene
$C_{15}H_{24}$. ショウガ油の主成分であるセスキテルペン系炭化水素. 沸点134℃/14 Torr. 化粧品, 医薬品, ラッカーに用いる.

辰砂 cinnabar
しんしゃ. HgS. 水銀の重要な鉱石. 日本では古来から「丹（に）」と呼ばれている. 重要な赤色顔料. →水銀朱

ジンジャ油 oil of ginger
乾燥したショウガの根茎（根生姜）を水蒸気蒸留して得られる. L-ジンジベレンを含む. 調理用のほか, 湿布薬などにも用いられる.

浸出液 decoctions
生薬類を熱水抽出後に沪過して作る薬剤溶液（→煎剤）. なお, 浸出液という場合には加温しない場合の抽出物をも含む.

深色シフト bathochromic shifts
より長波長, 低周波数, 低エネルギー側へ吸収が移動すること. →浅色シフト

親水コロイド hydrophilic colloid
タンパク質, 炭水化物, 石鹸などの有機化合物のコロイドゾルはかなり安定で, 金属やその硫化物のような疎水性コロイド粒子や懸濁状態のゾルが破壊されるような低濃度の電解質が存在しても凝集しない. この安定性は分散媒（水）の覆いができて親水性の粒子を保護しているためである. 親水コロイドと疎水コロイドの本質的な違いは, 前者は等電点において凝集しないことである.

親水ゾルは粘度が高いことが特徴であり, 冷却するとゲルとなることが多い. 分散コロイドを高い割合で含むものを調製することも可能である. それらは可溶性の単分子物質（タンパク質, ポリマーなど）であることも, 溶液中で凝集してミセルを形成する単分子物質（石鹸, 染料など）の場合もある.

親水性塩類 hydrotropic salts
主に長鎖の有機酸の塩で, 有機物が水溶性になる.

シンタクチックポリマー syntactic polymers
置換基が炭素鎖の上下に交互に位置するような立体規則的な構造を持つポリマー. このような構造をシンジオタクチック立体配置という.

シンタリング sintering
→焼結

真鍮 brass
→黄銅

シンチレーション計数 scintillation counting
イオン化性の放射線がシンチレータと相互作用して生じる閃光を利用した放射能の検出および定量法.

浸透 osmosis
純溶媒と溶液が, 硫酸紙や動植物の生体膜などの半透膜で分離されているとき, 溶媒は膜を通過して溶液のほうへ移動しようとする. このプロセスが浸透である. 化学ポテンシャルの異なる2種の溶液が半透膜により隔てられている場合も同様の流れが生じる.

浸透圧 osmotic pressure (π)
浸透過程に釣り合わせるために必要な余剰の静水圧. この余剰圧力を加えることにより, 溶液は溶媒分子のみが通過できる膜で隔てられた同じ溶媒との間で浸透平衡を保つことができる. 非電解質の希薄溶液においては, 浸透圧は単位体積あたりの分子数が同じで同温度における気体が及ぼす圧力に等しい. 希薄溶液における浸透圧 (π) は

$$\pi = \frac{n_B RT}{V}$$

で与えられ, n_B/V は溶質の濃度, R は気体定数, T は絶対温度である. 浸透圧測定は分子量（モル質量）の測定に用いられる.

振動回転スペクトル vibrational-rotational spectrum
→振動スペクトル

浸透気化分離 pervaporation
揮発性の液体を膜を通過させること, 言い換えれば透過と蒸発を組み合わせることによって分離する技術. 特に, 例えばエタノールの脱水に利用される.

振動数 frequency
ν または $\bar{\nu}$. →周波数

振動スペクトル vibrational spectrum
分子がエネルギーを吸収すると構成原子の分子内振動エネルギーが増加することがある. 逆に高い振動状態から低い状態への遷移が起こるとエネルギーが放出される. このとき発生する

電磁波の振動数 ν は放出されるエネルギー E と $E=h\nu$ という関係にある．振動遷移は通常回転遷移を伴い，赤外・近赤外領域のエネルギーで起こり，特徴的な振動回転遷移による吸収帯が見られる．振動回転スペクトルは分子に固有の複数の分枝からなる．倍音 2ν, 3ν, … も観測されることがある．

浸透性殺虫剤 systemic insecticides
→神経性殺虫剤

シントン synthon
合成に適した分子やそのタイプ．

親プロトン性 protophilic
→両プロトン性溶媒

シンプロポーショネーション symproportion-ation（comproportionation）
→均化反応

親油性原子団 lipophilic groups
ミセル中で凝集するような，分子内での無極性基（長鎖のアルキル基など）をいう．

親溶媒性 lyophilic
コロイド粒子が溶媒（分散媒）との親和性に優れていること．

ス

水　銀 mercury
元素記号 Hg．常温で唯一の液体の金属元素．原子番号 80，原子量 200.59，融点 -38.83℃，沸点 356.73℃，密度 (ρ) 13546 kg/m^3（= 13.546 g/cm^3），地殻存在比 0.05 ppm，電子配置 [Xe] $4f^{14}5d^{10}5s^2$．「汞」というのが水銀を意味する漢字である．水銀の抽出においては，辰砂（HgS）を空気中で焙焼して水銀蒸気を得る．水銀は銀白色の液体金属で，六方最密充填から派生した菱面体構造を持つ．希酸には溶解しないが，酸化力を持つ熱酸には溶解する．水銀は流動スイッチ，蛍光灯，紫外線灯などの電気機器，ポンプ，温度計，NaOH-Cl$_2$ の製造に利用される．水銀化合物は殺虫剤，歯科用充填材，電池，触媒に利用される．金属水銀や多くの水銀化合物は有毒で高等動物の生体内に蓄積されやすいが，大腸菌 *E. coli* の中には水銀化合物を代謝する株もある．

水銀の塩化物 mercury chlorides
塩化水銀（II）HgCl$_2$ 腐食性，昇華性．融点 280℃，沸点 302℃．本質的に共有結合性化合物．Hg と Cl$_2$ または Hg に王水を作用させて得る．ハロゲン化物錯イオン，例えば過剰の塩酸中では (HgCl$_4$)$^{2-}$，(HgCl$_3$)$^-$ やハロゲン化物錯体を形成する．毒性が高く，殺菌剤，消毒薬，電池の脱分極剤として使用される．慣用名は「昇汞」という．昇華性の水銀化合物を意味する．

塩化水銀（I）Hg$_2$Cl$_2$ カロメル．甘汞と呼ばれる．白色固体で Hg^{2+} 溶液に Cl$^-$ を加えて沈殿させて得るかあるいは Hg と HgCl$_2$ から得る．水に難溶．殺虫剤や殺菌剤として，また甘汞電極に用いられる．

水銀の化学的性質 mercury chemistry
水銀は 12 族のうちで最も重い元素で，通常の酸化状態は +2 である（$E°$ Hg^{2+} → Hg +0.796 V 酸性溶液中）．Hg^{2+} はイオン半径が大きく，多くの化合物は共有結合性を有する．2 配位直線型が一般的であるが，配位数のより

高い化合物も知られる．水銀（I）（$E°$ $1/2Hg_2^{2+}$ → $Hg + 0.798$ V 酸性溶液中）は $(Hg-Hg)^{2+}$ イオンとして存在する．他の多核水銀陽イオン，例えば Hg_3^{2+}（Hg と AsF_5 から得る），Hg_4^{2+} なども知られる．正の酸化状態の水銀化合物はいずれも容易に還元され金属を与える．

水銀の酸化物　mercury oxides

HgO．黄橙色粉末．Hg^{2+} 溶液に過剰の NaOH を加えて得る．加熱すると分解して Hg と O_2 を生じる．1つの酸素原子が 3～4 個の水銀原子に配位した構造を含む化合物が多く知られている．HgO は殺菌剤，色素，電池の脱分極剤として利用される．酸化水銀（I）は知られていないようである．

水銀の硝酸塩　mercury nitrates

硝酸水銀（II）$Hg(NO_3)_2$．8, 2, 1, 1/2 水和物を形成する（Hg を濃硝酸に溶解して得る）．水により加水分解されて塩基性硝酸塩を生じる．フェルト工業（帽子製作など）で利用される．

硝酸水銀（I）$Hg_2(NO_3)_2$．水溶液からは2水和物が得られる（Hg を冷希硝酸に溶解して得る）．水銀（I）化合物の原料として有用．

水銀の有機誘導体　mercury, organic derivatives

有機水銀（II）化合物，例えば R_2Hg や RHgX は合成法が確立されているが（例えば RMgX とハロゲン化水銀から得る；C_6H_6 と $Hg(O_2CCH_3)_2$ からは $C_6H_5Hg(O_2CCH_3)$ が得られる），Hg（I）の有機誘導体は知られていない．CH_3Hg^+（メチル水銀）イオンは神経系に重大な影響を及ぼし水銀の環境毒性の元となる．オレフィンやアルキンとも錯体を形成し，これらは水銀を触媒とする反応の中間体でもある．有機水銀化合物は他の有機金属化合物の合成に広く用いられる．殺菌剤としての使用は制限されている．

水銀のヨウ化物　mercury iodides

ヨウ化水銀（II）HgI_2：深紅色で 126℃で黄色に変わる．$HgCl_2$ 溶液に KI を加えるか Hg と I_2 から得る．ヨウ化物イオンが過剰に存在するとヨウ化物錯体を形成して可溶化する（ネスラー試薬）．ヨウ化水銀（I）Hg_2I_2：淡緑色．Hg_2^{2+} 塩の溶液に I^- を加え沈殿として得る．

水銀の硫酸塩　mercury sulphates

硫酸水銀（II）$HgSO_4$・H_2O．無色固体．水銀と過剰の熱濃硫酸から得る．容易に加水分解されて Hg_2OSO_4 を生じる（$Hg_3O_2SO_4$（＝$HgSO_4$・2HgO）も知られており，ツルペス鉱として存在する）．硫酸水銀（I）Hg_2SO_4．沈殿によりあるいは過剰の水銀と硫酸から得る．加水分解されて塩基性塩を生じる．

水銀アマルガム　mercury amalgams

水銀を含む金属間化合物．あるものは決まった組成を持ち（例えば $NaHg_2$），合金として有用である．水銀に富むアマルガムは液体である．鉄はアマルガムを形成しないので水銀の容器として用いられている．歯科用充填材に用いられる．カドミウムアマルガムは標準電池（ウェストン電池）の負極として用いられる．

水銀朱　vermilion red

バーミリオンレッド．HgS．天然産のものは「辰砂」という．漆に混入して使用できる赤色顔料．朱墨や寺院の柱などの塗装にも使われる．上質なものは高価であるため，のちにこれに代わる赤色顔料として鉛丹 Pb_3O_4 やベンガラ（Fe_2O_3），オキシ硫化アンチモン（Sb_2S_3-Sb_2O_3）なども用いられるようになったが，全部置き換えるまでにはいたっていない．

水硬セメント　hydraulic cement

→セメント

水酸化亜鉛　zinc hydroxide

$Zn(OH)_2$．Zn^{2+} の溶液に NaOH などを加えると沈殿として得られる．水和物として生成し，加熱により脱水する．酸や過剰のアルカリに溶解する（亜鉛酸イオンを生じる）．ゴムのフィラー，外科用の包帯で吸収剤として用いられる．

水酸化アルミニウム　aluminium hydroxide

白色または黄色のゼリー状の塊で，アルミニウム塩の溶液にアンモニア水を作用させると沈殿する．鉱物の形でも存在する．正式には酸化アルミニウム（アルミナ）の水和物である．水酸化アルミニウムには α-$Al(OH)_3$（バイヤライト，六方晶系で不安定相．天然には産出しない）と γ-$Al(OH)_3$ すなわちギブス石（ギブサイト，単斜晶系），水礬土（ハイドラルジライト，三斜晶系）の2つの形がある．AlO(OH)もまた，α-AlO(OH) であるジアスポル（ダイアスポ

ア，斜方晶系）と γ-AlO(OH) にあたるベーム石（ベーマイト，斜方晶系）の 2 つの形を有する．ボーキサイトはこれらの水酸化物の混合物である．加熱するとジアスポールは α-Al_2O_3 となるが，他の水酸化物およびほとんどのアルミニウム塩からは最初 γ-Al_2O_3 が生じ，さらに強く熱したときにのみ α-Al_2O_3 となる．部分的に脱水・乾燥して γ-Al_2O_3 に変換した水酸化アルミニウムのゲルは貴重な乾燥剤，触媒，吸収剤である．アルミナゲルは制酸剤として医薬品としても使用される．水酸化アルミニウムのゾルはアルミニウム塩の水溶液を透析して製造する．水酸化アルミニウムは両性化合物で，酸ともアルカリとも反応する．ガラス，耐火粘土，製紙に用いられる．陽イオン性のヒドロキシ化学種も知られている．

水酸化アンモニウム　ammonium hydroxide

NH_3 の水溶液（→アンモニア）で，主にアンモニア水和物（$NH_3 \cdot H_2O$ など）を含むが，弱塩基 NH_4OH も含有していると考えられる．実際には NH_4^+ と OH^- に解離している割合は極めて小さい．

水酸化カドミウム　cadmium hydroxide

$Cd(OH)_2$. カドミウム水溶液から OH^- によって沈殿する．過剰の OH^- を加えても溶解しない．→酸化カドミウム

水酸化カリウム　potassium hydroxide

KOH. 融点 306℃，沸点 1320℃. KCl 溶液の電解，あるいは $Ba(OH)_2$ と K_2SO_4 の複分解で作られる．また H_2O/K アマルガムから得る．水和物を形成する．強塩基．エタノールにも可溶．電池の電解液，肥料，染料剤，石鹸製造用の塩基原料として用いられる．粗製品（工業用品）は「苛性加里」と呼ばれることが多い．

水酸化カルシウム　calcium hydroxide (slaked lime)

$Ca(OH)_2$. 消石灰．等モルの水を CaO に作用させて得られる粉末が消石灰である．過剰の水に懸濁させたものは石灰乳と呼ばれる．$Ca(OH)_2$ を水に溶かして透明な溶液としたものは石灰水（ライムウォーター）である．工業用のアルカリとして用いられるほか，モルタル（消石灰に砂を加える）を作るのに使用される．モルタルは $Ca(OH)_2$ が $CaCO_3$ に再変換され固まる．耐火性．水処理に使用される．

水酸化クロム　chromium hydroxide

真の水酸化クロム（Ⅲ）が存在するかどうかは疑わしいが，ヒドロキシ錯体，例えば $[Cr(H_2O)_5OH]^{2+}$, $[(H_2O)_4Cr(\mu\text{-}OH)_2Cr(H_2O)_4]^{4+}$ は塩基をアクア錯体に添加すると生じる．ヒドロキシ錯体の多量体はさらに塩基を加えると得られるが最終的にゲル化してしまう．

水酸化コバルト（Ⅱ）　cobalt(Ⅱ) hydroxide

$Co(OH)_2$. コバルト（Ⅱ）の塩と強塩基の反応で沈殿として得られる．ピンクまたは青色．過剰の塩基に溶解し $[Co(OH)_4]^{2-}$（深青）と $[Co(OH)_6]^{4-}$ を生じる．ヒドロキシ架橋を持つコバルト（Ⅲ）のヒドロキソ錯体が知られている．電池や乾燥剤に用いられる．

水酸化ストロンチウム　strontium hydroxide

$Sr(OH)_2$. 水溶液中で強塩基となる．SrO と水から得られる．水和物もある．精糖に用いる．

水酸化タリウム　thallium hydroxide

$TlOH \cdot H_2O$. Tl_2SO_4 と $Ba(OH)_2$ から得る．水溶液から黄色針状晶として得られる．水に可溶で強塩基性を示す（他のタリウム（Ⅰ）塩の合成に利用される）．溶液は CO_2 を吸収して Tl_2CO_3 を生じる．

水酸化鉄　iron hydroxides

→鉄の酸化物と水酸化物

水酸化銅　copper hydroxides

塩基性の銅（Ⅱ）塩は，多くの銅塩の水溶液に水酸化ナトリウムなどのアルカリを加えると沈殿として生成する．水酸化銅（Ⅱ）そのものも銅（Ⅱ）溶液から青白色の沈殿として得られるが，かなり不安定で加熱により水和された黒色の酸化銅（Ⅱ）に変わる．殺菌剤として用いられている．

水酸化ナトリウム　sodium hydroxide (caustic soda)

NaOH. 融点 318℃，沸点 1390℃, d 2.13. 塩化ナトリウム溶液の電気分解で製造される．工業界では「苛性曹達」のほうが一般的な呼称である．水銀電解槽法（Castner-Kellner 法）では，水銀流体を陰極として用い生成した Na-Hg アマルガムを水と反応させる．隔膜電解槽法では，電解質が陽極から陰極へと流れ両極の生成物は隔膜により分離される．いずれの

電解法でも他の生成物は塩素である．NaOHは無色半透明で潮解性の固体．水和物もある．水に溶けて強アルカリ性を示す．工業用化学薬品．用途は化学品製造原料（50％），レーヨン・パルプ・製紙（20％），アルミニウム製造，（10％），石油化学，織物（5％），石鹸（5％），界面活性剤．

水酸化ニッケル nickel hydroxide
青リンゴ色のNi(OH)$_2$はニッケル（Ⅱ）塩の水溶液から沈殿として得られる．両性ではない．黒色のNiO・OH（Ni(NO$_3$)$_2$溶液とBr$_2$からKOH水溶液中で得られる）とその関連化合物は酸化剤として利用される．→ニッケル蓄電池

水酸化バリウム barium hydroxide (baryta)
Ba(OH)$_2$．バライタ．白色の水酸化物（BaOとH$_2$Oからできる）でいくつかの水和物（5水塩など）を形成する．容量分析に用いられるほか，潤滑油やグリースの製造，プラスチック安定化剤，顔料，加硫促進剤，ガソリン添加物，ガラス製造，耐火物などに用いられている．

水酸化物 hydroxides
無機のOH$^-$を含む化合物．水酸化アルカリは強塩基性．

水酸化ベリリウム beryllium hydroxide
Be(OH)$_2$．ベリリウムイオンを含む溶液からOH$^-$により沈殿する．過剰のOH$^-$により溶解し，[Be(OH)$_4$]$^{2-}$となる．[Be$_2$(OH)]$^{3+}$，[Be$_3$(OH)$_3$]$^{3+}$，そのほか水が配位したものを含む複雑なベリリウム錯体を生じる．

水酸化マグネシウム magnesium hydroxide
Mg(OH)$_2$．酸化マグネシウムと水の反応か，Mg^{2+}を含む塩の水溶液に多量のOH$^-$を加えて沈殿させると得られる．水にはほとんど溶けないが水溶液はアルカリ性を示す．天然にはブルース石（水滑石）として産出する．Mg(OH)$_2$の層状構造はケイ酸マグネシウム鉱物（コンドロダイトなど）の中にも見られる．

水酸化リチウム lithium hydroxide
強塩基で，いろいろなリチウム塩やリチウム鉱物と水酸化カルシウムとの反応で調製される．リチウム電池やグリースの原料となるほか，二酸化炭素吸収剤としても用いられる．

水 晶 rock crystal
SiO$_2$の透明柱状結晶．→石英

水蒸気 steam
通常，100℃以上の水の蒸気．発電，熱伝達，化学反応試薬（例えば水性ガス），消火，消毒殺菌，洗浄に用いられる．

水蒸気蒸留 steam distillation
混合物中の特定の物質を留出させたり，蒸留に必要な高温により分解するのを防ぐために水蒸気を共存させて行う蒸留．通常は水蒸気を通しながら互いに混じり合わない2種の液体を留出させる操作を行う．留出する2種の物質の比率は（$m_1 p_1 / m_2 p_2$）で表される．m_1およびm_2は各物質の分子量であり，p_1およびp_2は蒸留温度におけるそれらの物質の蒸気圧である．分子量の比較的大きい物質は，蒸留温度における蒸気圧が比較的低いにもかかわらず水蒸気蒸留によりかなり多量に留出できる．

推進剤 propellants
加圧エアロゾル容器中の液化ガス（圧縮不活性ガス）を指す．英語では推進薬と同じである．

推進薬 propellants
ロケット，射撃，弾丸，砲弾などに用いられる爆薬の総称．

水性ガス water gas (blue gas, blue warer gas)
CO（42％）とH$_2$（51％）の混合物で水蒸気を白熱石炭床に通し，次いで強い空気流にさらして吸熱的な水性ガス反応による温度低下を補償する．N$_2$，CO$_2$，痕跡量のメタンを含む．かつては燃料や石炭ガス（都市ガス）のエンリッチに用いられた．アンモニア合成に用いられる．水性ガスシフト反応は工業用水素源で，炭素と水蒸気を触媒の存在下で反応させて水素を得る．

水 素 hydrogen
元素記号H．気体，原子番号1，原子量1.0079，融点-259.34℃，沸点-252.87℃．密度（液体）70.8 g/l，地殻存在比1520 ppm，電子配置1s^1．3つの同位体^{1}H，^{2}H（デューテリウム），^{3}H（トリチウム，放射性）がある．最も軽い元素で，天然ガス中にH$_2$として遊離の形で含まれる．またH$_3^+$は巨大惑星の大気に存在し，水素は水，鉱石，天然有機化合物中に広く存在する．単体は水の電気分解で得られる．工業的には炭化水素の蒸気改質（C$_n$H$_{2n+2}$とH$_2$Oを触媒上で反応

させてCOとH_2を得て，さらにCOとH_2Oを触媒上で反応させてH_2とCO_2に変換しCO_2を除去して精製する）により製造する．石油の接触改質でも得られる．H_2として存在する（→オルト水素）．広い濃度範囲にわたり，酸素と混合すると爆発する．ハロゲンとも直接反応する．ほとんどの元素と化合して水素化物を形成する．工業的用途は溶接（37％），アンモニア合成，油脂の水添，メタノールの合成，ヒドロアルキル化反応など．反水素は陽電子と負プロトンから形成される．

水素のスペクトル hydrogen spectrum
水素の原子スペクトル．→バルマー系列

水素イオン hydrogen ions
遊離の水素イオンはめったに生成せず，H^+が解離するのは，生じたイオンが錯形成する場合のみである．気体のHClは解離していないがH_2OまたはNH_3と反応すると$[H(H_2O)_n]^+Cl^-$や$[NH_4]^+Cl^-$を生成する．

水素イオン濃度 hydrogen-ion concentration
溶液1リットル中の水素イオンのモル数で表される．通常この濃度は低いため溶液のpHで表現される．pHは水素イオン濃度の逆数の常用対数（余対数）である．すなわちpH＝－log$[H^+]$（厳密には水素イオンの活量，すなわち熱力学的濃度）．pHはガラス電極で測定できるが，指示薬の変色を利用することもできる．ただし精度は低い．

水素化 hydrogenation
還元の一種で水素ガスを直接利用して基質に付加させる反応．CH_3OHなど他の水素源を用いることもある．通常は触媒を用いて反応を行い，圧力が高いほうが速く反応する．水素化は工業的に非常に重要で，精油や石油化学工業で広く利用されている．脂肪油の精製や他の化学プロセスでも利用される．石炭から炭化水素を得る際にも使われる．多くの水素化反応はM-H結合を経て進行することが知られている．

水素化アルミニウム aluminium hydride
AlH_3. 白色のポリマー性物質で，H_2SO_4と$LiAlH_4$をTHF中で反応させて生成する．有用な還元剤として，例えばRCNをRCH_2NH_2にし，アルコールと反応してアルコキシヒドリド$(RO)_nAlH_{3-n}$を生じ，重要な四面体構造のテトラヒドロアルミネートイオン$[AlH_4]^-$をはじめとするヒドリド錯体を形成する．$LiAlH_4$（エーテル中でLiHと$AlCl_3$を反応させて得る）は極めて重要な還元剤で，例えばRCOOHをRCH_2OHにし，また種々の有機アルミニウム誘導体を生成する出発物質となり，例えばRNH_2から$Li[Al(NHR)_4]$を生じる．アルコキシ誘導体，例えば$Li[AlH(OR)_3]$や$Na[AlH(OMe)_2(OEt)]$は優れた特異的な還元剤である．

水素化アルミニウムリチウム lithium aluminium hydride (lithium tetrahydroaluminate, LAH)
テトラヒドロアルミン酸リチウム，ドイツ語風に「リチウムアラナート」と呼ぶ向きもある．無水塩かアルミニウムを過剰の水素化リチウムと反応させて得られる．有機化学における特異的還元剤として広く用いられるほか，ホウ素やケイ素の水素化物誘導体の合成にも利用される．

水素化アンチモン antimony hydride (stibine)
SbH_3. スチビンとも呼ばれる．極めて不安定な無色気体．融点－88℃，沸点－17℃．アンチモン化合物を発生期の水素（Zn-HCl系）で還元するか，またはHClをMg-Sb合金に作用させて得る．容易に分解してSbになる（訳者記：マーシュ試験法で，ヒ素鏡と同じようにアンチモン鏡を作らせることができるのは，この生成を利用している）．

水素化ウラン uranium hydride
UH_3. UとH_2を300℃で反応させて得る．発火性の黒色粉末．ウラン化合物の合成に有用．

水素化カルシウム calcium hydride
CaH_2. 白色固体．液体アンモニア中で金属カルシウムと水素を反応させると生成する．水と反応して水素を放出するので「ハイドロリス」という名称で市販されているが，もともとは軍事用（河川や湖沼に投入して煙幕を張るため）であった．乾燥剤および冶金における還元剤として用いられる．

水素化ゲルマニウム germanium hydrides
→ゲルマン

水素化脱硫 hydrodesulphurization
→脱硫

水素化チタン titanium hydride

TiH$_2$. TiO$_2$ と CaH$_2$ から作る. 水素源(純粋水素製造用). 粉末冶金材料.

水素過電圧 hydrogen overvoltage
→過電圧

水素化ナトリウム sodium hydride
NaH. 金属ナトリウム上に 350℃ で H$_2$ を通じると得られる. 強力な還元剤で有機還元反応や縮合反応, 金属材料の錆落とし剤に用いる.

水素化ヒ素 arsenic hydride (arsine)
アルシン, AsH$_3$. 融点 −116.3℃, 沸点 −55℃. 不安定で有毒な気体(金属のヒ化物と酸, またはヒ化合物と Zn および希酸(つまり発生期の水素)から生成する). 別法としては三塩化ヒ素 AsCl$_3$ を LiAlH$_4$ で還元すると得られる, 熱により分解し単体ヒ素(ヒ素鏡)を生じる(マーシュ試験法). 極めて有毒な強い還元剤であり, 金属溶液と反応してヒ化物を生じる. 他の水素化物も知られている. 半導体調製時のドープに用いる気体, またヒ素の原子吸光分析(無炎原子吸光法)にも利用されている.

水素化物 hydrides
いくつかの異なるタイプがある.
①塩: Na などの非常に陽性な元素の水素化物はイオンからなる.
②共有結合化合物: 非金属や遷移金属の水素化物はほとんどが共有結合性である. このタイプの化合物は非常に広く, メタン CH$_4$, 水素化鉄カルボニル H$_2$Fe(CO)$_4$ などがある. 水素原子が架橋を形成している化合物も多く, 電子欠損化合物の場合もある. 水素が結合する位置が 2 個所以上ある場合にはそれらの間で交換が起こっていることも多い. 水素は金属クラスターの内部にある場合もある.
③ヒドリド錯体: H$^-$ イオンが金属または非金属原子に配位しているとみなせる錯陰イオン(例えば BH$_4^-$, ReH$_9^{2-}$ イオン)を含む化合物.
④遷移金属水素化物: 金属が水素を取り込んで形成する化合物. 非化学量論的であることが多い. 金属酸化物のヒドリド LaSrO$_3$H$_{0.7}$ は長距離にわたる磁気の秩序を持つ.

水素化物は水素化触媒としての機能を有することが多い.

水素化分解 hydrogenolysis
化学結合を水素反応させることにより切断する反応で, 通常は水素化触媒を用いて行われる.

水素化ホウ素 boron hydrides
→ホウ素の水素化物, ボラン類

水素化ホウ素化合物 borohydrides
M(BH$_4$)$_n$. →ボランアニオン類

水素化ホウ素ナトリウム sodium borohydride
NaBH$_4$, テトラヒドリドホウ酸ナトリウム(NaOMe と B$_2$H$_6$ から得る). 有機物の還元剤(例えばケトンや酸をアルコールに還元する)として合成反応や不純物除去に用いる. →ボランアニオン類

水素化リチウム lithium hydride
金属リチウムと水素を 500℃ で反応させると得られる. 安定な結晶性化合物であるが, 水と反応すると LiOH と H$_2$ になる. 湿った空気中では発火することもある. 優れた還元剤で, いろいろな水素化物の原料となる. 水素の供給源としても用いられる.

水素結合 hydrogen bond
O や F のような電気陰性原子に水素が結合すると, その結合は非常に分極している. この結合が他の孤立電子対を持つ原子 E の方向に向いている場合, O−H⋯E と表され水素結合と呼ばれる結合が形成される. 水素結合は水やアルコールの自己会合を引き起こし, また [FHF]$^-$ のようなイオンを形成する. 水素結合はヒドロキシ基やアミノ基と酸素, 窒素, ハロゲンの間で形成されやすい. 分子間でも分子内でも起こる. タンパク質中のポリペプチド鎖やセルロース中の炭水化物鎖のコンフォメーション, 吸着, 水和物の構造を支配する重要な因子である. 金属水素化物にも見られる.

水素電極 hydrogen electrode
他の電極の電位を測る基準となる標準電極. 電極は, 活性な白金黒で被覆された 1 枚の白金箔を水素イオンが溶解した溶液に浸し, 液面上を水素でバブリングした構成である. 水素イオン濃度が単位活量に等しく, 水素ガスの圧力が 1 気圧であるとき, 標準水素電極といい, その電位をゼロとしている. 他の電極電位は標準水素電極に対する値で表されるが, このような目的で水素電極を用いることは実質上はめったにない. 通常は電極電位は飽和甘汞電極(SCE)やフェロセンなどの酸化還元電位に対する値で

測定し，それを水素電極基準に換算する．

水添ガス化　hydrogasification
原油または石油画分を代替天然ガス（SNG）に変換するプロセス．

スイートニング　sweetening
硫黄化合物などを含み不快臭を持つ石油製品のガソリンやケロシンから不快臭を除くために，メルカプタンを抽出，あるいは酸化して除去する処理．いずれもメルカプタンを酸化してジアルキルスルフィドに変換する．

スイートベイ油　oil of sweet bay
ゲッケイジュから得られる．種々のテルペンを含む．着香料に利用される．

翠礬　nickel vitriol
すいばん．$NiSO_4 \cdot 7H_2O$．硫酸ニッケルの七水和物．

水力運送用液体　hydraulic fluids
力や圧力を伝播するために用いる流体．ほとんどの作動流体は低粘度の鉱油をベースにしているが，経済上また安全上の理由で水系の流体も使われる．

水力的運送　hydraulic conveying
粒状固体（石炭，陶土，木材パルプなど）をスラリーにしてパイプライン中を輸送すること．

水和　hydration
水溶液中のイオンやその他の化学種は，水により溶媒和されており，これを水和という．水溶液中のプロトンは通常，$[H_3O]^+_{aq}$ と表され，さらに3～4分子の水が結合している．水の非共有電子対と陽イオンの相互作用，または陰イオンとの水素結合により起こる．第二水和圏も存在する．オレフィンに水が付加してアルコールを生じることも英語では「hydration」というが，こちらは「水付加」という．

水和イオン　aquo ions
→アクアイオン

水和物　hydrates
化学量論で必要となる組成以外に水を含んで結晶化する化合物は多い．水は酸素で配位することにより陽イオンと結合でき，水素結合により陰イオンと結合できる．そのような物質では多くの場合，全体の組成は水和水の結合様式により決まる．

スエッティング　sweating
脱蝋工程で生じた沪過ケークから取り込まれた油と低融点の蝋分を除く処理．

スカヴェンジャー　scavengers
四エチル鉛や四メチル鉛をガソリンにアンチノック剤として添加する場合，酸化鉛が燃焼室に析出しないように鉛スカヴェンジャーを加える必要がある．ジブロモエタンとジクロロエタンの混合物をアルキル鉛とともに添加して揮発性のハロゲン化鉛とし，それを排ガスとともに除去する．世界的に使われなくなってきている（英国ではまだ有鉛ガソリンが主であることに注意）．

スカトール　skatole (3-methylindole)
C_9H_8N．3-メチルインドール．融点95℃，沸点265～266℃．糞便中の主な揮発成分で腸内細菌がトリプトファンに作用して合成される．コールタールやビートにも含まれる．極めて微量ならば芳香となるので，ほとんどの有名香水中にも含まれているという．

スカンジウム　scandium
Sc．金属，原子番号21，原子量44.956，融点1541℃，沸点2836℃，密度（ρ）2889 kg/m^3（= 2.889 g/cm^3），地殻存在比16 ppm，電子配置[Ar]3d^{1}4s^2．3族元素．主要なスカンジウム鉱石はトルトベイト石（$Sc_2Si_2O_7$）とモナズ石で，他のランタニド鉱物もいくらかのScを含んでいる．ランタニドからイオン交換により分離する．単体金属は，ScF_3とCaから得られ，かなり反応性に富み，合金の強度を高めるために少量添加される．ScCを添加するとTiCの硬さが増す．Sc_2O_3は電気部品に用いられ，ScI_3は高輝度電球に添加して用いられる．

スカンジウムの化合物　scandium compounds
スカンジウムは+3価の酸化状態のみをとり，その化学的性質はランタニドよりアルミニウムにはるかによく類似している．$Sc^{3+} \rightharpoonup Sc$ -1.88 V（酸性溶液中）．Sc^{3+}は無色で3価のランタニドイオンよりずっと小さく，最高配位数は6である．ハロゲン化物ScX_3は元素単体同士の反応，水溶液からの析出（ScF_3），あるいは例えば$ScCl_3 \cdot 6H_2O$をSOCl$_2$などで脱水することにより得られる．Sc_5Cl_8やSc_7Cl_{10}（ScX_3とScから得る）のような化合物は金属-金属

結合を有する．氷晶石型の複フッ化物 M_3ScF_6 は溶液あるいは溶融物から得られる．$ScCl_3$ は水により加水分解されて水和酸化物を生じる．$ScO(OH)$, $[Sc(OH)_6]^{3-}$ 錯イオン，$LiScO_2$ (Li_2O と Sc_2O_3 から得る）のような混合酸化物も知られている．Sc_2O_3 は Al_2O_3 に非常によく類似している．酸素酸の塩としては硫酸塩や硝酸塩がある．

E-スクアレン　E-squalene ($trans$-2,6,10,15,19,23-hexamethyl-2,6,10,14,18,22-tetracosahexaene)

$C_{30}H_{50}$, $trans$-2,6,10,15,19,23-ヘキサメチル-2,6,10,14,18,22-テトラコサヘキサエン．非環式トリテルペン．広く存在し，コレステロールなどステロールや植物・動物トリテルペノイドの天然における前駆体．ヒトの皮膚の表面脂肪の主要な炭化水素であり，全脂質の約10%を占める．無色油状，沸点261℃/9 Torr，融点−5℃．スクアレンは，水素添加して安定化した飽和炭化水素のスクアランとともに，化粧品の賦形剤，医薬品の皮膚への吸収促進に用いられる．

スクシンイミド　succinimide

$C_4H_5NO_2$, $(CH_2)_2C(O)\text{-}NH\text{-}C(O)$. コハク酸のイミド，すなわち2,5-ピロリジンジオンにあたる．無色板状晶．融点126℃，沸点287℃（分解）．コハク酸アンモニウムを加熱脱水して得る．金属と反応させるとイミド水素が置換した塩を生じる．亜鉛末と蒸留するとピロールを生じる．次亜塩素酸塩と反応すると，塩素化試薬，および水道水消毒用の N-クロロスクシンイミドを生成する．

スクラーゼ　sucrase
→インベルターゼ

スクラバー　scrubbers
気体を液体に通すことにより，その中の不純物を除くための装置．

スクロース　sucrose
$C_{12}H_{22}O_{11}$, β-D-フルクトフラノシル-α-D-グルコース．融点 185〜186℃．還元性なし．甘蔗（サトウキビ）や甜菜（サトウダイコン）から得られる，ショ糖や甜菜糖と呼ばれるのは原料による．希酸により容易に加水分解されてグルコースとフルクトースを生じる．インベルターゼによる加水分解はより速い．加水分解生成物は転化糖という．スクロースは合成も可能だが，植物から採取するほうがはるかに安価である．容易に発酵してエタノールなどを生じる．食品の甘味料，風味剤，増量剤として用いられる．アルカリまたはアルカリ土類金属と反応した「糖酸塩」を形成する．ショ糖のカルボン酸エステル，例えば八酢酸エステルは接着剤，ラッカー，プラスチックに使われる．

グルコピラノース　　フルクトフラノース

(−)-スコポラミン（ヒオスシン）　(−)-scopolamine (hyoscine)

$C_{17}H_{21}NO_4$. ナス科の植物（ベラドンナ，ハシリドコロなど）から得られるトロパンアルカロイド．毒性が強く，アトロピンに類似の作用を持つ．少量では鎮静剤となる．

スズ（錫）　tin

元素記号 Sn. 金属元素，原子番号 50，原子量 118.71，融点 231.93℃，沸点 2602℃．密度 (ρ) 5750 kg/m^3 (= 5.75 g/cm^3)，地殻存在比 2.2 ppm，電子配置 [Kr]$4d^{10}5s^25p^2$. 14 族．鉱石から簡単に得られるので先史時代から知られていた．スズ石 SnO_2 として産出するのを，炭素で還元（電解還元でもよい）して得る．3つの同素体がある．金属スズ（白色スズ，β-スズ）は銀色で柔らかく可鍛性で正方晶系（ゆがんだ最密充填構造）．13.5℃以下での安定形は灰色スズ（α-スズ）でダイヤモンド格子の構造で，脆い粉末（相転移は灰色スズが存在しないと遅い）．γ-スズも脆性固体で 161℃以上で安定である．スズはハロゲンと反応するが（スズの回収には Cl_2 が用いられる），過電圧が大きいため冷希酸には溶けない．濃い酸には溶ける．鋼

鉄の被覆（スズメッキ）やスズ合金（ハンダ，青銅）に用いられる．Sn-Nb 合金は超伝導体．スズ化合物はガラスのコーティング（透明電極材料）や抗菌剤に用いられる．

スズの塩化物　tin chlorides
①塩化スズ（Ⅱ）（tin（Ⅱ）chloride（stannous chloride））$SnCl_2$：塩化第一スズ．融点247℃．白色固体（Sn と HCl ガスから得る）．Sn と塩酸からは水和物が生成する（$SnCl_2 \cdot 5H_2O$ はスズ塩ともいう）．非共有電子対を持つためドナーとして振舞い遷移金属と錯体を形成する．媒染剤として用いられる．

②塩化スズ（Ⅳ）（tin（Ⅳ）chloride（stannic chloride））$SnCl_4$：塩化第二スズ．融点 $-33℃$，沸点114℃．無色発煙性の液体（Sn と Cl_2 から得る）．水溶液中で加水分解されるが，酸性溶液では $SnCl_4 \cdot 5H_2O$ および $[SnCl_6]^{2-}$ を形成．有機溶媒に可溶．媒染剤として用いられる．

スズの化学的性質　tin chemistry
スズは14族元素で電子配置は $[Kr]5s^25p^2$．酸化数は +4（主に共有結合性，ただし SnO_2 は除く）と +2 をとる．+2価の状態は還元性があり SnX_2 タイプの化合物は非共有電子対により配位が可能である．どちらの酸化数でも錯体を形成する（Sn（Ⅳ）化合物は5または6配位）．Sn-Sn 結合も形成するが，C や Si 同士の結合よりずっと不安定である．単純な陽イオン化学種は存在しないが，$[Sn_3(OH)_4]^{2+}$ のような多量体化学種は Sn（Ⅱ）溶液の加水分解により生じる．

スズの酸化物　tin oxides
①酸化スズ（Ⅱ）（tin（Ⅱ）oxides）：SnO（白色型は $SnCl_2$ の溶液に NH_4OH を加えて得る．黒色型は白色の SnO を加熱して得る．赤色型もある）は複雑な系を形成する．

②酸化スズ（Ⅳ）（tin（Ⅳ）oxide）SnO_2：天然にスズ石として産する．Sn（Ⅳ）の溶液から水和物として析出する．脱水により SnO_2 が得られる．混合金属酸化物や $[Sn(OH)_6]^{2-}$ イオン（スズ酸イオン）を含む化合物を形成．パテ粉としてガラスや金属の研磨に用いられる．

スズの臭化物　tin bromides
①臭化スズ（Ⅱ）（tin（Ⅱ）bromide）$SnBr_2$：融点215℃，沸点619℃．塩化スズ（Ⅱ）に極めて類似している．

②臭化スズ（Ⅳ）（tin（Ⅳ）bromide）$SnBr_4$：融点33℃，沸点203℃．元素同士の反応で得る．$[SnBr_6]^{2-}$ を含む種々の錯体を形成する．

スズの水素化物　tin hydrides
SnH_4．沸点$-52℃$．Sn_2H_6 については「スタナン」を参照．Me_3SnH のように Sn-H 結合を含む化合物はよい還元剤である．

スズのフッ化物　tin fluorides
①フッ化スズ（Ⅱ）（tin（Ⅱ）fluoride（stannous fluoride））SnF_2：融点213℃．Sn と HF 水溶液から得る．$MSnF_3$ のような3元系化合物を形成する．歯磨きや水のフッ素処理に用いられる．

②フッ化スズ（Ⅳ）（tin（Ⅳ）fluoride（stannic fluoride））SnF_4：ポリマー構造の固体．Sn と F_2 または $SnCl_4$ と HF から得る．非常に吸湿性で容易に $[SnF_6]^{2-}$ イオンを含むフッ化スズ（Ⅳ）酸塩を形成する．

スズの有機誘導体　tin, organic derivatives
スズ（Ⅳ）化合物はグリニャール試薬を $SnCl_4$ に作用させるか，場合によっては直接反応により得られる．ヘキサフェニルジスタンナン $(C_6H_5)_3SnSn(C_6H_5)_3$（クロロトリフェニルスズ $(C_6H_5)_3SnCl$ と金属ナトリウムから得られる）のように多量体となった化合物も知られる．抗菌剤，木材の保存料，プラスチック（例えば PVC）の安定剤，触媒（特にポリウレタン合成用）として用いられるが，有毒であるため使用が禁止されつつある．有機スズ化合物の化学は広範にわたり，例えば R_3SnH のような水素化物は優れた還元剤である．

スズのヨウ化物　tin iodides
ヨウ化スズ（Ⅱ）SnI_2 およびヨウ化スズ（Ⅳ）SnI_4 が知られている．スズの塩化物とかなり類似した性質を示す．

スズの硫化物　tin sulphides
①硫化スズ（Ⅱ）（tin（Ⅱ）sulphide）SnS：灰色固体．Sn と S を900℃で反応させて得る．

②硫化スズ（Ⅳ）（tin（Ⅳ）sulphide）SnS_2：Sn（Ⅳ）の溶液に H_2S を通じて沈殿させるか，あるいは Sn と S を加圧下で反応させて得る．NH_4Cl, Sn, S を加熱すると黄色固体のモザイクゴールドが得られる．顔料として用いられる．

スズ石 cassiterite (tinstone)
スズの鉱石．成分はSnO_2．→スズの酸化物

スズ塩 tin salt
塩化第一スズの二水塩$SnCl_2·2H_2O$の俗称．→スズの塩化物

鈴木反応 Suzuki reaction
鈴木カップリング，鈴木・宮浦反応とも呼ばれる．アリールボロン酸誘導体とハロゲン化アリールとを，活性炭担持パラジウムを触媒として縮合させる反応．応用範囲は広く，かつ含水系でも容易に進行する優れた有機合成手法である．考案者の鈴木 章（北海道大学名誉教授）は2010年のノーベル化学賞受賞者となった．ビアリールなどを合成するカップリング反応．→ボロン酸塩

スズ合金 tin alloys
ハンダ，ブリタニアメタル，バビットメタル，鐘銅，青銅，砲金，易融性金属，抗摩擦金属など多くの種類がある．

スズ(IV)酸塩 stannates
→スズの酸化物

スズ酸ナトリウム sodium stannate
$Na_2SnO_3·3H_2O$．SnO_2とNaOHを溶融して得る．媒染剤，難燃化剤として用いる．

スズメッキ tinning
スズで鉄を被覆すること．主にブリキ缶の製造に用いる．板状の鉄を酸洗浄し，溶融スズの浴を通す．浴の表面は酸化防止のため加熱融解した$ZnCl_2·NH_4Cl$で被覆しておく．かつてはスズメッキする前に板状の鉄を獣脂に浸した．安価なブリキの"鉛メッキ鋼板"は鉛-スズ浴に通したものである．

スタンナン（水素化スズ） stannane (tin hydride)
SnH_4．融点$-150℃$，沸点$-52℃$．無色気体（$SnCl_4$とLiAlH$_4$をエーテル中$-30℃$で反応させて得る）．0℃でもスズとH_2に分解する．還元剤．Sn_2H_6も知られる．

スタンナン（有機スズ水素化物） stannanes (organotin hydrides)
R_nSnH_{4-n}で表される．有用な還元剤．例えばR_3CXをR_3CHに変換する．

スチグマステロール stigmasterol ((24S)-24-ethyl-5,22-cholestadien-3β-ol)
$C_{29}H_{48}O$．(24S)-24-エチル-5,22-コレスタジエン-3β-オール．種々の植物から単離される．シトステロールと共存していることも多い．ステロイドホルモンの合成に使われる．

スチビン stibine
→水素化アンチモン

スチフニン酸 styphnic acid
レゾルシンのトリニトロ誘導体．爆発性のスチフニン酸鉛は起爆剤として用いられる．→2,4,6-トリニトロ-1,3-ベンゼンジオール

スチームリホーミング steam reforming
→蒸気改質

スチルベストロール stilboestrol (4,4′-dihydroxy-α,β-diethylstilbene)
$C_{18}H_{20}O_2$．4,4′-ジヒドロキシ-α,β-ジエチルスチルベン．無色結晶．融点168～171℃．合成エストロゲン．前立腺ガンの治療に用いられていたが発ガン性を有するため現在は使用されなくなった．

E-スチルベン E-stilbene (trans-1,2-diphenylethene)
$C_{14}H_{12}$．trans-1,2-ジフェニルエテン．無色結晶．融点124℃，沸点306～307℃．臭化ベンジルマグネシウムをベンズアルデヒドに作用させて得る．他の製法もある．スチルベン誘導体は色素工業やエストロゲン活性の点で重要（→スチルベストロール）．紫外線照射によりシス異性体（イソスチルベン，黄色，油状）に異性化する．

スチレン styrene (ethenylbenzen, phenylethen, vinylbenzene)
C_8H_8．エテニルベンゼン，フェニルエテン，ビニルベンゼン．無色で芳香のある液体，沸点146℃．加熱によりテロマー化してガラス状樹脂物質メタスチレンを生じるが，これは熱するとスチレンを再生する．製法は，①ケイ皮酸をヨウ化水素酸で処理し，生成物をKOH水溶液中で加熱して得る．②ベンゼンをエチレンでアルキル化し次いで脱水素する．③石油の改質でプロピレンオキシドとともに製造する．スチレンはほとんどがポリマーの合成に用いられ，中でもスチレン-ブタジエン，スチレン-アクリロニトリル，ABSプラスチックは最も重要である．スルホン化したポリスチレンは陽イオン交

換樹脂として用いられる．気体は有毒．

スチレンオキシド　styrene oxide（1,2-epoxyethylbenzen, phenyloxirane）

PhCHCH$_2$O，C$_8$H$_8$O，1,2-エポキシエチルベンゼン，フェニルオキシラン．沸点194℃．スチレンを過酢酸でエポキシ化して得る．反応性は脂肪族エポキシドに類似（例えば「エチレンオキシド」を参照）．アルコールと反応してPhCH(OMe)CH$_2$OH のようなモノエーテルを生じる．フェノールと反応すると樹脂を生成する．

スチレン-ブタジエンゴム　styrene-butadiene rubber

スチレン約25%とブタジエン75%からなるコポリマーで最も重要な合成ゴム．

スチレンポリマー　styrene polymers

スチレン PhCH=CH$_2$ はラジカル開始剤で処理するか加熱すると重合する．放射線やツィーグラー-ナッタ触媒もポリスチレンの製造に有用である．アクリロニトリル-ブタジエン-スチレン（ABS）など種々のコポリマーが用いられる．熱可塑性プラスチックで電気的特性が良好であり，成型体，フィルム，塗料や紙のラテックス，コーティング，ラミネート，フォーム，ビーズに利用される．

スチロフォーム（商品名）　Styroform

押し出し成型したポリスチレンフォームの商品名．特に建築業で使われる．

ステアリルアルコール　stearyl alcohol（1-octadecanol）

C$_{18}$H$_{38}$O，1-オクタデカノール．融点58℃，沸点210℃．天然のグリセリドから得られる重要な脂肪族アルコール．用途は医薬・化粧品，織物，ワニス，グリースのゲル安定化剤．

ステアリン　stearine
→ステアリン酸

ステアリン酸　stearic acid（n-octadecanoic acid）

CH$_3$(CH$_2$)$_{16}$C(O)OH，n-オクタデカン酸．葉状晶，融点70℃，沸点376℃（分解）．エーテル，熱アルコールに可溶，水に不溶．最も多く存在する脂肪酸の1つで，多くの動物および植物脂肪，特に硬い融点の高い脂肪中にグリセリドとして存在する．ステアリン酸とパルミチン酸の固体混合物はステアリンと呼ばれ，ロウソクの製造に用いられる．石鹸はステアリン酸やパルミチン酸のナトリウムやカリウム塩である．化粧品や医薬品に用いられる．

ステアリン酸ナトリウム　sodium stearate

石鹸の主成分．医薬品，練り歯磨きなどに用いられる．通常は多少のパルミチン酸塩を含む．

ステロイド　steroids

下記に示すシクロペンテノフェナントレン骨格，またはそれと非常に類似した骨格を持つ物質の総称．天然のステロイドはスクアレンの酸化的環化により作られ，ステロール，胆汁酸，性ホルモン，副腎皮質ホルモン，強心性グリコシド，サポゲニン，アルカロイド，エクジソンなどの昆虫ホルモンがある．多くの合成ステロイドも知られていて，医薬品として重要なものもある．半合成ステロイドはジオスゲニンなどから作られる．

ステロール類　sterols

ヒドロキシ基を持つステロイド誘導体．すべての動植物細胞およびある種の細菌にみられ，一部が高級脂肪酸エステルとなっていることが多い（→コレステロール，シトステロール）．ステロールは脂肪画分をアルコール性アルカリで加水分解するか，あるいは鹸化されない画分をエーテル抽出して得られる．植物ステロールはフィトステロールと呼ばれる．

ステンドグラス　stained glass

通常はイオン交換法により不純物を導入して着色したガラス．銅や銀が多く用いられるが他の元素も着色に使われる．ガラス表面にエナメル（釉薬）を塗ることもある．

ストッダード溶剤　mineral solvents
→ホワイトスピリット

ストップドフロー分光法　stopped flow spectrophotometry

半減期10秒～5×10^{-3} 秒である化学反応の

速度を研究する手法．反応物を混合して生じる溶液の吸光度や他の分光学的性質を測定する．

ストリキニン（ストリキニーネ） strychnine
$C_{21}H_{22}N_2O_2$．「ストリキニン」が現在の正しい命名システムによる名称であるが，以前からストリキニーネが通常用いられている．番木鼈（馬銭子，マチン）などの植物のアルカロイド．無色プリズム状晶，融点 270～280℃．塩基．すべての神経系を刺激し，多量に投与すると，痙攣を誘発する．殺鼠剤．野犬の駆除などにも使われる．

ストリッピング stripping
液体混合物において揮発性の高いほうの成分を揮発性の低い成分から分離して，後者の純粋なものを得ること．高揮発性成分は必ずしも純粋なものとして得られない．ストリッピングは分別蒸留法，または混合物を不活性ガスと接触させて密度の低い物質を拡散により追い出すことにより行われる．→精留

ストレプトマイシン streptomycin
$C_{21}H_{39}N_9O_{12}$．恒例物質．静菌剤．

ストロンチアン石 strontianite
$SrCO_3$．天然産の炭酸ストロンチウム．ストロンチウム化合物の原料となる鉱石．

ストロンチウム strontium
元素記号 Sr．アルカリ土類金属，原子番号 38，原子量 87.62，融点 777℃，沸点 1382℃，密度 (ρ) 2540 kg/m^3 (= 2.54 g/cm^3)，地殻存在比 370 ppm，電子配置 [Kr]5s^2．ストロンチアン石（$SrCO_3$）や天青石（$SrSO_4$）として産する．単体は SrO を Al により 1000℃で還元するか，あるいは溶融した $SrCl_2$ を電解して得る．銀白色で ccp 構造．水と激しく反応する．加温すると H_2, O_2, N_2, ハロゲンと反応する．ストロンチウム化合物は火工剤，照明弾，ガラス，セラミックス，永久磁石（ストロンチウムフェライト）に用いられる．

ストロンチウムの化学的性質 strontium chemistry
ストロンチウムは 2 族のアルカリ金属元素．電気的陽性の金属（$E°$ $Sr^{2+} \rightarrow Sr = -2.89$ V 酸性溶液中）で酸には容易に溶ける．一連の Sr(II)化合物を形成する．

砂 sand
岩の崩壊により生じた鉱物（主に SiO_2）が蓄積したもの．

スーパーオキシドジスムターゼ superoxide dismutase (SOD)
超酸化物イオン（スーパーオキシドラジカル）を分解して過酸化水素と酸素に交換する，すなわち $2O_2^- + 2H^+ \rightarrow H_2O_2 + O_2$ の反応を触媒する酵素．多くの植物，動物，細菌類の細胞から単離されている．呼吸に酸素を利用する組織では，スーパーオキシドラジカルを発生するため，SOD はこのラジカルによる破壊作用から細胞を守る．→キサンチンオキシダーゼ

スパンデックス（商品名） Spandex
強い弾性を持つポリウレタン繊維．

スピネル spinel
$MgAl_2O_4$．尖晶石という和名もあるが，あまり使われない．

スピネル類 spinels
一般式 $M^{II}M^{III}_2O_4$（これ以外の陽イオンの価数の組み合わせもある）で表される一群の混合金属酸化物（M^{II} は通常 Mg, Fe, Co, Ni, Zn, Mn；M^{III} は Al, Fe, Cr, Rh）．結晶は立方晶系で酸素原子は最密充填である．通常のスピネルでは各 M^{II} は四面体配位であるが，逆スピネルでは M^{III} の半分が四面体配位で残りの半分が八面体配位である．中間型の構造もある．

スピラン spirans (spiro-compounds)
スピロ化合物．スピロ[4,5]デカンのようにただ 1 つの原子を共有する環を持つ二環性化合物．2 つの環に共有される原子をスピロ原子といい，窒素，リンなどのこともあり，またキラルになることもある．

$$\begin{array}{c} H_2C-CH_2 \diagdown CH_2\cdots CH_2 \diagdown \\ \diagupC\diagdown CH_2 \\ H_2C-CH_2\diagupCH_2-CH_2\diagup \end{array}$$

スピロ[4,5]デカン

スピン spin(s)
粒子の内在性角運動量．

スピン-軌道カップリング spin-orbit coupling
スピン角運動量と軌道角運動量の相互作用．

スピン-スピンカップリング spin-spin coupling
NMR スペクトルに微細構造を生じる核スピン同士の相互作用．単位は通常 Hz で，測定周

波数には依存しない．デカップリングを行って帰属を確定することもできる．

スピン多重度 spin multiplicity
n 個の不対電子を含む電子状態において全スピン量子数 S は $n/2$ に等しく，この状態のスピン多重度は $(2S+1)$ で表される．これが1に等しいとき，一重項状態といい，3に等しいとき三重項状態という．

スピンドル油 spindle oil
粘性の低い潤滑用鉱油．

スピン密度 spin density (ρ)
不対電子がある原子上に見出される確率．ESR 分光で用いられる概念．→スピンラベル

スピンモーメント spin moment
軌道運動する電子はスピンモーメントと呼ばれる磁気モーメントを生じる．多電子系のスピンモーメント μ_S は $\mu_S=g[S(S+1)]^{1/2}$ で与えられ，ここで g は磁気回転比，S は各電子のスピン量子数 (m_S) の和である．

スピンラベル spin label
ESR 法により分子構造や生体機能を解明するために生体関連物質に導入するフリーラジカルや他の常磁性プローブ（例えば Cu^{2+}，Mn^{2+}）（訳者記：この種の遷移金属イオンは通常の場合には「スピンラベル」には含めない）．スピンラベルは局所的環境に非常に敏感で，速い分子運動の測定に利用できる．透明な溶液にも濁った試料にも適用でき，周囲の環境由来のシグナルによる干渉の問題もない．スピンラベル用フリーラジカルとしては，結合形成用の官能基を持つ有機ニトロキシドが最もよく用いられる．比較的反応性の低い >NO・基は ESR シグナルを生じるのに必須な不対電子を有し，OH，NH_2，C(O)OH などの官能基は高分子に化学結合する部分となる．

スピン量子数 spin quantum number
→電子配置

スフィンゴシン sphingosine
$C_{18}H_{37}NO_2$，$CH_3(CH_2)_{12}CH=CHCH(OH)CH(NH_2)CH_2OH$．塩基．スフィンゴミエリンとセレブロシド分子を形成する一部で，これらを加水分解すると遊離する．

スフィンゴミエリン sphingomyelins
多くの場合リグノセリン酸（他の酸の場合もある）を含むイオン性ホスファチド．脳に豊富に存在し，他の動物組織にも少ないが含まれる．常に類似のセレブロシドと会合して存在する．加水分解により塩基であるコリンとスフィンゴシン，リン酸，脂肪酸を生じる．

スプレータワー spray tower
スクラバーの最も単純な形式．気体を冷却塔の下から上に向かって通し，その間に吸収剤液体を一連のスプレーでそそぎ，気体と液体を効率よく接触させる．塔の内側は空で充填剤は入っていない．

スプレーポンド spray ponds
大気圧下で蒸発熱を利用して水を冷却する方法．水を細いノズルから噴出させ，開いた液溜めに集める．

スペクトル系列（分光学） spectroscopic (series)
それぞれの振動数が互いに関係があり数学的な式で表すことができる一群の線（例えばバルマー系列など）．

スベラン suberane
シクロヘプタン C_7H_{14} の慣用名．無色液体，沸点 118℃．

滑り面 slip planes
結晶の境界にあたる弱い面．そのような面間では原子間力が弱い（例えばグラファイトの層間など）．

スベリン酸 suberic acid (1,6-hexanedicarboxylic acid, octanedioic acid)
$C_8H_{14}O_4$，$HO_2C(CH_2)_6CO_2H$，1,6-ヘキサンジカルボン酸オクタン二酸．ヒマシ油から得られるリシノール酸を酸化して得られるジカルボン酸．シクロオクテンやシクロオクタジエンを酸化しても得られる．以前はコルクから製造していた．アルキド樹脂やポリアミドの製造に用いる．エステルは可塑剤や高負荷用の潤滑剤やオイルに利用される．

スポデュメン spodumene
→リチア輝石

スポーリング（小片化） spalling
耐火レンガが壊れて最終的な機械的破損をきたすこと．レンガの中で温度勾配が大きいとき（特にマグネサイトのような熱膨張係数の大きい物質を含んでいる場合），レンガの積み方が

悪くひずみがかかっている場合，耐熱性物質の成分と炉のガスまたは炉内の物質とが反応する場合に起こりやすい（訳者記：チェルノブイリの原子力発電所事故の原因でもあった）．

スメカルクラック Smekal cracks
結晶欠陥の1つの例．

スメクチック液晶 smectic
→液晶

スラグ slag
金属の融解製錬過程で製造される酸化物の溶融体．主な役割は鉱石の脈石を溶液にし，それを液体の金属から分離することである．そのためには酸化物混合物に融剤を加えて融点を下げる．よく使われる融剤はアルミナ，石灰（石），シリカ，酸化鉄（Ⅲ）．またスラグは脈石の除去以外に溶融過程における製錬にも寄与し，例えば高炉（溶鉱炉）で鉄の脱硫に使われる．溶融に使うスラグの組成は溶融する金属に依存する．

スラグは，鋼鉄，銅，鉛の製錬のように酸化により不純物を除去する金属製錬過程でも作られる．製錬での目的は不純物除去に効果的であるようにスラグの組成を制御することであり，この過程では必ず母体金属の一部が酸化されスラグ中を通過する．鋼鉄製造ではC，S，Pを除くためCaOを多く含むスラグ，すなわち塩基性スラグが使われる．

スラグは他の工業用に販売されることもある．例えば高炉のスラグはセメント製造，道路金属，スラグウールに利用される．鋼鉄製造過程で生じるスラグは，十分な量のP_2O_5を含み，農業用肥料に適するので，塩基性スラグとして市販される．スラグ中の石灰も有用である．スラグでできたガラスは結晶化によりスラグサーメットに変換される．

スラックワックス slack wax
原油あるいはオイル留分を冷却するかメチルエチルケトンで処理して得られる油性ワックス．粗蝋と呼ぶ方面もある．クラッキングにより洗剤製造用の高級アルケン（$C_8 \sim C_{18}$）が得られる．

スラッシュバス slush bath
→低温浴

スラリー slurry

多量の懸濁固体を含む液体．

ズルシトール dulcitol (galactitol)
$C_6H_{14}O_6$. ガラクトースから誘導されるアルコールで，別名をガラクチトールという．融点198℃．植物に広く存在する．白内障にかかった目にも含まれる．

ズルチン dulcin (sucrol, 4-ethoxyphenylurea)
$C_9H_{12}N_2O_2$, 4-エトキシフェニル尿素．無色結晶．融点 171 ～ 172℃．人工甘味料として以前に広く用いられたが，有害と認定されて現在では使用禁止．

スルファターゼ sulphatases
硫酸エステルの加水分解を触媒する酵素．サルファターゼということもある．

スルファニルアミド sulphanilamides
スルファニルアミドと呼ぶこともある．歴史のある抗菌剤である．

スルファニル酸 sulphanilic acid (4-aminobenzenesulphonic acid)
$C_6H_7NO_3S$, 4-アミノベンゼンスルホン酸．無色結晶．アニリン硫酸塩を190℃に8時間加熱して得る．容易にジアゾ化され，種々のアゾ色素の最初の合成中間体として用いられる．

スルファミド sulphamide
$SO_2(NH_2)_2$ およびスルフィミド $(SO_2NH)_n$. 無色結晶．塩化スルフリルのベンゼン溶液にアンモニアを作用させて得る．スルフィミドは単量体は存在せず，重合体としてのみ存在する．両者とも水溶性で容易に加水分解されてスルファミン酸とアンモニアを生じる．水素原子が金属で置換した塩を形成する．さまざまなスルファミドの誘導体や環状スルフィミドが知られている．

スルファミン酸 sulphamic acid
$H_3N^+SO_3^-$. 無色結晶性固体．通常双性イオンとして存在する．SO_2Cl_2 またはクロロスルホン酸とアンモニアの反応で得る．工業的には尿素を発煙硫酸で処理して製造される．水に易溶で強酸性を示しスルファミン酸塩を形成する．酸滴定の一次標準物質として有用．除草剤，難燃剤，金属析出過程の電解質，甘味料に用いる．

スルファミン酸アンモニウム ammonium sulphamate

除草剤，難燃剤．N_2O やセメントの製造に用いられる．

スルファミン酸塩 sulphamates
スルファミン酸の塩．

スルファン sulphanes
H_2S_2 から H_2S_8 およびそれ以上の水素化硫黄（H_2S については「硫化水素」を参照）．Na_2S の水溶液中で硫黄に HCl または S_2Cl_2 と H_2S を加えて作る．分解すると H_2S と S を生じる．

スルフィニル sulphinyl
＞SO 基を含む化学種．

スルフヒドリル基 sulphydryl
-SH 基．チオールともいう．

スルフリル基 sulphuryl
SO_2 基を含む化学種．

スルホキシド sulphoxides
2つの炭素原子に結合した SO 基を持つ有機化合物．スルフィドを過酸化水素で酸化して得る．通常，吸湿性の液体で酸と付加物を形成する．酸化するとスルホンを与える．ジメチルスルホキシドは溶媒や合成中間体として用いられる．

スルホキシル酸 sulphoxylic acid
H_2SO_2．2つの形がある．対称的な $S(OH)_2$ は $S(NR_2)_2$ または $S(OR)_2$（チオ亜硫酸エステルと NaOEt から得る）の加水分解で生成する．非対称な HS(O)OH は反応中間体またはある種のエステルとして存在する．スルホキシル酸コバルト(II)は $NaHSO_3$，酢酸コバルト，NH_3 から得る．試薬として用いられる．

スルホフタレイン系色素 sulphonphthaleins
2-スルホ安息香酸とフェノールまたは置換フェノールを加熱して得られる一群の色素．クレゾールレッドやチモールブルーなどが含まれる．多くは pH 指示薬として用いられる．→フェノールレッド

スルホラン sulpholane (tetrahydrothiophene-1,1-dioxide, tetramethylenesulphone)
$C_4H_8O_2S$，テトラヒドロチオフェン-1,1-ジオキシド，テトラメチレンスルホン．粘性のある液体．沸点 285℃．水と混和するが，水のない条件では容易に固化し無色固体となる．融点 28℃．液体-気体抽出の選択的溶媒として，特にガスクロマトグラフィーで用いる．ブタジエンと二酸化硫黄から 2,5-ジヒドロチオフェン-1,1-ジオキシドを作り，それを還元して製造する．

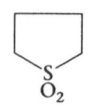

スルホン sulphones
スルホランのように2つの炭素原子に直接結合した SO_2 基を含む有機化合物．有機スルフィドを硝酸または過マンガン酸カリウムで酸化して得る．無色で非常に安定である．多くは溶媒として利用される．

スルホンアミド sulphonamides
$-SO_2N$＜基を含む化合物．塩化スルホニルにアンモニアまたは一級，二級アミンを作用させて得る．スルファニルアミドはプロントジル(prontosil)分子の活性部位である．スルファニルアミドのより有用な誘導体が導入されている．一般に，4-アセトアミドベンゼンスルホニルクロリドと適切なアミンを縮合させたのち，アセチル基を加水分解により除去して得る．スルホンアミドは細菌の繁殖を抑える(生長阻害)効果があり，自然の生体機構により細菌を除去する作用を持つ．スルホンアミドは 4-アミノ安息香酸の拮抗剤で，細菌の細胞が葉酸の前駆体として必要な 4-アミノ安息香酸を摂取することを阻害する．

スルホン化 sulphonation
スルホン酸基を導入すること．→スルホン酸

スルホン酸(脂肪族) sulphonic acids (aliphatic)
アルカンと SO_3 から，あるいはジスルフィドの酸化（例えば MeSSMe から CH_3SO_3H）により得る．メタンスルホン酸（融点 20℃，沸点 122℃）は溶媒，重合触媒，アルキル化触媒として用いられる．

スルホン酸(芳香族) sulphonic acids (aromatic)
芳香環に直接結合した $-SO_3H$ 基を含む有機化合物．通常，硫酸，クロロ硫酸，または発煙硫酸を作用させて得る．反応性の高い基質では三酸化硫黄のピリジンまたはジオキサン錯体も用いられる．スルファニル酸やナフチオン酸のようなアミノスルホン酸は，アミンの硫酸塩を

180℃に加熱して得るのが最も簡便な方法である．ベンゼンを長時間スルホン化すると 1,3-ベンゼン二スルホン酸が生じる．ナフタレンをスルホン化すると低温では 1-置換体，高温では 2-置換体が得られる．スルホン酸は強酸で水に易溶であり，水溶性の金属塩を形成する．苛性アルカリと溶融するとフェノールを与える．シアン化カリウムと溶融するとニトリルが得られる（例えばベンゼンスルホン酸からベンゾニトリルが生じる）．スルホン化は不溶性のアゾ化合物を可溶化するのに広く用いられる．

セ

ゼアキサンチン zeaxanthin (zeaxanthol)

$C_{40}H_{56}O_2$．二価のアルコールなのでゼアキサントールともいう．キサントフィルの異性体であるカロテノイド色素．黄色結晶，融点 215℃．種々の植物の葉，種子，果実，卵黄に存在する．

正荷電粒子線利用分析 positive ray analysis

分子に高い電圧をかけるか放電させて生成する正電荷を持つ粒子線を磁場と電場に通すと，種々のイオンは速度，質量，電荷により偏向する程度が異なる．このような分析は質量分析計の基礎となる．ただし負イオンの分析も用いられる．

制汗剤 antiperspirants

発汗や発汗作用を抑える物質．一般にはアルミニウム化合物．

整　形 prilling

→プリル化

生合成 biosynthesis

生物がその生長と再生に必要な化合物や構造を作り上げるプロセス．最終的に，この生成は CO_2, H_2O, 光または熱エネルギーと無機化合物から行われる．「biogenesis」も生合成というが，こちらには合成ではない生物学的変換も含まれるため，完全な同義語ではない．

青　酸 prussic acid

HCN．シアン化水素の旧名．現在でも実業界ではしばしば用いられている．

青酸塩 prussiates

シアン化物の旧名．現在でも実業界ではしばしば用いられている．シアン化水素酸の塩．

制酸剤 antacids

過剰の胃酸の量を減らすために用いる物質．直接中和（$NaHCO_3$, MgO），緩衝（クエン酸ナトリウム，ケイ酸ナトリウム），H^+ イオン吸着（$Al(OH)_3$），イオン交換（ゼオライトやイオン交換樹脂）などがある．

青酸性グリコシド cyanophoric glycosides

→青酸配糖体

青酸配糖体 cyanophoric glycosides (cyanogenetic glycoside, cyanogenic glycoside)
シアン化水素（青酸）を含む配糖体で，加水分解によりシアン化水素を遊離する．植物中にしばしば見出される．例としてアミグダリンなどのマンデロニトリルの配糖体などがある．

正四面体 tetrahedron
→正四面体型配位

正四面体型配位 tetrahedral co-ordination
4つの配位子が四面体の頂点を占める結合様式．メタンCH_4の炭素原子は四面体構造である．四面体は4つの三角形の面を持つ．

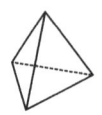

正十二面体型配位 dodecahedral co-ordination
8個の配位子が正十二面体の頂点に位置する配位構造．$[Mo(CN)_8]^{4-}$イオンに見られる．十二面体は12の三角形の面を持ち2つの五角錐が4つの頂点を共有し開いた辺の部分で2つの面と連なった構造をしている．

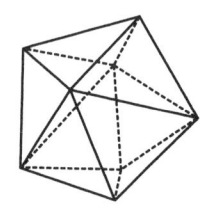

正準形式 canonical form
例えばベンゼン分子などに対しては，古典的な結合価理論に基づく単一の構造は書けないが，ケクレの構造のように，エネルギーが極めて接近した多数の構造（正規化形式）を書くことができる．極限構造．

正常液体 normal liquid
分子同士が会合する傾向を示さない液体．単純な液体炭化水素はほぼこの種にあてはまる一方，水，酢酸，アルコールは部分的に会合している．

生成定数 formation constant
（錯体などの）安定度定数．

生石灰 quicklime
CaO 酸化カルシウム．

製造ガス manufactured gas
固体あるいは液体の炭化水素から転化処理により得られる燃料ガスの総称．→都市ガス

生体アミン biogenic amines
天然のアミノ酸の酵素的脱炭酸により得られる重要な天然産出アミン類．

生体触媒利用 biocatalysis
主にキラルな形の薬剤などを製造するために，発酵などの生物学的方法を用いること．

生体内変化 biotransformation
動物が異質の成分を代謝して腎排出を行うプロセス．

清澄化 clarification
液体（主に上水）から少量の懸濁物質を取り除き，清澄な物質を得ること．清澄化は沪過，遠心分離，あるいは清澄分離装置を用いて行う．下水や工業廃水の場合には「懸濁物除去」というようである．

清澄分離装置 clarifier
連続的に液体が流入，流出する大型のタンクで，そのなかで懸濁物質が沈降し，除去される．清澄分離装置は沈降濃縮装置（シックナー）とかなり似ているが，清澄分離装置のほうが処理される固体量が少ない．

成長ホルモン growth hormone (somatropin)
ソマトロピン．脳下垂体前葉から分泌されるタンパク質ホルモン．

静電的沈積機 electrostatic precipitators
高電位差の2本の電極の間で気体をイオン化させて，その気体中の浮遊微粒子を除去する装置．このようにして生成したイオンは分散した粒子に付着して粒子を帯電させ，その粒子をどちらかの電極へと移動させる．

青　銅 bronze
銅とスズの合金．他の成分を含むものもあるが，こちらはよく「○○ブロンズ」などと呼ばれる．

正二十面体 icosahedral

正二十面体は12個の頂点を持ち各面は三角形. 正二十面体のユニットは $B_{12}H_{12}^{2-}$ など多くのホウ素化合物にみられる.

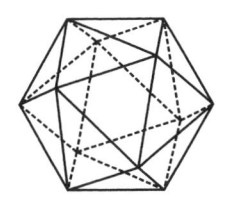

正八面体 octahedron
→正八面体配位

正八面体配位 octahedral co-ordination
6個の配位子が正八面体の頂点を占める配位. SF_6 は中心に位置する硫黄原子に6個のフッ素原子が八面体型に配位した構造である. 正八面体は八枚の正三角形の面がある.

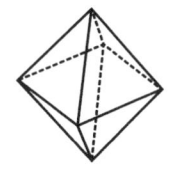

3回軸に沿って見た図

生物発光 bioluminescence
ホタルなどの動物や植物において, 酸素と被酸化性基質 (ルシフェリン) とがルシフェラーゼなどの酵素の触媒によって光を放出する現象.

生物発生 biogenesis
→生合成

生物由来アミン biogenic amines
→生体アミン

成分 component
相律では, 化学系の成分の数は, その系に含まれる各相の成分を別々に記載できる, 最小の化学的に独立した物質数である. ある系に含まれる成分の数はそこに存在する化学種の数と必ずしも等しくなくてもよい. 例えば, 炭酸カルシウムを閉じた系内で加熱すると,
$$CaCO_3 \rightleftharpoons CaO + CO_2$$
$CaCO_3$ の濃度は CaO と CO_2 の濃度で表すことができる, すなわち2成分のみが存在する.

生分解性 biodegradable
例えば洗剤, ポリマーなどの物質が, 細菌, 空気中の酸素, 紫外線などにより容易に分解される性質のこと. 硫化アルキル, エトキシレートなどは容易に生分解される. 一方, ポリプロペンは極めて安定である.

正方アンチプリズム型配位 square antiprismatic co-ordination
8個の隣接原子が正方アンチプリズム型に配置 (2つの正方形の面が互いに45°ずれた位置) した構造. 例えば $[Mo(CN)_8]^{4-}$ で見られる. 正方形の面が2枚と, 三角形の面が8枚ある.

正方晶系 tetragonal system
主軸が4回対称軸である晶系. 単位格子は z 軸が4回対称軸に一致し, 他の2軸は互いに直交し z 軸と90°で交わる. ルチル TiO_2 はこの晶系である.

精油 essential oils
植物から抽出して得られる多少とも揮発性を持つ油. 多くの精油は分離精製されて化合物の原料として利用される. →植物油

整流 rectification
交流を直流に変換すること.

精留 rectification
混合物を分留により各成分に分離する方法. 精留と分留という用語はしばしば同義に用いられるが, 後者は他の2つの方法も含んでいる. 精留塔や分留塔は, 小規模な場合には「カラム」とも呼ばれるが, 長い垂直な筒の中に一連の板 (通常は「段」と呼んでいる) または大きな比表面積を持つ充填材を詰めてあり, これらは装置の長さ全体にわたり気体と液体の接触を良くする. 塔の上端には凝縮器, 下端には熱交換器 (リボイラー) と呼ばれる蒸気発生部がついている.
精留は工業的に非常に重要であり, 特に石油化学では主要な分離方法である. →充填塔, 段塔

精留アルコール (90%) rectified spirit
エタノール濃度が90% v/vの含水エタノール. 57.8° over proof (OP). →プルーフスピリッツ

精留塔 rectifying column
→精留

精留用カラム rectifying column

→精留

精錬 refining
　冶金において金属あるいは合金から不純物を除くこと．例えば酸化，電解，化学的分離，蒸留，帯域精製などの手法が用いられる．

正六面体配位 cubic co-ordination
　CsCl 中に含まれる Cl のように立方体の各頂点に 8 つのリガンドが配位する形．立方体には正方形の面が 6 つある．→正方アンチプリズム型配位，正十二面体

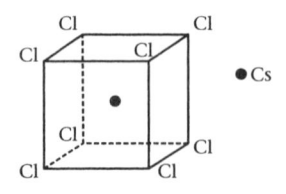

ゼイン zein
　トウモロコシに含まれるプロラミングループのタンパク質の一群．リジンやトリプトファン残基を含まない．プラスチック，塗料，紙，食品工業で用いられる．

ゼオライト zeolites
　負の電荷を持った $(Si,Al)_nO_{2n}$ 骨格を含み，電荷を中和する陽イオンが空孔に存在するアルミノケイ酸塩．陽イオンは容易に交換される．空孔へは気体の選択的吸着が起こる．さまざまな種類のゼオライトがあり，例えば方沸石，菱沸石，フォージャサイト，合成ゼオライト A，ソーダ沸石，トムソン沸石．ナトリウムを含むゼオライトは，Ca^{2+} を Na^+ で置換し水を軟化するのに利用される．ゼオライト（パームチット）は NaCl の濃厚溶液により再生できる．ゼオライトはその空孔内に特定の大きさの分子を吸着することにより，その物質を除去できる（分子篩）．溶媒の乾燥，気体の吸着，触媒，洗剤への添加剤（硬水軟化剤）に用いられる．

石英 quartz
　SiO_2．二酸化ケイ素の低温における安定形態．石英は光学部品に広く用いられている．紫外線に対してガラスよりもはるかに吸収が少ない．なお現在では透明度の高い結晶を「水晶」，不透明なものをも含めた場合に「石英」と呼ぶことになっているが，江戸時代まではこの分類は逆であった．

石英ガラス quartz glass
　→ガラス状シリカ

赤外線 infra-red radiation (i.r.)
　周波数が約 10^{13}/s (10000/cm) 以下の電磁波．波長では約 8000Å 以上．ヒトの眼には見えないが，かなりの透過力を持つ．写真乾板は赤外線に対する感度を持つように増感でき，これを利用して遠距離写真が撮影できる．熱検出器や夜間に物を見るための検出器は赤外線を利用しており，種々の形式がある．分子内の原子間振動は IR 領域に吸収をもたらす．→赤外線分光学

赤外線分光学 infra-red spectroscopy
　単に赤外分光と略することも多い．分子内の振動は赤外線領域に特有の吸収帯を示す．赤外分光は構造研究に有用で，特定の基の存在や分子の対称性に関する情報を提供する．この手法は開発が進み，分析や研究のルーチンとして広く用いられている（なお近赤外領域の分光測定は天文学で極めて重要であるが，こちらの対象は分子の振動や回転ではなく，暗黒星雲や塵雲などの比較的低温の天体からの熱輻射である）．

析出硬化 precipitation hardening (age hardening)
　→時効硬化

石炭 coal
　天然に産出する炭素含有固体燃料．地中のさまざまな深さに層の形で存在する．内部にとりこまれた細菌により腐敗した植物が，温度と圧力，時間をかけて化学変化を受けて縮合，重合して生成された．これらのプロセスにより，もとの木質の材料は最高級石炭である無煙炭へと大きく変化する．石炭の質は含有炭素率が約 50〜95% へと増加し，酸素含有率が約 40〜3% へと減少するのに伴い向上する．発熱量は平均 $3.3×10^7$ J/kg で，石炭の種類により泥炭-褐炭-瀝青炭-亜瀝青炭-半無煙炭-無煙炭の順で増加する．
　さまざまな等級の石炭の物性は大きく異なり，多くはそれぞれ特定の目的にのみ用いられている．石炭はメタンを含有していることが多い．

石炭ガス coal gas

→都市ガス

石炭酸 carbolic acid
フェノール（狭義）の旧名。現在でも医療方面では用いられている。

赤鉄鉱 haematite
α-Fe_2O_3。重要な鉄鉱石。通常血赤色であるが，黒色結晶（鏡鉄；specular iron）を形成することもある。コランダム構造で O^{2-} が最密充填し Fe は八面体配位。

赤銅鉱 cuprite
Cu_2O。赤く輝く銅鉱石。赤銅鉱の構造は直線型で，2個の酸素が両側から配位している。

石版印刷 lithography
印刷したい図柄を写真焼付け，あるいはその他の手法で親油性の媒質（インキになじむ）を用いて平滑な表面に付着させ，図柄以外の部分は親水性媒質でインキをはじくようにする。インキを塗布してから，この上に紙を拡げて圧着すると，親油性媒質中のインキが紙の上に転写される。

石　油 petroleum
天然に存在する炭化水素で，主に脂肪族であり，精製して燃料や石油化学製品の原料に用いられる。発生熱量は約 4.4×10^7 J/kg。 →原油

石油のガス化 gasification of oil
石油燃料をガス化することで都市ガス（タウンガス），発生炉ガス，代替天然ガス（SNG）を製造することができる。燃料によるが，その変換過程の全体は大きい分子のクラッキングで，ついで改質反応によりさらなるガス化を行い，炭素/水素比を低下させる。これは直接的な水素付加（水素化改質），または系内で水蒸気から水素を発生させて（水蒸気改質）行う。あるいは CO_2，石炭，木炭を発生させて，これらを系から除去することで炭素の割合を低下させることもある。

石油エーテル petroleum ether（light petroleum）
狭い沸点範囲の揮発性の高い低級脂肪族炭化水素。いくつかの種類があり，主要なものは蒸留温度範囲 40～60℃ と 60～80℃ の2種で，それぞれ C_5，C_6 の炭化水素を含む。リグロインは沸点 35～60℃ の画分である。

石油化学製品 petrochemicals（petroleum chemicals）
石油化学製品は石油の種々の画分から，通常一次転換プロセスにおいて製造される中間体を加工して得られる。主な原料は天然ガス，精製ガス，液体石油画分，ワックスである。一次転換プロセスとしてはクラッキング，部分酸化，熱分解がある。

石油コークス petroleum coke
サーマルクラッキングによるガソリン製造の副産物として得られる固体の炭素質物質。
→コークス

石油精製 refining, petroleum
原油を燃料，潤滑剤，ビチューメン（瀝青），蝋などの種々の石油製品に変換するプロセスの総称。具体的な精製方法には蒸留，溶媒抽出，吸着のような物理的分離法や，硫酸処理，スイートニング，脱硫操作などの化学的精製がある。

石油ゼリー petroleum jelly
→ペトロラタム

石油ワックス petroleum wax
原油，特にパラフィン系原油から得られる固体で蝋状の炭化水素。パラフィンワックスはマクロな結晶構造で主に $C_{20}H_{42}$ 以上の直鎖アルカンからなり，多少のイソアルカンやシクロアルカンも含む。微結晶ワックスは重質の潤滑油の残渣から得られ，微結晶構造で主にイソアルカンやシクロアルカンからなり芳香族化合物も含む。石油ワックスはロウソク，研磨剤，潤滑剤，化粧品，軟膏の製造や防水用に用いられる。またクラッキングの原料としても用いられ，1-アルケンに変換されて洗剤の製造に用いられる。

セシウム caesium, cesium：米国式表記
元素記号 Cs。原子番号 55 の金属元素。原子量 132.91，融点 28.5℃，沸点 671℃，密度（ρ）1.813 (kg/dm^3)，地殻存在比 3 ppm，電子配置 [Xe]$6s^1$。塩類鉱床に微量に含まれるアルカリ金属。ポルクス石 $Cs(AlSi_2O_6) \cdot xH_2O$ として天然に産出するほか，リチウムを製造するときの副生物として得られる。他のアルカリ金属からイオン交換や分別結晶で分離する。セシウム金属は体心立方格子で，融解塩の電気分解で得られるが，さらに良い方法としてセシウムミョウバンから $CsAlO_2$ を作り，これを金属マグネシウムで還

元して調製する方法もある．非常に反応性が高く，水，酸素，ハロゲンなどと激しく反応する．酸素ゲッター，光電池，水素添加重合触媒として，また SO_2 酸化に使用されている．CsOH はアルカリ電池用電解質である．^{137}Cs は重要な核分裂生成物で，深部放射線療法に使用されている．

セシウムの化学的性質 caesium chemistry

セシウムは 1 族の元素で，+1 の酸化状態でさまざまな元素と一系列の化合物を生じる．Cs^- 化合物も数少ないが知られている．ほとんどの化合物がイオン性化合物である．またセシウムは，クラスターカチオンを含む一連の低酸化状態の酸化物（例えば Cs_7O, $Cs_{11}O_3$ など）も形成する．

セスキ酸化物 sesqui(oxide)

陽イオン種が 2 に対し酸素原子が 3 個の比であることを表す用語（あまり使われなくなっている）．例えば Fe_2O_3 は，現在では酸化鉄（Ⅲ）という．

セスキテルペン sesquiterpenes

→テルペン類

ゼータ電位 zeta(ζ) potential

界面動電電位の別名．

セタン cetane

ヘキサデカンの別名 $C_{16}H_{34}$.

セタン価 cetane number

→ノッキング価

セチルアルコール cetyl alcohol

→ヘキサデカノール

絶縁体 insulator

電気伝導率が非常に低い物質．絶縁体には，電子で完全に満たされたエネルギー準位と完全に空のエネルギー準位の間に広いバンドギャップが存在する．ほとんどの純粋なイオン性固体物質は絶縁体であるが，不純物や欠陥があると半導体性を持つこともある．

石 灰 lime

生石灰ならば酸化カルシウム（CaO），消石灰であれば水酸化カルシウム（$Ca(OH)_2$）を指す．

石灰水 limewater

消石灰の飽和水溶液．おだやかな酸の中和剤として用いられる．二酸化炭素を通じると $CaCO_3$ の白濁が見られる．

石灰石 limestone

炭酸カルシウムを主成分とする岩石．海洋生物の化石から生じたものや，化学的に沈殿，輸送などが行われた結果生じたものがある．純粋なものは方解石（$CaCO_3$）からなるが稀にしか産出しない．市販の石灰石は酸化鉄やアルミナ，マグネシア，シリカ，さらには硫黄などをも含む．CaO 含量は 22～56％，MgO 含量は最大で 21％である．肥料その他さまざまな用途がある．焼成によって酸化カルシウム（生石灰）となる．

石灰乳 milk of lime

消石灰（$Ca(OH)_2$）の懸濁水溶液をいう．

石鹸類 soaps

ステアリン酸，パルミチン酸，オレイン酸など脂肪酸のナトリウムまたはカリウム塩．石鹸の原料である動物性または植物性油脂は，この種の脂肪酸のグリセリンエステルを必ず含んでいる．石鹸は油脂を希 NaOH（KOH の場合もある）とともに大きなバット中で加熱して作られる．加水分解が完結したら NaCl を加えると石鹸は塩析により沈殿する．これに香料を加えるなどの処理を行い成型する．固形石鹸は牛脂など動物脂肪から，透明な石鹸は脱色した油脂から，緑色の液体石鹸は水酸化カリウムとオリーブ油などの植物油から製造される．過脂肪石鹸は遊離の脂肪酸を含む．アルミニウム，カルシウム，コバルト，リチウム，鉛，亜鉛など他の金属を含む石鹸もある．→金属石鹸

石 膏 gypsum

鉱石の $CaSO_4 \cdot 2H_2O$．透明石膏ともいう．焼石膏の製造，ポルトランドセメントの硬化速度の調節に用いられる．フィラーとしても利用される．

石膏添加セメント supersulphated (cement)

高い硫酸塩耐性を持ち，主に地下や海水中の構造物に用いられるセメント．

切削液 cutting fluids

金属の切削操作中に冷却剤および潤滑剤として用いられる液．乳化剤を含有する低粘度の油が用いられるが，これは希釈すると安定な水中油型乳化物を生じる．別法としては亜硝酸ナトリウム，セバシン酸トリエタノールアミン，ポ

リグリコールなどをベースにした水性混合物も用いられている．もっと高負荷の作業には，純粋な潤滑油が用いられることも多い．

摂氏温度目盛　Celsius scale
　→セルシウス温度目盛

接触改質　catforming
　→触媒改質

接触クラッキング　catalytic cracking
　石油の重油成分からガソリンを作るのに最も幅広く用いられている方法は，重油を接触分解することである．現在ほとんど世界中で流動接触分解が用いられている．この方法では粉末触媒が系内を流動状態で移動する．

多くの触媒が用いられているが，標準的な触媒は一般にシリカとアルミナの混合物か，天然または合成されたケイ酸アルミニウムのゼオライトである．

接触分解の主生成物はガソリンで，ガス，軽油，重質軽油もまた，供給原料や運転条件に応じて製造される．得られるガソリンは，不飽和炭化水素の比率が高いため，通常かなり高いオクタン価を持つ．　→クラッキング処理ガソリン

接触法　contact process
　→硫酸

絶対温度　absolute temperature
　「絶対」すなわちケルビン温度目盛りによる温度で，通常 T で表す．絶対温度での0度は，理想気体が凝縮も固化もせずに無限に冷却されたとき，その体積がゼロとなる温度である．

絶対配置　absolute configuration
　キラルな原子の周りに置換基が実際にどのように配置しているかをいう．　→キラリティ

絶対零度　absolute zero
　絶対温度（熱力学的温度）の基準点．0 K は $-273.15℃$ である．水の氷点（0℃）は 273.15 K である．絶対温度（ケルビン温度）目盛とセルシウス（摂氏）温度目盛の間には $T(\mathrm{K}) = t(℃) + 273.15$ の関係がある．

接着強化剤　adhesion agents
　物質の接着性を向上する添加物．接着剤が水によって物体の表面からはがれるのを防ぐために表面活性剤が用いられている．これらは道路用アスファルト，とりわけカットバックアスファルト，簡易舗装，およびプレコートマカダム舗装で幅広く用いられている．重金属石鹸も使用されてきたが，陽イオン性表面活性剤のほうがより適している．これらは比較的大きい分子量を有する有機アミン類である．

接着剤　adhesive
　結合しようとする2つの物質表面を濡らし，次いで硬化することによってそれらを結合する物質．例としては糊（デンプン，タンパク質），熱可塑性樹脂，熱硬化性樹脂，ゴム，アスファルト，ケイ酸ナトリウムが挙げられる．建設，包装，テキスタイル，家具および電気製品などに用いられている．

接着防止剤　abherent, parting agent, release agent
　離型剤，あるいは剥離剤と呼ばれることもある．厳密には多少の使い分けがなされている．固体/固体，固体/ペースト，あるいは固体/液体の接着を防いだり，接着力を弱めるために薄膜状の形で用いられる液体や固体．蝋，金属石鹸，グリセリド（特にステアリン酸エステル），ポリビニルアルコール，ポリエチレン，シリコーン，フルオロカーボンなどが，金属，ゴム，食品，ポリマー，およびガラス加工の際の接着防止剤として使用されている．

セトリミド　cetrimide (cetyltrimethylammonium bromide, CTAB)
　$[\mathrm{C_{16}H_{33}N(CH_3)_3}]^+\mathrm{Br}^-$．臭化セチルトリメチルアンモニウム，CTAB．商業製品は臭化セチルをトリメチルアミンと縮合して製造されるが，その他の臭化アルキルアンモニウムを含有する．クリーム色がかった白色粉末で水に溶け容易に泡立つ溶液となる．陽イオン性洗剤，湿潤剤，消毒剤．

セニエット塩　Seignette salt
　$\mathrm{C_4H_4O_6KNa \cdot 4H_2O}$，酒石酸ナトリウムカリウム．ロッシェル塩（ロシェル塩）の別名である．

セバシン酸　sebacic acid (decanedioic acid)
　$\mathrm{HO(O)C(CH_2)_8C(O)OH}$，$\mathrm{C_{10}H_{18}O_4}$．デカン二酸．無色の葉状結晶．融点134℃．ヒマシ油をアルカリと加熱するか，あるいはオレイン酸を蒸留して生成する．無水物は融点78℃．セバシン酸のエステルは可塑剤，アルキド樹脂，繊維などに用いられる．

セファデックス　Sephadex

→デキストラン

セファロスポリン C　cephalosporin C
　菌類のセファロスポリウム・アクレモニウム (*Cephalosporium acremonium*) が産生する抗生物質．化学的に他の準合成抗生物質に転換される．

ゼーマン効果　Zeeman effect
　磁場中で原子スペクトルの吸収または発光線が分裂すること．偏光も影響を受ける．この効果は原子吸光分析に利用される．

セミカルバジド　semicarbazide
　$NH_2CONHNH_2$．アミノ尿素でもある．無色結晶性物質．融点 96℃．ニトロ尿素の電気化学的還元により得る．酸と結晶性の塩を生成する．アルデヒドやケトンと反応してセミカルバゾンを生じる．かつてはアルデヒドやケトンの分離および同定に利用された．

セミカルバゾン　semicarbazones
　$>C=NNHCONH_2$ 基を含む有機化合物．→セミカルバジド

セミキノン　semiquinones
　フリーラジカルとヒドロキノンから生成する安定ラジカル．食品の保存料のベース．

セムテックス（商品名）　Semtex
　爆薬．PETN と RDX の混合物．

セメンタイト　cementite
　Fe_3C．→鉄，鋼

セメント　cement
　他の物質を結合するのに用いる物質．セメントにはさまざまな種類があるが，大きく 2 種類に分けることができる．
　①たくさんの粒子を結合し，強度の高い密着した固まりを作るために用いられるセメント．
　②2つ（以上）の分離された塊（例えば壊れた品物）を結合するセメント．
　2番目のタイプには接着剤やさまざまな有機セメントが分類される．第 1 のクラスのセメントとしてはポルトランドセメント，高アルミナセメントなど多くのものが含まれる．水とプラスチックペーストを形成し，放置すると固く硬化するのが水硬セメントである．
　セメント類はその主成分により，例えば石灰質セメント，アルミナセメント，シリカセメントなどと呼ばれるもの，その特性により例えば耐酸性セメント，急結セメント，急硬セメントなどと呼ばれるもの，ローマセメントなど発祥の地により命名されているもの，ポルトランドセメントのように，ポルトランド石に似ているというのでその物質の名前をとって命名されているものなどがある．高温で用いることのできるセメントは，例えば炉の修理に用いることができるが，耐火セメントと呼ばれる．
　「セメント」という用語は焼結によりセメントを作ることのできる泥質石灰岩にも使用されている．用途ごとに異なる組成のものが用いられる．セメントは普通，石灰石と粘土の混合物を約 1700℃ に加熱することによって製造され，生成物は石膏と一緒にして粉末化される．化学的にはセメントの成分はケイ酸カルシウムとアルミン酸カルシウムの混合物にいくらかの硫酸塩が混じったものである．

セメントフォンデュ　ciment fondu
　→アルミナセメント

ゼラチン　gelatins
　希酸中でコラーゲンを煮沸するとゼラチンが生成し，それはほぼコラーゲンの成分ペプチドである．ゼラチンは冷水中で膨潤するが溶けない．熱水には溶けて粘稠な液体を生じる．1% 以上のゼラチンを含むゼラチン溶液は冷やすとゼリー状に固まる．グリシン，プロリン，リジン（リシン），ヒドロキシプロリン，ヒドロキシリジンといったアミノ酸に富む．ゼラチンは骨や皮から得られる．用途は食品，ゴム，接着剤，写真．

ゼラチン硬化剤　gelatin hardeners
　通常は写真で使われるゼラチンを硬化させる試薬．ゼラチンを含む写真材料は製造中に硬化してもよい．これにはゼラチンのポリペプチド鎖同士を硬化剤を用いて架橋する．

ゼラニウム油　oil of geranium
　フウロソウ科テンジクアオイ属のゼラニウム（ペラルゴニウム）から得られる．ゲラニオールエステルを含む．香料，軟膏，ロジノール（バラの芳香成分）の合成原料に利用される．

セラミックス　ceramics
　無機化学物質（金属と合金は除く）から高温プロセスで作られるエンジニアリング材料および製品．これらは薬品による腐食に対し安定で，

耐火物，ガラス，セメント，セメント製品，エナメル，研磨剤，焼物，磁器，陶器，粘土製品，アルミナをはじめとして，半導体から絶縁体までを多岐にわたる．高温に耐えるが脆い．

セリウム　cerium

元素記号 Ce．金属元素．原子番号58，原子量140.12，融点798℃，沸点3443℃，密度(ρ) 6.770 kg/dm^3，地殻存在比68 ppm，電子配置 [Xe] 4f^{1}5d^{1}6s^2．ランタニド元素中，最もよく知られている元素で，モナザイトからトリウムを抽出したのち多量に得られる．金属セリウムは鋳鉄の鍛造性やマグネシウム合金の機械特性向上のための合金に用いられている．セリウム合金は自然発火性である．CeO_2はガラス磨き，セラミックコーティングとして用いられているほか，白熱ガス灯や触媒にも使用されている．硫酸セリウムは「セルフクリーニングオーブン」に使用されている触媒である．

セリウム化合物　cerium compounds

セリウムは+4と+3の酸化状態をとる．Ce (Ⅲ)の化合物は典型的なランタニド化合物である．Ce^{3+} (f^1 無色) → Ce (-2.48 V 酸中)．$[CeCl_6]^{2-}$イオンを含有するヘキサクロロセリウム(Ⅳ)酸塩は安定であるが，CeF_4(CeO_2 + F_2)が唯一のハロゲン化セリウム(Ⅳ)である．ほとんどの Ce 化合物は酸素中で加熱すると CeO_2を生じ，中間相として Ce_2O_3-CeO_2系が存在する．さまざまな硫酸セリウム(Ⅳ)，例えば $Ce(SO_4)_2 \cdot 2H_2SO_4$ が CeO_2 と H_2SO_4 から得られ，分析に用いられている．硝酸の錯塩 $M_2[Ce(NO_3)_6]$もまた安定である．Ce(Ⅳ)は最も安定な+4のランタニドイオンであり，また水溶液中で安定な+4のランタニドはこれだけである．Ce^{4+}（黄色-橙）→ Ce^{3+}（+1.28 V HCl 中）．CeI_2 (CeI_3 + Ce) は Ce^{3+}, 2 I$^-$, e$^-$ である．有機セリウム化合物は合成に用いられている．

ゼリグナイト　gelignite

火薬として利用されるダイナマイトの1つ．

セリルアルコール　ceryl alcohol

$C_{26}H_{54}O$, 1-ヘキサコサノール, $CH_3(CH_2)_{24}CH_2OH$. 無色結晶．融点79℃．さまざまなワックス中にエステルの形で含まれている．パルミチン酸セリルはオピアムワックス（罌粟蝋）の主成分で，セロチン酸セリルはイボタロウに含まれる．

セリン　serine (2-amino-3-hydroxypropanoic acid)

$CH_2(OH)CHNH_2CO_2H$, 2-アミノ-3-ヒドロキシプロピオン酸．無色結晶，融点228℃（分解）．アミノ酸．

セルシウス温度目盛　Celsius scale

ヨーロッパや日本で普通用いられている温度目盛．(セルシウス温度) = (絶対温度(ケルヴィン温度)) - 273.15．

セルロイド　celluloid

樟脳で可塑化した硝酸セルロースをベースにした，可燃性の熱可塑性プラスチック．現在はほとんど使用されていない（ピンポンのボールは，正式なものはセルロイド製に定められている）．

セルロース　cellulose

$(C_6H_{10}O_5)_n$. あらゆる植物の細胞壁の主成分で，天然に産出する有機物質としては，最も多量に存在するもの．グルコースのポリマーで鎖状に3500以上の繰り返し単位を含む．セルロー

スは β-グルコシド結合であるのに対しデンプンは α-グルコシド結合である.

強酸はセルロースを完全に加水分解してグルコースにする. 極めておだやかに加水分解をすると鎖の長さが短く, 粘度と引っ張り強さが低下した水和セルロースが生じる. 特別な条件下ではセロビオースが高収率で生じる.

セルロースは強酸, NaOH および銅アンモニア溶液に溶解する. トリアセテート (三酢酸エステル), 三硝酸エステルを生成するほか, メチル, エチル, ベンジルアルコールとエーテルを生成する. これらはすべて産業的に極めて重要だが, 最大の用途はレーヨン産業である. 商業的にセルロースを生産する際の最も重要な供給源は木材パルプとコットンリンターである.

アルカリセルロースとクロロ酢酸ナトリウムから得られるカルボキシメチルセルロースナトリウムは掘削流体, 洗剤, 樹脂, 接着剤, 食品安定化剤として用いられる.

セルロースエーテル　cellulose ethers

ハロゲン化アルキルおよびハロゲン化アリールをアルカリ溶液中でセルロースに作用させて生成する. プラスチック材料として用いられている. メチルセルロースは水溶性で, 乳化剤, サイジング剤あるいは下塗り剤として使用される.

セレシン　ceresin

以前は完全に精製したオゾケライトから得られた, 固い白色無臭のワックスに与えられていた名称. 現在では石油から得られる, ある種の固くて脆いワックスを指すのによく用いられる.

セレノシアン酸塩　selenocyanates

-SeCN 基を含む化合物 (KCN と Se から KSeCN が得られる).

セレノニウムイオン　selenonium ions

3本の結合を持つセレンを含む陽イオン. 例えば $[Me_3Se]^+$.

セレブロシド　cerebrosides

神経膜と脳細胞中に最も多量に存在する一群の脂質.

セレン　selenium

元素記号 Se. 非金属元素. 原子番号 34, 原子量 78.96, 融点 221℃, 沸点 685℃, 密度 (ρ) 4790 kg/m^3 (=4.79 g/cm^3), 地殻存在比 0.05 ppm, 電子配置 [Ar]$3d^{10}4s^24p^4$. 硫化物鉱石中に不純物として含まれるセレン化物として, またセレン鉛鉱 (PbSe) やクルークス鉱 ((Cu, Tl, Ag)$_2$Se) として産する. 硫化物鉱石の焙焼時の煙道塵を KCN 溶液で抽出し, HCl を加えて沈殿させて得る. また銅の電解精製時の陰イオン側スラッジからも得られる. 安定な灰色セレンは外見は金属様で, ある程度架橋した鎖状の Se$_n$ を含む. 光導電体 (ゼログラフィ, 光電池) となる. 赤色の不安定型変態は溶液に SO$_2$ を加えると析出し, Se$_8$ 単位を含み, CS$_2$ に可溶. セレンは多くの元素と反応し, 酸化物やハロゲン化物を形成する. 他の用途としては鋼鉄の添加物, ガラス, 写真, 架橋, 有機合成における脱水素反応が挙げられる. セレンは必須の微量元素であるが, 過剰に摂ると有毒である.

セレンの塩化物　selenium chlorides

① 一塩化セレン (selenium monochloride) Se$_2$Cl$_2$: 融点 -85℃, 沸点 130℃ (分解). 赤色の液体で優れた塩素化剤 (Cl$_2$ と Se から得る).

② 四塩化セレン (selenium tetrachloride) SeCl$_4$: 融点 305℃. 黄色固体 (Cl$_2$ と Se$_2$Cl$_2$ から得る). 濃塩酸溶液中では (SeCl$_6$)$^{2-}$ を含むヘキサクロロセレン酸塩を形成する.

③ 二塩化セレン (selenium dichloride) SeCl$_2$: 気相でのみ安定.

セレンの化学的性質　selenium chemistry

セレンは 16 族元素. 非金属で真の陽イオンとしての反応性はほとんど示さない (Se$_8^{2+}$ などの陽イオンは非水溶液中で生じる). 通常の酸化状態は +6 (SeF$_6$ では八面体, (SeO$_4$)$^{2-}$ では四面体), +4 (1 対の非共有電子対を持つ), +2 (2 対の非共有電子対を持つ) および -2 (セレン化物, H$_2$Se など). セレン(IV) 化合物は特にアクセプターとして作用する. セレン(II) 化合物はよいドナーである.

セレンの酸化物　selenium oxides

① 二酸化セレン (selenium dioxide) SeO$_2$: 315℃ で昇華する. ポリマー構造の白色固体 (Se と O$_2$ から得る). 水と反応し H$_2$SeO$_3$ を生じる. 有機化学で酸化剤として利用される (α-水素を C=O 基に変換する). SSeO$_3$ は Se と溶融 SO$_3$ から得られる.

②三酸化セレン（selenium trioxide）SeO_3：融点120℃．セレン蒸気とO_2を放電により反応させると生じる．白色．水と反応しH_2SeO_4を生じる．

セレンの酸素酸　selenium oxyacids
硫黄と比較すると非常に単純である．

①セレン酸（selenic acid）H_2SeO_4：セレン（Ⅳ）酸塩の酸化（Cl_2，MnO_4^-）により生じる．H_2SO_4と同様に強酸であるが，加熱するとO_2を放出する．

②亜セレン酸（selenious acid）H_2SeO_3：SeO_2に水を作用させて得る．H_2SO_3より安定である．酸化されるとH_2SeO_4を生じ，SO_2により還元されてセレンを生じる．酸化物，水酸化物，炭酸塩を作用させるとセレン（Ⅳ）酸塩を生じる．

③セレノ硫酸（selenosulphuric acid）H_2SeSO_3：チオ硫酸の類縁体．遊離の酸は存在しない（SeとSO_3^{2-}から得る）．セレノ硫酸塩は容易に分解する．

セレンの臭化物　selenium bromides
①一臭化セレン（selenium monobromide）Se_2Br_2：濃赤色液体．沸点227℃（分解）（$SeBr_4$またはBr_2をSeに作用させて得る）．

②四臭化セレン（selenium tetrabromide）$SeBr_4$：黄色固体．容易にBr_2を解離してSe_2Br_2を生じる（Seと過剰のBr_2から得る）．臭化アルカリと反応して$[SeBr_6]^{2-}$を生じる．

③二臭化セレン（selenium dibromide）$SeBr_2$：蒸気の状態でのみ安定．

セレンのフッ化物　selenium fluorides
①四フッ化セレン（selenium tetrafluoride）SeF_4：融点 -14℃，沸点106℃．無色液体（昇華したセレンにF_2を作用させて得る）．水により加水分解される．

②六フッ化セレン（selenium hexafluoride）SeF_6：融点 -39℃，-47℃で昇華する．セレンとF_2から生成する（Se_2F_{10}も生じる）．化学的にはかなり不活性である．

このほかフッ化セレノニルSeO_2F_2も知られている（$BaSeO_4$とHSO_3Fから得られる）．

セレンの有機誘導体　selenium, organic derivatives
ほとんどのものは，もっと単純な硫黄化合物に類似している．多くはセレン（Ⅱ）の化合物であるが，有機セレン（Ⅳ）化合物も知られている．

セレン化ビスマス　bismuth selenides
→ビスマスのセレン化物

セレン化物　selenides
セレンと他の元素との二元化合物．通常，単体同士の反応で得られるが，H_2Seを単体あるいは化合物に作用させて得ることもある．硫化物に類似しているが，より不安定で酸化されやすく，また加水分解してH_2Seを生じやすい．

セレン酸　selenic acid
H_2SeO_4．→セレンの酸素酸

セレン酸塩　selenates
通常，$[SeO_4]^{2-}$あるいは$[HSeO_4]^-$すなわちセレン酸イオンを含む塩をいう．H_2SeO_4の中和，あるいは亜セレン酸塩を硝酸で酸化するか，電気化学的酸化によって得る．

①セレン酸塩は硫酸塩に類似しているがより還元されやすい（$E°$ $SeO_4^{2-} \rightleftharpoons SeO_3^{2-} + 1.15$ V）．硫酸塩と同様なミョウバンを形成する．ピロセレン酸イオン$[O_3SeOSeO_3]^{2-}$も知られている．

②亜セレン酸塩は$[SeO_3]^{2-}$や関連化学種を含む．溶液中で加水分解して錯体を形成する．セレン酸塩も亜セレン酸塩もともに有毒である．

セレン酸ナトリウム　sodium selenate
Na_2SeO_4．硫酸ナトリウムと同じ結晶形であるが，熱や還元剤に対しては硫酸塩よりも不安定である．

ゼログラフィー　xerography
乾式コピー．光導電体（通常は赤色型セレン）の表面を帯電させ，この上に像を結ばせたのち，その像以外の部分のセレンを放電させて電荷を除去する．逆電荷を持つ色素を用いて現像し，これを紙面上に静電的に移し，加熱処理で焼付ける．

セロソルブ（商品名）　Cellosolve
エチレングリコールモノエチルエーテル．オキシトール（商品名）．

セロソルブアセテート　Cellosolve acetate
→エチレングリコールモノエチルエーテルアセテート

セロチン酸　cerotic acid（hexacosanoic acid）

$CH_3(CH_2)_{24}COOH$，ヘキサコサン酸．融点88℃．さまざまなワックス中に遊離酸の状態で含まれる．

零点エネルギー　zero-point energy
　粒子のとりうる最低エネルギー．調和振動子のとりうるエネルギーは $E_v = h\omega(v+1/2)/2\pi$ で表されるので，$v=0$ のときにもゼロではないエネルギーを持ち，これ以下のエネルギーをとることはできない．

セロビオース　cellobiose
　$C_{12}H_{22}O_{11}$，4-[β-D-グルコピラノシド]-D-グルコピラノース．末端の -OH 基を通じて結合し，セルロースを形成する繰り返し単位である二糖．加水分解により β-D-グルコースとなる．

セロファン　cellophane
　透明なシート状のセルロースでセルロースキサントゲン酸塩溶液（ビスコース液）を酸浴中にシート状に押し出すことにより製造する．湿度に敏感だが，ワニス塗布により防水性を与えることができる．グリセロールにより軟化する．極めて燃えやすい．食品やタバコの包装材料に用いられていたが現在ではポリプロピレンに取って代わられている．

セロリ油　oil of celery
　セロリの種から得られる．ソフトドリンク用の着香料として利用される．

閃亜鉛鉱　zincblende, sphalerite, blende
　立方晶系の硫化亜鉛．主要な結晶構造の名称の起源となっている．Zn と S は四面体配位．S に関して ccp 構造で四面体の空孔に Zn が位置する．この構造の化合物は BN，SiC，AlP，CuCl など．天然産のものは若干の鉄分を含むため暗色から黒色を呈している．重要な亜鉛鉱石である．

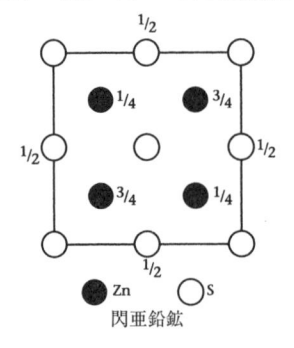

全　圧　total pressure
　気体混合物において，全圧は各成分の分圧の総和に等しい（ドルトンの分圧の法則）．→分圧

繊　維　fibres
　紡績によって作られ，織物などに用いられる材料．天然繊維にはウール，絹，綿などがある．無機繊維には Al_2O_3，$Al_2O_3 \cdot B_2O_3$，SiO_2，ガラスウール，アスベスト繊維などがあり絶縁材や充填に使われる．合成繊維には，レーヨンやアセテート(酢酸セルロース)のようなセルロース系など改良された天然物や，ポリエステル，ナイロン，ガラスファイバー，アクリル，ポリオレフィン，炭素繊維など完全な合成繊維がある．

繊維強化プラスチック　filament wound plastics
　→強化プラスチック

遷移元素　transition elements
　周期表の d 殻が充填されていく部分（nd^{10} も含む）の元素．Sc〜Zn，Y〜Cd，La〜Hg，Rf〜112 が属する．各グループの最初の元素の原子は d 電子を1つ持ち，最後の元素は10個の d 電子を持つ．遷移元素の特徴は種々の酸化数をとること，着色したイオンを生じること，錯体を形成しやすいことである．遷移元素単体やその塩の多くは常磁性である（訳者記：なお，亜鉛族元素（Zn, Cd, Hg）を遷移元素に含めない向きもあることに注意．ランタニド，アクチニドの両グループの元素は「内部遷移元素」として別扱いにすることが多い）．

遷移状態理論　transition state theory
　ほとんどの速度過程（例えば拡散や固体・液体を通しての電気伝導，気体や液体の粘性流，化学反応）はアレニウスの式に従うので，熱的活性化により活性錯体を経て進行すると考えられる．遷移状態（または活性錯体）は高いエネルギーを持ち，反応物が生成物にいたるのに通過しなければならない状態である．

速度過程の定量的理論では，活性化状態は固有のエンタルピー，エントロピー，自由エネルギーを持つと仮定しており，活性化された分子の濃度は統計学的手法で計算できる．この理論は非常に多くの速度過程にもっともな説明を与えるが，遷移状態の熱力学的諸量を計算するのは難しい．

繊維製品 textiles

天然繊維（羊毛や綿）や合成繊維（アクリル，ポリエステル，ナイロンなど）のほかに多くの化学物質が織物には使われている．染色浴中の主な添加物は色素であるが，溶媒（テトラクロロエタン，芳香族化合物など），分散剤（スルホン酸塩，四級アンモニウム塩など），脱泡剤（シリコーンなど），酸（酢酸など），湿潤剤（エトキシアルコール）も含まれる．仕上げ剤には非繊維状ポリマー，汚れ防止剤（フッ素化合物など），防しわ剤（グリオキサール），柔軟材，潤滑剤（シリコーン），難燃剤が含まれる．染色用化学薬品には，増粘剤（デンプン，アルギン酸塩など），バインダー（アクリル酸エステル），酸，湿潤剤，殺菌剤，溶媒（炭化水素など），柔軟剤，調整剤が含まれる．

繊維反応性染料 fibre reactive dyestuffs

セルロース繊維のヒドロキシ基と直接に化学結合を形成して耐性の強い発色を形成する染料．

煎 液 infusions

薬種を水で抽出して得られる，植物性薬品の可溶性成分を含む希薄溶液．

全還流 total reflux

蒸留塔で，蒸発器から発生した蒸気がすべて凝縮して器内に戻っている状態．このとき系外へは何も出ず，還流比は無限大である．蒸留塔の始動時には，ほぼこの状態が達成される．
→精留

旋 光 optical rotation

光学活性な物質一般による偏光面の回転．旋光度は濃度，光路長，物質に依存する．

選 鉱 ore dressing
→選鉱操作

閃光スペクトル spark spectrum
→アークスペクトル

選鉱操作 mineral dressing (ore dressing)

鉱物中の有用成分を純粋に物理的な方法で濃縮すること．使われる手法には，重液分離，浮遊選鉱，静電分離，磁気分離，ジグ選鉱がある．

閃光分解 flash photolysis

フラッシュ光分解．気相の原子やラジカルの反応など非常に速い反応を研究する方法．強力な（通常約 10^5 ジュール）閃光，通常はレーザー光を反応媒体に数ナノ秒あるいは数ピコ秒照射して，解離などの反応を起こす．反応中間体をある波長での吸光度の時間変化などにより追跡する．この手法は反応中間体を比較的高い濃度で発生できるという利点を持つ．

旋光分散 optical rotatory dispersion (ORD)

有機，無機化合物を問わず光学活性物質による旋光度の波長（または振動数）依存性を表したもの．吸収帯に近づくと波長の変化に対する比旋光度の変化率は増加し，吸収帯を通過するときに比旋光度は最大値または最低値を示す．これがいわゆるコットン効果である．この効果は多くの分子において構造の影響を受けやすく，構造や立体化学の研究に利用される．ORD は磁場によっても誘起される．→磁気偏光

センサー sensors

特定の物質の測定あるいは検出に用いる装置．例えば酸素センサーは食品や水中の酸素の量を測定するのに用いられる．

洗 剤 detergents

さまざまな物質の表面を濡らし，油脂分を除き，すすぎやすくするために埃を懸濁状態に保つ作用のある，水溶性表面活性剤．石鹸は洗剤として作用する．そのほか石油から得られるさまざまな種類の合成洗剤がある．これらの洗剤には硫酸塩，スルホン酸塩，ポリエーテルなどの親水基が含まれ，これにより水溶性が得られる．長い炭化水素鎖（疎水基）により洗剤は油性物質を溶解することができる．

おそらく最も重要なグループである陰イオン性洗剤の典型的なものは，アルキルアリールスルホン酸塩で，水中でイオン化し，大きな陰イオンを生じる．大きな陽イオンを生じる陽イオン性表面活性剤は，洗剤としてはあまり用いられていないが，テキスタイル産業，染料工業で用いられており，接着剤や乳化剤としての用途

もある．これらは四級アンモニウム化合物や脂肪酸アミド誘導体であることが多い．非イオン性洗剤は一般にアルコールやフェノールとエチレンオキシドとの縮合物からなっている．

煎　剤　decoctions
　薬物（生薬類．天然に産出するものが多い）を熱水で煮出し，沪過して作る薬剤溶液．

煎出液　infusions
　→煎液

洗浄用油　detergent oil
　固形の不純物を微粉末状態で安定化し，摩擦や沈殿物の蓄積を防ぐために，洗剤や分散剤添加物を加えた潤滑油．用いられる添加剤としては，石油系スルホン酸のアルカリ土類金属塩や硫化アルキルフェノールなどがある．

浅色シフト　hypsochromic shift
　吸収が短波長側（高エネルギー側）に移動すること．→深色シフト

潜像　latent image
　感光乳剤中のハロゲン化銀の微粒子が，光によって銀原子を生じる変化をいう．

選択性電極　selective electrodes
　→イオン選択性電極

洗濯ソーダ　washing soda
　炭酸ナトリウム10水和物 $Na_2CO_3 \cdot 10H_2O$ の粗製品．

選択律　selection rules
　例えば特定の分子振動が赤外線活性かラマン活性であるか，または特定の電子エネルギー準位間の遷移が許容であるか禁制であるかを表す，群論から導かれる法則．

線虫駆除剤　nematocide
　線虫類に毒性を示す薬剤．

銑　鉄　pig iron
　高炉（溶鉱炉）で鉄鉱石を還元した結果得られる粗製の金属鉄．炭素分を含み本質的には鋳鉄と同じであるが，後者は通常再融解して製品の形状に鋳造する（訳者記：英語の pig iron は，その昔，高炉からの銑鉄を，多数の枝分かれ状の窪みを持つ砂型に導いて冷却固化させた折，主な幹状の部分を sow（母ブタ），枝分かれの部分を pig（仔ブタ）と呼んでいたことの名残である）．

潜　熱　latent heat
　相変化に伴って吸収・放出される熱エネルギー．このときの熱の出入りは可逆的である．融点において固体が液体に変化する際に吸収する熱量を融解熱（融解潜熱）と呼ぶ．同じように液体が気体に変化する際に吸収される熱量は気化熱（気化潜熱）である．通常1気圧下での沸点における値を指す．潜熱は通常 $Jmol^{-1}$ を単位として表現する．潜熱は相転移に伴うエンタルピー変化（ΔH）にほかならない．→トルートンの規則

染　料　dyestuffs
　繊維，紙，化粧品，毛髪を着色するのに用いられる濃い色を持った化合物．吸着，溶解，結合により基材と反応する．「顔料」は基質と結合してもほとんど元のままの性質を保ったままである．色調は通常電子遷移に起因する．多くの色素は有機化合物であるが，無機物と結合させた形で使われることも多い．カラーインデックス（colour index, CI）では化学構造に基づいた分類が行われている．染色法や用途に基づいた分類もある：分散染料（ポリエステル，アセテート用），反応性染料（綿，ビスコース用），酸性染料（ナイロン，羊毛，絹用），直接染料（綿，ビスコース用），陽イオン性（塩基性）染料（アクリル用）など．

閃緑岩　diorite
　広く分布する火成岩．斜長石と角閃石からなる．道路舗装用の割石として用いられる．

ソ

相 phase
　化学組成と物理的性質が均一で，系内の他の均一な部分とは境界面において分離されている部分．例えば氷，水，水蒸気を含む閉じた系では3つの相が存在する．気体はすべて互いに完全に混和するので1つの相しか示すことができない．液体や固体は複数の相が存在しうる．

曹灰硼鉱 ulexite
　$NaCaB_5O_9 \cdot 8H_2O$．俗に「テレビ石」ともいう．
　→ウレキサイト

相間移動の化学 phase-transfer chemistry
　不均一系における化学反応において，界面を通過して試薬を移動させる能力を持つ試薬を利用して，希望する反応を行わせることを可能とする．もともと非極性溶媒に不溶性のアニオンを，水系の媒質から非極性媒質に移動させるためには，長鎖の第四級アンモニウム塩や第四級ホスホニウム塩の陽イオンがもっぱら利用されている．クラウンエーテルはアルカリ金属イオンと強固な錯形成を示すので，水溶液系から抽出するだけではなく，固体の塩そのものを有機溶媒へ直接溶解させて試薬とすることもできる．例えばKOHやKMnO$_4$をトルエンに溶解させることも可能となる．

層間化合物 intercalation compounds
　→インターカレーション化合物

増感色素 sensitizing dyes
　→分光増感

相関ダイアグラム correlation diagram
　単に「相関図」という分野もある．ある化合物に関して，想定される分子構造のそれぞれに対して，計算によって求めたそれぞれの分子のエネルギー準位を含めて描いた図をいう．分子構造を考察するアプローチに用いられる．

相関分光法(COSY) correlation spectroscopy
　複雑なスペクトルを解釈するために用いられるNMRの技法．

双極イオン dipolar ions
　分子内でプロトンが移動して生じる化学種．例えばアミノ酸のカルボキシル基からアミノ基へH^+が移動して生じる．両性イオン，あるいはドイツ語のままの「ツヴィッターイオン」ということも多い．

双極子モーメント dipole moment $p(\mu)$
　異核2原子分子では，2つの原子の電気陰性度の違いにより一方の原子が正の部分電荷($+q$)を持ち，他方が負の部分電荷($-q$)を持つ．このようなとき，その分子は$\mu = qd$の大きさの双極子モーメントを持つという（dは電荷の間の距離）．多原子分子では正味の双極子モーメントは分子内の各結合の双極子モーメントのベクトル和である．それゆえCCl_4のような対称な分子は，分極した結合を持つことはあるが正味の双極子モーメントは持たない．双極子モーメントの測定は複雑な分子の構造に関する知見を与えることもある（→透電定数）．単位はデバイD．双極子は隣接する分子に双極子を誘起することができるので，双極子間相互作用の原因となる．

相互比例の法則 law of reciprocal proportions
　→化合比一定の法則

走査オージェ電子分光法 scanning Auger electron microscopy
　→オージェ電子分光法

走査電子顕微鏡法 scanning electron microscopy (SEM)
　高エネルギーの電子を用いる顕微鏡の一種．特に表面の詳細な構造を調べるのに用いられる．

走査トンネル顕微鏡法 scanning tunnelling microscopy
　原子レベルで表面を観測するプローブとして利用される．プローブと表面の間を電子がトンネルする．

双　晶 twinning
　結晶学で1対の結晶が1つ以上の結晶面を共有しているが，主な成長方向は1つの結晶の面から離れる方向であるもの．

相乗効果 synergism
　シナジズム．2種以上の成分を併用したときの効果が，それぞれを単独に用いた場合の効果の和よりも大きくなる現象．逆は拮抗．

層状格子 layer lattice
結晶中に単純な原子層，あるいは複合的な原子層からなる明確な層が認められる結晶格子．層内の原子間を結ぶ結合力は層間を保持する力よりも強いから，層に平行な劈開面が生じる．グラファイトやホウ酸，ヨウ化カドミウム，二硫化モリブデン，雲母などで顕著に見られる．用途はこの劈開性を利用したものが多い．

相乗剤 synergist
形式上は不活性あるいは低活性であるが，ある特定の状況において系中に存在する他の化合物の活性を増強することができる化合物．

相図 phase diagram
種々の平衡になる条件を表した図．1成分系では圧力-温度図が用いられ，2成分系では圧力，組成，温度に関する三次元的な図や，一定圧力での組成と温度の関係や一定温度での組成と圧力の関係を表す二次元の図が用いられる．

双性イオン dipolar ions (zwitterions)
→双極イオン

相対的原子質量 relative atomic mass (A_r)
通常「原子量」と呼んでいる量．こちらが推奨されているが，まだなかなか普及しない．

相対論的効果 relativistic effects
重い原子核と外殻電子の相互作用により生じる化学的および分光学的効果．第二周期遷移元素と第三周期遷移元素が高い類似性を示すのは主に相対論効果による．単体の金や水銀の異常性もこの影響の結果が大きく現れたものと考えられている．

挿入反応 insertion reaction
結合していた原子の間にある分子が挿入される反応一般を指す．例えば $[(OC)_5MnCH_3]$ と CO から $[(OC)_5MnC(O)CH_3]$ を生じる反応．挿入された分子は多重結合または孤立電子対を含む．挿入反応という用語は酵素に関しても用いられる．

増粘剤 thickener
脱泡剤，食品，鉱物加工，シャンプーなどに特殊な物性を賦与するために加えられる添加物．デンプン，炭水化物誘導体など．

曹沸石 natrolite
ゼオライトの一種で $Na_2Al_2Si_3O_{10}\cdot 2H_2O$．別名をソーダ沸石という．

相律 phase rule
相律によれば，ある化学的な系における相の数 P，自由度 F と成分数 C の間の関係は $P+F=C+2$ で表される．

造粒 granulation
→顆粒化

阻害剤（インヒビター） inhibitor
反応を阻害，すなわち停止させたり遅くしたりする化合物の総称．通常は連鎖反応の伝播を阻止したり表面を不活性化することにより阻害する．抗酸化剤，坑腐食剤など，使用中に特定の性状が現れるのを防ぐために添加する物質に対しても用いる．

族 group
周期表の縦に並んだ元素の集合．同じ族では元素の化学的性質が類似し，性質は順に変化する．

束一的性質 colligative properties
溶液に存在する粒子（原子，イオンあるいは分子）の数にのみ依存し，溶質の種類や性質とは無関係な溶液の物性（例えば蒸気圧降下，浸透圧，沸点上昇，氷点降下など）．

束沸石 stilbite
ゼオライト $Na_2Ca[(Al_2Si_6)O_{16}]\cdot 6H_2O$．硬水の軟化に用いる．

粗酒石 argol
ワインの醸造時に得られる不純な酒石酸水素カリウム．

疎水コロイド hydrophobic colloids
金，硫化ヒ素などのゾルはコロイド粒子が持つ同符号の電荷同士の反発により安定に存在できる．このようなゾルは水和していない．少量の電解質を加えると粒子の電荷が中和されて凝集が起こる．このようなゾルは疎水的である（疎水性 (hydrophobic) は「水を嫌う」という意味である）といい，粘度は水よりわずかに高い程度である．疎水性ゾルは等電点で凝集する．普通，低濃度のものしか調製できない．

疎水性結合 hydrophobic bonding
非極性の分子や基が水溶液中で会合し水分子を排除しようとする相互作用．

ソーダ石灰（ソーダライム） soda lime
生石灰と濃厚水酸化ナトリウム水溶液の反応生成物を加熱乾燥して得られる粒状物質．CO_2

吸収剤，アンモニウム塩の試験薬（すり潰すとNH₃が遊離する）に用いられる．

ソーダ灰 soda ash
工業界における無水炭酸ナトリウム Na_2CO_3 を指す呼称．→炭酸ナトリウム

ソーダ沸石 natrolite
ゼオライトの一種で $Na_2Al_2Si_3O_{10} \cdot 2H_2O$．別名を曹沸石という．

ソーダミド sodamide
$NaNH_2$．→ナトリウムアミド

ソックスレー抽出器 Soxhlet extractor
固体を溶媒により連続抽出する装置．抽出したい物質を円筒沪紙に入れ，そのなかに連続的に溶媒蒸気を凝縮させて通過させたのち，その液体を連続的あるいは間歇的に沸騰容器に戻す．このような抽出は可溶性の天然物を原料から単離する最初の段階でよく用いられる．

速硬性セメント cement, rapid-hardening
通常のセメントよりも硬化速度の大きなセメント．

ソノケミストリー sonochemistry
強力な超音波を利用した新しい化学反応の研究や，化学反応速度への影響などを研究する分野．

ソフト型洗剤 soft detergents
生分解性が優れた洗剤．直鎖の 1-アルケンとベンゼンの反応で得られる直鎖アルキルベンゼンスルホン酸塩が主成分．→洗剤

ソフトな酸・塩基 soft acids and bases
→ハード・ソフト-酸・塩基理論

ソマトスタチン somatostatin
成長ホルモン放出因子．

ソマトトロピン somatotropin
→成長ホルモン

ソマン soman
神経ガス．$(CH_3)_3C-CH(CH_3)O-P(CH_3)OF$．サリンと同族のフルオロメチルスルフィン酸の誘導体である．

疎溶媒性 lyophobic
コロイド粒子と溶媒（分散媒）との親和性が小さいことを指す．

素粒子 elementary particles
自然界の基本的な粒子．化学的観点からは陽子，中性子，電子など．

ゾル sol
コロイド溶液．液体に無機固体がコロイド状に分散しているものの総称．

ソルヴェイ法 Solvay process
→炭酸ナトリウム

ソルケタール solketal (2,2-dimethyl-1,3-dioxolane-4-methanol, isopropylidene glycerol)
2,2-ジメチル-1,3-ジオキソラン-4-メタノール，イソプロピリデングリセロール．アセトンとグリセリンの縮合（ケタール生成）によって得られる．溶剤，可塑剤．

D-ソルビトール D-sorbitol, (D-glucitol)
$C_6H_{14}O_6$，D-グルシトール．融点 110°C．グルコースの対応するアルコール．多くの植物の液果に含まれる．グルコースを水中でニッケル触媒を用い水素で還元して製造する．アスコルビン酸（ビタミン C），各種界面活性剤，食品，医薬品，化粧品，歯磨き，菓子類，可塑剤，樹脂，凍結防止剤，接着剤，ポリウレタンフォームなどに用いられる．

ソルビン酸 sorbic acid (2,4-hexadiemic acid)
$CH_3CH=CHCH=CHC(O)OH$，2,4-ヘキサジエン酸．無色針状結晶．融点 134°C，沸点 228°C（分解）．ナナカマドの実から得られ，またクロトンアルデヒドとケテンから作られる．酵母，カビ，ある種の細菌に対する選択的な生長阻害因子．食品保存料として利用される．

L-ソルボース L-sorbose
$C_6H_{12}O_6$．無色結晶．融点 160°C．ある種の酢酸菌（*Acetobacter*）によるソルビトールの発酵で得られる．ビタミン C の合成中間体．

ソルボリシス solvolysis
加溶媒分解．化合物が溶媒と起こす反応．溶媒が水の場合には特に加水分解といい，例えば次式のように塩が水と反応して遊離の酸と塩基を生成する反応がある．

$$BA + H_2O \rightarrow HA + BOH$$

ゾーン電気泳動法 zone electrophoresis
→クロマトグラフィー

ゾーンメルティング zone melting
金属，無機化合物，有機化合物を，液体と固体で不純物の溶解度に差があることを利用して精製する手法．棒状の物質に沿って狭い融解ゾーンを移動させると低融点の不純物は溶液の

まま存在する傾向があるのでゾーンの移動方向に進み，融点を上昇させる溶質は優先的に固化し，ゾーンの移動と逆方向に移動する．融解ゾーンを連続的に移動させると非常に純粋な物質が得られる．溶媒を加えてもよい．この方法は半導体材料の純粋なゲルマニウムやケイ素（シリコン）の製造に利用されるが，他の金属においても半導体原料など少量であるが高純度な物質が必要な場合に用いられる．

タ

ダイアスポア　diaspore
　→ジアスポール
帯域精製　zone refining
　→ゾーンメルティング
第一金化合物　aurous compounds
　Au(I)の化合物.
第一銀化合物　argentous compounds
　銀(I)の化合物（訳者記：ほとんどの銀化合物はAg(I)の酸化状態をとるので,特に指定する必要はほとんどないため,次第に使われなくなっている).
第一クロム化合物　chromous compounds
　クロム(II)の塩類や化合物を指すのに用いられた古い言い方.
第一コバルト化合物　cobaltous compounds
　コバルト(II)を含む化合物（塩）であることを示す.
第一水銀化合物　mercurous compounds
　水銀(I)の化合物.
第一スズ化合物　stannous compounds
　スズ(II)の化合物.
第一鉄化合物　ferrous compounds
　鉄(II)の化合物.
第一銅化合物　cuprous compounds
　銅(I)を含む化合物.
第一マンガン化合物　manganous compounds
　通常はマンガン(II)の塩,すなわちMn^{2+}を含む塩類を指す.
第一級炭素　primary carbon
　他の炭素原子1個と結合している炭素.
対応状態　corresponding states (reduced variables)
　換算定数（臨界定数に対する変数の比）によって設定された気体の状態.比較の尺度としてよく用いられたが,真の対応を近似するだけである.
ダイオキシン　dioxin (TCDD, 2,3,7,8-tetrachlorodibenzo-4-dioxin)
　本来は酸素2原子と炭素4原子とからできている六員環で二重結合を2個含むもの($C_4H_4O_2$)をいうのだが,通常（特にマスコミ用語）はTCDD,すなわち2,3,7,8-テトラクロロジベンゾ-4-ジオキシンのみを指している.非常に発ガン性が強く有毒な物質.芳香族塩素化合物の燃焼により生成する.多くの関連化合物に対してもダイオキシンという名称が用いられる.
耐火炎材料　flame-resistant materials (frame retartands, frameproofing materials)
　発火性や燃焼の拡大を抑えるために繊維に添加する物質.洗濯に耐えることが必要.ホウ酸塩,リン酸塩,窒素化合物（例：リン酸二アンモニウム),臭素化合物,塩素化合物,MgO,Sb_2O_3,$Al_2O_3 \cdot 3H_2O$はいずれも優れた難燃効果を持つ.
耐火材料　refractory materials (refractories)
　清浄な雰囲気で少なくとも1500℃まで加熱しても分解しない物質の総称.
　酸性耐火材料(acid refractory materials)には耐火粘土,フリントクレイ,カオリン,シリカ,燧石(フリント),玉髄,ガニスター（軟ケイ石）や二酸化チタンがある.
　中性耐火材料(neutral refractory materials)にはグラファイト,炭,コークス,クロム鉄鉱や種々の炭化物がある（これらは酸化性雰囲気では使用できないものが多い).
　塩基性耐火材料(basic refractory materials)には石灰,酸化マグネシウム,アルミナ（ボーキサイト,ジアスポール,ラテライト,ギブサイトなど）を主成分とする物質,ドロマイトがある.ジルコニアに代表されるニューセラミックスに属するもっと高価な耐熱性酸化物もほとんどが塩基性耐火材料である.
耐火粘土　fireclay
　アルミノケイ酸塩を主成分とする耐火性粘土で,炉のレンガ,るつぼなどの製造に適する.融点は1600℃以上.
大気　atmosphere
　→空気
大気圧　atmospheric pressure
　気体の圧力の単位（気圧）でもある.1 atm = 101325 N/m².
第三級炭素　tertiary carbon

3個の炭素原子と結合している炭素.

代謝 metabolism
生きている動物や植物内で起こる（酵素による）化学変化．代謝は同化作用（タンパク質や脂肪の合成などの合成反応）と異化作用（糖などを二酸化炭素と水に分解するなどの分解反応で，多量のエネルギーが放出される）に分類される．

代謝回転数 turnover number（TON）
→ターンオーバー数

対称軸 axes of symmetry
→結晶構造，対称要素

対掌体 enantiomer
エナンチオマーの訳語．光学対掌体ということもある．

対称中心 centre of symmetry
→対称要素

対称面 plane of symmetry
→対称要素

対称要素 symmetry elements
分子や格子中の周期やパターンを発生させる操作．対称要素には以下のものがある．①対称軸：その軸の周りに全体を角度 $2\pi/n$（n は整数）だけ回転させると元のパターンと一致する軸．結晶では2回軸，3回軸，4回軸，6回軸が可能である．分子では5回軸もある．結晶中では回転とその軸に沿った並進が組み合わさった対称要素（螺旋軸）もある．②対称面：その面に映したときに元のパターンと一致する面．格子では1つまたはそれ以上の軸に平行な並進を組み合わせたもの（すべり面 glide plane）もある．③恒等操作：すべての格子や分子に存在する．④対称心：ある点に関してパターンを映すと元のパターンと一致する．

体心立方結晶 bcc, body-centred cubic
体心立方．→最密充填構造

体心立方格子 body-centred lattice
単位格子の各頂点と体心に点（実際には原子または分子）を持つ格子．体心立方格子（bcc）は多くの金属に見られる．

体積加算性の法則 law of additive volumes
混合気体の占める体積は，同じ温度圧力の条件のもとで各成分気体が占めるであろう体積の合計に等しい（これはゲイ-リュサックの気体の法則の1つである）．

代替天然ガス substitute natural gas
SNG と略して呼ばれることも多い．天然ガスの完全な代用物として，または需要ピーク時に臨時の代替品として用いられる，石油または石炭から製造された気体燃料．

帯電防止剤 antistatic agents
ほこりやゴミが留まるもとになる，電荷の蓄積を減少させるために材料（特に繊維やプラスチック）に添加される化合物．例としては金属，水および吸湿性の塩が挙げられる．

ダイナマイト dynamite
ニトログリセリンとケイ藻土や木粉（鋸屑，おがくず）などの他の材料の混合物．安全に取り扱うことができ，また特異的な爆発特性を持つ．

第二級炭素 secondary carbon
2つの炭素原子と結合した炭素．

第二金化合物 auric compounds
Au(III) の化合物．

第二銀化合物 argentic compounds
銀(II) の化合物（訳者記：酸化物の AgO などが例とされたが，これは実は Ag(I)Ag(III)O_2 である．現実には本当の Ag(II) 化合物は極めて珍しいため，ほとんど使われない）．

第二クロム化合物 chromic compounds
クロム(III) 化合物に対する以前のシステムによる呼び方．

第二コバルト化合物 cobaltic compounds
コバルト(III) を含む化合物．

第二水銀化合物 mercuric compounds
水銀(II) の化合物．

第二スズ化合物 stannic compounds
スズ(IV) の化合物．

第二タリウム化合物 thallic compounds
タリウム(III) の化合物．

第二鉄化合物 ferric compounds
鉄(III) 化合物．

第二銅化合物 cupric compounds
銅(II) を含む化合物を指す．

第二マンガン化合物 manganic compounds salts
Mn(III) を含む塩類（マンガンミョウバンなど）を意味する．現在ではほとんど使われなく

なった用語である．一般にはマンガン（Ⅲ）塩に属するものが多い．

大　麻　cannabis (Indian hemp)

インド大麻．本来は繊維材料であるが，嗜好品（マリフアナ）としての麻薬で，この成分は鎮静剤などの医薬品として用いられている．

ダイヤフラム弁　diaphragm valve
→隔膜バルブ

ダイヤモンド　diamond

炭素の結晶形．密度（ρ）3.520 kg/dm^3（= g/cm^3）．ダイヤモンドの結晶中ではすべての炭素原子が他の4つの炭素原子と結合して正四面体を形成している．この構造において C-C 結合の長さは 1.54 Å で，飽和炭化水素中の長さと等しい．

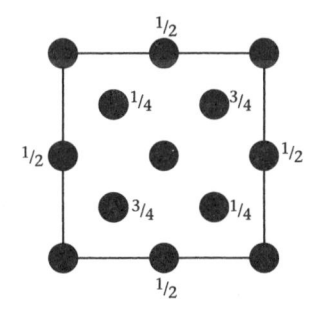

ダイヤモンドの結晶構造

この鉱物にはさまざまな透明度のものがあるが，最も美しく高価な宝石として昔から知られている．

主なダイヤモンド源は，例えば南アフリカでは，キンバーライトと呼ばれる塩基性火成岩や堆積岩である．価値のあるダイヤモンドは，色は無色であっても薄く着色していてもよいが，透明でなければならない．着色は主に格子欠陥による．窒素原子が存在すると黄色，ホウ素の場合は青色となる．着色の濃いカルボナードやボルトと呼ばれるものは宝石としては価値がなく，削岩機や旋盤に，あるいは粉末にして透明なダイヤモンドをカットし磨くのに用いられている．カットの際に天然の結晶形は完全に失われ，この石の「きらめき」となる大量の内部反射を生じるような，人工的な形が作り出される．ダイヤモンドは極めて固く，モース硬度の最高値（10）である．高い屈折率と分散率を有する．

ダイヤモンドは化学薬品に非常に耐性があるが，重クロム酸カリウムと硫酸はダイヤモンドを攻撃し CO$_2$ を生成する．空気中あるいは酸素中では 700℃で燃えて CO$_2$ を生成し，ほとんど灰を残さない．ボルトの中には 4.5% 未満の灰分を残すものもある．

グラファイトに対し，金属触媒の存在下で高温高圧をかけると，多くの工業的用度に用いるのに十分な大きさを持った合成ダイヤモンドが得られる．

ダイヤモンドアンビルセル　diamond anvil cell

2つのダイヤモンドの間に保たれた試料に高圧を加えるための装置．1 Mbar 以下の圧力がスクリューの回転によって得られる．

第四級塩類　quaternary salts

周期律表の右側，第15族に属する元素の陽イオン種で，塩基の配位により安定化していることも多い．例えば第三級アミンやホスフィンとハロゲン化アルキルの反応生成物．イオン性の塩である．第四級アンモニウム塩は織物に柔軟性を持たせる薬剤（陽イオンが繊維と反応する），陽イオン性乳化剤，殺菌剤，静電気防止剤に広く利用されている．

ダイラタンシー　dilatancy

ある種のペーストや分散液（例えば水で湿らせたデンプン）が応力を加えたときに固まる現象．極端な例では，静置しておくと粘稠な液体としての流動性を持つ湿潤状態のペーストが急に撹拌すると一時的に固まって乾いた脆い固体のようになることもある．このレオロジー的現象をダイラタンシーといい，チキソトロピーとは逆である．これは粒子同士の摩擦により説明できる．すなわち擾乱がないときは粒子は互いの周りに回転して体積が最小になるように落ち着くが，媒質が応力を受けると粒子のパッキングがゆるくなり含まれる流体が隙間を埋めるのに十分ではなくなる結果である．

大理石　marble

CaCO$_3$．炭酸カルシウムを主成分とする．「マーブル」．石灰岩の変成したもので高密度の形態．装飾に用いる．

大量需要薬品　HPV chemicals

化学工業において大量に製造される化学薬品

(年間500トン以上作られる化学品).HPVケミカルス.

ダウサムA(商品名) Dowtherm A
ビフェニルとジフェニルエーテルとの3:7混合物で,15〜257℃までの広い範囲で液体として存在し,極めて安定.熱交換媒体,高沸点溶媒として広く用いられている.なおDowtherm Aはダウ社の登録商標である(熱交換に用いられる高沸点有機化合物の混合物).

タウ値 tau value (τ)
プロトンNMRの化学シフトの尺度.TMSを基準としてppm単位で測定した化学シフト値(δ)を10.00から差し引いた値で,通常無次元の量として表示する.

ダウプロセス Dow process
海水に$Ca(OH)_2$を加えて$Mg(OH)_2$を沈殿させ,次いで塩酸により水酸化物を溶解させてマグネシウムを取り出す方法.

タウリン taurine (β-aminoethanesulphonic acid)
$C_2H_7NO_3S$,$NH_2CH_2CH_2SO_3H$,β-アミノエタンスルホン酸.柱状結晶.317℃で分解.コール酸と結合して胆汁酸の1つ(タウロコール酸)を形成する.肝臓でシステインから作られる.

タウロコール酸 taurocholic acid
$C_{26}H_{45}NO_7S$.タウリンとコール酸のエステル.ナトリウム塩として胆汁に含まれる.→胆汁酸塩

楕円率 ellipticity
→円二色性

多価電解質 polyelectrolyte
→高分子電解質

タキソール taxol
イチイの木から単離される重要な抗ガン剤.

タクトゾル tactosols
非球形の粒子からなり流動電位により自発的に配向するコロイドゾル.例えば古い五酸化バナジウムゾルは棒状の粒子を含む濃厚なタクトゾルと希薄な等方性のアタクトゾルに分離する.磁場下ではそのような粒子は磁気力線に沿って配向する.

ダクロン(商品名) Dacron
ポリエステル繊維の商品名(デュポン社).

多形 polymorphism
ある物質に複数の結晶形が存在すること.例えばHgI_2には黄色の斜方晶と赤色の正方晶が存在する.異なる晶系は多形という.2つの晶系が存在する物質は二形という.単体の多形は同素体という.熱力学的に不安定な形態(例えばHgI_2の黄色形)は準安定形という.

多形(単体の) allotropy
→同素体

多孔性プラスチック cellular plastics
発泡させたプラスチックで,気体(発泡剤)により形成された気泡を含むさまざまな形のものがある.軽量.好ましい熱物性を持つことが多い.包装,断熱,軽量隔壁,屋根材として用いられる.使用されるプラスチックにはポリスチレン,ポリウレタン,PVC,ポリエチレン,尿素樹脂およびフェノール樹脂などがある.発泡ガスとしては以前はクロロフルオロカーボンが用いられたが,今では塩素化されていない化合物が使用されている.

多座配位子 multidentate ligand(polydentate ligand)
2か所以上の配位部位を持つ配位子.このような配位子は架橋構造やキレート錯体を形成できる.例えばエチレンジアミン($H_2NCH_2CH_2NH_2$)やエチレンジアミン四酢酸イオン($[(OOC)_2NCH_2CH_2N(COO)_2]^{4-}$,edtaと略記することが多い)など.

多重結合 multiple bonding
オービタルの重なりが空間的に2か所以上で起こっている原子間の結合.結合に関与する電子はそれぞれの原子から同数の場合もあるし,一方の原子のみから提供される場合(配位結合,逆供与結合)もある.一般に主要な結合はσ結合でその他の相互作用はπ結合やδ結合である.

多重効用蒸発缶 multiple-effect evaporator
単純な蒸発缶では,1つの蒸発缶のみを持ち,1kgの水を気化するのに,約1kgの蒸気が必要である.多重効用蒸発缶は複数の蒸発缶を直列に連結し1つの蒸発缶で発生させた蒸気を次の蒸発缶のカランドリアに供給し,それが熱媒体として作用してさらなる蒸発を引き起こす.そのため,ユニット数がNの場合,粗い近似としては1kgの蒸気がNkgの水を気化させる

ことができる.

多重線 multiplet
スペクトルで個々の線が，2本以上の接近した一群の線による微細構造を持つことがある．もとのスペクトルでは1本とみなされる，そのような線を多重線という．電子スペクトルでは微細構造は電子のスピン状態の違いによるエネルギーのわずかな差に起因する．ある特定の電子状態の原子が電子スピンに関して取り得るエネルギー準位の数の最大値を多重度という．2種のスピン状態が存在するときの電子遷移で生じる多重線は二重線 (doublet)，3種のスピン状態の場合は三重線 (triplet) である．このような電子スピンによる微細構造に加えて，より細かい分裂が観測されることも多い．これは超微細 (hyperfine) 構造といわれ，同位体元素の質量の違いや核スピンの違いによる．核磁気共鳴スペクトルでは核スピン間のカップリングにより微細構造が生じる．

多色性 pleochroism
結晶が光の通る方向によって異なる色を示す性質．シアノ白金酸塩，例えば $K_2Pt(CN)_4$ は強い多色性を示す．

多段蒸留カラム plate column (tray column)
→段塔

多中心結合 multicentre bond
3個以上の原子にわたる結合性分子オービタルを1対の電子が占めることで形成される結合．例えばジボランなどの中にみられる．

脱 塩 desalination
→水

脱カルボニル反応 decarbonylation
CO 原子団を失うこと．

脱感作用 desensitization
写真で用いられるプロセスで，スペクトルの感度範囲の一部でハロゲン化銀乳剤の感度を失わせること．しばしば現像中に用いられるが，それは潜像に影響を及ぼさず，すなわち現像を妨げることなくその後の処理を明るい光のもとで行うためである．

脱 気 deaeration
溶媒から酸素などの溶存ガスを物理，化学的手段によって取り除くこと．腐食予防目的でボイラー供給水に対して大規模に行われている．

脱 湿 dehumidification
→湿気除去，乾燥

脱遮蔽 deshielding
NMR のシグナルが低磁場側にシフトする作用をいう．→遮蔽

脱臭剤 deodorants
天然の分泌物が皮膚上で分解するときに生じる臭いを隠すための香水や化粧品．アルミニウム化合物 ($Al(OH)_3$ など) はこの臭気を吸収する．

脱硝化 denitrification
土壌中で固定化された窒素 (通常硝酸塩やアンモニウム塩など) が空気中に通常 N_2 や N_2O として戻ること．→窒素の酸化物

脱 水 dehydration
分子内より H_2O 単位を失うこと．しばしばそれに伴い C=C 結合が生成する．

脱水素環化 dehydrocyclization
石油の分解や改質において，アルカンは脱水素環化により芳香族化合物と水素を生成する．例えば
$$C_7H_{16} \rightarrow PhCH_3 + 4H_2$$

脱水素反応 dehydrogenation
分子の水素含有量が減少し，不飽和度が増加するプロセスで，例えばシクロヘキサンがベンゼンになるなど．通常は白金やパラジウムの微粒子を活性炭に担持させた触媒を用いるか，あるいはセレンとともに化合物を加熱する (これによりセレン化水素が生じる) ことにより行われる．

脱水ヒマシ油 dehydrated castor oil (DCO)
触媒の存在下でヒマシ油を 250～300℃に加熱して生成する．ポリ不飽和カルボン酸グリセリド，普通は 9,11-オクタデカジエン酸誘導体．セバシン酸やカプリル酸誘導体の生成 (C=C 結合の切断による) や，塗料，ワニスに用いられている．

脱炭酸 decarboxylation
CO_2 原子団を失うこと．カルボン酸から炭化水素が生じる反応も含まれる．

脱炭酸酵素 decarboxylases
→カルボキシラーゼ

脱 窒 denitrogenation
アンモニアが生成され酸触媒を中和するのを

防ぐために，特に分解軽油原料から窒素化合物を除去すること．脱窒素は触媒により行うことができる．

脱　着　desorption
吸着の逆．

脱毒化　detoxication（detoxification）
動物が異質な有機化合物を代謝する際に生じる生化学的変換を指す用語．デトックス．このプロセスが必ず毒性の減少をもたらすわけではない．

タットン塩　Tutton salts
$M^I_2SO_4 \cdot M^{II}SO_4 \cdot 6H_2O$ で表される同型の一群の塩．M^I はアルカリ金属，M^{II} は2価の遷移金属．

脱乳化　de-emulsification
→抗乳化，抗乳化度

脱ハロゲン化水素反応　dehydrohalogenation
HX を失い一般に π 結合が生じる反応をいう．

脱毛剤　depilatories
脱毛に用いる物質．最も幅広く用いられているのはチオグリコール酸カルシウムをアルカリ媒体に加えたもの（pH 12.3）．

脱離試薬　release agents
→接着防止剤

脱離反応　elimination reaction
ある分子や中間体から2つの基が同時に失われる反応．

脱　硫　desulphurization
触媒の存在下に水素を用いて石油留分から硫黄化合物を硫化水素などの形で除去すること．水素化精製，水素化脱硫あるいは水素処理とも呼ばれる．

脱　瀝　deasphalting
→アスファルト除去操作

脱　蝋　dewaxing
潤滑油原料から蝋分を除去すること．

建染め染料　vat dyes
アルカリ溶液中で可溶化し，繊維に付着する状態に変わると水に不溶の色素．再酸化（通常空気による）すると，繊維内に不溶性の色素が沈着する．還元剤には亜二チオン酸ナトリウム（ハイドロサルファイトナトリウム $Na_2S_2O_4$）が用いられることが多い．アントラキノン系色素やインジゴイド色素がある．

多糖類　polysaccharides
n 分子の単糖から $(n-1)$ 分子の水を除去して得られる炭水化物．配列決定が可能である．加水分解により単糖を生成する．

タートラジン　tartrazine
ピラゾロン色素．食用色素の黄色一号である．

タナセチルアルコール　tanacetyl alcohol
→ツジルアルコールの別名

田辺-菅野ダイアグラム　Tanabe-Sugano diagram
電子エネルギー準位の分裂（E/B）と結晶場安定化エネルギー（Δ/B）の関係を表す図．田辺行人，菅野 暁 両博士の考案による．ここで B はラカーのパラメーターである．錯体の電子遷移の帰属や Δ, B を求めるのに利用する．

ダニエル電池　Daniell cell
$Zn/Zn^{2+} \| Cu^{2+}/Cu$ 電池．ダニエル電池の起電力は 1.10 V で，実質的に温度に依存しない．

種結晶　seed crystals
結晶化を促すために過飽和溶液に加える結晶．

タバコ　tobacco
巻きタバコ（シガレット），パイプタバコ，葉巻（シガー）の原料．ニコチンの効果の他，いろいろの医学上の問題に関係している．問題となる主な活性成分は多環式芳香族炭化水素（PAH），タバコ特有ニトロソアミン（TSNA），CO，酸化窒素．

多ハロゲン化物　polyhalides
→ポリハロゲン化物

タピオライト　tapiolite
$FeTa_2O_6$．タンタル鉱石．

多分散　polydispersion
ほとんどのコロイドゾルでは，ある粒径範囲外の粒子を除くための特殊な方法を用いない限り，粒径は広い範囲の分布を持つ．このような広い範囲の粒径分布を持つゾルを多分散的という．

多面体型骨格電子対理論　polyhedral skeletal electron pair theory（PSEPT）
ボラン，カルボラン，金属クラスターの電子構造を説明する理論．→ウェイド則

タモキシフェン　tamoxifen
抗エストロゲン．ガン治療薬．

多ヨウ化物 polyiodides
→ヨウ化物，ポリハロゲン化物

多様分散系 polydispersion
→多分散

タラ(鱈)肝油 cod-liver oil
タラ(*Gadus callarias*)の生の肝臓から圧搾された油．薄い黄色の液体でアルコールにわずかに可溶，有機溶媒には混和性あり．ビタミンAおよびDをはじめ，その他の栄養素の重要な源であり，夜盲症や成長期の子供たちの佝僂病の予防と治療に用いられている．

タリウム thallium
元素記号 Tl. 13族の金属元素，原子番号81，原子量204.38，融点304℃，沸点1473℃，密度(ρ) 11850 kg/m^3(=11.850 g/cm^3)，地殻存在比 0.6 ppm，電子配置 [Xe]4f^{14}5d^{10}6s^{2}6p^1．硫化物やクルークス石(Ag,Cu,Tl)Se などのセレン化物鉱石に含まれる．硫化物鉱石を酸化したのちの煙道ダストから回収し電気化学的に還元して単体を得る．鉛に似た柔らかい金属．反応性がかなり高く，ハロゲン，硫黄と直接化合する．希酸にはゆっくりと溶解し不溶性のTl(I)塩を生じる．HNO$_3$には速やかに溶解する．金属のままでは使われない．タリウム化合物はガラス，電気器具に利用されるほか，殺鼠剤，脱毛剤などの用途がある．タリウム化合物は毒性が高い．

タリウムの塩化物 thallium chlorides
①塩化タリウム(I) (thallium(I) chloride) TlCl：融点 430℃，沸点 806℃．Tl(I)塩の水溶液に HCl を加えると沈殿として得られる．白色固体．
②塩化タリウム(III) (thallium(III) chloride) TlCl$_3$·4H$_2$O：TlCl の水懸濁液に Cl$_2$ を通気して得る．吸湿性．100℃で Cl$_2$ を失う．[TlCl$_2$]$^+$ イオンは安定．[TlCl$_6$]$^{3-}$ までの塩化物錯体が知られる．

タリウムの化学的性質 thallium chemistry
タリウムは13族元素．+3価の酸化状態は非常に酸化力が強い($E°$ Tl^{3+} → Tl+1.25 V)．タリウム(I)は安定で($E°$ Tl^{1+} → Tl−0.33 V 酸性溶液中)，Ag(I)に類似した化学的性質を示す．Tl(III)または Tl(I)の化学量論比と合わない化合物は混合原子価状態で，例えば TlBr$_2$ は Tl^I[Tl^{III}Br$_4$]．タリウム(I)の錯体は少ないが，タリウム(III)は容易に錯形成する．

タリウムの酸化物 thallium oxides
①酸化タリウム(I) (thallium(I) oxide) Tl$_2$O：黒色粉末．TlOH を加熱するか，Tl(I)塩に酸を加えて得る．高屈折率ガラスの原料に用いられる．
②酸化タリウム(III) (thallium(III) oxide) Tl$_2$O$_3$：暗色固体．Tl と O$_2$ または Tl(III)塩と塩基から得る．水やアルカリに不溶．酸には溶けるが，分解して Tl(I)塩を生じることが多い．

タリウムの臭化物 thallium bromides
①臭化タリウム(I) (thallium(I) bromide) TlBr：水に不溶．赤外線スペクトル測定用の光学材料となる．
②臭化タリウム(III) (thallium(III) bromide) TlBr$_3$：Tl と Br$_2$ から得る．不安定で分解して Tl$^+$[TlBr$_4$]$^-$ を生じる．

タリウムの硝酸塩 thallium nitrates
①硝酸タリウム(I) (thallium(I) nitrate) TlNO$_3$：Tl，Tl$_2$CO$_3$ または TlOH を HNO$_3$ に溶かして得る．水に可溶．300℃で分解する．
②硝酸タリウム(III) (thallium(III) nitrate) Tl(NO$_3$)$_3$·3H$_2$O：Tl と濃硝酸から得る．水により直ちに加水分解されるが，薄い鉱酸，アルコール，ジグライムに可溶．オキシタリウム化反応に用いられる．

タリウムのフッ化物 thallium fluorides
①フッ化タリウム(I) (thallium(I) fluoride) TlF：無色固体．水溶性．TlOH に HF を作用させて得る．TlHF$_2$ を形成する．
②フッ化タリウム(III) (thallium(III) fluoride) TlF$_3$：白色固体(Tl$_2$O$_3$ と F$_2$ から得る)．水により直ちに加水分解される．

タリウムの有機誘導体 thallium, organic derivatives
TlX$_3$ とグリニャール試薬から得る．ArTlX$_2$ (Ar はアリール基)タイプの誘導体は直接的タリウム化により得られる(→トリフルオロ酢酸タリウム)．Me$_3$Tl のような単純な化合物は空気中で自然発火する．[R$_2$Tl]-基(鎖状)は安定．Tl(C$_5$H$_5$)(ポリマー構造)は TlOH と C$_5$H$_6$ から得られ，金属シクロペンタジエニドの合成に

用いられる．TlOR（例えば TlOMe）は多量体．
タリウムのヨウ化物 thallium iodides
①ヨウ化タリウム（Ⅰ）(thallium（Ⅰ）iodide) TlI：黄色または赤色固体．水溶液から沈殿として得られる．
②三ヨウ化タリウム（Ⅰ）(thallium（Ⅰ）triiodide) Tl[I$_3$]：Tl（Ⅲ）の溶液と KI から得る．容易に I$_2$ を放出する．
タリウムの硫酸塩 thallium sulphates
①硫酸タリウム（Ⅰ）(thallium（Ⅰ）sulphate) Tl$_2$SO$_4$：Tl と熱濃硫酸または TlOH と硫酸から得る．水にやや可溶．ミョウバンや複硫酸塩を形成する．
②硫酸タリウム（Ⅲ）(thallium（Ⅲ）sulphate) Tl$_2$(SO$_4$)$_3$·7H$_2$O：Tl$_2$O$_3$ を濃硫酸に溶かすと生成する．非常に容易に加水分解される．
タリウム酸塩 thallates
タリウム（Ⅲ）の混合酸化物．
多硫化ゴム（チオコール） polysulphide rubber（thiokol）
CH$_2$S(S)-S(S)$_x$．チオコール．ジハロアルカンとナトリウムポリスルフィドから合成される．耐薬品性を持つ．樹脂やゴムに用いられる．
多硫化水素 hydrogen persulphides（sulphanes）
H$_2$S$_x$ ($x=2\sim6$)．スルファン．ポリスルフィドと酸を反応させ，次いでクラッキングして得る．分解して H$_2$S と S を生じる．
多硫化ナトリウム sodium polysulphides
Na$_2$S$_x$ ($x=2, 4, 5$) は液体アンモニア中で，ナトリウムと硫黄の反応で生成する．また硫化ナトリウム水溶液中に硫黄を溶解させると混合物が得られる．
多硫化物 polysulphides
[S$_2$]$^{2-}$（例えば黄鉄鉱中にある FeS$_2$），[S$_3$]$^{2-}$，[S$_4$]$^{2-}$，[S$_5$]$^{2-}$，[S$_6$]$^{2-}$ のような陰イオンを含む物質．水溶液中でスルフィドと硫黄から生成する．ポリスルフィドのポリマーも指す．
タール tar
炭素化合物の乾留で得られる水以外の液体．種類は，①コークス炉から得られる高温タール，②石炭を低温で炭化して得られる低温タール，③高温のガス処理で得られるタール，④水性ガス法で生じる油タール，⑤木材を炭化して得られる木タールがある．

タルク talc
Mg$_3$(OH)$_2$Si$_4$O$_{10}$．滑石ともいう．SiO$_4$ 四面体が連なってできた層状のケイ酸塩．各層は電気的に中性なので，層間の相互作用は弱い．結晶は柔らかく，潤滑材（洋裁のチャコ）や撒布剤として使われる．塗料，ゴム，殺虫剤の体質顔料やフィラー，コールタールピッチやアスファルトの屋根ふき材料，化粧パウダーやある種の磁器製品の成分としても使われる．ステアタイト（凍石）は純粋で緻密なもの，ソープストーンは不純物を含む塊状物質である．
タール系色素 coal tar pigments
→コールタール色素
タール酸 tar acids
主にフェノール類からなり，タールを炭酸ナトリウムと反応させてナトリウムフェノキシドを作りそれを CO$_2$ で処理してフェノールを回収する．→クレジル酸
タルトロン酸 tartronic acid
C$_3$H$_4$O$_5$．HO$_2$CCH(OH)CO$_2$H．ヒドロキシマロン酸，ヒドロキシプロパン二酸．無色の一水和物として結晶化する．60℃で結晶水を失う．融点160℃（分解）．ジニトロ酒石酸をアルコール水溶液中で加熱して得る．
タール油 tar oils
タールから採取される重質の油．主に芳香族炭化水素からなる．殺虫剤，除草剤，殺菌剤．
タレーション thallation
→トリフルオロ酢酸タリウム
タロース talose
→ヘキソース
単位胞（単位格子） unit cell
結晶において，その軸に沿って無限に繰り返すことにより結晶を構成できる単位．結晶のパターンは単位胞と呼ばれる平行六面体に含まれており，単位胞の各稜は結晶軸に平行である．
ターンオーバー数 turnover number（TON）
触媒活性の指標．触媒1分子あたりの変換した分子数．
炭化 carbonization
空気を断って有機物を熱分解する操作．石炭の分解蒸留（乾留）プロセスをも指す．こちらでは石炭ガス，コールタールその他の液体に加えてコークス残渣が得られる．高温炭化（HTC）

では石炭を耐火性レトルト中でおよそ1100℃に加熱し，ほとんどすべての揮発性物質を除去し，反応性のないコークスを得る．HTCは連続縦型レトルトによる都市ガス（town gas）の製造や，コークス炉で硬い冶金コークスを得るのに用いられた．低温炭化（LTC）はセミコークスや無煙燃料を得るのに用いられ，石炭をおよそ900 Kで加熱する．

炭化カルシウム calcium carbide (calcium acetylide)

CaC_2．カルシウムアセチリド．商業的には電気炉中でコークスとCaOに電気アークを作用させて生産する．水と反応してアセチレンC_2H_2を生じる．構造はイオン結合性でC_2^{2-}イオンを含む．アセチレンおよびカルシウムシアナミドの製造に用いられている．

炭化ケイ素（カーボランダム） silicon carbide (carborundum)

カーボランダムとも呼ばれるが，これはもともとは商品名である．SiCは硬い耐熱性物質で炭素とケイ素単体またはSiO_2を2000℃に加熱して得る．耐火レンガ，金属強化用の繊維，るつぼ，研磨用具，耐火セメントに用いられる．

炭化水素 hydrocarbons

炭素と水素のみからなる化合物の総称．分子内の炭素原子の配列により脂肪族と環状炭化水素に分類される．脂肪族炭化水素は二重結合の数によりパラフィン，オレフィン，ジオレフィンなどと分けられる．環状炭化水素は芳香族炭化水素と脂環式炭化水素に分類される．

炭化水素系樹脂 hydrocarbon resins

分子量約2000以下の熱可塑性ポリマー．石油のクラッキングまたはテレビン油から得られる．用途は乾性油，ゴム，可塑剤．クマロン-インデン樹脂，石油樹脂，シクロペンタジエン樹脂，テルペン樹脂などがある．

炭化チタン titanium carbide

TiC．鋼鉄のような灰色の固体で融点が高い．TiO_2と木炭を電気炉で反応させて得る．耐薬品性が非常に高い．工具の先端や鋼鉄製造の脱酸素剤に用いられる．宇宙空間で$Ti_{14}C_{13}$が検出されている．

炭化バナジウム vanadium carbides

VC（岩塩型構造）とV_4C_3が単体同士の反応で得られ，バナジウム鋼の成分として重要である．融点が高い．

炭化物 carbides

炭素に比べて電気陰性度の低い元素と炭素との化合で生じた化合物．元素単体同士の直接相互作用，あるいは金属と適切な炭化水素との反応によって生成する．最も電気陰性度の高い元素は塩様の炭化物を形成し，これは本質的にイオン結合性である．Be_2CとAl_4C_3にはC^{4-}が含まれており，加水分解によってCH_4を生じる．1族，2族，11族（銅族），Zn，CdおよびAl，La，Pr，Thは$[C_2]^{2-}$イオン（水中でHC₂Hと反応して）を含有するアセチリドを生成する．その他のランタニド元素やアクチニド元素の炭化物にもC_2単位が含有されるが，加水分解するとアセチレンの他にいろいろな炭化水素を生じる．侵入型炭化物，例えばFe_3C，W_2Cなどは，ほぼ立方最密充填構造の金属格子の空隙中に炭素が入った構造を有する．これに関連した構造としては，金属クラスター中に炭素原子が入った，例えば$[Ru_6C(CO)_{14}(C_6H_3Me_3（メシチレン))]$がある．周期表で炭素の近くにある元素との間で形成される炭化物，例えばSiC，$B_{13}C_2$などは本質的に共有結合性で，一般に極めて硬く不溶性である．WC，TiC，TaCおよびNbCは切削工具や耐疲労性材料に用いる上で極めて有用である．

炭化物形成元素 carbide formers

鉄鋼に添加する合金元素（例えばMn，Cr，Mo，W，Ti，V，Nb）で，炭化物を安定化し，粗粒子として存在するときには疲労耐性を賦与し，細かいコヒーレントな形で存在するときには，耐クリープ性を賦与する．

タングステン tungsten

元素記号W．原子番号74，原子量183.84，融点3422℃，沸点5555℃，密度(ρ) 19300 kg/m³（= 19.300 g/cm³），地殻存在比1 ppm，電子配置$[Xe]4f^{14}5d^46s^2$．ドイツ語やラテン語では「Wolfram」というので，元素記号はこちら由来になっている．主要な鉱石は鉄マンガン重石$(Fe,Mn)WO_4$と灰重石（シェーライト）$(CaWO_4)$．鉛重石（タングステン鉛鉱）$PbWO_4$も重要である．濃縮した鉱石をNaOHと溶融し，水で抽出後，酸を加えてWO_3を沈

殿させ H_2 により還元して単体を得る．金属は bcc 構造．溶融金属は光沢のある銀白色で HNO_3-HF ともゆっくりとしか反応しない． KNO_3-NaOH または Na_2O_2 には溶解し，赤熱条件で O_2 と反応する．単体は鋼鉄合金，電灯，加熱用フィラメント，電気接触体に広く用いられる．炭化タングステンは非常に硬く切断工具に使われる．

タングステンの化学的性質 tungsten chemistry

タングステンは典型的な6族遷移元素で，酸化状態は+6から-2をとる．特に，酸化物には多くの非化学量論化合物がある．水溶液でみられる化学種は酸素陰イオン錯体やハロゲン化物錯体以外はほとんどない．六ハロゲン化物は分子性であるが，より酸化数の低いハロゲン化物は多量体構造で，最もハロゲン数の少ないものでは W-W 結合がある（Mo 以上にその傾向が強い）．カルボニル錯体やホスフィン錯体は典型的な低原子価化合物である．高酸化状態では特に O- および S- 配位子と錯体を形成し，低酸化状態では P- 配位子と錯体を形成する．シアン化物錯体もよく研究されている．

タングステンの酸化物 tungsten oxides

黄色の WO_3 はタングステンや他の酸化タングステンを過剰の酸素と加熱した際の最終生成物である．セラミックス用の黄色の艶出し剤，X 線遮蔽材，耐火物に用いられる．褐色の WO_2（WO_3 と H_2 から得る）や種々の中間相（例 $W_{18}O_{49}$）はシア構造を含み WO_3 の還元により得られる．混合金属酸化物は WO_3 と他の金属酸化物を溶融すると得られる．

タングステンの炭化物 tungsten carbides

タングステン粉末を炭素と熱すると W_2C および WC が得られる．両者とも非常に硬く切断具やダイスに用いられる．3元系炭化物も切断具に用いられ，他の金属炭化物，ホウ酸塩，ケイ酸塩，窒化物を添加して機械的性質を改良する．触媒として重要．

タングステンのハロゲン化物 tungsten halides

既知のフッ化物は無色の WF_6（W と F_2 から得る，沸点 17℃），タングステン(VI)塩化フッ化物（例 WF_5Cl），WF_6 の誘導体（例 WF_5OMe），四量体の WF_5（W と WF_6 から得る）および WF_4（WF_5 を加熱して得る）．W(VI) や W(V) のフッ化物錯体は $[WF_7]^-$ および $[WF_6]^-$ イオンを含む．

既知の塩化物は WCl_6（W と Cl_2 から得る，オレフィンメタセシスの触媒），緑色の WCl_5（W と Cl_2 から得る），不揮発性の WCl_4（WCl_6 と Al から得る），WCl_3 および WCl_2（ともに WCl_6 と H_2 から得る）．WCl_3, WCl_2 は金属クラスターを含みそれぞれ $[W_6Cl_{12}]Cl_6$, $[W_6Cl_8]Cl_4$ である．$[WCl_6]^-$, $[WCl_6]^{2-}$, $[W_2Cl_9]^{3-}$ を含む塩化物錯体が知られている（$[W_2Cl_9]^{3-}$ は3つの架橋 Cl および1本の W-W 結合を持つ）．ハロゲン化物はいずれも種々の配位子と広範な錯体を形成する．

もっと高酸化数のフッ化物や塩化物を加水分解すると酸化ハロゲン化物が得られる．酸化ハロゲン化物は酸化物とハロゲン化剤を直接反応させても得られる．WOF_4, $[WOF_5]^-$, $[WOF_4]^{2-}$, $[WO_2F_3]^-$, $WOCl_4$, WO_2Cl_2, $WOCl_3$, $[WOCl_5]^{2-}$ が既知であり，それらの化学的挙動はハロゲン化物に類似している．臭化タングステン WBr_5, WBr_4, WBr_3, WBr_2 およびヨウ化タングステン WI_4, WI_3, WI_2 は塩化物に類似している．

タングステンの有機誘導体 tungsten, organic derivatives

一般に有機モリブデン化合物に類似しているが，WMe_6（WCl_6 と MeLi から得る）のようなより高酸化状態のアルキルタングステンが知られる．

タングステンカルボニル tungsten carbonyl

$W(CO)_6$．モリブデンカルボニルと非常に類似しているが置換反応を受けにくい．

タングステン合金 tungsten alloys

最も重要なものは，タングステン含有率 18％までのタングステンスチール．ステライト (stellite) はタングステンにクロムと銅を加えた合金で非常に硬く，高速の切断機に用いられる．スイッチギアの電気的接触部は Cu，Ag-W 合金でできている．

タングステン酸 tungstic acid
→タングステン酸塩

タングステン酸塩 tungstates

WO$_3$ を NaOH 溶液に溶解し，次いで陽イオン交換して得る．通常のタングステン酸塩，例えば Na$_2$WO$_4$·2H$_2$O は四面体の WO$_4^{2-}$ イオンを含む．アルカリ金属塩以外のほとんどの塩は不溶性．WO$_4^{2-}$ イオンを含む溶液を酸性にすると，多量体陰イオン（イソポリタングステン酸イオン）を形成し，これは頂点同士，稜同士が結合した WO$_6$ 八面体からなる．[HW$_6$O$_{21}$]$^{5-}$ および [H$_2$W$_{12}$O$_{42}$]$^{10-}$ は十分にキャラクタリゼーションされている．他のオキソ酸陰イオンの存在下で酸性にすると，MO$_6$ または MO$_4$（M は W 以外の原子）が多量体陰イオンに挿入されたヘテロポリタングステン酸イオンが生じる（例：[FeW$_{12}$O$_{40}$]$^{5-}$，[PW$_{12}$O$_{40}$]$^{3-}$）．これらの種に対応する遊離酸は安定に存在するとは考えにくい．イソポリタングステン酸イオンをさらに酸性にすると WO$_3$·2H$_2$O を生じる．ヘテロポリタングステン酸塩は加熱によりタングステン含有触媒の調製に用いられる．

タングステン酸ナトリウム sodium tungstate
Na$_2$WO$_4$·2H$_2$O．耐火剤，防水剤，ガラスの着色に用いる．

タングステンブルー tungsten blue
WO$_3$ またはポリタングステン酸塩が一部還元されたもの．

タングステンブロンズ tungsten bronzes
タングステン酸塩を金属ナトリウムなどで還元して生じる M$_n$WO$_3$（M は +1 価の金属，0 < n < 1）で表される着色化合物．W^{VI} と W^V を含む．→タングステンの酸化物

単結合 single bond
1つの結合性軌道に入った2つの電子による2原子間の結合で，それ以外には原子間に電子的相互作用がないような結合．多くは CH$_4$ の C-H 結合のように σ 結合であるが，Ni(PF$_3$)$_4$ のように π 結合の場合もある．

段効率 plate efficiency (tray efficiency)
蒸留や吸収カラムにおいて効率が 100% であれば，完全な接触が起こりプレートから出る液体と気体の流れの間には互いに平衡が成立する．実際にはプレート効率は 100% 未満であり，所望の吸収または分離度を達成するために必要な段数は理論上の数より大きくなる．

単座配位子 monodentate ligand
配位可能な非共有電子対が1対のみで1つの原子で配位結合する配位子．例えば NH$_3$．

炭　酸 carbonic acid
H$_2$CO$_3$．極めて弱い二塩基酸で，CO$_2$ と H$_2$O から生成する．無水の炭酸は -30℃ でエーテル中で得られる．塩としては炭酸塩と炭酸水素塩（重炭酸塩）がある．

炭酸亜鉛 zinc carbonate
ZnCO$_3$．天然には菱亜鉛鉱として産出する．塩基性炭酸塩は Zn^{2+} を含む溶液にアルカリ炭酸塩を加えると沈殿として得られる．NaHCO$_3$ などを用いると ZnCO$_3$ が生じる．Na$_2$CO$_3$ 溶液と煮沸すると加水分解されて ZnO を生じる．塩基性炭酸亜鉛は外用の医薬品として用いられる．→カラミン

炭酸アンモニウム ammonium carbonate
(NH$_4$)$_2$CO$_3$．純粋な (NH$_4$)$_2$CO$_3$ は市販品と NH$_3$ から作る．水によく溶け，加熱により分解して NH$_3$ と CO$_2$ と H$_2$O になる．市販の炭酸アンモニウムは (NH$_4$)HCO$_3$ と NH$_2$COONH$_4$ の複塩で，NH$_4$Cl か (NH$_4$)$_2$SO$_4$ を炭酸カルシウムと加熱・昇華させて得られる．以前は「鹿角塩（ろっかくえん）」とも呼ばれた．これは NH$_3$ の臭いがし，湿った空気中で分解して (NH$_4$)HCO$_3$ になる．ベーキングパウダー，消火剤，嗅ぎ薬（気付け薬），染色，羊毛の処理剤，また去痰薬として使用されている（訳者記：現在わが国で試薬として購入できるものは，かなり純粋な正塩の形であるが，開封後放置すると分解して上記の複塩の形になってしまう）．

炭酸エステル carbonates
特に電池の重要な溶媒．反応物質として用いられている．ジ（およびポリ）カーボネートは合成に用いられ，レンズなどに使われる耐久性のあるポリマーを形成する．

炭酸塩 carbonates
弱酸である H$_2$CO$_3$ の塩．通常の炭酸塩には多くの鉱物や産業的に極めて重要である化合物（例えば CaCO$_3$, MgCO$_3$, Na$_2$CO$_3$, ZnCO$_3$）がある．炭酸水素塩は [HCO$_3$]$^-$ イオンを含むもので，NaHCO$_3$ や Ca(HCO$_3$)$_2$ などの重要な塩がある．アルカリ金属やアルカリ土類金属の炭酸塩は安定（後者は不溶性）である．ほとんどのその他の金属炭酸塩は塩基性炭酸塩として沈

殿する（例えば $2PbCO_3 \cdot Pb(OH)_2$ など）．アルカリ金属炭酸塩を除くすべての炭酸塩は，強く加熱すると CO_2 を失う．

炭酸化 carbonation
CO_2 を RMgX などのグリニャール試薬に付加（しばしば挿入）し，RC(O)OMgX を得ること．

炭酸ガス吹き込み carbonation
水溶液に二酸化炭素を多くは加圧状態で吹き込んで過飽和状態とすること．

炭酸カリウム potassium carbonate (pearl ash)
K_2CO_3．アルコール溶液を用いたソルヴェイ法の変法により得られる潮解性の粉末．アルカリの標準物質，ガラス，皮革なめしに用いられる．

炭酸カルシウム calcium carbonate
$CaCO_3$．天然に石灰石などの形で産出する．$Ca(OH)_2$ 溶液に CO_2 を作用させて生成するが，過剰の CO_2 に溶解し炭酸水素カルシウム（$Ca(HCO_3)_2$）となる．沈降性炭酸カルシウムは製紙（64％）に幅広く用いられているほか，プラスチックの充填剤，医薬品，歯磨き剤に用いられている．

炭酸銀 silver carbonate
Ag_2CO_3．硝酸銀溶液から沈殿法により得る．白色固体で，光にあたると黄色になる．100℃以上で分解して Ag_2O を生じる．

炭酸水素アンモニウム ammonium hydrogen carbonate, ammonium bicarbonate
NH_4HCO_3．白色結晶性の固体．NH_3 と CO_2 と水蒸気から，または CO_2 と水蒸気を炭酸アンモニウム溶液に通して得られる．また市販の炭酸アンモニウムが分解すると生成する．市販の炭酸アンモニウムは炭酸水素アンモニウムとカルバミン酸アンモニウムの混合物である．窒素含有有機物質の腐敗で生じるほか，鳥糞石（グアノ）中に産出する．ベーキングパウダーとして用いられる．固体としては正塩の炭酸アンモニウムより安定なので，代わりに薬（気付け薬や去痰薬）としてよく用いられている．以前「鹿角塩」と呼ばれたものである．

炭酸水素カリウム potassium hydrogen carbonate
$KHCO_3$．K_2CO_3 より水に対する溶解度は低い．K_2CO_3 の水溶液と CO_2 から沈殿として得られる．食品（ベーキングパウダー），消火器に用いられる．

炭酸水素カルシウム calcium hydrogen carbonate
$Ca(HCO_3)_2$．→炭酸カルシウム

炭酸水素ナトリウム sodium hydrogen carbonate (sodium bicarbonate)
$NaHCO_3$．以前の命名システムならば重炭酸ナトリウム（sodium bicarbonate）．CO_2 を Na_2CO_3 溶液に通じて得る．炭酸ナトリウム合成法のソルヴェイ法の中間体でもある．天然には曹達石（天然重曹，nahcalite）として存在する．ソーダ灰の製造に用いる．水に微溶．加熱すると分解して Na_2CO_3 を生じる．ソーダ灰（炭酸ナトリウム）の製造原料，ベーキングパウダーや医薬品（制酸剤）の成分，消火器に用いられる．

炭酸ストロンチウム strontium carbonate
$SrCO_3$．天然にストロンチアン石として存在する．Sr，$Sr(OH)_2$ または Sr^{2+} の溶液に CO_2 を作用させて得る．強熱すると分解して SrO を生じる．花火，ガラス，精糖に用いられる．

炭酸脱水酵素 carbonic anhydrase
カルボニックアンヒドラーゼ．重要な酵素で生体中で可逆的に次の反応を触媒する．
$$H_2O + CO_2 \rightleftharpoons H_2CO_3$$
呼吸では，肺血管中の炭酸水素イオンから二酸化炭素を生成する反応を触媒し，一方，腎臓では炭酸の形成を促進する．本酵素は補欠分子族として Zn を含有する．

炭酸タリウム thallium(I) carbonate
Tl_2CO_3．白色結晶性固体．以前は容量分析用の標準物質（中和滴定，酸化還元滴定両方の共通標準となる）として用いられた．TlOH の溶液に CO_2 を作用させて得る．

炭酸鉄 iron carbonate
鉄(II)の炭酸塩（$FeCO_3$）のみが知られている（Fe^{2+} と Na_2CO_3 から空気のない条件で得られる白色粉末）．非常に酸化されやすい．菱鉄鉱として天然に産する．

炭酸ナトリウム sodium carbonate
Na_2CO_3．アンモニアソーダ法（ソルヴェイ法）で製造した炭酸水素ナトリウムの熱分解で得ら

れる．NaCl水溶液にNH$_3$次いでCO$_2$を加えるとNaHCO$_3$が沈殿し，これを175℃で分解してNa$_2$CO$_3$を得る．NH$_4$Cl溶液にCa(OH)$_2$スラリーを加えるとNH$_3$が回収される．水和物を形成する．無水のNa$_2$CO$_3$をソーダ灰，Na$_2$CO$_3$·10H$_2$Oを洗濯ソーダという．Na$_2$CO$_3$はトロナ鉱石として天然に存在する．ガラス（55％），石鹸，化学洗剤，製紙工業で用いられる．

炭酸鉛 lead carbonate
　PbCO$_3$．天然には白鉛鉱として産出する．調製するには酢酸鉛と炭酸アンモニウムとを水溶液中で反応させればよい．塩基性炭酸塩もよく知られていて，Pb$_3$(OH)$_2$(CO$_3$)$_2$などの組成のものがある．これは鉛白としてよく知られている優秀な白色顔料である．金属鉛を水蒸気や酢酸蒸気，二酸化炭素を含む雰囲気に晒しておくと得られる．電解法で調製されることもある．以前は塗料（ペンキなど）に多量に使用されていたが，毒性が問題となって米国でも使用は停止された（訳者記：油絵具の「ブラン・ダルジャン」はこの鉛白を含む）．

炭酸ニッケル nickel carbonates
　水溶液から沈殿として得られるが，不安定で組成のはっきりしない塩基性物質となる．NiCO$_3$·6H$_2$O（Ni(Ⅱ)にNaHCO$_3$溶液とCO$_2$を加えて得る）およびNiCO$_3$（CaCO$_3$とNiCl$_2$から得る）はともに比較的不安定．セラミックスや艶出しに利用される．

炭酸バリウム barium carbonate
　天然には毒重石として産出する．可溶性バリウム塩とNa$_2$CO$_3$から製造される．白色結晶性固体．セラミックス，エナメル，ゴム，製紙に用いられる．

炭酸ビスマス bismuth carbonates (basic carbonates)
　Bi$_2$O$_2$CO$_3$·2H$_2$O．塩基性炭酸塩（炭酸ビスムチル）は可溶性のビスマスイオンを含む水溶液に炭酸ナトリウムなどを加えて沈殿させる．100℃でH$_2$Oを失う．消化不良を和らげるのに用いられる．古くは「次炭酸蒼鉛」などと呼んだ．

炭酸ベリリウム beryllium carbonate
　炭酸イオンをBe^{2+}溶液に添加することによって，さまざまな塩基性炭酸塩が沈殿する．

炭酸マグネシウム magnesium carbonate
　天然には菱苦土鉱（マグネサイト）として産出するほか，白雲石（ドロマイト（Ca, Mg)CO$_3$）にも含まれる．Mg^{2+}を含む水溶液に二酸化炭素を通じると塩基性炭酸塩が析出するが，過剰の二酸化炭素によってMg(HCO$_3$)$_2$となって溶解してしまう．この溶液を50℃に加温すると三水和物のMgCO$_3$·3H$_2$Oの結晶が得られる．五水和物と一水和物も知られている．3MgCO$_3$·Mg(OH)$_2$·4H$_2$Oにほぼ等しい組成を持つ塩基性炭酸マグネシウムは制酸剤や緩下剤として処方される．

炭酸マンガン manganese carbonate
　MnCO$_3$．天然には菱マンガン鉱として存在する．Mn^{2+}の溶液にCO$_2$を飽和させNaHCO$_3$を加えて沈殿として得る．通常は塩基性炭酸塩として沈殿する．空気中で速やかに酸化される．顔料．

炭酸リチウム lithium carbonate
　水に難溶な白色固体．アルカリ金属の炭酸塩の中では唯一このような性質を示す．溶解度も低温のほうが大きく，加熱すると減少する．過剰のCO$_2$の存在下ではLiHCO$_3$を生じて溶解する．強熱するとCO$_2$を放って分解する．他のリチウム塩の合成原料となるほか，医薬（躁鬱症の治療）として用いられる．

単軸性 uniaxial
　1本の主軸と他の等価な2本の軸を持つ晶系．六方晶系，正方晶系，菱面体晶系がこれに属する．

担持触媒 supported catalyst
　→触媒

単斜晶系 monoclinic system
　対称要素が1つの2回軸と1つの対称面の両方あるいはいずれか一方のみである晶系．単位胞の3つの軸は非等価で，斜めに交わる2軸とそれに垂直な1軸からなる．

胆汁酸 cholic acid ($3\alpha, 7\alpha, 12\alpha$-trihydroxy-$5\beta$-cholanic acid)
　C$_{24}$H$_{46}$O$_5$．$3\alpha, 7\alpha, 12\alpha$-トリヒドロキシ-$5\beta$-コラン酸にあたる．融点195℃．コール酸．ナトリウム塩として産出する．

胆汁酸塩 bile salts
　グリココール酸およびタウロコール酸のナト

リウム塩で，動物の胆汁に含有される．極めて表面張力が低く，腸の中で油粒子が生成するエマルジョンの安定化剤として作用し，油に対しその後の化学作用が容易に進行するようにする．また胆汁塩がなければ不溶である脂肪酸を，溶液中に維持する働きも持つ．

胆汁色素 bile pigments
　赤血球の分解の際に生じるヘモグロビンの破壊生成物．ビリルビン，ビリベルジンなど．

単純格子 primitive lattice
　単位胞中にただ1つの等価点を含む格子．多くの場合，単純格子は原子や分子に対応する点を単位胞の頂点に置いて表される．

淡色効果 hypochromic
　吸収強度が減少すること．濃色効果の逆．

単色輻射 monochromatic radiation
　単一の周波数（波長）を持つ輻射線．

単色放射線 monochromatic radiation
　単一の周波数（波長）を持つ放射線．

炭水化物 carbohydrates
　天然に産出する有機化合物として，最も重要なものの1つ．化学式はほぼ $(CH_2O)_x$ で表すことができ，x はさまざまな値をとる．糖，デンプン，セルロースなど植物や動物の生命に不可欠のものがこれに含まれる．これらは植物中で光合成（クロロフィルが触媒し，二酸化炭素と水が光の影響下で結合する）の結果生産される．単純な炭水化物は単糖類，二糖類，あるいは多糖類で，通常5または6つの炭素原子を含み酸素原子で連結された複素環式繰り返し単位を持つ．例えばスクロースやラクトースは単純な炭化水素である二糖類である．セルロースは多糖類で，1分子あたりおよそ2000～3000のグルコース単位を有するポリマーである．炭素原子の多くは非対称（不斉）であるため，炭水化物には多くの立体異性体，構造異性体が存在する．

炭素 carbon
　元素記号 C．非金属元素．原子番号 6，原子量 12.011，融点 4492℃（グラファイト）4440℃（ダイヤモンド），密度（ρ）2.20（kg/dm^3）（グラファイト），地殻存在比 480 ppm，電子配置 [He]$2s^22p^2$．単体および化合物(CO_2，炭酸塩(CO_3)$^{2-}$など)の形で産出する．結晶形としてはダイヤモンド（準安定）とグラファイト，フラーレン類があるが，構造の詳細については各項目を参照．宇宙（星間分子）には C_2 が存在する．無定形炭素についてはさまざまな形が報告されている．ほとんどのものに微結晶が含まれている．活性炭とカーボンブラックは産業的に広く用いられている．鋼鉄は鉄-炭素系合金である．カーボンファイバーは熱分解により製造されるが，プラスチック材料に大きな強度を与えるために用いられている．^{12}C は相対的原子質量（原子量）の標準物質である．^{13}C は 1/2 の核スピンを持ち NMR 測定に用いられる．^{14}C は放射性核種で，大気中で宇宙線による核反応で形成されるが，生体によってのみ吸収されるため，放射性炭素年代測定に利用されている．炭素は酸素中で燃焼し，ハロゲン単体とも反応する．

炭素の化学的性質 carbon chemistry
　炭素は 14 族（以前の分類ならばⅣ B 族）の元素で，形式的には CO やカルベン類に見られるように +2 価の酸化状態を持つが，この状態は比較的反応性が高い．炭素化合物の大半は +4 価の酸化状態を持ち，その化学を支配しているのは，連鎖（C-C 結合の生成），多重結合（アルケン中の C=C，アルキン中の C≡C，共役結合および芳香族系）の形成，さらにほとんどの元素，とりわけ O, N, S, ハロゲンおよび水素，との安定な結合の形成（各元素の有機誘導体の項を参照）である．炭素の陰イオン性誘導体の例はカルバニオン，炭化物および炭酸塩に見ることができ，陽イオン性誘導体の例はカルベニウムイオンにみられる．地球上の生命の基本をなす．

炭素のカルコゲン化合物 carbon chalcogenides
　炭素は CS_2（二硫化炭素），CSSe，CSe_2，CSTe を形成する．これらはすべて CS_2 とかなり類似した性質を示す．

炭素の酸化物 carbon oxides
　① 一酸化炭素（carbon monoxide）CO：融点 −205℃，沸点 −191℃．無色，無臭，有毒ガス．炭素や炭素化合物の不完全燃焼により生成する．または C と CO_2 の 900～1000℃ の反応，C と H_2O（あるいは H_2，水性ガス反応），ギ酸の濃硫酸による脱水反応により生じる．体内で

も極めて低濃度ながら生成される．空気中で薄青い炎を出して燃え，酸素と爆発的に反応する．還元剤として作用し，例えば高温でPbOあるいはFe_2O_3に作用し，PbやFeにするほか，90℃で$[IO_3]^-$をI_2に還元する（これは分析で利用されている）．多くの遷移金属と反応し，カルボニル錯体となる．Cl_2と反応するとホスゲン（塩化カルボニル）を生じる．産業的には合成原料として大量に用いられる（例えばアルキンをカルボニル化してカルボン酸を生成する）ほか，冶金還元反応，ニッケルの精製に使用されている．

②二酸化炭素 (carbon dioxide) CO_2：-78.5℃で昇華する．無色のガス（室温）で，天然には大気中に存在し，動植物の呼吸において重要な役割を果たしている．炭素ベースの燃料の完全燃焼（工業的には煙道ガスやアンモニア製造に用いた合成ガスから），金属炭酸塩の加熱や炭酸塩と酸の反応によって生成する．水に可溶で主に水和物と弱酸H_2CO_3を生じる．$Ca(OH)_2$溶液（石灰水）に白色沈殿を生じることにより検出される．加圧してミネラルウォーターに用いられるほか冷却剤（固体の「ドライアイス」あるいは液体で），化学反応の試薬（RMgXとの反応でRCO_2MgXが得られる），不活性ガス，あるいは火災消火器に用いられている．二酸化炭素は直線型分子構造O=C=Oを持つ．空気中のCO_2は赤外線を吸収し，温室効果の主原因となっている．超臨界二酸化炭素は溶媒として用いられている（例えばドライクリーニング，コーヒーの脱カフェイン，半導体製造）．

③亜酸化炭素 (carbon suboxide) C_3O_2，OCCCO：融点-111℃，沸点6.8℃．マロン酸とP_2O_5から生成する有毒ガス．室温で重合する．水と反応しマロン酸となる．

④ $C_{12}O_9$，無水メリト酸 (mellitic anhydride)

炭素のフッ化物 carbon fluorides
→フルオロカーボン

炭素の硫化物 carbon sulphides
→炭素のカルコゲン化合物

単 層 monolayers
→単分子膜

炭素価 carbon value
油を潤滑油として用いたときに，その油が炭素を生じる傾向を示す尺度．

炭素環式化合物 carbocyclic
炭素原子からなる1つ以上の環を含む有機化合物を指す総称．例えばベンゼン，ナフタレン，ジフェニルなど．

炭素残渣 carbon residue
ディーゼル燃料，燃料油，潤滑油が加熱により，あるいは過剰の空気がない状態で燃焼し，炭素を生じる傾向は炭素残渣を定量することによって知ることができる．

炭素繊維 carbon fibres
複合材料の強化に使用されるグラファイトファイバー．いろいろな種類があるが，アクリル系のものは前駆体繊維であるポリアクリロニトリルなどの熱分解により製造する．タール系，セルロース系のものもある．

炭素電極 carbon electrodes
アークや電気分解（例えばF_2の製造）に用いられる炭素棒．

タンタル tantalum
元素記号Ta．5族に属する金属元素．原子番号73，原子量180.95，融点3017℃，沸点5458℃，密度(ρ) 17754 kg/m³ (=17.754 g/cm³)，地殻存在比2 ppm，電子配置$[Xe]4f^{14}3d^36s^2$．タンタル石$(Fe,Mn)(Nb,Ta)_2O_6$中にニオブとともに存在する．この鉱物をNaOHとアルカリ溶融し，酸で処理すると混合五酸化物が沈殿する．HF溶液からメチルイソブチルケトン（MIBK）により溶媒抽出することでニオブとタンタルを分離する．単体はTa_2O_5をアルカリ金属で還元するか，溶融したフッ化物錯体を電解して得る．bcc構造で空気中でも光沢を保つが高温では酸素や水蒸気と反応し，またHNO_3-HFには溶解する．耐腐食性合金，特に化学工業，コンデンサー，外科用品に用いられる．

タンタルの化学的性質 tantalum chemistry
主な酸化数は+5でニオブと化学的性質が類似している．主な相違はタンタルにはより低い酸化数の化学量論的酸化物が存在しないことである．錯体では，例えばHCl溶液中の化学種が$[TaCl_6]^-$と$[NbOCl_5]^{2-}$という違いがある．-3および-1～+5の酸化数をとる．酸化数+2, +3ではTa-Ta結合がみられる．

タンタルの酸化物　tantalum oxides

Ta_2O_5 が最も主要な酸化物で，ハロゲン化物の加水分解で生じる水和酸化物を脱水して得る．高密度の白い不活性な物質で還元すると $Ta_{2.5}O_5$ を生じる．五酸化物はタンタル酸塩を形成する．例えば $LiTaO_3 \cdot K_3TaO_4$ は酸化物または炭酸塩を溶融して得られる混合酸化物で，還元するとブロンズを与える．$[H_xTa_6O_{19}]^{(8-x)-}$ ($x=0$, 1, または 2) のようなイソポリタンタル酸イオンは Ta_2O_5 をアルカリと溶融し，融解物を水に溶かすと得られる．

タンタルのハロゲン化物　tantalum halides

TaX_5 と TaX_4 (TaF_4 は除く) はすべて知られている．TaX_5 (Ta と X_2 から得る；$TaCl_5$ は Ta_2O_5，C，Cl_2 または CCl_4 から得る) は架橋した多量体 ($TaCl_5$ は二量体) からなる．TaF_5 は融点 95℃，沸点 229℃．$TaCl_5$ は融点 211℃，沸点 241℃，加水分解すると $TaOF_3$ や TaO_2F のような酸化ハロゲン化物を生じる．種々のドナーと錯体を形成し，酸性溶液中では $[TaF_6]^-$，$[TaF_7]^{2-}$，$[TaF_8]^{3-}$ のようなフッ化物錯体を形成する．TaX_4 (TaX_5 と Ta から得る) は暗色の固体で Ta 原子間にいくらかの相互作用がある．種々のリガンドと付加物を形成する．$[Ta_6Cl_{12}]Cl_{4/2}$ や $[Ta_6Cl_{12}]Cl_{6/2}$ のようなハロゲンの比率の低いもの (フッ化物は除く) は TaX_5 をさらに還元すると得られ，金属クラスターを含む．例えば $[Ta_6Cl_{12}]^{n+}$ ($n=2, 3, 4$) を基本とする広範な化学種が知られる．TaF_3 (Ta と HF を 225℃ で反応させて得る) は本質的にイオン構造である．

タンタル酸塩　tantalates

→タンタルの酸化物

タンタル石　tantalite

$(Fe, Mn)(Nb, Ta)_2O_6$ (タンタルのほうがニオブよりも多く含まれるもの)．タンタルの主要原料鉱物．

段塔　plate column, tray column：米国式表記

蒸気と液体を接触させるのに最もよく用いられる蒸留塔．気体の吸着，ストリッピング，精留などに利用される．垂直な円筒状の蒸留塔中に水平に置かれた一連のプレート (段) が 1 m おきに塔の上まで積み重ねられている．液体は塔内をプレートからプレートへと流れ落ち，気体はその中をプレートの穴を通して上っていく．相間の物質移動がプレート上で起こるので，気体の吸収の程度，また分留の場合は分離の程度は段数に直接関係している．

単糖類　monosaccharides

一般式 $C_nH_{2n}O_n$ ($n=5, 6$) で表される糖をいう．

タンナーゼ　tannase

クロコウジカビ (*Aspergillus niger*) など多くの菌類に含まれる．没食子酸メチルのようなエステル型のタンニンを分解する酵素．

タンニン　tannins

植物に含まれる無定形物質で多くのものを含む化合物群である．渋味がある．鉄塩を加えると青または緑色，時には黒褐色を呈し，タンパク質やアルカロイドにより水溶液中から沈殿する．種々のフェノールの縮合生成物で，そのようなフェノールとしてはピロガロールとカテコールが重要である．構造はタンニン酸に類似．縮合タンニンはフラボノール誘導体で，加水分解性タンニンは糖 (主にグルコース) とヒドロキシ安息香酸のエステルである．タンニンは水などの溶媒で抽出し酢酸鉛で沈殿されて得られる．タンニンがなめし皮製造の皮革処理に用いられるのは，ゼラチンを沈殿させる性質を持つためである．織物工業の媒染剤としても用いられる．

タンニング現像　tanning development

現像されている安定な部分を架橋してその強度を増し，それ以外の部分のゼラチンを洗い流すために，写真現像用品，すなわちジヒドロキシベンゼンを写真用ゼラチンと反応させること．写真乾板の製造に用いる (存在している銀塩像に比例しタンニングの度合いの高い現像液による写真感光材料の現像)．タンニングとは存在している銀塩像に比例して写真乳剤内のゼラチンを硬化し，抵抗性を増す化学処理．

タンニン酸　tannic acid (gallotannic acids, tannin)

ガロタンニン酸，タンニン．①フラバノールの誘導体．②糖 (通常はグルコース) とトリヒドロキシベンゼンカルボン酸のエステル．オーク (ナラ類) のこぶから得られる．インクの媒染剤，サイジング，織物の仕上げ，清澄剤，なめし剤に用いられる．

断熱変化 adiabatic change
　変化を通じて，その系から熱が出ることも，その系に熱が加わることもないような変化．

蛋白質 proteins
　分野（学会）によっては「タンパク質」や「たん白質」のように文字遣いが定められているところもある．本来はタマゴ（蛋）の「白質」という意味（ドイツ語の Eiweiss の訳に当たる）なので，ここの見出し語には大元に当たる漢字を使用することとする．生物の主な窒素成分である．タンパク質は約50％の炭素，約25％の酸素，15％の窒素，7％の水素といくらかの硫黄を含む．アミノ酸の混合物からなり，加水分解するとそれらのアミノ酸を生じる．タンパク質はアルコール，アセトンまたは高濃度の塩を加えると沈殿する．タンパク質は以下のように分類できるが，ある特定のタンパク質は複数のクラスにあてはまることもある．

［単純タンパク質］
　①アルブミン（albumins）：水にも低濃度の塩溶液にも可溶なタンパク質．すべての生物組織中に見られる．典型的なアルブミンには卵のオボアルブミンや乳のラクトアルブミンがある．
　②グロブリン（globulins）：水に不溶で低濃度の塩溶液に可溶なタンパク質．筋肉中のミオシンや血液中のフィブリノーゲン，アサ（麻）のエデスチンのようなタンパク質が含まれる．
　③プロタミン（protamines）：強塩基性の分子量の小さいタンパク質で，アルギニン，リジンの含量が高く，含硫アミノ酸を含まない．可溶性タンパク質で，核酸と会合し，また魚類の精子から多量に得られる．
　④ヒストン（histones）：小さなフォールディングしていない染色体タンパク質．
　⑤プロラミン（prolamines）：水に不溶であるが，アルコール水溶液には可溶なタンパク質．穀類の種に存在する．
　⑥グルテリン（glutelins）：水にも7％エタノール水溶液にも不溶．酸やアルカリには可溶．穀類に見られる．
　⑦硬質タンパク質（scleroproteins）：動物の骨格や結合組織に含まれる不溶性タンパク質．典型的なものはケラチン，コラーゲン，エラスチン．

［複合タンパク質］補綴原子団を含むタンパク質
　⑧リン酸化タンパク質（phosphoproteins）：リン酸基を含む．乳のカゼインや卵黄のホスビチン．
　⑨色素タンパク質（chromoproteins）：ヘムや類似の色素とタンパク質が結合したもの．
　⑩核タンパク質（nucleoproteins）：核タンパク質の補欠分子族は核酸でプロタミンやヒストンと塩結合により結合していることも多い．核タンパク質はすべての細胞の核に存在する．染色体は主に核タンパク質であり，ある種の植物ウイルスやバクテリオファージでは純粋な核タンパク質であることが明らかにされている．
　⑪リポタンパク質（lipoproteins）：リポタンパク質の脂質部分はその種類も量も非常にさまざまである．血清の α-リポタンパク質はグリセリド，ホスファチド，コレステロールを複合体全体の約 30〜40％まで含んでいる．血清の β-リポタンパク質はいくらかのグリセリドを含むが，ホスファチドとコレステロールが全体の 75％近くを占める．
　⑫糖タンパク質（glycoproteins, mucoproteins）：タンパク質と炭水化物が結合したもの．糖タンパク質はいずれもヘキソサミンを含み，通常硫酸エステル，酢酸エステルとグルクロン酸を含んでいる．炭水化物とタンパク質の結合は共有結合の場合も塩結合の場合もある．糖タンパク質の水溶液は非常に粘性が高い．

　酵素は上記のいずれかに分類できる．
　タンパク質は多数のアミノ酸がペプチド結合 -CO-NH- により -C(O)NHCHR′CONHCHR″- という鎖を形成している．この鎖はペプチドと呼ばれ，部分加水分解により切断されて，より低分子の断片を生じる（→ペプチド）．タンパク質は2本以上のペプチド鎖を含むこともある．
　ペプチドの3次元構造はタンパク質の性質を決定する重要な因子であり，多くの水素結合がある．繊維状タンパク質ではポリペプチド鎖は α-ヘリックスと呼ばれる規則的な螺旋構造をとっているが，他の形態もある．球状タンパク質はフォールディングにより丸まった鎖から構

成されている．特にリボソーム中に見られる．

アミノ酸やペプチドの分析法により多くのタンパク質の完全なアミノ酸配列を決定することができる．全体構造は X 線回折や NMR 法により決定できる．タンパク質の分子量は約 6000000～5000 である（タンパク質とペプチドの境界ははっきり定義されていない）．食用タンパク質は石油と栄養分から発酵により製造できる．特定のタンパク質は特異的なフォールディングを示し，他の形にフォールドすると非常に異なった性質を示す．例えばフォールディングはクロイツェル-ヤコブ病やアルツハイマー病に関係がある．

胆礬　blue vitriol

たんぱん．天然産の硫酸銅五水塩，$CuSO_4 \cdot 5H_2O$．

ターンブルブルー　Turnbull's blue

青色のシアノ鉄酸塩．プルシアンブルーと同じものである．以前は Fe(Ⅱ) 塩の水溶液に [Fe(CN)$_6$]$^{3-}$ を添加したときに生じる青色沈殿を指し，プルシアンブルー（Fe(Ⅲ) 塩と [Fe(CN)$_6$]$^{4-}$ の反応で得られる）とは別の化合物と考えられていた．

単分散的　monodisperse

ポリマーなどの分子量が単一であるか，あるいは極めて狭い範囲に分布している状態．

単分子層　monolayers

→単分子膜

単分子反応　unimolecular reaction

機構上，反応物が単一の化学種である反応．多くの反応が一次の速度式（→反応次数）に従うが，真の単分子反応は比較的少ない．例は放射性崩壊やある種のハロゲン化アルキルの熱分解など．

単分子膜　unimolecular films

ある種の水に不溶な油脂（例えばステアリン酸誘導体）を水面に分散させると，単分子からなる単層を作ることができる．このような単分子膜中では分子の疎水基は水から遠ざかる方向に向き，親水基は水の方向を向く．分子が密に詰まった配列を形成する場合も，互いに十分離れている場合もあり，二次元の固体，液体，気体という異なるタイプがある．単分子膜を固体表面に移し取って研究することもできる．

単変形　monotropy

モノトロピーともいう．ある物質の1つの形態のみが熱力学的に安定であること．他の形態はいずれも準安定で安定形に変化する傾向を持つが，逆は不可能である．例えばリンは紫色の形態（紫リン）のみが安定で，通常みられる黄色の形態（白リン）は準安定形である．

断面積　cross section

散乱や吸収過程において核の有効領域を示す数．この場合には単位はバーンである．なお2つの分子が反応する傾向の指標（反応断面積）を指すこともある．

単量体　monomer

重合あるいはテロマー化しうる単純な分子．

チ

チアジルイオン種 thiazyl ions
　$[S_2N]^+$ のような硫黄と窒素を含む化合物の陽イオン.

チアゾール環 thiazole ring
　下記の図に示す環.

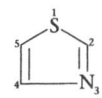

チアゾール染料 thiazole dyes
　チアゾール環を持つ色素. 木綿などセルロース基材に対して優れた染色性を示す.

チアミン thiamine (aneurine, vitamin B_1)
　ビタミン B_1. 抗神経炎因子. ヒトの食餌でこれが欠乏すると脚気を引き起こし, 哺乳類や鳥類では多発性神経炎を誘発し, その最も基本的な症状が一般的な神経萎縮である. 脱炭酸を触媒する多くの酵素の構成成分. このビタミンの最も豊富な天然材料は酵母菌, 卵, 穀物の種子 (胚芽) など. 精製白米や他の精白した穀類には含まれない.

チアミンニリン酸 thiamine diphosphate (thiamine pyrophosphate)
　チアミンピロリン酸. 生化学的活性を持つチアミン誘導体. β-ケト酸の脱炭酸など多くの重要な代謝過程に関与する補酵素.

チイラン thiirane
　硫黄を含む三員環. エポキシド (オキシラン) の硫黄類似体.

チウラムジスルフィド thiuram disulphides
　$R_2NC(S)SSC(S)NR_2$. ジチオカルバミン酸塩を H_2O_2, Cl_2 などで酸化して得る. 重合開始剤や加硫促進剤として利用される. テトラメチル置換体 (TMTD, TMTDS; 融点 155℃) は

アンタビュースという名で知られているが, アルコール依存症治療や, 農業で種苗の立ち枯れ病防止に用いられる.

チエニル環 thienyl ring
　下記の図に示す環系.

チオ- thio-
　硫黄を含むことを表す接頭辞. 例えばチオアンチモン酸塩 (thioantimonates), チオヒ酸塩 (thioarsenates), チオエーテル (thioether) など.

チオカルバニリド thiocarbanilide (*sym*-diphenylthiourea)
　$C_{13}H_{12}N_2S$, $C_6H_5NHC(S)NHC_6H_5$, *sym*-ジフェニルチオ尿素. 無色フレーク状固体. 融点 151℃. アニリンと二硫化炭素を煮沸して得る. 加硫や硫化染料合成に使われる.

チオカルボニル錯体 thiocarbonyl complexes
　カルボニル錯体に類似の CS 配位子を含む錯体. 遊離の CS は存在しないので CS_2 から合成する. 例えば $(C_5H_5)Mn(CO)_2(CS)$.

チオグリコール酸 thioglycollic acid (mercaptoethanoic acid)
　$C_2H_4O_2S$, $HSCH_2COOH$, メルカプト酢酸. 沸点 123℃/29 Torr. 水硫化ナトリウムをクロロ酢酸に作用させてジチオグリコール酸を得てこれを電気化学的に還元して作る. 空気中で容易に酸化され, 反応性が高い. 不飽和化合物の二重結合に付加する. SH 基の水素は金属で置換し得る. コールドパーマ用の薬液の重要な成分 (通常はアンモニウム塩が配合されている). カルシウム塩は脱毛剤にも用いる.

チオグリコール酸ナトリウム sodium thioglycollate
　$HSCH_2COONa$. 還元剤. 分析試薬のほか, コールドパーマ用の第一液 (日本では現在ではアンモニウム塩のみ) の成分. 脱毛剤として用いられることもある.

チオコール thiokols
　ポリスルフィドゴム.

チオシアナート thiocyanates

チオシアン酸 HSCN の塩やエステル．錯体やエステル中で SCN は N か S のどちらかで結合している．シアン化物と硫黄の反応でチオシアン酸イオンが生じる．Ag^+ の定量（AgSCN の沈殿），Fe^{3+} の定量（赤色の呈色）に利用される．写真の増感剤．酸化剤（MnO_2, Br_2）を作用させるとチオシアノーゲン（$(SCN)_2$, ローダン（rhodan）ともいう）を生じ，これは 0℃以上で重合する．チオシアナートは殺菌剤や殺虫剤としての性質を持つ．

チオシアノーゲン thiocyanogen
$(SCN)_2$. チオシアン酸塩に酸化剤を作用させると得られる．→チオシアナート

チオシアン酸 thiocyanic acid
HSCN. $KHSO_4$ と KSCN から得られる．室温で気体であるが，速やかに重合する．水溶液は別名をロダン化水素酸という．チオシアン酸エステル RSCN やイソチオシアン酸エステル（マスタードオイル）RNCS の原料となる．

チオシアン酸アンモニウム ammonium thiocyanate
NH_4NCS. 水に可溶な無色の固体．CS_2 と NH_3 をエタノール中で反応させるか，または HCN と黄色硫化アンモニウムから生成する．加熱により異性体のチオ尿素 $SC(NH_2)_2$ を生成する．NCS^- イオンの供給源として用いられるほか爆薬，マッチおよび写真に使用されている．

チオシアン酸塩 thiocyanates
→チオシアナート

チオシアン酸カリウム potassium thiocyanate
KNCS. KCN と S から得る．硫黄をアセトン溶液やベンゼン溶液として反応させると，迅速に定量的に起こる．チオシアン酸塩の合成や容量分析に用いられる．別名を「ロダンカリ」という．

チオシアン酸ナトリウム sodium thiocyanate
NaNCS. 融解したシアン化ナトリウムに硫黄を反応させられる．ほかのチオシアン酸塩の合成原料となる．分析試薬として用いられる．

チオシナミン thiosinamine
→アリルチオ尿素

チオタングステン酸イオン thiotungstates
→チオモリブデン酸イオン

チオ炭酸 thiocarbonic acid
H_2CS_3. 硫化ナトリウムと二硫化炭素の反応で得られるチオ炭酸ナトリウム Na_2CS_3 の水溶液を酸性にすると，H_2CS_4 と混合した形で得られる．$(NH_4)_2CS_3$ は CS_2 と濃アンモニア水から得られる．比較的安定なチオ炭酸バリウム $BaCS_3$ は水硫化バリウム $Ba(HS)_2$ と CS_2 から得られる．$[COS_2]^{2-}$ のようなイオンを含むオキシチオ混合炭酸塩も知られている．$[SC(OR)_2]^{2-}$ 基を含むチオノ炭酸エステルはリン（III）化合物と反応して開裂し，アルケンを生じる．チオ炭酸塩は水中で徐々に加水分解される．また CO_2 と反応して CS_2 と硫化物を生じる．ブドウに発生する有害な菌類であるフィロキセラの駆除に用いられる．

チオ炭酸塩 thiocarbonates
チオ炭酸の塩．ROC(S)SH については「キサントゲン酸塩」を参照．

チオ尿素 thiourea
CH_4N_2S, $S=C(NH_2)_2$. 無色結晶．融点 172℃．水と加熱すると分解してチオシアン酸アンモニウムを生じる．多くの性質は尿素に類似している．種々の金属塩と錯体を形成する．シアナミドに硫化水素を作用させて製造する．写真の増感剤，加硫促進剤として用いられる．

チオニル基 thionyl
>SO 基．塩化チオニルは $SOCl_2$.

チオノ炭酸塩 thionocarbonates
→チオ炭酸

チオフェノール thiophenol (phenylthiol, phenylmercaptan, mercaptobenzene)
C_6H_5SH. フェニルチオール，フェニルメルカプタン，メルカプトベンゼンなどの別称がある．フェノールの硫黄類縁体．悪臭を持つ無色液体，沸点 168℃．塩化ベンゼンスルホニルを還元して得る．金属塩と種々の錯体（メルカプチド）を形成する．

チオフェン thiophene
C_4H_4S. ベンゼン様の臭気を持つ無色液体．融点 -38℃，沸点 84℃．市販のベンゼンに約 0.5% 含まれる．コハク酸ナトリウムを P_2S_5 と加熱すると得られる．ブタンと硫黄から製造される．ニトロ化，スルホン化，臭素化が起こり，一置換体は 2 種の異性体（2-置換体と 3-置換体）

を生じる．誘導体中でこの環構造はチエニル環と呼ばれる．樹脂の溶媒，色素の合成中間体．

（構造式：S を含む五員環、位置3が示されている）

チオペントンナトリウム thiopentone sodium
$C_{11}H_{17}N_2O_2SNa$．通常は「チオペンタールナトリウム」と呼ばれる．5-エチル-5-(1-メチルブチル)-2-チオバルビツール酸の一ナトリウム塩．麻酔薬．自白剤として用いられることもある．規制対象物質．

チオモリブデン酸イオン thiomolybdates
$[MoS_4]^{2-}$，$[MoO_2S_2]^{2-}$ などの化学種を含む塩．これらのイオンは二座配位子となりうる．チオタングステン酸イオンに類似．

チオ硫酸 thiosulphuric acid
硫酸の -OH 原子団1つを -SH で置き換えた形の酸．$H_2S_2O_3$．遊離の酸は -78℃でエーテル錯体としてのみ知られる（SO_3 と H_2S から調製）．

チオ硫酸塩 thiosulphates
チオ硫酸 $H_2S_2O_3$ の塩．遊離の酸は -78℃でエーテル錯体としてのみ知られる（SO_3 と H_2S から調製）．$[S_2O_3]^{2-}$ イオンを含むチオ硫酸塩は亜硫酸塩と硫黄から得られる．錯体，特に Ag^+ との錯体を形成する．チオ硫酸塩は写真（定着用）に用いられる．I_2 と定量的に反応し，この反応は容量分析に利用される．$[S_2O_3]^{2-}$ に酸を作用させると SO_2 と S を生じる．

チオ硫酸ナトリウム sodium thiosulphate
$Na_2S_2O_3$．Na_2CO_3 と Na_2S を含む溶液に SO_2 を作用させるか，Na_2SO_3 と硫黄を反応させて得る．多くの水和物を形成する．ハロゲン化銀を溶かすので写真（定着用）に用いられる（ハイポ）．Cl_2 の除去，鉱石からの銀抽出，なめし，媒染剤の製造，発酵防止剤として染色，化学製造工業で利用される．

チオール thiols
→メルカプタン

チオン酸 thionic acids
$H_2S_nO_6$．→ポリチオン酸

力 force (F)
化学において重要となるのは，体積や圧力の変化，表面張力とに関連した「力」が主である．さらに，電気の力がモーメントの変化割合や加速に及ぼす影響も重要である．

力の定数 force constant (k)
結合の振動に対する復元力の尺度．結合が強いほど力の定数は大きい．

置換活性錯体 labile complex
錯体のうちで比較的迅速（混合，溶解などに要する時間内）に配位子交換反応を起こすようなものをいう．$[Fe(H_2O)_6]^{3+}$，$[Co(H_2O)_6]^{2+}$ などが好例である．ローマ字読みで「ラビル錯体」ということも多い．

置換活性度 lability
錯体や分子における結合基の置換活性の度合いを示す尺度．Cr^{3+}, Co^{3+} 錯体は置換不活性で，その他の金属イオンの錯体はおおむね置換活性である．

置換反応 substitution reactions
分子内のある原子（団）が他の原子（団）で置き換わる反応．例えばベンゼンを $AlCl_3$ の存在下で塩素化すると，水素原子の1つが塩素原子で置き換わりクロロベンゼンが生成する．このとき活性種は Cl^+ であるので求電子置換反応である．求核反応には S_N1（置換；求核的；単分子的）と S_N2（二分子的）反応がある．S_N1 反応はカルベニウムイオン中間体を経由して進行し第三級ハロゲン化アルキルで起こりやすい．出発物質の反応中心がキラルな場合はラセミ体が生じる．S_N2 反応は第一級ハロゲン化アルキルに特徴的で（例えばシアン化物イオンとの反応），ある遷移状態を経由する．

八面体錯体（例えばコバルト（III）錯体）の置換反応では，S_N1 機構も S_N2 機構もありうる．S_N1 の場合は遅い解離（結合切断）が起こり，その後置換する配位子との反応により生成物が生じる．S_N2 反応では新たに結合する配位子が直接関与して，遷移状態（または中間体）では配位数が増加する．この場合は結合の切断と生成の両者がともに重要である．平面四角形錯体（例えば白金（II）錯体）の置換反応も S_N1 または S_N2 機構により起こる．

チキソトロピー thixotropy
振動を与えるなどの機械的操作により起こる等温のゾル-ゲル転移．揺変性という訳語が用

いられたこともある．ある種の充填現象とみなせる．例えば $Fe(OH)_3$ ゲルを振盪するとゾルになるが，それを静置すると急速に固まる．チキソトロピーは粘土や油性塗料の懸濁液（ペンキ）や乳濁液，ある種の合金で共通に見られる．
→ダイラタンシー

蓄電池 accumulator
　→鉛蓄電池

チグリン酸 tiglic acid (E-2-methyl-2-butenoic acid, cis-1,2-dimethylacrylic acid)
$C_5H_8O_2$．E-2-メチル-2-ブテン酸，cis-1,2-ジメチルアクリル酸．融点64℃，沸点198.5℃．ローマンクミンオイルやクロトン油に含まれる．香料や着香に用いられる．→アンゲリカ酸

$$\begin{array}{c} H_3C-CH \\ \| \\ H_3C-C-COOH \end{array}$$

チクル chicle
メキシコ産のアカテツ科の樹木 *Achras sapita* より得られる樹脂．約50℃で軟化する性質がありチューインガムの製造に用いられる．

チタン titanium
元素記号 Ti．軽金属元素，原子番号22，原子量47.867，融点1668℃，沸点3287℃，密度（ρ）4500 kg/m^3（＝4.500 g/cm^3），地殻存在比5600 ppm，電子配置 [Ar]$3d^24s^2$．主要な鉱石はイルメナイト $FeTiO_3$ と ルチル TiO_2．単体は電解により得る（融解 $CaCl_2$ 中に TiO_2 ペレットを溶かして電気分解する）．または $TiCl_4$ を Mg で還元する．電極の軽量構成物質として，多くの場合には表面を白金合金で電解被覆して用いる．TiO_2 は白色顔料，触媒，電子部品として広く用いられる．塊状の金属は空気中では酸化物の保護層で覆われる．チタンアルコキシドは重合触媒として用いられる．窒化チタン TiN は硬質被膜に用いられる．

チタンの塩化物 titanium chlorides
①塩化チタン（Ⅱ）(titanium (Ⅱ) chloride) $TiCl_2$：二塩化チタン．黒色粉末．$TiCl_4$ と Ti の反応または $TiCl_3$ の加熱により得る．強力な還元剤で水を直ちに還元する．錯体を形成する．

②塩化チタン（Ⅲ）(titanium (Ⅲ) chloride) $TiCl_3$：三塩化チタン．紫色または褐色固体．$TiCl_4$ と H_2 を 700℃で反応させるか，または $TiCl_4$ と R_3Al から（褐色型）得る．紫色の六水和物を形成する．還元剤として用いられる．繊維状の褐色型はツィーグラー–ナッタ触媒によるオレフィンの立体規則的重合における活性種．

③塩化チタン（Ⅳ）(titanium (Ⅳ) chloride) $TiCl_4$：四塩化チタン．融点 -25℃，沸点136℃，密度（ρ）1.760 g/cm^3．無色液体．チタン製造の重要な中間体（TiO_2, C, Cl_2 から得る）．加水分解によりオキシ塩化物を経て TiO_2 を生じる．$[TiCl_6]^{2-}$ を含む種々の錯体を形成する．

チタンの化学的性質 titanium chemistry
遷移金属．電子配置 [Ar]$3d^24s^2$．最も安定な酸化数は $+4$（例えば TiO_2）で主に共有結合的である．配位数はハロゲン化物では 4, 6（$[TiF_6]^{2-}$）またはそれ以上である．($E°$ $[TiO]^{2+}$ → Ti^{3+} -0.1 V 酸性溶液中)．チタン（Ⅲ）はよりイオン的で $[Ti(H_2O)_6]^{3+}$ は紫色．チタン（Ⅲ）化合物は還元剤となる．チタン（Ⅱ）は強力な還元剤で水溶液では存在しない．Ti(0) や Ti(-1)（例えば $[Ti(bipy)_3]^-$；bipy=2,2'-bipyridine）は通常八面体構造をとる．

チタンの酸化物 titanium oxides
①酸化チタン（Ⅳ）(titanium (Ⅳ) oxide) TiO_2（→二酸化チタン）：濃い水酸化アルカリ溶液に溶け，チタン酸塩を生成する．TiO_2 から得られる混合酸化物の多くは工業的に重要である．$CaTiO_3$ はペロブスカイト(灰チタン石)という．$BaTiO_3$ はペロブスカイト関連構造で強誘電体．圧電性を示し，超音波機器の変換器に用いられ，研磨剤としても用いられる．他の混合酸化物はイルメナイト構造（例：$FeTiO_3$）やスピネル構造（例：Mg_2TiO_4）．

②酸化チタン（Ⅲ）(titanium (Ⅲ) oxide) Ti_2O_3：紫色．TiO_2 を高温で H_2 により還元して得る．

③酸化チタン（Ⅱ）(titanium (Ⅱ) oxide) TiO：NaCl 型構造をとるが非化学量論化合物（TiO_2 と Ti から得る）．

チタンのハロゲン化物 titanium halides
塩化物，フッ化物についてはそれぞれの項目を参照．その他に $TiBr_4$, $TiBr_3$, TiI_4, TiI_3, TiI_2 が知られている．

チタンのフッ化物 titanium fluorides

①フッ化チタン（Ⅳ）（titanium（Ⅳ）fluoride）
TiF_4：白色固体（$TiCl_4$ と無水 HF から得る）．
$[TiF_6]^{2-}$ イオンを形成する．

②フッ化チタン（Ⅲ）（titanium（Ⅲ）fluoride）
TiF_3：Ti または $TiH_{1.7}$ と無水 HF を 700℃で反応させて得る．青色の安定な固体．$[TiF_6]^{3-}$ イオンを含む錯体が知られている．

チタンの有機誘導体　titanium, organic derivatives

$Ti(CH_2SiMe_3)_4$ のようにかさ高い置換基をもつ TiR_4 は多く知られているが，$TiMe_4$ は -40℃以下でのみ安定である．Cp_2TiCl_2 のようなシクロペンタジエニル化合物は安定．ツィーグラー-ナッタ触媒には有機チタン化合物が重要な成分として用いられている．

チタンの硫酸塩　titanium sulphates

①硫酸チタン（Ⅳ）（titanium（Ⅳ）sulphate）$Ti(SO_4)_2$：$TiO(SO_4)$ もある．容易に加水分解される．$TiCl_4$ と濃硫酸から得られる．

②硫酸チタン（Ⅲ）（titanium（Ⅲ）sulphate）$Ti_2(SO_4)_3 \cdot 8H_2O$：紫色．$TiCl_3$ と希硫酸を無酸素条件で反応させて得る．

チタン合金　titanium alloys

優れた軽合金の1つで，航空産業，エンジン，化学プラントに使われる．添加物は Al，Mn，Cr，Fe，Cu/Sn など．

チタン酸エステル　titanates

チタン酸（H_4TiO_4）の有機エステル．すなわちチタンのアルコキシドに相当する $Ti(OR)_4$ は樹脂の架橋などの触媒として利用される．

チタン酸塩　titanates

形式的にはチタン酸の塩であるが，ほとんどは複合酸化物である．→チタンの酸化物

チタン酸カルシウム　calcium titanate (perovskite)

$CaTiO_3$．天然には灰チタン石（=ペロブスカイト）として産出する．実際はチタン酸塩ではなく混合金属酸化物である．酸化物超伝導体などの「ペロブスカイト構造」という名前の由来である．

チタン酸バリウム　barium titanate

$BaTiO_3$．重要な固体の化合物．圧電性を持ち，トランスデューサや超音波振動子，蓄音機用ピックアップや研磨に用いられる．高温で $BaCO_3$ と TiO_2 を反応させて調製する．

チタン鉄鉱　ilmenite

$FeTiO_3$．黒色のチタン鉱石．塊状で，または重砂に含まれて存在する．構造は酸素が最密充填で Fe と Ti は八面体配位である．

チチバビン反応　chichibabin reaction

ピリジンをナトリウムアミドでアミノ化し，2-アミノピリジンとする反応．

窒化アルミニウム　aluminium nitride

AlN．ボーキサイトと炭素と窒素ガスを高温で反応させると生成する．灰青色の六方晶系結晶．水によって容易に分解してアンモニアと水酸化アルミニウムとなる．半導体材料，鉄鋼精錬などに使用される．

窒化処理　nitriding

鉄鋼を NH_3 雰囲気で処理して，表面に窒化物層を形成させ表面の硬度を向上させる方法．この鉄鋼は特定の合金形成元素，例えば Al，Cr，Mo を含むことが必要である．

窒化水素酸　hydrazoic acid (azoimide)
→アジ化水素酸

窒化物　nitrides

窒素と他の元素との化合物．N_2 または NH_3 を単体に作用させるか，あるいはハロゲン化物をアンモノリシスして得る．電気的に陽性な元素とは形式的に N^{3-} イオンを含むイオン性窒化物（例えば Li_3N）を形成し，それらは加水分解により NH_3 を生じる．遷移元素は，N 原子が金属格子の穴に存在する構造とみなせる化合物を形成する．これらの化合物は非常に硬く反応性に乏しく融点が高い．多くの三元窒化物も知られている．あまり電気的に陽性でない元素とは共有結合性窒化物を形成し，これら形式的には NH_3 の誘導体とみなせるが，環を含むものが多い（例えば BN，P_3N_5）．遷移金属窒化物，BN，Si_3N_4，AlN は硬度の高い物質またセラミックスとして重要である．

窒化ホウ素　boron nitride

BN．窒素またはアンモニアを高温でホウ素に作用させて生成する．したがって一連のアミド系列（$B(NH_2)_3$，$B_2(NH)_3$，BN）の一部である．グラファイトやダイヤモンド類似の構造体がある．ダイヤモンドと同程度の硬さを持ち，ナノチューブを形成できる．

窒化マグネシウム magnesium nitride

Mg_3N_2. 単体同士を300℃に加熱すると得られるので,脱窒に利用される.加水分解するとアンモニアと水酸化マグネシウムとなる.マグネシウムアミド($Mg(NH_2)_2$)は重合用触媒に利用される.

窒　素 nitrogen

元素記号N.気体元素,原子番号7,原子量14.007,融点−210.00℃,沸点−195.79℃,密度(標準状態)1.2506 kg/m^3,(液体)0.808 g/cm^3(77 K).地殻存在比25 ppm,電子配置[He]$2s^22p^3$.無色気体でN_2として存在する(空気中に重量で75.5%,体積で78.1%含まれる).硝酸塩やアンモニアとしても存在し,また生物組織内にはタンパク質の形で(約16%のNを含む)存在する.工業的には液体空気の分留で得られるが,実験室ではNH_4NO_2($NaNO_2$とNH_4Clの混合物),アジ化バリウムまたはアジ化ナトリウムを加熱して得る.N_2は室温では比較的不活性であるが(→窒素固定),加熱するとほとんどの電気的陽性元素と化合し,またO_2(光照射下),H_2(ハーバー法における触媒存在下でのアンモニア合成),CaC_2(カルシウムシアナミドを生じる),水酸化アルカリと炭素(シアン化物を生成する)とも反応する.活性窒素は,放電により得られる励起状態のN_2である.アンモニアや硝酸合成に用いられ,不活性雰囲気としても利用される.液体窒素は冷媒である.

窒素の塩化物 nitrogen chlorides

三塩化窒素NCl_3は爆発性の油状液体でCl_2とNH_4Cl溶液から得られる.この際$NHCl_2$とNH_2Cl(モノクロロアミン,ジクロロアミン)も生成する.このほか塩化ニトロシル$ClNO$やフッ化塩化物であるNF_2Clおよび$NFCl_2$も知られている(→ハロゲン化ニトロシル).NCl_3はパンの製造に使用される(米国では使用されていない).

窒素の化学的性質 nitrogen chemistry

窒素は15族の電気陰性元素である.唯一の単純なイオン化学種は窒化物イオンN^{3-}である.通常の酸化状態は+3で,三配位のピラミッド型分子(高速な反転が起こっている)(例えばNH_3)や四配位の四面体構造(例えば[NH_4]$^+$)がある.+5の酸化状態は五配位ではなく,四配位(例えば[NF_4]$^+$)と平面型の硝酸イオン[NO_3]$^-$のような三配位がある.窒素-窒素結合を有する化学種にはN_2O, N_3^-, N_2, N_5^+がある.

窒素の酸化物 nitrogen oxides

①一酸化二窒素(dinitrogen oxide)(亜酸化窒素(nitrous oxide))N_2O:無色気体,融点−91℃,沸点−88.5℃(NH_4NO_3を加熱して得る).500℃以上で分解しN_2とO_2を生じる.爆発の可能性あり.NNOという直線構造の分子.温和な吸入麻酔剤として使用される.

②酸化窒素(nitrogen oxide, nitric oxide)NO:無色気体.常磁性.二量化する傾向は弱い.融点−164℃,沸点−152℃.実験室的にはCuと8M HNO_3から合成し,工業的には,アンモニアを触媒上で酸化して製造する.高圧では分解してN_2OとNO_2を生じる.O_2と反応してNO_2を生じ,またハロゲンと反応してXNOを生じる.電子を1つ取り去るとNO^+(ニトロソニウムイオン)になる.遷移金属と反応してニトロシル錯体を形成する.硝酸の製造に利用される.細胞間のシグナル伝達において生物学的に重要である.

③三酸化二窒素(dinitrogen trioxide)N_2O_3:固体状態でのみ安定(融点−102℃).淡青色固体で液体は濃青色.気体は一部$ONNO_2$分子を含む.NOとO_2から,あるいはNOとN_2O_4から凍結させて得る.分解するとNOとNO_2を生じる.

④二酸化窒素(nitrogen dioxide)NO_2および四酸化二窒素(dinitrogen tetroxide)N_2O_4:互いに平衡にあり(NO_2は褐色で常磁性,N_2O_4は無色で反磁性),固体ではN_2O_4(融点−11℃,沸点21℃)である.NO_2は曲がった形の分子構造ONOであり,N_2O_4はほぼ平面でO_2NNO_2という構造である.NOとO_2から,あるいはCuとHNO_3から得る.液体(特に$CH_3CO_2C_2H_5$のようなドナー分子が存在すると)は良い溶媒として作用し,無水の硝酸塩,例えば$Cu(NO_3)_2$(CuとN_2O_4から得る)をこの溶媒中で生成できる.酸化剤(発煙亜硝酸)として,また硝酸生成の中間体として利用される.

⑤ノックス NO_x：石油燃料の燃焼，あるいは光照射により生じる酸化窒素混合物．熱と太陽光によって揮発性炭化水素と反応しオゾンを生じる．大気汚染源．酸性雨の元凶でもある．

⑥五酸化二窒素（dinitrogen pentoxide）N_2O_5：白色固体（HNO_3 と P_2O_5 から得る）．容易に分解して NO_2 と O_2 を生じ，また 32.5℃で昇華する．固体状態では $(NO_2)^+(NO_3)^-$ であり，気体分子は O_2NONO_2 であるが不安定．ニトロ化剤として用いられる．

⑦三酸化窒素（nitrogen trioxide）NO_3：不安定な白色固体（N_2O_5 と O_3 から得る）．

窒素の酸素酸 nitrogen oxyacids

① 次亜硝酸（hyponitrous acid）$H_2N_2O_2$：ナトリウム塩の溶液はジメトキシエタン中で NO と Na から得られる．$Ag_2N_2O_2$ は溶液から沈殿として得られる．$H_2N_2O_2$ は $Ag_2N_2O_2$ と HCl からエーテル中で得る．次亜硝酸イオンの構造はトランス型 $(O-N-N-O)^{2-}$．

② ニトロキシル酸（nitroxylic acid）H_2NO_2：黄色．Na_2NO_2 は $NaNO_2$ を NH_3 中で電気分解して得られるが構造は不明．遊離の酸は知られていない．

③ ニトラミド（nitramide）H_2NNO_2：弱酸．

④ 亜硝酸（nitrous acid）HNO_2：不安定な弱酸で亜硝酸塩，例えば KNO_2 に酸を作用させて得る．遊離の酸は気相で生じる（NO, NO_2 および H_2O から得る）．亜硝酸塩は硝酸塩を C または Pb で還元して得る．酸化剤として作用することもあるが（例えば I^- や Fe^{2+} に対して），より一般的には還元剤である（酸化されて HNO_3 になる）．有機基とは O または N で結合し，配位化合物では N で結合したニトロ錯体のほうが安定である．有機チオ亜硝酸エステル ONSR も既知である．

⑤ 次硝酸（hyponitric acid）$H_2N_2O_3$：トリオキソ二硝酸（Ⅱ）．ナトリウム塩は MeOH 中でヒドロキシルアミンにニトロエタンを作用させて得られる．多くの錯体が知られている．遊離の酸は不安定．

⑥ ペルオキソ亜硝酸（peroxonitrous acid）HOONO：硝酸の異性体（HNO_2 と H_2O_2 から得る）．→硝酸

窒素の水素化物 nitrogen hydrides

最も単純な水素化物はアンモニア NH_3 であるが，ヒドラジン N_2H_4 および不安定なジアジン HN=NH も既知である．誘導体としては，例えば $[NH_4]^+N_3^-$ アジ化アンモニウムがある．

窒素のフッ化物 nitrogen fluorides

三フッ化窒素（nitrogen trifluoride）NF_3 は，融点 −206.7℃，沸点 −129℃，溶融したフッ化水素アンモニウムを電気分解して得られ，非常に不活性な物質である．一方，他のフッ化窒素は自発的，あるいは有機物の存在下で爆発しやすい．他の窒素フッ化物には四フッ化ヒドラジン F_2NNF_2（NF_3 に Cu を作用させて得る），シス- およびトランス-ジフルオロジアジン FN=NF がある．フッ化窒素の置換体には多くのものがあり，例えばニトロソジフルオロアミン F_2NNO がある．NF_3 は半導体，液晶ディスプレイ，蒸着用の洗浄部のエッチングに使用される．有機窒素フッ化物の中には非常に優れたフッ素化剤となるものもある．

窒素のヨウ化物 nitrogen iodides

三ヨウ化窒素 NI_3 は黒色粉末で，アンモニアガスを $KIBr_2$ に作用させて得られる．I_2 と NH_3 のアルコール溶液からは黒色固体 $NH_3\cdot NI_3$（NI_4 の四面体構造を含む）が得られ，これは湿った状態では安定であるが，乾燥すると衝撃に反応して爆発性を示す．

窒素の硫化物 nitrogen sulphides

→硫黄と窒素の化合物

窒素固定 nitrogen fixation

空気中の窒素を利用して工業的に重要な化合物，アンモニア，硝酸，アンモニウム塩に変換し，主に肥料として利用すること．アンモニアはハーバー法により得られ，硝酸はアンモニアを酸化して得られる．ある種の植物の根に存在する細菌は空気中の窒素を固定できる．また土壌中に存在する微生物（アゾトバクター）も窒素固定ができる（→ニトロゲナーゼ）．金属錯体には N_2 と反応して N_2 錯体を形成するものがあり，その後 NH_3 への還元を行うものもある．固定化した窒素を空気中に戻すことが「脱窒」であり，この過程には窒素酸化物が関与している．

窒素電子対供与体 nitrogen-donors

→含窒素ドナー分子

チトクローム cytochromes
　学会によっては「シトクロム」を採用しているところもある．生体の電子伝達系に関わる広く分布している呼吸酵素．これらはポルフィリン部分が異なるヘムタンパク質で，これらのうちのいくつかは金属を含有するが，これらの金属は反応中2つの酸化状態を交互にとる．これらの中で最も存在量が多いのはチトクロームCで，その誘導体は食物からエネルギーを取り出す反応系の一部である．酸素を還元し水とする反応を触媒する．チトクロームP_{450}は，ステロイド生合成や薬物の代謝において，分子内にヒドロキシル基を導入するなどの機能を持っている．

チマーゼ zymase
　酵母菌に存在し，グルコースをエタノールに変換する酵素．他の反応も触媒する．

チミジン thymidine
　チミンとデオキシリボースからなるヌクレオシド．すなわちチミンのβ-N-デオキシリボフラノシドである．→ヌクレオシド

チミン thymine (5-methyluracil, 5-methyl-2,4 (1H,3H)-pyrimidinedione)
　$C_5H_6N_2O_2$, 5-メチルウラシル，5-メチル-2,4 (1H,3H)-ピリミジンジオン．融点321〜325℃．デオキシリボ核酸の構成成分．

チモール thymol (5-methyl-2-(1-methylethyl) phenol)
　$C_{10}H_{14}O$, 5-メチル-2-イソプロピルフェノール．無色板状晶．融点51.5℃，沸点233.5℃．タイム（タチジャコウソウ）の刺激臭．タイム油などの精油の成分．ピペリトンから作られ，殺菌用口腔洗浄剤やうがい薬に量を制限して用いる．

チャイナクレイ china clay (kaolin)
　高陵土ともいう．白色の粉状材料で，花崗岩中の長石の分解により生じる．製紙用，陶磁器の製造に用いられるほか，テキスタイルや塗料の充填剤として用いられる．

チャイニーズブルー Chinese blue
　→プルシアンブルー（紺青）．なお「チャイナブルー」は色名ではなく，カクテルや楽団などの名称であるらしい．

チャンパカ油 oil of champaca
　キンコウボク（金香木）の花から得られる．香料に利用される．

中間相 mesophase（mesogen）
　液体と固体の中間にある相．メソフェイズともいう．→液晶

中間体 intermediate
　反応物から生成物に変換する間に生じる過渡的な化学種．

抽出 extraction
　固体混合物から溶媒を用いて可溶性成分を除去すること．または混合物の溶液からその液体と（ほとんど）混和しない溶媒を用いて，ある成分を取り出すこと．→リーチング，液-液抽出

抽出蒸留 extractive distillation
　2種類の物質の沸点が互いに極めて近い場合や，または共沸混合物を形成する場合，通常の蒸留では分離は困難である．抽出蒸留はこのような混合物に第三の成分を加え，一方の化合物の揮発性をもう一方の化合物よりも低下させて蒸留により分離を可能にする手法である．三成分系共沸蒸留．

抽出物 extract
　溶媒抽出において，原料中の成分のうち溶媒に優先的に溶け，その溶媒を留去することにより回収される物質．なお抽出したままの溶液を指すこともある．エキス．

中性子 neutron
　原子の構成粒子（核子）の1つ．陽子とほぼ同じ質量を持つが電気的に中性である．遊離の中性子は原子炉で得られ，平均寿命は914秒で陽子と電子へと崩壊する．中性子は核スピン1/2，磁気モーメントは1.91 B.M.で不対電子を持つ原子と相互作用する．中性子の静止質量は1.674×10^{-27} kg, 939 MeV．中性子は，物質に中性子線を照射した際に起こる回折に基づく分子構造の決定（中性子線回折）や中性子放射化分析，中性子捕捉による新規な核種生成に利

用される.

中性子散乱 neutron scattering
中性子ビームを用いた構造決定.

中性子線回折 neutron diffraction
中性子ビームを用いた構造解析法.

中性子放射化分析 neutron activation analysis (NAA)
中性子捕捉を起こさせ,それによって生じた放射能測定を行う微量物質の定量法.

鋳造成型 moulding
金属やプラスッチックなどの材料を目的の形状を持つものにすること.液体の物質に対して適用され,減圧下で行うこともできる.

鋳鉄 cast iron (pig iron)
銑鉄.$2.5～4\%$の炭素をセメンタイト Fe_3C(白鋳鉄,脆いが耐摩耗性がある)またはグラファイト(ねずみ(灰)鋳鉄,強度が低い)の形で含有する鉄.鋼鉄の代わりに銑鉄を使用する際は,物性を向上させるために合金化金属が添加される.→鉄,銑鉄

中和熱 neutralization, heat of
1グラム当量の酸と1グラム当量の塩基が反応したときに発生する熱量.強酸と強塩基の希薄溶液中での反応は $H^+ + OH^- \rightarrow H_2O$ のみが起こり,中和熱は一定値 57.35 kJ を示す.

超アクチニド元素 trans actinides
→アクチニド後続元素

超遠心機 ultracentrifuge
強い遠心力をかけてコロイドゾルを沈殿させる装置.ゾル粒子の分子量や粒径の測定に利用されることもある.

超音波 ultrasound
→ソノケミストリー,超音波科学

超音波科学 ultrasonics
超音波は 2×10^5 Hz のオーダーの振動数を持つ.石英,トルマリン,ロッシェル塩に交流電流を印加すると発生する.また液中に浸した磁性物質の棒に振動磁場を与えても発生する.超音波はゲルの溶解,高分子の脱重合,色素溶液の脱色を引き起こすことがある.これを利用して水銀と水の乳濁液を調製したり,牛乳を殺菌したりできる.金属の汚れ落とし,ハンダ付けのひび割れの検出,金属ナノ粒子の調製にも使われる.

超音波吸収法は速い溶液反応の研究に利用される.系が平衡にあるとき,その平衡を短時間(10^{-7} 秒のオーダー)だけ乱すと,その系が平衡を回復するには有限の時間がかかる.これを緩和過程という.溶液系を超音波を用いて緩和させると平衡にいたる緩和時間は音響波の減衰により測定できる.この方法により 10^{-4}～10^{-9} 秒の緩和時間を測定し,種々の1,2,3価の金属イオンと陰イオンとの錯形成速度が決定されている.超音波は化学反応を開始させたり改良したりすることもある.→ソノケミストリー

潮解 deliquescence
周囲の空気が有する水蒸気圧よりも低い水蒸気圧を持つため,水を吸収する性質(その結果飽和溶液が生じる).

潮解性物質 deliquescent substance
空気中で容易に潮解する物質.塩化カルシウムのように乾燥剤として利用されるものもある.

超強酸 super acids
$HF \cdot SbF_5$,HSO_3F,SbF_5 などの混合物で非常に強い酸として働き,例えばカルベニウムイオンの発生,プロトン化,ヒドリドの引き抜きを起こす.

超共役 hyperconjugation
電子が被占軌道または二重結合から空軌道などへ移動することによる量子化学的効果.具体的には,C-H 共役を指す.脂肪族カルベニウムイオンの安定化,脱離反応の起こりやすさ,エタンの重なり配座を説明するために考えられた.

超酸化物 superoxides
KO_2 のように常磁性の O_2^- イオンを含む化合物.生物に有害の可能性あり.

丁字油 oil of cloves
スパイスの丁字(チョウジ)から蒸留により得られる揮発性油.主成分はオイゲノール.菓子や歯磨の付香料に利用される.

超重元素 superheavy elements
→アクチニド後続元素

長石 feldspars
四配位のアルミニウムとケイ素からなる骨格構造の一群のアルミノケイ酸塩類鉱物.火成岩の最も多い成分.構造の詳細により2つのグ

ループに分類される．ガラス，セラミックス，釉薬など工業材料として広く用いられる．

超伝導 superconductivity
ある種の金属，金属間化合物，金属酸化物は転移温度 T_c 以下で超伝導を示す，すなわち電気抵抗がゼロになり，磁気透過性が観測されなくなる．技術的に非常に興味深い．

超微細構造 hyperfine structure
個々のスペクトル線が複数に分裂すること．

超分子 supramolecule
分子やイオンが自己組織化を行った結果形成される秩序構造．界面活性剤や多核錯体などでよく見られる．

超臨界流体抽出 supercritical fluid extraction
超臨界流体を使用する抽出法．二酸化炭素が広く用いられる．

超沪過 hyperfiltration
→逆浸透

チョーク chalk
→白亜

直接染料 direct dyes
水溶性の色素．多くの場合カルボキシル基を有するアゾ染料．染色は色素の溶液を用いて直接行われる．

直接メタノール燃料電池 DMFC, direct methanol fuel cell
直接的メタノール燃料電池．略称は DMFC．

直方晶系 orthorhombic system
2つの対称面の交線上，あるいは他の2つの2回軸と直交する2回軸を持つ晶系．単位胞は直角に交わる3本の非等価な軸を持つ．通常は「斜方晶系」と呼ばれているが，どこにも「斜め」な部分がないのでこちらを推薦する大権威が増えてきた．

直留ガソリン straight-run
原油を蒸留して特別にほかの処理をしていない画分．

貯蔵酸度・貯蔵アルカリ度 reserve acidity and alkalinity
粘土粒子は水素イオン濃度緩衝作用を持つが，これは急速にイオン交換を行う強酸・強塩基性のサイトのほか弱酸・弱塩基としての交換サイトが存在しているからである．この弱酸度，弱アルカリ度を一括して貯蔵酸度・貯蔵アルカリ度と呼ぶ．通常の緩衝溶液も同じように考えると貯蔵酸度・貯蔵アルカリ度を保持しているといえなくもない．

貯蔵脂肪 depot fat
動物における脂肪の蓄えで，脂肪組織に蓄積され，通常ゆっくりと代謝される．

チラミン tyramine (4-(2-aminoethyl)phenol)
$C_8H_{11}NO$，4-(2-アミノエチル)フェノール．無色結晶，融点 164℃．麦角，腐敗した動植物，ある種のチーズに含まれる塩基．チロシンの脱炭酸生成物．

チリ硝石 Chile saltpetre
化学組成は $NaNO_3$．→硝酸ナトリウム

チロキシン thyroxine
$C_{13}H_{11}I_4NO_4$．ヨウ素を含む甲状腺ホルモンで代謝速度に影響を及ぼす．

チロシナーゼ tyrosinase
銅を含む酸化酵素で，ジャガイモなどの植物組織の切り口が褐色になる現象に関与している．まずチロシンが赤色の化合物に変換され，さらに黒色のメラニンに変わる．

チロシン tyrosine (4-hydroxyphenylalanine, 2-amino-3-(4-hydroxyphenyl)propanoic acid)
$C_9H_{11}NO_3$，4-ヒドロキシフェニルアラニン，2-アミノ-3-(4-ヒドロキシフェニル)プロピオン酸．無色結晶，融点 314～318℃．天然に存在するのは左旋性．ヒトの場合，フェニルアラニンのヒドロキシル化で生成するから必須アミノ酸ではないが，フェニルケトン尿症の患者の場合には，これが作られないために種々の悪影響が現れる．

沈降 sedimentation
液体中に分散している固体粒子を重力により沈ませ，元の懸濁液を透明な液体と固体含量が増加したスラッジに分離すること．遠心分離や超遠心を利用すると沈降をより速やかに効果的に行うことができる．→清澄化，濃化，沈積

沈積 segregation
乾燥あるいは液体に分散した固体粒子が，大きさによって互いに異なる層に分かれて配列すること．

沈積硬化 precipitation hardening (age hardening)
→時効硬化

チンダル効果　Tyndall effect
　→ティンダル効果

鎮痛剤　analgesics
　痛みの知覚をやわらげる化合物．例えばモルヒネ．

沈殿（沈澱）　precipitation
　例えば $NaCl + AgNO_3 \rightarrow AgCl\downarrow + NaNO_3$ のように2種の塩を反応させるか，あるいは温度を変えて溶解度を変化させることにより，溶液から不溶性の化合物を形成すること．沈殿の生成は溶解度積に支配される．分析の分野では，沈殿は重量分析や分離，ある種の定性分析において重要である．沈殿の形状や状態は沈殿形成に用いた条件に大きく依存する．沈殿剤を徐々に放出する化合物を用いると濾過しやすい沈殿が得られることが多い（均一沈殿法）．場合によっては「析出」という訳語が適当なこともある．

沈殿指示薬　precipitation indicator
　終点において着色した沈殿を形成することにより指示薬として機能する物質．K_2CrO_4 は，Ag^+ による Cl^- の定量において用いられ，Ag_2CrO_4 の赤色沈殿が生じることで終点を示す．

ツ

ツァイゼ塩　Zeise's salt
　$K[PtCl_3(C_2H_4)]$．初めて単離された π-エチレン錯体．

対イオン　counter-ions
　コロイド粒子表面の電荷は，液中ですぐ近傍にあるイオンの逆符号で大きさの等しい電荷により補償されている．全体としてその系は電気的に中性である．この粒子の周りの拡散層に存在しているこれら補償イオンを対イオンと呼ぶ．また電荷を釣り合わせている符号の反対のイオンのことも指し，例えば塩化ナトリウムで塩化物イオンは Na^+ に対し対イオンであるという．

ツィーグラー触媒　Ziegler catalysts
　有機金属化合物と遷移金属化合物の反応により調製される複合触媒．$TiCl_4$ と Bu_3Al との反応で得られるものが典型的であるが，クロム系触媒も重要である．これらの触媒はオレフィン，特にエチレンを重合させてポリオレフィンに変換する．一般に重合は立体規則的に起こる．

ツィーグラー-ナッタ重合法　Ziegler-Natta polymerization
　ツィーグラー-ナッタ触媒 $R_3Al\text{-}TiCl_3$ を用いたオレフィンの立体特異的重合．→チタンの塩化物

ツイル誘導体　thujyl derivatives
　→ツジル誘導体

ツィントル相　Zintl phases
　$Ca_{31}Sn_{20}$ のように，1族または2族元素と，中程度に電気的陰性の元素で形成される金属間化合物．

通電クロマトグラフィー　electrochromatography
　→電気泳動

ツジル誘導体　thujyl derivatives
　下記の構造を基本とするテルペン誘導体．着香に用いられる．ツジルアルコールは別名をタナセチルアルコールともいう．

ツリウム thulium

元素記号 Tm. ランタニド金属元素の1つ，原子番号 69，原子量 168.93，融点 1545℃，沸点 1950℃，密度 (ρ) 9321 kg/m^3 (=9.321 g/cm^3)，地殻存在比 0.48 ppm，電子配置 [Xe] 4f^{13}6s^2. 単体は hcp 構造. 単体および酸化物は，中性子線照射後に持ち運び可能な X 線源として広く用いられている. 近赤外線レーザーや光ファイバーの増幅器などに利用されている.

ツリウムの化合物 thulium compounds

ツリウムは+3価の化合物を形成し，それらは典型的なランタニド化合物としての性質を示す. Cp$_2$Tm は THF 中で N$_2$ を還元できる. Tm^{3+} (f^{12} 淡緑色) → Tm (−2.28 V 酸性溶液中)

テ

低エネルギーガス lean gas

英語のままに「リーンガス」ということもある. 燃焼発熱量が 100～450 Btu/ft^3 (=3.7～16.8 MJ/m^3) である燃焼用気体. 液体炭化水素や固体炭化水素を触媒の存在下，1075 K で水蒸気処理によって CO と H$_2$O の混合気体とするか，あるいはもっと高温の 1350～1650 K において部分酸化を行って CO と H$_2$，CO$_2$ の混合気体（空気を酸化剤とした場合には当然ながら N$_2$ も含まれる）として得られた燃焼用ガス.

低エネルギー電子顕微鏡 LEEM

低エネルギー電子顕微鏡（low-energy electron microscopy）の略称.

低エネルギー電子線回折 low-energy electron diffraction (LEED)

固体の表面構造を研究する手法の1つ. 試料の表面に 6～20 eV のエネルギーを持つ低速電子線を衝突させる. 表面電子によってこの電子線は回折されるので，そのスペクトルから表面構造や化学吸着状況，さらには表面反応による原子配置の変化などについての情報を得ることが可能となる.

d オービタル d orbitals

方位量子数が2の原子オービタル.

低温殺菌 pasteurization

乳汁，バター，ビール，ワインから無胞子性の微生物を部分的に除去するために低温で熱処理（63℃，30分；72℃，20秒；132℃，1秒）あるいは照射処理すること.

低温炭化 low-temperature carbonization (LTC)

石炭を 900℃ 程度に空気を断って加熱し，半コークスや無煙燃料を製造するプロセス. →炭化

低温浴 low-temperature baths

低沸点液体の蒸留時の冷却用，あるいは気体の捕集用に用いられる. 液体窒素 (−196℃)，液体酸素 (−183℃，ただし有機物がわずかでもあると爆発の可能性が大きく危険)，ドライ

アイス（-78.5℃）などのほか，スラッシュバスと呼ばれる，液体窒素やドライアイスと有機溶媒の粥状の混合物が用いられる．液体窒素と有機溶媒の系では，イソペンタン（-160℃）；石油エーテル（沸点 30～60℃のもの）（-140℃）；ペンタン（-130℃）；メチルシクロヘキサン（-126℃）；ジエチルエーテル（-116℃）；CCl_3F（-111℃）；トルエン（-60℃）．さらにドライアイス-トリクロロエチレン（-60℃）；クロロベンゼン（-45℃）；四塩化炭素（-23℃）などがよく用いられる．

テイコン酸類 teichoic acids
リン酸基で結合した糖アルコール．細菌中に見られる．

定常状態 stationary state
可逆反応で，正反応の速度と逆反応の速度が等しい状態になったとき，反応系は定常状態と呼ばれる平衡に達している．定常状態において反応に関与する化学種の濃度は一定である．

呈色指示薬 colour indicators
その作用が色変化で表される指示薬（indicators）（酸塩基指示薬，酸化還元指示薬，金属指示薬）．スクリーン指示薬にはさらに追加の染料が加えられており，これがカラーフィルターとして作用するため，この色変化がより見やすくなっている．例えばメチルオレンジのpHによる色変化は，微量のメチレンブルーの添加でずっと明瞭となり，白熱電灯照明下でも変色の検出が可能となる．万能指示薬は指示薬を混合したもので，幅広い範囲のpHに対して，段階的ではあるが，明確な色変化を示す．

低スピン状態 low-spin state
不対電子が一番少なくなっている電子状態である．→高スピン状態

定性分析 qualitative analysis
物質の同定や混合物の成分の同定を定性分析という．無機物質の分析はさまざまな物理的方法で行われ，例えば金属の分析は火炎スペクトルで，混合物の分析は紫外あるいは赤外分光法で，あるいはX線分析による同定で行われる．化学分析は，ある金属におおむね特異的に作用するさまざまな有機試薬を用いて行われる（→アルミノン，クペロン，マグネソンなど）．

ディーゼル燃料油 diesel fuel
ディーゼル（圧縮点火）エンジン用の燃料．組成はさまざまであるがガス油に近く，「軽油」とほぼ同じである．英国ではディーゼルエンジン道路車両「diesel-engined road vehicles」用の燃料は通常，頭文字をとってDervと呼ばれる．

底層 substrate
地球化学や陸水学などでの用語．湖底や海底に近い部分の水の層を指す．

泥炭 peat
→ピート

定着操作 fixation
写真を現像したのちに，未感光で不要なハロゲン化銀を可溶化して除去する過程．最も広く用いられる定着剤はチオ硫酸塩で，ハロゲン化銀と水溶性の錯体を形成する．他の無機定着剤としてはチオシアン酸塩，シアン化物，アンモニア，濃ヨウ化カリウム溶液などがある．有機定着剤にはチオ尿素，アリルチオ尿素（チオシナミン）などがある．最終的に得られるゼラチン層を強固にするために，定着浴に硬化剤（クロムミョウバン，カリミョウバン）を加えることもある．

d-d遷移 d-d transition
縮重していないd軌道（例えば結晶場により分裂したd軌道）間に生じる電子遷移．一般に可視領域に生じるが，紫外部や近赤外部に生じることもある．

ディーテリチの状態方程式 Dieterici's equation
→ファン・デル・ワールスの式

定比例の法則 constant proportions, law of
純粋な化合物の組成はその製造方法には無関係であるということを述べたもの．実際には多くの化合物に異なる組成のものが存在する．
→非化学量論的化合物，欠陥構造

定沸点混合物 constant-boiling mixture
→共沸蒸留，共沸混合物

ディムシルナトリウム dimsyl sodium
$Na^+(CH_3SOCH_2)^-$．ジメチルスルホキシドとNaHとの反応で得られる．強力な求核試薬．
→ジメチルスルホキシド

ティリアンパープル Tyrian purple
$C_{16}H_8Br_2N_2O_2$．貝紫．非常に古くから知られる紫色の建染染料．貝 *Murex brandaris* に含ま

れ，かつてはロイヤルパープルを作るために抽出した．「Tyrian」はフェニキアのテュロス（聖書での「ツロ」）に由来している．

定量分析 quantitative analysis

混合物や化合物中の元素や原子団の存在量を見積もることである．これには種々の方法があり，容量分析では滴定，重量分析では沈殿後の秤量，比色分析では着色種の測定が行われる．その他の定量分析には赤外分光法，沈殿の乳白光の測定（比濁法，蛍光光度法），旋光度の測定，電気分解，電位差滴定，電気伝導度滴定，電流滴定，およびポーラログラフィーがある．有機定量分析は一般に物理的方法で行われるか，あるいは既知の誘導体へ変換し，それを秤量，あるいは滴定することにより行われる．

ディールス-アルダー反応 Diels-Alder reaction

ディールス-アルダー反応は共役ジエンにアルケンまたはアルキン（求ジエン体，ジエノフィル）が1,4-付加する反応である．例としてブタ-1,3-ジエンにプロペナール（アクロレイン）が付加し，Δ^4-テトラヒドロベンズアルデヒドが生じるものが挙げられる．

ここで，反応性を高めるには，ジエノフィルが-C(O)OR，-CN，-CF$_3$，-NO$_2$ などの電子吸引基で置換されている必要があり，また共役ジエンは s-cis 型立体配置を持たなくてはならない．立体特異的に反応が進むために，合成で有用である．すなわちマレイン酸ジメチルからの付加物もまた cis 型である．

ディールスの炭化水素 Diels' hydrocarbon (γ-methylcyclopentenophenanthrene)

$C_{18}H_{16}$. γ-メチルシクロペンテノフェナントレンの別名．ステロールおよび関連化合物の構造の基礎となる炭化水素．コレステロールを単体セレンとともに加熱することによって得られる．

ディールドリン dieldrin

有機塩素系殺虫剤の1つでアルドリンのエポキシ誘導体．現在は使用されていない．

ティンカル tincal

→天然ホウ砂

ティンダル効果 Tyndall effect

光線が分散系を通過するとき，分散相中の粒子に散乱（レーリー散乱）されて光路が見える．これをティンダル効果といい，コロイドゾルでも粒子の大きい懸濁液でも見られる．よくある例は，ほこりにより太陽光がキラキラと見える現象である．

ティンダル効果により生じる光は偏光している．短い波長の光でより強く起こるためティンダル光錐は青味がかっている．

デヴァルダ合金 Devarda's alloy

→デバルダ合金

D-2-デオキシリボース D-2-deoxyribose (desoxyribose)

$C_5H_{10}O_4$. DNAの加水分解によって分離された糖．無色の結晶．融点91℃，水に可溶．

→ヌクレオシド

テオフィリン theophylline (1,3-dimethylxanthine)

$C_7H_8N_4O_2$，1,3-ジメチルキサンチン．気管支拡張薬．

テオブロミン theobromine (3,7-dimethylxanthine)

$C_7H_8N_4O_2$，3,7-ジメチルキサンチン．融点337℃．キサンチンアルカロイド．カカオに含まれる．

デカップリング decoupling

NMR分光法で用いられる，特定のスピンスピンカップリングをスペクトルから除去して多重線における分裂を消去する技法．したがって得られるスペクトルはよりシンプルなものとなる．

デカノール decanols (decyl alcohols)

$C_{10}H_{21}OH$，デシルアルコール．可塑剤，洗剤，石油添加剤，表面活性剤の製造に用いられる．ノネン，CO および H_2 をオキソ反応させ，得られたデカナールを続いて還元し，デシルアルコールとする．生成物の組成は原料の組成に依存するが，最も一般的な市販のグレードは「イソデカノール」で，炭素原子10個を有する分岐鎖一級アルコール混合物（沸点の幅は狭い）である．

n-デシルアルコール（1-デカノール）の製法は，エチレンをトリエチルアルミニウムの存在下で短鎖重合してトリアルキルアルミニウムとし，これを酸化して得たアルコキシドを硫酸で加水分解して直鎖アルコールの混合物を得る．通常のデシルアルコールは混合物として市販されているが，これらの直鎖アルコールから n-デシルアルコールを分別することも可能である．純粋な n-デシルアルコールは無色液体で甘い油様の臭いを持つ．融点7℃，沸点233℃．水に不溶でアルコールに可溶．植物生長調節剤としても用いられている．

デカリン decalin (decahydronaphthalene)

$C_{10}H_{18}$，デカヒドロナフタレン．デカリンには架橋炭素の水素の相対位置に応じた2つの立体異性体がある．

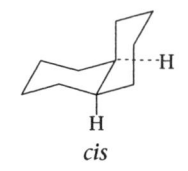

trans

cis

cis 型は融点-45℃，沸点198℃，*trans* 型は融点-32℃，沸点185℃である．

cis 型は $AlCl_3$ により定量的に *trans* 型に変換可能である．市販されているデカリンはナフタレンを高温高圧で水素化して製造されており，90％が *cis* 型，10％が *trans* 型である．この2つの異性体は分別蒸留で分離可能．デカリンは溶媒として用いられている．

デカン酸 decanoic acid
→カプリン酸

デカンテーション decantation
→傾瀉

デカン二酸 decanedioic acid
→セバシン酸

滴下水銀電極 dropping-mercury electrode (DME)

常に新しい表面が現れるように，細いキャピラリーから水銀を溶液中に微小な液滴として供給して生成させる電極．ポーラログラフィーに用いられる．

デキシド dexide
→デキストラン

テキシル基 thexyl

1,2,3-トリメチルプロピル基の慣用名．

デキストラン dextran (mucose)

ある種の細菌が生成するグルコースの粘液性ポリマー．ムコース（粘液糖）ともいう．分子量は30000～250000で，酵素による加水分解に対してはかなりの耐性を示す．スクロースの細菌発酵により製造される．輸血の際に血漿代替物として用いられるほか，乳化剤，増粘剤，アイスクリームの安定化剤として使用され，またゲル沪過やクロマトグラフィー（セファデックス），ポリデキシドにも用いられている．セファデックス 2-(ジエチル)アミノエーテルは医薬分野で用いられているイオン交換体である．デキストランの硫酸エステルナトリウム塩はヘパリンと同じ目的の抗凝血剤として用いられる．

デキストリン dextrins

デンプンを加水分解して糖にする際に生じる中間生成物．強い右旋性を持つ．湿ったデンプンや乾燥デンプンに熱や加水分解剤を作用させて製造し，接着剤，安定性向上剤，味や臭いのマスキング剤として用いられる

デキストロース dextrose
→グルコース

滴 定 titration

体積既知のある試薬と定量的に反応する他の濃度既知溶液（標準溶液）の体積を測定して，

対象化合物の濃度や量を決定する定量分析法。一方の溶液に他方を少量ずつ滴下し、ちょうど反応が完結する点(当量点)まで加え、体積を求める。当量点は溶液の呈色の変化や沈殿の生成($Ag^+ + Cl^-$)、色変化(シュウ酸イオン+MnO_4^-)、指示薬の変色の利用、電気化学的方法(電位差滴定や電導度滴定)により判定する。ビュレットを用いて多くは手動で行うが、機械制御により自動的に行うこともある。

テクネチウム technetium
　元素記号 Tc. 7族に属する人工の金属元素。原子番号 43、原子量 ^{99}Tc 98.906、融点 2157℃、沸点 4265℃、密度 (ρ) 11500 kg/m^3 (=11.500 g/cm^3)(計算値)、電子配置 [Kr]$4d^55s^2$. ^{99}Tc(半減期 2×10^5 年)は核融合生成物から得られる。Tc の同位体はすべて放射性である。単体は Tc 化合物を水素で還元して得る。銀白色で hcp 構造。H_2O_2、硝酸、硫酸に可溶。高温の Cl_2、S、O_2 と反応する。過テクネチウム酸イオン TcO_4^- は有効な腐食防止剤。^{99m}Tc(Ⅲ)は臨床医学で利用される。

テクネチウムの化学的性質 technetium chemistry
　テクネチウムは7族の遷移金属。化学的性質はマンガンよりもレニウムと類似しているが、高酸化状態ではより強い酸化力を持つ。ハロゲン化物には黄色の TcF_6 と TcF_3 (ともに Tc と F_2 から得る)があり、塩化物は赤褐色の $TcCl_4$ (Tc と Cl_2 から得る)のみが既知である。酸化物は Tc_2O_7、TcO_3、TcO_2 がある。錯体はレニウムのそれに類似していて、$K_2[TcH_9]$ も知られている。金属-金属結合を持つ化学種も知られている。

デシルアルコール decyl alcohol
　→デカノール

テストステロン testosterone (17β-hydroxy-4-androsten-3-one)
　$C_{19}H_{28}O_2$、17β-ヒドロキシ-4-アンドロステン-3-オン。融点154℃。睾丸で作られる雄性ホルモン。雄性生殖器の発達と第2次性徴を制御する。医薬品また能力向上薬 (performance enhancing drug) として用いられる。規制対象物質。

デス-マーチン酸化 Dess-Martin oxidation

トリアセトキシペルヨージナンを用いて一級および二級アルコールをアルデヒドやケトンに変換する反応。

デスモトロピズム desmotropism
　→異性

鉄 iron
　元素記号 Fe. 金属元素、原子番号 26、原子量 55.845、融点 1538℃、沸点 2861℃、密度 (ρ) 7874 kg/m^3 (7.874 g/cm^3)、地殻存在比 41000 ppm、電子配置 [Ar]$3d^64s^2$. 鉄はエジプトで紀元前 3000 年から知られており、ヨーロッパでは紀元前約 1000 年から利用されていた。鉄はほとんどの粘土、砂、花崗岩に含まれる。隕鉄は Co や Ni を含む。
　主な鉄鉱石は赤鉄鉱 (haematite, Fe_2O_3)、褐鉄鉱 (水和した Fe_2O_3)、磁鉄鉱 (magnetite, Fe_3O_4)、菱鉄鉱 (siderite, spathic iron ore, chalybite) ($FeCO_3$)、黄鉄鉱 (pyrite, FeS_2) および黄銅鉱 (chalcopyrite, $CuFeS_2$)。単体の構造は 960℃以下で bcc、1401℃まで ccp、1535℃まで bcc。鉄は鉄のまま、あるいは鋼鉄として建設用材料として広く用いられている。通常、酸化物または炭酸塩鉱石を原料とし、空気中で焙焼することにより硫黄やヒ素分などを除去し、炭素で還元して製造する。鉄鉱石をコークスと石灰石(または白雲石)と混合して、高炉(溶鉱炉)で最高温度約 1300℃まで加熱する。主な酸性不純物はスラグ(ケイ酸カルシウム、アルミン酸カルシウムなど)として除去され、溶融状態の粗製鉄が銑鉄として流れ出す。銑鉄は 2.4%の炭素、少量のリン、硫黄、ケイ素を含む。ケイ素含量が高いと炭素はほとんど完全にグラファイトとして存在する。そのような合金を再溶融すると「ねずみ鋳鉄」と呼ばれる灰色の鋳鉄が得られる。ケイ素含量が低いと、炭素はセメンタイト Fe_3C として存在し、白鋳鉄となる。過剰の硫黄はスラグにかなり可溶な MnS を形成するため、硫黄含量はマンガン含量を支配している。鋳鉄は多くの利用目的には脆すぎる。錬鉄は鋳鉄を鉄スクラップとともに Fe_2O_3 で裏打ちした反射炉(パドル炉)で溶融して作られる。このとき Fe_2O_3 により炭素、ケイ素などは酸化され、圧延過程で除去される。鋳鉄は約 1200℃で融解する。錬鉄は堅固で繊維状で可鍛

性，約1000℃で軟化するが融点は1500℃以上である．急冷により硬化しない．

鋼鉄は約1.5％の炭素および他の合金形成元素を含む．鋳鉄からは炭素含量を低下し，錬鉄からは炭素含量を増加させなければならない．900℃以上で鋼鉄はγ-Fe（オーステナイト）中に炭素が含まれた固溶体を形成している．徐冷するとオーステナイトはセメンタイトFe_3CとFe-C溶液を生じる．690℃以下でγ-Feはフェライト（α-Feに約0.06％の炭素を含む）とセメンタイトの共融混合物になる．この共融混合物はパーライトと呼ばれ柔らかい．オーステナイトを900℃から150℃に急冷するとマルテンサイト（α-Feに炭素が過飽和している）が得られ，これは非常に硬いが，200〜300℃に再加熱すると焼き戻しできる（硬度は低下するがまだ丈夫である）．

表面硬化の際には鉄をN_2-NH_3雰囲気中で加熱するか，あるいは鋼鉄を約900℃の溶融した$NaCN/Na_2CO_3$に浸漬することによりCとNを導入する．

鉄を鋼鉄に変換するには，ベッセマーの転炉法，シーメンス-マルタンの平炉法，リンツードンネウィッツ法，電気製鋼法などがある．鉄は濃硝酸や濃硫酸で処理すると不働態化できる．鉄化合物は触媒や媒染剤として水中で用いられたり精製に利用されたりする．いくつかのタンパク質や酵素中でも鉄は重要な役割を果している．

鉄のエタン酸塩　iron ethanoates (iron acetates)
→鉄の酢酸塩

鉄の塩化物　iron chlorides
2種類の塩化鉄が存在する．
①塩化鉄（Ⅱ）（iron(Ⅱ)chloride）$FeCl_2$：白色固体（FeとHClガスから得る）．$FeCl_2 \cdot 6NH_3$，$FeCl_2 \cdot 4H_2O$（一，二，六水和物もある），$KFeCl_3 \cdot 2H_2O$など種々の錯体を形成する．
②塩化鉄（Ⅲ）（iron(Ⅲ)chloride）$FeCl_3$：暗赤色結晶（FeとCl_2から得る）．水和物を形成するが，水中で加水分解されて褐色の化合物を生じる．塩化物錯体，例えば$K_2FeCl_5 \cdot H_2O$や$(NH_4)_2FeCl_5 \cdot H_2O$を形成する．

鉄の化学的性質　iron chemistry
鉄は8族の第一遷移元素．種々の酸化数や配位数をとる．最も安定な酸化状態は+2価（第一鉄 ferrous）で，例えば$FeCl_2$や$K_4[Fe(CN)_6]$に見られる．+3価（第二鉄 ferric）も重要（$FeCl_3$，$K_3[Fe(CN)_6]$など）．これらの酸化状態では多くの錯体が知られているが，置換活性で合成が困難なこともしばしばある（シアノ鉄酸塩のような低スピン化合物は例外）．

$E°$ $Fe^{3+} \rightarrow Fe^{2+}$ + 0.77 V，

$E°$ $Fe^{2+} \rightarrow Fe$ - 0.09 V（酸性溶液中）

他の酸化状態には-2価（$[Fe(CO)_4]^{2-}$）；0価（$Fe(CO)_5$）；+1価（$[Fe(H_2O)_5NO]^{2+}$）；+4価（$[Fe(bipy)_3]^{4+}$）；+5価（$[FeO_4]^{3-}$（非常に不安定））；+6価（$[FeO_4]^{2-}$）がある．+6価は強い酸化剤．+2価や+3価では，配位数が6を超えることもある（例えばFe(Ⅲ)-EDTA錯体）．生体物質（酵素，タンパク質，ニトロゲナーゼなど）に非常に重要．→鉄の硫化物

鉄の酢酸塩　iron acetates
2種類の酢酸鉄が存在する．
①酢酸鉄（Ⅱ）（iron(Ⅱ)acetate）$Fe(O_2CCH_3)_2$：淡緑色結晶．
②酢酸鉄（Ⅲ）は$[Fe_3O(CH_3CO_2)_6(H_2O)_3]^+$．陽イオンや他の加水分解された化学種を生成する．

鉄の酸化物と水酸化物　iron oxides and hydroxides
これらの物質は複雑で互いに関連がある．研磨剤，染料，顔料として重要（iron buff，シェンナ（濃黄土），アンバー，ベンガラ（弁柄），オークルなど）．酸化物はいずれも不定比化合物となりやすい．Fe_2O_3は褐色で2種の型があり，一方はコランダム構造の赤鉄鉱，もう一方（γ型）はスピネル関連構造．磁鉄鉱Fe_3O_4は逆スピネル構造，他に$Fe^{3+}((Fe^{2+}O,Fe^{3+})O_4)$およびFeOがある．$(Fe_{1-x}O)$は酸素イオンが最密充填した構造（NaCl構造）．

Fe_2O_3は酸に微溶で，強熱するとほとんど不溶になる．FeOは作るのが難しく（FeC_2O_4を加熱して得る），570℃以下でFe_3O_4およびFeに分解する．酸に易溶．

水酸化物$Fe(OH)_3$（Fe^{3+}とOH^-から得る）は存在は確かであるが，多くの組成のはっきりしない水和物が顔料，特に塗料，プラスチック，

セメント用の顔料として用いられている. FeOOH には2つの形態, 針鉄鉱石と鱗鉄鉱がある. $Fe(OH)_3$ コロイドは暗赤色のゾルとして容易に得られる. 多くのヒドロキシ鉄(Ⅲ)錯体が知られている. $Fe(OH)_2$ は O_2 のない条件で Fe^{2+} と OH^- から合成できるが非常に速やかに酸化される. 酸化鉄は他の金属酸化物と反応して鉄酸塩(混合金属酸化物)を形成する. 電気機器に用いられる.

鉄のシアン化物錯体 iron, complex cyanides

顔料(プルシアンブルー)や食卓塩の固結防止に用いられる. シアノ鉄酸イオンの誘導体, 例えばペンタシアノニトロシル鉄(Ⅲ)酸イオン $[Fe(CN)_5(NO)]^{2-}$ を含むニトロプルシドも知られている.

鉄の臭化物 iron bromides

2種類の臭化鉄が存在する.

①臭化鉄(Ⅱ)(iron(Ⅱ)bromide)$FeBr_2$:金属鉄を臭化水素酸に溶解した溶液から水和物結晶として得られる.

②臭化鉄(Ⅲ)(iron(Ⅲ)bromide)$FeBr_3$:無水物は Fe と Br_2 から暗赤色結晶として得られる. $FeBr_3 \cdot 6H_2O$ は暗緑色.

鉄の硝酸塩 iron nitrates

2種類の硝酸鉄が知られている.

①硝酸鉄(Ⅱ)(iron(Ⅱ)nitrate)$Fe(NO_3)_2 \cdot 6H_2O$:不安定. Fe と HNO_3 から得る. 九水和物も形成する.

②硝酸鉄(Ⅲ)(iron(Ⅲ)nitrate)$Fe(NO_3)_3 \cdot 9H_2O$:六水和物もある. 純粋な塩は淡いアメジスト色であるが, 不純なものは最初は無色で後に加水分解により褐色に変わる.

鉄の水酸化物 iron hydroxides

→鉄の酸化物と水酸化物

鉄の水素化物 iron hydrides

$[FeH_6]^{4-}$ イオンはグリニャール試薬とハロゲン化鉄から作られる. MgX とさらに相互作用している.

鉄の炭化物 iron carbides

冶金で重要. →鉄

鉄のチオシアン酸塩 iron thiocyanates

鉄(Ⅲ)のチオシアナート錯体は深赤色で Fe^{3+} と NCS^- から形成される. これらイオンの検出に利用される. $Fe(NCS)_2 \cdot 3H_2O$ も知られているが, 重要ではない.

鉄のフッ化物 iron fluorides

2種類のフッ化鉄が知られている.

①フッ化鉄(Ⅱ)(iron(Ⅱ)fluoride)FeF_2:Fe と HF ガスから得る. 四水和物を形成する. 酸素のない条件で $KFeF_3$ などのペロブスカイト構造結晶を形成する.

②フッ化鉄(Ⅲ)(iron(Ⅲ)fluoride)FeF_3:水に微溶. 白色の塩 (HF を Fe_2O_3 に作用させて得る). 水和物や $[FeF_6]^{3-}$ イオンを含むヘキサフルオロ鉄酸塩を形成する.

鉄の有機誘導体 iron, organic derivatives

鉄カルボニルは容易に CO と置換して π-結合オレフィン錯体を与え, またアルキンは π錯体も σ錯体も形成する. 単純な σ-結合有機鉄化合物は比較的不安定であるが, フェロセンのような η^5-シクロペンタジエニル化合物や η^4-シクロブタジエン化合物は安定である.

鉄の硫化物 iron sulphides

FeS_2 型は天然に黄鉄鉱や白鉄鉱(両者とも S_2^{2-} 陰イオンを含む)として産する. 灰色の FeS (Fe^{2+} と H_2S または $(NH_4)_2S$, Fe, S から得る)はヒ化ニッケル構造を持つ. 磁硫鉄鉱 Fe_7S_8 は FeS の鉄欠損形である. Fe_2S_3 はこの式の形で存在しているとは考えられず, 硫化物錯体を生じているらしい. 鉄硫黄クラスターは, 生物学的に重要で, ニトロゲナーゼ, 電子移動などに関与している.

鉄の硫酸塩 iron sulphates

①硫酸鉄(Ⅱ)(iron(Ⅱ)sulphate)$FeSO_4 \cdot 7H_2O$:硫酸第一鉄. 緑色. 緑礬. 五水和物, 一水和物, 白色の無水物がある. 鋼鉄を H_2SO_4 で洗浄した際の廃水から得られる. 空気中で徐々に酸化され, 硫酸鉄アンモニウムのようなより安定な複硫酸塩 $M_2Fe(SO_4)_2 \cdot 6H_2O$ を形成する.

②硫酸鉄(Ⅲ)(iron(Ⅲ)sulphate)$Fe_2(SO_4)_3$:12, 10, 9, 7, 6, 3 水和物および無水物がある. Fe(Ⅲ)塩と $(NH_4)_2SO_4$ から得る. 加熱すると分解して Fe_2O_3 と SO_3 を生じる. 硫酸イオン錯体やミョウバンも知られている.

鉄のリン酸塩 iron phosphates

リン酸鉄(Ⅲ)$FePO_4 \cdot 2H_2O$ は水溶液から沈殿として得られるが希酸には可溶. リン酸イオン錯体も知られている (Fe に PO_4^{3-} を配位さ

せるのは，Fe^{2+}/Fe^{3+} 滴定において酸化還元電位を変えることに利用される）．

医療用のリン酸鉄は暗青色の粉末で，リン酸鉄（II），リン酸鉄（III），水酸化鉄（III）を含む．食品添加物．

哲学者の石 philosopher's stone
→元素変成

鉄カルボニル iron carbonyls
鉄は $Fe(CO)_5$（三方両錐型），$Fe_2(CO)_9$，$Fe_3(CO)_{12}$ を形成する．
$Fe(CO)_5$ は Fe と CO を 200℃，300 気圧で反応させて得られ，融点 -20℃，沸点 102℃．光にあたると橙色の $Fe_2(CO)_9$ に変わり，熱すると暗緑色の $Fe_3(CO)_{12}$ になる．これらは CO が PPh_3，ブタジエンなど他の配位子で置換された広範の鉄カルボニル化合物誘導体の母体化合物である．アルキンと反応すると C_2 単位がテロマー化し CO や Fe が挿入された生成物を与える．$Fe(CO)_5$ は塩基と反応すると $[Fe(CO)_4]^{2-}$ を生成し，これは酸と反応して $H_2Fe(CO)_4$ を生じる．ハロゲン化物，ニトロシル，有機基で置換した誘導体も知られる．電子部品で用いられる微細な鉄の生成にも鉄カルボニルは使われる．

鉄酸塩 ferrates
形式的には鉄酸化物の陰イオンを含む塩．
① 鉄（VI）酸塩（ferrate（VI））：$[FeO_4]^{2-}$ は赤紫色の塩を形成する．通常の「鉄酸塩」はこれを指す．アルカリ溶液中で $Fe(OH)_3$ に Cl_2 を作用させて得る．または鉄をアルカリ性で陽極酸化して得る．塩基性溶液では安定であるが，酸性溶液は不安定で強い酸化力を持つ．ナトリウム塩，カリウム塩は水に可溶．
② 鉄（IV）酸塩（ferrates（IV））：Sr_2FeO_4 など．混合金属酸化物．
③ 鉄（III）酸塩（ferrates（III））：M^IFeO_2，$M^{II}Fe_2O_4$（スピネル構造）など．混合金属酸化物．混合金属酸化物である鉄酸塩は Fe（III）と Fe（IV）を含むこともある．鉄（III）酸塩は電子材料としても非常に重要である（→フェライト）．ヘキサヒドロキソ鉄（III）酸塩．$M^{II}_3[Fe(OH)_6]_2$ は $M(OH)_2$ と鉄（III）塩から生成する．
④ 鉄（II）酸塩（ferrates（II））：$Na_4[Fe(OH)_6]$ など．強アルカリ性水溶液中で生成する．

鉄マンガン重石 wolframite
$(Fe,Mn)WO_4$．タングステンの主要な鉱石の1つ．

鉄ミョウバン iron alum
$MFe^{III}(SO_4)_2\cdot 12H_2O$．通常の鉄（III）ミョウバンはアンモニウム塩である．

テトラエチル鉛 tetraethyl lead（TEL）
→四エチル鉛

テトラエチルプルンバン tetraethyl plumbane
→四エチル鉛

テトラエチレングリコール tetraethylene glycol
$O(CH_2CH_2OCH_2CH_2OH)_2$．溶媒として用いられる．特にジメチルエーテル（テトラグライム）やジエチルエーテルが有用．

テトラキス（トリフェニルホスフィン）金属錯体 tetrakis (triphenylphosphine) metal complexes
$((C_6H_5)_3P)_4M$（M = Ni, Pd, Pt）．アリールカップリング反応などの重要な触媒．

N,N,N′,N′-テトラキス（2-ヒドロキシプロピル）エチレンジアミン N,N,N′,N′-tetrakis (2-hydroxypropyl) ethylenediamine（EDTP）
沸点 175～180℃．プロピレンオキシドをエチレンジアミンに作用させて得る．エポキシ樹脂の架橋剤．湿潤剤，可塑剤，乳化剤として用いられる．

テトラグライム tetraglyme（tetraethylene glycol dimethyl ether, pentaoxapentadecane）
$CH_3(OCH_2CH_2)_4OCH_3$．テトラエチレングリコールのジメチルエーテル．系統名は 2,5,8,11,14-ペンタオキサペンタデカン．沸点 275℃．優れた溶媒．

sym-テトラクロロエタン sym-tetrachloroethane
$HCCl_2CHCl_2$．四塩化アセチレン．無色でクロロホルム様の臭気を持つ液体．有毒．沸点 146℃．塩素とアセチレンから作られる．希アルカリと反応してトリクロロエチレンを生じる．重要な溶媒．合成に用いられる．

テトラクロロエチレン tetrachloroethene（tetrachloroethylene, polychloroethylene, perchloroethylene）
$CCl_2=CCl_2$．別名をペルクロロエチレン，パークレンともいう．融点 -22℃，沸点 121℃．製

法は，①五塩化エタン（Cl_2 と $CHCl=CCl_2$ から得る）と $Ca(OH)_2$ の反応，②低級炭化水素の 500〜650℃ での直接塩素化，③アセチレンの直接塩素化，④ sym-テトラクロロエタンの酸化がある．ドライクリーニングの溶媒，金属の脱脂，繊物処理で用いられる．

2,3,7,8-テトラクロロジベンゾ -p-ジオキシン
2,3,7,8-tetrachlorodibenzo-p-dioxin (dioxin)
マスコミで取り上げられる，いわゆる「ダイオキシン」である．→ジオキシン

テトラクロロメタン tetrachloromethane
→四塩化炭素

テトラコサン酸 tetracosanoic acid
→リグノセリン酸

テトラサイクリン tetracyclines
ストレプトミセス（$Streptomyces$）属の菌類から単離される．広い応用範囲を持つ抗生物質の一群でナフタレン骨格を持つ．

テトラサイクロン tetracyclone
→テトラフェニルシクロペンタジエノン

テトラシアノエチレン tetracyanoethylene (TCNE)
$(NC)_2C=C(CN)_2$．昇華性のある無色結晶．融点 200℃．熱や酸化に対して高い安定性を持つ．活性水素を持つほとんどの化合物と反応し，またジエンと典型的なディールス-アルダー付加反応を起こす．おそらく既知の π-酸の中で最も強い．芳香族炭化水素と着色した錯体を形成し，また多くの金属と K^+TCNE^- のようなラジカルアニオン塩を形成する．

テトラシアノキノジメタン 7,7,8,8-tetracyanoquinodimethane (TCNQ)
融点 296℃．π-酸．種々の電子供与体と電荷移動錯体を形成する．フリーラジカル前駆体の比色定量，アルミニウム固体電解質コンデンサーの MnO_2 の代替品，感熱性抵抗，イオン選択電極，ラジカル重合開始剤に用いられる．

テトラセン(1) tetracene (1-(5-tetrazolyl)-4-guanyltetrazene hydrate)
$C_2H_8N_{10}O$，1-(5-テトラゾリル)-4-グアニルテトラゼン水和物の慣用名．淡黄色固体．亜硝酸とアミノグアニジンから得られる．起爆薬として用いられる．

テトラセン(2) tetracene (naphthacene)
$C_{18}H_{12}$．ベンゼン環が 4 個直線状に縮合した多環芳香族炭化水素．ナフタセンともいう．

テトラゾリウム塩 tetrazolium salts
テトラゾールから誘導される四級塩．無色または黄色．微量のアルカリ存在下でアルドース，ケトース，他の α-ケトールを酸化し，自らは還元されて強い青色を呈するテトラゾリウムブルーのような不溶性のホルマザン色素を生じる．この高感度の定性試験は還元性のある糖と単なるアルデヒドの区別に利用される．テトラゾリウム塩はカラー写真にも用いられる．

テトラゾール tetrazoles
CN_4 環を持つ化合物．医薬品などの複素環合成の前駆体として用いられる．

テトラチオン酸 tetrathionic acid
→四チオン酸

テトラデカノール tetradecanol
→ミリスチルアルコール

テトラデカン酸 tetradecanoic acid
→ミリスチン酸

テトラデシル硫酸ナトリウム sodium tetradecyl sulphate
$C_{14}H_{29}SO_4Na$．湿潤剤．界面活性剤．

テトラニトロメタン tetranitromethane
$C(NO_2)_4$．無色液体．沸点 126℃．無水酢酸を無水硝酸でニトロ化して得る．KOH のアルコール溶液で処理すると分解してニトロホルム $HC(NO_2)_3$ を生じる．アルカリ存在下でアルコールと反応し，アルコールの硝酸エステルを生じる．ロケットの推進薬や爆薬に用いられる．

テトラヒドロアルミン酸リチウム lithium tetrahydroaluminate
→水素化アルミニウムリチウム

テトラヒドロカンナビノール tetrahydrocannabinol
$C_{21}H_{29}O_2$．ピラン誘導体．大麻樹脂（マリファナ）の活性成分．医療用に用いられる．規制対象物質．

テトラヒドロチオフェン tetrahydrothiophen (THT, tetramethylene sulphide)

C_4H_8S. テトラメチレンスルフィド．無色で流動性の大きい刺激臭を持つ液体．沸点120℃．チオフェンまたはテトラヒドロチオフェン-1,1-ジオキシド（スルホラン）の接触還元で得る．家庭用供給ガスの臭気付けに用いる．

テトラヒドロフラン tetrahydrofuran (tetramethylene oxide, THF)

C_4H_8O．テトラメチレンオキシド，THFと略されることが多い．無色液体．沸点66℃，融点-108.5℃．樹脂や種々のプラスチック（特にPVC系），エラストマーの溶媒として工業的に広く用いられる．化学反応においてもエーテル系溶媒としてしばしば用いられ，速度や収率が向上することも多い．テトラヒドロフランポリマーの製造にも用いられる．オートムギやトウモロコシの殻に含まれる多糖を酸加水分解すると得られる．無水マレイン酸の接触水素化でも得られる．

テトラヒドロフランポリマー tetrahydrofuran polymers (poly (oxytetramethylene) glycols, poly (tetramethylene oxide), polytetrahydrofuran)

ポリ(オキシテトラメチレン)グリコール，ポリ(テトラメチレンオキシド)，ポリテトラヒドロフランなどとも呼ばれる．テトラヒドロフランはカルベニウムイオン，ジアゾニウムイオン，トリアルキルオキソニウムイオン，またルイス酸ハロゲン化物により開環重合を起こし，通常低分子量（1000～3000）のポリマージオールを生じる．このポリマーは可塑剤として利用され，またポリウレタンとともに熱可塑性樹脂やエラストマーの製造に用いられる．

テトラヒドロフルフリルアルコール tetrahydrofurfuryl alcohol

$C_5H_{10}O_2$．テトラヒドロフラン-2-メタノール．脂肪，蝋，樹脂用溶媒．合成試薬．

テトラヒドロホウ酸ナトリウム sodium tetrahydroborate

$Na(BH_4)$，テトラヒドリドホウ酸ナトリウム．優れた還元剤である．

テトラフェニルシクロペンタジエノン tetraphenylcyclopentadienone (tetracyclone)

別名をテトラサイクロンという．濃紫色結晶．融点219～220℃．単量体として存在する数少ないシクロペンタジエノン誘導体の1つ．他の多くのシクロペンタジエノン誘導体は自発的にディールス-アルダー型の自己二量化反応を起こす．ディールス-アルダー反応に関する種々の研究に用いられる．

テトラフェニルホウ酸ナトリウム sodium tetraphenylborate

$Na[B(C_6H_5)_4]$．カリウム，ルビジウム，セシウムなど重アルカリ金属イオンやその他のサイズの大きな陽イオンの沈殿剤．「カリボール」，「カリグノスト」などの商品名で知られている．ほかのテトラフェニルホウ酸塩の合成原料でもある．

テトラフェニルホウ素ナトリウム tetraphenylboron sodium

テトラフェニルホウ酸ナトリウムの別名．

テトラフルオロヒドラジン tetrafluorohydrazine

→窒素のフッ化物

テトラフルオロベリリウム酸塩 tetrafluoroberyllates

$[BeF_4]^{2-}$イオンを含む化合物．

テトラフルオロホウ酸塩 tetrafluoroborates

$[BF_4]^-$イオンを含む化合物．

テトラフルオロホウ酸カリウム potassium tetrafluoroborate

KBF_4．水に難溶性の沈殿．重量分析に利用される．

テトラフルオロホウ酸ニトロソニウム nitrosonium tetrafluoroborate

$NOBF_4$．白色固体．NOFとBF_3から得る．非常に潮解性が高い．水と反応すると窒素酸化物を生じ，アルコールと反応すると亜硝酸エステルを生じる．芳香族第一級アミン塩酸塩と反応させると，テトラフルオロホウ酸ジアゾニウムを生じ，それを熱分解するとフッ化アリールが得られる．芳香族第二級アミンと反応させるとニトロソアミンを生じる．

テトラブロモメタン tetrabromomethane
→四臭化炭素

テトラボラン (10) tetraborane (10)

B_4H_{10}．→ホウ素の水素化物

N,N,N',N'-テトラメチルエチレンジアミン

N,N,N',N'-tetramethylethylenediamine ($N,N,$

N',N'-tetramethyl-1,2-diaminoethane, TMEDA, TEMED)

$(CH_3)_2NCH_2CH_2N(CH_3)_2$, N,N,N',N'-テトラメチル-1,2-ジアミノエタン. 沸点122℃. 吸湿性の塩基. キレートによる速度論的塩基性度の増大効果のため, Li^+ と炭化水素に可溶な安定なキレート錯体を形成し, $LiAlH_4$ や C_4H_9Li のようなリチウム試薬の反応を促進する. 重合触媒に用いられる.

テトラメチルシラン tetramethylsilane (TMS)

$(CH_3)_4Si$. ^1H, ^{13}C および ^{29}Si の NMR の内部標準として用いられる. δ スケールでは TMS プロトンのシグナルを0とすると, 炭素に結合したほとんどのプロトンはそれより低磁場側(高周波数側)に現れる(δ値が正になる).

テトラメチルチウラムジスルフィド tetramethylthiuram disulphide
→チウラムジスルフィド

テトラメチル鉛 tetramethyl lead (TML)
→四メチル鉛

3,3´,5,5´-テトラメチルベンジジン 3,3´,5,5´-tetramethylbenzidine

$C_{16}H_{20}N_2$. 融点168〜169℃. 血液の検出, 医薬品に用いられる. 規制対象物質.

1,2,3,4-テトラメチルベンゼン 1,2,3,4-tetramethylbenzene
プレニテンの系統的名称.

1,2,3,5-テトラメチルベンゼン 1,2,3,5-tetramethylbenzene
イソデュレンの系統的名称.

1,2,4,5-テトラメチルベンゼン 1,2,4,5-tetramethylbenzene
デュレンの系統的名称.

テトラライト(商品名) Tetralite
テトリル爆薬の商品名. →テトリル

テトラリン tetralin (1,2,3,4-tetrahydronaphthalene)

$C_{10}H_{12}$. 1,2,3,4-テトラヒドロナフタレン. 無色液体, 沸点207℃. ナフタレンの接触水素化により得る. 芳香環を1つ持つためニトロ化やスルホン化を受ける. 無害で油脂, 樹脂の溶媒や脱脂用に使われる.

テトリトール tetritol
→エリスリトール

テトリル tetryl (tetralite, N-methyl-N-(2,4,6-trinitrophenyl) nitramine, N-methyltetralite)

$C_7H_5N_5O_8$, N-メチル-N-(2,4,6-トリニトロフェニル)ニトラミン. 淡黄色. 融点約129℃. ジメチルアニリンを濃硫酸中でニトロ化して得る. 非常に安定な爆薬で点火雷管またはブースターに用いられる. 指示薬としても用いられる.

テトロース tetrose
4つの炭素原子を持つ炭水化物. 4種のアルドテトロース(エリトロースとトレオースのそれぞれ2種の立体異性体)と2種のケトテトロースがある.

テトロール tetrole
→フラン

テトロール酸 tetrolic acid
1-カルボキシ-1-プロピン(2-ブチン酸)の慣用名. $CH_3C\equiv CCO_2H$

テニル基 thenyl
→チエニル環

デバイ単位 Debye units
電気双極子モーメントの非SI単位. 1デバイは 3.34×10^{-30} esu cm.

デバイ-ヒュッケル理論 Debye-Hückel theory
ある電解質の活量係数は濃度に大きく依存する. 希薄溶液中では, クーロン力(引力と斥力)により, イオンは反対の電荷を持つイオンに取り巻かれる傾向がある. デバイとヒュッケルは, 少なくとも極めて希薄な電解質溶液においては, 異常な活量係数を説明することが可能であることを示した. 希薄溶液では, これらのクーロン相互作用に基づく計算によりデバイ-ヒュッケルの式は

$$\log \gamma_{\pm} = -|Z_+Z_-|AI^{1/2}$$

となる. ここでγは活量係数, Zはイオンの電荷であり,

$$I = \frac{1}{2}\sum Z_i^2\left(\frac{C_i}{C_\theta}\right)$$

Iは無次元のイオン強度である. Aは媒体の誘電率と温度に依存する定数. C_θは基準の濃度で例えば1mol/kg.

デバルダ合金 Devarda's alloy
45% Al, 50% Cu, 5% Zn. 硝酸塩の検出と分析に用いられる.

デヒドロ- dehydro-

分子内の水素原子数がより少ない有機化合物であることを意味する接頭辞. しばしば無水 (anhydro-) と同義に用いられる.

デヒドロゲナーゼ dehydrogenases
脱水素酵素. →酵素

デヒドロ酢酸 dehydroacetic acid (3-acetyl-6-methyl-$2H$-pyron-2,4($3H$)-dione)
$C_8H_8O_4$, 3-アセチル-6-メチル-$2H$-ピロン-2,4($3H$)-ジオン. 無色針状結晶. 融点109℃, 沸点270℃. アセト酢酸エステルを数時間沸騰させて生成する. $ZnBr_2$の存在下にケテンを重合させて得る. 母体となる酸は不安定で常にラクトン形に戻る. 水酸化カリウムのアルコール溶液を沸騰させるとアセト酢酸エステルに再変換する. ヨウ化水素により還元されてジメチルピロンになる. 合成に, また可塑剤や樹脂で用いられている.

デプシド depsides
フェノールカルボン酸のカルボキシル基と, 類似の酸のヒドロキシ基との縮合によって形成される, タンニンに似た性質を持つ化合物.
$HO-C_6H_4-C(O)OH + HO-C_6H_4-C(O)OH$
$\rightarrow HO-C_6H_4-C(O)O-C_6H_4-C(O)OH$
含有するフェノール残基の数に応じて, ジデプシド, ポリデプシドなどと呼ばれる. 地衣類より得られるほか, 茶に含有される.

デーブナー-ミラー反応 Doebner-Miller reaction
芳香族アミンと, α,β-不飽和カルボニル化合物（アルデヒドまたはケトン）を塩酸の存在下で反応させてキノリン誘導体を合成する方法. 汎用性がある.

デフレグメーター dephlegmator
分縮器. →部分凝縮器

テフロン（商品名） Teflon
ポリ（テトラフルオロエチレン）の商品名. フッ素含有ポリマーで, 別名はKel-Fともいう.

デマスキング demasking
→マスキング

テマゼパム temazapam
ジベンゾジアゼピン. 最もよく処方されるベンゾジアゼピン. 鎮静剤, 法で規制されている薬品.

デューテリウム deuterium
記号D. 原子番号1, 原子質量2.01. 水素の安定同位体. ジュウテリウム. 質量数2の水素同位体. ^2_1H. 質量差が相対的に大きいため, 重水素化合物と水素化合物では反応速度をはじめ, 諸物性に大きな差が生じる. 下記で（ ）内は, 対応する水素化合物のもの. D_2, 沸点-249.7（-252.8℃）; D_2O, 沸点101.4（100.0℃）, 融点3.8（0.0℃）, 25℃でのイオン積1.1×10^{-15} (1.0×10^{-14}). 通常の水素化合物では4500分の1のDが含まれる. D_2O（重水）はH_2Oを選択蒸発させるか, またはH_2Oの選択的電気分解により得る. 重水素化合物は化学および生物学の研究においてトレーサーとして, またプロトンが研究対象の場合（例えばNMRなど）, 溶媒として用いられる. D_2Oは原子炉で減速材（モデレータ）として使用される.

デューテロン deuteron (deuton)
$^2_1D^+$. 重水素原子の原子核. 他の原子核に重陽子を照射するためリニア加速器で用いられる.

デュマ法 Dumas' method
①体積既知の蒸気の質量を測定することにより蒸気密度を求める方法.
②ある化合物を酸化銅(Ⅱ)で酸化し, 次いで銅と結合した窒素を還元して窒素ガスに変換して測定することにより, その化合物中の窒素の含有量を求める方法.

デュラルミン duralumin
ジュラルミンの本来の名称（もともとは会社名（デュレン社）に基づく）.

デュリロン（商品名） Durion
高ケイ素含有鉄鋼の商品名. 成分としてSi（14%）, Mn（2%）, C（1%）, S（0.1%）を含む鉄の合金. 特に酸に対する耐性が大きく, 化学プラントに用いられる.

デュレン durene (1,2,4,5-tetramethylbenzene)
$C_{10}H_{14}$, 1,2,4,5-テトラメチルベンゼン.「ジュレン」と記す向きもある. コールタールなどから得られる無色固体. 融点79℃. 対応するキノン（デュロキノン）, フェノール（デュレノール酸）などを形成する. 酸化するとピロメリット酸無水物を生じる.

デュロン-プティの法則 Dulong and Petit's law
金属の原子量と比熱の積は約6.2の一定値を

とるという法則．低温条件下では必ずしもすべての金属において成り立つわけではないが，例外となるものや何種類かの非金属元素単体においても，高温ではかなりよい近似となる．モル比熱は約 25 J/K（$=3R$．ここで R は気体定数）．

デュワーベンゼン Dewar benzene (bicyclo [2.2.0] hexadiene)

C_6H_6，ビシクロ [2.2.0] ヘキサジエン．アルケンの物性を持つ無色の液体．多くの置換誘導体が知られている．好ましい生成方法としてはアルキンをシクロブタジエンに付加するものが挙げられる．デュワーベンゼンはベンゼンの原子価異性体で，加熱によりベンゼンに戻る．ベンゼンの高度に置換された原子価異性体で，三角プリズム様構造を持つもの（プリズマン）も知られている．

（デュワーベンゼン／プリズマン 構造図）

テラトゲン teratogen
→催奇性物質

デリス derris
台湾など東アジア原産の低木であるドクフジ（*Derris elliptica*）の根から得られ，もともと魚毒として用いられた．ロテノンを含む．粉末の形で殺虫剤として用いられている．

δ結合 delta bonding
2つの軌道（例えば d 軌道）が，4つの重なり領域を持つように，横方向に重なるもの．

δ値 delta value
核磁気共鳴，特にプロトンのNMRにおける化学シフトの大きさを ppm 単位で表したもの．

テルビウム terbium
元素記号 Tb．ランタニド金属，原子番号 65，原子量 158.93，融点 1356℃，沸点 3230℃，密度（ρ）8230 kg/m^3（8.230 g/cm^3），地殻存在比 1.1 ppm，電子配置 [Xe]4f^{9}6s^2．*hcp* 構造．酸化物はテレビの蛍光体やレーザーに用いられる．有機テルビウム化合物は重合反応に用いられる．

テルビウムの化学的性質 terbium compounds
+3 と +4 の酸化数をとる．Tb（Ⅲ）化合物は典型的なランタニド元素の化合物の性質を持っている．

Tb^{3+}（f^8 薄いピンク）→ Tb（-2.39 V 酸性溶液中）

TbF_4（ThF_3 と F_2 を 300℃で反応させる）や Cs_3TbF_7 が既知である．Tb_2O_3 と TbO_2 の中間の酸化物はテルビウム化合物を空気中で加熱すると得られる．これら高酸化数の酸化テルビウムは水から酸素を遊離させる．Tb_2Cl_3 および TbCl（$TbCl_3$ と Tb から得る）は金属-金属結合を有する．

テルピネン terpinenes
$C_{10}H_{16}$．1,8-テルピンやテルピネオールの関連物質群．香料や脂肪処理に使われるものもある．$C_{10}H_{16}$ の単環式不飽和テルペンで2分子の HCl が付加すると，いずれも同一の二塩化水素付加物を生じる．

1,8-テルピン terpin (1,8-terpine, *p*-menthane-1,8-diol, dipentene glycol)
$C_{10}H_{20}O_2$，テルピン，*p*-メンタン-1,8-ジオール，ジペンテングリコール．単環式テルペンジアルコール．*trans*-ジペンテンの二塩化水素付加物に希アルカリを作用させると α-テルピネオールとともに得られる．リナロール，ゲラニオール，ネロールの環化でも得られる．

（構造図）

デルフィニン delphinine
アコニチン関連の植物性アルカロイド．

テルペン類 terpenes
厳密には分子式 $C_{10}H_{16}$ で表される揮発性炭化水素（モノテルペン）．広義では，セスキテルペン（$C_{15}H_{24}$），ジテルペン（$C_{20}H_{32}$），さらにもっと高分子量の誘導体も含む．さらに広い意味ではアルコール，ケトン，カンファーのようなテルペンから誘導される酸素含有化合物も

含む．テルペンは化学的にも工業的にも重要で，種々の植物の産生物であり，香料に用いられるほとんどの天然あるいは合成香気物質の主要成分である．テルペンの多くは医薬品としての重要性を持つ．テルペン炭化水素は例外なくイソプレン C_5H_8 の多量体とみなすことができ，鎖状構造のものも，C_6 環を含むものもある．不飽和結合を持つので反応性があり，多くの場合特徴的な誘導体を形成する．

デルマタン硫酸（エステル） dermatan sulphate
→コンドロイチン

テルミット反応 thermite reaction
溶接や発火装置に利用する熱を発生するためのアルミニウム粉末による金属酸化物（通常は Fe_2O_3）の還元反応．通常はマグネシウムリボンで発火させる．この反応により例えば Al_2O_3 と Fe が生成する．

デルリン（商品名） Delrin
ホルムアルデヒド樹脂．デュポン社の登録している商品名．

テルル tellurium
元素記号 Te．非金属元素で原子番号52，原子量127.60，融点450℃，沸点988℃，密度（ρ）6240 kg/m^3（6.240 g/cm^3），地殻存在比 0.005 ppm，電子配置 [Kr]4d^{10}5s^{2}5p^4．16族元素．天然にはテルル化物として硫化物鉱中に存在する．硫化物鉱石（特に Au，Ag，Cu の硫化物）の煙道塵から得られる．H_2SO_4 溶液として集め，亜鉛で還元してテルルを得る．灰色の金属形は鎖状構造で導電性を持つが，良導体ではない．無定形のものは黒灰色．O_2，ハロゲン，金属と容易に化合し，酸化力のある酸に溶解する．用途は合金（特に鉛との合金，銅やステンレスにも使われる），半導体，ガラス．テルル化合物は有毒．

テルルの塩化物 tellurium chlorides
①二塩化テルル（tellurium dichloride）$TeCl_2$：不安定な固体．$TeCl_4$ とテルルから得る．
②四塩化テルル（tellurium tetrachloride）$TeCl_4$：無色固体．融点225℃，沸点390℃．テルルと過剰の Cl_2 から得る．水により加水分解され $[TeCl_6]^{2-}$ イオンを含む錯体を生成する．

テルルの化学的性質 tellurium chemistry
テルルは16族元素の半金属元素で，−2，+2，+4，+6の酸化数をとるが，硫黄より電気的陽性で，Te_4^{2+} などのクラスターを含む化合物を形成し，TeO_2 中ではカチオン性を示す．$Te(IV)$ 化合物は $[TeCl_6]^{2-}$ のような錯体を形成する．$[Te_2S_8]^{2+}$ のような多量体陽イオンも生成する．

テルルの酸化物 tellurium oxides
①一酸化テルル（tellurium monoxide）TeO：黒色固体．$TeSO_3$（Te と SO_3 から得る）の熱分解で生成する．
②二酸化テルル（tellurium dioxide）TeO_2：テルルを空気中で燃焼させるかテルル(IV)酸塩を加熱して得る．ルチルまたはブルッカイト構造．水に難溶．アルカリで処理するとテルル(IV)酸塩を生じ，酸と反応すると例えば $TeCl_4$ を生じる．
③三酸化テルル（tellurium trioxide）TeO_3：黄色または灰色固体．テルル酸 H_6TeO_6 を加熱して得る．酸化剤で，それ自身は還元されると TeO_2 になる．熱濃アルカリで処理するとテルル(VI)酸塩を生じる．

テルルの酸素酸 tellurium oxyacids
①亜テルル酸（tellurous acid）H_2TeO_3：TeO_2 は水に不溶なので遊離の酸は存在しない．$[TeO_3]^{2-}$ を含むテルル(IV)酸塩は TeO_2 と塩基から調製できる．
②テルル酸（telluric acid）$Te(OH)_6$：Te を塩素(V)酸塩を含む王水に溶かすと生成する．$Na[TeO(OH)_5]$，$Na_2[TeO_2(OH)_4]$ のようなテルル酸塩を形成する．
$HOTeF_5$ から誘導される $-OTeF_5$ 基を含むフルオロテルル酸塩も知られている．「テルルのフッ化物」の項の六フッ化テルルも参照．

テルルの臭化物 tellurium bromides
①二臭化テルル（tellurium dibromide）$TeBr_2$：融点210℃，沸点339℃．Te と $TeBr_4$ を Et_2O 中で反応させると生じる不安定な化合物．
②四臭化テルル（tellurium tetrabromide）$TeBr_4$：融点380℃，沸点420℃．赤色固体．テルルと過剰の Br_2 から得る．気体は $TeBr_2$ と Br_2 に解離している．$[TeBr_6]^{2-}$ イオンを含む種々の錯体を形成する．

テルルのフッ化物 tellurium fluorides
①四フッ化テルル（tellurium tetrafluoride）TeF_4：融点130℃．無色潮解性固体．SeF_4 と

TeO_2 から得る．水により加水分解される．

②六フッ化テルル（tellurium hexafluoride）TeF_6：融点 $-35.5℃$，$-39℃$で昇華する．安定な気体．Te と F_2 から得る．反応により種々の化合物を形成する．例えば，TeF_5OR, TeF_5OH（$[TeF_5O]^-$を含む化学種を形成する），Te_2F_{10}や TeF_5O-TeF_5 のような酸化フッ化物も酸化テルルのフッ素化において生じる．

テルルの有機誘導体　tellurium, organic derivatives

テルルは -2 または $+4$ の状態で有機化合物を形成する．-2価の化合物は2価の硫黄化合物（スルフィド）に類似しているが，安定性は有機スルフィドより低い．テルル(Ⅳ)の化合物は比較的不安定である．

テルル化物　tellurides

テルルと他の電気的に陽性の元素との2元化合物．構造的には硫化物に類似している．

テルル酸　telluric acid

$Te(OH)_6$．→テルルの酸化物

テルル酸塩　tellurates

形式的にはテルルの酸素酸の陰イオンを含む塩．テルル(Ⅵ)酸塩は八面体の $[TeO_6]^{6-}$，あるいはその誘導体を含む．テルル(Ⅳ)酸塩（亜テルル酸塩）は $[TeO_3]^{2-}$ を含む．

テルル酸ナトリウム　sodium tellurate

$Na_2TeO_4·2H_2O$．この式は実は正しくなく，$Na_2[TeO_2(OH)_4]$ である．加熱すると分解して亜テルル酸ナトリウムになる．

テレビン油　turpentine, oil of turpentine (spirit of turpentine)

さまざまな種類が製造されている．いずれも針葉樹の浸出液または蒸留物から得られる軽質の揮発性精油．テレビン油は環状テルペン炭化水素の混合物．主成分は α-ピネンで $150℃$ で沸騰し始め比重は約 $0.85 \sim 0.875$．塗料やワニスの希釈剤や溶剤，研磨用に用いられる．

テレフタル酸　terephthalic acid (1,4-benzenedicarboxylic acid)

$C_8H_6O_4$, 1,4-ベンゼンジカルボン酸．無色針状結晶，融点 $300℃$（昇華）．p-キシレンの酸化により製造され，ポリエステル繊維やプラスチック（PET）の製造原料に用いられる．グリコールと反応してポリエステルを形成する．ポリエチレンテレフタレートは重要なプラスチックで，炭酸飲料のボトルや繊維，フィルムなどに利用される．

テレフタル酸ジメチル　dimethyl terephalate
→フタル酸エステル

テレベン　terebene

トール油やテレビン油から得られるジペンテンおよび他のテルペン系炭化水素．沸点 $160 \sim 190℃$．特有の芳香を持ち医薬用やセルロース材料の処理に使われる．

テロマー　telomer

比較的低分子量の重合体でタキソゲン M とテロゲン XY を反応させることにより得られる XM_nY の形のもの（$n=5 \sim 20$）．工業化学的に重要なものが少なくない．生物学（遺伝学）では染色体の末端部分を指す（こちらはテロメア（telomere）ということも多い）．

テロメラーゼ　telomerase

テロマー（テロメア）に作用する酵素．

テロメリゼーション　telomerization

数分子のモノマーからなる比較的低分子量のポリマーを生じる重合または縮合反応．例えば $[C_2F_4]_4$ はテロマー $[C_2F_4]_n$ で，n が大きいものはポリマーという．

転位（結晶）　dislocation

結晶格子中での完全な規則性からのさまざまな乱れを指す．転位は通常，結晶格子の線欠陥またはねじれ欠陥の部分で起こる．他のタイプも知られている．

転位（分子）　rearrangement

見かけ上，分子内で起こり新しい物質を生成する反応．置換基の移動，二重結合の移動，環の拡大や縮小などが起こる．

転移温度　transition temperature

物質のある形態（相）が他の形態へと変化する温度．例えば斜方硫黄は転移温度 $95.6℃$ で単斜硫黄へと転移する．これより低い温度では斜方晶が安定同素体であり，これより高い温度では単斜晶が安定同素体である．転移温度は系に加えられている圧力に依存する．

電位差滴定　potentiometric titration

滴定の終点においては反応に関与するすべての化学種の濃度が急激に変化する．それゆえ滴定中の溶液に不活性電極を浸しておくと，終点

に近付いたときに起電力の急激な変化が生じ，起電力変化をモニターすることにより終点を判定できる．この手法は特に着色溶液や指示薬の使用が不可能の場合に有用である．

転移点　transition point
　転移温度．異なった相が転移する温度で，圧力一定下では定まった温度となる．

転移の凍結　suspended transformation
　準安定状態（metastable state）にある系．

転化　converting
　転炉に入れた溶融材料中に空気を吹き込むことによって行う冶金における酸化プロセス．

転化（シフト反応）　shift conversion (shift reaction)
　一酸化炭素と水蒸気から水素と二酸化炭素を得る重要な反応．
$$CO + H_2O \to CO_2 + H_2$$
コバルト触媒上に約 250～300℃で一酸化炭素と過剰の水蒸気を通じて CO を 99％以上 CO_2 に変換する．都市ガスや代替天然ガス製造のためのオイルや固体燃料のガス化に広く用いられている．

電解亜鉛メッキ　galvanizing
　鋼鉄を保護するために電着（冷メッキ）により亜鉛で被覆すること．亜鉛が優先的に腐食される（なお，英語の「galvanizing」は広い意味では融解亜鉛浴に鋼鉄を浸しメッキすることまでをも含む）．

電界イオン化顕微鏡　field-ionization microscopy (FIM)
　希ガス原子のイオン化を利用した表面の研究手法．

電解還元　electrolytic reduction
　電気分解による還元反応．

電解酸化　electrolytic oxidation
　電気分解による酸化反応．

電解質　electrolyte
　溶液中で完全に，または部分的にイオンに解離して電気伝導体として作用する固体物質．解離定数が約 10^{-2} より大きい電解質を強電解質という．

電荷移動錯体　charge transfer complexes
　ドナーとアクセプターの間に弱い相互作用である電荷移動が生じている錯体．この相互作用は通常アクセプター側の分子の分極に起因する．電荷移動錯体の例としては，芳香族誘導体とハロゲンの間に形成される錯体などがある．このクラスの錯体を真の錯体から実質的に区別することは困難である．電荷（電子）移動はあらゆる錯体中で生じている．

電荷移動スペクトル　charge transfer band or spectrum
　基底状態と励起状態の間の遷移が，単一の原子または原子団（基）や分子内の電子遷移ではなくて，1個の電子が1つの原子または基から別の原子または基へと移動するのに対応しているもの．多くは大きな吸収強度を示すので，鮮やかな色彩の源となる．

添加剤　additives
　通常は少量を添加することにより，特定の性質を付与する化合物を指す．例えば潤滑油に用いる泡立ち防止剤，加工性を向上するためにポリマーに加える材料（可塑剤）などがある．

転化糖　invert sugar
　ショ糖を加水分解して得られるグルコースとフルクトースの混合物で小さい左旋性を持つ（これはモル旋光度がグルコース（右旋性）よりもフルクトース（左旋性）のほうが大きいためである）．

転換プロセス　conversion processes
　製品の変換に関する工業的反応を記載するのに用いる一般的な用語．例えばガス化による石炭燃料のガス燃料への変換などがある．

電気陰性度　electronegativity (χ)
　原子が安定な分子中で結合電子を引き付ける強さの尺度．共有結合した塩化水素 HCl では電子は水素よりも塩素のほうに偏っており，塩素のほうが電気陰性度が高い．電気陰性度の数値は，ポーリングにより結合解離エネルギー，イオン化エネルギー，電子親和力に基づいて求められた．一般に電気陰性度は各周期では左から右に向かって増加し，各族中では上から下に向かって減少する．代表的な元素の値を以下に示す

H 3.1
Li 1.28　　Be 1.99　　B 1.83　　C 2.67
　　　　　　N 3.08　　O 3.22　　F 4.43

（訳者記：なお，このほかにマリケンの電気

陰性度，オールレッド-ロコウの電気陰性度，サンダーソンの電気陰性度，ピアソンの（絶対）電気陰性度などがある．）

電気泳動 electrophoresis
　荷電粒子，コロイド粒子やイオンが電場下で溶液中を移動すること．pHを変化させると等電点において移動は止まる．電気浸透では液体は常に固定表面に対して一定に流れている．電気泳動は分析，特に生化学分野で分離や同定に用いられる（イオノグラフィ，キャピラリー電気泳動，ゾーン電気泳動，通電クロマトグラフィ）．ゲル電気泳動ではゲル中を粒子が移動する．通常は架橋したポリアクリルアミドゲルが用いられる．

電気泳動クロマトグラム electrophoretogram
　電気泳動を行った後で化学種がカラムなどの上で分離された様子．

電気泳動効果 electrophoretic effect
　イオン雰囲気下でイオンの移動度が減少することによる粘性流．

電気化学 electrochemistry
　電気分解など電解質溶液に電流を流した際の現象や溶液内のイオンの挙動，および，このような溶液の性質を扱う化学の分野．

電気化学系列 electrochemical series, activity series
　元素の反応性の順序．イオン化エネルギー，溶媒和（水和）エネルギーなどに依存する．この系列の上位に位置する元素ほど酸化されやすい．ある金属をそれより電気化学系列の低い別の金属イオンを含む溶液に浸すと，金属イオンの交換が起こる．例えば銅塩の溶液に亜鉛を入れると交換が起こる．主な元素の序列を以下に示す（カッコ内に酸化電位を記す）．

Li (3.04)	Na (2.71)	H$_2$ (0.00)	
Cs (2.92)	Mg (2.38)	Cu (−0.34)	
Rb (2.92)	H$^-$ (2.23)	I$^-$ (−0.54)	
K (2.92)	Al (1.71)	Ag (−0.80)	
Ba (2.90)	Mn (1.03)	Au (−1.42)	
Sr (2.89)	Zn (0.76)	F$^-$ (−2.87)	
Ca (2.76)	Cr (0.74)		

電気化学セル electric cell
　電気エネルギーの供給源としての，あるいは電気エネルギーを使うための装置．電気化学セルは2本の電極を1つ以上の電解質溶液に浸したものからなる．電極が別々の溶液中にあるときは，溶液間の電気的接触は塩橋，多孔質円盤あるいはイオン導電体を通じてなされる．電極は電解質と同じ金属からなっていてもよく，または白金などの別の不活性材料からなっていてもよい．

電気化学当量 electrochemical equivalent
　単位量（1クーロン）の電荷により，イオンから生成またはイオンに変換される原子の質量．

電気集塵機 electrostatic precipitators
　→静電的沈積機

電気浸透 electro-osmosis
　液体柱を隔膜で隔て，両側に1つずつ電極を入れ直流電流を流すと，液体がどちらかの電極に向かって移動するために膜と液体の間に電位差が生じる．この現象は電気泳動に類似しており，電気浸透と呼ばれる．酸，塩基または塩が存在するとその影響を受ける．膜に対する液体の移動が起こらなくなるときの水素イオン濃度を等電点という．→コロイド

電気滴定 electrometric titration
　溶液に不活性な電極を浸して起電力の変化をモニターしながら滴定する手法．特に着色した溶液の滴定に利用される．

電気的陽性元素 electropositive elements
　陽イオンを生成したり正の酸化数の状態で化合物を形成する傾向を持つ元素．1～13族元素，アクチニド元素，ランタニド元素．

電気伝導度 conductance (G)
　→コンダクタンス

電気伝導率 conductivity
　電流を通す性質．ある回路の抵抗の逆数は電気伝導率と呼ばれる．比抵抗の逆数は比導電率，またはその物質のコンダクタンスである．単位はS/m．溶液のコンダクタンスGは
$$G = \kappa A/l$$
で表される．ここでκは電気伝導率，lは電極間の距離，そしてAは電極の断面積である．

電気伝導率（固体） conductivity, solids
　固体はその導電性に応じて伝導体，半導体，絶縁体の3つに分類することができる．コンダクタンスGは抵抗値の逆数で，Ω^{-1}で表され

る（以前は mho であったが現在はジーメンス S）．金属は典型的な伝導性固体で，その電気伝導率は温度が減少するにつれて増加する．半導体は真性半導体（例えば純粋なゲルマニウムやシリコンほか，多くの遷移金属酸化物）と不純物半導体（例えば Al や P をドープした Si および Ge など）に分類できる．半導体が伝導性固体と異なるのは，前者の伝導性は温度の増加につれて大きく増加する点である．耐火性酸化物，例えばアルミナ，シリカ，酸化マグネシウムなどは典型的な絶縁体である．不純物をドープした半導体はトランジスターなどの超小型電子回路に幅広く使用されている．イオン性伝導体は固体中をイオンが移動することによって電気を通す．

電気透析 electrodialysis

電解質を含むコロイドゾルの透析において，電場を用いて電解質の除去を促進する方法．望ましくない電解質を含むコロイド溶液を2枚の透析膜の間に入れて膜の外側に純水を入れる．水の部分に電極を入れて直流電流を通じると，印加した電場によりイオンの膜を通した拡散が促進されるので，ゾルはより短時間で精製できる．

電気二重層 electrical double layer

電気二重層は通常，2つの相の界面あるいはコロイド粒子の表面に形成される．一方の相は正の正味電荷を持ち，他方は負の正味電荷を帯びる．簡単に説明すると，負に帯電した滴下水銀電極はイオン雰囲気に囲まれており，電極表面から離れるにつれて陽イオンの割合は減少し陰イオンの割合が増加している．

電気分解 electrolysis

溶液状態あるいは融解状態の物質に直流電流を通じて，物質を変換または分解する過程．

電気分解の諸法則 electrolysis, laws of
→ファラデーの電気分解の法則

電気分散 electrodispersion

液体表面下にある2つの金属電極の間に放電が起こると，粒子は分断され一部は液体中にコロイドとして分散する．より精密な電気分散法では，シリカの管内にアークを入れて気化させた金属を，不活性気体流を用いてアークの前で分散媒体へと小さな穴を通過させて導入する．

電気メッキ electroplating

電流を流して溶液から金属を他の金属またはプラスチックなどの上に層状に析出させること．メッキする金属製の物が一方の電極となり，他の金属イオンを水和イオンまたは他の錯体として含む浴に浸す．電流密度，pH，濃度などが析出する金属の接着性やテクスチャーに影響を及ぼす．電気メッキによく使用される金属は Ag, Cr, Ni, Zn などである．

電　極 electrode

電解質中に入れるとバルクの電解質に対してある電位を発生する電気伝導体．固体や溶液に電位を発生させるのに用いられる物質．

電極電位 electrode potential

溶液と接触している物質が，その溶液内に問題の物質から生じたイオンを含む場合に示す電位をいう．この場合の溶液は通常は水溶液であるが，他の溶媒に対しても同様に用いることができる．電位の大きさは物質の種類と溶液の濃度に依存する．電極と溶液の間に正味の電流が流れない条件では，系は可逆的に振る舞うといい，そのときの電位を可逆電極電位という．活量1のイオンと接触している電極が水素電極に対して示す電極電位を標準電極電位（$E°$）という．電極電位の符号は任意である．通常は還元電位，すなわち $Mn^+ \rightarrow M$ に対する電位で表す．電極電位が正であることは還元過程が自発的に起こることを表す．$Mn^+ \rightarrow M$ が負の電位を持つとは，酸化過程 $M \rightarrow Mn^+$ が自発的に起こる方向であることを意味する．電極と溶液の間に適切な電流が流れるとき，すなわち可逆的な熱力学的平衡が乱されているとき，電極は分極しているといい，その系は不可逆的に振舞う．

点　群 point group

1つの点に関する対照要素．分子についていう．結晶格子では対称要素がすべて1つの点を通るわけではなく，その配置を空間群という．

電　子 electron

化学においては，電子はそれ以上分割できない負の電荷を持つ根源的な粒子で，すべての原子の構成要素となっている．電子の質量は陽子の質量の 1/1837．電荷は 1.602×10^{-19} C，静止質量は 9.109×10^{-31} kg．

電子移動反応 electron transfer reactions
ある1つの化学種（またはラジカル）から他へ電子が移動する反応．酸化還元反応でもある．

電子雲拡大効果 nephelauxetic effect
金属-配位子結合の共有結合性の差により錯体の電子遷移（d-d など）スペクトルが変化する．定量的には錯体におけるラカーパラメーター B の自由イオンの B に対する比 β で表す．β が大きいほど結合のイオン性が大きい．

電子壊変 electron decay
→ β 壊変

電子価結合 electrovalent bond (polar bond)
静電引力により形成される結合．イオン結合．

電子化合物 electron compounds
遷移金属元素と典型元素の1つから形成される化合物で，生成する特定の相の構造が，最も単純な実験式における価電子数（Fe, Co, Ni 族の元素の価電子数は 0，Cu 族は 1 とする）の総数と原子の総数の比によって定まるような化合物．この比が 3:2 の場合は β-相で bcc，21:13 では γ-相で複雑な構造となる．7:4 では ε-相で hcp となる．

電子環状反応 electrocyclic reaction
立体特異的に開環または閉環が起こる多中心反応．例えば cis-3,4-ジクロロシクロブテンは (1E,4Z)-ジクロロ-1,3-ブタジエンを生じる．この反応はフロンティアオービタル理論を用いると巧みに説明可能である．

電子顕微鏡 electron microscopy
電子線を用いて微細構造を観察する手法．表面や欠陥の詳細を見ることができる．高分解能条件では原子や分子も見える．

電子交換 electron exchange
化学変化を伴わない電子移動．

電子親和力 electron affinity (EEA)
気体状態で中性の原子またはイオンに1つ電子が付加する際に放出されるエネルギー．
$$A(g) + e^- \rightarrow A^-(g) + エネルギー$$
電子親和力はボルン-ハーバーサイクルにより求められる．

電子スピン electron spin
電子の諸性質は電子が $s = 1/2$ のスピンを持つとして説明できる．

電子スピン共鳴 electron spin resonance (ESR, electron paramagnetic resonance, EPR)
電子常磁性共鳴と呼ぶこともある．外部磁場が存在しないときは電子スピンはあらゆる向きを等しい確率でとるが，磁場をかけると不対電子のスピンは磁場ベクトルと平行または反平行に整列する．この2つの状態のエネルギー差は $g\mu H$ で表され，g はランデ因子，μ はボーア磁子，H は印加した磁場の強度を表す．自由電子では $g = 2.0023$．2つのスピン状態間の分布はボルツマン則に従い，常温ではエネルギーの低い状態がごくわずかに過剰に存在する．電子スピン共鳴分光器では $g\mu H$ に等しいエネルギーの電磁波 $h\nu$ を照射して低エネルギー状態から高エネルギー状態への遷移を引き起こさせる．共鳴条件は $h\nu = g\mu H$ であり，実験的には周波数（ν）を一定にして磁場 H を変化させることで共鳴条件を探索することとなる．使用するマイクロ波の波長しだいでそれぞれ別の共鳴磁場強度を用いることとなる．フリーラジカルは不対電子と核スピンを有する核の数に依存した分裂パターンを示す．ESR 分光は化学分野でラジカルの同定や構造決定に広く利用される．

電子・正孔の対 electron hole pair
表面の電子と格子の正電荷を持ったホールの対．表面反応において重要．

電子遷移 electronic transition
原子や分子において，電子は許されたエネルギー値のみをとる．電子があるオービタルから別のオービタルへと移るとき，電子遷移が起こり，2つのオービタルのエネルギー差に対応するエネルギーの吸収や放出を伴う．観測される遷移には振動や回転遷移の影響が見られることもある．

電子線回折 electron diffraction
電子線は原子や分子と相互作用して回折される．電子線回折は分子構造（特に気相）や表面（低速電子回折）の研究に利用される．

電子線プローブマイクロアナライザー electron probe microanalysis (EPMA)
EPMA と略称されることが多い．高速電子線の直径を電子レンズで 1 μm 程度に絞り，試料を顕微鏡で観測しながら，発生する蛍光 X 線を利用して微小領域の元素の定性・定量分析を行う分析手法．

電子対 electron pair
スピンが逆で同じオービタルに入っている1対の電子．孤立電子対（ローンペア）や共有結合や配位結合を形成する．

デンシトメーター densitometer
例えば写真乾板上の線の黒化度などの度合いを測定する機器．X線分析や分光分析で用いられる．

電子配置 electronic configuration
(1) 原子の電子配置：原子の基本的性質を支配する．原子の化学的性質は外殻の電子配置に支配される．各電子は固有の4種の量子数を持ち，それらは互いに関係がある．

①主量子数（principal quantum number）：nで表され，$1, 2, 3, \cdots$の値をとる．電子のオービタルの全エネルギーと大きさを表す．

②方位量子数（副量子数．azimuthal quantum number）：lで表され，$0, 1, 2, \cdots n-1$の値をとる．オービタルの角運動量を表し，電子の分布確率が高い領域の形に対応する．方位量子数が$l = 0, 1, 2, 3$のオービタルをそれぞれs, p, d, fオービタルという．

③磁気量子数（magnetic quantum number）：mで表され，$-l, -l+1, \cdots 0, \cdots l-1, l$の値をとる．オービタルの方向を表す．

④スピン量子数（spin quantum number）：
$$s = \pm 1/2$$

sオービタルは空間的に球対称で，最大2個の互いにスピンの異なる電子を収容することができる．pオービタルは8の字を回転させたような形をしている．各主量子数につき3つの等価なpオービタルがあり，直交座標の3本の軸に対応している．dオービタルやfオービタルはもっと複雑な形をしている．それぞれの主量子数について5つの等価なdオービタルと7つの等価なfオービタルがあり，各オービタルはスピンの異なる電子を2個まで収容できる．上記の定義により，主量子数1の場合はsオービタルのみで，主量子数2はsおよびpオービタル，主量子数3はs, p, dオービタルであり，主量子数がそれより大きいものはs, p, d, fオービタルを持つ．原子の電子配置を求めるには，正しい個数の電子をエネルギーの低いオービタルから順に詰めていき（組み上げの原理

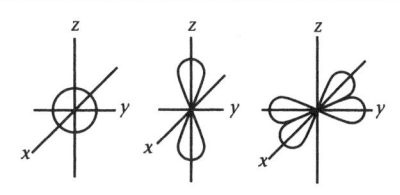

sオービタル　　pzオービタル　　dx^2-y^2オービタル

(aufbau principle)），等価なオービタルの組，例えば3つのpオービタルには，それらすべてのオービタルに1つずつ電子が満ちるまでは各オービタルに1つずつ入る（フント則（Hund's rule））．オービタルのエネルギーの順序はたいていの原子では$1s < 2s < 2p < 3s < 3p < 4s < 3d < 4p < 5s < 4d < 5p < 6s < 4f < 5d < 6p < 7s \cdots$．いかなる原子も，すべての量子数が同一の電子を2個持つことはできない（パウリの禁制律）．

(2) 分子の電子配置：原子オービタルの直接的な一次結合を考える価電子結合法（ハイトラー-ロンドンの手法）か，または分子内の複数の原子の周囲の空間全体を占める分子オービタルを考慮する（→分子オービタル）．電子は，これらのオービタルのエネルギーの低いほうから順に占有する．

電磁波音響分光法 optoacoustic spectrometry
変調された電磁波を試料に照射し，吸収が起こった際の熱を利用した分光法．この熱により試料を入れたセル内の圧力変化が生じ，粗密波（音波）となったものをマイクロホンで検出できる．この手法は電磁波のほぼすべての領域について適用できる．→光音響分光法

電磁輻射 electromagnetic radiation
振動する電場と磁場は電磁波として空間を伝播する．これを電磁輻射，または電磁放射という．電磁波には，可視光，赤外線，紫外線，ラジオ波，X線，γ線など異なる波長，すなわち異なるエネルギーを持つものがある．これらはすべて真空中を等しい速度2.98×10^8 m/sで伝播する．電磁波はその振動数（エネルギー）により，分子と異なるタイプの相互作用をする：紫外-可視-近赤外（電子遷移），赤外（振動），マイクロ波（回転），ラジオ波（核スピン），X線（電子の放出）．

電子不足化合物 electron-deficient compounds

1本の結合が2つの原子の間に形成されているとみなすと，各原子について電子殻が満たされた配置がとれない化合物．これらの化合物中の結合は2つの電子が3つ以上の原子を結びつけており，多中心結合と呼ばれる．→ホウ素の水素化物

電子捕獲 electron capture
→軌道電子捕獲

電子ボルト electron volt (eV)
1ボルトの電圧で電子1個を加速したときに電子が得るエネルギー．$1\,eV=1.6\times10^{-19}\,J$．1モルあたりにすると96485.3 J/mol となる．

電子密度 electron density
X線回折による結晶構造解析では電子密度分布を計算して図示する．そのようなデータを利用して構造，結合距離などを得ることができる．化学結合論においてはある特定の位置に電子を見い出す確率のことを指す．

転　写 transcription
RNA ポリメラーゼの作用により DNA 鎖と相補的な1本鎖のメッセンジャー RNA を合成すること．DNA に結合するタンパク質は特異性が高い．

電子輸送チェイン electron transport chain
酸素呼吸や生合成の酸化還元過程に必須，酵素と補酵素が結合した系．ATP 合成に関与する．

展　性 malleability
固体，特に金属が鍛造や圧延処理によって全方向に延びる性質をいう．展性の大きさを表すには，製造できる箔の厚さを指標とする．

天青石 celestine (celestite)
$SrSO_4$．天然の硫酸ストロンチウム．Sr 化合物の主要供給源．

電池（バッテリー） batteries (electric cells)
化学変化により電気を発生させるシステムで，携帯可能なものも多い．
1次電池は一般に再充電が不可能なものを指す．ルクランシェ電池は NH_4Cl-MnO_2-Zn 系で，$MnO_2 \rightarrow Mn^{3+} \rightarrow Mn^{2+} \parallel Zn \rightarrow Zn^{2+}$（$MnO_2$ の代わりに鉄酸塩（Fe(VI)）を用いることもある）；このほかの重要な系としては，$HgO \rightarrow Hg \parallel Zn \rightarrow Zn^{2+}$（アルカリ HgO-亜鉛系）；$CuO \rightarrow Cu \parallel Zn \rightarrow [Zn(OH)_4]^{2-}$（ラランド電池）；$Ag_2O$/Zn 電池，$Li/F_2$/黒鉛など．さらに，Ni-水素化ニッケル，リチウム-カーボン電池，リチウム-酸化コバルト-黒鉛電池などが実用化されている．
2次電池は再充電可能な電池で，最も重要な系は鉛/硫酸系の $PbO_2 \rightarrow PbSO_4$（鉛蓄電池）；ニッケル-カドミウム $NiO(OH)+Cd \rightarrow Ni(OH)_2 + Cd(OH)_2$（ニッカド電池）；Ag/Zn；Ni/Fe（エディソン電池）；Ag/Cd；MnO_2/Zn；$LiCoO_2 \rightarrow Li$ 層間化合物（→鉛蓄電池）．
燃料電池は気体状の反応物質を使用し，電気を生じさせる．最も広く使用されているのは，多孔性電極内で H_2 と O_2 を反応させるものである．なお，バッテリー（battery）は本来は鶏舎（バタリー）などと同じく積層構造の電池を意味するが，現在では単一ユニットだけでも用いるようになった．

電池の起電力 cell potential
化学平衡に達していない2本の電極間の電位差 E を V（ボルト）で表したもの．$nFE = \Delta_T G$．

電導性ポリマー conductive polymers
主に有機ポリマーで，電気を通すもの．例えばポリアセチレン，ポリピロール，ポリチオフェンなどがある．

伝導度滴定 conductiometric titration
溶液の電気伝導度（コンダクタンス）の変化から終点を知る滴定方法．

デンドライト dendrite
最初の結晶化点からの方向によって異なる速度で結晶が成長するために，樹枝のように結晶が形成されること．特に合金や氷の結晶に見られる．多くの塩で樹枝状結晶が誘導可能である（→樹枝状塩）．通常の形にはない利点を持つ．

デンドリマー dendrimers
樹枝状分子．

伝熱用油 heat transmission oils
熱的に安定なオイルで，通常中程度の粘性を持つ留分．工業用の循環式熱伝導媒体として用いられる．

天然塩安 sal ammoniac
塩化アンモニウム石ともいう．NH_4Cl．
→塩化アンモニウム

天然ガス natural gas
地下のガス田から得られるガスで，原油と直

接関係している場合もそうでない場合もある．このようなガスは通常90％以上がメタンや他の低沸点炭化水素で，残りは窒素と二酸化炭素である．天然ガスが原油とともに産する場合は，かなりの量の高級炭化水素（ペンタン，ヘキサンなど）を含み，ウェットガスと呼ばれる．燃料や有機化合物の原料に用いられる．

天然ソーダ natron
$Na_2CO_3 \cdot NaHCO_3 \cdot NaCl$の混合物．工業用ソーダ灰の原料．以前はミイラ製造に用いられた．

天然ホウ砂 tincal
天然産の四ホウ酸ナトリウム十水和物結晶 $Na_2B_4O_7 \cdot 10H_2O$．

天秤 balance
秤量に用いられる機器．正式な精密天秤は，てこの原理で作用するが，それほど精密でないものにはバネが用いられている．最も感度の高いものは電子的な方法により，$0.1\,\mu g$まで秤量できる．

テンプレート反応 template reaction
金属の存在下で反応（多くは縮合や重合）を行い，配位することにより特定の立体配置や特定の生成物が得られるように導くこと．

デンプン（澱粉） starch
$(C_6H_{10}O_5)_x$．細胞で常に作られたり分解されたりする炭水化物で貯蔵物質としての役割も持つ．セルロースのようにグルコピラノース単位が酸素原子でα-グリコシド結合して長い鎖を形成している．完全加水分解によりグルコースのみを生じ，酵素による分解ではマルトースを生じ，他の条件ではデキストリンも生成する．デンプンは水溶性のアミロース（濃縮すると逆向きの反応が起こり不溶性の沈殿を生じる）とアミロペクチン（特徴的なペースト形成能を持つ粘液質物質）からなる．アミロースは200〜1000個のグルコース単位がα-1,4-グリコシド結合によりつながったものであり，アミロペクチンはα-1,6-グリコシド結合で架橋した比較的短い鎖（約20グルコース単位）からなる．アミロースとアミロペクチンはともにグルコース-1-リン酸から脱リン酸酵素の作用により合成される．デンプンは冷水に不溶(そのため、「沈澱する粉」という意味の「澱粉」という文字が当てられるが、いまでは漢字制限のため「殿粉」となった）であるが，熱水には溶けゲル化して乳白光を放つ分散液を形成する．トウモロコシ，コムギ，ジャガイモ，イネなどの穀類から，浸漬，粉砕，沈殿などの種々の物理的処理により単離される．紙や布のサイジング用接着剤，食品や医薬品の不活性希釈剤など種々の用途に用いられる．デンプンは工業的処理により選択的に溶解させることでアミロースとアミロペクチンに分離できる．アミロースは可食性フィルムの製造に用いられ，アミロペクチンは織物のサイジングや仕上げ，食品の増粘剤に使われる．

電離 electrolyte dissociation
溶質が溶液中でイオンを生成する過程．イオン結晶固体（例：$NaCl$）の溶質の場合には，希薄溶液ではほぼ完全にイオンに解離し，電気伝導度は濃度に依存しない．酢酸などのようにイオンと解離していない分子との平衡が成立する溶質もあるが，これらは「弱酸」，「弱塩基」と呼ばれる．

電流滴定 amperometric titration
添加した滴定剤の量に対し，電池の中を流れる電流をプロットして行う分析方法．曲線に急激な変化が生じるところが終点である．

銅 copper

元素記号 Cu. 金属元素. 原子番号 29, 原子量 63.546, 融点 1084.62℃, 沸点 2562℃, 密度 (ρ) 8960 kg/m^3 (= 8.960 g/cm^3), 地殻存在比 50 ppm, 電子配置 [Ar]3d^{10}4s^1. 貨幣金属. 天然に単体として産出 (Ag, Bi, Pb などを含有) するほか赤銅鉱 Cu$_2$O, 黒銅鉱 CuO, 黄銅鉱 CuFeS$_2$, 斑銅鉱 Cu$_3$FeS$_3$ として産出する. 孔雀石 (マラカイト) CuCO$_3$-Cu(OH)$_2$ (明るい緑色) と藍銅鉱 2CuCO$_3$-Cu(OH)$_2$ (明るい青色) は古くから顔料として用いられる鉱物である. 銅の資源としては硫化物鉱石と自然銅 (産出量は少ない) が用いられている. 銅鉱石を浮遊選鉱で濃縮し, 硫黄をコンバータで酸化して, 粗銅を電気分解により精製する. 金属銅は立方最密充填構造で, 酸素と赤熱温度で反応する. ハロゲン, 酸化性を有する酸, アンモニアおよび KCN 溶液により侵される (アンモニアと KCN 溶液は酸素が存在する場合のみ). 銅は約 55% が電気関連の用途に, 約 15% がパイプ (配管) に用いられている. 合金 (真鍮, 青銅 (ブロンズ), 貨幣を初めとする金合金) に用いられる銅も多い. その他の銅の用途には, 触媒 (CuCl, CuCl$_2$, CuO), 半導体, 殺菌剤 (CuCl$_2$, Cu$_2$O), 印刷, 染色, 顔料, 塗料などがある. 銅は例えば亜酸化窒素レダクターゼ, スーパーオキシドジスムターゼ, チトクロームオキシダーゼ, チロシナーゼなど酵素中にも含まれており, カタツムリ, カニ, ある種の甲殻類において酸素運搬体 (ヘモシアニン) の一部となっている. アタカマ石 (緑塩銅鉱) Cu$_2$(OH)$_3$Cl は, ある種のゴカイ (チロリ) の歯の先端に存在する.

銅の塩化物　copper chlorides

①塩化銅 (II) CuCl$_2$: 焦げ茶色 (Cu と過剰の Cl$_2$ から生成). 緑色の CuCl$_2$·2H$_2$O のほか, さまざまな錯体が存在する. 例えば [CuCl$_2$(py)] は通常架橋塩素を含有する. 錯イオンとして, 例えば [Cu$_2$Cl$_6$]$^{2-}$, [CuCl$_4$]$^{2-}$ も知られており, これらは黄色または緑色.

②塩化銅 (I) CuCl: 白色固体 (CuCl$_2$ と HCl および過剰の銅または SO$_2$ から生成). カルボニル錯体やホスフィン錯体を生じる.

銅の化学的性質　copper chemistry

銅は典型的な遷移元素で 11 族. 極めて低い酸化状態は安定ではない. マトリックス分離法により, 不安定なカルボニルが生成するのみである.

①銅 (I) 塩は塩化物およびヨウ化物が不溶性で, Ag(I) 塩と極めて類似している. これらは無色または薄い黄色である. ホスフィンおよび CO と錯体を形成する.

②銅 (II) 塩 (水溶液中では青色) は典型的な銅の塩であるが, 一般には歪んだ配位構造 (ヤーン-テラー歪みにより配位子のうち 4 個は近く, 2 個は遠い) を持つ. 特に N-リガンドとの, さまざまな錯体が知られている.

③銅 (III) 塩は酸化物・フッ化物やアミノ酸錯体が知られている.

酸性溶液中の電極電位は Cu$^+$ → Cu + 0.34 V, Cu^{2+} → Cu$^+$ + 0.158 V; Cu$^+$ は水溶液中で不均化し, Cu と Cu^{2+} になるが, 多くの非水性溶媒中では安定である. 多くのクラスター化合物 (例えば [Cu$_4$I$_4$(PMe$_3$)$_4$], [Cu$_6$H$_6$(PPh$_3$)$_6$]) が知られており, Cu-Cu 結合は多くの銅 (II) 誘導体, 特に架橋配位子 (例えば [Cu(O$_2$CCH$_3$)$_2$·H$_2$O]$_2$) を持つものに見られる.

銅の酸化物　copper oxides

①酸化銅 (I) Cu$_2$O: 天然には赤銅鉱として産出する. 赤色固体. 銅 (II) 塩をヒドラジンで還元するか, あるいは CuO の熱分解で生成する. 安価な赤色ガラスの原料となるほか, 銅 (I) 酸塩の KCuO (K$_2$O と Cu$_2$O から生成) の原料でもある.

②酸化銅 (II) CuO: 黒色固体. 天然産のものは黒銅鉱と呼ばれる. Cu(OH)$_2$, Cu(NO$_3$)$_2$ などを加熱して生成する. 酸に溶けて Cu(II) 塩を生じ, 800℃で分解して Cu$_2$O となる. 研磨剤. 固相反応で銅 (II) 酸塩 (クプラート) を形成する. 銅 (III) 酸塩 KCuO$_2$ も知られている.

銅の臭化物　copper bromides

CuBr$_2$ および CuBr の 2 種類の臭化銅が存在

している．塩化銅に極めて類似している．

銅の有機誘導体　copper, organic compounds
　銅（I）はアルキル銅，アリール銅のほか，$(\eta^5\text{-}C_5H_5)CuPPh_3$，$(C_6H_5Cu)_2$ などの錯体を形成する．反応系内で生成する銅の誘導体はカップリング反応で重要である．

銅アンモニウムイオン　cuprammonium
　$[Cu(NH_3)_4]^{2+}$．濃青色の銅（II）アンミン錯体（過剰のアンモニア水溶液を銅（II）塩に加える）．この溶液はセルロースを溶解する（いわゆる「シュヴァイツァー試薬」）ので，レーヨン（キュプラ）合成に用いられる．

同位体　isotope
　原子番号が同じで原子量が異なる原子（核種）．例えば $^{16}_{8}O$ と $^{18}_{8}O$．安定同位体のほか，非常に多くの放射性同位体が知られている．同位体は化学的性質は類似しているが，質量が異なるために物理的性質にはいくらかの差がある．このことを利用して分留，交換反応，拡散，電気分解，電磁気学的手法などにより同位体分離が行われる．

同位体壊変系列　isotope decay series
　自然の壊変により生成する同位体の系列．年代測定に利用される．

同位体効果　isotope effect
　異なる同位体を持つ化学種が，エネルギーがわずかに異なることにより速度および平衡に差を生じる効果．例えば C-H 結合の開裂が関与する反応は水素を重水素（デューテリウムまたはトリチウム）で置換すると遅くなり，これは一次の同位体効果と呼ばれる．C-H 結合と C-D 結合の開裂速度の違いは，室温で C-H 結合の振動エネルギーが C-D 結合の振動エネルギーより大きいことに起因する．それゆえ C-H 結合の開裂のほうが小さいエネルギーで起こる．

同一配位子性　homoleptic
　MoF_6，$Ti(CH_3)_4$，$Cr(CO)_6$ のように同一の原子に1種類の基のみが結合していること．ホモレプティックともいう．

等温変化　isothermal change
　系が一定温度を保って（例えば恒温槽中で）起こる変化．

透過型電子顕微鏡法　transmission electron microscopy（(S) TEM）
　よく TEM と略される．→走査電子顕微鏡法

透角閃石　tremolite
　$Ca_2Mg_5(Si_4O_{11})_2(OH)_2$．角閃石の一種．トレモライトと呼ぶことも多い．アスベスト鉱物．耐酸性フィルターに用いられる．

等核分子　homonuclear molecule
　O_2，N_2，Cl_2 のように同じ原子からなる分子．HC，NO，CO のように異なる原子からなる分子は異核分子という．

同化剤　anabolic agents
　タンパク質の貯蔵を促進し，組織の新陳代謝を刺激する薬．よく病後の回復期に使用されるが，運動能力を高めるために違法に使用されることもある．アンドロゲン性ステロイドホルモン，例えばテストステロンは顕著な同化活性を持ち，多数の合成類似体が治療に用いられている．

同化作用　anabolism
　タンパク質や脂肪の合成などの合成反応．
　→代謝

トウガラシ（唐辛子）　capsicum
　さまざまな種類のトウガラシ属の熟した果実を乾燥させたもの．カプサイシンを含有する．腰痛やリューマチ用塗布薬，軟膏に用いられる．

等吸収点　isosbestic point
　遷移金属錯体の溶液の吸収スペクトルで，反応が起きて組成が変化してもスペクトルの吸光係数が常に等しい点をいう．溶液中の錯形成や異性化など，反応速度の研究に分光法を応用する際に重要な点である．

等極性結合　homopolar bond
　共有結合（厳密な意味の）をいう．結合する原子が同じ種類の原子であるものは等極性結合となる．

等極性結晶　homopolar crystal
　ダイヤモンドのように等極性共有結合のみで形成されている結晶（単体）．

同型　isomorphism
　同じ結晶構造を持つこと．同型の物質は互いに結晶化を促し，他の物質の結晶上に析出することさえある（例えば紫色のクロムミョウバンが無色のカリミョウバンの表面上に析出することがある）．

統計熱力学 statistical thermodynamics
多数の分子の平均的な振る舞いに基づく，(特に気体の) 状態の記述法．

凍結乾燥 freeze-drying
$-40 \sim 10°C$ で凍結した固体から減圧下で水 (あるいは他の溶媒) を除去すること．費用はかかるが分解しやすい試料の損傷を避けられる．生物試料や食品に利用される．

等構造 isostructural
格子型および結晶構造が同じであること．例えば K_2PtCl_6 と Rb_2PtCl_6．

糖酸 saccharic acid
糖酸は組成式 $HO(O)C(CHOH)_4C(O)OH$ で表され，対応するアルドースを硝酸により酸化して作られる．アルダル酸ともいう．異性体も知られている．狭い意味での糖酸は，グルコースまたはデンプンの酸化で得られる D-グルコン酸 (融点 $125 \sim 126°C$) を指す．

糖酸塩 saccharates, sucrates
①通常は糖酸 (アルダル酸) の塩を指すが，製糖工業ではショ糖のアルカリまたはアルカリ土類誘導体も指す．これらは厳密には sucrates というべきである．
②スクロースのアルカリまたはアルカリ土類誘導体．→スクロース

銅酸塩 cuprates
→銅の酸化物

等軸晶系 regular system
立方晶系の以前の呼称．現在でもよく用いられる．

糖質 saccharides
酸素原子で結合した糖の多量体．デンプン，セルロース，グリコーゲン，マンナンなど．

同重体 isobars
同一の質量数 (すなわち陽子と中性子の和) を持つが，化学的性質 (すなわち陽子または電子の数) が異なる核種．

等蒸気圧性 isopiestic
溶媒の分圧が等しい塩類などの溶液を「等蒸気圧溶液」という．なお気象学では等圧面のことをいう．

透析 dialysis
コロイドゾルの精製に用いられる方法．イオンや小分子とは違い，そのゾルに含まれる比較的大きな粒子 ($1 \sim 100 \, pm$) は半透膜を通って拡散することができない．不純物を含むゾルを純粋な水中 (好ましくは流水中) に保ったこのような膜 (透析膜) で包むことによって，晶質的な性格を持つ不純物はしだいに除去される．哺乳類の腎臓の機能は，血液を透析することであり，尿素などの不純物をヘモグロビンゾルから除去することである．→電気透析

透石膏 selenite
透明石膏の別名．

同素環 homocyclic
同じ原子のみからなる環を持つ化合物．ほとんどの場合，炭素原子であるので炭素環ともいう．芳香族 (ベンゼノイド) 化合物とシクロヘキサンのような脂環式化合物に分類される．

同素体 allotrope
単体元素が2つ以上の異なる形態で存在すること．例えば炭素のグラファイトとダイヤモンド，オゾンと酸素分子などのように結合状態が違う場合，あるいはほとんどの金属元素の場合に見られるように結晶型が違う場合がある．それぞれの型を同素体 (allotrope) という．

同中性子体 isotones
中性子の数は同じであるが質量数の異なる核種．例えば ^{132}Xe と ^{133}Cs．

等張液 isotonic solutions
浸透圧が互いに等しい溶液．通常はヒトの血液と等しい浸透圧を持つ溶液を指す．

等電子的 isoelectronic
例えば CO と N_2 のように分子やイオンの電子数が同じであること．広義では価電子数が等しい場合も含まれる．

透電定数 dielectric constant (ε_r)
絶縁定数ともいう．ある媒体中に置かれた電荷 q により生じる静電ポテンシャルは $V=q/(4\pi\varepsilon r)$ で表される．ここで ε はその媒体の有する誘電率である．通常比誘電率 ε_r が用いられ，比誘電率は $\varepsilon/\varepsilon_0$ で表される (ここで ε_0 は真空中の誘電率である)．媒体の極性や分極率は ε に影響を及ぼす．イオン性の物質は，高い ε を持つ溶媒により溶けやすい．ε は双極子モーメントの大きさの目安ともなる．

等電点 isoelectric point
分散している分子や粒子の正味の電荷がゼ

ロ，すなわち正負の電荷が同数になる点．等電点では電気泳動速度がゼロで凝集しやすい．親水性の物質は水に覆われることで凝集から保護されているが，等電点では安定性が最低になる．
→コロイド，凝析，両性イオン

透電率 permittivity（ε）
→透電定数

陶土 potter's clay
単独で，あるいは非塑性の物質と混合して陶器の製造に用いられる粘土や土をすべて指す用語．ある種の陶器の赤色は粘土中の鉄化合物のためである．この鉄化合物は，加熱により分解して赤色のFe_2O_3やその他の$Fe(III)$化合物を生成する．他の色は釜や炉で還元条件で焼成を行うか，あるいは粘土に着色した酸化物を添加して作る．磁器の場合の原料は「磁土」と呼び，もっと高温に耐える粘土質のカオリンなどを指す．

糖分解 glycolysis
生物代謝による炭水化物の分解．解糖作用．酸素の存在下（好気的解糖）または無酸素状態（嫌気的解糖）で起こる．グルコースの嫌気的解糖では最終産物はグルコース1モルにつき2モルのATPと乳酸を生成し，酸素の存在下では乳酸はさらに分解されてエネルギーを生み出す．好気的解糖ではピルビン酸を生じ，それはクエン酸回路でアセチルCoAを与える．ピルビン酸は他の代謝過程によっても変換され，例えばアミノ化を受けるとアラニンになる．

等分散 isodispersion
コロイド粒子の大きさがすべてほぼ同じ大きさであること．ヘモグロビンは分子量68000の等分散系粒子である．

等方的 isotropic
物質があらゆる方向に対して同じ物性を示すこと．立方晶系の物質やある種の非晶質は等方的である．

トウモロコシ油 corn oil（maize oil）
マーガリン製造に用いられる食用油．「コーンオイル」のほうが通用する分野もある．マーガリン製造原料となる植物油．パルミチン酸，オレイン酸，リノール酸などのグリセリドを含む．最近ではバイオディーゼルなどの用途も増えてきた．

桐油 tung oil（china-wood oil）
「きりゆ」と読むこともある．亜熱帯性喬木のトウダイグサ科（*Euphorbia*）の油桐（アブラギリ，*Aleurites cordata*）の実から得られる乾性油．天然樹脂とともにオイルワニスの製造に用いられる．金属酸化物と加熱すると，tungatesと呼ばれる塗膜乾燥剤ができる．江戸時代には合羽や和傘の防水などに多用された．

当量点 equivalence point
滴定において，反応物と生成物が化学量論を考慮した等量ずつ存在する点．滴定の終点とは厳密には一致しない．

当量伝導度 equivalent conductivity
比電気伝導率に1グラム当量の電解質を含む溶液の体積（ml）を乗じた値．

当量比例の法則 law of equivalent proportions
物質（単体，化合物）は互いに当量の質量比で反応するという法則．ただし種々の酸化状態や非化学量論化合物が存在するので，この法則はこのような単純な形で広く適用できるわけではない．→化合比一定の法則

冬緑油 oil of wintergreen
サリチル酸メチルの別名．

糖類 sugars
炭水化物で，アルデヒド基かケトン基を有する多価アルコール．主なものは炭素原子数が6または12のものである．天然に存在する糖は右手系である．結晶性で水に易溶．一般に甘味を呈する．市販の砂糖は原料により甘蔗糖（ショ糖）とか甜菜糖と呼ばれるが，成分はどちらも二糖のスクロースである．

毒砂 mispickel（arsenopyrite）
硫砒鉄鉱の別名．

毒重石 witherite
→毒重土石

毒重土石 witherite
天然産の炭酸バリウム鉱物．「毒重石」ということもある．組成は$BaCO_3$．白色．有毒．用途はバリウム化合物の原料，レンガ，セラミックス工業など．以前は殺鼠剤にも用いられた．

毒性 toxicity
通常は致死率50％となる濃度LC_{50}または致死投与量LD_{50}で表すが，MAKやTLV（限界濃度）など他の定義も用いられる．

毒　素　toxins
　動物，微生物または植物起源の有毒物質．

特定沸点留分　special boiling point spirits (SBP)
　ガソリン画分から選択した範囲の沸点を持つように精製した溶媒．通常，SBP 62/82℃のように沸点範囲により類別される．ゴムの溶媒や種からの油抽出など工業的に広く用いられる．
→ホワイトスピリット，ナフサ

***cis*-13-ドコセン酸**　*cis*-13-docosenoic acid
→エルカ酸

トコフェロール　tocopherols
　トコールの各種メチル誘導体．ビタミンE活性および抗酸化性を持つ．植物性脂肪，動物の体脂肪に広く分布するが，動物は生合成できない．

都市ガス　town gas
　発熱量が約 18 MJ/m^3 の発生炉ガス．種々の製法がある．例えば石炭を約 1250℃ で乾留するか，石炭をルルギ法のように完全ガス化する，あるいはナフサの接触蒸気改質のような石油をもとにする製法．これらの燃料ガスはいずれも水素 50% 以上，メタン 10〜30% を含み，他の成分は CO，高級炭化水素，CO_2，N_2 である．なお現在のところ気体燃料として最も広く使われるのは発熱量が約 38 MJ/m^3 の天然ガスである．

吐酒石　tartar emetic
　としゅせき．→酒石酸アンチモニルカリウム

杜松油　oil of juniper
　としょうゆ．ネズ（ジュニパー）の果実から得られる．ピネン，カジネンを含む．食品，香料などに利用される．オランダ名物の「ジン」はこれで香気付けをしたのが由来である．なお「カデ油」と呼ばれるものはネズの幹を水蒸気蒸留して得られるタール質の精油である．

トシル化　tosylation
　分子内にトルエン-4-スルホニル基（トシル基）を導入する化学変換．→塩化トルエン-4-スルホニル

トシル基　tosyl
　4-$CH_3C_6H_4SO_2$- で表される基．→塩化トルエン-4-スルホニル

突然変異原　mutagens
　突然変異の頻度を正常レベルよりもはるかに高いレベルまで増加させる化学物質または物理的刺激（放射線などをも含む）．多くの化学物質突然変異原は発ガン性物質である．

1-ドデカノール　1-dodecanol (dodecyl alcohol, lauryl alcohol)
→ラウリルアルコール

ドデカン酸　dodecanoic acid (lauric acid, dodecyclic acid)
→ラウリン酸

ドデカン二酸（デカン-1,10-ジカルボン酸）　dodecanedioic acid (1,10-decanedicarboxylic acid)
　セバシン酸の系統的名称．

ドデシル酸　dodecylic acid
→ラウリン酸

ドデシルフェノール　dodecylphenol
　$C_{18}H_{30}O$，$C_{12}H_{25}C_6H_4OH$．フェノールとプロピレンの四量体から作る．エチレンオキシドと反応して洗剤や界面活性剤を生成する（これで生じるものは分岐鎖のドデシルフェノールで，いわゆる ABS の原料となる）．

ドデシルベンゼンスルホン酸ナトリウム　sodium dodecyl benzene sulphonate
　$C_{12}H_{25}C_6H_4SO_3Na$．アニオン性界面活性剤．湿潤剤．

ドナー　donor
→配位結合

トパーズ　topaz
　$Al_2SiO_4(F, OH)_2$．火成岩やペグマタイトに含まれる．独立した SiO_4 四面体を含む．ガラスや艶出し，スラグ，鋼鉄工業で用いられる．また加熱後に耐火物として用いられる．美しい着色の透明な結晶は宝石として用いられる．

ドーパミン　dopamine (4-(2-aminoethyl)-1,2-benzenediol)
　2-(3,4-ジヒドロキシフェニル)エチルアミン，4-(2-アミノエチル)-1,2-ベンゼンジオール．いわゆるカテコールアミンの一種である．抗低血圧剤，強心薬．

ドーパント　dopant
　格子に埋め込まれた異物．→ドーピング

ドーピング　doping
　ホスト格子中に不純物を混入して，固体の電気的特性，磁性などの物性を変化させることを

いう．例えば酸化ニッケル格子中に少量のLi^+またはGa^{3+}を導入すると電導度は減少または増加する．ケイ素にホウ素をドープすると有用な半導体が得られる．ドーパントが格子に直接導入されずホスト中で孤立した凝集体を形成する場合はドメインドーピングという．

ドブニウム　dubnium
元素記号 Db．原子番号 105．人工のアクチニド後続元素で 12 族．化学的特性は Nb および Ta に類似している．以前は「ハーニウム」（元素記号は Ha）と呼ばれたこともあり，現在でも時折り目にすることがある．

ド・ブロイの公式　de Broglie equation
粒子の波長（λ）は次の式で与えられる：
$$\lambda = (h/p) = (h/mv)$$
ここで h＝プランク定数 6.6×10^{-34} J/Hz，m＝質量，v＝速度，p＝運動量である．特に電子と陽子に対して用いられる．

トポタクチック反応　topotactic reaction
反応物が立体規則的に反応した生成物を与える反応．

ドライアイス　dry ice
固体の CO_2．もともとは商品名であった．

ドライクリーニング　dry cleaning
低温で汚れを溶かすが繊維を膨潤させない溶剤を用いて織物を洗浄する方法．洗浄用の液体としては，可燃性の炭化水素（石油エーテルなど）や塩素化炭化水素（クロロカーボン類，特に C_2Cl_4 テトラクロロエチレン）が最も広く用いられているが，クロロカーボン類はしだいに廃止されつつあり，液体（超臨界状態）CO_2 が使われるようになってきている．

ドライコールド（商品名）Drikold
固体 CO_2（ドライアイス）の商品名．

トラウマチン酸　traumatic acid（trans-2-dodecenedioic acid）
$C_{12}H_{20}O_4$，trans-2-ドデセン二酸．融点 165 ℃．植物の生長ホルモン．傷ついた植物組織で作られ，周囲の健全な細胞へと拡散し細胞分裂を促進する．

トラガカントゴム　tragacanth gum
乳化剤，増粘剤，接着剤として用いられる．

トラクター用ガソリン　tractor vapourizing oil（TVO）
圧縮比の低いスパーク起動エンジン用に用いるケロシン．

トラン　tolan（diphenylethyne）
$C_6H_5C{\equiv}CC_6H_5$，ジフェニルアセチレン．揮発性無色結晶．融点 61℃．ベンジルビスヒドラゾンを HgO で酸化して得る．

トランスアミナーゼ　transaminases
→アミノ基転移酵素

トランス効果　trans effect
錯体の置換反応においてシスとトランスの異性体の生成比は他の配位子に大きく依存する．

$$\begin{array}{c}L\\L'\end{array}\!\!\diagdown\!\!\!\!Pt\!\!\!\!\diagdown\!\!\begin{array}{c}X\\X\end{array} \xrightarrow{Y^-} \underset{A}{\begin{array}{c}L\\L'\end{array}\!\!\diagdown\!\!\!\!Pt\!\!\!\!\diagdown\!\!\begin{array}{c}Y\\X\end{array}} \text{ or } \underset{B}{\begin{array}{c}L\\L'\end{array}\!\!\diagdown\!\!\!\!Pt\!\!\!\!\diagdown\!\!\begin{array}{c}X\\Y\end{array}}$$

上式の平面四角型白金錯体で生成物 A と B の生成比は L と L' のトランス誘起効果の相対的な強さにより決まる．よく見られる配位子の中では $H_2O < NH_3 < Cl^- < CO$ の順に速度論的にも熱力学的にもトランス効果も増大する．

トランスフェリン　transferrin
鉄輸送の主要な経路を担うタンパク質．

トランスメチラーゼ　transmethylases
→メチル基転移酵素

トリアコンタノール　triacontanol
→メリシルアルコール

トリアジン　triazines
sym-C_3N_3 環を含む化合物群．例えばメラミン，ジアリルメラミン類など．染料，除草剤に用いられる．

トリアジン系除草剤　triazine herbicides
s-トリアジン（塩化シアヌリルより得る）の誘導体．種々の誘導体が除草剤として使われる．

$$\begin{array}{c}R^2\\ \diagup\diagdown \\ N \quad N \\ | \quad\quad | \\ R^1 \diagdown\diagup R^3 \\ N \end{array}$$

トリアセチン　triacetin S
グリセリンの三酢酸エステル．→アセチン

トリアセトンアミン　triacetoneamine（2,2,6,6-tetramethyl-γ-piperidone）
$C_9H_{17}NO$，2,2,6,6-テトラメチル-4-ピペリド

ン．無色針状晶，融点35℃，沸点205℃．ジアセトンアミンとアセトンの反応，または溶融 $CaCl_2$ を含むアセトンに NH_3 ガスを通じて作る．スピンラベル剤の原料．

トリアゾール triazole (pyrrodiazole)
下記の構造式で表される五員複素環化合物．

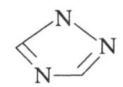

トリアリールメタン系色素 triarylmethane dyes
→トリフェニルメタン系色素

トリウム thorium
元素記号 Th．放射性金属元素，原子番号90，原子量232.04，融点1750℃，沸点4788℃，密度 (ρ) 11720kg/m^3 (=11.72 g/cm^3)．地殻存在比12 ppm，電子配置 [Rn]6d^{2}7s^2．主要な鉱石はトール石 (ThSiO$_4$)，トロゴム石 (ケイ酸塩)，方トリウム石 (トリアナイト ThO$_2$)，モナズ石 (混合リン酸塩，ランタニド元素の主要鉱石) などである．

鉱石をアルカリまたは酸で分解し，トリウムを酸性溶液からリン酸トリブチルなどの溶媒を用いて抽出する．単体は ThF$_4$ をカルシウムで還元して得る．空気中では徐々に光沢を失い，熱水や酸と徐々に反応する．低温では ccp 構造，高温では bcc 構造．ThO$_2$ は以前には白熱ガスマントルの製造に使われていた．^{232}Th の熱中性子捕獲で核分裂性の ^{233}U が生じる．ThO$_2$ は重要な触媒 (フィッシャー–トロプシュ合成) で，ニッケルの触媒能力増強に用いられる．単体は電子工業で脱酸素剤 (ゲッター) として用いられる．

トリウムの化合物 thorium compounds
以前の定義によるならば最初のアクチニド元素であるが，トリウムは化合物中でほとんどすべて+4価の状態である．
$$E° \ Th^{4+} \rightarrow Th \ -1.9V$$
形式的により低い酸化数を持つ化合物にはThI$_3$ と ThI$_2$ (封管中で ThI$_4$ と Th から得る) があり，Th^{4+} イオン，I$^-$ イオンおよび電子からなる．Th(IV)化合物は水中で一部加水分解される．水溶液から析出した塩は多くの結晶水を含む．O-ドナーや N-ドナーと錯体を形成する．配位数は多いのが一般的 (Th(NO$_3$)$_4$·5H$_2$O では11配位，Th(NO$_3$)$_4$(OP(C$_6$H$_5$)$_3$)$_2$ では10配位) である．トリウムジケトナト (例えばアセチルアセトナト) は八配位で特に安定．有機トリウム化合物も知られている．例えば ThCl$_4$ と KC$_5$H$_5$ から Th(C$_5$H$_5$)$_4$ が生成する．

トリウムの酸素酸塩 thorium oxyacid salts
市販のトリウム塩には硝酸塩 (四水塩，一水塩)，シュウ酸塩 (六水塩)，硫酸塩 (無水塩，四，六，八，九水塩) がある．陰イオンは通常金属に配位している．水溶液中では塩は最終的には加水分解される．

トリウムのハロゲン化物 thorium halides
ThX$_4$ はすべて既知である．
$$ThO_2 + C_2Cl_2F_4 \text{ または } HF \xrightarrow{400℃} ThF_4$$
$$ThCl_4 aq. \xrightarrow{HF} ThF_4$$
$$Th \xrightarrow{Br_2\ 700℃} ThBr_4$$
$$Th \xrightarrow{I_2\ 400℃} ThI_4$$
ThF$_4$ は水に不溶 (ただし ThF$_4$·4H$_2$O は形成される)．その他のハロゲン化物は水溶性．オキシハロゲン化物 ThOX$_2$ は ThO$_2$ と ThX$_4$ から得られる．K$_5$ThF$_9$，Na$_2$ThF$_8$，Rb$_2$ThCl$_6$ のような複ハロゲン化物は酸性溶液から得られ，トリウムは高い配位数をとる．より低次のハロゲン化物については「トリウムの化合物」を参照．

トリエタノールアミン triethanolamine (2,2′,2″-nitrilo triethanol)
2,2′,2″-ニトリロトリエタノール．界面活性剤，乳化剤，四級アンモニウム塩の合成試薬．

トリエチルアミン triethylamine
→エチルアミン

トリエチルアルミニウム triethylaluminium
→アルミニウムの有機誘導体

トリエチレングリコール triethylene glycol (triglycol)
トリグリコールともいう．HOCH$_2$CH$_2$OCH$_2$CH$_2$OCH$_2$CH$_2$OH．エチレングリコールに類似した液体．乾燥剤，湿度制御に用いられる．エステルは可塑剤として利用される．

トリエチレンテトラミン triethylene tetramine
H$_2$NCH$_2$CH$_2$NHCH$_2$CH$_2$NHCH$_2$CH$_2$NH$_2$．樹脂に用いられる．

トリエチレンメラミン triethylene melamine
(2,4,6-tris-(1-aziridenyl)-s-triazine)
2,4,6-トリス(1-アジリデニル)-s-トリアジン．樹脂や織物に利用される．

トリエトキシメタン triethoxymethane
→オルトギ酸エチル

トリオキサン trioxane
$(CH_2O)_3$．環状のホルムアルデヒド三量体．→パラホルムアルデヒド

トリオキシメチレン trioxymethylene
トリオキサンの別名．→パラホルムアルデヒド

トリオース triose
炭素原子を3個含む炭水化物．三炭糖．3種のトリオース（ジヒドロキシアセトンとグリセルアルデヒドの2種の立体異性体）がある．

トリオレイン triolein (9-octadecanoic acid-1,2,3-propantriyl ester, glyceryl trioleate)
cis-9-オクタデセン酸プロパン-1,2,3-トリイルエステル，グリセリントリオレイン酸エステル．植物性油脂の主成分．オクタデセノール（オレイルアルコール）の製造に用いられる．

トリカルボン酸サイクル tricarboxylic acid cycle
→クエン酸サイクル

トリグライム triglyme
$C_8H_{18}O_4$, $CH_3O(CH_2CH_2O)_3CH_3$．トリエチレングリコールジメチルエーテル．

トリクロロイソシアヌール酸 trichloroisocyanuric acid
$[(CO)N(Cl)]_3$．正しくは「クロロイソシアヌリル三量体」のはずであるが，通常こう呼ばれている．塩素化剤，消毒剤として用いられる（「流しのぬめり取り」などに配合されている）．

1,1,1-トリクロロエタン 1,1,1-trichloroethane (methyl chloroform)
CCl_3CH_3．別名をメチルクロロホルムという．エタンの塩素化または塩化ビニルにHClを作用させて得る．金属の洗浄や溶媒に用いられる．

トリクロロエタン酸 trichloroethanoic acid
→クロロ酢酸類

トリクロロエチレン trichloroethylene, trichloroethene
$CHCl=CCl_2$．無色液体，沸点87℃．不燃性．

「トリクレン」とも呼ばれている．おそらく発ガン性あり．アセチレンの塩素化で得られるテトラクロロエタンを石灰との反応か気相クラッキングにより脱塩化水素反応させて得る．

希酸や希アルカリには安定であるが，水酸化ナトリウムと加圧下で加熱するとグリコール酸ナトリウムを生じる．酸素存在下で光にあたると塩化ジクロロアセチルを生じ，それが水蒸気と反応して少量の腐食性気体の塩化水素(HCl)を発生する．

多くは金属の脱脂に用いられる．他の主な用途は羊毛の洗浄，鉱油の抽出溶媒．少量ではあるが熱伝達媒体，麻酔剤，殺虫剤，燻蒸剤，塗料除去剤，消火剤にも用いられる．以前はドライクリーニング用に広く用いられたが現在では使われなくなった．

トリクロロ酢酸 trichloroacetic acid
→クロロ酢酸類

トリクロロニトロメタン trichloronitromethane
CCl_3NO_2．→クロロピクリン

2,4,6-トリクロロフェノール 2,4,6-trichlorophenol
$C_6H_3Cl_3O$．無色結晶，融点68℃．医療用の消毒，殺菌に用いられる．発ガン性の可能性あり．

トリクロロフルオロメタン trichlorofluoromethane
Cl_3CF．無色液体，沸点24℃．^{19}F NMRの内部標準（$δ=0$）として用いられる．CCl_4を$SbCl_5$とHFでフッ素化して得る．冷媒として用いられる．フレオン-11．

トリクロロメタン trichloromethane (chloroform)
→クロロホルム

トリゴール trigol
トリエチレングリコール（$HO(CH_2)_3OH$）の慣用名．無色吸湿性液体，沸点285℃．溶媒として使われる．

ドリコール dolichols
→ポリプレノール

ドリコルド（商品名） Drikold
ドライアイスの商品名．

トリジマイト tridymite
SiO_2．鱗珪石．二酸化ケイ素の高温安定形の

トリシン tricine (N-[tris(hydroxymethyl)methyl]glycine)

N-[(トリス(ヒドロキシメチル)メチル]グリシン．生化学用緩衝剤．

トリジン tolidines

$C_{14}H_{16}N_2$．ジトルイルのジアミノ誘導体．ニトロトルエンを亜鉛によりアルカリ性で還元し，次いで HCl で転位させて得る．最もよく使われるのは o-トリジン（3,3'-ジメチルベンジジン，3,3'-ジメチル-4,4'-ジアミノビフェニル）で光に不安定な白色固体．融点 130～131℃．血液の呈色試験に用いられる．

トリステアリン tristearin (glyceryl tristearate)

グリセリンのトリステアリン酸エステル．典型的なトリグリセリドで，牛脂の主成分でもある．油脂としての利用のほか製紙や織物で用いられる．

トリス(ヒドロキシメチル)アミノメタン tris (hydroxymethyl) aminomethane (trimethamine, TRIS)

$C(CH_2OH)_3NH_2$．トリメタミン．単に「トリス」と呼ぶことも多い．界面活性剤，乳化剤．皮革，織物の製造や生化学用緩衝剤に用いられる．

トリチウム tritium

^3_1H．三重水素．水素の最も重い同位体．天然存在比は $1/10^{17}$ 以下．β 線を放射し（半減期 12.26 年），放射性トレーサーや熱核融合反応に利用される．軽水核融合炉でデューテロン ^2_1H に種々の軽原子を衝突させるか，あるいはリニア加速器中の熱中性子反応 $^6Li(n, α)^3H$ により作ることができる．トレーサーや核兵器の原料として用いられる．

トリチオ炭酸塩 trithiocarbonates

M_2CS_3．チオ炭酸の誘導体．MSH と CS_2 から得る．平面構造の $[CS_3]^{2-}$ イオンを含む．

トリチオン酸 trithionic acid

→ポリチオン酸

トリチル trityl

トリフェニルメチル基．塩化トリフェニルメチルはある種のヒドロキシ化合物や糖誘導体とピリジン中で反応してトリチルエーテルを形成する．

トリデサン tridesan

$(2,4-Cl_2C_6H_3)_2O$，ビス(2,4-ジクロロフェニル)エーテル．家庭用洗剤に添加して用いる殺菌剤．

トリデシルベンゼン tridecyl benzene

界面活性剤（SDS）の原料．スルホン化により水への溶解度を増して洗剤や界面活性剤に用いる．

トリテルペン triterpenes

トリテルペノイド化合物は天然に広く存在する．炭素原子数は 30 で炭化水素 $C_{30}H_{50}$ の誘導体．スクアレンやラノステロールのような四環性化合物がある．

トリトン B Triton B

水酸化ベンジルトリメチルアンモニウムの商品名．通常は 40% メタノール溶液．強塩基．種々の溶媒に可溶．触媒として用いられる．→相間移動の化学

2,4,6-トリニトロトルエン 2,4,6-trinitrotoluene (TNT)

$C_7H_5N_3O_6$．黄色結晶．融点 81℃．芳香族炭化水素やその誘導体と電荷移動錯体を形成する．トルエンを混酸で直接ニトロ化して得る．TNT は非常に不安定で著しく強力な爆薬である．

1,3,5-トリニトロベンゼン 1,3,5-trinitrobenzene

$C_6H_3N_3O_6$．黄色結晶．融点 122℃．最もよい製法はトリニトロトルエンを二クロム酸ナトリウムで酸化して 2,4,6-トリニトロ安息香酸とし，それを水に懸濁させて煮沸する．芳香族炭化水素と特徴的な電荷移動錯体を形成する．

2,4,6-トリニトロ-1,3-ベンゼンジオール 2,4,6-trinitro-1,3-benzenediol (styphnic acid)

$C_6H_3N_3O_8$．スチフニン酸（トリニトロレゾルシン）．黄色結晶．融点 178℃．1,3-ジヒドロキシベンゼンのニトロ化で得る．水に微溶．アルコール，エーテルに可溶．ピクリン酸に類似．爆発性．スチフニン酸鉛は起爆剤．

トリパルサミド tryparsamide (tryparsone)

$C_8H_{10}AsN_2NaO_4$．N-フェニルグリシンアミド-4-アルシン酸のナトリウム塩．トリパノゾー

マ病の治療に用いられる.

トリヒドロキシプロパン trihydroxypropane
→グリセリン

トリフェニルホスフィン triphenylphosphine
$(C_6H_5)_3P$. C_6H_5MgBr と PCl_3 から得る. 無色結晶性固体, 融点82℃. 容易に昇華する. 種々の遷移金属錯化合物で低原子価状態を安定化するのに広く用いられる（このような錯体の多くは触媒として用いられる）. 適切なホスホニウム塩を経てホスホランに変換してウィッティヒのアルケン合成に用いられる.

トリフェニルメタン系色素 triphenylmethane dyes
代表的な色素類の1つ. 形式的にはトリアリールメタン系の一部. 最も有用なものはトリフェニルメタン $(C_6H_5)_3CH$ およびジフェニルナフチルメタンの誘導体である. フクシン, メチルバイオレット, マラカイトグリーンなどが例である. 色相は鮮明だが定着性は劣る. 色素はカルベニウムイオン $[Ar_3C]^+X^-$ で, 還元するとロイコ色素であるトリアリールメタン Ar_3CH を生じる. コピー用紙, リンタングステン酸塩・リンモリブデン酸塩としての広い用途がある. 色素の多くは抗菌剤としても用いられる.

トリフェニルメチル triphenylmethyl
$(C_6H_5)_3C$ 原子団. 陽イオン, 陰イオンのほかに重要なラジカルの $(C_6H_5)_3C\cdot$ がある. トリフェニルメチルラジカルは1900年にゴンバーグにより発表された. 単離できるのは二量体のヘキサフェニルエタン（無色固体, 融点145～147℃）である. 溶液では無色のヘキサフェニルエタンと黄色のトリフェニルラジカルの間に平衡が成り立っている. 希釈または昇温すると常磁性ラジカルの割合は増加する. この平衡混合物は脱酸素条件下で塩化トリフェニルメチルを水銀, 銀または亜鉛と加熱すると得られる. ラジカルは酸素と反応すると過酸化物を生じ, ヨウ素と反応するとヨウ化トリフェニルメチルを生じる.

塩化トリフェニルメチルをエーテル中でナトリウムで処理すると, 陰イオン $(C_6H_5)_3C^-$ による黄色が見られる. 一方, 同じ塩化トリフェニルメチルを THF などの溶媒中で過酸化銀で処理するとトリフェニルメチル陽イオンが得られる. トリフェニルメチル塩 $(C_6H_5)_3C^+X^-$ は, より簡便にはトリフェニルメタノールの無水酢酸または無水プロピオン酸溶液に適当な強酸を作用させると橙赤色の固体として得られる. 過塩素酸塩, テトラフルオロホウ酸塩, ヘキサフルオロリン酸塩は有機化合物からのヒドリド引き抜き（例えばシクロヘプタトリエンからトロピリウム塩を得る場合）に最もよく利用される. これら塩はかなり容易に加水分解されトリフェニルメタノールを生じる. ラジカルもイオンも共鳴により安定化されている.

トリプシン trypsin
重要な消化酵素. 膵臓で不活性な前駆体トリプシノーゲンとして作られ, エンテロキナーゼの作用またはトリプシンの自己触媒作用により活性化される. タンパク質を加水分解してペプチドに変換する.

トリプタミン tryptamine (1H-indole-3-ethanamine)
1H-インドール-3-エタンアミン. 植物に含まれる.

トリプチセン triptycene
$C_{20}H_{14}$. トリベンゾビシクロ[2.2.2]オクタトリエン. 無色固体, 融点255～256.5℃. ベンザインとアントラセンとのディールス-アルダー反応で得られる.

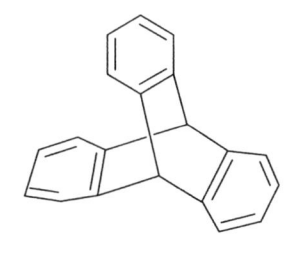

トリプトファン tryptophan (1-amino-2-indolylpropionic acid)
$C_{11}H_{12}N_2O_2$. 1-アミノ-2-インドリルプロピオン酸. 融点289℃. L-トリプトファンは必須アミノ酸. 動物の正常な成長には食餌に含まれることが必要.

トリフルオロ酢酸 trifluoroacetic acid (trifluoroethanoic acid)

CF_3CO_2H. 無色液体，沸点 72.5℃. 空気中で発煙する．カルボン酸の中では著しく強い酸 ($pKa=0.3$) である．酸触媒反応，特にペプチド合成におけるエステルの開裂に広く用いられる．

P_2O_5 で処理すると酸無水物 $(CF_3CO)_2O$（沸点 39.5℃）を生成する．これは $-OH$ や $-NH_2$ のトリフルオロアセチル化に用いられる．触媒としても用いられる．海水に含まれる．

トリフルオロ酢酸タリウム thallium trifluoroacetate

$Tl(O_2CCF_3)_3$. Tl_2O_3 と CF_3CO_2H から得られる固体．芳香族化合物のタリウム化に用いられる（$ArH + Tl(O_2CCF_3)_3 \rightarrow ArTl(O_2CCF_3)_2$）. 反応は芳香環に存在する置換基に依存して特異的に起こり，またタリウムは特異的に置換できる．例えば KI を作用させると ArI が得られる．→オキシタリウム化

トリフルオロメタンスルホン酸 trifluoromethanesulphonic acid

CF_3SO_3H. 無色液体で融点 -34℃. 沸点 161℃. 硫酸より強い超強酸の1つである．

トリフルオロメチル誘導体 trifluoromethyl derivatives

電気陰性の $-CF_3$ 基を持つ化合物．この置換基は化合物中で薬学的に重要な性質を担い，性質を大きく変えることがある．例えばトリフルオロメタンスルホン酸 CF_3SO_3H は非常に強い酸である．

トリフルオロヨードメタン trifluoroiodomethane

CF_3I. 多くのトリフルオロメチル誘導体の母体化合物．トリフルオロ酢酸銀とヨウ素から得る．

トリフル酸 triflic acid

CF_3SO_3H. トリフルオロメタンスルホン酸の通称（慣用名）．

トリフレート triflate

トリフルオロメタンスルホン酸塩の略称．

トリブロモアセトアルデヒド tribromoethanal (tribromoacetaldehyde, bromal)

CBr_3CHO（ブロマール）．油状液体．沸点 174℃. エタノールに臭素を作用させて得る．アルカリにより分解してブロモホルム $CHBr_3$ を生じる．

トリブロモメタン tribromomethane (bromoform)

→ブロモホルム

トリペンタエリスリトール tripentaerythritol

$(HOCH_2)_3CCH_2OCH_2C(CH_2OH)_2CH_2OCH_2C(CH_2OH)_3$. 白色固体．融点 250℃. ペンタエリスリトールの製造過程で得られる．表面被覆材の製造に用いられる．

トリホスゲン triphosgene

ホスゲンの三量体．→ホスゲン

トリポライト tripolite

ケイ藻土の変種．

トリボルミネッセンス triboluminescence

固体を粉砕する際に起こる発光．

トリミリスチン trimyristin (trimeristryl glyceride)

$C_3H_5(OCOC_{13}H_{27})_3$, トリミリスチルグリセリド．多くの脂肪の構成成分．

トリメシン酸 trimesic acid

ベンゼン-1,3,5-トリカルボン酸．トリメリット酸の異性体である．

トリメチルアミン trimethylamine

→メチルアミン類

トリメチルアミンオキシド trimethylamine oxide

C_3H_9NO, Me_3NO. 水から結晶化すると $2H_2O$ を含む無色針状晶が得られる．魚類や動物の組織に含まれる．トリメチルアミンの水溶液を過酸化水素で処理して得る．

N,N-2,3-トリメチル-2-イソプロピルブタミド N,N-2,3-trimethyl-2-isopropylbutamide

食品添加物に用いられる．別名を WS-23 という．融点 63℃.

トリメチルシリル誘導体 trimethylsilyl derivatives

Me_3SiX. X 基の導入に使われる．Me_3Si- は有用な立体障害を持つ基である．

2,4,6-トリメチルピリジン 2,4,6-trimethylpyridine (s-collidine)

$C_8H_{11}N$, s-コリジン．沸点 171℃, 塩基．一般に脱離反応にはピリジンより優れる．

1,2,3-トリメチルベンゼン 1,2,3-trimethylbenzene

ヘミメリテンの系統的名称.

1,2,4-トリメチルベンゼン　1,2,4-trimethylbenzene

プソイドクメンの系統的名称.

1,3,5-トリメチルベンゼン　1,3,5-trimethylbenzene

メシチレンの系統的名称.

2,2,4-トリメチルペンタン　2,2,4-trimethylpentane

いわゆるイソオクタンである.→オクタン

トリメチルホスフィン　trimethyl phosphine

Me_3P. 金属錯体を作りやすい. Ag（Ⅰ）錯体は Me_3P のよい供給源となる. 触媒に用いられる.

トリメチレン　trimethylene
→シクロプロパン

トリメチレンオキシド　trimethyleneoxide (oxetane)

オキセタン. 環状化合物 $\overline{CH_2CH_2CH_2O}$.

トリメチレングリコール　trimethyleneglycol (1,3-propanediol)

$HO(CH_2)_3OH$. 1,3-プロパンジオールポリトリメチレンテレフタレートの製造に用いられる. エチレンオキシドとメタノールを反応させ, 次いで水素化して得られる.

トリメチレンジチオール　trimethylenedithiol (1,3-propane dithiol)

$HS(CH_2)_3SH$. 1,3-プロパンジチオール. 非常に不快な臭気を有する液体. 沸点 170～171℃. 主に有機化学でカルボニル基をトリメチレンジチオケタールとして保護しておき, 分子の他の部分を反応させる際に用いられる. この保護基は希酸あるいは $HgCl_2$ で処理することにより除去できる.

$$\begin{array}{c} S-CH_2 \\ >C< CH_2 \\ S-CH_2 \end{array}$$

トリメチロールエタン　trimethylolethane (2-hydroxymethyl-2-methyl-1,3-propenediol)

$C_5H_{12}O_3$, 2-ヒドロキシメチル-2-メチル-1,3-プロパンジオール, $CH_3C(CH_2OH)_3$. 無色固体, 融点 202℃, 沸点 283℃. ホルムアルデヒドと CH_3CH_2CHO を NaOH の存在下で縮合させて得る. アルキド樹脂, 特に被覆材に用いられる.

トリメチロールプロパン　trimethylolpropane (2-ethyl-2-hydroxymethyl-1,3-propanediol)

$C_6H_{14}O_3$, $EtC(CH_2OH)_3$, 2-エチル-2-ヒドロキシメチル-1,3-プロパンジオール. 吸湿性の固体, 融点 57～59℃, 沸点 160℃/15 Torr. ホルムアルデヒドとブチルアルデヒドの縮合で得る.（エステルにして）ポリウレタンフォームの製造に用いる. 亜リン酸エステルは籠型配位子（cage phosphite）の典型である.

トリメリット酸　trimellitic acid（benzene-1,2,4-tricarboxylic acid）

ベンゼン-1,2,4-トリカルボン酸. 融点 218℃. プソイドクメンの酸化で得られる. 加熱するとトリメリット酸-1,2-無水物（TMA, 融点 168℃）に変換される. 可塑剤, アルキド樹脂, ポリエステルなどの原料に用いられる.

塗　料　paint

外観を良くするため, また錆びなどから保護するために, 木や金属を被覆する材料. 塗料の基本成分は顔料（装飾, 太陽光からの保護用）, 顔料を保持するための不揮発性担体（乾性油, エポキシ樹脂など）および塗布を容易にし最終的には蒸発する揮発性担体（水, 炭化水素溶媒）である. 金属塗料については「アルミニウム」を参照.

3,5,3′-トリヨードチロニン　3,5,3′-triiodothyronine

$C_{15}H_{12}I_3NO_4$. 甲状腺ホルモン.

トリヨードメタン（ヨードホルム）　triiodomethane (iodoform)
→クロロホルム

トリル基　tolyl

$CH_3C_6H_4-$ 基.

N-m-トリルフタラミン酸　N-m-tolylphthalaminic acid

植物生長調整剤.

トリレン（商品名）　Trilene

トリクロロエチレンの別名（訳者記：なお, Berkeley 社の有名なナイロン製釣り糸の商品名でもある）.

トリレン-2,4-ジイソシアナート　tolylene-2,4-diisocyanate (2,4-tmethyl-1,3-phenylene diisocyanate, TDI)

$CH_3C_6H_3(NCO)_2$. トルエンジイソシアナートともいう. 催涙性液体, 沸点 251℃. ホスゲ

ンと2,4-ジアミノトルエンから作る．ポリヒドロキシ化合物と反応させてポリウレタンフォームなどのエラストマーの製造に用いられる．皮膚を刺激し，アレルギー性湿疹や気管支喘息を引き起こす．

トル Torr

圧力の単位．1 Torr＝1 mmHg＝1.33×10⁻⁴ MPa.

土 類 earth

→アルカリ土類金属元素

2-トルイジン 2-toluidine (2-aminotoluene)

C_7H_9N, 2-アミノトルエン．無色液体，沸点198℃．2-ニトロトルエンの還元で得る．塩基性で塩酸塩や硫酸塩は安定．硫酸塩は200℃に加熱するとトルイジンスルホン酸に転位する．容易にジアゾ化されジアゾ化物は多くの染料の第一成分として用いられる．

4-トルイジン 4-toluidine (p-aminotoluene)

C_7H_9N, 4-アミノトルエン．無色葉状晶，融点45℃，沸点200℃．塩基性で鉱酸と組成の決まった塩を形成する．4-ニトロトルエンの還元で得る．容易にスルホン化される．アゾ染料の第一成分として用いられる．

トルイル基 toluyl

$CH_3C_6H_4CO-$ 基．

トルエン toluene (methylbenzene)

C_7H_8, $C_6H_5CH_3$, メチルベンゼン．沸点111℃，融点-95℃．無色で屈折率の高い特有の臭気を持つ液体．煙を出して燃える．蒸気中では揮発性が高い．ナフテン類に富む石油留分から水素存在下で接触改質（ハイドロホーミング）により製造される．このとき脱水素と脱アルキル化が同時に起こり，芳香族化合物の混合物が得られる．石炭の乾留によっても得られる．クロム酸や硝酸により酸化されて安息香酸を生じる．より温和な酸化ではベンズアルデヒドと安息香酸が生じる．沸騰トルエンを塩素で処理すると，主に側鎖が置換されて塩化ベンジル，ベンジルアルコール，塩化ベンザル（α,α-ジクロロトルエン），α,α,α-トリクロロトルエンを生じ，これらはいずれもベンジルアルコール，ベンズアルデヒド，安息香酸の合成に用いられる．鉄の存在下，低温で塩素化すると環が置換され2- および4-クロロトルエンの混合物を与え．低温で容易にニトロ化され，2- および4-ニトロトルエンの混合物を生じる．より激しい条件では最終的に2,4,6-トリニトロトルエン（TNT）が得られ，これは爆薬として用いられる．スルホン化では2-置換体と4-置換体が生じ，後者が主生成物である．これらスルホン酸誘導体はそれぞれサッカリン，クロラミンTの原料となる．トルエンは高オクタン価の航空および自動車用ガソリンの成分，溶媒，ベンゼン，カプロラクタム，フェノール，種々の色素などの化学品合成の原料として用いられる．

トルエン-4-スルホニルクロリド（塩化トシル） toluene-4-sulphonyl chloride (tosyl chloride)

→塩化トルエン-4-スルホニル

***p*-トルエンスルホン酸** p-toluenesulphonic acid (4-methylbenzene sulphonic acid)

$CH_3C_6H_4SO_3H$, 4-メチルベンゼンスルホン酸．融点106〜107℃．トルエンと硫酸から得る．合成や色素化学で用いられる．

トルコ石（ターコイス） turquoise

銅（Ⅱ）イオンを含むために青色を呈する塩基性の水和リン酸アルミニウム $Al_2(OH)_3PO_4 \cdot H_2O$. 通常は微結晶であるが，見かけ上は無定形で蝋状の光沢がある．宝石として用いられる（訳者注：名称とは違ってトルコに産出するわけではない）．

トルトヴェイト石 thortveitite

$Sc_2Si_2O_7$. 重要なスカンジウム原料．$Si_2O_7^{6-}$ イオンを含む．

ドルトン（単位） Da

原子質量単位と同じように使われているが，もともとは物理学的原子量に基づいた量であった．生物化学方面で汎用される．

ドルトン dalton

原子質量単位として，特に生化学方面で用いられる．

トルートンの規則 Trouton's rule

通常の非会合性液体の標準蒸発エントロピーは約85 J/K mol とほぼ一定の値を示す．

ドルトンの分圧の法則 Dalton's law of partial pressures

混合気体の全圧（P）は，構成成分の分圧（p）の和に等しい．分圧とは，この混合気体全体の体積を，成分気体だけで占めたときの圧力と定

義される.気体分子間には何らの相互作用もないと仮定している.

トール油 tall oil
　木材のクラフト紙製造または亜硫酸塩を用いたパルプ製造工程で生じる主要な副産物.主に脂肪酸からなるが鹸化されない成分も含む.用途は保護用コーティング(30%),石鹸・界面活性剤(15%),エステル,可塑剤(30%),接着剤,製紙.

トレイ(蒸留) tray
　→蒸留段

トレイカラム tray column
　→段塔

トレイ蒸留塔 tray column
　→段塔

トレイトール threitols
　→エリスリトール

トレオース threose (2,3,4-trihydroxybutanal)
　$C_4H_8O_4$, 2,3,4-トリヒドロキシブタナール.アルドテトロース.D-体は融点 126〜132℃ の結晶として得られる.吸湿性で水やアルコールに可溶.

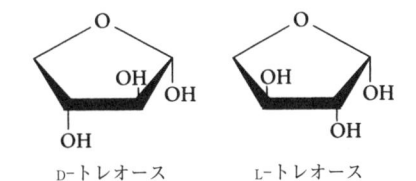

D-トレオース　　L-トレオース

トレオニン threonine (2-amino-3-hydroxybutanoic acid)
　$C_4H_9NO_3$, $CH_3CH(OH)CHNH_2C(O)OH$, 2-アミノ-3-ヒドロキシブタン酸.ヒドロキシアミノ酸.融点 251〜252℃.タンパク質に広く含まれる.食品の必須成分.

トレーサー tracer
　反応や自己拡散などの過程の進行状況を追跡するために実験系に加えられる,条件にほとんど影響を及ぼさない物質.狭い意味では同位体,特に放射性同位体や存在比の低い安定同位体(例えば ^{18}O)を添加してトレーサーとして利用する場合を指す.前者の場合はカウンターで放射能を測定して検出・定量し,後者の場合は質量分析計を使用する.これらの検出器は高感度なため,トレーサーの添加量は少なくてすむ.

トレハロース trehalose ((α-D-glucosido)-α-D-glucoside)
　$C_{12}H_{22}O_{11}\cdot 2H_2O$, ($\alpha$-D-グルコシド)-$\alpha$-D-グルコシド.融点 97℃.非還元性二糖.昆虫やベニテングタケ(アカハエトリタケ, *Amanita muscaria*)などの菌類の体液中の主要な炭水化物.通常,葉緑素やデンプンを持たない植物中でショ糖の代わりをなす.

トレモライト tremolite
　→透角閃石

ドレライト dolerite
　主に斜長石と輝石からなり,広く分布する火成岩.道路舗装用割石に用いられる.

トレンス試薬 Tollens reagent
　10% $AgNO_3$ と 10% $NaOH$ を含むアンモニア水溶液.アルデヒドの定性試験に用いられる.アルデヒドの銀鏡を形成するがケトンは陰性.

トロナ trona
　天然に産する炭酸ナトリウム $Na_2CO_3\cdot NaHCO_3\cdot 2H_2O$.炭酸塩鹹湖の蒸発で形成される.別名をウラオ(urao)ともいう.炭酸ナトリウム(ソーダ灰)の主要な天然原料.

トロピリウム tropylium
　1,3,5-シクロヘプタトリエンの対称的な陽イオン $C_7H_7^+$ の慣用名.1,3,5-シクロヘプタトリエンからトリチル塩などによりプロトン1個を引き抜いて得られる.6個の π 電子が炭素原子の七員環上に等しく分布した芳香族系であり,異常に安定化されたカルボカチオンである.アルカリ加水分解するとトロポンを生じる.トロピリウムは種々の遷移金属カルボニルと錯体を形成する.

トロピリデン tropilidene
　1,3,5-シクロヘプタトリエンの別名.

トロピン(3-トロパノール) tropine (3-tropanol)
　$C_8H_{15}NO$.融点 63℃,沸点 229℃.トロペインと呼ばれる医学的に重要なそのエステル類を加水分解して得る.→アトロピン,(−)-スコポラミン

トロポロン tropolones
　シクロヘプタトリエノン(トロポン)の2-ヒドロキシ誘導体.母体化合物トロポロンは無

色針状晶，融点 49～50℃．金属誘導体を形成する．シクロヘプタ-1,2-ジオンを臭素化し，次いで脱臭化水素反応させて得る．種々のトロポロン誘導体が天然に存在する．芳香族性ではない．

ドロマイト dolomite
→白雲石

トロンビン thrombin
血液凝固においてフィブリノーゲンをフィブリンに変換する酵素．

トロンボキサン thromboxanes
プロスタグランジン類似の細胞内制御物質．両者ともプロスタグランジンエンドペルオキシドから生合成される．

ドンナン膜平衡 Donnan membrane equilibrium
電解質溶液（例えば NaCl 水溶液）を膜で2つに分けたときに生じる膜の両側でのイオンの分布．膜の片側にタンパク質のような高分子電解質が存在すると，そのような高分子量のイオンは膜を通過できないため，膜の両側で NaCl の分布に差が生じ，膜電位が発生する．このような系は生物学で特に重要である．

トンネル効果電子顕微鏡 tunnelling microscopy
試料と非常に鋭い針の先端の距離を電流により制御して，表面の起伏図を得る手法．原子間力顕微鏡では力を機械的に測定する．ほぼ原子レベルでのパターンを得ることができる．

ナ

ナイアシン niacin
→ニコチン酸

内 圧 internal pressure
温度一定で内部エネルギーを体積で微分した量.→ファン・デル・ワールスの式

内圏反応機構 inner sphere mechanism
錯体同士が配位子を共有した中間体を経る酸化還元（電子移動）反応.

ナイシン nicin
ラクトコッカス・ラクティス（*Lactococcus lactis*）という乳酸菌が産生する34個のアミノ酸からなるペプチド．食品保存料として用いられる．抗菌性もある．ビタミンのコファクターでもある．

ナイトレン nitrene group
RN=．イミノ基．ナイトレンの誘導体，例えば$ReCl_3(PR'_3)_2NR$や$[WF_5NMe]^-$は縮合反応により得られる.

ナイトロジェンマスタード nitrogen mustards
ビス(2-クロロエチル)アミン$RN(CH_2CH_2Cl)_2$(Rはアルキル基，アミノアルキル基，クロロアルキル基)．これらの化合物は発泡性などマスタードガスに類似の性質を有する．かつては白血病，ホジキン病や類似の症状の治療に用いられた.

内燃機関用燃料 motor spirit
ガソリン．沸点範囲約310～450K（40～180℃）の石油留分でガソリンエンジンに使用される．→ガソリン

内部エネルギー internal energy
記号U．系の全エネルギー．空間的な位置に関するエネルギー以外のすべての形態のエネルギーを含む．内部エネルギー（U）はエンタルピー（H）と式$H=U+PV$で関係付けられる（Pは圧力，Vは体積を表す）．単位はJ/mol.

内部補償 internal compensation
分子が2つの不斉中心をもち，それらが偏光面を逆向きに等しい角度回転させる結果，その物質が光学不活性になること.

内包構造 endohedral
異種原子を包接した籠状物質．例えば$C_{60}Ar$.

ナイロン Nylon (polyamides)
もともとはデュポン社の商品名であったが現在ではポリアミドの一般名となった．-(C(O)NH)-基を持つ合成繊維およびプラスチック．ω-アミノモノカルボン酸の縮重合あるいは脂肪族ジアミンと脂肪族ジカルボン酸の組み合わせ，例えばアジピン酸とヘキサメチレンジアミンの縮重合で作られる．また，例えばカプロラクタムからも合成される．異なるナイロンに対してはジカルボン酸とジアミンの炭素数を付記して区別する（例えばNylon 66はヘキサメチレンジアミンとアジピン酸から得たものを指す）．高融点の熱可塑性物質で不溶性，強度が強く耐衝撃性を持ち，摩擦が小さい．単繊維（モノフィラメント）のほか，織物，ケーブル，絶縁材，包装材に利用される．

ナクライト nacrite
カオリンの別名．

ナツメッグ油 oil of nutmeg
ニクズク（肉荳蔲，*Myristica fragrans*）の種子ナツメッグから得られる．（少量で）着香料に利用される．仮種皮はメースと呼ばれるが，こちらからの精油も同じくナツメッグ油と呼ばれている．主成分はどちらもピネンとカンフェンが主であまり違わない．

ナトリウム sodium
元素記号Na．アルカリ金属，原子番号11，原子量22.990，融点97.80℃，沸点883℃，密度（ρ）971 kg/m^3（=0.971 g/cm^3），地殻存在比23000 ppm，電子配置$[Ne]3s^1$．NaClとして海水や析出した塩に広く存在する．bcc構造の金属ナトリウムは加熱融解したNaClまたはNaCl-CaCl$_2$を電解して得る．柔らかく銀白色の金属．水，酸素，ハロゲンと速やかに反応する．液体アンモニアに溶け，青色の還元性を持つ液体を生じた後，NaNH$_2$を与える．用途はナトリウム化合物の製造，伝熱媒体，導体，ランプ，電池．分散液またはナトリウムナフタレニドとして還元剤にも用いられる．ナトリウム化合物は有用である（個々の化合物の項を参

照).ナトリウムイオンは生物に栄養・機能両面で必須である.

ナトリウムの化学的性質　sodium chemistry

Na$^-$イオン(例えばクリプテートと Na の付加物)以外はほとんど +1 価の状態である($E°$ Na$^+$ → Na -2.71 V).主にイオン性化合物で 6 配位が多い.錯体を形成する.例えば Na$_2$CO$_3$・10H$_2$O は [(H$_2$O)$_4$Na(μ-H$_2$O)$_2$Na(H$_2$O)$_4$]$^+$ 陽イオンを含み,環状多座配位子とはクリプテートを形成する.

ナトリウムの酸化物　sodium oxides

一酸化ナトリウムは金属ナトリウムに比して不足量の O$_2$ と反応させた場合にのみ生じる(通常の条件で酸素と反応させると過酸化ナトリウム Na$_2$O$_2$ を生じる).一酸化ナトリウム Na$_2$O は Na と不十分な量の O$_2$ の反応,Na$_2$O$_2$ の C,Ag,Na による還元,または NaN$_3$ と NaNO$_3$ の反応で得られる.白色または黄色がかった固体.水と激しく反応する.過酸化ナトリウム Na$_2$O$_2$ は Na と O$_2$ から得る.空気中で金属ナトリウムを燃焼させたときの生成物でもある.不純なものはスーパーオキシド O$_2^-$ イオンを含む.強い酸化剤.冷水により八水和物を形成するが,水と反応すると NaOH と H$_2$O$_2$ を生じる.

ナトリウムの有機誘導体　sodium, organic derivatives

単離されることは少ないが(有機ハロゲン化物と Na 分散液から調製)オレフィンの重合に用いられる.シクロペンタジエニルナトリウム NaC$_5$H$_5$ や CH$_3$C$_2$Na のようなナトリウムアセチリドは合成に用いられる.芳香族炭化水素,ケトンなどはテトラヒドロフラン中で低温でナトリウムと反応して C$_6$H$_6^-$ のようなラジカルアニオンを生じる.還元剤.

ナトリウムのリン酸塩　sodium phosphates

種々の塩がある.Na$_2$HPO$_4$(Na$_2$CO$_3$ と H$_3$PO$_4$ から得る).NaH$_2$PO$_4$ の製造に用いる(H$_3$PO$_4$ と Na$_3$PO$_4$(NaOH)から得る).Na$_2$HPO$_4$ を加熱するとポリリン酸塩 Na$_2$H$_2$P$_2$O$_7$ および Na$_4$P$_2$O$_7$ を生じる.NaH$_2$PO$_4$ を加熱後,冷却するとピロリン酸塩 (NaPO$_3$)$_x$ を生じる.ヘキサメタリン酸塩は NaH$_2$PO$_4$:Na$_2$HPO$_4$ の 1:2 混合物を加熱して得る.種々のリン酸ナトリウムは主に洗剤添加用(硬水軟化剤)として利用されるが,水の精製,食品加工,医薬,微生物培養(緩衝液)にも利用される.ピロリン酸ナトリウムやリン酸アンモニウムナトリウム(リン塩)はベーキングパウダーに添加されることもある.

ナトリウムアセチリド　sodium acetylides

Na または NaH をアルキンに作用させて得る(例 HC$_2$Na, Na$_2$C$_2$).合成に用いる.

ナトリウムアミド　sodium amide

NaNH$_2$.別名をソーダミドともいう.ナトリウムとアンモニアから得る.加水分解されるとアンモニアを生じる.強塩基.特に液体アンモニア中で有機合成に用いられる.

ナトリウムエトキシド　sodium ethoxide (sodium ethylate)

別名をナトリウムエチラートともいう.NaOCH$_2$CH$_3$.白色固体.エタノールに金属ナトリウムを加えて得る.水により分解する.ハロゲン化アルキルと反応してエーテルを生じる.エステルとも反応する.有機合成において,特にカルボニル基やスルホニル基に隣接するプロトンを引抜いて,共鳴安定化したアニオンを発生させる際の塩基として使われる.

ナトリウムシクロペンタジエニド　sodium cyclopentadienide

NaC$_5$H$_5$.シクロペンタジエンとナトリウムから得る.金属シクロペンタジエニルの合成に用いる.

ナトリウムポンプ　sodium pump

動物細胞が,ATP のエネルギーを利用して膜を通して Na$^+$ を細胞外へ出し K$^+$ を取り込む輸送機構.

ナトリウムメトキシド　sodium methoxide

NaOCH$_3$.ナトリウムエトキシドと同様にメタノールと金属ナトリウムの反応で得られる.性質も類似している.

ナトロン　natron

天然産の不純な炭酸ナトリウム.

ナノスケール物質　nanoscale materials

物理的な大きさが数ナノメートルの物質.他では見られないような潜在的利用価値を持つ.例えば CaF$_2$ や BaF$_2$ の厚さ 20 nm 以下の薄膜は,バルク物質の 1000 倍ものイオン伝導性を示す.

ナノチューブ　nanotubes

元来は炭素でできたものに対して用いられたが，現在では気化させた物質あるいは溶液から得られる各種の筒状物質に対して用いられる用語である．グラファイトのように原子がシート状に結合したものが巻かれた構造をしている．電子的また構造上有用な特性を持つ．少なくとも一方向の大きさが100 nm以下のナノ構造体である．繊維状のものは界面活性剤水溶液，気化物質または溶液から得られる．

ナノ粒子 nanoparticles
自己集合により形成された規則的な微粒子．サイズがナノメートルの桁のものを指す．

ナパーム napalm
ナフテン酸とパルミチン酸のアルミニウム石鹸で，ガソリンのゲル化に用いる．増粘したガソリンは軍事用の火炎放射器や焼夷弾に使用される．→金属石鹸

ナフサ naphtha
もともとは特定沸点留分（SBP）を指す用語であるが，ガソリン用の軽質蒸留原料あるいは石油製品に対して用いられることが多い．沸点範囲は通常約 40～150℃．溶媒のほか，石油化学工業原料として用いられる．

ナフタレン naphthalene
以前は「ナフタリン」と呼んだ．$C_{10}H_8$．容易に水蒸気蒸留可能である．低温で容易に昇華する．融点80℃，沸点218℃．白色結晶性固体で浸透性のタール様の臭気を有する．多量の黒煙を上げて燃焼する．市販品はコールタールや石油画分からメチルナフタレンを750℃，10～70 気圧で水素と反応させて脱メチル化して製造される．典型的な芳香族化合物でベンゼンより容易に付加反応や置換反応を起こす．還元により水素が2～10個付加した一連の化合物（例えばテトラリン，デカリン）を与え，これらは溶媒として有用な液体である．激しい塩素化によりワックス状の化合物を生じる．一置換体は置換基の位置が1位のものと2位のものの2種類がある．容易にニトロ化やスルホン化され，色素の中間体として有用な物質を与える．置換基は主に1位に導入されるが，例外として高温（150℃）でのスルホン化の場合，ナフタレン-2-スルホン酸を80％含む混合物が得られる．アルカリ金属との反応でラジカルアニオンを生じ，これは良い還元剤である．合成ナフタレンの大部分は無水フタル酸，可塑剤，アルキド樹脂，ポリエステルの製造に用いられる．2-ナフトールや殺虫剤の製造にも利用される．ナフタレン誘導体は，特に色素の合成中間体として重要である．

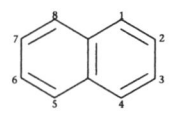

1,3-ナフタレンジオール 1,3-naphthalenediol
ナフトレゾルシンともいう．砂糖や油などに対する試薬として用いられる．

ナフタレンスルホン酸類 naphthalene sulphonic acids
ナフタレンモノスルホン酸はナフタレンを濃硫酸で直接スルホン化することにより得られる．常に2種の異性体混合物が生じるが，その割合は反応温度により変わる．NaOHと溶融すると対応するナフトールに変換される．ナフタレン-1-スルホン酸は二水和物として結晶化する．融点90℃．1,8-および1,5-ニトロナフタレンスルホン酸，ナフトールの合成に用いられる．ナフタレン-2-スルホン酸は三水和物として結晶化する．融点83℃．ニトロ誘導体の合成に利用される．ナフタレンジスルホン酸はモノスルホン酸の場合より長時間反応させて得る．4種の異性体が得られる．2,7-置換体は色素合成に用いられる．ナフタレントリスルホン酸はモノスルホン酸またはジスルホン酸をより過酷な条件でスルホン化すると得られる．1,3,5-，1,3,6-および1,3,7-置換体のみが生成する．最も重要なのは1,3,6-トリスルホン酸でこれは色素の中間体である．ナフテン．

2-(1-ナフチル)アセトアミド 2-(1-naphthyl)acetamide
植物の生長制御因子．

1-ナフチルアミン 1-naphthylamine（α-naphthylamine）
$C_{10}H_9N$，α-ナフチルアミン．無色結晶，融点50℃，沸点301℃．塩基性．鉱酸との塩は微溶性．1-ニトロナフタレンを鉄と微量の塩酸で還元するか，1-ナフトールに高温高圧でアンモ

ニアを作用させて得る．容易にジアゾ化されてフェノール類や塩基性化合物とカップリング反応を起こす．多数の重要なモノアゾ色素の合成成分として使われるが，発ガン性が懸念されるため使用は厳しく削減された．大気汚染検出用のグリース・ロミイン試薬の成分でもある．

2-ナフチルアミン 2-naphthylamine（β-naphthylamine）

$C_{10}H_9N$，β-ナフチルアミン．光沢のある葉状晶．融点112℃，沸点294℃．2-ナフトールを濃い亜硫酸アンモニウムおよびアンモニアと150℃に加熱して得る．いくつかのアゾ色素の出発物質として用いられていたが，発ガン性があるため使用は中止された．

2-ナフチルオキシ酢酸 2-naphthyloxyacetic acid

植物の生長制御因子．

2-(1-ナフチル)酢酸 2-(1-naphthyl)acetic acid

植物の生長制御因子．

2-ナフチル酢酸 2-naphthylacetic acid

植物の生長制御因子．

1-ナフチル-N-メチルカルバメート 1-naphthyl-N-methylcarbamate

カルバリル（殺虫剤）．

ナフテン naphthenes

シクロアルカン．少なくとも1つの閉じた炭素環を有する飽和炭化水素．例えばシクロヘキサン．

ナフテン酸 naphthenic acids

原油から水溶性のナトリウム塩を経て得られるカルボン酸．多くはシクロペンタン誘導体．ナトリウム塩は洗剤や乳化剤として重要であり，他の多くの塩も有用性がある（→金属石鹸）．抗菌剤．

ナフテン酸銅 copper naphthenates

原油から得られるカルボン酸の銅（Ⅱ）塩で木材保存剤として用いられている．

ナフトエ酸 naphthoic acids

ナフタレンカルボン酸．メチルナフタレンの酸化によりまたはブロモナフタレンからグリニャール試薬を経て得られる．

1-ナフトール 1-naphthol（α-naphthol）

$C_{10}H_8O$，α-ナフトール．無色結晶．融点94℃，沸点278～280℃．大量に得るには通常ナフタレン-1-スルホン酸ナトリウムをNaOHと溶融して合成するが，1-クロロナフタレンを高温でアルカリ加水分解しても得られる．過マンガン酸あるいは硝酸により酸化するとフタル酸を生じる．亜硝酸で処理するとニトロソ誘導体が得られる．色素の中間体として重要．

2-ナフトール 2-naphthol（β-naphthol）

$C_{10}H_8O$，β-ナフトール．白色結晶．不純物を含むとかすかにピンク色を呈する．融点122℃，沸点285～286℃．市販品はナフタレン-2-スルホン酸ナトリウムをNaOHと溶融することにより合成される．亜硝酸と反応して1-ニトロソ-2-ナフトールを生じる．塩素化やスルホン化も起こる．長時間酸化すると最終的にはフタル酸を生じる．主に色素や酸化防止剤の製造に用いられる．犬猫忌避剤でもある．

鉛 lead

元素記号Pb．原子番号82の金属元素．原子量207.2（産地によってかなり変動が認められる）．融点327.46℃，沸点1749℃，密度（ρ）11350 kg/m³（＝11.35 g/cm³）．地殻存在比14 ppm．電子配置は$[Xe]4f^{14}5d^{10}6s^26p^2$．鉛の同位体は天然放射性核種の最終壊変生成物である．天然には方鉛鉱（PbS），白鉛鉱（$PbCO_3$）などの形で産出する．これらを空気中で焙焼して酸化物PbOに変え，炭素還元するか，PbSと反応（$PbO+PbS \rightarrow 2Pb+SO_2$）させて金属鉛を得る．さらに電解精製を行うこともある．金属鉛は銀白色で立方最密充填構造である．合金材料，蓄電池の極板，海底電線の防水用被覆，アルキル鉛の原料，電子機器，セラミックス，顔料，放射線や音の遮蔽材，塗料，高屈折率ガラス原料など広い用途がある．鉛の化合物は有毒で健康に害を与える．

鉛のエタン酸塩 lead ethanoates

→鉛の酢酸塩

鉛の化学的性質 lead chemistry

鉛は14族の後遷移元素に属し，電気的に陽性で酸化数+2の場合には陽イオンとしての性質が卓越している．酸化数+4の場合には共有結合性が大きくなり，かなり強い酸化力を持つ化合物も多い．+4価の鉛は一連の錯体を形成する．クロロ錯体やヒドロキソ錯体はPb（Ⅱ）においても生じるが，Pb（Ⅱ）の持つ孤立電子

対の電子は立体化学的効果を示さない．有機鉛（Ⅳ）化合物は安定である．Pb-Pb 結合を含む化合物も知られている．PbH_4（プルンバン）は Mg/Pb 合金を酸に溶かすと得られるが極めて不安定である．

鉛のクロム酸塩　lead chromates

通常のクロム酸鉛 $PbCrO_4$ は黄色の粉末で，Pb^{2+} を含む水溶液に CrO_4^{2-} または $Cr_2O_7^{2-}$ イオンを添加すると沈殿として得られる．塩基性溶液では色調が橙色がかってくる．天然には紅鉛鉱として産する．顔料として用いられるクロムイエローは一部 $PbSO_4$ を含むが，これは硫酸鉛と二クロム酸カリウム水溶液を加熱して作られる．

鉛の酢酸塩　lead acetates, lead ethanoates

系統名では「エタン酸鉛」となるのだが，使用例は著しく少ない．2 種類の酢酸鉛が存在する．酢酸鉛（Ⅱ）は $Pb(CH_3COO)_2 \cdot 3H_2O$．無色の結晶で水に可溶．水溶液は甘味があるため「鉛糖」と呼ばれる．一酸化鉛と希酢酸，または四酸化三鉛（鉛丹，Pb_3O_4）と酢酸か無水酢酸との反応で合成される．媒染剤，ポリマー合成用の触媒などに用いられる．酢酸鉛（Ⅳ）（四酢酸鉛）は強力な酸化剤で，酢酸鉛（Ⅱ）を塩素により酸化して得られる．1,2-ジオールをアルデヒドやケトンに酸化するし，1,2-ジカルボン酸をアルケンに酸化する．第一級アミドはケトンに，第一級アミンはニトリルに酸化される．

鉛の酸化物　lead oxides

普通に酸化鉛と呼ばれるものは 3 種類ある．

①一酸化鉛（酸化鉛（Ⅱ））は赤橙色のリサージ（密陀僧）と黄色のマシコット（金密陀）の 2 つの形態が存在している．空気中で鉛を加熱し，急速に冷却する（これは鉛丹（Pb_3O_4）の生成を避けるため）ことで得られる．蓄電池やセラミックス，顔料，殺虫剤の原料となる．強アルカリ性水溶液には可溶で $[Pb(OH)_6]^{4-}$（亜鉛酸イオン，鉛（Ⅱ）酸イオン）を形成する（訳者記：字面では亜鉛酸イオン（$[Zn(OH)_4]^{2-}$）と区別できないので，この場合にはルビを振ることになっている）．加水分解ではいろいろな多核陽イオン（例えば $[Pb_6O(OH)_6]^{4+}$ など）の生成が認められている．

②四酸化三鉛（Pb_3O_4）は赤色で「鉛丹」とも呼ばれる．一酸化鉛と二酸化鉛を混合して加熱すると得られるが，この際には他の中間的組成のもの，例えば Pb_7O_{11}，Pb_2O_3 なども生じる．一酸化鉛と同様な用途に用いられるが，ガラス原料や防食塗料などに使われる．

③二酸化鉛（PbO_2）はチョコレート色の粉末で，Pb（Ⅱ）鉛の電気化学的酸化で得られる．以前は「過酸化鉛」とも呼んだ．強酸化剤である．電池にも用いられている．鉛（Ⅳ）酸塩は K_2PbO_3 などの形のものは固相反応で得られるが，$[Pb(OH)_6]^{2-}$ を含むものは強アルカリ性水溶液から得られる．

鉛の水酸化物　lead hydroxides
　→鉛の酸化物

鉛のフッ化物　lead fluorides

PbF_2 はルチル構造で，水溶液から沈殿させて得られる．PbF_4 は強力なフッ素化試薬で，PbF_2 と F_2 との反応で作られる．ヘキサフルオロ鉛酸イオン $[PbF_6]^{2-}$ を含む塩類も知られている．

鉛の有機誘導体　lead, organic derivatives

通常は Pb（Ⅳ）の化合物だけである．Pb（Ⅱ）化合物のアルキル化で作られる．テトラメチル鉛 $Pb(CH_3)_4$ とテトラエチル鉛 $Pb(C_2H_5)_4$ はガソリンのアンチノッキング剤として以前は大量に用いられていた．Na/Pb 合金とハロゲン化アルキルの反応によるか，水銀陰極，鉛陽極を用いたテトラエチルアルミ酸ナトリウムの電気分解，あるいは同じように鉛を陽極としてグリニャール試薬 RMgX を電気分解することで調製する．極めて毒性が高い（訳者記：英国では現在も使用されているが，日本では 1975 年に使用禁止となった．米国は 1986 年，EU は 2000 年にようやく使用禁止となった．航空機用燃料にはまだ添加が続けられているらしい）．

鉛酸塩　plumbates
　→鉛の酸化物

鉛蓄電池　lead accumulator (lead battery, lead acid batteries)

鉛を極板とし，希硫酸を電解液とする 2 次電池．電極は平行に配置された多数の鉛電板からできていて，1 つおきに導線で接続され，それぞれが正極と負極とになっている．電極板は酸化鉛と硫酸鉛で被覆されたもので，電解液の希

硫酸に浸してある．充電により蓄電池に電流が流れると，一方の極ではPbO_2が，他方の極にはPbが生成する．放電時にはPbが酸化されて電子を放出し，PbO_2が電子を受け取って還元される．どちらの場合も電解液中の硫酸と反応して硫酸鉛となって極板上に析出するので，電解液中の硫酸濃度は低下する．短時間に大電流を発生させることも可能である．

なめし（鞣し） tanning
皮革を有用ななめし皮にする処理．皮を洗浄し，水に浸し，石灰で処理して毛や肉を除く．緩衝塩〔$(NH_4)_2SO_4$, NH_4Cl〕で中和し，酵素でタンパク質を分解し，最後にタンニンまたは塩基性硫酸クロム（Ⅲ）で処理する．

軟化剤 softeners
ゴム配合物に改良のために添加される物質．また洗濯時に用いられる陽イオン性界面活性剤を指すこともある．植物の生長を促進させたりより特異的にする物質も指す．

ナンドロロン nandrolone
ノルテストステロン，ステロイドの一種．

難燃剤 fire retardant
高エネルギーの着火源に接触することによる燃焼を起こりにくくするための添加物．→難燃性物質

難燃性物質 fire-resistant materials
発火性や燃焼の拡大を抑えるために繊維に添加する物質．洗濯に耐えることが必要．ホウ酸塩，リン酸塩，窒素化合物（例：リン酸二アンモニウム），臭素化合物，塩素化合物，MgO，Sb_2O_3，$Al_2O_3\cdot 3H_2O$ はいずれも優れた難燃効果を持つ．

難分解性有機汚染物質 persistent organic pollutants (POPS)
芳香族塩素化合物のように，自然環境中での分解が非常に遅い化合物．

軟マンガン鉱 pyrolusite
α-MnO_2．重要なマンガン鉱石．色は灰鉄色．ルチル構造．

ニ

ニエタン酸エタナール ethanol diethanoate
$CH_3CH(OCOCH_3)_2$．酢酸エチリデン，すなわちアセトアルデヒドの二酢酸エステル．

二塩化アセチレン acetylene dichloride
→ジクロロエチレン類

二塩化エチレン ethylene dichloride
→ 1,2-ジクロロエタン類

二塩化バナジル vanadyl dichloride (vanadium oxide dichloride)
二塩化酸化バナジウム（V）．→バナジウムの塩化物

二塩化プロピレン propylene dichloride
→ 1,2-ジクロロプロパン

二塩基酸 dibasic acid
置換可能な水素原子を2つ有する酸で，二系列の塩を生じる．例えば H_2SO_4 からは $NaHSO_4$ と Na_2SO_4 が生じる．

ニオイヒバ油 oil of white cedar
ニオイヒバ（*Thuja occidentalis*）から得られる．着香料に利用される．なお，英名の white cedar は別の植物のセンダン（栴檀，楝（オウチ）の意味でもあるが，こちらは精油を利用することはないようである）．

ニオブ niobium
元素記号 Nb．遷移金属，原子番号 41，原子量 92.906，融点 2477℃，沸点 4744℃，密度（ρ）8570 kg/m^3（8.57 g/cm^3），地殻存在比 25 ppm，電子配置 [Kr]$4d^45s^1$．5族元素．かつてはコロンビウム Cb といわれた．パイロクロア $CaNaNb_2O_6F$ 以外のニオブ鉱石はいずれもニオブのほうが多く含まれるが，タンタルも含んでいる．主要な鉱石はコルンブ石-タンタル石 $(Fe,Mn)(Nb,Ta)_2O_6$ である．鉱石を NaOH とともに融解し，次いで酸で洗浄して混合五酸化物を得る．Nb は HF 溶液からメチルイソブチルケトンで液-液抽出により分離される．金属は Nb_2O_5 を炭素で還元して得る．構造は *bcc* で空気中でも光沢を失わないが，高温で酸素あ

るいは水蒸気と反応し，HNO_3-HF には溶解する．Nb は特殊なスチールや電子機器に利用される．Nb/Ti 合金は超伝導物質である．

ニオブの化学的性質 niobium chemistry

ニオブは+5 の酸化状態が主であるが，より低酸化数のハロゲン化物が存在し，フッ化物以外は金属-金属結合を有するクラスター化合物である．低酸化数の酸化物もある．水素化物(例えば $NbH_{0.6\sim0.8}$, NbH_{2-x})，ホウ化物(NbB, Nb_3B_2)，炭化物(Nb_4C_3, NbC)，および窒化物(Nb_2N, Nb_4N_5, Nb_5N_6, NbN) は容易に形成される．アルコキシド(例えば $Nb(OEt)_5$ は $NbCl_5$ と EtOH と NH_3 から得られる)やジアルキルアミド(例えば $Nb(NMe_2)_5$ は $NbCl_5$ と $LiNMe_2$ から得られる) は確立された化合物群である．ハロゲン化物錯体など種々の錯体が知られている．硫化物(Nb_3S_4, NbS_2) もある．$[Nb(CO)_6]^-$ や $[Nb(CO)_5]^{3-}$ などの低酸化数の化学種も既知である．

ニオブの酸化物 niobium oxides

Nb_2O_5 が最も重要な酸化物で，ハロゲン化物の加水分解で得られる水和酸化物の脱水により得られる．稠密で白色の不活性な物質である．Nb_2O_5 を還元すると，NbO_2 と NbO を生じる．五酸化物は，他の金属の酸化物あるいは炭酸塩と溶融すると，混合酸化物としてニオブ酸塩，例えば $KNbO_3$ を形成する．還元によりブロンズ類と例えば Nb-Nb 結合を有する $NaNbO_2$ を生じる．Nb_2O_5 は電子部品に利用される．イソポリニオブ酸イオン，例えば $[H_xNb_6O_{19}]^{(8-x)-}$ ($x=0, 1, 2$) は Nb_2O_5 をアルカリと溶融し，溶融物を水に溶かすことにより得られる．

ニオブのハロゲン化物 niobium halides

NbX_5 および NbX_4 はすべてのハロゲンに対して知られている．いずれも金属ニオブと単体ハロゲン X_2 から得る．NbF_5：融点 72℃，沸点 235℃，$NbCl_5$：融点 205℃，沸点 254℃．加水分解によりオキシハロゲン化物，例えば $NbOF_3$ や $NbOCl_3$ を生じる．種々の配位子との錯体やハロゲン化物錯体，特にフッ化物錯体や酸化フッ化物錯体，例えば NbF_6^-, $NbOF_5^{2-}$ が酸性溶液中で形成される．NbX_4 (NbX_5 と Nb から得る) は濃い色の固体で，NbF_4 以外はある程度金属-金属結合性を有する．NbI_4 は NbI_5 を加熱すると容易に得られる．種々の配位子と付加物を形成する．より酸化数の低いハロゲン化物，例えば $[Nb_6Cl_{12}]Cl_{4/2}$ はさらに還元すると得られ，金属クラスター種を含んでおり，$(Nb_6X_{12})_n^+$ ($n=2, 3, 4$) および $Nb_4X_{11}^-$ の化学は広く知られる．NbF_3 はイオン的な構造である．低酸化数のハロゲン化物，例えば($NbCl_3$；ジメトキシエタン錯体) は有機分子のカップリング反応の促進剤として利用される．

ニオブの有機金属化学 niobium organometallic chemistry

ニオブアルキルやニオブアリール，例えば $MeNbCl_4$, $[NbMe_5(Me_2PCH_2CH_2PMe_2)]$ は知られているが，比較的不安定である．シクロペンタジエニル化合物 $(\eta^5\text{-}C_5H_5)_2NbX_3$, $(\eta^5\text{-}C_5H_5)Nb(CO)_4$ は $[Nb(CO)_6]^-$ ($NbCl_5$ と Na をジグライム中で加圧 CO 存在下で反応させて得る) と同様安定である．タンタル化合物と非常に類似している．このほかにニオブのアルコキシドも多数知られている．

ニオブ酸塩 niobates

→ニオブの酸化物

膠 glue

にかわ．動物や魚類の不要物(皮膚，骨，腱など，コラーゲンを含む)を石灰乳で処理し，次いで酸性にしたのち，水とともに約 60℃ に加熱して得られる．アミノ酸で構成されたタンパク質混合物．ゼラチンと関連がある．水溶液はフロキュレーションや懸濁粒子の回収に用いられる．獣皮膠(80%)はグリセロール中でゲルを形成し，印刷のローラーや衝撃吸収装置で用いられる．メタノールを加えるとゲルはオイルやグリースに対して安定になる．墨の重要な原料でもある．

ニクトゲン (窒素属元素) pnictogens

16 族の元素，すなわち窒素，リン，ヒ素，アンチモン，ビスマス．ニクチド化合物というときは X^{3-} 化学種を含むものをいう．

ニクロム nichrome

ニッケル合金の一種．

ニクロム酸アンモニウム ammonium dichromate

$(NH_4)_2Cr_2O_7$. 赤色の結晶性固体(NH_3，過

剰の CrO_3 および H_2O から生成).水によく溶け,加熱すると勢いよく分解して N_2 と H_2O と Cr_2O_3 を生じる.これはよくデモンストレーションに用いられ,蒸発皿などに入れて点火すると火山さながらの噴火現象を観察できる.リソグラフィーに用いられるほか,触媒としても使用される.

ニクロム酸塩 dichromates

$[O_3CrOCrO_3]^{2-}$ 陰イオンを含む塩類. →クロム酸塩

ニクロム酸カリウム potassium dichromate

$K_2Cr_2O_7$. 融点 396℃. 赤橙色結晶. クロム鉄鉱を融解した K_2CO_3 と CaO の混合物と反応させたのち,水溶液を酸性にして得る.「重クロム酸カリ」という通称のほうが広く用いられている.クロム顔料の合成,漂白剤,酸化剤(マッチ),有機合成用,容量分析用に用いられる.

ニクロム酸ナトリウム sodium dichromate

$Na_2Cr_2O_7 \cdot 2H_2O$. →クロム酸塩

二型性 dimorphism

ある物質が2種類の結晶型を持つこと. →多形

二元化合物 binary compound

2つの元素を含む化合物.例えばNiAs.

二原子分子 diatomic molecule

2個の原子からなる分子.例えば N_2, HCl など.

ニコチン nicotines (3-(1-methyl-2-pyrrolidinyl)pyridine)

$C_{10}H_{14}N_2$, 3-(1-メチル-2-ピロリジニル)ピリジン.純粋なニコチンは無色の液体で芳香があるが,放置するとタバコ臭がするようになる.沸点247℃.空気や光にあたると色が濃くなってくる.粗ニコチンは少量の他のアルカロイドを含むが(−)-ニコチンが主成分である.殺虫剤.通常はタバコから抽出される.

ニコチンアミド nicotinamide

→ニコチン酸

ニコチンアミドアデニンジヌクレオチド nicotinamide adenine dinucleotide (NAD)

よく NAD と略される.アデノシン 5′-(三水素リン酸)と 3-(アミノカルボニル)-1-β-D-リボフラニルピリジニウムが P′-5 エステルした分子内塩.極めて広範な補酵素.かつてはジホスホピリジンヌクレオチド (DPN) として知られていた.ニコチン酸の生物活性を持つ形態であり,還元型は NADH である.多くの酸化還元反応に関与する.

ニコチンアミドアデニンジヌクレオチドリン酸 nicotinamide adenine dinucleotide phosphate (NADP)

非常に重要なピリジンヌクレオチド型の補酵素.NAD の 2′-位にもう1つリン酸基が結合した構造である.酸化還元反応に関与する.

ニコチン酸 nicotinic acid (niacin, 3-pyridine carboxylic acid, vitamin B_3)

$C_6H_5NO_2$, ナイアシン,3-ピリジンカルボン酸,ビタミン B_3. 融点 232℃. ニコチンを種々の試薬で酸化すると得られるが,より安価にはピリジンあるいはキノリンから得られる.哺乳類の食物の必須成分.ビタミンBのペラグラ予防因子である.ニコチンアミドは NAD に取り込まれる.NAD や NADP の前駆体で補酵素として機能する.食品,医薬品に利用される.

ニコルプリズム Nicol prism

透明方解石の結晶をプリズム状にカットして,屈折した光の一方のみが通過できるように切断したもの.得られる光は平面偏光である.

二酸化アンチモン antimony dioxide

→アンチモンの酸化物

二酸化ケイ素 silicon dioxide (silica)

SiO_2. 地殻の最も重要な構成成分の1つ.シリカと呼ばれることも多い.いくつもの多形があり,石英(<573℃),トリジマイト(1470℃まで),クリストバライト(1710℃,すなわち融点まで).それぞれに2つの変態があり,いずれにおいても SiO_4 の四面体が無限に連なっている.溶融物は固化してガラス(天然石英ガラスはルシャトリエライト.原文の「黒曜石」は正しくない)を形成することもある.石英の結晶は対称中心を持たない.高圧下の SiO_2 の変態も知られている.コーサイト(コース石)とキータイトは SiO_4 ユニットを含み,スティショバイトはルチル構造で SiO_6 ユニットからなる.天然に存在するシリカは例えば鉄などにより着色していることが多い.紫水晶(生薬名は紫石英)はアメジストである.通常の火打石は無定形シリカである.シリカ製品は実験室で

広く使われている．シリカはセラミックス，水ガラス，耐火レンガ，研磨材，セメント，アルミナ，スチールにおいて用いられる．ケイ藻はSiO_2骨格を持ち，形状はタンパク質により決められている．

1,4-二酸化ジエチレン 1,4-diethylene dioxide
→ジオキサン

二酸化炭素 carbon dioxide
CO_2．→炭素の酸化物

二酸化チタン titanium dioxide
TiO_2．天然にルチル（金紅石），ブルッカイト（板チタン石），アナターゼ（鋭錐石）という3つの形態で存在する．最も重要な白色顔料．精製した$TiOSO_4$または$TiCl_4$の加水分解，または$TiCl_4$とO_2を炎に通して製造する．TiO_2薄膜は透明でガラス，セラミックス，織物，紙などのコーティングに用いられる．用途の66%は白色顔料で紙，ゴム，織物，プラスチック，皮革，印刷インキ，日焼け止めに用いられる．→チタンの酸化物

二酸素 dioxygen
O_2．酸素分子を指す用語であるが，酸素錯体や酸素分子陽イオン$(O_2)^+$の塩にも使われる．

二次のスペクトル second-order spectra
→核磁気共鳴

二次放射 secondary radiation
他のより高いエネルギーを持つ放射線を吸収して生じる放射．例えばX線を被爆した際に，体内で放射源となる原子に特有の他のX線放射が起こり，これを二次放射という．この現象は電子の場合にも起こり，二次発光と呼ばれる．

二臭化エチレン ethylene dibromide
→ジブロモエタン

二臭化バナジル vanadyl dibromride (vanadium oxide dibromide)
→バナジウムの臭化物

二重結合 double bond
原子が2対の電子を共有すると二重結合（2つの共有結合）が形成される．エチレンは二重結合を持つ．二重結合は単結合より強いが，反応性はずっと大きくなっている．二重結合は，形式的にはsオービタルの重なりを生じている2つの原子のpオービタルが重なって形成され

る（→π結合，σ結合）．このような結合を形成している分子は平面構造である．

$$\mathrm{\underset{H}{\overset{H}{>}}C=C\underset{H}{\overset{H}{<}}}$$

二重線 doublet
NMRスペクトルで，本来は1本のシグナルがスピン1/2を持つ他の核とのカップリングにより強度の等しい2本の線に分裂した場合に見られる1対の線を指す．

二重層 bilayers
例えば脂肪酸などの炭素鎖が水と疎水性相互作用を起こした結果形成される，両方の表面に極性基を持つ層．物質の通過を制御することができる．

二重層（電気） double layer
→電気二重層

二硝酸エチレン ethylene dinitrate (ethylene glycol dinitrate)
エチレングリコールの二硝酸エステル．ニトログリコール．

二色性 dichroism
一軸性結晶中の多色性．→円二色性

二成分系 two-component system (binary system)
最もよくあるものは2種の液体の蒸留に関する系である．

二成分系化合物 binary compound
→二元化合物

二相性触媒作用 biphasic catalysis
加温すると1相になり，その中で触媒反応が生じるが，冷やすと2相にもどり生成物が一方の相に含まれるような2相系を用いて触媒反応を起こさせること．

二炭酸ジ-t-ブチル di-t-butyl dicarbonate
BuOC(O)OC(O)Bu．アミノ基の保護に用いられる．

二炭糖 biose
炭素原子を2個有する炭水化物．唯一の二炭糖はグリコールアルデヒド$CHO\text{-}CH_2OH$である．

二窒素 dinitrogen
N_2．$[Ru(NH_3)_5N_2]Cl_2$のような錯体中のN_2ユニットを表す．

ニッケル　nickel

元素記号 Ni. 遷移金属, 原子番号 28, 原子量 58.693, 融点 1455℃, 沸点 2913℃, 密度 (ρ) 8902 kg/m^3 (= 8.902 g/cm^3), 地殻存在比 8 ppm, 電子配置 [Ar]3d^{8}4s^2. ニッケルは 10 族の遷移金属で天然には混合金属硫化物鉱石（例えば針ニッケル鉱, ペントランド鉱（硫鉄ニッケル鉱）), 混合ヒ化物, アンチモン酸塩, 硫化物, ケイニッケル鉱として, また鉄鉱石である磁硫鉄鉱 Fe$_n$S$_{n+1}$ 中に存在する. 鉱石を焙焼して NiO とし, これを炭素で還元すると単体金属が得られる. 最終的な精製法の詳細は原鉱石の種類により異なるが, 電気分解や 50℃で CO と反応させ Ni(CO)$_4$ を生成し, これを 180℃で分解して純粋なニッケルを得る方法（モンド法）がある. 銀白色金属は ccp（立方最密充填）構造. 空気中で曇りを生じるが, 濃硝酸以外の酸には侵されず, F$_2$ とも反応しない. 合金（特にステンレスや鋳鉄), 硬貨用金属（白銅貨）として, またメッキや電池に広く利用される. ガラス（緑色), 触媒（特に水素化）にも用いられる. ニッケルはある種の酵素に含まれている必須元素である.

ニッケルの化学的性質　nickel chemistry

ニッケルは 10 族の電気的に陽性の元素. 最も重要な酸化状態は Ni(II)（$E°$ Ni^{2+} → Ni − 0.24 V 酸性溶液中). 容易に錯体を形成するが, 緑または黄色は八面体構造, 赤は平面型, 青は四面体型である. Ni(III) と Ni(IV) はフッ化物と酸化物が知られており, 他の Ni(III) 錯体も知られている. Ni(I), 例えば Ni(PPh$_3$)$_3$Cl はかなり安定である. Ni(0) はカルボニル錯体, Ni(PPh$_3$)$_4$ や多くの有機ニッケル化合物があり, Ni(−1) はカルボニル陰イオン中に存在する.

ニッケルの酸化物　nickel oxides

酸化ニッケル(II) NiO は NaCl 型構造（酸素酸塩または Ni(OH)$_2$ を加熱して得る). 酸に溶解する. もっと酸化数の大きい酸化ニッケルは確実には知られていないが, 組成のはっきりしない酸化水酸化物（例えば NiO・OH）の生成は確認されている. →水酸化ニッケル

ニッケルのシアン化物　nickel cyanides

シアン化ニッケル(II) Ni(CN)$_2$ は Ni^{2+} 塩と CN$^-$ を含む水溶液から沈殿として得る. Ni(CN)$_2$・4H$_2$O やアンミン錯体など多くの錯体を形成し, これらは芳香族炭化水素を取込みクラスレートを形成する力が強い. 過剰の CN$^-$ が存在すると, [Ni(CN)$_4$]$^{2-}$ イオンを生じこれは還元すると赤色の [Ni$_2$(CN)$_6$]$^{4-}$ (Ni-Ni 結合を有する) と [Ni(CN)$_4$]$^{4-}$ イオンを生じる.

ニッケルのフッ化物　nickel fluorides

フッ化ニッケル(II) NiF$_2$ は黄緑色, NiF$_2$・4H$_2$O は緑色. ペロブスカイト構造の KNiF$_3$ や K$_3$NiF$_6$ および K$_2$NiF$_6$ が知られている. NiF$_3$ やもっと多くの F を含むフッ化物はフッ素化反応に利用される.

ニッケルの有機誘導体　nickel, organic derivatives

最も重要なものはビス-π-アリル化合物で, 例えば (η^3-C$_3$H$_5$)$_2$Ni (C$_3$H$_5$MgBr と NiBr$_2$ から得る）はジオレフィンの環化テロマー化に対し非常に活性の高い触媒である. Ni(0) 錯体, 例えば Ni[P(OEt)$_3$]$_4$ はオレフィンとジエンのカップリングを触媒し, 1,4-ヘキサジエン誘導体を生成する. ニッケロセン (η^5-C$_5$H$_5$)$_2$Ni は電子豊富化合物で遊離のオレフィン結合のような反応を起こす. 単純なアリール化合物, 例えば (R$_3$P)$_2$NiX(Ar) も知られている.

ニッケルアンミン錯体　nickel ammines

無水ニッケル塩はアンモニア水溶液中でアンミン錯体, 例えば [Ni(NH$_3$)$_6$]$^{2+}$（濃青色）を形成する. 多くのアンミン錯体は空気にさらすとアンモニアを放出する.

ニッケルカルボニル　nickel carbonyl

Ni(CO)$_4$. 融点 −25℃, 沸点 43℃. Ni と CO を 100℃未満で反応させて得られ, 毒性がある. より高温では分解して純粋なニッケルが得られる（モンド法によるニッケルの精製). 広範な置換誘導体を形成し, クラスターカルボニル化合物もある. 合成や塗装に用いられる.

ニッケル合金　nickel alloys

耐腐食性および耐汚染性を持つが, 高価であり用途は限られている. 例としてはモネルメタル (Monel 登録商標), ハステロイ (Hastelloy 登録商標), ニクロム (nichrome), インコネル (Inconel 登録商標), ニモニクス (Nimonics 登録商標), パーマロイ (Permalloy 登録商標), インバー (Invar 不変鋼, アンバー), ニロ (nilo)

などがある.

ニッケル酸塩　nickelates, niccolates

ニッケルの酸素酸由来の陰イオンを含む化学種を指す用語であるが，実質的には混合金属酸化物であることが多い．ニッケル(Ⅳ)酸塩は酸化ニッケル(Ⅱ)とアルカリと KNO_3 または O_2 から得られるが，組成がはっきりしない．ニッケル(Ⅲ)酸塩 $MNiO_2$ も同様に合成されるが，こちらは電池などに利用されている．

ニッケルビス(ジメチルグリオキシム)　nickel bis(dimethylglyoximate)

$C_8H_{14}N_4NiO_4$. ニッケルの重量分析で通常用いられる秤量形である．固体中では金属-金属結合を有する．中性-アルカリ性溶液から赤色の錯体として特異的に沈殿する．

ニッケル蓄電池　nickel accumulator

ニッケル蓄電池は別名をニフェ電池とかエディソン電池という．

$$Fe(s) + NiO \cdot OH + H_2O \rightarrow$$
$$Fe(OH)_2(s) + Ni(OH)_2$$

という反応を利用している．反応はアルカリ溶液，通常は水酸化カリウムと一部水酸化リチウムを含む媒体中で行われる．カドミウムや Cd-Fe 合金も負極板として利用される．充電時は $Fe(OH)_2$ が還元されて Fe になり，$Ni(OH)_2$ は酸化されて Ni(Ⅲ)酸化物となる．放電電圧は約 1.2 V にすぎず，鉛蓄電池と比較して電流効率もかなり低く，価格も高い．一方，軽量で機械的強度が大きいという利点があり，これは電極物質をニッケルメッキした鋼板の孔に圧縮して埋め込んでいるためであり，それゆえこの電池は機械的衝撃に耐え，また充電や放電の速度が大きい．ニッケル-カドミウム電池やニッケル水素電池も製造されている．

二糖類　disaccharides

2分子の単糖から水分子が脱離して生じる糖．スクロース(ショ糖)，セロビオース，マルトース(麦芽糖)，ラクトース(乳糖)など．

ニトラミド　nitramide

H_2NNO_2. →窒素の酸素酸

ニトラミン　nitramine

→テトリル

ニトリド錯体　nitrido complexes

N^{3-} 配位子を含む錯体．例えば $[OsO_3N]^-$ (オスミアム酸イオン)などである．比較的珍しい．

ニトリル　nitriles

シアノ基(-CN)を含む有機化合物．無色の液体または固体で，特異的ではないが不快な臭気がある．アミドを P_2O_5 とともに加熱するか，あるいはハロゲン化物を NaCN で処理して得る．酸またはアルカリにより分解し，ニトリルと同数の炭素原子を持つカルボン酸を生じる．還元すると一級アミンを生じる．脂肪族ニトリルは多くの金属錯体や塩に対する溶媒として有用であり，また化学品合成中間体，燃料添加剤，潤滑剤，可塑剤，防虫剤，雑草駆除剤，天然ガスからの CO_2 除去，電気メッキ添加剤として利用される．

ニトリルゴム　nitrile rubber

ブタジエン(55～80%)とアクリロニトリルの共重合体．懸濁重合で得る．耐油性，耐水性のゴムでシーリング，ガスケット，ホースなどに利用される．

ニトリロ三酢酸　nitrilotriacetic acid, NTA

$N(CH_2COOH)_3$. 重要な錯化剤(マスク剤)．特に Zn^{2+} と安定な錯体を形成する．硬水軟化剤として利用されるが，発ガン性の可能性があるとされ，使用量は漸減の傾向にある．

2-ニトロアニソール　2-nitroanisole (o-nitroanisole)

o-ニトロアニソール，$C_7H_7NO_3$. 無色油状，融点 9℃，沸点 273℃. 2-ニトロクロロベンゼンと NaOMe から，または 2-ニトロフェノールと塩化メチルから得る．重要な色素中間体．

2-ニトロアニリン　2-nitroaniline (1-amino-2-nitrobenzene)

$C_6H_6N_2O_2$. 1-アミノ-2-ニトロベンゼン．1,2-ジニトロベンゼンの一方のニトロ基を還元して得る．色素合成中間体．

3-ニトロアニリン　3-nitroaniline (1-amino-3-nitrobenzene)

$C_6H_6N_2O_2$. 1-アミノ-3-ニトロベンゼン．黄色針状晶．融点 114℃，沸点 285℃. 1,3-ジニトロベンゼンの一方のニトロ基を硫化ナトリウムで還元して得る．色素の合成中間体．

4-ニトロアニリン　4-nitroaniline (1-amino-4-nitrobenzene)

$C_6H_6N_2O_2$, 1-アミノ-4-ニトロベンゼン．黄

色結晶．融点147℃．4-ニトロクロロベンゼンをオートクレーブ中170℃で濃アンモニア水と反応させて得る．4-ニトロアセトアニリドの加水分解，またはベンジリデンアニリンをニトロ化し，次いで加水分解することによっても得られる．色素合成中間体として，また1,4-フェニレンジアミンの原料として重要である．

ニトロアミン類 nitroamines

ニトロ基とアミノ基の両方を含む芳香族化合物で，通常ポリニトロ化合物の部分的還元により得る．色素の合成中間体として重要である．

ニトロ安息香酸 nitrobenzoic acids

$C_7H_9NO_4$．すべての異性体が既知である．合成試薬として用いられる．

ニトロアントラキノン nitroanthraquinones

アントラキノンの直接ニトロ化では，主にα-位に置換が起こり，1-ニトロ，1,5-ジニトロ，1,8-ジニトロアントラキノンが得られる．これらの化合物は色素中間体としては限られた価値しかない．

ニトロ化 nitration

分子内にニトロ基を導入すること．ときには硝酸エステル化を意味することもある．

ニトロ化用混酸 nitrating acid

普通には濃硝酸と濃硫酸の混合物を指す．工業的にはニトロ化，例えばニトロ化合物の合成のほか，ニトログリセリンの製造（これはニトロ化ではなくて硝酸エステル化，つまり硝化であるが）に用いられる．

ニトロキシド nitroxides

$R^1R^2NO\cdot$で表される化合物．常磁性（不対電子あり）で，フリーラジカルとしてまたスピンラベルとして広く研究に利用されている．

ニトロキシル酸 nitroxylic acid

H_2NO_2．→窒素の酸素酸

1-ニトロアニジン 1-nitroguanidine

$H_2N-C(=NH)-NH-NO_2$．白色結晶性粉末，融点232℃．熱水に可溶．通常は炭化カルシウムからカルシウムシアナミド，ジシアンジアミドを経てグアニジン硝酸塩を生じ，それを濃硫酸でニトログアニジンに変換する．現代的な発射薬において低温化，無炎化のために用いられる．

ニトログリコール nitroglycol (ethylene dinitrate, ethylene glycol dinitrate)

$C_2H_4(ONO_2)_2$．二硝酸エチレングリコール．甘味を有し，ほぼ無臭の無色液体．沸点105℃/19 Torr．急速に加熱すると爆発する．エチレングリコールを低温で発煙硝酸と硫酸の混合物で処理して合成する．または冷却した硝酸と硫酸の混合物にエチレンを通して得る．ダイナマイト型の火薬として用いられる．ダイナマイトの融点を下げるためにニトログリセリンと混ぜて用いられる．

ニトログリセリン nitroglycerin(e) (glyceryl trinitrate, 1,2,3-propanetriol trinitrate)

$C_3H_5N_3O_9$，$CH_2(ONO_2)CH(ONO_2)CH_2(ONO_2)$．正式には三硝酸グリセリン，または1,2,3-プロパントリオール三硝酸エステルである．グリセリンを硝酸と硫酸の混合物で処理して得られる油状液体．純粋なものは無色，無臭で水に不溶．融点8℃．強力で危険な爆発性物質で爆発可能性が高すぎるため単独では用いられない．発射薬やダイナマイトに使用される．狭心症の発作時の胸痛を緩和する医薬として利用される（体内でNOを発生する）．

ニトロクロロベンゼン類 nitrochlorobenzenes

$C_6H_4ClNO_2$．通常は下記の2種類の異性体が知られている．

① 2-ニトロクロロベンゼン（2-nitrochlorobenzene）：針状晶，融点32℃，沸点245℃．

② 4-ニトロクロロベンゼン（4-nitrochlorobenzene）：プリズムまたは葉状晶，融点83℃，沸点238℃．

クロロベンゼンをニトロ化すると上記2つのモノクロロニトロベンゼンの混合物が得られる．この混合物あるいは各モノニトロ体をさらにニトロ化すると2,4-ジニトロクロロベンゼン（融点51℃，沸点315℃）が得られる．ニトロクロロベンゼン類は重要な色素の中間体．毒性が高い．

ニトロゲナーゼ nitrogenase

窒素固定細菌やラン藻（シアノバクテリア）中に存在する金属と錯形成したタンパク質よりなる酵素．

ニトロサミン類 nitrosamines

一般式$RR'N-NO$で表される化合物．多くは黄色の油または固体．二級または三級アミンに

亜硝酸を作用させて得る．ほとんどのものは実験動物において発ガン作用が認められている．

ニトロシル化合物 nitrosyls

N原子で金属に結合したNOを含む化合物．一般にはカルボニル錯体に類似しているがM-N結合は置換反応に対してM-C結合より安定である．電子数に関しては，金属に対して3電子供与すると考える（すなわちNO^+錯体）．直接NOを作用させるか，あるいはハロゲン化ニトロシルを作用させて得る．鉄族の金属は非常に安定なニトロシル錯体，例えば$Fe(CO)_2(NO)_2$，$[Fe(CN)_5NO]^{2-}$（鉄ニトロプルシドイオン），$[Ru(NO)Cl_5]^{2-}$を形成する．$[Cr(NO)_4]$は唯一のホモレプティックなニトロシルである．M-NS基を含むチオニトロシルも知られている．

ニトロシル硫酸 nitrosyl sulphuric acid

硫酸ニトロシルともいう．$NOHSO_4$．→硫酸水素ニトロソニウム

ニトロセルロース nitrocellulose

→硝酸セルロース

ニトロ染料 nitro-dyes

種々のニトロフェノールまたはニトロスルホン酸誘導体の着色塩．酸性染料．

4-ニトロソジフェニルアミン 4-nitrosodiphenylamine

加硫促進剤．

4-ニトロソ-N,N-ジメチルアニリン 4-nitroso-N,N-dimethylaniline

$C_8H_{10}N_2$．遊離塩基は濃緑色葉状晶を形成する．融点85℃．放置すると褐色に変化する．塩基性．還元すると4-アミノジメチルアニリンを生じ，熱水酸化ナトリウム水溶液で処理するとジメチルアミンを生じる．ジメチルアニリンに0℃で酸性溶液中$NaNO_2$を作用させると得られる．1,3-ジアミンやフェノール類と反応させてアジン類やオキサジン類の合成に用いる．

4-ニトロソ染料 nitroso dyes

ニトロソNO基を含む色素化合物．多くはフェノールと亜硝酸あるいはキノンとヒドロキシルアミンから得られるキノンオキシム．酸性染料．

ニトロソニウム塩 nitrosonium salts

NO^+イオンを含む塩．塩化ニトロシルと金属塩化物を反応させる（例えば$[NO]^+[AlCl_4]^-$），あるいはNOを酸化剤またはBrF_3で処理して得る．

4-ニトロソフェノール 4-nitrosophenol

$C_6H_5NO_2$．灰褐色葉状晶．124℃で分解する．ナトリウム塩は赤色．フェノールに亜硝酸を作用させるか，あるいはp-ベンゾキノンに塩酸ヒドロキシルアミンを作用させて得る．ニトロソフェノールとしても，キノンモノオキシムとしても作用し得る．4-ニトロソアニソール$CH_3OC_6H_4NO$（無色）が知られている．4-ニトロソフェノールは塩基と縮合してインドフェノール類を与え，それらは硫黄色素の製造に用いられる．

ニトロソメチル尿素 nitrosomethylurea

$NH_2CON(NO)CH_3$．無色結晶性固体．融点123～124℃．不安定．発ガン性あり．冷KOH溶液と反応させるとジアゾメタンを生じるが，現在はもっぱらジアザルドがこの目的には用いられるようになった．

ニトロソ硫酸 nitrososulphuric acid (nitrosylsulphuric acid, nitrosulphonic acid)

硫酸水素ニトロソニウム$NOHSO_4$の別名．ニトロシル硫酸，ニトロスルホン酸とも呼ばれる．

ニトロトルエン nitrotoluenes

$C_7H_7NO_2$．トルエンのニトロ化で得る．色素合成中間体．2-ニトロトルエン（2-nitrotoluene）：沸点222℃．3-ニトロトルエン（3-nitrotoluene）：沸点230℃．4-ニトロトルエン（4-nitrotoluene）：無色結晶，融点51～52℃，沸点238℃．2-ニトロ体あるいは4-ニトロ体をさらにニトロ化すると2,4-ジニトロトルエン（黄色結晶，融点71℃）が得られる．これを還元すると2,4-ジアミノトルエンが得られ，ホスゲンで処理するとポリウレタン前駆体である2,4-ジイソシアナートトルエンを与える．

1-ニトロナフタレン 1-nitronaphthalene

$C_{10}H_7NO_2$．黄色針状晶，融点61℃，沸点304℃．クロム酸または過マンガン酸で酸化すると3-ニトロフタル酸を生じる．酸性還元剤により1-ナフチルアミンを与える．容易にニトロ化，スルホン化，塩素化される．ナフタレ

ンを硝酸と硫酸の混合物で直接ニトロ化して得る．主な用途は 1-ナフチルアミンおよびその誘導体の製造．

1-ニトロ-2-ナフトール 1-nitro-2-naphthol
石油中のガム状物が生成するのを防止するために用いられる．

ニトロニウム塩 nitronium salts
NO_2^+ イオンを含む塩．例えば $[NO_2]^+[WF_6]^-$．硝酸に強酸を作用させるか，三フッ化臭素中で二酸化窒素を反応させるか，NO_2 に酸化剤を作用させて得る．ニトロニウムイオンは硝酸と硫酸の混合物またはフルオロホウ酸ニトロニウムで，芳香族化合物をニトロ化する際の反応活性種である．

ニトロ尿素 nitrourea
$NH_2CONHNO_2$．無色結晶性固体，融点 158℃．硝酸尿素に 0℃ で濃硫酸を加え，この混合物を氷に注いで得る．強酸で，塩を形成する．容易には酸化されないが，爆発性がある．セミカルバジドの合成に用いる．

ニトロパラフィン nitroparaffins
$C_nH_{2n+1}NO_2$．ニトロアルカンともいう．無色で芳香があるが有毒な液体で，水にはほとんど溶けない．ハロゲン化アルキルに硝酸銀を作用させて得られる．炭素数の少ないものはプロパンを 400℃ で硝酸と気相で反応させて生成した混合物を蒸留で分離して得る．α-水素をもつニトロパラフィンはアルカリ水溶液に溶解しアシニトロ化合物，例えば $CH_3NO_2 \rightarrow [CH_2=NO_2]^-Na^+$ を生じ，これを鉱酸の濃い溶液で処理すると加水分解されて対応するアルデヒドまたはケトンを生じる．ニトロパラフィンをスズと塩酸で還元するとアミンを生じる．低級ニトロパラフィンは推進薬，溶媒，化学薬品中間体として利用され，例えばニトロメタンは極性物質，特に金属塩に対してよい溶媒である．

ニトロビフェニル nitrobiphenyl
$C_{12}H_9NO_2$．2-，3-，および 4-置換体が既知である．2-置換体は可塑剤や殺菌剤に用いられる．4-置換体は発ガン性の疑いがある．

***p*-ニトロフェネトール** *p*-nitrophenetole (4-ethoxynitrobenzene)
$C_8H_9NO_3$．4-エトキシニトロベンゼン．黄色結晶，融点 58℃，沸点 283℃．4-ニトロフェノールをエチル化して得る．4-フェネチジン製造に用いられる．

2-ニトロフェノール 2-nitrophenol (*o*-nitrophenol)
$C_6H_5NO_3$．*o*-ニトロフェノール．淡黄色針状晶，融点 45℃，沸点 214℃．フェノールを注意深くニトロ化すると 4-ニトロフェノールとともに得られる．硫化ナトリウムで還元すると 2-アミノフェノールになり，これは色素や写真で利用される．

4-ニトロフェノール 4-nitrophenol (*p*-nitrophenol)
$C_6H_5NO_3$．*p*-ニトロフェノール．無色針状晶，融点 114℃．2-ニトロフェノールと同様に合成する．pH 指示薬でもある．鉄と塩酸で還元すると 4-アミノフェノールを生じる．

ニトロプルシド nitroprussides
$[Fe(CN)_5NO]^{2-}$ イオンを含む塩．→ニトロシル化合物

ニトロプロパン nitropropanes
→ニトロパラフィン

ニトロベンゼン nitrobenzene
$C_6H_5NO_2$，$PhNO_2$．無色で屈折率が高く特徴的な臭気を有する液体，融点 6℃，沸点 211℃．ベンゼンを硝酸と硫酸の混合物でニトロ化して製造する．製造されたニトロベンゼンのかなりの部分は，ニトロベンゼンそれ自身またはアニリンとして色素工業に使用される．石鹸の製造にも利用される．さらにニトロ化すると 1,3-ジニトロベンゼンを生じ，スルホン化により 3-ニトロベンゼンスルホン酸を生じる．還元すると，まずアゾキシベンゼンとなり，さらに条件によってはアゾベンゼンおよびアニリンを生じる．

ニトロメタン nitromethane
CH_3NO_2．沸点 100℃．溶媒として広く用いられる．最小のニトロパラフィンである．

ニトロン nitron
$C_{20}H_{16}N_4$，PhN=CH-NPh-N=CH-NPh，1,4-ジフェニル-3-(フェニルアミノ)-1*H*-1,2,4-トリアゾリウム分子内塩．エタノール溶液中で硝酸塩の沈殿剤として用いられる．ClO_4^-，PF_6^-，ReO_4^-，WO_4^{2-} も沈殿を生じる．

二分子反応 bimolecular reaction

1段階で2つの分子または化学種が反応すること．例えば A+B → AB．反応の大半は二分子反応であるか，あるいは多数の二分子反応段階を経て進行する．

にべ isinglass
魚類の膠(にかわ)(魚膠)，主にゼラチンからなる．食品や飲料水の清澄剤，コロイドの保護に用いられる．

二面角 dihedral angle
ねじれた分子中の2つの部分を関連づける角度．固体の H_2O_2 における二面角は 94° である．

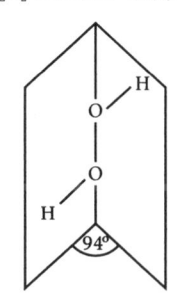

乳化 emulsification
ある液体中に別の液体を含む懸濁液(乳濁液)を調製すること．

乳化機 emulsifier
乳濁液の調製に用いる装置．

乳化剤 emulsifying agent
油を水に薄く分散させたものは典型的な疎水性ゾルとしての挙動を示し，安定化剤を加えて表面張力を減少させなければ油の濃度を増加させることはできない．このような作用をする物質を乳化剤といい，多くは分子の一端に親水基(カルボキシル基やスルホン酸基)を持つ長鎖の化合物である．これらの化合物は親水基を水中に突き出すように界面で配向する．多数の合成有機乳化剤が開発されている．多くはスルホン酸塩や四級アンモニウム塩．2つの相に対して大きく異なる接触角を持つ固体の乳化剤(例：カーボンブラック)もある．
乳化剤は通常，その化合物が最もよく溶ける液体が外側の相になるような乳濁液を形成する．例えば，アルカリ金属石鹸や親水コロイドは O/W 型のエマルジョンを形成し，脂溶性樹脂は W/O 型のエマルジョンを形成する(→エマルジョン)．最もよくある乳化剤は石鹸であるが，硬水中では凝固するという欠点がある．食品用や医薬品用エマルジョンには種々のガムが用いられる．

乳香 frankincense
乳香樹から得られるゴム状物質の香料．エンバーミングにも用いられる．主成分は五環式テルペノイド．

乳酸 lactic acids (2-hydroxy propanoic acids)
$C_3H_6O_3$．普通は α-ヒドロキシプロピオン酸 CH_3-$CH(OH)$-$COOH$ を指す．無色のシロップ上の液体で吸湿しやすい．ゆっくり加熱蒸留すると脱水反応を起こして2分子が縮合してラクチドを生じる．L-乳酸(筋肉乳酸)は筋肉中で炭水化物が分解されたときに生成する．融点 53℃，沸点 122℃/14 Torr．D-乳酸(発酵乳酸)は糖やデンプン加水分解物などの乳酸発酵で得られる．D-乳酸の融点 52.8℃．ラセミ体の乳酸はアセトアルデヒドとシアン化水素の反応で生じるラクトニトリルの加水分解で得られる．融点 16.8℃．食品工業で多用されるほか，チーズ製造や製パン時の添加剤，織物の仕上げ，皮革なめしなどの用途がある．最近では生分解性ポリマーの原料として注目されている．ヒドロキシ基の位置の異なる β-ヒドロキシプロピオン酸はよく β-乳酸と呼ばれる．

β-乳酸 β-lactic acid
3-ヒドロキシプロピオン酸 CH_2OH-CH_2-$COOH$．

乳酸エチル ethyl lactate
$C_8H_{10}O_3$, $CH_3CH(OH)C(O)OEt$．快い芳香を持つ無色液体，沸点 154℃．(±)-乳酸とエタノール，ベンゼンの混合物を少量の硫酸またはベンゼンスルホン酸の存在下で蒸留すると得られる．硝酸セルロースや酢酸セルロース，種々の樹脂の溶媒として用いられる．ラッカー溶剤や抗菌剤としても用いられる．

乳酸ナトリウム sodium lactate
$C_3H_5O_3Na$．更紗などの捺染，織物の仕上げ，カゼインの凝固・可塑剤に用いる．

乳汁 milk
哺乳類から得られるが，特にウシの乳を指す．成分は脂肪 4%，固形分 12%，タンパク質 3%，ラクトース 4.5%，ビタミン，必須脂肪酸，カ

ルシウム，リン酸塩，鉄．

乳糖 lactose
$C_{12}H_{22}O_{11}$.

ニュートラルスピリッツ neutral spirits
エタノールの割合が95%（>190度）より高いエタノール水溶液から得られる蒸留物．調合に用いられる．

ニュートリノ neutrino
中性微子．電荷を持たずスピン1/2を持つ素粒子．質量は当初はゼロと考えられていたが，現実にはいろいろである．

ニュートン（単位） newtons
略記号N．力の基本単位 $1N = 1 kg\, m/s^2$．1気圧をニュートンを使って表すと $1\, atm = 101325\, N/m^2 = 101325\, Pa$．

ニューマン投影 Newman projections
→木挽台式投影

ニューランズの法則 Newlands' law
→音階律

尿酸 uric acid (2,6,8-trihydroxypurine)
$C_5H_4N_4O_3$．2,6,8-トリヒドロキシプリン．無色微結晶．無味無臭．250℃以上に熱すると分解する．二塩基酸で2種の塩を形成する．核酸の代謝最終生成物でヒトの尿中に少量含まれる．鳥類や爬虫類の糞便に含まれる．工業的には糞化石（グアノ）からアルカリで抽出し酸を加えて沈殿させて得るか，グリシンと尿素を融解するなどの製法がある．

尿素 urea
CH_4N_2O，$(H_2N)_2C=O$．カルバミド，つまり炭酸のジアミドである．無色結晶，融点132℃．弱塩基で強酸と塩を形成する．尿素は1828年にウェーラーがシアン酸アンモニウムを乾固させることにより初めて合成された．シアナミドに水を加えるか，融解したフェニルシアナミドに水を通すなど種々の方法により得られる．工業的には二酸化炭素とアンモニアを200℃で400気圧まで上げると，まずカルバミン酸アンモニウム NH_2COONH_4 が得られ，それが脱水して尿素が生成する．尿素はすべての哺乳類の尿中に存在し，また哺乳類や魚類の血液に少量含まれる（→尿素サイクル）．
主な用途は肥料（75%）およびヒツジやウシの非タンパク性飼料．化学合成で最も重要なのは尿素-ホルムアルデヒド樹脂の原料としてである．接着剤，紙やセルロースの加工，医薬品，染料，殺菌剤（H_2O_2 と併用）としても用いられる．

尿素サイクル urea cycle
肝臓で起こる反応サイクルで，過剰の窒素をリン酸カルバミルを経て尿素に変換して排出する．

尿素付加体生成 urea adduction
直鎖アルカンの基礎的な分離過程の1つである．特に $C_{25} \sim C_{30}$ の石油蒸留分から直鎖アルカンを取り出すのに使う．n-アルカンが存在すると尿素は n-アルカンのみを包接したクラスレートを形成して結晶化する．得られたクラスレートを水と80℃に加熱すると分解して2層に分かれる．

尿素-ホルムアルデヒド樹脂 urea-formaldehyde resins
典型的なアミノ樹脂で粘着性フォームや成型品に使われる．→尿素

二硫化炭素 carbon disulphide
CS_2．融点 -112℃，沸点46℃．重要な溶媒であり試薬（C=S結合を有する）である．通常の二硫化炭素は，不純物の存在のために極めて不快な臭気を示すが，純粋な CS_2 は快い臭いを持つ．有毒で著しく可燃性が大きい．レーヨン（ビスコースレーヨン）や CCl_4 の製造に用いられるほか，溶媒として使用される．SH^- と結合してトリチオ炭酸塩 $(CS_3)^{2-}$，OR^- と結合してキサントゲン酸塩（ザンセート）$(ROCS_2)^-$，アミンと結合してジチオカルバミン酸イオン $(RHNCS_2)^-$ を生じる．

二量体 dimer
2分子の単量体が付加反応してできる化合物．

ニンヒドリン ninhydrin (1,2,3-triketohydrindene hydrate)
$C_9H_4O_3 \cdot H_2O$．1,2,3-トリケトヒドリンデンヒドラート．淡褐色結晶．125～130℃で結晶水を失う．融点242℃（分解）．ニンヒドリンはジケトインデンを SeO_2 で酸化して得られる．タンパク質やペプチド，アミノ酸とともに加熱すると青色～紫色の発色を生じるので，検出，特にペーパークロマトグラフィーでスポットの

検出用に噴霧剤として利用される．指数検出にも使われる．

ヌ

ヌクレアーゼ　nucleases

核酸をオリゴヌクレオチドまたはモノヌクレオチドへと加水分解する酵素群．ヌクレアーゼは血漿，腸液，肝臓に存在する．

ヌクレオシド　nucleosides

複素環塩基，特にプリンとピリミジンのグリコシド．結晶性物質で水に微溶．リボ核酸RNA分子を構成するヌクレオシドは，アデニンおよびグアニンの9-β-D-リボフラノシド（アデノシン，グアノシン）とシトシンおよびウラシルの3-β-D-リボフラノシド（シチジン，ウリジン）である．デオキシリボ核酸では糖はデオキシリボースでウラシルの代わりにチミンが使われる．系統名はアデニン（adenine）：6-アミノ-1H-プリン，グアニン（guanine）：2-アミノ-1,7-ジヒドロ-6H-プリン-6-オン，シチジン（cytidine）：4-アミノ-1-β-D-リボフラノシルピリミジン，ウリジン（uridine）：1-β-D-リボフラノシルウラシル．

ヌクレオチド　nucleotides

元来は，核酸の構成成分として同定されたプリンまたはピリミジンが結合したリボースおよびデオキシリボースのリン酸エステルを意味した．現在では複素環塩基のグリコシドのリン酸エステルすべてを含み，アデノシン三リン酸，ニコチンアミドアデニンジヌクレオチドなどの補酵素も含まれる．すなわち，塩基-糖-リン酸基という構造単位を含み，遺伝的機能において重要性を持つものである．

ヌジョール（商品名）　Nujol

重質の医療用流動パラフィンの商品名．分光学（赤外吸収測定），食品，化粧品においてペースト調製剤として広く用いられる．

ネ

ネヴィル-ヴィンター酸 Neville-Winther acid
4-ヒドロキシ-1-ナフタレンスルホン酸の慣用名.

ネオジム neodymium
元素記号 Nd. ランタニド金属，原子番号 60，原子量 144.24，融点 1021℃，沸点 3074℃，密度（ρ）7008 kg/m^3（= 7.008 g/cm^3），地殻存在比 38 ppm，電子配置 [Xe] 4f^{4}6s^2. 典型的なランタニド元素としての性質を示す．用途としては遮光用ガラス，コンデンサー，Nd-Fe-B 磁石（NIB 磁石），レーザーや光ファイバー増幅器などに用いられる．

ネオジムの化合物 neodymium compounds
安定なネオジム化合物は+3 価の典型的なランタニド化合物．Nd^{3+}（f^3 紫色）→ Nd $-$2.44 V（酸性溶液中）．+4 価のフッ化物 Cs$_3$NdF$_7$ は CsCl と NdCl$_3$ に F$_2$ を作用させて得られる．NdCl$_2$（NdCl$_3$ と Nd から得る）および NdI$_2$ は M-M 結合を含むことが知られている．

ネオフィル neophyl
PhMe$_2$CCH$_2$- 原子団を意味する.

ネオプレン neoprene
→ポリクロロプレン

ネオペンチル基 neopentyl
Me$_3$CCH$_2$-. この骨格を含む誘導体，例えばネオペンチルグリコール (CH$_3$)$_2$C(CH$_2$OH)$_2$ は樹脂の原料に用いられる．

ネオン neon
元素記号 Ne. 希ガス元素，原子番号 10，原子量 20.180，融点 $-$248.59℃，沸点 $-$246.08℃，標準状態における密度（ρ）0.89990 g/dm^3（1 atm, 0℃）．沸点における液体の密度は 1.207 g/cm^3，地殻存在比 7×10^{-5} ppm，電子配置 [He] 2s^{2}2p^6．比較的存在量の多い希ガスで，空気中に 1.82×10^{-3} % 含まれる．液体空気の分留により純粋なものが得られる．ネオンサインやネオンランプ，ガイガー-ミューラー計数管，電気機器，ガスレーザーに広く用いられている．ネオンは通常の化合物を形成しない．

ねじれ障壁 torsional barrier
分子内の結合周りの回転に伴う原子や電子の反発によるエネルギー障壁．

ネスラー管 Nessler tubes
薄いガラスでできた円筒で，通常目盛りがついている．溶液の比濁や比色に用いる．

ネスラー試薬 Nessler's reagent
HgI$_2$ と KI を溶解したアルカリ溶液でアンモニアの検出や定量に用いられる（褐色溶液または沈殿を生じる）．

熱改質 thermal reforming
→改質

熱化学 thermochemistry
ほとんどの化学反応は熱の発生または吸収を伴う．熱化学は化学の一分野で，反応に伴う熱の変化を探究する．

熱核反応 thermonuclear reaction
→原子力エネルギー

熱加工処理 hot working
再結晶化温度より高温で金属や合金を変形させること．硬化は起こらず，熱ロール法や押し出し法により断面積を小さくすることができる．

熱可塑性樹脂 thermoplastic resins
繰り返して加熱により軟化し冷却により硬化する樹脂（プラスチック）．主要なものはポリエチレン，ポリ塩化ビニル，ポリプロピレン，ポリスチレン，ポリアミド，ポリエステル．主な用途は包装（29%），建設（15%）．

熱クラッキング thermal cracking
以前は，原油からのガソリン収率を増加させるために軽油や類似の石油画分を熱クラッキングしていた．それには石油画分を約 500℃ で 25 bar まで加圧し，ガソリン，軽油，より高沸点画分中のガス，炭化水素を得る．ガソリン製造では接触クラッキングが熱クラッキングに取って代わったが，熱クラッキングはコークス製造や特殊燃料の製造（例えば蝋のクラッキングで長鎖アルケンを得る過程）に利用される．→接触クラッキング

熱硬化性樹脂 thermosetting resins
一度最終的な型に成型すると融解や溶解しない樹脂（プラスチック）．そのように成型され

た樹脂は熱硬化しているという．主要なものはフェノール樹脂，ポリエステル，尿素樹脂，エポキシ樹脂，メラミン樹脂．

熱交換器　heat exchangers

一方の流体から他の流体へと熱を移動させ，どちらも状態を変えずに一方を冷却し他方を加熱するユニット．化学プラントの設備投資の中でかなりの部分を占める．

熱交換機　reboiler

リボイラーともいう．→精留

熱炭酸塩法　hot carbonate processes

→加熱炭酸塩プロセス

熱天秤　thermobalance

熱重量分析に用いる，試料を加熱できる天秤．

熱　媒　heat transfer media

熱を発生させた場所から必要とする場所へ伝達する流体．熱は顕熱，潜熱またはその両方として伝達される．水蒸気は約475Kまで有用で最も広く用いられている．約700Kまでは「ダウサム」のような有機液体や鉱油が使用できる．水銀や，亜硝酸ナトリウム-硝酸ナトリウム-硝酸カリウムの共融混合物のような溶融塩は875Kまで使える．それ以上には空気または煙道ガスを使う必要がある．

熱分解(1)　pyrolysis

物質，例えば石油を高温にさらすこと．空気のない条件で行うことが多い．

熱分解(2)　thermolysis

熱により誘発される分解反応．こちらは上述の熱分解(1)（pyrolysis）よりも比較的低温で起こる反応を指すことが多い．

熱分析　thermal analysis

ある化合物または錯体の同定や加熱したときの挙動を研究するための分析技術．示差熱分析（DTA）では，試料を加熱しながら（多くの場合，不活性雰囲気中）温度の関数として質量を測定する．示差走査熱分析（DSC）では試料を電気的に加熱または冷却して温度を変化させることにより，熱分解などが起こった際のエンタルピー変化を測定する．

熱力学　thermodynamics

エネルギーの変換や移動に関する学問．もともとは熱と仕事（力）との関連性を研究する学問分野であった．

熱力学の基本的な公式　fundamental equation of thermodynamics

$dU = TdS - PdV$．熱力学の第一法則と第二法則を合わせたもの．

熱力学第一法則　first law of thermodynamics

力学的エネルギーと仕事は互いに変換しうるというエネルギー保存則から導かれる．言い換えれば，「ある過程でエネルギーはある形態から別の形態へと変化し得るが，生成したり消滅したりすることはない」．内部エネルギーを U とすれば，$\Delta U = q + w$，ここで w は系に対してなされた仕事，q は熱として移動したエネルギーである．

熱力学第二法則　second law of thermodynamics

「熱は高温側から低温側にのみ自発的に移動する」という法則．すなわち，熱が低温側から高温側に移動する際には外部から仕事がなされる必要がある．熱力学第二法則の他の表現は，「いかなる孤立系も常にエントロピーが増大するような変化を起こす」というものである．

熱力学第三法則　third law of thermodynamics

「完全結晶では絶対零度でエントロピーが0である」という法則．これは，すべての物質の比熱は0Kではゼロに近づくというアインシュタインの予言（1907年），およびすべての純粋な固体や液体のエントロピーは0Kではゼロに近づくというプランクの結論（1912年）に従っている．

熱力学的支配　thermodynamic control

平衡状態における反応生成物は生成物と反応物の相対的安定性（自由エネルギー）によって決まる．しかし，速度論的支配が熱力学的支配より優勢な場合もあり，例えば SF_6 の加水分解は速度論的な理由で進行しない．

熱力学的データ　thermodynamic data

ある物質の298Kにおける標準生成エンタルピー（$\Delta H_f°$），標準生成自由エネルギー（$\Delta G_f°$）および絶対エントロピー．定義より純粋な単体はすべて $\Delta H_f° = 0$，$\Delta G_f° = 0$．

熱量計　calorimeter

燃料または食物の発熱量，あるいは化学反応熱を測定するための装置．固体や液体の燃料にはボンプ熱量計が使用され，気体にはそれに適

したガス熱量計が用いられる．→カロリー

ネプツニウム　neptunium

元素記号 Np．アクチニド金属元素，原子番号 93，原子量 ^{237}Np 237.05，融点 644℃，密度 (ρ) 20250 kg/m^3 (= 20.25 g/cm^3)，電子配置 [Rn]5f^{6}7s^2．痕跡量の Np は宇宙線による中性子を天然ウランが捕捉することで生成するが，その量は極めてわずかである．通常は ^{238}U または ^{235}U に中性子を照射して人工的に作られる [^{237}Np (2.2×10^6 年)]．ネプツニウムは選択的酸化と溶媒抽出により分離される．NpF$_3$ をリチウムで還元すると単体金属が得られる．6種の結晶形が存在する．ネプツニウム ^{239}Np は β 壊変して ^{239}Pu となるが，これは核分裂性を持つので発電用に利用される（増殖炉）．

ネプツニウム化合物　neptunium compounds

ネプツニウムは典型的な前期アクチニドでウランと同様の化合物を形成するが，+7価の酸化状態は強力な酸化力を持つ．

$$NpO_2^{2+}(ピンク)\xrightarrow{+1.14}NpO_2^+(緑)\xrightarrow{-0.74}$$
$$Np^{4+}(黄緑)\xrightarrow{+0.155}Np^{3+}(青)\xrightarrow{-1.83}Np$$
（電位の単位は V，1M 酸性溶液中）

単体を酸に溶解すると Np^{3+} を生じ，これは空気により酸化されて Np^{4+} に変換され，また温和な酸化剤により NpO$_2^+$ を生じる．電解酸化により緑色の NpO$_5^{3-}$ を生じ，これは大きな陽イオンにより安定化できる．NpF$_6$（NpF$_4$ とフッ素から得られ，融点 55℃，橙色）と NpF$_5$（NpF$_6$ をヨウ素で還元して得る）は唯一の +6 および +5 価のハロゲン化物である．NpF$_4$ は HF と酸素を NpO$_2$ に作用させて得る（NpCl$_4$ と NpBr$_4$ も知られている）．NpX$_3$ はいずれも水溶液から得られる．安定な二元酸化物は NpO$_2$ である．Np(V)や Np(Ⅳ)のフッ化物錯体および Np(Ⅳ)の塩化物錯体は水溶液から得られる．NpO$_2^{2+}$ および NpX$_4$ の誘導体は多くの錯体，特に酸素原子が配位した錯体を形成する．

ネマティック液晶　nematic liquid crystals
　→液晶

ネール温度　Neel point

その温度より高温側で磁化率が正常になる温度．→反強磁性，強磁性

ネルンストの式　Nernst equation

電池の起電力と電池反応における反応物および生成物の濃度，より正確には活量の間の関係．反応 $aA + bB \rightleftharpoons cC + dD$ において起電力は

$$E = E° - RT \ln\left(\frac{a_C^c a_D^d}{a_A^a a_B^b}\right)$$

で与えられる．$E°$ は電池の標準起電力，a_n はその条件における反応物と生成物の活量である．

ネロリドール　nerolidol

C$_{15}$H$_{26}$O．沸点 276℃．セスキテルペンアルコール．

ネロール　nerol (3,7-dimethyl-2,6-octadien-1-ol)

C$_{10}$H$_{18}$O，3,7-ジメチル-2,6-オクタジエン-1-オール．沸点 225～226℃．テルペンアルコールでネロリ油（橙花油），プチグレン油，ベルガモット油などの精油の構成成分の1つである．香料に用いられる．

粘液酸　mucic acid (galataric acid, 2,3,4,5-tetrahydroxybutanedioic acid)

C$_6$H$_{10}$H$_8$，ガラクタル酸，ムチン酸，2,3,4,5-テトラヒドロキシヘキサン二酸ともいう．無色

$$(HO_2C)\underset{OH}{\overset{H}{C}}-\underset{H}{\overset{OH}{C}}-\underset{H}{\overset{OH}{C}}-\underset{OH}{\overset{H}{C}}(CO_2H)$$

結晶．ラクトース，または木材から得られるガラクタンを硝酸で酸化して製造される．水と加熱すると可溶性のラクトンを生じる．加熱によりフロイン酸に変換され，ピリジン中で熱すると光学異性体であるアロ粘液酸に変換される．アンモニウム塩を蒸留するとピロールが得られる．ピロール，その他の複素環化合物の製造に用いられる．

燃焼　combustion

燃料の急速な高温酸化で，炭素は二酸化炭素（または一酸化炭素）に，水素は水蒸気に変換される．燃料中に硫黄が含まれていると，酸化され，燃焼条件に応じて二酸化物または三酸化物となり，窒素は未反応のまま残るか窒素酸化物へと変換される．固形燃料中の固定炭素の燃焼を除き，ほとんどの燃焼反応は気相中で起こる．

ガスの燃焼中は化学エネルギーの放出により，炎あるいは火炎前面と呼ばれる光を発する

領域が生じる.

燃焼限界 flammability limits

燃焼性ガスと空気の混合物は，組成がある範囲内の場合のみ発火し，可燃物の割合が高すぎたり低すぎたりすると燃焼は起こらない．この限界を指す．

燃焼速度 burning velocity

燃焼しているガス混合物の中の炎の先端が，燃焼していないガスの混合物の中へと入る速度，すなわち火炎速度．バーナーでは等しく逆向きの燃焼速度を持つ反応物の一定の流れがバランスを保っているため，定常火炎が保たれている．燃料/空気混合物の燃焼速度が増加すると，逆引火が生じ，一方，ガスの流速が増加すると炎が上昇して消える．

粘弾性 viscoelasticity

プラスチック，ゴムなど長鎖の高分子化合物は，弾性固体とニュートン液体の中間の流体力学的特性を示す．ゴム様のプラスチックでは応力をかけるとすぐに大きな歪みを生じ（粘弾性が高い），応力をかけていた時間が短い場合のみ回復する．応力を長くかけているとその物質は永久歪みを生じる．鎖状分子が最初は単に延長し，粘稠な液体が流れるようにゆっくりと互いに位置を変える．温度とともに流れは増大する．他の極端な場合では，物質は液体のような流動性を示すが，応力を除くとゆっくりと元の状態へと形状を復元する傾向を示す．この場合を流動弾性または「弾性的粘性（elastico-viscosity）」を持つという．そのような液体（例：融解ナイロン）から糸をつくることができる．

粘　度 viscosity

すべての液体は流れに対する抵抗を持ち，それを粘度という．流動性の大きい液体，例えば水は粘度が低く，油や糖蜜は粘度が高く流れにくい．粘度測定は高分子物質の分子量決定に利用される．

粘　土 clays

天然のアルミノケイ酸塩で，可塑性を持つ塊として産出する．これらを粉砕したり，水と混合したりすることによって泥状のペーストに変換できる．乾燥させて粉砕すると，粘土粒子は水にほとんど無制限に懸濁させることができる．少量の Na_2CO_3 を添加すると懸濁は容易に

なる．濃度の高い懸濁液ではゲルが形成することもある．粘土は四面体型の $(Al, Si)O_4$ が結合してできた層が $Mg(OH)_2$ や $Al(OH)_3$ の層によって結びつけられた構造をしている．粘土は極めて重要な土壌成分であるが，陶磁器原料やセラミックス材料に用いられるほか，ゴム，塗料，プラスチックおよび製紙用の充填剤や吸着剤として，さらにボーリング用泥水にも使用されている．

粘土処理 clay treatment

油から副生物や酸スラッジを粘土に吸着させて除去すること．

燃　料 fuels

エネルギー，特に熱エネルギーを作り出す物質．燃料油，石炭，天然ガス，合成ガス，ロケット燃料（推進薬），ウランやプルトニウム（核燃料）がある．

燃料電池 fuel cell

気体または液体燃料を供給して電気化学反応を起こすことで直接電力を発生する電池．燃料と酸化剤をそれぞれ電極に供給する．電極は多孔性で触媒により活性化されていることが多い．使用される燃料は水素，ヒドラジン，アンモニアで，酸化剤は通常酸素または空気である．電解質はアルカリ溶液，溶融した炭酸塩，固体酸化物，イオン交換樹脂など．燃料電池バッテリーは宇宙船で使用されてきたが，工業的な利用の可能性はまだ実現されていない．

燃料油 fuel oils, burning oils

力や熱を発生させるために利用される石油系オイルの総称．通常，第1種（エンジン燃料）と第2種（バーナー燃料）の2つに分類される．自動車や航空機用のガソリンは別の区分とするのが普通．なお家庭用の灯油も燃料油であるが，これは英語では burning oils か kerosene というのが普通である．

ノ

ノイラミン酸 neuraminic acid (prehemataminic acid)

$C_9H_{17}NO_8$. 重要なアミノ糖で動物組織中や分泌液中に，特にN-アシル誘導体として広く存在する．→シアル酸

ノイリン neurine (trimethylvinylammonium hydroxide, trimethylethenylammonium hydroxide)

$C_5H_{13}NO$, $[Me_3NCH=CH_2]^+OH^-$，水酸化トリメチルビニルアンモニウム．液体で三水和物として結晶化する．遊離の状態，また脳や他の動物性また植物生産物中では結合した状態で存在し，レシチンの腐敗生成物として生じる．コリンから合成でき，容易に分解してトリメチルアミンを生じる．

濃化 thickening

スラリーや懸濁液を処理してより濃いスラリー状態の固体を回収すること．沈降濃縮器はそのような操作に用いる装置．

濃厚 concentrated

高濃度（例えば溶液中の溶質）であることを示す．

濃色効果 hyperchromic

吸収強度が増加すること．淡色効果の逆．

濃淡電池 concentration cell

一片の金属をその金属イオンを含有する溶液に浸したとき，その金属片の電位（→電極電位）はそのイオン濃度に依存する．したがって2本の電極を同じ電解質で濃度の違う溶液に浸けると，濃度の差から生じる起電力で電池を作ることができる．この原理に基づく電池を濃淡電池と呼ぶ．このような電池を連続操作するには，両方の電解質溶液間の架橋が必要となる．

濃度 concentration

ある一定の量の溶液中の物質の量，あるいは気体の場合はその気体中に含まれる分子の割合．溶液の場合はモル濃度（$mol\,d/m^3$）を単位として測定する．

能動輸送 active transport

浸透や拡散以外の，物質の生化学的輸送で，濃度勾配に逆らって行われるもの．

農薬 pesticides

除草剤，殺虫剤，殺線虫剤，抗カビ剤，植物生長制御因子．この辞書では殺菌剤も含めている．世界では年間 2.5×10^6 トンが使用されている．→巻末付録「農薬一覧表」

ノッキング knocking

ガソリンエンジン（スパークプラグを用いる）やディーゼルエンジン（圧縮点火による）において，正規のサイクル過程の中途で強烈な燃料の異常爆発が起きること．この結果として出力低下，ときにはエンジンの破壊も起こる．燃料の組成や圧縮比などに依存する．→アンチノック剤，ノッキング価

ノッキング価 knock rating

ガソリンやディーゼル油のノッキングの起きやすさを示す値．ガソリンの場合にはオクタン価，ディーゼル油の場合にはセタン価が用いられる．

ノード node

原子や分子の波動関数がゼロになる部分．

ノナン酸（ペラルゴン酸） nonanoic acid (pelargonic acid)

$C_9H_{18}O_2$, $CH_3(CH_2)_7C(O)OH$. 慣用名はペラルゴン酸．不快臭を有する油状液体，融点 $12.5°C$，沸点 $253 \sim 254°C$．オレイン酸あるいはウンデセンの酸化で得られる．奇数の炭素原子を有する他の脂肪酸とともにヒトの毛髪中に微量存在する．除草剤，植物生長制御因子．

ノニルフェノール nonylphenol

$C_{15}H_{20}O$. フェノールとノニレン（プロペン三量体）から得られ，分枝を有する．アルデヒドとの反応によるフェノール樹脂の形成や，エチレンオキシドとの反応による界面活性剤の合成に用いられる．

ノピネン（β-ピネン） nopinene

→β-ピネン

ノーベリウム nobelium

元素記号 No．アクチニド金属元素，原子番号102，原子量 ^{259}No 259.10，融点 $827°C$，電子配置 $[Rn]5f^{14}7s^2$．^{255}No（3 min）はキュリウムターゲットに ^{10}C 核か ^{12}C 核を衝突させて得る．

ノーベリウムの化学的性質　nobelium chemistry

ノーベリウムは+2と+3の酸化状態のみをとる．+2価（$5f^{14}$）が最も安定である．
$$No^{3+} \xrightarrow{+1.45V} No^{2+} \xrightarrow{-1.64V} No$$

ノルアドレナリン　noradrenaline (norepinephrine)

$C_8H_{10}NO_3$．ノルエピネフリン．融点 103℃．生合成におけるアドレナリン（N-メチル基を有する）の前駆体．

ノルエチステロン　norethisterone (17-ethinyl-19-nortestosterone)

17-エチニル-19-ノルテストステロン．エチステロンの誘導体．

ノルエトンジオン　norethondione

エチステロンの誘導体．

ノルトハウゼン硫酸　Nordhausen sulphuric acid

→発煙硫酸

ノルボルナジエン　norbornadiene (bicyclo[2.2.1] hepta-2,5-diene)

C_7H_8．ビシクロ[2.2.1]ヘプタ-2,5-ジエン．かすかに色のついた液体，沸点 90℃．シクロペンタジエンとアセチレンを約 150℃でディールス-アルダー反応させて得る．450℃以上でシクロヘプタトリエン（トロピリデン）に転位する．

ノルボルネン　norbornene (bicyclo[2.2.1]2-heptene)

融点 -46℃，沸点 96℃．正式名はビシクロ[2.2.1]-2-ヘプテン．ある種の誘導体，例えば 2-ヒドロキシメチル置換体や 2-アクリロイルメチル置換体は共重合体に利用され，フォトレジストにも利用できる可能性がある．

ハ

歯　teeth
　→歯牙

配位異性　co-ordination isomerism
　実際の原子配列からみた配位化合物における異性．$[Pt(NH_3)_2Cl_4]Br_2$ と $[Pt(NH_3)_2Br_2Cl_2]Cl_2$ のようなものが例である（訳者記：なお原文には「例えば NO_2^- は Co^{3+} に対し Co-ONO か Co-NO_2 のいずれかで配位できる」とあるが，これは「結合異性」の例である）．

配位化合物　co-ordination compound
　配位結合を含む化合物．

配位結合　co-ordinate bond
　2つの原子を1組の電子により結合するときに，これらの1対の電子が，結合をつくる原子の一方（ドナー）から提供されている結合．配位結合は形の上では共有結合と同一である．電子を受け取ることができる原子がアクセプターであり，電子を供与している分子がドナーまたは配位子である．配位結合は無機錯体中で広く生じている．→原子価理論

配位構造　co-ordination arrangements
　中心原子を取り巻く原子や配位子の配列はそれら原子の大きさや中心原子の電子配置（孤立電子対が空間的にどこに位置するか）によって決まる．最も一般的な配位構造の詳細は各項目を参照．よく見られる配置としては以下のものがある（孤立電子対は無視して結合している原子のみを考えた場合）．

　配位数
　2　直線　　　$BeCl_2$, CO_2
　　　折れ曲がり　H_2O
　3　平面三角形　BF_3
　　　ピラミッド形　NH_3
　4　四面体　　CH_4, $[NiCl_4]^{2-}$
　　　平面四角形　$[PtCl_4]^{2-}$
　5　三角両錐　PF_5
　　　四角錐　　IF_5
　6　八面体（OCTAHEDRAL）
　　　　　　NaCl, $[Co(NH_3)_6]^{3+}$
　　　三角柱　　NiAs
　7　五角両錐　ReF_7
　　　面冠八面体　$[NbOF_6]^{3-}$
　　　面冠三角柱　$[TaF_7]^{2-}$
　8　正六面体（立方体）　CsCl
　　　正方逆プリズム　$[Mo(CN)_8]^{4-}$
　　　正十二面体　$[Mo(CN)_8]^{4-}$
　12　正二十面体　$[Ce(NO_3)_6]^{2-}$
　　　立方最密充填構造：ペロブスカイト $CaTiO_3$

配位子　ligand
　錯体において，中心原子に配位結合しているイオンや原子団を指す．一般に電子供与性のサイトを含んでいる．$[Co(NH_3)_6]Cl_3$ においては NH_3 が配位子である．

配位子場理論　ligand field theory
　結晶場理論を，電子移動を考慮して拡張したもの．

配位数　co-ordination numbers
　結晶または溶液中で，ある特定の分子またはイオンの周りを取り巻いている基やイオンの数．錯体においては中心原子に配位結合，あるいは共有結合している基の総数である．Li から F までの元素では，共有結合性化合物の最大配位数は4であるが，イオン性化合物の場合6配位が起こり得る．Na から Cl までの元素では，最大配位数は6である．

バイオアッセイ　bioassay
　テストする微生物に対する作用を定量し，応答を標準のものと比較することにより行う定量分析（定性分析のこともある）．特に生理的作用の大きな基質に対して用いられる．

バイオガス　biogas
　バイオマスから誘導される燃焼性のガスで，例えば CO や H_2 などを含む．

バイオサイド　biocides
　殺生物剤．食品などを含む工業的用途や化粧品，家屋内の用途に用いられる抗菌剤．イソチアゾリンやテタイン類は重要なバイオサイドである．

バイオセンサー　biosensors
　生物学的センサーあるいは生物学的に生成されたセンサーを用いて特定の基質を定量する装置．

バイオマーカー biomarkers
　特定の種に特徴的な指紋分子．岩石中に見出されることもある．GC-MS により同定されることが多い．

バイオマス biomass
　植物から得られるエネルギーや物質源として用いられる諸材料の総称．

バイオルミネッセンス bioluminescence
　→生物発光

倍音 overtones
　基音の振動数の整数倍の周波数に対応する弱い振動吸収．

BI-Gas 法（石炭液化） Bi-Gas process
　2段階のガス化を用いて，固体燃料を代替天然ガス（SNG）に変換する高圧操作．

π 結合 π-bonding
　2つの領域で重なり合うような形の軌道の相互作用．エチレン C_2H_4 では s オービタル同士の

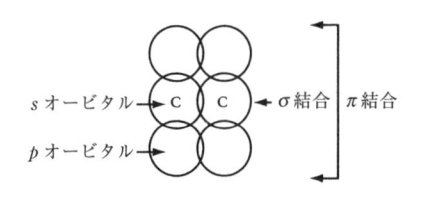

重なりによる σ 結合と p オービタル同士の重なりによる π 結合を持つ．π 結合は配位化合物において重要であり，配位結合は π- 性を持つことがある．供与体から電子が供与されることもあるし，受容体から供与体への電子移動（逆結合）が起こることもある．

廃水処理 sewage treatment
　工場排水や生活排水は，まず沪過により固体を除去し，ついで廃棄物を栄養源とする微生物によりコロイド状物質を除く．嫌気性スラッジ消化においてはメタンなどのガスが発生しエネルギー源として利用できる．この過程において，高タンパク質の飼料用サプリメントもつくられる．

倍数比例の法則 law of multiple proportions
　1804 年に英国のドルトンが提案した．2種類の元素 A，B が化合して，2種類以上の化合物が生じる場合には，一定質量の A と化合する B の質量は簡単な整数の倍量となるというも

の．例えば N_2O, NO, N_2O_4 において，一定量の窒素と化合している酸素の質量は 1：2：4 の比例関係にある．この法則はかなり限定された範囲においては正確に成立するが，実際には多数の不定比化合物も知られているので，成立しない例も多々ある．

媒染剤 mordant
　染色において色素を繊維上に固定化または発色させる物質．

媒染染料（後媒染料） metallizable dyes (mordant dyes)
　繊維を染めた後で，金属イオンを添加して繊維の上でキレート形成させて固着させる方式の染料．

媒染染料（先媒染料） mordant dyes (metallizable dyes)
　染料を繊維に固着させるに際して，金属イオンを媒染剤として用い，キレート形成を利用して染色を行うタイプの染料．スズなどの媒染剤を用いてアリザリンで赤色を染めるときは，先に媒染剤を繊維に付着させて，あとから染料液を加える方式である．

ハイゼンベルクの不確定性原理 Heisenberg uncertainty principle
　光と波の両方の性質を持つ微粒子では，位置と運動量の両方を同時に特定することはできない．位置の不確定性 Δx と運動量の不確定性 Δp の間に $\Delta x \times \Delta p = h/2\pi$（$h$ はプランク定数）の関係式が成り立つ．

排他原理 exclusion principle
　→パウリの禁制律

ハイドロサルファイトナトリウム sodium hydrosulphite
　次亜硫酸ナトリウム．別名をヒドロ亜硫酸ナトリウムともいう．通常は単にハイドロサルファイトと呼ぶこともある．組成は $Na_2S_2O_4$ で，正式には亜二チオン酸ナトリウム．還元漂白に用いられる強力な還元剤．$NaHSO_2$ の調製にも利用される．→亜二チオン酸ナトリウム

ハイドロファイニング hydrofining
　→脱硫．温和な条件でのスイートニングプロセスとして，また軽油画分の安定性を増大するためにアルケンを除去する処理法．水添改質．

ハイドロホーミング hydroforming

→触媒改質

ハイドロリス（商品名） Hydrolith
CaH_2. 水素化カルシウムの通称.

ハイポ hypo
$Na_2S_2O_3$. チオ硫酸ナトリウムの慣用名（実は誤称）. 写真に用いられる.

バイヤー試験 Baeyer test
アルケンと過マンガン酸塩が反応し, ジオールになる反応. 相間移動触媒を用いるとよい.

バイヤライト bayerite
$\alpha\text{-Al(OH)}_3$. →水酸化アルミニウム

バイルシュタイン Beilstein (Handbuch der organischen Chemie)
有機化学に関して最も信頼のおける参考資料集（三次資料）であるが, 新しい改訂版は出ていない.

バイルシュタイン試験 Beilstein's test
有機化合物中のハロゲンの存在を検出する定性試験. 銅の網を酸化炎中で加熱し, 緑色が消えたら化合物を網の上において再加熱する. Cl, Br, またはIが含まれていると, 炎はあざやかな緑に変わる.

パイレックス（商品名） Pyrex
高い割合のSiO_2とホウ素, アルミニウム, アルカリ金属を含む耐熱性ホウケイ酸ガラスの商品名. パイレックスは機械的強度が高い.

パイロクロア pyrochlore (pyrochlorite)
$NaCaNb_2O_6F$, ニオブ鉱物. タンタルを含むこともある. 組成が$A_2B_2X_7$で表される一連のフッ化酸化物.

パイロゾル pyrosols
溶融塩を電解するとパイロゾルと呼ばれる濁った液体を生じる. これは通常, 遊離の金属が分散したコロイドと考えられている. パイロゾルは, 例えば亜鉛を溶融した塩化亜鉛に溶かすなど, 金属を溶融塩に直接溶かすことにより容易に調製できる.

バインダー binder
例えば塗料などに用いられる物質で, 基材を保護し, 顔料を均一に分布し, その位置に保つ作用を持つ.

パウリの禁制律 Pauli exclusion principle
2個の電子が4種の量子数についてすべて等しい状態をとることはできない. 「パウリの排他律」ということも多い.

パーキン反応 Perkin reaction
芳香族アルデヒドと脂肪酸（またはその芳香族誘導体）のナトリウム塩との縮合反応. ベンズアルデヒドと酢酸ナトリウムを無水酢酸の存在下で反応させるとケイ皮酸ナトリウムが得られる. すなわち
$C_6H_5CHO + H_3CCOONa \rightarrow C_6H_5CH=CHCOONa$
一般に縮合はα-炭素上で起こり, ケイ皮酸またはそのα-置換誘導体が生成する. 可能であれば縮合剤としてナトリウム塩に対応する酸無水物を共存させる.

白亜（白堊） chalk
以前は「白堊」と書いた. 海洋由来の天然に産出する微粒子性の$CaCO_3$. 幅広い用途に用いられている. ときには沈降性炭酸カルシウムを指すこともある.

白堊（白亜） whiting
沈降性炭酸カルシウム. 石灰岩や貝殻を粉砕・水簸(すいひ)して, 水中から細かい沈殿物を集めて得られる$CaCO_3$. 化学工業などに広く用いられる（訳者記：漆喰や人形作りなどに用いられる「胡粉」は, 現在はこれと同じであるが, 今から1000年ほどの昔では鉛白のことであった）.

白雲石 dolomite
$MgCO_3 \cdot CaCO_3$. 狭い意味では白雲石（苦灰石）を指すが, 実社会では炭酸カルシウムと炭酸マグネシウムの混合物のかなり広い組成範囲のものを指している. 建築材料や鉄鉱石精錬に多量に用いられる. ベッセマーの転炉やシーメンス-マルタン式平炉の内壁を覆うのに不可欠であった. 金属マグネシウムやその塩の製造の最重要原料.

白鉛鉱 cerussite
$PbCO_3$. 鉛鉱石として用いられている天然の炭酸鉛.

麦芽 malt
穀類のうち特にムギ類の発芽したものを加熱処理したものを指す. オオムギ, コムギ, エンバクなどから作られる. 「モルト」はムギ類以外のコメやトウモロコシなどの発芽種子を加熱乾燥したものをも含む.

爆轟 detonation

ばくごう．爆発の一種であるが，はるかに反応速度が速く，極めて高速な衝撃波と高圧が生じるのが特徴である．非常に高い局部温度が生じる．この種の爆発はエンジンにおいて重要であるが，そこでは初期の（しばしばピンキングと呼ばれる）段階からより厳しい状況（ノッキングと呼ばれる）まで，さまざまな爆轟が存在する．

バクセン酸 vaccenic acid (*trans*-11-octadecenoic acid)
$CH_3(CH_2)_5CH=CH(CH_2)_9CO_2H$, *trans*-11-オクタデセン酸．

薄層クロマトグラフィー thin-layer chromatography
→クロマトグラフィー

爆発 explosion
温度の上昇とともに急激な速度の増加が起こる反応過程．反応が分岐をもたらす場合もある．均一な燃料と空気の混合物が発火源からその混合物までいたる火炎前面を形成して燃焼すること．爆発は定圧条件下か定容条件下で起こる．定圧条件下の爆発では，局所的な圧力増加は火炎前面でのみ起こり，そこでは反応が完結するが通路やシャフトでは圧力はあまり増加しない．定容条件下の爆発では反応容器またはシリンダー全体に火炎前面が速やかに広がり，強い乱流が形成されて火炎が急速に伝播して火炎前面は不規則な形になり，大きな圧力上昇が起こる．

爆発圧着 explosive cladding
爆発により被覆剤に大きな速度を与え，それを被覆すべき材料に衝突させて金属結合のような接着を形成する被覆技術．オートクレーブの内表面などの被覆に利用される．

爆発物 explosives
衝撃，摩擦，電気火花などを受けると急速に分解して多量の熱とガスを発生する物質または混合物．主に以下の3種類がある．①推進薬 (propellants)：一定速度で燃焼し極端な条件においてのみ爆発する火薬．②開始剤 (initiators)：雷酸水銀（雷汞），アジ化鉛，スチフニン酸鉛のように物理的衝撃に非常に敏感な火薬．起爆薬．より多量に含まれる，それほど敏感ではない物質の爆発を誘起する目的で，起爆剤中に少量用いられる．③爆薬 (high explosives)：通常の開放された場所では爆発的でない燃焼を起こすが，突然に十分大きな物理的あるいは爆発性の衝撃を受けると爆発しうる物質．

白ヒ white arsenic
粗製の酸化ヒ素（Ⅲ）As_4O_6．天然にはヒ華として産出する．

爆鳴気 detonating gas
水の電気分解により生じる H_2 と O_2（モル比で 2：1）の混合物で，点火すると激しく爆発して H_2O を再び生成する．

バークリウム berkelium
元素記号 Bk．放射性元素，原子番号 97，^{249}Bk の原子量 249.08，融点 986℃（β 型），密度（ρ）14780 kg/m^3（= 14.78 g/cm^3）（α 型），電子配置 [Rn]$5f^97s^2$．^{249}Bk（半減期 314 日）は ^{243}Am に中性子を作用させて得る．^{247}Bk（同 10^4 年）はずっと安定であるが，加速器中でしか生成できない．バークリウムはイオン交換により分離される．金属は BkF_3 を金属リチウムで還元して得られる．二重六方最密構造を持ち，典型的な陽性アクチニドである．

バークリウムの化学的性質 berkelium chemistry
通常 3 価．BkF_4 は F_2 を BkF_3 に作用させて得られる．Bk(Ⅳ) は Bk(Ⅲ) を BrO_3^- で酸化すると得られる．
$$(Bk^{4+} \to Bk^{3+} + 1.6V)$$
Cs_2BkCl_6 は濃塩酸から沈殿する．三ハロゲン化物すべてのほか，BkOCl，Bk_2O_3 および BkO_2 が化合物として得られている．

剥離試薬 parting agents
→接着防止剤

パークレン perchloroethylene
→ペルクロロエチレン

破砕 spalling
耐火レンガが壊れて最終的な機械的破損をきたすこと．レンガの中で温度勾配が大きいとき（特にマグネサイトのような熱膨張係数の大きい物質を含んでいる場合）；レンガの積み方が悪く歪みがかかっている場合；耐熱性物質の成分と炉のガスまたは炉内の物質とが反応する場合に起こりやすい（訳者記：チェルノブイリの原子力発電所事故の原因でもあった）．

破砕と磨砕 crushing and grinding
　粒径を小さくする操作．破砕は圧縮力を主に用いる操作で，粉砕は摩耗や剪断作用により粒径を小さくすることを指す．

波　数 wave number
　波長の逆数．単位長さ（多くは1cm）に含まれる波の数．振動数といわれることもある．波長が1μmであると波数は1000cmとなるが，これはほぼ12.5kJ/molに対応する．

パスカル pascal
　略記号Pa．圧力のSI単位．N/m^2

パスツール効果 Pasteur effect
　糖の分解は酸素存在下より無酸素状態のほうが速いことが多い．

バストネス石 bastnaesite
　$CeFCO_3$．軽希土類に富むランタニド元素の原料鉱石．

パースペックス（商品名） Perspex
　アクリル樹脂（PMMA）の商品名．

パセリ油 oil of parsley
　パセリの種子より得られる．子宮収縮作用もある．

バソプレッシン vasopressin
　脳下垂体の後葉から分泌される環状ペプチドホルモン．血管を収縮させることで血圧上昇を引き起こす．医薬としても用いられる．

波　長 wavelength
　記号はλ．波の対応する点の間の距離．分光学では波長の逆数を振動数として用いる．

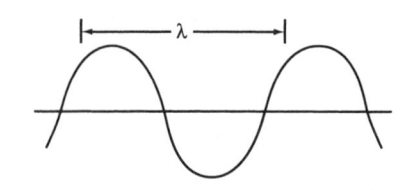

パチョリ油 oil of patchouli
　シソ科 *Pogostemon cablin* の葉から得られる．パチョリアルコールを含む．着香料に利用される．

発エルゴン的 exergonic
　温度と圧力が一定のとき自由エネルギー変化が負であること．反対は吸エルゴン的という．

発煙硫酸 fuming sulphuric acid (oleum, Nordhausen sulphuric acid)
　別名をノルトハウゼン硫酸という．SO_3 を濃硫酸 H_2SO_4 に溶かした液体で，主成分はピロ硫酸 $H_2S_2O_7$ である．熱すると SO_3 が揮発する．通常の濃硫酸合成の中間体であるほか，有機合成（スルホン化試薬）に用いられる．

発火温度 ignition temperature
　燃料が自己発火しうる最低温度．この温度は発火手法や，混合物中の空気と燃料の比に依存する．

麦　角 ergot
　ばっかく．ライムギの穂に成育する麦角菌（*Claviceps purpurea*）が作り出す角や瘤状の構成物．古くから生薬として利用されてきた．麦角の薬理活性はほぼすべてリセルギン酸構造を含むアルカロイド，エルゴトキシン，エルゴメトリン，エルゴタミンなどに由来する．

発火限界 ignition limits
　→燃焼限界

発火性金属 pyrophoric metals
　ある種の金属は，低温で還元することにより多孔質，または微粉末の形で調製すると非常に活性が高く空気中で自然発火することがある．発火鉄は，シュウ酸鉄(Ⅱ)を還元することにより得られ，他の多くの発火金属は低温でアマルガムを蒸留することにより得られる．発火合金はCe-Fe合金でライターに用いられる．

薄荷油 oil of peppermint
　ハッカ油．ペパーミント油の別称．

発ガン性物質 carcinogens
　動植物中で悪性細胞の増殖を引き起こす物質．多くの芳香族アミン，芳香族ニトロ化合物，メチル（クロロメチル）エーテル，エチレンイミンおよびプロピオラクトンなどの誘導体は発ガン性であり，危険．

白金 platinum
　元素記号Pt．10族の金属元素，原子番号78，原子量195.08，融点1768℃，沸点3825℃，密度(ρ) = 21450 kg/m^3（= 21.45 g/cm^3），地殻存在比0.0001 ppm，電子配置 $[Xe]4f^{14}5d^96s^1$．白金族元素の中では天然最も豊富に存在し，重金属硫化物鉱石中にも痕跡量存在している．白金化合物は容易に還元されてccp構造の金属白金を生じる．金属は非常に展性や延性が高い．

300℃以上でF_2やCl_2と反応し，王水には溶解し，溶融合金を形成する．金属は宝石，実験機器，熱電対（特に$Pt/Pt-Rh$），電気接触部，触媒（SO_3，NH_3，炭化水素のクラッキング，ホルムアルデヒド合成，排気ガス処理触媒）に広く用いられる．触媒過程においては通常，金属を不活性な担体上に吸着させて用いる．高品質のガラス器具の製造にも用いられる．白金化合物は抗腫瘍活性を持つ．

白金の化学的性質　platinum chemistry

白金は10族で最も重い元素で，酸化数は+6および+5（フッ化物のみ），+4，+2，+1，0がある．$Pt(Ⅱ)$および$(Ⅳ)$は広範な錯体を形成し，通常それぞれ平面正方形，八面体の配位構造である．ハロゲン化物，窒素配位子（特にアミンやアンモニア），ホスフィンは，$Pt(Ⅱ)$とも$Pt(Ⅳ)$とも安定な錯体を形成する．シアン化物やカルボニル錯体は特に$Pt(Ⅱ)$と安定錯体を生じる．錯体の中には抗腫瘍活性を持つものがある．$Pt(0)$錯体はホスフィンを配位子とするものが安定である．クラスター誘導体が多くの場合に形成される．有機白金化合物は$Pt(Ⅱ)$も$Pt(Ⅳ)$も知られている．

白金の酸化物　platinum oxides

水素化反応に用いられるアダムズ触媒は褐色のPtO_2で，$PtCl_6^{2-}$の加水分解で沈殿する水和酸化物を脱水して得られる．PtO（$PtCl_2$とKNO_3から得る）とPt_3O_4（Pt電極上で形成，またはPtとO_2から加圧下で得る）も存在する．例えば$Tl^{Ⅲ}_2Pt_2^{Ⅳ}O_7$のような混合酸化物も知られている．

白金のハロゲン化物　platinum halides

フッ化白金は，①揮発性で赤色のPtF_6（PtとF_2から得る，融点61℃，非常に強い酸化剤でO_2と反応して$O_2^+PtF_6^-$を生じる），②赤色で多量体のPtF_5（PtとF_2から得る），③黄褐色のPtF_4（PtとBrF_3から得る）がある．フッ化白金（Ⅴ）酸塩およびフッ化白金（Ⅳ）酸塩（例えばK_2PtCl_6とBrF_3からK_2PtF_6が得られる）は錯陰イオンを含む．$[PtF_6]^{2-}$以外のすべてのフッ化白金は水により加水分解される．塩化物で知られているのは，赤褐色の$PtCl_4$，黒緑色の$PtCl_3$（$Pt^{Ⅱ}$と$Pt^{Ⅳ}$を含む）および黒赤色の$PtCl_2$である（いずれもPtとCl_2から得る）．例えば$[PtCl_6]^{2-}$や$[PtCl_4]^{2-}$イオンを含む塩化白金酸塩は安定である．臭化物やヨウ化物は塩化物に類似している．ハロゲン化錯イオンの安定性はハロゲンの質量とともに増加する．ハロゲン化白金（Ⅱ）および（Ⅳ）はドナー，例えばホスフィンやチオールと錯体を形成する．

白金の有機誘導体　platinum, organic derivatives

ハロゲン化白金にグリニャール試薬を作用させると，安定なアルキルおよびアリール誘導体，例えば[$trans$-$PtBrMe(PEt_3)_2$]が得られる．四量体の化学種，例えば[Me_3PtCl]$_4$も，$PtCl_4$のアルキル化反応で生成する．オレフィンやアルキンはπ-錯体，例えば$K[PtCl_3(C_2H_4)]$，$[PtCl_2(C_2H_4)]_2$，$[(Ph_3P)_2Pt(PhC_2Ph)]$を生成する．

白金アンミン錯体　platinum ammines

$Pt-NH_3$（またはアミン）基を含む一連の$Pt(Ⅱ)$（平面四配位）または$Pt(Ⅳ)$（八面体六配位）錯体．

白金黒　platinum black

$Pt(Ⅱ)$の溶液から還元剤を加えて得られる微粒子状の沈殿．水素化触媒として用いられる．→白金の酸化物

白金族元素　platinum metals

ルテニウムとオスミウム（鉄族），ロジウムとイリジウム（コバルト族）およびパラジウムと白金（ニッケル族）の元素．これらは天然の合金（天然白金やオスミリジウム）として，混合硫化物中，金，銀，銅の硫化物鉱石中の微量金属として同時に存在する（各元素を参照）．

バッグフィルター　bag filter

エアフィルターの一種．

バックミンスターフラーレン　buckminsterfullerene（bucky balls）

バッキーボール．C_{60}など炭素の同素体の1つで，サッカーボールのような幾何学的配置を持つ．純黒鉛電極を蒸発させる，あるいはレーザーを用いて生成する．→ナノチューブ

発現　expression

生化学において遺伝子を翻訳させ，その産物（タンパク質）を作らせること．

発酵　fermentation

微生物の作用を制御して行い有用な生成物を

得ること．エタノール，乳酸，酢酸，グリコール酸，グルタミン酸や種々のアミノ酸が発酵により得られる．ステロールなど多くの医薬品が部分発酵により製造されている．

発光性ポリマー LEP
発光性ポリマー（light-emitting polymer）の略称．

発光ダイオード light-emitting diode（LED）
電流を流すことによって電子と正孔とが再結合し，エネルギーが光の形で放出されるのを利用する．LEDと略される．

発光分光分析 emission spectroscopy
火炎，放電またはプラズマ中で励起状態の原子を発光スペクトルにより分析する手法．基底状態と励起状態のエネルギー差を調べるのにも利用される．

発光分光法 photoemission spectroscopy
光電子分光の表面への応用．

ハッシウム hassium
元素記号 Hs．原子番号 108．^{248}Cm に ^{26}Mg をあててつくられる．8族元素でエカオスミウムに相当する．気体の酸化物 HsO_4 を形成する．

パッシェン系列 Paschen series
→バルマー系列

発色操作 colour development
銀イオンの還元が起こる乳剤層中に形成される現像剤の酸化生成物により染料が形成する写真プロセス．ここで，染料の形成は，酸化された現像剤同士の直接結合による（一次カラー現像）か，またはカラーカプラー（色素カプラー）と呼ばれる新しい分子と酸化された現像剤が反応することにより行われ（二次カラー現像），必要な吸収を持つ染料が生じる．多色工程では後者が用いられる．

発色団 chromophore
化合物全体の色の主な原因となっている原子団．具体的には可視，紫外領域に吸収を生じる基で，例えば -C=C-，-C=O，-N=N- など．

撥水処理 waterproofing（water repellency）
織物に防水処理を施すと水が浸み込まなくなる．オイル，ワニス，ゴムなどを含浸させると防水性を持たせることができる．ゴアテックス（フッ化炭素ポリマー）のような撥水性コーティングは液体の水をはじくが，空気や水蒸気は通す．シリコーンやフッ化炭素化合物は撥水性を持たせるために広く使われている．

発生期の水素 nascent hydrogen
電気分解あるいは化学反応により発生させ，その場で還元に利用する水素に対して用いられた用語．強力な還元作用は表面反応あるいは水素化物イオン種による．

発生炉ガス producer gas（blow gas）
ブローガスともいう．空気と水蒸気をガス発生炉中で白熱コークスあるいは石炭床に通して製造されるガスで CO（20％）と N_2（75％）を含む．アンモニア合成に用いられる．

バッデレイ石 baddeleyite
ZrO_2 の構造の1つで，ジルコニウムの主原料鉱石．

発熱反応 exothermic reaction
進行に従って熱を放出する反応．

発熱量 calorific value
単位重量の固体や液体，あるいは単位容量の気体が完全燃焼することにより，熱量計中で放出する熱エネルギーの量．

発泡剤 blowing agents
気泡ゴムやスポンジゴムの製造に用いられるガス発生化合物．用いられている材料には炭酸塩（例えば Na_2CO_3），アゾ化合物，ニトロソ化合物など，分解して多量の気体を発生する化合物が挙げられる．

発泡プラスチック expanded plastics（foamed plastics）
→多孔性プラスチック

パティナ patina
ブロンズ，鉄などの金属を加温した際に生成する装飾的かつ耐腐食性の表面酸化物．銅の場合には緑青（グリーンパティナ）である．

パテ粉 putty powder
→スズの酸化物

波動関数 wave function
記号は ψ．波動力学（量子力学）で扱う波．ψ の二乗は存在確率に相当する．

波動力学 wave mechanics
物質の電子的性質は任意性を持つという仮定をしなければ説明できない問題を持っている．この問題点を解決するために，ド・ブロイとシュレーディンガーは独立に，真に数学的な手法で

物理学的描像をよく近似できる波動力学を考案した．波動力学により，系がとりうるエネルギー準位や波動関数が求められる．これら状態間の遷移はさまざまな形の電磁波輻射を引き起こす．波動力学により，以前の量子論や電子論に内在するかなり多くの問題点が解決されたが，後者はより具体性を持つため，これらの概念を依然として応用する必要がある．

ハード・ソフト-酸・塩基理論 hard and soft acids and bases theory（HSAB theory）

「剛柔酸塩基理論」または「硬軟酸塩基理論」と訳される．ルイス塩基はF^-のように電子雲の変形しにくい（ハードな）ものと，PPh_3のように電子雲が変形しやすく分極が容易でπ-結合も可能な（ソフトな）塩基に分類できる．同様にルイス酸はNa^+のように分極しにくい（ハードな）酸とPt^{2+}のように電子雲が容易に変形して分極しやすくπ-結合が可能な（ソフトな）酸に分けられる．ハード・ソフト-酸・塩基（HSAB）理論によれば，ハードな酸とハードな塩基，ソフトな酸とソフトな塩基の組み合わせが安定性が高い．例えばSi^{4+}はハロゲン化物のうちF^-との化合物が最も安定であり，Pt^{4+}はI^-との錯体が最も安定となる．

ハドソンのアイソローテーション則 Hudson's isorotation rule

D-系列では右旋性がより大きいものをα-D，そうでないものをβ-D という．L-系列では，左旋性がより大きいものをα-L，そうでないものをβ-L という．

ハートリー Hartree

熱やエネルギーの単位．通常，量子化学計算で得た値に対して用いる．1 Hartree = 627.5 kcal/mol = 27.2113845(23) eV．水素原子の基底状態からのイオン化エネルギーの2倍に等しい．

ハートリー–フォックオービタル Hartree-Fock orbital

ハートリー–フォック法（比較的精度のよい計算方法）で求められた電子の軌道関数（オービタル）．

ハートリー–フォック法 Hartree-Fock method

シュレーディンガー方程式を反復により真の解に近づける手法で解いて，分子のエネルギーと電子密度を求める方法．

バーナー burners

固体，気体あるいは液体の燃料を燃焼するためのもので，産業的な規模で燃焼させるには，特別なバーナーが必要となる．

固体燃料：大きな石炭燃料装置は通常，油滴に似た微粉燃料を燃焼室に空気で吹き込み使用する．

液体燃料：液体燃料用の工業的バーナーは通常，燃料を熱空気中で霧状にし，燃焼中に液滴を蒸発させる．ケロセンなどさらに揮発性の高い燃料の場合は，さまざまな種類の気化バーナーが使用されるが，通常これは家庭用である．

気体燃料：ガスバーナーは拡散火炎バーナーと予混合バーナーがある．拡散火炎バーナーは比較的簡単で，燃料ガスが開口部で燃焼し，その周りの空気がガスの中へ拡散してくるものである．燃料の分解により生じる炭素粒子が白熱するため，これらの火炎は通常明るい．予混合バーナーは，ガスと空気がバーナー中であらかじめ混合され，可燃性の混合物として外に出てくるように設計されている．実験室で使用するブンゼンバーナーは低温の混合バーナーである．

バナジウム vanadium

元素記号V．原子番号23，原子量50.942，融点1910℃，沸点3407℃，密度（ρ）6100 kg/m^3（= 6.1 g/cm^3），地殻存在比160 ppm，電子配置[Ar]$3d^34s^2$．5族の遷移元素．天然にはパトロナ鉱（VS_n（$n=4\sim 8$）），カルノー石（$KUO_2VO_4\cdot 1.5H_2O$，ウラン鉱石でもある），褐鉛鉱（$Pb_5(VO_4)_3Cl$，アパタイト構造）として産する．ある種の原油中にも含まれる．これらの鉱石から，またはFeやTi製造用に処理した鉱石から得る．鉱石をNaClとともに焙焼してバナジン（V）酸塩に変換し，溶かし出してから酸性にしてV_2O_5を得て，これをNH_4VO_3に変換して精製する．V_2O_5を融解した塩化カルシウム浴中で金属カルシウムにより還元すると金属バナジウムが得られる．また，NaCl-LiCl-VCl_2の混合融解塩系の電解，あるいはファン・アルケル–デボーア法により精製する．フェロバナジウム（鉄の存在下で金属アルミニウムにより還元する）として用いることも多い．単体金属は

bcc構造で柔らかく，灰色または銀色．O_2またはCl_2中で加熱すると燃焼する．HNO_3に可溶．熱濃硫酸，融解アルカリに徐々に溶解する．主な用途は鋼鉄の添加物（80%），V-Al合金（10%）．触媒にも用いられる．多くの生物にとって必須元素．^{50}Vは長寿命の放射性核種である．

バナジウムの塩化物　vanadium chlorides

① 塩化バナジウム（Ⅳ）（vanadium (Ⅳ) chloride）VCl_4：赤褐色液体，沸点154℃．VとCl_2から得る．徐々に分解してVCl_3とCl_2を生じる．水により加水分解される．

② 塩化バナジウム（Ⅲ）（vanadium (Ⅲ) chloride）VCl_3：紫色固体．VとHClガスから得る．溶液からは$VCl_3\cdot 6H_2O$が得られる．種々の錯体を形成する．

③ 塩化バナジウム（Ⅱ）（vanadium (Ⅱ) chloride）VCl_2：緑色固体．VCl_4とH_2から得る．

④ 酸化三塩化バナジウム（vanadium oxide trichloride）$VOCl_3$：三塩化バナジル．黄色液体，沸点127℃．Cl_2，熱したV_2O_5およびCから得る．水により容易に加水分解される．

⑤ 酸化二塩化バナジウム（塩化バナジル）（vanadium oxide dichloride (vanadyl chloride)）$VOCl_2$：二塩化バナジル．緑色結晶．$VOCl_3$とH_2から得る．

バナジウムの化学的性質　vanadium chemistry

バナジウムは$-1 \sim +5$の酸化数をとる．+5価の化合物はほとんどが共有結合性または錯体で無色であるが，酸化物などは黄赤色である．バナジウム（Ⅳ）は水溶液中で青色を示す．化合物は一部イオン的でありVO^{2+}ユニットは四角錐型錯体の型で安定となる．バナジウム（Ⅲ）は水溶液中で緑色．主にイオン性化合物を形成し八面体または四面体構造をとる．バナジウム（Ⅱ）は水溶液中で紫色，イオン的で強い還元力を持つ．バナジウム（1），（0），（-1），例えば$[V(bipy)_3]^+$，$[V(CO)_6]$，$[V(CO)_6]^-$は主として共有結合的．いずれの酸化状態も容易に錯体を形成する．酸化還元電位は

$[VO_3]^- \to [VO]^{2+} + 1.0V$

$[VO]^{2+} \to [V(H_2O)_6]^{3+} + 0.3V$

$[V(H_2O)_6]^{3+} \to [V(H_2O)_6]^{2+} \to 0.25V$

$V^{+2} \to V - 1.13V$

バナジウムの酸化物　vanadium oxides

① 五酸化バナジウム（vanadium pentoxide）V_2O_5：橙黄色．NH_4VO_3を加熱して得る．水に微溶．アルカリに溶けバナジン（V）酸塩を生じる．酸に溶解するとバナジル塩を生じる．接触法（硫酸合成）などの触媒系に用いられる．V_2O_5を還元すると，より酸化数の低いV_nO_{2n+1}さらにはV_nO_{2n-1}を生じる．

② 二酸化バナジウム（vanadium dioxide）VO_2：暗青色．V_2O_5とSO_2から得られるが，容易にさらなる還元を受ける．VO_2は酸で処理すると$[VO]^{2+}$イオンを生じ，アルカリで処理するとバナジン（Ⅳ）酸塩や混合金属酸化物を生成する．

③ 三酸化バナジウム（vanadium trioxide）V_2O_3：黒色粉末（V_2O_5とH_2を加熱して得る）．容易に再酸化されV_2O_5になる．$VO_{1.35}$まで安定に存在する．

④ 一酸化バナジウム（vanadium monoxide）VO：VとV_2O_3から得る．$VO_{0.85} \sim VO_{1.15}$の組成が安定である．

バナジウムの臭化物　vanadium bromides

① 臭化バナジウム（Ⅱ）（vanadium (Ⅱ) bromide）VBr_2：赤褐色結晶．VBr_3とH_2から得る．

② 臭化バナジウム（Ⅲ）（vanadium (Ⅲ) bromide）VBr_3：暗緑色または黒色の固体．VとBr_2から得る．水溶液は緑色．$VBr_3\cdot 6H_2O$は緑色結晶．多くの錯体を形成する．

③ 酸化三臭化バナジウム（vanadium oxide tribromide）$VOBr_3$：三臭化バナジル．暗赤色の吸湿性液体．V_2O_3をBr_2と加熱して得る．

④ 酸化二臭化バナジウム（vanadium oxide dibromide）$VOBr_2$：二臭化バナジル．黄色粉末．三臭化バナジルの熱分解，あるいは加熱したV_2O_5上にBr_2とS_2Br_2の混合気体を通じることで得られる．

バナジウムのフッ化物　vanadium fluorides

① 五フッ化バナジウム（vanadium pentafluoride）VF_5：融点19.5℃，沸点48℃．白色固体．VとF_2から得られる．水により直ちにVOF_3およびVO_2Fを経て加水分解される．ヘキサフルオロバナジン（V）酸塩$M[VF_6]$を形成する（BrF_3中で最も容易に起こる）．

② 四フッ化バナジウム（vanadium tetrafluoride) VF_4：緑色固体．VCl_4 に HF を作用させて得る．ヘキサフルオロバナジン（Ⅳ）酸イオン $[VF_6]^{2-}$ を形成する．加水分解により VOF_2 を生じる．

③三フッ化バナジウム（vanadium trifluoride）VF_3：黄緑色（VCl_3 と HF を 600℃ で反応させて得る）．HF 水溶液からは $[VF_6]^{3-}$ イオンや $VF_3 \cdot 6H_2O$ が得られる．

④二フッ化バナジウム（vanadium difluoride）VF_2：青色固体．H_2 と HF を VF_3 に作用させるか HF と VCl_2 を 600℃ で反応させて得る．

バナジウムの硫酸塩　vanadium sulphates

バナジウムの酸素酸塩として唯一重要なものである．バナジウム（Ⅳ）は青色の硫酸バナジル $VOSO_4$（0，三および五水和物）を形成し，これは種々の複塩を形成する．V_2O_5 を H_2SO_4 中で SO_2 により還元して得る．媒染剤や着色ガラスに用いられる．

バナジウム（Ⅲ）は緑色の $V_2(SO_4)_3$ を形成する（V_2O_5 を H_2SO_4 中で電解あるいは Mg により還元して得る）．ミョウバンなどの複塩を形成する．

バナジウム（Ⅱ）は紫色の $VSO_4 \cdot 7H_2O$ を形成する（電解または Na/Hg 還元で得る）．複塩を形成する．

バナジル化学種　vanadyl species

青色の VO^{2+} を含む化合物．例えば $VOSO_4$, $VOCl_2$.

バナジン酸　vanadic acids

→バナジン酸イオン

バナジン酸イオン　vanadates

バナジウムの陰イオン種．実際上はバナジン（Ⅴ）酸イオンが主であるが，4価の混合金属酸化物も知られる．遊離のバナジン酸は知られていない．バナジン（Ⅴ）酸塩はバナジウム（Ⅴ）の酸素酸から誘導される塩である．五酸化バナジウム V_2O_5 は強塩基に溶解し，無色の $[VO_3(OH)]^{2-}$，$[VO_2(OH)_2]^-$ のようなヒドロキソイオンを含む化学種を生じる．酸性にすると橙または黄色の化学種，例えば $[HV_{10}O_{28}]^{5-}$ を生じる．オルトバナジン酸塩，例えば $Na_3VO_4 \cdot 12H_2O$，$K_3VO_4 \cdot 6H_2O$ はアルカリ溶液から結晶として得られ，四面体の VO_4 ユニットを含む．ポリマー構造の KVO_3 では四面体ユニットが鎖状に連なっている．酸性溶液から得られる $[V_{10}O_{28}]^{6-}$（デカバナジン酸イオン）は VO_6 ユニットが辺を共有したイソポリアニオンである．V_2O_5 から誘導される固体の混合金属酸化物も知られている．

ハーニウム　hahnium

元素記号 Ha．105 番元素の，以前によく用いられた名称．→アクチニド後続元素

馬尿酸　hippuric acid

$C_9H_9NO_3$, $PhC(O)NHCH_2CO_2H$, N-ベンゾイルグリシン．融点 187℃．塩化ベンゾイルとグリシンから得る．生体に有毒な安息香酸を排出するために，動物の尿中に少量含まれる．

バニリン　vanillin (4-hydroxy-3-methoxybenzaldehyde)

$C_8H_8O_3$, 4-ヒドロキシ-3-メトキシベンズアルデヒド．無色針状晶，融点 82℃，沸点 285℃．強いバニラ臭を持つ．天然に広く見られ，バニラの実の主な香気成分．グルコシドであるコニフェリンから得られる．工業的にはパルプ製造の副産物であるリグノスルホン酸または石油から誘導されるグアヤコール（グアイアコール）から製造する．最も重要な着香料，香料物質で，食品，化粧品，医薬品に多用される．

バニロイド　vanilloids

分子構造中にバニリン骨格を含み，刺激性で辛味のある物質．痛み止め軟膏，防御スプレーなどに用いられる．カプサイシン（トウガラシ），ジンゲロン（ショウガ）などがある．

パパイン　papain

パパイヤから得られるタンパク質分解酵素．肉の柔化に使われる．

ハーバー法　Haber process

N_2 と H_2 を触媒を用いて反応させ，直接アンモニアを合成する工業的プロセス．

ハフニウム　hafnium

元素記号 Hf．金属元素，原子番号 72，原子量 178.49，融点 2222℃，沸点 4603℃，密度（ρ）13310 kg/m^3（=13.31 g/cm^3），地殻存在比 5.3 ppm，電子配置 $[Xe]5d^26s^2$．4族元素．Zr とともにバッデレイ石やジルコン中に存在する．単体は hcp 構造．ジルコニウムに非常によく似た性質を示すが，イオン交換により分離できる．

ジルコニウムとは異なり，強力な中性子吸収剤で原子炉の制御棒材料として利用される．タングステンやタンタルなどとの合金に用いられる．

ハフニウムの化合物 hafnium compounds

ジルコニウムの化合物と極めて類似した性質を示す．主に＋4価の状態である．

バーミキュライト vermiculite

水和した Mg-Al-Fe ケイ酸塩粘土鉱物．多孔質で莫大な表面積を持ち，触媒，断熱材，農業用の発根剤や土壌添加剤として用いられる．蛭石という和名は，1100℃ほどに加熱することで伸張し体積が数倍から 20 倍ほどにも拡大し，まさに虫（ヒル）がうごめくように見えることから名付けられた．

ハミルトニアン hamiltonian

記号 H．関数に数学的操作を施す演算子の 1 つ．

パームチット処理 permutite process

Ca^{2+} や Mg^{2+} を Na^+ で置換するか，あるいはゼオライトに通すことによって硬水を軟水に変えるプロセス．ゼオライトは NaCl により再生できる．

パーム油 palm oil

パルミチン酸のグリセリドが主成分で，パルミチン酸の原料となる．

ハメットの公式 Hammett equation

芳香族化合物や他の種々の化合物における，電子的あるいは他の構造的性質と側鎖の反応性の相関を表す式．平衡定数や他の性質（IR の振動数，NMR の化学シフトなど）から求める．例えば，4-位に置換基（-NO₂，-OMe，-Cl など）を持つ一連の安息香酸の解離定数 K は 4-置換塩化ベンジルのアルカリ加水分解速度定数 k と相関がある．同様の結果は 3 位に置換基を持つ誘導体でも見られる．この関係は

$$\log k = \rho \log K + C$$

と表される．環の置換基が水素原子であるとき，塩化ベンジルの加水分解速度を k_0 と表し，安息香酸の解離定数を K_0 と表せば，式

$$\log (k/k_0) = \rho \sigma$$

が得られ，これをハメット式という．通常，安息香酸の 25℃ の水中での解離定数に対する log K/K_0 ($\equiv \sigma$) を用いて，他の測定可能な物性との関係を調べる．σ は安息香酸の酸としての強度に影響する置換基の性質を表すので置換基定数という．σ が大きい正の値になるほど，置換基の電子求引性がより強いことを表す．負の σ 値は電子供与基であることを意味する．

ρ は反応定数である．log (k/k_0) を σ に対してプロットした直線の傾きが ρ であり，反応が置換基の特性にどの程度依存するかを反映する．ρ は温度や溶媒などにより変わる．この式はすべての 3-置換体や 4-置換体に例外なく成立するわけではない．特に置換基との共鳴相互作用がある場合は成り立たない場合がある．

パモ酸（エンボン酸） pamoic acid (embonic acid, 2,2´-dihydroxy-1,1´-dinaphthylmethane-3,3´´-dicarboxylic acid)

$C_{23}H_{16}O_6$．日本薬局方では「パモ酸」が用いられているようである．別名エンボン酸，2,2´-ジヒドロキシ-1,1´-ジナフチルメタン-3,3´´-ジカルボン酸．いろいろな有機塩基との塩の形態で用いられる．医薬品において，遊離酸が水に不溶性であることや，解離形も消化管から吸収されないことが必要とされる場合に使用される．

パラアルデヒド paraldehyde (2,4,6-trimethyl-1,3,5-trioxinone)

$(C_2H_4O)_3$．2,4,6-トリメチル-1,3,5-トリオキサン．無色のさらさらした液体，融点 12℃，沸点 124℃，水に微溶．触媒存在下，室温でアセトアルデヒドを放置すると生成する．摂取すると中枢神経系に影響を与える．習慣性があるので危険．

バライタ baryta

$Ba(OH)_2$．水酸化バリウムの別名．

パーライト(1) pearlite

鋼の組織の一種．光沢が真珠に似ているため，パーライトの名がある．Fe-C 状態図において，C＝0.77［質量％］におけるオーステナイト領域から温度 727℃ 以下へと徐冷したときに生ずる共析組織である．

パーライト(2)　perlite
　元来はガラス状の火山岩に対して用いられた用語．現在では粉砕した黒曜石や類似のガラス状でケイ酸に富み2～6%の水を含む火山由来物質を急速に軟化点まで熱して，かなりのスケールで製造される軽量生成物に対しても用いられている．粒子は水を水蒸気として放出し，密度約 1200 kg/m^3 の生成物が得られる．断熱性，遮音性の漆喰中の軽量凝固体や，粗いフィラーとして，また軽量コンクリートに用いられる．

パラコール　parachor
　表面張力の1/2乗と分子体積を関係づける経験的パラメーター．かつては構造決定に利用された．現在では薬物の構造活性相関などで利用されるパラメーターの1つである．

パラシアノーゲン　paracyanogen
　$(CN)_x$．ジシアンを500℃に加熱して得られる白色または褐色のポリマー．

パラジウム　palladium
　元素記号 Pd．金属元素，原子番号 46，原子量 106.42，融点 1555℃，沸点 2963℃，密度 (ρ) 12020 kg/m^3 ($= 12.02 \text{ g/cm}^3$)．地殻存在比 6×10^{-4} ppm，電子配置 $[Kr]4d^{10}$．白金族金属元素の中では最も貴金属性が低い．機械的性質は白金に類似している．Pd 化合物は容易に還元されて ccp（立方最密充填）構造の金属を生じる．金属は濃硝酸や熱硫酸に可溶．空気中で鈍い赤熱で酸化される．合金（ホワイトゴールド，金とパラジウム）(8%)，触媒（特に水素化や排ガス処理），歯科用 (31%)，電気部品 (44%) に利用される．

パラジウムのアンミン錯体　palladium ammines
　Pd-NH$_3$ 結合を含む通常4配位のパラジウム (II) 錯体で，多くのものが知られている．

パラジウムの化学的性質　palladium chemistry
　パラジウムは10族元素で化学的挙動は白金に類似しているが，+6および+5の酸化数は存在しない．広範な錯体が知られている．有機金属化合物や水素化物は白金の錯体よりはるかに不安定である．Pd は水和イオン $[Pd(H_2O)_4]^{2+}$ やこのイオンを含む塩を形成する．Pd(0) 錯体，例えば $Pd(PPh_3)_3$ は重要な触媒である．ヘキスト-ワッカー法などでは Pd(II) 錯体が重要な役割を果たしている．

パラジウムの水素化物　palladium hydrides
　パラジウムは水素を $PdH_{0.6+x}$ の組成まで吸収する．ヒドリド錯体，例えば $[PdHBr(PEt_3)_2]$ はジハライドを還元して得られる．Pd 触媒を用いた水素化ではヒドリド錯体が中間体と考えられている．Pd/H は水素センサーで使用されている．

パラジウムのハロゲン化物　palladium halides
　フッ化パラジウムはレンガ色の PdF_4（PdF_3 と F_2 から加圧下で得られる），黒色の PdF_3（$Pd^{II}Pd^{IV}F_6$：$PdCl_2$ と BrF_3 から得る）および紫色の PdF_2（PdF_3 と SeF_4 から得る）が知られている．フッ化パラジウム (IV) 酸塩は $[PdF_6]^{2-}$ イオンを含み，BrF_3 溶液から得られる．フッ化パラジウムはいずれも水により加水分解される．塩化物は $PdCl_2$（Pd と Cl_2 から得る）のみが知られており，写真や電気メッキに利用される．塩酸を含む溶液中では $[PdCl_6]^{2-}$ や $[PdCl_4]^{2-}$ が生成する．$PdBr_2$ および PdI_2 も知られている．PdX_2 は広範な錯体を形成する．

パラジウムの有機誘導体　palladium organic derivatives
　アルキルパラジウムやアリールパラジウムは対応する白金化合物より安定性がずっと低い．パラジウムオレフィン錯体やアリル錯体，例えば $(C_3H_5PdCl)_2$ はよく知られている．これらは触媒過程，例えばワッカープロセスにおいて重要である．

パラジウムブラック　palladium black
　パラジウムの塩の還元で得られる沈殿を細粉化したもの．水素化触媒として用いられる．

パラ水素　para-hydrogen
　→オルト水素

パラセタモール　paracetamol (N-(4-hydroxyphenyl) acetamide, acetoaminophen)
　$C_8H_9NO_2$，アセトアミノフェン，N-(4-ヒドロキシフェニル)アセトアミド．白色結晶性固体．融点 169～172℃．解熱剤として広く利用されている．

ハラゾン　halazone
　4-HO(O)CC$_6$H$_4$SO$_2$NCl$_2$，N-ジクロロ-4-カ

ルボキシベンゼンスルホンアミド．白色粉末，融点213℃．飲料水の殺菌に用いられる．

パラフィン paraffin
　→ケロシン

パラフィン系炭化水素 paraffins
　アルカン．英国では，工業界や家庭用分野で飽和炭化水素のことをこういう．

パラフィン油 paraffin oil
　→ケロシン

パラフィンワックス paraffin wax
　→石油ワックス

パラベン類 parabens
　食品の保存料として使用されるパラヒドロキシ安息香酸アルキルエステルの総称．

パラホルムアルデヒド paraformaldehyde (paraform, trioxymethylene, polyoxymethylene)
　$(CH_2O)_n \cdot xH_2O$（$n=6 \sim 50$）で表されるポリメチレングリコール混合物．パラホルム，ポリオキシメチレンともいう．ホルマリン臭を有する白色の無定形粉末，融点 120～130℃．市販品は95％のホルムアルデヒドを含む．ホルムアルデヒドの溶液を蒸発させるか放置すると白色の毛綿（フロック）状の塊として得られる．加熱するとホルムアルデヒドに変換される．消毒用，燻蒸剤，防腐剤．歯科用にホルムアルデヒドの固体代替品として用いられる．

バラ油 oil of rose
　ゲラニオールとシトラノロールを含む．香料や着香料に利用される．

バリウム barium
　元素記号 Ba．金属元素．原子番号56，原子量137.33，融点727℃，沸点1897℃，密度（ρ）3.594 g/cm³，地殻存在比 500 ppm，電子配置 [Xe]6s²．アルカリ土類金属で主に $BaSO_4$（重晶石）や $BaCO_3$（毒重石，重土石）として産出する．金属（体心立方）は $BaCl_2$ または $BaCl_2$ に Na または BaO と，アルミニウムとを加えた混合物を溶融し，電解して製造する．金属は銀白色で空気中で容易に酸化し，酸素除去材として用いられる．バリウム塩にはさまざまな用途があり，$BaSO_4$ は塗料（リトポン），X線診断，ガラス，石油採掘用液体（泥水）に，$BaCO_3$ は殺鼠剤として用いられる．

バリウムの化学的性質 barium chemistry
　2族の元素であるバリウムは一連の無色の2価の金属塩を形成する．
　Ba^{2+} の標準電極電位（$E°$）$Ba^{2+} \rightarrow Ba - 2.90V$（酸溶液中）
　Ba^{2+} の配位数は一般に大きい．

バリウムの酸化物 barium oxides
　酸化バリウム（barium monoxide, BaO）$BaCO_3$ の燃焼により生成．白色粉末．BaO を乾燥酸素中で加熱すると，過酸化バリウム BaO_2 が生成する．このものは 800℃で BaO と O_2 に分解する．BaO_2 は漂白剤や過酸化水素の生成に用いられるほか，超伝導性酸化物の成分でもある．

バリウムのハロゲン化物 barium halides, BaX_2
　バリウムは一連のハロゲン化物を生成する．BaF_2（Ba 塩とフッ化物イオンを反応させて得る）は水にごくわずか溶解し，融点 1285℃，沸点 2137℃．光学的用途がある．$BaCl_2$ は二水塩 $BaCl_2 \cdot 2H_2O$ を形成し，バリウムの電解生成に使用される．$BaBr_2$ と BaI_2 は $BaCl_2$ に類似．

パリグリーン Paris green
　→エメラルドグリーン

パリゴルスキー石 palygorskite
　フラー土の一形態．→フラー土

パリティ parity
　偶奇性．軌道関数（オービタル）に対称操作を施したとき，符号が不変の場合と逆転する場合とがある．前者は対称中心の存在する場合で，この場合はドイツ語由来の「gerade（略して「g」）」で示す．符号が逆転する場合は対称中心が存在しない場合にあたり，こちらもドイツ語由来の「ungerade（略して「u」）」を用いて表す．なお素粒子などのパリティは一見したところ，これとはかなり異なった意味であるが，本質的には同じである．

バリン valine（α-aminoisovaleric acid, L-2-amino-3-methylbutanoic acid）
　$C_5H_{11}NO_2$．α-アミノイソ吉草酸，L-2-アミノ-3-メチルブタン酸．無色で光沢のある葉状晶，融点 315℃．天然に得られるのは左旋性．タンパク質を加水分解して得られるアミノ酸の1つ．

パールアッシュ pearl ash
　炭酸カリウムに同じ．

バルビエ-ヴィーラント分解法 Barbier-Wieland degradation

脂肪酸を段階的に分解する方法．各ステップで炭素原子が1つずつはずれる．
$RCH_2CO_2R' \xrightarrow{PhMgBr} RCH_2C(OH)Ph_2 \xrightarrow{R'OH-H_2O}$
$RCH=CPh_2 \xrightarrow{CO_2} RC(O)OH + O=CPh_2$

アルント-アイステルト合成の逆を目的とするこの方法は，ステロイドやテルペノイド分子の側鎖を分解するうえで，特に有用である．

バルビツール酸 barbituric acid (malonylurea)

$C_4H_4N_2O_3$，マロニル尿素．二水塩は無色のプリズム状結晶を生じる．融点253℃．マロン酸エステルと尿素をナトリウムエトキシドとともに加熱するか，あるいはアロキサンチンを硫酸とともに加熱して生成する．二塩基酸．プラスチックや薬品製造に使用される．

バルビツール酸系薬剤 barbiturates (barbituric acids)

バルビツール酸のC_5に結合している水素原子をアルキル基またはアリール基で置換する，あるいはC_2に結合しているOをSで置換することにより得られる，一群の中枢神経抑制薬．鎮静剤として経口投与されたほか，麻酔剤として静脈内投与されたが，現在ではほとんど使用されていない．

バルビトン barbitone (diethylmalonylurea)

$C_8H_{12}N_2O_3$．ジエチルマロニル尿素．白色結晶，融点191℃．バルビツール酸誘導体．ナトリウム塩は鎮静剤として経口投与される．

パルプ pulp

木材，綿，麦わらなどから何らかの化学処理を伴う機械的分解，または化学処理（硫化ナトリウムと水酸化ナトリウム，亜硫酸水素ナトリウムまたは重亜硫酸水素ナトリウム）により作られる繊維状のセルロース．パルプは紙，レーヨン，セルロースの製造に用いられる．

バルブトレイ valve tray
→蒸留段

バルマー系列 Balmer series

水素の線スペクトル中の線の周波数は互いに簡単な関係にあり，一般式で表すことができる．可視スペクトル中に生じる一連の線をバルマー（Balmer）系列といい，その他の系列はライマン（Lyman），パッシェン（Paschen），ブラケット（Brackett）そしてプフント（Pfund）の名で呼ばれている．これらの系列はすべて下記式で表すことができる

$$\nu = 109678.8/n^2 - 109678.8/m^2$$

ここでνは周波数，nとmは整数である．したがってライマン系列では$n=1, m=2,3,4\cdots$となる．バルマー系列では$n=2$，パッシェン系列では$n=3$，ブラケット系列では$n=4$，プフント系列では$n=5$である．1096788はリュードベリ定数である．

パルミチン酸 palmitic acid (hexadecanoic acid)

$C_{16}H_{32}O_2$，$CH_3(CH_2)_{14}C(O)OH$．系統的命名法に従うとヘキサデカン酸となる．針状晶，融点63℃，沸点351℃．広く見られる脂肪酸で，多くの動植物油脂中にグリセリドとして存在し，また種々のワックス中にグリセリン以外のアルコールエステルとして存在する．最も良い原料はパーム油と和蠟（ハゼ蠟）である．牛乳の全脂肪酸中の40%を占める．パルミチン酸とステアリン酸の混合物固体ステアリンはロウソクの製造に用いられ，パルミチン酸，ステアリン酸のナトリウム塩，カリウム塩は石鹸となる．潤滑剤や塗布剤中で用いられる．パルミチン酸は，天然の脂肪を過熱水蒸気で加水分解すると，最初に留出する脂肪酸として得ることができる．

バレリアン酸 valeric acids

吉草酸の別名．系統的命名法ではペンタン酸となる．→吉草酸

バレル barrel

量の単位．石油工業で広く用いられている．1バレルはおよそ159Lまたは0.159 m^3 (5.61 ft^3)で，35イギリスガロンに相当する．

ハロアミン haloamines

アンモニアのハロゲン置換体．クロラミン$ClNH_2$はNaOClとNH_3から得られ，融点-66℃．ジフルオロアミンF_2NH（沸点24℃），$H_2NC(O)NF_2$（F_2と尿素の水溶液を反応させ，

次いで H_2SO_4 を作用させて得る) および H_2NF (溶融した NH_4HF_2 を電解すると低収率で得られる) は NF_3 の誘導体である. ハロアミンはいずれも爆発性.

ハロゲン halogens

フッ素, 塩素, 臭素, ヨウ素, アスタチンの 5 種の 17 族元素.

ハロゲン化 halogenation

付加または置換によりハロゲンを導入する反応. アルケンではハロゲン, ハロゲン間化合物, ハロゲン化水素が C=C 結合に付加する. 芳香族化合物では $AlBr_3$, $SnCl_4$, BF_3, $FeBr_3$ のようなルイス酸触媒の存在下で水素原子がハロゲン原子で置換される. →フッ素化試薬

ハロゲン化銀粒子 silver halide grains

写真用乳剤液中の個々のハロゲン化銀粒子. 臭化銀を主とし, 塩化銀やヨウ化銀をも含む.

ハロゲン化ゴム halogenated rubbers

→塩素化ゴム. 臭化物やヨウ化物類縁体は安定性が低い.

ハロゲン化シアン cyanogen halides

XCN. フッ化シアン (FCN): 無色の気体, 沸点 -46℃. フッ化シアヌルの熱分解により生成する. 室温で重合してフッ化シアヌル $(FCN)_3$ となる. 塩化シアン (ClCN): 無色の液体, 融点 -7℃, 沸点 13℃ (水溶液の CN^- に Cl_2 を反応させる). 直線状の分子で重合して塩化シアヌル $(ClCN)_3$ となる. 猛毒. その他のハロゲン化物も知られている.

ハロゲン化水素 hydrogen halides

HF, HCl, HBr, HI の 4 種類が知られている. フッ化水素は強い水素結合により会合しているため, 他のハロゲン化物と大きく異なる. 水中では HI が酸として最も強く, 最も解離しやすい. いずれもハロゲン化水素酸塩を形成するが, 溶解度の特徴はフッ化物では他のハロゲン化物と異なることが多い (例えば AgF は水に可溶だが, 他の AgX は不溶. AlF_3 は不溶だが他の AlX_3 は可溶).

ハロゲン化スルフリル sulphuryl halides

SO_2X_2. 塩化スルフリル SO_2Cl_2 は沸点 69℃ (SO_2 と Cl_2 に光照射して得る). 塩素化剤. SO_2F_2 および SO_2Br_2 も知られている. フッ化スルフリルは殺虫剤として使われる.

ハロゲン化スルホニル sulphonyl halides

$RS(O)_2X$ (R はアルキルまたはアリール基, X はハロゲン原子) で, 表される有機化合物. 特に重要な例は塩化 p-トルエンスルホニル ($R=4-CH_3C_6H_4$, $X=Cl$) で, トルエンにクロロ硫酸を作用させて得る. ハロゲン化スルホニルの性質はカルボン酸ハロゲン化物のそれに類似している. →塩化アセチル, 塩化トルエン-4-スルホニル

ハロゲン化チオニル thionyl halides

フッ化チオニル SOF_2 ($SOCl_2$ と SbF_3 または無水 HF から得られる); 塩化フッ化チオニル SOClF (SOF_2 と同様にして得られる); 臭化チオニル $SOBr_2$ ($SOCl_2$ と HBr から得られる); $SOCl_2$ (→塩化チオニル) がある.

ハロゲン化ニトリル nitryl halides

XNO_2. F と Cl が既知である. ニトロニウム塩の母体化合物で, 形式的にはハロゲンのニトロ誘導体である. FNO_2 は融点 -166℃, 沸点 -72℃, 無色, NO_2Cl と AgF から, あるいは N_2O_4 と CoF_3 から得る. $ClNO_2$ は融点 -145℃, 沸点 -15℃, 無色, クロロ硫酸と HNO_3 から得る. いずれも水により加水分解される.

ハロゲン化ニトロシル nitrosyl halides

一連の共有結合性化合物 XNO で, 形式的には $[NO]^+$ 塩の誘導体である. X_2 と NO を直接反応させて得る. ルイス酸を作用させるとニトロソニウム塩を形成し強力な酸化剤として働く. 分子構造は折れ曲がった形.

FNO: 融点 -133℃, 沸点 -60℃, 無色
ClNO: 融点 -62℃, 沸点 -6℃, 黄橙色
BrNO: 融点 -56℃, 沸点 0℃

他のニトロシル誘導体や三フッ化酸化窒素 F_3NO およびハロゲン化ニトリル, 例えば FNO_2 も既知である. 塩化ニトロシルはシクロヘキサンからカプロラクタムを製造する際に用いられる.

ハロゲン化フェニルマグネシウム phenylmagnesium halides

→グリニャール試薬

ハロゲン化物 halides

フッ化物, 塩化物, 臭化物, ヨウ化物. -1 価のハロゲンを含む化合物.

ハロゲン化ホスホリル phosphoryl halides

P(O)X$_3$ の一般式で表される. →リンのハロゲン化物

ハロゲン間化合物 interhalogen compounds
異なるハロゲン同士が結合して形成される化合物. 現在までに知られているものは ClF, BrF, ClBr, ICl, IBr, ClF$_3$, BrF$_3$, IF$_3$, ICl$_3$, ClF$_5$, BrF$_5$, IF$_5$, IF$_7$. これらはいずれも 2 種のハロゲンの直接反応で形成される. 揮発性で, 特にフッ素を含む化合物は非常に反応性が高い. 3 種類以上のハロゲンを含むハロゲン間化合物はまだ見出されていない. IOF$_5$ や ClO$_3$F など酸素を含む誘導体もある. ハロゲン間化合物は陰イオンや陽イオンも形成する. 例えば BrF$_3$ は SbF$_5$ を作用させると [BrF$_2$]$^+$ を生じ, KF を作用させると [BrF$_4$]$^-$ を生じる. ポリハロゲン化物陰イオンには, [IBrCl]$^-$ のように 3 種類以上のハロゲンを含むものもある.

ハロタン halothane (Fluothane)
CHBrCl-CF$_3$ (ハロセン, またはフローセンともいう). 無色で流動性が大きく重い液体. クロロホルムに似た臭気と, 甘い焼き付くような味を持つ. 不燃性, 沸点 49～51℃. 酸素の存在下で亜酸化窒素 (笑気 N$_2$O) とともに用いると全身麻酔剤となる. 急性毒性はほとんどないが, 蒸気に慢性的にさらされると稀に肝臓を害することがある.

ハロニウムイオン halonium ions
RX$^+$R′ (R, R′ はアルキル基またはアリール基) で表される 2 置換のハロゲン陽イオン. ハロゲンの求電子付加反応における中間体. 求核性の低い媒体から SbF$_6$ 塩などとして単離できる. 優れたアルキル化 (アリール化) 剤.

ハロヒドリン類 halohydrins
二重結合を形成する隣り合った炭素原子にハロゲン原子とヒドロキシ基が付加して生成する化合物.

ハロホルム haloforms
トリハロメタン (CHF$_3$, CHCl$_3$, CHBr$_3$, CHI$_3$) の慣用名. 完全に加水分解するとギ酸 (formic acid) を生じることからついた名である.

ハロホルム試験法 haloform test
ハロホルムまたはジハロカルベンを検出する呈色反応. ハロホルムまたはハロホルム前駆体を水酸化ナトリウムとピリジンの混合物に加えると, 室温でピンクから明るい紫色に呈色する.

ハロホルム反応 haloform reaction
メチルカルボニル (アセチル, CH$_3$C(O)-) またはメチルカルビノール (CH$_3$CH(OH)-) 構造を持つ化合物の検出に用いる化学反応. これらの化合物は NaOCl と反応してクロロホルムを生じる. NaOI と反応させると黄色のヨードホルムを生じるので検出しやすい. →ヨードホルム反応

バロメトリック・コンデンサー barometric condenser
減圧下で蒸気を凝縮する設備.「バロコン」などとも呼ばれる. 大気脚凝縮器.

反強磁性 antiferromagnetism
磁化率が温度の減少につれて減少するような正の磁気挙動. 通常, 特性温度 (ネール温度) より高温側では磁気挙動は常磁性となる.

半極性結合 semi-polar bond
配位結合のこと (以前に用いられたが, 現在ではほぼ廃れている).

半金属元素 metalloids
メタロイド元素ともいう.

パンクレアチン pancreatine
ブタの膵臓から得られるペプチド混合物. デンプンを可溶性炭水化物に変換する.

パンクロマチック増感 panchromatic sensitization
増感色素を添加して写真用ハロゲン化銀乳濁液の感度を可視光全体に拡張すること.

半 径 radii
化合物の分子やイオン間の距離から導かれる距離.

反結合性オービタル antibonding orbitals
→分子オービタル

半減期 half-life (half-value period)
$t_{1/2}$ と表される. ある物質の濃度が初期値の半分になるまでに要する時間. 放射性元素では, 半減期は $0.69 \times 1/\lambda$ で λ は壊変定数である. 過渡的な化学種 (フリーラジカルなど) や一次の化学反応に対して用いる用語.

バンコマイシン vancomycin
グリコペプチド系の抗生物質.

反磁性 diamagnetism

あらゆる物質が有している性質で，これによりその物質は磁場から反発を受ける．電荷と磁場との相互作用から生じ，存在する原子および基の間で加成性が成り立つ．大きさが常磁性の10^{-3}であるため，不対電子が存在すると，この作用は埋もれてしまう．→磁化率

半数致死量 LD_{50}, lethal dose 50%

毒性の指標．実験動物の個体数の半数（50%）が致死するような毒性（濃度や服用量）を示す．以前にはこの試験データが新しい薬品や食品添加物の申請に際して必須であったが，30年ほど以前より動物実験の反対運動が盛んとなって，多くの場合，添付される必要がなくなり，実施数は大幅に減少したという．

ハンダ（半田） solder

金属を接着するための溶融しやすい合金．硬質ハンダは融点800℃の低融点黄銅．軟質ハンダは通常は鉛とスズの共融合金である（訳者記：ハンダは通常カタカナで書かれるので外国語由来と思われているが，岩代（福島県）の半田銀山に由来するれっきとした日本語である）．

ハンダ付け soldering

融けた金属を固体金属の表面上で拡散により溶液にして接着させること．金属同士の接着に用いる．

ハンチ合成 Hantzsch synthesis

アセト酢酸エチルをアンモニアおよびアルデヒドと縮合してピリジン誘導体またはピロール誘導体を得る反応．

反跳原子 recoil atom

原子核が壊変するとき，その運動量はそれぞれのフラグメントに保持される．重い原子核が軽いフラグメントを放出する場合には，残りの重い部分は反跳原子と呼ばれ，比較的低い速度で反跳する．反跳原子は他の原子と形成している結合を切断するのに十分なエネルギーを持っている．生成した基が再結合せずに（シラード–チャルマース効果），放射性壊変を起こす原子を化学的に分離することができることもある．こうして生じた「ホットアトム」は元の相手と結合することもあるし，他の原子団と結合して新たな化合物を生成することもある．

反　転 inversion

①群論において対称操作 i は点対称を意味する．②立体配置が逆になること．→立体特異的反応，ワルデン反転，インベルターゼ

反転温度 inversion temperature

ほとんどの気体は急速に膨張するとき冷却される（ジュール–トムソン効果）．水素も193 Kより低温ではこの効果を示すが，これ以上の温度ではジュール–トムソン係数が負となり，膨張により昇温する．この193 Kという温度を逆転温度という．ヘリウムも水素と類似の挙動を示し，逆転温度は40 K．

板　塔 tray column, plate column
→段塔

斑銅鉱（1） bornite

Cu_5FeS_4．ボルナイト．重要な銅鉱で，暗青銅色を持つ．しばしば黄銅鉱 $CuFeS_2$ と混合物の形で産出する．

斑銅鉱（2） erubescite

Cu_3FeS_3．エルベス．銅の鉱石．なお通常の斑銅鉱はボルナイト Cu_4FeS_4 を指しているが，広い意味ではこれも含めているらしい．

半導体 semi-conductors

通常は不導体である物質に欠陥や不純物があると温度依存的な電気伝導性（金属の電気伝導度が温度上昇とともに低下するのとは対照的）を示すことがある．これは最高被占準位のエネルギーが空準位のエネルギーに近い，すなわちバンドギャップが小さいためである．純粋な物質に異原子が埋め込まれると，ドーパントが満たされたバンドから電子を奪い，残った電子が移動できるようになる場合がある（p型半導体）．ドーパントがより多くの電子を持つ場合には，過剰の電子は元は空であったバンドに入り，n型半導体が生じる．このほかドーピングによらない真性半導体もある．半導体，特にSiとGaAsのような化合物からなるものはエレクトロニクスにおいて非常に重要であり，例えばトランジスタ，サーミスタ，固体整流子，マイクロプロセッサ，レーザーに用いられる．

半透膜 semi-permeable membrane
→隔膜

バンドギャップ band gap
→固体のバンド理論

バンドスペクトル band spectrum

分子がエネルギーを吸収すると，電子が1つ

の軌道からよりエネルギー準位の高い軌道へと遷移するが（→線スペクトル），さらに分子全体の回転エネルギーの増加，分子を構成している原子間の振動エネルギーの増加がこれに加わる．これらの変化が同時に生じることにより，多くのエネルギー変化が起こる．その結果得られるスペクトルは複雑で，非常に多くの極めて近接した線スペクトルから構成されるものとなる．1本の線の周波数は関与するエネルギーの変化を代数和することによって決定される．1つの電子遷移は振動，回転のエネルギー変化よりも遥かに大きなエネルギーの変化を伴うので，電子遷移によってスペクトル中の線スペクトルの周波数概算値が決定される．すなわちスペクトルはきっちりと定義された一群（すなわち帯）の近接した線からなるのである．分子の特性である，このようなスペクトルをバンドスペクトルと呼ぶ．

パントテン酸　pantothenic acid (vitamin B_5)
　$C_9H_{17}NO_5$, $HOCH_2CMe_2CH(OH)NHCH_2CH_2C(O)OH$（ビタミン B_5）．コエンザイム A の構成要素．脂肪酸の代謝において重要である．

反応機構　reaction mechanism
　多段階で進行する化学反応のそれぞれの段階ごとに反応を記述してまとめ上げ，これによって化学反応全体の機構を詳述したもの．一連の化学反応式で表される．実験から導かれるため本当は仮説でしかない．例えば過酸化水素とヨウ化水素酸との反応は次のように表される．

$$HI + H_2O_2 \to H_2O + HOI$$
$$HOI + HI \to H_2O + I_2$$

万能指示薬　universal indicator
　→呈色指示薬

反応次数　order of reaction
　ある温度におけるある反応の速度を，濃度の関数として表すとき，濃度の指数を合計したもの．例えば，2種の物質 A と B の反応において反応速度が各反応物に関して一次であれば，全体では二次反応である．次数は反応物に関して1以外の場合もあり，非整数の場合もある．多くの反応は一連の段階を経て進行するので，実験的に決定される反応次数は必ずしもその反応に実際に関与する分子の数に関係しているとは限らない．次数は最も遅い段階のみを指す．

反応性染料　reactive dyes
　繊維と直接反応できる官能基（塩素置換ヘテロ環化合物，アクリルアミド，スルホン酸誘導体）を持つ染料．

反応装置　reactor
　大スケールの化学プロセスは種々の環境下で行われるが通常はタンク，塔，流動床が使われる．これらが通常の化学反応装置で，化学工業プロセスの心臓部である．実験室規模からスケールアップする際の反応装置の設計は，化学技術や化学工学の重要な側面である．リアクターという用語は核反応炉に対しても用いられる．

反応速度　rate of reaction (velocity of reaction, reaction velocity)
　反応物の1つが消費される速度，または生成物の1つが生成する速度．化学種の濃度（活量）の何乗かに比例することが多い．ほとんどの反応において速度は温度上昇とともに増加する．化学反応の速度は反応物分子の消失，あるいは生成物分子の生成速度のいずれかにより表される．

半波電位　half wave potential
　$E_{1/2}$．電気化学的に可逆な反応においてポーラログラム（i vs. E）の波の中点に対応する電位．$E_{1/2}$ はその化学種に特有の値である．

半反応　half reaction
　酸化還元反応に対して最もよく用いられる．1つの化学種の反応に関して，電子も含めた化学量論的関係を表す．例えば

$$MnO_4^- + 8H^+ + 5e^- \to Mn^{2+} + 4H_2O$$

反物質　antimatter
　→反粒子，水素

反芳香族性　anti-aromatic
　非環式の対応する類似体よりも安定性に欠ける共役環状系．例えばシクロブタジエンとシクロオクタテトラエンは，どちらも非環式のブタジエンやオクタテトラエンが共役しているのだが，環化することで逆に安定性が減少するため，反芳香族化合物となる．

半面像　hemihedral forms
　対称を満たす面の半分の面しか持たない結晶系を半面像という．

反粒子　antiparticle

通常見られるものとは反対の電荷を有する素粒子．例えば陽電子など．

ヒ

ビアセチル biacetyl
→ジアセチル

ヒアルロン酸 hyaluronic acid
D-グルクロン酸と N-アセチル-D-グルコサミン単位からなるムコ多糖．外科や眼科医療に用いられる．

非イオン性洗剤 non-ionic detergents
→洗剤

ビウレット biuret
$C_2H_5N_3O_2$，ウレイドホルムアミド，NH_2-CO-NH-CO-NH_2．結晶は一水塩．融点193℃（分解）．尿素を加熱することによって生成する．

ビウレット反応 biuret reaction
2個のC(O)NH基が互いに結合，あるいは同じNまたはC原子に結合している物質を，水酸化ナトリウムと硫酸銅で処理することにより，紫からピンクの呈色を生じる反応．そのため，この反応はビウレット，オキサミド，ペプチドおよびタンパク質の試験に使用される．

ピエゾ電気効果 piezoelectricity
異方性結晶に歪み（例えば圧力）を加えた際にみられる放電．電気部品や着火素子（ガスライターなど）に用いられる．

ヒオスシアミン hyoscyamine
$C_{17}H_{23}NO_3$．無色針状晶，融点108.5℃．アトロピンのL-体．

ヒオスシン hyoscine
→（−）-スコポラミン

ビオチン biotin
イースト，卵の黄身，レバーおよびその他の組織に含まれる．→ビタミンH

ビオラキサンチン violaxanthin
$C_{40}H_{56}O_4$．カロテノイド色素．そのエステルはビオラ（三色スミレ）などの花に含まれる．赤褐色．融点20℃．

ビオルール酸 violuric acid (5-isonitrosobarbituric acid, alloxan-5-oxime)
$C_4H_3N_3O_4$，5-イソニトロソバルビツール酸，

アロキサン-5-オキシム．淡黄色結晶，融点 203～204℃（分解点）．バルビツール酸を亜硝酸ナトリウムで処理するかアロキサンにヒドロキシルアミンを作用させて得る．キレート剤．水に溶けて紫色溶液となる．金属と強く着色した塩を形成する．還元すると NOH が NH_2 基に変わったウラシルを生じる．

非化学量論的化合物 non-stoicheiometric compounds

構成原子の数が単純な整数比をなさない化合物．多くの遷移金属の酸化物，ケイ酸塩などは不定比であり，この現象は一般的である．不定比であることは物理，化学的性質，例えば電気伝導率や触媒特性に大きな影響をもたらす．

ヒ化ガリウム gallium arsenide

GaAs．物理学や電気工学の分野では「ガリウムヒ素」という．重要な半導体．発光ダイオードにも用いられる．

皮 革 leather

動物の皮をなめし処理したもの．特徴的な多孔質構造を持っている．最近では天然皮革に極めて類似した性能を示す人工皮革も作られている．

ヒ化ニッケル nickel arsenide

NiAs．構造のタイプとして重要．ヒ素原子は hcp（六方最密充填）で，ニッケル原子は八面体の空孔に位置している．ヒ素は三方両錐型の配位構造をとる．この構造は例えば CoTe, CrSb, FeS, NbS にみられる．

ヒ化物 arsenides

金属とヒ素の化合物．

光安定化剤 light stabilizers

→紫外線吸収剤

光異性化 photoisomerization

光照射による異性体同士の変換．

光吸収 absorption of light

光が透明な物質にあたるとき，光の一部は反射し，残りはそのまま物質を透過する．しかし，光が例えばランプブラックなどの黒い物質にあたると，通常の吸収プロセスによりすべての波長の光が吸収される．多くの物質には色がついているが，それはその物質が白色光に含まれる光を，特定の波長だけを除いて，すべて吸収しているからで，そこで吸収されなかった波長の色が目にみえるのである．色のある物質を透過した光のスペクトルをみると，吸収帯と呼ばれる，ある特定の波長の光だけが欠けていることがわかる．吸収や放出は1つのエネルギー状態から別のエネルギー状態への電子遷移に対応する．気相の原子では，透過光のスペクトルには帯よりも黒い線が認められる．これらの吸収線は，原子によって吸収された光の波長に対応している．一般原理はすべての放射線に当てはまる．通常は波長ではなく振動数を用いるほうがよい．振動数は電子が遷移する2つのエネルギー準位間のエネルギーの差に対応しているからである．

入射光の強度，試料の厚みと濃度，透過光の強度間の関係はベールの法則とランベルトの法則で表される．

光散乱 light scattering

→光散乱

光増感 photosensitization

光を吸収するが，吸収した光エネルギーを主たる反応物に渡し，それ自身は反応の終わりにおいて実質的に変化していない物質（光増感剤）の存在により，光化学反応が引き起こされる過程．例えば，波長 254 nm の光を水素に照射しても吸収されないので反応は全く起こらないが，水銀蒸気を水素に加えると水銀が光を吸収して励起される．励起された水銀が水素に衝突するとエネルギーを水素に与え，水素分子が原子に解離する．このようにして水素はそれ自身が吸収しない光に対して反応性を持つようになる．

光定常状態 photostationary state

光定常状態は，光により反応物が消失する速度と，生成物の再結合や他の反応により反応物が生成する速度が等しいときに達成される．

光変形 phototropy

光照射によって結晶構造の変化が起きる現象．

光ルミネッセンス photoluminescence

最初に光が吸収されてから，それにより引き起こされる光の放出過程に対する総称．蛍光やリン光はその例である．

非環式化合物 acyclic

脂肪族化合物の炭素鎖が分岐を含んでいても

よいが，環構造は持たないものを指す．

ビキシン bixin

$C_{25}H_{30}O_4$．カロテノイドカルボン酸誘導体．紫赤色針状結晶．融点198℃．食品の着色に用いられる．

非局在化 delocalization

分子やイオンにおいて，結合電子が1つの原子だけでなく原子団全体に非局在化していると考えるべきである状態を表現する用語．特に芳香族分子に対して用いられる．例えばベンゼンでは，6個のπ電子は6個の炭素原子全体に非局在化している．局在化した3つの二重結合を持つ場合に比べ，ベンゼンが有するより大きな安定性は非局在化エネルギーと呼ばれる．

ピクノメーター pyknometer

体積既知の物体の質量を測定することにより，密度を求める器具．

ピクラート picrates

ピクリン酸の誘導体（塩）．$X^+[OC_6H_2(NO_2)_3]^-$．塩基性有機化合物の同定に便利である．ある種のピクラート，特に金属塩は爆発性である．芳香族炭化水素はピクリン酸と電荷移動錯体を形成し，これもピクラートと呼ばれる．

ピクラミン酸 picramic acid (2-amino-4,6-dinitrophenol)

$C_6H_5N_3O_5$．2-アミノ-4,6-ジニトロフェノール．赤色針状晶．融点168～169℃．ピクリン酸を硫化水素ナトリウムで還元して得る．色素合成に用いられる．

ピクリン酸 picric acid (2,4,6-trinitrophenol)

$C_6H_3N_3O_7$．2,4,6-トリニトロフェノール．明るい黄色結晶．融点122℃．フェノールスルホン酸のニトロ化で得られる．染色や爆薬（黄色火薬）に利用される．キャスト状のものはリダイト（Lyddite）と呼ばれる．マッチ，皮革，織物，電池に利用される．以前は医薬（火傷の処置）にも利用された（訳者記：わが国の誇る「下瀬火薬」は下瀬雅允博士が明治時代に開発したもので，日露戦争でも活躍したのだが，主成分はピクリン酸であった）．

ピクロロン酸 picrolonic acid (2,4-dihydro-5-methyl-4-nitro-2-(4-nitrophenyl)-3H-pyrazol-3-one)

$C_{10}H_8N_4O_5$．2,4-ジヒドロ-5-メチル-4-ニトロ-2-(4-ニトロフェニル)-3H-ピラゾール-3-オン．黄色微針状晶．融点124℃（分解）．有機塩基の単離や同定，カルシウム，銅，鉛の検出に利用される．

非経験的量子化学計算 *ab initio* calculations

経験的に得られたデータに頼らずに解を得る量子力学計算のこと．原子オービタルの一次結合を用いる．

微結晶性ワックス microcrystalline wax

→石油ワックス

ピコリン picolines (methylpyridines)

C_6H_7N．メチルピリジン．骨油やコールタール中にピリジンとともに存在する．α-ピコリン（2-メチルピリジン，沸点129℃），β-ピコリン（3-メチル体,沸点144℃），γ-ピコリン（4-メチル体，沸点143℃）がある．2-ピコリンは2-ビニルピリジンモノマーの製造に用いられ，3-ピコリンはニコチン酸の製造に用いられ，4-ピコリンはイソニアジド（イソニコチン酸ヒドラジド）の製造に用いられる．ピコリンは溶剤，色素中間体としても用いられ，また殺虫剤製造でも使用される．

微細構造 fine structure

→多重線

ビサボロール bisabolol

天然精油中から得られるテルペンアルコール．香粧品に用いられる．

ヒ酸塩 arsenate (V)

ヒ(V)酸は$H_3AsO_4 \cdot 1/2H_2O$（As_2O_3とHNO$_3$から生成）として得られる．縮合ヒ酸塩は縮合リン酸塩よりも加水分解に対し不安定である．$Na_2HAsO_4 \cdot 7H_2O$は商業的には更紗の染色（捺染）に使用されている．鉛塩や鉄塩は一時期，柑橘栽培用の殺虫剤として広く用いられた．

ヒ酸カリウム potassium arsenate

KH_2AsO_4．農薬原料の他，織物，皮革なめし，製紙に用いられる．

ヒ酸銅 copper arsenate

工業界でのヒ酸銅は正塩ではなく酸性塩の$CuHAsO_4$が主成分である．ヒ酸クロム酸化銅（CCA）は木材保存材として用いられる．

比質量偏差 packing fraction

原子の質量は，その原子を構成する素粒子（核

子）の質量の単なる総和ではない．それは質量の一部が核子を結び付けるためのエネルギーに変換されるからである（$E=mc^2$）．実際の原子量と質量数（原子核を構成する陽子と中性子の質量数）の差を質量欠損という．比質量偏差は質量欠損を質量数で割った値として定義される．最も軽い元素や最も重い元素では比質量偏差は正であり，中間の元素では負であり，それゆえ安定性が大となる．

比重計 hydrometer

　液体の密度や比重を測定する簡単な装置．円筒形の浮き．下端は円錐状でおもりが付き，上端は細い管になっている．液体に入れると，この装置は管のほうを上にして浮かび，管の液に浸っている部分の長さは液体の密度に依存する．管につけられた目盛りで密度を読む．

　単純なプロセス制御用に広く普及しているため，液体比重計は比重目盛りではなく，比重に関係した別の量（例えば「ボーメ度」）で目盛り付けされていることも多く，それは測定した濃度と関係する量である．

2,4-ビス（4-アミノベンジル）アニリン 2,4-bis(4-aminobenzyl) aniline

　イソシアネート硬化剤および接着剤に用いられる．

4,4′-ビスイソシアナトフェニルメタン 4,4′-bis(isocyanatophenyl)methane (methylene-bis(4-phenylisocyanate))

　メチレン-ビス（4-フェニルイソシアネート）．MDI という略称でも呼ばれる．ポリウレタンの架橋に用いられる二官能性イソシアネート．

非水溶液 non-aqueous solution

　溶媒が水ではなく有機溶媒（例えば Et_2O）あるいは無機物（例えば液体 NH_3）である溶液．プロトン性（例えば EtOH）のものも，非プロトン性（例えば BrF_3）のものもある．非水溶媒は自己解離していることもある．例えば
$$2NH_3 \rightleftharpoons NH_4^+ + NH_2^-$$

非水溶液滴定 non-aqueous titrations

　有機溶媒や他の非水媒体中で行う分析法で，反応物が水に不溶であったり，ある種の酸や塩基は水中で滴定できないために用いられる．例えば，H_2SO_4 と $HClO_4$ はメチルイソブチルケトン中で混合物として分別滴定が可能であり，

一方，アミン類は 3-メチルスルホラン中で滴定できる．

非水溶媒 non-aqueous solvents
→非水溶液

ビス-2-クロロエチルホルマール bis-(2-chloroethyl)formal

　$CH_2(OCH_2CH_2Cl)_2$, $C_5H_{10}Cl_2O_2$. 2-クロロエチルアルコールとホルムアルデヒドから生成される．沸点 105℃/14 Torr. ポリスルフィドポリマーの生成に幅広く用いられている．

ビスコース viscose

　セルロースキサントゲン酸ナトリウムの濃厚溶液．ビスコースレーヨン製造の中間体．

1,8-ビス（ジメチルアミノ）ナフタレン 1,8-bis(dimethylamino)naphthalene

　$N,N,N′,N′$-テトラメチル-1,8-ナフタレンジアミン．融点 51℃．強い一酸塩基（pKa 12.3）で，ほぼ完全に非求核性で，有機脱離反応（例えばハロゲン化物アルキルをアルケンにする）を，置換することなく促進するため有用である．

ヒスタミン histamine (1H-imidazole-4-ethanamine)

　$C_5H_9N_3$, 1H-イミダゾール-4-エチルアミン．塩基性．ヒスチジンの微生物による分解（脱炭酸）で生成する．麦角や多くの動物組織に含まれ，負傷や抗原抗体反応に応答して分泌される．注射によりショックを起こし，血管が拡張して毛細血管から組織まで血漿が失われ，急速な血圧低下を引き起こす．通常はタンパク質の分解生成物から作られる．

ヒスチジン histidine

　$C_6H_9N_3O_2$, 2-アミノ-3-(4-イミダゾリル)プロピオン酸．融点 277℃．天然にみられるのは左旋性．タンパク質であるプロタミンやヒストンに含まれる塩基性アミノ酸の 1 つ．動物の食餌の必須成分．脱炭酸によりヒスタミンとなる．

ヒステリシス hysteresis

　ある変数の増加に対する応答が，その減少に対する応答と異なること．主に固体で見られる．例えば，鉄の磁化や織物による湿気の吸収など．

ヒストン histones
→蛋白質

ビスフェノール A bisphenol A (2,2-bis(4-hydroxyphenyl)propane, 4,4′-isopropylidenediphenol), $C_{15}H_{16}O_2$, $(CH_3)_2C(C_6H_4OH)_2$, 2,2-ビス(4-ヒドロキシフェニル)プロパン, 4,4′-イソプロピリデンジフェノール. 白色フレーク状の固体. 融点152～153℃, 沸点220℃/4 Torr. フェノールとアセトンを酸性条件下で縮合することによって生成する. エポキシ樹脂（例えばエピクロロヒドリンと反応させる）や変性フェノール樹脂の製造に重要.

ビスホスホネート bisphosphonates

メチレンジホスホン酸塩, ピロリン酸塩の類似体で, 炭素による架橋結合を含む. 硬水軟化剤に用いられるほか, 骨粗鬆症用製剤, またテクネチウムキレートはシンチグラム用診断薬としても使用される.

ビスマス bismuth

元素記号 Bi. 金属元素で, 原子番号は83, 原子量208.98, 融点271.4℃, 沸点1564℃, 密度 (ρ) 9790 kg/m^3 (= 9.790 g/cm^3), 地殻存在比0.048 ppm, 電子配置 [Xe]4f^{14}5d^{10}6s^{2}6p^3. 天然には硫化物鉱石中に産出するほか Bi_2S_3（輝蒼鉛鉱）として, あるいは銅, スズ, 鉛の鉱石中に産出する. これらの鉱石を焙焼するとビスマスは Bi_2O_3 となるので, これを H_2 や C で還元するとビスマス金属が得られる. 金属ビスマスは脆く, 色は赤みがかった白色で, ヒ素やアンチモン（3個が近く, 3個が遠い2重層構造）と類似した構造を持つ. 空気中で燃えて Bi_2O_3 となり, 酸にはゆっくりと溶ける. 低融点合金に幅広く用いられているほか, 鋳造にも用いられている. オキシ塩化ビスマス BiOCl は化粧品に用いられており, いくつかのビスマス化合物は触媒としても使用されている. 合金材料およびエレクトロニクスに用いられる.

ビスマスの化学的性質 bismuth chemistry

ビスマスは15族の元素. 安定な酸化状態は2つで, +5（強い酸化性を持つ, 例えば $NaBiO_3$ や BiF_5 など）と+3であるが, 1価の Bi^+ が存在するという証拠も若干あり, 例えば BiCl 中にはクラスターイオンの形で存在する. 錯陽イオン種 $[Bi_6(OH)_{12}]^{6+}$, $[Bi_6O_6(OH)_3]^{3+}$ は多数存在するが, 遊離の Bi^{3+} イオンの形は水溶液中では存在しないようである. ビスマス化合物は有機化学ではあまり用いられていない.

ビスマスの酸化物 bismuth oxides

Bi_2O_3（Bi^{3+} とアルカリから $Bi(OH)_3$ を得, 次いでこれを脱水する）は唯一の確かな酸化物である. 黄色で酸に溶解し, 塩（硝酸塩, 硫酸塩など）を生じる. 磁器の釉薬やステンドグラスに用いられている. Bi_2O_5（Bi_2O_3 に酸化剤を作用させて得られる）は不安定で, 純粋なものは得られていない.

ビスマスの硝酸塩 bismuth nitrates

最も重要なビスマス化合物. $Bi(NO_3)_3 \cdot 5H_2O$（Bi と HNO_3 から生成する）からはその他の水和物および塩基性硝酸ビスマス, $BiONO_3 \cdot H_2O$（硝酸ビスムチル, 次硝酸蒼鉛）が得られる. 硝酸イオンはおそらく Bi^{3+} に配位結合していると考えられる.

ビスマスのセレン化物 bismuth selenides

$[Bi_4Se_7]^{2-}$ を含有する一連の化合物.

ビスマスのハロゲン化物 bismuth halides

BiF_5（Bi に F_2 を反応させる）は極めて強力なフッ化剤で, $[BiF_6]^-$（MF に Bi_2O_3 と BiF_3 を反応させる）や, 白色のやや不溶性の固体である BiF_3（Bi^{3+} とフッ化物から生成する）を形成する. 三塩化ビスマス $BiCl_3$（Bi^{3+} と濃 HCl または Bi と Cl_2 から生成）は $[BiCl_4]^-$ および $[Bi_2Cl_7]^-$ 錯イオンを形成し, 加水分解により BiOCl となる. $BiCl_2$（融解した $BiCl_3$ と Bi から生成）は $[BiCl_5]^{2-}$, $[Bi_2Cl_8]^{2-}$, $[Bi_9]^{5+}$ からなる. これらの化学種の多くは Bi_n クラスターを含む. $BiBr_3$ および BiI_3 も $BiCl_3$ と同様な性質を示す.

ビスマスの硫化物 bismuth sulphides

Bi_2S_3（Bi^{3+} 溶液に H_2S を作用させる. 濃茶色）および BiS_2（Bi と S から生成）が知られている.

ビスマスの硫酸塩 bismuth sulphates

$Bi_2(SO_4)_3$（白色）, $Bi_2(OH)_2SO_4$（白色）, $Bi_2O_2SO_4$（黄色）が硫酸溶液から生成する.

ビスマス化物 bismuthides

ビスマスと他の電気的陽性の元素からなる化合物. 13族元素のビスマス化物にはペルチェ素子などエレクトロニクス材料としての途がある. ツィントル相を形成する.

ビスマス合金 bismuth alloys

低融点のビスマスと Pb, Sn および Cd の合金. 耐火装置, ヒューズ, ハンダなどに用いられる.

ビスマスと鉛およびアンチモンの合金は，鉛版に用いられるほか，電子材料や熱電材料に用いられる．

ビスマス酸塩 bismuthates (V)

通常の三酸化ビスマス (Bi_2O_3) を Na_2O_2 で酸化すると，不純物を含むビスマス酸ナトリウム $NaBiO_3$ が得られる．赤褐色粉末であるが決して純粋なものは得られない．強力な酸化剤で，例えば酸溶液中で Mn^{2+} を MnO_4^- に酸化することができる．

ビスマス酸ナトリウム sodium bismuthate

$NaBiO_3$，強力な酸化剤．Mn^{2+} を MnO_4^- にまで酸化できる．

ビスマルクブラウン Bismarck brown (Basic Brown 1)

塩基性アゾ染料，羊毛を染色する(赤みがかった茶色)．ヘアカラーとして，または繊維染色や皮革の染色に，生物学的染料として使用される．

歪み硬化 strain hardening

→加工硬化

非石鹸質グリース non-soap greases

→潤滑用グリース

比旋光度 specific rotatory power

純粋な液体の比旋光度は $[\alpha]_D^T = (\alpha/ld)$ で表され，ここで $[\alpha]_D^T$ は温度 T におけるナトリウムのD線に対する比旋光度である．α は長さ l (単位はデシメートル)，密度 d の液柱による偏光面の回転角である．溶液の場合，対応する式は $[\alpha]_D^T = 100\alpha/lc$ となり，ここで c は溶質の濃度 (g/ml) である．モル旋光度は $[M]_D^T = M[\alpha]/100$ で与えられ，ここで M は分子量を表す．→円二色性

ヒ 素 arsenic

元素記号 As．半金属元素．原子番号 33，原子量 74.922，融点 817℃ (36 atm)，昇華温度 603℃，密度 (ρ) 5750 kg/m^3 (=5.75 g/cm^3 (金属形ヒ素)．もともとは「砒素」であった．地殻存在量 1.5 ppm，電子配置 [Ar]$3d^{10}4s^24p^3$．ヒ素は主に硫化鉱の不純物，石黄(雄黄) As_2S_3，鶏冠石 As_4S_4，方砒素鉱(砒華) As_4O_6，硫砒鉄鉱(毒砂) FeAsS，硫砒ニッケル鉱 NiAsS，コバルト華 $Co_3(AsO_4)_2\cdot 8H_2O$ として産出する．これらの鉱石を空気中で焙焼して昇華性の As_2O_3 (亜ヒ酸) に変え，As_2O_3 を水素または炭素により As に還元する．単体ヒ素の外観は通常は金属的で輝いており，三方晶系で二重層構造(面内の3個の原子と結合し，次に近い距離に3個の原子が存在する)．アンチモンの金属型と同形である．黄色ヒ素 (As_4 分子を含む) は As_4 と As_2 を含有する蒸気を急速に冷却すると生じる不安定形である．ヒ素は空気中で燃えて白色の As_4O_6 となり，ハロゲン，濃硝酸などの酸化性の酸や，溶融アルカリと反応する．ヒ素とその化合物は殺虫剤(→ヒ酸塩)，半導体素子(トランジスタ，レーザー)のドーパント，また合金(硬化作用を有するため)に用いられている．多量のヒ素化合物は有毒．地域によっては健康に害を与えるほどのヒ素が地下水に含まれることがあり，世界的な問題となっている．

ヒ素の塩化物 arsenic chlorides

$AsCl_3$ および $AsCl_5$ が知られている．→ヒ素のハロゲン化物

ヒ素の化学的性質 arsenic chemistry

ヒ素は15族の元素で，典型的な半金属としての挙動をするが，陽イオンとしての化学的性質がみられることもある．錯陰イオン，例えば $[AsO_4]^{3-}$ や $[AsF_6]^-$ はよく知られている．安定な酸化状態は +5 (配位数は 4，5 および 6) と +3 (配位数は 3 と 4) である．多くの金属とヒ化物を形成する．

ヒ素の酸化物 arsenic oxides

2種類の酸化物が知られている．

①酸化ヒ素(III)．よく As_2O_3 と記されるが，実際は分子状の As_4O_6 である．別名を「白砒」，あるいは「亜砒酸」という(本当は無水亜ヒ酸である)．単体ヒ素や硫砒鉄鉱を空気中で燃焼・酸化することによって生じ，主に As_4O_6 分子となるが，酸素架橋により結合した AsO_3 単位を有するポリマー構造のものもある．酸化ヒ素(III)は特殊なガラスの製造で用いられ，また亜ヒ酸そのものや亜ヒ酸塩の形で殺虫剤，除草剤および枯葉剤に使用されている．ヨウ素滴定に際して還元剤の標準物質として用いられている．アルカリを作用すると亜ヒ酸塩を生じる．洋の東西を問わず文学作品に登場する「砒素」のほとんどはこの「無水亜砒酸(酸化ヒ素

（Ⅲ））」を意味している（訳者記：なお中国では「信石」という名称で呼んでいたが，これは産地である華中の「信州」に由来したものである）．

②酸化ヒ素（Ⅴ）As_2O_5．濃硝酸で酸化ヒ素（Ⅲ）を酸化すると得られるが，やや不明確な化合物で，容易に O_2 を放出して酸化ヒ素（Ⅲ）に変化してしまう．アルカリと反応してヒ酸塩を形成する．

ヒ素の酸素酸のナトリウム塩類 sodium arsenates

亜ヒ酸（ヒ（Ⅲ）酸）の塩類とヒ酸（ヒ（Ⅴ）酸）の塩類がある．亜ヒ酸ナトリウム（ヒ（Ⅲ）酸ナトリウム）には Na_3AsO_3, $NaAsO_2$ が，ヒ酸ナトリウム（ヒ（Ⅴ）酸ナトリウム）には Na_3AsO_4, $NaAsO_3$, $Na_4As_2O_7$ が知られている．猛毒．農薬や染色，防虫剤などに用いる．

ヒ素のハロゲン化物 arsenic halides

ヒ素のフッ化物はおだやかなフッ素化剤として用いられている AsF_3（沸点 57℃，As_2O_3 と HF または CaF_2 と H_2SO_4 から生成）や AsF_5（沸点 -53℃，As と F から生成）を生成する．これらのフッ化物はともに水により容易に加水分解される．アクセプタとして，例えば F^- などと作用し $[AsF_6]^-$（ヘキサフルオロヒ酸イオン）を生じる．$AsCl_3$（As または As_2O_3 と Cl_2 より生成）は唯一安定な塩化物で，沸点は 130℃である．多くの錯体を形成するが，そこではアクセプタおよびドナーとして作用する．また有機ヒ素化合物の出発物質として用いられている．非常に不安定である $AsCl_5$（$AsCl_3$ と Cl_2 より生成）は低温で生じる．$AsBr_3$ と AsI_3 はヒ素の唯一の臭化物およびヨウ化物で，これらの性質は $AsCl_3$ に極めて似ている．

ヒ素のフッ化物 arsenic fluorides

AsF_3 および AsF_5. →ヒ素のハロゲン化物

ヒ素の有機誘導体 arsenic, organic derivatives

多数の有機ヒ素化合物，例えば R_3As（アルシン），R_5As などが知られており，グリニャール試薬などとヒ素のハロゲン化物の反応で調製されている．R_3As は良好なドナーであり，これから得られる多数の錯体が知られている．As-As 結合を持つ化合物も存在する．

ヒ素の硫化物 arsenic sulphides

硫化物である As_4S_3, As_4S_4（鶏冠石），As_2S_3 および As_2S_5 はこれらの元素を直接反応させて得ることもできるが，三硫化ヒ素 As_2S_3 と五硫化ヒ素 As_2S_5 は，酸性にした As（Ⅲ）や As（Ⅴ）の溶液に硫化水素を通じて沈殿させて得られる．As_4S_3, As_4S_4 および As_2S_3 はすべて，As-As および As-S-As 結合を持つカゴ型構造をとる．As_4S_4 はなめし剤や打上げ花火に使用されており，As_2S_3 は赤外線を通すので，光学材料としての用途を持つ．チオヒ（Ⅲ）酸塩，例えば K_3AsS_3 や，チオヒ（Ⅴ）酸塩，例えば K_3AsS_4 は，硫化物とアルカリまたは硫化アルカリの水溶液から得られる．

非対称 asymmetry

→キラリティ

ビターオレンジ油 oil of bitter orange

90％は D-リモネン．着香料や香料に利用される．

比濁分析 turbidimetry

コロイド分散状態の沈殿物による濁度を光学的に測定する定量分析法（訳者記：なお英語の「turbidimetry」は濁度測定（海水や湖沼水などの懸濁物質の量を光の透過度から求める）をも含む意味で用いられることが多い）．→比朧分析

ビタミンA vitamin A

$C_{20}H_{30}O$，レチノール．もともと脂溶性のビタミン．食餌中に欠如すると体重減少，成長不良を起こし一般に感染しやすくなる．眼の視覚色素ロドプシンの構成成分として必須であり，欠乏すると目や粘膜の障害を引き起こす．野菜や脂肪組織中に多くの場合カロテノイドとして含まれ，腸でレチノールに変換される．魚類や動物の肝臓に含まれる．

ビタミンB vitamin B

下記のような何種類かの化合物の総称である．これらを合わせたものをよく「ビタミンB複合体」と呼ぶ．すなわち：ビタミン B_1（チアミン），ビタミン B_6（ピリドキシン），ビタミン B_{12}（シアノコバラミン），ビタミン Bc（葉酸，プテロイルグルタミン酸），パントテン酸，ビオチンなどである．番号が抜けているものは，報告されてから後に実際は混合物であること，あるいは他のものと同一であったことが判明し

たために削除されたのである.

ビタミン B_1 vitamin B_1

$C_{12}H_{17}ClN_4OS$, チアミン, アノイリン. コムギ胚芽, 豚肉などの食品に含まれる. 欠乏すると脚気を引き起こす. チアミンピロリン酸はクレブス回路の酸化的脱炭酸反応に必須である.
→チアミン

ビタミン B_2 vitamin B_2

$C_{17}H_{20}N_4O_6$, リボフラビン. フラボタンパク質, 呼吸系酵素に含まれたり補酵素として存在する. 欠乏すると唇のひび割れや眼病を起こす.

ビタミン B_3 vitamin B_3

$C_6H_5NO_2$, ナイアシン. ニコチンアミド. コムギ胚芽, 酵母菌, 肝臓にニコチンアミドアデニンリン酸塩 NAD の成分として含まれる.

ビタミン B_5 vitamin B_5

$C_9H_{17}NO_5$, パントテン酸. 脂肪酸の代謝など多くの過程に関与する補酵素の成分.

ビタミン B_6 vitamin B_6

4 位に置換基を持つ 5-ヒドロキシ-6-メチルピリジン-3-メタノール. 通常は 3 種類 (置換基が -CH$_2$OH (ピリドキシン), -CHO (ピリドキサール), -CH$_2$NH$_2$ (ピリドキサミン)) の化合物をいう. ピリドキシン関連物質およびそのリン酸エステル. タンパク質およびアミノ酸の代謝に関与する酵素のコファクター.

ビタミン B_{12} vitamin B_{12}

$C_{63}H_{88}CoN_{14}O_{14}P$, シアノコバラミン. 生合成に関与する必須の成長因子. コバルトシアン化物錯体.

ビタミン Bc vitamin Bc

$C_{19}H_{19}N_7O_6$, 葉酸, プテロイルグルタミン酸. アミノ酸の代謝に関与. ビタミン B_{12} とともに赤血球の形成に関与.

ビタミン C vitamin C

$C_6H_8O_6$, L-アスコルビン酸. コラーゲンの機能や鉄の吸収と関係があるとされている. 欠乏すると壊血病を起こす. 果実に含まれる.

ビタミン D 群 vitamin D

カルシウムの吸収に関与する物質群. 欠乏すると佝僂病を起こす. ヒトは十分な日光を浴びると十分な量のビタミンを合成できる.

ビタミン E vitamin E

トコフェロール. 発酵防止や生殖に必要. 胚芽, 種子油, 緑色の葉に含まれる. 抗酸化活性を持つ.

ビタミン H vitamin H

$C_{10}H_{16}N_2O_3S$, ビオチン. カルボニル化を触媒する補欠分子族として機能する.

ビタミン K 群 vitamin K group

メナジオンから誘導される一群のナフトキノン誘導体. 血液凝固に重要. 葉野菜に含まれる.

ビタミン L vitamin L

乳汁分泌に必要な因子.

ビタミン T vitamin T (tegotin)

テゴチン. 成長促進因子.

ビタミン V vitamin V

抗腫瘍ビタミン.

ビタミン類 vitamins

タンパク質, 炭水化物, 脂肪, 無機塩以外で少量ではあるが動物の食餌に含まれる必要がある物質. それが欠如すると動物は欠乏病や他の異常を起こす. ビタミンは「動物の代謝過程で本質的な役割を担うが, その動物自身の体内で合成できない物質」と定義することもできるが, 動物によっては合成できるビタミンもあり, またビタミン D はどの動物でも紫外線の存在下ではエルゴステロールから合成できる. ほとんどのビタミンは関連性のある一連の物質群である.

非弾性衝突 deactivating collision

活性化した分子と通常の分子間の衝突. 失活性衝突ということもある. これにより活性化した分子は反応することなく失活する. →失活

非弾性中性子散乱 inelastic neutron scattering

試料に中性子線を通過させて液体中の分子の運動を研究する手法.

ヒダントイン hydantoin (glycolylurea, 2,4-imidazolidine dione)

$C_3H_4N_2O_2$, グリコリル尿素, 2,4-イミダゾリジンジオン. 無色針状晶, 融点 220℃. グリシンとシアン酸カリウムを縮合させ, 生じたヒダントイン酸を塩酸と煮沸して得る. 甜菜糖蜜に含まれる. 多くの置換誘導体が知られている.

ビチューメン bitumen
→瀝青

ビチューメンエマルジョン bitumen emulsions

水中油型エマルジョンで，適した粘度を持つアスファルトビチューメンと乳化剤を含む水相をコロイド・ミルまたはその他のホモジナイザーに通して生成する．

ビチューメンエマルジョンは常温で容易に流動するので，加熱せずに用いられる．道路の表面処理やスクリード舗装，土壌の安定化に幅広く用いられている．

非調和性 anharmonicity

調和振動はポテンシャルエネルギー放物線と変位に比例する復元力によって特徴づけられる．振幅が極めて小さいときには，分子中の原子核の振動は調和的であるが，振幅が大きくなり，特に結合が解離するほどになると，振動はバンドスペクトルが示すように，著しく非調和的になる．調和的挙動からの逸脱は非調和定数によって表される．

必須脂肪酸 essential fatty acids

健全な発育のために食餌中に含まれることが必要な一群の不飽和脂肪酸．これらが欠乏すると成長不全，皮膚疾患やネクローシスを引き起こす．必須脂肪酸はメチレンで隔てられたポリエン系の二重結合がすべてトランス型である．主なものはリノール酸，リノレン酸，アラキドン酸などである．リノール酸や γ-リノレン酸は体内で需要を満たすのに十分な速度では合成できないために必須である．植物油に豊富に含まれ，それほど多くはないが，ある種の動物や海棲生物の脂肪にも含まれる．

ピッチ pitch (coal tar pitch)

コールタールの揮発性の高い成分を蒸留した後に残る生成物．コールタールピッチ．

ピッチブレンド pitchblende

$UO_{2\sim2.25}$ (U_3O_8). 別名を瀝青ウラン鉱という．主要なウラン鉱石で，有用な量のラジウムの資源でもある．Th, Ce, Pb も含まれる．

ビーティ-ブリッジマンの状態方程式 Beattie-Bridgeman equation

→ファン・デル・ワールスの式

ビテリン vitellin

卵黄の主なタンパク質．リンタンパク質で黄色粉末として得られる．水，中性塩溶液，希酸に不溶．

比伝導度 specific conductance

→コンダクタンス

ピート peat

天然に存在する，植物が部分的に分解した褐色の繊維状物質．泥炭．ピートのカロリー値は乾燥重量あたり約 16～20 MJ/kg の範囲である．低温炭化によりピートコールに変換して火力発電に利用したり，また園芸用（ピートモスなど）に使用される．

ヒト成長ホルモン human growth hormone (HGH)

身体の成長を促進するホルモン．

ヒドノカルピン酸 hydnocarpic acid ((R)-2-cyclopentane-1-undecanoic acid)

$C_{16}H_{28}O_2$. (R)-2-シクロペンタン-1-ウンデカン酸．融点 59～60℃．グリセリドとして大風子油（だいふうしゆ）などの植物油に含まれる脂肪酸．抗菌剤．

ヒドラジド hydrazides

$M^+NHNH_2^-$. $NaNHNH_2$ などのアルカリ金属塩は金属 M，MNH_2 または MH とヒドラジンから作られる．C=C 結合を開裂し，例えば PhCH=CHMe から PhMe と MeCH=NNH2（ヒドラゾン）を生じる．一般に，ヒドラジン N_2H_4 とハロゲン化アシルの反応ではアシルヒドラジド $RCONHNH_2$ が生成する．

ヒドラジニウム塩 hydrazinium salts

→ヒドラジン

ヒドラジン hydrazine

N_2H_4. 融点 1.4℃，沸点 114℃．構造はゴーシュ型の H_2NNH_2. NH_3 または尿素と NaOCl または Cl_2 をケトンおよびゼラチンの存在下で反応させて得る（ラシッヒ法）．水と共沸混合物を形成する．無水の N_2H_4 は NaOH を入れて蒸留するか，または硫酸塩として沈殿させ，それを液体 NH_3 と反応させて $(NH_4)_2SO_4$ と N_2H_4 に変換して得る．ヒドラジンは弱塩基で，強酸と $(N_2H_5)Cl$ のようなヒドラジニウム塩を形成する．水溶液は酸化力を持ち，酸性溶液中で Ti^{3+} ($E° +1.27 V$) とゆっくり反応して $(NH_4)^+$ を生じるが，より一般には還元剤として作用し N_2 を生成する（酸性では $E°+0.23 V$；アルカリ性では $E° +1.15 V$）．単座配位子として種々の錯体を形成する．酸素中で燃焼する．ハロゲンと反応する．ボイラーの供給水などから酸素を除去するのに使われる．ヒドラジドの合成に

も用いられる．有機ヒドラジンには多くの用途があり，例えば高エネルギー燃料，発泡プラスチック用ブロー剤，抗酸化剤，除草剤として用いられる．

ヒドラゾベンゼン hydrazobenzene

$C_{12}H_{12}N_2$，PhNHNHPh，1,2-ジフェニルヒドラジン．無色板状晶，融点131℃．湿った空気中やアルコール溶液中で自動酸化されてアゾベンゼンを生じる．酸で処理すると分子内転位によりベンジジンに変換する（ベンジジン転位）．強い還元剤で処理すると2分子のアニリンを生じる．ニトロベンゼンを鉄とNaOHで還元するか，またはニトロベンゼンの電解還元により得る．ベンジジンの合成に広く使われる．

ヒドラゾン hydrazones

$RR'C=NNH_2$．アルデヒドまたはケトンとヒドラジンが縮合して生成する化合物．置換ヒドラゾンはカルボニル化合物を同定するための結晶性誘導体として利用される．

ヒドリドトリメトキシホウ酸ナトリウム sodium hydridotrimethoxyborate

$Na[HB(OMe)_3]$．還元剤．ヒドロボレーション試薬．

ヒドロアクリル酸 hydracrylic acid
→ 2-ヒドロキシプロピオン酸

ヒドロアミノアルキル化 hydroaminoalkylation

オレフィン，CO，アミンまたはNH_3を触媒上で反応させてアミンを得る反応．

ヒドロ亜硫酸 hydrosulphurous acid

$H_2S_2O_4$．→亜二チオン酸

ヒドロキシアセトン hydroxyacetone
→ヒドロキシプロパノン

ヒドロキシアパタイト hydroxyapatite

$Ca_5(OH)(PO_4)_3$．骨や歯のエナメル質の主成分（70%）．骨にはコラーゲンタンパク質繊維も存在し，強度を増している．リン灰石（アパタイト）と等構造．

4-ヒドロキシ安息香酸 4-hydroxybenzoic acid

$C_7H_6O_3$．融点213～214℃．4-ブロモフェノールと炭酸エチルカリウムから得る．色素の合成中間体．抗菌剤．メチルエステルは食品や飲料の保存料（パラベン）として用いられる．

2-ヒドロキシ安息香酸メチル methyl 2-hydroxybenzoate（methyl salicylate）
→サリチル酸メチル

4-ヒドロキシ安息香酸メチル methyl 4-hydroxybenzoate（methylparaken）

4-ヒドロキシ安息香酸とメタノールから合成する．食品保存料，化粧品に用いられる．メチルパラベン．

ヒドロキシエタン酸 hydroxyethanoic acid
→グリコール酸

ヒドロキシエチルアミン類 hydroxyethylamines
→エタノールアミン類

8-ヒドロキシキノリン 8-hydroxyquinoline（oxine）

C_9H_7ON，オキシン，8-キノリノール．淡褐色針状晶，融点75～76℃．金属と不溶性の錯体を形成する．金属の分析に広く用いられる．オキシナート錯体の多くは溶媒で抽出でき，金属を分光法により定量できる．2-メチル体のような誘導体は例えばMg^{2+}と特異的に結合する．銅錯体は抗菌剤として用いられる．キレート剤，制汗剤，脱臭剤．

4-ヒドロキシジフェニルメタン 4-hydroxydiphenylmethane

$C_{13}H_{12}O$．フェノールと塩化ベンジルから得る．殺菌剤，防腐剤，保存剤．

ヒドロキシハロゲン化物 hydroxyhalides

金属の塩基性ハロゲン化物．→塩基性塩

ヒドロキシプロパノン hydroxypropanone

CH_3COCH_2OH，アセトニルアルコール，ヒドロキシアセトン，アセトール．α-ブロモプロピオンアルデヒドとギ酸カリウムをメタノール中で乾留煮沸することで得られる．水，エタノール，エーテルに可溶．通常は安定剤としてメタノールを加えて保存する．

3-ヒドロキシプロピオニトリル 3-hydroxypropionitrile（ethylene cyanohydrin）

$CH_2(OH)-CH_2-CN$，エチレンシアノヒドリン．クロロヒドリンとNaCNなどから作る．沸点228℃．セルロース，エステルや無機塩の溶媒．

2-ヒドロキシプロピオン酸 2-hydroxypropionic acid（hydracrylic acid, β-lactic acid）

$CH_2(OH)$-$CH_2C(O)OH$，ヒドロアクリル酸，β-乳酸．シロップ状で結晶化しない．エチレンシアノヒドリンを NaOH で処理して得る．加熱するとアクリル酸に変わる．アクリル酸エステルの合成に用いられる．

ヒドロキシプロリン hydroxyproline

$C_5H_9NO_3$，5-ヒドロキシピロリジン-2-カルボン酸．融点 270℃．左旋性のものはコラーゲンやエラスチンなどの結合組織タンパク質の構成成分．正確には「イミノ酸」であるが通常はタンパク質構成アミノ酸に含まれる．

2-ヒドロキシベンジルアルコール 2-hydroxybenzylalcohol（salicyl alcohol）

$C_7H_8O_2$，サリチルアルコール．フェノール，CH_2Cl_2，NaOH から得る．局所麻酔剤．

ヒドロキシメタンスルフィン酸ナトリウム二水和物 sodium formaldehyde sulphoxylate dihydrate（rongalite）

$HOCH_2SO_2Na \cdot 2H_2O$．強力な還元試薬．ロンガリット．漂白剤としても用いられる．

3-(ヒドロキシメチル)ピリジン 3-(hydroxymethyl)pyridine

ニコチニルアルコール．セルロース，エステル，塩の溶媒．

4-ヒドロキシ-4-メチル-2-ペンタノン 4-hydroxy-4-methyl-2-pentanone

$C_6H_{12}O_2$．アセトンに $Ba(OH)_2$ または $Ca(OH)_2$ を作用させて得る．沸点 168℃．溶媒．凍結防止剤としても用いられる．

ヒドロキシルアミン hydroxylamine

H_2NOH．無色固体．加熱すると爆発する．融点 33℃．弱塩基．NO_3 や NO_2 を電解還元，SO_2 による還元または接触水素化還元により得る．固体は放置するとゆっくりと分解するが，ヒドロキシルアミン塩酸塩 $NH_2OH \cdot HCl$ のような塩はかなり安定である．オキシムを形成する．還元剤としても酸化剤としても働く．カプロラクタムの合成，写真の抗酸化剤，皮革なめしに用いられる．

ヒドロキシルイオン hydroxyl ion（hydroxide ion）

OH^-．水酸化物イオン（以前は水酸イオンと呼んだ）．水のイオン解離により生成する陰イオン．水酸化物に含まれる．H^+ と結合して水になる．塩基の溶液に存在する．

ヒドロキシル化 hydroxylation

有機化合物にヒドロキシ基を導入する反応．用いられる試薬は CrO_3，オゾン，過硫酸塩，過ホウ酸塩など．

ヒドロキシルラジカル hydroxyl radical

・OH．CO や炭化水素などを酸化できる，活性の高い汚染物質である．成層圏オゾンの発生源．

ヒドロキソニウムイオン hydroxonium ions

オキソニウムイオン $[H(H_2O)_n]^+$ の以前用いられた名称．→水和

ヒドロキノン hydroquinone

$C_6H_6O_2$，4-$C_6H_4(OH)_2$．無色プリズム晶，融点 170℃，沸点 285℃/730 Torr．$FeCl_3$ で酸化するとキノンを生じる．最もよい製法はキノンを二酸化硫黄で還元する方法である．写真の現像剤や抗酸化剤として用いられる．

ヒドロクラッキング hydrocracking

石油画分に接触クラッキングと水素添加の両方を行い，高品質ガソリンを作るプロセス．

ヒドロコーチゾン hydrocortisone（17-hydroxycorticosterone）

$C_{21}H_{30}O_5$，17-ヒドロキシコルチコステロン．ハイドロコーチゾンと呼ぶこともある．17 位にヒドロキシ基を持つコルチソン（すなわち C=O 基が還元されている）．無色結晶，融点 217～220℃．ジオスゲニンやヘコゲニンのような天然ステロイドから合成される．17 位のヒドロキシ基は必要に応じて微生物を利用した反応により導入する．21 位をエステル化した誘導体は炎症やアレルギー症状の局部的治療に用いられる．

ヒドロコルチソン hydrocortisone（17-hydroxycorticosterone）

→ヒドロコーチゾン

ヒドロシリル化 hydrosilylation

オレフィン結合に Si-H 結合を付加して有機シランを形成する反応．白金塩で触媒されることが多い．シリコーンの合成に利用できる．

ヒドロ脱アルキル化 hydrodealkylation

通常，アルキル置換芳香族化合物からベンゼンを作るのに使われる触媒を用いた反応．原料にはトルエンが最もよく使われる．メタンも生

ヒドロ脱硫操作 hydrodesulphurization
　水素化脱硫. →脱硫
ヒドロビニル化 hydrovinylation
　C_2H_4 などをビニル誘導体に変換すること.
ヒドロペルオキシド hydroperoxides
　ヒドロペルオキシ基 HOO- を含む化合物群. 最も単純なものは過酸化水素. 有機ヒドロペルオキシドは多くの有機化合物の空気酸化で生成する. 分解は容易で, アルコール, カルボニル化合物などを生じるが, 発熱的反応のため, 自然発火の危険性も間々ある.
ヒドロホウ素化 hydroboration
　→ヒドロボレーション
ヒドロホルミル化 hydroformylation
　アルケンに一酸化炭素と水素を Co または Rh 触媒を用いて反応させるカルボニル化反応. 条件によりアルデヒドまたは第一級アルコールを生成する. →オキソ反応
ヒドロボレーション hydroboration
　ハイドロボレーションというほうが通用する分野もある. B-H 結合がオレフィンの二重結合にシス付加する反応. 例えばジボラン B_2H_6 がエチレンと反応すると $B(C_2H_5)_3$ を生じる. アルキルボランを酸で分解するとアルカンが生じ, 過酸化水素で処理するとアルコール(水を二重結合に直接付加させた場合と逆の配向を持つ)を生成する. 有機ランタニド錯体の存在下でカテコールボランがよく用いられる. 鈴木反応の前駆体合成にも用いられる. →有機ボラン
ピナコール pinacol (pinacone, 2,3-dimethylbutane-2,3-diol)
　$C_6H_{14}O_2$, ピナコン, 2,3-ジメチルブタン-2,3-ジオール. 無色結晶で, 融点 38℃, 沸点 175℃. 六水和物を形成する (融点 47℃). アセトンとベンゼンの混合物をマグネシウムアマルガムで処理して合成される. 硫酸と加熱すると, ピナコロンを生じる. ピナコールの蒸気を 400℃ でアルミナ上を通過させると 2,3-ジメチルブタジエンが得られる.
ピナコール–ピナコロン転位 pinacol-pinacolone rearrangement
　ピナコールを鉱酸または有機酸とともに加熱すると, 脱水を伴う分子内転位が起こりケトンであるピナコロンが生じる.
ピナコール類 pinacols
　$(HO)R^1R^2CCR^3R^4(OH)$ で表される 1,2-グリコール (R^1, R^2 などはアルキルまたはアリール基). 芳香族ケトンを亜鉛と希酸で還元するか脂肪族ケトンをマグネシウムアマルガムで還元すると得られる.
ピナコロン pinacolone (pinacolin, 3,3-dimethyl-2-butanone)
　$C_6H_{12}O$, ピナコリン, 3,3-ジメチル-2-ブタノン. 樟脳のような臭気を有する無色液体. 沸点 103～106℃/746 Torr. ピナコール水和物を硫酸と加熱して得る. 酸化するとピバリン酸になる.
ピナコン pinacone
　→ピナコール
ビニリデン基 vinylidene
　$CH_2=C<$ 基.
ビニルアセチレン vinylacetylene
　→モノビニルアセチレン
ビニルアミン類 vinylamines
　$CH_2=CHNH_2$ の誘導体. 一般に不安定である. →エナミン
ビニルアルコール vinyl alcohol (ethenyl alcohol)
　$CH_2=CHOH$. アセトアルデヒドのエノール型. 純粋な状態で単離することはできないが, ビニルエステルやビニルエーテルはよく知られている化合物であり, これらを加水分解するとアセトアルデヒドまたはビニルアルコールのポリマーを生じる. →ポリビニルアルコール
ビニルエステルのポリマー vinyl ester polymers
　最も重要なものはポリ酢酸ビニル. 酢酸ビニルはラジカル重合により重合する. 接着剤, 増粘剤, 溶剤, 可塑剤, 織物, コンクリート添加物, 加水分解によるポリビニルアルコール製造に用いられる. 他のビニルエステルは対応する酸へのビニル基移動(エステル交換)により作られる. プロピオン酸ビニル(沸点 95℃), カプロン酸ビニル(沸点 166℃), ラウリル酸ビニル(沸点 142℃/10 Torr), ステアリン酸ビニル(沸点 187℃/4.3 Torr), 安息香酸ビニル(沸点 203℃)から得られるポリマーが重要である.

ビニルエーテル　vinyl ether (divinyl ether, diethenyl ether)

C_4H_6O, $CH_2=CHOCH=CH_2$. ジビニルエーテル. 2,2′-ジクロロジエチルエーテルに KOH を作用させて得る. 不安定でホルムアルデヒドとギ酸に分解する.

ビニルエーテルポリマー　vinyl ether polymers

→ビニルエーテル類

ビニルエーテル類　vinyl ethers

$ROCH=CH_2$. 工業的にはアルキン（通常はアセチレン）とアルコールを約 150℃で加圧条件, 塩基の存在下で反応させて得る. アセタール（アルデヒドとアルコールを酸触媒で反応させるかアルキンとアルコールの反応で得る）の熱クラッキングでも得られる. 酸の存在下で加水分解されてアルコールとアルデヒドを生じる. ルイス酸触媒（例えば BF_3, $AlCl_3$）により重合してホモポリマーを生成する. ビニルエーテルポリマーは加工用接着剤, 潤滑剤, 繊維, フィルム, 成型部品に用いられる. 主要な共重合体は無水マレイン酸, 塩化ビニル, アクリル酸メチルとの共重合体. 主要なビニルエーテルにはメチルビニルエーテル $MeOCH=CH_2$ （融点 −222℃, 沸点 5.5℃）, エチルビニルエーテル $EtOCH=CH_2$ （融点 −115℃, 沸点 36℃）, イソブチルビニルエーテル $C_4H_9OCH=CH_2$ （融点 −132℃, 沸点 83℃）およびオクタデシルビニルエーテル $C_{18}H_{37}OCH=CH_2$ （融点 30℃, 沸点 182℃）がある.

ビニル化　vinylation

アセチレンとアルコール, カルボン酸, アミンなどの活性水素を持つ化合物を, 触媒を用いて反応させること. アセチレンの三重結合に対して付加が起こりビニル化合物が生成する. 例えば

$$HC\equiv CH + HX \rightarrow CH_2=CHX$$

ビニル基　vinyl (ethenyl)

系統的命名ではエテニル基. $CH_2=CH-$ 基.

ビニルピリジン　vinylpyridines

$C_5H_4N(CH=CH_2)$. 重要なものは 2-ビニルピリジン（沸点 158℃）, 4-ビニルピリジン（沸点 65℃/15 Torr）および, さらにメチル基を含む 2-メチル-5-ビニルピリジン（沸点 75℃/15 Torr）. エチル誘導体の接触脱水素反応またはヒドロキシエチル誘導体の脱水反応により得る. スチレンと同様にラジカル重合またはアニオン重合する. コポリマーとして合成ゴムや繊維に使われる.

N-ビニルピロリドン　N-vinylpyrrolidone (1-ethenyl-2-pyrrolidone)

C_6H_9NO. 系統的命名では 1-エテニル-2-ピロリドン. ピロリドンとアセチレンを塩基存在下で反応させて得る. 沸点 96℃/14 Torr, 融点 13.5℃. ラジカル開始剤により重合する. 通常, 加水分解および重合を防ぐために NaOH を 0.1%加えて保存する. ポリビニルピロリドンや他の N-ビニルアミドは水溶性である. ポリビニルピロリドンは接着剤, 界面活性剤, 洗剤, 医薬品, 化粧品, 織物工業の繊維処理剤に用いられる. 血漿に用いられる.

$$\underset{HC=CH_2}{\underset{|}{N}}\!\!\!\diagdown\!\!\!=\!\!O$$

ビニルポリマー, ビニル樹脂　vinyl polymers, vinyl resins

$CH_2=CHX$ の重合で得られるポリマー. →塩化ビニル, 塩化ビニルポリマー, ビニルエステルのポリマー, ビニルエーテルポリマー, ビニルエーテル類, ビニルピリジン, N-ビニルピロリドン, フッ化ビニル, フッ素含有ポリマー, 塩化ビニリデン, フッ化ビニリデン

ビニログ　vinylogs

鎖中に -CH=CH- ユニットを導入または除去することにより誘導される関連化合物. ビニル架橋二官能性とは 2 つの官能基が 1 つの -CH=CH- ユニットで隔てられたものをいう.

避妊薬　contraceptive drugs

妊娠を防ぐのに用いられる薬. 主にホルモン性ステロイド誘導体である.

比熱容量の比　ratio of specific heats

気体の定圧比熱（C_p）と定積比熱（C_v）の比. この比（C_p/C_v）は自由度が大きくなるほど, すなわち気体分子を構成する原子数が多くなるほど減少する. 単原子気体では 1.67, 二原子では 1.40, 三原子では 1.33 である.

α-ピネン　α-pinene（2,6,6,-trimethylbicyclo[3.1.1]-2-heptene）

$C_{10}H_{16}$，2,6,6-トリメチルビシクロ[3.1.1]-2-ヘプテン．二環式テルペン．融点 $-50℃$，沸点 $156℃$．テルペン系炭化水素中で最も重要である．針葉樹由来のほとんどの精油中にみられ，テレビン油の主成分である．2個の不斉炭素原子を有する．（+）-体はギリシャテレビン油から得られる．$250～270℃$，加圧条件で加熱すると，α-ピネンはジペンテンに変換される．触媒存在下で水素により還元されてピナンを生じる．乾燥あるいは湿潤条件で空気や酸素により酸化される．湿った空気で酸化するとソブレロール $C_{10}H_{18}O_2$ を生じ，これは弱い鉱酸により酸化物であるピノールを生じる．過マンガン酸塩で酸化するとピノール酸 $C_{10}H_{16}O_3$ を生じ，この化合物は一塩基酸でシクロブタン誘導体．濃硫酸で処理するとリモネン，ジペンテン，テルピノレン，テルピネン，カンフェン，4-シメンの混合物を与える．塩化水素をテレビン油と反応させると，塩化ボルニル $C_{10}H_{17}Cl$（人造樟脳）を生成する．

β-ピネン　β-pinene（nopinene, 6,6-dimethyl-2-methylenebicyclo[3.1.1]heptane）

$C_{10}H_{16}$，ノピネン，6,6-ジメチル-2-メチレンビシクロ[3.1.1]ヘプタン．天然のα-ピネンは多くの場合，少量の（-）-β-ピネンとともに得られる．天然の（+）-β-ピネンはセリ科のガルバヌム（*Ferula galbaniflua*）の熟した果実から抽出される．沸点 $162～163℃$．過マンガン酸カリウムで酸化するとノピン酸 $C_{10}H_{16}O_3$（融点 $126～127℃$）を生じる．

ピノカルベオール　pinocarveol

$C_{10}H_{16}O$．二環式テルペンアルコール．（-）-体はユーカリノキ（*Eucalyptus globulus*）の精油に含まれる．

ピノカンフォン　pinocamphone

$C_{10}H_{16}O$．二環式ケトン．（-）-体はヒソップ（*hyssop*）油の約45%を占める成分である．

ピバリン酸　pivalic acid（trimethylacetic acid, 2,2-dimethylpropanoic acid）

$(CH_3)_3CC(O)OH$，トリメチル酢酸，2,2-ジメチルプロパン酸．無色固体．融点 $35.5℃$，沸点 $164℃$．イソブテンを一酸化炭素でカルボキシル化するかピナコロンを $NaOBr$ で酸化して得る．種々の工業製品の合成中間体．

bipy

一般に配位子としての 2,2′-ジピリジル（ビピリジル，ビピリジン）を表す略語．

ビピリジル　bipyridyl

→ジピリジル

ビピリジン　bipyridine

ジピリジルまたはビピリジルともいう．→ジピリジル

ビフェニル　biphenyl（diphenyl）

$C_{12}H_{10}$．揮発性の無色固体．光沢のある大きな板状晶を形成する．融点 $70.5℃$．沸点 $254℃$．ベンゼン蒸気を $720℃$ に熱した鉄管中に繰り返し通すと多量のビフェニルやポリフェニルが生成する．また，ブロモベンゼンを銅粉と熱して作られる（ウルマン反応）．ハロゲン化フェニルマグネシウムに $CrCl_3$ または $CuCl_2$ を作用させても得られる．塩素化または臭素化されたビフェニルは電気部品や油圧流体に多用されるが，健康への悪影響のため廃止されつつある．リンゴやミカンの輸送の際の抗菌剤に用いられたり，ジフェニルエーテルやターフェニルと混合して熱伝達物質（ダウサム：Dowtherms）としても利用される．

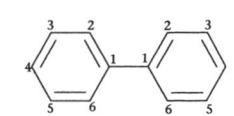

ビフェロックス（ジフェニルエーテル）（商品名）Biferox

→ジフェニルエーテル

非プロトン性溶媒　aprotic solvent

H^+ として放出されるプロトンを持たない溶媒．

ピペット　pipette

一定体積の溶液を採取するための器具．ピペットに液を満たすには吸い込むか，またより安全には陰圧にするか自動装置を用いる．容量分析用（ホールピペット）のほか，概量を採取するためのメスピペット，微量用のマイクロピペットなどいろいろな種類がある．

ピペラジン　piperazine（hexahydropyrazine）

$HN(CH_2CH_2)_2NH$, $C_4H_{10}N_2$, ヘキサヒドロピラジン. 六水和物は融点44℃（無水物は104℃），沸点126℃. 1,2-ジクロロエタンにアンモニアのアルコール溶液を作用させて得る．ピペラジンはヒトや動物の医薬品原料に用いられる．

2,5-ピペラジンジオン 2,5-piperazinedione
→2,5-ジケトピペラジン

ピペリジン piperidine (hexahydropyridine)
$C_5H_{11}N$, ヘキサヒドロピリジン. 特有のアンモニア類似臭を持つ無色液体. 融点 -9 ℃, 沸点106℃. 水と混和する．アルカロイドであるピペリンとしてコショウ中に存在する．ピリジンを電気化学的あるいは他の方法で還元して得られる．ピペリジンは強塩基で脂肪族アミンのような挙動を示す．

ピペリトール piperitol
→ピペリトン

ピペリトン piperitone
$C_{10}H_{16}O$. 天然に存在する光学活性ケトンでピペリトールの酸化生成物である．ユーカリ油や日本ハッカ油，スーダン・マハレブ・グラス（レモングラスの近縁種）の精油に見られる．ピペリトンは工業的に重要であり，酸化するとチモールになり，還元するとメンテン，メントール, α-フェランドレンを生じる．ハッカのような香りを有する無色油状物質．

ピペロナール piperonal (3,4-methylenedioxybenzaldehyde, 1,3-benzodioxole-5-carboxaldehyde)
$C_8H_6O_3$, 3,4-メチレンジオキシベンズアルデヒド，1,3-ベンゾジオキソール-5-カルボキシアルデヒド. 無色結晶. 融点37℃, 沸点263℃. バリニンとともに産する．ピペリンのような種々の天然物の酸化で得られる．石鹸の香料, 着香, 合成用に広く用いられる．

ピペロニルブトキシド piperonyl butoxide
殺虫剤に対する相乗剤．除虫菊剤などに添加して用いられる．環状のポリエーテル誘導体である．

ピベンジル bibenzyl
→1,2-ジフェニルエタン

ヒポキサンチン hypoxanthine (6-oxypurine)
$C_5H_4N_4O$, 6-オキシプリン. 融点150℃（分解）. 冷水に微溶. 熱水には溶ける．動物体内でのアデニンの分解産物．

ヒマシ油（蓖麻子油） castor oil
トウゴマの種子を圧搾して得た油．ほぼ100% リシノール酸のグリセリルエステルからなる．工業的には水和ヒマシ油の製造，ポリウレタンや塗布剤の製造に用いられている．

飛沫同伴 entrainment
気体や細かい液滴の蒸気流とともに輸送されること．

ピメリン酸 pimelic acid (heptanedioic acid)
$HO(O)C(CH_2)_5C(O)OH$, $C_7H_{12}O_4$, ヘプタン二酸. 無色プリズム状晶. 融点105℃. ヒマシ油中に存在する．二臭化ペンタメチレンまたはシクロヘキサノンからニトリルを経て，またサリチル酸を還元したのち環を酸化して得る．カプリル酸またはオレイン酸を酸化しても得られる．ポリマー材料として用いられる．

日焼け防止剤 sunscreens
TiO_2 や有機化合物など，紫外線から皮膚を守る物質．サンスクリーンということもある．

ピュータ pewter
→しろめ（白鑞）

ヒュッケル近似 Hueckel approximation
隣接する原子間でのみ共鳴積分を考慮して，共役分子のエネルギーを計算する方法．CNDO法.

ヒュッケル則 Hueckel's rule
「$(4n+2)$ 個の非局在化した π 電子を持つ平面単環分子は芳香族性を持つ」という法則．

ヒューム-ロザリー則 Hume-Rothery's rule
多くの合金において，相の構造は実験式の全価電子数と原子数の比によって決まるという法則. →電子化合物

ビュレット burette
化学操作において液体や気体の量を測るのに用いられる容器．容量分析では，ビュレットは一般に，下端に栓のある目盛り付きの縦長の管からなっており，この栓により，目盛り付きの管を流れる液体の量が調節される．さらに精密な場合，重量ビュレットを用いる．これは共栓付きの平底フラスコと，すりガラスキャップの付いた細いサイドリムからなる．この細いサイドリムから必要な量の液体を放出するが，その

前後で重さを測る．ガス分析では，ビュレットは一般に縦型の目盛り付き管で，上部に栓がついている．下端は管で，水銀や水を入れた液溜めに連結している．栓と液面の間に閉じ込められたガスに加わる圧力をこれで調節して求める．ビュレットは自動化して連続的に用いることができる．

氷酢酸 glacial acetic acid

水を含まない純粋な酢酸は 16.6℃で固化し，氷とそっくりの結晶を生成するのでこう呼ばれる．わずかでも水分が存在すると，凝固点降下が大きいので固化しない．

標準温度圧力条件 standard temperature and pressure (stp)

298.15 K，1気圧．温和な参照条件．

標準状態 standard state

熱力学を使うと，物質が閉じた系内で反応するかどうかを予測できるが，それには反応物と生成物すべてを含む系の標準の状態を以下のように定義する必要がある．
①結晶または液体の場合には純粋な状態
②気体については1気圧
③反応物1モル
④特定の温度，通常 298 K．

標準状態を指定する熱力量は$^\ominus$を用いて $\Delta G_T^\ominus$, $\Delta H_T^\ominus$, $\Delta S_T^\ominus$ などのように表され，下付き添字 T は系の温度を表す（なお，生理学や医学などの分野での「標準状態」は，これとは別の条件であることに注意）．

標準電極 standard electrode

起電力の標準となる電極．通常の場合には標準水素電極を基準とすることになっているが，実際に測定を行う場合には参照電極として甘汞電極や銀・塩化銀電極などを用いる場合が多い．

標準電極電位 standard cell potential

$E^\ominus$と表す．電池反応の標準ギブスエネルギー．

氷晶石 cryolite

Na_3AlF_6．グリーンランドに産出する鉱石．アルミン酸ナトリウム，NaF および $NaHCO_3$ から人工的に製造され，アルミニウムの製造で電解質として使用されるほか，白色ガラス，釉薬，エナメルに用いられている．氷晶石の構造は，組成が A_3BX_6 である多くの化合物に共通してみられ，ReO_3 やペロブスカイト構造によく似ている．殺虫剤として用いられることもある．

秤動 libration

結晶格子中において，格子内の分子の回転運動は多くの場合，隣接する原子との間の相互作用によって束縛されるが，その結果生じる振動を秤動モードという．

漂白剤 bleaching agents

化学薬品．一般には酸化剤で，色素を除去する．例えば，さらし粉，塩素，塩素酸塩（Ⅰ），過ホウ酸塩，過酸化水素など．増白剤，蛍光増白剤は漂白剤とは作用が異なり，これらは紫外線を青い光に変換することによって色を隠す．典型的な増白剤としてはジアミノスチルベンジスルホン酸誘導体がある．→蛍光増白剤

漂白浴 bleach bath

写真で，現像した銀をハロゲン化銀に変換するのに用いられる．その後ハロゲン化銀は除去（カラー写真）または硫化調色される．一般に用いられる漂白浴には $K_3[Fe(CN)_6]$ と KBr の混合液がある．

漂布土 bleaching earths

2つのタイプがある．①フラー土（英国における漂布土）のように天然の状態で吸収性を持つもの．②採掘された状態では吸収性が低いが，熱や化学処理（通常はおだやかな酸浸出）により強化されるもの．浄化や漂白に用いられる．

表面圧 surface pressure

オレイン酸のような油が液体上に広がってできた薄膜は，その液体の表面張力を低下させる．その結果，浮遊している粒子に対して斥力を及ぼす．薄膜が広がる際に境界1cm あたりに及ぼす力は表面張力の低下分に等しい．これを気体の圧力との類似で（二次元であるが）膜の表面圧といい，直接測定できる．表面圧を調べると膜の種類（例えば単分子かそれより厚いか）に関する情報が得られる．過剰に存在する固体や液体が及ぼす表面圧を拡張圧という．

表面X線吸収広域微細構造分光 SEXAFS (surface extended X-ray absorption fine-structure spectroscopy)

シンクロトロン放射光を利用した表面観測．

表面エネルギー surface energy

系の表面エネルギーは,表面張力に抗して表面を単位面積あたり増加させるのに必要な仕事の量として定義される.

表面化合物　surface compounds

多くの固体の表面は化学吸着した気体の単分子層で覆われ,そこでは気体分子は表面の原子と化学結合し表面化合物を形成している.そのような層により表面は特異的な性質を示す.多くの金属では表面は酸化物層で被覆され,それ以上の反応が起こらないように安定化されている.

表面活性　surface activity
→界面活性

表面活性剤　surface-active agents, surfactants
→界面活性剤

表面張力　surface tension

液体の内部にある分子は他の分子により全方向に等しく引き寄せられているが,表面に存在する分子では内部方向への引力が過剰になる.これが境界面に平行な方向に働く表面張力と関係しており,表面を最小にしようとする傾向をもたらす.この力に抗して表面積を拡大するには仕事が必要である.表面張力の単位は J/m^2 または N/m である.→表面エネルギー,界面活性剤

表面電位　surface potential

表面に吸着種が存在するときと清浄な表面との仕事関数の変化.電極近傍の種々の点における電位の差.

表面燃焼　surface combustion

触媒的酸化が多孔性耐火物質の表面で起こるように燃料ガスと空気を燃焼させること.薄い炎の部分で完全燃焼が速かに起こり,発熱速度が非常に大きい.多くの工業用の炉や釜では,この方法が使われる.

表面粘度　surface viscosity

液体表面上の単分子膜は,動きやすい場合(例えばガス様膜)も二次元の応力(→表面圧)の作用により動きが遅い場合もある.表面粘度とは,通常の粘度の二次元での類似である.ある表面膜は表面可塑性を示し,臨界ずり応力を加えるまで固体のように振る舞う.

表面配向　surface orientation

有機物が水面に膜を形成するとき,表面層の分子は通常,その構造によって決まる配向をとる.カルボン酸イオンやスルホン酸イオンのような基は水と相互作用し分子に水溶性を賦与する.このような基は親水性であるといい,水にひきつけられるので,分子はこの部分で表面に固定される.一方,炭化水素基は疎水性で水から離れる性質を持つ.したがって例えば長鎖の脂肪酸は,炭化水素基が水面に垂直になりカルボキシル基が水面に埋まるように配向する.
→ミセル

表面被覆(緑青)　patina

ブロンズ,鉄などの金属を加温した際に生成する装飾的かつ耐腐食性の表面酸化物.銅の場合には緑青(グリーンパティナ)である.

表面プラズモン共鳴　surface plasmon resonance (SPR)

特定の分子のレセプターで修飾した金の薄膜や微粒子を用いると,対象となる分子がレセプターに結合することにより屈折率が変化して表面プラズモン共鳴(SPR)の波長が変化することを利用して検出できる.

ビラジカル　diradical

2つの離れた孤立電子を持つ化学種.例えば $(C_6H_5)_2\dot{C}-C_6H_4-(CH_2)_4-C_6H_4\dot{C}(C_6H_5)_2$. ジラジカル,双ラジカルともいう.

ピラジン　pyrazine (1,4-diazine)

$C_4H_4N_2$, 1,4-ジアジン.

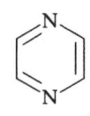

ピラジンアミド　pyrazinamide
重要な抗結核薬.

ピラゾリジン　pyrazolidine
→ピラゾール

ピラゾリノン　pyrazolinones
→ピラゾロン類

ピラゾリン　pyrazoline
→ピラゾール

ピラゾール　pyrazole (1,2-diazole)

$C_3H_4N_2$, 1,2-ジアゾール.無色結晶性物質.融点70℃.ジアゾメタンの冷エーテル溶液にアセチレンを通じると得られる.ピラゾール [1] を部分的に還元すると,ピラゾリン [2] を

生じ，完全に還元するとピラゾリジン [3] になる．ピラゾールは芳香族化合物で求電子置換反応は4位で起こる．

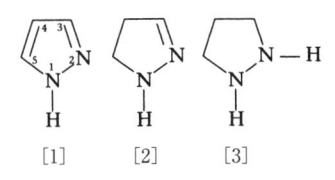

[1]　[2]　[3]

ピラゾロン類　pyrazolones (pyrazolinones, oxopyrazolines, 5-oxo-1,3-substituted pyrazolines)

ピラゾリノン，オキソピラゾリン，5-オキソ-1,3-二置換ピラゾリン．染料や顔料としてカラー写真や医薬品に広く用いられている．アセト酢酸エステルとフェニルヒドラジンから合成される．

ピラノース　pyranose

C_5O 環を含む糖の安定な環状構造．グルコースは構造的には1,5-グルコピラノースで，一級ヒドロキシ基 CH_2OH を側鎖として含む．このようなピラノース誘導体は，五員環構造のフラノースと比較すると安定で，結晶性に優れている．

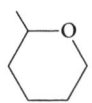

ビリアル方程式　virial equations

圧力，体積，温度の関係を表す状態方程式で V^{-1}, V^{-2},…の項を含む．→ファン・デル・ワールスの式

ビリジアン　viridian

酸化クロム(Ⅲ) Cr_2O_3 の顔料としての名称．

ピリジニウム　pyridinium

ピリジンの窒素にプロトンまたはカチオンが結合して形成されるイオン．

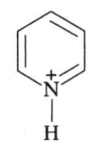

ピリジン　pyridine

C_5H_5N．無色で屈折率の高い吸湿性液体．沸点 115.3℃．強い特有の臭気を有する．煙を出して燃焼する．強塩基で，鉱酸とピリジニウム塩（窒素がプロトン化されている）を形成し，ハロゲン化アルキルと反応して四級化合物，例えばヨウ化1-メチルピリジニウム $[C_5H_5NCH_3]I$ を形成する．ピクラートや多くの金属塩との錯体を形成する．ナトリウムとアルコールにより還元するとピペリジン $C_5H_{11}N$ を生じ，過酸により酸化するとピリジン-N-オキシドを生成する．非常に有害である．工業的にはピリジンはアセチレンとアンモニアから製造される．溶媒として，特にプラスチック工業用，鉱酸用溶媒に用いられ，ニコチン酸や種々の薬剤，ゴム化学品の製造にも用いられる．

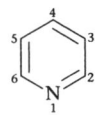

ピリジン N-オキシド　pyridine N-oxide

C_5H_5NO．ピリジンと H_2O_2 から得る．融点 65℃．合成に用いられる．

ピリドキサール　pyridoxal
→ピリドキシン

ピリドキシン　pyridoxine (vitamin B_6, 2-methyl-3-hydroxy-4,5-bis(hydroxymethyl) pyridine)

$C_8H_{11}NO_3$．ビタミン B_6．2-メチル-3-ヒドロキシ-4,5-ビス(ヒドロキシメチル)ピリジン．水溶性ビタミン．アミノ基転移に関与する補欠分子族であるピリドキサルリン酸の前駆体．

ピリミジン　pyrimidine

$C_4H_4N_2$．浸透性の臭気を有する結晶性物質．融点 20～22℃，沸点 124℃．バルビツール酸からトリクロロピリミジンを経て合成される．シトシン，チミン，ウラシルなど核酸やバルビツール酸およびその誘導体など一群の化合物の母体化合物である．

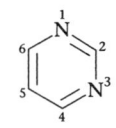

肥　料　fertilizers

土壌に添加した際に収穫を増加させる物質はいずれも肥料といえるが，通常は窒素，リンま

たはカリウムを含むものを指す．最も重要な窒素肥料は硫酸アンモニウムで，硝酸ナトリウム，硝酸アンモニウム，アンモニア，尿素も使われる．硝酸アンモニウムと炭酸カルシウムの混合物はニトロチョークという商品名で市販されている．リンを含む肥料では過リン酸石灰が最も重要である．

微量天秤　microbalance

10^{-6} g 以下の質量およびその変化を測定できる天秤．通常の小スケールの定量分析用には，感度 10^{-6} g，最大秤量 10 g 程度の天秤が一般に用いられる．特殊用天秤としては 10^{-11} g の感度を持つものがあるが，最大秤量もそれに応じて通常の分析用微量天秤より小さい．電子微量天秤は電気的に変位をゼロにするシステムである．そのような天秤は扱いが簡単で従来の微量天秤より汎用性がある．

蛭石　vermiculite

ひるいし．バーミキュライトの和名．

ビルジースポーナープロット　Birge-Sponer plot

連続周波数の間隔を合計し，解離まで外挿することによって，解離エネルギーを求める方法．

ピルビンアルデヒド　pyruvic aldehyde

メチルグリオキサールに同じ．

ピルビン酸　pyruvic acid (2-oxopropanoic acid)

$CH_3COCOOH$．系統名では 2-オキソプロパン酸．以前は「焦性ブドウ酸」と呼ばれていた．酢酸に似た臭気を持つ無色液体．融点 13℃，沸点 65℃/10 Torr．酵母菌による糖からアルコールへの分解における中間体である．酒石酸を硫酸水素カリウムとともに蒸留すると得られる．重合して固体（融点 92℃）を生じやすい．酸化するとシュウ酸または酢酸を生成する．還元すると（±）-乳酸を生じる．

ピレスロイド　pyrethroids

→除虫菊剤

ピレトリン類　pyrethrins

除虫菊剤（ピレトルム）および関連した構造の化合物の構成要素．

ピレトルム　pyrethrum

→除虫菊剤

ピロ亜硫酸　pyrosulphurous acid

$H_2S_2O_5$．遊離の酸は知られていないが，$[S_2O_5]^{2-}$，$[O_3SS(O)_2]^{2-}$ イオンを含むピロ亜硫酸塩は知られている．亜硫酸イオン $[SO_3]^{2-}$ と SO_2 から形成される．

ピロ亜硫酸ナトリウム　sodium pyrosulphite (sodium metabisulphite)

$Na_2S_2O_5$．メタ重硫酸ナトリウムともいう．NaOH 溶液に SO_2 を飽和させ 100℃で反応させて得る．七水塩，六水塩を形成する．還元剤．写真に用いる．

比濁分析　nephelometry

不溶物のコロイド懸濁液による光散乱を分光学的に測定する定量分析法．

ピロカテコール　pyrocatechol

1,2-ジヒドロキシベンゼンに同じ．

ピロガロール　pyrogallol (1,2,3-trihydroxybenzene)

$C_6H_6O_3$．1,2,3-トリヒドロキシベンゼン．無色で光沢のある針状晶．融点 132℃，沸点 210℃（分解）．アルカリに溶かした溶液は空気から速やかに酸素を吸収し暗褐色に変化する．没食子酸を 200℃で水により分解して得る．写真の現像剤として，またガス分析の酸素吸収剤として広く用いられている．

ピロコリン環系　pyrrocoline ring system

→インドリジン環系

ピロ酸類　pyro acids

架橋酸素でつながった 2 つの酸素含有基を持つ酸，あるいはその酸（仮想的な化合物のことも多い）から誘導される陰イオン．例えば $[O_3SOSO_3]^{2-}$（ピロ硫酸イオン）．

ピロ粘液酸　pyromucic acid

→フロイン酸

ピロメリット酸　pyromellitic acid (1,2,4,5-benzenetetracarboxylic acid)

$C_6H_2(CO_2H)_4$．1,2,4,5-ベンゼンテトラカルボン酸．デュレンの酸化で得られる．融点 260℃（分解）．容易にピロメリット酸二無水物（融点 287℃）に変換される．エポキシ樹脂の架橋剤として用いられる．またジアミンとともにポリイミドの合成に用いられ，高い耐熱性を有する樹脂が得られる．

2-ピロリジノン　2-pyrrolidinone (2-oxopyrrolidine)

C_4H_7NO．2-オキソピロリジン．沸点 251℃，融点 25℃．ブチロラクトンとアンモニアから

合成される．容易に加水分解されて4-アミノブタン酸（γ-アミノ酪酸，GABA）を生じる．最も重要な用途はアセチレンとの反応による N-ビニルピロリドンの合成・高沸点溶媒や可塑剤としての利用である．

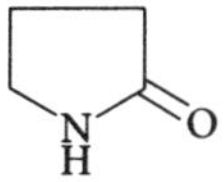

ピンク塩 pink salt
　ヘキサクロロスズ酸アンモニウムの慣用名．優れた媒染剤である．

ピロリジン pyrrolidine（tetrahydropyrrole）
　C_4H_9N．テトラヒドロピロール．ほぼ無色のアンモニア臭を有する液体．沸点 $88 \sim 89℃$．空気中で発煙する．強塩基．天然にはタバコの葉に含まれる．工業的にはピロールの水素化により製造される．

ピロ硫酸 pyrosulphuric acid
　$H_2S_2O_7$．発煙硫酸中に存在する．ピロ硫酸塩は $[S_2O_7]^{2-}$ イオンを含む．

ピロリン酸塩 pyrophosphates
　$[P_2O_7]^{4-}$ を含む塩．→リンの酸素酸，ビスホスホネート

ピロール pyrrole（azole, imidole）
　C_4H_5N．アゾール，イミドール．無色油状物質．沸点 $130℃$．ムチン酸アンモニウムを加熱するか，あるいはブチン-1,4-ジオールとアンモニアをアルミナ触媒存在下で反応させて得る．ピロールは芳香族性を持つ．塩基性ではなく，イミノプロトンはカリウムで置換できる．例えばプロリン，インジカン，ヘム，クロロフィルなど多くのピロール誘導体が天然に存在する．

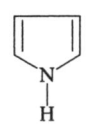

ピロン pyrones
　例えばアントシアンの一部として天然に存在する．下記の環を含む化合物．

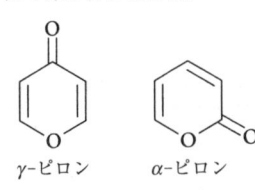

γ-ピロン　　α-ピロン

フ

ファインケミカル fine chemicals
多くは有機化合物で，それぞれの化学構造または性質に応じて医薬品や合成試薬などとして利用される，純度の高い単一成分物質．

ファヤンス則 Fajans' rules
イオン性化合物の形成についての一連の経験則．イオン化合物を容易に形成するのは，①電荷が低いイオン（例：Na^+ は Al^{3+} より形成しやすい），②大きな陽イオン（Cs^+ は Na^+ より形成しやすい），③小さな陰イオン（Cl^- は I^- より形成しやすい）．

ファヤンス法 Fajans' method
銀滴定の際にフルオレッセインを吸着指示薬として用いる方法．終点でフルオレッセインの陰イオンが沈殿に吸着され赤色を呈する．塩化物イオンのほか，他のハロゲン化物やフェロシアン化物などの滴定で明瞭な終点が得られる．以前は海水中の塩分濃度測定の標準的方法であった．

ファラデー（単位） Faraday
F．1モルの電子の持つ電荷．1 Faraday = 96485 C/mol．

ファラデーの電気分解の法則 Faraday's laws of electrolysis
①電解により分解される物質の量は，流した電流に比例する．②異なる溶液に等量の電流を流すと，分解される物質の量は生じる原子または原子団の化学当量に比例する．

ファラデー効果 Faraday effect (Faraday rotation)
平面偏光が磁場中の固体または液体を通過する際に，偏光面が回転する現象．ファラデー旋光ともいう．

ファルネソール farnesol
$C_{15}H_{26}O$（3,7,11-トリメチルドデカ-*trans*-2-*trans*-6,10-トリエノール）．多くの精油に含まれるセスキテルペンアルコール．沸点120℃/0.3 Torr．特徴的な香りを持ち香料に用いられる．酸化するとアルデヒドであるファルネサールを与える．ピロリン酸ファルネソールはスクアレンの前駆体で，ステロイドやトリテルペノイド生合成の鍵ともなる重要な中間体である．ファルネソールとネロリジオールは生物刺激性のフェロモン．

ファロイジン phalloidins
→アマニチン

ファン・アルケル-デ・ボーアプロセス van Arkel-de Boer process
金属の精製法．例えば TiI_4 を気化し熱線上で分解して高純度の金属チタンを得る方法．

不安定度定数 instability constant
安定度定数（生成定数）の逆数．解離の尺度．

ファン・デル・ワールス吸着 van der Waals' adsorption
→物理吸着

ファン・デル・ワールスの式 van der Waals' equation
実在の気体の分子は有限の体積を持ち，また互いに引力を及ぼすので，実在気体では理想気体の法則が正確には成り立たない．ファン・デル・ワールスの式にはその効果が考慮されている．

$$P = \frac{nRT}{V-nb} - a\left(\frac{n}{V}\right)^2$$

ここで a, b はファン・デル・ワールス係数で，各気体に固有の値をとる．(a/V^2) の項は内部圧力といい，分子間引力による理想気体の場合からの圧力減少を表す．b は分子による排除体積で，分子の実際の体積の約4倍の値である．理想気体からのずれを考慮した他の状態方程式はベルテロー（Berthelot）の式，ディーテリチ（Dieterici）の式，ビーッティー-ブリッジマン（Beattie-Bridgeman）の状態方程式，ビリアル（virial）方程式などがある．

ファン・デル・ワールス力 van der Waals' forces
弱い静電結合により分子間に働く弱い力．非常に近距離でのみ作用する．

ファントホッフの式 van't Hoff equations
①可逆反応における平衡定数 K の温度依存性は次式で表される．

$$\frac{d \ln K}{dT} = \frac{\Delta_r H^\ominus}{RT^2} \text{ または } \frac{d \ln K}{dT^{-1}} = \frac{\Delta_r H^\ominus}{R}$$

→ファントホッフの定容式
②希薄溶液の浸透圧に関する式．
$$\Pi = \frac{n_B}{V}RT$$

ファントホッフの定容式　van't Hoff isochore
$$\frac{d \ln K}{dT} = \frac{\Delta H}{RT^2}$$
という式．ここで K は可逆反応の平衡定数，ΔH は反応エンタルピー，T は絶対温度，R は気体定数を表す．この式から種々の温度で K を測定すると反応エンタルピーが求められる．

フィーザー溶液　Fieser's solution
アントラキノン-2-スルホン酸ナトリウム（シルバーソルト）を亜二チオン酸ナトリウム $Na_2S_2O_4$ で還元して調製する溶液．窒素ガスなどをこの溶液に通して，痕跡量の酸素分子を除去する目的で利用される．

フィチン　phytin
→フィチン酸

フィチン酸　phytic acid (1,2,3,4,5,6-cyclohexane-hexolphosphoric acid)
1,2,3,4,5,6-$C_6H_6(OPO(OH)_2)_6$，ミオイノシトール六リン酸，1,2,3,4,5,6-シクロヘキサンヘキサオール六リン酸エステル．水溶性シロップで有機溶媒には難溶で強酸性．体内で鉄や栄養素の利用において重要である．不溶性のカルシウム，マグネシウム塩であるフィチンとして種子中に存在する．また血漿リン脂質やニワトリの赤血球にも存在する．発酵の栄養素として用いられる．

フィックの拡散法則　Fick's law of diffusion
粒子の流束は濃度勾配に比例するという法則．物質の流束は分子/m²/秒の単位で測られる．

フィッシャー-シュパイヤーエステル化　Fischer-Speier esterification
鉱酸（HCl, H_2SO_4）を触媒に用いてアルコールと有機酸からエステルを作る反応．

フィッシャー投影　Fischer projection
三次元構造を二次元的に表す表記法．キラルな原子を紙面上に並べて描く．グリセルアルデヒドのエナンチオマーは次の図のように表される．→木挽台式投影

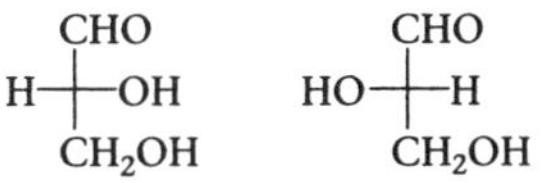

```
   CHO            CHO
H──┼──OH      HO──┼──H
   CH₂OH          CH₂OH
```

2本の横線の結合は原子が手前にあることを示し，縦線は原子が紙面の下側にあることを示す．

フィッシャー-トロプシュ合成　Fischer-Tropsch reaction
水素と一酸化炭素の混合気体（発生炉ガス，合成ガス）を触媒を用いて反応させて，高分子量の炭化水素やアルコールなどを合成する反応．気体，液体，固体のパラフィン系炭化水素の混合物が得られる．

フィトール　phytol (2,6,10,14-tetramethylhexadec-14-en-16-ol)
$C_{20}H_{40}O$，2,6,10,14-テトラメチルヘキサデカ-14-エン-16-オール．クロロフィルにアルカリを作用させて得られるジテルペンアルコール．無色油状物質．沸点 202～204℃/10 Torr．酸化するとケトン $C_{18}H_{36}O$（沸点 175℃/11 Torr）を生じる．ビタミンEおよびKの合成に用いられる．

フィトレメディエーション　phytoremediation
植物を利用して重金属や有害物質を抽出，濃縮・除去すること．

フィラー　fillers
ポリマー化合物（プラスチックやゴム）に混入する物質．一般的な性質の改良，特殊な性質の賦与，多少の物性は犠牲にしてもコストを削減する目的で添加する．剛直な物質に対しては，繊維状のフィラー（木粉，材木パルプ，綿，ガラスファイバー，炭酸カルシウム）が衝撃強度を高めるために挿入される．強度増加（スレート粉末），電気特性の改善（雲母），密度変化（$BaSO_4$）などの目的で用いられるフィラーもある．合成ゴムのフィラーは補強用フィラー，不活性フィラーまたは希釈剤に分類される．フレキシブルな熱可塑性樹脂には，コスト削減や加工性改良のために少量の不活性フィラーを加える．フィラーは製紙においても物性の改良のために用いられる．またプラスチックや道路舗装材などの瀝青類似物質にも加えられる．

フィリン類　phyllins

→クロロフィル

フィルスマイヤー試薬 Vilsmeier reagent
[ClCH=NMe$_2$]Cl. N,N-ジメチルホルムアミドまたは N-メチルホルムアミドと POCl$_3$ を混合して得られる試薬. 活性化された芳香環にホルミル基 (-CHO) を導入するのに用いる.

フィルター filter
沪過に用いる装置やプラント.

フィルタープレス filter press
加圧条件で操作する比較的単純で広く使われている沪過プラント. チャンバープレスでは複数の沪布を敷いたプレートを段層状にまとめて固定してある. 液体は中心の溝から入り, 固体が各チャンバー内にたまり, 沪液はプレス本体の排出口から排出される.

フィルム films
形式的には, 使用や研究用に, 薄い断面や層状の形態に材料を堆積させたものを指す. フィルムは堆積させて作られ, 一方, シートは回転させて作られる. 堆積法にはスパッタリングや蒸発法がある. フィルムの素材は金属や酸化物などもあるが, たいていは熱可塑性樹脂, セロファン, ポリエチレン, ポリプロピレン, ポリスチレン, ポリ塩化ビニルなど. このような有機高分子のフィルムは包装用フィルムや写真などに用いられる.

風解 efflorescence
空気中で塩の水和物結晶から結晶水が除かれること. 空気中の水蒸気の分圧が水和物上の水蒸気圧より低いために起こる.

風速計 anemometer
気体の速度を測定するための機器.

風篩 elutriation
ふうひ. 物質を上昇する流体 (通常は空気か水) に抗して沈ませることにより, 大きさによって分離すること.

富栄養化 eutrophication
自然界の水系において, 藻類や高等植物が増殖しすぎること. 廃水, 洗剤, 肥料由来の栄養分, 特にリン酸イオンの増加に起因する.

フェオフィチン phaeophytin
→クロロフィル

フェオホルバイド phaeophorbide
→クロロフィル

フェナシル基 phenacyl
PhC(O)CH$_2$- 基の慣用名.

フェナセチン phenacetin (N-(4-ethoxyphenyl)acetamide)
C$_{10}$H$_{13}$NO$_2$. 無色結晶, 融点 137～138℃. フェノールから 4-ニトロフェノール, 4-ニトロフェネトール, 4-フェネチジンを経て合成される. N-(4-エトキシフェニル)アセトアミド, N-アセチル-4-フェネチジン. 解熱鎮痛剤. 腎臓に対して慢性毒性を持ち, 発ガン性の可能性もあるといわれる.

フェナントレン環 phenanthrene ring system
番号はそれぞれの炭素原子の位置を示す.

フェナントロリン phenanthroline (1,10-phenanthroline, o-phenanthroline)
C$_{12}$H$_8$N$_2$. 1,10-フェナントロリン. フェナントレンの 4,5-位が窒素で置換された化合物. o-フェニレンジアミンとグリセリン, ニトロベンゼン, 濃硫酸を反応させて得る. 一水和物は融点 94℃, 無水物は融点 117℃. 錯化剤として Fe^{2+} の定量や種々の金属, 一般には低酸化状態の金属とのキレート形成に用いられる.

フェニトイン phenytoin (5,5-diphenylhydantoin)
C$_{15}$H$_{12}$N$_2$O$_2$. 5,5-ジフェニルヒダントイン. ナトリウム塩として利用される. この塩は白色の潮解性粉末. ベンジル, 尿素, NaOH から合成する. 抗痙攣剤. 抗癲癇薬.

フェニドン (現像薬) phenidone
→1-フェニルピラゾリジン-3-オン

フェニルアセトアルデヒド phenylacetaldehyde (benzene acetoaldehyde)
PhCH$_2$CHO, ベンゼンアセトアルデヒド. アルコールの酸化により得る. 香料に使用される.

フェニルアセトン phenylacetone
PhCH$_2$COCH$_3$. 合成, 特にベンジルラジカルの関与する反応に用いられる.

フェニルアミン phenylamine (aniline)
　アニリンの系統的命名法に従った1つの名称．ほとんど使われない．

フェニルアラニン phenylalanine (α-amino-β-phenylpropionic acid)
　$C_9H_{11}NO_2$, $PhCH_2CHNH_2C(O)OH$, α-アミノ-β-フェニルプロピオン酸．無色葉状晶．融点283℃．天然に存在するものは左旋性．必須アミノ酸．フェニルケトン尿症に関係している．

フェニルイソシアナート phenyl isocyanate (isocyanatobenzene)
　C_6H_5NCO, $PhNCO$, イソシアン酸フェニル．イソシアナトベンゼンということもある．臭気を持ち催涙性のある，ほとんど無色の液体．融点-33℃，沸点162℃．脱水剤として，またアルコールの同定試薬（ウレタンを生じる）として用いられる．塩酸の存在下でアニリンにホスゲンを作用させて得る．

フェニルイソチオシアナート phenylisothiocyanate
　$PhNCS$．沸点221℃．ペプチドの配列決定に利用される．

フェニルエタン酸 phenylethanoic acid
　フェニル酢酸の系統的名称．

α-フェニルエチルアミン α-phenylethylamine
　$PhCH(CH_3)NH_2$．合成に用いられるキラル化合物．

2-フェニルエチルアルコール 2-phenylethyl alcohol
　フェネチルアルコールの系統名．

フェニルエーテル phenyl ether
　→ジフェニルエーテル

フェニル基 phenyl
　C_6H_5基，Phとも表す．フェニルラジカルは多くの溶液有機反応，例えば$Cu(I)$存在下でのジアゾニウムカチオンの分解などの中間体である．

N-フェニルグリシン N-phenylglycine
　$PhNHCH_2C(O)OH$, $C_8H_9NO_2$．無色結晶．融点127℃．①アニリンとクロロ酢酸の縮合，②アニリンを$NaOH$, ホルムアルデヒド，KCNとともに加熱，または，③アニリンを石灰，トリクロロエチレンとともに加熱，のいずれかで合成できる．インジゴ製造の重要な中間体．

N-フェニルグリシン-2'-カルボン酸 N-phenylglycine-2'-carboxylic acid ((2-carboxyphenyl)aminoethanoic acid)
　$C_9H_9NO_4$, (2-カルボキシフェニル)アミノ酢酸．砂状の粉末．融点207℃（分解点）．アントラニル酸にクロロ酢酸を作用させて得る．アントラニル酸にKCNとホルムアルデヒドを作用させ，次いで生成したニトリルを$NaOH$で加水分解しても得られる．インジゴの製造原料に用いられる．

フェニル酢酸 phenylacetic acid
　$PhCH_2CO_2H$．融点76℃，沸点266℃．天然にはエステルとして存在する．シアン化ベンジルの加水分解により製造される．ペニシリンの前駆体として，またアンフェタミン製造，香料に用いられる．

フェニルヒドラジン phenylhydrazine
　$C_6H_8N_2$, $PhNHNH_2$．無色の屈折率の高い油状物質．沸点240～241℃（一部分解）．塩基性．空気中で酸化される．皮膚からの吸収，蒸気吸入のいずれの場合も非常に毒性が大きい．工業的には塩化ベンゼンジアゾニウムを硫化ナトリウムで処理し，混合物を亜鉛末と酢酸で還元して製造される．塩化ベンゼンジアゾニウムを$SnCl_2$で還元しても得られる．強力な還元剤で，冷フェーリング液を還元し，また芳香族ニトロ化合物をアミンに還元する．ケトンと反応してヒドラゾンを生じる．-CH(OH)CO- を含む化合物，例えばグルコースやフルクトースと2分子のフェニルヒドラジンが反応するとオサゾンが生じる．アセト酢酸エステルと縮合するとピラゾロン誘導体を生じ，それをメチル化するとフェナゾンになる．スルホン酸誘導体も同様に反応し，黄色の色素のタートラジンを生成する．フィッシャー法によるインドール誘導体の合成に用いられる．

フェニルヒドラジン-4-スルホン酸 phenylhydrazine-4-sulphonic acid
　→フェニルヒドラジン

フェニルヒドラゾン phenylhydrazones
　→フェニルヒドラジン

1-フェニルピラゾリジン-3-オン 1-phenylpyrazolidin-one (phenidone)
　$C_9H_{10}N_2O$, フェニドン．無色結晶性固体，

融点121℃．フェニルヒドラジンと3-クロロプロピオン酸からヒドラジドを作り，それを環化して得られる．写真現像剤として重要．

フェニルフェノール phenylphenols
ジフェニルエーテルから合成される．ゴム工業で利用される．

4-フェニル-2-ブテン-2-オン 4-phenyl-1-buten-2-one (benzylidene acetone)
→ベンジリデンアセトン

1-フェニルプロパノール 1-phenylpropanol, (α-ethylbenzyl alcohol)
$C_6H_5CH(OH)C_2H_5$, α-エチルベンジルアルコール．ベンズアルデヒドまたは塩化ベンゾイルから合成する．沸点210℃．熱伝達媒体として，また香料に用いられる．

2-フェニレンジアミン 2-phenylenediamine (1,2-diaminobenzene)
$C_6H_8N_2$, 1,2-ジアミノベンゼン．黄褐色結晶，融点103～104℃, 沸点256～258℃．この溶液はAg^+イオンを還元できるので写真の現像剤として利用される．色素前駆体やフェナジン誘導体の合成原料，β-ジケトンの同定に用いられる．白髪染めにも添加される．

3-フェニレンジアミン 3-phenylenediamine (1,3-diaminobenzene)
$C_6H_8N_2$, 1,3-ジアミノベンゼン．無色結晶．融点63℃, 沸点287℃．空気中で褐色に変わる．1,3-ジニトロベンゼンを鉄と塩酸で一段階で還元して得る．塩基性．水溶性の安定な塩酸塩を形成する．過剰のジアミンを存在させて一部ジアゾ化すると褐色のアゾ色素（ビスマルクブラウン）を生じる．1分子あるいは2分子のジアゾ化合物とカップリング反応し，多くのアゾ色素の末端成分として用いられる．樹脂やブロック共重合体，繊維にも利用される．

4-フェニレンジアミン 4-phenylenediamine (1,4-diaminobenzene)
$C_6H_8N_2$, 1,4-ジアミノベンゼン．無色結晶．融点147℃, 沸点267℃．空気中ではすぐに褐色になる．4-ニトロアニリンまたはアミノアゾベンゼンを還元して得る．酸化剤の作用によりキノン誘導体に変換されるため，亜硝酸でジアゾ化することはできない．毛髪や毛皮の染色用，ゴムの反応促進剤，写真の現像剤，色素製造に用いられる．

***p*-フェネチジン** *p*-phenetidine (4-ethoxyaniline)
$C_8H_{11}NO$, 4-エトキシアニリン．無色油状物．融点2～4℃, 沸点254℃．4-ニトロフェネトールを鉄と塩酸で還元して得られる．色素の合成中間体．アセチル誘導体はフェナセチン．

フェネチルアルコール phenethyl alcohol (2-phenylethanol)
$PhCH_2CH_2OH$. 2-フェニルエタノール．沸点220℃．かすかなバラ様の香りを有する．遊離あるいは結合して多くの精油（例えばオレンジ）中に存在する．フェニル酢酸エチルをアルコール中ナトリウムで還元して得られるが，ベンゼンとエチレンオキシドのフリーデル-クラフツ反応で得るほうがよい．香料に広く利用される（酢酸エステルも利用される）．

フェネート（石炭酸塩） phenates
フェノール（または他のフェノール類）が酸素で金属と結合した誘導体．

フェネトール phenetole (ethoxybenzene)
$C_8H_{10}O$, PhOEt, エトキシベンゼン．無色の芳香を持つ液体で沸点172℃．KOPhとヨウ化エチルを加熱するか，あるいはエタノールにフェノールとP_2O_5の混合物を200℃で加えて合成する．

2-フェノキシエタノール 2-phenoxyethanol (ethylene glycol monophenyl ether 1-hydroxy-2-phenoxyethane)
$C_6H_5OCH_2CH_2OH$, エチレングリコールモノフェニルエーテル，1-ヒドロキシ-2-フェノキシエタン．無色で粘稠な液体．沸点117℃/7 Torr. ナトリウムフェネートとエチレンクロロヒドリンを加熱して得る．防腐剤．

フェノキシ酢酸系除草剤 phenoxyacetic acid herbicides
2,4-D, MCPA, ジクロロフェノキシ酢酸など．
→巻末付録の「農薬一覧表」

フェノキシ樹脂 phenoxy resins (polyhydroxyethers)

$$\left(\!\!\begin{array}{c}\end{array}\!\!-\!\!\underset{\underset{\text{Me}}{|}}{\overset{\overset{\text{Me}}{|}}{C}}\!\!-\!\!\begin{array}{c}\end{array}\!\!-OCH_2CH(OH)CH_2O\right)_n$$

ポリヒドロキシエーテル．エピクロロヒドリンとビスフェノールAをジメチルスルホキシド中でNaOHにより縮合して得られる直鎖の熱可塑性樹脂．容器材料に用いられる．

フェノバルビトン phenobarbitone (phenylethylbarbituric acid, 5-ethyl-5-phenyl-2,4,6-(1H,3H,5H)-pyrimidinetrione)

$C_{12}H_{12}N_2O_3$, フェニルエチルバルビツール酸，5-エチル-5-フェニル-2,4,6-(1H,3H,5H)-ピリミジントリオン．無色結晶．融点174℃．フェニルエチルマロン酸ジエチルと尿素を縮合させて得る．バルビトンより活性の強い催眠薬である．この化合物およびそのナトリウム塩，すなわち可溶性フェノバルビトンは鎮静剤として利用される．

フェノール(狭義) phenol (carbolic acid, hydroxybenzene)

C_6H_6O, PhOH, 石炭酸, ヒドロキシベンゼン．無色結晶．融点43℃，沸点183℃．室温で水に可溶．合成法は，①ベンゼンスルホン酸をNaOHと融解してナトリウムフェネートを得，②クロロベンゼンを400℃，300気圧で希NaOHで加水分解してナトリウムフェネートを得る（ダウ法），③触媒を用いて500℃でクロロベンゼンと水蒸気を気相で反応させる（ラシッヒ法），④クメン（イソプロピルベンゼン）を過酸化水素で直接酸化し，次いで酸加水分解によりアセトンとフェノールを得る，⑤触媒を用いて液相でトルエンを安息香酸に変換し，次いでフェノールに変換する方法．フェネートが得られる場合には，酸性にすることによりフェノールを遊離させる．

フェノールは酸性で，金属塩を形成する．容易にハロゲン化，スルホン化，ニトロ化される．フェノール樹脂やエポキシ樹脂（46%），カプロラクタム（15%），ビスフェノールA（20%），アルキルフェノール類（6%）の製造に多く用いられる．ナイロン66の両方の前駆体合成の出発物質として利用される．殺菌剤として，また種々の色素，爆薬，医薬品，香料の製造にも用いられる．

フェノールアルデヒド phenol aldehydes

(R'O)ArCHOで表される芳香族アルデヒド類．例えばアニスアルデヒド，エチルバニリン．香料や着香，電気メッキ，金属錯体の形成に利用される．

フェノールエーテル phenol ethers

ArOR（Rは脂肪族または芳香族）．例えばジフェニルエーテル，アニソール．精油中に存在する．除草剤，熱移動媒体（Ph_2O），抗酸化剤（かさ高い置換基を持つもの）として利用される．安定な樹脂を形成する．

フェノール樹脂 phenolic resins

フェノールとアルデヒド（通常はホルムアルデヒド）の反応で得られるポリマー．→フェノール-ホルムアルデヒド樹脂

フェノールフタレイン phenolphthalein (3,3-bis(4-hydroxyphenyl)-1-(3H)-monobenzofuranone)

$C_{20}H_{14}O_4$, 3,3-ビス(4-ヒドロキシフェニル)-1-(3H)-モノベンゾフラノン．無色結晶．融点254℃．無水フタル酸とフェノールを硫酸の存在下で加熱して得られる．指示薬として広く用いられ，変色域はpH8.3（無色）〜10.4（赤）．オキシダーゼ，血液などの検出薬としても用いられている．医療用には下剤として用いられてきたが，発ガン性の疑いも持たれている．

フェノール-ホルムアルデヒド樹脂 phenol-formaldehyde resins

原則としてはフェノール（レゾルシノール，キシレノール，4-t-ブチルフェノール，4-フェニルフェノールなど他の芳香族ヒドロキシ化合物の場合もある）がホルムアルデヒドと酸性あるいは塩基性条件で反応して形成される樹脂．成型用，塗膜，接着に用いられる．

フェノール類 phenols

芳香環の炭素原子に直接結合したヒドロキシ基を少なくとも1つ含む化合物．酸性で，アルカリ性水溶液に溶け，金属塩すなわちフェネートを形成する．水に対する溶解度はヒドロキシ基の数が多いほど高い．多価フェノールは強い還元作用を持つ．天然に広く分布し，例えばタンニン，アントシアニン，チロシンが挙げられる．

フェノールレッド phenol red (phenolsulphonphthalein)

$C_{19}H_{14}O_5S$, フェノールスルホンフタレイン．フェノールフタレインのスルホン酸類似体．

pH 指示薬.

フェムト化学 femtochemistry
→フェムト秒分光学

フェムト秒分光学 femtosecond spectroscopy
10^{-15} 秒のタイムスケールで起こる原子や分子の動きや状態の時間変化・展開を追跡する研究. パルスレーザーを用いる.

フェライト（鉄鋼） ferrite
bcc 構造の鉄.

フェライト（複合酸化物） ferrites
「亜鉄酸塩」にあたるのだが，命名法としては正しくない. Fe(Ⅲ)の混合金属酸化物. 有用な常磁性鉄酸化物. 電子工業材料に用いられる.

フェランドレン phellandrene (p-mentha-1,5-diene(α), p-mentha-1(7),2-diene(β))
$C_{10}H_{16}$, メンタジエン. 茴香油から得られるものはα-型, カナダバルサム油から得られるものはβ-型である.

α-フェランドレン α-phellandrene (p-mentha-1,5-diene, 5-isopropyl-2-methyl-1,3-cyclohexadiene)
$C_{10}H_{16}$, p-メンタ-1,5-ジエン, 5-イソプロピル-2-メチル-1,3-シクロヘキサジエン. 無色で臭気のある油状物, 沸点 175～176℃. 単環式テルペンでウイキョウの精油に含まれる. 香料として利用される.

β-フェランドレン β-phellandrene (p-mentha-1(7),2-diene, 3-isopropyl-6-methylenecyclohexene)
$C_{10}H_{16}$, p-メンタ-1(7),2-ジエン, 3-イソプロピル-6-メチレンシクロヘキセン. 無色で臭気のある油状物；沸点 171～172℃. 単環式テルペン.

フェリクロム ferrichromes
→シアノ鉄酸塩

フェリシアン化カリウム potassium ferricyanide
$K_3[Fe(CN)_6]$. 赤血塩. ヘキサシアノ鉄(Ⅲ)酸塩.

フェリシアン化物 ferricyanides
→シアノ鉄酸塩

フェリ磁性 ferrimagnetism
固体中の磁気ドメインが，ゼロでない磁化率を持つように秩序的に配列していること.

フェリチン ferritin
可溶性の鉄を含むタンパク質で，体内の鉄の吸収と貯蔵に重要.

フェーリング溶液 Fehling's solution
通常の処方では第一液（硫酸銅），第二液（酒石酸ナトリウムカリウム＋NaOH）を使用直前に混合して使用する. 還元糖の検出・定量に用いる.

フェルミウム fermium
元素記号 Fm. アクチニド元素, 原子番号 100, 原子量 ^{257}Fm 257.1, 融点 1527℃, 電子配置［Rh］$5f^{12}7s^2$. Am および Cm に複数の中性子を照射すると生成し，イオン交換クロマトグラフィーにより精製できる.

フェルミウム化合物 fermium compounds
固体のフェルミウム化合物はまだ知られていない. フェルミウムは溶液中で＋2価と＋3価の酸化状態をとる. Fm(Ⅱ)は Fm(Ⅲ)を金属マグネシウムで還元して得る. Fm(Ⅱ)は $SmCl_2$ 格子中で安定化される.

フェルミオン fermions
電子や陽子など半整数のスピンを持つ粒子.
→ボソン

フェルミ共鳴 Fermi resonance
ある基準振動の倍音が，その化学種の別の基準振動とエネルギーがほぼ一致して強度を増すこと.

フェルミレベル Fermi level
絶対零度において固体がとる電子状態のエネルギー準位.

フェルラ酸 ferulic acid
植物由来のフェノール誘導体. 食品や化粧品の保存料として用いられる.

フェレドキシン ferredoxins
微生物や植物から単離される非ヘム鉄-硫黄タンパク質. Fe_2 および Fe_4 クラスターを含む. 窒素固定，炭酸固定，光合成などに関与する.

フェロシアン化カリウム potassium ferrocyanide
$K_4[Fe(CN)_6]$. 黄血塩. ヘキサシアノ鉄(Ⅱ)酸塩. 容量分析に用いられる.

フェロシアン化ナトリウム sodium ferrocyanide

$Na_4[Fe(CN)_6]$. ヘキサシアノ鉄(II)酸ナトリウムの以前の系統的名称. 黄血ソーダとも呼ばれる. 用途はプルシアンブルーの合成, 写真, NaCl の固化防止.

フェロシアン化物 ferrocyanides
→シアノ鉄酸塩

フェロシリコン ferrosilicon
石英を金属鉄で還元して得られる. 鋼鉄や鋳鉄に用いられる.

フェロセン ferrocene
$C_{10}H_{10}Fe$, ジ-π-シクロペンタジエニル鉄, ビス(η^5-シクロペンタジエニル)鉄. 融点 174 ℃, 沸点 249 ℃. 典型的なメタロセン, シクロペンタジエニリド. サンドウィッチ化合物. 酸化すると青色のフェリシニウムカチオン $[(\eta^5\text{-}C_5H_5)_2Fe]^+$ を与える. 誘導体はアンチノック剤としても用いられる.

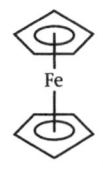

フェロモン pheromones
個体が外部に分泌し, 同じ生物種の他の個体に特異的な反応を起こさせる物質. 例えばカイコが分泌するボンビコール(ヘキサデカ-10-*trans*,12-*cis*-ジエン-1-オール)のような昆虫の性誘引物質, アリの足跡づけ剤, ミツバチの「女王物質(9-オキソ-*trans*-2-デセン酸)」など.

フェンコン fenchone
→フェンチョン

フェンチェン類 fenchenes
$C_{10}H_{16}$. フェンチョン(フェンコン)から化学反応で誘導される一連の二環式テルペン類. 多くの場合は分子内転位反応により生じるフェンコンと異なる炭素骨格を持つ.

フェンチョン fenchone (D-1,3,3-trimethyl-2-norbornanone)
$C_{10}H_{16}O$. D-1,3,3-トリメチル-2-ノルボルナノン. フェンコンと呼ぶ分野もある. 樟脳様の臭気を持つ二環式ケトン. (+)-体は(茴香)油やラベンダー油の主要成分. (−)-体はシダー油に含まれる. 香料や食品の着香料に用いられる.

フェントン試薬 Fenton's reagent
硫酸鉄(II)あるいは他の Fe^{2+} 塩と過酸化水素の水溶液. 多価アルコールの酸化に用いる.

フォトクロミズム photochromism
スチルベンなどのある種の物質に, ある波長の光を照射した際に起こる可逆的な色調の変化.

フォトトロピー phototropy
光異性化. 光照射によって可逆的に別の異性体に変化する現象. 広い意味では結晶構造の変化までを含めることもある.

フォルハルト法 Volhard method
Fe^{3+} の存在下で NCS^- により Ag^+ を滴定する定量法. 終点で深赤色がみられる.

不確定性原理 uncertainty principle
→ハイゼンベルクの不確定性原理

フガシティー fugacity
f. 逸散能, 逃散度という訳語もある. 気体の化学ポテンシャルの有効圧力依存性の尺度.

不活性化(失活) deactivation
ある物質の化学反応性が弱まる, あるいは完全に失われるプロセス. 例えば白金やニッケルなどの金属がさまざまな炭化水素に対して有する触媒活性は, これを失活させる硫黄や水銀などの触媒毒が微量に存在すると減少, あるいは全面的に失われる.
また光化学反応において, ある分子が光を吸収すると, この分子は普通の分子よりも多くのエネルギーを持つことになり, その結果, より反応性が高まる. しかし, この活性化分子が別の分子に衝突すると, 活性化分子は反応することなく, そのエネルギーを失う. これを活性化分子が失活衝突をして, 不活性化(失活)したという.

不活性化剤 deactivators
金属(例えば銅など)の触媒作用による粘性物質の生成を防ぐため, ガソリンに使用される添加剤.

不活性気体 inert gases
希ガスの別名. ほとんど使われなくなっている(訳者記:日本語では「系と反応しない気体」の意味で使うので, 場合によっては窒素や二酸化炭素などまで含めた用法もある).

不活性錯体 inert complex
 反応,特に配位子交換反応が非常にゆっくりで,容易に追跡できるような速度で起こる錯体.例えば $[Co(NH_3)_6]^{3+}$. →置換活性錯体

不活性電子対効果 inert pair effect
 重いpブロック元素が酸化数nと$n-2$を取り得ること(nはその族の酸化数).例えばPbはPb(IV)とPb(II)の酸化状態をとり,低酸化数状態が安定化する現象を指す.孤立電子対の立体効果(VSEPR)を指すこともある.

不活性雰囲気ボックス inert atmosphere box
 特定の気体を除くための活性な吸着剤上を循環させて水,酸素または窒素などを除去した雰囲気ガスをパージし,内部で化学反応を行うためのチャンバー.非常に不安定な化合物や反応活性物質を扱うのに用いられる.高温で金属チタンを扱う場合なども,この改良タイプを用いる.

付加反応 addition reactions
 不飽和系(C=C,C≡C,C=Oなど)の多重結合に分子を付加することによって,不飽和系を(部分的に)飽和する反応.例としては臭素とエチレン(エテン)を反応させて1,2-ジブロモエタンを生成する反応,シアン化水素をアルデヒドに付加させてシアノヒドリンを生成する反応,ディールス-アルダー反応,および付加重合反応がある.無機化学で用いられる場合は,例えばBF_3をアンモニアやエーテルなどの求核試薬と反応させて錯体を形成する反応などで,配位数が増加する.

負吸着 negative adsorption
 溶液から表面へ吸着が起こる際には,表面の濃度がバルク濃度より高くなる成分と低くなる成分がある.この後者は負の吸着を起こすという.ギブスの吸着等温式によれば,系の界面の張力を増加させる化学種はいずれも負の吸着を起こす.例えば空気と水の界面で塩化ナトリウムは負の吸着を起こすことが実験により確認されている.

不均一系触媒 heterogeneous catalysis
 反応物とは異なる相にある触媒.例えば,液体や気体の反応における固体触媒.このような反応は通常,反応物が触媒表面に吸着して反応すると考えられている.

不均一系反応 heterogeneous reaction
 異なる相,例えば気相と液相の物質の反応.

不均化 disproportionation
 化合物の酸化数が2つ,またはそれ以上の異なる酸化数に変化すること.例えば水溶液中の$2Cu^+ \rightarrow Cu + Cu^{2+}$の反応など.または$2PF_4Cl \rightarrow PF_3Cl_2 + PF_5$のように中心原子に結合している基が再分配される反応.カニッツァーロ反応も不均化反応の例である.→不同変化

複塩 double salt
 2成分以上の塩類を含む溶液から結晶化して生成する塩で,固体は各成分とは異なった性質を示すが,溶液では各成分の混合物として振る舞う.例えばモール塩(硫酸鉄(II)アンモニウム六水塩 $FeSO_4 \cdot (NH_4)_2SO_4 \cdot 6H_2O$)など.複塩は結合が弱く容易に解離する錯体の場合もあるが,結晶格子が成分結晶にはみられない相互作用,例えば水素結合を形成している場合もある.

複屈折 double refraction
 結晶の方向によって屈折率が異なること.

複合材料 composites
 繊維(ガラス,黒鉛,ホウ素など)で強化したプラスチック母材からなる高性能の材料.宇宙船,航空機,自動車部品,スポーツ用具,機械材料に用いられている.

輻射失活過程 radiative decay process
 励起エネルギーを光子として失うこと.

複素環式化合物 heterocyclic (heterocyclic compound)
 環に2種類以上の原子を含む化合物.例えば,ピリジン,チオフェン,フラン.

復熱装置 recuperators (regenerators)
 炉の作動中に燃焼空気あるいは可燃成分の少ない燃料ガスを予熱するために用いる熱交換器.

副反応 side reactions
 化学反応が1つの生成物を定量的に与えるように進行することは稀で,通常はいくつかの反応が同時に起こる.優先的に起こる反応を主反応,他の反応を副反応という.

複分解反応 metathetical reaction
 メタセシス反応ともいう.交換反応.例えば,

$CF_3I + NaMn(CO)_5 \rightarrow CF_3Mn(CO)_5 + NaI$
$2AgNO_3(aq) + BaCl_2(aq) \rightarrow 2AgCl + Ba(NO_3)_2$

一般に反応の推進力は，生成物の１つが反応媒体に不溶性であるか揮発性であることに基づく．

賦形剤　excipients

投与用の薬剤を形成するために活性物質に添加する不活性な添加物（顔料，溶剤，フィラー）．改良剤（熱安定化剤など）も添加される．

L-フコース　fucose (deoxy-D-galactose)

$C_6H_{12}O_5$，デオキシ-D-ガラクトース．融点145℃．トラガカントガム，血液多糖，海藻に含まれるメチルペントース．多量体であるフコイダンは海藻の細胞壁を構成している．

フシジン酸　fusidic acid

$C_{31}H_{48}O_6$．抗菌性のステロイド誘導体．融点192〜195℃．

腐　食（腐蝕）　corrosion

本来は「腐蝕」である．ほとんどの金属および合金は酸素，水分，酸により侵される．アルカリに侵されるものもある．この浸食作用を腐食という．腐食により均一な浸食が生じることがあるが，これは一般にさほど重大な問題にはならない．腐食が，特に選択的に粒界で生じることもあり，この場合はあまり目にはみえなくても大きな金属強度の低下が生じる．条件が変動する箇所に局部的に腐食が生じることがあり，その場合は貫通が起こる．また Cr や Al のように不動態酸化物層が生じる場合は，さらなる腐食から保護される．腐食には大きく２つの種類がある．１つは空気酸化，乾燥空気中の曇りで，これは重大ではない．もう１つは湿潤状態や水浸下での電解腐食である．

金属や合金の表面上で化学的および物理的環境が同一でない２点は，すべて陰極と陽極として作用する．したがって鋼鉄のような合金中に存在する２つの相はミクロ電極として作用する．アノード反応は金属の溶解，すなわち腐食，２価の金属においては，$M - 2e \rightarrow M^{2+}$ である．カソード反応は酸溶液中での水素の発生，あるいは中性溶液中での酸素の還元である．通気差はしばしば腐食の原因となる．金属のある領域が別の領域よりも高い酸素電位を持つと，それはカソードとなり

$$1/2\ O_2 + H_2O + 2e \rightarrow 2OH^-$$

低酸素ポテンシャルの部分がアノードとなって，その結果，腐食が生じる．したがって，腐食はシルト（沈泥）により，また一般的に被覆がゆるい領域で，いっそう激しいものとなる．地下の腐食は，①電解槽（湿った土壌が電解質として作用する），②接地点からなどの迷走電流，③鉄と微量の $CaSO_4$ の存在下でマイクロカソードを脱分極させ，H_2S を生産する嫌気性細菌により生じる．

腐食撃退の主な方法は，①抑制剤を用いて水系を処理する，②陰極保護，③塗і，メッキ，亜鉛メッキ，リン酸塩処理などである．→錆び生成，陰極防食

腐植質　humus

土壌の特徴的な有機成分．濃く着色した無定形物質で植物組織，主にリグニンやタンパク質が微生物により分解されて生じる．土壌中で粘土と結合しコロイド状の粘土・腐植質（フムス）複合体を形成して存在している．

ブースト液　boost fluids

航空機用ガソリンや航空機用ターボ燃料に添加する液体（例えば水，メタノール）で，短時間だけ推進力を増すために，特に通常，飛行機の離陸の際に用いられる．

不　斉　dissymmetric

→キラリティ

不斉分子分光学　chiroptical spectroscopy

キラルな光学活性分子と右あるいは左円偏光との間の異なる相互作用．速度，吸収，蛍光あるいは散乱の差として観察される．紫外，可視あるいは赤外振動スペクトルで観察，測定される．→円二色性

不斉誘導　asymmetric induction

ある化合物の一方のジアステレオマーを選択的に合成すること．形成しつつある不斉炭素原子に隣接する，すでに存在するキラル中心の作用によって生じる．これは通常，立体的な理由

で，入ってくる原子または原子団がその分子の両側に同等のアクセスができないことにより生じる．

フーゼル油　fusel oil
発酵アルコールの蒸留で高沸点画分として得られる水に混ざらない油状物質．アルコール，脂肪酸，エステルの混合物．ペンタノールの製造に用いられる．有毒．

浮　選　flotation
浮遊選鉱の略．→フローテーション

プソイドイオノン　pseudoionone
→シトラール

プソイドクメン　pseudocumene（1,2,4-trimethylbenzene）
$C_6H_3Me_3$，1,2,4-トリメチルベンゼン．メチルベンゼン類のクラッキングにより得られる液体．無水トリメリト酸の製造に用いられる．

ブタアルデヒド　butaldehydes
→ブチルアルデヒド

ブタジエン　butadiene
$CH_2=CH-CH=CH_2$，1,3-ブタジエン．無色の気体．沸点 -5℃．1,3-ブチレングリコール，ブチレンオキシドあるいはシクロブタノールの蒸気を，加熱した触媒の上に流して生成する．石油由来の n-ブテンの接触分解あるいはブタンの接触脱水素により製造される．またエタノールをアセトアルデヒドへと脱水素し，エタノールとアセトアルデヒドを縮合することによっても製造される．ナトリウムなどとともに加熱すると，重合してゴム状の物質になる．人工ゴム（スチレン/ブタジエン 50％，ポリブタジエン 20％，ニトリルゴム 10％）の製造に用いられる．加熱によりオリゴマー化して 4-ビニル-1-シクロヘキセンとなるほか，遷移金属触媒により 1,5-シクロオクタジエンや 1,5,9-シクロドデカトリエンの異性体，およびより高次のオリゴマーを生じる．金属化合物と錯体を生じる（例えばブタジエン-Fe(CO)$_3$）．発ガン性が疑われている．なお異性体の 1,2-ブタジエン（非共役）も存在する．

ブタジエンポリマー　butadiene polymers
ブタジエンおよびその誘導体から得られる高分子エラストマー．ポリブタジエンや特にブタジエンとアクリロニトリルあるいはスチレンの共重合体はゴムとして用いられている．→ブナゴム

ブタジエン類　butadienes
$R^1R^2C=CH-HC=CR^3R^4$ 基を含有する不飽和炭化水素．最も簡単な化合物 C_4H_6 は気体で，置換されたブタジエンは液体または固体である．これらアルキル置換体は容易に重合してゴム状の固体を生じる．これらは適切なグリコールやクロロパラフィン類から水またはハロゲンを除去することによって生成される．アルキンから作られることもある．極めて反応性に富み 1 個ないし 2 個のハロゲン分子，ハロゲン酸，HOCl，あるいは N_2O_4 や SO_2 と結合する．無水マレイン酸（無水テトラヒドロフタル酸）とディールス-アルダー付加体を生成する．→ブタジエン，クロロプレン，イソプレン

n-ブタナール　n-butanal
→ブチルアルデヒド

ブタナール類　butanals
→ブチルアルデヒド

ブタノイル基　butanoyl
→ブチリル基

ブタノール　butanols（butyl alcohols）
$C_4H_{10}O$，ブチルアルコール．4 種類のブタノールがあり，樹脂やラッカーの重要な溶媒である．酢酸ブチルの製造に用いられるほか，重要なラッカー溶媒である．その他のブチルエステルは人工香料エッセンスや香水に使用されている．

①ノルマルブチルアルコール（プロピルカルビノール，n-ブタノール，1-ブタノール）Normal butyl alcohol（propyl carbinol, n-butanol, 1-butanol），$CH_3CH_2CH_2CH_2OH$．沸点 117℃．クロトンアルデヒド（2-ブテナール）を H_2 と金属触媒で還元して製造する．酸とエステルを生成し，酸化されるとまずブタナールになり，次いでブタン酸を生じる．樹脂や可塑剤に用いられるほか，溶媒や食品産業でも用いられている．

②イソブチルアルコール（イソブタノール，2-メチルプロパノール，イソプロピルカルビノール）isobutyl alcohol（isobutanol, 2-methylpropanol, isopropyl carbinol），Me_2CHCH_2OH．沸点 108℃．フーゼル油に含まれる．過マンガ

ン酸カリウムにより酸化され，2-メチルプロパン酸になる．濃硫酸で脱水され2-メチルプロピレン（イソブチレン）を生じる．

③ sec-ブチルアルコール（メチルエチルカルビノール，2-ブタノール）secondary butyl alcohol (methylethylcarbinol, 2-butanol) $CH_3CH_2CH(Me)OH$．沸点100℃．石油の分解によるブタン-ブテン留分から製造する．ブタノンの製造に用いられる．

④ tert-ブチルアルコール（トリメチルカルビノール，第三級ブタノール，2-メチル-2-プロパノール）tertiary butyl alcohol (dimethylcarbinol, tertiary butanol, 2-methyl-2-propanol) Me_3COH．無色のプリズム型結晶．融点25℃，沸点83℃．イソブチレン（2-メチルプロピレン）を硫酸に吸収させ，それを中和，蒸留することによって生成する．ガソリン中MeOHの安定剤．シュウ酸と加熱するとイソブテンに変換する．カリウム-t-ブトキシドは極めて強力な塩基．エタノールの変性剤として使用される．

ブタノン butanone
メチルエチルケトンのIUPAC式名称．

フタリド phthalide
$C_8H_6O_2$．融点75℃．無水フタル酸を亜鉛末とNaOHで還元して得る．KCNと溶融後に加水分解するとホモフタル酸 $1,2-C_6H_4((CO)OH)CH_2C(O)OH$ を生じる．抗菌剤．

フタルアミド phthalamide
$C_8H_8N_2O_2$, $1,2-C_6H_4(CONH_2)_2$．無色結晶．200〜210℃に加熱すると融解（分解）してフタルイミドとアンモニアを生じる．フタルイミドと冷濃アンモニア水を撹拌すると得られる．希酸により加水分解されてフタル酸を生じる．無水酢酸により脱水すると，まず2-シアノベンズアミドを生じ，次いでフタロニトリルを生成する．

フタルイミド phthalimide
$C_8H_5NO_2$．無色板状晶．融点230℃．多量には，融解した無水フタル酸にアンモニアを通じて合成する．無水フタル酸と尿素を一緒に融解しても得られる．フタルイミドはアルカリに溶解し，N-金属誘導体を生成するが，溶液を加温すると開環しフタル酸の金属塩が得られる．亜鉛とNaOH溶液で還元するとフタリドを生じる．酸またはアルカリで長時間加水分解するとフタル酸またはその塩を生じる．濃アンモニア水で処理すると，フタルアミドになる．ガブリエル合成でハロゲン化物からアミン誘導体を得る際に用いられる．アルカリ性の次亜塩素酸塩溶液で処理すると，アントラニル酸が生じる．この反応はインジゴ合成の第一段階で，フタルイミドの重要な用途である．

フタル酸 phthalic acid
$C_8H_6O_4$, $1,2-C_6H_4(COOH)_2$．無色結晶．融点190〜210℃．融点で水と無水フタル酸へと分解する．ナフタレンや o-キシレンの酸化あるいは無水フタル酸のアルカリ加水分解によって得られる．二塩基酸で安定な金属塩を形成する．ソーダ石灰とともに蒸留するとベンゼンを生じる．反応は無水フタル酸と類似しており，いずれもほとんど変わりなく用いられる．

フタル酸エステル phthalic esters
蒸気圧が低く化学的に安定なため，ジエチル（沸点298℃），ジブチル（沸点340℃），ビス（2-エチルヘキシル）やジ-n-オクチル（沸点248℃）のような種々のフタル酸エステルは可塑剤として用いられる．ジメチルエステルはポリエチレンテレフタレートの製造，ジエチルエステルはセルロイドの製造や溶剤として用いられる．ジメチル，ジブチルエステルは防虫剤として利用されるが健康に有害な可能性がある．いずれも無水フタル酸とアルコールを触媒量の硫酸の存在下で反応させて得る．ジメチルエステルはアルキド樹脂において用いられる．

フタル酸ジエチル diethyl phthalate
→フタル酸エステル

フタル酸ジブチル dibutyl phthalate
→フタル酸エステル

フタル酸ビス（エチルヘキシル） di-(2-ethyl-hexyl) phthalate（DEHP）
ビニルポリマーに用いられる可塑剤．健康を害する可能性あり．→フタル酸エステル

フタロシアニン phthalocyanines

重要な有機色素の一種であり，多くは顔料として利用される．特別な場合には染料としても用いられる．堅牢度および色彩の明度が高い．緑から青色系統の色彩である．製法としては，①無水フタル酸，尿素（またはアンモニア）と金属塩を加熱する，②2-シアノベンズアミドと金属塩を加熱する，または，③フタロニトリルと金属または金属塩を加熱すると得られる．用いる金属化合物により異なる金属フタロシアニンが得られ，例えば塩化銅を用いると銅フタロシアニン（Monastral Fast Blue B, 下図）が得られる．フタロシアニンは顔料として分散せせることができ，またスルホン化が可能である．分散させるには，硫酸に溶解させたのち水で沈殿させる．熱，光，化学薬品に対して非常に安定．金属を含まない，あるいは重金属誘導体は，550〜580℃で実質的に変化せず昇華する．

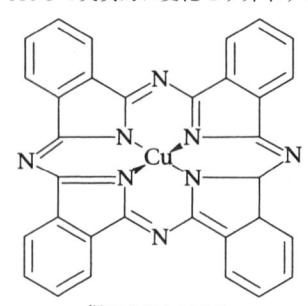

銅フタロシアニン

フタロニトリル phthalonitrile

$C_8H_4N_2$，1,2-$C_6H_4(CN)_2$．無色針状晶．融点141℃．沸点290℃．希酸やアルカリで徐々に加水分解されてフタル酸を生じる．2-シアノベンズアミドまたはフタルアミドを酢酸で脱水して得る．多量には，ピリジン中でホスゲンにより脱水するか，アンモニアとフタルイミドの混合物を触媒上で350〜450℃で反応させて得る．フタロシアニンの合成原料として用いられる．

ブタン butane

C_4H_{10}．パラフィン系列で異性体を持つ最小の化合物．可能な異性体は2つ存在する．

① n-ブタン（n-butane）$CH_3CH_2CH_2CH_3$．かすかな臭いを持つ，無色のガス．沸点－0.3℃．天然ガス中に含まれているが，石油の分解により大量に得られる．化学的性質については「アルカン」を参照．冷凍プラントで使用される．シリンダーに圧縮して発光体として用いるほか，例えばキャリアーガスなど，加熱にも用いられる．発熱量が高い．

② イソブタン（i-ブタン）（2-メチルプロパン）iso-butane（2-methylpropane）$CH_3CH(CH_3)CH_3$．無色気体．沸点－10.3℃．天然ガスや石油ガスに含まれ，加圧留により，n-ブタンから分離可能．

ブタン酸 butanoic acids
→酪酸

ブタンジオール butanediols（butylene glycols, dihydroxybutanes）

$C_4H_{10}O_2$，ブチレングリコール，ジヒドロキシブタン．同一の式を持つグリコールは5つあり，3つはキラルである．無色で，かなり粘性が高い液体．重要な異性体としては次のものが挙げられる．

① 1,3-ジヒドロキシブタン（β-ブチレングリコール）$CH_3CH(OH)CH_2CH_2OH$．沸点204℃．アルドールを触媒または酵素により還元して製造する．かつてはブタジエンの製造に使用された．ブレーキ液に用いられるほか，ゲル化剤，可塑剤の中間体としても用いられている．

② 2,3-ジヒドロキシブタン（ψ-ブチレングリコール）$CH_3CH(OH)CH(OH)CH_3$．発酵によって生成するグリコールは主に光学不活性なメソ型で，合成グリコールは光学不活性な（±）-型である．沸点177〜180℃．ジャガイモをすりつぶしたものや糖蜜を発酵させて製造する．またはエポキシブタンから製造する．

③ 1,4-ジヒドロキシブタン $HOCH_2CH_2CH_2CH_2OH$．テトラメチレングリコール．沸点228℃．アセチレンとホルムアルデヒドを反応させ水素化するとブタンジオールとなる．γ-ブチロラクトンや2-ピロリドンの製造に用いる．ポリウレタン製品に幅広く使用されている．

フチオン酸 phthioic acids（phthienoic acids）
→ミコール酸

ブチリル基 butyryl

酪酸からOHを除去して得られる基．1-ブタノイル基，$CH_3CH_2CH_2C(O)$-，なお $(CH_3)_2CHC(O)$- はイソブチリル基（2-メチル-プロパノイル基）である．

ブチルアルコール butyl alcohols
→ブタノール

n-ブチルアルコール n-butyl alcohol
→ブタノール

sec-ブチルアルコール sec-butyl alcohol
→ブタノール

tert-ブチルアルコール tert-butyl alcohol
→ブタノール

ブチルアルデヒド butyraldehyde
C_3H_7CHO. ブタナール. n-ブタナール（$CH_3CH_2CH_2CHO$）は無色の液体. エチレンオキシドと Et_3Al から生成. 鼻にツンとくる臭いを持つ. 沸点 75℃. n-ブタノールの蒸気を加熱した酸化銅の上に流すか, プロペンのオキソ法により得たクロトンアルデヒドを水素と金属触媒で還元し製造する. 加硫促進剤の製造や溶媒として用いられる. 異性体のイソブチルアルデヒド（イソブタナール）は Me_2CHCHO. 沸点 64℃ の液体である.

ブチル基 butyl
4種類のブチル基が存在する. すなわち, ①ノルマルブチル基（n-butyl）$CH_3CH_2CH_2CH_2$-, ②イソブチル基（iso-butyl）$(CH_3)_2CHCH_2$-, ③sec-ブチル基（sec-butyl）$CH_3CH_2CH(CH_3)$-, ④tert-ブチル基（tert-butyl, t-butyl）$(CH_3)_3C$-.

ブチルゴム butyl rubber
$Me_2C=CH_2$（イソブチレン）と $H_2C=C(Me)CH=CH_2$（イソプレン）（1～3%）のコポリマーで, 硫黄により通常の方法で加硫できる. 天然ゴムより透過性が少ないので, タイヤ中に入れるチューブに用いられる. 大気中のオゾンに耐性があるので, 黒シート状に加工し, 屋根ふき材など, 屋外で使用したり, 水不透過性膜として貯水池の漏出を防ぐために使用される.

ブチルセロソルブ（商品名） butyl Cellosolve
エチレングリコールモノブチルエーテルの商品名.

t-ブチルハイポクロライト t-butyl hypochlorite
→次亜塩素酸-t-ブチル

t-ブチルヒドロペルオキシド t-butyl hydroperoxide
$(CH_3)_3COOH$. ブタノールと H_2O_2 から生成する. 重合触媒.

4-t-ブチルフェノール 4-t-butylphenol
4-$(Me_3C)C_6H_4OH$, $C_{10}H_{14}O$. 融点 98℃, 沸点 239℃. 水に不溶, アルカリ溶液に可溶. フェノールと 2-メチルプロペン（イソブチレン）から生成する. フェノール樹脂塗料（ホルムアルデヒドと縮合する）に用いられている.

ブチルリチウム butyllithium
有機リチウム誘導体の1つ. 重合触媒（アセトアルデヒド, イソプレン, ブタジエン）として有機合成に用いられるほか, LiH やリチオ誘導体の製造に用いられている.

ブチレン butylenes
→ブテン類

ブチレングリコール butylene glycols
→ブタンジオール.

γ-ブチロラクトン γ-butyrolactone (4-hydroxybutanoic acid lactone)
$C_4H_6O_2$. 4-ヒドロキシブタン酸ラクトン. よい臭いのする無色の液体. 沸点 206℃. アセチレンとメタノールから生成する. さまざまなポリマーの溶媒として用いられているほか, ポリビニルピロリドンやピペリジンなどの製造における中間体として用いられている.

ブチロン butyrone
→4-ヘプタノン

2-ブチン-1,4-ジオール 2-butyne-1,4-diol
$HOCH_2C≡CCH_2OH$. ブチンジオール. 白色固体. 融点 58℃, 沸点 238℃. アセチレンとメタノールの高圧反応や, $BrMgCCMgBr$ とホルムアルデヒド間の反応により生成する. 電気メッキ（Ni）で腐食防止材として用いられるほか, 塗料やワニス除去に使用される.

フッ化亜鉛 zinc fluoride
$ZnF_2·4H_2O$. 100℃ で結晶水を失って ZnF_2 となる. ZnO と HF 水溶液から, あるいは Zn と HF または F_2 から得る. 触媒, 木材の保存料, 蛍リン光体, 釉薬材料に用いられる.

フッ化アルミニウム aluminium fluoride
AlF_3. 無色の固体. 密度（ρ）3070 kg/m³（=3.07 g/cm³）, 昇華点 1257℃. HF を $Al(OH)_3$ に

作用させるか，または $(NH_4)_3AlF_6$ を 600℃ に加熱して生成する．不活性の物質で，ほとんどの溶媒に比較的溶けにくく，酸，アルカリの攻撃を受けない．水溶液からは水和物（三または九水和物）が生じる．AlF_6^{3-} イオンは濃厚フッ化水素酸溶液中で生じる．6 配位構造の Al を有する塩，例えば Na_3AlF_6（氷晶石）も知られている．縮合した八面体配位の AlF_6 ユニットは例えば Tl_2AlF_5，NH_4AlF_4，AlF_3 中にみられる．セラミックス合成時にフラックス（融剤）として用いられる．

フッ化アンモニウム ammonium fluoride

NH_4F．白色潮解性固体（NH_3 と気体状の HF から生成）．溶液や湿った空気中に放置した固体は加水分解する．固体中では強力に水素結合されているが，加熱により昇華する．殺菌剤，木材保存剤，ガラスのエッチングに用いられる．エタノールに可溶．HF を過剰に加えると酸性フッ化アンモニウム NH_4HF_2 を生じる．

フッ化カリウム potassium fluoride

KF．融点 858℃，沸点 1505℃．KOH または K_2CO_3 と HF から得られ NaCl 構造である．水和物を形成し，KHF_2 などの HF との付加物も形成する．酸性塩である後者は，電解によりフッ素を作る際に電解質として用いられる．KF は多量にとると有害であるが，水のフッ素処理，ガラスのつや消し，融剤，フッ化炭素化合物の合成に用いられる．

フッ化カルシウム calcium fluoride (fluorite, fluorspar)

CaF_2．天然には蛍石として産出する．水にはほとんど不溶．融点 2533℃．紫外線や近赤外用の光学系に用いられるほか，Ca や Al 製造に用いられる融解塩浴の融点を下げるために用いられる．結晶はイオン性で，蛍石型構造をとる．

フッ化クロム chromium fluorides
→クロムのフッ化物

フッ化コバルト cobalt fluorides
→コバルトのハロゲン化物

フッ化酸素 oxygen fluorides

以前は「酸化フッ素」とも呼んだが，酸素のほうが部分的にプラスに荷電していることから，こちらの名称となった．二フッ化酸素 OF_2 は冷却した希 NaOH 溶液に F_2 を通じて得られる．融点 -224℃，沸点 -145℃．室温では水による加水分解は遅い．スパークを飛ばすと強力な酸化剤として反応する．他のフッ化酸素 O_2F_2，O_4F_2，O_5F_2 および O_6F_2 は，O_2 と F_2（場合によっては O_3 と F_2）の混合物に電気火花を通して合成される．

フッ化臭素 bromine fluorides
→臭素のハロゲン化物

フッ化水素 hydrogen fluoride

HF．融点 -83℃，沸点 19.5℃．無色で激しく発煙する，会合性液体．KHF_2 または CaF_2 と H_2SO_4 から得る．水に溶けてフッ化水素酸を与える．無水の HF は無機塩にも有機物にもよい溶媒となる．金属（鋼，鉄やモネルメタル），テフロン，または Kel-F 製の容器で扱う必要がある．用途はクロロフルオロカーボンを製造する際のフッ素化剤，ウラン処理，石油化学工業のアルキル化触媒．フッ化水素酸塩を形成する．二フッ化水素イオン $[HF_2]^-$ も形成される．用途はアルミニウムの製造 (32%)，炭化フッ素の製造 (30%)，アルキル化 (5%)，ウランの処理 (5%)，鋼鉄の製造 (5%)．ピリジンなどの塩基と付加体を形成し，フッ素化剤として利用される．

フッ化水素アンモニウム ammonium hydrogen fluoride

NH_4HF_2．酸性フッ化アンモニウム．→フッ化アンモニウム

フッ化水素カリウム potassium hydrogen fluoride

KHF_2．→フッ化カリウム

フッ化水素酸 hydrofluoric acid

HF_{aq}．フッ化水素の水溶液．HF が約 36% の組成のときに沸点が最高となる．フッ素化剤として工業的に広く用いられる．また無水 HF は氷晶石（Al の製造），UF_4 や UF_6 の製造，ガラスのエッチング，鋼鉄の洗浄などに使われる．非常に腐食性が強いので，モネルメタル，テフロン，白金製の器具で取り扱う．

フッ化水素ナトリウム sodium hydrogen fluoride

$NaHF_2$．→フッ化ナトリウム

フッ化ストロンチウム strontium fluoride

SrF_2. 水に難溶の白色固体.

フッ化セシウム caesium fluoride

CsF. 有機フッ素化反応において重要なフッ化セシウムは,他のハロゲン化物とともに,カップリング反応,付加反応においても有用である.

フッ化鉄(Ⅱ) iron(Ⅱ) fluoride
→鉄のフッ化物

フッ化鉄(Ⅲ) iron(Ⅲ) fluoride
→鉄のフッ化物

フッ化テトラブチルアンモニウム tetrabutylammonium fluoride
Bu_4NF. フッ素化剤. 触媒.

フッ化銅 copper fluoride
$CuF_2 \cdot 2H_2O$. このほかに無水の CuF_2 およびいくつかの錯体が知られている.

フッ化ナトリウム sodium fluoride
NaF. 融点 902℃. Na_2CO_3 または $NaOH$ と HF から得る. H_2SO_4 を作用させると HF を発生する. 過剰の HF によりフッ化水素付加物 $NaHF_2$ を形成する. フッ素化剤.

フッ化バリウム barium fluoride
BaF_2. 融剤(フラックス)として用いられる.
→バリウムのハロゲン化物

フッ化ビスマス bismuth fluorides
BiF_5, BiF_3. →ビスマスのハロゲン化物

フッ化ビニリデン vinylidene fluoride
$CH_2=CF_2$. 融点 -144℃, 沸点 -84℃. CH_3CClF_2 (C_2H_2 と HF を反応させ次いで Cl_2 を反応させるか,$CH_2=CCl_2$ または CH_3CCl_3 と HF を反応させて得る)などの脱ハロゲン化水素または脱ハロゲン反応により得る. 通常は安定であるが,ラジカル開始剤が存在すると重合する. 重合体は非常に安定で電気器具,外部被覆材に用いられ,ヘキサフルオロプロピレンや $CClF=CF_2$ などとエラストマー共重合体を作るのにも用いられる(訳者記:ポリフッ化ビニリデンはよく PVF_2 と略記されるが,延伸すると永久分極した構造を保持できるようになり,電子材料(エレクトレットなど)として貴重である).

フッ化ビニル vinyl fluoride
$CH_2=CHF$. 融点 -160℃, 沸点 -72℃. HF とアセチレンから,実験室では CF_2HCBrH_2 と亜鉛または $RMgX$ から,あるいは CF_2HCH_3 の熱分解で得る. 重合に対して比較的安定であ

るが,ツィーグラー-ナッタ触媒によりホモポリマーを生じる. コーティング材料やラミネート材料として特に屋外用に用いられる. →フッ素含有ポリマー

フッ化物 fluorides
HF の塩. →フッ素の化学的性質

フッ化ベリリウム beryllium fluoride
BeF_2. →ベリリウムのハロゲン化物

フッ化ペルクロリル perchloryl fluoride
$FClO_3$, 三酸化フッ化塩素. 融点 -148℃, 沸点 -47℃. 過塩素酸カリウムに SbF_5 と HF の混合物,または F_2 を反応させるか,フルオロスルホン酸を過塩素酸カリウムに加えると得られる. 有毒な気体であるが 500℃ まで安定. 有機化合物中の C-H を C-F に置換することが可能である. フェニルリチウムと反応すると $PhClO_3$ を与える.

フッ化ホウ素 boron fluorides
→ホウ素のフッ化物

フッ化ヨウ素 iodine fluorides
→ヨウ素のフッ化物

フッ化リチウム lithium fluoride
水に難溶な白色固体. 水溶液から沈殿分離可能で重量分析に用いられる. ガラス材料である.

物質不滅の法則 law of conservation of matter
物質は創造することも消滅させることも不可能である. ただし,電磁波の放出は質量の損失を伴うが,このときの質量の減少分を m, 光速度を c, 電磁波のエネルギーを E としたとき $E=mc^2$ の関係がある. すなわち $m=E/c^2$ である. E/c^2 の値は通常著しく小さいから,通常の化学的な過程においては反応の前後における質量の変化は無視できるほどであり,「質量保存則」とも呼ばれてきた. 質量とエネルギーとを一緒に考えれば,物質は不滅ということになる. 昔風の表現では「質量保存則」になる.
→原子力エネルギー

フッ素 fluorine
元素記号 F. 常温では気体の元素で二原子分子(F_2), 原子番号 9, 原子量 18.998, 融点 -219.67℃, 沸点 -118.12℃, 密度 1.696 g/L, 地殻存在比 950 ppm, 電子配置 $[He]2s^22p^5$. ハロゲンの中で最も軽く,最も反応性に富む. 主要な鉱石はホタル石 CaF_2 であるが,多くの

ケイ酸塩は多少のフッ素を含む．単体は炭素を陽極にしてKF-HF溶融物を電気分解して得る．このとき陰極では水素が発生するので，これをフッ素と分離しておく必要がある（爆発性混合物を生じる）．フッ素は金属（銅，ニッケル，モネルメタル）またはフルオロカーボン製容器中で取り扱いが可能であり，これらで作ったシリンダー（ボンベ）中に気体または液体で貯蔵する．単体はF_2分子からなるが，解離エネルギーは比較的小さくほとんどの元素と反応する（金属ではフッ化物の被膜ができやすい）．フッ素ガス，HFおよびフッ化物は多量に摂取すると有毒であるが，フッ化物は生命に不可欠で虫歯予防になる．フッ素化合物は金属（ウラン，アルミニウムなど）の精錬処理，不活性樹脂，冷媒，エアロゾルの不活性圧縮ガス，フッ素含有医薬品，歯磨き粉，水処理に用いられる．フッ素の多くはHF（無水フッ化水素）の形で用いられる．

フッ素の化学的性質　fluorine chemistry

フッ素はハロゲンに属し，電子配置は$1s^2 2s^2 2p^5$．-1価の酸化状態で（$E° - 2.82$ V）一連の化合物を形成する．相手が高酸化状態の化合物（WF_6, SF_6など）は共有結合性，低酸化状態の化合物（NaF, CaF_2など）はイオン性．共有結合性フッ化物ではFの配位数は1であるが，イオン性のフッ化物ではより高い配位数もある．F^-イオンはよい錯化剤で，架橋を形成することもできる（架橋角は180°に近いことも多い）．フッ素はいずれの元素とも化合物を形成するが，He, Ne, Arとは化合しない（励起状態では，これらも化合物を形成する）．相手元素の最も高い酸化状態の化合物を形成したり，金属-金属結合を切断したり，結合次数を減らしたりする傾向がある．

フッ素の酸化物　fluorine oxides
→フッ化酸素

フッ素のハロゲン化物　fluorine halides
実際はハロゲンのフッ化物である．→塩素のハロゲン化物，フッ化臭素，ヨウ素のフッ化物

フッ素化試薬　fluorinating agent
水素をフッ素で置換するなどにより化合物にフッ素を導入する試薬．F_2, KF, HF, SF_4などがある．

フッ素含有ポリマー　fluorine-containing polymers

ポリマーにフッ素を導入すると，ポリマーの物性は大きく影響され，特に安定性や表面特性が改善される．ポリテトラフルオロエチレン$(CF_2)_n$（テフロン，PTFE）は結晶性が高い固体で，C_2F_4のラジカル重合で得られる．流動性はなく，粉末冶金法で製造する．250℃以上まで安定で，強度や良好な電気絶縁性が必要とされるところに用いられる．ポリヘキサフルオロプロピレン$(CF(CF_3)CF_2)_n$はずっと高価であるがPTFEより加工しやすい．ポリクロロトリフルオロエチレン$(CF_2CFCl)_n$はPTFEとほぼ同程度に反応性が低いが，成型や押し出し法により製造できる．電気的特性はPTFEより劣る．フッ化ビニリデンポリマー$(CF_2CH_2)_n$や，特に$CF_3CF=CF_2$との共重合体（バイトン），$CClF=CF_2$との共重合体（Kel-F）はやはり耐性が高い．ポリフッ化ビニル$(CCH_2CHF)_n$はフィルムやコーティング，特に建設産業で用いられる．パーフルオロポリエーテルは不活性流体としての応用がある．不活性エラストマー（例えばフッ化ビニリデンとヘキサフルオロプロピレンの共重合体）も知られる．

フッ素含有薬品　fluorine-containing drugs
→含フッ素薬剤

フッ素添加　fluoridation
虫歯予防のために飲料水に少量のフッ化物を添加すること．歯磨き粉に入れても効果がある．NaF, SnF_2, Na_2PO_3F, Na_2SiF_6が使われる．

フッ素リン灰石　fluoroapatite
$Ca_5(PO_4)_3F$, フルオロアパタイト．天然に存在するリン酸塩岩石の主要なもの．歯の重要な成分で歯の磨耗を抑制する．肥料の製造原料としても用いられる．

沸　点　boiling point
液体の蒸気圧が大気圧と等しくなる温度．液体が沸騰する温度．

沸点上昇　elevation of boiling point
純粋な溶媒の沸点と比較し，溶液になると溶けている溶質のために溶液の沸点が上昇すること．沸点上昇は溶けている溶質の量に比例する．溶質が異なっても，同じ量であれば，同じ上昇を生じる．次に示す値（沸点上昇定数）は1モ

ルの溶質（種類は問わない）をさまざまな100 gの溶媒に加えたときの沸点の上昇を表す．これをモル沸点上昇という．→ラウールの法則

溶　媒	モル沸点上昇
水	5.2°
クロロホルム	38.8°
エーテル	21.1°
アセトン	17.2°
ベンゼン	25.7°
エタノール	11.5°

沸点上昇係数 ebullioscopic constants
　溶媒の沸点は溶質の存在により上昇する．溶質の濃度が低い場合には，沸点上昇は溶液中に存在する溶質粒子の数に比例する．溶媒1 kgあたり1モルの溶質が溶けているときの沸点上昇の値をモル沸点上昇（沸点上昇係数）という．→束一的性質

沸点上昇法 ebullioscopy
　溶液の沸点上昇を利用した分子量決定法．

沸点図 boiling-point diagram
　ある圧力のときの液体，気体の平衡組成を温度に対してプロットした図．→共沸混合物

物理吸着 adsorption (physisorption)
　吸着過程には化学的な特別の作用がなく，容易に可逆的であるものがある．吸着質と吸着剤の間の引き合う力が弱く，液体中の分子間に作用する凝集力と同様な特徴を持っている．ファン・デル・ワールス力と本質的には類似のものである．物理吸着では吸着剤表面に多分子層が形成される．

2-ブテナール 2-butenal
　→クロトンアルデヒド

プテリジン類 pteridines
　細胞の代謝に関与するヘテロ環化合物．母体となるプテリジンはナフタリン骨格に窒素原子が4個置換した形である．

プテリン類 pterins
　プテリジン誘導体．狭義のプテリンは2-アミノ-4-オキソプテリジン．プテリン類には例えばチョウの色素ロイコプテリンや，ビタミンである葉酸の成分（プテロイルグルタミン酸）などが含まれる．

プテロイルグルタミン酸 pteroylglutamic acid
　→葉酸

1-ブテン 1-butene
　→ブテン類

2-ブテン酸 2-butenoic acid（crotonic acid, 2-methylacrylic acid）
　→クロトン酸

2-ブテン-1,4-ジオール 2-butene-1,4-diol (butenediol)
　$HOCH_2CH=CHCH_2OH$，単にブテンジオールと呼ぶこともある．無色安定な液体で，殺虫剤，樹脂および医薬品の製造に用いられる．シスとトランスの両異性体が知られている．ブチンジオールを触媒上で水素化して生成する．

ブテン二酸 butenedioic acid
　cis 型異性体はマレイン酸，*trans* 型異性体はフマル酸という．それぞれの項を参照．

ブテンポリマー butene polymers
　イソブテン（イソブチレン）$Me_2C=CH_2$は容易にイオン重合し，イソプレンやブタジエンを組み入れると架橋し，エラストマーを生じる（→ブチルゴム）．ブチルゴムはハロゲン化により有用性が拡大する．1-ブテン $CH_3CH_2CH=CH_2$ はツィーグラー-ナッタ触媒により重合させ，有用な材料を得ることができる．

ブテン類 butenes
　C_4H_8（ブチレン）．不快な臭いを持つ無色の気体．3つの異性体が存在し，相当するブタノールから脱水反応で得られる．石油の分解から得られるガスには，これら3つがすべて含まれている．
　① 1-ブテン（α-ブチレン）$CH_3CH_2CH=CH_2$；1-ブタノールを，加熱したアルミナ上に通して生成する．
　② 2-ブテン（β-ブチレン）$CH_3CH=CHCH_3$；2-ブタノールを硫酸と加熱することによって生成する．シスおよびトランス異性体が存在する．
　③ 2-メチルプロペン（イソブチレン，イソブテン）$Me_2C=CH_2$；t-ブタノールをシュウ酸と加熱することによって生成する．一般的反応

については「アルケン」を参照されたい．ブテンは 2-ブタノールを生成するのに用いられている．1-ブテンとイソブテンからは幅広く用いられているポリマーが生成される．

不凍液用添加物 antifreeze additives

液体の凝固点を引き下げるために用いられる添加剤すべてを指すが，通常は内燃機関の冷却液の凍結を防ぐために用いられる物質をいう．不凍結液用添加剤の主成分はエチレングリコール（1,2-ジヒドロキシエタン）であるが，アルコール類も用いることができる．

ブドウ酸（葡萄酸） racemic acid

DL-ラセミ酸．D-酒石酸と L-酒石酸の等モル混合物（ラセミ混合物）．

不働態 passivity

分野によっては「不動態」が用いられる．多くの金属（例えば Fe, Co, Ni, Cr）は，強酸化剤（例えば濃硝酸，クロム酸，過酸化水素）に接触させると表面に酸化物の被膜を形成する．それによって，さらなる溶解は起こらなくなり，種々の性質が変化する．他の金属，例えば Al や Mg は通常，表面に化学反応を防ぐ硬い酸化物膜が形成されており，それゆえ電気的に陽性であるにもかかわらず水に溶解しない．例えば銅やニッケルでは，フッ素処理により表面にフッ化物を形成して不働態化することもある．

不働態化剤（触媒） metallic passivators

触媒操作において，微量のある種の金属を堆積させると，触媒が不活性化すなわち被毒される．典型的な不働態化剤は石油留分中の V や Ni である．

不働態化剤（金属） metal passivators

金属表面を不働態化処理するための薬品．

不動転位 sessile dislocation

バーガースペクトルが転位のすべり面内にないためにすべり運動ができない結晶格子において起こる転位．→転位（結晶）

不同変化 dismutation reaction

メタセシスの特別な種類．例えば $2CH_2=CHR \rightarrow CH_2=CH_2 + CHR=CHR$．この反応は触媒の存在下で起こることが多い．不均化反応の特殊な例であるが，生化学反応などではこちらを用いることが多いようである．

ブトキシカルボニル基 butoxycarbonyl group

$(CH_3)_3COC(O)-$ で表される基．BOC と略すことが多い．$-NH_2$ や $-OH$ の保護基として用いられる．→ボック

プトレッシン putrescine (tetramethylenediamine, 1,4-diaminobutane)

$H_2N(CH_2)_4NH_2$，テトラメチレンジアミン，1,4-ジアミノブタン．融点 27～28℃，沸点 158～159℃．プトレッシンは腐敗した動物組織中にカダベリンとともに存在し，アミノ酸のアルギニンやオルニチンから細菌の働きにより生成される．多くの細胞中に少量存在する．麦角中にもみられる．

舟 型 boat form
→コンフォメーション

ブナゴム buna rubbers

ブタジエンコポリマーをベースにした合成エラストマー．ブナ-N，ニトリルゴム，NBR はブタジエン(70)-アクリロニトリル(30)のコポリマーである．これらの合成物は天然ゴムに極めて類似した物性を持っている．

ブヒャラー反応 Bucherer reaction

アルカリとアンモニアの作用による 2-ナフトールと 2-ナフチルアミンの相互変換で，反応が容易に起こるように，$[HSO_3]^-$ の存在下で行われる．この反応は芳香族 C-OH 結合が容易に切れるため，例外的であり普遍性があるものではない．

ブフォテニン bufotenin (5-hydroxy-3-dimethylaminoethylindole)

$C_{12}H_{16}N_2O$，5-ヒドロキシ-3-ジメチルアミノエチルインドール．融点 146～147℃．ガマ毒（センソ）に含まれる動物性アルカロイド，典型的なヒキガエルの毒液の成分で，対応するベタインのブフォテニジンとともに含まれている．血管収縮作用があるので血圧を上昇させるほか，幻覚作用を示す．「ブホテニン」としている分野もある．

ブフォトキシン bufotoxin

ヒキガエルの毒液から単離されたステロイドのスベリルアルギニンエステル．「ブホトキシン」としている分野もある．

部分凝縮器 partial condenser

凝縮器の一種．蒸気の一部を他のプロセスの低温蒸気との間で熱交換させて冷却凝縮させ

る．残りは最終凝縮器で冷却水により冷やして凝縮させる．

不変系 invariant system
平衡状態において自由度を持たない系．→相律

不飽和化合物 unsaturated compound
→飽和化合物

不飽和ポリエステル樹脂 unsaturated polyesters（polyester alkyds）
カルボン酸エステル部分と二重結合を含む低分子量のポリマー（ポリエステルアルキド）で，不飽和ジオールと飽和カルボン酸から得られる．ラジカル重合においてスチレンなど他のビニルモノマーとの共重合に用いられ，強固な架橋構造を形成する．

フマラーゼ fumarase
クエン酸回路においてフマル酸と水から（−）-リンゴ酸を得る反応を触媒する酵素．

フマリル基 fumaryl
トランス -(O)CCH=CHC(O)- 基．

フマル酸 fumaric acid
E-2-ブテン二酸，$C_4H_4O_4$．無色針状またはプリズム晶．融点 300～302℃（封管中）．開放系では200℃以上で昇華する．マレイン酸を触媒の存在下で加熱して異性化して得る．または炭水化物からカビの作用で作る．230℃に加熱すると無水マレイン酸に変換される．封管中で水とともに 150～170℃に熱すると，（±）-リンゴ酸を与える．食品用の酸として用いられる．

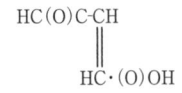

$$\begin{array}{c} HC(O)C\text{-}CH \\ \| \\ HC\cdot(O)OH \end{array}$$

フミン酸 humic acids
土壌に存在する一群のフェノール多量体．泥炭や褐炭，サトウダイコンの精糖滓からも得られる．多くの地表水に含まれる着色物質である．金属キレートを形成する．色素，インク，肥料に用いられる．

不溶性アゾ染料 insoluble azo dyes
→顕色染料

フライアッシュ fly ash
微粉の石炭を強制通風下で燃焼させたとき，煙道ガスとともに運び出される微細な灰の粒子をいう．アルミナやシリカや種々の金属酸化物に微粉炭の未燃焼分が混在したものである．静電集塵装置で捕集する必要がある．

ブライトストック bright stock
原油あるいは水蒸気蒸留残渣油から得られる高粘度の潤滑油原料（水蒸気精製ストック）．

ブライン brine
濃厚食塩水（鹹水）のほか，他の塩類の濃厚溶液を意味することもある．

ブラヴェ格子 Bravais lattices
固体中に存在する14種類の結晶格子；立方晶系が3種，正方晶系が2種，斜方晶系が4種，単斜晶系が2種，そして三斜晶系，六方晶系，三方晶系が各1種である．

ブラウン運動 Brownian movement
暗い視野の中で明るく照らされるとコロイドゾル粒子の急速かつランダムな動きが観察される．花粉の懸濁液で最初に観察された．ブラウン運動は分散媒の分子が，媒体中に分散された粒子に衝突するために生じる．粒子の大きさが増大するにつれ，さまざまな方向から異なる大きさの衝撃を受ける確率が減少し，最終的にはあらゆる方向からの衝突が打ち消し合うので，粒子径がおよそ3～4 μm になるとブラウン運動は感知できなくなる．運動の特性からペランがアヴォガドロ数 L を計算した．

ブラウン鉱 braunite
褐石．若干の SiO_2 を含有する茶色の Mn_2O_3．マンガンの原料として用いられるほか，レンガや陶器の着色剤として用いられている．

ブラウンプリントペーパー brown print paper
→青焼紙

フラクショナル分子 fluxional molecule
分子が，あるタイムスケール（例えばNMRのタイムスケール）内で転位を起こしやすくその前後の形を区別できないとき，「フラクショナル」である（立体的にフレキシブルである）という．例えば PF_5 は三角両錐形であるが，^{19}F NMR で1種類のシグナルしか観測されない．このような転位はよくみられ，温度を下げることにより変換が遅くなって個々の形を区別して観測可能となる．すべての温度で転位が起

こっている分子は流動的転位分子（fictile molecule）という.

フラザン furazans

1,2,5-オキサジアゾール．ジケトンのジオキシムに NaOH を作用させて得る.

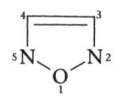

$$\underset{5}{N}\underset{1}{\overset{4}{\square}}\underset{2}{\overset{3}{N}}$$

ブラジキニン bradykinin

正常な血漿中に存在する前駆体ブラジキニノーゲンから生じるノナペプチド．ウシ血漿から生成する．一次構造は Arg-Pro-Pro-Gly-Phe-Ser-Pro-Phe-Arg.

ブラシジン酸 brassidic acid

エルカ酸の trans 異性体. trans-13-ドコセン酸.

プラスター plaster

壁や他の構造体の表面を被覆して平滑にするために用いる物質．主なものは，①石灰と砂，またはポルトランドセメントと砂の混合物，②焼石膏を主成分とする物質（プラスター・ド・パリ，いわゆる新建材のプラスターはこちら）である.

プラスター・ド・パリ plaster of Paris
→焼石膏

プラスチック plastics

合成高分子物質．通常は有機物で，熱により流動性を持たせるか成型処理により成型する．多くの合成エラストマーはプラスチックである．プラスチックは熱的挙動により分類できる．熱可塑性樹脂（例えばエチレンポリマーやポリ塩化ビニル）は，加熱により軟化し冷却により硬化することが繰り返し行える．熱硬化性樹脂（例えばフェノール-ホルムアルデヒド樹脂）は最終的に成型すると，その後は溶融したり溶解したりできない．プラスチックは化学構造や最終的な構造によっても分類できる．プラスチックは加熱して軟化した時点で成型して形状を決めたのち，加熱を続ける（熱硬化性樹脂の場合），あるいは冷却する（熱可塑性樹脂の場合）ことによって硬化させる．押出し成型により管，棒などに成型できる.

プラスチック添加物 plastic additives

プラスチックに物性の変化，安定性向上（フリーラジカル除去），難燃性付与，光安定性付与，着色，帯電防止のために混入する物質.

プラスチック爆薬 plastic explosives

手でも成型できる爆薬．例えば，油状またはゴム状のバインダーを混合したサイクロナイト（ヘキサヒドロ-1,3,5-トリニトロ-1,3,5-トリアジン）などがある.

プラストキノン plastoquinones

ポリイソプレニル基を有する三置換ベンゾキノン．葉緑体中に存在し，光合成の光リン酸化過程において重要な役割を果たす.

プラズマ plasma

高度にイオン化した気体．自由に運動するほぼ同数の正負の荷電粒子が共存している状態である.

プラズマローゲン plasmalogens

レシチンやケファリンに類似のエーテル型リン脂質．脳や筋肉中に存在する.

プラズモイド plasmoids

染色体とは独立して複製される．細菌中の小型の環状 DNA．染色体外遺伝子ともいう.

プラセオジム praseodymium

元素記号 Pr．ランタニド金属元素，原子番号 59，原子量 140.91，融点 931℃，沸点 3520℃，密度（ρ）6773 kg/m³（= 6.773 g/cm³），地殻存在比 9.5 ppm，電子配置 [Xe]$4f^36s^2$．典型的なランタニド．金属は hcp 構造（798℃まで）と bcc 構造（融点まで）をとる．遮光用ガラス，釉薬，熱電材料，NMR シフト試薬に用いられる.

プラセオジムの化合物 praseodymium compounds

プラセオジム（Ⅲ）の化合物は典型的なランタニド化合物の例である．Pr^{3+}（f^2 淡緑色）→ Pr（-2.47 V 酸性溶液中）．PrF_4 は Na_2PrF_6（NaF/PrF_3 に F_2 を作用させて得る）に HF を作用させて得る．Pr（Ⅲ）の酸素酸塩は空気中で分解して黒色の Pr_6O_{11} となる．加圧条件で O_2 の存在下 500℃では PrO_2 を生成する．中間相も知られている．ランタニド元素の低次のハロゲン化物の大部分は M-M 結合を有するが，PrI_2 は例外で $Pr^{3+}(I^-)_2e^-$ である.

ブラックアッシュ blackash

→硫化バリウム

ブラッグ散乱 Bragg scattering
単色の中性子線が1組の結晶面により起こす，位相のそろった弾性散乱．

フラックス flux
→熔融助剤

ブラッグの公式 Bragg equation
波長 λ の単色X線が結晶に衝突すると，いくつかの方向にのみ強い散乱が生じる．これがX線回折の現象である．回折するためには，結晶中の原子が作る面で散乱される波と，その隣りの面で散乱される波の間の行路差が波長の整数倍（$n=1,2,3,\cdots$）に等しくならなくてはならない．これを式で表すと $n\lambda = 2d\sin\theta$ となる．ここで d は結晶中の隣り合う面間の距離，θ は入射X線がその面となす角である．これがX線回折の基礎である．

フラッシュ蒸留 flash distillation
溶媒を非常に速く除去する蒸留法．海水の脱塩に利用される．

フラッシュバック flash-back
自動車エンジンなどでは「バックファイア」ともいう．ガスバーナーで火炎速度が速すぎると，ガス供給管へと火炎の逆流が生じる．空気/燃料比が増加したときに起こる．

フラッシュフォトリシス flash photolysis
→閃光分解

フラッシュポイント flash point
→引火点

フラッシュ法 Frasch process
過熱水蒸気をパイプに通して地下の天然硫黄を液化し，圧縮空気で表面に送り出す硫黄の採取法．

プラットホーミング platforming
白金触媒を用いて石油画分をオクタン価の高い燃料に変換するプロセス．

ブラディ試薬 Brady's reagent
カルボニル検出試薬の一種．2,4-ジニトロフェニルヒドラジンの別名．

フラー土 fuller's earth
かつては布用の洗剤として使われる粘土（漂布土）を指したが，現在ではその吸着能を利用して油，潤滑剤用の脂肪や蠟，石鹸，マーガリンの脱色に使われる粘土をいう（訳者記：わが国の「酸性白土」とほぼ同等の粘土である）．

フラノース furanose
糖が4つの炭素原子と1つの酸素原子で環を形成した化学種．ピラノース型の糖と比較すると一般に不安定．α-型と β-型がある．

フラバノイド flavanoids
フラバノン誘導体のうちの一群で，3-ヒドロキシフラバノン（フラバノール）を骨格として含む．抗酸化力を持つポリフェノール．脂質などの酸化を抑制する．

フラビンアデニンヌクレオチド flavin-adenine dinucleotide（FAD）
フラボタンパク質酵素群の活性酵素または補欠分子族（補酵素）．これらの酵素は種々の代謝における酸化還元反応に関与している．

フラビンモノヌクレオチド flavin mononucleotide（FMN）
リボフラビン-5′-リン酸．フラボタンパク酵素の補酵素．NADPHの酸化を触媒するワールブルグの「旧黄色酵素」の補欠分子族（補酵素）．

フラボタンパク質 flavoproteins
補欠分子族としてフラビンを含む一群のタンパク質．電子伝達系で重要．

フラボノールグリコシド flavonol glycosides
糖にフラボノール誘導体が結合したもの．フスチン，ガランギン，ケンフェリトリン，ロビニン，ダチセイン，ケルシトリン，ケルセチン，インカルナトリン，ケルシメリトリン，セロチンなどがある．植物に広く分布している．

フラボン flavone（2-phenylchromone, 2-phenylbenzopyrone）
$C_{15}H_{10}O_2$．2-フェニルクロモン，2-フェニルベンゾピロン．無色針状晶．融点97℃．水に不溶．有機溶媒に可溶．天然にはプリムラの花粉や葉に存在する．2-ヒドロキシアセトフェノンとベンズアルデヒドから合成する．1モルの H_2 を付加すると2,3-位が還元された生成物フラバノンを与える．

フラボングリコシド flavone glycosides
植物中に広く存在する．糖部分はグルコース

またはラムノース，場合によっては二糖．糖に結合しているヒドロキシ基に関してさらに異性体がある．通常は無色．アピイン，アカシイン，ジオスミン，lutusin, orobosin など．

フラボン類 flavones
フラボンに関連した構造を持つ黄色の植物色素．

フラーレン fullerenes
閉じた多面体構造をとった炭素の形態．種々の化学（例えば He や Sc_2C_2 との反応）や宇宙化学が研究されている．グラファイトを電気的またはレーザーによりアブレーションすると生成する．サッカーボール型のバックミンスターフラーレン C_{60}，C_{70} などの化学種が知られる．フラーレンの構造はナノチューブと関連している．

フラン furan
C_4H_4O．古くはフルフランと呼んだ．別名テトロール，オキソール．無色液体，沸点32℃．フロイン酸を沸点まで加熱して得る．鉱酸が存在すると樹脂を生じる．アルカリとは反応しない．水素で還元するとテトラヒドロフランを与える．多くの置換誘導体が知られている．共役ジエンとして振る舞う．

フランク-コンドンの原理 Franck-Condon principle
分子の電子遷移に要する時間は，その分子を構成する核の振動に要する時間よりずっと短い．それゆえ原子核は，電子遷移の間にその位置や運動量を変えないとみなすことができる．この原理はエネルギー変化や分子のスペクトルの議論において非常に重要である．

プランク定数 Planck's constant
h．電磁波のエネルギーと振動数の関係 $E = h\nu$ における定数．値は 6.62×10^{-34} Js．

フランシウム francium
元素記号 Fr．放射性のアルカリ金属元素，原子番号87，原子量 ^{223}Fr 223.02，融点27℃，電子配置 [Rn]7s^1．現在のところ，化学的性質はトレーサー量の研究から得られる知見のみで

ある．一連の Fr^+ 化合物を形成する．

ブランスウィックグリーン Brunswick green
酢酸鉛，$FeSO_4$，$K_4Fe(CN)_6$，$Na_2Cr_2O_7$ の各溶液を混合し，$BaSO_4$ を希釈剤として用いて得られる緑色顔料．

ブランスウィックブラック Brunswick black
ビチューメンを含む黒色の速乾性塗料（ワニス）で，もっぱら家具用．

ブラン則 Blanc's rule
シュウ酸とマロン酸を除き，ペンタン二酸（グルタル酸）までのジカルボン酸は，無水酢酸と処理して蒸留すると酸無水物を生じ，ヘキサン二酸（アジピン酸）より炭素数が多くなると CO_2 を放出してケトンになるという経験則．したがってグルタル酸はグルタル酸無水物を生じるが，アジピン酸はシクロペンタノンを生じる．この法則には例外があるが，おそらく立体障害と環の歪みによるものと思われる．

ブランフィクス blanc fixe
沈降性硫酸バリウム．沈殿させた $BaSO_4$ で，紙のサイジング剤に用いられる微細な白色顔料．インクを吸収しない．

フーリエ変換解析 fourier transform analysis (FT analysis)
電磁波と散乱体との相互作用に関する情報を得るために，フーリエ変換の数学的手法が利用される．例えば固体のX線回折から構造を決定したり，IRなどの電磁波で干渉計を用いてスペクトルを得たりする．NMRスペクトルでも利用される．

プリオン prion
天然に存在するタンパク質で，海綿状脳症の伝染に関与する．感染物質は異常なフォールディング様式をとっている．

プリズマン prismanes
C_6H_6．別名をラーデンブルクベンゼンという．→デュワーベンゼン

フリーデル-クラフツ反応 Friedel-Crafts reaction
広義には，芳香族化合物を求電子試薬によりアシル化またはアルキル化する反応を指す．例えば酸塩化物 RCOCl とベンゼンをルイス酸の存在下で反応させるとケトン $RCOC_6H_5$ が得られる．ハロゲン化アシルの代わりにハロゲン化

アルキル，アルコール，また条件によってはアルケンを用いてアルキル置換芳香族化合物を合成することもできる．ルイス酸には通常，無水 $AlCl_3$ が用いられるが，HF, BF_3, $FeCl_3$, $SnCl_4$ も利用できる．これらは求電子試薬であるアシリウムイオン $(RCO)^+$ またはアルキルカルベニウムイオン R^+ を発生させる．反応中にアルキル基の転位が起こることもある．例えば臭化 n-プロピルを用いるとイソプロピル置換体が得られることもある．炭化水素やケトンの合成に有用な反応であり，工業的に利用されている．

プリマベロース　primaverose

$C_{11}H_{20}O_{10}$. 無色結晶．融点208℃．二糖類でグルコース-6-β-D-キシロシドにあたる．漢名は「桜草糖」というようである．ガウルテリン，ラムニコシン，プリメベリン，ゲンチカウリンなどのグリコシドの構成成分として存在する．

フリーラジカル　free radicals

不対電子を持つ分子やイオン．遊離基とも呼ぶ．通常は反応性が高い．最も安定なフリーラジカルは NO, NO_2, 酸素分子 O_2（ビラジカル）など．有機フリーラジカルの安定性はさまざまである．トリフェニルメチルは溶液中で二量体と平衡にあり長寿命である．メチルラジカルのような短寿命のものは特殊な研究手法を要する．種々のアリール置換エタンは一部がフリーラジカルに解離し，解離度は，①溶媒の性質，②溶液の濃度と温度，③置換基の大きさと性質に依存する．・CH_3, ・C_2H_5, ・OH のように過渡的にしか存在しない反応中間体のフリーラジカルは，1 Torr 程度の低圧で発生させて，他分子との衝突を避けるように速い不活性ガス気流で移動させれば直接観測できる．ガラスなどのマトリックス中で凍結させて安定化することもできる．フリーラジカルは電子スピン共鳴により研究できる．

ブリリアントグリーン　brilliant green

トリフェニルメタン系色素の，ビス(4-ジエチルアミノフェニル)フェニルメチル-硫酸水素塩のこと．塩基性色素であり，また殺菌剤としても用いられる．

ブリルアンゾーン　Brillouin zones

金属の電子論によれば，金属の電子状態は一連の幅広いエネルギーレベルに分けられる．この領域を指す．

プリル化　prilling

物質を，望ましい性質を持つ形態に変えること．例えば粉末から錠剤への変換．薬剤ならば「打錠」という．

フリル基　furyl-

2-フリル基と3-フリル基がある．2-フリル基のほうがよくみられる．

プリン　purine

$C_5H_4N_4$. 結晶性固体．融点 216～217℃. 尿酸から合成できる．天然にはみられず，また生理学的重要性は持たないが，その誘導体の多くは生理活性を有する．プリンと総称される，動物や植物起源の一群の物質の母体化合物．この化合物群には，核タンパク質の核酸塩基部分であるアデニン，グアニン；その分解産物であるヒポキサンチン，キサンチン，尿酸；薬剤であるカフェイン，テオブロミン，テオフィリンが含まれる．

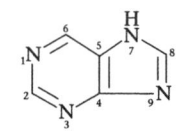

フリント（燧石）　flint

コンパクトな塊状の石英．磁器製品の製造に用いられる．その昔は石器（燧石など）に多用された．

フルアルデヒド　furaldehyde

フルフラールの別名（古称）．

篩　screens

ふるい．→篩い分け

篩い分け　screening

篩を利用して，固体物質をある範囲の大きさの粒子ごとに分画すること．

フルオタン（商品名）　Fluothane

フルオセン．麻酔用吸入ガスのハロセン（ハロタン）の商品名．

フルオラス二相触媒　fluorous biphasic catalysis

→含フッ素二相触媒

フルオレッセイン　fluorescein

$C_{20}H_{12}O_5$. 分野によっては「フルオレセイン」と呼ぶこともある．緑色の光沢を持つ赤色結晶，

融点 314〜316℃（分解）．無水フタル酸とレゾルシノールを加熱して得る．アルカリ溶液中では強い緑色の蛍光を示す．種々の装置内の液体の着色に利用される．また水道検査で水の供給や漏れなどの検出に利用される．医薬品，化粧品，入浴剤への添加物（これはナトリウム塩の「ウラニン」の形である）などに用いられる．

フルオレン fluorene

$C_{13}H_{10}$．無色フレーク状固体，通常紫の蛍光を発する．融点116℃，沸点294〜295℃．ジフェニレンケトン（フルオレノン）の還元，またはアセチレンと水素の高温での反応により合成する．コールタールからも得られる．ニトロ化，スルホン化，塩素化を受ける．酸化すると9-フルオレノンを与える．

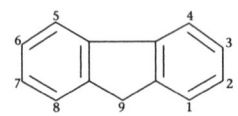

フルオロエタン酸 fluoroethanoic acid
→フルオロ酢酸塩

フルオロカーボン fluorocarbons

文字通り訳せば「フッ化炭素」か「炭化フッ素（こちらは本来なら間違い）」となるはずだが，通常はカタカナでフルオロカーボンと呼んでいる．一部またはすべての水素原子がフッ素で置換された有機化合物．融点や沸点は対応する炭化水素に類似しているが，密度や粘度はより高く，表面張力は小さい．多くの場合，反応不活性で熱安定性に優れる．フルオロカーボンは炭化水素をフッ素あるいは AgF_2 や CoF_3 などの無機フッ素化剤でフッ素化することにより得られる．または誘電率の高い溶媒中でハロゲン化アルカリを作用させ，塩素など他のハロゲン物を置換して得る．無水のフッ化水素を用いて，フッ素化する基質を電解質として電解セル中でフッ素化してもよい．ヘキサフルオロベンゼン C_6F_6 の誘導体は芳香族化合物に典型的な性質を持つ．フルオロカーボンオイル，グリース，不活性誘電体は，通常の物質では腐食するような条件において使用される．パーフルオロポリマー，パーフルオロクロロポリマーはプラスチックとして使われる（→フッソ含有ポリマー）．クロロフルオロカーボンはかつては冷媒，エアロゾルの不活性圧縮ガスとして用いられたが，オゾン層を破壊する．多くのフッ素含有化合物は界面活性剤として有用である．フッ素を導入することで生理活性にも大きな影響を与え，種々のフッ素含有物は医薬品に用いられる．

フルオロカーボンポリマー fluorocarbon polymers
→フッ素含有ポリマー

フルオロケイ酸亜鉛 zinc fluorosilicate

$ZnSiF_6 \cdot 6H_2O$．水溶性の塩．用途は材木の保存料，抗菌剤，プラスチック工業．

フルオロケイ酸塩 fluorosilicates

$(SiF_6)^{2-}$（八面体配位）や$(SiF_5)^-$（三角両錐型）を含む塩．遊離の酸は知られていないが，形式上 H_2SiF_6 を含む溶液は知られており，SiO_2 と濃厚フッ化水素酸から調製できる．肥料用の過リン酸石灰の製造時の副産物として，フッ素リン灰石（フルオロアパタイト）から作られる．

フルオロ酢酸塩 fluoroacetates

系統的命名法ではフルオロエタン酸塩．重要なものはモノフルオロ酢酸塩とトリフルオロ酢酸塩である．

フルオロ酢酸ナトリウム sodium fluoroacetates (fluoroethanoates)
→フルオロ酢酸塩

1-フルオロ-2,4-ジニトロベンゼン 1-fluoro-2,4-dinitrobenzene（2,4-dinitrofluorobenzene, DNF, Sanger's reagent）

$C_6H_3FN_2O$．別名を「サンガー試薬」という．黄色液体，沸点137℃/2 Torr．サンガーにより開発された．ペプチドの末端アミノ基をラベル化する試薬．おそらく発ガン性がある．

フルオロスルホン酸 fluorosulphonic acid (fluorosulphuric acid)
→フルオロ硫酸

フルオロスルホン酸メチル methyl fluorosulphate (methyl fluorosulphonate)

$FS(O)_2OCH_3$．無色液体，沸点94℃．強力なメチル化剤．硫酸ジメチルのような通常のメチル化剤とは反応しないアミドやニトリルもメチル化される．

フルオロホウ酸 fluoroboric acid

HBF_4．テトラフルオロホウ酸が正式名であ

るが，通常はこう呼ばれる．古くはホウフッ化水素酸ともいった．BF_3 と水から $B(OH)_3$ とともに得られる強酸である．フルオロホウ酸塩は，正四面体型で，著しく弱い塩基性を示す $(BF_4)^-$ イオンを含む．

フルオロホウ酸アンモニウム ammonium fluoroborate

NH_4BF_4．無色結晶．HBF_4 とアンモニア水から生成する．電解質として用いられる．

フルオロホウ酸塩 fluoroborates

フルオロホウ酸の塩類を指す．

フルオロホウ酸銀 silver fluoroborate

$AgBF_4$．ホウ酸銀に三フッ化臭素を作用させるか，あるいはフッ化銀（I）のアセトニトリル，ニトロメタン，二酸化硫黄またはトルエン溶液（または懸濁液）に三フッ化臭素を通じて得る．白色固体で水・エーテルに易溶．ベンゼンにある程度溶ける．

フルオロホスホン酸塩 fluorophosphonates

→フルオロリン酸

フルオロホルム fluoroform

CF_3H．トリフルオロメタンの慣用名．

フルオロ硫酸 fluorosulphuric acid（fluorosulphonic acid）

HSO_3F．別名をフルオロスルホン酸という．沸点 163℃．安定な酸で KHF_2 と発煙硝酸を混合し蒸留して得られる．フルオロ硫酸塩はフルオロ硫酸を用いて得るか，または二フッ化ペルオキシジスルフリル $FS(O)_2OOS(O)_2F$（F_2 を SO_3 に作用させて得る）と単体との作用で得られる．過塩素酸塩に類似している．HSO_3F は種々の強酸性混合物（$HSO_3F \cdot SbF_5$，超強酸，魔法酸などという別名がある）の主成分．アルキル化の触媒に用いられる．

フルオロ硫酸塩 fluorosulphates

MSO_3F．→フルオロ硫酸

フルオロリン酸 fluorophosphoric acids

$(PF_6)^-$，$(PO_2F_2)^{2-}$，$(PO_3F)^{2-}$ は PF_5 と HF の反応や PF_5 の加水分解で生成する．ヘキサフルオロリン酸塩 M^IPF_6 の溶解度は過塩素酸塩と同程度である．MF に P_2O_5 と BrF_3 を作用させる，またはフッ化水素とリンの酸素酸を反応させて得る．モノフルオロリン酸塩 $M^I_2PO_3F$（濃 HF 溶液中で H_3PO_4 を加えて得る）は硫酸塩に類似．エステル（Ag_2PO_3F と RX から得る）は有毒でコリンエステラーゼの作用を阻害し筋肉の収縮を引き起こす．誘導体には殺虫剤や神経毒ガスに使われるものがある．$PO_2F_2^{2-}$ の塩（わが国では普通はモノフルオロリン酸ナトリウムのはず）は歯磨きに添加して用いられる．

ブルーガス blue（water）gas

→水性ガス

D-フルクトース D-fructose

$C_6H_{12}O_6$．果糖．針状晶，融点 102〜104℃．最もよく見られるケトース．グルコースと結合してショ糖やラフィノースとして存在する．果汁や蜂蜜などにはグルコースとの混合物として含まれる．イヌリンやレバンはフルクトースのみで構成されている．天然物はいずれもフラノース型であるが，結晶中ではピラノース型である．水に易溶．グルコースの2倍の甘味を呈し，多くの点でグルコースに類似している．特にアイスクリームに用いられる．

ピラノース型

フラノース型

プルシアンブルー Prussian blue

$KFeFe(CN)_6$．別名を「ベレンス」というが，これは江戸時代に輸入された折に「ベルリン青」を訛ったのがもとらしい．→シアノ鉄酸塩

ブルージョン blue-john

青蛍石．青または紫のホタル石．良質のものは装飾品材料となる．

ブルシン brucine

$C_{23}H_{26}N_2O_4$．アルカロイド．ストリキニーネのジメトキシ誘導体．ラセミ混合物の分割に用いられる．硝酸と反応して鮮赤色の呈色を示す．

プルトニウム plutonium

元素記号 Pu．アクチニド金属元素，原子番

号 94，原子量 ^{239}Pu 239.05，融点 640℃，沸点 3228 ℃，密度（ρ）19840 kg/m^3（= 19.849 g/cm^3），電子配置 [Rn]5f^{6}7s^2．痕跡量のプルトニウムは天然に存在し，天然ウランの中性子捕捉により生成する．プルトニウムは通常 ^{238}U に中性子を照射して作られる [^{239}Pu（半減期 24000 年）]．^{238}Pu（86 年）はネプツニウムから作られる．プルトニウムは選択的酸化および溶媒抽出により分離される．単体は PuF$_4$ をカルシウムで還元して得られ，6 種の結晶型が存在する．^{239}Pu は核兵器や原子炉に用いられる．^{238}Pu は原子力エネルギー源（宇宙探索用も含む）として用いられる．プルトニウム化合物を吸入すると非常に危険である．

プルトニウム化合物 plutonium compounds

プルトニウムの化学的性質はウランと類似している．ウランに比べて低い酸化数の状態がより安定であるが，不安定な + 7 価の状態もアルカリ溶液中の電解酸化で生成される．

PuO$_2^{2+}$（ピンク）$\xrightarrow{+0.91}$ PuO$_2^+$（赤）$\xrightarrow{+1.17}$
Pu^{4+}（緑）$\xrightarrow{+0.98}$ Pu^{3+}（青）$\xrightarrow{-2.05}$ Pu
（電位の単位は V；1 M 酸溶液中）

プルトニウム金属は水と徐々に反応し，希酸とは速やかに反応する．水溶液中では + 3，+ 4，+ 5，+ 6 の酸化状態が共存する．PuF$_6$（赤褐色，融点 52℃，沸点 62℃）はフッ素と PuF$_4$ から得られる．PuF$_4$ は PuO$_2$，HF，酸素から得る．PuCl$_4$ は気相においてのみ知られている．PuX$_3$ はすべてのハロゲンについて知られている．安定な酸化物は PuO$_{2+x}$ で，Pu$_2$O$_3$ も知られている．フッ化物錯体は Pu（V）および Pu（IV）から得られ，塩化物錯体は Pu（IV）から得られる．PuO$_2^{2+}$ イオンや PuX$_4$ は酸素ドナーと錯体を形成する．Pu(C$_5$H$_5$)$_3$ も合成されている．

ブルナウアー-エメット-テラー法 Brunauer-Emmett-Teller (BET) method

気体の単分子層吸着による表面積の測定方法．→吸着等温式

プルーフスピリッツ proof spirit

物品税に関する目的でアルコールリカーの濃度を評価する法的基準．米国ではアルコールの容量分率の 2 倍である．英国では 100 度とは 10 容量部の水に対し 11 容量部のアルコールを含むことを意味する．比重測定で求められる．

フルフラール furfural (furfuraldehyde, 2-furaldehyde)

C$_5$H$_4$O$_2$．フルフルアルデヒド，フラン-2-カルバルデヒド．沸点 162℃．種々の精油やフーゼル油に含まれる．トウモロコシの穂軸，オーツムギの外皮などの，五炭糖を含む原料を水蒸気とともに加圧条件下で 180℃ に加熱して製造する．アルカリによりカニッツァーロ反応を起こし，フロイン酸とフルフリルアルコールを生じる．アンモニアと反応するとフルフリルアミドを与える．V$_2$O$_5$ の存在下で塩素（V）酸ナトリウムにより酸化するとフマル酸を与える．フェノール，アニリンまたはアセトンと反応して樹脂を形成する．用途は溶媒，鉱油の溶媒抽出，合成，可塑剤．

フルフラン furfuran

フランの別名（古称）．

フルフリリデン基 furfurylidene

O-CH=CH-CH=C-CH＜で表される 2 価の基．

フルフリルアルコール furfuryl alcohol

C$_5$H$_6$O$_2$．無色液体，沸点 170 〜 171℃．フルフラールの還元で得る．または冷フルフラールに 30% NaOH 溶液を作用させるとフロイン酸とともに得られる．鉱酸で処理すると樹脂を生成する．溶媒，湿潤剤．有毒．

フルフリル基 furfuryl-

O-CH=CH-CH=C-CH$_2$- 基．

フルフルアルデヒド furfuraldehyde

→フルフラール

フルベン fulvenes

メチレンシクロペンタジエン．

ブルーミング blooming

加硫ゴムの表面にときどき見られる白く不透明な外観．硫黄の結晶が分離・析出することによって生じる．

フレオン（商品名） Freons

一群のクロロフルオロカーボンの商品名（デュポン社）．通常は略語の CFC で呼ばれる（訳者記：「フロン」は日本語で，法律などに商品名が使えないために制定された特別な用語である）．適当な塩素化炭化水素を SbCl$_5$ のような無機塩化物の存在下で，フッ化水素で処理するか，SbF$_3$/SbF$_5$ で処理すると得られる．不活

性物質で溶媒，冷媒，ブロー剤，エアロゾルの不活性分散剤として広く用いられている．各化合物は番号で区別される．主要なものはフレオン12（ジクロロジフルオロメタン CCl_2F_2，沸点 $-30°C$）；フレオン21（ジクロロフルオロメタン $CHCl_2F$，沸点 $+9°C$）；フレオン142（1-クロロ-1,1-ジフルオロエタン CH_3CClF_2）．Geons（Geon 社），Genetrons（Honeywell 社）または Arctons（Uniechemie 社）などの商品名でも呼ばれる．高層大気に長期的な影響を及ぼすため使用は削減されている．→オゾン

プレグナン pregnane（17β-ethylaetiocholane）
$C_{21}H_{36}$，17β-エチルエチオコラン．融点 83.5°C．天然には存在しないが，合成的に得られる．生物学的および医療において重要なステロイドの基本骨格を有し，シグナル伝達経路の一部を担う．

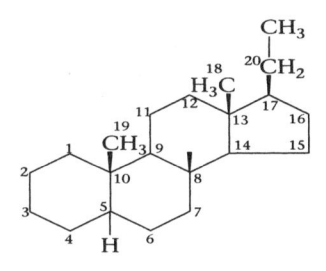

プレグナンジオール pregnanediol（5β-pregnane-3α,20α-diol）
$C_{21}H_{36}O_2$，5β-プレグナン-3α,20α-ジオール．融点 238°C．肝臓でプロゲステロンが還元されて生成する．

ブレット則 Bredt's rule
あまり大きくない環を持つ，架橋された二環系または多環系の橋頭炭素には，二重結合を導入することはできないという経験則．

プレート（蒸留） plate（tray）
→蒸留段

プレート効率 plate efficiency（tray efficiency）
→段効率

プレドニソロン prednisolone（11β,17α,21-trihydroxypregna-1,4-diene-3,20-dione）
$C_{21}H_{28}O_5$，11β,17α,21-トリヒドロキシプレグナ-1,4-ジエン-3,20-ジオン．グルココルチコイド．コルチゾンと同様の目的に使用されるが，作用はずっと強力である．特に喘息の治療に有用である．

プレニテン prehnitene（1,2,3,4-tetramethylbenzene）
$C_6H_2(CH_3)_4$，1,2,3,4-テトラメチルベンゼンの慣用名．

フレノシン phrenosin
$C_{48}H_{93}O_9$．融点 212°C．セレブロシドの一種である．

プレフェン酸 prephenic acid
$C_{10}H_{10}O_6$．芳香環生合成のシキミ酸経路における中間体．コリスミン酸の転位により生じる．

フレミーの塩 Fremy's salt（potassium nitroso disulphonate）
$(KSO_3)_2NO$，ニトロソ二スルホン酸カリウム，ニトロシルビス（硫酸）カリウム．フェノールやアニリンをキノンへと酸化する試薬．

プレメタル化染料 premetallized dyes
→金属前処理染料

フレンケル欠陥 Frenkel defect
→欠陥構造

ブレンステッド-ローリーの分類 Brönsted-Lowry classification
→酸

ブレンドポリマー polymer blends（poly blends）
異なる構造のポリマーやコポリマーの混合物．

ブロイネル石 breunnerite
5〜30%の炭酸鉄を含有する菱苦土鉱．ギオベルタイト，菱鉄苦土鉱ともいう．MgOの原料として用いられるほか，鉄の混在のために，耐火性は劣るがより強度の高いレンガを作るので，耐火材の製造にも用いられる．蛍光増白剤．

フロイン酸 furoic acid（furan-2-carboxylic acid, pyromacic acid）
$C_5H_4O_3$．フラン-2-カルボン酸，ピロ粘液酸．沸点 230〜232°C．冷フルフラールに 30% NaOH 溶液を加えると，不均化反応（カニッツァーロ反応）でフルフリルアルコールとともに生成する．

フロインドリッヒの等温式 Freundlich isotherm
→吸着等温式

ブローオフ blow-off

浮き上がり燃焼（リフトオフ）．

プロカイン procaine (diethylaminoethyl 4-aminobenzoate)
$NH_2C_6H_4C(O)OC_2H_4N(C_2H_5)_2$, $C_{13}H_{20}N_2O_2$. 4-アミノ安息香酸ジエチルアミノエチル．融点（二水和物）51℃（無水物が61℃）．塩酸塩は融点153〜156℃で強力な局所麻酔剤．

フロキュレーション flocculation
イオン強度が高いとき，ゼータ電位によりコロイド粒子が凝集すること．可逆的に起こる．→凝析

プロキラル prochiral
2つの同じ基 a，および異なる2つの基 b および c と結合している炭素原子（C $aabc$）は，同じ基 a の一方を a, b, c と異なる基 d で置換すると，キラル中心（C $abcd$）を生じるため，プロキラルであるという．3つの異なる基と結合した三角形の中心原子（X abc）についても同様である．

プログアニル proguanil
$C_{11}H_{16}ClN_5$. 4-クロロフェニルジシアンジアミドを塩酸イソプロピルアミンで処理すると塩酸塩（融点248℃）として得られる．マラリアの予防や治療に用いられる．

プロゲステロン progesterone
$C_{21}H_{30}O_2$. ステロイド誘導体．プロゲステロンは妊娠中に子宮の成長と発達を支配するホルモンである．正常な月経周期の5〜25日に与えられると排卵抑制効果も有する．これに基づき，人工プロゲステロンは経口避妊薬として使用される．プロゲステロンはある種のヤマノイモから製造される．コルチゾンの製造に用いられる．

ブロシル基 brosyl
4-ブロモベンゼンスルホニル基の略．ブロシル化などに用いる．$4-BrC_6H_4SO_2-$，生化学，薬学方面で多用される．

プロスタグランジン prostaglandins
C_5 環を含み20個の炭素原子を持つヒドロキシ不飽和脂肪酸の一群．哺乳類の器官，組織，分泌物，またソフトコーラル（軟サンゴ）のような単純な動物にもみられる．プロスタグランジンは抗ウイルス活性を持ち，広い生理学的作用を有する．アラキドン酸のような不飽和脂肪酸はプロスタグランジンの生合成の前駆体である．→トロンボキサン

プロタミン protamines
→蛋白質

ブロックコポリマー block copolymerization
比較的長い単位で各成分が結合する共重合．分岐を有するブロック共重合体はグラフトコポリマーである．コポリマーの物性は通常，構成成分の物性とは異なる．

プロテアーゼ proteases
アミド結合を切断する酵素．

プロテアソーム proteasome
タンパク質を分解する酵素の複合体．ユビキチン標識の結合したタンパクを分解する．

プロテオソーム proteosome
プロテアソームとよく似た言葉であるが別のものである．細胞内における全タンパク発現パターンの総称．

プロテオミクス proteomics
タンパク質科学．タンパク質の構造に関する情報．プロテオーム，すなわちタンパク質の分布や機能の研究．

フローテーション flotation
水系の懸濁液中の鉱物に少量の適切な試薬を加え空気を通すことにより，比較的安定な泡を形成して鉱物を分離する方法．鉱物粒子は泡の液体-空気界面に集まる．その後，泡を容器の上端から取り出して破壊し，濃縮された鉱物を回収する．

プロトアクチニウム protactinium
元素記号 Pa．アクチニド元素，原子番号91，原子量231.04，融点1572℃，沸点約4300℃，密度（ρ）15370 kg/m^3（15.37 g/cm^3），地殻存在比 3.27×10^{-4} ppm，電子配置 [Rn] $5f^26d^17s^2$. もとはウラン鉱物から ZrO_2 を用いた共沈殿により分離された．現在ではウラン抽出プラントの残渣から溶媒抽出により分離されている．最も安定な同位体は ^{231}Pa（半減期32340年）．単体金属は PaF_4 を1400℃でバリウムにより還元して得る．銀色の金属で，変形した bcc 構造をとる．プロトアクチニウム化合物は，健康にとって非常に危険である．

プロトアクチニウム化合物 protactinium compounds

化合物中，Pa は +5 または +4 の酸化状態をとる．

$$Pa^{5+} \xrightarrow{-0.1} Pa^{4+} \xrightarrow{-0.9} Pa$$

（単位は V，水溶液中）

+5 の状態が最も安定である．ハロゲン化物 PaX_5 および PaX_4 はすべて知られている．褐色の PaF_4 は Pa_2O_3，過剰の H_2 と HF から得られる．F_2 を PaF_4 と反応させると無色の PaF_5 を生じる．$PaCl_5$ は黄色の揮発性固体（200℃で昇華する）で，$SOCl_2$ と Pa_2O_5 から 350〜500℃で得られる．これを 400℃で水素により還元すると $PaCl_4$ を生じる．ハロゲン化物はいずれも加水分解されて水和物，次いで酸化ハロゲン化物 $PaOX_2$ と $PaOX_3$，最終的には水和酸化物を生じる．K_2PaF_7 のような複ハロゲン化物は溶液から得られ，例えばハロゲン化物と N-ドナーや O-ドナーとの錯体も形成する．水和五酸化物は加熱すると，Pa_2O_5, $PaO_{2.3}$ さらには PaO_2 を生成するが，Pa-O 系列には非常に複雑な関係がある．ある種の Pa(Ⅲ)化合物も知られている．$Pa(C_5H_5)_4$ は $PaCl_4$ と KC_5H_5 から合成される．Pa 金属は水素と反応して PaH_3 を生成する．

プロトカテキュ酸 protocatechuic acid (3,4-dihydroxybenzoic acid)

$C_7H_6O_4$．3,4-ジヒドロキシ安息香酸．一水和物として結晶化する．融点 199℃．タマネギなどの植物中に遊離の形で存在する．タンニンの構成成分であり，樹脂のアルカリ分解生成物．

プロトポルフィリン protoporphyrin
→ポルフィリン

プロトロンビン prothrombin
→トロンビン

プロトン proton

陽子．あらゆる物質を構成する単位粒子の1つ．プロトンは水素原子核と同一であり，1原子単位の質量，電子の負電荷と大きさの等しい正の単位電荷を持つ．プロトンの質量は電子の 1836 倍．静止質量は 1.672×10^{-27} kg，スピンは 1/2（訳者記：ここに記した説明は物理学的な「陽子」の説明のみであるが，無機・分析化学分野では H^+ を意味し，有機化学では水素原子の意味で用いる）．

プロトン化 protonation

プロトン（水素イオン）が付加すること．例えば HCl により H_2O がプロトン化すると $[H_3O]^+Cl^-$ が生成する．

プロトン供与性 protogenic
→両プロトン性溶媒

プロトン駆動力 proton motive force
→化学浸透仮説

プロトン酸 protonic acid

解離により H^+ を発生する分子．例えば HCl, H_2SO_4．

プロパジエン（アレン） 1,2-propadiene (allene)
$CH_2=C=CH_2$．アレンの系統的名称．

プロパナール propanal (propionaldehyde)
→プロピオンアルデヒド

プロパノール propanol, propylalcohol

1-プロパノール（n-プロピルアルコール）と 2-プロパノール（イソプロピルアルコール）の2種類がある．

1-プロパノール 1-propanol (n-propyl alcohol)

C_3H_8O, $CH_3CH_2CH_2OH$．快い臭気を有する無色液体．沸点 97℃．フーゼル油に含まれる．プロピレンオキシドの水素化により得ることもできる．酸化するとプロパナールとプロパン酸を生じる．アルミナ上で加熱するとプロペンを生じる．溶媒として，またエステル（酢酸プロピル）の合成に用いられる．

2-プロパノール 2-propanol (isopropyl alcohol)

$CH_3CHOHCH_3$．イソプロピルアルコール．沸点 82℃．プロペンへの水付加により製造される．酸化によるアセトンの製造，エステル（例えば，溶媒用の酢酸エステル），アミン（ジイソプロピルアミンなど），グリセロール，過酸化水素の製造に用いられる．2-プロパノールは，重要な溶媒で多くの塗料，樹脂，エアロゾル，凍結防止剤に用いられる．医・薬学ではイソプロパノールというのが普通である．

2-プロパノールアミン 2-propanolamines (isopropanolamines)
→イソプロパノールアミン類

プロパノン propanone (acetone, dimethyl ketone)

アセトンの系統的名称．

プロパルギルアルコール propargyl alcohol

(2-propin-1-ol, propiolic alcohol)

C_3H_4O, $HC≡CCH_2OH$. 2-プロピン-1-オール，プロピオールアルコールともいう．沸点 115℃．アセチレンと CH_3CHO または CH_3CH_2OH から得る．熱やアルカリにより容易に重合する．有機合成で広く利用される．

プロパン propane

C_3H_8, $CH_3CH_2CH_3$. 無色で特有の臭気を持つ可燃性気体．融点 -190℃，沸点 -44.5℃．石油由来の天然ガス中に含まれる．プロペンの還元によって得られる．パラフィンとしての一般的性質を有する．冷媒や燃料に用いられる．

プロパン酸 propanoic acid (propionic acid)
→プロピオン酸

1,2-プロパンジオール 1,2-propanediol (propyleneglycol)
→プロピレングリコール

1,3-プロパンジオール 1,3-propanediol
→トリメチレングリコール

1,3-プロパンジチオール 1,3-propanedithiol
→トリメチレンジチオール

プロパン二酸 propanedioic acid
→マロン酸

プロピオフェノン propiophenone

$PhC(O)CH_2CH_3$. 塩化プロピオニル，ベンゼン，$AlCl_3$ から得る．沸点 219℃．香料製造に用いられる．

β-プロピオラクトン β-propiolactone

$C_3H_4O_2$, $\overline{CH_2CH_2C(O)O}$. 無色液体．沸点 162℃ (分解点)．ケテンとホルムアルデヒド (メタナール) の反応で得る．非常に反応性が高く，合成的に有用である．主に $CH_2CH_2C(O)$-基を付加するのに用いる．発ガン性の可能性あり．

プロピオールアルコール propiolic alcohol
→プロパルギルアルコール

プロピオール酸 propiolic acid

$HC≡C-COOH$, アセチレンモノカルボン酸．

プロピオンアルデヒド propionaldehyde

CH_3CH_2CHO. 系統的名称ではプロパナール．無色液体，沸点 48℃．n-プロパノールを触媒上で脱水素するか，フィッシャー-トロプシュ合成あるいは C_2H_4, CO と H_2 の反応により得られる．メタノールと反応させてトリメチロールエタン (アルキド樹脂に用いられる) の製造に利用される．水素化によりプロパノールに変換したり，酸化してプロピオン酸に変換して利用される．

プロピオン酸 propionic acid (propanoic acid, propiolic acid)

$C_3H_6O_2$, $CH_3CH_2C(O)OH$. 系統的名称ではプロパン酸．酢酸に類似の臭気を有する無色液体．融点 24℃，沸点 141℃．木材の蒸留物中に含まれる．プロパノールかプロピオンアルデヒドを酸化するか，あるいはアクリル酸 (プロペン酸) を還元して得る．エステルやポリマーの製造に用いられる．無水プロピオン酸も同様の用途で用いられる．

プロピノール propynol

別名をプロピオールアルコールともいう．
→プロパルギルアルコール

プロピルアルコール propyl alcohols
→プロパノール

n-プロピルアルコール n-propyl alcohol
→1-プロパノール

プロピル基 propyl

C_3H_7- 基．2つの異性体がある．n-プロピル基 (n-Pr, 1-propyl) $CH_3CH_2CH_2$- とイソプロピル (i-Pr, 2-propyl) $(CH_3)_2CH$- である．

プロピルパラベン propylparaben (4-hydroxybenzoic acid, propyl ester)

$HOC_6H_4COOC_3H_7$, 4-ヒドロキシ安息香酸プロピルエステル．食品の保存料．抗菌剤．

n-プロピルベンゼン n-propylbenzene

$PhCH_2CH_2CH_3$. 硫酸エチルと臭化ベンジルマグネシウムから得る．織物の染色や色素に用いられる．

プロピレン propylene (propene)

C_3H_6, CH_3-$CH=CH_2$. 系統的命名法ではプロペン．無色気体．融点 -185℃，沸点 -48℃．石油のクラッキングにより得られる．1-プロパノールの蒸気を加熱したアルミナ上に通すか，あるいはメタノールと水蒸気を触媒上に通して得られる．硫酸と反応して 2-プロピルエーテルと 2-プロパノールを生じ，ハロゲンと反応すると二ハロゲン化物を与える．希塩素水で処理すると，プロピレンクロロヒドリンが得られる．触媒存在下で水素化するとプロパンを生じる．ベンゼンと反応させるとクメンを生じる

(フェノールとアセトンの合成経路).これらの化合物やその誘導体の製造に利用されるが,主にポリマー製造(70%)(ポリプロピレン(25%),ポリアクリロニトリル(15%)),クメン(10%),溶媒,Me₂CHOH(10%),プロピレンオキシド(10%)の製造に用いられる.→ポリプロピレン

プロピレンのポリマー polypropylene
→ポリプロピレン

プロピレンオキシド propylene oxide (1,2-epoxypropane methyl oxinane)
C_3H_6O, CH_3CHCH_2O, 1,2-エポキシプロパン,メチルオキシラン.無色液体.沸点34℃.プロピレンクロロヒドリンを固体 NaOH とともに加熱するか,あるいはイソブタンを CaO で酸化して得る.硫酸の存在下で水と反応してプロピレングリコールを生じ,アルコールやフェノールと反応するとエーテルを生成する.性質はエチレンオキシドに類似しているが,反応性はやや低い.化学合成,特にポリオールと反応させてポリグリコールの製造に用いられる.泡(フォーム),潤滑剤,界面活性剤用の溶媒として用いられる.

プロピレングリコール propylene glycol, 1,2-dihydroxypropane, 1,2-propanediol)
$CH_3CH(OH)CH_2OH$, 1,2-ジヒドロキシプロパン.系統名は 1,2-プロパンジオール.沸点 187～189℃.無色でほぼ無臭の液体.甘味を呈するがエチレングリコールより刺激が強い.沸点 187℃.プロピレンクロロヒドリンを $NaHCO_3$ 溶液と加圧下で加熱するか,プロピレンオキシドを酸化して得る.性質はエチレングリコールに極めて類似するが毒性はより低い.モノエステル,ジエステルやモノエーテル,ジエーテルを形成する.用途は不凍剤,香料の原料,香気成分の抽出,溶剤,抗カビ剤,樹脂,化粧品など.

プロピレンクロロヒドリン propylene chlorohydrins
C_3H_7ClO.2種のクロロヒドリンともプロペンに希 HOCl 溶液を作用させるか,あるいはプロピレンオキシド(1,2-エポキシプロパン)に HOCl を作用させると無色液体として得られる.この生成物は約90%の α-クロロヒドリンと 10% の β-クロロヒドリンを含む.

これらのプロピレンクロロヒドリンはどちらも炭酸水素ナトリウム溶液で処理すると 1,2-ジヒドロキシプロパン(プロピレングリコール)に変換され,また固体水酸化ナトリウムと加熱すると,1,2-エポキシプロパン(プロピレンオキシド)を生じる.

① α-プロピレンクロロヒドリン α-propylenechlorohydrin (1-chloro-2-hydroxypropane):$CH_3CH(OH)CH_2Cl$.1-クロロ-2-ヒドロキシプロパン.沸点 127℃.無色の液体.有機合成原料.特にプロピレンオキシドの原料となる.

② β-プロピレンクロロヒドリン β-propylenechlorohydrin (2-chloropropanol):$CH_3CHClCH_2OH$.2-クロロ-1-プロパノール.沸点 134℃.無色の液体.

プロピン propyne (allylene, methylethyne)
→メチルアセチレン

プロペナール propenal (acrolein, acraldehyde, vinyl aldehyde)
→アクロレイン

プロペニルイソチオシアナート propenyl isothiocyanate (allyl isothiocyanate, mustard oil)
→アリルイソチオシアナート

プロペニル基(アリル基) propenyl (allyl)
→アリル基

プロペニルチオ尿素 propenylthiourea (allylthiourea, thiosinamine, rhodallin)
→アリルチオ尿素

プロペニルポリマー propenyl polymers
→アリルポリマー

プロペノール(アリルアルコール) propenol (allyl alcohol)
→アリルアルコール

プロペン propene (propylene)
→プロピレン

プロペンオキシド propene oxide
→プロピレンオキシド

プロペン酸(アクリル酸) propenoic acid (acrylic acid, vinyl-formic acid)
→アクリル酸

プロペンニトリル propenenitrile (acrylonitrile, vinyl cyanide

→アクリロニトリル

プロペンポリマー propene polymers (polypropene, polypropylene)
→ポリプロピレン

ブロマシル bromacil
ウラシル誘導体．5-ブロモ-3-sec-ブチル-6-メチルウラシルである．除草剤としても用いられる．

プロマジン promazine
→クロルプロマジン

ブロマール bromal
→トリブロモアセトアルデヒド

プロメタジン promethazine (10-(2-dimethylaminopropyl)phenothiazine)
$C_{17}H_{20}N_2S$，10-(2-ジメチルアミノプロピル)フェノチアジン．塩酸塩の形でアレルギー治療薬に用いられる．

プロメチウム promethium
元素記号 Pm．人工のランタニド金属元素，原子番号61，原子量 ^{147}Pm 146.92，融点1042℃，沸点3000℃，密度(ρ) 7264 kg/m^3 (=7.264 g/cm^3)，電子配置 [Xe]4f^{5}6s^2．痕跡量の Pm はウランの核分裂生成物として天然に存在する．^{147}Pm(半減期2.64年)は核融合炉で得られ，エネルギー源として利用される．典型的なランタニド元素で，以前はイリニウムと呼ばれたこともある．時計文字盤の蛍光塗料に用いられる．

プロメチウム化合物 promethium compounds
プロメチウムは，酸化数+3の状態のみをとり，ただ1系列の典型的なランタニド化合物を形成する．Pm^{3+} (f^4 ローズピンク色) → Pm (-2.42 V, 酸性溶液中)

ブロメリン bromelin (bromelain)
ブロメライン．強力なタンパク質分解酵素(糖タンパク質)で，パイナップル(*Ananas comosus*)の茎より得られる．食肉を柔らかくするのに用いられる．フィブリンタンパク質のフィブリンの重合体を分解できるので，抗炎症剤としても用いられる．

ブロモアセトン bromoacetone (bromopropanone)
ブロモプロパノン，$CH_3C(O)CH_2Br$．無色の液体．色は速やかに紫色に変色する．強力な催涙作用がある．沸点136°/725 Torr．30～40℃でアセトンの水溶液を臭素で処理して製造する．通常はこのときに塩素酸ナトリウムを添加して，このとき副成する臭化水素を単体臭素に酸化する．あまり安定でなく，放置すると分解する．

ブロモエタン酸 bromoethanoic acid (bromoacetic acid)
→ブロモ酢酸

ブロモ酢酸 bromoacetic acid
$CH_2BrCOOH$．白色結晶性固体．融点50℃，沸点208℃．水やアルコールに可溶．少量の赤リンの存在下で氷酢酸に単体臭素を反応させて得られる．皮膚に接触すると潰瘍を生じる．化学合成原料．→レフォルマツキイ反応

N-ブロモスクシンイミド N-bromosuccinimide (NBS)
$C_4H_4BrNO_2$．白色の固体．融点178℃．スクシンイミドに臭素を作用させて生成する．臭素化剤として用いられ，ベンジル位あるいはアリル位の水素や，カルボニル基のα位の炭素に結合した，活性水素原子を置換する．活性化されたベンゼン環およびいくつかの複素環化合物で求核置換を生じる．二級アルコールを酸化しケトンとするのにも用いられている．

$$\begin{array}{c} CH_2-C \\ | \quad \quad \quad \quad \backslash \\ \quad \quad \quad N-Br \\ | \quad \quad \quad \quad / \\ CH_2-C \end{array}$$

ブロモチモールブルー bromothymol blue
pH 指示薬．変色 pH 範囲は6.0(黄色)～7.6(青)．

ブロモトリフルオロメタン bromotrifluoromethane (BTM)
CF_3Br．無色気体，沸点-59℃/740 Torr．比較的毒性の低い圧縮不活性ガスとして消火器(例えば乾燥粉末消火器)に用いられていた．フルオロホルム CHF_3 を臭素化して得る．現在では使われなくなっている．BTM と略することもある．

ブロモナフタレン bromonaphthalenes
$C_{10}H_7Br$．
① 1-ブロモナフタレン (1-bromonaphtha-

lene)：融点 5℃, 沸点 279℃.

② 2-ブロモナフタレン（2-bromonaphthalene)：融点 59℃, 沸点 282℃.

1-ブロモナフタレンは臭素をナフタレンに直接作用させて生成する．2-ブロモナフタレンはジアゾ化した 2-ナフチルアミンを CuBr で処理することによって得る．1-ブロモナフタレンは屈折率測定の標準物質として用いられている．

ブロモベンゼン類 bromobenzenes

ブロモベンゼン（bromobenzene）C_6H_5Br は沸点 155℃．ベンゼンを触媒（I_2, Fe, $AlCl_3$）の存在下に直接臭素化するか，あるいはジアゾニウム塩を CuBr で処理することによって得られる．ジフェニルおよびジフェニルエーテルならびに誘導体の製造に用いられるほか，グリニャール試薬を用いて分子の中にフェニル基を導入するのにも用いられる；ハロゲン原子はマグネシウム，ナトリウムあるいは銅で処理することによって除去できる．

二置換誘導体 $C_6H_4Br_2$ である 1,2-ジブロモベンゼン（融点 7.8℃, 沸点 224℃）および 1,4-ジブロモベンゼン（融点 89℃, 沸点 219℃）もまた脱ハロゲン反応によってジフェニル誘導体を合成する原料となる．

ブロモホルム tribromomethane (bromoform)

$CHBr_3$. トリブロモメタン無色液体, 融点 8℃, 沸点 151℃（一部分解). 水に微溶. アルコール, エーテルと混和する. 臭素と水酸化ナトリウムをエタノールまたはアセトンに作用させるか, あるいはブロマールをアルカリと加温して得る. 光と空気によりクロロホルムより容易に分解する. 安定化のためにアルコールを 4% 加える. 水酸化カリウムを作用させると一酸化炭素と臭化カリウムを生じる. 重液として鉱物粉末を分別するのに利用されることもある.

ブロモメタン bromomethane (methyl bromide)

臭化メチル, CH_3Br. 沸点 5℃. 臭化ナトリウム, メタノールおよび濃硫酸から製造する. 自然界では植物やプランクトンが産生することが知られている. メチル化に使用されるほか, 商業的には広く燻蒸剤として用いられている. しかし現在使用量は減少している.

プロラクチン prolactin (lactation-stimulating hormone)

催乳ホルモン（乳汁分泌ホルモン). 乳の分泌に必要なタンパク質ホルモン.

プロラミン prolamines
→蛋白質

フロリジル（商品名） Florisil

特にフッ素含有化合物のクロマトグラフィー分離に用いられるケイ酸マグネシウムの商品名.

プロリン proline (2-pyrrolidinecarboxylic acid)

$C_5H_9NO_2$, 2-ピロリジンカルボン酸. 無色結晶. 融点 220〜222℃. 通常はアミノ酸の中に分類されているが, 厳密にはアミノ酸ではない.

フロログルシノール phloroglucinol (1,3,5-trihydroxybenzene)

1,3,5-トリヒドロキシベンゼン, $C_6H_6O_3$. 以前はフロログルシンと呼んだ. 無色結晶. 水から結晶化すると二水和物が得られ, 100℃ で結晶水を失う. 無水物は融点 200〜219℃. 多くの天然のグリコシド中に存在する. レゾルシノールを NaOH と溶融して合成でき, トリニトロベンゼンからトリアミノベンゼンを経て製造することもできる. 1,3,5-トリヒドロキシベンゼンとしてもシクロヘキサンのトリケトンとしても反応する. 印刷, 織物, 染色, 写真, 接着剤, 医薬品に用いられる.

ブローンアスファルト blown bitumen, oxidized bitumen

酸化アスファルトともいう. 精選したソフトアスファルトに, 触媒の存在下でおよそ 300℃ で空気を吹き込み生成させる. 製品は石油系アスファルトというよりはゴム状固体である.

ブロンズ bronze

青銅. 銅とスズの合金. スズが銅を硬く強固にする. 砲金, リン青銅, アルミニウム青銅, ベリリウム青銅はそれぞれ特定の用途を持つ.

ブロンズ類 bronzes

原子番号の大きい遷移金属酸化物を非化学量論量のアルカリ金属などにより還元して得た, 金属に似た外観と性質を持つ不定比化合物. 主に Nb, Ta, W などにより形成される. 例えば $Sr_{0.8}NbO_3$ や Na_xWO_3 など.

フロンティアオービタルの対称性 frontier or-

bital symmetry
　反応の部位や速度は，一方の反応物の最高被占オービタル（HOMO）と他方の反応物の最低空オービタル（LUMO）の形やエネルギーにより決まる．1952年に京都大学の福井謙一により提案された「フロンティア軌道理論」の中核をなすアイディアである．

プロントジル　prontosil
　赤橙色のアゾ色素．ドマークが最初に治療を試みた初期の抗菌性物質．スルファニルアミド誘導体．

分　圧　partial pressure
　気体や蒸気の混合物において各成分の全圧に対する寄与は，混合物中に存在するその成分と等しい量が単独で同じ体積の容器を占めているときに及ぼす圧力と等しいとみなすことができる（ドルトンの分圧法則）．このときの各成分気体の圧力を分圧という．

分解ガソリン　cracked gasoline（cracked spirit）
　→クラッキング処理ガソリン

分解蒸留　destructive distillation
　固体または液体の有機物質を蒸留する際に，加熱された物質が部分的にあるいは完全に分解し，蒸留器中に固体あるいは粘性の液体が残るようなもの．揮発性の液体生成物は凝縮後に集められる．典型的な分解蒸留としては石炭，泥炭（ピート），木材，油頁岩（オイルシェール）の乾留などがある．→炭化

分解点　decomposition point
　実験室での蒸留において，液体または固体が初めて熱分解の様相を示すときの温度計の目盛り．

分解電圧　decomposition voltage
　ある電解質が電気分解を起こすための最小の電圧．分解電圧（電位）は電解質と電極双方の性質に依存する．

分解能　resolution
　光学機器（望遠鏡や顕微鏡，カメラなど）で物体の像を結ばせる場合に，識別可能な2点間の距離か視角のことをいう．

分解溶融　incongruent melting
　Na_2Kのように，単一の液相を形成せずに成分に分かれて融解すること．岩石・鉱物学分野では「不一致溶融」ということもある．

分　画　fractionation
　蒸留や結晶化による分離．

分岐コポリマー　branched copolymers
　→ブロックコポリマー

分　級　classification
　粒子混合物を大きさ，形，密度，磁性などに応じて複数の画分に分けること．

分　極　polarization
　双極子を持つ分子を電場中に置くと，分子は電場に対してある方向に配向する．この効果を分極という．これと同時に分子内の電子は電場の正極からわずかに離れる．この効果を電子分極という．さらに正電荷を持つ原子核は，わずかではあるが互いに離れるように動く．この原子分極の大きさは非常に小さい．分子の全分極は配向分極，電子分極，原子分極の総和である．

分極性　polarizability
　分子を電場中に置くと，電子が核から離れようとする結果，分子内に双極子が誘起される．この双極子の大きさを電場強度で割った値を，その分子の分極率という．電子的な分極率は可視光の屈折率により求めることができる．遠赤外線で同様の測定を行うと，さらに原子の分極率（atomic polarizability）が加わる．分極率の単位は$(Cm)^2/J$．

分　金　parting
　銀から金を分離するプロセス．これら元素の化学的性質は大きく異なっているので，容易に分離できる．銀を濃硫酸か硝酸に溶解する方法や，銀を塩素と優先的に反応させて塩化銀を生成させる方法が用いられる．

分光化学系列　spectrochemical series
　錯体のd軌道の分裂を引き起こす大きさの順に並べた配位子の順序（→結晶場理論）．磁性の変化や紫外・可視・近赤外部の吸収スペクトルに現れるd-d遷移によって決定される．d-d遷移エネルギーの順序は$I^-<Br^-<Cl^-<F^-<OH^-<H_2O<$ピリジン$<NH_3<$en（エチレンジアミン）$<NO_2^-<CN^-$の順に増加する．この系列は1932年に大阪帝国大学の槌田龍太郎によって最初に提案された．

分光光度計　spectrophotometer
　電磁波の振動数（または波長）と吸収強度の関係を測定する装置．分光光度計は，紫外，可

視，赤外，マイクロ波など電磁波の各種波長領域に用いられる．

分光光度分析法　spectrophotometric methods of analysis

分光光度計を用い，光の吸収の濃度依存性を利用して，ベールの法則によって定量を行う分析法．

分光増感　spectral sensitization

写真用ハロゲン化銀の感度を，増感色素（分光増感剤）を加えることにより他の波長領域に拡張すること．適切な増感剤を用いれば，整色性や赤外線感光性のハロゲン化銀剤を作ることができる．カラーフィルムでは3色パック材に赤，緑，青の光に感光性の3種の感光層が含まれる．

分光増感剤　spectral sensitizers

シアニンのようにポリメチン構造の色素類が主である．→分光増感

粉砕　grinding
→破砕と磨砕

粉砕機　size reduction equipment

粒子を小さくする装置．磨砕機，研削機，ミルなどがある．

噴散　effusion

気体分子が平均自由行程より小さい直径のオリフィスを通過すること．噴散の速度はオリフィスの面積および分子の平均速度に比例する（ゆえに分子量の平方根に逆比例する）．実験的に低い蒸気圧を求めたり気体の分子量を測定したりするのに利用される（例えば高温での平衡など）．この実験に用いる器具はクヌーセンセルと呼ばれ，キャビティに小さな穴があいている．

分散系　dispersion

巨視的には均一であるが微視的には均一でない2相系．

分散剤　dispersing agent
→分散試薬

分散試薬　dispersing agent

互いに混じり合わない液体同士や液体と固体から，乳濁液（エマルジョン）や懸濁液（サスペンジョン）を調製するのに用いる試薬．分散剤には表面張力を低下させるもの（表面張力低下剤，界面活性剤）や連続相の粘度を増加させるもの（保護コロイド）がある．ポリエチレンポリアミドスクシンイミドやメタクリル酸系の共重合体のような分散剤は，エンジンオイルに添加すると，スパーク点火エンジンで発生する低温スラッジを分散させる機能を持っている．

分散染料　disperse dyes

水に不溶な色素で，通常は水系の分散液として用いる．染料は繊維に対して高い親和性を有する．特にナイロンや合成繊維に用いられる．主要な分散染料はアントラキノン系やアミノモノアゾ化合物系のものである．

分散相　disperse phase
コロイドのこと．

分散相互作用　dispersion interaction
→ロンドン相互作用

分子　molecule

遊離の状態で存在できる，物質の最小単位（→原子）．イオン性物質の場合は，例えばNaClでは固体は規則的に配列したNa^+イオンとCl^-イオンから形成されているが，気体状態のイオン対NaClを分子とみなす．

分子の質量　mass of molecule

分子の実際の質量はモル質量（グラム分子量）をアヴォガドロ数で割ると求められる．例えば窒素分子1個の質量は，$28.0/(6.02 \times 10^{23}) = 4.65 \times 10^{-23}$ gとなる．

分子イオン　molecular ion

質量分析計中で観測されるような，対応する分子より電子が1つ少ない陽イオン．陰イオンを使った研究では電子が過剰なものも分子イオンという．

分子オービタル　molecular orbitals（MO）

分子を形成する一群の原子に属する電子オービタル．そのオービタルに電子が存在することが分子を保持する寄与を持つか，分子を解離させる傾向にあるか，あるいは結合に対して影響を及ぼさないかによって，オービタルは結合性，反結合性または非結合性となる．分子オービタルの数は結合に関与する原子オービタルの総数に一致する．通常は，分子オービタルには外殻電子のみを考慮すればよい．モレキュラーシーブ．

分子式　molecular formula

分子中の各原子の数を表す．例えばベンゼン

は C_6H_6. これの実験式は CH.

分子蒸留　molecular distillation

非常に低い圧力（$1.3\,\mathrm{N/m^2}$（$=0.01$ Torr）以下）で行う蒸留操作．このような条件では分子の平均自由行程が，蒸留される液体表面と凝縮物表面の間の距離と同程度になり，分子は他分子との衝突を比較的少ない回数しか起こさずにこれらの間を移動できるため，蒸留速度が速くなり，また熱分解を最小限に抑えることができる．分子蒸留はビタミンやその他の天然物の分離や精製，また高沸点の合成有機化合物の蒸留に用いられる．

分子スペクトル　molecular spectrum
→バンドスペクトル，連続スペクトル

分子直径　molecular diameters

実際に球状の分子はほとんどないが，化学速度論において球状であると仮定することがある．代表的な値として，$H_2 : 2.38 \times 10^{-8}\,\mathrm{cm}$；$O_2 : 3.19 \times 10^{-8}\,\mathrm{cm}$；$NH_3 : 3.9 \times 10^{-8}\,\mathrm{cm}$；$C_6H_6 : 6.6 \times 10^{-8}\,\mathrm{cm}$．

分子度　molecularity

反応関与分子数ともいう．提案された反応機構で関与する分子の数．

分子ビーム　molecular beam

すべての分子が極めて狭い範囲内の速度，それゆえ狭い範囲内のエネルギーを持つビーム．このようなビームは分子の速度分布や衝突断面積の測定，速度論研究に利用される．

分子篩　molecular sieve
→モレキュラーシーヴ

分子量　molecular weight

$^{12}C = 12.000$ amu（原子質量単位）を基準としたときの1分子の相対質量．分子量はそれを構成する核種の原子量の総和に等しい．分子量をグラム単位で表した数をグラム分子量という．特定の圧力下で，質量既知の物質の体積を測定するか質量分析，超遠心，光散乱，粘度測定，結晶解析により求められる．

分子量軽重選択性　light-heavy selectivity

溶媒抽出における溶媒の抽出能力は，抽出すべき成分の分子量に依存する．

噴水塔　spray tower

スクラバーの最も単純な形式．気体を冷却塔の下から上に向かって通し，その間に吸収剤液体を一連のスプレーでそそぎ，気体と液体を効率よく接触させる．塔の内側は空で充填剤は入っていない．

噴水冷却池　spray ponds

大気圧下で蒸発熱を利用して水を冷却する方法．水を細いノズルから噴出させ，開いた液溜めに集める．

分析　analysis

大きく分けると「定性分析」，「定量分析」，「状態分析（キャラクタリゼーション）」の3区分になる．「定性分析」は試料中に「何が含まれているか」を調べることを目的とする．これに対し「定量分析」は試料中の目的とする成分の含量を求める．→定性分析，定量分析

「状態分析（キャラクタリゼーション）」は試料中に含まれている目的とする成分の存在状態とその分量を調べる．現在ではいろいろな物理化学的手法によって，試料を破壊することなく行うのが主であるが，以前は化学形ごとの成分定量（例えば肥料中の硝酸態窒素など）を意味していた．

ブンテ塩　Bunte salts

S-チオスルホネート [$RSSO_3$]$^-$．ハロゲン化アルキルとチオ硫酸塩から生成する．酸により加水分解されてチオール，ジスルフィドなどを生じる．

フント則　Hund's rules

縮退した軌道を持つ系において，不対電子の数が最大になる電子配置が基底状態になるという法則．例えば p^3 の電子配置は ⇅↑_ ではなく，軌道の角運動量が最大になる配置 ↑↑↑ が基底状態である．

分配カラムクロマトグラフィー　partition column chromatography
→クロマトグラフィー

分配関数　partition function

ある系の熱力学的性質の全情報を含む式．

分配の法則　distribution law
→分配律

分配律　partition law (distribution law)

2相以上の相が平衡にある不均一系で，一定の温度において同じ分子種の各相中の活量（近似的には濃度）の比は一定となる．この比を分配係数（分配比）という．

分別結晶 fractional crystallization
2種類以上の物質を含む混合物を，温度による溶解度の変化を利用して各成分に分離する方法．

分別蒸留 fractional distillation
混合物を蒸留により，揮発性の異なる種々の画分に分けること．

分別蒸留カラム fractionating column
分別蒸留に用いる垂直な筒状の装置．内部で蒸気と凝縮液との間の平衡を達成させて精密な分離を可能とする．

分別滴定 differential titration
2種以上の類似した反応化学種を含有する試料の各成分を別々に分析する手法．これらは複数の指示薬を用いたり，塩基を使い分けたりすることなどにより区別できる．

粉末X線回折 powder diffraction
→ X線回折

粉末冶金 powder metallurgy
加圧下で融点より低い温度で固体物質を生成することにより粉末を焼結する手法．金属，合金，ある種のプラスチックに適用される．

分　留 fractional distillation
→分別蒸留

分留塔 fractionating column
分別蒸留カラムの大型のもの（工業用）．

ヘ

平均自由行程 mean free path
分子が他の分子と衝突してから次に衝突するまでに移動する距離の平均値．標準状態では水素分子の平均自由行程は 70 nm である．

平衡状態 equilibrium state
ある方向に無限小の変化を加えたとき，直ちに逆向きの変化を生じて元の位置に戻る系．

平衡図 equilibrium diagram
液体混合物に対して液相と平衡にある固相または気相の組成，融点，沸点を表す図．液体と固体合金の間の平衡を示すために冶金分野で広く用いられる．

平衡定数 equilibrium constant
質量作用の法則によると，可逆反応

$$aA + bB \rightleftharpoons cC + dD$$

において平衡定数 K は

$$K = \frac{[C]^c[D]^d}{[A]^a[B]^b}$$

で定義される．ここで [A] は A の活性物質量，より厳密には熱力学的活量を表す．熱力学的には平衡定数は標準化学ポテンシャルとの間に次式の関係が成り立つ．

$$\Delta\mu° = -RT \ln K$$

ここで R は気体定数．
理想気体の挙動に従うとみなせる気体の反応では，上式は

$$\Delta G° = -RT \ln K_p$$

となり，ここで K_p は反応物および生成物の分圧（理想的には活量）で定義され，上記の反応では

$$K_p = \left(\frac{P_C^c \cdot P_D^d}{P_A^a \cdot P_B^b}\right)$$

となる．

平面型錯体 planar complexes
受容体となる原子が，平面内に位置する4個の配位子により囲まれた錯体．主に共有結合性の場合には，混成軌道は通常 dsp^2 とみなされる．例えば $[Pt(NH_3)_4]^{2+}$, $[Ir(CO)Cl(PPh_3)_2]$,

[$PtCl_4$]$^{2-}$ が挙げられる．

並流 co-current flow

2つの物質が接触し，熱や物質をそれらの間でやり取りしながら流れ，この2つの流れの方向が同じであるとき，これを並流という．→向流

ヘイロフスキー–イルコヴィッチの式 Heyrovsky-Ilkovic equation

ポーラログラムの半波電位 $E_{1/2}$，電流 i，滴下水銀電極の電位 E_{DME}，電気化学反応に関与する電子の数 n の関係式

$$E_{DME} = E_{1/2} + \frac{0.059}{n} \log \frac{i_d - i}{i} \quad (i_d は拡散電流)$$

劈開面 cleavage planes

結晶の中で容易に割れ目が生じて，その結果生じる表面．劈開面は結晶格子中で特定の原子や分子が作る層に対応していることが多い．

ヘキサクロロエタン hexachloroethane (perchloroethane)

C_2Cl_6，パークロロエタン．無色固体，融点 187℃，加熱すると昇華する．s-テトラクロロエタンを $AlCl_3$ の存在下で塩素化して得る．金属，特にアルミニウムの精製，難燃化，人工ダイヤモンドの製造に用いられる．

ヘキサクロロシクロペンタジエン hexachlorocyclopentadiene

C_5Cl_6．液体，沸点 244℃．ノルボルナジエン([2.2.1]-ビシクロシクロヘプタジエン)と反応してディールス–アルダー付加体のアルドリンを生じる．

ヘキサクロロスズ酸アンモニウム ammonium hexachlorostannate (IV), pink salt

$(NH_4)_2[SnCl_6]$．ピンク塩ともいう．塩化第二スズの濃塩酸溶液に塩化アンモニウムを加えると沈殿として得られる．媒染剤として用いられる．

ヘキサクロロ-1,3-ブタジエン hexachlorobuta-1,3-diene

C_4Cl_6，$Cl_2C=CCl-CCl=CCl_2$．無色で粘稠な液体，沸点 210～211℃．主に固体をペースト状にして IR スペクトルを測定する際の分散剤(HCB)として使われる．皮膚を刺激する．発ガン性の疑いあり．

ヘキサクロロベンゼン hexachlorobenzene

C_6Cl_6．無色結晶，融点 227℃，沸点 326℃．ベンゼンを $FeCl_3$ の存在下で Cl_2 により徹底的に塩素化して得る．工業的にはヘキサクロロシクロヘキサンに C_2Cl_6 中で Cl_2 を作用させて得る．用途はペンタクロロフェノール(C_6Cl_5OH)，C_6F_6 やその誘導体の合成，抗菌剤．

(E,E)-2,4-ヘキサジエン酸 (E,E)-2,4-hexadienoic acid (sorbic acid)

ソルビン酸．乾性油や樹脂に用いられるカビや酵母菌の阻害剤．

ヘキサデカノール hexadecanol (cetyl alcohol)

$C_{16}H_{34}O$，$CH_3(CH_2)_{14}CH_2OH$，セチルアルコール．無色結晶，融点 49℃．種々の蝋にパルミチン酸セチル(鯨蝋の主成分)などのエステルとして含まれる．医薬・化粧品に広く用いられる．グリース用ゲル安定化剤にも使われる．

ヘキサデカン hexadecane (cetane)

$C_{16}H_{34}$，セタン，$CH_3(CH_2)_{14}CH_3$．融点 18℃．直鎖アルカン．

ヘキサデカン酸 hexadecanoic acid
→パルミチン酸

ヘキサノール hexanols

$C_6H_{11}OH$．いくつかの異性体がある．

① n-ヘキサノール (n-hexanol)：沸点 156℃．可塑剤として用いられる脂肪族アルコール．アセトアルデヒドからアルドール縮合により，またはトリヘキシルアルミニウムを経て作る．

② 4-メチル-2-ペンタノール (4-methyl-2-pentanol)：沸点 132℃．ニトロセルロース，尿素–ホルムアルデヒド樹脂，アルキド樹脂の溶媒．鉱石の浮選にも用いられる．

③ 2-エチル-1-ブタノール (2-ethyl-1-butanol)：沸点 147℃．合成原料として，また印刷インキの溶媒や表面コーティングに用いられる．

ヘキサヒドロクレゾール hexahydrocresols
→メチルシクロヘキサノール

ヘキサヒドロフェノール hexahydrophenol
→シクロヘキサノール

ヘキサフルオロアルミン酸ナトリウム sodium hexafluoroaluminate

Na_3AlF_6．氷晶石．アルミニウムの製造に用いられる．

ヘキサフルオロ金属酸塩 hexafluorometallates

$[MF_6]^{n-}$ イオンを含む化合物．酸化状態が +3，+4，+5価の種々の元素から形成される．$[PF_6]^-$，$[SiF_6]^{2-}$，$[GeF_6]^{2-}$ などは水溶液中で安定で，強酸性溶液を生じるが，大部分のものは水により直ちに加水分解される．HF（水溶液または無水），F_2，BrF_3 を用いて作られる．

ヘキサフルオロプロペン　hexafluoropropene
　C_3F_6，$CF_3CF=CF_2$．沸点 $-29℃$．重合用モノマー，また C_2F_4 や $CH_2=CF_2$（フッ化ビニリデン）などとの共重合体を形成するモノマーとして用いられる．$CF_3CF_2CF_2CO_2Na$ の熱分解，あるいは商業的には C_2F_4 の低圧熱分解で作られる．

ヘキサフルオロベンゼン　hexafluorobenzene
　C_6F_6．全部の水素をフッ素で置換した最も単純なベンゼン誘導体．無色で流動性の大きい液体，融点 5.2℃，沸点 80℃．500℃ 以上まで熱的に安定．求核置換反応を受けてペンタフルオロフェニル誘導体を生じる．C_6Cl_6 と KF を極性溶媒中で反応させて得られる．またはベンゼンを高温で CaF_2 と反応させても得られる．容易に置換反応を起こし，例えば KNH_2 を作用させると $C_6F_5NH_2$ を生じる．溶媒や芳香族フッ素化合物の合成に用いられる．

ヘキサボラン (10)　hexaborane (10)
　B_6H_{10}．→ホウ素の水素化物

ヘキサボラン (12)　hexaborane (12)
　B_6H_{12}．→ホウ素の水素化物

ヘキサミン　hexamine
　→ヘキサメチレンテトラミン

ヘキサメタリン酸塩　hexametaphosphates
　グレアム塩 $(NaPO_3)_6$ の誘導体．→リンの酸素酸

ヘキサメタリン酸ナトリウム　sodium hexametaphosphate
　硬水軟化などに用いられる．→グレアム塩，リンの酸素酸

ヘキサメチルジシラザン　hexamethyldisilazane
　$(CH_3)_3SiNHSi(CH_3)_3$．沸点 125.5℃．トリメチルクロロシランとアンモニアから得る．カルボキシル基，ヒドロキシ基，アミノ基，チオールのトリメチルシリル化に用いられる．Me_3Si- 基は水により除去できるため，特に保護基として有用．ペプチド合成で利用される．例えばアミノ酸から，気液クロマトグラフィーが適用できる揮発性で非極性の誘導体を簡便に得ることができる．気流中に直接導入することによりガスクロマトグラフカラムのシリコン化にも用いられる．ハロゲン化物から =NH 誘導体を得るのに利用される．

ヘキサメチルベンゼン　hexamethylbenzene
　$C_{12}H_{18}$，$C_6(CH_3)_6$．無色結晶，融点 164℃，沸点 264℃．ベンゼン，トルエン，またはペンタメチルベンゼン（これが最も好適）と塩化メチルを $AlCl_3$ の存在下で反応させて得る．過マンガン酸カリウムにより酸化されてメリット酸を生じる．

ヘキサメチルホスホルアミド　hexamethyl phosphoramide, HMPA, HMPT
　$[(CH_3)_2N]_3PO$．融点 4℃，沸点 232℃．ジメチルアミンとオキシ塩化リンから得る．非プロトン性溶媒として用いられ，液体アンモニアと同様な溶解力を持ち，常温でも使用できるのでずっと取り扱いやすい．有機リチウム化合物，グリニャール試薬や金属リチウム，ナトリウム，カリウム，ポリマーの溶媒や重合用の溶媒に用いられる．おそらく発ガン性がある．220〜240℃ では有力な中性の脱水剤として働き，アミドからニトリル，アルコールからアルケンが得られる．

ヘキサメチルリン酸トリアミド　hexamethyl phosphoric triamide
　→ヘキサメチルホスホルアミド

ヘキサメチレンジアミン　hexamethylenediamine
　→1,6-ジアミノヘキサン

ヘキサメチレンテトラミン　hexamethylenetetramine (hexamine, methenamine, 1,3,5,7-tetraazaadamantane, urotropine)
　$C_6H_{12}N_4$，$(CH_2)_6N_4$．ヘキサミン，メテナミン，1,3,5,7-テトラアザアダマンタン，ウロトロピンなどとも呼ばれる．無色結晶，263℃ で昇華（一部分解）．ホルムアルデヒドとアンモニアから得られる．用途は屋外コンロの着火燃料，ゴムの加硫促進剤，樹脂の製造，抗菌剤，爆薬（サイクロナイト）の原料でもある．

ヘキサリン　hexalin
　→シクロヘキサノール

ヘキサン　hexanes
　C_6H_{14}. 5種の異性体がある．沸点 60〜80℃．n-ヘキサン $CH_3(CH_2)_4CH_3$ は無色液体で，沸点69℃で最も重要な異性体．主に溶媒，特に油料種子の抽出溶媒や低温用温度計に用いられる．

ヘキサン酸　hexanoic acid
　カプロン酸（$C_5H_{11}COOH$）の系統名．

ヘキサン-2,5-ジオン　hexane-2,5-dione (acetonylacetone)
　$CH_3COCH_2CH_2COCH_3$．アセトニルアセトン．無色液体，放置すると黄変する．沸点191℃．2,5-ジメチルフランを希硫酸と煮沸して得る．種々の物質と容易に縮合してフラン，チオフェン，ピロール誘導体を与える．酢酸セルロースの溶媒．

ヘキシル基　hexyl
　C_6H_{13}- 基．

ヘキシレングリコール　hexyleneglycol (2-methyl-2,4-pentanediol)
　$C_6H_{14}O_2$．2-メチル-2,4-ペンタンジオール．沸点198℃．化粧品や油圧ブレーキ用流体に用いられる．

ヘキセストロール　hexestrol
　$C_{18}H_{22}O_2$．無色結晶，融点 185〜188℃．エストロゲン活性を持つ．

ヘキセン　hexenes
　C_6H_{12}．二重結合の位置により種々の異性体がある．合成原料．

ヘキソース　hexose
　$C_6H_{12}O_6$．6つの炭素原子を持つ炭水化物．単糖のうちでは最も重要で，ほとんどすべての多糖は六炭糖ユニットから構成されている．3種のアルドヘキソース，すなわち D-グルコース，D-マンノース，D-ガラクトースは，遊離の状態でも，また多糖の構成成分としてもほとんどの植物に共通してみられる．それほど多くないアルドヘキソースには D-イドース，D-グロース，D-タロース，D-アロース，D-アルトロースがある．ケトヘキソースはフルクトース，ソルボース，アロース，タガトースの4種．フルクトース二リン酸（FDP）はヘキソース二リン酸と呼ばれることも多い．D-リキソヘキロース（D-(-)-タガトース）も六炭糖の1つである．

ヘキソバルビトン　hexobarbitone
　$C_{12}H_{16}N_2O_3$．ヘキサバルビタールとも呼ばれる．無色結晶，融点 146℃．迅速に吸収される催眠剤．水溶性のナトリウム塩である可溶性ヘキサバルビトン（hexabarbitone soluble）は静脈注射により投与され，短時間の全身麻酔剤として作用する．習慣性がある．

ヘキソン　hexone
　メチルイソブチルケトン（MIBK）の慣用名．

ベーキングパウダー　baking powders
　ゆっくりと CO_2 を発生するので，パンやケーキ類を焼くときにイーストの代わりに用いられる．$NaHCO_3$ または NH_4HCO_3 とともにさまざまな酸性物質（酒石酸水素カリウム，リン酸水素カルシウム，リン酸水素ナトリウム）が用いられるが，その他にも小麦粉やデンプンなどの不活性な物質が添加されている．

ペクチン　pectin
　柑橘類の果皮内部の希酸抽出物あるいはリンゴの仁果を精製して得られる炭水化物．混合物で最も主要な成分はペクチン酸メチル，すなわち D-ガラクツロン酸の高分子量ポリマーであるペクチン酸のメチルエステルである．ペクチンはアラバンおよびガラクタンも含んでいる．白色粉末として製造され，水に可溶でジャムやゼリーの凝固助剤，その他種々の用途に使用される．

ペクチン様化合物　pectic compounds
　植物や酵母の細胞壁に存在する多糖類．

ベークライト　Bakelite
　フェノール-ホルムアルデヒド（フェノール-メタナール）プラスチックおよび樹脂．極めて幅広く用いられているプラスチック材料．最初に合成されたプラスチック．

ベシクル　vesicles
　分子が凝集した状態．積層型の二重層．

ヘスの法則　Hess's law
　総熱量保存則．化学反応に伴う熱収支の合計は，反応物が生成物にいたる経路によらない．熱力学第一法則を化学反応に適用したもの．

ベタイン　betaine, trimethylglycine
　$C_5H_{11}NO_2$, $Me_3N^+CH_2CO_2^-$，トリメチルグリシン．結晶は一水塩であるが，100℃に加熱す

るとこの結晶水は失われる．融点293℃．水とアルコールに可溶．極めて弱い塩基．テンサイ（ビート）やマンゴールド（日本ではシュガーマンゴールド）をはじめ，多くの植物中に含まれ，ビート糖蜜から容易に単離できる．ハンダ付けや化成工業に用いられている．

ベタイン類 betaines

ベタイン（トリメチルグリシン）に類似した，極めて塩基性の弱い一群の物質で，主に植物に含まれている．例えば第四級アンモニウム化合物の分子内塩（両性イオン）を形成しており，スタキドリン，トリゴネリン，カルニチンなどがある．ベタインという名称はまたイリドとケトンやアルデヒドの間に生じる両性中間体 X^+-C-C-O⁻（$X = R_2S, R_3P, R_3N$）を指すものとしても用いられる．

β壊変 beta decay (electron decay)

原子核内の中性子が電子を放出して崩壊し，陽子を生じる壊変方式．原子番号は1つ増加する．

β酸化 β-oxidation

生体系において脂肪酸が，一度の酸化につき炭素を2個ずつ除去されて繰り返し分解される過程．

ベータメタゾン betamethasone (9α-fluoro-16β-methylprednisolone)

9α-フルオロ-16β-メチルプレドニゾロン．炎症の治療に用いられるステロイド誘導体．

β粒子 beta particle (beta ray)

放射性壊変（β壊変）の際に放出される電子．β線とも呼ばれる．

ペタル石 petalite

(Li, Na)(AlSi$_4$)O$_{10}$．約4.5％のLi$_2$Oを含むアルミノケイ酸塩でリチウムの原料．

ペチグラン油 oil of pettigrain

ビターオレンジ（*Citrus vulgaris*）から得られる．酢酸リナリルを含む．着香料に利用される．

ベチバ油 oil of vetiver

イネ科のベチベルソウの根から抽出して得られる．ベチボンを含む．石鹸や着香料に利用される．

ベチボン vetivone

C$_{15}$H$_{22}$O．ベチバ油から得られるジメチレンケトンで立体異性体（α-，β-）がある．還元するとアズレン骨格の炭化水素ベチバズレンC$_{15}$H$_{18}$を生じる．

ヘック反応 Heck reaction

アルケンなどとハロゲン化物，またはトリフラートとのパラジウム触媒を用いた立体特異的カップリング反応．

ベックマン温度計 Beckmann thermometer

非常に感度の高い水銀温度計で，凝固点降下や沸点上昇により分子量を決定する際の正確な温度差の測定に用いられる．

ベックマン転位 Beckmann rearrangement

分子内転位によるケトキシムのアミドへの転換で，例えばPCl$_5$，塩化アセチル，SbCl$_3$，硫酸，あるいは塩化水素の酢酸溶液を作用させて行う．

$$PhC(N-OH)Ph \rightarrow PhC(O)-NH-Ph$$

環状ケトンのオキシムでは，転位により，窒素原子が挿入されるため，環は拡大する．このプロセスは，シクロヘキサノンオキシムをナイロン-6の前駆体であるカプロラクタムへと変換するのに用いられている．

ベッセマー製鋼法 Bessemer process

転炉を用いて銑鉄を鋼に変換する方法．融解銑に酸素を送り込み，含まれている炭素やケイ素，リン，マンガンなどを酸化して除く方法であり，一時期普及したが，現在ではもはや使われていない．

ペッパー油 oil of pepper

胡椒油の別称．

ヘテロオーキシン heteroauxin

→インドール酢酸

ヘテロポリ酸 heteropoly acids

形式上，異なる金属や非金属を含み，オキソまたはヒドロキソ架橋された多核陰イオンを生じる酸．例えばリンモリブデン酸．遊離の酸は存在しないことも多い．

ヘテロリティック反応 heterolytic reaction

切断される結合を形成している電子が，生成するフラグメントに不均等に配分されるような結合開裂反応．例えば

$$A-B \rightarrow A^+ + :B^-$$

あるいは1対の電子を持つ化学種が，空軌道を持つ化学種と共有結合を形成する反応．

ヘテロレプティック heteroleptic
SF_5Cl のように2種類以上の異なる基が同一原子に結合していること.

ペトロケミカルス petrochemicals (petroleum chemicals)
石油化学製品. 昨今ではこちらのほうが通用する範囲が広くなりつつある.

ペトロラタム petrolatum (petroleum jelly, paraffin jelly, Nujol, vaseline)
非アスファルト石油から残渣として得られる油性の軟膏状物質(パラフィンゼリー, ヌジョール, ワセリン). 種々の名称で市販されており純度もさまざまである. 分枝炭化水素のコロイド状態. 製薬用, 医薬品の基剤, 潤滑剤, 食品用に用いられる. →石油ワックス

ペトロリアム petroleum
一般に石油製品を指すが, 原油そのものや石油系オイルに対しても用いられる.

ペトロール petrol
自動車燃料, ガソリン, 英国では航空燃料. もとは商品名.

ペニシリン penicillin
ペニシラン酸の基本環構造を含む抗菌性抗生物質群. 6-アミノペニシラン酸(6-APA, R=NH_2)から多くの半合成ペニシリン類が合成されている.

ベニヤ板 plywood
→合板

ベネディクト液 Benedict solution
Na_2CO_3, $CuSO_4$ およびクエン酸ナトリウムを含む水溶液で, 赤味がかった黄色の発色あるいは沈殿を生じることにより, 還元剤(特に糖類)の検出に用いられる.

ペーパークロマトグラフィー paper chromatography
→クロマトグラフィー

ペパーミント油 oil of peppermint
ペパーミント(Mentha piperita)の新鮮な花穂頂部から蒸留により得られる. 約50%のメントールまたはメンチルエステルと対応するケトンであるメントンを含む. 芳香性駆風薬, 着香料に利用される.

pHメーター pH meter
溶液や懸濁液などのpHを測定する機器で, 通常ガラス電極を使用する. 精度の高い検流計利用のゼロ電流型(ブリッジタイプ)と直示型がある.

ヘパリン heparin
スルホ基を持つ多糖の混合物で, 血液凝固を阻害する. 主な用途は血栓症の治療.

ベーパーロック vapour lock
パイプを通した揮発性流体の供給が, 系の臨界点で蒸気の泡が形成することにより妨げられること. 高温で低圧の条件で起こりやすい. 自動車のブレーキ制御などでも, ブレーキオイル中に気泡が発生して制動が利かなくなる現象をこういう.

ペプシン pepsin
脊椎動物の腸液に含まれる主要なタンパク質分解酵素. ジカルボキシアミノ酸の $α$-カルボキシル基と芳香族アミノ酸のアミノ基の間のペプチド結合を切断する. 胃壁からは前駆体のペプシノーゲン(pepsinogen)として分泌され, 分解されてペプシンになる.

ヘプタナール heptanal (heptaldehyde)
ヘプトアルデヒド, エナントアルデヒドともいう. ヒマシ油から得る. 用途は1-ヘプタノール, 2-ヘプタノン(メチルアミルケトン)の製造. 工業用の溶剤.

ヘプタノール heptanol (enanthic alcohol, heptyl alcohol)
ヘプチルアルコール, エナンチルアルコール, $C_7H_{15}OH$. 1-ヘプタノールは沸点 176℃. ヘプタナールを還元して得る. 2-ヘプタノールは沸点 $158\sim160$℃.

3-ヘプタノン 3-heptanone (ethyl n-butyl ketone)
$C_2H_5CO(CH_2)_3CH_3$, エチル n-ブチルケトン. 3-ヘプタノールを脱水素して得る. 沸点 148℃. ラッカーや合成ゴムの溶剤として用いられる.

4-ヘプタノン 4-heptanone (butyrone, di-n-propylketone)

$C_7H_{14}O$, $(CH_3CH_2CH_2)_2CO$, ブチロン, ジn-プロピルケトン. 無色で臭気を持つ液体, 沸点 144℃. 酢酸を $CaCO_3$ 上で 450℃ に熱して得る. 樹脂, 特にグリプタール, ビニロイド樹脂やラッカーの溶媒として用いられる.

ヘプタメチルジシラザン heptamethyldisilazane
$Me_3SiNMeSiMe_3$. ハロゲンの代わりとして =NMe 基を導入する試薬.

n-ヘプタン n-heptane
C_7H_{16}, $CH_3(CH_2)_5CH_3$. 無色可燃性液体, 沸点 98℃. 他の異性体とともに石油に含まれる. 石油の蒸留で得られる. C_7H_{16} で表される炭化水素にはそのほかに 8 種の異性体があり, パラフィンとしての一般的な性質を示す. イソオクタンとともに石油のノッキング指標の定義の基準となっている.

n-ヘプタン酸 n-heptanoic acid (enanthic acid, oenanthic acid)
$C_7H_{14}O_2$, エナント酸. 油状液体, 融点 -9℃, 沸点 115〜116℃/11 Torr. ヘプタナールの酸化で得る. 微生物の成長阻害活性を持つ. 天然の油や蝋には n-ヘプタン酸を含むものがある.

ペプチゼーション peptization
→解膠

ペプチダーゼ peptidases
タンパク質を分解する酵素. エンドペプチダーゼはペプチド鎖内部の結合を切断する.

ペプチド peptides
2 個以上のアミノ酸残基からなる物質で, ペプチド結合-CO-NH-で結合したアミノ酸の個数によりジペプチド, トリペプチド, オリゴペプチド, ポリペプチドなどといわれる. 最も単純なペプチドはグリシルグリシン H_2NCH_2CONH-CH_2CO_2H である. 天然に存在するペプチドの多くは重要な生理活性を有する. ペプチドはタンパク質の部分加水分解物としても生じる. ペプチドの合成法はよく開発されている (→タンパク質). ほとんどのペプチドは固体において螺旋状構造で存在し, ある種のものは溶液でも螺旋状構造を保持している. フォールディングも非常に重要である.

ペプチドグリカン peptidoglycan
細菌の細胞壁の主成分.

ペプトイド peptoids
N-置換グリシンのペプチド類似の鎖. 窒素上に側鎖を有する.

ヘプトース heptose
7 つの炭素原子を持つ炭水化物.

ペプトン peptones
タンパク質を例えば酵素により分解して得られる低分子量のタンパク質誘導体.

ベヘン酸 behenic acid (n-docosanoic acid)
$C_{22}H_{44}O_2$, $CH_3(CH_2)_{20}COOH$, n-ドコサン酸. 融点 80℃. 動物油や魚油に広く含まれている脂肪酸. 潤滑油, 洗剤, ポリマーに用いられている.

ベーマイト boehmite
γ-AlO(OH). →水酸化アルミニウム

ヘマチン hematin
→ヘム, ヘミン

ヘマトポルフィリン hematoporphyrin
→ポルフィリン

ヘミアセタール hemiacetal
$R^1R^2C(OH)(OR^3)$ のようにケタールのアルコキシ基の 1 つがヒドロキシ基に置き換わった構造の化合物. →ケタール

ヘミケタール hemiketals
→ヘミアセタール

ヘミセルロース hemicelluloses
リグニンと結合して植物や海藻の細胞壁に存在する多糖.

ヘミン hemin
$C_{34}H_{32}ClFeN_4O_4$. ヘムの鉄が Fe(III) になったもの. +1 価の電荷を持ち, 塩化物イオンなどの陰イオンを含んだ形で単離される. アルカ

リ溶液中では塩化物イオンが水酸化物イオンに置換されてヘマチンを生じる．

ヘ　ム　heme (haem)

$C_{34}H_{32}FeN_4O_4$. ヘム酵素の補欠分子族. プロトポルフィリンIXと鉄が結合している．構造的にはヘミンに類似しているが鉄は2価の状態である．ヘモグロビン，チトクローム（シトクロム）やペルオキシダーゼの補欠分子族．チトクロームやペルオキシダーゼの関与する反応の際には，中心の鉄がFe(II)からFe(III)へと酸化され，ヘマチンとなる．

ヘモグロビン　hemoglobin

脊椎動物の血液に含まれる呼吸色素．鉄ポルフィリン化合物であるヘムとグロビンタンパク質が結合してできた複合タンパク質．酸素と弱く結合してオキシヘモグロビンになり，真空中や酸素圧が低い条件では酸素を解離する．ヘモグロビンは肺で酸素と結合して酸素を組織へと運搬し，そこでは酸素圧が低いために還元され血管を通って肺へと戻る．オキシヘモグロビンは真紅色で，還元体のヘモグロビンは紫がかった赤色である．ヘモグロビンは一酸化炭素とも極めて容易に結合し，カルボキシヘモグロビンを形成する．ヘモグロビンは血液の酸性度の調節や二酸化炭素の運搬にも関与している．筋肉のヘモグロビン（ミオグロビン）は呼吸触媒として作用している．

ヘモシアニン　hemocyanin

軟体動物や甲殻類の銅を含む呼吸酵素．

ベラトルムアルデヒド　veratraldehyde (3,4-dimethoxybenzaldehyde)

$C_9H_{10}O_3$, 3,4-ジメトキシベンズアルデヒド．バニリンのメチル化で得られる．酸化するとベラトルム酸になる．

ベラトルム酸　veratric acid (3,4-dimethoxy-benzoic acid)

$C_9H_{10}O_4$, 3,4-ジメトキシ安息香酸．ケシ（阿片）アルカロイドのパパベリンの分解産物として同定された．→ベラトルムアルデヒド

ベラトロール　veratrole

$C_6H_4(OCH_3)_2$, 1,2-ジメトキシベンゼン．

ペラルゴニン　pelargonin

植物に含まれるアントシアングリコシド．ペラルゴニジンの3,5-ジグリコシド．ペラルゴニジンを含む他のアントシアン類にはカリステフィン（イチゴの紅色の色素），モナルデイン（サルビアニン，ベルガモットやサルビアの色素）などがある．→アントシアニン

ペラルゴン酸　pelargonic acid

→ノナン酸

ヘリウム　helium

元素記号 He．18族元素，希ガス，原子番号2，原子量4.0026，融点−268.93℃，沸点−267.96℃，標準状態における密度7.26 g/L，液体ヘリウムの密度は沸点で0.125 g/ml．大気中の存在比（体積比）5.2 ppm，電子配置 $1s^2$．天然ガスには7%までHeを含むものがある．放射性鉱石中に放射壊変生成物として7%まで含まれる（α-粒子はHe^{2+}イオンである）．天然ガスから他の気体を液化することにより単離する．アーク溶接や Ti, Zr, Si, Ge の製造における不活性雰囲気，雰囲気制御，冷却材，原子炉の冷却材，20%のO_2を混合して潜水用の気体，液体燃料ロケットの加圧，気球，ガスレーザーに用いられる．通常，化合物を形成しないが，励起状態のヘリウムと結合した化学種が放電管や低温マトリクス中ではみられる．液体He^{II}は三重点を持たず大気圧で固化できない．液体He^{II}は超伝導を示し，また容器の壁から自発的にあふれる超流体である．2.2 KでHe^Iに転移する．

ペリ環状反応機構　pericyclic (reaction)

例えば同時付加のように複数の電子が1段階で同時に移動する反応機構．

ベリー機構　Berry mechanism

ベリー擬回転．三角両錐の5配位錯体，例えばPF_5やその置換誘導体における置換基の交換を説明する機構．

ペリクレース　periclase

天然産の酸化マグネシウム（MgO）．人工的には$Mg(OH)_2$を加熱脱水するか，炭酸マグネシウムの熱分解で得られる．高温炉の内張りに利用される．

ペリプラーナー　periplanar

E_2機構で起こる脱離反応における遷移状態で，5つの原子の配置を表す用語．攻撃する塩基と脱離する基がアンチの関係（アンチペリプラーナー anti-periplanar）の場合が反応に有利である．

L(−)-ペリラアルデヒド perillaldehyde (4-(1-methylethylenyl)-1-cyclohexene-1-carbaldehyde)

$C_{10}H_{14}O$. 4-(1-メチルエチレニル)-1-シクロヘキセン-1-カルバアルデヒド. シソ（紫蘇）科シソ属の精油に含まれるテルペノイド. 日本ではこのオキシム（ペリラルチン）が人工甘味料としてタバコなどに使用されている.

ベリリア beryllia

BeO（酸化ベリリウム）. 熱伝導性に優れた絶縁体である.

ベリリウム beryllium

元素記号 Be. 金属元素. 原子番号 4, 原子量 9.0122, 融点 1287℃, 沸点 2471℃, 密度 (ρ) 1848 kg/m^3（=1.848 g/cm^3）, 地殻存在比 2.6 ppm, 電子配置 [He]2s^2. 最も軽いアルカリ土類金属. ベリリウムは多くの鉱物に含有されているが, 主原料は緑柱石やベルトランド石である. 金属ベリリウムは塩化ナトリウムと塩化ベリリウムの混合塩を融解し, 電気分解することによって得られる. 色は灰色で, 硬度がかなり高いが脆く, 六方最密構造である. 酸化物層があるため, 空気中でも安定で, 酸にはかなり耐性がある. 軽量の構造材として合金に用いられ, 反射体や減速材として原子炉で使用される. BeO はセラミックス, 原子炉に用いられる. Be 化合物は有毒で, 重篤な呼吸器障害や皮膚炎を引き起こすことがある.

ベリリウムの化学的性質 beryllium chemistry

ベリリウムは 2 族の元素で, 電子配置は 1s^{2}2s^2. 唯一の安定な酸化状態は +2 である.

$$Be^{2+}\, の\, E°\rightarrow Be\,（酸溶液\,-1.85\,V）$$

ベリリウム化合物は共有結合性のものが主であるが, 酸素配位化合物であるイオン的な化学種, 例えば $[Be(H_2O)_4]^{2+}$, $[Be_3(OH)_3]^{3+}$ なども知られている. 2 配位, 3 配位, 4 配位の Be 化合物も存在するが, 4 配位が最大である. 多くのベリリウム化合物は（架橋した）多量体となって配位数 4 を達成する. 例えば $[BeCl_2]_x$ など.

ベリリウムのハロゲン化物 beryllium halides

ベリリウムのハロゲン化物はすべて Be(Ⅱ) のもので, BeX_2 のタイプのものだけである. BeF_2（$(NH_4)_2BeF_4$ を加熱して得る）は水によく溶け, 800℃で昇華する. ガラス状の固体を形成し, フッ化物イオンが過剰に存在すると $[BeF_4]^{2-}$（ガラスに用いられる）を含有するフルオロベリリウム酸塩を生じる. $BeCl_2$（BeO, 炭素および塩素から生成）は水から結晶化させると四水塩の $BeCl_2\cdot 4H_2O$ を生じる. $[BeCl_4]^{2-}$ は水溶液では生成しないが融解塩から得られる. $BeCl_2$ は融点が 405℃で秩序あるポリマー構造を持つ. 触媒. $BeBr_2$ および BeI_2 は塩化物によく似た性質を持っている.

ベリリウム酸イオン beryllate ion

Be^{2+} にヒドロキシルイオンを付加して得られる陰イオン種.

ベリリウム酸塩 beryllates

ベリリウム酸イオンを含む塩類.

ペルオキシー硫酸 permonosulphuric acid (Caro's acid)

$HOS(O)_2OOH$, カロ酸, ペルオキシモノ硫酸. 強力な酸化剤. H_2O_2 に濃硫酸または HSO_3Cl を作用させるか, $H_2S_2O_6$ を硫酸で加水分解して得る. 純粋な酸は結晶として得られる. 有機合成に広く利用される. ナトリウム塩は抗菌剤として用いられる.

ペルオキシ硫酸ナトリウム sodium permonosulphate

→過一硫酸ナトリウム

ペルオキシエタン酸 peroxyethanoic acid

→過酢酸

ペルオキシクロム化合物 peroxychromium compounds

H_2O_2 は通常の場合 $[CrO_4]^{2-}$ を Cr^{3+} へと還元するが, 条件を調節すると青色の $CrO(O_2)_2$（よく「過クロム酸」と呼ばれる）を生成し, これはエーテルで抽出できる（Cr の検出, または CrO_2Cl_2 を蒸留して Cl^- の検出に利用できる）. 他の誘導体も知られており, それらは比較的安定である.

ペルオキシダーゼ peroxidases

酸化されうる物質, 例えば還元型グルタチオンに酸素を転移することにより過酸化物を分解する酵素.

ペルオキシ二硫酸カリウム potassium peroxydisulphate

$K_2S_2O_8$. $(NH_4)_2S_2O_8$ と K_2CO_3 の複分解また

はK_2SO_4の電解酸化により得る．漂白に用いられる．ペルオキシ一硫酸カリウムK_2SO_5も知られている．

ペルオキシ二硫酸ナトリウム sodium peroxydisulphate
$Na_2S_2O_8$．強力な酸化剤である．酸化剤としてのほか，他のペルオキシ二硫酸塩の製造，漂白に用いられる．

ペルクロロエチレン perchloroethylene
四塩化エチレン．$Cl_2C=CCl_2$．「パークレン」と呼ばれることも多い．以前はドライクリーニング用に多用された．優れた溶媒である．かつては「過クロルエチレン」ともいった．

ベルトライド化合物 berthollide compound
組成が化学量論比とならず，連続的な組成比となる固相化合物．

ベルトローの状態方程式 Berthelot equation
→ファン・デル・ワールスの式

ベールの法則 Beer's law
吸収される輻射の割合は，吸収する層の厚み(d)と，その層に含まれる吸収物質の濃度(c)に比例する．これは，ランベルトの法則を拡張したもので，次の式で表すことができる．
$$I = I_0 e^{-\kappa cd}$$
ここでI_0は入射する輻射強度，Iは透過後の輻射強度，κは分子吸収係数で定数であり，ある波長での輻射に対し，吸収物質に特有の値である．分子吸収係数α_mは濃度1モル/lの溶液を光が透過したときに，その強度が透過前の10分の1になるときの溶液の層の厚みを cm で表したもので，$\alpha_m = 0.4343\kappa$である．濃度によって吸収スペクトルや存在する化学種が変化するような物質に対しては，この法則は適用されない．→吸光係数

ペルフルオロアルキル誘導体 perfluoroalkyl derivatives
官能基中の水素原子以外のすべての水素原子をフッ素原子で置換した有機化合物．C_6F_6はペルフルオロベンゼン，$C_6F_5C(O)OH$はペルフルオロ安息香酸．ペルフルオロ誘導体は工業的に重要であり，例えばペルフルオロアルカンスルホン酸は優れた界面活性剤として利用される．ペルフルオロアルキル基またはフッ素原子を導入することにより多くの医薬品において性質が向上する．

ベルベノン verbenone (4,6,6-trimethyl-bicyclo[3.1.1]hept-3-en-2-one)
$C_{10}H_{14}O$．不飽和の双環テルペノイドケトン．最初スパニッシュヴァーベナ(美女桜)から得られたので，この名がある．

ヘルムホルツの自由エネルギー Helmholtz free energy
記号はAまたはF．温度と体積が一定で系が変化するときに仕事として得られるエネルギーの最大量．自発的変化はエントロピーの増大に対応する．→自由エネルギー，ギブス-ヘルムホルツの式

ベルリングリーン Berlin green
$Fe[Fe(CN)_6]$．すなわちフェリシアン化第二鉄のことである．→シアノ鉄酸塩

ヘロイン heroin
ジアセチルモルフィン．→ジアモルフィン，モルフィン

ペロブスカイト perovskite
$CaTiO_3$．灰チタン石．いろいろと重要な物質の骨格的構造として重要である．

ペロブスカイト構造 perovskite structure
多くのABX_3化合物（AとBは陽イオンで，Xは例えばF^-やO^{2-}）が示す構造．この構造は立方体の頂点をAが占め，体心にBが位置し，Xは面の中心にある（AとXはccp）．Aには12個のXが隣接し，Bには6個のXが隣接する（八面体）．例としては$KNiF_3$, $BaTiO_3$, $KNbO_3$が挙げられる．多くのペロブスカイトは理想的な立方体構造から歪んでいる．酸化物超伝導体の$YBa_2Cu_3O_x$もこれと類似の構造である．

変圧器油 transformer oils
高度に精製した粘度が低く酸化されにくい油（鉱油）．電気絶縁部，例えば変圧器やスイッチギアの冷却や絶縁に使われる．フタル酸エステルなどの合成品のシェアも増加傾向にある．

弁板 valve tray
べんいた．→蒸留段

ベンガラ rouge
弁柄，鉄丹．日本語の名称はインドのベンガル地方に由来しているという．酸化鉄(Ⅲ)Fe_2O_3を細かく砕いたもの．宝石などの研磨用

や，セラミックスで表面を滑らかにしたり粒子のほこりが出ないようにするために用いられる（柿右衛門の赤色の釉薬も，極めて微細なコロイド粒子サイズのベンガラの粉末が材料であった）．

偏光解消度 depolarization ratio

記号は ρ．ラマン線に対して用いられる．入射光に対し垂直偏光した散乱光の強度が，平行偏光した散乱光の強度に対する比．振動の対称性に対する情報を与える．

偏光計 polarimeter

平面偏光が光学活性物質を通過した際に，偏光面が回転した角度を測定する装置．

ベンザイン benzyne

C_6H_4．最も単純なアリーイン，すなわち脱水素芳香族化合物．極めて反応性の高い中間体であり，予測寿命は気相中で $10^{-5} \sim 10^{-4}$ 秒で，単離は不可能．製造方法はいろいろあり，ベンゼンジアゾニウム-2-カルボキシラートの分解や塩基によるハロベンゼンからのハロゲン化水素引き抜き（例えばフェニルリチウムとフルオロベンゼンを用いる）などが挙げられる．ベンザインの反応性は六員環に三重結合が導入されることから生じる．その他の証拠から，ベンザインは図に示したような双極子構造で表したほうがより適しているとの指摘もある．金属に配位結合する．→アリーイン類

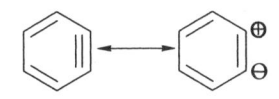

ベンザルアセトフェノン benzalacetophenone
→カルコン

ベンジジン benzidine (4,4′-diaminobiphenyl)

$C_{12}H_{12}N_2$，4,4′-ジアミノビフェニル．融点 127.5℃．二塩基性，容易にジアゾ化される．ヒドラゾベンゼンを塩酸で処理することにより，分子内転位が起こって生成する．発ガン性を有する．血液の検出に用いられる．

ベンジジン転位 benzidine conversion (benzidine rearrangement)

ヒドラゾベンゼンを酸溶液中で加熱することによって起こる分子内転位．ヒドラゾベンゼン中のパラ位が空いていれば，4,4′-ベンジジンが生成する．パラ位のどちらかあるいは両方が他の置換基で占められていれば，2-ベンジジン，または 2- あるいは 4-セミジン（ArNHAr′NH$_2$）が生成する．

変色範囲 transition interval

通常観察される指示薬の色変化は，ある限られた範囲の水素イオン濃度または電位で起こる．この限界領域を pH または rH で表したものを指示薬の変色範囲という．例えばリトマスは pH 5.0 〜 8.0 で赤から青に変わる．→水素イオン濃度，指示薬，酸化還元指示薬

ベンジリデンアセトン benzylideneacetone

$PhCH=CHCOCH_3$．ベンズアルデヒドとアセトンの縮合生成物．沸点 261℃．合成原料や香料に用いられる．

ベンジル benzil

$C_{14}H_{10}O_2$, $PhC(O)C(O)Ph$．融点 95℃，沸点 346 〜 348℃（分解）．ベンゾインを硝酸で酸化することにより生成する．NaOH によってベンジル酸転位を起こし $Ph_2C(OH)C(O)(OPh)$ に転換する．合成に用いられる．

ベンジルアミン benzylamine (phenylmethylamine, α-aminotoluene)

C_7H_9N, $PhCH_2NH_2$，フェニルメチルアミン，α-アミノトルエン．無色の液体．沸点 185℃．空気により部分酸化する．典型的な第一級アミンの性質を有する．

ベンジルアルコール benzyl alcohol (α-hydroxytoluene)

C_7H_8O, $PhCH_2OH$，α-ヒドロキシトルエン．無色の液体．沸点 205℃．酸化されてベンズアルデヒドや安息香酸を生じる．塩化ベンジルの加水分解によって生成する．このエステルは香料産業で用いられている．

ベンジルエーテル benzyl ether

$(PhCH_2)_2O$．無色の液体．沸点 298℃．ベンジルアルコールの脱水により生成する．酢酸セルロースの可塑剤やガム，樹脂，ゴムの可溶化剤として用いられる．

ベンジル基 benzyl

$PhCH_2-$ で表される基．

ベンジン benzine

石油の留分のうち，特定沸点留分（SBP）を指すのに以前から用いられている用語．なお，

ドイツ語の Benzin は自動車用ガソリンを指す.

ベンズアミド benzamide

C_7H_7NO, $PhC(O)NH_2$. 無色. 融点 130℃, 沸点 288℃. 五酸化リンにより脱水されベンゾニトリルを生じ, 希酸やアルカリによって加水分解され, 安息香酸となる. 金属と塩, 例えばベンズアミド銀 $C_6H_5CONHAg$ を形成する. 塩化ベンゾイルまたは安息香酸エステルにアンモニアを作用させて, またはベンゾニトリルの部分加水分解によって生成する.

ベンズアルデヒド benzaldehyde

C_7H_6O, $PhCHO$. アーモンド臭を有する無色の高屈折率液体. 沸点 180℃. 天然にはグルコシドであるアミグダリンの一部として産出する. トルエンを触媒による気相空気酸化か, あるいは塩素化により塩化ベンザルにしたのち沸騰水で加水分解することによって生成する. 空気により容易に酸化され安息香酸となる. KOH 水溶液によりベンジルアルコールや安息香酸となる. シアン化水素や亜硫酸水素ナトリウムと付加生成物を生じる. 酢酸ナトリウムと無水酢酸との縮合によりケイ皮酸を製造するほか, ピロガロール, ジメチルアニリンとの縮合によりトリフェニルメタンを製造する原料として主に重要である. 香料の製造にも用いられる.

ベンズアルドキシム benzaldoxime

C_7H_7NO. 2つの立体異性体を持つ. α-異性体は安定でベンズアルデヒドにヒドロキシルアミンを反応させて生成する. 融点 34℃. β-異性体は α-異性体のベンゼン溶液に光照射するか, 塩化水素でエーテル溶液を飽和することによって生成する. 融点 127℃. β-異性体はアンチ配座をとり, 不安定で環化してベンズイソキサゾールとなる.

$$\begin{array}{cc} C_6H_5\text{·}CH & C_6H_5\text{·}CH \\ \| & \| \\ \alpha\text{-}(syn\text{-})\text{体 N.OH} & \beta\text{-}(anti\text{-})\text{体 HO.N} \end{array}$$

ベンズアントロン benzanthrone (7H-benz[d,e]anthracen-7-one)

融点 170℃. 7H-ベンズ[d,e]アントラセン-7-オン. アントロンあるいはアントラノールをグリセロールと硫酸とともに加熱して生成する. 染料中間体.

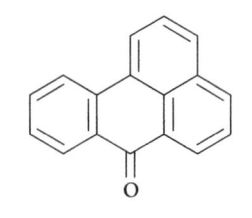

変 性 denaturation

溶液中のタンパク質を加熱, 振動, 酸処理したときにタンパク質の溶解度やその他の物性に生じる不可逆な変化. ミルクに酸（酢酸）を加えると沈殿ができる, スクランブルエッグ, 卵を泡立てるなどは, そのよい例. →蛋白質

変 成 transmutation

→元素変成

変性アルコール methylated spirits

→工業用変性アルコール

変性剤 denaturants

人の飲用としての消費に適さなくするために課税品に添加する物質. 例えばメタノールやベンゼンなど. →工業用変性アルコール

ベンゼン benzene

C_6H_6. ベンゼン分子は正六角形の形に並んだ6個の炭素原子からなる. 炭素間の結合長は 1.39 Å. 二重結合により表されるこの6個のπ電子は局在化しておらず, 環に沿って均一に分配されている. さらさらとした無色で屈折率の高い液体である. 特徴的な臭いを持つ. 引火性が高く, 黄色い炎をあげて煙を出して燃える. 油や低分子量芳香族化合物の良溶媒である. アルコール, エーテル, アセトンおよび酢酸と混じり合う. 融点 5.49℃, 沸点 80.2℃, 比重 d^{15} 0.885. 紫外領域に強い吸収帯を持つ. 長期にわたり蒸気を吸い込むと有害. 発ガン性.

コールタール炭化水素を蒸留して得られる最も軽い留分であるが, 現在は脱水素化（54%）と脱アルキル化により石油留分から製造している. 主な工業用途は他の化合物の製造原料で, 特にエチルベンゼン, クメン, シクロヘキサン,

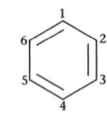

スチレン (45%), フェノール (20%) およびナイロン (17%) の前駆体の製造に用いられている.

構造的には, ベンゼンは芳香族特性を持つ最も簡単で安定な化合物である. ヒュッケルの芳香族性の記載は部分的にはベンゼンに基づく. すなわちベンゼンは閉じた殻（環）に $(4n+2)$ 個の π 電子 ($n=1$) を持つ, 環状の完全に共役した炭化水素とみなされる.

ベンゼンは付加反応を起こし, 3つの二重結合を順次飽和する. すなわちラジカル反応条件のもとで, ベンゼンには最大6個の塩素原子を付加することができる. 一方, 触媒的に水素化を行うとシクロヘキサンが生じる. 最も広く用いられている反応は求電子置換反応で, 条件を制御すれば最大3個の置換基, 例えばニトロ基 $-NO_2$ を硝酸/硫酸混合物により1,3,5位に導入することができる. 熱濃硫酸によりスルホン化が起こり, ハロゲンとルイス酸触媒を用いると例えば塩素化や臭素化が生じる. フッ素やヨウ素原子を導入するには, その他の方法が必要である. ベンゼンはフリーデル-クラフツ反応を起こす. ベンゼンに対する求核置換反応は起こらないが, ハロゲン誘導体は求核置換あるいは脱離反応を生じる (→アリーイン類). 1,2位の置換基はオルト-, 1,3位はメタ-, 1,4位はパラ-と呼ぶ.

ベンゼンは π 電子で金属に結合することにより, 遷移金属との間にさまざまな有機金属錯体（例えばジベンゼンクロム）を形成する. MC_5 環を含むメタラベンゼンが知られており, 中には芳香族性を有するものもある.

変旋光 mutarotation

光学活性物質を水あるいは他の溶媒に溶解し化学変化が起こった際の旋光性の変化. 糖の溶液, 例えば β-グルコピラノースから α-体への転換に伴う変化に対してよく用いられる用語.

ベンゼンジアゾニウム塩 benzene diazonium salts

$[PhNN]^+$ 陽イオンを含む塩.

1,4-ベンゼンジカルボン酸 1,4-benzenedicarboxylic acid

→テレフタル酸

ベンゾ 453

ベンゼン-1,3-ジスルホン酸 benzene-1,3-disulphonic acid

$3-C_6H_4(SO_3H)_2$, $C_6H_6O_6S_2$. 極めて潮解性の高い結晶. $+5/2$ H_2O の水和物 (2.5水塩) として結晶化する. 225℃でベンゼンをスルホン化することによって生成する. KOHとともに溶融するとレゾルシノールを生じる.

ベンゼンスルホン酸 benzenesulphonic acid

$C_6H_6O_3S$, $PhSO_3H$. 無水の酸は融点 65～66℃. 水から結晶させるとセスキ水和物の無色潮解性板状結晶が得られる. 融点 43～44℃. ベンゼンを液相でスルホン化するか, ベンゼン蒸気を 150～180℃ で濃硫酸に通すことにより生成する. 水溶性のアルカリおよびアルカリ土類金属塩を形成する. KCNとともに加熱するとベンゾニトリルを生じ, NaOHまたはKOHと溶融するとフェノールを生じる. 250℃でさらにスルホン化するとベンゼン-1,3-ジスルホン酸を生じる.

ベンゼントリカルボン酸 benzenetricarboxylic acids

1,2,4-異性体はトリメリット酸, 1,3,5-異性体はトリメシン酸という. それぞれの項を参照.

ベンゼンヘキサクロリド benzene hexachloride (BHC, hexachlorocyclohexane)

$C_6H_6Cl_6$, BHC. 正しくはヘキサクロロシクロヘキサン. 何種類かの異性体が存在するが, 殺虫効果のあるものは γ-異性体（ガメキサン）のみ. 以前は有機塩素系殺虫剤として広く用いられていたが, 発ガン性などのために大多数の国において使用禁止となった.

ベンゾイル基 benzoyl

$PhC(O)-$ で表される基.

ベンゾイルグリシン benzoylglycine

→馬尿酸

ベンゾイン benzoin

$C_{14}H_{12}O_2$, $PhC(O)CH(OH)Ph$. ($\pm$)-化合物の融点 137℃. 通常 NaCN をベンズアルデヒドと希アルコール中で反応させて生成する. 硝酸により酸化されてベンジルとなり, またナトリウムアマルガムにより還元されてヒドロベンゾイン $PhCH(OH)CH(OH)Ph$ を, スズアマルガムと塩酸により還元されてデスオキシベンゾイン $PhCH_2COPh$ を, 亜鉛アマルガムにより還

元されてスチルベン PhCH=CHPh を生じる。オキシム，フェニルヒドラゾンおよびアセチル誘導体を生じる。α-オキシムは「クプロン」の名称で銅とモリブデンの定量に用いられている。この名前は *Styrax benzoin*（安息香樹（アンソクコウノキ））から得られるバルサム樹脂にも用いられているが，これは駆風薬やおだやかな去痰薬として用いられている。

ベンゾカイン benzocaine (ethyl 4-aminobenzoate)

$C_9H_{11}NO_2$，4-アミノ安息香酸エチル．白色結晶．融点 90～91℃．4-ニトロトルエンから4-アミノ安息香酸を経て合成される．局部麻酔薬として用いられる．

ベンゾキノン benzoquinone

$C_6H_4O_2$．黄色結晶．融点 115.7℃．容易に昇華する．水蒸気中で揮発性，刺すような臭いを持つ．電気分解により還元するとキンヒドロンを生じ，硫化水素で還元するとヒドロキノンとなる．モノオキシム，ジオキシムを生じる．アニリンをクロム酸で酸化することによって生成する．ヒドロキノンや硫化染料の製造に用いられる．

ベンゾジアジン benzodiazine
次に示す環状化合物．

ベンゾジアゼピン benzodiazepine (diazipine, valium, 7-chloro-2,3-dihydro-1-methyl-5-phenyl-2*H*-1,4-benzodiazepin-2-one)

$C_{16}H_{13}ClN_2$，ジアジピン，ヴァリウム，7-クロロ-2,3-ジヒドロ-1-メチル-5-フェニル-2*H*-1,4-ベンゾジアゼピン-2-オン．白色板状結晶．融点 125℃．ジアゼパムはいくつかのベンゾジアゼピンのうちの1つで，鎮静剤として用いられるが中毒することもある．

ベンゾトリアゾリルオキシトリス（ジメチルアミノ）ホスフィンヘキサフルオロリン酸塩
benzotriazolyloxytris(dimethylamino)phosphine hexafluorophosphate（BOP）

ペプチド合成に用いられるカップリング活性化剤．

ベンゾトリクロリド benzotrichloride (α,α,α-trichlorotoluene)

$C_7H_5Cl_3$, $PhCCl_3$．α,α,α-トリクロロトルエン．無色の液体．沸点 213～214℃．水に不溶，有機溶媒に可溶．トルエンの塩素化により生成する．水とともに100℃に加熱するか，または石灰とともに加熱すると安息香酸が得られる．

ベンゾニトリル benzonitrile

C_7H_5N, PhCN．無色で屈折率の高い液体．沸点 191℃．水にわずかに溶け，アルコールやエーテルとは自由に混合できる．ベンズアミドの脱水により生成する．希酸やアルカリで加水分解され安息香酸を生じる．良溶媒．

ベンゾピレン benzo[*a*]pyrene (1,2-benzpyrene)

$C_{20}H_{12}$，1,2-ベンツピレン．薄黄色結晶．融点 179℃．コールタールの成分で，強い発ガン性を有する．

ベンゾフェノン benzophenone

$C_{13}H_{10}O$, PhC(O)Ph．無色の固体．融点 49℃．沸点 306℃．特徴的な臭いを持つ．塩化ベンゾイルを塩化アルミニウムの存在下でベンゼンと反応させて生成する（フリーデル-クラフツ反応）か，ジフェニルメタンの酸化により生成する．香料産業で多用されている．ナトリウムまたはカリウムと反応してケチルを生じる．

ベンゾフラン環系 benzofuran (coumarone) ring system

クマロンともいう．図のように番号をつける．

ベンゾール benzole
石炭乾留により得られる主として芳香族からなる炭化水素混合物で，石炭ガスの吸着やコールタールの蒸留によって生成する．

ペンタエリスリトール pentaerythritol
正式名称では「ペンタエリトリトール」のはずだが，教科書以外ではこちらの名称のほうが通用している．$C_5H_{12}O_4$, $C(CH_2OH)_4$. 無色結晶性化合物．融点260℃．エタナール（アセトアルデヒド）とメタナール（ホルムアルデヒド）をアルカリ存在下で反応させて得る．アルキド樹脂の製造，四硝酸エステルとして爆薬用，オキセタン類の製造に利用される．→ジペンタエリスリトール，トリペンタエリスリトール

ペンタエリスリトール四硝酸エステル pentaerythritol tetranitrate (PETN, penthrite)
$C(CH_2ONO_2)_4$. 針状晶．融点140〜141℃．ペンタエリスリトールの硝酸エステル化で得られる．非常に強力で激しい爆薬．TNTと混合してペントリットを形成する．狭心症の痛み緩和剤として錠剤の形態で医薬用に使用される．

ペンタクロロフェノール pentachlorophenol
C_6Cl_5OH. 加温すると刺激臭を発する固体．塩素化の最終段階用の触媒を用いてフェノールまたはポリクロロフェノールを塩素化するか，あるいはC_6Cl_6をメタノール中NaOHにより130℃で加水分解して得る．クロロベンゼン誘導体の原料．殺虫剤，抗菌剤，除草剤であるが，現在はすたれつつある．

ペンタセン pentacene
5個のベンゼン環が直線状に縮合した化合物．トランジスタとして機能し，I_2またはBr_2をドープすると光ダイオードになる．

ヘンダーソン-ハッセルバルクの式 Henderson-Hasselbalch equation
緩衝溶液のpH計算に用いられる単純化した関係式．一塩基酸HAの解離定数をK_aとするとき，
$$pH = pK_a + \log\frac{[A^-]}{[HA]}$$

ペンタノール pentanols
→アミルアルコール

ペンタボラン pentaborane
B_5H_9とB_5H_{11}が知られている．→ホウ素の水素化物

ペンタン pentanes
C_5H_{12}. 3種の異性体が存在する．石油の低沸点画分に含まれる．$CH_3CH_2CH_2CH_2CH_3$（n-ペンタン（沸点38℃））は光測定の標準被照射体として使用される．

ペンタン酸 pentanoic acids (valeric acids)
→吉草酸

1,5-ペンタンジオール 1,5-pentanediol
ペンタメチレングリコール．可塑剤やポリマー原料である．

ペンタン-2,4-ジオン pentane-2,4-dione
→アセチルアセトン

ペンタン二酸 pentanedioic acid
→グルタル酸

ヘンデカン hendecane
ウンデカン$C_{11}H_{24}$の別名．

ペントサン pentosans
加水分解によりペントースを生じるヘミセルロース．キシランやアラバン中に最も広くみられる．

ペントース pentose
5個の炭素原子を持つ炭水化物．五炭糖．アルドペントースの中では，アラビノースの両方の立体異性体およびキシロースとリボースのD-体が天然に存在する．リキソースは天然には存在しない．ケトペントース（ペンツロース）には4種（2対の立体異性体）がある．

ペントースリン酸経路 pentose phosphate pathway
細胞にヘキソース，ペントース，ヘプトース，テトロースの原料を提供するための，糖リン酸の一連の反応．光合成の初期段階に関与している．主な機能は，生化学反応において明らかにNADHより有利なNADPHを合成することである．

ベントナイト bentonite
主にモンモリロナイトからなる粘土様鉱物．低濃度ではゲル状の懸濁液となり，鋳型用の砂のバインダーや石油の掘削に用いられる．吸収性を利用した用途もある．

ベンフィールド法 Benfield process
燃料ガス（例えばルルギ法における石炭の気

化によるものなど）を熱炭酸カリウム溶液と向流スクラビングすることにより，燃料ガスから二酸化炭素を除去する方法．→カタカルブプロセス

ヘンリーの法則 Henry's law
　一定の温度で与えられた体積の液体に溶解する気体の量は，その気体の圧力に比例するという法則．理想溶液では溶質と溶媒はラウールの法則に従う．溶液の蒸気圧はモル分率に比例する．

ヘンルーダ油 oil of rue
　ヘンルーダ（ミカン科（以前はヘンルーダ科）のヘンルーダ属）から得られる．メチルノニルケトンを含む．着香料に利用される．

ホ

ボーア磁子 Bohr magneton
　磁気モーメントの単位（β）．よくB.M.と省略する．スピンのみを考慮に入れた，不対電子の磁気モーメントの理論値は不対電子数1：1.73B.M.，2：2.83，3：3.87，4：4.90，5：5.92，6：6.93，7：7.94である．実測値は金属-金属結合，強磁性，反強磁性，スピン-軌道カップリングやその他の作用を受けて変化していると考えられる．$\beta = eh/2m_e = 9.27 \times 10^{-24}$ J/T．

ポアソン-ボルツマンの式 Poisson-Boltzmann equation
　分子の静電ポテンシャルの計算に用いられる式．

ボーアの周波数条件 Bohr frequency condition
　原子のエネルギーがΔEだけ低下するとき，そのエネルギーは$\Delta E = h\nu$を満たす周波数νを持つ光子として失われる．

ボイルの法則 Boyle's law
　温度が一定であるとき，気体の質量は圧力に反比例する．理想気体においては成立するが，実在気体においては分子の大きさが有限であり，分子間力が存在するため，この法則は高圧のときには厳密には当てはまらない．→ファン・デル・ワールスの式

方位量子数 azimuthal quantum number（l）
　副量子数，あるいは角運動量量子数ともいう．→電子配置

方鉛鉱 galena
　組成はPbS．よくみられる鉛鉱石．金属光沢があり灰青色．岩塩型構造．

方解石 calcite
　炭酸カルシウムの1つの結晶型．$CaCO_3$は量が多いときには石灰岩，大理石，チョーク（白亜）などの型をとる．この結晶はいろいろな名前で呼ばれている．例えば氷州石（透明方解石），犬歯状結晶（鍾乳洞中の石筍など）などである．方解石は炭酸カルシウムの持つ最も安定な形．→霰石

防カビ（黴）剤　fungicides

菌の繁殖を阻害するために農業で用いたり，材木，プラスチックなどに添加する化学薬品．主要なものは硫黄，ポリスルフィド，硫黄含有化合物（ジチオ炭酸塩など），重金属（Cu, Sn, Hg, Ni）化合物．本来は「ぼうばいざい」のはずであるが，「ぼうカビざい」と読み慣わしている．

ホウ化物　borides

ホウ化物は直接単体同士を反応させる，金属酸化物を炭素や炭化ホウ素で還元する，あるいは溶融物を電気分解することにより，ほとんどの元素で形成可能である．これらは硬い耐火性の材料で，化学的には不活性なため，工業的には不活性であることが要求される分野で用いられている．結合様式は複雑で，B_6 クラスター，B_{12} クラスター，ネットワークなどがある．ホウ化物の中には電気伝導性の高いものがある．

ホウケイ酸塩　borosilicates

天然に産出するホウ素含有ケイ酸塩（ダンブリ石 $CaB_2Si_2O_8$）もあるが，B_2O_3，SiO_2 および金属酸化物（後者は必ずしも主要成分でなくてもよい）を加熱融解することでガラスとして得られる．パイレックスガラスはホウケイ酸塩ガラスである．

芳香族炭化水素　aromatic hydrocarbons

環状の非局在化 π 電子系を有する化合物．

芳香族的　aromatic

ベンゼンが求電子置換反応を行い鎖状の共役誘導体よりも安定であることを説明するのが芳香族性である．ベンゼン骨格を有する化合物は，芳香族であるといえるが，多くの複素環式化合物のように，求電子置換反応を行う非ベンゼノイド化合物はこの基準を用いることによってのみ芳香族と定義付けることができる．芳香族性のもう1つの定義には分子オービタルに基づく説明があり，これは芳香族の安定性を，二重結合と単結合からなる平面的な環状共役系に含まれる π 電子の数が $(4n+2)$ であることと関連付けるもの（ヒュッケル則）である．例えばアズレンは π 電子が10個，$n=2$，トロピリウムカチオンは π 電子が6個，$n=1$ である．芳香族性は化合物の NMR スペクトルに及ぼす影響という点からも定義されている．金属クラスター，例えば Al_4^{2-}，Hg_4^{6-}，$GeAl_3^{-}$ は芳香族的特性を有する．

芳香族ニトロ化合物　nitro-compounds (aromatic)

ニトロ基 NO_2 を含む化合物で，多くのものがある．通常は硝酸を直接作用させて得る．この反応は硝酸と硫酸の混合物を用いると非常に加速される．ベンゼンのニトロ化では，条件が激しいと1,3-ジニトロおよび1,3,5-トリニトロベンゼンが得られる．ナフタレンではまず1-ニトロナフタレンが生成し，さらにニトロ化すると1,5- および1,8-ジニトロナフタレンの混合物が生じ，2-ニトロナフタレンは得られない．ニトロ炭化水素は中性化合物であるが，ニトロ基がフェノールまたはアミンに導入されると酸性度が大きく増加，また塩基性度が大幅に減少する．ニトロ基が存在すると同じ分子中のハロゲンの反応性が増加する．還元によりニトロ化合物は一連の生成物を与える．例えば，

$PhNO_2 \rightarrow$ ニトロソベンゼン $PhNO \rightarrow$
N-フェニルヒドロキシルアミン $PhNHOH$

さらに還元するとアゾキシベンゼン，アゾベンゼン，ヒドラゾベンゼン，アニリンとなる．工業的にはアミンへと還元し色素に変換して利用される．これは通常，鉄と少量の塩酸を用いて一段階で行われる．ニトロ化合物には，それ自身が着色していて色素として利用されるものもある（例えばピクリン酸）．

ホウ酸　boric acid (orthoboric acid)

$B(OH)_3$．白色の結晶性固体で，脂っぽい感触を持つ．結晶中では水素結合で結ばれた平面状の $B(OH)_3$ ユニットが層を形成している．ホウ砂，灰ホウ鉱，その他の天然ホウ酸塩を鉱酸で処理するか，ハロゲン化ホウ素，水素化ホウ素などの加水分解により得られる．加熱すると H_3BO_3 は重合体，例えば $[B_4O_5(OH)_4]^{2-}$，$[B_5O_6(OH)_4]^{-}$ など，主に環状重合体を生じる．OH^- に対しては酸として働き，$[B(OH)_4]^-$ と水を生じる．$B(OH)_3$ は蒸気中で揮発し，水に対する溶解度は温度とともに大きく増加する．$B(OH)_3$ の塩とそのポリマーはホウ酸塩である．極めて弱い酸であるが，ポリオール（例えばグリセロール）と複合体を生成し，通常の指示薬で滴定することができる．ホウ酸は粉末ではお

だやかな静菌性を持ち，溶液中で過酸化水素との付加物，過ホウ酸塩を生じる．

ホウ酸亜鉛　zinc borates
ホウ砂の水溶液に硫酸亜鉛を加えると得られる，組成があまりはっきり決まっていない化合物．難燃性織物，セラミックス，医薬品に広く用いられる．

ホウ酸アルミニウム　aluminium borate
$AlBO_3$. 重合触媒やガラスに用いられる．

ホウ酸塩　borates
ホウ酸 H_3BO_3 の塩．平面三角形の基 BO_3 と四面体の基 BO_4 を持つが，これらはいずれも孤立型と結合型がある．ヒドロキシ基がホウ素に配位していることもある．$Co_2B_2O_5$ などのピロホウ酸塩では2個の BO_3 が1つの酸素原子を介して結合している．ポリホウ酸基では限りなく続く鎖（例えば直線状の $[BO_2]_n^{n-}$ がつながっている $LiBO_2$）や，環（例えばメタホウ酸基 $(B_3O_6)^{3-}$ 中の B_3O_3 環など）があり，また2つの環が四面体のホウ素を通じて結合している $K[B_5O_6(OH)_4]\cdot 2H_2O$ がある．→ホウ酸，ホウ砂

ホウ酸塩は容易にガラス（例えばパイレックス）を形成する．H_2O_2 や Na_2O_2 で処理するとペルオキソホウ酸塩を生じるが，これは洗剤に添加する漂白剤として用いられている．ホウ酸エステル類（$B(OH)_3$ と ROH と H_2SO_4 から生成）はほとんどのアルコールから生成する．陰イオン性の誘導体，例えば $Na[BH(OR)_3]$ も生成し，アシルボレート $B(O_2CR)_3$ も知られている．二ボロン酸 $H_4B_2O_4$, $(HO)_2B-B(OH)_2$ はエステルを形成する．

ホウ酸トリメチル　trimethyl borate
$C_3H_9O_3B$, $(MeO)_3B$. 蝋，樹脂の溶媒．ケトン合成の触媒．ブンゼンバーナーの炎を緑色に着色するので，炎色反応によるホウ素の検出に利用される．

ホウ酸ナトリウム　sodium borate
$Na_2B_4O_7\cdot 10H_2O$. 通常は四ホウ酸ナトリウム（ホウ砂）のことである．水に易溶．優れた融剤であり，ハンダ付け，艶だし，エナメル，耐火剤に用いられる．→ホウ砂

ホウ砂　borax
ほうしゃ．「ほうさ」と呼ぶ分野もある．Na_2 $[B_4O_5(OH)_4]\cdot 8H_2O$. 天然にはカーナル石や天然ホウ砂として産出する．アニオンは水と強く水素結合している．ガラスや耐火材の製造でホウ素化合物の原料として用いられる．

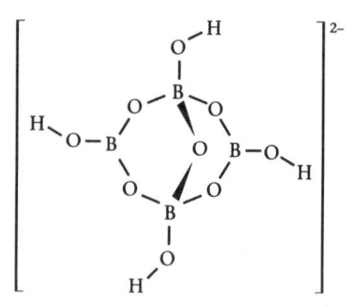

$[B_4O_5(OH)_4]^{2-}$

放射壊変系列　radioactive decay series
ある放射性原子核が連続的に変換して生じる同位体系列．天然には核子数が $4n$（トリウム系列），$4n+2$（ウラン系列），$4n+3$（アクチニウム系列）が存在している．$4n+1$ の系列はネプツニウム系列と呼ばれるが，すべて ^{209}Bi に壊変してしまっている．

放射化分析　activation analysis
定量しようとする安定な元素に（一般には中性子の）照射を行って人工の放射性同位体を生成し，その生成量を放射能から求める分析手法．→中性子放射化分析

放射性金粒子　gold grains, radioactive
微小な金や白金のカプセル中に包接された ^{198}Au で，ガンの放射線源として利用される．

放射性炭素年代決定法　radiocarbon dating
^{14}C は宇宙線による次の反応により大気中で連続して生成されている．

$$^{14}N + {}^1n \rightarrow {}^{14}C + {}^1H$$

^{14}C は生体中の ^{12}C と交換するので，生体内の炭素は，宇宙からの放射能の作用により大気中で常に生成している放射性同位体 ^{14}C を常に一定の割合で含んでいる．生物が死亡すると非放射性炭素と大気中の ^{14}C との交換が起こらなくなる．したがってかつて命を持っていたものは ^{14}C の含有量を定量することによってその死亡時の年代を求めることができる．^{14}C の半減期は5570年であり，この方法は3万年以前ま

での試料に有用である（現在では測定法の改善によって，およそ6万年ほど前まで適用範囲が広がった）．

放射線 radiation

何らかの電磁波放射（輻射）すべてを指す用語．物体に吸収された放射線量はグレイ単位で表す．

放射線計数器 counters, radioactive

放射能を検知し，定量する装置．単にカウンターと呼ぶことも多い．

放射能 radioactivity

フランスのアンリ・ベックレルは1896年に，ウランの塩が，薄い金属板で覆っていても写真の乾板を顕著に感光させる作用を持つことを発見し，この性質を放射能と名づけた．主要な放射線は α 線，β 線，γ 線の3種であり，これらは放射性元素の原子核の自然崩壊により発生する．α 粒子を1個放出すると，原子核の質量数は4減少し，原子番号は2だけ減少する．β 粒子を1個放出すると原子番号が1増加する．γ 線の放出は原子核のエネルギーが失われることに対応する．このような放射性崩壊はX線の発生を伴うことが多い．

これらほど一般的ではないが，他の放射性壊変方式もある．陽電子放出では原子番号が1減少し，K電子捕獲では原子核に核外電子が1つ取り込まれ，原子番号が1減少する．原子番号が83より大きい元素はすべて放射性壊変を起こす．K, Rb, Ir などいくつかの軽元素は β 粒子を放出する．重い元素は安定な原子核に達するまで種々の同位体を経て壊変していく．半減期は非常に短いものから著しく長いものまでさまざまである．

放射性壊変の速度は，実験室で得られる条件で変化させることはできない．自発的な過程である．単位はキュリー（Ci），1秒あたり 3.7×10^{10} 回の崩壊で表されるのが普通であったが，SI単位系のベックレル（Bq）も用いられるようになった．1ベックレルは1秒あたり1個の壊変にあたる．放射性元素は通常の安定な元素の原子核（例えばヘリウム核）や中性子を衝突させることにより人工的に作ることができる．
→人工放射能

包　晶 peritectic

液体状態では互いに完全に混ざり合うが，固体では限られた組成においてのみ固溶体となる二元系合金でよく見られる固相と液相の平衡状態．包晶系は共融系とは異なり，凝固点と組成の関係を表す曲線において最小を示さない．

抱水クロラール chloral hydrate (trichloroethylidene glycol)

$CCl_3CH(OH)_2$, $C_2H_3Cl_3O_2$, トリクロロエチリデングリコール．安定な *gem*-グリコールの珍しい例である．無色の大きな角柱状結晶で，特異臭を持つ．融点57℃，沸点97.5℃．計算量の水をクロラールに添加することにより生成する．→クロラール

ホウ水素化物 borohydrides

$M(BH_4)_n$．→ボランアニオン類

ホウ水素化リチウム lithium borohydride

ジボランと水素化リチウムの反応で得られる．強力な特異的還元試薬．

宝　石 gemstones

その外観のゆえに装身具や装飾品として用いられる物質．人工宝石は天然の宝石を模倣したものである．α-アルミナ（コランダム）からはルビー（Cr^{3+} を添加）やサファイア（FeとTiを添加）が得られる．スピネル，チタニア，$SrTiO_3$ も利用されるが，これらは実質上すべて人造である．宝石用のダイヤモンドも合成できるが，天然物にはコストではかなわないので，合成ダイヤモンドはほとんどが切断・研磨用に使われる．

包接化合物 enclosure compounds
→クラスレート化合物

ホウ素 boron

元素記号B．非金属元素．原子番号5，原子量10.811，融点2075℃，沸点4000℃，密度（ρ）2340 kg/m^3（$= 2.340 \text{ g/cm}^3$），地殻存在比10 ppm，電子配置 $[He] 2s^2 2p^1$．ホウ酸塩（ケルン石（rasorite），ホウ砂，コールマン石（灰ホウ鉱）など）の形で産出し，入手することができる．単体ホウ素は B_2O_3 をMgで還元することにより得られるが，これにはかなり不純物が含まれる．純粋なものはハロゲン化物の熱分解または還元から得られる．さまざまな形のすべてに二十面体の B_{12} ユニットが含まれている．ホウ素の一番の用途はホウケイ酸塩の形でエナ

メルやガラスに使用されるものであるが，^{10}B が原子炉に用いられている．ホウ素フィラメント（エポキシ樹脂や Al マトリックス中で）やホウ素を含有する材料は軽量成分として用いられている．ホウ素単体そのものは極めて不活性で，酸化剤だけが緩やかに攻撃する．

ホウ素の塩化物　boron chlorides

① 三塩化ホウ素 boron trichloride (BCl_3)；無色の流動的な液体で，融点 -107℃，沸点 12.5℃．直接元素同士を反応させて，あるいは B_2O_3 と PCl_5 を封管中で加熱して生成する．水により簡単に加水分解されてホウ酸になる．テトラクロロホウ酸塩は $[BCl_4]^-$ を含有し，金属塩化物に BCl_3 を付加させて生成する．

② 四塩化二ホウ素 diboron tetrachloride (B_2Cl_4)；融点 -93℃，沸点 55℃．BCl_3 蒸気をグロー放電管に通すか，または一酸化ホウ素と BCl_3 を反応させて生成する．0° 以上で分解し，四塩化四ホウ素 B_4Cl_4 および B_9Cl_9 や B_8Cl_8 などの不揮発性塩化物を生成する．

ホウ素の化学的性質　boron chemistry

13 族の元素であるホウ素はいくつかの錯陽イオンや陰イオンを除き，共有結合 B-X の化学的性質を持つ．ホウ素は通常 3 価の酸化状態と，3 または 4 の配位数を持つ．B-B 結合は簡単に形成され，ホウ素クラスター（例えば単体中や水素化ホウ素中の B_{12} など）も安定した存在である．有機ホウ素や水素化ホウ素は重要な合成試薬である．

ホウ素の酸化物　boron oxides

酸化ホウ素 (Ⅲ) boron (Ⅲ) oxide (B_2O_3)；ホウ酸を熱分解させて得る．水と結合するとホウ酸 $B(OH)_3$ にもどる．酸化ホウ素を溶融したものはいろいろな金属酸化物を溶解し，平面三角形および四面体のホウ素とともにホウ酸塩を生じる．B-B 結合を有する低次酸化物誘導体もまた知られている．

ホウ素の臭化物　boron bromides

三臭化ホウ素 boron tribromide (BBr_3)；ホウ素の上に臭素を通すことによって生成する．融点 -46℃，沸点 91℃．塩化ホウ素に極めて類似した性質を持ち，強力なルイス酸でもある．四臭化二ホウ素 B_2Br_4 も既知化合物である．

ホウ素の水素化物　boron hydrides

B-H，B-B および B-H-B 結合を持つ一群の化合物．最も簡単なものは B_2H_6（ジボラン (6)）

$$B_2H_6$$

融点 -164.8℃，沸点 -92.6℃；B_4H_{10}（テトラボラン (10)）融点 -120℃，沸点 18℃；B_5H_9（ペンタボラン (9)）融点 -46.6℃，沸点 48℃；B_5H_{11}（ペンタボラン (11)）融点 -123℃，沸点 63℃；B_6H_{10}（ヘキサボラン (10)）融点 -62.3℃，沸点 108℃；B_6H_{12}（ヘキサボラン (12)）融点 -82.3℃．高次の水素化ホウ素としては $B_{20}H_{26}$ までのものが知られている．ジボランは MH，$LiAlH_4$ または $NaBH_4$ と BF_3 から生成する．高次の水素化物はホウ化水素から生成する．ボランはすべて電子欠損で，その構造は B と H がかかわる多中心結合の観点から説明がつく．ジボランは NaH と反応して水素化ホウ素ナトリウム $NaBH_4$ を生成し，陰イオンやリガンドと反応すると錯体（例えば $(BH_3CN)^-$ や (BH_3CO) など）を形成する．オレフィンとはヒドロホウ素化反応 (hydroboration reactions) で挿入が生じる（例えば B_2H_6 と C_2H_4 から $B(C_2H_5)_3$ を生成する）．トリアルキルホウ素は B_2H_6 と反応してアルキルボランを生じる．アセチレンと反応するとカルボラン（カルバボラン）を生じる．

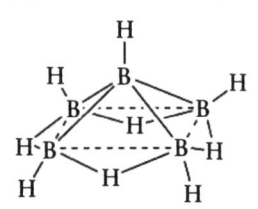

ホウ素の中性子捕獲　boron neutron capture

^{10}B は中性子に対する断面積が大きいので，原子炉中で中性子束を制御するのに用いられる．^{10}B は熱中性子と反応して ^{7}Li と α 粒子を作り出し，これが近くの細胞を破壊する．ガンに特異的な抗原に結合するホウ素誘導体と一緒にホウ素中性子捕獲療法で用いられる．

ホウ素のハロゲン化物　boron halides

ホウ素はハロゲンと結合して BX_3，B_2X_4 お

およびBX$_4$⁻のほか，いくつかの低級ハロゲン化物を生じる．ルイス酸性度はBBr$_3$＞BCl$_3$＞BF$_3$の順である．各ハロゲン化物は水で急速に加水分解される（→ホウ素のフッ化物，ホウ素の塩化物，ホウ素の臭化物，ホウ素のヨウ化物）．B-B結合を持つ低次のハロゲン化物も知られている．

ホウ素のフッ化物 boron fluorides

普通のフッ化物はBF$_3$で，CaF$_2$とB$_2$O$_3$にH$_2$SO$_4$を反応させる，またはジアゾニウムフルオロボレートの加熱により生成する．無色の気体で沸点－100℃．湿った空気中で白煙を生じホウ酸とフルオロホウ酸（HBF$_4$）と水を生じる．BF$_3$は強力なルイス酸で多くのドナーと付加物（例えばF$_3$B-NMe$_3$）を生成する．フリーデル-クラフツ反応やその他の反応の極めて強力な触媒であり，有機ボランの製造の原料として用いられている．B$_2$O$_3$と反応し（FBO）$_3$となる．さらに低次のフッ化物も知られている．B$_2$F$_4$はBOとSF$_4$から生成され，1個のB-B単結合を持つ．BとBF$_3$を高温で反応させるとB$_3$F$_5$やB$_8$F$_{12}$などが生じる．

ホウ素の有機誘導体 boron, organic derivatives
→有機ボラン，ボリン酸塩，ボロン酸塩

ホウ素のヨウ化物 boron iodides

①三ヨウ化ホウ素 boron triiodide（BI$_3$）．BCl$_3$とHIを赤熱温度で加熱するか，I$_2$とNaBH$_4$から生成する．融点43℃，沸点210℃．性質は三塩化ホウ素に極めて似ている．

②亜ヨウ化ホウ素 boron subiodide（B$_2$I$_4$）；BI$_3$蒸気に放電して生成する．

ホウ素-窒素化合物 boron-nitrogen compounds

アミノボラン誘導体（例えばB(NMe$_2$)$_3$）はハロゲン化ホウ素とアミンを反応させて生成する．ボランクラスターのアミノ誘導体や環状（RBNR′）$_n$ポリマー（ボラジン）もまた既知化合物である．

膨張計 dilatometer

溶液や液体中に浸された固体の体積の微小な変化を測定する装置．通常，円筒形のガラスにキャピラリー管が取り付けられ，内容積の変化をキャピラリー中のメニスカスの移動により観測する．膨張試験は転移温度，反応や重合速度などの測定に利用できる．

放電管 discharge tube

2つの金属電極があり，その間の気体や蒸気（通常は低圧）を通して電流が流れる管．通常，石英ガラス製である．

防黴剤 fungicides
→防カビ剤

防腐剤 antiseptics

微生物の生長を止める物質．一般に生きている組織に用いられる．例えばI$_2$．

ホウフッ化水素酸 fluoroboric acid
→フルオロホウ酸

飽和化合物 saturated compound

エタンのように原子同士が単結合で結合し，二重結合や三重結合を持たない化合物．ただし"飽和"という用語は，二重結合や三重結合を含んでいても容易に付加反応を起こさない化合物に対して用いられることもある．すなわち，酢酸などを飽和カルボン酸，アセトニトリルなどを飽和ニトリルということが少なくない．一方，シッフ塩基（アゾメチン）は不飽和化合物として扱う．

ボーキサイト bauxite

アルミニウムの主原料鉱石．アルミニウムを含む岩石が風化してできた鉱物の混合物で，水酸化アルミニウムをさまざまな形で含有している．酸に容易に溶けるが，900℃に加熱するとAl$_2$O$_3$を生じて水に不溶となる．AlおよびAl化合物の原料として，アルミナ耐火物の製造や道路舗装に用いられる

補酵素 coenzymes

酵素の作用に必要な，熱に安定な小分子として定義される．補酵素というと，ある種の金属イオンも含まれることがあるが，この語は現在，酵素が触媒する反応において，ある決まった役割を持つ物質のためにのみ使用されるようになってきている．補酵素と補欠分子族（酵素の中の非タンパク質部分と定義される）の違いは，種類の差というよりも程度の差で，タンパク質との結合の強さに依存している．したがって強固に結合しているヘマチンは通常，補欠分子族と呼ばれ，ホスホピリジンヌクレオチドは生物学的酸化において本質的に同様の役割を持っていても，補酵素と呼ばれる．補酵素は反応の際に構造的に変化することがあるが，通常それに

続く反応で再生される.

補酵素の種類にはさまざまなものがある. 一例を挙げると水素転移を行う補酵素, 基の転移を行う補酵素, 異性化を行う補酵素などがある.

補酵素 A coenzyme A
→コエンザイム A

保護基 protecting group

分子内の他の官能基の化学変換を行うに際して, 事前にある官能基に付加させる基. 保護基は, その部位の官能基が望ましくない反応を起こすことを防ぎ, また他の部位への反応試薬としての役目を果たすこともある. 保護基は, キラル中心のラセミ化を起こさず容易に付加させることができ, 分子の他の部分が影響を受けないような条件で除去することができるものである. 保護基はアミノ酸からペプチドを合成する際に広く用いられている.

保護コロイド protective colloids

例えばゼラチンのような親水性コロイドは水和しているため, それ自身は低濃度の電解質が存在しても影響を受けないが, 疎水性のゾルに少量添加すると, そのゾルが電解質の影響で凝集するのを防ぐことができる. それゆえこのようなコロイドを保護コロイドという. 親水性コロイドはいずれも, ある程度は保護作用を持っており, ゼラチン, デンプン, カゼインはこの目的で産業的に使用されている.

保湿剤 humectant

潮解性を持つために湿度の保持に用いられる物質. 例えば菓子類や食品にはグリセロールやソルビトール, タバコにはグリセロールが使われる.

ポジトロン positron (β^+)
→陽電子

ポジトロン崩壊 positron decay

電子対消滅. 通常の電子と衝突して光子 (通常 2 個) に変化する.

補充経路 anaplerotic sequences
→アナプレロティック経路

ホスゲン phosgene

$COCl_2$, 塩化カルボニル. 有毒な気体であるが, 合成原料として重要である. 通常はトリホスゲン, 炭酸ビス (トリクロロメチル) として貯蔵し, 加熱分解してホスゲンを発生させる.

ホスゲンアンモニウム塩 phosgenammonium salts (phosgene iminium salts)

$[Cl_2C=NH_2]^+$ 陽イオンを含む塩. →ジクロロメチレンアンモニウム塩

ホスファゲン phosphagen

細胞内でエネルギー貯蔵体 (ADP, ATP) として作用する高エネルギーリン酸エステル.

ホスファゼン phosphazenes (phosphonitrilic derivatives)

$(P=N)_x$ 基を持つ鎖状または環状の化合物. ホスホニトリル誘導体でポリマーの一種. 最も単純なものは塩化物で, PCl_5 と NH_4Cl を加熱して得られる. 環状の二量体, 三量体, 四量体は最も重要である. 鎖状のホスファゼン類は難燃剤として, またガスケットやホースのエラストマー, 医療用機器において利用されている. ペルフルオロアルコキシ基を持つホスファゼンは医薬品や電池中の溶媒に用いられる. 塩素原子は他の種々の基により置換されうる. 環は加水分解に対する安定性が低い.

ホスファターゼ phosphatases

リン酸基を加水分解, 転移させる酵素群.

ホスファチジン酸 phosphatidic acid (diacylglycerol phosphate)

リン酸グリセリドの母体化合物. リン酸ジアシルグリセロール.

ホスファチド phosphatides
→リン脂質

ホスフィン phosphine

PH_3. リン化水素とも呼ばれた. →リンの水素化物

ホスフィン酸エステル phosphinates

次亜リン酸エステル. $HOP(O)H_2$ のアルキルまたはアリール誘導体.

ホスフィン酸塩 phosphinates

次亜リン酸 (一塩基酸) の塩. $M[PO_2H_2]$.

ホスホグリセリド phosphoglycerides

グリセロリン酸. リン脂質の基本化合物.

ホスホクレアチン creatine phosphate (phosphocreatine, phosphagen)

クレアチンのリン酸エステル. →ホスファゲン

ホスホニウム塩 phosphonium salts

ハロゲン化アンモニウムに類似した無色の結

晶性の塩，例えば $[PH_4]I$．乾燥したハロゲン化水素を弱塩基であるホスフィンに作用させて得る．ホスホニウム塩は常温常圧で PH_3 と HX に解離する．有機ホスホニウム塩，例えば $[(C_6H_5)_3PH]^+[BF_4]^-$ は無置換体よりずっと安定である．水素をアルキル基またはアリール基で置換した数が多いほど安定性は増加する．一般式 $[(C_6H_5)_3PCHR^1R^2]^+X^-$ で表されるトリフェニルアルキルホスホニウム塩はウィッティヒ反応においてホスホラン（ホスホニウムイリド）$(C_6H_5)_3P=CR^1R^2$ の調製に利用される．相間移動触媒に用いられる．

ホスホニトリル誘導体 phosphonitrilic derivatives
→ホスファゼン

ホスホラン phosphoranes
5価のリンの誘導体．R_5P，Ph_5P などの形のものを指す．ウィッティヒ反応の中間体である $RR'C=PR''_3$ なども，このホスホランに含まれる．

ホスホリパーゼ phospholipases
リン脂質をカルボキシル基またはリン酸基の部分で切断する酵素．

ホスホリラーゼ phosphorylases
→リン酸化酵素

ホスホン酸エステル phosphonates
亜リン酸エステルの異性化反応で生じる．$(RO)_2P(O)R$ のタイプのエステル．

ホスホン酸塩 phosphonates
いわゆる「亜リン酸塩」は実際にはホスホン酸の塩である．$Na_2[HPO_3]$ は正塩であり，酸性亜リン酸塩ではない．

ボース粒子 boson
整数スピンを持つ粒子（例えば光子など）．
→フェルミオン

ボゾン boson
→ボース粒子

補体 complement
異質細胞表面上で抗体と抗原が複合すると，正常な血清中に存在する一群のタンパク質（補体と総称される）との結合が起こる．相互作用する血清タンパク質は細菌溶解とマクロファージの走化性に免疫的に関与する．その結果破壊酵素の活性化が生じ，それにより細胞溶解が起こる．

ポタサマイド potassamide (potassium amide)
→カリウムアミド

ポタシュ potash
不純な炭酸カリウム．草木灰．

蛍石 fluorite (fluorspar)
CaF_2．無色の立方晶．黄色，青，緑，紫に着色していることも多い．美しいものは装飾品（ブルージョン）の製造に用いられている．フッ素や HF などフッ化物の主な供給源．ガラス，釉薬，冶金用フラックスにも用いられる．結晶構造は Ca^{2+} が立方最密充填をとり，F^- は四面体のサイト（空孔）に位置する．この構造は，

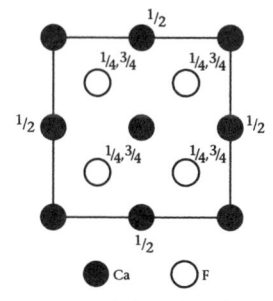

CeO_2，$PbMg_2$ など多くの酸化物，フッ化物，合金にみられる．$Er_2Zr_2O_7$ などパイロクロア様の物質はかなり強い放射線耐性を持つ．

ボーツ bort
ボルトと呼ぶこともある．球状の多結晶ダイヤモンドで，多くは濃く着色している．硬度が大きいので研磨材に用いる．→ダイヤモンド

ボック BOC
特にペプチド中のアミノ基を保護するのに用いられる t-ブトキシカルボニル基．一般に二炭酸ジ-t-ブチル基を用いて導入する．

没食子酸 gallic acid
$C_7H_6O_5$，3,4,5-トリヒドロキシ安息香酸．無色結晶（一水和物）．融点258℃．水やアルコールに微溶．木の組織，虫癭および茶に遊離の形で存在する．タンニンの構成成分．タンニンの発酵または酸加水分解により得られる．Fe^{3+} と反応して青黒色を呈し，インクの製造に用いられる．加熱するとピロガロールを生じる．色素中間体，写真の現像剤，皮革なめしの用途を持つ．

没食子酸塩・没食子酸エステル gallates
没食子酸の塩類・エステル類．英文ではガリウム酸塩と同一のスペルである．

没食子酸プロピル propyl gallate
$(HO)_3C_6H_2COOC_3H_7$, 3,4,5-トリヒドロキシ安息香酸プロピルエステル．酸化防止剤．

補綴原子団 prosthetic group
配合族ともいう．酵素など複合タンパク質のタンパク質ではない部分．

ポテンシャルエネルギー potential energy
位置により決定されるエネルギー．

ホフマイスター系列 Hofmeister series
→離液順列

ホフマンのイソニトリル合成 Hofmann isonitrile synthesis
アミンとクロロホルムをアルカリ中で反応させてイソニトリル（カルビルアミン）を得る反応．

ホフマンの徹底メチル化 Hofmann exhaustive methylation
アミンをメチル化して第四級アンモニウム塩とし，その熱分解によりオレフィンを得る反応．

ホフマン分解 Hofmann degradation of amides
アミドを過剰の水酸化ナトリウムを含む塩素水または臭素水（NaOX）と反応させ，元のアミドより炭素原子の1つ少ない第一級アミンを得る反応．

$$RCONH_2 \rightarrow RNH_2$$

ホフマンメチル化 Hofmann (exhaustive) methylation
→ホフマンの徹底メチル化

ホモゲンチジン酸 homogentisic acid
$C_8H_8O_4$, 2,5-ジヒドロキシフェニル酢酸．融点152～154℃．植物中にみられる（タケノコやサトイモのえぐみの原因とされる）．動物体内でチロシンやフェニルアラニンの代謝により生成する．アルカプトン尿症はこの物質の代謝不全によるもので，患者の尿中に含まれ，空気酸化を受けて黒変する．

ホモジナイザー homogenizer
磨砕機．不均一な試料（生体試料など）を均一組成の溶液とするための機械をいうことが多い．またある種のコロイドミルもこう呼ばれる．

ホモリティック反応 homolytic reaction
結合を形成している電子が，開裂して生じるフラグメント間に均等に配分される反応．例えば

$$Br_2 \rightarrow 2Br^- \cdot$$

なお英語の homolytic reaction は開裂反応以外にも，フリーラジカルなど奇数の電子を持つ化学種が互いに反応して共有結合を形成する反応．例えば

$$Br^- \cdot + CH_3CH_2 \cdot \rightarrow CH_3CH_2Br$$

をも含めていうことがある．

ホモレプティック homoleptic
→同一配位子性

ポーラログラフィー polarography
特に希薄溶液中で，水銀電極上で電気化学的に還元（または酸化）されうる物質を分析する電気化学的手法．白金電極を用いることもできるが，通常は滴下水銀電極の清浄な表面を用いて電流を電位に対してプロットする．このポーラログラムにおいて溶液に存在する還元可能な各物質はそれぞれステップ状の応答を示す．このステップは各物質に特有の電位で観測され，その高さは還元過程に関与している成分の濃度と電子数に比例する．この手法は微量金属の定量において特に有用であり，溶液内の錯形成や非水溶媒中の化学の研究に用いられる．

ボラン borane
形式的には BH_3，例えばボラン-ピリジンは $H_3B:(NC_5H_5)$ である．BH_3 は錯体を形成したときにのみ安定で，通常は二量体化したジボラン B_2H_6 の形である．

ボランアニオン類 borane anions
形式的にはボラン類から形成されるアニオン類 $(B_nH_m)^{x-}$ で，構造中にボランと類似の結合を持つ．ボランと塩基の反応，あるいは金属水素化物とホウ酸塩エステルまたはジボランの反応により生成する．特定の塩は分解反応によって得られる．混合アニオン，例えば $[BH_3CN]^-$ も知られている．最も簡単なボランアニオンは四面体の $[BH_4]^-$，すなわちテトラヒドリドホウ酸イオンであり，NaH と $B(OMe)_3$ から $NaBH_4$ が得られる．同じように LiH と B_2H_6 から $LiBH_4$ が得られ，$AlCl_3$ と $NaBH_4$ からは $Al(BH_4)_3$ が得られる．$NaBH_4$ は白色結晶で，空気中で安定，水に溶け，還元剤（例えば

-COOH を -CH$_2$OH とする）として幅広く用いられている．共有結合性のホウ水素化物は一般に可燃性．ホウ水素化物の金属錯体も例えば Zr や Cu では知られている．[B$_3$H$_8$]$^-$ イオン（NaBH$_4$ と B$_2$H$_6$ をジグライム中で 100℃ で反応させると NaB$_3$H$_8$ が生じる）はさらに簡単な化学種である．三角の面を持つ多面体（closo-）構造をとるボランアニオンには [B$_9$H$_9$]$^{2-}$，[B$_{10}$H$_{10}$]$^{2-}$，[B$_{12}$H$_{12}$]$^{2-}$ がある．B$_{10}$H$_{14}$ と Et$_3$N を沸騰キシレン中で反応させる．多面体の頂点1つがなくなった nido- 構造，頂点2つがなくなった arachno- 構造のものも知られている．

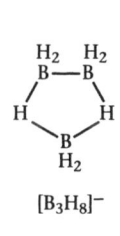

ボラン類 boranes
　水素化ホウ素，ホウ化水素ともいう．最も簡単なボランは BH$_3$ であるが，これは一時的にしか存在せず，通常は二量体になっている．

ポリアクリルアミド polyacrylamide
　{CH$_2$CHCONH$_2$}$_n$．プロピレン基で連結した鎖状のポリマー．高分子量物質でゲル，ガムまたは樹脂状で水溶性．アミド基を反応させることにより電解質ポリマーやゲル電気泳動用の熱硬化性樹脂に変換できる．水に可溶であるため広く用いられているポリマーである．置換アクリルアミド，例えばメタクリルアミド CH$_2$=CMeCONH$_2$ も同様のポリマーを形成する．

ポリアクリロニトリル polyacrylonitrile
　アクリロニトリルのポリマー {CH$_2$CHCN}$_n$．繊維やエラストマーとして重要である．例えばブタジエンや塩化ビニルなどとのコポリマーとして用いられることも多い．重合はフリーラジカルまたは光により開始される．釣り具や編物衣類に利用される．

ポリアセタール polyacetals
　ポリオール，例えば HO(CH$_2$)$_n$OH とカルボニル化合物，例えばホルムアルデヒド CH$_2$O から形成される HO[(CH$_2$)$_n$OCH$_2$O]$_x$(CH$_2$)$_n$OH のようなポリマー．環状構造のものも生成する．ペンタエリスリトールやグルタルアルデヒドが典型的な構成要素である．被覆に利用される．
　→ポリエチレングリコール

ポリアセトアルデヒド polyacetaldehyde
　→アルデヒドポリマー

ポリアニオン polyanion
　多価の陰イオン性高分子．

ポリアニリン polyaniline
　導電性ポリマーの1つ．アニリンの酸化重合で得られる．

ポリアミド polyamides
　→ナイロン

ポリアミン polyamines（poly(alkylenepolyamines)）
　{HN-R-NH-R'}$_n$．ポリ(アルキレンポリアミン)．アルキレンポリアミンまたは単純なアミンとジハロアルキレンを反応させて得られる親水性の極性物質．例えばセルロース繊維や鉱物懸濁液のフロック形成剤として用いられる．

ポリアルキリデン polyalkylidenes
　例えばジアゾメタンとアルコールまたはヒドロキシルアミン誘導体を，ホウ素化合物や金属錯体の存在下で反応させて得られる {CHR}$_n$ で表されるポリマー．ポリメチレンは形式的にはポリエチレンと同じ．各種ポリマーの性質は重合度，結晶性，立体化学に依存する．

ポリアルキレンオキシド poly(alkylene oxides)
　→ 1,2-エポキシドポリマー

ポリアルキレンポリアミン polyamines（poly(alkylene polyamines)）
　→ポリアミン

ポリアルケン polyalkenes
　→ポリオレフィン

ポリイミド polyimides
　芳香族の酸から誘導されるイミド基 -C(O)NC(O)- を含むフィルム，プラスチック，エナメル．優れた耐熱性を有する．ジアミンと多価カルボン酸，ハーフエステル，酸無水物から得られる（メリット酸誘導体からはアルキレンポリメリトイミドが得られる）．「ケヴラー」などの

商品名で知られている.

ボーリウム bohrium

元素記号 Bh. 後続アクチニド元素. 原子番号 107. リニア形加速器で生まれる. ^{267}Bh（半減期 17 秒）は現在のところ最長の半減期の同位体. 酸素と塩化水素の混合気体と反応させたときに揮発性の BhO_3Cl の生成が確認されている.

ポリウレタン polyurethanes

多価ヒドロキシ化合物とポリイソシアナートを縮合させて得られる, 繰り返し単位が $-[ROC(O)NHR^1NHC(O)O]-_n$ で表されるポリマー. 主な用途は構造物やフォームである. →イソシアナート

ポリエステル polyesters

多価アルコール（通常はエチレングリコールやプロピレングリコール）と多塩基酸（通常マレイン酸やテレフタル酸）の縮合により生成する高分子化合物. 繊維として特に織物やフィル

$$-[CH_2CH_2OC(O)-\bigcirc-C(O)-O]-_n$$

ムに用いられる. 飲料水容器などに用いられる PET 樹脂もポリエステルである. 他にも多くの重要なポリエステルがあり, 例えば無水フタル酸, プロピレングリコール, 無水マレイン酸から得られる不飽和ポリエステルは船, 自動車などの補強材として利用されている（アルキド樹脂）.

ポリエチレン polyethene (polyethylene)
→エチレンポリマー

ポリエチレンイミン polyethyleneimine
→エチレンイミン（ジヒドロアジリン）

ポリエチレングリコール polyethylene glycols (PEG)

$HO(CH_2CH_2O)_nH$. 分子量約 200 以上のポリエーテルグリコール. エチレンオキシドと水, エチレングリコールまたはジエチレングリコールと塩基から作られる. 水溶性. 短鎖のもの（$n=1, 2$ など）は溶媒として用いられる. ポリエチレングリコールは医薬品, 織物, 紙の被覆やタンパク質に耐性の表面を得るために利用される. 各国の薬局方では「マクロゴール」という名称も用いられている.

ポリエチレンテレフタレート polyethylene terephthalate (PET)

エチレングリコールとテレフタル酸のエステルで作られている, ビンや容器に用いられるポリマー. ポリエステル繊維と成分は同じである.

ポリエーテル polyethers

骨格に $-[C-O-C]-_n$ 単位を持つポリマー. 例えばアルデヒドポリマー, 1,2- エポキシドポリマー, ポリ（オキシフェニレン）, フェノキシ樹脂, ポリアセタールなど.

ポリ塩化ビニリデン vinylidene chloride polymers
→塩化ビニリデンポリマー

ポリ塩化ビニル vinyl chloride polymers (poly(vinyl chloride), PVC)

塩化ビニルホモポリマーや種々の共重合体など $-[CH_2CHCl]-_n$ 単位を含むポリマー. 乳化剤または分散安定化剤を含む水溶液系での重合, またはバルク重合や溶液重合で得る. 堅固な材料（例えば建設材料）, 床材, ガスケット, 靴, 電線の被覆, 衣料, 家具, 包装材, 玩具, 貨物に用いられる. 塩素化により有機溶媒への溶解度が増し, ラッカーや繊維に用いられる.

ポリエン系抗生物質 polyene antibiotics
→マクロライド

ポリ塩素化ビフェニル polychlorinated biphenyls

以前は電気部品や油圧用液体に広く使用されていた. 高沸点高絶縁性の液体. 発ガン性（実際には混入していたテトラクロロジベンゾジオキシン TCDD などのせいらしいのだが）が報告されている.

ポリエン類 polyenes

多くの炭素-炭素二重結合を有する化合物. 例えば, カロテノイド.

ポリオキシエチレンポリマー polyoxyethylene polymers

ポリエチレングリコール（PEG）誘導体から生成する. 脂肪酸とエチレンオキシドまたは液体や柔らかい固体の PEG から得られる. 乳化剤, 脱泡剤, 湿潤剤, 洗剤, 潤滑剤として用いられる.

ポリオキシテトラメチレングリコール poly(oxytetramethylene) glycols

→テトラヒドロフランポリマー

ポリオキシフェニレン poly(oxyphenylenes) (poly(phenylene oxides), poly(phenylene ethers))

下式で表されるポリマー (R はメチル基のことが多い) で，銅とアミンを触媒として酸素によりフェノールを酸化的に重合させて得られる．ポリ(フェニレンオキシド)，ポリ(フェニレンエーテル) ともいう．生成物は工業的用途や電気機器に用いられる熱可塑性樹脂となる．耐熱性が良好である．

$$\left[\begin{array}{c}R\\\\R\end{array}\!\!\!\!-\!\!\!\!\!\!-\!\!O\right]_n$$

ポリオキシメチレン polyoxymethylene
→パラホルムアルデヒド

ポリオレフィン polyolefins
オレフィンのポリマー．ポリエチレン，ポリプロピレンなどに代表される．→ブテンポリマー，ブチルゴム，エチレンポリマー，プロピレンのポリマー

ポリカチオン polycation
通常，多価の陽イオン性高分子を指す．

ポリカーボネート polycarbonates
$H(O(RO)C(=O))_nOROH$ で表される熱可塑性樹脂で硬く，軟化点や透明度が高いという特徴を持つ．炭酸と脂肪族または芳香族のジヒドロキシ化合物とのポリエステル．典型的なポリカーボネートはビスフェノール A とホスゲンから得られる．自動車や眼鏡用レンズに用いられる．

$$H\!-\!\!\left[O(RO)\overset{\overset{\displaystyle O}{\|}}{C}\right]_n\!\!\!-\!OROH$$

ポリグリコール polyglycols
→ポリエチレングリコール

ポリクロラール polychloral
→アルデヒドポリマー

ポリクロロトリフルオロエチレン polychlorotrifluoroethene
→フッ素含有ポリマー

ポリクロロプレン polychloroprene (neoprene)
クロロプレン $CH_2=CClCH=CH_2$ の乳濁重合で得られる合成ゴム．ネオプレン．分子量は重合中に硫黄や硫黄化合物を添加することにより制御できる．ネオプレンは引張り強度，反発性，耐摩耗性が高い．溶媒にも耐性があり自動車用品，電線やケーブルのシース，道路や建築材料に用いられる．また紙など繊維の結着剤としても利用される．

ポリケチド polyketides
酢酸単位の縮合により誘導されたポリ-β-ケト中間体から生成したとみなされる天然有機化合物．脂肪酸，多くの芳香族化合物，天然の酸素環化合物やテトラサイクリン抗生物質など菌の代謝産物はポリケチド経路を経て生合成される．メバロン酸は特別な例で，わずか3つの酢酸単位から生成する．

ポリ酢酸ビニル polyvinyl acetate
接着剤やチューイングガムの原料でもある．
→酢酸ビニル

ポリ臭化ビフェニル brominated biphenyls (diphenyls)
→ジフェニル

ポリスチレン polystyrene (polyvinylbenzene)
$(PhCHCH_2)_n$，ポリビニルベンゼン．プラスチック，合成ゴム，樹脂材料として重要である．発泡体 (スチロフォーム) はパッキングや断熱材，そのほか多種多様な用途がある．

ポリソルビン酸塩 polysorbates
→ソルビン酸

ポリチオン酸 polythionic acids (polythionates)
$H_2S_nO_6$．硫化ナトリウム，チオ硫酸ナトリウムまたはそれらの混合物にヨウ素を作用させるか，他のポリチオン酸に硫化水素を作用させるか，0℃で H_2SO_3 に H_2S を作用させて得られる．やや不安定な一連の二塩基酸．最もよく知られているのはジチオン酸 $H_2S_2O_6$，トリチオン酸 $H_2S_3O_6$，テトラチオン酸 $H_2S_4O_6$，ペンタチオン酸 $H_2S_5O_6$，ヘキサチオン酸 $H_2S_6O_6$ である．$H_2S_nO_6$ は $n>22$ まで知られている．

ポリデキストロース polydextrose
デキストロース，ソルビトール，オレイン酸から製造される．低カロリー食品に用いられる．

ポリテトラフルオロエチレン polytetrafluoroethene (polytetrafluoroethylene, Teflon,

Fluon, PTFE)
フッ素含有ポリマーのうち最も有名なもの．テフロンはもともとデュポン社の商品名である．物理・化学的攻撃に対して非常に強く，半透明で軟化点が高い(320℃)．耐薬品性に優れ，摩擦係数が小さく絶縁性が良好である．

ポリ(テトラメチレンオキシド) poly(tetramethylene oxide)
→テトラヒドロフランポリマー

ポリテレフタル酸 polyterephthalic acid
→ポリエステル

ポリ乳酸 polylactic acids (polylactide)
ポリラクチドともいう．デキストロースと乳酸から生成する天然物により形成される高分子．住宅用の仕上げ剤に用いられる．生分解性ポリマーとして注目されている．

ポリハロゲン化物 polyhalides
形式的にハロゲンあるいはハロゲン間化合物がハロゲンに付加して生成する陰イオンを含む化合物．陰イオンの種類には$[AB_2]^-$，$[AB_4]^-$，$[AB_6]^-$（Bはすべて同じでも，異なっていてもよい）がある（例えば$[IClBr]^-$）．ポリヨウ化物はI_3^-，I_7^-，I_9^-のような化学種を含みポリハロゲン化物の1つである．ポリハロゲン化物錯体は固体を加熱すると，しばしば解離してハロゲンを放出する．

ポリビニルアセタール poly(vinyl acetals)

$$-(CH-CR_2-CH-CH_2)_n-$$
$$\quad |\qquad\qquad |$$
$$\quad O\qquad\qquad CH_2$$

ポリビニルアルコールをアルデヒドと反応させて得られる樹脂．ホルマール誘導体（ホルムアルデヒドを反応させて得る）は電線の被覆や接着剤に利用され，ブチラール（ブタナールを反応させて得る）は金属塗料，木材の封止剤，接着剤，安全ガラスの中間層に用いられる（訳者記：わが国の誇る合成繊維「ビニロン」はポリビニルアルコールをホルムアルデヒドでホルマール化して製造したものである．学生服や土嚢材料など広い用途を持っている）．

ポリビニルアルコール poly(vinyl alcohol)
$(CHOHCH_2)_n$．通常，ポリ酢酸ビニルのアルカリ加水分解で合成される．コポリマーも製造可能である．織物工業の糊付け用，水溶性接着剤，安全ガラス用ポリビニルアセタール（例えば，ブチラール）の製造，錠剤の賦型剤そのほかに用いられる．

ポリピリジン polypyridine
発光体．

ポリフェニレンエーテル poly(phenylene ethers)
→ポリオキシフェニレン

ポリフェニレンオキシド poly(phenylene oxides)
→ポリオキシフェニレン

ポリフェニレンスルフィド poly(phenylene sulphides)

$$-(\!-\!\!\bigcirc\!\!-\!S_x)_n-$$

硫黄，Na_2CO_3，PhXから封管中275〜370℃で重合させて工業的に製造される．置換体も知られているが十分に評価されてはいない．高温用接着剤として積層体や被覆材において用いられる．屈折率が大きいことで眼鏡用レンズなどにも利用される．

ポリフェノール抗酸化剤 polyphenol antioxidants
野菜，果実，チョコレートに含まれる一群の化合物．心臓，血管など循環器性疾患の予防に重要である．コレステロールの酸化を防止する．

ポリプレノール polyprenols
イソプレン単位から構成される炭素骨格を持つポリマーの一価アルコール．細菌，酵母菌，植物，哺乳類にみられる．ソラネソールは緑色植物の葉に含まれ，ドリコールは細菌や哺乳類に含まれ，ベツラプレノールはアメリカシラカバに含まれる．ポリプレノールは，鎖状炭水化物の生合成を含めて，ヌクレオチド二リン酸糖からさまざまな受容体への糖運搬体（通常はリン酸エステルとして）として重要な役割を果たす．受容体は通常，膜や細胞壁に結合しており，多糖，糖タンパク質，糖脂質などである．ポリプレノールはメバロン酸から生合成される．

ポリプロピレン polypropylene
重要なポリマーの1グループで，成型用樹脂や押し出し成型品（例えばフィルム，繊維，フィ

ルター)の形態で用いられる．電気メッキが可能である．ツィーグラー触媒を用いた重合が有用でアイソタクチックなポリマーが得られる．

ポリプロペン polypropene
→ポリプロピレン

ポリヘキサフルオロプロピレン polyhexafluoropropene
→フッ素含有ポリマー

ポリベンズイミダゾール polybenzimidazoles
　ベンズイミダゾール環を含む耐熱性ポリマー．モノマーは芳香族ジアミンとジカルボン酸誘導体を縮合させて合成し，ポリマーは，P_2O_5 をリン酸に溶かした溶液(強リン酸)または五酸化リンの高沸点溶媒溶液中で得られる．高強度の接着剤や耐熱性材料中の積層体に利用される．

ポリホルムアルデヒド polyformaldehyde
→アルデヒドポリマー

ポリマー性試薬 polymeric reagents
→高分子試薬

ポリマー担持試薬 polymer-supported reagents
合成に用いられる．反応や精製を容易にする．
→高分子試薬

ポリマンヌロン酸 polymannuronic acid
→アルギン

ポリミキシン polymyxins
天然に存在する抗生物質の一群．

ポリメタクリル酸メチル polymethyl methacrylate
　重要なポリマー(→メタクリル酸メチル)．その昔は戦闘機の風防に用いられた．骨セメントに用いられるほか，透明度が高いので，レンズや可視部の光学機器，装飾品や文具などに汎用される．

ポリメチルメタクリレート polymethyl methacrylate (PMMA)
→ポリメタクリル酸メチル

ポリメチレン polymethylene
→ポリアルキリデン

ポリメチレングリコール polymethylene glycols
→パラホルムアルデヒド

ポリメチン染料 polymethine dyes
→シアニン染料

ポリヨウ化物 polyiodides
→ヨウ化物，ポリハロゲン化物

ポリリン酸塩 polyphosphates
→リンの酸素酸

ボリン酸塩 borinates
　R_2BX．C-C カップリングにより R_2CO とアルコールが生じる．→ボロン酸塩

ボリン誘導体 borine derivatives
　ボラン BH_3 の誘導体．

ポルクス石 pollucite
　$Cs(AlSi_2O_6)\cdot xH_2O$．セシウムの主要な鉱石．$(Al,Si)O_4$ の四面体が結合して三次元的なネットワークを形成している．

ボルタンメトリー voltammetry
　電位を変えて電流を測定する電極反応の研究法．

ボルツマン定数 Boltzmann constant (k)
　基礎定数．1分子あたりの気体定数で，R をアヴォガドロ数 L で割ったものに等しい．1.381×10^{-23} J/k．

ボルト(ヴォルト) volt
　MKSA 単位系における電位，および電圧の単位．1V＝1 J(ジュール)/C(クーロン)

ボルドー液 Bordeaux mixture
　$CuSO_4$ と $Ca(OH)_2$ を含む水溶液で，殺カビ剤として用いられる．フランスでブドウに大被害をもたらしたベト病に対しての薬効が偶然発見されたことから，用いられるようになった(最初は盗難よけとして使われたという)．

ポルトランドセメント Portland cement
　$CaCO_3$ とケイ酸アルミニウムから得られる水硬性セメント．

ボルナン bornane
　$C_{10}H_{18}$．基本的なテルペンの骨格をなす炭化水素．

D-ボルネオール　D-borneol（2-hydroxybornane）

$C_{10}H_{18}O$，2-ヒドロキシボルナン．ケトンである樟脳に関連する二級アルコール．ボルネオールとイソボルネオールはそれぞれこのアルコールの *endo* 型および *exo* 型である．龍脳の成分である．香料産業で用いられる．

ポルフィリノーゲン　porphyrinogens

ピロールの間をメチレン基で架橋した，ポルフィリンの生合成中間体．

ポルフィリン　porphyrins

天然に存在する一群の色素．ヘモグロビンや動物の他の呼吸系色素，クロロフィル，植物の呼吸系触媒はポルフィリンの金属錯体である．これらは次式の構造を持つポルフィンの誘導体である．重要なポルフィリンには以下のものが挙げられる．

①プロトポルフィリン protoporphyrin（$C_{34}H_{34}N_4O_4$）：ヘムに存在する．

②メソポルフィリン mesoporphyrin（$C_{34}H_{38}N_4O_4$）：ヘミンをヨウ化水素酸で処理して得られる．

③ヘマトポルフィリン hematoporphyrin（$C_{34}H_{38}N_4O_6$）：ヘミンまたヘマチンに強酸を作用させて得る．

④コプロポルフィリン coproporphyrin（$C_{36}H_{38}N_4O_8$）：糞便，正常な尿，種々の動物の血漿，ある種の酵母菌に存在する．

ポルフィン　porphin

ポルフィリンの骨格構造分子である．

ホルミウム　holmium

元素記号 Ho．ランタニド金属，原子番号67，原子量164.93，融点1474℃，沸点2700℃，密度（ρ）8795 kg/m^3（=8.795 g/cm^3），地殻存在比 1.4 ppm，電子配置 [Xe]$4f^{11}6s^2$．単体は *hcp* 構造．リン光体，レーザーに用いられる．

ホルミウムの化合物　holmium compounds

ホルミウムは+3価の状態で，一連の典型的なランタニド元素と同様の化合物を形成する．Ho^{3+}（$4f^{10}$ 黄褐色）→ Ho −2.32 V（酸性溶液中）低酸化状態のハロゲン化物は金属－金属結合を含む．

ボールミル　ball mill

→粉砕機

ホルミル化　formylation

ホルミル基（−CHO基）を分子内に導入する反応．ガッターマン反応，ライマー−チーマン反応（クロロホルムとナトリウムフェノキシドを熱する），フィルスマイヤー反応（芳香族化合物，オキシ塩化リン，*N*-メチルホルムアニリドを用いる）がホルミル化に適する．ギ酸エチルやオルトギ酸エチルはカルバニオンと反応してホルミル誘導体を生じる．多くの反応はカルボニル基から誘導される金属ホルミル錯体を経由して進行する．

ホルミル基　formyl

−CHO で表される基．

ホルムアミド　formamide

$HCONH_2$．系統的名称ではメタンアミド．無色でかなり粘稠な臭気のある液体．水蒸気を吸収する．融点2.5℃，沸点210℃（分解）．一酸化炭素とアンモニアを加圧条件で直接反応させるか，酢酸アンモニウムの蒸留により製造する．濃酸または濃アルカリにより酢酸あるいは酢酸塩に変換される．金属や酸と化合物を形成する．この物質およびその誘導体は，多くの有機物や無機物に対するよい溶媒である．

ホルムアルデヒド　formaldehyde

HCHO．系統的名称ではメタナール．特徴的な刺激臭を持つ無色気体．水に52％まで溶解する．市販の水溶液（ホルマリン）は約37％のホルムアルデヒドを含む．メタノール蒸気を空気とともに加熱した金属あるいは金属酸化物触媒上に流すことにより製造される．少ないが，パラフィン系炭化水素の酸化によっても製造される．水と反応して，ポリメチレングリコールと呼ばれる（CH_2O）$_n \cdot H_2O$ 型の安定な水和物を形成する．希薄溶液中ではホルムアルデヒドはほとんどがメチレングリコール $CH_2(OH)_2$ す

なわち $CH_2O \cdot H_2O$ として存在する．より濃度の高い溶液では，トリメチレングリコール $(CH_2O)_3 \cdot H_2O$ も存在する．ホルマリンを放置すると，パラホルムアルデヒドの凝集した固体が沈殿する．その主な用途は尿素樹脂（30％），フェノール樹脂（29％），メラミン樹脂およびアセタール樹脂（10％）およびポリホルムアルデヒド樹脂の製造である．エチレングリコール，ペンタエリスリトール，ヘキサメチレンテトラミンの製造にも多量に用いられる．溶液も蒸気も強力な殺菌剤，刺激性であり，外科用具の消毒や皮膚病，菌株の保存に利用される．

ホルムアルデヒドスルホキシル酸ナトリウム二水和物 sodium formaldehyde sulphoxylate dihydrate

別名をロンガリットともいう．→ヒドロキシメタンスルフィン酸ナトリウム二水和物

ホルモキシ基 formoxy
HCO-O- で表される基．

ホルモル滴定 formol titration
アミノ酸のカルボキシル基や，タンパク質中の遊離のカルボキシル基を定量する方法．ホルムアルデヒドはほとんどのアミノ酸のアミノ基と反応して中性のメチレンイミン誘導体を生成する．それゆえ，ホルムアルデヒドを共存させると，アルカリで滴定することによりカルボキシル基が定量できる．

ホルモン hormones
内分泌腺から直接血液中に分泌され，他の組織へと運ばれて生理作用を発現する分子．ホルモンは反応の起こる速度に影響する．ホルモン分泌のために特化した組織を内分泌腺という．チロキシンを分泌する甲状腺がその例である．しかし，他の機能を持つ組織が分泌するホルモンもあり，例えば性ホルモンは睾丸や子宮から分泌され，インシュリンは膵臓の一部から分泌される．ホルモンは他のホルモン分泌組織の機能にも影響することが多く，その効果は複雑で統合的である．ホルモンは特定の化合物群に分類されるわけではなく，水溶性物質，ステロイド，ペプチドやアドレナリンのように比較的単純な化合物のこともある．動物のホルモンに類似の作用を持つ物質は植物でも産生され，例えばオーキシンがある（なお「環境ホルモン」はマスコミによる造語で，化学的（科学的）なホルモンではないことに注意）．

ボルンの公式 Born equation
イオンを真空から溶媒中に移動させるときの仕事．溶媒和のギブスエネルギー変化を表す式．

$$\Delta_{solv} G^{\ominus} = \frac{Z_i^2 e^2 N_A}{8\pi\varepsilon_0 r_i}\left(1 - \frac{1}{\varepsilon_r}\right)$$

ここで Z_i, r_i はイオンの価数および半径，ε_r は溶媒の比誘電率を表す．

ボルン-ハーバーサイクル Born-Haber cycle
ヘスの法則（Hess's law）を当てはめることによって導き出される熱力学的サイクル．通常イオン性固体の格子エネルギーの計算や，共有結合化合物の平均結合エネルギーの計算に用いられる．例えばNaClでは，以下の式が成り立つ．

$$\begin{array}{ccc}
NaCl(s) & \xrightarrow{-U_0} & Na^+(g) + Cl^-(g) \\
\uparrow \Delta H_f^{\circ} & & \uparrow I \quad \uparrow -E \\
Na(s) + \tfrac{1}{2}Cl_2(g) & \xrightarrow{S+1/2D} & Na(g) + Cl(g)
\end{array}$$

このとき，$S=$ ナトリウムの昇華熱，$D=$ 塩素の解離熱，$I=$ ナトリウムのイオン化エネルギー，$E=$ 塩素の電子親和力，$U_0=$ 塩化ナトリウムの格子エネルギー，$\Delta H_f^{\circ}=$ 塩化ナトリウムの生成熱．

ボルン-ハーバーサイクルより下記が成立する．

$$\Delta H_f^{\circ} = S + 1/2D + I - E - U_0$$

式中の値は U_0 を除いてすべて実験的に求めることができるため，U_0 は計算することができる．共有結合化合物についても同様のサイクルを描くことができる．例えば PCl_5 は以下の式で示される．

$$\begin{array}{ccc}
P(s) + \tfrac{5}{2}Cl_2(g) & \xrightarrow{\Delta H_f^{\circ}} & PCl_5(g) \\
\downarrow S & \downarrow \tfrac{5}{2}D & \nearrow -5B \\
P(g) + 5Cl(g) & &
\end{array}$$

$B=$ P-Cl 結合の平均結合エネルギー

このサイクルから次の式が成立する．

$$\Delta H_f^{\circ} = S + 5/2D - 5B$$

ボルン-ランデの式 Born-Landé equation
イオン性固体の格子エネルギーを，引力と斥力のバランスと，格子型に関連した項，マーデ

ルング定数を考慮することによって求める式.

ポロニウム polonium

元素記号 Po. 非金属元素, 原子番号 84, 原子量 209.98, 融点 254℃, 沸点 ^{210}Po 962℃, 密度 (ρ) 9340 kg/m^3 $(=9.34$ g/cm$^3)$, 電子配置 [Xe] 5d^{10}6s^{2}6p^4. ウランなどのもっと重い元素の壊変生成物であるが, 実用的には ^{209}Bi に中性子を照射して作られる. ^{210}Po は半減期 138 日で α 粒子を放出し非常に危険な物質である. 電気化学的手法によりビスマスと分離し昇華精製される. 硫化物の分解により単体が得られる. 中性子源としてのほか, 静電気を除去するのに利用される.

ポロニウムの化学的性質 polonium chemistry

ポロニウムは 16 族元素でテルルと多くの類似点を示すが, ポロニウムの水酸化物や二酸化物は対応するテルル化合物より塩基性が強く, 二ハロゲン化物はとても安定である. ハロゲン化ポロニウムには PoX$_4$ と PoX$_2$ がある. 四ハロゲン化物は単体にハロゲンを作用させて得られ, 複ハロゲン化物 M$_2$PoX$_6$ を形成する. PoCl$_2$ と PoBr$_2$ は四ハロゲン化物の分解で得られる. 二酸化ポロニウム PoO$_2$ は単体同士を 250℃ で反応させて得られ塩基性を示す. 一酸化物 PoO および三酸化物 PoO$_3$ も知られている. Po^{2-} イオンを含む鉛や水銀のポロニウム化合物が単体同士の反応で生成する. 多くのポロニウム塩は色の強い化合物で赤または黄色である. すべてのポロニウム化合物は容易に加水分解や還元を受ける.

ホロン phorone (di-isopropylideneacetone, 2,6-dimethyl-2,5-heptadien-4-one)

C$_9$H$_{14}$O, Me$_2$C=CHCOCH=CMe$_2$, ジイソプロピリデンアセトン, 2,6-ジメチル-2,5-ヘプタジエン-4-オン. 樟脳のような臭気の黄色液体. 融点 28℃, 沸点 198.5℃. アセトンに HCl を飽和させ放置すると生成する. 多くの性質は樟脳に類似しており, 硝酸セルロースの溶媒として利用される. 還元によりジイソプロピルケトンを製造するのに用いられる.

ボロン酸塩 boronates

RBX$_2$. アリール誘導体 ArB(OH)$_2$ は Pd や Pt 触媒 (鈴木反応) (→ボリン酸塩) の下でカップリングすることにより, ジアリール Ar-Ar を合成するのに用いられる.

ホワイトオイル white oils

医薬用や化粧品に使われるミネラルオイル (鉱物油). 潤滑油を高度に精製して得る. →流動パラフィン

ホワイトシーダー油 oil of white cedar

ニオイヒバ油の別名.

ホワイトスピリット white spirits (mineral solvents)

沸点 130～220℃ の炭化水素 (多くは石油から得たもの) 混合物. 塗料の希釈剤や種々の溶剤として用いられる.

ボーン-ウイラーの装置 Bone-Wheeler apparatus

燃料ガスや煙道ガスを吸収により分析するための装置.

ボーンチャイナ bone china

英国特産の主要な磁器で, 陶土, ボールクレー, フリント, コーンウォール石, 骨灰 (リン酸カルシウム) をさまざまな割合で混合したものから作られる. 本物の磁器 (硬磁器) に似ているが, 耐火性に劣り, それほど硬くない軟磁器に属する. 硬磁器には不可能な独特の装飾を施すことができる.

ポンプ pump

機械的にあるいは液体を利用して, 圧力に抗して流体を移動させる装置.

ボンブ熱量計 bomb calorimeter (adiabatic bomb calorimeter)

断熱ボンベ熱量計ともいう. 物質の燃焼熱を測定する機器. この中で試料を雰囲気 (例えば加圧下の酸素など) 中で燃焼したときに放出される熱が測定される. 周囲への熱の純損失がない条件での正確な熱化学データを得る際に用いられる.

ボーンブラック bone black

→骨炭

マ

マイクロ波 microwaves

振動数 10^{10} Hz ～ 10^{12} Hz (10 GHz ～ 1 THz) の電磁波. 分子の回転により吸収が起こる. マイクロ波分光学は分子の大きさを正確に決定するのに利用される. 物理的効果(食品の加熱(電子レンジ)に利用されている), 重合, 化学反応がマイクロ波により誘起されることもある. 宇宙空間分子(星間分子)の探索にも応用されている.

マイクロ波分光法 microwave spectroscopy

3 ～ 300 GHz の電磁波を用いた分光法. クライストロンメーザーまたはマグネトロン(最近ではガンダイオードも利用される)により発生させたマイクロ波ビームを対象物質に通し, 吸収スペクトルを測定する. マイクロ波分光器の分解能は最高の赤外分光装置よりもはるかに優れており, 波長は7桁の精度で測定される. スペクトルは回転レベルの遷移に対応する. マイクロ波分光は星間分子の同定に利用される. 電子スピン共鳴もマイクロ波分光学の一分野である.

マイケル反応 Michael reaction

もとは塩基触媒の存在下で, 活性化された不飽和化合物(例えば α, β-不飽和ケトン)に活性メチレン化合物(例えばマロン酸エステル)が付加する反応に対して限定的な意味で用いられていたが, 現在ではより広い意味で, 求核試剤の二重結合に対する共役付加に対して用いられる.

マイトネリウム meitnerium

元素記号 Mt. 109 番元素.

マーガリン margarine

スプレッドとして用いられる加工食品. 植物油から製造され, 複数の不飽和結合を持つ脂肪を含む. 食品添加物, ビタミン, 着色料とともに水相(乳や水)が約20%の割合で存在している.

マグヌスの緑色塩 Magnus's green salt

$[Pt(NH_3)_4][PtCl_4]$ のことである.

マグネシア magnesia

苦土. 酸化マグネシウムのことである.

マグネシウム magnesium

元素記号は Mg. 原子番号 12. 原子量 24.305. 融点 650 ℃. 沸点 1090 ℃. 密度 (ρ) 1738 kg/m^3 (= 1.738 g/cm^3). 地殻存在比 23000 ppm. 電子配置 [Ne] 3s^2. 2族, つまりアルカリ土類金属元素に属し, 主要な有用鉱物としては菱苦土鉱(マグネサイト, $MgCO_3$), 白雲石(ドロマイト $(Ca,Mg)CO_3$), カーナル石 $(KCl \cdot MgCl_2 \cdot 6H_2O)$, シェーナイト $(K_2Mg(SO_4)_2 \cdot 6H_2O)$ などがある. これらの鉱物のほか, 海水からダウ法によって得たり, 油田鹹水(かんすい)などから水酸化物として分離したりする. 金属マグネシウムを得るには, 無水塩化マグネシウムの融解塩の電気分解か, 溶融ドロマイトをフェロシリコンで還元する方法による. 金属マグネシウムは銀白色で低密度であり, 六方最密充填 (hcp) 構造をとる. 空気中で点火すると明るい光を放って燃焼する. 湿った空気中では表面から酸化を受け, 酸化物被膜で覆われる. 多くの生物にとっては必須元素である. 金属マグネシウムの用途は合金用(43%), 鋳造用(20%)が主なものであるが, さらに金属の脱酸素, 脱硫や, 犠牲防食用, フラッシュバルブなどに用いられる. 化合物の用途はガラスやセラミックス, フィラー(これには $MgCO_3$ や $MgCl_2$), 凝集剤, 触媒, 薬剤, 精糖 $(Mg(OH)_2)$, 製紙(MgO およびこれを含む混合酸化物), 皮革なめし, サイジング剤 $(MgSO_4)$ など多種多様の用途がある.

マグネシウムの化学的性質 magnesium chemistry

マグネシウムは2族のアルカリ土類金属元素で, +2の酸化状態を示す. 標準電極電位 $E°$ $(Mg^{2+} \to Mg)$ = -2.38 V (酸性溶液中). ほとんどの化合物はイオン性であるが, グリニャール試薬など重要な共有結合性の化合物も知られている. マグネシウムの化合物はほとんどが6配位八面体構造である. $[Mg(H_2O)_6]^{2+}$ イオンは加水分解しない(つまり水溶液は中性である). 配位原子として O や N を含む多数の化合物が知られている. マグネシウムの化合物は光

合成においても重要で，クロロフィルでは MgN_4 型の平面構造の上下に酸素を含む配位子が結合し反応を起こす．

マグネシウムのケイ酸塩 magnesium silicates
Mg^{2+} を含む多種多様なケイ酸塩が知られている．制酸作用を持つものは医療用に用いられる．加水分解によって活性シリカを生じるものは毒物の吸着用に処方される．オルトケイ酸マグネシウム（フォルステライト Mg_2SiO_4）はニューセラミックスとして注目されている．

マグネシウムのハロゲン化物 magnesium halides
フッ化マグネシウム MgF_2 は水に不溶で，水溶液から沈殿として得られる．ルチル型の構造である．ペロブスカイト型の $KMgF_3$ の生成も知られている．その他のハロゲン化マグネシウムはみな塩化マグネシウムと同様に水溶性が大きい．ただ，臭化物とヨウ化物では錯陰イオンの形成は認められない．無水塩は層状格子構造である．セラミックスやガラスの原料となる．

マグネシウムの有機誘導体 magnesium, organic derivatives
→グリニャール反応

マグネシウムのリン酸塩 magnesium phosphates
正塩は $Mg_3(PO_4)_2 \cdot 8H_2O$ で，水溶液から得られる．リン酸マグネシウムアンモニウム $Mg(NH_4)PO_4$ はアンモニウム塩を共存させた水溶液から沈殿する．Mg^{2+} や PO_4^{3-} の定量に用いられる．

マグネシウム合金 magnesium alloys
低密度であるために，航空機用の軽合金の材料となるほか，鋳造や鍛造，押し出し成型などの用途がある．

マグネソン magneson (4-(4-nitrophenylazo)-1,3-benzenediol)
分析試薬．$C_{12}H_9N_3O_4$．4-(4-ニトロフェニルアゾ)-1,3-ベンゼンジオール．赤褐色粉末で水酸化ナトリウム水溶液に可溶．マグネシウムの検出・定量に用いられる．強アルカリ性水溶液で Mg^{2+} と青色の錯体を形成する．

マグネトン（磁子） magneton (Bohr magneton)
μ．磁気モーメントの基本的な単位（量子）．

膜分離 membrane separation
膜を通しての化学的分離．

膜平衡 membrane equilibrium
→ドンナン膜平衡

マクロライド macrolides
放線菌類が生産する抗生物質で，大環状構造を持っている．糖残基を含むこともある．エリスロマイシンなどが典型で，グラム陽性菌に対して有効である．

磨砕機 attrition mill
→アトリションミル

マシコット massicot
一酸化鉛の一形態．→鉛の酸化物

マジックアングルスピニング magic angle spinning (MAS)
MAS と略称されることが多い．固体の高分解能 NMR スペクトルを測定するための技法である．

マーシュ試験法（ヒ素検出） Marsh's test for arsenic
→マーシュテスト

マーシュテスト Marsh's test
微量のヒ素の検出・半定量試験法．ヒ素を含む物質を発生機の水素と反応させて揮発性の AsH_3 に変換し，加熱すると，分解して褐色のスポット（ヒ素鏡）が生じることで検出できる．生じたスポットを比較することで定量できる．アンチモンも同様の反応を起こすが，アンチモンから生じたスポットは NaOCl 水溶液に不溶である．

マージョラム油 oil of marjoram
マヨラナ油．シソ科のスパニッシュマジョラム（*Thymus mastichina*）から得られる．40%はテルペン類である．香料や顕微鏡で利用される．

麻酔剤 anaesthetics
痛みやその他の刺激の感受を止めるために用いられる化合物．一般の吸入型麻酔剤，例えば亜酸化窒素（N_2O，笑気），エチルビニルエーテル，ハロタン，シクロプロパンは全身麻酔用である．局部麻酔は塗布したところだけに作用する．例えば塩化エチルによる凍結やコカインのように患部付近の神経に作用するなど．

マスキング masking

妨害物質が反応に関与するのを防ぐためマスク剤を加える分析技法．デマスキングはその逆で，例えば抱水クロラールの添加などによるシアン化物錯体の分解のように，マスク剤を無効化することを指す．

マススペクトログラフ mass spectrograph
以前は「質量分光写真機」と呼んだ．検出に写真乾板を用いた時代の名残である．→質量分析計

マススペクトロメーター mass spectrometer
→質量分析計

マスタードガス mustard gas (sulphur mastard, bis(2-chloroethyl)sulphide)
$C_4H_8Cl_2S$, $(CH_2ClCH_2)_2S$. 硫黄マスタード，ビス(2-クロロエチル)スルフィドである．無色液体でかすかなニンニク臭を持つ．融点13〜14℃，沸点215〜217℃．エチレンを30〜35℃でS_2Cl_2で処理して製造される．漂白粉を加えると激しく発泡する．強力な発泡性，毒性を持ち，結膜炎を起こしたり一時的に視覚を失わせたりする．化学兵器．発泡剤．

マスチックアスファルト bituminous mastic
アスファルトマスチックともいう．アスファルトビチューメンと不活性なフィラーの混合物．

マズリウム masurium
ドイツのノダック夫妻が報告した43番元素に与えられた名称．現在のテクネチウムに相当する．

マッチ match
通常の発火法での点火に用いる．塩素酸カリウムと赤リンの摩擦に誘起される反応による，これらの活性物質はそれぞれ糊状のマトリックス中に含まれており，摩擦する材料にはガラス粉が用いられることが多い．マッチの軸は木のことも厚手のボール紙（ブックマッチ）のこともある．

マット matte
金属溶解処理で製造される合成硫化物で，定義のはっきりしない混合物．

マッフル炉 muffle furnaces
充填した内容物が，加熱された燃焼ガスに直接接触しないように設計された炉．これは内容物をレトルトあるいは箱に入れて，その外側から加熱することで行われる．

マーデルング定数 Madelung constant
→ボルン-ランデの式

マトリックス分離 matrix isolation
2種類以上の物質の反応による不安定化学種の生成および研究法．多くの場合は原子や低分子化合物で，クヌーセンセル中で生成させるか，あるいは大過剰の不活性物質（通常アルゴン）の存在下で，放電などで生成した活性種を低温の表面上に凝縮させる方法で調製する．金属クラスター，アクチニドカルボニル（MとCOの反応），PdC_6H_5, 錯形成していない$MgCl_2$, 不安定な希ガス化合物などの化学種が研究されている．キャラクタリゼーションは通常は種々の分光法による．

マドレル塩 Maddrell salt
長鎖のメタリン酸ナトリウム $NaPO_3$. $Na_2H_2P_4O_7$ を 230〜300℃に加熱脱水して得られる．→リンの酸素酸

マトロック石 matlockite
天然産の塩化フッ化鉛 $PbFCl$.

マノメーター manometers
液体あるいは気体中で2つの場所（一方は大気圧のこともある）の圧力差を測定する機器．最も単純な形は透明のU字管を上向きにして一部を液体で満たしたもので，液面差から圧力差を直接読み取る．機械的マノメーター（隔膜のたわみを利用する）や他の装置は高価であるが，より精度の高い圧力測定ができる．

魔法酸 magic acid
超強酸の俗称．→アンチモンのフッ化物

マホガニー酸 mahogany acids
精油時に生じる潤滑油を硫酸か発煙硫酸で処理したのち，油層に残留するスルホン酸類の総称．→グリーン酸

マリケンの記号 Mulliken symbols
結晶場中のイオンの電子状態を表す，群論に由来する記号．AとBは単縮重，Eは二重，Tは三重に縮重した状態に対して用いる．自由イオンのD状態は，八面体中ではEとT状態となる．

マルガリン酸 margaric acid (heptadecanoic acid)
$C_{17}H_{34}O_2$, $C_{16}H_{35}COOH$, ヘプタデカン酸．

天然には存在しない脂肪酸である.

マルコフニコフ則　Markovnikov's rule
　ハロゲン化水素のエチレン性二重結合への付加反応において，ハロゲン原子は結合している水素原子が少ないほうの炭素に付加する．この法則はこのような付加反応における主生成物を予測する根拠となり，アルケンにプロトンが付加して生じうるカルベニウムイオン（カルボカチオン）の相対的安定性を考えることにより容易に理解できる．この法則に従わない生成物が生じる場合もある．微量の過酸化物が存在すると，一般に臭化水素の付加ではこの規則が成立しない（反マルコフニコフ付加）．

マルターゼ　maltase
　二糖類のマルトースを2分子のグルコースに分解する酵素．麦芽やモルト中に豊富に存在するが，動物の消化系や酵母菌にも含まれる．

マルテンサイト転移　martensitic transition
　拡散を伴わず結晶格子のズレにより起こる転移．

マルトース　maltose
　麦芽糖ともいう．$C_{12}H_{22}O_{11}$．オオムギの穀粒やある種の植物中に遊離の形で少量存在している．デンプンやグリコーゲンがアミラーゼの作用で分解すると得られる．4-[α-D-グルコピラノシル]-D-グルコース．α-体は一水和物の無色結晶となる．融点 102～103℃．甘味料，醸造原料に用いられる．

マレアミン酸　maleamic acid
　マレイン酸のモノアミドである．$H_2NC(=O)CH=CHCOOH$であるが，環化した形でも存在する．融点 172～173℃（分解）．アンモニウム塩は無水マレイン酸とアンモニアを反応させて得られる．土壌改良材のクリリウムの原料となる．

マレイミド　maleimide
　2,5-ピロールジオン．遊離基と反応してスピンラベル剤を生じる．

マレイン酸　maleic acid
　$C_4H_4O_4$，Z-ブテン二酸．無水マレイン酸と水との反応で得られる．140℃に加熱すると無水マレイン酸に戻る．150℃で長時間加熱するか，加圧下で水と反応させると異性化してトランス体のフマル酸になる．水素で還元するとコハク酸になる．アルカリ性溶液中で，過マンガン酸カリウムで酸化を行うとメソ酒石酸が得られる．水酸化ナトリウム水溶液中で100℃に加熱すると（±）-リンゴ酸を生じる．いろいろなポリマーの原料となる．

マレイン酸ヒドラジド　maleic hydrazide
　植物の生長調節剤．

マロノニトリル　malononitrile
　$CH_2(CN)_2$．シアン化ナトリウムとモノクロロ酢酸ナトリウムの反応で合成される．沸点 223℃．120℃以上では重合する．ベンジリデンマロノニトリル $C_6H_5CH=C(CN)_2$（CSガス，暴動鎮圧用）の原料である．ビタミン B_1（チアミン）の合成原料や，潤滑油の極性添加剤としての用途がある．

マロン酸　malonic acid（propanedioic acid）
　$C_3H_4O_4$，$CH_2(COOH)_2$．系統名ではプロパン二酸．無色の結晶で融点 136℃．甜菜（サトウダイコン）からの精糖過程で副成するカルシウム塩混合物中から得られる．シアノ酢酸ナトリウムを NaOH で加水分解しても得られる．140℃以上で分解して酢酸となる．第一級アミンか第二級アミンの存在下でアルデヒドと反応すると，不飽和結合を含むジカルボン酸が生じるが，これらの大部分は不安定で二酸化炭素分子を放ち，α, β-不飽和のモノカルボン酸となる．マロン酸エステルは有機合成試薬として重要である．

マロン酸のエステル　malonic ester
　→マロン酸ジエチル

マロン酸ジエチル　diethyl malonate（malonic ester）
　$C_7H_{12}O_4$，$CH_2(COOEt)_2$．単に「マロン酸エステル」と呼ばれることもある．かすかな芳香を持つ無色の液体．沸点 199℃．工業的にはアルカリ溶液中でモノクロロ酢酸ナトリウムを，シアン化ナトリウムを用いて60℃で処理して製造する．得られたシアノ酢酸ナトリウムはアルコールと硫酸で加水分解し，マロン酸エステルとする．水または希アルカリによりマロン酸とアルコールに変換する．アセト酢酸エステルと同様，ナトリウムアルコキシドあるいは金属ナトリウムと反応し，ナトリウム原子が>CH_2基の水素原子の1つと置換する．このナトリウ

ム誘導体はハロゲン化合物と反応し，RCH(COOEt)$_2$ の形の置換マロン酸エステルを生じる．さらにナトリウムに続き R'Cl と反応させると，二置換マロン酸エステル RR'C(COOEt)$_2$ が生じる．置換マロン酸エステルはアルカリによって加水分解され，置換マロン酸となるが，容易にカルボキシル基がはずれて置換酢酸を生じる．マロン酸エステルと置換マロン酸エステルは尿素と反応し，重要な薬物であるバルビツール酸および置換バルビツール酸となる．

マンガン manganese

元素記号 Mn．遷移金属元素（7族）に属し，原子番号 25．原子量 54.938045(5)？．融点 1246℃，沸点 2061℃．密度 (ρ) 7210 kg/m^3 (= 7.21 g/cm^3)．地殻存在比 950 ppm．電子配置は [Ar]3d^{5}4s^2．主要な鉱物は軟マンガン鉱 (MnO$_2$) であるが，ほかに Mn$_2$O$_3$, Mn$_3$O$_4$ などの酸化物鉱石や，炭酸塩の菱マンガン鉱も知られている．海底にもマンガンノデュールとして産出する．鉱石は焙焼したのち，金属アルミニウムか炭素を用いて還元して金属マンガンとする．純粋な金属マンガンを得るには電解還元法による．金属マンガンは軟らかい灰色であるが，比較的低温においても，他の遷移金属元素とは異なったさまざまな結晶形のものが多数存在する．反応性が大きく，空気中で加熱すると酸素と化合して酸化物を生じる．水とはゆっくりと反応する．過熱状態ではハロゲンや窒素，リン，硫黄，ケイ素，炭素とも化合する．ヒトにとっては必須元素である．マンガンの主要な用途は鉄鋼の製造時における脱酸素剤・脱硫剤と合金用で，これだけで 98％ を占めている．マンガンの化合物は染料や塗料，電池（二酸化マンガン），化学工業用のほか，肥料や除草剤，防カビ剤などに利用されている．

マンガンの塩化物 manganese chlorides

安定な塩化物は塩化マンガン(Ⅱ) MnCl$_2$ のみである．水和物を形成する．塩化物錯体も形成される．例えば KMnCl$_3$（ペロブスカイト構造），M$_2$MnCl$_4$（四面体型構造は緑色，八面体型構造はピンク），K$_4$MnCl$_6$．塩化マンガン(Ⅲ) MnCl$_3$（酢酸マンガン(Ⅲ) と HCl から −100℃ で得る）は黒色で，−40℃ で分解する．赤褐色の錯体，例えば K$_2$MnCl$_5$（HCl 中で MnO$_2$ と KCl から得る）が知られる．クロロマンガン(Ⅳ)酸塩，例えば Rb$_2$MnCl$_6$（冷 HCl 中で MnO$_2$ に MCl を作用させて得る）は深赤色である．非常に不安定なマンガン(Ⅶ)または(Ⅵ)の酸化塩化物，MnO$_3$Cl, MnO$_2$Cl$_3$（緑色），MnO$_2$Cl$_2$（茶色）が，Mn$_2$O$_7$ とクロロ硫酸の反応で生成する．

マンガンの化学的性質 manganese chemistry

マンガンは 7 族の電気的陽性な遷移元素であり，広範の酸化状態をとる．Mn(Ⅱ)は陽イオン状態で $E°$ Mn^{2+} → Mn − 1.03 V（酸性溶液中）であるが，塩基性溶液中では水酸化物や酸化物を形成し，酸化状態が高くなるとオキソ体を生成する傾向が強くなる．Mn(Ⅱ)と Mn(Ⅲ)は種々の錯体を形成する．Mn(Ⅱ)化合物のほとんどは非常に薄いピンク色で，大部分が（シアン化物を除いて）高スピン状態である．アルキルマンガン(Ⅱ)やアリールマンガン(Ⅱ)も知られている．Mn(Ⅲ)化合物（褐色）はヤーン-テラー歪みを示す．

$$E°\ \mathrm{Mn^{3+} \to Mn^{2+}} + 1.51\ \mathrm{V}\ （水溶液中）$$

マンガン(Ⅳ)は MnO$_2$, MnF$_4$ およびある種の錯体に限られる．Mn(Ⅳ)は強力な酸化剤でマンガン(Ⅴ), (Ⅵ), (Ⅶ) も同様である（→マンガン酸塩）．これらの化合物は一般に四面体型の配位構造を有する．酸化数の低い化合物はソフトな配位子を用いて得られる．シアン化物イオンは Mn(Ⅲ), Mn(Ⅱ), Mn(Ⅰ) (K$_5$Mn(CN)$_6$ は K$_4$Mn(CN)$_6$ を還元して得る), Mn(0) (K$_6$Mn(CN)$_6$ は K$_5$Mn(CN)$_6$ を液体アンモニア中カリウムで還元して得る）と錯体を形成する．CO は Mn^0$_2$(CO)$_{10}$, [Mn^{-1}(CO)$_5$]$^-$ を形成する．金属-金属結合も見られるが，レニウムに比べるとずっと少ない．マンガン化合物は光合成や酵素系において重要である．

マンガンの酢酸塩 manganese acetates (manganese ethanoates)

酢酸マンガン(Ⅱ) Mn(O$_2$CCH$_3$)$_2$·4H$_2$O はピンク色の結晶．酢酸マンガン(Ⅲ) [Mn$_3$O(O$_2$CCH$_3$)$_6$]$^+$(O$_2$CCH$_3$)$^-$ は赤褐色（酢酸マンガン(Ⅱ)と KMnO$_4$ を酢酸中で反応させて得る）．マンガン(Ⅲ)化合物合成の出発物質として有用である．酸化剤，脱炭酸反応の触媒となる．媒染剤や塗料の乾燥剤として用いられる．

マンガンの酸化物　manganese oxides

低酸化数のものは，対応する酸化鉄に類似している．不定比化合物も存在する．高い酸化数のものはマンガン酸塩を形成する．MnO は $MnO_{1.13}$ まで安定であり NaCl 型構造を持つ．灰色または緑色で，高酸化数の酸化マンガンの還元または空気のない条件で $Mn(OH)_2$ または $MnCO_3$ を加熱して得る．Mn_3O_4 は空気中で 940℃ 以上まで安定．黒色でゆがんだスピネル構造をとる．天然にハウスマン鉱として存在する．Mn_2O_3 は 2 つの変態がある（1 つはスピネル構造の Mn_3O_4 と関係がある）．天然に褐石として存在する．MnO_2 を空気中で 550～900℃ に加熱して得る．関連する水酸化物 MnO-OH がある (→マンガンの水酸化物)．Mn_5O_8 は $Mn^{II}_2Mn^{IV}_3O_8$ である．MnO_2 は軟マンガン鉱，ポリアナイト，ラムスデル鉱として存在する．構造化学的に非常に複雑で，MnO_6 八面体が頂点を共有し，Mn^{4+} の一部は Mn^{2+} または類縁の低酸化状態のイオンで置換されている．$Mn(NO_3)_2$ を加熱するとかなり高純度のものが得られる．有機物の強力な酸化剤 Weldon 法による Cl_2 の製造用．また触媒（例えば $KClO_3$ の分解）となる．乾電池，ガラス（アメシスト色に着色）に利用される．Mn_2O_7 は油状の分子性酸化物で，$KMnO_4$ と濃硫酸から合成される．非常に強力な酸化剤．爆発性あり．

マンガンのシアン化物　manganese cyanides

単純なシアン化物は知られていないが，シアン化物錯体はマンガン(Ⅲ)（オレンジ色の $[Mn(CN)_6]^{3-}$），マンガン(Ⅱ)（紫または黄色，例えば $[Mn(CN)_6]^{4-}$），マンガン(Ⅰ)($[Mn(CN)_6]^{5-}$) およびマンガン(0)($[Mn(CN)_6]^{6-}$) がシアン化物イオンの存在下で適当な酸化または還元を行うことにより得られる．これらはいずれも低スピン化合物である．

マンガンの水酸化物　manganese hydroxides

水溶液から沈殿として得られる化合物は組成があまり明確でない．$Mn(OH)_2$ はパイロクロアとして産出するが，層状構造の固体で，空気中で容易に酸化される．MnO-OH は，グラウト石または水マンガン鉱として存在し，AlO-OH や FeO-OH と同様に 2 つの変態を持つ．マンガン(Ⅲ) 化合物の原料として重要．水和二酸化マンガンは知られているが，単純なマンガン(Ⅳ) の水酸化物ではない．

マンガンのフッ化物　manganese fluorides

フッ化マンガン(Ⅱ) MnF_2 は水和物を形成する．MnF_2 は NH_4MnF_3 を加熱して得る．水溶液からは四水塩が析出する．溶液中で加水分解される．不溶性のペロブスカイト，例えば $KMnF_3$ は溶液から沈殿として得られる．フッ化マンガン(Ⅲ) MnF_3 は青色．例えば $MnCl_2$ に F_2 を作用させて得る．赤紫色．$K_2MnF_5 \cdot H_2O$, K_3MnF_6 のような錯体を生成する．水により加水分解される．フッ素化剤として利用される．フッ化マンガン(Ⅳ) MnF_4 (Mn と F_2 から得る) は水により直ちに加水分解される．$[MnF_6]^{2-}$ イオンを含む六フッ化マンガン錯体は黄色である（より低い酸化数のフッ化マンガンの電解酸化あるいは BrF_3 を用いて合成される）．フッ化過マンガン酸 (permanganyl fluoride) MnO_3F は緑色の爆発性液体（$KMnO_4$ と HSO_3F から得る）．

マンガンのホウ酸塩　manganese borates

Mn^{2+} 溶液にホウ酸塩を加えると沈殿する．定義のはっきりしない物質．亜麻仁油の乾燥剤（酸化触媒）として用いられる．

マンガンの有機誘導体　manganese, organic derivatives

単純なアルキルマンガンはあまり安定でないが，カルボニル化合物，例えば $CH_3Mn(CO)_5$ (CH_3I と $NaMn(CO)_5$ から得る) はよく知られる．シクロペンタジエニル化合物，例えば $[\eta^5-(C_5H_5)Mn(CO)_3]$, $[\eta^5-(C_5H_5)_2Mn]$，また π-アレーン錯体，例えば $[\eta^6-(C_6H_6)Mn(CO)_3]^+$ は安定である．

マンガンの硫酸塩　manganese sulphates

硫酸マンガン(Ⅱ) $MnSO_4$ は水和物を形成する．染色や艶出しに用いられる．硫酸マンガン(Ⅲ) $Mn_2(SO_4)_3$ は MnO_2 と H_2SO_4 から，または $MnSO_4$ 溶液の電解酸化により得る．緑色の塊で水溶液は紫色．過剰の水により加水分解される．ミョウバンを形成し，硫酸イオンが配位した錯体を含む．硫酸マンガン(Ⅳ) $Mn(SO_4)_2$ は黒色結晶．硫酸中で $MnSO_4$ と $KMnO_4$ から得る．容易に加水分解される．

マンガンのリン酸塩　manganese phosphates

リン酸マンガン（Ⅱ）は水溶液から複塩の形で沈殿として得られることが多い．正塩は $Mn_3(PO_4)_2 \cdot 7H_2O$ であるが，$NH_4MnPO_4 \cdot H_2O$ などの形をとる．後者は加熱分解後 $Mn_2P_2O_7$ として秤量することでマンガンの定量に用いられる．

マンガンカルボニル manganese carbonyl (dimanganese decacarbonyl)

ジマンガンデカカルボニル，$Mn_2(CO)_{10}$．$Mn(Ⅱ)$ 塩に強力な還元剤存在下，加圧して CO を作用させて得る．黄金色結晶．構造は $[(OC)_5Mn-Mn(CO)_5]$．この母体化合物から一連のマンガンカルボニル誘導体，例えば $Na[Mn^{-1}(CO)_5]$（$Mn_2(CO)_{10}$ と Na から），$[Mn(CO)_5Cl]$（$Mn_2(CO)_{10}$ と Cl_2 から），$[(\eta^5-C_5H_5)Mn(CO)_3]$（$NaC_5H_5$ と $Mn_2(CO)_{10}$ から）が得られる．触媒やアンチノッキング剤を生成する．

マンガン酸塩 manganates

狭い意味のマンガン酸塩は $[MnO_4]^{2-}$ イオンを含む塩で，広義のマンガン酸塩はこのほかに $[MnO_4]^-$，$[MnO_4]^{3-}$，$[MnO_3]^{2-}$，$[Mn_2O_4]^{2-}$ などの陰イオンを含むものとなる．$[MnO_4]^-$ を含む塩は過マンガン酸塩で，$Mn(Ⅶ)$ を含む．深紫色で強力な酸化剤である．同じ正四面体構造の $[MnO_4]^{2-}$ イオンの電解酸化や不均化反応で得られる．塩基性溶液中の標準酸化還元電位 $E°(MnO_4^- \rightarrow MnO_2 + 1.68V)$，酸性溶液中の標準酸化還元電位 $E°(MnO_4^- \rightarrow Mn^{2+}: +1.49V)$ で，容量分析（酸化還元滴定）によく用いられる（→過マンガン酸塩滴定）．遊離の酸 $HMnO_4$ および一水和物の $HMnO_4 \cdot H_2O$ は，過マンガン酸バリウム $Ba(MnO_4)_2$ と硫酸との複分解で得られるが，不安定で著しく強力な酸化剤である．無水物は Mn_2O_7 で，低温においてのみ安定，やはり強力な酸化剤である．漂白や消毒，写真，皮革なめしなどに用いられる．

$Mn(Ⅵ)$ を含む $[MnO_4]^{2-}$ は深緑色の正四面体構造のイオンで，二酸化マンガンを硝酸カリウムと水酸化カリウムの混合物とともに融解すると得られる．アルカリ性水溶液においては安定であるが，中性にすると不均化反応を起こして MnO_4^- と MnO_2 に，酸性では MnO_4^- と Mn^{2+} になる．

$Mn(Ⅴ)$ を含む $[MnO_4]^{3-}$ は次マンガン酸塩とも呼ばれ深青色である．二酸化マンガンを濃厚 KOH 溶液に溶かすか，MnO_4^- を過剰の亜硫酸塩 (SO_3^{2-}) で還元すると得られる．塩類も得られるが極めて不安定で，すぐに分解する．

$[MnO_3]^{2-}$ は $Mn(Ⅳ)$ を含むが，亜マンガン酸塩と呼ばれるものの実質は混合酸化物である．固相反応によってのみ得られる．

$[Mn_2O_4]^{2-}$ は次亜マンガン酸塩にあたるが，これも混合酸化物である．スピネル構造のハウスマン鉱 (Mn_3O_4) は形式的には $Mn^{Ⅱ}Mn^{Ⅲ}_2O_4$ に相当する．

マンガンミョウバン manganese alums

硫酸マンガン（Ⅲ）の誘導体で，$Mn(Ⅱ)$ の電解酸化により得られる．$M^IMn(SO_4)_2 \cdot 12H_2O$ のような組成である（→ミョウバン類）．

マンデル酸 mandelic acid (2-hydroxy-2-phenylacetic acid)

$C_8H_8O_3$．無色のプリズム状結晶で，ラセミ体の融点 118℃．（+）体と（−）体の融点は 133℃ である．名称はアーモンド（扁桃）のドイツ語名（Mandel）に由来．糖と結合してグリコシドとなったアミグダリンの形で，いろいろな植物中に存在する．マンデロニトリル（ベンズアルデヒドシアノヒドリン）の加水分解で作られる．泌尿器感染症に対してかなり大量に投与されることがある．

マンデロニトリル mandelonitrile
→マンデル酸，アミグダリン

マンナン mannans

マンノース単位の鎖からなる多糖．細胞壁にマンナンを含むものもある．キクイモに含まれるイヌリンなどは典型的なマンナンである．

マンニッヒ反応 Mannich reaction

有機化合物中の活性水素（例えばケトンの α-水素やフェノール類の芳香環水素）をアミノメチル基あるいは置換アミノメチル基で置換する反応．アミノメチル化ともいう．37％ホルマリンとアミン，例えば $(CH_3)_2NH$ と活性水素を有する化合物 RH を反応させる．
$(CH_3)_2NH + CH_2O + RH \rightarrow RCH_2N(CH_3)_2 + H_2O$

D-マンニトール（マンニット） D-mannitol (mannite)

$C_6H_{14}O_6$．マンノースに対応するアルコールで，植物や真菌中に広く存在する．白色の結晶

性粉末．融点 168℃．甘味を呈する．グルコースの電解還元から得るか，あるいは天然物，例えば海藻やマンナトネリコの木から単離する．乾式電解質として（多くの場合ホウ酸と併用して）用いられる．食品や潤滑剤にも利用される．

$$CH_2(OH)-\underset{OH}{\underset{|}{C}}-\underset{OH}{\underset{|}{C}}-\underset{H}{\underset{|}{C}}-\underset{H}{\underset{|}{C}}-CH_2(OH)$$

マンヌロン酸 mannuronic acid
→アルギン

D-マンノース D-mannose
$C_6H_{12}O_6$．マンナンの加水分解により得られる．グルコースの異性体．

ミ

ミオグロビン myoglobin
脊椎動物の筋肉中で酸素を運搬するタンパク質．酸素の迅速な供給源として筋肉中で利用される．

ミオシン myosin
→アクトミオシン

ミカエリス定数 Michaelis constant
「ミハエリス定数」と呼ぶ分野もある．実験により求められるパラメーターで，酵素の基質に対する親和性の逆数の指標となる．ミカエリス定数は，一定の酵素濃度において反応速度が最大速度の半分になるときの基質濃度に対応する．通常，ミカエリス定数は酵素-基質複合体の解離定数に等しい．

ミコール酸 mycolic acids
天然に存在する脂肪酸．$R^2CH(OH)CHR^1C(O)OH$ で表され，ここで R^1 は C_{20}～C_{24} である．マイコバクテリアから単離された．

水 water
H_2O．融点 0℃，沸点 100℃．0℃での密度 999.87 kg/m³（= 0.99987 g/cm³）．最も単純な酸素の水素化物．無色または非常に薄い青緑色の液体．4℃で密度が最大となる．固体の水(氷)は，水素結合の架橋により実質的に酸素は四面体構造をとっている（配置の詳細は相により異なる）．水素結合やその他の秩序は液体においてもみられる．多くの塩は水和物を形成する（例：$CuSO_4 \cdot 5H_2O$）．陽イオンとの結合は酸素原子の非共有電子対を介して起こり，陰イオンとの結合は水素結合を介して起こる．本質的な構造が水素結合により決まっている固体も多い．中性酸化物であり，$[H_3O]^+$ と $[OH]^-$ への解離は少ない．電気的に陽性な金属（例：Na，Ca）と反応して，水和した酸化物と水素を生じる．非金属の酸化物（例：SO_3，P_2O_5）と反応して酸を形成し，またほとんどの電気的に陽性な金属と反応して水酸化物（例：NaOH）を形成する．多くのハロゲン化物，特

に高酸化状態の金属ハロゲン化物と反応して加水分解を起こす．例えば$SOCl_2$と反応するとSO_2とHClを生じる．主な工業的用途は冷却剤や溶媒である．家庭用では飲料，洗浄，衛生に重要である．海水は蒸発，凍結，抽出，逆浸透，イオン交換により淡水化（脱塩）できるが，いずれも費用がかかる．工業廃水を浄化して再使用したり，生活廃水を浄化したりすることも行われる．→廃水処理

水のイオン化　ionization of water
純粋な水の電気伝導率は非常に低く，ごくわずかしかイオン化していない．水素イオン濃度と水酸化物イオン濃度はそれぞれ10^{-7} mol/lであり，水のイオン積は25℃では$[H^+][OH^-]=10^{-14}$であるが，温度とともに急速に増加する．純粋な水のpHは7である．pH>7の溶液は水酸化物イオンのほうが多く，アルカリ性である．pH<7は酸性で水素イオンを過剰に含む．

水の硬度　hardness of water
水にアルカリ土類金属塩が含まれることにより，石鹸の泡立ちを妨げる性質．一時硬度，すなわち可溶性のCaやMgの炭酸水素塩は煮沸により除去できる．永久硬度（CaやMgの他の塩）はイオン交換（パームチット法）で除去するか，または硬水軟化剤によってマスクして影響をなくす．

水ガラス　water-glass
ケイ酸ナトリウム．日本ではメタケイ酸ナトリウム五水塩を「水ガラス」と呼んでいるが，外国ではそれぞれ異なる規格が採用されているらしい．→ケイ酸ナトリウム

ミセル　micelle
凝集コロイド，例えば石鹸や染料中のコロイド粒子に対する名称．ミセルは分子あるいは高分子電解質粒子の微視的な凝集体で，非極性部分が内側，極性部分が外側に位置している．ミセルは臨界ミセル濃度（CMC）以上においてのみ形成される．

密　度　density
ρ．単位体積あたりの質量で，kg/m^{3}またはg/cm^{3}で表す．相対密度（比重，水の質量との比）のほうが，より扱いやすいかもしれない．

密度勾配カラム　density-gradient column
管の長さ方向に密度勾配が生じるように，目盛りのついたガラス管に何種類かの溶液を入れたもの．小さな固体粒子を入れると，あるレベルまで沈むので，密度を速やかに決定することができる．

蜜　蝋　beeswax
ミツバチが作る直鎖脂肪酸と，そのエステル，アルコールおよびパラフィン類の混合物．床用ワックス，靴磨き剤，皮革手入れ剤に用いられる．

ミネラルソルベント　mineral solvents
→ホワイトスピリット

ミヒャエリス定数　Michaelis constant
→ミカエリス定数

ミヒラーケトン　Michler's ketone (bis(4-dimethylaminophenyl)ketone)
$C_{17}H_{20}N_2O$，ビス（4-ジメチルアミノフェニル）ケトン．光沢のある葉状結晶．融点172℃．ホスゲンを100℃でジメチルアニリンに作用させて得る．アルコール中でナトリウムアマルガムにより還元するとミヒラーヒドロールを生じる．PCl_3で処理すると，トリフェニルメタン系色素の合成に用いるジクロロ体が得られる．発ガン性の可能性あり．

ミヒラーのヒドロール　Michler's hydrol (bis(4-dimethylaminophenyl)methanol)
（ビス(4-ジメチルアミノフェニル)メタノール．→ミヒラーケトン

脈　石　gangue
鉱石と共存している粘土などのケイ酸塩化合物．

ミョウバン（明礬）　alum
通常はカリミョウバン potash alum (potassium alum) $KAl(SO_4)_2 \cdot 12H_2O$を指している．以前は「白礬」と呼んだ．「礬」は天然産の結晶性固体の意味であったが，現在では結晶性の硫酸塩を意味する字として使われる．カリミョウバンは大きな無色の結晶を作るが，この結晶は空気にさらすと塩基性の塩となり白濁する．暗赤熱で脱水し，焼ミョウバン（burnt alum）と呼ばれる多孔質で砕けやすい塊になる．天然にはカリミョウバン石として，ミョウバンとほとんど同じ組成を持つ鉱物が産出する．同類鉱物のミョウバン石（$KAl_3(SO_4)_2(OH)_6$）はミョウバンの原料として使用される．その他によく

原料として用いられるものには，アルミニウム片岩や頁岩(けつがん)がある．これらはケイ酸アルミニウムと黄鉄鉱を含有する．後者はミョウバン製造に必要な硫酸も供給するが，硫酸カリウムや塩化カリウムは別の原料から得る．ミョウバンは媒染剤や顔料を作るために染色工業で使用されているほか，皮革処理，紙のサイジング剤，防水布，防火加工，ゼラチン固化，陶器，セメント，ベーキングパウダー，止血剤，収斂剤として医療に，また凝固剤として水の浄化に用いられている．→ミョウバン類

ミョウバン石 alumstone (alunite)

組成が $KAl_3(SO_4)_2(OH)_6$ で表される鉱物．カリウムは一部ナトリウムで置換されていることもある．商業的にはカリミョウバンや硫酸カリウムの原料として使用されている．

ミョウバン類 alums

一般式 $M^I M^{III}(SO_4)_2 \cdot 12H_2O$ で表される一群の結晶性硫酸塩の複塩．硫酸基は SeO_4^{2-}，BeF_4^{2-}，あるいは $ZnCl_4^{2-}$ で置換されていてもよい．結晶は $[M^I(H_2O)_6]^+$ や $[M^{III}(H_2O)_6]^{3+}$ 陽イオン，および SO_4^{2-} 陰イオンとからなり，ミョウバンは溶液中でこれら2成分の硫酸塩混合物としての化学的挙動を示す．$KAl(SO_4)_2 \cdot 12H_2O$ は通常カリミョウバンと呼ばれているもので，ナトリウムミョウバン（硫酸アルミニウムと硫酸ナトリウムの複塩）およびアンモニウムミョウバン（硫酸アルミニウムと硫酸アンモニウムの複塩）は市販されている．染色，なめし，電気メッキそのほか多種多様の用途がある．

ミラー指数 Miller indices

結晶格子の面を表す指数．軸の切片の逆数．

ミリシルアルコール myricyl alcohol

炭素数30の飽和アルコール．$C_{30}H_{61}OH$．
→メリシルアルコール

ミリスチルアルコール myristyl alcohol (tetradecanol)

$C_{14}H_{29}OH$．1-テトラデカノール．柔軟化剤．

ミリスチン酸 myristic acid (1-tetradecanoic acid)

$C_{14}H_{28}O_2$，$Me(CH_2)_{12}C(O)OH$，1-テトラデカン酸．融点58℃，沸点250℃/100 Torr（→トリミリスチン）．乳中にグリセリドとして，またある種の植物油中に多量に存在する脂肪酸．界面活性剤として利用される．

ミルク milk
→乳汁

ミルセン myrcene

$C_{10}H_{16}$，$Me_2C=CHCH_2CH_2C(=CH_2)CH=CH_2$．アクリル系モノテルペン．沸点166～168℃．多くの精油中にみられる．香料に使用される．

無煙炭 anthracite
　炭素含有量が93％以上の，光沢のある固い石炭．

無煙燃料 smokeless fuel
　燃焼しても煙が少ない燃料．石炭を低温で炭化して得られる燃料は，揮発性の煙を発生する成分の大部分はすでに留去されているが，容易に発火して燃焼するのに十分な（約7～10％）揮発性物質が残っているため無煙燃料となる．

無機化学 inorganic chemistry
　炭素以外のすべての元素を扱う化学．炭化物，炭酸塩，金属カルボニル，シアン化物など単純な炭素化合物も無機物とみなすことが多い．金属や半金属に有機基が結合した化学種は一括して有機金属化合物と呼ばれる．

無極性分子 non-polar molecule
　永久双極子モーメントが0の分子．対称的な共有結合化合物，例えばCCl_4は無極性である．

無限希釈 dilution, infinite
　電解質溶液では，当量電気伝導率（Λ）は溶液を希釈するにつれて増加する．Λを濃度Λ_0に外挿したときの極限値（Λ_0）を無限希釈における当量電気伝導率という．

ムコクロル酸 mucochloric acid (2,3-dichloro-4-oxo-2-butenoic acid)
　無色の板状結晶．2,3-ジクロロ-4-オキソ-2-ブテン酸組成は$C_4H_2Cl_2O_3$．融点127℃．実際にはラクトンの形で存在している．フルフラールと塩素とを水溶液中で反応させると得られる．皮膚刺激剤．ゼラチンの硬化剤．

ムコース mucose
　→デキストラン

ムコタンパク質 mucoproteins
　→タンパク質

ムコペプチド mucopeptides
　糖タンパク質．細菌の細胞壁の構成要素．N-アセチルガラクトサミンとN-アセチルムラミン酸からなる不溶性高分子．

無酸素性 anoxic
　「酸素なしの」，つまり酸欠状態を意味する．地質時代においてしばしばみられた海洋の無酸素状態を意味することもある．

無水アルコール absolute alcohol
　水を含まない純度100％のエタノールのこと．若干の化学物質を不純物として含むものまでを含む．

無水エタン酸 ethanoic anhydride（acetic anhydride）
　→無水酢酸

無水コハク酸 succinic anhydride
　$C_4H_4O_3$，ジヒドロ-2,5-フランジオン．無色結晶．融点120℃，沸点261℃．γ-ブチロラクトンをナトリウムアマルガムで還元して得る．色素やポリマーの製造に用いられる．

$$\begin{array}{c} CH_2CO \\ \diagdown \\ O \\ \diagup \\ CH_2CO \end{array}$$

無水酢酸 acetic anhydride（ethanoic anhydride）
　$(CH_3CO)_2O$．系統的命名では無水エタン酸．無色の液体で刺激性の臭気を持っている．沸点139.5℃．沸騰水で容易に加水分解して酢酸になる．工業的に合成するには，酢酸とアセトアルデヒドの混合物に触媒の存在下で空気を通じるか，酢酸とケテンの反応による．このほか，アセトンと酢酸との反応や，メタンのカルボニル化（レッペ反応）なども用いられている．-OH, -SH, -NHなどの原子団を含む分子と反応してアセチル誘導体を与える．これは官能基の確認に有効である．無水の塩化アルミニウムの共存下では芳香族のアセチル化（フリーデル-クラフツ反応）が可能である．工業生産品の大部分はセルロースのアセチル化（アセテート繊維製造）や酢酸ビニルの合成，アスピリン（アセチルサリチル酸），そのほかの多くの酢酸エステルの合成に用いられている．

無水テトラクロロフタル酸 tetrachlorophthalic anhydride
　$C_8O_3Cl_4$．融点255～257℃．無水フタル酸を50～60％発煙硫酸中ヨウ素の存在下で直接塩素化して得る．ある種のフタレイン系色素（エオシン置換体のフロキシンなど）の製造で，無

水フタル酸の代わりに用いられる．

無水フタル酸 phthalic anhydride (1,3-isobenzofurandione)

$C_8H_4O_3$，1,3-イソベンゾフランジオン．長い絹状の針状晶．融点130℃，沸点284℃．水により，ゆっくりとフタル酸に変換される．ナフタレンを $HgSO_4$ の存在下 270〜300℃ で硫酸により酸化して得る．この条件で，無水フタル酸は反応混合物から昇華により単離される．V_2O_5 触媒によりナフタレンまたは o-キシレンを気相で酸化して製造される．PCl_5 で処理すると塩化フタロイルを生じる．亜鉛と酢酸または NaOH で還元するとフタリドを生成する．尿素とともに溶融するとフタルイミドを生成する．有用な色素の中間体である．$AlCl_3$ によりベンゼンと縮合してアントラキノンを生じる．無水フタル酸をフェノールおよび縮合剤と反応させると，例えばフェノールフタレインやエオシンのようなフタレイン色素を与える．キナルジン誘導体とも縮合しキノリン色素を生成する．無水フタル酸の主な工業的用途は，可塑剤であるフタル酸ジアルキルやアルキド樹脂の製造である．

無水物 anhydride

酸または（より稀であるが）塩基の1個以上の分子から1個以上の水分子を取り除くことによって生成する物質．フタル酸を加熱すると無水フタル酸となる．同様に三酸化硫黄 SO_3 は硫酸 H_2SO_4 の無水物である．

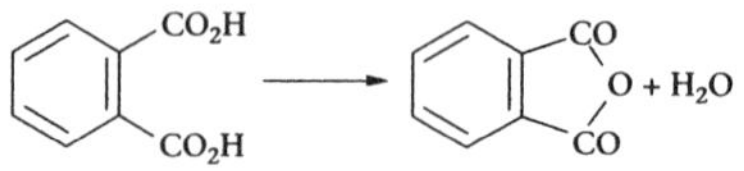

無水マレイン酸 maleic anhydride

$C_4H_2O_3$．下記のような構造である．無色の結晶で融点53℃，沸点200℃．ベンゼンを五酸化バナジウム触媒存在下で 400〜450℃ において空気酸化すると得られる．フルフラールやクロトンアルデヒド，ブチレン（ブテン）を出発原料としても得られる．触媒存在下で水素を反応させるとコハク酸無水物を生じる．ディールス-アルダー反応の親ジエン剤（ジエノファイル）として反応する．テルペン類と反応すると樹脂状物質を生成する．ポリエステル樹脂やいろいろなコポリマーの原料である．ワニス用のアルキド樹脂，乾性油，農業用化学薬品などの合成原料のほか，フマール酸の原料，油脂の酸敗防止用などの用途がある．

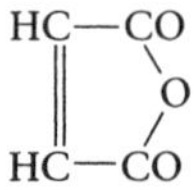

ムスコン muscone (3-methylcyclopentadecanone)

$C_{16}H_{30}O$，3-メチルシクロペンタデカノン．麝香（ムスク，チベットジャコウジカから得られる香料）の芳香成分である大環状ケトン．黄色液体．沸点330℃．合成品もある．

ムターゼ mutases

分子内における基の転移を促進する酵素．
→酵素

ムチン mucins

唾液，腸液に存在する糖タンパク質．

ムチン酸 mucic acid
→粘液酸

無定形の amorphous

成分分子やイオンに拡張された秩序配列がない，すなわち結晶形を持たないもの．無定形の物質には劈開面がなく，不規則な，あるいは貝殻状断口を示す．見かけ上不定形である物質は多く，微結晶構造を持つ．ガラスや過冷却液体は無定形である．

ムライト mullite

$Al_6Si_2O_{13}$．最も安定なケイ酸アルミニウム鉱物．他のアルミノケイ酸塩類を加熱して得られる．耐火性物質やガラスに用いられる．

ムル mull

不溶性固体と不活性溶媒をすりつぶして形成する濃いペースト．固体のスペクトル測定に利用される．

メ

メーザー maser
　レーザーと同じ原理に基づきマイクロ波を発振する装置.

メサコン酸 mesaconic acid (methylfumaric acid)
　$C_5H_6O_4$, $HO(O)CCH=C(CH_3)C(O)OH$, メチルフマル酸. カルボキシル基同士がトランスの関係にある. 無色結晶. 融点204℃. イタコン酸を臭素存在下で光異性化させて得る.

メサドン methadone (amidone, 6-dimethylamino-4,4-diphenyl-3-heptanone)
　$C_{21}H_{27}NO$, $Me_2NCH(CH_3)CH_2CPh_2C(O)Et$, アミドン, 6-ジメチルアミノ-4,4-ジフェニル-3-ヘプタノン. 2-クロロ-1-ジメチルアミノプロパンとジフェニルアセトニトリルをナトリウムアミドの存在下で反応させ, 生じたケトン混合物から分離することにより得られる. 塩酸塩は無色結晶性粉末, 水やアルコールに可溶で融点は235℃である. モルフィンに化学構造が類似している. 強力な鎮静剤で, 鎮咳作用もある. 規制対象物質.

メシタイト mesitite
　不純な菱苦土鉱（鉄分を含む）. →ブロイネル石

メシチルオキシド mesityl oxide (isopylideneacetone, 4-methyl-3-penten-2-one)
　$C_6H_{10}O_3$, $Me_2C=CHCOCH_3$, イソプロピリデンアセトン, 4-メチル-3-ペンテン-2-オン. 無色液体, 沸点129℃. 強いハッカ様の臭気を持つ. 痕跡量のヨウ素存在下でジアセトンアルコールを蒸留すると得られる. アセトン中で硫酸のような脱水剤とともに加熱するとホロンに変換される. 樹脂やラッカーの溶媒. メチルイソブチルケトンの合成に用いられる.

メシチレン mesitylene (1,3,5-trimethylbenzene)
　C_9H_{12}, 1,3,5-トリメチルベンゼン. 無色液体, 沸点165℃. 原油中に含まれる. 冷却したアセトンに濃硫酸を加え, 放置したのち加熱すると得られる.

メシル基 mesyl
　メタンスルホニル基.

メスカリン mescaline (β-(3,4,5-trimethoxyphenyl)ethylamine)
　$C_{11}H_{17}NO_3$, β-(3,4,5-トリメトキシフェニル)エチルアミン. メキシコ原産のサボテン *Lophophora williamsii*（ペヨーテ, 和名は烏羽玉（ウバタマ））から得られるアルカロイド. 融点35℃, 沸点180℃/12 Torr. 中枢神経抑制剤で幻覚視を引き起こす. ペヨーテの幻覚を引き起こす原因はメスカリンである. 規制対象物質.

メスバウアー効果 Moessbauer effect
　励起状態から基底状態に遷移する際に原子核が放出する共鳴蛍光γ線. 共鳴エネルギーは原子核の化学的環境に特徴的であり, メスバウアー分光法はこの化学的環境に関する情報を与える. 特に, Fe, Sn, Sb化合物の研究に利用される（訳者記：火星探査機「マーズパスファインダー」が, これを利用して鉄ミョウバン石（ジャロサイト）の存在を確認し, 地表にかつて水が存在したことを証明したのは近年の成果である）.

メソイオン性 meso-ionic
　1つの共有結合性構造あるいはイオン性構造では十分に表現できず, 環を構成するすべての原子が関与する6電子系を持つ複素環化合物をメソイオン性という. 例えばシドノンやニトロンなど.

メソ化合物 meso compounds
　4つの異なる基と結合した四面体構造の原子（不斉原子）を持つが, 分子全体ではアキラルな化合物.

メソシュウ酸 mesoxalic acid (ketomalonic acid, oxopropanedioic acid)
　$C_3H_2O_5$, ケトマロン酸, オキソプロパン二酸. 一水和物が知られ, ジヒドロキシマロン酸$(HO)_2C(CO_2H)_2$となっているものと考えられる. 融点121℃. ビートの糖蜜から得られる.

メソポーラス固体 mesoporous solids
　ゼオライトのような規則性を持つ多孔質の固体.

メソメリズム mesomerism
　原子の空間的配置が同一でポテンシャルエネ

ルギーのほぼ等しい2つ以上の構造で（従来の構造の表現法で）書き表される（例えばベンゼンにおけるケクレ構造）分子は，共鳴しているといわれる．このような場合に，結合に関与する電子の実際の分布は種々の可能な構造の加重平均となる．ただし，異なる構造の間に互変異性や可逆的変換が起こっているわけではない．電子分布は中間的な状態に対応する．メソメリズムは共鳴（resonance）ともいう．共鳴により安定性が増し，構造や反応性も変わる．

メソモルフ　mesomorph
　ミセルの規則的な配置．

メソモルフィック状態　mesomorphic state
　→液晶

メタ　meta
　メタクレゾール（m-クレゾール，3-ヒドロキシトルエン）ではメチル基とヒドロキシ基が互いにメタの関係（1,3-位）にある．メタリン酸，メタ重亜硫酸においても同じ接頭辞が用いられるが，この場合に m- と省略せずに $meta$ と表す．メタを接頭辞として含む物質については「メタアルデヒド」などの項を参照．

メタアルデヒド　metaldehyde
　$(C_2H_4O)_n$（$n=4,6$）．結晶性固体物質で，112～115℃で融解せずに昇華する．純粋なものは安定である．アセトアルデヒドから低温，触媒存在下で容易に生成するが，安定性は予測できず単量体に戻る．ナメクジの駆除剤，携帯用固形燃料．

メタクリル酸　methacrylic acid（α-methylacrylic acid, 2-methyl-2-propenoic acid）
　$C_4H_6O_2$，$CH_2=CMeC(O)OH$，α-メチルアクリル酸，2-メチル-2-プロペン酸．無色プリズム状晶．融点15～16℃，沸点160.5℃．アセトンシアノヒドリンを希硫酸で処理して製造する．蒸留あるいは加圧下で塩酸と加熱すると重合する（→アクリル酸ポリマー）．合成アクリル樹脂の製造に用いられる．メチルエステル，エチルエステルはガラス様ポリマーの製造に重要である．

メタクリル酸メチル　methyl methacrylate（methyl α-methylacrylate, methyl 2-methylpropenoate, MMA）
　$CH_2=C(CH_3)C(O)OMe$，$C_5H_8O_2$，α-メチルアクリル酸メチル，2-メチルプロペン酸メチル，MMA．無色液体，沸点100℃．アセトンシアノヒドリンをメタノール，硫酸とともに加熱して製造される．通常は重合防止剤を溶解した形で提供され，それを除去すると容易に重合してガラス様のポリマーを与える．→アクリル樹脂

メタ重亜硫酸カリウム　potassium metabisulphite
　$K_2S_2O_5$．ピロ亜硫酸カリウム．発酵防止剤や漂白に用いられる．

メタ重亜硫酸ナトリウム　sodium metabisulphite
　$Na_2S_2O_5$．ピロ亜硫酸ナトリウムの別名．

メタナール　methanal
　→ホルムアルデヒド

メタノール　methanol（methyl alcohol, wood spirit, wood naphtha）
　CH_3OH．メチルアルコール．木精．無色でアルコール臭を持つ液体．有毒で，少量の摂取で失明する．沸点64.5℃．冬緑油（ヒメコウジ（姫柑子．ツツジ科）の精油）など種々の植物油中にエステルとして存在する．水素とCOあるいは CO_2 を触媒上で50～350 bar，250～400℃で反応させて製造する．炭化水素の部分酸化によっても，いくらかのメタノールが生成する．メタノールの水蒸気改質，すなわち触媒上で H_2O との反応により H_2 と CO_2 を生産することができる．いくらかのCOも生成するが適切な触媒を用いると大幅に減少し，改質ガスは燃料電池に利用できる．ニッケルや白金の存在下で空気により容易に酸化されてホルムアルデヒドを生じる．硫酸と反応して硫酸水素メチル，硫酸ジメチル，ジメチルエーテルを生成する．ソーダライムと反応させるとギ酸ナトリウムと水素を生じる．塩化亜鉛存在下で塩化水素と反応させるとクロロメタンが生成する．ナトリウムと反応してナトリウムメトキシドを与える．多くの無機塩や有機化合物の良溶媒である．

ホルムアルデヒド（45%），ギ酸（10%），クロロメタン（5%），MTBE（メチル t-ブチルエーテル）（5%）や他の有機化合物の製造に用いられ，エタノールの変性剤や不凍剤としても利用される．

メタミドホス methamidophos
有機リン系農薬．中国産食品に混入されていて大問題となった．

メタメリズム metamerism
→異性

メタラベンゼン metallabenzenes
→ベンゼン

メタリン酸塩 metaphosphates
環状あるいは鎖状の PO_4^{3-} を含む縮合リン酸塩．

メタレーション metalation
化合物から比較的酸性な水素原子をプロトンとして脱離させてリチウム，ナトリウム，カリウムのような金属原子で置換すること（→メルクリ化）．N,N,N',N'-テトラメチルエチレンジアミンのようなキレート形成能を持つ塩基が存在すると反応は容易に進行する．生成物は合成に用いられる．

メタロイド元素 metalloids
半金属元素．両性元素でもある．典型的な金属と典型的な非金属の中間の性質を有する元素．分類には任意性があり，単体元素の構造や性質に基づくことが多い．例えば As, Sb, Bi.
→金属

メタロセン metallocenes
ビス（η^5-シクロペンタジエニル）金属化合物（$C_5H_5)_2M$．シクロペンタジエニル陰イオン（Cp）と遷移金属の適切な化合物から生成する．例えば M＝Fe はフェロセン，M＝Co はコバルトセン，M＝Ni はニッケロセンである．既知のものとしてチタンは緑色，クロムは赤色，鉄は橙色，コバルトは紫色，オスミウムは黄色である．鉄族（Fe, Ru, Os）のメタロセンのみが反磁性であり，他は種々の常磁性を示す．例えば Cp_2Co は1個の不対電子，Cp_2Mn は5個の不対電子を有する．鉄族のメタロセンのみが芳香族性を示し（→フェロセン），それほど酸化されやすくはない．多くのメタロセンは酸化されて陽イオン，例えば $[(C_5H_5)_2Fe]^+$，フェリシニウムイオン $[(C_5H_5)_2Co]^+$，コバルチセニウムイオンを生じる．メタロセン誘導体は金属での反応により，あるいは置換シクロペンタジエン誘導体を用いて容易に得られる．オレフィンの重合触媒として利用される．

メタン methane（marsh gas）
CH_4．「沼気」ともいう．無色無臭の気体．融点 -184℃，沸点 -164℃．加圧により -11℃で液化する．石油とともに得られる天然ガスの主成分で，植物体の分解により生じる．炭鉱中に存在し，空気とメタンとの混合物は炭鉱内ガス爆発の原因である．石炭ガス，海洋や深い岩状堆積物，廃棄物，外惑星大気中にも存在する．1容の CO と 3容の水素の混合物を，大気圧下で 230～250℃に加熱したニッケル触媒上に通して製造される．この混合ガスは水性ガスから，あるいは廃棄物の嫌気的代謝によっても得られる．メタンは化学的にはかなり不活性であるが，塩素とは常温で爆発的に反応し，低温ではクロロメタンを生じる．水和物を形成する．HCN，アセチレン，メタノール，クロロメタン，ジクロロメタン，水素，アンモニア，一酸化炭素の製造やカーボンブラックの調製に利用される．燃料として使用される．

メタンアミド methanamide（formamide）
→ホルムアミド

メタン化 methanation
CO あるいは CO_2 を，触媒を用いて加圧下で水素と反応させてメタンに変換するプロセス．メタン化は工業的に，①アンモニア合成における気流からの CO 除去，② CO 除去による水素の精製，③都市ガスや SNG 製造においてカロリー値増加のための CO と水素の反応などに利用される．

メタン酸 methanoic acid（formic acid）
→ギ酸

メタン酸エステル methanoates（formates）
ギ酸のエステル．

メタン酸エチル ethyl methanoate（ethyl formate）
→ギ酸エチル

メタン酸塩 methanoates（formates）
ギ酸塩．

メタン酸ナトリウム sodium methanoate

NaO₂CH．ギ酸ナトリウム．

メタン酸メチル　methyl methanoate
→ギ酸メチル

メタンスルホン酸　methanesulphonic acid
CH_3SO_2OH．融点 20℃，沸点 167℃/10 Torr．ジメチルジスルフィドの酸化，あるいはメタンと三酸化硫黄の触媒存在下での反応により得られる．重合触媒．メチル化やエステル化に用いられる．薬学方面では「メシル酸」と呼ばれることが多い．塩化チオニルと反応すると塩化メタンスルホニル（塩化メシル）に変換され，これはアルコール，アミンなどをメタンスルホニル（メシル）誘導体として同定するのに有用である．→スルホン酸（脂肪族）

メタンスルホン酸メチル　methyl methanesulphonate (methyl sulphonic acid methyl ester)
$H_3CSO_2(OCH_3)$．メチルスルホン酸メチルエステル．優れたメチル化試薬であるが，強い突然変異誘発剤，催奇物質．沸点 203℃．

メタンチオール　methanethiol
CH_3SH．メチルメルカプタン，チオメタノール．

メチオニン　methionine (2-amino-4-(methylthio)butyric acid)
$C_5H_{11}NO_2S$，$CH_3SCH_2CH_2CH(NH_2)CO_2H$，2-アミノ-4-(メチルチオ)酪酸．融点 283℃（分解）．水およびアルコールに可溶．天然に得られるものは左旋性である．メチオニンは天然に存在する硫黄を含むアミノ酸の 1 つで，哺乳類の食物中の必須成分である．特にメチオニンとコリンのみが体内のメチル化反応に関与することが知られている食物栄養素であるという点で重要である．動物飼料に用いられる．

メチオン酸　methionic acid
→メチレンジスルホン酸

メチラール　methylal
→ジメトキシメタン

メチルアセチレン　methylacetylene (propyne, allylene)
C_3H_4，$CH_3C\equiv CH$．系統的名称ではプロピン．沸点 -23℃．1,2-ジブロモプロパンにアルコール性水酸化カリウムを作用させるか，あるいは液体アンモニア中でナトリウムアセチリドに硫酸ジメチルを作用させて得る．メチルアセチレンの化学的性質はアセチレンに類似している．

4-メチルアミノフェノール　4-methylaminophenol
→アミノフェノール類

メチル n-アミルケトン　methyl n-amyl ketone (heptan-2-one)
$CH_3CO(CH_2)_4CH_3$．ヘプタン-2-オン．沸点 152℃．チョウジノキの油に含まれる．2-ヘプタノールの脱水素により製造される．ラッカーや樹脂の溶媒として利用される．

メチルアミン類　methylamines
アンモニアの 1，2 あるいは 3 つの水素がメチル基で置換された化合物．アルミア触媒上で，加圧条件下 350～450℃でメタノールとアンモニアの反応により製造される．生成物は 3 種の混合物である．モノメチルアミンを循環して再び反応させるか，アンモニア/メタノール比を低くすると，ジメチルアミンおよびトリメチルアミンの割合が増加する．反応混合物を水またはトリメチルアミンで希釈するとモノメチルアミンの割合が増加する．いずれも塩基性で，水に溶けてアルカリ性溶液を生じ，またアクセプタと錯体を形成する．メチル基の数とともに塩基性は増大する．

①モノメチルアミン monomethylamine（メチルアミン，アミノメタン）CH_3NH_2．無色，可燃性気体でアンモニア臭を持つ．水に易溶．融点 -92.5℃，沸点 -60℃．天然には，ある種の植物や魚醤（しょっつる，ニョクマムなど），粗製骨油に含まれる．実験室ではホルムアルデヒドを塩化アンモニウムとともに加熱するか，CH_4，NH_4Cl，$ZnCl_2$ から合成する．大部分は除草剤，抗菌剤，界面活性剤の製造や皮革なめしに利用されている．

②ジメチルアミン dimethylamine C_2H_7N，$(CH_3)_2NH$．無色，可燃性液体でアンモニア臭を持つ．融点 -96℃，沸点 7℃．天然には海水中に存在する．実験室的製法ではニトロソジメチルアニリンを熱水酸化ナトリウム水溶液で処理する．ジメチルアミンは多くが他の化学薬品の合成に利用され，それらには溶媒であるジメチルアセトアミドやジメチルホルムアミド，ロケット推進燃料の N,N'-ジメチルヒドラジン，界面活性剤，除草剤，抗菌剤，ゴムの加硫促進

③トリメチルアミン trimethylamine C_3H_9N, $(CH_3)_3N$. 強い魚臭を持つ無色液体，水と混和する．融点 $-124℃$，沸点 $3.5℃$．天然には植物，魚醬，骨油，尿中に含まれる．過酸化水素と反応してトリメチルアミンオキシドを生じ，またエチレンオキシドと反応してコリンを生成する．四級アンモニウム塩類（細菌不活化剤）の製造に利用される．

メチルアルコール methyl alcohol
→メタノール

メチルアルソン酸 methyl arsonic acid
$CH_3As(O)(OH)_2$．除草剤．塩も除草剤である．

メチルアルミノキサン methylaluminoxane
メチルアルミニウムオキシドの重合体で，重合触媒として用いる．

メチルイソシアナート（MIC） methyl isocyanate (MIC)
H_3CNCO．メチルアミンとホスゲンから作られる．ポリマー工業でポリウレタンの原料として用いられる．爆発性がある．

メチルイソブチルケトン（MIBK） methyl isobutyl ketone (MIBK, 4-methyl-2-pentanone, hexone)
$CH_3COCH_2CHMe_2$．4-メチル-2-ペンタノン，ヘキソン）．略称の MIBK のほうがよく使われる．沸点 $117～118℃$．例えばフッ化タンタルや鉱油類の溶媒抽出に利用されるほか，多くのポリマー，例えばアクリル酸エステル，アルキド，ポリ酢酸ビニルの溶媒として用いられる．メシチルオキシドの選択的水素化により合成される．

3-メチルインドール 3-methylindole
→スカトール

メチルエチルケトン methyl ethyl ketone (MEK)
C_4H_8O，$CH_3COC_2H_5$．よい香りのする無色の液体．沸点 $80℃$．木材を分解蒸留した生成物の中にアセトンとともに含まれている．液相または気相中，2-ブタノールを触媒で脱水素して製造する．溶媒として特にビニル樹脂やアクリル樹脂，ニトロセルロース，酢酸セルロースに用いられるほか，潤滑油の脱蠟に用いられる．よく「メック」と呼ばれる．IUPAC 系統名なら「ブタノン」．

メチルオレンジ methyl orange (4-[4′-(dimethylamino)phenylazo]benzenesuphonic acid, sodium salt)
$C_{14}H_{14}N_3NaO_3S$，4-[4′-(ジメチルアミノ)フェニルアゾ]ベンゼンスルホン酸ナトリウム．pH 指示薬．変色域 pH 3.1（赤）～4.4（黄色）．

メチル化 methylation
ある化合物にメチル基を付与する過程をいう．脂肪族化合物では水素原子を置換する反応や，ヒドロキシ基，アミノ基あるいはイミノ基にカルベン CH_2 を挿入し，それぞれエーテル，第二級アミン，第三級アミンを与える反応がある．芳香族化合物の反応では，環の水素原子の1つをメチル基で置換する反応も含まれ，これはフリーデル-クラフツ反応により行われる．アミンやアミノ化合物では，酢酸溶液中でホルムアルデヒドと加熱するか，ヨウ化メチルまたは硫酸ジメチルと加熱することでメチル化される場合もある．ヒドロキシ化合物のメチル化については「エーテル」を参照．

メチル基 methyl
CH_3- 基．Me- とも書く．CH_3·ラジカルは惑星大気中に観測されている．

メチル基転移酵素 transmethylases
生体内でメチル基の転移を触媒する酵素．トランスメチラーゼ．

メチルグリオキサール methyl glyoxal (pyruvaldehyde, 2-oxopropanal, pyruvic aldehyde)
$CH_3C(O)CHO$．ピルビンアルデヒド，2-オキソプロパナール．黄色液体．沸点 $72℃$．浸透性の臭気を有する．液体は容易に重合する．ジヒドロキシアセトンと $CaCO_3$ から合成するか糖の発酵により得られる．

メチルグリーン methyl green
$\{(CH_3)_2NC_6H_4C[C_6H_4N(CH_3)_3]_2\}^{2+}[ZnCl_4]^{2-}$．トリフェニルメタン系色素．酸塩基指示薬のほか DNA の染色に利用される．堅牢度が劣るので印刷にはあまり用いられなくなった．

メチル-α-D-グルコピラノシド methyl-α-D-glucopyranoside (α-methylglucoside)
α-メチルグルコシド．グルコースとメタノールから生成する．またセルロースをメタノー

中で分解しても得られる．ポリエーテル樹脂の原料，化粧品，その他の用途がある．可塑剤としても用いられる．

メチルクロロホルム methyl chloroform
→1,1,1-トリクロロエタン

メチルコハク酸 methyl succinic acid
ピロ酒石酸ともいう．HOOCCH(CH₃)CH₂COOH．イタコン酸の還元で得られる．

メチルシクロヘキサノール methylcyclohexanol (methylhexalin, hexahydrocresol)
$C_7H_{14}O$．メチルヘキサリン，ヘキサヒドロクレゾールなどの別名がある．市販品は1,2-；1,3-；1,4-の混合物．無色，比較的高粘性の液体で，浸透性の臭気がある．沸点165～180℃．クレゾールのニッケル触媒を用いた水素化還元で製造される．酸化するとメチルシクロヘキサノンを生じる．油脂，ゴム，ワックスなどの溶媒として利用され，またニトロセルロースラッカーにも使用される．これを含有する石鹸は洗剤として重要である．エステルは可塑剤として用いられる．個々のメチルシクロヘキサノールは，対応する純粋なクレゾールから同様に合成され，*cis*-, *trans* 体が存在する．水蒸気蒸留が可能である．

メチルシクロヘキサノン methylcyclohexanone
$C_7H_{12}O$．市販品はメチルシクロヘキサノールに対応し3種の異性体である．無色液体で浸透性の臭気を有する．沸点164～172℃．市販のメチルシクロヘキサノールの蒸気を，加熱した銅触媒上を通して製造する．樹脂やゴムの溶媒としてラッカーの製造に用いられる．

メチルシクロヘキサン methylcyclohexane
C_7H_{14}, $C_6H_{11}CH_3$．無色液体．沸点101℃．トルエンの水素化により得られ，溶媒として用いられる．

メチルシクロペンタジエニルマンガントリカルボニル methylcyclopentadienyl manganese tricarbonyl
MMT．アンチノック剤でもある．

メチル水銀化合物 methylmercury compounds
→水銀の有機誘導体

メチルスルフィド methyl sulphide
→ジメチルジスルフィド

メチルスルホキシド methyl sulphoxide
→ジメチルスルホキシド

メチルスルホン methyl sulphone
$(CH_3)_2SO_2$．沸点238℃．極性溶媒．→ジメチルスルホン

メチルセルロース methyl cellulose
木材パルプか綿繊維とメタノールとの反応で調製する．潤滑油材料となる．

メチルセロソルブ methyl cellosolve
→エチレングリコールモノメチルエーテル

メチルナフタレン methylnaphthalenes
原油や精製石油中に広く見られる．各種のモノメチル体，ジメチル体がすべて知られており，容易に相互変換する．酸化すると，色素の合成中間体として利用されるナフタレンカルボン酸を生じる．1-メチルナフタレンはディーゼル燃料のセタン価の標準物質である．

***N*-メチル-*N'*-ニトロ-*N*-ニトロソグアニジン** *N*-methyl-*N'*-nitro-*N*-nitrosoguanidine
$C_2H_5N_5O_3$．融点118℃．かつてはジアゾメタン製造の前駆体として用いられた．現在は強い発ガン性物質として知られている．

メチルバイオレット Methyl Violet (Basic Violet 1, gentian violet benzoate)
ジメチルアニリンを$CuCl_2$で酸化して得られる紫色の色素．ゲンチアンバイオレット．テトラ-，ペンタ-，ヘキサメチル-4-ローズアニリン塩酸塩混合物．ジュート染色，メタノール変性アルコールの着色，細菌学の染色，指示薬に用いられる．ヘキサメチルローズアニリンは別名クリスタルバイオレットと呼ばれる．

メチルパラベン methylparaben
→4-ヒドロキシ安息香酸メチル

メチルヒドラジン methyl hydrazine
$H_3CNH-NH_2$．沸点87.5℃．ロケット燃料．

メチルビニルケトン methyl vinyl ketone (3-buten-2-one)
$H_2C=CHCOCH_3$．3-ブテン-2-オン．沸点81℃．メタノールとアセトンから得られる．

3-メチル-1*H*-ピラゾール 3-methyl-1*H*-pyrazole
メタノール中毒の解毒剤．

メチルピリジン methyl pyridines
ピコリン．α-，β-，γ- の3種類がある．

1-メチル-2-ピロリジノン 1-methyl-2-pyrro-

lidinone
工業用溶媒で特に気体の精製に用いられる．
→アロソルヴァン法

N-メチル-2-ピロリドン *N*-methyl-2-pyrrolidone
特にポリマーなどの溶解性に優れた溶媒．

3-メチル-1-ブタノール 3-methyl-1-butanol (isoamyl alcohol)
$(CH_3)_2CH CH_2 CH_2 OH$．通常はイソアミルアルコールと呼ばれている．フーゼル油から得られる．優れた溶媒．→ペンタノール

3-メチル-2-ブタノン 3-methyl-2-butanone (methyl isopropyl ketone)
$CH_3 COCH(CH_3)_2$．メチルイソプロピルケトン．溶媒．沸点94℃．

メチルブチノール methylbutynol (2-methyl-3-butyn-2-ol)
$HC\equiv CC(Me)(OH)CH_3$．2-メチル-3-ブチン-2-オール．無色液体．沸点104℃．アセチレンとアセトンから得られる．腐食防止剤として，また化学合成中間体として利用される．

メチル *t*-ブチルエーテル methyl *t*-butyl ether (MTBE)
$CH_3 OC(CH_3)_3$．重要な溶媒．四エチル鉛に代わるアンチノック剤としても使われている．

2-メチル-1-プロパノール 2-methyl-1-propanol (isobutanol)
$(CH_3)_2 CHCH_2 OH$．イソブタノールのほうが通用する分野もある．炭水化物から得られる．沸点108℃．塗料やワニスの溶剤．果実様の香りを持つ．

2-メチルプロペン 2-methylpropene
→ブテン類

2-メチル-2-プロペン酸 2-methyl-2-propenoic acid
→メタクリル酸

メチルヘキサリン methylhexalin
→メチルシクロヘキサノール

メチルベンジルアミン methyl benzylamine (*α*-phenylethylamine)
α-フェニルエチルアミン．$PhCH(CH_3)NH_2$．光学分割用試薬である．

2-メチルベンゾフェノン 2-methylbenzophenone

香料の揮発保留剤．

4-メチル-2-ペンタノン 4-methyl-2-pentanone
→メチルイソブチルケトン

2-メチル-2,4-ペンタンジオール 2-methyl-2,4-pentanediol
→ヘキシレングリコール

メチルホルマール methyl formal
→ジメトキシメタン

メチルメルカプタン methyl mercaptan
→メタンチオール

メチルリチウム methyl lithium
$H_3 CLi$．→リチウムの有機誘導体

メチルレッド methyl red (2-carboxybenzene-azodimethylaniline)
$C_{15}H_{15}N_3O_2$．4-(2-カルボキシフェニルアゾ)ジメチルアニリン．融点181〜182℃．指示薬．変色域 pH 4.4（赤）〜6.0（黄色）．

メチレン methylene
=CH2．最も簡単なカルベンである．

メチレン基 methylene
2価の基 >CH2．

4,4′-メチレンジアニリン 4,4′-methylenedianiline
$CH_2(C_6H_4 NH_2)_2$．樹脂の硬化剤．ポリメチレンアミドの合成に用いられる．

メチレンジスルホン酸 methylenedisulphonic acid
$CH_4O_6S_2$, $H_2C(SO_3H)_2$．メチオン酸ともいう．無色結晶性固体で水蒸気を吸収しやすい．蒸留により分解する．塩化メチレンを亜硫酸カリウムとともに加圧条件で150〜160℃に加熱するとカリウム塩が得られる．微溶性のバリウム塩を硫酸で分解すると遊離の酸が得られる．アリールエステルは非常に安定であるが，アルキルエステルは加熱により分解してエーテルを与える．その反応の一部はマロン酸に類似している．アルミニウム塩は発汗抑制剤として利用される．

メチレンジ(4-フェニルイソシアナート), MDI methylene di(4-phenylisocyanate)
ウレタン発泡体の合成中間体．正しくはメチレンビス(4-イソシアナトベンゼン)のはずだが，工業界では以前からこう呼んでいる．

メチレンジホスホン酸 methylene diphospho-

nic acid (medronic acid)
　$CH_2[P(O)(OH)_2]_2$. メドロン酸ともいう. $^{99}Tc^{3+}$錯体は放射線診断薬に用いられる. カルシウムキレートは骨粗鬆症に対してのカルシウム補給用に使用される.

メチレンブルー Methylene Blue (Basic Blue 8, 3,7-bis(dimethylamino)phenothiazin-5-ium chrolide)
　塩化3,7-ビス(ジメチルアミノ)-5-フェノチアジニウム. ジメチルアニリンと硫化水素から合成される色素. 筋繊維(速筋)の染色やキャラコの捺染に用いられる. 微生物学研究や顕微鏡観察の染色剤にも利用される. おだやかな殺菌剤.

メテナミン methenamine
　ヘキサメチレンテトラミンの別名.

メトキシ基 methoxy
　CH_3O- 基.

5-メトキシヒドノカルピン 5-methoxyhydnocarpine
　細菌類の複数薬物耐性を抑制する阻害剤. メギ(日木, barberry)から単離された.

メトール metol
　→アミノフェノール類

メドロン酸 medronic acid
　メチレンジホスホン酸の別名.

メナキノン menaquinone
　2-メチル-1,4-ナフトキノン(メナジオン)の3位にポリイソプレン置換基を含む一群の化合物. 別名ビタミンK_2. 出産時の出血予防などに用いられた.

メナジオン menadione
　$C_{11}H_8O_2$, 2-メチル-1,4-ナフトキノン. 黄色の結晶でビタミンKの一員(ビタミンK_3). 補助剤として用いられる. 以前は出血予防剤として用いられたこともあったが, 副作用が顕著なため現在では使用されていない.

瑪瑙 agate
　めのう. 玉髄に類似した石英の一形態で, 紫と茶色の縞模様を持つ. 宝石として用いられるほか, 硬度が大きいので乳棒, 乳鉢を作るのに用いられる. また科学装置のベアリング面としても使用される.

メバロン酸 mevalonic acid
　$C_6H_{12}O_4$. D-メバロン酸(($3R$)-3,5-ジヒドロキシ-3-メチル吉草酸)は, ポリイソプレノイドに分類されるテルペノイドやステロイドの生合成における基本的な中間体である. 生合成におけるイソプレン単位はピロリン酸イソペンテニルであり, これはメバロン酸-5-ピロリン酸の酵素による脱炭酸および脱水により生成する.

メラトニン melatonin (N-acetyl-5-methoxytryptamine)
　N-アセチル-5-メトキシトリプタミン. 松果体から分泌されるホルモン.

メラニン melanins
　毛髪, 皮膚, 眼の褐色色素. チロシナーゼの作用によりチロシンが酸化されて生じる重合体.

メラミン melamine (cyanuramide, 2,4,6-triamino-1,3,5-triazine)
　シアヌル酸アミド, 2,4,6-トリアミノ-1,3,5-トリアジン, $C_3H_6N_6$. 無色. 融点354℃. ジシアンジアミド $H_2N-C(=NH)-NH-CN$ を単独またはアンモニアなどの塩基の存在下で, 種々の溶媒中で加熱して得る. プラスチック工業で重要な原料. ホルムアルデヒドやその他の化合物と縮合して, 光や熱に安定な熱硬化性樹脂を形成する.

メラミン樹脂 melamine resin
　→メラミン

メリシルアルコール mellisyl alcohol (myricyl alcohol, triacotanol)
　$C_{30}H_{62}O$, トリアコンタノール. 無色結晶. 融点87℃. 有機溶媒に可溶. 蜜蜂中にパルミチン酸エステルとして存在する. 植物生長制御因子.

メリシン酸 melissic acid (triacontanoic acid)
　$C_{30}H_{60}O_2$, $CH_3(CH_2)_{28}C(O)OH$, トリアコンタン. 蜂蜜中に含まれる脂肪酸. 融点94℃.

メリット酸 mellitic acid (benzenehexacarboxylic acid)
　$C_{12}H_6O_{12}$, $C_6(COOH)_6$, ベンゼンヘキサカルボン酸. 無色針状晶. 融点286～288℃. 加熱すると分解して無水ピロメリット酸と水とCO_2を生じる. ある種の褐炭鉱床にアルミニウム塩(ハネーストーン)として含まれる. 木炭を濃

硝酸で酸化しても得られる．レゾルシノール，アミノフェノール類と縮合して，それぞれフタレイン，ローダミン色素を生成する．エステルはポリイミド繊維の原料として用いられる．

mer 異性体　mer isomer
Ma_3b_3 タイプの八面体六配位錯体で，3個の配位子 a が中心原子 M と同一の平面（子午線面（meridian））に位置する異性体をいう．これに対し fac 異性体は，3個の a が八面体の1つの面を囲む位置にある．

メルカプタール　mercaptals
$RR'C(SR'')_2$ タイプの化合物．チオアセタール．アセタールの硫黄類似体．不快臭を持つ油状液体．アルデヒドやケトンをメルカプタン（チオール）で処理して得る．カルボニル基の保護基として有機合成に用いられる．

メルカプタン　mercaptans (thiols)
RSH，チオール．炭素原子に直接結合した -SH 基を含む有機化合物．アルコールの硫黄類似体．液体で強い不快臭を持つ．原油に含まれる．ハロゲン化アルキルまたはハロゲン化アリールに KHS 硫化水素酸モノカリウムを作用させるか，スルホン酸塩化物を還元して得る．錯体，金属化合物，例えば $Pb(SR)_2$，メルカプチドを形成する．空気あるいは温和な酸化剤により酸化するとジスルフィド（RS-SR）を生じる．硝酸で酸化するとスルホン酸になる．アルデヒドやケトンと反応して，メルカプタール（チオアセタール）やメルカプトール（チオケタール）を生成する．長鎖誘導体は酸化すると界面活性剤になる．重合反応系でポリマーの鎖長制御に用いられる．臭気付与剤として特に天然ガスや LPG に添加され，またゴムの加硫剤，浮遊剤，種々の農業用化学薬品の製造に用いられる．

メルカプチド　mercaptides
→メルカプタン

メルカプトエタン酸　mercaptoethanoic acid
→チオグリコール酸

メルカプト酢酸　mercaptoacetic acid
→チオグリコール酸

メルカプトベンゾチアゾール　mercaptobenzthiazole
$C_7H_5NS_2$．黄色結晶性粉末．融点 174 ～ 179℃．チオカルボアニリドを硫黄と反応させるか，アニリンを二硫化炭素および硫黄と加熱して得る．ゴムの加硫促進剤として重要．酸化されるとビスベンゾチアゾリルジスルフィドを生じ，この化合物もゴムの加硫促進剤である．塩は殺菌剤として用いられる．

メルクインデックス　Merck Index
メルク社から定期的（5年おき）に刊行される事典．多数の試薬，薬品など有機化合物および無機化合物についての製法と諸性質，用途，毒性などを総合的に大集成したもの．現在刊行のものは 2006 年刊行の第 14 版である．

メルクリ化　mercuration
芳香族化合物から直接置換法により Hg(II)-C 結合を持つ誘導体を生成すること．例えば，酢酸水銀 $Hg(O_2CCH_3)_2$ とベンゼンを反応させると酢酸フェニル水銀 $C_6H_5Hg(O_2CCH_3)$ が生成する．得られる有機水銀化合物は有用な合成中間体で，例えばハロゲン置換体の合成に用いられる．

メロシアニン染料　merocyanine dyes
酸性ケトメチレン基を含む複素環に，窒素含有複素環が共役鎖を介して結合したポリメチン色素．染料のほか，写真の分光増感剤として用いられる．

面角一定の法則　law of constancy of interfacial angles
結晶の特定の面のなす角は，結晶を構成する物質に特有の一定の角度であり，結晶面の大きさには依存しない．

綿火薬　guncotton
→硝酸セルロース

面心格子　face-centred lattice
各単位胞の面の中心に原子がある格子．

面心立方格子　face-centred cubic lattice
fcc と略することもある．立方最密格子（ccp）に同じ．→最密充填構造，面心格子

p-メンタ-1,5-ジエン　p-mentha-1,5-diene (1-$\Delta^{2:8(9)}$-menthadiene)
$C_{10}H_{16}$．メンタジエン類の中で最も重要．光学活性な単環状テルペンで，ヘノポジ油中に見られる．p-シメンの製造に用いられる．

メンデレビウム　mendelevium
元素記号 Md．アクチニド金属元素，原子番

号 101. ^{258}Md の原子量 258.1, 融点 827℃, 電子配置 [Rn]5f^{13}7s^2. ^{236}Md（半減期 75 分）は，サイクロトロンまたはリニア加速器中で Es（アインスタイニウム）に ^{4}He 粒子を衝突させて作られた．Md^{2+} イオンは水溶液中でかなり安定（Md^{3+} → Md^{2+} + 0.2 V）．固体化合物は知られていない．

メントール menthol（(1α,2β,5α)-5-methyl-2-(1-methylethyl)cyclohexanol)

(1α,2β,5α)-5-メチル-2-(1-メチルエチル)シクロヘキサノール，$C_{10}H_{20}O$．光学活性な単環式テルペンアルコール．多くの天然油に含まれる．(-)-メントールは融点 43℃，沸点 216℃．(-)-メントールおよびその立体異性体は，多くのテルペン誘導体から化学反応により得られる．例えばメントン，イソメントン，ピペリトンの還元など．(-)-メントールは p-シメンに変換でき，また酸化してメントンを得ることもできる．リューマチの鎮痛剤として外用薬に用いたり，鼻づまりや副鼻腔炎の緩和に吸入剤として用いられる．ラッカー，菓子，タバコにも利用される．

メントン menthone（(2,5-*trans*)-5-methyl-2-(1-methylethyl)cyclohexanone)

(2,5-*trans*)-5-メチル-2-(1-メチルエチル)シクロヘキサノン，$C_{10}H_{18}O$．光学活性な単環式ケトン．メントールの酸化で得られる．(-)-メントンはある種の天然油に含まれる．(-)-メントンを濃い硫酸に溶解し混合物を冷却すると，一部は(+)-イソメントンに変換される．香料や風味剤に用いる．

モ

モーヴェイン（モーベイン） mauveine

パーキンが最初にアニリンから合成した紫色の色素．1856 年に合成された．

毛管凝縮 capillary condensation

物質の入れてある毛細管の壁がその物質によって濡れて，液面が凹のメニスカスとなるとき，メニスカスの上の蒸気圧は，同じ温度における液の平らな表面と接触している蒸気圧よりも低い．このことは次の式で表される．

$$\ln \frac{p}{p_s} = 2 \frac{\sigma v}{rRT}$$

ここで，p は凹面での圧力，p_s は同じ絶対温度 T のときの標準蒸気圧，σ は表面張力，r は毛細管の半径，R は気体定数，v はその液体のモル体積である．

したがって，木炭などの多孔性の材料でできた細い毛細管の中では，蒸気は凝縮する傾向を持つ．毛管凝縮はシリカゲルによる水の吸着機構であり，またおそらく高い湿度での木炭による吸着機構でもあるが，物理吸着の一般理論としては不十分である．

木材 wood

木材は，炭水化物（セルロース，ヘミセルロースなど），リグニン，無機物，種々の有機物（炭化水素，フェノール類，アルデヒド，ケトン，テルペンなど）を含む細胞壁を持った複雑な混合物である．建築材（難燃化処理をすることもある），パルプ・製紙産業，炭，レーヨン，そのほかの化学品製造に用いられる．→トール油，ロジン，テルペン類，タンニン酸

木酢液 pyroligneous acid

木材を乾留して得られる粗製の褐色液体．酢酸を含む．メタノールとアセトンも含む．

木質ナフサ wood naphtha (wood spirit)

木酢液．不純なメタノールに他の炭化水素分が混入したもの．→メタノール

木精 wood spirit (wood naphtha)

メタノールの俗称．また木質ナフサを意味す

ることもある．

木炭 charcoal
　木材をゆっくりと熱分解させて得る，炭素の1つの形．以前は燃料および還元剤として大量に用いられた．現在では気体の吸収用などの用途が主となっている．低次の黒鉛構造を持つ．

木粉 wood flour
　木材を細粉化したもの（鋸屑）．プラスチックのフィラーやリノリウムとして用いられる．金属加工のシートにも利用される．

モザイクゴールド mosaic gold
　SnS_2．以前には彩色金と呼ばれたこともある．→スズの硫化物

モースポテンシャル Morse potential
　解離を考慮した原子間相互作用のポテンシャルエネルギー曲線．

モナズ石 monazite
　希土類元素の混合リン酸塩鉱物．組成は(Ce, La, Nd, Pr)PO_4 で1～18%のケイ酸トリウム（$ThSiO_4$）を含む．ランタニド元素（軽希土類）の主要資源鉱物．

モネルメタル monel metal
　ニッケル合金の一種．

モネンシン monensin
　ポリエーテル構造の抗生物質で家禽飼料用添加物として利用される．

モノアセチン monoacetin
　→アセチン

モノクローナル抗体 monoclonal antibody
　医薬で用いられる人工的に製造した抗体．

モノクロメーター monochromator
　広い波長の電磁波あるいは粒子線から，狭い範囲の波長を選択するための装置．プリズム，回折格子，単結晶．分光測光装置やX線回折装置で使用される．

モノクロロエタン monochloroethane
　C_2H_5Cl．塩化エチル．→クロロエタン

モノクロロエチレン monochloroethylene
　$CH_2=CHCl$．塩化ビニルの別名．

モノクロロ酢酸メチル methyl monochloroacetate (methyl chloroethanoate, methyl chloroacetate)
　$ClCH_2C(O)OCH_3$．単にクロロ酢酸メチルということもある．溶媒．沸点130℃．

モノクロロトリス（トリフェニルホスフィン）ロジウム（I） tris(triphenylphosphine)rhodium(I) chloride
　→ウィルキンソン触媒

モノクロロメタン monochloromethane
　CH_3Cl．塩化メチル．→クロロメタン

モノビニルアセチレン monovinylacetylene (but-1-en-3-yne)
　$CH_2=CH-C≡CH$（1-ブテン-3-イン）．甘い香りを持つ無色の気体．沸点5℃．CuClとNH_4Clの水溶液の存在下で，エチレンを低温で制御しながら反応させると得られる．水素で還元するとブタジエンになり最終的にはブタンになる．$HgSO_4$ 存在下で水と反応させるとメチルビニルケトンを与える．塩酸とある種の金属塩化物と反応させると2-クロロブタジエン（イソプレン）を生じる．

モノフルオロ酢酸 monofluoroacetic acid (monofluoroethanoic acid)
　CH_2FCO_2H．有毒．クレブス回路を遮断する．天然の植物中に塩として含まれる．燻蒸剤として用いられる．

モノフルオロリン酸ナトリウム sodium (mono)fluorophosphate
　Na_2PO_3F．歯牙用のフッ化物塗布用に練り歯磨きなどに添加されている．→フルオロリン酸

モノマー monomer
　→単量体

モリブデン molybdenum
　元素記号 Mo．6族の金属元素．原子番号42，原子量95.94，融点2623℃，沸点4639℃，密度（ρ）10220 kg/m^3（=10.22 g/cm^3），地殻存在比1.5 ppm．電子配置[Kr]$4d^55s^1$．主要鉱物は輝水鉛鉱 MoS_2 で，焙焼により三酸化モリブデン MoO_3 に変え，モリブデン酸アンモニウムに変換し精製，加熱して再び MoO_3 としたのち，水素で還元して金属モリブデン Mo とする．金属は bcc（体心立方）構造．塊状金属は光沢があり，HNO_3-HF あるいは溶融した KNO_3-NaOH または Na_2O_2 にしか侵されない．金属モリブデンは灼熱条件で酸素と化合し，また空気とは徐々に反応して青色の酸化物を生じる．合金鋼に広く用いられ，特に高温用やフィラメント用の鋼に利用される．MoS_2 は潤滑剤であ

り，またモリブデン化合物は顔料に利用される．モリブデンは動物にとって必須な微量元素であり，細菌の窒素固定酵素はモリブデンと鉄を含んでいる．

モリブデンの化学的性質 molybdenum chemistry

モリブデンは+6～-2の酸化状態をとる．水溶液中の主な化学種はオキシアニオン錯体とハロゲン化物錯体．MoF_6と$MoCl_6$は分子性化合物．より低い酸化状態のハロゲン化物は多量体で，Mo-Mo間にある程度の結合性を持つ．カルボニルやホスフィン誘導体は低酸化状態化合物の代表的なものである．ほとんどのドナー性を持つ原子と配位結合を形成するが，高酸化状態では特にO，Sが配位した錯体を形成する．シアン化物錯体，チオシアナート（Nで結合）錯体はよく知られる．N_2錯体も既知であり，それに類似の化学種が窒素固定過程で形成される．

モリブデンのカルボニル誘導体 molybdenum carbonyl derivatives

母体となるカルボニル$Mo(CO)_6$は無色昇華性の固体で，COと還元剤，$MoCl_5$から作られる．カルボニル基が他の配位子で置換された種々の化合物，例えば$Mo(CO)_4(PPh_3)_2$が知られる．

モリブデンの酸化物 molybdenum oxides

2種の酸化物があり，白色のMoO_3（モリブデン酸塩を酸性にして得られる水和酸化物を加熱して得る）と紫褐色のMoO_2（MoO_3とH_2から得る）が存在する．MoO_2はMo-Mo結合を持つ．不定比化合物も知られる．水和MoO_3を温和な条件で還元すると青色の水性酸化物モリブデンブルーを生じる．MoO_3は他の酸化物とともに溶融すると混合酸化物を与える．混合酸化物中ではMoO_6の八面体が独立した陰イオンではなく連結した状態にある．MoO_3は形式的にはモリブデン（Ⅵ）酸塩の酸性酸化物である．艶出しに利用される．

モリブデンの炭化物 molybdenum carbides

触媒として重要な可能性を持つ非常に硬い物質．

モリブデンのハロゲン化物 molybdenum halides

フッ化物ではMoF_6（MoとF_2から得る）．沸点35℃；MoF_5四量体（MoとMoF_6から得る）；Mo_2F_9（$Mo(CO)_6$とF_2から得る）；MoF_4（Mo_2F_9を加熱）；MoF_3（MoとMoF_6から得る）．Mo（Ⅵ），Mo（Ⅴ），Mo（Ⅲ）のフッ化物錯イオン（例：$[MoF_6]^-$）が既知である．

塩化物は$MoCl_6$（灰色，MoO_3と$SOCl_2$から得る），$MoCl_5$二量体（MoとCl_2から得る），$MoCl_4$（$MoCl_5$とC_2Cl_4から得る），$MoCl_3$，$MoCl_2$（$MoCl_5$の還元で得る）．金属-金属結合が$MoCl_3$（2個のMo原子間）および$MoCl_2$（$[Mo_6Cl_8]Cl_4$）にみられる．例えば$[MoCl_6]^-$を含む塩化物錯体も知られる．

酸化ハロゲン化物はハロゲン化物の加水分解または酸化物のハロゲン化で得られる．ハロゲン化物および酸化ハロゲン化物はいずれも，さまざまな配位子と錯体を形成する．臭化物，ヨウ化物MoX_4，MoX_3，MoX_2は対応する塩化物に類似した性質を示す．

モリブデンの有機金属誘導体 molybdenum, organometallic derivatives

数種の比較的安定なアルキルモリブデン化合物が知られている．例えば$MoCl_3Me \cdot Et_2O$（$MoCl_4$と$ZnMe_2$から得る），$Li_4[Mo_2Me_8] \cdot 4Et_2O$（$Mo(O)_2(CH_3)_2$とLiMeから得る）．シクロペンタジエニル錯体，例えば$[(\eta^5-C_5H_5)Mo(CO)_3]_2$や多くのπ-アセチレン錯体が知られており，これらは安定である．

モリブデンの硫化物 molybdenum sulphides

MoS_3，MoS_2，Mo_2S_3が知られている．MoS_2は層状構造で，固体潤滑剤として利用され，また触媒，リチウム電池，ナノチューブ原料に用いられる．

モリブデン酸アンモニウム ammonium molybdates

NH_3とモリブデン酸から生じる一連の塩．市販のものは$(NH_4)_6Mo_7O_{24} \cdot 4H_2O$である．リン酸塩の定量に用いられている．

モリブデン酸塩 molybdates

モリブデン酸塩はタングステン酸塩とかなりよく似ている．イソポリモリブデン酸イオン$[Mo_7O_{24}]^{6-}$と$[Mo_8O_{26}]^{4-}$はよく知られている．ヘテロモリブデン酸イオンも，対応するヘテロポリタングステン酸イオンと類似している．金属の腐食防止剤，特に凍結防止剤として用いら

モリブデン酸ナトリウム sodium molybdate
Na_2MoO_4. 金属仕上げ，色素原料，セラミックスに用いられる．

モリブデンブルー molybdenum blue
比色分析などに利用される．→モリブデンの酸化物

モル mole
SI単位．アヴォガドロ数の単位粒子の集合を指す．以前の定義では1グラム式量（原子量，分子量）の物質中に含まれる物質の量であった．いかなる物質も1モルは6.0223×10^{23}（アヴォガドロ定数）の分子または原子を含む．かつては1グラム分子と呼ばれた．アヴォガドロ定数は0.012 kgの^{12}C中に含まれる炭素原子の数である．

モール塩 Mohr's salt
$(NH_4)_2SO_4 \cdot FeSO_4 \cdot 6H_2O$．硫酸鉄(Ⅱ)アンモニウム．分析用標準物質に用いられる．

モル吸光係数 molar absorptivity
電磁波（光）の吸光度とモル濃度および光路長を関係付ける比例定数．

モル質量 molar mass
原子，分子または組成式（分子式）1モルあたりの相対質量．原子量および分子量に対してはMと表記される．

モル伝導率 molar conductivity
電解質溶液の比電気伝導率（1 ml あたりの電気伝導率）に電解質1モルを含む溶液の体積（ml単位）を乗じた値．単位モル濃度あたりの電気伝導率で$\Omega^{-1}m^2/mol$．強電解質でも多少は濃度に依存する．

モルト malt
穀類の種子を発芽後に加熱乾燥したもの．発芽によって種々の酵素が活性化された段階である．ムギ類（オオムギ，コムギ，エンバクなど）のほか，コメやモロコシ，トウモロコシなどからもモルトができる．醸造用のほか食品添加物，飼料にも用いられる．

モル熱容量 molar heat
一定圧力または一定体積の下で物質1モルの温度を1℃上昇させるのに要する熱量．

モル濃度（容量モル濃度） molarity
正式には「容量モル濃度」である．溶液の濃度を溶液1l中に含まれる溶質のモル数で表したもの．

モル比熱 molar heat
→モル熱容量

モルフィン（モルヒネ） morphine
$C_{17}H_{19}NO_3$．アヘン中の主要アルカロイド．塩基としてもフェノールとしても反応し，メチルモルフィン（コデイン）やジアセチルモルフィン（ジアモルフィン）を与える．ベンジルイソキノリン誘導体で有用な麻酔剤．モルフィンやその誘導体は習慣性を帯びやすい．

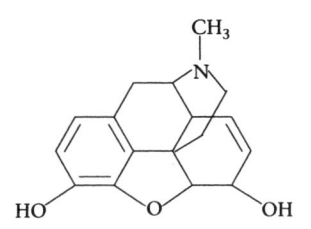

モル分率 mole fraction
化合物A, B, C, Dのみからなる混合物において，化合物Aのモル分率X_Aは，混合物中の分子の総数に対する分子Aの割合である．実際には，A, B, C, Dの濃度を各成分のモル数の割合で表現したもの．系中の成分のモル分率の総和．上記の例では$X_A + X_B + X_C + X_D$は1に等しい．

モール法 Mohr method
CrO_4^{2-}の存在下でCl^-をAg^+で滴定する方法．終点でクロム酸銀の赤色沈殿が生成する．

モルホリン morpholine
C_4H_9NO．強いアンモニア臭を持つ無色液体．沸点129℃．2,2′-ジクロロジエチルエーテルをアンモニアとともに加熱するか，ジエタノールアミンを70%硫酸とともに加熱して製造する．やや強い塩基で，脂肪酸との間に石鹸を生じる．空気中の水と二酸化炭素を吸収し，無色結晶性のモルホリンカルバメートを生じる．非常に広範な物質に対し強い溶解力を持つ．溶媒として，

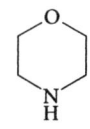

ボイラーの腐食緩和剤として用いる。モルホリンから得た石鹸は乳化剤として用いられる。

モレキュラーシーヴ molecular sieve
　元は商品名であった。分子篩。ゼオライトは内部に定まったサイズの細孔を持っていて、水や気体分子の特異的吸着に利用できる。細孔径の違いにより異なる分子を取り込むことができる。錯形成、安定化、乾燥、触媒の担持材に利用される。

モンテカルロ法 Monte Carlo methods
　計算機の中で乱数を発生させ、これをもとに分子の回転運動の解析や溶媒和の研究などを行うコンピューターシミュレーション法。

モンド法 Mond process
　ニッケル鉱物からニッケルを抽出するプロセス。→ニッケル

モンモリオナイト montmorillonite
　粘土鉱物の一種で、アルミノケイ酸塩に属するが組成はかなりの変動がみられる。かなり高い陽イオン交換能を持つ。2種類の変種があり、一方は水中で著しく膨潤する。他方は吸着性が強い。ベントナイト、酸性白土、漂布土などはみなモンモリオナイトを主成分とする鉱物である。

ヤ

焼き入れ quenching
　高温に加熱した金属材料を迅速に冷却し，純安定状態の金属組織（過飽和固溶体）を得る手法．炭素鋼の場合には，この操作で硬度の大きなマルテンサイト組織が得られるので「焼入硬化」ということもある．

焼石膏 plaster of Paris
　水和数が1/2の硫酸カルシウム $2CaSO_4 \cdot H_2O$（ヘミ水和物）で，石膏 $CaSO_4 \cdot 2H_2O$ を加熱して得る．このプラスターは加えた水で再水和が起こることにより硬化する．このとき多少の膨張を伴う．別名を「プラスター・ド・パリ」という．建材用の「プラスター」はこれを指す．

焼き戻し tempering
　急冷した鋼の内部歪みを取り除き，硬度や引っ張り強度を減少させ，展性や耐衝撃性を回復させるために再加熱すること．普通の炭素鋼では 200～550℃で行い，合金鋼ではやや高い温度で行う．焼き戻し温度が高いほど，硬度は低くなる．

冶金学 metallurgy
　金属や合金の抽出，加工，利用に関する科学および技術．

薬　剤 drug
　化学物質はいずれも生体系に何らかの作用を及ぼす．薬物は薬になることもあるし，危険（例えば毒物）となることもある．薬物という用語は，濫用される物質（例：コカイン）や不正に使用される物質（例：筋肉増強剤）に対して用いることもある．薬剤という場合には主に医療用の薬物を指すが，ヒトへの適用が認められているか否か，また自由に入手可能かどうかにより種々に分類される．

薬　物 drug
　→薬剤

薬用パラフィン medicinal white oil
　流動パラフィン，ワセリン．

薬用パラフィン油 medicinal paraffin oil
　流動パラフィン，ワセリン．

ヤコブソン触媒 Jacobson's catalyst
　エポキシ化反応に用いられるキラルな Mn(Ⅲ)-salen 錯体．

薬局方 Pharmacopoeia
　医薬品およびその使用に関する，それぞれの国における法基準．英国薬局方（BP）と米国薬局方（USP）が最もよく参照される．日本薬局方（JP）も重要性が大きい．

柔かい酸・塩基 soft acids and bases
　→ハード・ソフト−酸・塩基理論

ヤーン−テラー効果 Jahn-Teller effect
　縮重したオービタルが完全に電子で満たされないような電子数の化学種は，オービタルの縮重が解けるような構造へと変形する．これはヤーン−テラー定理から導ける結果で，特に Cu(Ⅱ) などの d^9 構造の $d_\gamma^6 d_\varepsilon^3$ 状態にある八面体六配位錯体によくみられる．正規の構造からの歪みをヤーン−テラー歪みという．歪みを持たない構造をとっている場合には，ヤーン−テラー定理により振動スペクトルに強度の異常が出現する．

ユ

有機 organic

もともと19世紀初期までは，動物または植物に由来する化学物質を"有機"物質と呼び，その合成に"生命力"を必要とする点で，鉱物由来の"無機"物質と基本的に区別していた．"生命力"によるという説は1828年にウェーラーによって覆されたが，"有機"という用語は残っている．現在，有機化学は天然であれ実験室で合成されたものであれ，炭素化合物を扱う研究分野である．ほとんどの有機化合物はCとHを含み，他のよくみられる元素はO, N, ハロゲン，S, Pである．これらおよび他の元素は炭素と共有結合で結ばれる．いくつかの単純な炭素化合物，例えば金属炭酸塩は無機物とされている．大きな化合物群をなす有機金属化合物は，無機化学者にとっても有機化学者にとっても著しい興味の対象となっている．

有機塩素系殺虫剤 organochlorine insecticides

活性の高い殺虫剤で，かつては広く利用されていた．動物および昆虫の体内，主に脂肪に蓄積されることが知られている．現在，有機塩素系殺虫剤の使用はかなり厳しく制限されている．ある種のユリ科の植物は，抗菌性化合物として有機塩素系の殺虫剤を産生する．

有機過酸化物 peroxides, organic

有機過酸化物はラジカル重合におけるフリーラジカルの発生源，樹脂やエラストマーの硬化剤，ポリオレフィンの架橋剤として用いられる．最もよく用いられるのは，過酸化ベンゾイル（融点106℃）と過酸化ラウロイル（融点55℃）で，これらは酸塩化物または酸無水物とNa_2O_2またはH_2O_2を反応させて得る．他の過酸化物も同様である．ペルオキシ酢酸（沸点36℃/30 Torr）はエポキシ化や漂白に用いられ，酢酸とH_2O_2から作られる．他の過酸も同様である．
→過酸

有機金属化合物 organometallic compounds

炭素原子または有機基（アルコキシ基など）が，金属あるいは半金属原子と直接結合している化合物．金属イソニトリルおよび金属カルボニルは有機金属とみなされるが，金属カーバイドおよび金属シアン化物は通常，有機金属には含めない．有機金属誘導体には例えば$NaCH_3$のようにほぼイオン的なものから，$H_3CMn(CO)_5$のように共有結合性の化合物まである．合成試薬（例えばRMgX，グリニャール試薬）や触媒（例えばツィーグラー触媒のアルキルアルミニウム）として広く利用されている．コバラミン類はコリン類似化合物のコバルト錯体で，ビタミンB_{12}などの形で天然にも存在する．

有機ケイ素化合物 organosilicon compounds

R_nSiX_{4-n}で表される化合物を指すが，酸化物なども含む．ハロゲン化物はR_4Siとハロゲンから得られる．シリコーン類の合成に利用される．SiOR結合を有する誘導体は天然に存在し，植物体を構成する物質の1つである．

誘起効果 inductive effect

有機化合物の置換基の永久双極子モーメントまたは分極に基づく置換基効果．ある基または原子に電荷が誘起されたり減少したりすることにより双極子が発生する．この効果により，例えばトリフルオロ酢酸が酢酸より強酸であることが説明できる．

有機スズ化合物 organotin derivatives

殺菌剤として利用される．→スズの有機誘導体

誘起双極子モーメント induced dipole moment

電場による分子の分極の大きさを表す．

有機半金属化合物 organometalloids

1種類以上の半金属元素の原子と1個以上の炭素原子との直接結合を含む化合物．

有機ヘテロ元素化合物 organoelement compounds

その元素に直接結合した有機基を含む化合物（→有機金属化合物）．希ガス以外のすべての元素が形成しうる．有機金属化合物よりも範囲が広くなっている．

有機ホウ酸塩 organoborates

形式上BR_4^-陰イオンを含む化合物．ある種の誘導体，特に$LiBMe_4$などのリチウム化合物は多量体を形成し，共有結合的である．最も簡単な合成法はアルキル金属とトリアルキルボラ

ンの反応である．有機ボランと求核試薬との反応における中間体であると考えられている．BR_4^- イオンは求電子試薬と反応し，これは合成化学的に有用な反応である．分子間で E^+（求電子剤）の移動する反応であれば，例えば $RCOX$ と BR_3' の反応によりケトン $RCOR'$ が得られ，また分子内，特に α-炭素への移動も起こり，例えば以下のような反応がある．

$$NaR_3B-C \equiv CR' \xrightarrow{HCl} R_2BCR'=CHR'$$

この反応により生成する有機ホウ素化合物を分解するとオレフィンが得られる．これらとは別に，芳香族有機ホウ酸塩は，重アルカリ金属イオンの沈殿試薬など実用上大きな価値を持つ試薬である．

有機ホウ素誘導体 organoboron derivatives
→有機ボラン，ボリン酸塩，ボロン酸塩

有機ボラン organoboranes

少なくとも1つの炭素-ホウ素直接結合を含む化合物．主な種類はトリアルキルボラン類 R_3B とジアルキルボラン類 R_2BH である．これらは非常に有用な有機合成試薬として開発され，酸加水分解によりアルカンを生じ，アルカリ性条件下で過酸化物で処理するとアルコールを生じる．後者の反応は，アルケンに対しヒドロボレーションを経て反マルコフニコフ的に，水のシス付加を起こす便利な方法である．内部アセチレン結合へのヒドロボレーション生成物を酸加水分解するとシスアルケンが得られる．

B-C 結合を生成する方法にはヒドロボレーション（オレフィンの二重結合に B-H 結合を直接付加させる），BX_3（X はハロゲン）または $B(OR)_3$ のホウ素原子に対する例えばグリニャール試薬による求核置換反応，芳香族炭化水素と BX_3 および $AlCl_3$ を用いた擬フリーデル-クラフツ反応がある．Ph_3B および $(PrO)_3B$ はアジポニトリルの製造に用いられる．

有機リン化合物 organophosphorus compounds

本来は C-P 結合を含む化合物であるが，しばしばエステルやチオエステルまで拡張して用いられる（本書でもそのように扱っている）．有機リン化合物の応用として最も重要なのは殺虫剤の分野である．有機リン化合物にはヒトへの薬学的問題もある．有機リン化合物は，触媒過程も含めて金属錯体化学において配位子として広く用いられ，そのような配位子としてトリフェニルホスフィンは最もよく用いられる．ある種の有機リン化合物は有機合成に利用され，例えばトリフェニルホスフィンはアルケンのウィッティヒ合成に用いられ，HMPA（ヘキサメチルリン酸トリアミド）は溶媒として使用される．リン酸エステルは難燃剤や可塑剤，合成原料，ガソリン添加物，溶媒抽出用に用いられる．抗菌剤としても利用される．

有機リン酸エステル類 phosphorus (organophosphorus acids)

酸	エステルなど
$P(OH)_3$ 亜リン酸	亜リン酸エステル （ホスファイト） 例 $(CH_3O)_3P$ 亜リン酸トリメチル
$HP(OH)_2$ ホスホン酸	ホスホン酸エステル 例 $C_6H_5P(OC_2H_5)_2$ フェニルホスホン酸ジエチル
$H_3CP(OH)_2$ メチル亜ホスホン酸	メチルホスホン酸エステル
$H_2P(OH)$ 亜ホスフィン酸	亜ホスフィン酸エステル 例 $(CH_3)_2POEt$ ジメチル亜ホスホン酸エチル
$HP(O)(OH)_2$ ホスホン酸	ホスホン酸エステル
$H_3CP(O)(OH)_2$ メチルホスホン酸	メチルホスホン酸エステル 例 $CH_3P(O)(OC_6H_5)_2$ メチルホスホン酸ジフェニル
$H_2P(O)OH$ ホスフィン酸 次亜リン酸	ホスフィン酸エステル 例 $(C_6H_5)_2P(O)OCH_3$ ジフェニルホスフィン酸メチル
$OP(OH)_3$ リン酸	リン酸エステル 例 $(C_2H_5)_3P=O$ リン酸トリフェニル

有機リン化合物はリンの水素化物，酸素酸，酸化物の誘導体とみなして命名する．母体化合物は不安定で単離できない場合もある．

融合限界 convergence limit

ある系が示すスペクトル中の線，すなわちエネルギー準位は，波長が短くなるにつれて互いに近づいていき，ついには収束限界と呼ばれる限界に達するが，これは周波数，あるいは波数で表され，収束周波数と呼ばれる．

有効原子番号則 effective atomic number rule

遷移金属カルボニル錯体や多くの有機金属化合物にあてはまる．中心原子に関して，その原子自身が持つ電子，供与（非共有電子対，π系の電子），共有結合形成（置換基や他の金属が1つずつ電子を提供する）により与えられる電子の総数（電荷も足し合わせる）は，周期表で次に位置する希ガスの電子数に一致することが多い．常磁性の化学種には適用されず，また多くの例外もある．例えば$ClMn(CO)_5$ではMnは7つの価電子，Clとの共有結合で1電子，5個のカルボニルから2電子ずつを受け取り，合計で18電子であり，これはクリプトンの電子配置に等しい．「18電子則」ということも多い．

融合周波数 convergence frequency
→融合限界

融剤 flux

酸化せずに2つの金属片を接着できる物質．ハンダ，銀鑞など．

融点 melting point

特定の圧力下において固体が液体に変化するときの温度．純粋な固体は通常，温度範囲の狭いはっきりした融点を示す．混合物は通常，広い温度範囲にわたって融解し，それゆえはっきり決まった融点を持たない．

有毒廃棄物 toxic wastes

偶然または投棄により放出される．水中でよく検出されるものは，メタノール，アンモニア，トルエン，硝酸塩，重金属イオンなど．

有理指数の法則 law of rationality of indices
→有理切片の法則

有理切片の法則 law of rationality of intercepts

結晶の面が各座標軸と交わる切片の長さは簡単な整数比となる．→ミラー指数

ユウロピウム europium

元素記号 Eu．ランタニド金属元素，以前はユーロピウムを用いた．原子番号63，原子量151.96, 融点822℃, 沸点1529℃, 密度（ρ）5244 kg/m^3（=5.244 g/cm^3），地殻存在比 2.1 ppm，電子配置 $[Xe]4f^76s^2$．単体は bcc 構造で，原子炉の中性子吸収体として用いられる．ユウロピウム化合物はカラーテレビの蛍光や昼光色蛍光灯，NMRシフト試薬として利用される．

ユウロピウム化合物 europium compounds

ユウロピウムは+3または+2価の酸化状態で化合物を形成する．
Eu^{3+} (f^6 淡いピンク色)
→ Eu (−2.41 V 酸性溶液中)

ユウロピウム（Ⅲ）の塩は典型的なランタニド化合物で淡黄色，水中で安定．EuX_2 は EuX_3 と Eu から (X = Cl, Br, I)，または EuF_3 と Ca から合成する．$EuCl_2$ は二水塩を形成する．$EuSO_4$ は Eu (Ⅲ) を硫酸中で電解還元して得る．Eu (Ⅱ) は +2 価のランタニドの中で最も安定である．強い還元剤．
$$Eu^{3+} \rightharpoonup Eu^{2+} \quad (-0.43\,V)$$

ユーカリプトール eucalyptol
→オイカリプトール

ユージノール eugenol
→オイゲノール

ユビキノン ubiquinones（coenzymes Q）

コエンザイム Q．生体内の電子輸送チェインで重要な役割を担う．電子伝達補酵素．

輸率 transport number

電気分解において，あるイオンが運ぶ電流の総電流に対する割合．

ヨ

陽イオン cation
　カチオンともいう．1つ以上の電子を失った原子，または正電荷を帯びた原子団，例えば $[NH_4]^+$．陽イオンは固体中（例えば NaCl 中の Na^+ など），溶液中および溶融液中に存在する．電解質中で陽イオンは陰極へと移動する．

陽イオン交換樹脂 acid exchange resins (cation exchange resins)
　水素イオンを他の陽イオンと交換して酸濃度を低下させる．制酸剤としての利用時には酸交換樹脂と呼ばれる．

陽イオン性界面活性剤 cationic detergents
　水溶液中で正の電荷を持つ表面活性イオンを生成する洗剤．第四級アンモニウム化合物，ピリジン誘導体あるいは脂肪酸アミドをベースとしている．洗剤としてはあまり幅広く用いられておらず，繊維産業で使用されているほか，殺菌作用を持つものは殺菌性の洗剤（消毒剤）として使用されている．リンスの成分でもある．

溶液 solution
　液体または固体をある液体に分散させると，懸濁する場合と，溶解して溶液となる場合がある．溶液は均一で，溶けている物質が沈殿しないという性質を持つ．純粋な物質の非常に細かい粒子の懸濁液（コロイド溶液）も，同様にこの条件を満たす．より明確に定義すると，その成分のうち1つの状態を変える（凝固または沸騰させる）ことにより，各成分に分離することができるが，成分の割合をある範囲内で連続的に変化させることのできる均一な混合物を溶液という．気体が液体に溶けたものや，気体・液体・固体が固体に溶けたものもある．一定量の物質中に溶けている他の成分の量を溶液の濃度といい，g/l やモル分率で表す（→質量モル濃度）．溶存物質の割合が低いものを希薄溶液，高いものを濃厚溶液という．多くの物質には溶解度の限界があり，限界量まで物質が溶けている場合，その物質について飽和しているといい，その温度における飽和溶液という．飽和溶液は例えば，液体と過剰量の粉砕した固体を，それ以上固体が溶液中に溶けなくなるまで振り混ぜて調製する．ある条件で得られる最大濃度を，その温度での物質の溶解度という．溶解度は一般に温度とともに増加する．溶解度は溶媒 100 g または溶液 100 g あたりに溶けている溶質の質量 (g) で表されることが多い．実質的に便利なように，溶媒または溶液 100 ml あたりに溶けている質量で表すこともある．熱力学的見地からはモル濃度が有用である．

ヨウ化アンチモン antimony iodide
　SbI_3．赤色または黄色の固体．融点 170℃．物性は三塩化アンチモンに類似している．

ヨウ化アンモニウム ammonium iodide
　NH_4I．無色の塩．KI 水溶液と $(NH_4)_2SO_4$ とエタノールを混合すると，K_2SO_4 が沈殿して除かれるので，母液から結晶化させて得られる．水によく溶け，昇華性があり，空気中で一部酸化される．容易にポリヨウ化物を形成する．写真産業で使用されている．

溶解製錬 smelting
　金属の鉱石を他の物質とともに溶融して化学反応させること．元素をその鉱石から得るプロセスの一部．

溶解度 solubility
　ある特定の条件で1つの相が他の相に溶解する量の最大値．飽和溶液の濃度．液体中に固体または液体が溶けている場合，溶解度は指定した温度で決まった質量または体積の溶媒に溶けている溶質の質量で表されることが多い．気体については「ヘンリーの法則」を参照．通常，物質は似た溶媒に溶けやすい．有機物は CCl_4, C_2H_5OH, エーテル，アセトンのような分子性化合物の溶媒に溶ける．無機塩は多くの場合，水に可溶で有機溶媒には難溶．

溶解度曲線 solubility curve
　溶解度の温度変化を図示したもの．

溶解度積 solubility product
　電解質の飽和溶液が，溶けていない電解質と接触しているとき，以下の平衡が成立する．

$$AB_{固体} \rightleftharpoons AB_{溶存} \rightleftharpoons A^+_{溶存} + B^-_{溶存}$$

平衡定数は

で表されるが，固体の AB と溶けている AB は平衡にあるため，後者の濃度は一定とみなすことができ，

$$[A^+][B^-] = K_{sp}$$

となり，K_{sp} をその電解質の溶解度積または溶解度定数という．過剰の A^+ または B^- イオンを溶液に加えると，K_{sp} の値を超える分は塩として析出し平衡が回復する．

溶解度定数　solubility constant
→溶解度積

ヨウ化カドミウム　cadmium iodide
CdI_2．CdI_2 は重要な結晶構造タイプで，I^- の六方最密構造に基づく層状構造を有する．
→カドミウムのハロゲン化物

ヨウ化カリウム　potassium iodide
KI．I_2 と熱 KOH 溶液から得る．水および多くの有機溶媒に可溶．$[I_3]^-$，$[I_5]^-$ などのポリヨウ化物イオンを形成してヨウ素を可溶化する．医薬用や食塩に用いられる．

ヨウ化カルシウム　calcium iodide
CaI_2．六水和物を生成する．塩化カルシウムと類似した性質を持つ．

ヨウ化ジメチル(ジメチルメチレン)アンモニウム　dimethyl(dimethylmethylene)ammonium iodide(Eschenmoser's salt)
$(CH_3)_2C=N(CH_3)_2I$．エッシェンモーザー塩という別名がある．マンニッヒ反応や合成用の試薬として用いられる．

ヨウ化水素　hydrogen iodide
HI．融点 -54℃，沸点 -36℃．無色気体．かなり容易に解離して H_2 と I_2 を生じる．水に易溶で酸性溶液を与える．二，三，四水和物を形成する．H_2 と I_2 を触媒上で反応させるか，あるいは I_2 と赤リンと H_2O を反応させて得る．ヨウ化水素酸水溶液は I_2 と H_2O と H_2S から得られる．消毒剤として用いられる．

ヨウ化水素酸　hydriodic acid
ヨウ化水素の水溶液．強酸である．

ヨウ化鉄　iron iodide (iron(Ⅱ)iodide)
FeI_2(ヨウ化鉄(Ⅱ))のみが存在する．一，四，五，六，九水和物がある．Fe と I_2 から得る．水に可溶．空気中で酸化されて I_2 と Fe(Ⅲ)化合物になる．

ヨウ化銅　copper iodide
ヨウ化銅(Ⅱ)は知られていない．銅(Ⅱ)塩の溶液に I^- を加えるとヨウ化銅(Ⅰ)CuI の沈殿が生じる（I_2 は定量的に遊離する）．

ヨウ化ナトリウム　sodium iodide
NaI．融点 660℃，沸点 1300℃．HI 水溶液と Na_2CO_3 から得る．タリウム(Ⅰ)イオンをドープしたものはガンマ線検出用のシンチレータとなる．

ヨウ化鉛　lead iodide
PbI_2．黄金色の結晶で，水溶液から沈殿させて得られる．過剰の I^- が存在するとヨード化物錯体を形成する．PbI_4 は知られていない．青銅細工におけるモザイクゴールド材料としても用いられる．

ヨウ化ニッケル　nickel iodide
NiI_2．六水和物を形成する．臭化ニッケルに類似．

ヨウ化ビスマス　bismuth iodide
BiI_3．→ビスマスのハロゲン化物

ヨウ化ヒ素　arsenic iodide
→ヒ素のハロゲン化物

ヨウ化物　iodides
I^- イオンを含む化合物．または RI で表される共有結合で形成された化学種．ヨウ化物とヨウ素が結合した種々のポリヨウ化物が知られている．

ヨウ化ベリリウム　beryllium iodide
BeI_2．→ベリリウムのハロゲン化物

ヨウ化ホウ素　boron iodides
→ホウ素のヨウ化物

ヨウ化マンガン　manganese iodide
MnI_2．水和物を形成する．

ヨウ化メチル　methyl iodide
→ヨードメタン

陽　極(アノード)　anode
電気化学セルの中でプラスの電荷を持つ電極．電気分解では，陽極とは陰イオンの放電が起こる電極である．なお，電池の場合には「正極」という．また真空管や放電管の場合には「プレート」という．

陽極酸化　anodic oxidation
電流により電解槽の陽極側の液中で生じる酸

化プロセス.
陽極酸化処理 anodizing
　腐食から保護する物質で金属を陽極酸化するプロセス．よくアルミニウムシートに対して行われ，これを硫酸-クロム（Ⅰ）酸浴中の陽極として，多孔性酸化物の層で被覆する．孔は熱水に浸して塞ぐ．この層は染料を吸着させて着色することもできる．
溶　剤 solvent
　工業界では物質や材料を溶解させる液体をいう．
葉　酸 folic acid (pteroyl-L-glutamic acid, vitamin B_c, vitamin M)
　プテロイル-L-グルタミン酸，ビタミンB_c，ビタミンMとも呼ばれる．葉酸やその誘導体（ほとんどはトリグルタミルまたはヘプタグルタミルペプチド）は天然に広く存在する．ある種の微生物の特異的生長因子であるが，動物では腸内細菌が生長に必要な少量を産生する．食品添加物．緑色の葉はこの物質に富む．
溶　質 solute
　溶媒に溶けて溶液を形成する物質．→溶媒
幼若ホルモン juvenile hormones
　昆虫の幼虫期の成長や生殖機能を制御する効果を示す，いろいろな化合物群の総称．$trans$-(Δ^6)-ファルネソールの2種類の異性体や，それぞれのメチルエーテル，さらには，ファルネシル酸のメチルエステル二塩酸塩などが活性を示す．この種の化合物に対する知識は害虫駆除などにおいて重要性が大きい．
ヨウ素 iodine
　元素記号 I．非金属元素，原子番号 53，原子量 126.9，融点 113.6℃，沸点 185.2℃，密度（ρ）4930 kg/m^3（＝4.930 g/cm^3），地殻存在比 0.14 ppm，電子配置 $[Kr]5s^25p^5$．I^-として海水に含まれる．ヨウ素酸（Ⅴ）塩はカリーシュ，海水，海藻に含まれる．I^-の酸化や（IO_3）$^-$の還元により遊離する．単体は黒色固体で，紫色の蒸気（I_2 分子）を生じる．CCl_4 などの溶液は紫色であるが，かなりの電荷移動が起こる溶液（$C_2H_5OH/KI/H_2O$）は褐色を示す．単体は他のハロゲンと反応する（ハロゲン間化合物を生じる）．塩基と反応してヨウ素酸塩を生じる．消毒，医薬用（甲状腺機能亢進症の治療薬など），合成，写真，食品添加物，電球（石英ハロゲンランプ）に用いられる．ヨウ素は食餌に必須．材料表面の摩擦低下にも利用される．$Na^{131}I$ は診断用に利用される．
ヨウ素の塩化物 iodine chlorides
　一塩化ヨウ素 ICl は沸点 97℃．三塩化ヨウ素 ICl_3 は黄色固体で，室温以上では ICl と Cl_2 に解離する．→ハロゲン間化合物
ヨウ素の化学的性質 iodine chemistry
　ヨウ素はハロゲンで，電子配置は $[Kr]5s^25p^5$．最も安定な酸化状態は -1 価（$I_2 \rightarrow I^- + 0.5V$）；その他に $+1$（ICl, $[Ipy_2]^+NO_3$ のような I^+ 錯陽イオンもあり，これは $AgNO_3$, I_2 およびピリジンから得る）；$+3$（ICl_3）；$+5$（IF_5, HIO_3）；$+7$（IF_7, KIO_4）がある．ヨウ素は Cl や Br と比べてかなり陽性であり，酸素酸と塩を形成する．例えば（IO）$_2SO_4$（I_2O_5, I_2, H_2SO_4 から得る），$I(O_2CCH_3)_3$（I_2, $(CH_3CO)_2O$, 発煙硝酸から得る）がある．I_3^+ や I_5^+ のようなイオンも知られている．
ヨウ素の酸化物 iodine oxides
　主要な酸化物は五酸化二ヨウ素 I_2O_5 で，これは HIO_3 を加熱すると得られ，水と反応すると HIO_3 が再生する．白色のポリマーであり，強い酸化剤（例えば CO を CO_2 へと酸化し I_2 が定量的に遊離する）．他の酸化物 I_2O_4, I_4O_9, I_2O_7 もポリマー構造．
ヨウ素の酸素酸 iodine oxyacids
　→ヨウ素酸，過ヨウ素酸
ヨウ素のフッ化物 iodine fluorides
　三フッ化ヨウ素 IF_3 は黄色固体．五フッ化ヨウ素 IF_5 は融点 9℃，沸点 100℃，無色液体．温和なフッ素化剤や溶媒として用いられる．四角錐構造．七フッ化ヨウ素 IF_7 は沸点 4℃．
→ハロゲン間化合物
ヨウ素酸 iodic acids
　5価のヨウ素の酸素酸．陰イオンにはいろいろな形が知られているが，遊離酸としては HIO_3 のみが単離されている．いずれも強い酸化剤．
ヨウ素酸塩 iodates
　ヨウ素の酸素酸陰イオンを含む塩．ヨウ素（Ⅰ）酸塩 iodates（Ⅰ）M[OI] は次亜ヨウ素酸塩ともいい I_2 と HgO から得る．酸は非常に不

安定．塩素（I）酸塩に類似．ヨウ素（III）酸塩は知られていない．ヨウ素（V）酸塩 MIO_3 に対応する酸 HIO_3（I_2 と濃硝酸から得る）は，遊離の状態で知られている唯一のヨウ素（V）の酸素酸で，脱水すると I_2O_5 を生じる．強酸化剤（IO_3^- と I^- が反応すると I_2 を生じる）．$[IO_3]^-$ イオンはピラミッド型．HIO_4 由来のヨウ素（VII）酸イオン（過ヨウ素酸イオン）$[IO_4]^-$ や H_5IO_6 由来の $[IO_6]^{5-}$ は HIO_3 の電解で生成し，$[IO_6]^{5-}$ を含む化合物，例えば $NaH_4IO_6 \cdot H_2O$ を与える．塩基と反応すると MIO_4 になる．いずれも強い酸化剤．酸化還元電位は

$[IO]^- \to I^- + 0.49\,V$；
$[IO_3]^- \to I^- + 1.085\,V$；
$H_5IO_6 \to [IO_3]^- + 1.7\,V$

過塩素酸より弱い酸．ヨードキシ安息香酸のような有機の誘導体は有用な合成試薬である．

ヨウ素酸塩滴定　iodometry

KIO_3 を酸化剤として用いる滴定法．通常は塩酸酸性で行い，還元されて ICl_2^- となるまでの酸化還元反応を利用する（アンドリュース滴定）．

ヨウ素酸カリウム　potassium iodate

KIO_3．I_2 と熱 KOH 溶液から得る．酸性塩，例えば $KIO_3 \cdot HIO_3$ を形成する．容量分析に標準物質として利用される．食塩に対するヨウ素分添加（欧米で）にも使われている．

ヨウ素酸ナトリウム　sodium iodate

$NaIO_3$．HIO_3 を NaOH に作用させるか，あるいは I_2 と $NaClO_3$ から得る．水和物や酸性塩を形成する．容量分析に用いる．パンなどへのヨウ素添加剤でもある．欧米では食卓塩に添加することも多い．

ヨウ素滴定　iodometric methods

ヨウ素を利用した滴定．通常，チオ硫酸塩で滴定して I^- に変換し，デンプンを指示薬として用いる（青から無色）．酸性の KI 溶液から I_2 を遊離させることにより酸化剤を間接的に定量するのに用いられる．

葉長石　petalite

リチウムの資源鉱物である．→ペタル石

陽電子　positron

β^+．ポジトロンということも多い．電子に対する反粒子．電子と等しい大きさの正電荷を持つ粒子．正の電気量の基本単位にもあたる．

陽電子崩壊　positron decay

電子対消滅．通常の電子と衝突して光子（通常2個）に変化する．

陽電子放出トモグラフィ　positron emission tomography（PET）

生物体内に注入した陽電子放出性核種を含む化合物の挙動を，γ 線（510KeV）の計測による断層撮影（トモグラフィー）を利用して調べる診断法．

溶媒　solvent

溶液において大半の部分となる物質を溶媒（solvent）といい，それに溶けている物質を溶質（solute）という．これらの用語は任意性があるが，特殊な場合として，ある溶液の成分同士が化学反応を起こす場合には，反応物を分散させている不活性な媒体を不活性溶媒という．溶媒が全般的に不活性で，ほとんどの溶質と電子的な相互作用を起こさないという場合は稀である．

溶媒抽出　solvent extraction

→抽出

溶媒和　solvation

溶媒と溶質が相互作用する過程．溶媒が水の場合は水和である．

羊毛脂　wool fat

ラノリンの別名．

熔融（溶融）助剤　flux

フラックス．単に融剤ということもある．溶融を助けるための添加物．例えば鉄を溶かすのに加える $CaCO_3$．スラグ形成には石灰も有効である．

溶融セメント　cement fondu（ciment fondu）

→アルミナセメント

ヨードアルカン　iodoalkanes

一般式としては RI の形で表される．合成試薬として用いられる．例として CH_3I（沸点 42℃），C_2H_5I（沸点 69～73℃），1-ヨードプロパン（沸点 101～102℃），2-ヨードプロパン（沸点 88～89℃），1-ヨードブタン（沸点 130～131℃）がある．→ヨードメタン（ヨウ化メチル）

ヨードエタン　iodoethane

→ヨードアルカン

ヨードゴルジ酸　iodogorgic acid
→ 3,5-ジヨードチロシン

ヨードチンキ　tincture of iodine
ヨウ素約2.5%とヨウ化カリウム2.5%を含むアルコール溶液．消毒・殺菌用に用いる．

ヨードベンゼン　iodobenzene
PhI, C_6H_5I．無色液体，沸点188℃．ヨウ素原子は非常に反応性が高く，金属を作用させると容易に脱離する．塩素と反応すると酸化されて二塩化フェニルヨードニウム（$C_6H_5ICl_2$）を生じる．ヨードベンゼンは，ベンゼンにヨウ素と硝酸を加えて還流し直接ヨウ素化するか，アニリンをジアゾ化しヨウ化カリウムと反応させて得る．

ヨードホルム　iodoform (triiodomethane)
CHI_3．トリヨードメタン．強い特有の臭気を持つ黄色結晶性固体．融点119℃．水蒸気中で揮発性．ヨウ化物の希薄アルコールまたはアセトン溶液を電解して得る．KOHと反応してヨウ化メチレンを生じる．光と空気により徐々に分解してCO_2, CO, I_2, H_2Oを生じる．NaOHで処理すると炭化水素に配位しうる．

ヨードホルム反応　iodoform reaction
$-C(O)CH_3$基（または反応条件でこの基に変換される基）の検出試験．アルカリ溶液中でヨウ素を作用させるとアセチル基はヨードホルムを生じる．

ヨードメタン　iodomethane (methyl iodide)
CH_3I．ヨウ化メチルともいう．特有の臭気を持つ無色液体，沸点42℃．メタノールとヨウ素を赤リンとともに加熱して得る．有機化学でメチル化やメチルリチウム，メチルグリニャール試薬の調製に用いられる．

余熱ボイラー　waste heat boiler
焼結などの化学過程により生じるガスや液体の持つ熱を利用して蒸気を発生させるボイラー．廃熱ボイラーともいう．

ヨノン　ionone (E-4-(2,6,6-trimethylcyclohex-2-en-1-yl)-3-buten-2-one (α)；E-4-(2,6,6-trimethylcyclohex-1-en-1-yl)-3-buten-2-one (β))
イオノンともいう．$C_{13}H_{20}O$．α-ヨノン（E-4-(2,6,6-トリメチルシクロヘキサ-2-エン-1-イル)-3-ブテン-2-オンとβ-ヨノン（E-4-(2,6,6-トリメチルシクロヘキサ-1-エン-1-イル)-3-ブテン-2-オン）がある．プロイドヨノン（シトラールとアセトンから作られる）を酸で処理するとα-ヨノンとβ-ヨノンの混合物が生じる．これらは強力な芳香剤でスミレの香りを持つ．α-ヨノンの沸点は123～124℃/11 Torr．

ラ

ライオゲル lyogels
→キセロゲル

雷酸 fulminic acid (carbyloxime)
C=NOH, カルボニルオキシム（これは誤称），カルビルオキシム．HCN に類似の匂いを持つ不安定な揮発性物質．重合してメタ雷酸を生じる．$Hg(I)$ および $Ag(I)$ 塩は金属と過剰の HNO_3 および C_2H_5OH を加えて得られる．これらの雷酸塩は爆発性で衝撃に敏感であり，起爆剤として利用されている．雷酸はシアン酸の異性体である．

雷酸塩 fulminates
→雷酸

雷酸水銀 mercury fulminate
$Hg(ONC)_2$．水銀を濃硝酸に溶解し，その溶液をエタノールに注入して得られる灰色の結晶．起爆剤として利用される．水中に保管すれば安全であるが，気温が高いと比較的不安定である．別名を雷汞（らいこう）という．

ライソザイム lysozyme
→リゾチーム

ライネッケ塩 Reinecke salts
(NH_4)（または K）$[Cr(NCS)_4(NH_3)_2]H_2O$．アミノ酸のプロリンの沈殿試薬．

ライマン系列 Lyman series
→バルマー系列

ラウエ図形 Laue pattern
結晶を通過した X 線のビームが写真乾板に当たったときに描かれる，対称的に配列したスポット群をいう．

ラヴェス相 Laves phases
合金の成分となっている原子の，電子配置ではなくて，大きさが構造を決定する主要因となっているような相を指す．$MgZn_2$ などでみられる．

ラウライト laurite
天然に産出する白金族鉱物で，組成は $(Ru, Os)S_2$．ルテニウムやオスミウムの原料として重要である．

ラウリルアルコール lauryl alcohol
$C_{12}H_{25}OH$．系統名では 1-ドデカノール．ドデシルアルコールともいう．湿潤剤として用いられるほか，洗剤（高級アルコール系）の原料となる．工業的にはエチレンをトリエチルアルミニウム触媒で重合後，加水分解させて得られる．

ラウリル硫酸ナトリウム sodium lauryl sulphate
$C_{12}H_{25}OSO_3Na$．よく SDS と略されるが，これは別名のドデシル硫酸ナトリウムの頭文字の略語である．洗剤．

ラウリン酸 lauric acid (dodecanoic acid, dodecyclic acid)
$C_{12}H_{24}O_2$, $CH_3(CH_2)_{10}C(O)OH$．ドデカン酸，ドデシル酸ともいう．針状晶，融点44℃，沸点 225℃/100 Torr．乳，鯨蝋，月桂樹油，ココナッツ油，ヤシ油などの植物油にグリセリドとして含まれる脂肪酸．金属塩は洗剤やシャンプーに用いられる．→金属石鹸

ラウールの法則 Raoult's law
溶質を溶媒に溶かすと，溶媒の蒸気圧は溶液中に含まれる溶質のモル分率に比例して低下する．蒸気圧の低下は沸点上昇および凝固点降下を引き起こすので，ラウールの法則が適用でき，沸点上昇および凝固点降下は溶液中の溶質の質量に比例し，分子量に逆比例するという結論が導き出される．ラウールの法則は，溶質と溶媒分子との間に化学的相互作用がないことを仮定しているため，厳密には理想溶液でのみ成立する．

ラカーパラメーター Racah parameters
原子の種々のエネルギー準位間の電子間反発を定量的に表すパラメーター．一般に B と C で表される．ある化合物中の B と自由イオンの B の比は，電子雲拡大効果の尺度となる．

酪酸 butyric acids
$C_4H_8O_2$．2 種類の酪酸が知られている．
①酪酸 $CH_3CH_2CH_2COOH$．IUPAC 命名法ではブタン酸 butanoic acid．無色のシロップ状液体．酸敗したバターのような強い悪臭を持つ．沸点162℃．グリセロールエステルとしてバター中に含まれる．1-ブタノールの酸化，ある

いは砂糖やデンプン質を枯草菌で発酵すると得られる．硝酸により酸化されてコハク酸になる．セルロース誘導体はラッカーに用いられるほか，成型用プラスチックとして使用される．ブタン酸エステルは香料や可塑剤に用いられる．

②イソ酪酸（ジメチル酢酸，2-メチルプロパン酸）isobutyric acid(dimethylacetic acid, 2-methylpropanoic acid) $(CH_3)_2CH-COOH$．無色のシロップ状液体で不快な臭いを持つ．沸点 154 ℃．2-メチルプロパノールを $K_2Cr_2O_7$ と H_2SO_4 で酸化して得る．塩は水に可溶．アルカリ溶液はガソリンの硫化物除去剤（→スイートニング）として使用されている．

ラクタム lactams

アミノ基とカルボキシル基が炭素原子 2 個以上離れて存在しているアミノ酸は，加熱によって分子内脱水反応を起こして環状の分子内アミドを生じる．これをラクタムという．ジカルボン酸イミドの還元や環状ケトンのオキシムのベックマン転位によっても得られる．五，六，八員環のラクタムはできやすい．アルカリで処理すると加水分解してアミノ酸を生じる．無色固体で，多くは毒性がかなり強い．β-ラクタムは抗菌剤として利用される．カプロラクタムは 6-ナイロンの原料である．

ラクチド lactide

$C_6H_8O_2$．無色の結晶である．乳酸の濃厚溶液をゆっくり加熱蒸留すると得られる．構造は下記のような六員環で，2 個のメチル基が付いたものである．L-ラクチドは L-乳酸から作られ，融点 95℃，沸点 150℃/25 Torr．加水分解すると乳酸となる．D-ラクチドは同様に D-乳酸から得られる．DL-ラクチドは DL-乳酸から得られ，無色の針状結晶で融点 124.5℃，沸点 142℃/8 Torr．

$$\begin{array}{c} C(O)-O-CH- \\ -CH-O-C(O) \end{array}$$

ラクチド類 lactides

2 分子の α-ヒドロキシカルボン酸が加熱により脱水縮合して生じた六員環化合物．水とともに加熱すると加水分解して元のヒドロキシカルボン酸に戻る．生分解性材料の原料として重要である．

ラクトン lactones

ヒドロキシカルボン酸の分子内脱水反応の結果として生じる環状の分子内エステル．生成しやすさは環の原子数に依存する．最も一般的なものは γ-ラクトンと δ-ラクトンであり，それぞれ五員環，六員環構造をとる．これらは酸の濃厚水溶液中で自然に生成するが，少量の硫酸を共存させて加熱すると容易に得られる．また，ケトンを過酸化水素，または過酸により酸化しても得られる．結晶性固体で，加水分解すると元のヒドロキシカルボン酸に戻る．

ラザフォード後方散乱 Rutherford back scattering（RBS）

固体の深さ方向の原子組成分布を調べる手法．固体にイオンビームを衝突させて，後方のある固定された角度で弾性散乱した粒子を測定する．

ラザホージウム（ラザフォルディウム） rutherfordium

元素記号 Rf．原子番号 104 の元素．かつてはクルチャトヴィウムとも呼ばれた．第四周期遷移元素系列の最初の元素．なかなか名称が決まらなかったので，「ラザフォーディウム」や「ラザフォルディウム」と記してある文献や成書，テキスト類も少なくない．

ラジウム radium

元素記号 Ra．放射性金属元素．原子番号 88，原子量 226.03，融点 700℃，密度（ρ）5650 kg/m^3（=5.65 g/cm^3），地殻存在比 6×10^{-7} ppm，電子配置 [Rn]$7s^2$．種々の同位体があり，さまざまな放射性崩壊系列の要素である．^{226}Ra は最も安定で半減期は 1600 年．ラジウムはウラン鉱物から単離される．単体は水銀を陰極に用いた電解で得られる．ラジウムは白色の金属で，空気中では曇りを生じ，水と反応する（少なくとも一部は放射化学反応である）．自己発光性塗料，中性子源，放射線治療（人工放射性同位体による），金属のラジオグラフィーに用いられる．

ラジウム化合物 radium compounds

ラジウムは 2 族のアルカリ土類金属である．その化合物は対応するバリウム化合物とよく類似しているが，一般に溶解度はより低い．ハロゲン化ラジウム RaF_2，$RaCl_2$，$RaBr_2$ が既知で

ある．炭酸塩，硫酸塩，フルオロベリリウム酸塩，ヨウ素酸塩は水に不溶である．

ラジカル（遊離基） radical
　通常，1つ以上の結合していない（フリーの）原子価を持つ化学種を指す．遊離基．以前は，一連の化学反応によっても変わらずにいろいろな化合物に存在する原子団やイオンを指す言葉として用いられた．この意味の訳語は「根」であり，今でも分野によって「硫酸根」などという用語が残っているのは，この名残である．

ラシッヒ法 Raschig process
　→ヒドラジン

ラスト法 Rast's method
　質量既知の物質を溶媒に溶かし，その凝固点降下から溶質の分子量を求める方法であるが，現在はほとんど使われていない．樟脳はモル凝固点降下が大きいのでよく利用される．ポリマーの分子量決定に用いられたが，現在では蒸気圧降下を利用した測定法が普通となった．

ラセーニュ試験 Lassaigne's test
　有機化合物の中に含まれる窒素，ハロゲン，硫黄分の存在を検知するための一般的な試験法．少量の有機物試料を金属ナトリウムのペレットとともに硬質ガラス製試験管中で加熱する．熱いうちに試験管ごと蒸留水中に投入し，全部をすり潰して溶液とする．窒素の存在は，一部を採取して微量のFe(Ⅲ)と塩酸とを含む硫酸鉄(Ⅱ)水溶液とともに加熱し，プルシアンブルーの青色の生成により確認できる．ハロゲンを含む場合にはハロゲン化ナトリウムとなって溶解しているから，硝酸銀による沈殿生成により確認できる．硫黄は硫化物イオンの形となっているため，ニトロプルシドナトリウム，あるいは酢酸鉛によって検出可能である．

ラセミ化 racemization
　光学活性体がラセミ体に変化する過程をいう．エピマー化はラセミ化の特殊な場合である．熱や酸，アルカリによりラセミ化は促進される．

ラセミ体 racemate (racemic mixture)
　ある化合物の右旋性の光学活性体と左旋性の異性体を等量含む混合物（ラセミ混合物）．

ラゾライト rasorite
　天然ホウ砂（カーン石）の別名．

落花生油 peanut oil (arachis oil)
　ピーナッツ油．アラキジン酸（n-エイコサン酸）のグリセリド．石鹸，マーガリン，塗料の製造に利用される．

ラッセル-ソーンダーズカップリング Russell-Saunders coupling
　LS結合ともいう．電子の詰まっていない殻が関与する，異なるエネルギー準位を生じる系で，電子スピンは電子スピンとのみ，軌道モーメントは軌道モーメントとのみカップリングすると仮定されている．第一遷移元素のイオンに関する説明で用いられる．より重い元素ではスピン-軌道相互作用を考慮したjj-カップリングを使って説明する必要がある．

ラッボン rubbone
　→酸化ゴム

ラテックス latex
　ポリマーの安定な水分散系（ゾル）．元来は天然ゴムの樹液（ゴムラテックス）を指していた．現在では合成ゴムやポリマー（ポリ塩化ビニルやアクリルポリマーなど）のラテックスも盛んに製造されている．ゴムやプラスチック製品製造の原料として，浸漬，成型，塗布，注入，電着などに多用される．

ラドン radon
　元素記号Rn．放射性の希ガス元素．原子番号86，原子量222.02，融点$-71℃$，沸点$-61.7℃$，密度(ρ)（液体）$4400 kg/m^3$（$=4.4 g/cm^3$），天然に痕跡量存在する．電子配置$[Xe]4f^{14}5d^{10}6s^26p^6$．ラドンはもっと重い元素の放射性壊変生成物である．^{222}Rnは$RaCl_2$溶液から気体として得られる．ラドンは放射性で，放射線源や気体トレーサーして用いられてきた．ウラン鉱石のある産地ではかなり危険である．18族元素．化合物，特にフッ化物や，そのフッ化物とルイス酸フッ化物との固体状付加物を形成する．

ラネーニッケル Raney nickel
　Al-Ni合金をNaOH溶液で処理して得られるニッケルの形態．ニッケルはスポンジ状で，乾燥すると自然発火性である．このニッケルは特に水素化に対して強力な触媒となる．

ラノステロール lanosterol (isocholesterol)
　$C_{30}H_{50}O$．融点138～139℃のトリテルペン．

4,4,14α-トリメチル-5α-コレスタ-8,24-ジエン-3β-オール．すなわちトリメチルステロールの一種でもある．動物や真菌におけるコレステロールなどのステロールの前駆体である．

ラノリン　lanolin

羊毛脂から得られるコレステロールとそのエステルの混合物．淡黄色で粘着性がある．通常の「ラノリン」は，無水のラノリンに重量比でおよそ30％の水分を含む混合物である．ラノリンは単独で用いることもあるが，軟質のパラフィンやラード，その他の脂肪と混和して軟膏の基剤とし，脂溶性薬品を皮膚に吸収させるのを容易とするのに用いられる．水とは容易にエマルジョンを形成するので，化粧用クリームの基剤としても広く用いられている．

ラピス・ラズリ　lapis lazuli

ウルトラマリンの鉱物名．太古から知られている鮮やかな青色の半貴石である．

ラフィネート　raffinate

→液-液抽出

ラフィノース　raffinose（melitose）

$C_{18}H_{32}O_{16}$．別名をメリトースという．五水和物は大きなプリズム状結晶で融点80℃．無水物は融点118～119℃．最もよく知られた三糖で，ガラクトース，グルコース，フルクトースからなる．サトウキビに含まれるが，最もよい原料は綿実粕（ワタの種の搾油粕）で8％含んでいる．還元力はない．

ラベンダー油　oil of lavender

リナリルエステルを含む．着香料，香料に利用される．

ラマン効果　Raman effect

振動数 ν_0 の光が周波数 ν_1, ν_2…の振動を持つ物質の分子により散乱されたとき，散乱光を分光器で分析すると，振動数 $\nu_0 \pm \nu_1$, $\nu_0 \pm \nu_2$ などの光が観測される．このスペクトルをラマンスペクトルといい，振動数 ν_1, ν_2…は分子の振動・回転準位の変化に対応する．ラマン活性の選択律はIR活性とは異なり，両者は分子構造を研究する上で相補的である．通常，ラマン分光器ではレーザーを用いて励起する．共鳴ラマン効果では，電子遷移に対応する振動数の光で励起することにより，ラマンスペクトルの大幅な増強が起こる．回転ラマンスペクトルからは，結合長に関する正確な情報が得られる．鉱物や釉薬などの同定にも利用される．

ラミナリン　laminarin

海藻から抽出される多糖類の一種で，抗凝結剤として用いられる．

ラミネート　laminates

→強化プラスチック

λ点　λ point

相転移のうちで，一次の相転移ではないが転移点における熱容量が無限大となるようなものを指す．液体ヘリウムの通常液相と超流体相との間の転移などがこれである．

ラムノース　rhamnose, L-(methylpentose)

$C_6H_{12}O_5$．L-メチルペントース．多くのグリコシドの構成成分で植物に広く分布している．特にフラバノール誘導体との化合物やサポニン中に存在する．一水和物として結晶化し，融点94℃．無水物は融点122℃．挙動はマンノースに類似している．

ラメラーミセル　lamellar micelles

生体高分子が形成する，親水基を外側の水溶液に向けて配列した結果生じた平面状のミセル．

ラングミュアの吸着等温式　Langmuir adsorption isotherm

→吸着

ランタニド元素　lanthanides

「ランタニド元素」は以前は「ランタノイド」のみが正式名であったが，こちらのほうが通用範囲が広いのでIUPACもこの名称を認めることとなった．57番元素のランタンから71番元素のルテチウムまでの15元素の総称である．希土類（レアアース）と呼ばれることもある．このうち61番元素のプロメチウム以外は天然に広く分布していて，それほど希産な存在ではない．原鉱石はモナズやバストネス石，ゼノタイムなどである．モナズ石はセリウム族（軽希土）に富み，La, Ce, Pr, Ndの4元素がおよそ90％ほどを占める．これらの各元素を分離するには，酸で処理して溶液とし，イオン交換クロマトグラフィーや向流分配抽出法などによって相互分離を行う．金属単体を得るには，フッ化物（MF_3）を金属カルシウムと1450～1700℃に加熱するが，サマリウムとユウロピウムの場

合だけは金属酸化物を金属ランタンと反応させ，揮発する金属を集める方法がとられる．ランタニド元素の金属はいずれも光沢があり，水や酸と容易に反応する．酸素中で燃焼させると，セリウムやプラセオジム，テルビウムなどではMO_2タイプの酸化物が，他の元素ではM_2O_3タイプのセスキ酸化物が得られる．空気中で燃焼させた場合には，セリウムはCeO_2となるが，あとの2元素ではPr_6O_{11}，Tb_4O_7のような混合酸化数の酸化物が生じる．水素との反応ではMH_2，MH_3のような金属水素化物が得られる．ニッケルやコバルト系の合金に微量のランタニド元素を添加すると，表面に存在している金属酸化物層の拡散を制御することが可能となり，強固な溶接ができるので，航空機のエンジン材料などに利用されている．またコバルトや鉄，ニッケルなどとの合金は強力な永久磁石となるものが少なくない．そのほか触媒やガラス，研磨材，超伝導材料，レーザー材料など用途は広がりつつある．

ランタニド元素の化合物 lanthanide compounds

ランタニド元素の共通の酸化数はM(Ⅲ)である．酸化物，水酸化物，水素化物，ハロゲン化物はみな共通のMX_3のタイプとなる．フッ化物(MF_3)は水に不溶である．これらのほとんどは成分元素単体同士の反応か，溶液内の反応(複分解)によって得られる．酸素酸の塩類は一般に配位数の大きな水和物を作る．酸素原子で配位する配位子，特にキレート配位子は安定な錯体を作る(→シフト試薬)．窒素を配位原子とする錯体やハロゲノ錯体も知られている．トリスシクロペンタジエニル錯体MCp_3はかなり安定であるが，アルキル錯体やアリール錯体は不安定である．MCp_3は一電子還元剤として作用する．二水素化物のTHF付加物$MH_2(THF)_2$もサマリウムとユウロピウムにおいては知られている．いろいろな有機化学反応，例えばアルケンへのアミン付加反応などの優れた触媒として作用する化合物も多数知られている．Ce, Pr, Tbについては$M(Ⅳ)$の化合物としてMO_2やMF_4が知られている．このほかのランタニド元素でもMF_4タイプのフッ化物を生じるものがいくつかある．Sm, Eu, Ybについては$M(Ⅱ)$の酸化状態が比較的安定で，MX_2タイプのイオン性化合物が生じるし，水溶液中でも不安定ながらM^{2+}イオンを作ることができる．他のランタニド元素でも原子番号の小さい元素はM-M結合を含む二ハロゲン化物が生じる．またMI_2タイプのヨウ化物がLa, Ce, Pr, Gdについて知られているが，これらは真のM(Ⅱ)化合物ではなく，M^{3+}と$2I^-$のほか，伝導電子e^-を含む$MI_2(e)$タイプの塩である．

ランタニド収縮 lanthanide contraction

ランタニド元素においては，原子番号の増加に伴って原子半径やイオン半径の規則的な減少が認められる．これは4f電子殻の充填の影響である．その結果，ランタニドに続くいくつかの元素は，1つ上の周期の同族元素とほとんど同じ原子半径やイオン半径を持つものとなり，イオン半径に依存する特徴(結晶構造や塩の溶解度など)も酷似して，分離精製が著しく困難となる．この特徴はZr-Hf, Nb-Taなどで特に顕著である．

ランタノイド元素 lanthanoids

57番のランタンから71番のルテチウムまでの総称としてIUPACにより提唱されたもの．ただし，教科書類以外での採用実例は少なく，1999年にIUPACはついに昔ながらの「ランタニド元素(lanthanides)」の使用をも許容することとなった．→ランタニド元素

ランタン lanthanum

元素記号La. 原子量138.9055, 融点918℃, 沸点3464℃. 密度(ρ) 6145 kg/m³ (=6.145 g/cm³). 地殻存在比32 ppm. 電子配置は[Xe]$5d^16s^2$. 金属は鉄鋼やアルミニウム，マグネシウムなどとの合金として利用される．酸化物La_2O_3は高屈折率ガラスの材料，高温反射体，蛍光体のホストマトリクスなどに利用されている．ニッケルなどとつくる多成分系の水素吸蔵合金の原料でもある．

ランタンの化合物 lanthanum compounds

ランタンは+3の酸化状態のみをとる．酸性溶液中における標準電極電位は$La^{3+} \rightarrow La$ -2.52V. ランタニド元素の最初のメンバーとしての典型的な性質を示す．硝酸ランタンLa$(NO_3)_3 \cdot 6H_2O$は酢酸イオンの分析試薬として用いられている．二ヨウ化ランタンLaI_2はLa(Ⅱ)の化合物ではなく，$LaI_2(e^-)$ (e^-は伝導

電子）である．

ランデの g 因子 Lande g factor
→ g 因子

藍銅鉱 azurite
$Cu_3(OH)_2(CO_3)_2$．塩基性炭酸銅鉱物の一種で濃い青色．古くから岩群青(いわぐんじょう)と呼ばれてきた．人工のものはブルーアッシュ（Blue Ash）として知られ，現在でも岩絵具として用いられている．

ランプブラック lamp black
天然ガスや石油などの不完全燃焼で生じる，軟質の炭素の微細な黒色粉末，つまり煤である．インキや塗料などの原料となる．

ランベルトの法則 Lambert's law
均一な媒質が光を吸収する割合は，光が透過する層の厚さ，すなわち光路長に比例するが，入射光強度には依存しない．すなわち $I = I_0 \exp(-Kd)$ となる．ここで I は透過光の強度，I_0 は入射光の強度，d は光路長，K は媒質に固有の定数で吸収係数と呼ばれる値である．吸収係数は波長にも依存する．溶液の場合には，この式に濃度に対する依存性を加味した式となる．
→ ベールの法則

リ

離液順列 lyotropic series
親水性のゾル（コロイド溶液）は少量の電解質の添加では影響をほとんど受けないが，ある種の塩の場合には低濃度でも塩析を受けて凝集析出することがある．クエン酸塩や酒石酸塩，硫酸塩などはこの作用が強く，ヨウ化物やチオシアン酸塩では逆に凝析したものがゾルとなる（解膠）．このゾルに硫酸塩などを添加すると再び凝析が起こる．種々の陰イオンを塩析効果の強さの順に並べたものを離液順列，あるいはホフマイスター系列という．この系列は疎水性コロイドのゾルに対するイオンの凝析力と密接に関連している．

リカン酸 licanic acid
$C_{18}H_{28}O_3$，$CH_3(CH_2)_3(CH=CH)_3(CH_2)_4\text{-CO-}(CH_2)_2COOH$．オイシチカ油の主要な脂肪酸であるが，他の油にも含まれる．以前は工業用保護被膜に用いられた．

D-リキソヘキスロース D-lyxo-hexulose（D(−)-tagatose）
炭素数6のケトース．タガトースとも呼ばれる．

リグナン lignans
木材のエーテルやアルコール抽出物，または針葉樹などの植物の分泌物である樹脂類から得られる一群の天然物の総称．分子内に酸素原子を介して結合したフェニルプロパン骨格を有するのが特徴的である．リグニンとも密接な関係がある．

リグニン lignin
木質化した植物組織中にセルロースとともに存在する高分子物質．水や栄養素の輸送を容易にする性質があり，木材の強度を保持する．木材の重量の25〜30%を占める．木材パルプに石灰水と二酸化硫黄を作用させることで抽出される．製紙工場におけるパルプ製造時の亜硫酸排水中に最高6%ほども含まれる．リグニンはさまざまな分子量の芳香族置換プロピレンの重

合体である．バニリン，フェノール類そのほかの芳香族化学薬品の原料として，重要な商業的価値がある．プラスチックのフィラーや分散媒，乳化剤としても利用される．

リグノセリン酸 lignoceric acid (tetracosanoic acid)

$C_{24}H_{48}O_2$．テトラコサン酸．多くの油脂類や蝋などの成分である．主にトール油中に遊離状態やエステルとして，かなりの割合で含まれている．

リグロイン ligroine

石油精製ナフサのうちで沸点 130〜145℃ の留分を指す．

離型剤 parting agents, release agents

→接着防止剤

リコピン lycopene

リコペンの以前の呼称．栄養学や食品方面では現在でもこう呼ばれるほうが，むしろ普通である．

リコペン lycopene

$C_{40}H_{56}$．トマトやローズヒップ（野バラの実），そのほかの漿果（ベリー）類に含まれる赤色のカロテノイド色素．融点 175℃．

リコポジウム末 lycopodium powder

石松子と呼ばれることも多い．ヒカゲノカズラの胞子を乾燥したもの．丸薬類の被覆のほか，爆薬や花火の製造．鋳型の添加剤などの用途がある．

リサージ litharge

一酸化鉛（密陀僧）のこと．

リシノール酸 ricinoleic acid

$C_{18}H_{34}O_3$．シス-12-ヒドロキシ-9-オクタデセン酸．融点 4〜5℃，沸点 226〜228℃/10 Torr．ヒマシ油に含まれる酸の約 85% を占める．リシノール酸という名称は，商業的にはヒマシ油を加水分解して得られる脂肪酸の混合物を指し，その塩はリシノレートと呼ばれる．

離漿 syneresis

シネレシスともいう．ゲルを放置して液体を分離させること．ゲルはいずれも離漿を示し，この現象はゲル化過程の続きともみなせる．ゲル物質がより強い付着を持つようになり，収縮して分散媒の一部を搾り出す．コロイドの膨潤の逆である．ビスコースゲルは離漿が激しい．

この現象は食品の調理過程で共通にみられ，また腺からの分泌に重要な役割を果たす．

リシン lysine

必須アミノ酸の 1 つで α,ε-ジアミノカプロン酸．日本化学会方式による正式名称だが，現実には昔ながらの「リジン」の使用例が主である（ヒマの毒性タンパク質のリシン（ricin）との混同を避けるためである）．

リシン（ヒマ毒） ricin

トウゴマ（ヒマ）の種子から得られるレシチンクラスの有毒タンパク質．

リジン lysine (α,ε-diaminocapronic acid)

α,ε-ジアミノカプロン酸．$C_6H_{14}N_2O_2$，$H_2N\text{-}CH_2(CH_2)_3\text{-}CH(NH_2)\text{-}COOH$．無色の結晶で融点 224℃（分解）．水に極めてよく溶けるがエタノールには不溶．L-リジンは塩基性アミノ酸の典型で，プロタミンやヒストン類のタンパク質中に特に大量に含まれている．生物の体内では合成できないので必須アミノ酸であり，正常な生育のためには食物から摂取する必要がある．発酵法や合成により製造されている．食品添加物．日本化学会方式では「リシン」となるが，教科書以外での使用例はほとんどない．

リゼルギン酸 lysergic acid (9,10-didehydro-6-methyl-ergonine-8-carboxylic acid)

リセルグ酸ということもある．$C_{16}H_{16}N_2O_2$，9,10-ジデヒドロ-6-メチルエルゴリン-8-カルボン酸．融点 238℃（分解）．麦角アルカロイドの加水分解生成物である．金属ナトリウムとアミルアルコールで還元するとジヒドロ体を与える．ジエチルアミドは強力な幻覚剤で，規制対象薬剤である．

理想気体 ideal gas

気体の法則 $PV=nRT$ が厳密に成り立つ気体．実際には理想気体として振舞う気体は存在しないが，ヘリウム，水素，窒素は高温低圧では近似的に理想気体とみなせる．

理想溶液 ideal solution

液体または固体の各成分の熱力学的活量がそのモル分率に比例する，すなわちラウールの法則に従う溶液．そのような溶液は，混合熱がゼロで混合の際に体積変化がなく混合エントロピーが理論値である成分からなる．例えば同位体同士のように極めて類似した物質同士の混合

物の場合のみ理想溶液となるが，ベンゼンとトルエンなど近似的に理想溶液として振る舞う混合物も種々ある．

リソグラフィ　lithography
古くからの石版印刷と同様の技法．写真乾板は微細な粒状のアルミニウムや亜鉛に感光性物質を塗布して作り，これを利用してシリコン基板状に微細なプリント回路を作成させたりする．細かいパターンの印刷（マイクロリソグラフィー）にも向いている．

リソゾーム　lysosomes
細胞内の粒子で，加水分解酵素を含む．リソゾームの膜が損傷を受けると，これらの酵素が放出されて他の細胞内器官を攻撃し，組織の死や損傷を引き起こす．

リゾチーム　lysozyme
英語読みの「ライソザイム」が用いられることもある．鼻の粘膜や涙，卵白，植物ラテックス，さらには種々の動物組織に存在する酵素で，細菌の細胞膜を破壊する作用を持つ．

リゾール　lysol
クレゾール石鹸水．50％ほどのクレゾール異性体混合物を含む．消毒剤．

リチア　lithia
酸化リチウムのこと．ただし「リチア水」は炭酸リチウムの飽和水溶液を指している．

リチア輝石　spodumene
$LiAl(SiO_3)_2$（スポデュメン）．鎖状構造のSiO_4四面体を持つ輝石群の鉱物．リチウムの原料，ガラスやセラミックス原料にも用いられる．

リチウム　lithium
元素記号 Li．原子番号3で原子量は6.941．融点180.50℃，沸点1342℃．密度（ρ）534 kg/m^3（=0.534 g/cm^3）．電子配置は$[He]2s^1$．最も軽いアルカリ金属元素である．資源鉱物として重要なものは紅雲母（鱗雲母），リチア輝石，葉長石（ペタル石），アンブリゴ石などがあるが，いずれもアルミノケイ酸塩である．金属リチウムを得るには塩化物の融解塩電解による．銀白色で常温では体心立方構造であるが，高圧下では立方最密充填構造に変わる．空気中では速やかに光沢を失い，水や酸素，窒素，ハロゲン，さらには水素とも反応する．熱伝導媒体用の低融点合金にも用いられるし，ジュラルミンなど航空機用の軽合金の原料でもある．リチウムの化合物は，有機合成試薬（有機リチウム），融剤（LiF），潤滑用グリース原料（LiOH），空調装置（LiCl, LiBr），軽量大容量電池，抗菌剤，食品加工のほか，躁鬱病の治療薬でもある．

リチウムの化学的性質　lithium chemistry
リチウムはアルカリ金属元素（1族）で，一連のLi(I)の化合物を生じる．標準単極電位$E°(Li^+ \rightarrow Li) = -3.04$ V（酸性水溶液）．アルカリ金属元素の中では例外的に，不溶性の炭酸塩やフッ化物を生成する．これはマグネシウムと類似していて，いわゆる「斜方向類似性」の典型でもある．リチウムの化合物はほとんどがイオン性の塩類であるが，共有結合分子の有機リチウム化合物も知られている．

リチウムの有機誘導体　lithium, organic derivatives
いろいろな有機合成において，実験室的にも工業的にも極めて有用な試薬．調製にはベンゼンや石油エーテル中で金属リチウムとハロゲン化アルキルやハロゲン化アリールとを反応させる方法が普通であるが，R'LiとRH，またR'LiとRBrの反応によることもある．そのほか金属リチウムとアルキル水銀の反応でも得られる．n-C_4H_9Liなどの溶液は市販されている．メチルリチウムは四量体のLi_4Me_4の形をとっているが，他のものもオリゴマーを形成していることが多い．キレート生成能のあるテトラメチルエチレンジアミン（TMEDA）を加えるとオリゴマーは分解してモノマーとなるが，これは極めて反応性に富む．有機リチウム化合物はアルケンの重合触媒としても利用されている．

リチウム電池　lithium batteries
正極にグラファイトかLi-Sn合金を，負極にコバルト酸リチウム（$LiCoO_2$）を用いた二次電池．放電で正極側に析出したリチウムは電極にインターカレートされる．

リーチング　leaching
不溶性の固体から，適切な溶媒を用いて必要となる成分を溶解させて取り出すこと．「浸出」という訳語が用いられることもある．

律速段階　rate-determining step
一連の反応において最も遅い段階．通常，実

質的に反応全体の速度を決める段階である.

立体異性 stereoisomerism
→異性, コンフォメーション

立体化学 stereochemistry
分子や錯体中の原子の空間配置.

立体障害 steric hindrance
反応する基に対して, 隣接する原子の空間配置が与える影響. *o,o'*-二置換ビフェニルの光学活性は置換基のかさ高さによるものであり, ベンゼン環の単結合周りの自由回転が阻害されるために不斉分子となる. これは真の立体障害の例である. 立体障害は反応速度や熱力学的安定性に影響を及ぼす.

立体選択的反応 stereoselective reaction
特定の立体異性体を選択的に与える反応.

立体特異的反応 stereospecific reaction
特定の一種の立体異性体を主成分として, または特異的に与える反応.

立体配置 configuration
分子の中の原子や基の空間(三次元的)配置. 順位則に従って基を並べ, 最も低い順位の基が見ている人から離れる方向にその図(すなわち分子モデル)を向けることによって配置が特定される. 最も高い順位の基から, 2番目, 3番目, 4番目の基をつないだときに, それが時計周りであると, その分子はRで, 反時計周りであればSとなる. RとSは絶対配置を示す記号であるが, 2つ以上の不斉中心の相対立体配置を特定する場合には, 例えば (2R*, 3S*)- のような表記をする. 絶対配置はX線解析により決定することができる. →異性, コンフォメーション

立方最密充填 cubic close-packing
→最密充填構造 (*ccp*)

立方晶系 cubic system
等軸晶系ということもある. 3本の等しい長さの結晶軸が互いに直交している晶系(例: NaClなど).

リートフェルト解析法 Rietveld analysis
中性子回折や粉末X線データから構造を求める解析法.

リトポン lithopone (Charlton white, Orr's white)
別名をチャールトンホワイトとかオールホワイトともいう. 硫酸バリウム(70%)と硫化亜鉛(30%)の混合物である. 硫酸亜鉛水溶液に硫化バリウムを反応させて白色の沈殿として得られるが, これを焼成したもの. 白色顔料として用いられる.

リトマス litmus
地衣類のリトマスゴケから採取される水溶性色素. アンモニアの存在下で酸化させて抽出する. 中和滴定用の指示薬でもあるが, 多くはリトマス紙の形で酸性・アルカリ性の検知に用いる(なお, オランダチーズの表面の赤い着色もリトマスの色だという).

リナロエ油 oil of linaloe
メキシコ産のリナロエ樹 (*Bursera grabrifolia*) の材を水蒸気蒸留して得られる. リナロールを含む. 香料に利用される.

リナロール linalool (3,7-dimethyl-1,6-octadien-3-ol)
$C_{10}H_{18}O$. ジテルペンアルコールの一種で3,7-ジメチル-1,6-オクタジエニー3-オール. 沸点 198〜199℃. 多くの精油中に含まれる. 酸によって容易にゲラニオールに異性化する. 香料原料.

リノレイン酸 linoleic acid (*cis,cis*-9,12-octadecadienoic acid)
$C_{18}H_{32}O_2$. 空気中で容易に酸化される不飽和脂肪酸. 植物油や哺乳動物の脂肪中にグリセリドとして広く存在している. リノレン酸のコレステロールエステルは, 血液中の脂質の主要成分である. レシチン中にもみられる. ヒトにとっては必須脂肪酸である. 塗料や被膜剤, 乳化剤として用いられる.

リノレン酸 linolenic acid (*cis,cis,cis*-9,12,15-octadecatrienoic acid)
$C_{18}H_{30}O_2$. 亜麻仁油のグリセリドの主要成分. レシチンや血清中のトリグリセリド(中性脂肪)中にも存在している. 異性体のγ-リノレン酸 (*cis,cis,cis*-6,9,12-octadecatrienoic acid) はマツヨイグサ (*Oenothera biennis*) の種子油から単離された. どちらのリノレン酸も必須脂肪酸である.

リパーゼ lipases
脂肪の構成成分であるグリセリド(トリグリセリド, ジグリセリド, モノグリセリド)に作用して加水分解を行わせるエステル分解酵素.

洗剤に添加したり，食品加工に用いられたりする．→ホスホリパーゼ

リファンピシン rifampicin
　重要な抗結核薬．半合成品．

リフトオフ lift-off
　ガスバーナー（ブンゼンバーナー）で安定な炎を得るには，燃焼気体混合物の燃焼速度とバーナー管や火炎口部における気体混合物の供給速度が釣り合っていなくてはならない．燃焼速度が遅すぎるか，気体の供給速度が大きすぎると，火炎口部がバーナーの口部から上部に離れて浮き上がってしまう．この現象をいう．浮き上がり炎．

リブリウム librium (benzodiazepine)
　マイナートランキライザーの一種．ベンゾジアゼピン，クロルジアゼポキシドとも呼ばれる．7-クロロ-2-メチルアミノ-5-フェニル-3H-1,4-ベンゾジアゼピン-4-オキシド（7-chloro-2-methylamino-5-phenyl-3H-1,4-benzodiazepin-4-oxide）．

リブロース ribulose
　$C_5H_{10}O_5$．リブロース-1,5-二リン酸は光合成による大気中の CO_2 固定の鍵中間体である．

リーベルマン反応 Liebermann's reaction
　①タンパク質をアルコール，エーテルで洗って脱脂後，熱濃塩酸を加えると紫色に呈色する．これはエーテル中の不純物である痕跡量のアルデヒドと，タンパク質中のトリプトファン残基との反応によっている．
　②ステロール，トリテルペン類の呈色反応．これらのクロロホルム溶液に無水酢酸と濃硫酸を滴下すると，その境界面が赤紫色を示す．しだいに青色→緑色→暗緑色と変化する．こちらはリーベルマン-ブルヒャルト反応ということもある．

リボ核酸 ribonucleic acid
　RNA．リボースと核酸塩基のウラシル（DNAならばチミンの占める位置に入る）を含む1本鎖の核酸．タンパク質合成に関与している．

リボザイム ribozymes
　触媒として作用する RNA．生きている細胞中でタンパク質を合成する物質はリボザイムとして作用しうる．

D-リボース D-ribose
　$C_5H_{10}O_5$．融点 87℃．リボ核酸を構成する糖で，すべての植物や動物に存在する．フラノース構造を持つ．

リポソーム liposomes
　水系の媒質中で自己組織化を起こし，球状の粒子を形成するような両親媒性の脂質．

リボソーム ribosomes
　細胞中でタンパク質を合成する物質はリボザイムとして作用する．リボソームはメッセンジャー RNA 分子の暗号を"翻訳"してポリペプチド鎖を形成する．

リポタンパク質 lipoproteins
　→蛋白質

リボフラビン riboflavin (vitamin B_2)
　$C_{17}H_{20}N_4O_6$，ビタミン B_2．橙色針状晶．融点 271℃（分解）．水に可溶．リボフラビンはビタミン B_2 複合体の一部である．天然に広く存在し，特に肝臓，乳，卵白にみられる．フラボプロテインの前駆体．→フラビンアデニンヌクレオチド，フラビンモノヌクレオチド

リホーミング reforming
　→改質

リモネン limonene (citrene, carvene)
　別名をシトレンともいう．p-メンタ-1,8-ジエンで，光学活性のジテルペン．ラセミ体はジペンテンという．天然に広く分布している．優れた溶媒（溶剤）で，樹脂溶解用，湿潤剤，分散剤などに用いられる．

硫化亜鉛 zinc sulphide
　ZnS．白色固体．閃亜鉛鉱，ウルツ鉱（繊維亜鉛鉱）の形で産出する．単体亜鉛と単体硫黄の直接結合，または Zn^{2+} 溶液に硫化アンモニウムを作用させて沈殿として得る．不純物を含む ZnS はリン光を発する．顔料や蛍光性塗料

に用いられる．

硫化アンモニウム ammonium sulphides

$(NH_4)_2S$（18℃で NH_3 と H_2S を反応させる）と NH_4HS（乾燥エーテル中で NH_3 と H_2S を反応させる）は比較的不安定で，多硫化物を形成しやすい．H_2S を濃厚アンモニア水に通じたり，または $(NH_4)_2S$ 溶液と硫黄から，黄色い多硫化アンモニウムが生じる．多硫化アンモニウムは，ポリチオ錯体を形成する金属硫化物を溶解するのに用いられ，特に定性分析に用いられている（黄色硫化アンモニウム）．

硫化カドミウム cadmium sulphide

CdS. 天然には硫カドミウム鉱として産出する．Cd^{2+}（水溶液）と H_2S を反応させると黄色沈殿として得られる．黄色顔料として用いられるほか，光電素子ともなる．

硫化ガリウム gallium sulphides

Ga_2S_3 (Ga と S から得る), GaS (Ga_2S_3 と H_2 から得る，Ga_2 ユニットを含む), Ga_2S (Ga と H_2S から得る）がある．

硫化カルシウム calcium sulphide

CaS. H_2S と石灰水から，または $CaSO_4$ と炭素を1000℃で反応させると得られる．不純物を含むものは発光性がある．脱毛剤として用いられる．多硫化カルシウムは防カビ剤，殺虫剤，殺ダニ剤として用いられている．

硫化銀 silver sulphide

Ag_2S. 銀塩の溶液に H_2S を作用させると黒色沈殿として得られる．水に不溶．

硫化ゲルマニウム germanium sulphides

2種類の硫化物 GeS_2 と GeS がある．

硫化ジエチル diethyl sulphide (ethyl sulphide)

$(CH_3CH_2)_2S$. 単に硫化エチルということも多い．純粋なものはエーテル臭を持つ無色の液体．通常は強いニンニク臭を持つ．沸点92℃．KHS を塩化エチルあるいは硫酸エチルカリウムに作用させて得る．400～500℃に加熱するとチオフェンを生成する．無機塩の溶媒．メッキ浴で用いられる．

2,2′-硫化ジクロロジエチル 2,2′-dichlorodiethyl sulphide

→ジクロロジエチルスルフィド，マスタードガス

硫化ジメチル dimethyl sulphide (methyl sulphide)

CH_3SCH_3. メチルスルフィド．メチルチオエーテル．無色液体，沸点37℃．メタンチオールのメチル化で得る．刺激臭を持ち，ガスに混ぜて配管からのガス漏れ検知に利用される．遷移金属と錯体を形成する．エーテルと違って鉱酸の存在下でも酸を抽出せず，過酸化物を作ることもないために優れた抽出溶媒となる．

硫化水銀 mercury sulphide

HgS. 天然には辰砂として存在するが，沈殿法により，あるいは水銀と硫黄をすりつぶすと準安定な黒色型（閃亜鉛鉱構造，メタ辰砂という）を得ることができる．昇華精製により赤色型（水銀朱，辰砂）となる．アルカリ金属硫化物の水溶液に溶解し，チオ水銀酸イオンを生じる．赤色顔料として用いられる．→水銀朱

硫化水素 hydrogen sulphide (sulphuretted hydrogen)

H_2S. 融点-85℃，沸点-61℃．無色気体．有毒．動植物のタンパク質の分解で生じる．鉱泉水には硫化水素を含むものもある．実験室的には硫化鉄と希酸から作るか，またはチオールやチオアミドの加水分解で発生させる．水溶液中ではほとんどの金属と硫化物を形成する．溶液中では弱酸（硫化水素酸）として作用する．

硫化染料 sulphur dyes

S^{2-}，SH^- または多硫化物イオンを含む溶液から還元型で繊維上に付着させて染色を行うタイプの染料．繊維上で染料は再酸化される．染料自身は，硫黄を含んでいる場合も含まない場合もある．

硫化銅 copper sulphides

硫化銅（Ⅱ），CuS．黒色の固体．Cu と過剰の S または銅（Ⅱ）塩と H_2S から生成する．熱により分解して硫化銅（Ⅰ）(Cu_2S) となる．なお，天然産の銅藍（CuS）は $[Cu_2]^{2+}[S_2]^{2-}$ であるらしい．

硫化ナトリウム sodium sulphide

Na_2S. Na_2SO_4 を CO または H_2 で還元して得る．水溶液は酸化されてチオ硫酸ナトリウムを生じる．ゴム，色素製造，木綿の染色（硫化染料）に用いられる．

硫化鉛 lead sulphide

PbS. 黒色固体．天然には方鉛鉱の形で産出

する．以前は鉱石検波器として用いられたこともある．

硫化バリウム barium sulphide (black ash)

BaS．ブラックアッシュなどとも呼ばれる．バリウムの化合物の中でも重要な中間体で，$BaSO_4$ と C から生成する．通常含まれる不純物により強いリン光を発する．

硫化ビスマス bismuth sulphides

→ビスマスの硫化物

硫化物 sulphides

硫黄と他の元素との化合物．一般に元素同士を直接反応させて得る．金属硫化物は不溶性のことが多く，鉱物として存在し，元素の分離に利用される．多くの電気陽性元素の硫化物は水と反応して H_2S を生じる．電気陽性の低い元素とは，液体の CS_2 や S_2Cl_2 のような共有結合化合物を形成する．

粒径測定 particle size measurement

ゲルや小粒子に対しては，規定された篩を用いる方法があり，もっと小さな粒子のサイズ決定に対しては光散乱などが利用される．

硫　酸 sulphuric acid

H_2SO_4，$S(O)_2(OH)_2$．融点 10℃，沸点 340℃，d 1.83．工業的に極めて重要な酸で，多量に用いられる化学品．SO_2 と空気を Pt または V_2O_5 触媒上で 500〜600℃，次いで 400〜450℃で反応させ，発生する SO_3（100℃）ガスを吸収させ 97%硫酸を製造する（接触法）．現在では使われない鉛室法では SO_2，NO_2，空気，水蒸気を鉛のチャンバー内に噴霧し 62〜68%硫酸を得る．SO_2 は硫化物鉱石（銅鉱石では約 10%）か H_2S の燃焼，あるいは $CaSO_4$ を C および粘土とともに加熱して得る．H_2SO_4 は水とあらゆる比率で混和し，沸点 339℃で 98.3% H_2SO_4 を含む共沸混合物を与える．SO_3 を H_2SO_4 に溶かしたものを発煙硫酸（fuming sulphuric acid）という．沸点以上で分解し SO_3 と H_2O を生じる．強力な脱水剤で，水と激しく発熱的に反応する．熱濃硫酸は強い酸化剤（例えば C を CO_2 にする）．強酸であるが，HSO_4^- は不完全解離である．揮発性が低いので，ほとんどの他の酸の塩から酸（またはその無水物）を与える．ガラス，鋳鉄または鋼鉄容器で取り扱い可能．

用途は，リン酸塩の製造（70%，肥料に用いられる），硫酸アンモニウム，硫酸アルミニウム，爆薬，色素，石油化学品，鉄や鋼鉄の酸洗浄，染料が挙げられる．硫酸の塩には除草剤に用いられるものもある．

硫酸亜鉛 zinc sulphate (white vitriol)

$ZnSO_4$．古くから「皓礬」と呼ばれ，点眼薬などに用いられてきたのは七水和物である．このほか六水和物，一水和物と無水塩が知られている．いずれも ZnO か $ZnCO_3$ と H_2SO_4 から得られる．織物工業や農薬のヒ酸塩剤の撒布時の添加用に用いられる．

硫酸アルミニウム aluminium sulphate

$Al_2(SO_4)_3 \cdot nH_2O$（$n=0, 6, 10, 16, 18, 27$）のように，いろいろな水和数のものが知られている．天然にはミョウバン石として不純なものが産出する．なめし，サイジング，浄水に用いるほか，媒染剤としても使用されている．

硫酸アンチモン antimony sulphates

正塩の $Sb_2(SO_4)_3$ は Sb_2O_3 と conc. H_2SO_4 から容易に得られる．水により加水分解され，硫酸溶液中ではアンチモン（Ⅲ）や（Ⅴ）の錯体（例えば $[SbO]^+$，$[Sb(OH)_2]^+$，$[Sb_3O_9]^{3-}$）が存在する．

硫酸アンモニウム ammonium sulphate

$(NH_4)_2SO_4$．無色の結晶性固体．NH_3 と H_2SO_4 から，または NH_3 と CO_2，および $CaSO_4$（石膏または無水石膏）を水に溶かした溶液から生成する（$CaCO_3$ が沈殿する）．肥料（硫安）として広く用いられているが，窒素含有量のより高い肥料に取って代わられつつある．加熱により分解し，まず NH_4HSO_4 となり，次に N_2，NH_3，SO_2 と H_2O を生じる．

硫酸塩 sulphates

形式的に硫黄（Ⅵ）の酸素酸の陰イオンを含む化合物．実質上はイオンとして，または配位子として硫酸イオン SO_4^{2-} を含む化合物をいう．

硫酸カドミウム cadmium sulphate

$3CdSO_4 \cdot 8H_2O$．最も重要なカドミウム塩．ガラスに用いられているほか，電池（ニッカド電池，標準電池など）に多用されている．

硫酸カリウム potassium sulphate

K_2SO_4．天然にはアルカナイトとして産出す

るほか，グラーゼル石 $3K_2SO_4 \cdot Na_2SO_4$，シェーナイト $K_2Mg(SO_4)_2 \cdot 6H_2O$，シンゲナイト $K_2Ca(SO_4)_2 \cdot H_2O$ などの多の硫酸塩との複塩の形で存在する．結晶化により精製できる．KOH と H_2SO_4 から合成できる．肥料として，特に耕作土壌の Cl^- 含量を低く保つ必要がある場合に用いられる．H_2SO_4 水溶液から酸性塩，例えば $K_2SO_4 \cdot (1,3,3/4)H_2SO_4$ を形成する．

硫酸カルシウム calcium sulphate

$CaSO_4$．天然には無水塩として，また石膏 ($CaSO_4 \cdot 2H_2O$)，透明石膏，繊維石膏，アラバスター（雪花石膏）などの形で産出する．天然の無水塩および二水塩を 650℃ 以上で乾燥させて生成する $CaSO_4$（死石膏）は，水に溶ける速度が遅く，製紙用の充填剤（→サテンホワイト）やその他の材料として用いられている．二水塩を減圧下 60～90℃ で乾燥して得られる無水塩は可溶性であり，乾燥剤として使用される．石膏を 130℃ で加熱して得られる $CaSO_4 \cdot 0.5H_2O$ は焼石膏（プラスター・ド・パリ）として用いられる．

石膏（二水塩）および無水石膏は H_2SO_4 の製造に使用されているほか，石膏は土壌添加物や医療用（ギプス材料）および殺虫剤の不活性添加物としても用いられている．

硫酸銀 silver sulphate

Ag_2SO_4．銀を濃硫酸に溶解するか，あるいは $AgNO_3$ に硫酸塩を加えて得る．水に微溶．加熱すると分解して Ag, SO_2, O_2 を生じる．

硫酸クロム chromium sulphates
→クロムの酸素酸塩

硫酸ジエチル diethyl sulphate

$(C_2H_5)_2SO_2$．かすかにエーテル臭を持つ無色の液体．沸点 208℃（分解）．工業的にはエチレンと純度 100% の硫酸から製造する．有機合成におけるエチル化剤．極めて有毒．発ガン性あり．

硫酸ジメチル dimethyl sulphate

$(CH_3)_2SO_2$．無色無臭の液体．蒸気は非常に毒性が高い．液体を皮膚から吸収すると有毒．沸点 188℃．メタノールとクロロ硫酸から作る．優れたメチル化剤．アミンやアンモニアと反応してメチルアミンを生成し，フェノールと反応してメチルエーテルを生じ，有機酸と反応して

メチルエステルを生成する．おそらく発ガン性がある．メタンスルホン酸メチル $CH_3S(O)_2OCH_3$ もある．

硫酸水素カリウム potassium hydrogen sulphate

$KHSO_4$．K_2SO_4 と H_2SO_4 から得る．他の組成の酸性塩，例えば $K_2SO_4 \cdot 3H_2SO_4$ も知られている．

硫酸水素ナトリウム sodium hydrogen sulphate

$NaHSO_4$．硫酸ナトリウムと濃硫酸を等モル反応させて得る．$NaHSO_4$ は加熱するとピロ硫酸塩 $Na_2S_2O_7$ を生じ，いろいろな酸化物などの融剤として用いられる．

硫酸水素ニトロソニウム nitrosonium hydrogen sulphate (nitrososulphuric acid, chamber crystals)

$NOHSO_4$．ニトロソ硫酸．ニトロシル硫酸とも呼ばれる．白色固体．融点 73℃（分解点）．SO_2 と発煙硝酸から得る．ジアゾ化に用いる．NO^+ 塩．以前の鉛室法での硫酸製造時に得られた結晶なので「鉛室結晶」という別名もある．

硫酸スズ tin sulphate

$SnSO_4$．硫酸第一スズのみ知られている．

硫酸ストロンチウム strontium sulphate

$SrSO_4$．天然には天青石として産出する．SrO, $Sr(OH)_2$ または $SrCO_3$ と H_2SO_4 の反応で得られる．水に微溶．セラミックスの原料として用いられる．

硫酸スラッジ acid sludge

ケロシン（灯油），潤滑油あるいはその他の石油製品を，硫酸や発煙硫酸を用いて精製するときに生じる複雑な酸性残留物．炭化水素，スルホン酸および遊離の硫酸からなる．石油スルホネートはアルカリにより抽出することで回収可能であり，金属加工，テキスタイル，および皮革産業で用いられる．

硫酸鉄(Ⅱ) iron(Ⅱ) sulphate
→鉄の硫酸塩

硫酸鉄(Ⅲ) iron(Ⅲ) sulphate

熱分解すると Fe_2O_3 と SO_3 を生じる．硫酸イオン錯体やミョウバンも知られている．

硫酸鉄アンモニウム ammonium iron sulphates

モール塩（Fe(II)）と鉄ミョウバン Fe(III)の2種類がある.

硫酸鉄(II)アンモニウム ammonium iron (II) sulphate (Mohr's salt)

別名をモール塩という. $(NH_4)_2Fe(SO_4)_2$. $FeSO_4$ より安定. 分析用試薬, 還元剤. 写真や青写真に用いられる.

硫酸鉄(III)アンモニウム ammonium iron (III) sulphate

→鉄ミョウバン

硫酸銅 copper sulphates

硫酸銅(II) $CuSO_4$ には CuO と H_2SO_4 から得られる $CuSO_4 \cdot 5H_2O$ の青色結晶（胆礬）, 青色の三水和物, 無色の一水和物がある. 一水和物は250℃で, 含まれている水のほとんどを失う. アルコールなどに含まれている水分の検出に, この青色の呈色が利用される. 工業的には銅鉱石と H_2SO_4 または Cu と H_2SO_4 と空気から製造する. 農業（ボルドー液など）に使用されるほか殺藻剤として水処理に, また木材保存剤として使用されている.

硫酸銅(I) Cu_2SO_4 は灰色の固体. Cu_2O と硫酸ジメチルから得られる.

硫酸ナトリウム sodium sulphate (Glauber's salt)

Na_2SO_4. 無水塩はテナルド石として産出する. 融点884℃, 沸点1429℃. NaCl と H_2SO_4 の高温反応または NaCl, SO_2, 空気, 水蒸気から作られる. 種々の化学合成過程や天然の鹹水からも得られる. 穏和な脱水剤として用いられる.

いろいろな水和物が生じるが, 中でも十水塩は別名をグラウバー塩 (Glauber's salt) と呼ばれる. 天然にはミラビル石（芒硝）として産出する. 水和物を形成し, 他の硫酸塩との複塩も生成する. 過剰の H_2SO_4 により硫酸水素塩を生じる. 木材パルプ製造（66％）, ガラス, 洗剤, 化学合成に用いられる. 温和な緩下剤で, ドイツのルドルフ・グラウバー(1604～1670年)が最初に処方して好結果を得たために「グラウバー塩」の名が付けられた.

硫酸鉛 lead sulphate

$PbSO_4$. 天然には硫酸鉛鉱として産出する. Pb^{2+} を含む水溶液に硫酸イオンを添加すると沈殿として得られる. 塩基性塩も知られている. 電池やワニスなどに利用されている.

硫酸ニッケル nickel sulphate

$NiSO_4 \cdot 7H_2O$. かなり溶解度の高いニッケル塩. 以前は「翠礬」ともいった. 複硫酸塩, 例えば硫酸ニッケルアンモニウムを形成する.

硫酸ニッケルアンモニウム nickel ammonium sulphate

$Ni(NH_4)_2(SO_4)_2 \cdot 6H_2O$. 青緑色結晶. 各成分を含む溶液から得られる. 電気メッキに用いられる.

硫酸バリウム barium sulphate

$BaSO_4$. 天然に産出（重晶石）. これを炭素で還元して得られる BaS はバリウム化合物の主原料である. 顔料などにも用いられている(→リトポン). $BaSO_4$ は水に不溶で, 重量分析による Ba^{2+} や SO_4^{2-} の定量に使用される. X 線造影剤として経口投与される.

硫酸礬土 alumino ferric

Fe(II) と Fe(III) を不純物として若干量含有する, 純度の低い硫酸アルミニウム. 浄水や下水処理に用いられる.

硫酸ビスマス bismuth sulphates

→ビスマスの硫酸塩

硫酸ベリリウム beryllium sulphate

$BeSO_4 \cdot 4H_2O$. 極めて溶解性の高い Be 塩(BeO と H_2SO_4 から生成する).

硫酸マグネシウム magnesium sulphate

$MgSO_4$. 七水和物のエプソム塩（瀉利塩）がよく知られている. 炭酸マグネシウムを硫酸に溶かした溶液から結晶として得られる. 天然には一水和物のキーゼル石（$MgSO_4 \cdot H_2O$）とライヒャルド石（エプソム塩に同じ）の形で産出する. 水和物は240℃で結晶水を失って無水物となる. 緩下剤, 綿製品の仕上げ, 染色用媒染剤などに用いられる.

粒子加速器 accelerator

荷電粒子を高エネルギーに加速するための装置の総称. サイクロトロン, リニアック（線形加速器）など.

流 束 flux

物質の流れ（→フィックの拡散法則）, 光子などの粒子の流れを意味することもある. この場合には「粒子束」という.

流動化 fluidization
　固体粒子の懸濁液を気体または液体の上向流と接触させること．生じた混合物は，静水圧を伝播するなど液体のような性質を持つようになり，密度の小さい固体は浮上する．

流動床 fluidized bed
　流動性を持つ状態に保たれた粒子のベッド．工業的に重要で，さまざまな気体と固体の接触に広く応用される．

流動的転位分子 fictile
　容易に内部で転位を起こす分子（例えば$Fe_3(CO)_{12}$）．→フラクショナル分子

流動電位 streaming potential
　液体を加圧して隔膜や半透膜を通過させるときに発生する電位．電気浸透流の逆．

流動パラフィン liquid paraffin
　高度に精製した高沸点留分の石油系炭化水素．強力な下剤として処方されることもある．→ワセリン

流動複屈折 stream double refraction
　五酸化バナジウムのゾルの調製後に時間が経過したもののような，棒状の粒子が分散しているコロイドゾルは偏光を生じないので，直交ニコルの間にゾルを置くと全吸収により識別される．しかし，液を攪拌したり流動させたりすると，棒状の分子が攪拌により配向するため等方性が失われ，偏光を生じ流線が明るい線として見られる．→タクトゾル

粒度測定 size measurement
　→粒径測定

硫砒鉄鉱 arsenopyrite (mispickel)
　組成は$FeAsS$に近い．別名を「毒砂」ともいう．焙焼によって無水亜ヒ酸を得るための原料となる．銀白色の鉱物である．

リュードベリ状態 Rydberg states
　原子や分子の電子状態の1つで，電子1個が主量子数nの大きなオービタルに励起されて，残りの部分が近似的に原子核とみなせるような状態をいう．このような状態にある原子のスペクトルは水素原子のスペクトルと酷似したパターンを示すようになる．

リュードベリ定数 Rydberg constant
　水素原子のスペクトルを表す式に含まれる定数．値は10973731.5/m．→バルマー系列

菱苦土鉱 magnesite
　$MgCO_3$．天然産の炭酸マグネシウム．マグネシウムの資源鉱物であり，耐火物原料としても用いられる．

両座陰イオン ambident anions
　2ケ所以上の部位で反応することのできる陰イオン．例えばNO_2^-（$AgNO_2$から生じる）はRXと反応して亜硝酸エステルRONOとニトロアルカンRNO_2の2つを生じる．

両座配位子 ambident ligands
　2ケ所の配位部位を用いることのできるリガンド．例えばグリシンNH_2CH_2COOHはNとOの両方の位置で配位することができる．

量子 quantum
　プランクの量子論において電磁波の放射に伴うエネルギーは，放射の振動数に対応して決まった値をとる不連続な単位，すなわち量子からなっている．したがってエネルギー移動は決まった大きさの小包，すなわち量子を受け渡すように起こり，流体の流れのように連続的に起こるわけではない．振動数νの電磁輻射（放射）に対するエネルギーの単位すなわち量子が$h\nu$に等しく，ここでhはプランク定数である．量子が粒子としての性質を持つとき，それを光子（フォトン）という．また逆に物質は波動としての性質も持つ．

量子効率 quantum efficiency
　電磁波により引き起こされる過程において，吸収したエネルギーの量子1個あたりの分解または反応した化学種の数（量子収率）．

量子収率 quantum yield
　→量子効率

量子数 quantum number
　原子や分子中の原子の核外電子はその種類，回転，振動，スピンに関するエネルギーを有する．量子論によれば，そのような粒子が持つエネルギーは量子化されている．すなわち，ある決まった値のみとなる．特定の形のエネルギーがとる値はそれぞれ，対象としているエネルギーを特徴付ける量子の倍数（小さい整数または半整数）である．粒子のエネルギーを規定しているこの倍数を量子数という．

両親媒性 amphipathic
　極性端部と非極性端部を合わせ持つ分子．極

性溶媒と非極性溶媒の両方に溶ける．

両親媒性集合体 amphiphiles
　界面活性剤などにより形成される，中空の自己集合凝集体（ミセル）．

両性イオン zwitterion
　1分子内に正電荷と負電荷を持つが電気的に中性の化学種．アミノ酸のグリシンは溶液中，等電点においては両性イオン $^+H_3NCH_2COO^-$ として存在する．

両性酸化物（両性水酸化物） amphoteric oxide, amphoteric hydroxide
　酸としても塩基としても作用できる酸化物や水酸化物をいう．すなわち酸または塩基と結合して塩を形成可能な酸化物，水酸化物．例えば酸化亜鉛 ZnO は酸と反応して Zn^{2+} を含む亜鉛塩を生成（塩基としての作用）し，アルカリと反応して亜鉛酸塩（例えば $Na_2[Zn(OH)_4]$）を形成する（酸としての作用）．$Al(OH)_3$ は両性水酸化物である．

両性電解質 ampholyte (amphoteric electrolyte)
　両性の電解質，すなわち酸と塩基の両方の挙動が可能な物質．アミノ酸などが典型である．

両性電解質ポリマー polyampholyte
　→高分子両性電解質

両プロトン性溶媒 amphiprotic solvents
　酸としても塩基としても作用しうること．溶媒の場合にはプロトンを供給可能，かつ受容可能であるような溶媒，例えば H_2O やメタノール，液体アンモニアなどを指す．

菱面体晶系 rhombohedral system
　三方晶系や六方晶系の別の表現法．

緑玉髄 plasma
　玉髄（二酸化ケイ素）の中で鮮緑色のもの．

緑柱石 beryl
　$Be_3Al_2Si_6O_{18}$（ベリル）．四面体型の SiO_4 が6個結合した六角形の環を含むベリリウム鉱物．透明なものは希少．Cr^{3+} により緑に着色したものはエメラルド，青緑色のものはアクアマリンと呼ばれる．ベリリウムの原料，ベリリウム耐火物の製造に用いられる．

緑泥石 chlorites
　アルミノケイ酸塩の一種．

緑礬 green vitriol
　りょくばん．硫酸鉄（Ⅱ）七水和物．

理論段 theoretical plate
　蒸留塔や吸収塔の理論段数とは，液体と気体が完全に接触し，それら2つの流体の間に平衡が成り立っているときの段数である．プレートカラム（段塔）の場合，実際の性能は理論段数と段効率により決まる．充填塔の場合，理論段高（height equivalent to a theoretical plate, HETP）が，充填材の接触効率の尺度となる．クロマトグラフィー用のカラムの場合にも同じように応用される．

理論段高 HETP
　→理論段

リン phosphorus
　元素記号 P．非金属元素，原子番号15，原子量30.974，融点44.15℃，沸点280.5℃，密度（ρ）$1820 kg/m^3$（＝$1.820 g/cm^3$）（白リン），地殻存在比1000 ppm，電子配置 $[Ne]3s^23p^3$．リンは15族の非金属元素．天然にはいろいろなリン酸カルシウム鉱物，すなわちリン灰石やフッ素リン灰石などの形で存在する．単体のリンは $Ca_3(PO_4)_2$ を電気アーク炉中で砂とコークスとともに溶融し，生成したリンを蒸留して水で凝縮させて得る．多くの同素体が存在するが重要なものとしては3種類ある．最も反応性の高い白リン（水中に保存する）は P_4 分子からなる．通常は黄色を呈しているので「黄リン」と呼ばれるが，二酸化炭素気流中で蒸留しゾーン融解により精製すると，ほとんど無色透明のものが得られる．高温で長時間加熱すると赤リンを生じる．赤リンはポリマーである．白リンを高圧下で加熱するとグラファイトのような構造の黒リンを生じる．蒸気は P_4 と P_3 を含む．白リンは空気中で自然発火する．黒リンはほとんど不燃である．リンはアルカリに可溶であるが，酸については酸化性の酸にしか溶けない．リン化合物は肥料において非常に重要であり，またマッチ，農薬，特殊ガラス，陶器，合金（スチール，リン青銅），金属加工用（10%），洗剤（40%），電子材料（例えば GaP），飲食品（10%）に用いられる．リン酸塩は生体内の骨，歯，DNA，RNA などに含まれている．

リンの化学的性質 phosphorus chemistry
　リンは15族の元素で，安定な酸化数は＋5(五配位で共有結合性，例えば PF_5；六配位錯体,

$[PF_6]^-$；四配位で四面体構造，$[PCl_4]^+$ や $[PO_4]^{3-}$ と，+3（主に三配位でピラミッド型，例えば PH_3）である．容易にカテネーションを起こし，P_4 の四面体を基本とするものが多いが，環状ホスフィン類（例えば $[CF_3P]_{4または5}$）も知られている．陽イオン種，例えば P_4^{2+} は発煙硫酸のような酸化性媒質中で生成する．5価のリン化合物は非共有電子対の受容体（ルイス酸）となりうる．3価のリン化合物は逆に非共有電子対の供与体（ルイス塩基）となりうる．

リンの酸化物　phosphorus oxides

リンは一連の酸化物を形成し，その中で最も重要なものは P_4O_{10} と P_4O_6 である．

①酸化リン（V）（phosphorus（V）oxide）P_4O_{10}．五酸化リン．いくつかの結晶形態がある．リンを過剰の O_2 中で燃焼させて得る．P_4O_{10} は水に対する親和性が非常に高く，乾燥剤や脱水剤として利用される（例えば HNO_3 から N_2O_5 が得られる）．脱水剤として働くと，それ自身はリン酸に変換される（→リンの酸素酸）．P_4O_{10} は金属酸化物と反応してリン酸塩を生成する．構造は P_4 が正四面体の枠を形成し酸素が各稜とリン原子上に位置する．P_4O_9，P_4O_8 および P_4O_7 は中間酸化物である（P_4O_6 を加熱して得る）が，いずれも P_4O_{10} と類似の構造を持つ．

②酸化リン（III）（phosphorus（III）oxide）P_4O_6．三酸化リン．融点 24℃，沸点 174℃．蝋状物質で，リンを不足量の酸素中で燃焼させて得る．過剰の O_2 中で燃焼し，P_2O_5 を生じる．例えば Cl_2 と反応して $POCl_3$ を生じ，また水に溶解して3価のリンの酸素酸を生成する．構造は P_4O_{10} に類似しているが，末端の酸素が存在しない．

リンの酸素酸　phosphorus oxyacids

リンは +5 と +3 の酸化数をとり，また酸素原子を共有することができるので（特に四面体構造の原子同士），さまざまな酸素酸が存在する（→リン，有機リン酸エステル類）．POH 基の水素はイオン化しうるが，P-H 基はイオン化しない．

①次亜リン酸（hypophosphorous acid）H_3PO_2，$H_2P(O)OH$：一塩基酸．白リンを $Ba(OH)_2$ 溶液に溶かすと $Ba(H_2PO_2)_2$ が生成する．H_3PO_2 およびその塩は強い還元剤である．

②亜リン酸（phosphorous acid）H_3PO_3：エステル（$P(OR)_3$）は安定に存在するが，遊離酸や塩類は互変異性体のホスホン酸の形でのみ存在する．

③ホスホン酸（phosphonic acid）：亜リン酸の異性体．H_3PO_3，$HP(O)(OH)_2$：二塩基酸．PCl_3 と冷水から得る．強い還元剤．

④次リン酸（hypophosphoric acid）$H_4P_2O_6$，$HP(O)(OH)(\mu\text{-}O)P(O)(OH)_2$：四塩基酸．Na塩は NaOCl と赤リンから得られる（→リン，有機リン酸エステル類）．

リン酸は P_4O_{10} の誘導体である．縮合した酸やアニオンも知られている．オルトリン酸 $H_3PO_4(OP(OH)_3)$ は四面体型アニオンを生じる．ピロリン酸 $H_4P_2O_7((HO)_2P(O)(\mu\text{-}O)P(O)(OH)_2)$ は四塩基酸．メタリン酸（HPO_3）は H_3PO_4 を 300℃ で脱水して得られる．他にも多くの化学種が知られており，環状の $(P_3O_9)^{3-}$ イオンや種々の鎖状のリン酸塩，例えばマドレ塩，クロール塩，グレアム塩はいずれも組成は $(NaPO_3)_x$ で，よく研究されている．いわゆるヘキサメタリン酸ナトリウムは長鎖の化合物で，Ca^{2+} イオンとキレートを形成し水の軟化に利用される．短鎖の $[P_3O_{10}]^{5-}$，$[P_4O_{13}]^{6-}$ も知られている．ポリリン酸塩は洗剤として用いられるが，残留するリン酸塩の廃棄は深刻な問題を引き起こしている．リン酸エステルは難燃剤として重要である．→リン

リンの水素化物　phosphorus hydrides

ホスフィン PH_3．融点 −133.5℃，沸点 −88℃．Ca_3P_2 に水を作用させるか，黄リンと NaOH 溶液から得る．450℃ で分解する．弱塩基（→ホスホニウム塩）．通常，合成したものは自然発火性を示すが，それは P_2H_4（沸点 52℃）が存在するためである．アルキルおよびアリールホスフィン（特にアリールホスフィン類）は P-H 結合を持つが PH_3 より安定である．P_3H_5 や，より高分子量のホスフィン類も知られている．

リンのハロゲン化物　phosphorus halides

PX_5，PX_3，POX_3，PSX_3 および P_2X_4 の形のハロゲン化物が知られている．五ハロゲン化物は，PF_5（沸点 −75℃ で P と F_2 から，あるいは

PCl_5 と NaF または AsF_3 から合成され，三角両錐構造），五塩化リン（分解点167℃でPと過剰の Cl_2 から得られ，$[PCl_4]^+[PCl_6]^-$)，五臭化リン（$[PBr_4]^+Br^-$）が知られている．POX_3 は部分加水分解により生成する．三ハロゲン化物はすべてピラミッド構造で，PCl_3 と NaF から，あるいは P と不足量の X_2 から合成する（PF_3 は沸点 $-101℃$, PCl_3 は沸点76℃）．P_2X_4（X=F, Cl, I）はカップリング反応または放電を利用して得られる．PX_3 はルイス酸としては非常に弱いが，かなり強いルイス塩基で安定な錯体を形成する（例えば $[Ni(PF_3)_4]$）．PX_5 はよい電子対受容体である．ハロゲン化リンはリン化合物，特にリン酸エステルや亜リン酸エステルの合成に用いられ，塩化物は塩素化剤として，PF_5 は触媒として利用される．PF_5 は加水分解されてフルオロリン酸を生じる．

リンの硫化物 phosphorus sulphides

赤リンと硫黄から生成する黄色固体で P_4S_3, P_4S_4, P_4S_5, P_4S_7 および P_4S_{10} が知られている．構造はいずれも P_4 の四面体が基本となりSが架橋している．P_4S_7 や P_4S_{10} では末端にもS原子がある．特殊用途マッチ（登山用など）に用いられる．P_4S_{10} は有機硫黄化合物（特に農薬やオイルの添加剤）の製造に用いられる．

リン塩 microcosmic salt

リン酸水素ナトリウムアンモニウム四水塩の俗称．

リン灰ウラン鉱 autunite

$Ca(UO_2)_2(PO_4)_2 \cdot nH_2O$. 別名をウラン雲母という．重要なウラン鉱物の1つである．

臨界温度 critical temperature（T_c）

それ以上またはそれ以下で特定の現象が起こる温度．超伝導が生じる温度に用いられることも多い．

臨界現象 critical phenomena

臨界温度 T_c 以上では，気体を液化することは不可能である．臨界温度で液化を起こすのに必要な最小圧力が臨界圧力 P_c である．臨界体積 V_c は臨界温度と臨界圧力条件で1モルの気体が占める体積である．

臨界湿度 critical humidity

固体または溶液の表面での蒸気圧が，その大気中の水の分圧に等しくなる湿度．湿度が臨界湿度を超えた雰囲気からは，水は固体または液体表面に吸収される傾向がある．臨界湿度以下の湿度では逆となり，水分は雰囲気中に失われる．

リン灰石 apatite

→アパタイト

臨界ミセル濃度（CMC） critical micelle concentration

その濃度以上ではミセルが形成されるような物質の濃度．クラフト点以上であることが必要である．

臨界溶解温度 critical solution temperature

2つの相の相互溶解度が等しくなる温度．2つの液体に対しては，例えばフェノールと水の場合，それぞれの他に対する溶解度は臨界溶解温度に達するまで増加し，臨界溶解温度では1つの相のみ存在する．

リン化物 phosphides

リンを含む化合物．非金属元素（例えばS）は共有結合化合物を生成する．多くの電気的陽性元素はイオン性化合物，例えば Na_3P を形成するが，水により速やかに加水分解されて PH_3 を生じる．遷移元素は P_n 基を含む誘導体（例えば CdP_2）や複雑な構造の硬い材料を与える．

リンケージ linkage

→結合

リン光 phosphorescence, luminescence

燐光．ある物質は光を吸収した際にそれ自身からの光を放出する．光照射を止めると発光が止まる場合は蛍光といい，光照射を止めても発光が続く場合をリン光という．両方をまとめて蛍リン光（ルミネッセンス）ということも多い．リン光は，原子または分子が光を吸収して生成する準安定な電子状態である三重項状態が関与する過程である．→蛍リン光体

リン光分析 phosphorimetry

リン光を利用した分析法．微量物質の濃度測定に用いられる．

リンゴ酸 malic acid

$C_4H_6O_5$, $HOOCCH_2CH(OH)COOH$. (L-)-リンゴ酸は無色の針状結晶で融点100℃．ブドウ，リンゴ，スグリなど酸味のある果実のほとんどに含まれている．いろいろなカビ類を利用した微生物法や（+)-ブロモコハク酸に水酸化

ナトリウムを反応させる方法で得られる．いろいろな化学薬品の合成中間体であるが，また香料や調味料（フルーツビネガー）などの用途もある．

リン酸　phosphoric acids

5価のリンを含む酸素酸（→リンの酸素酸）．リン酸塩に硫酸を作用させるか，リンを酸化して $P_2O_5(P_4O_{10})$ とし，これを加水分解して H_3PO_4 を得る．リン酸塩は天然に（特にリン酸カルシウム，アパタイトとして）存在する．リン酸の有機エステルは生体組織の必須構成成分である．リン酸塩，特に過リン酸石灰は肥料として重要である．

リン酸のアンモニウム塩類　ammonium phosphates

$NH_4H_2PO_4$，$(NH_4)_2HPO_4$ および $(NH_4)_3PO_4$ の3種類のアンモニウム塩が知られている．いずれも NH_3 とリン酸から作られる．重要な肥料として用いられるほか，耐火剤やフラックスとしても使用されている．2つの酸性リン酸塩は利尿薬として医薬に用いられている．リン酸アンモニウムはすべて加熱により NH_3 を失う．その他のリン酸アンモニウムとしては，$NH_4NaHPO_4·4H_2O$，リン酸アンモニウムナトリウム（リン塩，microcosmic salt）がある．

リン酸エステル　phosphate esters

$(RO)_3PO$．リン酸（特に H_3PO_4）とアルコールまたはフェノール類から得られる誘導体．リン酸トリクレジル $(MeC_6H_4O)_3PO$（すべての異性体の混合物）は Cl_3PO を工業用クレゾールに作用させて得られ，織物の難燃剤や圧媒体として用いられる．$(MeO)_2(PhO)PO$，$(BuO)_3PO$，$(MeO)_2(Me_2C_6H_3O)PO$，$(MeO)_3PO$ はガソリン添加剤として利用されている．リン酸のアルキルエステル（例えば $(BuO)_3PO$）は溶媒抽出過程に広く用いられ，また可塑剤，ラッカー，ワニスにも利用される．遺伝物質 DNA や RNA はリン酸エステルであり，また多くのリン酸エステルは生物学的に重要である．

リン酸塩　phosphates

形式的にはリンの酸素酸の塩．通常はオルトリン酸の塩を指す．例えばリン酸アンモニウム（リン安）や過リン酸石灰，肥料として広く使用されている．

リン酸塩被覆　phosphate coatings

通常，スチールその他の合金に耐腐食性を強化するために塗布する．このような被覆は表面への塗装を容易にし，また表面の潤滑剤保持性を改善する．

リン酸化酵素　phosphorylases

有機物にリン酸基を転移する反応を触媒する酵素．ホスホリラーゼ．エネルギー利用と関係していることが多い．

リン酸銀　silver phosphate

Ag_3PO_4．水には難溶．写真に用いられる．

リン酸水素アンモニウムナトリウム　sodium ammonium hydrogen phosphate (microcosmic salt)

$NaNH_4HPO_4·4H_2O$．単に「リン塩」と呼ばれることもある．無色の塩（Na_2HPO_4 と NH_4Cl または $(NH_4)_2HPO_4$ と NaCl から得る）．溶融物はガラス状に固化し，ある種の金属により特徴的な色を生じる（リン塩球反応）．標準溶液調製に用いられる．

リン酸セルロース　cellulose phosphate (sodium)

多くはナトリウム塩の形である．イオン交換体として用いられている．

リン酸トリエチル　triethyl phosphate

$(C_2H_5O)_3PO$．無色液体，沸点 215〜216℃．水に可溶．極性の反応媒体として使われる．$POCl_3$ とエタノールから得る．エチル化剤．

リン酸トリクレジル　tricresyl phosphate
→リン酸エステル

リン酸トリトリル　tritolyl phosphate

通常は「リン酸トリクレジル」と呼んでいる．プラスチックの可塑剤．→リン酸エステル

リン酸トリフェニル　triphenyl phosphate

$(C_6H_5O)_3PO$．P_2O_5 とフェノールから得る．プラスチックの可塑剤に用いられる．

リン酸トリブチル　tributyl phosphate
→リン酸エステル，有機リン酸エステル類

リン酸フェニル　phenyl phosphate

通常はモノフェニルエステル Na_2PO_4Ph を指す．低温殺菌が完結したことを確認するのに用いる．トリフェニルエステル $(PhO)_3PO$ は可塑剤として利用されている．

リン脂質　phospholipids

$R^1C(O)OCH_2CH(OC(O)R^2)CH_2OP(O)_2OR^3$．

細胞の必須成分で脂肪のような性質を示す．リンと通常窒素を含み，加水分解により脂肪酸，リン酸とコリンなどの塩基（R^3 に由来）を生じる．リン脂質は通常，骨格構造としてグリセロールを含み，種類の異なる複数の化学種からなる．レシチン，ケファリン，スフィンゴミエリンなどがある．両親媒性で主に細胞膜の構成成分として存在する．特にホスファチドといわれる．

隣接基効果 neighbouring group effect

反応性やスペクトルに対し隣接基が立体的または電子的に及ぼす効果．

隣接基補助効果 anchimeric assistance

反応物分子中の転位する基が，脱離基の脱離を助けること．

リンタングステン酸塩 phosphotungstates

ヘテロポリタングステン酸の一例．アルカロイドに対する沈殿・検出試薬として用いられる．

リンタンパク質 phosphoproteins

→タンパク質

リンデ法 Linde process

空気を大規模に液化する方法．まず約 200 気圧に圧縮した空気を二重管中で急速に膨張させることで温度を低下させ，液体空気とする．これを分別蒸留することで純窒素，純酸素，希ガスなどが得られる．

リンデン lindane

γ-BHC（ベンゼンヘキサクロリド）の別名．

リンマングリーン Rinmann's green

$ZnCo_2O_4$．硝酸コバルトの溶液を酸化亜鉛の上に重ねるか，あるいはこれらの混合物を赤熱すると，スピネル構造の化合物が生じる．緑色を呈するので，亜鉛に対する鋭敏な検出試験となる．

リンモリブデン酸アンモニウム ammonium phosphomolybdate

$(NH_4)_3Mo_{12}PO_{40} \cdot xH_2O$．リン酸塩，モリブデン酸アンモニウムおよび HNO_3 を溶液中で反応させて得られる，明るい黄色の沈殿．リン酸塩の検出・定量に用いられる．また，陽イオン性の色素と難溶性沈殿を作らせて，レーキ顔料とする．

リンモリブデン酸塩 phosphomolybdates

ヘテロリンモリブデン酸の塩を指すが，特に $H_3PMo_{12}O_{40}$ の塩をいう．黄色のアンモニウム塩はモリブデンやリンの定量に利用される．アルカロイドや色素などの，大きい陽イオンの優れた沈殿試薬で，レーキとして顔料にも利用される．

ル

ルイサイト lewisite (2-chlorovinyl-dichloroarsine, 1-chloro-2-dichloroarsinoethane)

$ClC_2H_4AsCl_2$. 淡黄色液体で融点-13℃, 沸点190℃. ゼラニウムに類似の強い臭気を放つ. かつて毒ガスとして戦争時に使用された. 全身毒. 水で容易に加水分解され, アルカリや酸化剤によっても分解される. 無水三塩化ヒ素と塩化アルミニウムの混合物中にエチレンガスを吹き込んで製造する.

ルイス塩基 Lewis base
→塩基

ルイス酸 Lewis acid
→酸

ルクランシェ電池 Leclanche cell
→電池

ルシフェリン luciferins

生物発光（バイオルミネッセンス）の主役を演じる物質. ホタルなどの特徴的な生物発光はルシフェリンの酵素触媒分解酸化反応による. 分解で生じる励起状態の酸化生成物から, 過剰のエネルギーが熱ではなく光として放出される.

ルシャトリエの原理 Le Chatelier's theorem (principle)

平衡状態にある系に外部から強制条件（圧力や温度など）を加えると, 平衡はその条件の影響を緩和する方向へと移動する.

ルチジン lutidine

C_7H_9N. ピリジンのジメチル誘導体で, いくつもの異性体があるが, 最もよく知られているのは2,6-ルチジンである. コールタール中の塩基性成分から分離されるが, アセト酢酸エチルとアンモニアとメタノールの反応で合成できる. 油状の液体で沸点144℃である.

ルチル rutile

天然産の二酸化チタンの一種. 鉱物は赤褐色で「金紅石」とも呼ばれる. チタンの原料やセラミックスに利用される. 四面体構造で各チタン原子には酸素が八面体型に配位しており, 各酸素原子はほぼ平面上の3つのチタン原子に配位している. この構造をとる酸化物やフッ化物は多く, 例えばPbO_2やMnO_2が挙げられる.

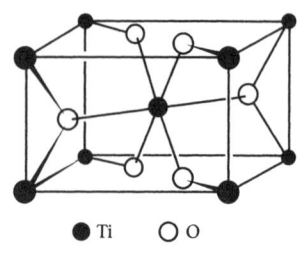

ルチルの結晶構造

ルチン rutin

$C_{27}H_{30}O_{16} \cdot 3H_2O$. 5,7,3a,4a-テトラヒドロフラバノールの3-ラムノグルコシド.

ルテイン lutein (luteol, xanthophyll)

$C_{40}H_{36}O_2$. ルテオール, キサントフィルともいう. カロテノイドの一種で, 葉黄素中の主要な色素である. 緑色の葉にはすべて共通に含まれているし, さらに花弁にも含まれる. またある種の動物にもこれを含むものがある. メタノールから再結晶させると溶媒分子を1個含む紫色のプリズム状結晶（融点193℃）として得られる. 有機溶媒に可溶で黄色の溶液を与える. ルテインはα-カロテンのジヒドロキシ体である（異性体のゼアキサンチンは同じようにβ-カロテンのジヒドロキシ体である）.

ルテチウム lutetium

元素記号Lu. 原子番号71の金属元素で, 原子量174.97. 融点1663℃, 沸点3402℃. 密度(ρ) 9841 kg/m^3 (=9.841 g/cm^3). 地殻存在比0.51 ppm. 電子配置は$[Xe]4f^{14}5d^16s^2$. ランタニド元素の最終メンバーである. 金属の結晶は六方最密充填構造である.

ルテチウム化合物 lutetium compounds

ルテチウムは+3の酸化状態をとり, 典型的なランタニド元素としての性質を示す.

ルテニウム ruthenium

元素記号Ru. 白金族の金属, 原子番号44, 原子量101.07. 融点2334℃, 沸点4150℃, 密度(ρ) 12410 kg/m^3 (=12.41 g/cm^3), 地殻存在比0.001 ppm, 電子配置$[Kr]4d^75s^1$. 天然には,

他の白金族金属との合金として（オスミリジウム）存在し，ある種の硫化物鉱物にも含まれる．成分元素を電気分解，次いで化学的分離，イオン交換，溶媒抽出により分離し，純粋なルテニウムを得る．単体金属はルテニウム化合物をH_2で還元して得られ，灰白色でhcp構造である．単体はほとんどの酸には侵されないが，高温ではO_2やF_2と反応し，また溶融したNa_2CO_3，$KClO_3$などには溶解する．ルテニウム化合物は触媒，水素化，また例えばアンモニア合成に用いられる．医薬品としての用途もある．塩素製造におけるアノードメッキや合金，電気器具に用いられる．

ルテニウムの化学的性質 ruthenium chemistry

ルテニウムは8族の元素で+8～−2の酸化状態をとる．+8価ではオスミウムよりも酸化性が強い．低い酸化数で主なものは+3価と+2価である．水和イオン$[Ru(H_2O)_6]^{n+}$ ($n=3,2$)の化学的性質はある程度知られているが，ほとんどの陰イオンがRuと錯体を形成する．窒素が配位した錯体は特に安定で，多くのアミン錯体（Ru(II)およびRu(III))，N_2錯体，ニトロシル化合物が知られている．ホスフィン錯体は低酸化状態との錯体が安定で，塩化物-ホスフィン錯体やヒドリド-ホスフィン錯体はよい水素化触媒である．多くのカルボニル錯体，例えば$[RuCl_2(CO)_2(PEt_3)_2]$や$[Ru(CO)_5]$が知られ，これら錯体や他の低酸化状態の化合物は鉄と同様の有機金属化合物を形成する．

ルテニウムの酸化物 ruthenium oxides

黄色のRuO_4（RuO_2とKIO_4から得る，融点25℃，沸点40℃）はかなり不安定で強い酸化剤であり，二級アルコールをきれいにケトンへと変換する．分解すると青色のRuO_2（RuとO_2を1000℃で反応させる）を生じる．緑色のルテニウム(VII)酸イオンRuO_4^-（RuをKNO_3とKOHの混合物中で酸化融解して得る）は水中で分解して橙色のルテニウム(VI)酸イオンRuO_4^{2-}とO_2を生じる．

ルテニウムのハロゲン化物 ruthenium halides

既知のフッ化物には，①暗褐色で八面体分子のRuF_6（RuとF_2から得る，融点54℃）；②濃緑色でフッ素架橋を持つ四量体RuF_5（RuとF_2から得る，融点86℃）；③ピンク色のRuF_4（RuF_5とI_2から得る）；④褐色のRuF_3（RuF_5とI_2から高温で得る）がある．

確認されている塩化物は$RuCl_3$（RuとCl_2から得る）のみであるが，多くのアコ塩化物錯体はRu(IV)，Ru(III)，Ru(II)について知られている．$RuBr_3$とRuI_3も既知である．Ru(V)やRu(IV)のフッ化物錯体，例えば$KRuF_6$やK_2RuF_6は無水条件でフッ素化すると得られる．ある種の酸化フッ化物，例えば$RuOF_4$は加水分解により生成する．

ルテニウム酸塩 ruthenates

→ルテニウムの酸化物

ルビー ruby

クロムを不純物として含むα-アルミナ（コランダム）．宝石の原石として存在し，Al_2O_3と痕跡量のCr_2O_3を溶融して作られる．用途は宝石，レーザー，耐摩耗性部品など．

ルビジウム rubidium

元素記号Rb．アルカリ金属，原子番号37，原子量85.468，融点39.30℃，沸点688℃，密度(ρ) 1532 kg/m³ (= 1.532 g/cm³)，地殻存在比90 ppm，電子配置$[Kr]5s^1$．堆積した塩の中に痕跡量存在し，リチウム鉱石レピドライト（リチア雲母）中にも含まれる．単体はbcc構造でRbClとCaから得られる．銀白色で非常に反応性に富む．^{87}Rbは弱いβ-粒子放出体である．単体の用途はゲッターや光電池．イオン推進型ロケットモーターにも使われることがある．ルビジウム塩はゼオライトや光電池に用いられる．

ルビジウムの化学的性質 rubidium chemistry

ルビジウムは1族元素．+1価の化合物を形成し（$Rb^+ \to Rb$ −2.92 V），それらは主にイオン性であるが，クラウンエーテルなどとの錯体も知られている．ルビジウムを不足量の酸素中で燃焼させると，金属クラスター陽イオンを含む一連の低酸化数酸化物を形成する．

ルブラン法 Leblanc process

食塩から炭酸ナトリウムを工業的に製造するプロセス．現在ではほとんど用いられなくなったが，以前にはヨーロッパ各地で実用となっていた．まず食塩を硫酸で処理して硫酸ナトリウムと塩化水素ガスに変える．得られた硫酸ナトリウムはコークス粉末と加熱還元して硫化ナト

リウムとする．得られた硫化ナトリウムは炭酸カルシウムと反応させて炭酸ナトリウムと硫化カルシウムとする．ソルヴェイ法が進化・発展した現在では，もはや歴史上のものとなってしまった．

ルミステロール lumisterol

ビタミンD群の1つ．植物性のステロールである．

ルミノール luminol (5-aminophthalylhydrazide)

$C_8H_7N_3O_2$，5-アミノフタリルヒドラジド．黄色の結晶で融点329～332℃．アルカリ性溶液中で，ある種の酸化剤と反応すると強い青色の化学発光が認められる．過酸化物の検出や血痕の検出に用いられる．

ルルギ石炭ガス化法 Lurgi coal gasification process

石炭ガス化プロセスの1つ．水蒸気と酸素の混合気体を加圧して石炭と反応させ，一酸化炭素と水素の混合物を得る．

レ

冷　炎 cool flames

炭化水素，アルデヒドおよびエーテル類が示す不活発で不完全な燃焼．ある種の条件下では，酸化反応は低温（580～800 K）で，ほとんど熱や光を伴わず，火炎前面や反応ゾーンを示さずに生じる．酸化が見かけ上，混合物中のさまざまな点で同時に生じているように見えるため，均質燃焼，あるいは緩慢燃焼とも呼ばれる．

励起錯体 exciplex

→エキサイプレックス

励起状態 excited state

原子，分子などがエネルギーを吸収して生じる．基底状態よりエネルギーの高い状態．励起は電子状態，振動状態，回転状態などに関するものがある．

冷却塔 cooling towers

凝縮器やクーラーに用いるための水を冷却するのに使用される塔．冷却は通常，大気と接触させることによって行う．

冷　凍 refrigeration

冷凍とは，物質の温度を周囲の温度より大きく下げる過程をいう．通常は蒸気の圧縮による方法を用いる．冷媒蒸気を圧縮して凝縮する段階と，次いで高圧の液体を減圧弁に通過させる段階で1サイクルをなす．圧力低下により液体の一部は気化し温度低下をもたらす．冷えた液体は蒸発装置を通り，そこで冷却すべき媒体との熱交換により気化し，その蒸気は圧縮装置へと戻される．

種々の凝縮可能な蒸気が冷媒として用いられてきたが，主なものはクロロフルオロカーボン（CFC，いわゆるフレオン．現在ではしだいに使われなくなっている），ポリフルオロカーボンや二酸化炭素である．

冷　媒 refrigerants

液体窒素，ドライアイスなど冷却に使う物質．
→低温浴

レオペクシー rheopexy

ある種の揺変性ゾルを穏やかに撹拌することによりゲル化が促進されるレオロジー的な現象．例えば石膏を水と混ぜたペーストは，静置すると固まるのに約10分かかるが，緩やかに撹拌すると数秒で固まる．

レーキ lakes

天然色素や合成の水溶性の色素を，アルミニウムや鉄，スズ，マグネシウムなどのいろいろな金属塩と化合させたり，ヘテロポリ酸の塩としたりして不溶性の顔料の形に変えたもの．以前は組成不定の混合物とみなされていたが，多くはきちんとした組成の錯体が主成分である．

瀝青（ビチューメン） asphaltic bitumen, bitumen

れきせい．黒または茶色の，粘性の大きい液体または固体．炭化水素およびその誘導体からなり，原油から蒸留残渣として，あるいは天然原料から，あるいは天然アスファルト中で無機物質と結合した形で得られる．良好な耐水性，接着性を有し，道路舗装，耐水保護コート，および電気絶縁に主に用いられている．

瀝青ウラン鉱 pitchblende
→ピッチブレンド

瀝青質プラスチック bituminous plastics
→アスファルトプラスチック

瀝青質マスチック bituminous mastic
マスチックアスファルトの別名．

瀝青炭 bituminous coals
乾燥脱灰ベースで約75～91％の炭素を含有する石炭を幅広く指す用語．

レクチン lectins
赤血球などの細胞を凝集させる機能を持つタンパク質．

レーザー laser

単色でコヒーレントである，極めて大きな強度の光を放出できるデバイス．この名称は誘導放射による光増幅（Light Amplification of Stimulated Emission of Radiation）のアクロニム（頭文字略語）によっている．励起状態にある原子において，エネルギーの高い状態のポピュレーションが低い状態（基底状態）よりも大きくなることが，このレーザー光放出には不可欠である．レーザーの中では，自然放出と等しいエネルギーを持つ光子を照射することで，励起状態にある原子が誘発的に多数の光子を放出して低いエネルギーの状態に遷移する．このときに入射光と正確に等しいエネルギーの光子が2個放出され，位相のそろった細い平行光束が放射される．

固体レーザーの例にはルビー結晶（約0.05%の Cr を含む Al_2O_3）が挙げられる．高出力レーザーには Nd^{3+} を含むガラスが用いられる．ガスレーザーではヘリウムとネオンの混合物，セシウム蒸気，その他の気体を用いている．最も効率の高いレーザーはレーザー活性を持つ結晶として，例えば GaAsP などの半導体レーザーがある（→発光ダイオード）．色素溶液は広い波長域を持つレーザーとして利用できる．

レーザービームは強力で位相がそろっている（コヒーレント）ため，エネルギー制御が必要とされるさまざまな用途に用いられる．化学分野ではラマン分光や同位体分離など特定のエネルギーで励起するのに利用されている．

レーザーアブレーション laser ablation

「レーザー曝食」という訳語もあるが，あまり用いられない．レーザー照射によって物質の気化・析出を行わせ，表面の保護や修飾，さらには新しい化学種（例えばナノチューブなど）の生成を行わせること．LIBS と略して呼ばれることもある．

レシチン lecithin

下に示すような構造式で表される物質の総称．R^1R^2 は脂肪酸の炭化水素基を表しているが，通常，一方は飽和アルキル基，もう一方は不飽和のアルケニル基である．レシチンはすべての動植物細胞中にみられ，細胞，特に細胞膜に必須の構成成分である．水と接すると膨潤して粘性の高いコロイド溶液となる．約60℃で融解する．市販のレシチンのほとんどは大豆油の製造の副産物として得られるホスファチドとグリセリドの混合物で，水と混ぜると黄色の乳濁液（エマルジョン）を生じる．食品や化粧品

$$\begin{array}{l} CH_2-OCOR^1 \\ | \\ CH-OCOR^2 \\ | \quad\quad O^- \\ CH_2O.\overset{}{\underset{O}{P}}-OCH_2CH_2N^+(CH_3)_3 \end{array}$$

など他の工業製品に広く用いられる．→リン脂質

レゾルシノール resorcinol (1,3-dihydroxy-benzene, 1,3-benzenediol)

$C_6H_6O_2$，$C_6H_4(OH)_2$．1,3-ジヒドロキシベンゼン，1,3-ベンゼンジオール．以前はレゾルシンといったので，現在でも薬剤名などではときどき見られる．無色針状晶．融点110℃，沸点276℃．種々の樹脂をKOHと溶融すると得られる．1,3-ベンゼンジスルホン酸を苛性ソーダと反応させるか，1,2-または1,4-ベンゼンジスルホン酸をNaOHと溶融すると生じる．色素の合成に広く利用される．ジアゾニウム塩と反応してオキシアゾ色素を生成する．無水フタル酸と縮合するとフルオレッセイン系色素を生じる．可塑剤，樹脂，接着剤の製造に用いられる．

レゾルシン resorcinol (1,3-dihydroxybenzene, 1,3-benzenediol)

1,3-ジヒドロキシベンゼン（レゾルシノール）の以前の呼称．薬剤名などでは現在でもよく用いられている．

レダクトン reductones

カルボニル基やそれに類似したものとの共役により安定化されたエンジオール．

レチネン retinene (retinol, vitamin A aldehyde)

$C_{20}H_{28}O$，レチノール，ビタミンAアルデヒド．橙色結晶．融点61～64℃．ビタミンAやβ-カロテンの酸化，あるいは他の種々の合成法により得られる．レチノールは通常，全トランスの異性体を指し，これは対応するビタミンAアルコールと本質的に同じ生物活性を示す．レチノールは，哺乳類においてβ-カロテンの中央の二重結合が酸化的に切断されてビタミンAに変換される際の中間体である．→ビタミンA，ロドプシン

レチノイド retinoids

ジテルペノイド．核の受容体の一部をなし，発達・成長に必要である．

レッドマーキュリー red mercury

Hgのアマルガムと$Hg_2Sb_2O_7$から作られたコロイド．^{252}Cfのような中性子放射体を溶解させて核分裂を誘発する（訳者記：原文にはこうあるが，これはどうも冷戦時代にソ連の流したニセ情報であるらしい．TVドラマ『探偵ガリレオ（2007年）』の最終回にテニスボール大の核爆弾の材料として登場した）．

レッペ法 Reppe process

コバルトまたはロジウム化合物の存在下でアルコールをカルボキシル化，例えばCH_3OHから$CH_3C(O)OH$を合成する方法．

レドックス redox

酸化還元（oxidation-reduction）の略．例えばレドックスポテンシャルとは酸化還元電位のこと．

レニウム rhenium

元素記号Re．7族の金属元素，原子番号75，原子量186.21，融点3186℃，沸点5596℃，密度(ρ) 21220 kg/m^3（=21.22 g/cm^3）．地殻存在比4×10^{-4} ppm，電子配置$[Xe]4f^{14}5d^26s^2$．レニウムは希産の金属で，モリブデンあるいは銅の鉱石を焙焼した後の煙道塵（フルーダスト）から抽出により得られる．単体はレニウム化合物をH_2で還元して得る．hcp構造で色は銀灰色．H_2O_2に溶解し，熱塩素，硫黄，酸素と反応する．タングステン系あるいはモリブデン系合金の添加物やRe-W熱電対，触媒に利用される．電子部品や宝石にも用いられる．

レニウムの化学的性質 rhenium chemistry

レニウムは7族の元素である．酸化数は+7～-1をとる．高酸化状態はマンガンの場合ほどには強い酸化力を持たない．水和陽イオンの化学は検討されていないが，有機金属化合物はマンガンの場合と類似している．低酸化状態の化合物はRe-Re結合を持つ．広範の錯体が知られており，その多くはRe=OやRe≡N基を持つ．$[ReH_9]^{2-}$イオンはReO_4^-をエチレンジアミン中でカリウムで還元すると得られる．$ReH_7(PR_3)_2$のような一連のホスフィン水素錯体が知られている．

レニウムの酸化物 rhenium oxides

黄色固体のRe_2O_7（ReとO_2から得る）はReO_6ユニットとReO_4ユニットが連結している．揮発性物質でレニウム(Ⅶ)酸塩の母体化合物である．ReO_3（Re_2O_7とCOから得る）は古典的なイオン性構造である．レニウム(Ⅵ)酸塩は知られていない．ReO_2は水和物として生成するが（ReO_4^-，Zn，HClから得る），脱水することもできる．無色のレニウム(Ⅶ)酸

イオン（過レニウム酸イオン）ReO_4^-は温和な酸化剤である．$[ReO_6]^{5-}$と$[ReO_5]^{3-}$は非常に強い塩基性溶液中，あるいは過酸化物と溶融することにより生成する．

レニウムのハロゲン化物 rhenium halides

Re(Ⅶ)のハロゲン化物で唯一知られているのは，ReF_7（ReとF_2を3気圧，400℃で反応させて得る）で橙色固体，沸点74℃．六ハロゲン化物は淡黄色のReF_6（ReとF_2から得る，融点19℃，沸点48℃），濃緑色の$ReCl_6$（ReF_6とBCl_3から得る，融点29℃）がある．黄緑色のReF_5（ReF_6と$W(CO)_6$から得る．加熱すると不均化してReF_6とReF_4を生じる）と，$ReCl_5$（$ReCl_6$を加熱して得る）はハロゲン架橋を含む．$ReCl_4$（$ReCl_5$とC_2Cl_4から得る）は塩素架橋を持つ．赤色のRe_3Cl_9（$ReCl_5$を加熱して得る）では3つのレニウム原子が三角形をなしている．

臭化物やヨウ化物も類似している．$ReBr_5$，$ReBr_4$，$ReBr_3$，ReI_4，$(ReI_3)_3$，ReI_2およびReIが知られている．ハロゲンを多数含む化学種はいずれも水により加水分解される．ハロゲン化物錯体が知られているのは6価（$[ReF_7]^-$），5価（$[ReF_6]^-$，$[ReOX_4]^-$），4価（$[ReF_6]^{2-}$，$[ReCl_6]^{2-}$）および3価（$[Re_3Cl_{12}]^{3-}$，$[Re_2Cl_8]^{2-}$）である．Re(Ⅲ)の化学種はRe-Re結合を有する．酸化ハロゲン化物，例えば青色の$ReOF_4$や黒色の$ReOF_3$が知られている．

レニウム酸塩 rhenates
→レニウムの酸化物

レフォルマツキイ反応 Reformatski reaction

アルデヒドやケトンを亜鉛末存在下で$β$-ブロモ脂肪族カルボン酸と反応させると$β$-ヒドロキシエステルを生じ，これは脱水して$α$-,$β$-不飽和エステルを生じることもある．亜鉛とともに銅粉末を用いると$α$-クロロエステルが反応する．

レブリン酸 laevulinic acid (levulinic acid, 4-oxopentanoic acid)

$C_5H_8O_3$，$CH_3COCH_2CH_2COOH$．4-オキソ吉草酸である．無色結晶で融点33〜35℃，沸点245〜246℃．ショ糖やデンプンを濃塩酸とともに加熱して得られる．還元すると閉環して$γ$-バレロラクトンとなる．ケトンとしての性質も示す．木綿生地の捺染などに用いられる．

レボドパ 3,4-dihydroxyphenylalanine (L-Dopa)

3,4-ジヒドロキシフェニルアラニンの日本薬局方などにおける呼称．

レモングラス油 oil of lemon grass

レモングラス（*Cymbopogon citratus*）の葉から得られる．シトラールを含む．イオノン（スミレの芳香源）の合成原料，香料，害虫忌避剤に利用される．

レモン油 oil of lemon

レモンの皮から得られる．リモネン，テルピネン，フェランドレン，ピネンを含む．着香料，香料に利用される．

レーヨン rayon

再生セルロースでできた人造繊維．人絹．ビスコースレーヨン，ベンベルグレーヨン，アセテートレーヨンなどがある（最初のレーヨン（シャルドンネ人絹）はニトロセルロースレーヨンであった）．→酢酸セルロース系プラスチック

連鎖反応 chain reactions

連鎖機構により進行する反応で，初期生成物が反応物または他の生成物とさらに反応することにより，すべてが活性中間体を作る．例として水素-臭素反応を挙げる．

(a) $Br_2 \rightarrow 2Br\cdot$
(b) $Br\cdot + H_2 \rightarrow HBr + H\cdot$
(c) $H\cdot + Br_2 \rightarrow HBr + Br\cdot$
(d) $H\cdot + HBr \rightarrow H_2 + Br\cdot$
(e) $2Br\cdot \rightarrow Br_2$

この反応の最初の段階（a）では臭素分子が臭素原子に解離する．ステップ（b）と（c）でHBrが生成し，臭素原子が再生されるため，このプロセスは繰り返される．反応（d）で連鎖反応が抑制され，ステップ（e）が連鎖を停止する．

フリーラジカル反応（例えばアセトアルデヒドの分解）は重合と同様に連鎖機構を経て進行する．核化学において核分裂反応（→原子力エネルギー）は1個の中性子により開始され，1個またはそれ以上の中性子を生じる．これらが同様に振る舞えば連鎖反応が開始されることになる．通常は，中性子を吸収するカドミウム棒

などの減速材が原子炉中に設けられ，核分裂速度を制御している．

連続スペクトル continuous spectrum

スペクトルにおいて，はっきりと規定された線（→線スペクトル）や，はっきりと規定された線からなる帯（→バンドスペクトル）が生じるのは，分子の電子，振動および回転エネルギーの変化は許容されたエネルギーレベル間の遷移に対応した，一定のステップ（量子量）でのみ起こりうるからである．ある種の変化，例えば分子の解離は量子化されたプロセスではない．したがって，もし光がこのようなプロセスが起こっている間に放出されたなら，その周波数はもはや一定の値を持たず，連続した一連の周波数をとることになる．このような系のスペクトルは連続的にみえる．連続スペクトルは解離など非量子化プロセスの特徴である．

連続的向流傾瀉法 continuous counter-current decantation

微粉化した固体を連続的に洗浄して不純物を取り除く方法．一連の連続的沈降濃縮は，固体と溶液を向流で流しながら行われる．

練炭（煉炭） coal briquettes

石炭粉末をバインダー（コールタールピッチや瀝青）と混合，加圧下で加熱して固めたもの．燃料として特に家庭で用いられる．

レントゲン線 Röntgen rays

X線の別名．

レンニン rennin

若い哺乳類の胃にみられる，乳を凝固させる酵素．レンネットという名称でチーズ製造やレンネットカゼイン，凝乳の製造に用いられる．

レンネット rennet

→レンニン

ロ

ロイカルト反応 Leuckart reaction

ケトンや芳香族アルデヒドを高温でギ酸アンモニウムと反応させて第一級アミンを得る反応．

ロイコ化合物 leuco compounds

色素の合成時，あるいは色素の化学変化で得られる，ほとんど無色の生成物をいう．例えばトリフェニルメタン系の色素は Ar_3C^+ の形の原子団を含むが，これを還元するとほとんど無色の Ar_3CH が得られる．ロイコ塩基，例えば Ar_3COH やその他の誘導体も知られている．

ロイシノール leucinol

別名をミモシンという．3-ヒドロキシ-4-オキソ-1(4)-ピリジンである．オジギソウ（ミモザ）から得られる．脱毛剤に用いられる．

ロイシン leucine

$C_6H_{13}NO_2$，$(CH_3)_2CHCH_2CH(NH_2)COOH$．アミノ酸の一種．L-α-アミノイソカプロン酸，無色の板状結晶で，融点は293〜295℃（分解）．光学活性である．ロイシンはタンパク質中に最も豊富に存在しているアミノ酸の1つでもある．

蝋 waxes

ロウ．形式的には，1価の脂肪族アルコールと脂肪酸のエステルで蝋のような性質を持つ化合物を指すが，現在では類似の物性を持つ種々の有機物にまで定義が拡張されている．蝋は撥水性と可塑性を持つ．紙のコーティング，研磨，電気絶縁材，皮革，医薬品に用いられる．典型的な例は，鯨蝋に含まれるパルミチン酸セチル，蜜蝋に含まれるパルミチン酸メリシル．合成の蝋にはポリエーテルがある（訳者記：和蝋はパルミチン酸のグリセリドで，本当の「蝋」ではないが，伝統的にこう呼ばれている）．

鑞材 brazing metal

ろうざい．→ハンダ（半田）

濾過 filtration

流体は通すが固体は通さない膜や媒体(濾紙，

焼結ガラス）を用いて，液体や気体から固体を分離する操作．工業的な沪過では砂床や多孔性面に布または針金のガーゼを敷いたものを用いる．

沪過助剤 filter-aids
スラリーに添加して沪過速度を増加させる物質．ケイ藻土など．

六塩化ベンゼン benzene hexachloride
HCB（ヘキサクロロベンゼン）あるいはBHC（ヘキサクロロシクロヘキサン）のいずれかを指す（後者は本来はヘキサクロロシクロヘキサンなので，これは誤称である）．

六重線 sextet
スペクトルにおいて6本が1組となって近接して出現する遷移．

緑青 verdigris
ろくしょう．銅や青銅が空気に触れて生成する緑色化合物．通常は塩基性炭酸銅（孔雀石，藍銅鉱などを成分とする）であるが，海の近くでは塩基性の塩化物である．英語の「verdigris」は塩基性酢酸銅（顔料用）を指すこともあるが，日本での「緑青」は主に孔雀石タイプの塩基性炭酸銅のみを意味し，藍銅鉱は「岩群青」として別扱いにしてきた．

六炭糖 hexose
→ヘキソース

ロジウム rhodium
元素記号 Rh．白金族金属元素．原子番号45，原子量102.91，融点1964℃，沸点3695℃，密度(ρ) 12410 kg/m^3 (= 12.41 g/cm^3)．地殻存在比 2×10^{-4} ppm，電子配置 [Kr]4d^{8}5s^1．白金族金属の1つ．他の白金族金属とともに存在し，また Ni-Cu 堆積物中に含まれることも多い．還元して金属混合物としたのち，王水に不溶な画分からロジウムを溶融 KHSO$_4$ により抽出し，次いで水で抽出し水和した Rh$_2$O$_3$ として沈殿させる．この水和 Rh$_2$O$_3$ は HCl に溶けてバラ色の (NH$_4$)$_3$RhCl$_6$（元素名の起こりでもある）を生じる．単体は H$_2$ で還元すると得られ，ccp 構造で非常に不活性である．Pt あるいは Pd との合金や触媒として（68%）利用される．

ロジウムの化学的性質 rhodium chemistry
ロジウムは9族元素で，+6(RhF$_6$)〜−1([Rh(CO)$_4$]$^-$) までの酸化数をとる．+6, +5, +4 価の状態は強い酸化力を持ち，Rh(III) が最も安定な状態である．+2価は稀であるが，+1価の平面四角型錯体，特にホスフィンを配位子とするものはよく知られている．+1価の錯体は活性な触媒であり（→ウィルキンソン触媒），容易に八面体の Rh(III) 化合物に変換される．Rh(0) 化合物の多くはカルボニル錯体で，例えば Rh$_2$(CO)$_8$ や Rh$_6$(CO)$_{16}$ がある．Rh(III) は水溶液中で [Rh(H$_2$O)$_6$]$^{3+}$ イオンとして安定であり，例えばアミンなどの窒素原子が配位した錯体や硫酸イオンなどの酸素原子が配位した錯体は安定である．Rh(III) は通常，RhCl$_3$ の水和物やハロゲン化物錯体として得られる．

ロジウムのハロゲン化物 rhodium halides
既知のフッ化物は黒色の RhF$_6$（Rh と F$_2$ から得る，融点70℃），赤色の (RhF$_5$)$_4$（Rh と F$_2$ から得る），赤紫色の RhF$_4$（RhBr$_3$ と BrF$_3$ から得る）および RhF$_3$（RhI$_3$ と F$_2$ から得る）である．[RhF$_6$]$^-$ または [RhF$_6$]$^{2-}$ イオンを含むフッ化ロジウム酸塩が知られている．無水の塩化物は RhCl$_3$（Rh と Cl$_2$ から300℃で得る）のみであるが，水和した塩化物が水溶液から得られる．溶液中では [RhCl$_6$]$^{2-}$，[RhCl$_6$]$^{3-}$ や何種類かのアコ錯体が生成する．RhBr$_3$，RhI$_3$ は安定である．

ロシュミット数 Loschmidt's constant
標準状態における理想気体の単位体積中に含まれる粒子数．以前は 1 cm^3 あたりの粒子数 2.69 $\times 10^{19}$/cm^3 であったが，現在では 1 m^3 中の粒子数（つまりこの 10^6 倍）を指す．なおドイツ語圏ではアヴォガドロ定数をこう呼ぶことが多い．

ロジン rosin
マツの木から得られるオイル中に含まれる固体の樹脂．トール油からも得られる．主成分はアビエチン酸類縁のテルペン系モノカルボン酸類．種々の化合物（エステルなど）の合成，ラッカー，浮遊剤，接着剤，紙のサイジング（にじみ留め）などに利用される．

ローズマリー油 oil of rosemary
ローズマリー（*Rosmarinus officinalis*）から得られる．ボルネオールを含む．リニメントや痛み止めローションに利用される．

ローズ油　oil of rose
　→バラ油
ロタキサン　rotaxanes
　直線状分子を囲む環を持つ化合物．この環は直線状分子から抜けないようになっている．
ローダニン　rhodanine (2-thiooxo-4-thiazolidine)
　2-チオオキソ-4-チアゾリジン．モノクロロ酢酸ナトリウムをジチオカルバミン酸アンモニウムに作用させて得る．フェニルアラニンの合成に用いられる．
ローダミン 6G　rhodanine 6G
　アミノフェノールと無水フタル酸から合成される蛍光性色素．色素レーザーや薄層クロマトグラフィーでの脂質の検出試薬に用いられる．
ローダリン　rhodallin
　→アリルチオ尿素
ロックス爆薬　LOX explosives
　→液体酸素爆発物
ロッシェル塩　Rochelle salt
　$C_4H_4O_6KNa \cdot 4H_2O$．分野によっては「ロシェル塩」という表記が用いられる．酒石酸のカリウムナトリウム塩．ブドウ酒の製造時に得られる．→酒石酸ナトリウムカリウム
六方最密充填構造　hexagonal close-packing
　→最密充填構造
六方晶系　hexagonal system
　主軸が6回対称を持つ晶系．単位胞は三方晶系とみなすこともできる．例えばNiAsがこの晶系をとる．
ロディナール　rodinal (4-hydroxyaminobenzene)

$H_2NC_6H_4OH$．パラアミノフェノール（4-ヒドロキシアミノベンゼン）の別名．
ロドプシン　rhodopsin
　視紅ともいう．眼の主要な光感受性色素で，タンパク質であるオプシンとレチノールからなる．
ロート油　turkey-red oil
　スルホン化したヒマシ油で，主成分はリシノールスルホン酸，リシノール酸，無水リシノール酸．ターキレッドで染色する綿繊維の製造や脱泡剤に利用される．
ローヤルゼリー　royal jelly
　女王バチの幼虫にとっての唯一の栄養分．
ローレンシウム　lawrencium
　記号はLr．103番元素で，アクチニド元素の最後のメンバーである．最長寿命同位体は^{262}Lrで半減期216分（3.6時間），同位体質量は262.10982である．融点1627℃．密度（ρ）$=11350\,kg/m^3\,(=11.350\,g/cm^3)$，電子配置$[Rn]5f^{14}6d^17s^2$．ローレンシウムの同位体は，サイクロトロンかリニア加速器中でカリホルニウムをターゲットとして^{10}Bか^{11}B原子核を衝突させて得られる．+3の酸化状態のみが安定である．きちんとした固体の化合物はまだ知られていない．
ロンドン相互作用　London interactions (dispersion interactions)
　非極性分子においてみられる誘起双極子間の相互作用．分散相互作用ともいう．
ローンペア　lone pair
　→孤立電子対

ワ

ワーグナー-メールワイン転位
Wagner-Meerwein rearrangement
　アルケンへの付加反応，アルケン生成反応，置換反応の際に起こる炭素骨格の転位．転位ではアルキル基移動や環構造の変化が起こり，二環性テルペンでよくみられる．反応機構はピナコール-ピナコロン転位と同じである．

ワセリン（商品名）　Vaseline
　柔らかいパラフィンの商品名．ペトロラタム．セレシン．

ワッカー法　Wacker process
　エチレンを水溶液中で $PdCl_2$ 触媒を用いて空気酸化して，アセトアルデヒドを得る方法．70〜80℃でエチレンの酢酸溶液を用いると酢酸ビニルが得られ，アルコール中で行うとビニルアルコールが得られる．プロピレンも同様に反応してアセトンを生じる．

ワット　watt
　電力（仕事率）の単位．1W（ワット）=1J（ジュール）/s（秒）．

ワルデン反転　Walden inversion
　光学活性化合物において不斉炭素に結合している原子または原子団の1つが他の原子または原子団で置き換わる際に，生成物のキラリティが出発物質と逆転することがある．これを利用すると，ラセミ化合物を作ってそれを分割することなしに一方のエナンチオマーから他方を得ることができる．ワルデン反転は，四面体炭素原子に対し攻撃する試薬が脱離基の脱離と同時に起こる二分子的求核置換反応において起こる．求核剤は分子の脱離基と反対側から起こるため，立体配置の反転が起こる．

監訳者あとがき

　このごろ，「手元に常備しておいて，手軽に参照できる化学用語の小辞典というものがないのか」というご意見を賜ることが多くなりました．これは以前からデータベース検索の折などで大問題でありまして，あまりにも大部のものは使い勝手が悪いし，小規模のものは必要とする肝心の情報が欠けてばかりで役に立たないというのが現実であります．時代が進んできて，電子辞書だとかウィキペディアなどが出現したことはもちろんですが，これらよりも手軽に使えて，適当な量の情報を含んでいる信用度の高い化学分野の小辞典というものは，やはり現在といえどもなかなか適当なものがありません．受験用の薄っぺらなものを別としますと，我が国のこの種の辞典というものはどうしても分厚くなりがちで，ややもすれば図書館の参考図書コーナーに収められて禁帯出扱いとなり，手近に置いて必要な時に手軽に探すのは難しくなっているのが現状であります．

　この『ペンギン化学辞典』は，すでに英国でいくつも版を重ねている定評のあるものですが，元々は彼の地の高校生から大学初年次（2年生ぐらいまでと原著の序文には記してありますが）までの学生・生徒諸君の役に立つように企画されたもので，さらに身辺にたくさんある農薬などの身近な薬剤までを広く包括しているのはかなりユニークであります．このあたりは我が国の普通の学術用語主体の化学の辞典とはいささか違った編集方針ではありますが，そのために実生活に近い方ではむしろ有益といえるかと存じます．

　編者のD. W. A. シャープ教授は，巻頭の「編集者紹介」にもありますように，長年スコットランドのグラスゴー大学の化学教室に在任されていて，もともとフッ素化合物の無機化学がご専門でありました．多数の論文に執筆されている傍ら，以前から有名であったマイアルの化学辞典（ロングマン社から刊行）の共同編集・執筆などもされていたのですが，1983年からこのペンギンの化学辞典の編集主幹を担当されるようになり，何度も大改訂をされてすでに第3版となっています．これほどの豊かな内容を限られた紙数に採録するのは並大抵のことではありませんが，広い範囲のものを過不足なく巧みにまとめ上げられている手腕は敬服の至りです．

　本書の翻訳は，お茶の水女子大学の森　幸恵，宮本惠子　両博士がそれぞれ分担されて訳稿をつくられたものに，当方がその後の統一や加筆，重複分の削除などを行うという役割分担で行ったのですが，原本の校正ミス（これは英国で普通に使われ

監訳者あとがき

ているワードプロセッサーの組込み辞書のせいらしい)の修正や，国情の違いによる説明文章の書き換えなど，我が国の利用者各位にとっても努めて違和感がなくなるようにといろいろ苦心致しました．横文字のスペリングは英国式になっていまして，我が国ではおなじみの米国方式ではないのですが，これを全部について加筆・改訂するのはあまりにも煩雑なので，わざわざ直すことはやめました．

なお原著では，かなり多数の農薬類が見出し語として取り上げられていますが，単なる分類だけのわずか一行の簡略な説明があるだけです．これでは不便なので，利用者の便を考えて末尾にまとめて表の形とし，CASの登録番号ときちんとした分類をこちらで調べ直して付記してあります．これには定評のあるデータベースの「Compendium of Pesticide Common Names（http://alanwood/pesticides/）」を参照の上，誤綴など管見の限り訂正致しましたが，何しろ数が多いのでまだ見落としのある可能性は残っています．ご叱正を賜れれば幸甚と存じます．なお，CAS登録番号の項が「不明」となっているものがいくつか残っていますが，これはいろいろ探索しても元の正しいスペルがまだ判明していない化合物です．

本辞典の翻訳に関する一切の雑事を巧みに処理していただいた朝倉書店編集部にここに厚く感謝するものであります．

平成23年1月　八王子にて

山　崎　　昶

付　録

記号一覧表（アルファベット順）

記号	解説
c	真空中での光の速度 2.997×10^8 m/s
F	ヘルムホルツの自由エネルギーを表す記号
G	ギブスの自由エネルギーを表す記号
H	エンタルピーを表す記号
J	核磁気共鳴におけるスピン-スピンカップリング定数，単位はヘルツ（Hz）
R	立体配置の記号
Rf, Rr, Rs	クロマトグラフィーにおける溶質の保持率の尺度．「溶質の移動距離」の「移動相の移動距離」に対する比として定義される
S	エントロピーの記号
U	内部エネルギーを表す記号
Z	原子番号（陽子数）

原子団一覧表（アルファベット順）

原子団	解説
Ac	アセチル基の略記号
acac	配位子としてのアセチルアセトナト陰イオンの略称，アセチルアセトナト配位子
Bs	ブロシル基（p-ブロモベンゼンスルホニル基）の略記号
Bz	ベンゾイル基 C_6H_5CO- の略記号
Cp	シクロペンタジエニル基の略記号
Cp*	メチルシクロペンタジエニル基の略記号
dansyl	セリンプロテイナーゼの活性部位調査に用いられる 5-ジメチルアミノナフタレン-1-スルホニル誘導体（例えば塩化物やフッ化物）を表す短縮記号
diphos	配位子としてのジホスフィン（テトラフェニルエチレンジホスフィン）の略称
Et	エチル基 C_2H_5- の略記号
Me	メチル基 CH_3- の略記号
Ph	フェニル基 C_6H_5- の略記号
Pr	プロピル基 C_3H_7- の略記号

接頭語一覧表（アルファベット順）

接頭語	解説
nor-	接頭辞ノルが最もよく用いられるのは，有機化合物の名称で CH_2 基が1つ欠けていることを示す場合である．例えばノルニコチンの分子式は $C_9H_{12}N_2$ であり，ニコチンは $C_{10}H_{14}N_2$ である．同様の慣例がステロイドに対しても用いられる．テルペン類の命名法で，ノルは母体化合物からすべてのメチル基が除かれていることを意味する．しかし，アミノ酸では，ノルは分枝構造の慣用名に対応する直鎖の異性体を示すのに用いる．すなわちノルバリンとは 2-アミノ-n-酪酸である

接頭語	解 説
μ-	架橋構造に対する記号．例えば気体状の塩化アルミニウムは $[Cl_2Al(\mu\text{-}Cl)_2AlCl_2]$
allo-	化合物名においては近縁関係を示すが，特に 2 個の不斉炭素原子が 1 分子内に存在しているときのジアステレオマーの関係を表す場合と，非天然形異性体を表す場合によく用いられる．アロトレオニンはトレオニンとジアステレオマーの関係にある．アロケイ皮酸は後者の例で cis-ケイ皮酸を指す．アロコレステロールも通常のコレステロールの異性体で，天然に存在しないものである
anhydro	1 分子あたり水素分子 1 個以上（つまりプロトン 2 個以上）が除去されていることを示す，有機化合物用接頭辞
arachno-	ボランアニオン類
cis-	隣り合うようにならんだ配位子または基を持つ異性体を示す用語．→表中の trans- 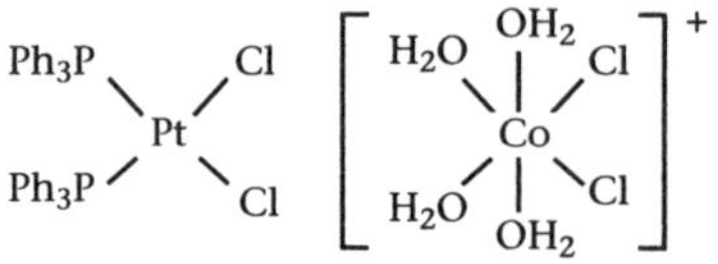
closo-	→ボランアニオン類
D-	単糖などの分子の立体配置を (+)-グリセルアルデヒドを基準にして指定するときにも D を使用する．(−)-グリセルアルデヒドに類似の分子は L をつける
E-（entgegen）	二重結合に関する 2 つの基の立体配置を表す表記．→異性
endo-	原子または原子団に関して，分子中のその他の部分に対する配向を表す接頭辞．特に環状分子に対して用いることが多いが，それに限定されるわけではない．置換基が分子の内側（凹面）を向いていることを表す．そのような定義が疑わしい例もある．立体化学が逆の異性体は接頭辞 exo- で表す
epoxy-	分子内に炭素原子 2 個と酸素原子 1 個からなる三員環を持つことを示す接頭辞．例えばエポキシエタン，オキシラン類 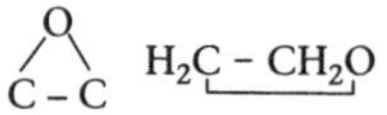
erythro-	ジアステレオマーであるトレオ（threo）体と区別するために用いられる接頭辞．エリトロ型とトレオ型との区別はエリスリトールとトレオースの立体化学との類似で決める．エリトロ体は隣接する不斉炭素に結合した少なくとも 2 組の類似置換基が重なり配座をとるジアステレオマーと定義できる．ニューマン投影図で表すと，右端の図のようになる． 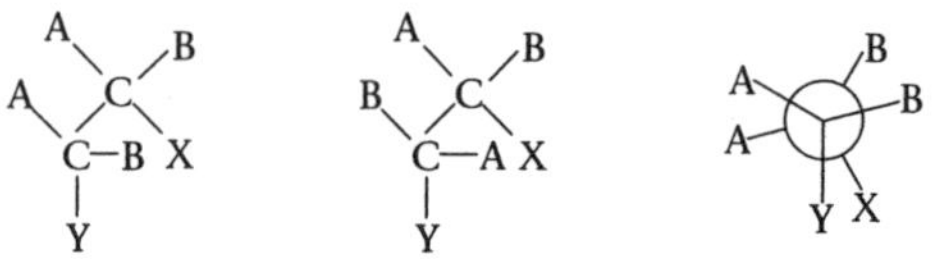
exo-	→表中の endo-

接頭語	解説
gauche	2つの基が，重なり配座ではないがトランスの関係ではないコンホーメーション．例えば下図のヒドラジンで非共有電子対同士がゴーシュの関係にある 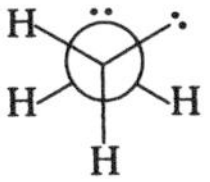 ニューマン投影図
gem-	ある1対の置換基同士が同一の原子に結合していることを表す接頭辞．ジェミナル，ゼミナルと表記している書物もある．例えば $F_3Si-SiCl_2-SiF_3$ は gem-ジクロロヘキサフルオロフルオロトリシランという
gerade (g)	オービタルが空間的な対称心を持つことを示す接頭辞．対称心を保たないものは un-gerade と記す
h-	→表中の hapto-
hapto-	配位子中のアクセプターに結合している原子の数を表す．例えばフェロセン $(C_5H_5)_2Fe$ では，シクロペンタジエニル配位子の五員環の炭素原子が対称に結合しているので，$(h^5-C_5H_5)$ または $(\eta^5-C_5H_5)$ と表す
homo-	有機化学において，ある構造に対して $-CH_2-$ が1つ多いだけの違いであることを表す接頭辞．脂肪族，脂環式，芳香族化合物に対して用いられる 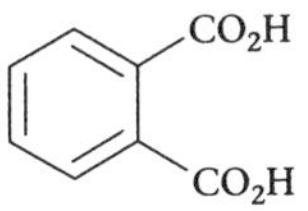 フタル酸 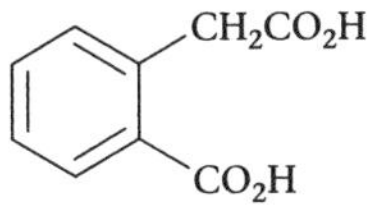　　　ホモフタル酸
hydroxy-	有機化学でヒドロキシ基（-OH）を含むことを表す接頭辞
L-	立体配置を表す記号．反対側の立体配置は D
lel	→キレート化合物
nido-	開いた構造を指す．例えば $B_4C_2H_8$. 鳥の巣のような形状から．→カルボラン類，ボラン類
ob-	→キレート化合物
ortho-	ベンゼンの二置換誘導体において，接頭辞オルトは構造を規定する意味を持つ．オルトクレゾールは通常 o-クレゾールと表記され，メチル基とヒドロキシ基は互いにオルトの関係にあるという．置換基の位置を数字で表せば o-クレゾールは2-ヒドロキシトルエンである．無機化学の世界では，オルトという接頭辞はオルトリン酸塩（またはエステル），オルト炭酸塩（またはエステル），オルトギ酸塩（またはエステル），オルトケイ酸塩（またはエステル）においても用いられ，それぞれ $PO(OH)_3$, $C(OH)_4$（仮想的な物質），$HC(OH)_3$, $Si(OH)_4$ の誘導体を指す．この場合は "o-" と略さずに "オルト" と表記する 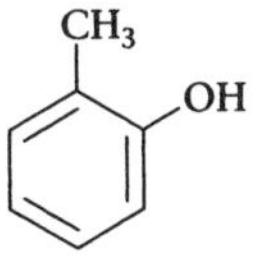
para-	パラクレゾール（p-クレゾール）において CH_3 と OH は互いにパラの関係，すなわち1位と4位の関係にある．したがって系統的命名法では4-ヒドロキシメチルベンゼンまたは-ヒドロキシトルエンという．このようにパラという接頭辞はベンゼンの

接頭語	解　説
	二置換体に対して用いられるが，パラ水素やパラアルデヒドのような場合は構造と系統的な関係はないので，"*p-*"と略さずに常に"パラ"と記す

（*p*-クレゾール構造式：CH₃基とOH基がパラ位に置換したベンゼン環）|
peri-	ナフタレン環の1位と8位を占める基の位置関係を表す接頭辞．特殊な場合は2つの基が第3の環の一部をなしていることもある．なお1-ナフチルアミン-8-スルホン酸はペリ酸と呼ばれることもある
poly-	多量体を表す接頭辞．頭に「ポリ」のつく各項目を参照されたい．例えば，ポリアクロレイン⇒アクロレインポリマー
R-	立体配置の記号
S-	立体配置の表記
sesqui-	2：3の比であることを示す
syn-	特定の置換基同士が分子の同じ側にある配置．→異性
threo-	→表中の erythro-
trans-	同種の原子（団）が互いに隣り合わない位置（反対側）に結合している異性体を表す語．→表中の *cis*-

（*trans*-正方型 [Pt(PPh₃)₂Cl₂] および *trans*-八面体型 [Co(H₂O)₄Cl₂]⁺ の構造式） |
ungerade (u)	軌道関数（オービタル）のパリティが反対称（対称心に関して反転する）であることを表す記号．Gerade（記号 g で表す，パリティが偶）は軌道関数の符号が対称心に対して等しい
vic-	→ヴィシナル
Z-	二重結合周りの立体化学を表す記号．ドイツ語の「zusammen」（一緒に）に由来している．E- と比較のこと

単位一覧表（アルファベット順）

記号	解　説
μ	ミクロン micron. 10^{-6} m. 現在ではマイクロメートル（μm）を用いることになっている
A	アンペア ampere. 電流の大きさを表す単位で，1アンペアとは1秒当たり1クーロンの電気量，電子に換算すると，6×10^{18} 個の電子が流れること．MKSA 単位系（SI 単位系）の基本単位である
Å	オングストローム単位 Ångstrom unit. 長さを表す非 SI 単位で，1Å は 10^{-8} cm（= 10^{-10} m）に等しい．分子や格子の大きさ，可視光の波長などを表すのに用いられる．1 nm = 10 Å

記号	解説
bar	バール．圧力の単位で，特に高圧に用いられる．1 バール $= 10^5 \text{N/m}^2 = 10^5$ パスカル．1 バールはおよそ 1 気圧
barn	バーン．核反応において，反応確率は断面積 σ で表すことができる．1cm^3 当たり $3N$ 個の標的原子に I_0 個の粒子を衝突させると，試料を通過する粒子の数は次の式で与えられる．$$I = I_0 \exp(-N\sigma x)$$ ここで x は標的試料の厚みである．標的原子の断面積 σ をバーンで表す．1 barn $= 10^{-28} \text{m}^2$
Bq	ベクレル becquerel．放射能強度の単位．単位時間当たりの壊変数
Btu	→英国熱量単位
Gy	グレイ Grey．放射量の単位
Hz	ヘルツ hertz．振動数の単位．s^{-1}
J	ジュール joule．MKSA 単位系（SI 単位系）におけるエネルギーの単位
kg	キログラム kilogram．MKSA 単位系（SI 単位系）における質量の基本単位
L	① リットル litre．体積の単位．$1 \text{dm}^3 (= 1000 \text{cm}^3)$．現在では 10^{-3}m^3 として定義されている．小文字で立体の「l」が正式であるが，大文字の「L」も認められている ② ラングミュア langmuir．表面にガスを吸着させるときの曝露量（ドーズ量）を示す単位で，1×10^{-6} Torr のガス雰囲気に基板を 1 秒間曝したときを 1 L（= Torr·s）とする．ほぼ単分子層を形成するほどの曝露量に相当する
mμ (nm)	ミリミクロン millimicron．以前に物理学方面でよく用いられた長さの単位．現在では nm（ナノメートル）を用いることになっている．すなわち 10^{-9} m
mmHg	ミリメートル水銀柱 millimetre of mercury．圧力の非 SI 単位．1 mmHg = 133.3 Pa．1 Torr にほぼ等しいが，こちらは SI 単位系で厳密に定義された補助単位となっている
Pa	パスカル pascal．SL 単位系の圧力の単位．$1 \text{Pa} = 1 \text{N/m}^2$
psi	pounds per square inch (p.s.i.)．英国における圧力の単位（非 SI 単位）．1 psi = 6.894 kPa
rad	放射線量の単位．SI 単位系でのグレイの 1/100 に当たる
röntgen	レントゲン（単位）．イオン化性放射線の量を表す．ヒトの全身に対する一度の被曝における致死レベルは約 500 レントゲン．現在ではあまり使われなくなってきた．最近はクーロン/kg で表す
S	シーメンス siemens．伝導度の単位は S/m
Sv	シーベルト sievert
t	トン tonne．1 t = 1000 kg

略語・略記号一覧表（アルファベット順）

略語・略記号	解説
L	アヴォガドロ定数（アボガドロ数）を表す記号．ほかに L_A や，N が用いられることも多い
N_A	アヴォガドロ定数（アボガドロ数）．L や L_A を用いることもある
AAS	原子吸光分析の略称
ACT	活性錯合体理論（activated complex theory）の省略形→活性化エネルギー
ADP	→アデノシン二リン酸
AES	→オージェ電子分光法
AMP	→アデノシン一リン酸

略語・略記号	解 説
ATP	→アデノシン三リン酸
ATR	→減衰全反射法
AZT	→アジドチミジン
BAL	British Anti-Lewisite. ジメルカプトプロパノールの別名「British Anti-Lewisite」の略称．→ジチオグリセリン
bcc	→体心立方結晶
BCF	ブロモクロロジフルオロメタン（bromochlorodifluoromethane）$CBrClF_2$．消火器で使用されてきたガス．徐々に使われなくなってきている
BET 吸着等温式	→吸着等温式
BHC	benzene hexachlorideHCH, hexachlorocyclohexane. $C_6H_6Cl_6$. ベンゼンヘキサクロリド，HCH，ヘキサクロロシクロヘキサン，有機塩素系殺虫剤．粗製の BHC は何種類か（少なくとも5種類）の異性体の混合物であるが，このうち殺虫効果の最も強いものは γ 異性体（ガメキサン，リンデン）である．合成に際してはベンゼンを紫外線照射下で塩素化する．γ 異性体を分離するには分別結晶法によるが，単離した純品は無色結晶で融点 113℃ である
BHT	2,6-ジ-*tert*-ブチル-4-メチルフェノール（2,6-di-*tert*-butyl-4-methylphenol）．通常はジブチルヒドロキシトルエンと呼ばれる．略語もこちらのアクロニムである．抗酸化剤としてエーテルなどに添加して過酸化物の生成を防止する
BMC 試薬	極めて強力な過塩素化剤（H をすべて Cl に置換する）で S_2Cl_2，SO_2Cl_2 および $AlCl_3$ の混合物．この名称は考案者の M. Ballester, C. Molinet, J. Castaner のイニシャルをとったものである．*J. Am. Chem. Soc.*, **82**, 4254-4258（1970）
BOC	特にペプチド中のアミノ基を保護するのに用いられる *t*-ブトキシカルボニル基．一般にアミノ二炭酸ジ-*t*-ブチル基を用いて導入する
BTM	CF_3Br．ブロモトリフルオロメタン．無色の気体．沸点 −59℃/740 mm．比較的毒性の低い推進剤として消火器（例えば乾燥粉末消火器）に用いられてきた．フルオロホルム CHF_3 の臭素化により生成する．使用は徐々に減っている
BTX	低沸点芳香族化合物，すなわちベンゼン，トルエン，キシレンの混合物
CA	ケミカルアブストラクツ（Chemical Abstracts）の略（登録番号など）
ccp	立方最密充填構造の略記号
CD	円偏光二色性
CFC	クロロフルオロカーボン類．→フレオン
CI	カラーインデックス
CIDNP	シナップ，あるいはシドナップと読む向きもある．化学誘起動的核分極．高速反応を研究する NMR 手法で，スペクトルは通常とは異なる NMR 強度を持つ
CNDO	→デバイ−ヒュッケル理論
cp	結晶構造の中で六方最密充填構造と立方最密充填構造（面心立方格子）をいう
CRG プロセス	catalytic rich gas process. 接触濃厚ガスプロセス．ナフサ原料からニッケル触媒を用いて約 775 K で天然ガス代替品を製造する接触低圧プロセス．生成物はメタン，二酸化炭素および若干の水素の混合物である．満足できる性質が得られるまでには，メタン生成，二酸化炭素除去およびプロパンのブレンドが必要となることがある
CRLS	フーリエ変換法を用いた赤外分光法．IR-CRLS
CS ガス	→マロノニトリル
CTAB	セチルトリメチルアンモニウム臭化物．→セトリミド
CVD	化学真空蒸着（chemical vapour deposition）
DABCO	1,4-ジアザビシクロ [2,2,2] オクタン
DAST	ジエチルアミノ硫黄三フッ化物（dimethylaminosulfur trifluoride），Et_2NSF_3．フッ

略語・略記号	解 説
	素化剤.例えば CHO を CHF_2 に変換する.反応は SF_4 と似ているが,より使いやすい
DCO	脱水ヒマシ油
DDT	以前に広く用いられていた重要な殺虫剤.有機塩素系化合物
DEHP	→フタル酸エステル
DME	滴下水銀電極 (dropping-mercury electrode)
DMF	ジメチルホルムアミド (dimethyl formamide)
DMFC	直接的メタノール燃料電池 (direct methanol fuel cell)
DMSO	ジメチルスルホキシド (dimethyl sulphoxide)
DMT	テレフタル酸ジメチル (dimethyl terephthalate).→フタル酸エステル
DNA	デオキシリボ核酸 (deoxyribonucleic acid).→核酸
DNBP	ジニトロブチルフェノール
DNOC	ジニトロクレゾール
DOAS	差分吸収分光法 (differential optical absorption spectroscopy)
dopa	→ 3,4-ジヒドロキシフェニルアラニン
DSC	微分走査熱量測定 (differential scanning calorimetry).→熱分析
DTA	示差熱分析 (differential thermal analysis).→熱分析
EDTA	エチレンジアミン四酢酸 (ethylenediaminetetraacetic acid) の略称
EDXRF	→ X 線蛍光
EELS (HREELS)	electron energy loss spectroscopy. 電子エネルギー損失分光法.電子線を表面で反射させて分析する手法.原子の同定に利用できる
EFA	必須脂肪酸 (essential fatty acids)
ENDOR	ENDOR (electron nuclear double resonance). 電子-核二重共鳴.磁場中でラジオ波を照射して局所構造を決定する手法
EPMA	→電子線プローブマイクロアナライザー
EPO	エリスロポエチンの略称
EPR	電子スピン共鳴(電子常磁性共鳴)の略称
ESCA	electron spectroscopy for chemical analysis.→光電子分光法
EXAFS	広域 X 線吸収微細構造分光 (extended X-ray absorption fine structure spectroscopy). 高強度の X 線 (例えばシンクロトロン放射光) を照射して分子構造を決定する分光法
FAD	フラビンアデニンジヌクレオチド (flavin-adenine dinucleotide)
FMN	→フラビンモノヌクレオチド (flavin mononucleotide)
FT-IR	フーリエ変換赤外分光.通常の透過 IR スペクトルでも表面の研究でも用いられる.干渉法に基づいている
G	万有引力定数
GC-IR	ガスクロマトグラフィー-IR 分光
GC-MS	ガスクロマトグラフィー-質量分析 (gas chromatography-mass spectroscopy).→クロマトグラフィー
GC-NMR	ガスクロマトグラフィ-NMR 分光法
GLC	gas liquid chromatography.→クロマトグラフィー
GPC	gel-permeation chromatography. ゲル浸透クロマトグラフィー (gel-permeation chromatography).→ゲル沪過
HCH	→ベンゼンヘキサクロリド
hcp	六方最密充填 (hexagonal close-packed).→最密充填構造
HETP	理論段高.→理論段

略語・略記号	解説
HMPA（HMPT）	→ヘキサメチルホスホルアミド
HMX	シクロテトラメチレンテトラニトラミン．ニトロアミン系爆薬．高融点爆薬（high melting explosives）の省略形
HOMO	最高占有軌道．→フロンティアオービタルの対称性
HPLC	高速液体クロマトグラフィー
HREELS	→表中のEELS
HRMS	分子式の決定に用いられる
HSAB 理論	HSAB theory．→ハード・ソフト-酸・塩基理論
i.r.	赤外線の略号
IMS	工業用変性アルコール（Industrial methylated spirits）の略称
IRS	Internal reflection spectroscopy．内部反射スペクトル．固体のIRスペクトルの測定手法の1つ
IRS	IR spectroscopy．→赤外線分光学
IRS	内部反射分光学
LCAO法	分子オービタルを原子オービタルの一次結合として表現しようという計算方法
LCD	液晶ディスプレイ（liquid crystal display）の省略形
LIBS	レーザーアブレーションの略称
LNG	液化天然ガス（liquefied natural gas）の略称
LPG	液化石油ガス（liquefied petroleum gas）の略称
LSD	リセルギン酸ジエチルアミドの略称．幻覚剤
LTC	低温炭化法（low-temperature carbonization）の略称
LUMO	最低空軌道（lowest unoccupied molecular orbital）の略称．→フロンティアオービタルの対称性
MDI	メチレン-ジ（フェニルイソシアナート）の略称
MDMA	エクスタシー，規制対象薬物（覚醒剤）
MEK	メチルエチルケトンの略称
MIBK	メチルイソブチルケトン（ヘキソン）の略称
MMT	メチルシクロペンタジエニルマンガントリカルボニル（methylcyclopentadienyl manganese tricarbonyl）．オクタン価向上のための燃料添加物であるが，現実にはほとんど使われない．
MO	分子オービタルの略称
MOPS	3-モルホリノプロパンスルホン酸（3-morpholino-propanesulphonic acid）．生化学用緩衝剤
MS	質量分光法（mass spectroscopy）の省略形．→質量分析計
MSG	グルタミン酸一ナトリウム．→グルタミン酸
MTBE	メチル t-ブチルエーテル（methyl t-butyl ether）の略記号．ガソリンの添加剤（アンチノック剤）として利用されるが，その使用は削減されつつある
NAA	中性子放射化分析法（neutron activation analysis）の略称
NAD	ニコチンアミドアデニンジヌクレオチド（nicotinamide adenine dinucleotide）の略
NADP	ニコチンアミドアデニンジヌクレオチドリン酸（nicotinamide adenine dinucleotide phosphate）の省略形
NBS	N-ブロモスクシンイミドの省略形
NIR	近赤外線（near infrared）の省略形
NMR	核磁気共鳴（nuclear magnetic resonance）の略
nmr シフト試薬	n.m.r. shift reagents．→シフト試薬
NOE	→オーヴァーハウザー効果

略語・略記号	解説
NQR	核四極子共鳴（nuclear quadrupole resonance）の略称
NTA	ニトリロ三酢酸（nitrilotriacetic acid）の略称．$N(CH_2COOH)_3$
ntp	標準温度圧力条件
OAS	光音響分光（optoacoustic spectroscopy）の略称
ORD	旋光分散（optical rotatory dispersion）の省略形
PAB	→ 4-アミノ安息香酸
PAH	多環式芳香族炭化水素（polycyclic aromatic hydrocarbons）の省略形．隕石中にも見られる．環境汚染の原因物質でもあり，発ガン性を持つものもある
PAS	光音響分光法（photo-acoustic spectroscopy）の省略形
PAS	パラアミノサリチル酸（抗結核薬，4-aminosalicylic acid）の省略形
PCB	ポリ塩化ビフェニル（polychlorinated biphenyls）の省略形
PCR	ポリメラーゼ連鎖反応（polymerase chain reaction）の省略形
PEG	ポリエチレングリコール（polyethylene glycol）の略称
PES	光電子分光法（photoelectron spectroscopy）
PET	→ポリエチレンテレフタレート
PET	陽電子放出トモグラフィー（positron emission tomography）の省略形
PETN	→四硝酸ペンタエリスリトール
pH	水素イオン濃度指数．JIS では読み方としてピーエッチを採用しているが，通用範囲はあまり広くない．わが国では伝統的にドイツ読みのペーハーが通用している
PIPES	1,4-piperazine-bis-(2-ethene sulphonic acid)．$HSO_3N(C_2H_4)NSO_3H$．1,4-ピペリジンビス（2-エタンスルホン酸）．双性イオン型化合物．生物学用緩衝剤として利用される
pK	溶液中で一部が解離している弱酸 HA では次式の平衡が成立している．HA (solv.) $\rightleftharpoons H^+$(solv.) $+ A^-$(solv.)．平衡定数 K は $K = [H^+][A^-]/[HA]$ で定義される．濃度が低いときには活量の代わりに濃度が用いられている．平衡定数の対数にマイナスを付けた数を pK という．すなわち $pK = -\log K$．酸の pK は pK_a と表す．同様に塩基 BOH では pK_b は $pK_b = -\log K_b$ で表され，ここで $K_b = [B^+][OH^-]/[BOH]$ である
PMMA	ポリメタクリル酸メチル（polymethylmethacrylate）の省略形
POPOP	1,4-ビス(5-フェニルオキサゾール-2-イル)ベンゼン（1,4-bis(5-phenyloxazol-2-yl) benzene）．最初は液体シンチレーター用に開発された蛍光色素．色素レーザーでも用いられる
POPS	難分解性有機汚染物質（persistent organic pollutants）．環境中に永く残存し，動物の脂肪に蓄積される物質
PSEPT	多面体構造電子対理論（polyhedral skeletal electron pair theory）の省略形
PTA	テレフタル酸の省略形
PTFE	ポリテトラフルオロエチレン（polytetrafluoroethylene）の省略形．→フッ素含有ポリマー
PVC	ポリ塩化ビニルの省略形．わが国の「塩ビ」にあたる
R,S 方式	R, S convention．→光学活性
RBS	ラザフォード後方散乱（Rutherford back-scattering）の省略形
RDX	RDX (1,3,5-trinitro-1,3,5-triazacyclohexane, cyclonite)．重要な爆薬であるサイクロナイト（1,3,5-トリニトロ-1,3,5-トリアザシクロヘキサン）の略記号
rH	ある系と平衡状態にある水素分圧の逆数の対数．すなわち $rH = -\log p$．酸化還元反応の絶対尺度として用いられる
RNA	→核酸
SAM	自己集積単分子層（self-assembled monolayer）．自己組織化膜

略語・略記号	解説
SBP spirits	特定沸点を示すエタノールと水の混合物
SBR	styrene-butadiene rubber. スチレン・ブタジエンゴム
SEC	サイズ排除クロマトグラフィー (size exclusion chromatography) の省略形
SEM	→走査電子顕微鏡法
SERS	表面増強ラマン散乱 (surface-enhanced Raman scattering). 表面の研究に用いられる手法
SEXAFS	surface extended X-ray absorption fine-structure spectroscopy. シンクロトロン放射光を利用した表面観測
SIM	走査イオン顕微鏡 (scanning ion microscopy) の略称. 特に表面層の元素および同位体組成の研究に用いる
SIMS	二次イオン質量分析 (secondary ion mass spectroscopy) の略称
SMB	擬似移動床法 (simulated moving bed technology) の略称
SNG	代替天然ガス (substitute natural gas) の省略形
SQUID	superconducting quantum interference device. 超伝導利用量子干渉計 (superconducting quantum interference device) の省略形. 磁化率を精密に測定する装置
STM	→走査トンネル顕微鏡法
stp	標準温度, 圧力条件 (standard temperature and pressure) の略称
TAPS (TAPSO)	プロパンスルホン酸誘導体. 生化学用緩衝剤
TBAE	酢酸 t-ブチルの略称
TCDD	テトラクロロジベンゾジオキシンの略記号. →ジオキシン
TCNE	テトラシアノエチレン (tetracyanoethylene) の略記号
TDI	トルイレン-2,4-ジイソシアナート (tolylene-2,4-diisocyanate)
TEL	四エチル鉛 (Et_4Pb) の略称. →四エチル鉛
TEMED	N,N,N',N'-テトラメチルエチレンジアミンの略称
THF	テトラヒドロフランの略称
TLC	薄層クロマトグラフィー (thin-layer chromatography). →クロマトグラフィー
TLV	閾値限界濃度 (threshold limit values)
TMA	→トリメリット酸
TMEDA (TEMED)	テトラメチルジアミノエタン (=テトラメチルエチレンジアミン)
TML	四メチル鉛 (lead tetramethyl)
TMS	テトラメチルシラン (tetramethylsilane)
TMTD (TMTDS)	テトラメチルチウラムジスルフィド. →チウラムジスルフィド
TNT	トリニトロトルエン (trinitrotoluene)
TON	→ターンオーバー数
UV	紫外線
VOC	揮発性有機化合物 (volatile organic compound) の略記号. 特に塗料やポリマーに関して用いられる
VSEPR 理論	VSEPR theory. →原子価理論
VX	強力な神経毒ガス. O-エチル-S-2-ジイソプロピルアミノエチルメチルホスホノジチオン酸
WDXRF	波長分散型 X 線蛍光分析法 (wavelength dispersive x-ray fluorescence) の略
WLN	ウィスウェッサー線形表記法
XAFS	X-ray absorption fine structure. X 線吸収微細構造
XPS	X 線光電子分光. X-ray photoelectron spectroscopy の略語

農薬一覧表

必要があれば，データベース「Compendium of Pesticide Common Names (http://alanwood.net/pesticides/)」を参照されたい．

表　記	大分類	CAS登録番号	系
1-naphthyacetic acid	植物生長調整剤	86-67-3	アリール脂肪酸系
1-naphthyl-*N*-methylcarbamate	殺虫剤	63-25-2	カルバメート系
1,3-dichloropropane	殺線虫剤	142-28-9	有機塩素剤
2-hydrazinoethanol	植物生長調整剤	109-84-2	
2-naphthyacetic acid	植物生長調整剤	3547-33-9	アリール脂肪酸系
(2-naphthyloxy) acetic acid	植物生長調整剤	120-23-0	アリールオキシ脂肪酸系
2-(octylthio) ethanol	昆虫忌避剤	3547-33-9	チオエタノール系
2-phenylphenol	殺菌剤	90-43-7	アリールオキシフェノール系
2-(1-naphthylacetamide)	植物生長調整剤	86-86-2	
2,3,6-TBA	除草剤	50-31-7	安息香酸系
2,4-D	除草剤	94-75-7	有機塩素剤
4-CPA	植物生長調整剤	122-88-3	有機塩素剤
abamectin (averectin)	殺虫剤, 殺ダニ剤	71751-41-2	天然物質
AC 263222	除草剤	81334-60-3	イミダゾリノン系
AC 94377	植物生長調整剤（発芽促進）	51971-67-6	カルボキサミド系
acephate	殺虫剤	30560-19-1	有機リン酸系
acifluorfen	除草剤	50594-66-6	ニトロフェニルエーテル系
aclonifen	除草剤	74070-46-5	ニトロフェニルエーテル系
acrinathrin	殺ダニ剤, 殺虫剤	101007-06-1	ピレスロイド系
AKH-7088	除草剤	104459-82-7	
alachlor	除草剤	15972-60-8	有機塩素剤
alanylcarb	殺虫剤	83130-01-2	カルバメート系
aldicarb	殺虫剤, 殺ダニ剤, 殺線虫剤	116-06-3	カルバメート系
aldrin	殺虫剤（以前の）	309-00-2	有機塩素剤
allethrin	殺虫剤	584-79-2	ピレスロイド系
ametryne	除草剤	834-12-8	メチルチオトリアジン系
amidosulfuron	除草剤	120923-37-7	
amitraz	殺虫剤	33089-61-1	ホルムアミジン系
amitrole	除草剤	61-82-5	トリアゾール系
ammonium sulphamate	除草剤, 難燃剤	7773-06-0	
ancymidol	植物生長調整剤	12771-68-5	ピリミジン系
anilofos	除草剤	64249-01-0	
asulam	除草剤	3337-71-1	カルバメート系
atrazine	除草剤	1912-24-9	トリアジン系
azaconazole	殺菌剤	60207-31-0	トリアゾール系
azadirachtin	殺虫剤	11141-17-6	天然物質
azafenidin	除草剤	68049-83-2	有機リン酸系

表記	大分類	CAS登録番号	系
azamethiphos	殺虫剤	59217-99-1	有機リン酸系
azimsulfuron	除草剤	115852-48-7	スルホニル尿素系
azinphos-methyl (ethyl)	殺虫剤, 殺ダニ剤	86-50-0/ 2642-71-9	有機リン酸系
azoxystrobin	殺菌剤	131860-33-8	ピリミジン系
benalaxyl	殺菌剤	71626-11-4	アニリド系
benazolin	除草剤	3813-05-6	ベンゾチアゾール系
bendiocarb	殺虫剤	22781-23-3	カルバメート系
benfluralin	除草剤	1861-40-1	ジニトロアニリン系
benfuracarb	殺虫剤	82560-54-1	カルバメート系
benfuresate	除草剤	68505-69-1	ベンゾフラン系
benomyl	殺菌剤	17804-35-2	カルバメート系
benoxacor	除草剤	98730-04-2	
bensulfuron-methyl	除草剤	83055-99-6	スルホニル尿素系
bensulide	除草剤	741-58-2	有機リン酸系
bensultep	殺虫剤	17806-31-4	ネレイストキシン系
bentazone	除草剤	25057-89-0	
benzofenap	除草剤	82692-44-2	ベンゾイルピラゾール系
benzylaminopurine	植物生長調整剤	1214-39-7	
bifenthrin	殺虫剤	82657-04-3	ピレスロイド系
bilanafos (= bilanofos)	除草剤	35597-43-4	有機リン酸系
bio-allethrin	殺虫剤	584-79-2	ピレスロイド系
bioresmethrin	殺虫剤	28434-01-7	ピレスロイド系
cadusafos	殺線虫剤, 殺虫剤	95465-99-9	有機リン酸系
cafenstrole	除草剤	125306-83-4	トリアゾール系
captafol	殺菌剤	2425-06-1	
captan	殺菌剤	133-06-2	フタルイミド系
carbaryl	殺虫剤, 植物生長調整剤	63-25-2	カルバメート系
carbendazim	殺菌剤	10605-21-7	ベンズイミダゾール系
carbetamide	除草剤	16118-49-3	カルバニレート系
carbofuran	殺虫剤, 殺線虫剤	1563-66-2	カルバメート系
carbosulfan	殺虫剤	55285-14-8	カルバメート系
carboxin	殺菌剤	5234-68-4	アニリド系
carfentriazone-ethyl	除草剤	128639-02-1	トリアゾロン系
cartap	殺虫剤	15263-53-3	チオカルバメート系
CGA 245704	発芽促進剤	135158-54-2	
CGA 50439	殺ダニ剤	61676-87-7	
chinomethionat	殺菌剤	2439-01-2	
chloralose	殺鼠剤	15879-93-3	グルコクロラール誘導体
chloramben	除草剤	133-90-4	安息香酸誘導体
chlordane	殺虫剤（以前の）	5103-74-2	有機塩素系(現在ではシロア

表記	大分類	CAS登録番号	系
			リ駆除剤)
chlorethoxyfos	殺虫剤	54593-83-8	有機リン酸系
chlorfenapyr	殺虫剤, 殺ダニ剤	122453-73-0	ピラゾール誘導体
chlorfenvinphos	殺虫剤, 殺ダニ剤	470-90-6	有機リン酸系
chlorfluazinon	殺虫剤, 殺ダニ剤	71422-67-8	ベンジル尿素誘導体
chloridazon	除草剤	1698-60-8	
chlorimuron-ethyl	除草剤	90982-32-4	尿素系
chlormephos	殺虫剤	24934-91-6	
chlormequat chloride	植物生長調整剤	999-81-5	
chlorophacinone	殺鼠剤	3691-35-8	
chloropyriphos (chloropyriphos-methyl)	殺虫剤	2921-88-2	有機リン剤
chlorosulfuron	除草剤	64902-72-3	
chlorothalonil	殺菌剤	1897-45-6	ナフタロニトリル系
chlorotoluron	除草剤	15545-48-9	
chlorthal-methyl	除草剤	887-54-7	クロロ安息香酸系
chlozolinate	除草剤	84332-86-5	
cinmethylin	除草剤	87818-31-3	
cinosulfuron	除草剤	94593-91-6	スルホニル尿素系
clodinafop-propargyl	除草剤	105512-06-9	フェノキシプロピオン酸系
clofencet	植物生長調整剤	129025-54-3	ピリダジン系
clofentezine	殺ダニ剤	74115-24-5	テトラジン系
clomazone	除草剤	81777-89-1	オキサゾリジノン系
clomeprop	除草剤, 植物生長調整剤	84496-56-0	プロピオンアニリド系
clopyralid	除草剤	1702-17-6	ピリジン系
cloquintocet.mexyl	除草剤	99607-70-2	キノリン系
cloransulam	除草剤	159518-97-5	トリアゾール系
clothodin	除草剤	不明	オキシン系
cloxyfonac	植物生長調整剤	6386-63-6	アリールオキシ脂肪酸系
coumaphos	殺虫剤	56-72-4	有機リン系
coumatetryl	殺鼠剤	5836-29-3	クマリン系
cyanazine	除草剤	21725-46-2	トリアジン系
cyanophos	殺虫剤	2636-26-2	有機リン酸系
cyclanilide	植物生長調整剤	113136-77-9	シクロプロパンカルボン酸系
cycloprothrin	除草剤	63935-38-6	ピレスロイド系
cyclosulfamuron	除草剤	136849-15-5	尿素系
cycloxydim	除草剤	101205-02-1	オキシム系
cyfluthrin	殺虫剤	68359-37-5	ピレスロイド系
cyhalofop-butyl	除草剤	122008-85-9	プロピオン酸系
cyhalothrin	殺虫剤, 殺ダニ剤	68085-85-8	ピレスロイド系
cyhexatin	殺ダニ剤	13121-70-5	有機スズ系

表 記	大分類	CAS登録番号	系
cyloate	除草剤	1134-23-2	チオカルバメート系
cymoxamil	殺菌剤	57966-95-7	尿素系
cypermithrin (cypermethrin)	殺虫剤	52315-07-8	ピレスロイド系
cyphenothrin	殺虫剤	39515-40-7	ピレスロイド系
cyproconazole	殺菌剤	94361-06-5	アゾール系
cyprodinil	殺菌剤	121552-61-2	ピリミジン系
cyromazine	殺虫剤	66215-27-8	トリアジン系
D2341 (bifenazate)	殺ダニ剤	149877-41-8	ヒドラジノカルボン酸系
daimuron	除草剤	42609-52-9	尿素系
dalapon	除草剤	75-99-0	脂肪酸系
daminozide	除草剤	1596-84-5	脂肪酸系
dazomet	殺線虫剤, 殺菌剤, 除草剤, 殺虫剤	533-74-4	チアジアゾン系
DCIP	殺線虫剤	108-60-1	ハロアルキルエーテル系
deltamethrin	殺虫剤	52918-63-5	ピレスロイド系
demeton-s-methyl (metasystox)	殺菌剤	8022-00-2	有機リン酸系
deprocarb	殺菌剤	不明	ベンズイミダゾール系
desmedipham	除草剤	13684-56-5	カルバメート系
desmetryn	除草剤	1014-69-3	トリアジン系
diafen thiuron	殺虫剤	80060-09-9	チオ尿素系
diazinon	殺虫剤, 殺ダニ剤	333-41-5	有機リン酸系
dicamba	除草剤	1918-00-9	安息香酸系
dichlobenil	除草剤	1194-65-6	ベンゾニトリル系
dichlofluamid	殺菌剤	1085-98-9	N-トリハロメチル系
dichloramid	除草剤	37764-25-3	クロラミド系
dichloroprop	除草剤, 植物生長調整剤	120-36-5	脂肪酸系
dichlorophen	殺ダニ剤, 殺菌剤, 静菌剤	97-23-4	クロロフェノール系
dichlorophenoxyacetic acid	除草剤	94-75-7	
dichlorvos	殺虫剤, 殺ダニ剤	62-73-7	ジクロルボス
diclofop-methyl	除草剤	51338-27-3	プロピオン酸系
diclomezine	殺菌剤	62865-36-5	ピリダジン系
dicloran	殺菌剤	99-30-9	アニリン系
dicofol	殺ダニ剤	115-32-2	有機塩素剤
dicophos	殺虫剤, 殺ダニ剤	不明	有機リン酸系
dicylanil	殺虫剤	112636-83-6	ピリミジン系
dienochlor	殺ダニ剤	2227-17-0	有機塩素剤
diethofen-carb	殺菌剤	87130-20-9	カルバメート系
difenacoum	殺鼠剤	56073-07-5	クマリン系
difenoconazole	殺菌剤	119446-68-3	トリアゾール系

表記	大分類	CAS登録番号	系
difenthialone	殺鼠剤	104653-34-1	クマリン系
diflubenzuron	殺虫剤	35367-38-5	ベンズアミドj系
diflufenicon (diflufenican)	除草剤	83164-33-4	カルボキサミド系
diflumetorim	殺菌剤	130339-07-0	ピリミジン系
dikegulac	植物生長調整剤	18467-77-1	フラン系
dimepiperate	除草剤	61432-55-1	チオカルバメート系
dimethachlor	除草剤	50563-36-5	アセトアニリド系
dimethametryn	除草剤	22936-75-0	トリアジン系
dimethenamid(e)	除草剤, 植物生長調整剤	87674-68-8	アセトアミド系
dimethipin	除草剤	55290-64-7	ジチオン系
dimethirimol	殺菌剤	5221-53-4	ピリミジン系
dimethoate	殺虫剤	60-51-5	有機リン酸エステル系
dimethonaph	殺菌剤	不明	モルホリン系
dimethylarsenic acid	除草剤	75-60-5	有機ヒ素系
dimethyl vinphos	殺虫剤	2274-67-1	有機リン酸エステル系
dineconazole	殺菌剤	83657-24-3	アゾール系
dinitramine	殺ダニ剤, 殺菌剤	29091-05-2	ニトロアニリン系
dinobuton	殺ダニ剤, 殺菌剤	973-21-7	ジニトロフェニル系
dinocap	殺菌剤, 殺ダニ剤	39300-45-3	ジニトロフェニル系
dinoseb	殺虫剤, 除草剤	88-85-7	ニトロフェノール系
dinoterb	除草剤	1420-07-1	
diofenolan	殺虫剤	63837-33-2	ジフェニルエーテル系
diphacinone	殺鼠剤	82-66-6	インダンジオン系
diphenamid	除草剤	957-51-7	カルボキサミド系
dipterex (=trichlorfon)	除草剤(殺ダニ剤, 殺虫剤)	52-68-6	有機塩素剤
diquat	除草剤	2764-72-9	ビピリジニウム系
disulfoton	殺菌剤, 殺ダニ剤	298-04-4	有機リン系
dithianone	殺菌剤	3347-22-6	ジニトリル系
diuron	除草剤	330-54-1	尿素系
dodemorph	殺菌剤	1593-77-7	モルホリン系
dodine	殺菌剤	2439-10-3	キニジン系
DPX-JW062 (indoxacarb)	殺虫剤	173584-44-6	オキサジアジン系
DPX-MP062	殺虫剤	173584-44-6	オキサジアジン系
edifenphos	殺菌剤	17109-49-8	有機リン系
empenthrin	殺虫剤	54406-48-3	ピレスロイド系
endosulfan	除草剤, 殺ダニ剤	115-29-7	有機塩素剤系
endothal	除草剤, 藻駆除剤, 植物生長調節剤	145-73-3	カルボン酸系
ENT 8184	殺虫剤	113-48-4	イソインドール系
EPN	殺虫剤	2104-64-5	有機リン剤

表記	大分類	CAS登録番号	系
EPTC	除草剤	759-94-4	チオカルバメート系
ergocalciferol	殺鼠剤	50-14-6	ステロイド系
esfenvalerate	殺虫剤	66230-04-4	ピレスロイド系
esprocarb	除草剤	85785-20-2	チオカルバメート系
ethalfluvalin	除草剤	55283-68-6	ニトロアニリン系
ethametsulfuron-methyl	除草剤	97780-06-8	スルホニル尿素系
ethephon	殺虫剤	16672-87-0	有機リン剤系
etherimol	殺菌剤	不明	ピリミジン系
ethiofen carb	殺虫剤	29973-13-5	カルバメート系
ethion	殺ダニ剤	563-12-2	有機リン剤系
ethofumesate	除草剤	26225-79-6	フラン系
ethoprophos	殺線虫剤	13194-48-4	有機リン剤系
ethoxysulfuron	除草剤	126801-58-9	スルホニル尿素系
ethychlozate (indolyl ethanoate)	植物生長調整剤	27512-72-7	インドリル系
etobenzanide	除草剤	79540-50-4	ベンズアニリド系
etofenprox	殺虫剤	80844-07-1	ピレスロイド系
etrimfos	殺虫剤, 殺ダニ剤	38260-54-7	有機リン剤系
famoxadone	殺菌剤	131807-57-3	オキサゾリン系
famphur	殺虫剤	52-85-7	有機リン剤系
fenarimol	殺菌剤	60168-88-9	ピリミジン系
fenamiphos	殺線虫剤	22224-92-6	有機リン剤系
fenazaquin	殺ダニ剤	120928-09-8	キナゾリン系
fenbuconazole	殺菌剤	114369-43-6	トリアゾール系
fenbutatin oxide	殺ダニ剤	13356-08-6	有機スズ剤
fenclorim	除草剤	3740-92-9	ピリミジン系
fenfuram	殺菌剤	24691-80-3	カルボキサミド系
fenitrothion	殺虫剤	122-14-5	有機リン剤系
fenobucarb	殺虫剤	3766-81-2	カルバメート系
fenothiocarb	殺ダニ剤	62850-32-2	チオカルバメート系
fenotin	殺菌剤	不明	有機スズ剤
fenoxycarb	殺虫剤	79127-80-3	カルバメート系
fenpropathrin	殺ダニ剤	39515-41-8	ピレスロイド系
fenpropidin	殺菌剤	67306-00-7	ピペリジン系
fenpropimorph	殺菌剤	67564-91-4	モルホリン系
fenpyroximate	殺ダニ剤	134098-61-6	ピラゾール系
fenthion	殺虫剤	55-38-9	有機リン剤
fentin	殺菌剤, 殺ダニ剤, 藻駆除剤	668-34-8	有機スズ剤
fenvalerate	殺虫剤	51630-58-1	ピレスロイド系
fenvuron	除草剤	101-42-8	尿素系
ferbam	殺菌剤	14484-64-1	チオカルバメート系
ferimzone	殺菌剤	89269-64-7	ピリミジン系

表記	大分類	CAS登録番号	系
fipronil	殺虫剤	120068-37-3	ピレスロイド系
flamprop-M	殺虫剤	90134-59-1	アラニン系
flazasulfuron	除草剤	104040-78-0	ピリミジニルスルホニル尿素系
flocoumafen	殺鼠剤	90035-08-8	フルオロクマリン系
fluazifop-butyl	除草剤	69806-50-4	フルオロフェノキシプロピオン酸系
fluazinam	殺菌剤	79622-59-6	フルオロピリミジノアミン系
fluazinon	ダニ忌避剤（防ダニ剤）	86811-58-7	フルオロ尿素系
fluchloralin	除草剤	33245-39-5	フルオロアニリン系
flucycloxuron	殺虫剤，殺ダニ剤	113036-88-7	フルオロベンズアミド系
flucythrinate	殺虫剤	70124-77-5	フルオロピレスロイド系
fludioxonil	殺菌剤	131341-86-1	フルオロピロール系
flufenoxuron	殺虫剤	101463-69-8	フルオロベンジル尿素系
flufenprox	殺虫剤	107713-58-6	フルオロフェノキシエーテル系
flumethrin	殺虫剤	69770-45-2	フルオロピレスロイド系
flumetralin	植物生長調整剤	62924-70-3	フルオロニトロアニリン系
flumetsulam	除草剤	98967-40-9	フルオロスルフォアニリド系
flumeturon	除草剤	2164-17-2	フルオロアリール尿素系
flumiclorac-pentyl	除草剤	87546-18-7	フルオロフタルイミド系
flumioxazin	除草剤	103361-09-7	フルオロフタルイミド系
fluoroacetamide	殺鼠剤	640-19-7	フルオロアミド系
fluoroglycofen-ethyl	除草剤	77501-90-7	ジフェニルエーテル系
fluoroimide	殺菌剤	41205-21-4	フルオロマレイミド系
flupoxam	除草剤	119126-15-7	フルオロカルボキサミド系
flupropanate	除草剤	756-09-2	フルオロ脂肪酸系
flupyrsulfuronmethyl-sodium	除草剤	144740-54-5	フルオロスルホニル尿素系
fluquinconazole	殺菌剤	136426-54-5	フルオロアゾール系
flurazole	除草剤	72850-64-7	フルオロチアゾール系
flurenol	除草剤	467-69-6	フルオロフルオレン系
fluridone	除草剤	59756-60-4	フルオロピリジノン系
flurochloridone	除草剤	61213-25-0	フルオロピリジノン系
fluroxypyr	除草剤	69377-81-7	フルオロオキシ酢酸系
flurprimidol	植物生長調整剤	56425-91-3	フルオロピリミジン系
flurtamone	除草剤	96525-23-4	フルオロフラン系
flusilazole	殺菌剤	85509-19-9	フルオロシリコナゾール系
flusulfamide	殺菌剤	106917-52-6	フルオロスルホンアミド系
fluthiacet-methyl	除草剤	117337-19-6	フルオロチオアセタール系
flutolanil	殺菌剤	66332-96-5	フルオロカルボキサミド系
flutriafol	殺菌剤	76674-21-0	フルオロトリアゾール系

表記	大分類	CAS登録番号	系
fluxofenim	除草剤	88485-37-4	フルオロオキシム系
folpet	殺菌剤	133-07-3	トリハロメチルチオ系
fomesafen	除草剤	72178-02-0	フルオロジフェニルエーテル系
fonofos	殺虫剤	944-22-9	有機リン酸系
forchlorfenuron	植物生長調整剤	68157-60-8	尿素系
formaldehyde	殺菌剤, 静菌剤	50-00-0	ホルムアルデヒド
formetanate	殺ダニ剤, 殺虫剤	22259-30-9	カルバメート系
formothion	殺ダニ剤, 殺虫剤	2540-82-1	有機リン酸系
fosamine	除草剤	59682-52-9	有機リン酸系
fosetyl-aluminium	殺菌剤	39148-24-8	有機リン酸系
fosthiazate	殺線虫剤	98886-44-3	有機リン酸系
fuberidazole	殺菌剤	3878-19-1	ベンズイミダゾール系
furalaxyl	殺菌剤	57646-30-7	アニリド系
furathiocarb	殺虫剤	65907-30-4	カルバメート系
furilazole	除草剤	121776-33-8	オキサゾリン系
glufosinate-ammonium	除草剤	77182-82-2	有機リン酸系
glyphosate	除草剤	1071-83-6	有機リン酸系
gossyplure	殺虫剤, 昆虫誘引剤	50933-33-0	フェロモン
guazatine	殺菌剤, 鳥類忌避剤	108173-90-6	グアニジン系混合物
GY-81	殺菌剤, 殺虫剤, 殺線虫剤	7345-69-9	チオ炭酸塩
halfenprox	殺ダニ剤	111872-58-3	スルホニル尿素系
halofenozide	殺虫剤	112226-61-6	ヒドラジン系
halosulfuron-methyl	除草剤	100784-20-1	スルホニル尿素系
haloxyfop	除草剤	69806-34-4	フルオロ脂肪酸系
HC 252 (=ethyxyfenethyl)	除草剤	131086-42-5	ジフェニルエーテル系
heptachlor	殺虫剤(使用中止)	76-44-8	有機塩素剤
heptenophos	殺虫剤	23560-59-0	有機リン酸系
hexaconazole	殺菌剤	79983-71-4	トリアゾール系
hexaflumuron	殺菌剤	86479-06-3	フルオロベンジル尿素系
hexazinone	除草剤	51235-04-2	フルオロベンゾイル尿素系
hexythiazox	殺ダニ剤	78587-05-0	チアゾリジン系
hydramethylnon	殺虫剤	67485-29-4	ヒドラゾン系
hydroprene	殺虫剤	41096-46-2	幼若ホルモンタイプ
hymexazol	殺菌剤	10004-44-1	イソキサゾール系
ICIA 0858 (=imazalil)	殺菌剤	35554-44-0	ピリジン系
imazalil	殺菌剤	35554-44-0	アゾール系
imazamethabenz-methyl	除草剤	81405-85-8	イミダゾール系
imazamox	除草剤	114311-32-9	イミダゾール系

表記	大分類	CAS登録番号	系
imazapyr	除草剤	81334-34-1	イミダゾール系
imazaquin	除草剤	81335-37-7	イミダゾール系
imazathapyr	除草剤	81335-77-5	イミダゾリノン系
imazosulfuron	除草剤	122548-33-8	スルホニル尿素系
imibenconazol	殺菌剤	86598-92-7	アゾール系
imidacloprid	殺虫剤	138261-41-3	イミダゾリジン系
iminoctadine	殺菌剤	13516-27-3	グアニジン系
imiprothrin	殺虫剤	72963-72-5	ピレスロイド系
inabenfid	植物生長調整剤	82211-24-3	ピリジン系
ioxynil	除草剤	1689-83-4	ベンゾニトリル系
ipconazole	殺菌剤	125225-28-7	アゾール系
iprobenfos	殺菌剤	26087-47-8	有機リン酸系
iprodione	殺菌剤	36734-19-7	カルボキサミド系
isazofos	殺線虫剤, 殺虫剤	42509-80-8	有機リン酸系
isofenphos	殺虫剤	25311-71-1	有機リン酸系
isoprocarb	殺虫剤	2631-40-5	カルバメート系
isoprothiolane	殺菌剤	50512-35-1	ジチオマロン酸系
isoproturon	除草剤	34123-59-6	尿素系
isouron	除草剤	55861-78-4	尿素系
isoxaben	除草剤	82558-50-7	アミド系
isoxaflutole	除草剤	141112-29-0	フルオロケトン系
isoxathion	殺虫剤	18854-01-8	有機リン系
Kepone	殺虫剤, 殺菌剤	143-50-0	有機塩素剤(クロルデコン)
kresoxim-methyl	殺菌剤	143390-89-0	アリール脂肪酸系
KTU 3616 (=carpropamid)	殺菌剤	104030-54-8	カルボキサミド系
KWG 4168 (=spiroxamine)	殺菌剤	118134-30-8	メチルアミン系
lactofen	除草剤	77501-63-4	ジフェニルエーテル系
lindane	殺虫剤	58-89-9	有機塩素剤(γ-BHCの別名)
linuron	除草剤	330-55-2	尿素系
lufenuron	殺虫剤, 殺ダニ剤	103055-07-8	ベンジル尿素系
malathion	殺虫剤	121-75-5	有機リン酸系
mancopper	殺菌剤	53988-93-5	ジチオカルバメート系
mancozeb	殺菌剤	8018-01-7	ジチオカルバメート系
maneb	殺菌剤	12427-38-2	マンガンのジチオカルバミン酸塩
MB599	殺虫剤(殺虫能力増強剤)	185676-84-0	フェニルブチニルエーテル
MCPA	除草剤	94-74-6	アリールオキシ脂肪酸系
MCPB	除草剤	94-81-5	アリールオキシ脂肪酸系
mecarbam	殺虫剤	2595-54-2	有機リン酸系, カルバメート系
mecoprop	除草剤	7085-19-0	アリールオキシ脂肪酸系

表　記	大分類	CAS登録番号	系
mefluidide	除草剤	53780-34-0	スルホンアミド系
mepanipyrim	殺菌剤	110235-47-7	ピリミジン系
mepiquat	除草剤	15302-91-7	第四級アンモニウム塩系
mepiquat chloride	植物生長調整剤	24307-26-4	第四級アンモニウム塩系
mepronil	殺菌剤	55814-41-0	カルボキサミド系
metam	殺菌剤, 殺線虫剤, 除草剤, 殺虫剤	144-54-7	メチルイソシアナート系
metamitron	除草剤	41394-05-2	トリアジノン系
metasystox	殺虫剤	301-12-2	有機リン酸系
metazachlor	除草剤	67129-08-2	クロロアセトアミド系
metconazole	殺菌剤	125116-23-6	アゾール系
methabenzthiazuron	除草剤	18691-97-9	尿素系
methacrifos	殺虫剤, 殺ダニ剤	62610-77-9	有機リン酸系
methamidophos	殺虫剤	10265-92-6	有機リン酸系
methidathion	殺虫剤, 殺ダニ剤	950-37-8	有機リン酸系
methiocarb	殺虫剤, 殺ダニ剤	2032-65-7	カルバメート系
methomyl	殺虫剤, 殺ダニ剤	16752-77-5	カルバメート系
methoprene	殺虫剤, 幼若ホルモン類似体	40596-69-8	幼若ホルモンタイプ
methoxychlor	殺虫剤	72-43-5	メトキシベンゼン系
methyldemeton (metasystox)	殺虫剤	301-12-2	
methyldymron	除草剤	42609-73-4	尿素系
metiram	殺菌剤	9006-42-2	ジチオカルバメート系
metnan	殺菌剤	不明	ジチオカルバメート系
metobenzuron	除草剤	111578-32-6	尿素系
metobromuron	除草剤	3060-89-7	尿素系
metolachlor	除草剤	51218-45-2	クロロアセトアニリド系
metolcarb	殺虫剤	1129-41-5	カルバメート系
metosulam	除草剤	139528-85-1	尿素系
metribuzin	除草剤	21087-64-9	トリアジノン系
metronidazole (2-methyl-5-nitro-1imidazole ethanol)	殺菌剤	443-48-1	イミダゾール系
metsulfuron-methyl	除草剤	74223-64-6	スルホニル尿素系
mevinphos	殺虫剤, 殺ダニ剤	7786-34-7	有機リン酸系
milbemectin	殺ダニ剤, 殺虫剤	51596-10-2	天然物質
mirex	殺虫剤	2385-85-5	現在使用禁止
molinate	除草剤	2212-67-1	チオカルバメート系
monocrotophos	殺虫剤, 殺ダニ剤	6923-22-4	殺虫剤, 殺ダニ剤
monolinuron	除草剤	1746-81-2	尿素系
muscalure	殺虫剤, 昆虫誘引剤	27519-02-4	フェロモン
myclobutanil	殺菌剤	88671-89-0	トリアゾール系

表記	大分類	CAS登録番号	系
nabam	殺菌剤, 藻駆除剤	142-59-6	ジチオカルバメート系
naled	殺虫剤, 殺ダニ剤	300-76-5	有機リン酸系
naproanilide	除草剤	52570-16-8	アニリド系
napropamide	殺菌剤	15299-99-7	脂肪酸塩系
natamycin	殺菌剤	7681-93-8	天然物質
neburon	除草剤	555-37-3	尿素系
niclosamide	殺蛞蝓剤	50-65-7	アミジン系
nicosulfuron	除草剤	111991-09-4	スルホキシル尿素系
nitenpyram	殺虫剤	150824-47-8	ビニリデン誘導体系
nithiazine	殺虫剤	58842-20-9	チアジノン系
nitrapyrin	殺菌剤	1929-82-4	ピリジン系
nitrothal isopropyl	殺菌剤	10552-74-6	安息香酸系
N-m-tolylphthalamic acid	植物生長調整剤	85-72-3	
noraluron	殺虫剤	不明	ベンジル尿素系
norflurazon	除草剤	27314-13-2	ピリダジノン系
nualimol	殺菌剤	63284-71-9	ピリミジン系
octhilinone	殺菌剤	26530-20-1	チアジル系
ofurace	殺菌剤	58810-48-3	アニリド系
omethoate	殺虫剤, 殺ダニ剤	1113-02-6	有機リン剤
orbencarb	除草剤	34622-58-7	チオカルバメート系
oxabetrinil	除草剤安全化剤	94593-79-0	アセトニトリル系
oxadiargyl	除草剤	39807-15-3	オキサジアジル系
oxadiazon	除草剤	19666-30-9	オキサジアジル系
oxadixyl	殺菌剤, 殺線虫剤	77732-09-3	アニリド系
oxamyl	殺虫剤	23135-22-0	スルホニル尿素系
oxasulfuron	除草剤	144651-06-9	スルホニル尿素系
Oxine copper	殺菌剤	10380-28-6	キノリン系
oxolinic acid	殺菌剤	14698-29-4	アミド系
oxycarboxin	殺虫剤	5259-88-1	有機リン系
oxydemeton methyl	殺虫剤, 除草剤	301-12-2	有機リン系
oxyflurofen	除草剤, 植物生長調整剤	42874-03-3	ニトロフェニルエーテル系
paclobutrazol	植物生長調整剤	76738-62-0	トリアゾール系
Paraquat	除草剤	4685-14-7	ビピリジニウム系
parathion	殺虫剤, 殺ダニ剤	56-38-2	有機リン酸系
parathion-methyl	殺虫剤	298-00-0	有機リン酸系
pebulate	除草剤	1114-71-2	チオカルバメート系
pefurazoate	殺菌剤	101903-30-4	トリアゾール系
penconazole	殺菌剤	66246-88-6	トリアゾール系
pencycuron	殺菌剤	66063-05-6	尿素系
pendimethalin	除草剤	40487-42-1	ジニトロアニリン系
pentanochlor	除草剤	2307-68-8	アニリド系

表記	大分類	CAS登録番号	系
pentoxazone	除草剤	110956-75-7	オキサゾリジン系
permethrin	殺虫剤, 殺ダニ剤	52645-53-1	ピレスロイド系
phenmedipham	除草剤	13684-63-4	カルバメート系
phenothrin	殺虫剤	26002-80-2	ピレスロイド系
phorate	殺虫剤, 殺ダニ剤	298-02-2	有機リン酸系
phosalone	殺虫剤, 殺ダニ剤	2310-17-0	有機リン酸系
phosmet	殺虫剤, 殺ダニ剤	732-11-6	有機リン酸系
phosphamidon	殺虫剤	13171-21-6	有機リン酸系
phoxim	殺虫剤	14816-18-3	有機リン酸系
picloram	除草剤	1918-02-1	ピリジンカルボン酸系
pindone	殺鼠剤	83-26-1	インダノン系
piperalin	殺菌剤	3478-94-2	安息香酸系
pirimicarb	殺虫剤, 殺ダニ剤	23103-98-2	ピリミジン系
polyoxins	殺菌剤	11113-80-7	天然物質
prallethrin	殺虫剤	23031-36-9	ピレスロイド
preticlaclor	除草剤	51218-49-6	クロロアセトアニリド系
primisulfuron-methyl	除草剤	86209-51-0	スルホニル尿素系
probenazole	殺菌剤	27605-76-1	ベンゾチアゾール系
procymidone	殺菌剤	32809-16-8	ジカルボキシアミド系
prodiamine	除草剤	29091-21-2	ジニトロアニリン系
profenofos	殺虫剤, 殺ダニ剤	41198-08-7	有機リン酸系
prohexadione-calcium	植物生長調整剤	127277-53-6	シクロヘキサンカルボン酸系
prometon	除草剤	1610-18-0	トリアジン系
prometryn	除草剤	7287-19-6	トリアジン系
propachlor	除草剤	1918-16-7	クロロアセトアニリド系
propamocarb hydrochloride	殺菌剤	24579-73-5	カルバメート系
propanil	除草剤	709-98-8	アニリド系
propaphos	殺虫剤	7292-16-2	有機リン酸系
propaquizafop	除草剤	111479-05-1	アリールプロピオン酸系
propargite	殺ダニ剤	2312-35-8	亜硫酸エステル系
propazine	除草剤	139-40-2	トリアジン系
propetamphos	殺虫剤, 殺ダニ剤	31218-83-4	有機リン酸系
propham	除草剤	122-42-9	カルバメート系
propiconazole	殺菌剤	60207-90-1	アゾール系
propineb	殺菌剤	12071-83-9	ジチオカルバメート系
propisochlor	除草剤	86763-47-5	クロロアセトアミド系
propoxur	殺虫剤	114-26-1	カルバメート系
pymetrozine	殺虫剤	123312-89-0	トリアジン系
pyraclofos	殺虫剤	77458-01-6	有機リン酸系
pyraflufen-ethyl	除草剤	129630-19-9	ピラゾール系
pyrazo sulfuron-ethyl	除草剤	93697-74-6	スルホニル尿素系
pyrazolynate	除草剤	58011-68-0	ピラゾール系

表記	大分類	CAS登録番号	系
pyrazophos	殺菌剤	13457-18-6	有機リン酸系
pyrazoxyfen	除草剤	71561-11-0	ピラゾール系
pyributicarb	除草剤	88678-67-5	チオカルバメート系
pyridaben	殺虫剤, 殺ダニ剤	96489-71-3	ピリダジノン系
pyridaphenthion	殺虫剤, 殺ダニ剤	119-12-0	有機リン酸系
pyridate	除草剤	55512-33-9	ピリダジン系
pyrifenox	殺菌剤	88283-41-4	オキシム系
pyrimethanil	殺菌剤	86763-47-5	ピリミジン系
pyrimidifen	殺虫剤, 殺ダニ剤	105779-78-0	ピリミジン系
pyriminobac-methyl	除草剤	136191-64-5	ピリミジン系
pyriproxyfen	殺虫剤	136191-64-5	幼弱ホルモン模倣体
pyrithiobac-sodium	除草剤	123343-16-8	ピリミジノチオ安息香酸系
pyroquilon	殺菌剤	57369-32-1	キノリン系
quinalphos	殺虫剤, 殺ダニ剤	13593-03-8	有機リン酸系
quinclorac	除草剤	84087-01-4	キノリン系
quinmerac	除草剤	90717-03-6	キノリン系
quinoclamine	除草剤	2797-51-5	ナフトキノン系
quinoxyfen	殺菌剤	124495-18-7	キノリン系
quintozene	殺菌剤	82-68-8	有機塩素系
quizalofop	除草剤	76578-12-6	アリールオキシプロピオン酸系
resmethrin	殺虫剤	10453-86-8	ピレスロイド系
RH-2485 (methoxyfenozide)	殺虫剤	161050-58-4	ヒドラジン系
rimsulfuron	除草剤	122931-48-0	スルホニル尿素系
rotenone	殺虫剤, 殺ダニ剤	83-79-4	天然物質
Ru15525 (kadethrin)	殺虫剤	58769-20-3	
S 421	殺虫剤	127-90-2	有機塩素剤
sethoxydim	除草剤	74051-80-2	シクロヘキセノンオキシム系
silafluofen	殺虫剤	105024-66-6	ピレスロイド系
simazine	除草剤, 藻駆除剤	122-34-9	トリアジン系
simetryn	除草剤	1014-70-6	トリアジン系
SSF-126 (metominostrobin)	殺菌剤	133408-50-1	アセトアミド系
sulcofuron-sodium	殺虫剤	3567-25-7	尿素系
sulcotrione	除草剤	99105-77-8	ベンゾイルシクロヘキサンジオン系
sulfenatriazone	除草剤	122836-35-5	トリアジン系
sulfluramid	殺虫剤	4151-50-2	スルホンアミド系
sulfometuron-methyl	除草剤	74222-97-2	尿素系
sulfosulfuron	除草剤	141776-32-1	尿素系
sulfotep	殺虫剤	3689-24-5	有機リン酸系
sulphacetamide (4-aminobenzene sulphonacetamide)	抗菌剤	127-56-0	

表記	大分類	CAS登録番号	系
sulprofos	殺虫剤	35400-43-2	有機リン酸系
SZI-121	殺ダニ剤	162320-67-4	
tau-fluvalinate	殺虫剤, 殺ダニ剤	102851-06-9	ピレスロイド系
TCA-sodium	除草剤	650-51-1	
tebuconazole	殺菌剤	107534-96-3	
tebufenozide	殺虫剤	112410-23-8	脱皮ホルモン拮抗薬
tebufenpyrad	殺ダニ剤	119168-77-3	カルボキサミド系
tebupirimfos	殺虫剤	96182-53-5	有機リン酸系
tebutam	除草剤	35256-85-0	アミド系
tebuthiuron	除草剤	34014-18-1	チアゾリル尿素系
tecloftalam	殺菌剤, 植物生長調整剤	76280-91-6	ベンズアニリド系
tecnazene	殺菌剤	117-18-0	1,2,4,5-テトラクロロ-3-ニトロベンゼン
teflubenzuron	殺虫剤	83121-18-0	チアジアゾール尿素系
tefluthrin	殺虫剤	79538-32-2	ピレスロイド系
temephos	殺虫剤	3383-96-8	有機リン酸系
terbacil	除草剤	5902-51-2	ウラシル系
terbufos	殺虫剤, 殺線虫剤	13071-79-9	有機リン酸系
terbumeton	除草剤	33693-04-8	トリアジン系
terbuthylazine	除草剤	5915-41-3	トリアジン系
tetrachlorvinphos	殺虫剤, 殺ダニ剤	22248-79-9	有機リン酸系
tetraconazole	殺菌剤	112281-77-3	アゾール系
tetradec-11-en-1-yl acetate	殺虫剤, 昆虫誘引剤	[20711-10-8](Z)-/[33189-72-9](E)-	
tetradifon	殺ダニ剤	116-29-0	スルホン系
tetramethrin (and derivatives)	殺虫剤	7696-12-0	ピレスロイド系
thenylchlor	除草剤	96491-05-3	アセトアニリド系
thiabendazole	殺菌剤	148-79-8	チアゾール系
thiazopyr	除草剤	117718-60-2	ピリジン系
thidiazuron	植物生長調整剤	51707-55-2	フェニル尿素系
thifensulfuron-methyl	除草剤	79277-27-3	スルホニル尿素系
thifluzamide	殺菌剤	130000-40-7	チアゾール系
thiobencarb	除草剤	28249-77-6	チオカルバメート系
thiocyclam	殺虫剤	31895-21-3	トリチオール系
thiodicarb	殺虫剤, 殺蛞蝓剤	59669-26-0	オキシムカーボネート系
thiofanox	殺虫剤, 殺ダニ剤	39196-18-4	
thiometon	殺菌剤	640-15-3	
thiophanate-methyl	殺菌剤	23564-05-8	
thiram	除草剤	137-26-8	

表記	大分類	CAS登録番号	系
tiocarbazil	殺菌剤	36756-79-3	
tolclofos-methyl	殺菌剤	57018-04-9	有機リン酸系
tolylfluamid	除草剤	731-27-1	
tralkoxydim	殺虫剤	87820-88-0	
tralomethrin	殺虫剤	66841-25-6	
transfluthrin	殺菌剤	118712-89-3	
triadimefon	殺菌剤	43121-43-3	
triadimenol	除草剤	55219-65-3	
triallate	除草剤	2303-17-5	
triasulfuron	除草剤	82097-50-5	
triaziflam	殺虫剤	131475-57-5	
triazophos		24017-47-8	有機リン酸系
triazoxide	殺菌剤	72459-58-6	
tribenuronmethyl	除草剤	106040-48-6	
tribufos	植物生長調整剤	78-48-8	有機リン酸系
trichlorofon	殺虫剤	52-68-6	
triclopyr	除草剤	55335-06-3	ピリジルカルボン酸誘導体
tricylazole	殺菌剤	41814-78-2	
tridec-4-en-1-yl acetate	殺虫剤	72269-48-8	フェロモン
tridemorph	殺菌剤	81412-43-3	
tridesan (2,2',4,4'-tetrachloro-diphenyl ether)	殺生物剤	28076-73-5	有機塩素剤
trietazine	除草剤	1912-26-1	
triflumizole	殺菌剤	68694-11-1	
trifluralin	除草剤	1582-09-8	
triforine	殺菌剤	26644-46-2	
trimethacarb	殺虫剤	12407-86-2	カルバメート系
trinexapac-ethyl	植物生長調整剤	104273-73-6	
triticonazole	植物生長調整剤	131983-72-7	トリアゾール系
uniconazole	植物生長調整剤	83657-22-1	
validamycin	殺菌剤	37248-47-8	天然物質
vamidothion	殺虫剤	2275-23-2	
vermolate	除草剤	1929-77-7	
vinclozolin	殺菌剤	50471-44-8	カルボキシミド系, オキサゾール系
warfarin	殺鼠剤	81-81-2	クマリン系
XDE-105	殺虫剤	131929-60-7	天然物質
XMC	殺虫剤	2655-14-3	カルバメート系
xylylcarb	殺菌剤, 鳥獣忌避剤	2425-10-7	カルバメート系
zineb	殺菌剤	12122-67-7	チオカルバメート系
ziram	殺虫剤, 鳥獣忌避	137-30-4	チオカルバメート系

表記	大分類	CAS登録番号	系
ZXI 8901（＝flubrocythrinate）	剤 殺虫剤	160791-64-0	ピレスロイド系

欧文索引

A

ab initio calculations　非経験的量子化学計算　386
abherent, parting agent, release agent　接着防止剤　265
abietic acid　アビエチン酸　17
ablation　アブレーション　17
abrasives　研磨剤　167
ABS plastics　ABSプラスチック　58
abscisic acid　アブシジン酸　17
absolute alcohol　無水アルコール　483
absolute configuration　絶対配置　265
absolute temperature　絶対温度　265
absolute zero　絶対零度　265
absorptiometer　吸光光度計　124
absorptiometer　吸収計(気体)　124
absorption　吸収　124
absorption bands　吸収帯　124
absorption coefficient of a gas　気体の吸収係数　119
absorption column(absorption tower)　吸収カラム　124
absorption of light　光吸収　385
absorption spectroscopy　吸光光度法　124
absorption tower　吸収塔　124
abundance of elements　元素の存在度　166
acacia　アカシア　2
accelerator　粒子加速器　521
accelerator mass spectrometer　加速器質量分析器　98
accelerators　架橋促進剤　92
acceptor　アクセプタ　3
accumulator　蓄電池　298
acenaphthene　アセナフテン　13
acetal　アセタール　9

acetal resin　アセタール樹脂　9
acetaldehyde diethanoate(ethylidene diacetate, ethanal diacetate)　アセトアルデヒドジアセタート　11
acetaldehyde(ethanal)　アセトアルデヒド　11
acetals　アセタール類　9
acetamide(ethanamide)　アセトアミド　11
acetanilide　アセトアニリド　11
acetate fibres　アセテート繊維　11
acetates　酢酸塩　187
acetates(ester)　酢酸エステル　187
acetic acid　酢酸　186
acetic anhydride(ethanoic anhydride)　無水酢酸　483
acetic ester　酢エチ　186
acetins　アセチン　10
acetoacetic acid(acetonemonocarboxylic acid, 3-oxobutanoic acid)　アセト酢酸　11
acetoacetic ester　アセト酢酸エステル　11
acetoin(3-hydroxy-2-butanone)　アセトイン　11
acetol　アセトール　12
acetolysis　アセトリシス　12
acetone　アセトン　12
acetone alcohol　アセトンアルコール　13
acetone bodies　アセトン体　13
acetone dicarboxylic acid(3-oxo-glutaric acid)　アセトンジカルボン酸　13
acetone monocarboxylic acid　アセトンモノカルボン酸　13
acetonitrile(methyl cyanide, ethanenitrile)　アセトニトリル　12
acetonyl　アセチニル基　12
acetonylacetone　アセトニルアセトン　12
acetophenone　アセトフェノン　12
acetoxy　アセトキシ基　11
acetyl chloride(ethanoyl chloride)　塩化アセチル　71

568　欧文索引

acetyl CoA(acetyl coenzyme A)　アセチル CoA　9
acetylacetonates　アセチルアセトン錯体　9
acetylacetone(pentan-2,4-dione), Hacac　アセチルアセトン　9
acetylation(ethanoylation)　アセチル化　9
acetylcholine　アセチルコリン　10
acetylene black(cuprene)　アセチレンブラック　10
acetylene complexes　アセチレン錯体　10
acetylene dicarboxylic acid　アセチレンジカルボン酸　10
acetylene dichloride　二塩化アセチレン　348
acetylene tetrachloride　四塩化アセチレン　206
acetylene(ethyne)　アセチレン　10
acetylides　アセチリド　9
acetylsalicylic acid　アセチルサリチル酸　10
achiral　アキラル　2
achromatic indicators　消色指示薬　236
acid　酸　192
acid dyes　酸性染料　196
acid egg　アシッドエッグ　6
acid exchange resins(cation exchange resins)　陽イオン交換樹脂　503
acid oil　アシッドオイル　6
acid rain　酸性雨　196
acid sludge　硫酸スラッジ　520
acid-base indicator　酸塩基指示薬　193
acidity constant　酸解離定数　193
aconitic acid　アコニット酸　6
acridine　アクリジン　4
Acrilan　アクリラン(商品名)　4
acrolein polymers(propenal polymers)　アクロレインポリマー　5
acrolein(propenal, acrylaldehyde, vinyl aldehyde)　アクロレイン　5
acrylamide(propenamide)　アクリルアミド　4
acrylamide polymers　アクリルアミドポリマー　4
acrylate resins and plastics　アクリル樹脂　5
acrylic acid polymers　アクリル酸ポリマー　4
acrylic acid(propenoic acid, vinylformic acid)　アクリル酸　4
acrylonitrile polymers　アクリロニトリルポリマー　5
acrylonitrile(propenenitrile, vinyl cyanide)　アクリロニトリル　5

actin　アクチン　4
actinides　アクチニド元素　3
actinium　アクチニウム　3
actinium compounds　アクチニウム化合物　3
actinoids　アクチノイド元素　4
activated adsorption　活性化吸着　98
activated carbon(active carbon)　活性炭　99
activated clay　活性粘土　99
activated complex　活性錯合体(活性錯体)　99
activated molecule　活性化分子　98
activation analysis　放射化分析　458
activation energy(energy of activation)　活性化エネルギー　98
active centres(active sites)　活性中心, 活性部位　99
active earths　活性白土　99
active transport　能動輸送　364
activity　活量　99
activity coefficient　活量係数　99
actomyosin　アクトミオシン　4
acyclic　非環式化合物　385
acyl　アシル基　7
acylation　アシル化　7
acylium ions　アシリウムイオン　7
acyloin condensation　アシロイン縮合　7
acyloins　アシロイン　7
adamantane　アダマンタン　14
Adams' catalyst(platium oxide hydrate)　アダムズ触媒　14
adatom　吸着原子(アドアトム)　124
addition reactions　付加反応　412
additives　添加剤　321
adduct　アダクト(付加物)　14
adenine(6-aminopurine)　アデニン　14
adenosine　アデノシン　15
adenosine diphosphate(ADP)　アデノシン二リン酸　15
adenosine monophosphate(AMP)　アデノシン一リン酸　15
adenosine triphosphate(ATP, adenosine nucleotide triphosphate)　アデノシン三リン酸　15
adenylic acid　アデニル酸　14
adhesion agents　接着強化剤　265
adhesive　接着剤　265
adiabatic change　断熱変化　293
adipic acid(hexane-1,6-dioic acid)　アジピン酸　6
adipocere　脂蝋(屍蝋)　242

adiponitrile(1,4-dicyanobutane)　アジポニトリル　6
adlayer　アドレイヤー　15
adlayer　吸着層　125
adrenaline(epinephrine：米国式表記)　アドレナリン　15
adsorbate　吸着質　125
adsorbent　吸着剤　124
adsorption　吸着　124
adsorption indicator　吸着指示薬　124
adsorption isotherms　吸着等温線　125
adsorption(physisorption)　物理吸着　421
adsorption, industrial　吸着操作(化学工業)　125
aerobic metabolism　好気性代謝　170
aerosol, aerogel　エアロゾル，エアロゲル　58
AES　AES　58
affinity chromatography　アフィニティクロマトグラフィー　17
aflatoxins　アフラトキシン　17
agar(agar-agar)　寒天　115
agate　瑪瑙　492
age hardening　時効硬化　214
Agent Orange　エージェントオレンジ　60
aggregate　骨材　176
aglycon(e)　アグリコン　4
agonist　アゴニスト　5
agostic　アゴスティック　5
air　空気　135
air filters　エアフィルター　58
air hardening　気硬性　117
air hardening(air quenching)　空気焼き入れ　136
air-cooled heat exchangers　空冷式熱交換機　136
air-fuel ratio　空気/燃料比(空燃比)　136
air-lift agitator　エアーリフトアジテータ　58
air-lift pump　空気揚水ポンプ　136
α-alanine(L-2-aminopropionic acid)　α-アラニン　23
β-alanine(3-aminopropionic acid)　β-アラニン　24
albumins　アルブミン　31
alcohol　アルコール　29
alcoholometry　酒精定量法　231
alcohols　アルコール類　29
alcoholysis　アルコーリシス　28
aldehyde polymers　アルデヒドポリマー　29
aldehydes　アルデヒド類　29
aldol　アルドール　30

aldol condensation　アルドール縮合　30
aldonic acid　アルドン酸　30
aldose　アルドース　30
aldosterone　アルドステロン　30
aldoximes　アルドキシム　30
algin　アルギン　28
alginic acid　アルギン酸　28
alicyclic　脂環式化合物　207
aliphatic　脂肪族化合物　223
alizarin(1,2-dihydroxyanthraquinone)　アリザリン　24
alkali　アルカリ　26
alkali metals　アルカリ金属元素　26
alkalides　アルカリ金属化合物(アルカライド)　26
alkaline　アルカリ性　26
alkaline earth metals　アルカリ土類金属元素　26
alkaloids　アルカロイド　27
alkanals　アルカナール　26
alkanes(paraffins)　アルカン　27
alkanolamine soaps　アルカノールアミン石鹸　26
alkanolamines(alkylolamines)　アルカノールアミン類　26
alkanols　アルカノール類　26
alkenes(olefins)　アルケン　28
alkoxides(alcoholates)　アルコキシド　28
alkyd resins　アルキド樹脂　27
alkyl　アルキル基　27
alkylamides　アルキルアミド　27
alkylation　アルキル化　27
alkylidene complexes　アルキリデン錯体　27
alkylolamines　アルキロールアミン　28
alkylphenols　アルキルフェノール類　28
alkynes(acetylenes)　アルキン(アセチレン系炭化水素)　28
allantoin(glyoxyldiureido-5-ureidohydantoin)　アラントイン　24
allene(1,2-propadiene)　アレン　33
allenes　アレン類　33
allobarbital　アロバルビタール　34
allobarbitone(diallylbarbituric acid)　アロバルビトン　34
allomone　アロモン　34
allophonic acid(carbamylcarbamic acid)　アロファン酸　34
allose　アロース　34
allosteric effects　アロステリック効果　34
allotrope　同素体　330

allotropy 多形(単体の) 280
alloxan(2,4,5,6-tetraoxohydropyrimidine) アロキサン 33
alloxantin アロキサンチン 34
alloy 合金 170
alloy elements 合金元素 170
allyl alcohol(propenol) アリルアルコール 25
allyl derivatives of metals 金属のアリル誘導体 133
allyl isothiocyanate(allyl propenylate, mustard oil) アリルイソチオシアナート 25
allyl isothiocyanate(propenyl isothiocyanate, mustard oil) イソチオシアン酸プロペニル 45
allyl polymers アリルポリマー 25
allyl(propenyl) アリル基 25
allylene アリレン 26
allylic rearrangement アリル転位 25
allylthiourea(thiosinamine, rhodallin, propenylthiourea, rhodalin) アリルチオ尿素 25
alnico alloys アルニコ合金 31
alpha decay α壊変 31
alpha helix αヘリックス 31
alpha particle(α-ray) α粒子 31
alternating axis of symmetry 回映軸 88
altrose アルトロース 30
alminum アルミニウム 31
alum ミョウバン(明礬) 481
alumina アルミナ 31
alumina gel アルミナゲル 31
aluminates アルミン酸塩 33
aluminium acetate, aluminium ethanoate 酢酸アルミニウム 187
aluminium alkoxides アルミニウムアルコキシド 32
aluminium alkyls アルキルアルミニウム 27
aluminium alloys アルミニウム合金 32
aluminium borate ホウ酸アルミニウム 458
aluminium bromide 臭化アルミニウム 226
aluminium t-butoxide(aluminium t-butylate) アルミニウム-t-ブトキシド 32
aluminium chemistry アルミニウムの化学的性質 31
aluminium chloride(aluminium trichloride) 塩化アルミニウム 71
aluminium ethanoate エタン酸アルミニウム 62
aluminium ethoxide(aluminium ethylate) アルミニウムエトキシド 32

aluminium fluoride フッ化アルミニウム 417
aluminium hydride 水素化アルミニウム 248
aluminium hydroxide 水酸化アルミニウム 245
aluminium isopropoxide aluminium isopropylate アルミニウムイソプロポキシド 32
aluminium monochloride 一塩化アルミニウム 48
aluminium nitrate 硝酸アルミニウム 235
aluminium nitride 窒化アルミニウム 299
aluminium oxide(alumina) 酸化アルミニウム(アルミナ) 193
aluminium oxy-acid salts アルミニウムの酸素酸塩 32
aluminium silicates ケイ酸アルミニウム 156
aluminium sulphate 硫酸アルミニウム 519
aluminium アルミニウム 31
aluminium, organic deriatives, aluminium alkyls アルミニウムの有機誘導体 32
alumino ferric 硫酸礬土 521
aluminon(ammonium aurinetricarboxylate) アルミノン 33
aluminosilicates アルミノケイ酸塩 32
aluminous cement, cement fondu アルミナセメント 31
aluminoxane アルミノキサン 32
alums ミョウバン類 482
alumstone(alunite) ミョウバン石 482
alundum アランダム 24
amalgam アマルガム 18
amalgamation アマルガメーション 18
amanitins アマニチン 18
amantadine hydrochloride(aminoadamantane hydrochloride) アマンタジン塩酸塩 18
amaranth アマランス 18
amatol アマトール 18
Amberlite アンバーライト(商品名) 39
ambident anions 両座陰イオン 522
ambident ligands 両座配位子 522
amblygonite アンブリゴ石 39
americium アメリシウム 23
americium compounds アメリシウム化合物 23
amides アミド 18
amidines アミジン 18
amido アミド基 19
amidol アミドール 19
amidone アミドン 19

amine oxides　アミンオキシド　22
amines　アミン類　22
amino　アミノ基　19
amino acids　アミノ酸　20
amino resins and plastics　アミノ樹脂（アミノプラスチック）　21
2-amino-2-methyl-1-propanol　2-アミノ-2-メチル-1-プロパノール　21
aminoacetal　アミノアセタール　19
aminoacetic acid　アミノ酢酸　20
amino-acid analysis　アミノ酸分析法　20
1-aminoanthraquinone（α-aminoanthraquinone）　1-アミノアントラキノン　19
2-aminoanthraquinone（β-aminoanthraquinone）　2-アミノアントラキノン　19
aminoazobenzene　アミノアゾベンゼン　19
aminoazo-dyes　アミノアゾ染料　19
2-aminobenzoic acid　2-アミノ安息香酸　19
4-aminobenzoic acid（PAB）　4-アミノ安息香酸　19
aminocaproic acid　アミノカプロン酸　19
aminoethyl alcohol　アミノエチルアルコール　19
1-(2-aminoethyl)piperazine　1-(2-アミノエチル)ピペラジン　19
6-aminohexanoic acid　6-アミノヘキサン酸　21
5-aminolaevulinic acid（5-amino-4-oxopentanoic acid）　5-アミノレブリン酸　21
aminomethylation　アミノメチル化　21
aminonaphthols　アミノナフトール　21
aminophenols　アミノフェノール類　21
4-aminosalicylic acid（PAS）　4-アミノサリチル酸　20
aminotoluene　アミノトルエン　21
ammines　アンミン錯体　39
ammonia　アンモニア　39
ammonia-soda process　アンモニアソーダ法　40
ammonium bicarbonate　重炭酸アンモニウム　230
ammonium bromide　臭化アンモニウム　226
ammonium carbonate　炭酸アンモニウム　287
ammonium chloride（sal ammoniac）　塩化アンモニウム　72
ammonium chromate　クロム酸アンモニウム　149
ammonium dichromate　二クロム酸アンモニウム　349

ammonium fluoride　フッ化アンモニウム　418
ammonium fluoroborate　フルオロホウ酸アンモニウム　429
ammonium hexachlorostannate（Ⅳ），pink salt　ヘキサクロロスズ酸アンモニウム　442
ammonium hydrogen carbonate, ammonium bicarbonate　炭酸水素アンモニウム　288
ammonium hydrogen fluoride　フッ化水素アンモニウム　418
ammonium hydroxide　水酸化アンモニウム　246
ammonium iodide　ヨウ化アンモニウム　503
ammonium ion　アンモニウムイオン　40
ammonium iron sulphates　硫酸鉄アンモニウム　520
ammonium iron（Ⅱ）sulphate（Mohr's salt）　硫酸鉄（Ⅱ）アンモニウム　521
ammonium iron（Ⅲ）sulphate　硫酸鉄（Ⅲ）アンモニウム　521
ammonium molybdates　モリブデン酸アンモニウム　496
ammonium nitrate　硝酸アンモニウム　235
ammonium nitrite　亜硝酸アンモニウム　6
ammonium perchlorate　過塩素酸アンモニウム　90
ammonium persulphate（ammonium peroxodisulphate）　過硫酸アンモニウム　107
ammonium phosphates　リン酸のアンモニウム塩類　526
ammonium phosphomolybdate　リンモリブデン酸アンモニウム　527
ammonium sulphamate　スルファミン酸アンモニウム　257
ammonium sulphate　硫酸アンモニウム　519
ammonium sulphides　硫化アンモニウム　518
ammonium thiocyanate　チオシアン酸アンモニウム　296
amobarbital　アモバルビタール　23
amorphous　アモルファス　23
amorphous　無定形の　484
amperometric titration　電流滴定　327
amphetamine（β-aminopropylbenzene）　アンフェタミン　39
amphiboles　角閃石群　94
amphipathic　両親媒性　522
amphiphiles　両親媒性集合体　523
amphiprotic solvents　両プロトン性溶媒　523
ampholyte（amphoteric electrolyte）　両性電解質　523

amphoteric oxide, amphoteric hydroxide 両性酸化物(両性水酸化物) 523
amygdalin アミグダリン 18
amyl アミル 21
amyl acetate(pentyl ethanoate) 酢酸アミル 186
amyl alcohols(pentanols) アミルアルコール 21
amyl ether アミルエーテル 22
t-amylmethyl ether t-アミルメチルエーテル 22
amylases(diastase) アミラーゼ 21
amylene hydrate アミレンヒドラート 22
amylobarbitone アミロバルビトン 22
amylocaine hydrochloride 塩酸アミロカイン 76
amylopectin アミロペクチン 22
amylose アミロース 22
4-t-amylphenol 4-t-アミルフェノール 22
anabolic agents 同化剤 329
anabolism 同化作用 329
anaerobic metabolism 嫌気性代謝 164
anaesthetics 麻酔剤 474
analgesics 鎮痛剤 305
analysis 分析 440
anaplerotic sequences アナプレロティック経路 15
anaplerotic sequences 補充経路 462
anatase 鋭錐石 58
anatase, octahedrite アナターゼ 15
anation アネーション 17
anchimeric assistance 隣接基補助効果 527
andalusite 紅柱石 172
Andrews titration アンドリュース滴定 39
androsterone(3α-hydroxy-5α-androstan-17-one) アンドロステロン 39
anemometer 風速計 406
anethole($trans$-1-methoxy-4-prop-1-enylbenzene) アネトール 17
aneurine アノイリン 17
angelic acid(Z-2-methyl-2-butenoic acid) アンゲリカ酸 34
angiotensins アンギオテンシン 34
angle strain 角度歪み 94
anharmonicity 非調和性 392
anhydride 無水物 484
anhydrite 硬石膏 171
Anhydrone アンヒドロン(商品名) 39
anilides(phenylamine) アニリド 16
aniline アニリン 16

anils(N-phenylimides) アニル(N-フェニルイミド) 16
anion 陰イオン 50
anionic polymerization アニオン重合 15
anisaldehyde(4-methoxybenzaldehyde) アニスアルデヒド 16
o-anisidine(2-methoxyaniline) o-アニシジン 15
anisole(methoxybenzene) アニソール 16
anisotropic 異方性 49
anisyl アニシル基 16
annealing アニーリング 16
annulation 環化反応 113
annulenes アヌレン類 16
anode 陽極(アノード) 504
anodic oxidation 陽極酸化 504
anodizing 陽極酸化処理 505
anomers アノマー 17
anoxic 無酸素下 483
anserine(β-alanylmethylhistidine) アンセリン 35
antabuse アンタビュース 35
antacids 制酸剤 259
antagonists 拮抗薬 120
anthelmintic 駆虫剤 137
anthocyanidines アントシアニジン 37
anthocyanines アントシアニン 37
anthracene アントラセン 38
anthracite 無煙炭 483
anthrahydroquinone アントラヒドロキノン 38
anthralin, dithranol, anthracene-1,8,9-triol アントラリン 39
anthranilic acid(2-aminobenzoic acid) アントラニル酸 38
anthranol アントラノール 38
anthraquinone dyes アントラキノン染料 38
anthraquinone sulphonic acids アントラキノンスルホン酸 38
anthraquinone(9,10-dioxo-9,10-dihydro-anthracene) アントラキノン 37
anthraquinone-1-sulphonic acid アントラキノン-1-スルホン酸 38
anthraquinone-2-sulphonic acid アントラキノン-2-スルホン酸 38
anthrone(9(10H)-anthoracenone) アントロン 39
anti-aromatic 反芳香族性 383
antibacterials 抗菌剤 170
antibiotic 抗生物質 171

antibodies 抗体 172
antibonding orbitals 反結合性オービタル 381
anticodon アンチコドン 35
anti-conformation アンチコンフォメーション 35
antiferromagnetism 反強磁性 381
anti-fluorite structure アンチ蛍石構造 36
anti-foaming agents 消泡剤 238
antifreeze additives 不凍液用添加物 422
antigens 抗原 170
antihistamines 抗ヒスタミン剤 173
anti-isomer アンチ異性体 35
anti-isomorphism 逆同形 123
anti-knock additives アンチノック剤 35
anti-knock value アンチノック価 35
antimatter 反物質 383
antimonates アンチモン酸塩 37
antimony アンチモン 36
antimony bromide 臭化アンチモン 226
antimony chemistry アンチモンの化学的性質 36
antimony chlorides 塩化アンチモン 71
antimony dioxide 二酸化アンチモン 350
antimony fluorides アンチモンのフッ化物 36
antimony hydride(stibine) 水素化アンチモン 248
antimony iodide ヨウ化アンチモン 503
antimony organic derivatives(stibines) アンチモンの有機誘導体 36
antimony oxides アンチモンの酸化物 36
antimony pentachloride 五塩化アンチモン 174
antimony pentafluoride 五フッ化アンチモン 179
antimony pentoxide 五酸化アンチモン 175
antimony sulphates アンチモンの硫酸塩 37
antimony sulphates 硫酸アンチモン 519
antimony sulphides アンチモンの硫化物 37
antimony trichloride 三塩化アンチモン 192
antimony trifluoride 三フッ化アンチモン 198
antimony trioxide 三酸化アンチモン 196
antimonyl derivatives アンチモニル誘導体 36
antimonyl potassium tartrate(tartar emetic), potassium antimonyl tartrate 酒石酸アンチモニルカリウム 231
antioxidants 酸化防止剤 195

antiparticle 反粒子 383
antiperspirants 制汗剤 259
antipyretics 解熱剤 161
antiseptics 防腐剤 461
antistatic agents 帯電防止剤 278
antitoxins 抗毒素 173
apatite アパタイト 17
apo アポ- 18
apoenzyme アポ酵素 18
apomorphine アポモルヒネ 18
aprotic solvent 非プロトン性溶媒 397
aqua ions アクアイオン 2
aqua regia 王水 80
aquation アクア化 2
aqueous ammonia アンモニア水 40
aquo ions 水和イオン 250
aquo ions (aqua ions) アクオイオン 3
L-arabinose L-アラビノース 24
arachidic acid, n-eicosanoic acid(icosanoic acid) アラキジン酸 23
arachidonic acid(cis,cis,cis,cis-5,8,11,14-eicosatetraenoic acid) アラキドン酸 23
aragonite 霰石 24
aramides アラミド類 24
arbutin アルブチン 31
arc spectrum アークスペクトル 3
Arctons アークトン 4
argentates 銀酸塩 132
argentic compounds 第二銀化合物 278
argentite 輝銀鉱 116
argentous compounds 第一銀化合物 277
arginine(D-2-amino-5-guanidinopentanoic acid) アルギニン 27
argol 粗酒石 274
argon アルゴン 29
Arndt-Eistert synthesis アルント-アイステルト合成 33
aromatic 芳香族的 457
aromatic hydrocarbons 芳香族炭化水素 457
Arosolvan process アロソルヴァン法 34
Arrhenius equation アレニウスの式 33
arsenate(V) ヒ酸塩 386
arsenic ヒ素 389
arsenic bromide 臭化ヒ素 226
arsenic chemistry ヒ素の化学的性質 389
arsenic chlorides ヒ素の塩化物 389
arsenic fluorides ヒ素のフッ化物 390
arsenic halides ヒ素のハロゲン化物 390
arsenic hydride(arsine) 水素化ヒ素 249
arsenic iodide ヨウ化ヒ素 504

arsenic oxides　ヒ素の酸化物　389
arsenic sulphides　ヒ素の硫化物　390
arsenic(Ⅲ)oxide　酸化ヒ素(Ⅲ)　195
arsenic(Ⅴ)oxide　酸化ヒ素(Ⅴ)　195
arsenic, organic derivatives　ヒ素の有機誘導体　390
arsenides　ヒ化物　385
arsenite(arsenate(Ⅲ))　亜ヒ酸塩　17
arsenopyrite(mispickel)　硫砒鉄鉱　522
arsine　アルシン　29
arsines　アルシン類　29
artificial musk　合成麝香　171
aryl　アリール基　25
arynes　アリーイン類　24
asbestos　アスベスト　8
ascorbic acid(Vitamin C)　アスコルビン酸　7
asparagine(2-aminosuccinamic acid)　アスパラギン　7
aspartame　アスパルテーム　7
aspartic acid(aminosuccinic acid)　アスパラギン酸　7
asphalt　アスファルト　8
asphalt emulsions　アスファルトエマルジョン　8
asphaltenes　アスファルテン　8
asphaltic bitumen(bitumen)　瀝青(ビチューメン)　531
asphaltites　アスファルト鉱　8
aspirin(2-O-acetylsalicylic acid, 2-acetoxylbenzoic acid)　アスピリン　8
associated liquids　会合性液体　88
association　会合　88
astatine　アスタチン　7
asymmetric induction　不斉誘導　413
asymmetry　非対称　390
atactic polymer　アタクチックポリマー　14
atmosphere　気圏　117
atmospheric pressure　大気圧　277
atom　原子　164
atomic absorption spectroscopy(AAS)　原子吸光分析法　165
atomic emission spectroscopy　原子発光分析法　165
atomic energy　原子力エネルギー　166
atomic heat　原子熱　165
atomic mass unit, amu　原子質量単位　165
atomic mass(z)　原子質量　165
atomic number　原子番号　165
atomic orbital　原子オービタル(軌道関数)　164

atomic radius　原子半径　165
atomic spectrum　原子スペクトル　165
atomic weights(at.wt., relative atomic masses)　原子量　165
atrolactic acid (2-hydroxy-2-phenylpropionic acid)　アトロラクチン酸　15
atropine((±)-hyoscyamine)　アトロピン　15
atropoisomerism　アトロプ異性　15
atropoisomers　アトロプ異性体　15
attapulgite　アッタパルジャイト　14
attenuated total reflectance　減衰全反射法　166
attrition mill　アトリションミル　15
aufbau principle　組上げの原理　137
Auger spectroscopy　オージェ電子分光法　83
auramine, Basic Yellow 2　オーラミン　86
aurates　金酸塩　132
auric compounds　第二金化合物　278
aurine(rosolic acid)　オーリン　86
aurous compounds　第一金化合物　277
austenite　オーステナイト　84
auto-catalysis　自触反応　215
autoclave　オートクレーヴ　85
autofining process　オートファイニングプロセス　85
autolysis　オートリシス　85
autoxidation　自動酸化　217
autunite　リン灰ウラン鉱　525
auxins　オーキシン類　82
auxochrome　助色団　239
aviation turbo-fuels　ジェット燃料　205
Avogadro's constant　アヴォガドロ定数　1
axes of symmetry　対称軸　278
axial　アキシャル　2
axial ratios　軸比　208
aza crown ethers　アザクラウンエーテル　6
azelaic acid(lepargylic acid)　アゼライン酸　13
azeotrope(constant-boiling mixture)　アゼオトロープ　8
azeotropic distillation　共沸蒸留　127
azeotropic mixtures　共沸混合物　127
azetidine　アゼチジン　9
azides　アジド(アジ化物)　6
azidodithiocarbonates　アジドジチオカルボネート　6
azidothymidine(AZT)　アジドチミジン　6
azimuthal quantum number(l)　方位量子数

456
azines　アジン　7
aziridine　アジリジン　7
azobenzene　アゾベンゼン　14
azobisisobutyronitrile(AIBN)　アゾビスイソブチロニトリル　13
azo-compounds　アゾ化合物　13
azo-dyes　アゾ染料　13
azoic dyes　アゾイック染料(ナフトール染料)　13
azomethines　アゾメチン　14
azophenols　アゾフェノール類　14
azoxybenzene　アゾキシベンゼン　13
azulene　アズレン　8
azurite　藍銅鉱　513

B

back bonding　逆供与結合　123
back titration　逆滴定　123
baddeleyite　バッデレイ石　372
Baeyer test　バイヤー試験　368
bag filter　バッグフィルター　371
Bakelite　ベークライト　444
baking powders　ベーキングパウダー　444
balance　天秤　327
ball mill　ボールミル　470
Balmer series　バルマー系列　379
band gap　バンドギャップ　382
band spectrum　バンドスペクトル　382
band theory of solids　固体のバンド理論　176
Barbier-Wieland degradation　バルビエ-ヴィーラント分解法　379
barbitone(diethylmalonylurea)　バルビトン　379
barbiturates(barbituric acids)　バルビツール酸系薬剤　379
barbituric acid(malonylurea)　バルビツール酸　379
barium　バリウム　378
barium bromide　臭化バリウム　226
barium carbonate　炭酸バリウム　289
barium chemistry　バリウムの化学的性質　378
barium chloride　塩化バリウム　74
barium chromate　クロム酸バリウム　150
barium diphenylamine-4-sulphonate　ジフェニルアミン-4-スルホン酸バリウム　220

barium fluoride　フッ化バリウム　419
barium halides　バリウムのハロゲン化物　378
barium hydroxide(baryta)　水酸化バリウム　247
barium nitrate　硝酸バリウム　236
barium oxides　バリウムの酸化物　378
barium peroxide　過酸化バリウム　96
barium sulphate　硫酸バリウム　521
barium sulphide(black ash)　硫化バリウム　519
barium titanate　チタン酸バリウム　299
barometric condenser　バロメトリック・コンデンサー　381
barrel　バレル　379
baryta　バライタ　376
barytes(heavy spar)　重晶石　229
base　塩基　75
base　基盤　122
base exchange　塩基交換　75
base peak　基本ピーク　123
base strength　塩基強度　75
base-pairing　塩基対合　76
basic dyes(cationic dyes)　塩基性染料　75
basic salts　塩基性塩　75
basic slag　塩基性スラグ　75
bastnaesite　バストネス石　370
bathochromic shifts　深色シフト　243
batteries(electric cells)　電池(バッテリー)　326
bauxite　ボーキサイト　461
bayerite　バイヤライト　368
bcc, body-centred cubic　体心立方結晶　278
Beattie-Bridgeman equation　ビーティーブリッジマンの状態方程式　392
Beckmann rearrangement　ベックマン転位　445
Beckmann thermometer　ベックマン温度計　445
Beer's law　ベールの法則　450
beeswax　蜜蝋　481
behenic acid (n-docosanoic acid)　ベヘン酸　447
Beilstein(Handbuch der organischen Chemie)　バイルシュタイン　368
Beilstein's test　バイルシュタイン試験　368
Benedict solution　ベネディクト液　446
Benfield process　ベンフィールド法　455
bentonite　ベントナイト　455
benzal chloride(benzylidene chloride, α, α-dichlorotoluene)　塩化ベンザル　74

benzalacetophenone　ベンザルアセトフェノン　451
benzaldehyde　ベンズアルデヒド　452
benzaldoxime　ベンズアルドキシム　452
benzalkonium chloride　塩化ベンザルコニウム　74
benzamide　ベンズアミド　452
benzanthrone(7H-benz[d,e]anthracen-7-one)　ベンズアントロン　452
benzene　ベンゼン　452
benzene diazonium salts　ベンゼンジアゾニウム塩　453
benzene hexachloride　六塩化ベンゼン　535
benzene hexachloride(BHC, hexachlorocyclohexane)　ベンゼンヘキサクロリド　453
benzene-1,3-disulphonic acid　ベンゼン-1,3-ジスルホン酸　453
1,4-benzenedicarboxylic acid　1,4-ベンゼンジカルボン酸　453
benzenesulphonic acid　ベンゼンスルホン酸　453
benzenetricarboxylic acids　ベンゼントリカルボン酸　453
benzidine conversion(benzidine rearrangement)　ベンジジン転位　451
benzidine(4,4′-diaminobiphenyl)　ベンジジン　451
benzil　ベンジル　451
benzine　ベンジン　451
benzo[a]pyrene (1,2-benzpyrene)　ベンゾピレン　454
benzoates　安息香酸エステル　35
benzoates　安息香酸塩　35
benzocaine(ethyl 4-aminobenzoate)　ベンゾカイン　454
benzodiazepine(diazipine, valium, 7-chloro-2,3-dihydro-1-methyl-5-phenyl-2H-1,4-benzodiazepin-2-one)　ベンゾジアゼピン　454
benzodiazine　ベンゾジアジン　454
benzofuran(coumarone)ring system　ベンゾフラン環系　454
benzoic acid　安息香酸　35
benzoin　ベンゾイン　453
benzole　ベンゾール　455
benzonitrile　ベンゾニトリル　454
benzophenone　ベンゾフェノン　454
benzoquinone　ベンゾキノン　454
benzotriazolyloxytris(dimethylamino) phosphine hexafluorophosphate(BOP)　ベンゾトリアゾリルオキシトリス(ジメチルアミノ)ホスフィンヘキサフルオロリン酸塩　454
benzotrichloride(α,α,α-trichlorotoluene)　ベンゾトリクロリド　454
benzoyl　ベンゾイル基　453
benzoyl chloride　塩化ベンゾイル　75
benzoyl peroxide　過酸化ベンゾイル　96
benzoylglycine　ベンゾイルグリシン　453
benzyl　ベンジル基　451
benzyl alcohol(α-hydroxytoluene)　ベンジルアルコール　451
benzyl benzoate　安息香酸ベンジル　35
benzyl chloride　塩化ベンジル　74
benzyl chlorocarbonate(carbobenzoxy chloride)　クロロ炭酸ベンジル　153
benzyl ether　ベンジルエーテル　451
benzylamine(phenylmethylamine, α-aminotoluene)　ベンジルアミン　451
benzylidene chloride　塩化ベンジリデン　74
benzylideneacetone　ベンジリデンアセトン　451
benzyne　ベンザイン　451
berkelium　バークリウム　369
berkelium chemistry　バークリウムの化学的性質　369
Berlin green　ベルリングリーン　450
Berry mechanism　ベリー機構　448
Berthelot equation　ベルトローの状態方程式　450
berthollide compound　ベルトライド化合物　450
beryl　緑柱石　523
beryllate ion　ベリリウム酸イオン　449
beryllates　ベリリウム酸塩　449
beryllia　ベリリア　449
beryllium　ベリリウム　449
beryllium acetate(beryllium ethanoate)　酢酸ベリリウム　188
beryllium bromide　臭化ベリリウム　227
beryllium carbonate　炭酸ベリリウム　289
beryllium chemistry　ベリリウムの化学的性質　449
beryllium chloride　塩化ベリリウム　74
beryllium ethanoate　エタン酸ベリリウム　62
beryllium fluoride　フッ化ベリリウム　419
beryllium halides　ベリリウムのハロゲン化物　449
beryllium hydroxide　水酸化ベリリウム　247
beryllium iodide　ヨウ化ベリリウム　504

beryllium nitrate　硝酸ベリリウム　236
beryllium oxide　酸化ベリリウム　195
beryllium sulphate　硫酸ベリリウム　521
Bessemer process　ベッセマー製鋼法　445
beta decay(electron decay)　β壊変　445
beta particle(beta ray)　β粒子　445
betaine, trimethylglycine　ベタイン　444
betaines　ベタイン類　445
betamethasone(9α-fluoro-16β-methylprednisolone)　ベータメタゾン　445
β-oxidation　β酸化　445
biacetyl　ビアセチル　384
bibenzyl　ビベンジル　398
bicarbonates(hydrogen carbonates)　重炭酸塩　230
Biferox　ビフェロックス(ジフェニルエーテル)(商品名)　397
Bi-Gas process　BI-Gas法(石炭液化)　367
bilayers　二重層　351
bile pigments　胆汁色素　290
bile salts　胆汁酸塩　289
bimolecular reaction　二分子反応　356
binary compound　二元化合物　350
binder　バインダー　368
bioassay　バイオアッセイ　366
biocatalysis　生体触媒利用　260
biocides　バイオサイド　366
biodegradable　生分解性　261
biogas　バイオガス　366
biogenesis　生物発生　261
biogenic amines　生体アミン　260
bioluminescence　生物発光　261
biomarkers　バイオマーカー　367
biomass　バイオマス　367
biose　二炭糖　351
biosensors　バイオセンサー　366
biosynthesis　生合成　259
biotin　ビオチン　384
biotransformation　生体内変化　260
biphasic catalysis　二相性触媒作用　351
biphenyl(diphenyl)　ビフェニル　397
bipy　bipy　397
bipyridine　ビピリジン　397
bipyridyl　ビピリジル　397
Birge-Sponer plot　ビルジ-スポーナープロット　402
bis-(2-chloroethyl)formal　ビス-2-クロロエチルホルマール　387
2,4-bis(4-aminobenzyl)aniline　2,4-ビス(4-アミノベンジル)アニリン　387

1,8-bis(dimethylamino)naphthalene　1,8-ビス(ジメチルアミノ)ナフタレン　387
4,4′-bis(isocyanatophenyl)methane(methylene-bis(4-phenylisocyanate))　4,4′-ビスイソシアナトフェニルメタン　387
bisabolol　ビサボロール　386
Bismarck brown(Basic Brown 1)　ビスマルクブラウン　389
bismuth　ビスマス　388
bismuth alloys　ビスマス合金　388
bismuth bromide　臭化ビスマス　226
bismuth carbonates(basic carbonates)　炭酸ビスマス　289
bismuth chemistry　ビスマスの化学的性質　388
bismuth chlorides　塩化ビスマス　74
bismuth fluorides　フッ化ビスマス　419
bismuth halides　ビスマスのハロゲン化物　388
bismuth iodide　ヨウ化ビスマス　504
bismuth nitrates　ビスマスの硝酸塩　388
bismuth oxides　ビスマスの酸化物　388
bismuth selenides　ビスマスのセレン化物　388
bismuth sulphates, bismuth sulfates　ビスマスの硫酸塩　388
bismuth sulphides, bismuth sulfides　ビスマスの硫化物　388
bismuthates(V)　ビスマス酸塩　389
bismuthides　ビスマス化物　388
bisphenol A(2,2-bis(4-hydroxyphenyl)propane, 4,4′-isopropylidenediphenol)　ビスフェノールA　387
bisphosphonates　ビスホスホネート　388
bitumen　ビチューメン　391
bitumen emulsions　ビチューメンエマルジョン　391
bituminous coals　瀝青炭　531
bituminous mastic　マスチックアスファルト　475
bituminous plastics　アスファルトプラスチック　8
biuret　ビウレット　384
biuret reaction　ビウレット反応　384
bixin　ビキシン　386
black lead　黒鉛　175
blackash　ブラックアッシュ　424
blanc fixe　ブランフィクス　426
Blanc's rule　ブラン則　426
bleach bath　漂白浴　399

bleaching agents　漂白剤　399
bleaching earths　漂布土　399
bleaching powder(chloride of lime)　さらし粉　190
block copolymerization　ブロックコポリマー　432
blooming　ブルーミング　430
blowing agents　発泡剤　372
blown bitumen(oxidized bitumen)　ブローンアスファルト　437
blow-off　ブローオフ　431
blue print paper　青焼紙　2
blue vitriol　胆礬　294
blue(water)gas　ブルーガス　429
blue-john　ブルージョン　429
boat form　舟型　422
BOC　ボック　463
body-centred lattice　体心立方格子　278
boehmite　ベーマイト　447
Bohr frequency condition　ボーアの周波数条件　456
Bohr magneton　ボーア磁子　456
bohrium　ボーリウム　466
boiling point　沸点　420
boiling-point diagram　沸点図　421
Boltzmann constant(k)　ボルツマン定数　469
bomb calorimeter(adiabatic bomb calorimeter)　ボンブ熱量計　472
bond　結合　159
bond angle　結合角　159
bond energy　結合エネルギー　159
bond order　結合次数　159
bonding orbitals　結合性オービタル　159
bone ash　骨灰　176
bone black(animal charcoal)　骨炭　176
bone china　ボーンチャイナ　472
Bone-Wheeler apparatus　ボーン-ウイラーの装置　472
boost fluids　ブースト液　413
borane　ボラン　464
borane anions　ボランアニオン類　464
boranes　ボラン類　465
borates　ホウ酸塩　458
borax　ホウ砂　458
Bordeaux mixture　ボルドー液　469
boric acid(orthoboric acid)　ホウ酸　457
borides　ホウ化物　457
borinates　ボリン酸塩　469
borine derivatives　ボリン誘導体　469
Born equation　ボルンの公式　471

bornane　ボルナン　469
D-borneol(2-hydroxybornane)　D-ボルネオール　470
Born-Haber cycle　ボルン-ハーバーサイクル　471
bornite　斑銅鉱(1)　382
Born-Landé equation　ボルン-ランデの式　471
bornyl and isobornyl chlorides(2-chlorobornanes)　塩化ボルニル　75
borohydrides　水素化ホウ素化合物　249
borohydrides　ホウ水素化物　459
boron　ホウ素　459
boron bromides　ホウ素の臭化物　460
boron chemistry　ホウ素の化学的性質　460
boron chlorides　ホウ素の塩化物　460
boron fluorides　ホウ素のフッ化物　461
boron halides　ホウ素のハロゲン化物　460
boron hydrides　ホウ素の水素化物　460
boron iodides　ホウ素のヨウ化物　461
boron neutron capture　ホウ素の中性子捕獲　460
boron nitride　窒化ホウ素　299
boron oxides　ホウ素の酸化物　460
boron sub-iodide　亜ヨウ化ホウ素　23
boron trichloride　三塩化ホウ素　192
boron triiodide　三ヨウ化ホウ素　198
boron(Ⅲ)oxide　酸化ホウ素(Ⅲ)　195
boron, organic derivatives　ホウ素の有機誘導体　461
boronates　ボロン酸塩　472
boron-nitrogen compounds　ホウ素-窒素化合物　461
borosilicates　ホウケイ酸塩　457
bort　ボーツ　463
boson　ボーズ粒子　463
boundary layer　境界層　126
Boyle's law　ボイルの法則　456
Brady's reagent　ブラディ試薬　425
bradykinin　ブラジキニン　424
Bragg equation　ブラッグの公式　425
Bragg scattering　ブラッグ散乱　425
branched copolymers　分岐コポリマー　438
brass　黄銅　81
brassidic acid　ブラシジン酸　424
braunite　ブラウン鉱　423
Bravais lattices　ブラヴェ格子　423
brazing metal　鑞材　534
Bredt's rule　ブレット則　431
breunnerite　ブロイネル石　431

欧文索引　*579*

bright stock　ブライトストック　423
brilliant green　ブリリアントグリーン　427
Brillouin zones　ブリルアンゾーン　427
brine　鹹水　114
brine　ブライン　523
British Standards　英国規格　58
British thermal unit(Btu)　英国熱量単位　58
bromacil　ブロマシル　436
bromal　ブロマール　436
bromates　臭素酸塩　230
bromelin(bromelain)　ブロメリン　436
bromic acid　臭素酸　230
bromides　臭化物　226
brominated biphenyls(diphenyls)　臭素化ビフェニル　230
brominated biphenyls(diphenyls)　ポリ臭化ビフェニル　467
bromine　臭素　229
bromine chemistry　臭素の化学的性質　229
bromine chlorides　塩化臭素　73
bromine chlorides　臭素の塩化物　229
bromine fluorides　臭素のフッ化物　229
bromine fluorides　フッ化臭素　418
bromine halides　臭素のハロゲン化物　229
bromine oxides　臭素の酸化物　229
bromoacetic acid　ブロモ酢酸　436
bromoacetone(bromopropanone)　ブロモアセトン　436
bromoacids, complex　錯ブロモ酸類　189
bromobenzenes　ブロモベンゼン類　437
bromoethanoic acid(bromoacetic acid)　ブロモエタン酸　436
bromomethane(methyl bromide)　ブロモメタン　437
bromonaphthalenes　ブロモナフタレン　436
N-bromosuccinimide(NBS)　N-ブロモスクシンイミド　436
bromothymol blue　ブロモチモールブルー　436
bromotrifluoromethane(BTM)　ブロモトリフルオロメタン　436
Brönsted-Lowry classification　ブレンステッド-ローリーの分類　431
bronze　青銅　260
bronze　ブロンズ　437
bronzes　ブロンズ類　437
brosyl　ブロシル基　432
brown print paper　ブラウンプリントペーパー　423
brown ring test　褐輪反応　100

Brownian movement　ブラウン運動　423
brucine　ブルシン　429
Brunauer-Emmett-Teller(BET)method　ブルナウアー-エメット-テラー法　430
brunswick black　ブランスウィックブラック　426
Brunswick green　ブランスウィックグリーン　426
bubble　泡(バブル)　34
bubble-cap plate(bubble-cap tray)　泡鐘段(バブルキャッププレート)　34
Bucherer reaction　ブヒャラー反応　422
buckminsterfullerene(bucky balls)　バックミンスターフラーレン　371
buffer solutions　緩衝溶液　114
bufotenin(5-hydroxy-3-dimethylamino-ethylindole)　ブフォテニン　422
bufotoxin　ブフォトキシン　422
buna rubbers　ブナゴム　422
Bunte salts　ブンテ塩　440
burette　ビュレット　398
burners　バーナー　373
burning velocity　燃焼速度　363
butadiene　ブタジエン　414
butadiene polymers　ブタジエンポリマー　414
butadienes　ブタジエン類　414
butaldehydes　ブタルデヒド　414
n-butanal　n-ブタナール　414
butanals　ブタナール類　414
butane　ブタン　416
butanediols(butylene glycols, dihydroxybu-tanes)　ブタンジオール　416
butanoic acids　ブタン酸　416
butanols(butyl alcohols)　ブタノール　414
butanone　ブタノン　415
butanoyl　ブタノイル基　414
2-butenal　2-ブテナール　421
1-butene　1-ブテン　421
butene polymers　ブテンポリマー　421
2-butene-1,4-diol(butenediol)　2-ブテン-1,4-ジオール　421
butenedioic acid　ブテン二酸　421
butenes　ブテン類　421
2-butenoic acid(crotonic acid, 2-methylacrylic acid)　2-ブテン酸　421
butoxycarbonyl group　ブトキシカルボニル基　422
butter of antimony　アンチモンバタ　37
butyl　ブチル基　417

n-butyl acetate　酢酸 n-ブチル　188
sec-butyl acetate　酢酸 sec-ブチル　188
t-butyl acetate　酢酸 t-ブチル　188
butyl acetates　酢酸ブチル　188
n-butyl alcohol　n-ブチルアルコール　417
sec-butyl alcohol　sec-ブチルアルコール　417
tert-butyl alcohol　tert-ブチルアルコール　417
butyl alcohols　ブチルアルコール　417
Butyl Cellosolve　ブチルセロソルブ（商品名）　417
butyl ethanoates　エタン酸ブチル　62
t-butylhydroperoxide　t-ブチルヒドロペルオキシド　417
t-butyl hypochlorite　次亜塩素酸 t ブチル　199
butyl rubber　ブチルゴム　417
butylene glycols　ブチレングリコール　417
butylenes　ブチレン　417
butyllithium　ブチルリチウム　417
4-t-butylphenol　4-t-ブチルフェノール　417
2-butyne-1,4-diol　2-ブチン-1,4-ジオール　417
butyraldehyde　ブチルアルデヒド　417
butyric acids　酪酸　508
γ-butyrolactone(4-hydroxybutanoic acid lactone)　γ-ブチロラクトン　417
butyrone　ブチロン　417
butyryl　ブチリル基　416

C

cacodyl derivatives　カコジル誘導体　95
cadaverine(pentamethylenediamine)　カダベリン　98
cadmium　カドミウム　100
cadmium chemistry　カドミウムの化学的性質　100
cadmium chloride　塩化カドミウム　72
cadmium halides　カドミウムのハロゲン化物　100
cadmium hydroxide　水酸化カドミウム　246
cadmium iodide　ヨウ化カドミウム　504
cadmium oxide　酸化カドミウム　193
cadmium oxy-acid salts　カドミウムの酸素酸塩　100
cadmium red(orange, scarlet)　カドミウムレッド（オレンジ，スカーレット）　101
cadmium sulphate　硫酸カドミウム　519
cadmium sulphide　硫化カドミウム　518
cadmium yellow　カドミウムイエロー　101
cadmium, organic derivatives　カドミウムの有機誘導体　101
caesium　セシウム　263
caesium chemistry　セシウムの化学的性質　264
caesium chloride　塩化セシウム　73
caesium fluoride　フッ化セシウム　419
caffeine(1,3,7-trimethylxanthine, theine)　カフェイン　101
cage compounds　籠型化合物　95
calamine　カラミン　105
calciferol　カルシフェロール　108
calcined bauxite　焼成ボーキサイト　236
calcite　方解石　456
calcium　カルシウム　108
calcium acetate(ethanoate)　酢酸カルシウム　187
calcium acetylide　カルシウムアセチリド　108
calcium aluminates　アルミン酸カルシウム　33
calcium bromide　臭化カルシウム　226
calcium carbide(calcium acetylide)　炭化カルシウム　285
calcium carbonate　炭酸カルシウム　288
calcium chemistry　カルシウムの化学的性質　108
calcium chloride　塩化カルシウム　72
calcium cyanamide　カルシウムシアナミド　108
calcium ethanoate　エタン酸カルシウム　62
calcium fluoride(fluorite, fluorspar)　フッ化カルシウム　418
calcium glycerophosphate　グリセロリン酸カルシウム　142
calcium hydride　水素化カルシウム　248
calcium hydrogen carbonate　炭酸水素カルシウム　288
calcium hydrogen sulphite　亜硫酸水素カルシウム　25
calcium hydroxide(slaked lime)　水酸化カルシウム　246
calcium iodide　ヨウ化カルシウム　504
calcium nitrate　硝酸カルシウム　235
calcium oxalate　シュウ酸カルシウム　229
calcium oxide(lime, quicklime)　酸化カルシウム　194

欧文索引

calcium perchlorate　過塩素酸カルシウム　90
calcium peroxide　過酸化カルシウム　95
calcium phosphates　カルシウムのリン酸塩　108
calcium silicates　ケイ酸カルシウム　156
calcium sulphate　硫酸カルシウム　520
calcium sulphide　硫化カルシウム　518
calcium sulphite　亜硫酸カルシウム　25
calcium superphosphate (superphosphate)　過リン酸石灰　107
calcium titanate (perovskite)　チタン酸カルシウム　299
Calgon　カルゴン（商品名）　108
caliche　カリーシュ（カリーチェ）　107
californium　カリホルニウム　107
californium compounds　カリホルニウムの化合物　107
calixarenes　カリックスアレーン　107
calomel　カロメル　112
calomel electrode　甘汞電極　113
Calor gas, Calor propane　カロールガス，カロールプロパン（商品名）　113
calorie　カロリー　113
calorific value　発熱量　372
calorimeter　熱量計　361
campesterol ((24R)-24-methyl-5-cholesten-3β-ol)　カンペステロール　115
camphane　カンファン　115
camphene　カンフェン　115
camphor (2-oxo-bornane)　樟脳（カンフル）　237
canavanine　カナバニン　101
cane sugar　甘蔗糖　114
cannabis (Indian hemp)　大麻　279
Cannizzaro reaction　カニッツァーロ反応　101
canonical form　正準形式　260
capacitor (condensers)　コンデンサー　183
capillary condensation　毛管凝縮　494
capillary electrophoresis　キャピラリー電気泳動　123
capric acid　カプリン酸　102
caproic acid　カプロン酸　102
caprolactam　カプロラクタム　102
caprolactone (2-oxepanone, 6-hexanolactone)　カプロラクトン　102
capryl alcohol　カプリルアルコール　102
caprylic acid　カプリル価　102
capsicum　トウガラシ（唐辛子）　329
carageenin　カラゲーニン　104
caramel　カラメル　105
carbaboranes　カルバボラン類　109
carbachol (carbamylcholine chloride)　カルバコール　109
carbamates　カルバミン酸エステル　109
carbamates　カルバミン酸塩　109
carbamic acid　カルバミン酸　109
carbamide　カルバミド　109
carbamido-　カルバミド基　109
carbamyl-　カルバミル基　109
carbanions　カルバニオン　109
carbazole (9-azafluorene)　カルバゾール　109
carbene　カルベン　110
carbenium ions (carbonium ions)　カルベニウムイオン　110
carbethoxy-　カルボエトキシ-　110
carbide formers　炭化物形成元素　285
carbides　炭化物　285
carbinol　カルビノール　109
carbitols　カルビトール　109
carbobenzoxy chloride　カルボベンゾキシクロリド　111
carbocyclic　炭素環式化合物　291
carbodiimides　カルボジイミド　110
carbohydrases　カルボヒドラーゼ類　111
carbohydrates　炭水化物　290
Carbolan dyes　カルボラン色素　111
carbolic acid　石炭酸　263
carbomethoxy-　カルボメトキシ基　111
carbon　炭素　290
carbon black　カーボンブラック　102
carbon chalcogenides　炭素のカルコゲン化合物　290
carbon chemistry　炭素の化学的性質　290
carbon dioxide　二酸化炭素　351
carbon disulphide　二硫化炭素　358
carbon electrodes　炭素電極　291
carbon fibres　炭素繊維　291
carbon fluorides　炭素のフッ化物　291
carbon monoxide　一酸化炭素　48
carbon oxides　炭素の酸化物　290
carbon residue　炭素残渣　291
carbon sulphides　炭素の硫化物　291
carbon tetrabromide　四臭化炭素　215
carbon tetrachloride (tetrachloromethane, perchloromethane)　四塩化炭素　206
carbon tetrafluoride　四フッ化炭素　221
carbon value　炭素価　291
carbonates　炭酸エステル　287
carbonates　炭酸塩　287

carbonation　炭酸化　288
carbonation　炭酸ガス吹き込み　288
carbonic acid　炭酸　287
carbonic anhydrase　炭酸脱水酵素　288
carbonium ions　カルボニウムイオン　111
carbonization　炭化　284
carbonyl chloride　塩化カルボニル　72
carbonyl derivatives　カルボニル誘導体　111
carbonyl group　カルボニル基　111
carbonyl halides　金属カルボニルハロゲン化物　133
carbonyl hydrides　金属カルボニル水素化物　133
carbonylate ions　金属カルボニル陰イオン　133
carbonylation　カルボニル化　111
carbonyloxime　カルボニルオキシム　111
carboplatin　カルボプラチン　111
carboranes(carbaboranes)　カルボラン類　111
carborundum　カーボランダム　102
Carbowaxes　カルボワックス(商品名)　112
carboxy-　カルボキシ-　110
carboxyhemoglobin　カルボキシヘモグロビン　110
carboxyl group　カルボキシル基　110
carboxylase　カルボキシラーゼ　110
carboxylation　カルボキシル化　110
carboxylic acids　カルボン酸　112
carbylamine reaction　カルビルアミン反応　110
carbylamines　カルビルアミン　109
carbyne derivatives　カルビン誘導体　110
carceplexes　カルセプレックス　108
carcinogens　発ガン性物質　370
carenes　カレン　112
Carius method　カリウス法　105
Carius tube　カリウス管　105
carmine　カーミン　103
carminic acid　カルミン酸　112
carnallite　カーナル石　101
carnauba wax　カルナウバワックス　108
carnitine　カルニチン　109
carnosine(N-b-alanylhistidine)　カルノシン　109
Carnot cycle　カルノーサイクル　109
carnotite　カルノー石　109
Caro's acid(permonosulphuric acid)　カロの酸　112
carotene　カロチン　112

carotene　カロテン　112
carotenoid　カロチノイド　112
carotenoids　カロテノイド　112
carrageenan　カラギーナン　104
carvacrol(2-hydroxycymene)　カルバクロール　109
carveol　カルベオール　110
carvestrene　カルベストレン　110
carvone　カルボン　112
caryophyllene　カリオフィレン　106
casein　カゼイン　97
casing head gas　ケーシングヘッドガス(随伴ガス)　158
Cassel yellow　カッセルイエロー　99
cassiterite(tinstone)　スズ石　253
cast iron(pig iron)　鋳鉄　303
castile soap　カスティリア石鹸　97
Castner-Kellner cell　カストナー-ケルナー電解槽　97
castor oil　ヒマシ油(蓖麻子油)　398
catabolism　異化作用　43
catacarb process　カタカルブプロセス　98
catalase　カタラーゼ　98
catalysis　触媒作用(接触作用)　238
catalyst　触媒　238
catalytic converters　触媒コンバータ　238
catalytic cracking　接触クラッキング　265
catalytic reforming　触媒改質　238
catechol　カテコール　100
catecholamines　カテコールアミン　100
catenanes　カテナン類　100
catenation　カテネーション　100
catforming　接触改質　265
cathode　陰極(負極)　51
cathodic protection　陰極防食　51
cation　陽イオン　503
cationic detergents　陽イオン性界面活性剤　503
cationic polymerization　カチオン重合　98
caustic potash　苛性加里　97
caustic soda　苛性曹達　97
celestine(celestite)　天青石　326
cell　結晶単位格子　160
cell dimensions　格子定数　170
cell potential　電池の起電力　326
cellobiose　セロビオース　270
cellophane　セロファン　270
Cellosolve　セロソルブ(商品名)　269
Cellosolve acetate　酢酸セロソルブ　187
Cellosolve acetate　セロソルブアセテート

269
cellular plastics 多孔性プラスチック 280
celluloid セルロイド 267
cellulose セルロース 267
cellulose acetate (ethanoate) plastics 酢酸セルロース系プラスチック 187
cellulose ethers セルロースエーテル 268
cellulose nitrate (nitrocellulose) 硝酸セルロース 235
cellulose phosphate (sodium) リン酸セルロース 526
Celsius scale セルシウス温度目盛 267
cement セメント 266
cement fondu (ciment fondu) 溶融セメント 506
cement, rapid-hardening 速硬性セメント 275
cement, supersulphated 高硫酸塩セメント 174
cementite セメンタイト 266
centre of symmetry 対称中心 278
centrifugal pump 遠心ポンプ 76
centrifugation 遠心分離 76
centrifuges (centrifugal separators) 遠心分離機 76
cephalins (kephalin) ケファリン 161
cephalosporin C セファロスポリンC 266
ceramics セラミックス 266
cerebrosides セレブロシド 268
ceresin セレシン 268
cerium セリウム 267
cerium compounds セリウム化合物 267
cermets サーメット 190
cerotic acid (hexacosanoic acid) セロチン酸 269
cerussite 白鉛鉱 368
ceryl alcohol セリルアルコール 267
cesium セシウム 263
cetane セタン 264
cetane number セタン価 264
cetrimide (cetyltrimethylammonium bromide, CTAB) セトリミド 265
cetyl alcohol セチルアルコール 264
cetyl trimethylammonium bromide 臭化セチルトリメチルアンモニウム 226
chain reactions 連鎖反応 533
chair form 椅子型 43
chalcogenides (chalconides) カルコゲン化物 108
chalcogens カルコゲン 107

chalcones カルコン 108
chalcopyrite (copper pyrites) 黄銅鉱 81
chalk 白亜 (白堊) 368
chaperone protein シャペロンタンパク質 225
charcoal 木炭 495
charge transfer band or spectrum 電荷移動スペクトル 321
charge transfer complexes 電荷移動錯体 321
Charles's law シャルルの法則 225
chelate compound キレート化合物 130
chelate effect キレート効果 130
chelation キレート生成 130
Chemical Abstracts (C.A.) Chemical Abstracts (C.A.) 161
chemical affinity 化学親和力 91
chemical development 化学現像 91
chemical equivalent 化学当量 91
chemical kinetics 化学反応速度論 91
chemical potential 化学ポテンシャル 91
chemical shift 化学シフト 91
chemical vapour deposition, CVD 化学蒸気沈着法 91
chemical warfare agents 化学兵器用物質 91
chemiluminescence ケミルミネッセンス 161
chemioinformatics 化学情報学 91
chemiosmotic hypothesis 化学浸透仮説 91
chemisorption 化学吸着 91
chemometrics ケモメトリックス 162
chemosynthesis 化学合成 91
chemotaxonomy 化学分類学 91
chemotherapy 化学療法 92
Chevrel phases シェヴレル相 205
chichibabin reaction チチバビン反応 299
chicle チクル 298
Chile saltpetre チリ硝石 304
china clay (kaolin) チャイナクレイ 302
Chinese blue チャイニーズブルー 302
Chinese white 亜鉛華 2
chiral キラル 129
chiral catalysis キラル触媒 129
chiral chromatography キラルクロマトグラフィー 129
chiral drugs キラル薬剤 129
chirality キラリティ 129
chiroptical spectroscopy 不斉分子分光学 413

chitin　キチン　120
chitinase　キチナーゼ　120
chitosan　キトサン　121
chloral hydrate (trichloroethylidene glycol)　抱水クロラール　459
chloral (trichloroacetaldehyde, trichloroethanal)　クロラール　150
chloramine　クロルアミン　151
chloramine T (sodium p-toluenesulphonylchloroamide)　クロラミンT　150
chloranil　クロラニル　150
chloranil (tetrachloro-1,4-benzoquinone)　クロルアニル　151
chlorates　塩素酸塩(広義)　78
chlorates　塩素酸塩(狭義)　78
chlordane　クロールデン　151
chlorex process　クロレックス法　151
chlorhexidine　クロルヘキシジン　151
chloric acid　塩素酸　78
chloride of lime　塩化石灰　73
chlorides　塩化物　74
chlorin　クロリン　150
chlorinated biphenyls (diphenyls)　塩素化ビフェニル　78
chlorinated rubbers　塩素化ゴム　77
chlorine　塩素　77
chlorine chemistry　塩素の化学的性質　77
chlorine fluorides　塩素のフッ化物　77
chlorine halides　塩素のハロゲン化物　77
chlorine hydrate　塩素水和物　78
chlorine oxide fluorides　酸化フッ化塩素　195
chlorine oxides　塩素の酸化物　77
chlorites　亜塩素酸塩　2
chlorites　緑泥石　523
chloro acids　錯クロロ酸類　186
chloroacetic acids (chloroethanoic acids)　クロロ酢酸類　152
chloroacetone (chloropropanone)　クロロアセトン　151
chloroalkylamines (N-dialkylchloroalkylamines)　クロロアルキルアミン　151
chloroanilines (aminochlorobenzenes)　クロロアニリン類　151
chlorobenzene　クロロベンゼン　154
2-chlorobutadiene polymers　2-クロロブタジエンポリマー　154
chlorobutadiene polymers　クロロプレンポリマー　154
chlorocarbonic ester　クロロ炭酸エステル　153
chlorocarbons (chlorohydrocarbons)　塩素化炭化水素　78
chlorocarbons (chlorohydrocarbons)　クロロカーボン類　152
chlorochromate(VI) salts　クロロクロム(VI)酸塩　152
chloroethane　クロロエタン　151
chloroethanoic acids　クロロエタン酸類　152
2-chloroethyl alcohol (ethylene chlorohydrin)　2-クロロエチルアルコール　152
chloroform　クロロホルム　154
chloroformic ester　クロロギ(蟻)酸エステル　152
chlorohydrins　クロロヒドリン　153
chlorohydrocarbons　クロロヒドロカーボン　153
chlorohydroxypropane　クロロヒドロキシプロパン　153
chloroisopropyl alcohol　クロロイソプロピルアルコール　151
chloromethane (methyl chloride)　クロロメタン　154
chloromethyl methyl ether　クロロメチルメチルエーテル　155
chloromethylation　クロロメチル化　155
chloronaphthalenes　クロロナフタレン類　153
3-chloroperbenzoic acid (m-chloroperbenzoic acid)　3-クロロ過安息香酸　152
chlorophenols　クロロフェノール類　154
chlorophyll　クロロフィル　153
chloropicrin　クロルピクリン　151
chloroprene (2-chlorobutadiene)　クロロプレン　154
2-chloropropane　2-クロロプロパン　154
2-chloropropyl alcohol　2-クロロプロピルアルコール　154
3-chloropropylene glycol　3-クロロプロピレングリコール　154
chloroquin　クロロキン　152
chlorosulphonic acid　クロルスルホン酸　151
chlorosulphuric acid　クロロ硫酸　155
chlorotoluenes　クロロトルエン　153
chlorous acid　亜塩素酸　2
chloroxylenol (4-chloro-3,5-dimethylphenol)　クロロキシレノール　152
chlorpromazine (3-chloro-10-(2-dimethylaminopropyl)phenothiazine)　クロルプロマジン　151
cholane ring system　コラン環系　180

cholesteric (liquid crystal) コレステリック液晶 181
cholesterol (5-cholesten-3β-ol) コレステロール 181
cholic acid (3α,7α,12α-trihydroxy-5β-cholanic acid) 胆汁酸 289
choline esterase コリンエステラーゼ 181
choline (trimethyl-(2-hydroxyethyl)ammonium hydroxide) コリン(1) 180
chondrites コンドライト 183
chondroitin コンドロイチン 183
chorionic gonadotropin 絨毛性ゴナドトロピン 231
chorismic acid コリスミン酸 180
chroman クロマン 147
chromates クロム酸塩 149
chromatography クロマトグラフィー 147
chrome クロム被覆 150
chrome alum クロムミョウバン 150
chrome orange クロムオレンジ 149
chrome yellow クロムイエロー 149
chromic acid クロム酸 149
chromic compounds 第二クロム化合物 278
chromite 亜クロム酸塩 5
chromite クロム鉄鉱 150
chromium クロム 148
chromium bromides クロムの臭化物 149
chromium carbonyl クロムカルボニル 149
chromium chemistry クロムの化学的性質 148
chromium chlorides クロムの塩化物 148
chromium fluorides クロムのフッ化物 149
chromium hydroxide 水酸化クロム 246
chromium oxides クロムの酸化物 148
chromium oxy-salts クロムの酸素酸塩 149
chromium sulphates クロムの硫酸塩 149
chromium sulphates 硫酸クロム 520
chromium trioxide 三酸化クロム 196
chromium(II) acetate (chromium(II) ethanoate) 酢酸クロム(II) 187
chromium(II) ethanoate エタン酸クロム(II) 62
chromium, organic derivatives クロムの有機誘導体 149
chromophore 発色団 372
chromoproteins 色素タンパク質 207
chromous compounds 第一クロム化合物 277
chromyl chloride 塩化クロミル 72
chromyl compounds クロミル化合物 147

chronopotentiometry クロノポテンシオメトリー 147
chrysanthemum carboxylic acids 菊酸類 116
chrysene (1,2-benzophenanthrene) クリセン 142
chymotrypsins キモトリプシン 123
ciment fondu セメントフォンデュ 266
cinchonidine シンコニジン 242
cinchonine シンコニン 242
1,8-cineol 1,8-シネオール 219
cinerins シネリン 219
cinnabar 辰砂 243
cinnamic acid (3-phenylpropenoic acid) ケイ皮酸 158
circular dichroism (CD) 円二色性 79
cisplatin シスプラチン 215
citraconic acid (methylmaleic acid) シトラコン酸 218
citral シトラール 218
citric acid クエン酸 136
citric acid cycle (tricarboxylic acid cycle, Krebs's cycle) クエン酸サイクル 136
citrulline (α-amino-Δ-ureidovaleric acid) シトルリン 217
Claisen condensation クライゼン縮合 138
Claisen reaction クライゼン反応 138
Clapeyron equation クラペイロンの公式 139
clarification 清澄化 260
clarifier 清澄分離装置 260
Clark electrode クラーク電極 139
classification 分級 438
clathrate compounds クラスレート化合物 139
Claude process クロード法 146
Clausius-Clapeyron equation クラウジウス-クラペイロンの式 138
clay treatment 粘土処理 363
clays 粘土 363
cleavage planes 劈開面 442
Clemmensen reduction クレメンゼン還元 146
close-packed structures 最密充填構造 185
clupadonic acid クルパドン酸 145
clupanodonic acid (docosapentaenoic acid) イワシ酸 50
cluster compounds クラスター化合物 139
coacervation コアセルベーション 168
coagel コアゲル 168

coagulation　凝析　126
coal　石炭　262
coal briquettes　練炭(煉炭)　534
coal gas　石炭ガス　262
coal tar　コールタール　181
coal tar fuels(CTF)　コールタール燃料　181
coal tar pigments　コールタール色素　181
coalite process　コーライトプロセス　180
coated paper　コート紙　177
cobalamin　コバラミン　177
cobalt　コバルト　177
cobalt alloys　コバルト合金　178
cobalt bloom　コバルト華　178
cobalt bromide　臭化コバルト　226
cobalt carbonyls　コバルトカルボニル　178
cobalt chemistry　コバルトの化学的性質　177
cobalt fluorides　フッ化コバルト　418
cobalt halides　コバルトのハロゲン化物　178
cobalt oxides　コバルトの酸化物　178
cobalt oxyacid salts　コバルトの酸素酸塩　178
cobalt(Ⅱ)hydroxide　水酸化コバルト(Ⅱ)　246
cobalt, organic derivatives　コバルトの有機誘導体　178
cobaltammines　コバルトアンミン錯体　178
cobaltic compounds　第二コバルト化合物　278
cobaltite　輝コバルト鉱　117
cobaltous compounds　第一コバルト化合物　277
cocaine(benzoylmethylecgonine)　コカイン　174
cochineal　コチニール　176
co-current flow　並流　442
codeine(O-methylmorphine)　コデイン　176
cod-liver oil　タラ(鱈)肝油　283
codon　コドン　177
coenzyme A　コエンザイムA　174
coenzyme A　補酵素A　462
coenzymes　補酵素　461
coherent precipitate　コヒーレント沈殿　179
coinage metals　貨幣用金属元素　102
coke　コークス　175
coking　コーキング　174
coking coal　コークス用石炭　175
colemanite　コールマン石　181
collagen　コラーゲン　180
s-collidine　s-コリジン　180
colligative properties　束一的性質　274

Collman's reagent　コールマン試薬　181
collodion　コロジオン　182
colloid　コロイド　182
colloid mills　コロイドミル　182
colloidal electrolyte　コロイド性電解質　182
colour centre　色中心　50
colour couplers　色素カップラー　207
colour development　発色操作　372
colour index(CI)　カラーインデックス　104
colour indicators　呈色指示薬　307
colour photography　カラー写真法　104
columbite, niobite　コルンブ石　181
columbium　コロンビウム　182
combinatorial chemistry　コンビナトリアルケミストリー　183
combining volumes, law of　気体反応の法則　120
combustion　燃焼　362
common-ion effect　共通イオン効果　127
complement　補体　463
complex　錯体　188
complex ion　錯イオン　186
complexometric indicator　錯滴定指示薬　189
complexometric titration　コンプレクソン滴定　184
complexometric titration　錯滴定　189
complexone　コンプレクソン　184
component　成分　261
composites　複合材料　412
compound　化合物　95
compounding　コンパウンディング　183
concentrated　濃厚　364
concentration　濃度　364
concentration cell　濃淡電池　364
conchoidal fracture　貝殻状裂面　88
concrete　コンクリート　182
condensation reactions　縮合反応　231
condensers　凝縮器　126
conductance　コンダクタンス　183
conductance(G)　電気伝導度　322
conductiometric titration　伝導度滴定　326
conductive polymers　電導性ポリマー　326
conductivity　電気伝導率　322
conductivity, solids　電気伝導率(固体)　322
Condy's fluid　コンディ液　183
configuration　立体配置　516
conformation　コンフォメーション　183
coniferin　コニフェリン　177
coniferyl alcohol　コニフェリルアルコール　177

coning and quartering 円錐四分法 76
conjugate acid 共役酸 128
conjugate base 共役塩基 128
conjugate solutions 共役溶液 128
conjugation 共役 128
constant proportions, law of 定比例の法則 307
Constantan コンスタンタン 183
constant-boiling mixture 定沸点混合物 307
contact process 接触法 265
continuity of state 状態の連続性 237
continuous counter-current decantation 連続的向流傾瀉法 534
continuous spectrum 連続スペクトル 534
contraceptive drugs 避妊薬 396
convergence frequency 融合周波数 502
convergence limit 融合限界 501
conversion processes 転換プロセス 321
converting 転化 321
cool flames 冷炎 530
cooling towers 冷却塔 530
co-ordinate bond 配位結合 366
co-ordination arrangements 配位構造 366
co-ordination compound 配位化合物 366
co-ordination isomerism 配位異性 366
co-ordination numbers 配位数 366
copolymer コポリマー 179
copper 銅 328
copper acetate (copper ethanoate) 酢酸銅 187
copper arsenate ヒ酸銅 386
copper bromides 銅の臭化物 328
copper chemistry 銅の化学的性質 328
copper chlorides 銅の塩化物 328
copper chromite 亜クロム酸銅 5
copper cyanide シアン化銅 204
copper ethanoate エタン酸銅 62
copper fluoride フッ化銅 419
copper hydroxides 水酸化銅 246
copper iodide ヨウ化銅 504
copper naphthenates ナフテン酸銅 346
copper nitrate 硝酸銅 236
copper oxide chloride オキシ塩化銅 81
copper oxides 銅の酸化物 328
copper perchlorates 過塩素酸銅 91
copper sulphates 硫酸銅 521
copper sulphides 硫化銅 518
copper, organic compounds 銅の有機誘導体 329
co-precipitation 共沈 127

corn oil コーンオイル 182
corn oil (maize oil) トウモロコシ油 331
correlation diagram 相関ダイアグラム 273
correlation spectroscopy 相関分光法(COSY) 273
corresponding states (reduced variables) 対応状態 277
corrin (vitamin B_{12}) コリン(2) 180
corrinoids コリノイド 180
corroles コロール 182
corrosion 腐食(腐蝕) 413
cortisol コルチソール 181
cortisone コーチゾン 176
cortisone コルチソン 181
corundum コランダム 180
Cotton effect コットン効果 176
coulomb クーロン 155
coulometer クーロメーター 150
coulometry クーロメトリー 150
coumarin クマリン 137
o-coumaric acid ($trans$-2-hydroxy-cinnamic acid) o-クマル酸 137
coumarin glycosides クマリングリコシド 137
coumarone クマロン 137
coumarone and indene resins クマロンインデン樹脂 137
counter-current flow 向流 174
counter-ions 対イオン 305
counters, radioactive 放射線計数器 459
coupling カップリング 99
coupling constant, J カップリング定数 99
covalent bond 共有結合 128
covalent radius 共有結合半径 128
cracked gasoline クラッキング処理ガソリン 139
cracking クラッキング 139
cream of tartar 酒石英 231
cream of tartar 酒石乳 232
creatine phosphate (phosphocreatine, phosphagen) ホスホクレアチン 462
creatine (methylguanidinoethanoic acid) クレアチン 145
creatinine (1-methylglycocyanidine) クレアチニン 145
creep クリープ 142
creosote クレオソート 145
cresols (hydroxytoluenes) クレゾール 146
cresotic acid クレソチン酸 146
cresylic acids クレジル酸 146

cristobalite クリストバライト 141
critical humidity 臨界湿度 525
critical micelle concentration 臨界ミセル濃度
 (CMC) 525
critical phenomena 臨界現象 525
critical solution temperature 臨界溶解温度
 525
critical temperature(T_c) 臨界温度 525
cross section 断面積 294
crotonaldehyde クロトンアルデヒド 146
crotonic acids(2-methylacrylic acid, 2-butenoic acid) クロトン酸 146
crotonyl クロトニル基 146
crotyl alcohol(cis-and trans-2-buten-1ol) クロチルアルコール 146
crotyl(2-butenyl) クロチル基 146
crown compounds クラウン化合物 138
crude oil 原油 167
Crum Brown's rule クラム-ブラウン則 140
crushing and grinding 破砕と磨砕 370
cryohydric point 共氷晶点 127
cryolite 氷晶石 399
cryoscopic constant(freezing-point depression constant) 凝固点降下定数 126
cryoscopy 凝固点降下法 126
cryptands クリプタンド 142
cryptates クリプテート 142
crystal 結晶 159
crystal drawing 結晶投影図 160
crystal field theory 結晶場理論 160
crystal habit 晶癖 237
crystal nucleus 結晶核 159
crystal structure 結晶構造 159
crystal symmetry 結晶対称 160
crystal systems 晶系 234
crystal violet クリスタルバイオレット 141
crystalline state 結晶状態 160
crystallins クリスタリン 141
crystallization 結晶化 159
crystallizers 晶析装置 237
crystallographic axes 結晶軸 160
cubanes キュバン(クバン) 125
cubic close-packing 立方最密充填 516
cubic coordination 正六面体配位 262
cubic system 立方晶系 516
cumene(isopropylbenzene) クメン 138
cumyl-α-hydroperoxide クミル-α-ヒドロペルオキシド 138
cupferron(ammonium N-nitrosophenylhydroxylamine) クペロン 137

cuprammonium 銅アンモニウムイオン 329
cuprates 銅酸塩 330
cuprene クプレン 137
cupric compounds 第二銅化合物 278
cuprite 赤銅鉱 263
cupron クプロン 137
cuprous compounds 第一銅化合物 277
curie キュリー 125
Curie law キュリーの法則 125
Curie temperature キュリー温度 125
Curie-Weiss law キュリー-ワイスの法則 126
curium キュリウム 125
curium compounds キュリウム化合物 125
Curtius transformation クルチウス転位 145
cutback bitumen カットバックアスファルト 99
cutting fluids 切削液 264
cyamelide シアメリド 203
cyanamide(carbodiimide) シアナミド 201
cyanates シアン酸塩 204
cyanic acid(hydrogen cyanate) シアン酸 204
cyanide シアニド 201
cyanides シアン化物 204
cyanine dyes シアニン染料 201
cyanoacetic acid(malonic acid mononitrile) シアノ酢酸 202
cyanoacetic ester シアノ酢酸エステル 202
2-cyanoacrylates 2-シアノアクリレート 201
2-cyanobenzamide 2-シアノベンズアミド 203
cyanocobalamine シアノコバラミン 202
cyanoethanoic acid シアノエタン酸 201
cyanoethylation シアノエチル化 202
cyanoferrates シアノ鉄酸塩 202
cyanogen シアノーゲン 202
cyanogen chloride 塩化シアン 72
cyanogen halides ハロゲン化シアン 380
cyanoguanidine シアノグアニジン 202
cyanohydrins シアノヒドリン 203
cyanophoric glycosides(cyanogenetic glycoside, cyanogenic glycoside) 青酸配糖体 260
cyanuric acid(2,4,6-triazinetriol, tricyanic acid, trihydroxycyanidine) シアヌル酸 201
cyanuric chloride(trichloro-s-triazine) 塩化シアヌリル 72
cyclamate sodium シクラミン酸ナトリウム

209
cycle oil (cycle stock)　循環油　233
cyclenes　サイクレン　cyclenes　185
cyclic　環式　114
cyclic AMP (adenosine 3′,5′-monophosphate)　サイクリック AMP (cAMP)　185
cyclic hemiacetals　環状ヘミアセタール　114
cyclic process　循環式プロセス　233
cyclic voltammetry　サイクリックボルタンメトリー　185
cyclitols　シクリトール　209
cyclized rubbers　環化ゴム　113
cycloaddition　環式付加　114
cyclobarbital　シクロバルビタール　209
cyclobarbitone　シクロバルビトン　209
cyclobutadiene　シクロブタジエン　209
cyclobutane (tetramethylene)　シクロブタン　210
cyclodextrans　シクロデキストラン　209
cyclodextrins　シクロデキストリン　209
cycloheptane　シクロヘプタン　210
1,3,5-cycloheptatriene (tropylidene)　1,3,5-シクロヘプタトリエン　210
cyclohexane　シクロヘキサン　210
cyclohexanol (hexalin, hexahydrophenol)　シクロヘキサノール　210
cyclohexanone (pimelic ketone, ketohexamethylene)　シクロヘキサノン　210
cyclohexene　シクロヘキセン　210
cyclohexyl　シクロヘキシル　210
cyclohexylamine　シクロヘキシルアミン　210
cyclonite (cyclo-trimethylentrinitramine)　サイクロナイト　185
1,5-cyclooctadiene　1,5-シクロオクタジエン　209
cyclo-octatetraene (COT)　シクロオクタテトラエン　209
cyclopentadiene　シクロペンタジエン　211
cyclopentadienylides　シクロペンタジエニリド　210
cyclopentane　シクロペンタン　211
cyclophanes　シクロファン　209
cyclophosphamide　シクロホスファミド　211
cyclopropane (trimethylene)　シクロプロパン　210
cyclo-trimethylene trinitramine　シクロトリメチレントリニトラミン　209
cymenes (isopropylmethylbenzenes)　シメン　225
cysteine (α-amino-β-mercaptopropionic acid, β-mercaptoalanine)　システイン　215
cystine (dicysteine)　シスチン　215
cytidine　シチジン　216
cytochromes　チトクローム　302
cytosine (2-oxy-4-aminopyrimidine)　シトシン　218
cytotoxic agents　細胞毒性物質　185

D

d orbitals　d オービタル　306
Da　ドルトン(単位)　340
Dacron　ダクロン(商品名)　280
dalton　ドルトン　340
Dalton's law of partial pressures　ドルトンの分圧の法則　340
Daniell cell　ダニエル電池　282
dative covalent bond　供与性共有結合　128
D-borneol (2-hydroxybornane)　D-ボルネオール　470
d-d transition　d-d 遷移　307
de Broglie equation　ド・ブロイの公式　333
deactivating collision　非弾性衝突　391
deactivation　失活(酵素)　216
deactivation　不活性化(失活)　411
deactivators　不活性化剤　411
deaeration　脱気　281
deasphalting　アスファルト除去操作　8
Debye units　デバイ単位　316
Debye-Hückel theory　デバイ-ヒュッケル理論　316
decalin (decahydronaphthalene)　デカリン　309
decanedioic acid　デカン二酸　309
decanoic acid　デカン酸　309
decanols (decyl alcohols)　デカノール　309
decantation　傾瀉　156
decarbonylation　脱カルボニル反応　281
decarboxylases　脱炭酸酵素　281
decarboxylation　脱炭酸　281
decay constant (λ)　壊変定数　89
decoctions　浸出液　243
decoctions　煎剤　272
decomposition point　分解点　438
decomposition voltage　分解電圧　438
decoupling　デカップリング　308
decyl alcohol　デシルアルコール　310
de-emulsification　エマルジョン解消　69

de-emulsification 脱乳化 282
defect structures 欠陥構造 158
degeneracy 縮重 231
degenerate orbitals 縮重オービタル 231
degree of hydrolysis 加水分解度 97
degree of polymerization 重合度 228
degrees of freedom 自由度 230
dehumidification 湿気除去 216
dehydrated castor oil(DCO) 脱水ヒマシ油 281
dehydration 脱水 281
dehydro- デヒドロ- 316
dehydroacetic acid(3-acetyl-6-methyl-2H-pyron-2,4(3H)-dione) デヒドロ酢酸 317
dehydrocyclization 脱水素環化 281
dehydrogenases デヒドロゲナーゼ 317
dehydrogenation 脱水素反応 281
dehydrohalogenation 脱ハロゲン化水素反応 282
deicers 解氷剤 89
deliquescence 潮解 303
deliquescent substance 潮解性物質 303
delocalization 非局在化 386
delphinine デルフィニン 318
Delrin デルリン(商品名) 319
delta bonding Δ 結合 318
delta value Δ 値 318
demasking デマスキング 317
demulsibility 抗乳化度 173
demulsification 抗乳化 173
denaturants 変性剤 452
denaturation 変性 452
dendrimers デンドリマー 326
dendrite デンドライト 326
dendritic salt 樹枝状塩 231
denitrification 脱硝化 281
denitrogenation 脱窒 281
dense media separation 高密度媒質分離 174
densitometer デンシトメーター 325
density 密度 481
density of states 状態密度 237
density-gradient column 密度勾配カラム 481
deodorants 脱臭剤 281
D-2-deoxyribose(desoxyribose) D-2-デオキシリボース 308
dephlegmator デフレグメーター 317
depilatories 脱毛剤 282

depolarization ratio 偏光解消度 451
depot fat 貯蔵脂肪 304
depsides デプシド 317
dermatan sulphate デルマタン硫酸(エステル) 319
derris デリス 318
desalination 脱塩 281
desensitization 減感 164
desensitization 脱感作用 281
deshielding 脱遮蔽 281
desiccant 乾燥剤(1) 114
desmotropism デスモトロピズム 310
desorption 脱着 282
Dess-Martin oxidation デス-マーチン酸化 310
destructive distillation 分解蒸留 438
desulphurization 脱硫 282
detergent oil 洗浄用油 272
detergents 洗剤 271
detonating gas 爆鳴気 369
detonation 爆轟 368
detoxication(detoxification) 脱毒化 282
deuterium デューテリウム 317
deuteron(deuton) デューテロン 317
Devarda's alloy デバルダ合金 316
developed colours, ingrain dyestuffs 先染め染料 186
developers, photographic 現像試薬 167
development centres 現像中心 167
devitrification 失透 216
Dewar benzene(bicyclo[2.2.0]hexadiene) デュワーベンゼン 318
dewaxing 脱蝋 282
dexide デキシド 309
dextran(mucose) デキストラン 309
dextrins デキストリン 309
dextrorotatory compound 右旋性化合物 54
dextrose デキストロース 309
diacetin ジアセチン 200
diacetone ジアセトン 200
diacetone alcohol(4-hydroxy-4-methylpentan-2-one) ジアセトンアルコール 200
diacetoneamine ジアセトンアミン 200
diacetyl(biacetyl) ジアセチル 199
diacetylenes(dialkynes) ジアセチレン類 199
diagonal relationship 斜方向類似性 225
dialin ジアリン 203
dialkynes ジアルキン 203
diallylmelamine(2-diallylamino-4,6-diamino-

s-triazine) ジアリルメラミン 203
dialysis 透析 330
diamagnetism 反磁性 381
1,2-diaminoethane ジアミノエタン 203
1,6-diaminohexane(1,6-hexanediamine, hexamethylenediamine) 1,6-ジアミノヘキサン 203
2,4-diaminotoluene ジアミノトルエン 203
diamond ダイヤモンド 279
diamond anvil cell ダイヤモンドアンビルセル 279
diamorphine(heroin) ジアモルフィン 203
diaphragm valve 隔膜バルブ 94
diaspore ジアスポール 199
diastereomers ジアステレオマー 199
diastereotopic ジアステレオトピック 199
diatomic molecule 二原子分子 350
diatomite(kieselguhr) ケイ藻土 157
Diazald ジアザルド(*p*-トルエンスルホニルメチルニトロサミド)(商品名) 199
diazepine(diazepam, valium, 7-chloro-2,3-dihydro-1-methyl-5-phenyl-2*H*-1,4-dibenzodiazepin-2-one) ジアゼピン 200
1,2-diazine 1,2-ジアジン 199
diazo compounds ジアゾ化合物 200
diazo dyestuffs ジアゾ染料 200
diazoamino-compounds ジアゾアミノ化合物 200
diazomethane ジアゾメタン 201
diazonium compounds ジアゾニウム化合物 200
dibasic acid 二塩基酸 348
1,2,5,6-dibenzanthracene 1,2,5,6-ジベンズアントラセン 222
dibenzenechromium ジベンゼンクロム 222
dibenzoyl peroxide 過酸化ジベンゾイル 96
diborane ジボラン 223
1,2-dibromo-3-chloropropane 1,2-ジブロモ-3-クロロプロパン 221
1,2-dibromoethane 1,2-ジブロモエタン 221
di-*t*-butyl dicarbonate ジ-*t*-ブチルジカルボネート 221
di-*t*-butyl dicarbonate 二炭酸ジ-*t*-ブチル 351
2,6-di-*tert*-butyl-4-methylphenol(ionol, butylated hydroxytoluene, BHT) 2,6-ジ-*t*-ブチル-4-メチルフェノール 221
dibutyl phthalate フタル酸ジブチル 415
dicarbollides ジカルボライド 207

dicarboxylic acids ジカルボン酸 207
dichlorobenzenes ジクロロベンゼン類 212
2,2′-dichlorodiethyl sulphide 2,2′-ジクロロジエチルスルフィド 212
2,2′-dichlorodiethyl sulphide 2,2′-硫化ジクロロジエチル 518
dichlorodifluoromethane ジクロロジフルオロメタン 212
1,2-dichloroethane(ethylene dichloride) 1,2-ジクロロエタン 211
dichloroethenes ジクロロエテン類 212
2,2′-dichloroethyl ether(*bis*(2-chloroethyl) ether) 2,2′-ジクロロエチルエーテル 211
1,1-dichloroethylene 1,1-ジクロロエチレン 212
1,2-dichloroethylene 1,2-ジクロロエチレン 212
dichloroethylenes ジクロロエチレン類 212
sym-dichloro-isopropyl alcohol *sym*-ジクロロイソプロピルアルコール 211
dichloromethane(methylene chloride) ジクロロメタン 213
dichloromethyleneammonium salts(phosgenammonium, phosgene iminium) ジクロロメチレンアンモニウム塩 213
1,2-dichloropropane(propylene dichloride) 1,2-ジクロロプロパン 212
1,3-dichloropropane 1,3-ジクロロプロパン 212
dichloropropanols(glycerol dichlorohydrins) ジクロロプロパノール 212
dichlorotoluene ジクロロトルエン 212
dichlorovos ジクロロボス 213
dichroism 二色性 351
dichromates 二クロム酸塩 350
dicyandiamide ジシアンジアミド 214
dicyclohexylamine ジシクロヘキシルアミン 214
N,*N*-dicyclohexylcarbodiimide *N*,*N*′-ジシクロヘキシルカルボジイミド 214
dicyclopentadiene ジシクロペンタジエン 214
dicyclopentadienyl compounds ジシクロペンタジエニル化合物 214
dieldrin ディールドリン 308
dielectric constant(ε_r) 誘電定数 330
Diels' hydrocarbon(γ-methylcyclopentenophenanthrene) ディールスの炭化水素 308

Diels-Alder reaction ディールス-アルダー反応 308
dienes ジエン類 206
dienoestrol, dienestrol ジエノエストロール 205
dienophile ジエノフィル 206
diesel fuel ディーゼル燃料油 307
Dieterici's equation ディーテリチの状態方程式 307
diethanolamine ジエタノールアミン 205
diethyl ether ジエチルエーテル 205
diethyl malonate(malonic ester) マロン酸ジエチル 476
diethyl oxalate シュウ酸ジエチル 229
diethyl oxide 酸化ジエチル 194
diethyl phthalate フタル酸ジエチル 415
diethyl succinate コハク酸ジエチル 177
diethyl sulphate 硫酸ジエチル 520
diethyl sulphide(ethyl sulphide) 硫化ジエチル 518
diethylamine ジエチルアミン 205
diethyldithiocarbamic acid ジエチルジチオカルバミン酸 205
1,4-diethylene dioxide 1,4-二酸化ジエチレン 351
diethyleneglycol ジエチレングリコール 205
diethyleneglycol diethyl ether(diethylcarbitol) ジエチレングリコールジエチルエーテル 205
diethyleneglycol monoethylether(methyl carbitol) ジエチレングリコールモノエチルエーテル 205
diethylenetriamine ジエチレントリアミン 205
di(2-ethylhexyl)phthalate(DEHP) ジ(2-エチルヘキシル)フタレート 205
di-(2-ethylhexyl)phthalate(DEHP) フタル酸ビス(エチルヘキシル) 415
differential optical absorption spectroscopy 示差光吸収分光法 214
differential scanning calorimetry(DSC) 示差走査熱測定 214
differential thermal analysis(DTA) 示差熱分析 214
differential titration 分別滴定 441
diffraction pattern 回折パターン 89
diffusion 拡散 93
diffusion pump 拡散ポンプ 93
difluoromethane ジフルオロメタン 221
digestion 消化 234
digestion 蒸解 234
digitalis ジギタリス 207
digitalose(3-methyl-D-fucose) ジギタロース 208
digitoxose ジギトキソース 208
diglyme ジグライム 209
digol ジゴール 214
digoxin ジゴキシン 214
dihedral angle 二面角 357
3,4-dihydro-$2H$-pyran 3,4-ジヒドロ-$2H$-ピラン 220
dihydroazirine ジヒドロアジリン 219
1,3-dihydroxy naphthalene 1,3-ジヒドロキシナフタレン 219
dihydroxyacetone ジヒドロキシアセトン 219
1,3-dihydroxybenzene 1,3-ジヒドロキシベンゼン 220
1,4-dihydroxybenzene 1,4-ジヒドロキシベンゼン 220
1,2-dihydroxybenzene(catechol, pyrocatechol) 1,2-ジヒドロキシベンゼン 220
1,3-dihydroxybutane 1,3-ジヒドロキシブタン 220
1,4-dihydroxybutane 1,4-ジヒドロキシブタン 220
2,3-dihydroxybutane 2,3-ジヒドロキシブタン 220
dihydroxybutanes ジヒドロキシブタン類 220
dihydroxychloropropanes(glycerol monochlorohydrins) ジヒドロキシクロロプロパン 219
cis-dihydroxycyclohexadienes *cis*-ジヒドロキシシクロヘキサジエン 219
2,2´-dihydroxydiethyl ether 2,2´-ジヒドロキシジエチルエーテル 219
1,2-dihydroxyethane(ethyleneglycol) 1,2-ジヒドロキシエタン 219
dihydroxymalonic acid ジヒドロキシマロン酸 220
3,4-dihydroxyphenylalanine(L-Dopa) 3,4-ジヒドロキシフェニルアラニン 219
3,4-dihydroxyphenylalanine(L-Dopa) レボドパ 533
9,10-dihydroxy-stearic acid(9,10-dihydroxyoctadecanoic acid) 9,10-ジヒドロキシステアリン酸 219
diimide(diimine) ジイミド 204
3,5-diiodotyrosine(iodogorgic acid) 3,5-ジ

ヨードチロシン 239
diisobutyl ketone ジイソブチルケトン 204
2,4-diisocyanatotoluene(toluene-2,4-diisocyanate, 2,4-tolylenediisocyanate, TDI)
2,4-ジイソシアナートトルエン 204
diisopropyl ether ジイソプロピルエーテル 204
diisopropylideneacetone ジイソプロピリデンアセトン 204
diketen(3-buteno-β-lactone) ジケテン 213
diketones ジケトン類 213
2,5-diketopiperazine 2,5-ジケトピペラジン 213
dilatancy ダイラタンシー 279
dilatometer 膨張計 461
dilauryl peroxide 過酸化ジラウリル 96
dilute solution 希薄溶液 122
dilution, infinite 無限希釈 483
dimedone(5,5-dimethyl-1,3-cyclohexanedione) ジメドン 224
dimer 二量体 358
dimercaprol ジメルカプロール 225
1,2-dimethoxyethane 1,2-ジメトキシエタン 224
dimethoxymethane(methylal, methylformal) ジメトキシメタン 224
dimethyl acetylenedicarboxylate アセチレンジカルボン酸ジメチルエステル 10
cis-dimethylacrylic acid cis-ジメチルアクリル酸 223
dimethyl disulphide(methyl disulphide) ジメチルジスルフィド 223
dimethyl sulphate 硫酸ジメチル 520
dimethyl sulphide(methyl sulphide) 硫化ジメチル 518
dimethyl sulphite 亜硫酸ジメチル 25
dimethyl sulpholane(2,4-dimethyltetrahydrothiophene-1,1-dioxide) ジメチルスルホラン 224
dimethyl sulphone ジメチルスルホン 224
dimethyl sulphoxide(DMSO, methyl sulphoxide) ジメチルスルホキシド 224
dimethyl terephalate テレフタル酸ジメチル 320
dimethyl(dimethylmethylene)ammonium iodide(Eschenmoser's salt) ヨウ化ジメチル(ジメチルメチレン)アンモニウム 504
5,5-dimethyl-1,3-cyclohexanedione 5,5-ジメチル-1,3-シクロヘキサジエノン 223

2,6-dimethyl-4-heptanone(diisobutyl ketone, isovalerone) 2,6-ジメチル-4-ヘプタノン 224
dimethylamine ジメチルアミン 223
4-(dimethylamino)benzaldehyde(Ehrlich's reagent) 4-(ジメチルアミノ)ベンズアルデヒド 223
3-(dimethylamino)phenol 3-(ジメチルアミノ)フェノール 223
4-(dimethylamino)pyridine(4-pyridinamine) 4-(ジメチルアミノ)ピリジン 223
3-(dimethylaminomethyl)indole(gramine) 3-(ジメチルアミノメチル)インドール 223
N,N-dimethylaniline N,N-ジメチルアニリン 223
dimethylanilines(xylidines) ジメチルアニリン 223
N,N-dimethylbenzylamine N,N-ジメチルベンジルアミン 224
2,3-dimethylbutadiene(β,γ-dimethylbutadiene) 2,3-ジメチルブタジエン 224
dimethylformamide(DMF) ジメチルホルムアミド 224
dimethylglyoxime(diacetyl dioxime, butane-2,3-dione dioxime) ジメチルグリオキシム 223
1,1-dimethylhydrazine($unsym$-dimethylhydrazine) 1,1-ジメチルヒドラジン 224
2,2-dimethylpropanoic acid 2,2-ジメチルプロパン酸 224
dimorphism 二型性 350
dimsyl sodium ディムシルナトリウム 307
1,3-dinitrobenzene(m-dinitrobenzene) 1,3-ジニトロベンゼン 219
4,6-dinitro-o-cresol(DNOC, 4,6-dinitro-2-hydroxytoluene) 4,6-ジニトロ-o-クレゾール 218
dinitrogen 二窒素 351
dinitrogen oxide 一酸化二窒素 48
dinitrogen tetrafluoride 四フッ化二窒素 221
dinitrogen tetroxide 四酸化二窒素 214
2,4-dinitrophenylhydrazine 2,4-ジニトロフェニルヒドラジン 219
2,4-dinitrotoluene 2,4-ジニトロトルエン 218
diolefins ジオレフィン類 206
diorite 閃緑岩 272
diosgenin ジオスゲニン 206

dioxan (1,4-diethylene dioxide)　ジオキサン　206
dioxane　ジオキサン　206
dioxin (TCDD, 2,3,7,8-tetrachlorodibenzo-4-dioxin)　ダイオキシン　277
dioxin　ジオキシン　206
dioxine　ジオキシン　206
dioxolane (1,3-dioxacyclopentane)　ジオキソラン　206
dioxygen　二酸素　351
dioxygenyl　ジオキシゲニル　206
dioxygenyl (O_2)$^+$　酸素分子陽イオン　197
dipentaerythritol　ジペンタエリスリトール　222
dipentene　ジペンテン　222
diphenyl　ジフェニル　220
diphenyl ether (phenyl ether)　ジフェニルエーテル　221
diphenylamine　ジフェニルアミン　220
1,2-diphenylethane (dibenzyl, bibenzyl)　1,2-ジフェニルエタン　220
diphenylethyne　ジフェニルアセチレン　220
diphenylguanidine　ジフェニルグアニジン　221
diphenylpicrylhydrazyl　ジフェニルピクリルヒドラジル　221
diphosgene　ジホスゲン　223
diphosphines　ジホスフィン　223
diphosphopyridine nucleotide (DPN)　ジホスホピリジンヌクレオチド　223
dipolar ions　双極イオン　273
dipole moment $\rho(\mu)$　双極子モーメント　273
di-n-propyl ketone　ジ-n-プロピルケトン　221
dipyridyl (bipyridyl)　ジピリジル　220
diquat　ジクワット　213
diradical　ビラジカル　400
direct dyes　直接染料　304
disaccharides　二糖類　353
disazo dyestuffs　ジスアゾ染料　215
discharge tube　放電管　461
disidiolide　ジシジオライド　214
disinfectants　消毒・殺菌剤　237
dislocation　転位(結晶)　320
dismutation reaction　不同変化　422
disperse dyes　分散染料　439
disperse phase　分散相　439
dispersing agent　分散試薬　439
dispersion　分散系　439
dispersion interaction　分散相互作用　439

disproportionation　不均化　412
dissociation　解離　90
dissociation constant　解離定数　90
dissociation energy (D)　解離エネルギー　90
dissymmetric　不斉　413
distillation　蒸留　238
distillation column　蒸留カラム　238
distillation column　蒸留塔　238
distribution law　分配の法則　440
disulphiram (tetraethylthiuram disulphide)　ジスルフィラム　215
diterpene　ジテルペン　217
dithiocarbamates　ジチオカルバミン酸塩　215
dithioglycerol (BAL, dimercaprol)　ジチオグリセリン　216
dithiolene ligands　ジチオレン配位子　216
dithionous acid (hydrosulphurous acid, hyposulphurous acid)　亜二チオン酸　16
dithiothreitol (threo-2,3-dihydroxy-1,4-butanedithiol)　ジチオトレイトール　216
dithizone (diphenylthiocarbazone)　ジチゾン　216
diverse salt effect　塩効果　76
divinyl ether　ジビニルエーテル　220
DMFC (direct methanol fuel cell)　直接メタノール燃料電池　304
cis-13-docosenoic acid　cis-13-ドコセン酸　332
dodecahedral co-ordination　正十二面体型配位　260
dodecanedioic acid (1,10-decanedicarboxylic acid)　ドデカン二酸(デカン-1,10-ジカルボン酸)　332
dodecanoic acid (lauric acid, dodecyclic acid)　ドデカン酸　332
1-dodecanol (dodecyl alcohol, lauryl alcohol)　1-ドデカノール　332
dodecylic acid　ドデシル酸　332
dodecylphenol　ドデシルフェノール　332
Doebner-Miller reaction　デーブナー-ミラー反応　317
dolerite　ドレライト　341
dolichols　ドリコール　335
dolomite　白雲石　368
Donnan membrane equilibrium　ドンナン膜平衡　342
donor　ドナー　332
dopamine (4-(2-aminoethyl)-1,2-benzenediol)　ドーパミン　332

dopant　ドーパント　332
doping　ドーピング　332
double bond　二重結合　351
double layer　二重層(電気)　351
double refraction　複屈折　412
double salt　複塩　412
doublet　二重線　351
Dow process　ダウプロセス　280
Dowtherm A　ダウサム A(商品名)　280
drier(dryer)　乾燥機　114
drier(dryer)　乾燥剤(2)　114
Drikold　ドライコールド(商品名)　333
Drikold　ドリコルド(商品名)　335
drilling fluids　掘削用液体　137
droplet　液滴　59
dropping-mercury electrode(DME)　滴下水銀電極　309
drug　薬剤　499
dry cleaning　ドライクリーニング　333
dry ice　ドライアイス　333
dry point　乾固点　113
drying　乾燥　114
drying equipment　乾燥装置　115
drying oils　乾性油　114
dubnium　ドブニウム　333
dulcin(sucrol, 4-ethoxyphenylurea)　ズルチン　257
dulcitol(galactitol)　ズルシトール　257
Dulong and Petit's law　デュロン-プティの法則　317
Dumas' method　デュマ法　317
duralumin　ジュラルミン　232
duralumin　デュラルミン　317
durene　ジュレン　232
durene(1,2,4,5-tetramethylbenzene)　デュレン　317
Durion　デュリロン(商品名)　317
dyestuffs　染料　272
dynamite　ダイナマイト　278
dysprosium　ジスプロシウム　215
dysprosium compounds　ジスプロシウム化合物　215

E

E_1 reaction　E_1 反応　40
E_2 reaction　E_2 反応　40
earth　土類　340

ebonite(hard rubber, vulcanite)　エボナイト　69
ebullioscopic constants　沸点上昇係数　421
ebullioscopy　沸点上昇法　421
ecdysone　エクジソン　60
ecdysteroids　エクジステロイド　60
ecgonine(3-hydroxy-2-tropanecarboxylic acid)　エクゴニン　59
eclipsed　重なり型　95
ecstasy　エクスタシー　60
Edeleanu process　エデレアヌプロセス　66
Edman degradation　エドマン分解法　67
EDXRF　エネルギー分散 X 線蛍光分析法　68
effective atomic number rule　有効原子番号則　502
efflorescence　風解　406
effusion　噴散　439
Ehrlich's reagent　エールリッヒ試薬　71
eigenfunction　固有関数　179
Einstein's law of photochemical equivalence　アインシュタインの光化学当量の法則　1
einsteinium　アインスタイニウム　1
einsteinium compounds　アインスタイニウムの化合物　1
ejector　イジェクタ　43
elaidic acid(E-9-octadecenoic acid)　エライジン酸　69
elastane　エラスタン　70
elastase　エラスターゼ　70
elastin　エラスチン　70
elastomers　エラストマー　70
electric cell　電気化学セル　322
electrical double layer　電気二重層　323
electrides　エレクトライド　71
electrochemical equivalent　電気化学当量　322
electrochemical series　電気化学系列　322
electrochemistry　電気化学　322
electrochromatography　通電クロマトグラフィー　305
electrocyclic reaction　電子環状反応　324
electrode　電極　323
electrode potential　電極電位　323
electrodialysis　電気透析　323
electrodispersion　電気分散　323
electrokinetic potential(zeta(ζ) potential)　界面動電電位　90
electrokinetics　エレクトロキネティックス　71
electrolysis　電気分解　323

electrolysis, laws of　電気分解の諸法則　323
electrolyte　電解質　321
electrolyte dissociation　電離　327
electrolytic oxidation　電解酸化　321
electrolytic reduction　電解還元　321
electromagnetic radiation　電磁輻射　325
electrometric titration　電気滴定　322
electromotive force (e.m.f.)　起電力　121
electron　電子　323
electron affinity (EEA)　電子親和力　324
electron capture　電子捕獲　326
electron compounds　電子化合物　323
electron decay　電子壊変　323
electron density　電子密度　326
electron diffraction　電子線回折　324
electron exchange　電子交換　324
electron hole pair　電子・正孔対　324
electron microscopy　電子顕微鏡　324
electron pair　電子対　325
electron probe microanalysis (EPMA)　電子線プローブマイクロアナライザー　324
electron spin　電子スピン　324
electron spin resonance (ESR, electron paramagnetic resonance, EPR)　電子スピン共鳴　324
electron transfer reactions　電子移動反応　324
electron transport chain　電子輸送チェイン　326
electron volt (eV)　電子ボルト　326
electron-deficient compounds　電子不足化合物　325
electronegativity (χ)　電気陰性度　321
electronic configuration　電子配置　325
electronic transition　電子遷移　324
electro-osmosis　電気浸透　322
electrophilic reagents　求電子試薬　125
electrophilic substitution　求電子置換　125
electrophoresis　電気泳動　322
electrophoretic effect　電気泳動効果　322
electrophoretogram　電気泳動クロマトグラム　322
electroplating　電気メッキ　323
electropositive elements　電気的陽性元素　322
electrostatic precipitators　静電的沈積機　260
electrovalent bond (polar bond)　電子価結合　323
electrovalent compounds　極性化合物　128
element　元素　166

elementary particles　素粒子　275
elevation of boiling point　沸点上昇　420
elimination reaction　脱離反応　282
elixirs　エリキシル剤　70
Ellingham diagram　エリンガムダイアグラム　70
ellipticity　楕円率　280
elutriation　風籤　406
emanation　エマナチオン　69
embalming　エンバーミング(死体衛生保全)　79
embonic acid　エンボン酸　80
emerald　エメラルド　69
emerald green (Paris green, Schweinfurter green)　エメラルドグリーン　69
emery　エメリー　69
emetine　エメチン　69
emission spectroscopy　発光分光分析　372
emulsification　乳化　357
emulsifier　乳化機　357
emulsifying agent　乳化剤　357
emulsion　エマルジョン　357
emulsion stabilizers　エマルジョン安定剤　69
enamels (vitreous enamel)　エナメル　67
enamines (vinylamines)　エナミン　67
enantiomer　対掌体　278
enantiomeric excess (enanciomeric purity)　エナンチオマー過剰率　67
enantiomers　エナンチオマー　67
enantiomorphic　鏡像関係　126
enantioselective　エナンチオ選択的　67
enantiotopic　エナンチオトピック　67
enantiotropy　互変　179
enclosure compounds　包接化合物　459
end point　終点　230
endergonic　吸エルゴン性　123
endohedral　内包構造　343
endopeptidases　エンドペプチダーゼ　79
endothermic reaction　吸熱反応　125
enediols　エンジオール　76
enediynes　エンジイン　76
energy　エネルギー　67
energy levels　エネルギー準位　67
enkephalins　エンケファリン　76
enols (enolic compounds)　エノール　68
enthalpy change　エンタルピー変化　79
enthalpy (H)　エンタルピー　78
entrainment　飛沫同伴　398
entropy (S)　エントロピー　79
enyl complexes　エニル錯体　67

enzymes 酵素 171
ephedrine エフェドリン 68
epichlorohydrin(3-chloropropylene oxide, 3-chloro-1,2-epoxypropane) エピクロロヒドリン 68
epimerization エピマー化 68
epinephrine エピネフリン 68
epoxidation エポキシ化 69
1,2-epoxide polymers 1,2-エポキシドポリマー 69
epoxides エポキシド 69
epoxy resins エポキシ樹脂 69
1,2-epoxypropane 1,2-エポキシプロパン 69
Epsom salts エプソム塩 68
equation of state 状態方程式 237
equatorial エクアトリアル 59
equilenin エキレニン 59
equilibrium constant 平衡定数 441
equilibrium diagram 平衡図 441
equilibrium state 平衡状態 441
equilin(3-hydroxy-1,3,5(10),7-estratetraen-17-one) エクイリン 59
equipartition theorem エネルギー等分配の定理 67
equivalence point 当量点 331
equivalent conductivity 当量伝導度 331
erbium エルビウム 70
erbium compounds エルビウム化合物 70
ergometrine エルゴメトリン 70
ergot 麦角 370
ergotamine エルゴタミン 70
eriochrome black T エリオクロームブラック T 70
erubescite 斑銅鉱(2) 382
erucic acid(cis-13-docosenoic acid) エルカ酸 70
erythritol エリスリトール 70
erythromycin エリスロマイシン 70
erythropoietin エリスロポエチン 70
erythrose エリトロース 70
Eschenmoser's salt エッシェンモーザー塩 66
essential fatty acids 必須脂肪酸 392
essential oils 精油 261
esterases エステラーゼ 60
esterification エステル化 60
esters エステル 60
estradiol(oestradiol, 1,3,5(10)-oestratriene-3,17β-diol) エストラジオール 60
estriol(oestriol, 1,3,5(10)-oestratriene-3,16α,17β-triol) エストリオール 60
estrogens(oestrogens) エストロゲン 61
estrone(oestrone, 3-hydroxy-1,3,5(10)-oestratrien-17-one) エストロン 61
Etard's reaction エタール反応 62
ethambutol エタンブトール 62
ethanal エタナール 61
ethanal diacetate エタナールジアセタート 61
ethanal diethanoate 二エタン酸エタナール 348
ethanamide エタンアミド 62
ethane エタン 62
ethanedial(glyoxal, biformyl) エタンジアール 62
ethanedioic acid エタン二酸 62
ethanedithiol(1,2-ethylene dimercaptan) エタンジチオール 62
ethanenitrile エタンニトリル 62
ethanethiol エタンチオール 62
ethanoates エタン酸エステル 62
ethanoates エタン酸塩 62
ethanoic acid エタン酸 62
ethanoic anhydride(acetic anhydride) 無水エタン酸 483
ethanol diethanoate 二エタン酸エタナール 348
ethanol(ethyl alcohol, alcohol, spirits of wine) エタノール 61
ethanolamines エタノールアミン類 61
ethanoyl chloride(acetyl chloride) 塩化エタノイル 72
ethanoylation エタノイル化 61
ethene エテン 66
ethene polymers エテンポリマー 66
ethenyl エテニル基 66
ether(diethyl ether, ethyl ether, diethyl oxide) エーテル 66
ethers エーテル類 66
ethidium bromide(homidium bromide, 3,8-diamino-5-ethyl-6-phenylphenanthridinium bromide) エチジウムブロミド 62
ethinylation エチニル化 62
ethisterone(ethinyltestosterone) エチステロン 62
ethoxy エトキシ基 66
ethoxycarboxylates エトキシカルボン酸塩 66
ethoxyl エトキシル基 67

ethoxylates　エトキシレート　67
ethyl　エチル基　63
ethyl acetate(ethyl ethanoate, acetic ester)　酢酸エチル　187
ethyl acetoacetate(acetoacetic ester, ethyl 3-oxobutanoate)　アセト酢酸エチル　12
ethyl acrylate(ethyl propenoate)　アクリル酸エチル　4
ethyl alcohol　エチルアルコール　63
ethyl amyl ketone(5-methyl-3-heptanone)　エチルアミルケトン　62
ethyl benzoate　安息香酸エチル　35
ethyl *n*-butyl ketone　エチル-*n*-ブチルケトン　63
ethyl carbamate　カルバミン酸エチル　109
ethyl chloride　塩化エチル　72
ethyl chlorocarbonate　クロロ炭酸エチル　153
ethyl chloroformate(chloroformic ester, chlorocarbonic ester, ethyl chlorocarbonate)　クロロギ酸エチル　152
ethyl citrate(triethyl citrate)　クエン酸エチル　136
ethyl cyanoacetate(ethyl cyanoethanoate, cyanoacetic ester)　シアノ酢酸エチル　202
ethyl cyanoethanoate　シアノエタン酸エチル　201
ethyl diazoacetate(ethyl diazoethanoate, diazoacetic ester)　ジアゾ酢酸エチル　200
ethyl diazoethanoate　ジアゾエタン酸エチル　200
ethyl ethanoate　エタン酸エチル　62
ethyl fluid　エチル液　63
ethyl formate(ethyl methanoate)　ギ酸エチル　117
ethyl hydrogen sulphate(ethylsulphuric acid)　酸性硫酸エチルエステル　196
ethyl lactate　乳酸エチル　357
ethyl mercaptan(ethanethiol)　エチルメルカプタン　63
ethyl methanoate(ethyl formate)　メタン酸エチル　487
ethyl silicate(tetraethyl silicate, silicon ester)　ケイ酸エチル　156
ethyl succinate(diethyl succinate, diethyl butanedioate)　コハク酸エチル　177
ethyl vinyl ether　エチルビニルエーテル　63
ethylamines　エチルアミン　63
ethylation　エチル化　63
ethylbenzene　エチルベンゼン　63
ethylene　エチレン　63
ethylene chlorohydrin　エチレンクロロヒドリン　65
ethylene dibromide　二臭化エチレン　351
ethylene dichloride　二塩化エチレン　348
ethylene dinitrate(ethylene glycol dinitrate)　二硝酸エチレン　351
ethylene glycol dinitrate　エチレングリコール二硝酸エステル　64
ethylene glycol monobutyl ether(butyl Cellosolve)　エチレングリコールモノブチルエーテル　65
ethylene glycol monoethyl ether acetate (Cellosolve acetate)　アセチルエチレングリコールモノエチルエーテル　9
ethylene glycol monoethyl ether(2-ethoxyethanol, Cellosolve)　エチレングリコールモノエチルエーテル　64
ethylene glycol monomethyl ether(methyl cellosolve)　エチレングリコールモノメチルエーテル　65
ethylene glycol(1,2-dihydroxyethane)　エチレングリコール　64
ethylene imine(dihydroazirine, aziridine)　エチレンイミン　64
ethylene oxide(1,2-epoxyethane, oxirane)　エチレンオキシド　64
ethylene polymers(polyethene, polyethylene, polythene)　エチレンポリマー　65
ethylenediamine　エチレンジアミン　65
ethylenediaminetetraacetic acid(EDTA)　エチレンジアミン四酢酸　65
2-ethylhexanol　2-エチルヘキサノール　63
ethylidene　エチリデン基　62
ethylsulphuric acid　エチル硫酸　63
ethyne(acetylene)　エチン　65
eucalyptol　ユーカリプトール　502
eucalyptol(1,8-cineole, 1,3,3-trimethyl-2-oxabicyclo[2.2.2]octane)　オイカリプトール　80
eugenol　ユージノール　502
eugenol(4-allyl-2-methoxyphenol)　オイゲノール　80
europium　ユウロピウム　502
europium compounds　ユウロピウム化合物　502
eutectic　共融　128
eutectic point　共融点　128
eutrophication　富栄養化　406

EVA plastics　EVA プラスチック　58
evaporation　蒸発　237
evaporators　エバポレーター　68
exchange reaction　交換反応　169
excimer　エキシマー　59
excipients　賦形剤　413
exciplex　エキサイプレックス　59
excited state　励起状態　530
exclusion principle　排他原理　367
exergonic　発エルゴン的　370
exopeptidases　エキソペプチダーゼ　59
exothermic reaction　発熱反応　372
expanded plastics(foamed plastics)　発泡プラスチック　372
explosion　爆発　369
explosive cladding　爆発圧着　369
explosives　爆発物　369
expression　圧搾　14
expression　発現　371
extender　エクステンダ　60
external indicators　外部指示薬　89
extinction coefficient(ε)(absorption coefficient of light)　吸光係数　124
extract　抽出物　302
extraction　抽出　302
extractive distillation　抽出蒸留　302
extranuclear electrons　核外電子　92

F

F centre　F 中心　69
face-centred cubic lattice　面心立方格子　493
face-centred lattice　面心格子　493
fahl ore(tetrahedrite)　四面銅鉱　225
Fajans' method　ファヤンス法　404
Fajans' rules　ファヤンス則　404
Faraday effect(Faraday rotation)　ファラデー効果　404
Faraday(F)　ファラデー(単位)　404
Faraday's laws of electrolysis　ファラデーの電気分解の法則　404
farnesol　ファルネソール　404
fats　脂肪　222
fatty acids　脂肪酸　222
Fehling's solution　フェーリング溶液　410
feldspars　長石　303
femtochemistry　フェムト化学　409
femtosecond spectroscopy　フェムト秒分光学　410
fenchenes　フェンチェン類　411
fenchone(D-1,3,3-trimethyl-2-norbornanone)　フェンチョン　411
Fenton's reagent　フェントン試薬　411
FEP plastics　FEP プラスチック　68
fermentation　発酵　371
Fermi level　フェルミレベル　410
Fermi resonance　フェルミ共鳴　410
fermions　フェルミオン　410
fermium　フェルミウム　410
fermium compounds　フェルミウム化合物　410
ferrates　鉄酸塩　313
ferredoxins　フェレドキシン　410
ferric compounds　第二鉄化合物　278
ferrichromes　フェリクロム　410
ferricyanides　フェリシアン化物　410
ferrimagnetism　フェリ磁性　410
ferrite　フェライト(鉄鋼)　410
ferrites　フェライト(複合酸化物)　410
ferritin　フェリチン　410
ferrocene　フェロセン　411
ferrocyanides　フェロシアン化物　411
ferroelectrics　強誘電体　128
ferromagnetism　強磁性　126
ferrosilicon　フェロシリコン　411
ferrous compounds　第一鉄化合物　277
fertilizers　肥料　401
ferulic acid　フェルラ酸　410
fibre reactive dyestuffs　繊維反応性染料　271
fibres　繊維　270
Fick's law of diffusion　フィックの拡散法則　405
fictile　流動的転位分子　522
field-ionization microscopy(FIM)　電界イオン化顕微鏡　321
Fieser's solution　フィーザー溶液　405
filament wound plastics　繊維強化プラスチック　270
fillers　フィラー　405
films　フィルム　406
filter　フィルター　406
filter press　フィルタープレス　406
filter-aids　沪過助剤　535
filtration　沪過　534
fine chemicals　ファインケミカル　404
fine structure　微細構造　386
fire extinguishers　消火剤　234
fire retardant　難燃剤　348

fireclay 耐火粘土 277
fire-resistant materials 難燃性物質 348
first law of thermodynamics 熱力学第一法則 361
first order spectra 一次スペクトル 48
Fischer projection フィッシャー投影 405
Fischer-Speier esterification フィッシャー
　-シュパイヤーエステル化 405
Fischer-Tropsch reaction フィッシャー-ト
　ロプシュ合成 405
fission 核分裂 94
fission products 核分裂生成物 94
fixation 定着操作 307
flame calorimeter 火炎熱量計 91
flame emission spectroscopy 炎光分光分析法 76
flame front 火炎前面 90
flame speed 火炎速度 90
flame-resistant materials(frame retardands, frameproofing materials) 耐火炎材料 277
flammability limits 燃焼限界 363
flash distillation フラッシュ蒸留 425
flash photolysis 閃光分解 271
flash point 引火点 50
flash-back フラッシュバック 425
flavanoids フラバノイド 425
flavin mononucleotide(FMN) フラビンモノヌクレオチド 425
flavin-adenine dinucleotide(FAD) フラビンアデニンヌクレオチド 425
flavone glycosides フラボングリコシド 425
flavone(2-phenylchromone, 2-phenylbenzopyrone) フラボン 425
flavones フラボン類 426
flavonol glycosides フラボノールグリコシド 425
flavoproteins フラボタンパク質 425
flint フリント(燧石) 427
flocculation フロキュレーション 432
Florisil フロリジル(商品名) 437
flotation フローテーション 432
fluidization 流動化 522
fluidized bed 流動床 522
fluorene フルオレン 428
fluorescein フルオレッセイン 427
fluorescence 蛍光 155
fluorescence indicator 蛍光指示薬 155
fluorescent brightening agents(optical brighteners) 蛍光増白剤 155

fluoridation フッ素添加 420
fluorides フッ化物 419
fluorimetry 蛍光分析 156
fluorinating agent フッ化試薬 420
fluorine フッ素 419
fluorine chemistry フッ素の化学的性質 420
fluorine halides フッ素のハロゲン化物 420
fluorine oxides 酸化フッ素 195
fluorine oxides フッ素の酸化物 420
fluorine-containing drugs 含フッ素薬剤 115
fluorine-containing polymers フッ素含有ポリマー 420
fluorite(fluorspar) 蛍石 463
fluoro acids 錯フルオロ酸 189
1-fluoro-2,4-dinitrobenzene(2,4-dinitrofluorobenzene, DNF, Sanger's reagent) 1-フルオロ-2,4-ジニトロベンゼン 428
fluoroacetates フルオロ酢酸塩 428
fluoroapatite フッ素リン灰石 420
fluoroborates フルオロホウ酸塩 429
fluoroboric acid フルオロホウ酸 428
fluorocarbon polymers フルオロカーボンポリマー 428
fluorocarbons フルオロカーボン 428
fluoroethanoic acid フルオロエタン酸 428
fluoroform フルオロホルム 429
fluorophosphonates フルオロホスホン酸塩 429
fluorophosphoric acids フルオロリン酸 429
fluorosilicates フルオロケイ酸塩 428
fluorosulphates フルオロ硫酸塩 429
fluorosulphonic acid(fluorosulphuric acid) フルオロスルホン酸 428
fluorosulphuric acid(fluorosulphonic acid) フルオロ硫酸 429
fluorous biphasic catalysis 含フッ素二相触媒 115
Fluothane フルオタン(商品名) 427
flux 熔融(溶融)助剤 506
flux 流束 521
flux 融剤 502
fluxional molecule フラクショナル分子 423
fly ash フライアッシュ 423
foams 泡(フォーム) 34
folic acid(pteroyl-L-glutamic acid, vitamin B_c, vitamin M) 葉酸 505
food additives 食品添加物 238
force constant(k) 力の定数 297
force(F) 力 297
for-infrared spectroscopy(FIR) 遠赤外線分

光学　76
formaldehyde　ホルムアルデヒド　470
formamide　ホルムアミド　470
formates(esters)　ギ酸エステル　117
formates(salts)　ギ酸塩　117
formation constant　生成定数　260
formic acid　ギ(蟻)酸　117
formol titration　ホルモル滴定　471
formoxy　ホルモキシ基　471
formyl　ホルミル基　470
formylation　ホルミル化　470
fourier transform analysis(FT analysis)　フーリエ変換解析　426
fractional crystallization　分別結晶　441
fractional distillation　分別蒸留　441
fractionating column　分別蒸留カラム　441
fractionating column　分留塔　441
fractionation　分画　438
francium　フランシウム　426
Franck-Condon principle　フランク-コンドンの原理　426
frankincense　乳香　357
Frasch process　フラッシュ法　425
free energy　自由エネルギー　225
free radicals　フリーラジカル　427
freeze-drying　凍結乾燥　330
freezing mixtures　寒剤　114
freezing point depression　凝固点降下　126
Fremy's salt(potassium nitrosodisulphonate)　フレミーの塩　431
Frenkel defect　フレンケル欠陥　431
Freons　フレオン(商品名)　430
frequency　周波数　230
frequency　振動数　243
Freundlich isotherm　フロインドリッヒの等温式　431
Friedel-Crafts reaction　フリーデル-クラフツ反応　426
frontier orbital symmetry　フロンティアオービタルの対称性　437
froth flotation　起泡分離　123
D-fructose　D-フルクトース　429
fucose(deoxy-D-galactose)　L-フコース　413
fuel cell　燃料電池　363
fuel oils(burning oils)　燃料油　363
fuels　燃料　363
fugacity(f)　フガシティー　411
fuller's earth　フラー土　425
fullerenes　フラーレン　426
fulminates　雷酸塩　508

fulminic acid(carbyloxime)　雷酸　508
fulvenes　フルベン　430
fumarase　フマラーゼ　423
fumaric acid　フマル酸　423
fumaryl　フマリル基　423
fuming sulphuric acid(oleum, Nordhausen sulphuric acid)　発煙硫酸　370
fundamental equation of thermodynamics　熱力学の基本的な公式　361
fundamental frequencies　基準振動数　118
fungicides　防カビ(黴)剤　457
furaldehyde　フルアルデヒド　427
furan　フラン　426
furanose　フラノース　425
furazans　フラザン　424
furfural(furfuraldehyde, 2-furaldehyde)　フルフラール　430
furfuraldehyde　フルフルアルデヒド　430
furfuran　フルフラン　430
furfuryl-　フルフリル基　430
furfuryl alcohol　フルフリルアルコール　430
furfurylidene　フルフリリデン基　430
furoic acid(furan-2-carboxylic acid, pyromacic acid)　フロイン酸　431
furyl　フリル基　427
fusel oil　フーゼル油　414
fusidic acid　フシジン酸　413

G

g factor(Lande factor　g 因子　204
g value, g factor　g 値　204
Gabriel's reaction　ガブリエル反応　102
gadolinium　ガドリニウム　101
gadolinium compounds　ガドリニウムの化合物　101
galactans　ガラクタン　104
D-galactose　ガラクトース　104
galena　方鉛鉱　456
gallates　ガリウム酸塩　106
gallates　没食子酸塩・没食子酸エステル　464
gallic acid　ガリウム酸　106
gallic acid　没食子酸　463
gallium　ガリウム　106
gallium arsenide　ガリウムヒ素　106
gallium arsenide　ヒ化ガリウム　385
gallium chemistry　ガリウムの化学的性質　106

gallium halides　ガリウムのハロゲン化物　106
gallium oxide　酸化ガリウム　193
gallium oxyacid salts　ガリウムの酸素酸塩　106
gallium sulphides　硫化ガリウム　518
galvanic cell　ガルヴァニ電池　107
galvanizing　電解亜鉛メッキ　321
gamma rays(γ-rays)　γ線　115
gammexane　ガメキサン(γ-BHC)　103
gangliosides　ガングリオシド　113
gangue　脈石　481
garnets　ガーネット　101
garnets　ザクロ石　189
gas　気体　119
gas absorption　気体吸収　119
gas adsorption　気体収着　119
gas analysis　ガス分析　97
gas calorimeter　気体熱量計　120
gas chromatography　ガスクロマトグラフィー　97
gas chromatography-mass spectroscopy (GC-MS)　ガスクロマトグラフィー質量分析　97
gas constant　気体定数　119
gas hydrates　気体水和物　119
gas laws　気体の諸法則　119
gas oil　ガス油　97
gas oil　軽油　158
gascalorimeter　ガス熱量計　97
gasification　ガス化　97
gasification of oil　石油のガス化　263
gasification of solid fuels　固体燃料のガス化　175
gasoline　ガソリン　98
Gattermann synthesis　ガッターマン合成　99
Gattermann's reaction　ガッターマン反応　99
Gattermann-Koch reaction　ガッターマン-コッホ反応　99
gaultherin(methyl salicylate-2-primeveroside)　ガウルテリン　90
Gay-Lussac's law　ゲイ-リュサックの法則　158
Geiger counter　ガイガーカウンター　88
gel　ゲル　162
gel chromatography　ゲルクロマトグラフィー　162
gel electrophoresis　ゲル電気泳動　162
gel filtration　ゲル沪過　163
gelatin hardeners　ゼラチン硬化剤　266

gelatins　ゼラチン　266
gelignite　ゼリグナイト　267
gel-permeation chromatography(GPC)　ゲルパーミエーションクロマトグラフィー　162
gemstones　宝石　459
genetic code　遺伝子コード　48
Genetron　ジェネトロン(商品名)　205
genins　ゲニン　161
genome　ゲノム　161
gentian violet　ゲンチアンバイオレット　167
gentiobiose　ゲンチオビオース　167
geometrical isomerism　幾何異性　116
Geons　ゲオン(商品名)　158
geranial　ゲラニアール　162
geraniol(2,6-dimethyl-$trans$-2,6-octadien-1-ol)　ゲラニオール　162
germanates　ゲルマン酸塩　163
germanes(germanium hydrides)　ゲルマン　163
germanium　ゲルマニウム　162
germanium chemistry　ゲルマニウムの化学的性質　163
germanium halides　ゲルマニウムのハロゲン化物　163
germanium hydrides　水素化ゲルマニウム　248
germanium oxides　ゲルマニウムの酸化物　163
germanium sulphides　硫化ゲルマニウム　518
getter　ゲッター　160
gibberellic acid(gibberellins)　ジベレリン酸　222
gibberellins　ジベレリン　221
Gibbs' energy of solvation　ギブスの溶媒和エネルギー　122
Gibbs' energy(G)　ギブスエネルギー　122
Gibbs' free energy　ギブスの自由エネルギー　122
Gibbs' isotherm　ギブスの等温式　122
Gibbs' isotherm of surface concentration　ギブスの表面濃度等温式　122
Gibbs-Helmholtz equation　ギブス-ヘルムホルツの式　122
gibbsite　ギブサイト　120
Girard's reagents　ジラード試薬　240
glacial acetic acid　氷酢酸　399
glass　ガラス　104
glass electrode　ガラス電極　105

glass fibre　ガラスファイバー　105
glass transition temperature　ガラス転移温度　105
Glauber's salt　グラウバー塩　138
globin　グロビン　147
globular proteins　球状タンパク質　124
globulins　グロブリン　147
glove box　グローヴボックス　146
glucans　グルカン　143
glucitol　グルシトール　144
gluconic acid (D-gluconic acid, pentahydroxy-caproic acid, dextronic acid)　グルコン酸　144
gluconolactone (D-gluconic acid-Δ-lactone)　グルコノラクトン　144
D-glucose (dextrose)　D-グルコース　143
glucosidase　グルコシダーゼ　143
glucosides　グルコシド　143
glucuronic acid　グルクロン酸　143
glue　膠　349
L-glutamic acid (α-aminoglutaric acid)　L-グルタミン酸　144
L-glutamine　L-グルタミン　144
glutaraldehyde (pentane-1,5-dial)　グルタルアルデヒド　144
glutaric acid (pentane-1,5-dioic acid)　グルタル酸　144
glutathione (glutamylcysteinylglycine, GSH)　グルタチオン　144
glutelins　グルテリン　145
gluten　グルテン　145
glyceraldehyde (glyceric aldehyde, 2,3-dihydroxypropanal)　グリセルアルデヒド　141
glyceric acid　グリセリン酸　141
glyceric aldehyde　グリセリンアルデヒド　141
glycerides　グリセリド　141
glycerin　グリセリン　141
glycerol dichlorohydrins　グリセロールジクロロヒドリン　142
glycerol monochlorohydrins　グリセロールモノクロロヒドリン　142
glycerol (gulycerin, 1,2,3-trihydroxypropane, propane-1,2,3-triol)　グリセロール　142
glycerophosphoric acid (3-phosphoglyceric acid)　グリセロリン酸　141
glyceryl　グリセリル基　141
glyceryl trinitrate　三硝酸グリセリン　196
glycin　グリシン(2)　141

glycine (aminoacetic acid)　グリシン(1)　141
glycocholic acid (cholylglycine)　グリココール酸　140
glycogen　グリコーゲン　140
glycol　グリコール　140
glycollic acid　グリコール酸　141
glycols　グリコール類　141
glycolysis　糖分解　331
glycoproteins　グリコプロテイン　140
glycosidases　グリコシダーゼ　140
glycosides　グリコシド　140
glycylglycine (diglycine)　グリシルグリシン　141
glyme　グライム　138
glyoxal (ethanedial)　グリオキサール　140
glyoxaline　グリオキサリン　140
glyoxydiureide　グリオキシジウレイド　140
glyoxylate cycle　グリオキシル酸回路　140
glyoxylic acid　グリオキシル酸　140
glyptals　グリプタール樹脂　142
Gmelin (Handbuch der anorganische Chemie)　グメリン　138
gold　金　130
gold chemistry　金の化学的性質　130
gold cyanides　金のシアン化物　131
gold grains, radioactive　放射性金粒子　458
gold halides　金のハロゲン化物　131
gold number　金数　132
gold oxides　金の酸化物　131
gold sulphides　金の硫化物　131
gold, organometallic compounds　金の有機化合物　131
gold, standard　金, 標準　130
Goldschmidt process　ゴルトシュミット法　181
Goldschmidt reaction　ゴルトシュミット反応　181
gonadotropins (gonadotropic hormones)　ゴナドトロピン　177
Gouy balance　グイ天秤　135
graft copolymers　グラフトコポリマー　139
Graham's law of diffusion　グレアムの拡散の法則　145
Graham's salt　グレアム塩　145
gram atom　グラム原子　139
gram equivalent　グラム当量　140
gram molecular volume　グラム分子容　140
gram molecular weight　グラム分子量　140
gram molecule　グラム分子　140
gramicidin　グラミシジン　139

gramine グラミン 139
granite 花崗岩 94
granulation 顆粒化 107
graphene sheets グラフェンシート 139
graphite compounds グラファイト化合物 139
graphite(plumbago, black lead) グラファイト 139
gravimetric analysis 重量分析 231
gray(Gy) グレイ 145
greases グリース 141
green acids グリーン酸 143
green vitriol 緑礬 523
greenhouse effect 温室効果 87
greenhouse gases 温室効果気体 87
Grignard reaction グリニャール反応 142
Grignard reagents グリニャール試薬 142
grinding 粉砕 439
griseoviridine グリセオビリジン 141
ground state 基底状態 120
group 族 274
group theory 群論 155
growth hormone(somatropin) 成長ホルモン 260
guaiacol(guaic alcohol, 2-melhoxphenal) グアヤコール 135
guaiazulene(s-guaiazulene, 1,4-dimethyl-7-isopropylazulene) グアヤズレン 435
guaiol グアヨール 135
guanidine(iminourea) グアニジン 135
guanine(6-hydrozy-2-amino purine) グアニン 135
guanosine グアノシン 135
gulose グロース 146
gum acacia(gum arabic) ガム・アカシア 103
gums ガム類 103
guncotton 綿火薬 493
gunpowder 黒色火薬 175
gutta-percha グッタペルカ 137
gypsum 石膏 264
gyromagnetic ratio(γ), magnetogyric ratio 磁気回転比 207

H

Haber process ハーバー法 375
haematite 赤鉄鉱 263
hafnium ハフニウム 375
hafnium compounds ハフニウムの化合物 376
hahnium ハーニウム 375
halazone ハラゾン 377
half reaction 半反応 383
half wave potential 半波電位 383
half-life(half-value period) 半減期 381
halides ハロゲン化物 380
haloamines ハロアミン 379
haloform reaction ハロホルム反応 381
haloform test ハロホルム試験法 381
haloforms ハロホルム 381
halogenated rubbers ハロゲン化ゴム 380
halogenation ハロゲン化 380
halogens ハロゲン 380
halohydrins ハロヒドリン類 381
halonium ions ハロニウムイオン 381
halothane(Fluothane) ハロタン 381
hamiltonian ハミルトニアン 376
Hammett equation ハメットの公式 376
Hantzsch synthesis ハンチ合成 382
hard and soft acids and bases theory (HSAB theory) ハード・ソフト-酸・塩基理論 373
hardness 硬度 173
hardness of water 水の硬度 481
hard-soft acid-base theory 硬軟酸塩基理論 173
Hartree ハートリー 373
Hartree-Fock method ハートリー-フォック法 373
Hartree-Fock orbital ハートリー-フォックオービタル 373
hassium ハッシウム 372
heat exchangers 熱交換器 361
heat transfer media 熱媒 361
heat transmission oils 伝熱用油 326
heating oil 加熱用油 101
heats of atomization etc 原子化熱 164
heavy hydrogen 重水素 229
heavy water(deuterium oxide) 重水 229
Heck reaction ヘック反応 445
Heisenberg uncertainty principle ハイゼンベルクの不確定性原理 367
helium ヘリウム 448
Helmholtz free energy(A) ヘルムホルツの自由エネルギー 450
hematin ヘマチン 447
hematoporphyrin ヘマトポルフィリン 447

heme (haem)　ヘム　448
hemiacetal　ヘミアセタール　447
hemicelluloses　ヘミセルロース　447
hemihedral forms　半面像　383
hemiketals　ヘミケタール　447
hemimorphite　異極鉱　43
hemin　ヘミン　447
hemocyanin　ヘモシアニン　448
hemoglobin　ヘモグロビン　448
hendecane　ヘンデカン　455
Henderson-Hasselbalch equation　ヘンダーソン-ハッセルバルクの式　455
Henry's law　ヘンリーの法則　456
heparin　ヘパリン　446
heptamethyldisilazane　ヘプタメチルジシラザン　447
heptanal (heptaldehyde)　ヘプタナール　446
n-heptane　n-ヘプタン　447
n-heptanoic acid (enanthic acid, oenanthic acid)　n-ヘプタン酸　447
heptanol (enanthic alcohol, heptyl alcohol)　ヘプタノール　446
4-heptanone (butyrone, di-n-propylketone)　4-ヘプタノン　446
3-heptanone (ethyl n-butyl ketone)　3-ヘプタノン　446
heptose　七炭糖　216
heptose　ヘプトース　447
herbicides　除草剤　239
heroin　ヘロイン　450
Hess's law　ヘスの法則　444
heteroauxin　ヘテロオーキシン　445
heterocyclic (heterocyclic compound)　複素環式化合物　412
heterogeneous catalysis　不均一系触媒　412
heterogeneous reaction　不均一系反応　412
heteroleptic　ヘテロレプティック　446
heterolytic reaction　ヘテロリティック反応　445
heteronuclear molecule　異種核分子　43
heteropoly acids　ヘテロポリ酸　445
HETP　理論段高　523
hexaborane (10)　ヘキサボラン (10)　443
hexaborane (12)　ヘキサボラン (12)　443
hexachlorobenzene　ヘキサクロロベンゼン　442
hexachlorobuta-1,3-diene　ヘキサクロロ-1,3-ブタジエン　442
hexachlorocyclopentadiene　ヘキサクロロシクロペンタジエン　442

hexachloroethane (perchloroethane)　ヘキサクロロエタン　442
hexadecane (cetane)　ヘキサデカン　442
hexadecanoic acid　ヘキサデカン酸　442
hexadecanol (cetyl alcohol)　ヘキサデカノール　442
(E,E)-2,4-hexadienoic acid (sorbic acid)　(E,E)-2,4-ヘキサジエン酸　442
hexafluorobenzene　ヘキサフルオロベンゼン　443
hexafluorometallates　ヘキサフルオロ金属酸塩　442
hexafluoropropene　ヘキサフルオロプロペン　443
hexagonal close-packing　六方最密充填構造　536
hexagonal system　六方晶系　536
hexahydrocresols　ヘキサヒドロクレゾール　442
hexahydrophenol　ヘキサヒドロフェノール　442
hexalin　ヘキサリン　443
hexametaphosphates　ヘキサメタリン酸塩　443
hexamethonium bromide　臭化ヘキサメトニウム　226
hexamethyl phosphoramide, HMPA, HMPT　ヘキサメチルホスホルアミド　443
hexamethyl phosphoric triamide　ヘキサメチルリン酸トリアミド　443
hexamethylbenzene　ヘキサメチルベンゼン　443
hexamethyldisilazane　ヘキサメチルジシラザン　443
hexamethylenediamine　ヘキサメチレンジアミン　443
hexamethylenetetramine (hexamine, methenamine, 1,3,5,7-tetraazaadamantane, urotropine)　ヘキサメチレンテトラミン　443
hexamine　ヘキサミン　443
hexane-2,5-dione (acetonylacetone)　ヘキサン-2,5-ジオン　444
hexanes　ヘキサン　444
hexanoic acid　ヘキサン酸　444
hexanols　ヘキサノール　442
hexenes　ヘキセン　444
hexestrol　ヘキセストロール　444
hexobarbitone　ヘキソバルビトン　444
hexone　ヘキソン　444

hexose ヘキソース 444
hexyl ヘキシル基 444
hexyleneglycol(2-methyl-2,4-pentanediol) ヘキシレングリコール 444
Heyrovsky-Ilkovic equation ヘイロフスキー-イルコヴィッチの式 442
high performance liquid chromatography (HPLC) 高速液体クロマトグラフィー 172
high spin state 高スピン状態 171
high-alumina cement 高アルミナセメント 168
highfield 高磁場側 170
hippuric acid 馬尿酸 375
histamine(1H-imidazole-4-ethanamine) ヒスタミン 387
histidine ヒスチジン 387
histones ヒストン 387
Hofmann degradation of amides アミドのホフマン分解 19
Hofmann degradation of amides ホフマン分解 464
Hofmann exhaustive methylation ホフマンの徹底メチル化 464
Hofmann isonitrile synthesis ホフマンのイソニトリル合成 464
Hofmann(exhaustive)methylation ホフマンメチル化 464
Hofmeister series ホフマイスター系列 464
holmium ホルミウム 470
holmium compounds ホルミウムの化合物 470
holohedral forms 完面像 115
homocyclic 同素環 330
homogeneous catalysis 均一系触媒 132
homogeneous combustion 均一系燃焼 132
homogeneous reaction 均一系反応 132
homogenizer ホモジナイザー 464
homogentisic acid ホモゲンチジン酸 464
homoleptic 同一配位子性 329
homoleptic ホモレプティック 464
homolytic reaction ホモリティック反応 464
homonuclear molecule 等核分子 329
homopolar bond 等極性結合 329
homopolar crystal 等極性結晶 329
hormones ホルモン 471
hot carbonate processes 加熱炭酸塩プロセス 101
hot carbonate processes 熱炭酸塩法 361
hot working 熱加工処理 360

HPV chemicals 大量需要薬品 279
Hudson's isorotation rule ハドソンのアイソローテーション則 373
Hueckel approximation ヒュッケル近似 398
Hueckel's rule ヒュッケル則 398
human growth hormone(HGH) ヒト成長ホルモン 392
humectant 湿潤剤(化粧品など) 216
humectant 保湿剤 462
Hume-Rothery's rule ヒューム-ロザリー則 398
humic acids フミン酸 423
humidification 湿度補給 216
humidity 湿度 216
humus 腐植質 413
Hund's rules フント則 440
hyaluronic acid ヒアルロン酸 384
hybridization 混成 183
hydantoin(glycolylurea, 2,4-imidazolidinedione) ヒダントイン 391
hydnocarpic acid((R)-2-cyclopentane-1-undecanoic acid) ヒドノカルピン酸 392
hydracrylic acid ヒドロアクリル酸 393
hydrates 水和物 250
hydration 水和 250
hydraulic cement 水硬セメント 245
hydraulic conveying 水力的運送 250
hydraulic fluids 水力運送用液体 250
hydrazides ヒドラジド 392
hydrazine ヒドラジン 392
hydrazinium salts ヒドラジニウム塩 392
hydrazobenzene ヒドラゾベンゼン 393
hydrazoic acid(azoimide) アジ化水素酸 6
hydrazones ヒドラゾン 393
hydrides 水素化物 249
hydriodic acid ヨウ化水素酸 504
hydroaminoalkylation ヒドロアミノアルキル化 393
hydroboration ヒドロボレーション 395
hydrobromic acid 臭化水素酸 226
hydrocarbon resins 炭化水素系樹脂 285
hydrocarbons 炭化水素 285
hydrochloric acid(muriatic acid) 塩酸 76
hydrochlorides 塩酸塩 76
hydrochlorinated rubber, rubber hydrochloride 塩酸ゴム 76
hydrocortisone(17-hydroxycorticosterone) ヒドロコーチゾン 394
hydrocracking ヒドロクラッキング 394

欧文索引　　*607*

hydrocyanic acid　シアン化水素酸　204
hydrodealkylation　ヒドロ脱アルキル化　394
hydrodesulphurization　水素化脱硫　248
hydrodesulphurization　ヒドロ脱硫操作　395
hydrodynamic radius of ions　イオンの流体力学的半径　42
hydrofining　ハイドロファイニング　367
hydrofluoric acid　フッ化水素酸　418
hydroforming　ハイドロホーミング　367
hydroformylation　ヒドロホルミル化　395
hydrogasification　水添ガス化　250
hydrogen　水素　247
hydrogen bond　水素結合　249
hydrogen bromide　臭化水素　226
hydrogen chloride　塩化水素　73
hydrogen cyanide (hydrocyanic acid, prussic acid)　シアン化水素　203
hydrogen electrode　水素電極　249
hydrogen fluoride　フッ化水素　418
hydrogen halides　ハロゲン化水素　380
hydrogen iodide　ヨウ化水素　504
hydrogen ions　水素イオン　248
hydrogen overvoltage　水素過電圧　249
hydrogen peroxide　過酸化水素　96
hydrogen persulphides (sulphanes)　多硫化水素　284
hydrogen spectrum　水素のスペクトル　248
hydrogen sulphide (sulphuretted hydrogen)　硫化水素　518
hydrogenation　水素化　248
hydrogen-ion concentration　水素イオン濃度　248
hydrogenolysis　水素化分解　249
Hydrolith　ハイドロリス (商品名)　368
hydrolysed product　加水分解生成物　97
hydrolysis　加水分解　96
hydrolysis (in organic chemistry)　加水分解 (有機化学)　97
hydrometer　比重計　387
hydroperoxides　ヒドロペルオキシド　395
hydrophilic colloid　親水コロイド　243
hydrophobic bonding　疎水性結合　274
hydrophobic colloids　疎水コロイド　274
hydroquinone　ヒドロキノン　394
hydrosilylation　ヒドロシリル化　394
hydrosulphurous acid　ヒドロ亜硫酸　393
hydrotropic salts　親水性塩類　243
hydrovinylation　ヒドロビニル化　395
hydroxides　水酸化物　247
hydroxonium ions　ヒドロキソニウムイオン　394
4-hydroxy-4-methyl-2-pentanone　4-ヒドロキシ-4-メチル-2-ペンタノン　394
hydroxyacetone　ヒドロキシアセトン　393
hydroxyapatite　ヒドロキシアパタイト　393
4-hydroxybenzoic acid　4-ヒドロキシ安息香酸　393
2-hydroxybenzylalcohol (salicyl alcohol)　2-ヒドロキシベンジルアルコール　394
4-hydroxydiphenylmethane　4-ヒドロキシジフェニルメタン　393
hydroxyethanoic acid　ヒドロキシエタン酸　393
hydroxyethylamines　ヒドロキシエチルアミン類　393
hydroxyhalides　ヒドロキシハロゲン化物　393
hydroxyl ion (hydroxide ion)　ヒドロキシルイオン　394
hydroxyl radical　ヒドロキシルラジカル　394
hydroxylamine　ヒドロキシルアミン　394
hydroxylation　ヒドロキシル化　394
3-(hydroxymethyl)pyridine　3-(ヒドロキシメチル)ピリジン　394
hydroxyproline　ヒドロキシプロリン　394
hydroxypropanone　ヒドロキシプロパノン　393
2-hydroxypropionic acid (hydracrylic acid, β-lactic acid)　2-ヒドロキシプロピオン酸　393
3-hydroxypropionitrile (ethylene cyanohydrin)　3-ヒドロキシプロピオニトリル　393
8-hydroxyquinoline (oxine)　8-ヒドロキシキノリン　393
hygroscopic　吸湿性　124
hyoscine　ヒオスシン　384
hyoscyamine　ヒオスシアミン　384
hyperchromic　濃色効果　364
hyperconjugation　超共役　303
hyperfiltration　超沪過　304
hyperfine structure　超微細構造　304
hypo　ハイポ　368
hypobromates　次亜臭素酸塩　199
hypobromous acid　次亜臭素酸　199
hypochlorites　次亜塩素酸塩　199
hypochlorous acid　次亜塩素酸　199
hypochromic　淡色効果　290
hypofluorites　次亜フッ素酸塩　203
hypoiodites　次亜ヨウ素酸塩　203

hypophosphoric acid 次リン酸 240
hypophosphorous acid 次亜リン酸 203
hyposulphurous acid 次亜硫酸 203
hypoxanthine(6-oxypurine) ヒポキサンチン 398
hypoxic 酸素欠乏状態 197
hypsochromic shift 浅色シフト 272
hysteresis ヒステリシス 387

I

ice 氷 174
icosahedral 正二十面体 260
ideal gas 理想気体 514
ideal solution 理想溶液 514
idose イドース 49
ignition limits 発火限界 370
ignition temperature 発火温度 370
ilmenite チタン鉄鉱 299
imidazole(glyoxaline, iminazole) イミダゾール 49
imides イミド 49
imines イミン 50
iminium salts イミニウム塩 49
imino イミノ基 49
improper rotation(S_n) 回映 88
Inconel インコネル(商品名) 51
incongruent melting 分解溶融 438
indan(2,3-dihydroindene) インダン 52
indanthrene dyestuffs インダンスレン染料 52
indene(indonaphthene) インデン 52
indican(indoxyl-3-glucoside) インジカン 51
indicator 指示薬 215
indigo インジゴ 51
indigoid dyes インジゴイド染料 51
indigotin(indigo) インジゴチン 51
indium インジウム 51
indium chemistry インジウムの化学的性質 51
indium halides インジウムのハロゲン化物 51
indium oxides インジウムの酸化物 51
indium oxyacid salts インジウムのオキシ酸塩 51
indole インドール 52
indole-3-acetic acid(indol-3-yl ethanoic acid) インドール酢酸 53
indolizine(pyrrocoline) ring system インドリジン環系 52
indoxyl インドキシル 52
induced dipole moment 誘起双極子モーメント 500
inductive effect 誘起効果 500
industrial methylated spirits(IMS) 工業用変性アルコール 170
inelastic neutron scattering 非弾性中性子散乱 391
inert atmosphere box 不活性雰囲気ボックス 412
inert complex 不活性錯体 412
inert gas formalism 希ガス則 116
inert gases 不活性気体 411
inert pair effect 不活性電子対効果 412
infra-red radiation(i.r.) 赤外線 262
infra-red spectroscopy 赤外線分光学 262
infusions 煎液 271
ingrain dyestuffs 顕色染料 166
inhibitor 阻害剤(インヒビター) 274
initial boiling point 初留点 240
initiators イニシエータ 49
initiators 起爆装置 122
inks インキ 50
inner sphere mechanism 内圏反応機構 343
inorganic chemistry 無機化学 483
inosinic acid(hypoxanthine riboside-5-phosphate) イノシン酸 49
inositol イノシトール 49
insect repellants 昆虫忌避剤 183
insecticides 殺虫剤 189
insertion reaction 挿入反応 274
insoluble azo dyes 不溶性アゾ染料 423
instability constant 不安定度定数 404
insulator 絶縁体 264
insulin インシュリン(インスリン) 52
integral tripack material 三重積層体 196
interatomic distances 原子間距離 165
intercalation compounds インターカレーション化合物 52
intercalation compounds 層間化合物 273
interferons インターフェロン 52
interhalogen compounds ハロゲン間化合物 381
interleukins インターロイキン 52
intermediate 中間体 302
internal compensation 内部補償 343
internal energy(U) 内部エネルギー 343

internal pressure　内圧　343
internal property, intrinsic property　示強性物理量　208
interstitial compounds　格子間化合物　170
Invar　インバール（インヴァール）（商品名）　53
invariant system　不変系　423
inverse spinel　逆スピネル構造　123
inversion　反転　382
inversion temperature　反転温度　382
invert sugar　転化糖　321
invertase(sucrase)　インベルターゼ　53
iodates　ヨウ素酸塩　505
iodic acids　ヨウ素酸　505
iodides　ヨウ化物　504
iodimetry　ヨウ素酸塩滴定　506
iodine　ヨウ素　505
iodine chemistry　ヨウ素の化学的性質　505
iodine chlorides　ヨウ素の塩化物　505
iodine fluorides　ヨウ素のフッ化物　505
iodine oxides　ヨウ素の酸化物　505
iodine oxyacids　ヨウ素の酸素酸　505
iodoalkanes　ヨードアルカン　506
iodobenzene　ヨードベンゼン　507
iodoethane　ヨードエタン　506
iodoform reaction　ヨードホルム反応　507
iodoform(triiodomethane)　ヨードホルム　507
iodogorgic acid　ジヨードチロシン　239
iodomethane(methyl iodide)　ヨードメタン　507
iodometric methods　ヨウ素滴定　506
ion　イオン　42
ion exchange　イオン交換　42
ion exclusion　イオン排除　43
ion-exchange chromatography　イオン交換クロマトグラフィー　42
ion-exchange resin　イオン交換樹脂　43
ionic atmosphere　イオン雰囲気　43
ionic liquids　イオン性液体　43
ionic product　イオン積　43
ionic radii　イオン半径　43
ionic strength　イオン強度　42
ionization chamber　イオン化チェンバー　42
ionization energies(ionization potentials, enthalpies of ionization)　イオン化エネルギー　42
ionization of water　水のイオン化　481
ionization potential　イオン化ポテンシャル　42
ionization, heat of　イオン化熱　42
ionogenic surface　イオン担持性表面　43
ionol　イオノール（商品名）　42
ionone(E-4-(2,6,6-trimethylcyclohex-2-en-1-yl)-3-buten-2-one(α)；E-4-(2,6,6-trimethylcyclohex-1-en-1-yl)-3-buten-2-one(β))　ヨノン　507
ion-pair partition　イオン対分配(抽出)　43
ions, hydration　イオンの水和　42
ion-selective electrodes　イオン選択性電極　43
iridates　イリジウム酸塩　50
iridium　イリジウム　50
iridium chemistry　イリジウムの化学的性質　50
iridium halides　イリジウムのハロゲン化物　50
iridium oxides　イリジウムの酸化物　50
iron　鉄　310
iron acetate　酢酸鉄　187
iron acetates　鉄の酢酸塩　311
iron alum　鉄ミョウバン　313
iron bromides　鉄の臭化物　312
iron buff　アイアンバフ　1
iron carbides　鉄の炭化物　312
iron carbonate　炭酸鉄　288
iron carbonyls　鉄カルボニル　313
iron chemistry　鉄の化学的性質　311
iron chlorides　鉄の塩化物　311
iron ethanoate　エタン酸鉄　62
iron ethanoates(iron acetates)　鉄のエタン酸塩　311
iron fluorides　鉄のフッ化物　312
iron hydrides　鉄の水素化物　312
iron hydroxides　水酸化鉄　246
iron hydroxides　鉄の水酸化物　312
iron iodide (iron(II)iodide)　ヨウ化鉄　504
iron nitrates　鉄の硝酸塩　312
iron oxides and hydroxides　鉄の酸化物と水酸化物　311
iron phosphates　鉄のリン酸塩　312
iron sulphates　鉄の硫酸塩　312
iron sulphides　鉄の硫化物　312
iron thiocyanates　鉄のチオシアン酸塩　312
iron(II)fluoride　フッ化鉄(II)　419
iron(II)nitrate　硝酸鉄(II)　236
iron(II)sulphate　硫酸鉄(II)　520
iron(III)chloride　塩化鉄(III)　73
iron(III)fluoride　フッ化鉄(III)　419
iron(III)nitrate　硝酸鉄(III)　236

iron(Ⅲ)perchlorate　過塩素酸鉄(Ⅲ)　91
iron(Ⅲ)sulphate　硫酸鉄(Ⅲ)　520
iron, complex cyanides　鉄のシアン化物錯体　312
iron, organic derivatives　鉄の有機誘導体　312
Irving-Williams order　アーヴィング-ウィリアムス系列　1
isatin(indole-2,3-dione)　イサチン　43
isinglass　にべ　357
islands of nuclear stability　核安定性の島　92
isoamyl　イソアミル基　45
isoamyl alcohol　イソアミルアルコール　45
isoamyl ether　イソアミルエーテル　45
isobars　同重体　330
isoborneol　イソボルネオール　47
isobornyl chloride　塩化イソボルニル　72
isobutanal　イソブタナール　46
isobutane(2-methylpropane)　イソブタン　46
isobutanol　イソブタノール　46
isobutyl alcohol　イソブチルアルコール　46
isobutyl ethanoate　酢酸イソブチル　187
isobutyl(2-methylpropyl)　イソブチル基　46
isobutyric acid　イソ酪酸　47
isobutyryl　イソブチリル基　46
isocrotonic acid　イソクロトン酸　45
isocyanates　イソシアナート　45
isocyanides　イソシアニド　45
isodispersion　等分散　331
isodurene　イソデュレン　45
isoelectric point　等電点　330
isoelectronic　等電子的　330
isoeugenol(2-methoxy-4-(1-propenyl)phenol)　イソオイゲノール　45
isoleptic　アイソレプチック　1
isoleucine(2-amino-3-methylvaleric acid)　イソロイシン　47
isomerases　イソメラーゼ　47
isomerism　異性　43
isomerization　異性化　45
isomorphism　同型　329
isoniazide　イソニアジド(イソナイアジド)　45
isonitriles(isocyanides, carbylamines)　イソニトリル　45
isonitrosoketones　イソニトロソケトン　46
isononanol　イソノナノール　46
isooctanes　イソオクタン　45
isoparaffins　イソパラフィン　46

isopentyl ether　イソペンチルエーテル　47
isophorone(3,5,5-trimethylcyclohexen-1-one)　イソホロン　47
isophthalic acid(1,3-benzene dicarboxylic acid)　イソフタル酸　46
isopiestic　等蒸気圧性　330
isopolyacids　イソポリ酸　47
isopolymorphism　イソ多形　45
isoprene polymers　イソプレンポリマー　46
isoprene rule　イソプレン則　46
isoprene(2-methylbuta-1,3-diene)　イソプレン　46
isopropanol　イソプロパノール　47
isopropanolamines　イソプロパノールアミン類　47
isopropenyl acetate(isopropenyl ethanoate)　酢酸イソプロペニル　187
isopropyl　イソプロピル基　47
isopropyl acetate(isopropyl ethanoate)　酢酸イソプロピル　187
isopropyl alcohol　イソプロピルアルコール　47
isopropyl chloride　塩化イソプロピル　72
isopropyl ethanoate　エタン酸イソプロピル　62
isopropyl ether　イソプロピルエーテル　47
isopropylbenzene　イソプロピルベンゼン　47
isopropylidene　イソプロピリデン基　47
4,4′-isopropylidenediphenol　4,4′-イソプロピリデンジフェノール　47
isopropylmethylbenzenes　イソプロピルメチルベンゼン　47
isopropylnaphthalenes　イソプロピルナフタレン　47
isoquinoline　イソキノリン　45
isosbestic point　等吸収点　329
isostructural　等構造　330
isotactic polymers　アイソタクチックポリマー　1
isothermal change　等温変化　329
isothiocyanates　イソチオシアナート　45
isotones　同中性子体　330
isotonic solutions　等張液　330
isotope　同位体　329
isotope decay series　同位体壊変系列　329
isotope effect　同位体効果　329
isotopomers　アイソトポマー　1
isotropic　等方的　331
isovaleraldehyde(3-methylbutanal)　イソバレルアルデヒド　46

isovaleric acid(3-methylbutanoic acid)　イソ吉草酸　45
itaconic acid(methylenesuccinic acid)　イタコン酸　47

J

Jacobson's catalyst　ヤコブソン触媒　499
Jahn-Teller effect　ヤーン-テラー効果　499
jj coupling　jj カップリング　205
Jones reductor　ジョーンズ還元器　240
Joule　ジュール　232
Joule's law　ジュールの法則　232
Joule-Thomson effect(Joule-Kelvin effect)　ジュール-トムソン効果　232
juvenile hormones　幼若ホルモン　505

K

K capture　K 電子捕獲　158
kainite　カイナイト　89
kairomone　カイロモン　90
kaolin　カオリン　91
kaolinite　カオリナイト　91
Kapustinskii equation　カプスチンスキーの式　102
Karl Fischer titration　カールフィッシャー滴定　110
Karplus equation　カープラスの式　102
Kel-F　Kel-F(商品名)　162
Kelvin(K)　ケルビン(ケルヴィン)　162
keratins　ケラチン　162
kernite　カーン石　114
kerogen　ケロゲン　163
kerosine　ケロシン　163
ketals　ケタール　158
ketene(ethenal)　ケテン　160
ketenes　ケテン類　160
keto-　ケト-　161
ketols　ケトール　161
ketomalonic acid　ケトマロン酸　161
ketone bodies(acetone bodies)　ケトン体　161
ketones　ケトン　161
ketose　ケトース　161
ketoximes　ケトキシム　161

ketyls　ケチル　158
Kevlar　ケヴラー(商品名)　158
kieselguhr　キーゼルグール　119
kinase　キナーゼ　121
kinetic energy　運動エネルギー　57
kinetic theory of gases　気体分子運動論　120
kinetin　カイネチン　89
Kinetin　キネチン(商品名)　122
Kipp's apparatus　キップの装置　120
Kirchhoff's equation　キルヒホッフの式　130
Kjeldahl method　ケルダール法　162
knock rating　ノッキング価　364
knocking　ノッキング　364
Knudsen cell　クヌーセンセル　137
Kohlrausch equation　コールラウシュの式　181
kojic acid　麹酸　170
Kolbe reaction　コルベ反応　181
Krafft temperature　クラフト点　139
Krebs's cycle　クレブスサイクル　146
K-Resin　K-Resin(商品名)　158
Krilium　クリリアム(商品名)　143
krypton　クリプトン　143
kurchatovium　クルチャトヴィウム　145
kurrol salt　クロル塩　151
kynurenine(3-anthraniloylalanine)　キヌレニン　121

L

labile complex　置換活性錯体　297
lability　置換活性度　297
lactams　ラクタム　509
β-lactic acid　β-乳酸　357
lactic acids(2-hydroxy propanoic acids)　乳酸　357
lactide　ラクチド　509
lactides　ラクチド類　509
lactones　ラクトン　509
lactose　乳糖　358
laevorotatory(levorotatory)　左旋性　189
laevulinic acid(levulinic acid, 4-oxopentanoic acid)　レブリン酸　533
lake asphalts　湖成アスファルト　175
lakes　レーキ　531
λ point　λ 点　511
Lambert's law　ランベルトの法則　513
lamellar micelles　ラメラーミセル　511

laminarin　ラミナリン　511
laminates　ラミネート　511
lamp black　ランプブラック　513
Lande g factor　ランデのg因子　513
Langmuir adsorption isotherm　ラングミュアの吸着等温式　511
lanolin　ラノリン　511
lanosterol(isocholesterol)　ラノステロール　510
lanthanide compounds　ランタニド元素の化合物　512
lanthanide contraction　ランタニド収縮　512
lanthanides　ランタニド元素　511
lanthanoids　ランタノイド元素　512
lanthanum　ランタン　512
lanthanum compounds　ランタンの化合物　512
lapis lazuli　ラピス・ラズリ　511
laser　レーザー　531
laser ablation　レーザーアブレーション　531
Lassaigne's test　ラセーニュ試験　510
latent heat　潜熱　272
latent image　潜像　272
latex　ラテックス　510
lattice　格子　170
lattice energy　格子エネルギー　170
Laue pattern　ラウエ図形　508
lauric acid (dodecanoic acid, dodecyclic acid)　ラウリン酸　508
laurite　ラウライト　508
lauryl alcohol　ラウリルアルコール　508
Laves phases　ラヴェス相　508
law of additive volumes　体積加算性の法則　278
law of combining volumes　化合体積の法則　95
law of conservation of energy　エネルギー保存則　68
law of conservation of matter　質量保存の法則　217
law of conservation of matter　物質不滅の法則　419
law of constancy of interfacial angles　面角一定の法則　493
law of equivalent proportions　化合比一定の法則　95
law of equivalent proportions　当量比例の法則　331
law of mass action　質量作用の法則　217
law of maximum multiplicity　最大多重度の法則　185
law of multiple proportions　倍数比例の法則　367
law of octaves　音階律　87
law of rationality of indices　有理指数の法則　502
law of rationality of intercepts　有理切片の法則　502
law of reciprocal proportions　相互比例の法則　273
lawrencium　ローレンシウム　536
layer lattice　層状格子　274
LD_{50} (lethal dose 50%)　半数致死量　382
Le Chatelier's theorem (principle)　ルシャトリエの原理　528
leaching　リーチング　515
lead　鉛　346
lead accumulator (lead battery, lead acid batteries)　鉛蓄電池　347
lead acetates, lead ethanoates　鉛の酢酸塩　347
lead azide　アジ化鉛　6
lead bromide　臭化鉛　226
lead carbonate　炭酸鉛　289
lead chemistry　鉛の化学的性質　346
lead chlorides　塩化鉛　73
lead chromates　鉛のクロム酸塩　347
lead ethanoates　鉛のエタン酸塩　346
lead fluorides　鉛のフッ化物　347
lead hydroxides　鉛の水酸化物　347
lead iodide　ヨウ化鉛　504
lead nitrate　硝酸鉛　236
lead oxides　鉛の酸化物　347
lead silicates　ケイ酸鉛　156
lead sulphate　硫酸鉛　521
lead sulphide　硫化鉛　518
lead tetraacetate　四酢酸鉛　214
lead tetraethyl, tetraethyl lead (TEL)　四エチル鉛　205
lead, of pencil　鉛筆の芯　79
lead, organic derivatives　鉛の有機誘導体　347
lean gas　低エネルギーガス　306
leather　皮革　385
Leblanc process　ルブラン法　529
lecithin　レシチン　531
Leclanche cell　ルクランシェ電池　528
lectins　レクチン　531
LEEM　低エネルギー電子顕微鏡　306
LEP　発光性ポリマー　372

leucine ロイシン 534
leucinol ロイシノール 534
Leuckart reaction ロイカルト反応 534
leuco compounds ロイコ化合物 534
Lewis acid ルイス酸 528
Lewis base ルイス塩基 528
lewisite (2-chlorovinyl-dichloroarsine, 1-chloro-2-dichloroarsinoethane) ルイサイト 528
libration 秤動 399
librium (benzodiazepine) リブリウム 517
licanic acid リカン酸 513
Liebermann's reaction リーベルマン反応 517
lift-off リフトオフ 517
ligand 配位子 366
ligand field theory 配位子場理論 366
light scattering 光散乱 170
light stabilizers 光安定化剤 168
light stabilizers 光安定化剤 385
light-emitting diode (LED) 発光ダイオード 372
light-heavy selectivity 分子量軽重選択性 440
lignans リグナン 513
lignin リグニン 513
lignite (brown coal) 褐炭 99
lignoceric acid (tetracosanoic acid) リグノセリン酸 514
ligroine リグロイン 514
lime 石灰 264
limestone 石灰石 264
limewater 石灰水 264
limiting density (of a gas) 限界密度 163
limonene (citrene, carvene) リモネン 517
linalool (3,7-dimethyl-1,6-octadien-3-ol) リナロール 516
lindane リンデン 527
Linde process リンデ法 527
linkage リンケージ 525
linoleic acid (*cis,cis*-9,12-octadecadienoic acid) リノレイン酸 516
linolenic acid (*cis,cis,cis*-9,12,15-octadecatrienoic acid) リノレン酸 516
linseed oil 亜麻仁油 18
lipases リパーゼ 516
lipids 脂質 214
lipophilic groups 親油性原子団 244
lipoproteins リポタンパク質 517
liposomes リポソーム 517

liquefied natural gas (LNG) 液化天然ガス 58
liquefied petroleum gas (LPG) 液化石油ガス 58
liquid crystals 液晶 59
liquid oxygen explosives (LOX explosives) 液体酸素爆発物 59
liquid paraffin 流動パラフィン 522
liquid-liquid extraction 液-液抽出 58
liquids, structure of 液体の構造 59
liquidus curve 液相線 59
litharge リサージ 514
lithia リチア 515
lithium リチウム 515
lithium alkyls, lithium aryls アルキルリチウム，アリールリチウム 28
lithium aluminium hydride (lithium tetrahydroaluminate, LAH) 水素化アルミニウムリチウム 248
lithium batteries リチウム電池 515
lithium borohydride ホウ水素化リチウム 459
lithium carbonate 炭酸リチウム 289
lithium chemistry リチウムの化学的性質 515
lithium chloride 塩化リチウム 75
lithium fluoride フッ化リチウム 419
lithium hydride 水素化リチウム 249
lithium hydroxide 水酸化リチウム 247
lithium oxide 酸化リチウム 195
lithium tetrahydroaluminate テトラヒドロアルミン酸リチウム 314
lithium, organic derivatives リチウムの有機誘導体 515
lithography 石版印刷 263
lithography リソグラフィ 515
lithopone (Charlton white, Orr's white) リトポン 516
litmus リトマス 516
London interactions (dispersion interactions) ロンドン相互作用 536
lone pair 孤立電子対 180
lone pair ローンペア 536
Loschmidt's constant ロシュミット数 535
low-energy electron diffraction (LEED) 低エネルギー電子線回折 306
low-spin state 低スピン状態 307
low-temperature baths 低温浴 306
low-temperature carbonization (LTC) 低温炭化 306

LOX explosives　ロックス爆薬　536
LS coupling　LSカップリング　70
L-sorbose　L-ソルボース　275
lubricant　潤滑剤　233
lubricating greases　潤滑用グリース　233
luciferins　ルシフェリン　528
luminescence　蛍リン光　158
luminol(5-aminophthalylhydrazide)　ルミノール　530
luminous paints　蛍光塗料　155
lumisterol　ルミステロール　530
lunar caustic　苛性硝酸銀　97
Lurgi coal gasification process　ルルギ石炭ガス化法　530
lutein(luteol, xanthophyll)　ルテイン　528
lutetium　ルテチウム　528
lutetium compounds　ルテチウム化合物　528
lutidine　ルチジン　528
lycopene　リコピン　514
lycopene　リコペン　514
lycopodium powder　リコポジウム末　514
Lyman series　ライマン系列　508
lyogels　ライオゲル　508
lyophilic　親溶媒性　244
lyophobic　疎溶媒性　275
lyotropic series　離液順列　513
lysergic acid (9,10-didehydro-6-methyl-ergonine-8-carboxylic acid)　リゼルギン酸　514
lysine　リシン　514
lysine (α, ε-diaminocaproic acid)　リジン　514
lysol　リゾール　515
lysosomes　リソゾーム　515
lysozyme　リゾチーム　515
D-lyxo-hexulose(D(-)-tagatose)　D-リキソヘキシロース　513

M

macrolides　マクロライド　474
macromolecule　高分子　173
Maddrell salt　マドレル塩　475
Madelung constant　マーデルング定数　475
magic acid　魔法酸　475
magic angle spinning(MAS)　マジックアングルスピニング　474
magnesia　マグネシア　473

magnesite　菱苦土鉱　522
magnesium　マグネシウム　473
magnesium alloys　マグネシウム合金　474
magnesium carbonate　炭酸マグネシウム　289
magnesium chemistry　マグネシウムの化学的性質　473
magnesium chloride　塩化マグネシウム　75
magnesium halides　マグネシウムのハロゲン化物　474
magnesium hydroxide　水酸化マグネシウム　247
magnesium nitrate　硝酸マグネシウム　236
magnesium nitride　窒化マグネシウム　300
magnesium oxide(magnesia)　酸化マグネシウム　195
magnesium perchlorate　過塩素酸マグネシウム　91
magnesium phosphates　マグネシウムのリン酸塩　474
magnesium silicates　マグネシウムのケイ酸塩　474
magnesium sulphate　硫酸マグネシウム　521
magnesium, organic derivatives　マグネシウムの有機誘導体　474
magneson(4-(4-nitrophenylazo)-1,3-benzenediol)　マグネソン　474
magnet　磁石　215
magnetic moment　磁気モーメント　208
magnetic optical rotatory dispersion　磁気旋光分散　207
magnetic polarization of light　磁気偏光　208
magnetic quantum number　磁気量子数　208
magnetic resonance　磁気共鳴　207
magnetic separation　磁気分離　208
magnetic susceptibility　磁化率　207
magnetic tape　磁気テープ　208
magnetite　磁鉄鉱　217
magneton(Bohr magneton)(m)　マグネトン(磁子)　474
Magnus's green salt　マグヌスの緑色塩　473
mahogany acids　マホガニー酸　475
malachite　孔雀石　137
maleamic acid　マレアミン酸　476
maleic acid　マレイン酸　476
maleic anhydride　無水マレイン酸　484
maleic hydrazide　マレイン酸ヒドラジド　476
maleimide　マレイミド　476
malic acid　リンゴ酸　525

malleability 展性 326
malonic acid(propanedioic acid) マロン酸 476
malonic ester マロン酸のエステル 476
malononitrile マロノニトリル 476
malt 麦芽 368
malt モルト 497
maltase マルターゼ 476
maltose マルトース 476
mandelic acid (2-hydroxy-2-phenylacetic acid) マンデル酸 479
mandelonitrile マンデロニトリル 479
manganates マンガン酸塩 479
manganese マンガン 477
manganese acetates (manganese ethanoates) マンガンの酢酸塩 477
manganese alums マンガンミョウバン 479
manganese borates マンガンのホウ酸塩 478
manganese bromide 臭化マンガン 227
manganese carbonate 炭酸マンガン 289
manganese carbonyl(dimanganese decacarbonyl) マンガンカルボニル 479
manganese chemistry マンガンの化学的性質 477
manganese chlorides マンガンの塩化物 477
manganese cyanides マンガンのシアン化物 478
manganese fluorides マンガンのフッ化物 478
manganese hydroxides マンガンの水酸化物 478
manganese iodide ヨウ化マンガン 504
manganese nitrate 硝酸マンガン 236
manganese oxides マンガンの酸化物 478
manganese phosphates マンガンのリン酸塩 478
manganese sulphates マンガンの硫酸塩 478
manganese, organic derivatives マンガンの有機誘導体 478
manganic compounds salts 第二マンガン化合物 278
manganites 亜マンガン酸塩 18
manganous compounds 第一マンガン化合物 277
mannans マンナン 479
Mannich reaction マンニッヒ反応 479
D-mannitol(mannite) D-マンニトール(マンニット) 479

D-mannose D-マンノース 480
mannuronic acid マンヌロン酸 480
manometers マノメーター 475
manufactured gas 製造ガス 260
marble 大理石 279
margaric acid(heptadecanoic acid) マルガリン酸 475
margarine マーガリン 473
Markovnikov's rule マルコフニコフ則 476
marsh gas 沼気 234
Marsh's test マーシュテスト 474
Marsh's test for arsenic マーシュ試験法(ヒ素検出) 474
martensitic transition マルテンサイト転移 476
maser メーザー 485
masking マスキング 474
mass defect 質量欠損 217
mass number 質量数 217
mass of molecule 分子の質量 439
mass spectrograph マススペクトログラフ 475
mass spectrometer 質量分析計 217
mass spectrum 質量スペクトル 217
massicot マシコット 474
masurium マズリウム 475
match マッチ 475
matlockite マトロック石 475
matrix isolation マトリックス分離 475
matte マット 475
mauveine モーヴェイン(モーベイン) 494
maximum co-ordination number, covalency maximum 最大配位数 185
maximum covalency 最大共有結合数 185
mean free path 平均自由行程 441
medicinal paraffin oil 薬用パラフィン油 499
medicinal white oil 薬用パラフィン 499
medronic acid メドロン酸 492
meitnerium マイトネリウム 473
melamine resin メラミン樹脂 492
melamine(cyanuramide, 2,4,6-triamino-1,3,5-triazine) メラミン 492
melanins メラニン 492
melatonin (N-acetyl-5-methoxytryptamine) メラトニン 492
melissic acid(triacontanoic acid) メリシン酸 492
mellisyl alcohol(myricyl alcohol, triacotanol) メリシルアルコール 492
mellitic acid(benzenehexacarboxylic acid)

メリット酸　492
melting point　融点　502
membrane　隔膜　94
membrane cell, diaphragm cell　隔膜電解槽　94
membrane equilibrium　膜平衡　474
membrane hydrolysis　隔膜加水分解　94
membrane separation　膜分離　474
menadione　メナジオン　492
menaquinone　メナキノン　492
mendelevium　メンデレビウム　493
p-mentha-1,5-diene $(1-\Delta^{2:8(9)}$-menthadiene)　p-メンタ-1,5-ジエン　493
menthol $((1\alpha,2\beta,5\alpha)$-5-methyl-2-(1-methylethyl)cyclohexanol)　メントール　494
menthone $((2,5$-$trans$)-5-methyl-2-(1-methylethyl)cyclohexanone)　メントン　494
mer isomer　mer 異性体　493
mercaptals　メルカプタール　493
mercaptans(thiols)　メルカプタン　493
mercaptides　メルカプチド　493
mercaptoacetic acid　メルカプト酢酸　493
mercaptobenzthiazole　メルカプトベンゾチアゾール　493
mercaptoethanoic acid　メルカプトエタン酸　493
Merck Index　メルクインデックス　493
mercuration　メルクリ化　493
mercuric compounds　第二水銀化合物　278
mercurous compounds　第一水銀化合物　277
mercury　水銀　244
mercury amalgams　水銀アマルガム　245
mercury chemistry　水銀の化学的性質　244
mercury chlorides　水銀の塩化物　244
mercury fulminate　雷酸水銀　508
mercury iodides　水銀のヨウ化物　245
mercury nitrates　水銀の硝酸塩　245
mercury oxides　水銀の酸化物　245
mercury sulphates　水銀の硫酸塩　245
mercury sulphide　硫化水銀　518
mercury, organic derivatives　水銀の有機誘導体　245
merocyanine dyes　メロシアニン染料　493
mesaconic acid(methylfumaric acid)　メサコン酸　485
mescaline(β-(3,4,5-trimethoxyphenyl)ethylamine)　メスカリン　485
mesitite　メシタイト　485
mesityl oxide(isopropylideneacetone, 4-methyl-3-penten-2-one)　メシチルオキシド　485

mesitylene(1,3,5-trimethylbenzene)　メシチレン　485
meso compounds　メソ化合物　485
meso-ionic　メソイオン性　485
mesomerism　メソメリズム　485
mesomorph　メソモルフ　486
mesomorphic state　メソモルフィック状態　486
mesophase(mesogen)　中間相　302
mesoporous solids　メソポーラス固体　485
mesoxalic acid(ketomalonic acid, oxopropanedioic acid)　メソシュウ酸　485
mesyl　メシル基　485
meta　メタ　486
metabolism　代謝　278
metal　金属　132
metal atom deposition　金属原子沈着　133
metal carbonyls　金属カルボニル　133
metal cluster compounds　金属クラスター化合物　133
metal passivators　不働態化剤(金属)　422
metal surface treatments　金属表面処理　134
metalation　メタレーション　487
metaldehyde　メタアルデヒド　486
metallabenzenes　メタラベンゼン　487
metallic conduction　金属性電気伝導　134
metallic passivators　不働態化剤(触媒)　422
metallic soaps　金属石鹸　134
metallizable dyes(mordant dyes)　媒染染料(後媒染料)　367
metallocenes　メタロセン　487
metallochromic indicator, complexometric indicator　金属指示薬　133
metalloids　半金属元素　381
metalloids　メタロイド元素　487
metallurgy　冶金学　499
metal-metal bonds　金属-金属結合　133
metamerism　メタメリズム　487
metaphosphates　メタリン酸塩　487
metastable state　準安定平衡状態　233
metathetical reaction　複分解反応　412
methacryl acetate　酢酸メタクリル　188
methacrylic acid(α-methylacrylic acid, 2-methyl-2-propenoic acid)　メタクリル酸　486
methadone(amidone, 6-dimethylamino-4,4-diphenyl-3-heptanone)　メサドン　485
methamidophos　メタミドホス　487
methanal　メタナール　486

methanamide (formamide)　メタンアミド
　　487
methanation　メタン化　487
methane (marsh gas)　メタン　487
methanesulphonic acid　メタンスルホン酸
　　488
methanethiol　メタンチオール　488
methanoates (formates)　メタン酸エステル
　　487
methanoates (formates)　メタン酸塩　487
methanoic acid (formic acid)　メタン酸　487
methanol (methyl alcohol, wood spirit, wood
　　naphtha)　メタノール　486
methenamine　メテナミン　492
methionic acid　メチオン酸　488
methionine (2-amino-4-(methylthio) butyric
　　acid)　メチオニン　488
methoxy　メトキシ基　492
5-methoxyhydnocarpine　5-メトキシヒドノ
　　カルピン　492
methyl　メチル基　489
methyl acrylate (methyl propenoate)　アクリ
　　ル酸メチル　4
methyl alcohol　メチルアルコール　489
methyl n-amyl ketone (heptan-2-one)　メチ
　　ル n-アミルケトン　488
methyl arsonic acid　メチルアルソン酸　489
methyl benzylamine (α-phenylethylamine)
　　メチルベンジルアミン　491
methyl bromide　臭化メチル　227
methyl cellosolve　メチルセロソルブ　490
methyl cellulose　メチルセルロース　490
methyl chloride　塩化メチル　75
methyl chloroethanoate (methyl monochloro-
　　acetate)　クロロエタン酸メチル　152
methyl chloroform　メチルクロロホルム　490
methyl 2-hydroxybenzoate (methyl salicylate)
　　2-ヒドロキシ安息香酸メチル　393
methyl 4-hydroxybenzoate (methylparaken)
　　4-ヒドロキシ安息香酸メチル　393
methyl cyanide　シアン化メチル　204
methyl ethyl ketone (MEK)　メチルエチルケ
　　トン　489
methyl fluorosulphate (methyl fluorosulpho-
　　nate)　フルオロスルホン酸メチル　428
methyl formal　メチルホルマール　491
methyl formate (methyl methanoate)　ギ酸メ
　　チル　118
methyl glyoxal (pyruvaldehyde, 2-oxopropa-
　　nal, pyruvic aldehyde)　メチルグリオキ
　　サール　489
methyl green　メチルグリーン　489
methyl hydrazine　メチルヒドラジン　490
methyl iodide　ヨウ化メチル　504
methyl isobutyl ketone (MIBK, 4-methyl-2-
　　pentanone, hexone)　メチルイソブチルケ
　　トン (MIBK)　489
methyl isocyanate (MIC)　イソシアン酸メチ
　　ル　45
methyl isocyanate (MIC)　メチルイソシア
　　ナート (MIC)　489
methyl lithium　メチルリチウム　491
methyl mercaptan　メチルメルカプタン　491
methyl methacrylate (methyl α-methylacry-
　　late, methyl 2-methylpropenoate, MMA)
　　メタクリル酸メチル　486
methyl methanesulphonate (methyl sulphonic
　　acid methyl ester)　メタンスルホン酸メ
　　チル　488
methyl methanoate　メタン酸メチル　488
methyl monochloroacetate (methyl chloroetha-
　　noate, methyl chloroacetate)　モノクロロ
　　酢酸メチル　495
N-methyl-N'-nitro-N-nitrosoguanidine
　　N-メチル-N'-ニトロ-N-ニトロソグアニ
　　ジン　491
methyl orange (4-[4'-(dimethylamino)
　　phenylazo] benzenesuphonic acid, sodium
　　salt)　メチルオレンジ　489
methyl pyridines　メチルピリジン　490
N-methyl-2-pyrrolidone　N-メチル-2-ピロリ
　　ドン　491
methyl red (2-carboxybenzeneazodimethylani-
　　line)　メチルレッド　491
methyl salicylate　サリチル酸メチル　191
methyl succinic acid　メチルコハク酸　490
methyl sulphide　メチルスルフィド　490
methyl sulphone　メチルスルホン　490
methyl sulphoxide　メチルスルホキシド　490
methyl t-butyl ether (MTBE)　メチル t-ブチ
　　ルエーテル　491
methyl vinyl ketone (3-buten-2-one)　メチル
　　ビニルケトン　490
Methyl Violet (Basic Violet 1, gentian violet
　　benzoate)　メチルバイオレット　490
3-methyl-1-butanol (isoamyl alcohol)　3-メチ
　　ル-1-ブタノール　491
3-methyl-1H-pyrazole　3-メチル-1H-ピラ
　　ゾール　490
2-methyl-1-propanol (isobutanol)　2-メチル

-1-プロパノール 491
2-methyl-2,4-pentanediol 2-メチル-2,4-ペンタンジオール 491
3-methyl-2-butanone(methyl isopropyl ketone) 3-メチル-2-ブタノン 491
4-methyl-2-pentanone 4-メチル-2-ペンタノン 491
2-methyl-2-propenoic acid 2-メチル-2-プロペン酸 491
1-methyl-2-pyrrolidinone 1-メチル-2-ピロリジノン 490
methylacetylene(propyne, allylene) メチルアセチレン 488
methylal メチラール 488
methylaluminoxane メチルアルミノキサン 489
methylamines メチルアミン類 488
4-methylaminophenol 4-メチルアミノフェノール 488
methylated spirits 変性アルコール 452
methylation メチル化 489
2-methylbenzophenone 2-メチルベンゾフェノン 491
methylbutynol(2-methyl-3-butyn-2-ol) メチルブチノール 491
methylcyclohexane メチルシクロヘキサン 490
methylcyclohexanol(methylhexalin, hexahydrocresol) メチルシクロヘキサノール 490
methylcyclohexanone メチルシクロヘキサノン 490
methylcyclopentadienyl manganese tricarbonyl メチルシクロペンタジエニルマンガントリカルボニル 490
methylene メチレン 491
methylene メチレン基 491
Methylene Blue(Basic Blue 8, 3,7-bis(dimethylamino)phenothiazin-5-ium chrolide) メチレンブルー 492
methylene chloride 塩化メチレン 75
methylene di(4-phenylisocyanate) メチレンジ(4-フェニルイソシアナート), MDI 491
methylene diphosphonic acid(medronic acid) メチレンジホスホン酸 491
4,4′-methylenedianiline 4,4′-メチレンジアニリン 491
methylenedisulphonic acid メチレンジスルホン酸 491

methylhexalin メチルヘキサリン 491
3-methylindole 3-メチルインドール 489
methylmercury compounds メチル水銀化合物 490
methylnaphthalenes メチルナフタレン 490
methylparaben メチルパラベン 490
2-methylpropene 2-メチルプロペン 491
methyl-α-D-glucopyranoside(α-methylglucoside) メチル-α-D-グルコピラノシド 489
metol メトール 492
mevalonic acid メバロン酸 492
micas 雲母 57
micelle ミセル 481
Michael reaction マイケル反応 473
Michaelis constant ミカエリス定数 480
Michler's hydrol(bis(4-dimethylaminophenyl)methanol) ミヒラーのヒドロール 481
Michler's ketone(bis(4-dimethylaminophenyl)ketone) ミヒラーケトン 481
microbalance 微量天秤 402
microcosmic salt リン塩 525
microcrystalline wax 微結晶性ワックス 386
microscope 顕微鏡 167
microwave spectroscopy マイクロ波分光法 473
microwaves マイクロ波 473
milk 乳汁 357
milk ミルク 482
milk of lime 石灰乳 264
Miller indices ミラー指数 482
mineral colours 鉱物性色素 173
mineral dressing(ore dressing) 選鉱操作 271
mineral solvents ストッダード溶剤 254
mineral solvents ミネラルソルベント 481
miscibility 混和性 184
mispickel(arsenopyrite) 毒砂 331
mixed crystal 混晶 183
mixed indicator, screened indicator 混合指示薬 183
mixed metal oxides 混合金属酸化物 182
mobility, ionic イオンの移動度 42
Moessbauer effect メスバウアー効果 485
Mohr method モール法 497
Mohr's salt モール塩 497
molality 質量モル濃度 217
molality 重量モル濃度 231
molar absorptivity モル吸光係数 497
molar conductivity モル伝導率 497

molar heat　モル熱容量　497
molar mass　モル質量　497
molarity　モル濃度(容量モル濃度)　497
mole　モル　497
mole fraction　モル分率　497
molecular beam　分子ビーム　440
molecular diameters　分子直径　440
molecular distillation　分子蒸留　440
molecular formula　分子式　439
molecular ion　分子イオン　439
molecular orbitals(MO)　分子オービタル　439
molecular sieve　モレキュラーシーヴ　498
molecular spectrum　分子スペクトル　440
molecular weight　分子量　440
molecularity　分子度　440
molecule　分子　439
molybdates　モリブデン酸塩　496
molybdenite　輝水鉛鉱　118
molybdenum　モリブデン　495
molybdenum blue　モリブデンブルー　497
molybdenum carbides　モリブデンの炭化物　496
molybdenum carbonyl derivatives　モリブデンのカルボニル誘導体　496
molybdenum chemistry　モリブデンの化学的性質　496
molybdenum halides　モリブデンのハロゲン化物　496
molybdenum oxides　モリブデンの酸化物　496
molybdenum sulphides　モリブデンの硫化物　496
molybdenum, organometallic derivatives　モリブデンの有機金属誘導体　496
monazite　モナズ石　495
Mond process　モンド法　498
monel metal　モネルメタル　495
monensin　モネンシン　495
monoacetin　モノアセチン　495
monobasic acid　一塩基酸　48
monochloroethane　モノクロロエタン　495
monochloroethylene　モノクロロエチレン　495
monochloromethane　モノクロロメタン　495
monochromatic radiation　単色輻射　290
monochromatic radiation　単色放射線　290
monochromator　モノクロメーター　495
monoclinic system　単斜晶系　289
monoclonal antibody　モノクローナル抗体　495
monodentate ligand　単座配位子　287
monodisperse　単分散的　294
monofluoroacetic acid(monofluoroethanoic acid)　モノフルオロ酢酸　495
monolayers　単層　291
monolayers　単分子層　294
monomer　単量体　294
monosaccharides　単糖類　292
monosodium glutamate　グルタミン酸一ナトリウム　144
monotropy　単変形　294
monovinylacetylene(but-1-en-3-yne)　モノビニルアセチレン　495
Monte Carlo methods　モンテカルロ法　498
montmorillonite　モンモリオナイト　498
mordant　媒染剤　367
mordant dyes(metallizable dyes)　媒染染料(先媒染料)　367
morphine　モルフィン(モルヒネ)　497
morpholine　モルホリン　497
Morse potential　モースポテンシャル　495
mosaic gold　モザイクゴールド　495
motor spirit　内燃機関用燃料　343
moulding　鋳造成型　303
mucic acid　ムチン酸　484
mucic acid(galataric acid, 2,3,4,5-tetrahydroxybutanedioic acid)　粘液酸　362
mucilages　植物粘質物　239
mucins　ムチン　484
mucochloric acid(2,3-dichloro-4-oxo-2-butenoic acid)　ムコクロル酸　483
mucopeptides　ムコペプチド　483
mucoproteins　ムコタンパク質　483
mucose　ムコース　483
muffle furnaces　マッフル炉　475
mull　ムル　484
Mulliken symbols　マリケンの記号　475
mullite　ムライト　484
multicentre bond　多中心結合　281
multidentate ligand(polydentate ligand)　多座配位子　280
multiple bonding　多重結合　280
multiple-effect evaporator　多重効用蒸発缶　280
multiplet　多重線　281
muriatic acid　海酸　88
muscone(3-methylcyclopentadecanone)　ムスコン　484
mustard gas (sulphur mastard, bis(2-chloro-

ethyl)sulphide)　マスタードガス　475
mustard oil　辛子油　104
mutagens　突然変異原　332
mutarotation　変旋光　453
mutases　ムターゼ　484
mycolic acids　ミコール酸　480
myoglobin　ミオグロビン　480
myosin　ミオシン　480
myrcene　ミルセン　482
myricyl alcohol　ミリシルアルコール　482
myristic acid(1-tetradecanoic acid)　ミリスチン酸　482
myristyl alcohol(tetradecanol)　ミリスチルアルコール　482

N

nacrite　ナクライト　343
nandrolone　ナンドロロン　348
nanoparticles　ナノ粒子　345
nanoscale materials　ナノスケール物質　344
nanotubes　ナノチューブ　344
napalm　ナパーム　345
naphtha　ナフサ　345
naphthalene　ナフタレン　345
naphthalene sulphonic acids　ナフタレンスルホン酸類　345
1,3-naphthalenediol　1,3-ナフタレンジオール　345
naphthenes　ナフテン　346
naphthenic acids　ナフテン酸　346
naphthoic acids　ナフトエ酸　346
1-naphthol(α-naphthol)　1-ナフトール　346
2-naphthol(β-naphthol)　2-ナフトール　346
2-(1-naphthyl)acetamide　2-(1-ナフチル)アセトアミド　345
2-(1-naphthyl)acetic acid　2-(1-ナフチル)酢酸　346
2-naphthylacetic acid　2-ナフチル酢酸　346
1-naphthylamine(α-naphthylamine)　1-ナフチルアミン　345
2-naphthylamine(β-naphthylamine)　2-ナフチルアミン　346
1-naphthyl-N-methylcarbamate　1-ナフチル-N-メチルカルバメート　346
2-naphthyloxyacetic acid　2-ナフチルオキシ酢酸　346
nascent hydrogen　発生機の水素　372

natrolite　曹沸石　274
natrolite　ソーダ沸石　275
natron　天然ソーダ　327
natron　ナトロン　344
natural gas　天然ガス　326
near infrared　近赤外線　132
Neel point　ネール温度　362
negative adsorption　負吸着　412
neighbouring group effect　隣接基効果　527
nematic liquid crystals　ネマティック液晶　362
nematocide　線虫駆除剤　272
neodymium　ネオジム　360
neodymium compounds　ネオジムの化合物　360
neon　ネオン　360
neopentyl　ネオペンチル基　360
neophyl　ネオフィル　360
neoprene　ネオプレン　360
nephelauxetic effect　電子雲拡大効果　323
nepheline　霞石　97
nephelometry　比朧分析　402
neptunium　ネプツニウム　362
neptunium compounds　ネプツニウム化合物　362
Nernst equation　ネルンストの式　362
nerol(3,7-dimethyl-2,6-octadien-1-ol)　ネロール　362
nerolidol　ネロリドール　362
nerve gases　神経ガス　242
Nessler tubes　ネスラー管　360
Nessler's reagent　ネスラー試薬　360
neuraminic acid(prehemataminic acid)　ノイラミン酸　364
neurine(trimethylvinylammonium hydroxide, trimethylethenylammonium hydroxide)　ノイリン　364
neutral spirits　ニュートラルスピリッツ　358
neutralization, heat of　中和熱　303
neutrino　ニュートリノ　358
neutron　中性子　302
neutron activation analysis(NAA)　中性子放射化分析　303
neutron diffraction　中性子線回折　303
neutron scattering　中性子散乱　303
Neville-Winther acid　ネヴィル-ヴィンター酸　360
Newlands' law　ニューランズの法則　358
Newman projections　ニューマン投影　358
newtons　ニュートン(単位)　358

niacin ナイアシン 343
nichrome ニクロム 349
nicin ナイシン 343
nickel ニッケル 352
nickel accumulator ニッケル蓄電池 353
nickel alloys ニッケル合金 352
nickel ammines ニッケルアンミン錯体 352
nickel ammonium sulphate 硫酸ニッケルアンモニウム 521
nickel arsenide ヒ化ニッケル 385
nickel bis(dimethylglyoximate) ニッケルビス(ジメチルグリオキシム) 353
nickel bis(dimethylthiocarbamate) ジエチルジチオカルバミン酸ニッケル 205
nickel bromide 臭化ニッケル 226
nickel carbonates 炭酸ニッケル 289
nickel carbonyl ニッケルカルボニル 352
nickel chemistry ニッケルの化学的性質 352
nickel chloride 塩化ニッケル 74
nickel cyanides ニッケルのシアン化物 352
nickel fluorides ニッケルのフッ化物 352
nickel hydroxide 水酸化ニッケル 247
nickel iodide ヨウ化ニッケル 504
nickel nitrate 硝酸ニッケル 236
nickel oxides ニッケルの酸化物 352
nickel perchlorate 過塩素酸ニッケル 91
nickel sulphate 硫酸ニッケル 521
nickel vitriol 翠礬 250
nickel, organic derivatives ニッケルの有機誘導体 352
nickelates, niccolates ニッケル酸塩 353
Nicol prism ニコルプリズム 350
nicotinamide ニコチンアミド 350
nicotinamide adenine dinucleotide phosphate (NADP) ニコチンアミドアデニンジヌクレオチドリン酸 350
nicotinamide adenine dinucleotide(NAD) ニコチンアミドアデニンジヌクレオチド 350
nicotines (3-(1-methyl-2-pyrrolidinyl)pyridine) ニコチン 350
nicotinic acid(niacin, 3-pyridine carboxylic acid, vitamin B_3) ニコチン酸 350
ninhydrin(1,2,3-triketohydrindene hydrate) ニンヒドリン 358
niobates ニオブ酸塩 349
niobium ニオブ 348
niobium chemistry ニオブの化学的性質 349
niobium halides ニオブのハロゲン化物 349
niobium organometallic chemistry ニオブの有機金属化学 349
niobium oxides ニオブの酸化物 349
nitramide ニトラミド 353
nitramine ニトラミン 353
nitrates 硝酸エステル 235
nitrates 硝酸塩 235
nitrating acid ニトロ化用混酸 354
nitration 硝化反応 234
nitration ニトロ化 354
nitrene group ナイトレン 343
nitric acid 硝酸 234
nitrides 窒化物 299
nitriding 窒化処理 299
nitrido complexes ニトリド錯体 353
nitrification 硝化作用 234
nitrile rubber ニトリルゴム 353
nitriles ニトリル 353
nitrilotriacetic acid ニトリロ三酢酸 353
nitrites 亜硝酸エステル 6
nitrites 亜硝酸塩 6
1-nitro-2-naphthol 1-ニトロ-2-ナフトール 356
nitroamines ニトロアミン類 354
2-nitroaniline(1-amino-2-nitrobenzene) 2-ニトロアニリン 353
3-nitroaniline(1-amino-3-nitrobenzene) 3-ニトロアニリン 353
4-nitroaniline(1-amino-4-nitrobenzene) 4-ニトロアニリン 353
2-nitroanisole(o-nitroanisole) 2-ニトロアニソール 353
nitroanthraquinones ニトロアントラキノン 354
nitrobenzene ニトロベンゼン 356
nitrobenzoic acids ニトロ安息香酸 354
nitrobiphenyl ニトロビフェニル 356
nitrocellulose ニトロセルロース 355
nitrochlorobenzenes ニトロクロロベンゼン類 354
nitro-compounds(aromatic) 芳香族ニトロ化合物 457
nitro-dyes ニトロ染料 355
nitrogen 窒素 300
nitrogen chemistry 窒素の化学的性質 300
nitrogen chlorides 窒素の塩化物 300
nitrogen fixation 窒素固定 301
nitrogen fluorides 窒素のフッ化物 301
nitrogen hydrides 窒素の水素化物 301
nitrogen iodides 窒素のヨウ化物 301
nitrogen mustards ナイトロジェンマスター

ド 343
nitrogen oxides 窒素の酸化物 300
nitrogen oxyacids 窒素の酸素酸 301
nitrogen sulphides 窒素の硫化物 301
nitrogen trichloride 三塩化窒素 192
nitrogen trifluoride 三フッ化窒素 198
nitrogen trioxide 三酸化窒素 196
nitrogenase ニトロゲナーゼ 354
nitrogen-donors 含窒素ドナー分子 115
nitroglycerin(e)(glyceryl trinitrate, 1,2,3-propanetriol trinitrate) ニトログリセリン 354
nitroglycol(ethylene dinitrate, ethylene glycol dinitrate) ニトログリコール 354
1-nitroguanidine 1-ニトログアニジン 354
nitromethane ニトロメタン 356
nitron ニトロン 356
1-nitronaphthalene 1-ニトロナフタレン 355
nitronium salts ニトロニウム塩 356
nitroparaffins ニトロパラフィン 356
p-nitrophenetole(4-ethoxynitrobenzene) p-ニトロフェネトール 356
2-nitrophenol(o-nitrophenol) 2-ニトロフェノール 356
4-nitrophenol(p-nitrophenol) 4-ニトロフェノール 356
nitropropanes ニトロプロパン 356
nitroprussides ニトロプルシド 356
nitrosamines ニトロサミン類 354
nitroso dyes 4-ニトロソ染料 355
4-nitrosodiphenylamine 4-ニトロソジフェニルアミン 355
nitrosomethylurea ニトロソメチル尿素 355
4-nitroso-N,N-dimethylaniline 4-ニトロソ-N,N-ジメチルアニリン 355
nitrosonium hydrogen sulphate(nitrososulphuric acid, chamber crystals) 硫酸水素ニトロソニウム 520
nitrosonium salts ニトロソニウム塩 355
nitrosonium tetrafluoroborate テトラフルオロホウ酸ニトロソニウム 315
4-nitrosophenol 4-ニトロソフェノール 355
nitrososulphuric acid(nitrosylsulphuric acid, nitrosulphonic acid) ニトロソ硫酸 355
nitrosyl halides ハロゲン化ニトロシル 380
nitrosyl sulphuric acid ニトロシル硫酸 355
nitrosyls ニトロシル化合物 355
nitrotoluenes ニトロトルエン 355
nitrourea 硝酸尿素 236
nitrourea ニトロ尿素 356
nitrous acid 亜硝酸 6
nitrous fumes 混合窒素酸化物気体 183
nitrous oxide 亜酸化窒素 6
nitroxides ニトロキシド 354
nitroxylic acid ニトロキシル酸 354
nitryl halides ハロゲン化ニトリル 380
NMR shift reagents シフト試薬 221
nobelium ノーベリウム 364
nobelium chemistry ノーベリウムの化学的性質 365
node ノード 364
nonanoic acid(pelargonic acid) ノナン酸(ペラルゴン酸) 364
non-aqueous solution 非水溶液 387
non-aqueous solvents 非水溶媒 387
non-aqueous titrations 非水溶液滴定 387
non-ionic detergents 非イオン性洗剤 384
non-polar molecule 無極性分子 483
non-soap greases 非石鹸質グリース 389
non-stoicheiometric compounds 非化学量論的化合物 385
nonylphenol ノニルフェノール 364
nopinene ノピネン(β-ピネン) 364
noradrenaline(norepinephrine) ノルアドレナリン 365
norbornadiene(bicyclo[2.2.1]hepta-2,5-diene) ノルボルナジエン 365
norbornene(bicyclo[2.2.1]2-hept-ene) ノルボルネン 365
Nordhausen sulphuric acid ノルトハウゼン硫酸 365
norethisterone(17-ethinyl-19-nortestosterone) ノルエチステロン 365
norethondione ノルエトンジオン 365
normal liquid 正常液体 260
normal solution 規定溶液 120
normal temperature and pressure 常温常圧条件 234
normality 規定度 120
normality 規定濃度 120
nuclear isomerism 核異性 92
nuclear magnetic resonance 核磁気共鳴 93
nuclear Overhauser effect 核オーヴァーハウザー効果 92
nuclear paramagnetism 核の常磁性 94
nuclear quadrupole moment 核四重極モーメント 93
nuclear spin 核スピン 94
nucleases ヌクレアーゼ 359

nucleic acids　核酸　92
nucleon　核子　93
nucleophilic reagents　求核試薬　123
nucleophilic substitution　求核置換　123
nucleoproteins　核タンパク質　94
nucleosides　ヌクレオシド　359
nucleotides　ヌクレオチド　359
nucleus, atomic　原子核　164
nuclide　核種　94
Nujol　ヌジョール（商品名）　359
nutraceuticals　栄養薬品（ヌートラスーチカル）　58
Nylon（polyamides）　ナイロン　343

O

obsidian　黒曜石　175
occlusion　吸蔵　124
ochre　オークル（オーカー）　83
ocimene（3,7-dimethyl-1,3,6-octatriene）　オシメン　84
octadecane derivatives　オクタデカン誘導体　82
E-9-octadecenoic acid　E-9-オクタデセン酸　82
Z-9-octadecen-1-ol（oleyl alcohol）　Z-9-オクタデセノール　82
octahedral co-ordination　正八面体配位　261
octahedrite　オクタヘドライト　82
octahedron　正八面体　261
octamethylcyclotetrasiloxane　オクタメチルシクロテトラシロキサン　82
octamethyltrisiloxane　オクタメチルトリシロキサン　83
octane number　オクタン価　83
octanes　オクタン　83
n-octanoic acid（caprylic acid）　オクタン酸（カプリル酸）　83
1-octanol　1-オクタノール　82
2-octanol（capryl alcohol）　2-オクタノール　82
octanols　オクタノール　82
octant rule　オクタント則　83
octet　オクテット　83
octyl alcohols　オクチルアルコール　83
oenanthic acid（enanthic acid）　エナント酸　67
oil　植物油（精油）　239

oil of angelica　アンゲリカ油　35
oil of anise（oil of aniseed）　アニス油　16
oil of bay　月桂樹油　159
oil of bitter orange　ビターオレンジ油　390
oil of calamus　カラムス油　105
oil of camphor　樟脳油　237
oil of caraway　キャラウェイ油　123
oil of cardamom　カルダモン油　108
oil of celery　セロリ油　270
oil of champaca　チャンパカ油　302
oil of cinnamon　シナモン油　218
oil of citronella　シトロネラ油　218
oil of cloves　丁字油　303
oil of copaiba　コパイバ油　177
oil of coriander　コリアンダー油　180
oil of cumin　クミン油　138
oil of cypress　イトスギ油　49
oil of garlic　ガーリック油　107
oil of geranium　ゼラニウム油　266
oil of ginger　ジンジャ油　243
oil of juniper　杜松油　332
oil of lavender　ラベンダー油　511
oil of lemon　レモン油　533
oil of lemon grass　レモングラス油　533
oil of linaloe　リナロエ油　516
oil of marjoram　マージョラム油　474
oil of mustard-expressed　圧搾カラシ油　14
oil of nutmeg　ナツメッグ油　343
oil of orange　オレンジ油　87
oil of origanum　オレガノ油　87
oil of parsley　パセリ油　370
oil of patchouli　パチョリ油　370
oil of pepper　胡椒油　175
oil of peppermint　ペパーミント油　446
oil of pettigrain　ペチグラン油　445
oil of rose　バラ油　378
oil of rosemary　ローズマリー油　535
oil of rue　ヘンルーダ油　456
oil of sweet almond　甘扁桃油　115
oil of sweet bay　スイートベイ油　250
oil of vetiver　ベチバ油　445
oil of white cedar　ニオイヒバ油　348
oil of wintergreen　冬緑油　331
olefin complexes　オレフィン錯体　87
olefin polymers　オレフィンポリマー　87
olefins　オレフィン類　87
oleic acid（cis-9-octadecenoic acid）　オレイン酸　86
oleyl alcohol　オレイルアルコール　86
oligomer　オリゴマー　86

oligosaccharides　オリゴ糖　86
olive oil　オリーヴ油　86
olivine　カンラン石(橄欖石)　115
onium compounds　オニウム化合物　85
opal　オパール　85
open-shell compound　開殻化合物　88
opioids　オピオイド　85
opium　阿片　17
Oppenauer oxidation　オッペンナウアー酸化　85
opsin　オプシン　86
optical activity　光学活性　169
optical activity index　光学活性指数　169
optical electrons　光学電子　169
optical exaltation　光学エキザルテーション　169
optical purity　光学純度　169
optical rotation　旋光　271
optical rotatory dispersion (ORD)　旋光分散　271
optoacoustic spectrometry　電磁波音響分光法　325
orbital　オービタル(軌道関数)　85
orbital angular momentum (L)　軌道角運動量　121
orbital electron capture　軌道電子捕獲　121
orbital magnetic moment　軌道磁気モーメント　121
orbital splitting　オービタル分裂　86
order of reaction　反応次数　383
ore dressing　選鉱　271
organic　有機　500
organoboranes　有機ボラン　501
organoborates　有機ホウ酸塩　500
organoboron derivatives　有機ホウ素誘導体　501
organochlorine insecticides　有機塩素系殺虫剤　500
organoelement compounds　有機ヘテロ元素化合物　500
organolithic　オルガノリシック　86
organometallic compounds　有機金属化合物　500
organometalloids　有機半金属化合物　500
organophosphorus compounds　有機リン化合物　501
organosilicon compounds　有機ケイ素化合物　500
organosol　オルガノゾル　86
organotin derivatives　有機スズ化合物　500

orgel diagrams　オージェルダイアグラム　84
ornithine (2,5-diaminovaleric acid)　オルニチン　86
orotidine 5′-monophosphate decarboxylase　オロチジン 5′-リン酸脱炭酸酵素　87
orthoformic ester　オルトギ酸エステル　86
ortho-hydrogen　オルト水素　86
orthorhombic system　直方晶系　304
osazones　オサゾン　83
osmates　オスミウム酸塩　85
osmiamates　オスミアム酸塩　84
osmic acid　オスミン酸　85
osmiridium　オスミリジウム　85
osmium　オスミウム　84
osmium chemistry　オスミウムの化学的性質　84
osmium halides　オスミウムのハロゲン化物　84
osmium oxides　オスミウムの酸化物　84
osmium tetroxide　四酸化オスミウム　214
osmosis　浸透　243
osmotic pressure (p)　浸透圧　243
Ostwald dilution law　オストヴァルトの希釈率　84
Ostwald ripening　オストヴァルト熟成　84
ounce (oz)　オンス　87
outer sphere complexes　外圏錯体　88
ovalbumin (egg albumin)　オボアルブミン　86
Overhauser effect (nuclear Overhauser effect)　オーヴァーハウザー効果　80
overtones　倍音　367
over-voltage (over-potential)　過電圧　100
oxalate (ester)　シュウ酸エステル　228
oxalates　シュウ酸塩　228
oxalic acid (ethanedioic acid)　シュウ酸　228
oxamide　オキサミド　81
oxanthrol　オキシアントロール　81
oxazole ring　オキサゾール環　81
oxazolidinones　オキサゾリジノン　81
oxetane polymers　オキセタンポリマー　82
oxetanes　オキセタン類　82
oxidases　オキシダーゼ　81
oxidation　酸化　193
oxidation number　酸化数　194
oxidation state　酸化状態　194
oxidation-reduction potential　酸化還元電位　194
oxidative addition　酸化的付加　194
oxidative phosphorylation　酸化的リン酸化

194
oxide 酸化物 195
oxidized rubber(Rubbone), rubber oxidation products 酸化ゴム 194
oxidizing agent 酸化剤 194
oximes オキシム類 81
oxine オキシン 81
oxirane オキシラン 81
oxitol オキシトール 81
oxo reaction(hydroformylation) オキソ反応 82
oxonium オキソニウム 82
oxopyrazolines オキソピラゾリン 82
oxyanions オキシアニオン 81
oxyazo dyes オキシアゾ染料 81
oxycyanogen オキシシアノーゲン 81
oxygen 酸素 197
oxygen carrier 酸素担体 197
oxygen cathode 酸素陰極 197
oxygen chemistry 酸素の化学的性質 197
oxygen fluorides フッ化酸素 418
oxymercuration オキシ水銀化 81
oxytetracyclin オキシテトラサイクリン 81
oxythallation オキシタリウム化 81
oxytocin オキシトシン 81
ozalid process 青写真法 2
ozokerite オゾケライト(石蝋) 85
ozone オゾン 85
ozonides(inorganic) オゾニド(無機) 85
ozonides(organic) オゾニド(有機) 85
ozonizer オゾナイザー 85
ozonolysis オゾン分解 85

P

packed column(packed tower) 充填カラム 230
packed tower 充填塔 230
packing fraction 充填率 230
packing fraction 比質量偏差 386
paint 塗料 339
palladium パラジウム 377
palladium ammines パラジウムのアンミン錯体 377
palladium black パラジウムブラック 377
palladium chemistry パラジウムの化学的性質 377
palladium halides パラジウムのハロゲン化物 377
palladium hydrides パラジウムの水素化物 377
palladium organic derivatives パラジウムの有機誘導体 377
palladium oxide 酸化パラジウム 195
palm oil パーム油 376
palmitic acid(hexadecanoic acid) パルミチン酸 379
palygorskite パリゴルスキー石 378
pamoic acid(embonic acid, 2,2'-dihydroxy-1,1'-dinaphthylmethane-3,3''-dicarboxylic acid) パモ酸(エンボン酸) 376
panchromatic sensitization パンクロマチック増感 381
pancreatine パンクレアチン 381
pantothenic acid(vitamin B_5) パントテン酸 383
papain パパイン 375
paper 紙 103
paper chromatography ペーパークロマトグラフィー 446
parabens パラベン類 378
paracetamol(N-(4-hydroxyphenyl)acetamide, acetoaminophen) パラセタモール 377
parachor パラコール 377
paracyanogen パラシアノーゲン 377
paraffin パラフィン 378
paraffin oil パラフィン油 378
paraffin wax パラフィンワックス 378
paraffins パラフィン系炭化水素 378
paraformaldehyde(paraform, trioxymethylene, polyoxymethylene) パラホルムアルデヒド 378
para-hydrogen パラ水素 377
paraldehyde(2,4,6-trimethyl-1,3,5-trioxinone) パラアルデヒド 376
paramagnetism 常磁性 236
Paris green パリグリーン 378
parity パリティ 378
partial condenser 部分凝縮器 422
partial pressure 分圧 438
particle size measurement 粒径測定 519
parting 分金 438
parting agents 剥離試薬 369
parting agents, release agents 離型剤 514
partition column chromatography 分配カラムクロマトグラフィー 440
partition function 分配関数 440
partition law(distribution law) 分配律 440

Pascal(Pa) パスカル 370
Paschen series パッシェン系列 372
passivity 不働態 422
Pasteur effect パスツール効果 370
pasteurization 低温殺菌 306
patina パティナ 372
patina 表面被覆(緑青) 400
Pauli exclusion principle パウリの禁制律 368
peanut oil(arachis oil) 落花生油 510
pearl ash パールアッシュ 378
pearlite パーライト(1) 376
peat ピート 392
pectic compounds ペクチン様化合物 444
pectin ペクチン 444
pelargonic acid ペラルゴン酸 448
pelargonin ペラルゴニン 448
penicillin ペニシリン 446
pentaborane ペンタボラン 455
pentacene ペンタセン 455
pentachlorophenol ペンタクロロフェノール 455
pentaerythritol ペンタエリスリトール 455
pentaerythritol tetranitrate(PETN, penthrite) ペンタエリスリトール四硝酸エステル 455
pentane-2,4-dione ペンタン-2,4-ジオン 455
pentanedioic acid ペンタン二酸 455
1,5-pentanediol 1,5-ペンタンジオール 455
pentanes ペンタン 455
pentanoic acids(valeric acids) ペンタン酸 455
pentanols ペンタノール 455
pentosans ペントサン 455
pentose ペントース 455
pentose phosphate pathway ペントースリン酸経路 455
pepsin ペプシン 446
peptidases ペプチダーゼ 447
peptides ペプチド 447
peptidoglycan ペプチドグリカン 447
peptization 解膠 88
peptoids ペプトイド 447
peptones ペプトン 447
per-acids 過酸 95
perborates(perborax) 過ホウ酸塩 102
perbromates 過臭素酸塩 96
perbromic acid 過臭素酸 96
percarbonates 過炭酸塩 98
perchlorates 過塩素酸塩 90

perchloric acid 過塩素酸 90
perchloroethylene ペルクロロエチレン 450
perchloryl fluoride フッ化ペルクロリル 419
perdisulphuric acid 過二硫酸 101
perfect gas 完全気体 114
perfluoroalkyl derivatives ペルフルオロアルキル誘導体 450
perfume chemistry 香料化学 174
periclase ペリクレース 448
pericyclic(reaction) ペリ環状反応機構 448
perillaldehyde(4-(1-methylethylenyl)-1-cyclohexene-1-carbaldehyde) L(-)-ペリラアルデヒド 449
period 周期 227
periodates 過ヨウ素酸塩 104
periodic acids 過ヨウ素酸 103
periodic law 周期律 227
periodic table 周期表 227
periplanar ペリプラーナー 448
peritectic 包晶 459
Perkin reaction パーキン反応 368
perlite パーライト(2) 377
permanganate titrations 過マンガン酸塩滴定 103
permanganates 過マンガン酸塩 103
permanganic acid 過マンガン酸 102
permittivity(ε) 透電率 331
permonosulphuric acid(Caro's acid) ペルオキシ一硫酸 449
permutite process パームチット処理 376
perovskite 灰チタン石 89
perovskite ペロブスカイト 450
perovskite structure ペロブスカイト構造 450
peroxidases ペルオキシダーゼ 449
peroxides 過酸化物 96
peroxides, organic 有機過酸化物 500
peroxyacetic acid 過酢酸 95
peroxychromium compounds ペルオキシクロム化合物 449
peroxyethanoic acid ペルオキシエタン酸 449
perrhenates 過レニウム酸塩 112
persistent organic pollutants(POPS) 難分解性有機汚染物質 348
Perspex パースペックス(商品名) 370
persulphates 過硫酸塩 107
persulphuric acid 過硫酸 107
pervaporation 浸透気化分離 243
perxenates 過キセノン酸塩 92

pesticides 農薬 364
petalite ペタル石 445
petalite 葉長石 506
petrochemicals(petroleum chemicals) 石油化学製品 263
petrochemicals(petroleum chemicals) ペトロケミカルス 446
petrol ペトロール 446
petrolatum(petroleum jelly, paraffin jelly, Nujol, vaseline) ペトロラタム 446
petroleum 石油 263
petroleum ペトロリアム 446
petroleum coke 石油コークス 263
petroleum ether(light petroleum) 石油エーテル 263
petroleum jelly 石油ゼリー 263
petroleum wax 石油ワックス 263
pewter しろめ(白鑞) 242
pH meter pHメーター 446
phaeophorbide フェオホルバイド 406
phaeophytin フェオフィチン 406
phalloidins ファロイジン 404
Pharmacopoeia 薬局方 499
phase 相 273
phase diagram 相図 274
phase rule 相律 274
phase-transfer chemistry 相間移動の化学 273
α-phellandrene(p-mentha-1,5-diene, 5-isopropyl-2-methyl-1,3-cyclohexadiene) α-フェランドレン 410
β-phellandrene(p-mentha-1(7),2-diene, 3-isopropyl-6-methylenecyclohexene) β-フェランドレン 410
phellandrene(p-mentha-1,5-diene(α), p-mentha-1(7),2-diene(β)) フェランドレン 410
phenacetin(N-(4-ethoxyphenyl)acetamide) フェナセチン 406
phenacyl フェナシル基 406
phenanthrene ring system フェナントレン環 406
phenanthroline(1,10-phenanthroline, o-phenanthroline) フェナントロリン 406
phenates フェネート(石炭酸塩) 408
phenethyl alcohol(2-phenylethanol) フェネチルアルコール 408
p-phenetidine(4-ethoxyaniline) p-フェネチジン 408
phenetole(ethoxybenzene) フェネトール 408
phenidone フェニドン(現像薬) 406
phenobarbitone(phenylethylbarbituric acid, 5-ethyl-5-phenyl-2,4,6-(1H,3H,5H)-pyrimidinetrione) フェノバルビトン 409
phenol aldehydes フェノールアルデヒド 409
phenol ethers フェノールエーテル 409
phenol red(phenolsulphonphthalein) フェノールレッド 409
phenol(carbolic acid, hydroxybenzene) フェノール(狭義) 409
phenol-formaldehyde resins フェノール-ホルムアルデヒド樹脂 409
phenolic resins フェノール樹脂 409
phenolphthalein(3,3-bis(4-hydroxyphenyl)-1-(3H)-monobenzofuranone) フェノールフタレイン 409
phenols フェノール類 409
phenoxy resins(polyhydroxyethers) フェノキシ樹脂 408
phenoxyacetic acid herbicides フェノキシ酢酸系除草剤 408
2-phenoxyethanol(ethylene glycol monophenyl ether 1-hydroxy-2-phenoxyethane) 2-フェノキシエタノール 408
phenyl フェニル基 407
phenyl ether フェニルエーテル 407
phenyl isocyanate(isocyanatobenzene) イソシアン酸フェニル 45
phenyl isocyanate(isocyanatobenzene) フェニルイソシアナート 407
phenyl phosphate リン酸フェニル 526
phenyl salicylate(salol, phenyl 2-hydroxybenzoate, 2-hydroxybenzoic acid, phenyl ester) サリチル酸フェニル 191
4-phenyl-1-buten-2-one(benzylidene acetone) 4-フェニル-2-ブテン-2-オン 408
phenylacetaldehyde(benzene acetoaldehyde) フェニルアセトアルデヒド 406
phenylacetic acid フェニル酢酸 407
phenylacetone フェニルアセトン 406
phenylalanine(α-amino-β-phenylpropionic acid) フェニルアラニン 407
phenylamine(aniline) フェニルアミン 407
2-phenylenediamine(1,2-diaminobenzene) 2-フェニレンジアミン 408
3-phenylenediamine(1,3-diaminobenzene)

3-フェニレンジアミン　408
4-phenylenediamine(1,4-diaminobenzene)
　4-フェニレンジアミン　408
phenylethanoic acid　フェニルエタン酸　407
phenylethyl acetate(phenylethyl ethanoate)
　酢酸フェニルエチル　188
2-phenylethyl alcohol　2-フェニルエチルアルコール　407
α-phenylethylamine　α-フェニルエチルアミン　407
N-phenylglycine　N-フェニルグリシン　407
N-phenylglycine-2′-carboxylic acid ((2-carboxyphenyl)aminoethanoic acid)
　N-フェニルグリシン-2′-カルボン酸　407
phenylhydrazine　フェニルヒドラジン　407
phenylhydrazine-4-sulphonic acid　フェニルヒドラジン-4-スルホン酸　407
phenylhydrazones　フェニルヒドラゾン　407
phenylisothiocyanate　イソチオシアン酸フェニル　45
phenylisothiocyanate　フェニルイソチオシアナート　407
phenylmagnesium halides　ハロゲン化フェニルマグネシウム　380
phenylmercuric ethanoate　酢酸フェニル水銀　188
phenylphenols　フェニルフェノール　408
1-phenylpropanol, (α-ethylbenzyl alcohol)
　1-フェニルプロパノール　408
1-phenylpyrazolidin-one(phenidone)　1-フェニルピラゾリジン-3-オン　407
phenytoin(5,5-diphenylhydantoin)　フェニトイン　406
pheromones　フェロモン　411
philosopher's stone　賢者の石　165
philosopher's stone　哲学者の石　313
phloroglucinol(1,3,5-trihydroxybenzene)　フロログルシノール　437
phorone(di-isopropylideneacetone, 2,6-dimethyl-2,5-heptadien-4-one)　ホロン　472
phosgenammonium salts(phosgene iminium salts)　ホスゲンアンモニウム塩　462
phosgene　ホスゲン　462
phosphagen　ホスファゲン　462
phosphatases　ホスファターゼ　462
phosphate coatings　リン酸塩被覆　526
phosphate esters　リン酸エステル　526
phosphates　リン酸塩　526
phosphatides　ホスファチド　462
phosphatidic acid(diacylglycerol phosphate)

ホスファチジン酸　462
phosphazenes(phosphonitrilic derivatives)
　ホスファゼン　462
phosphides　リン化物　525
phosphinates　ホスフィン酸エステル　462
phosphinates　ホスフィン酸塩　462
phosphine　ホスフィン　462
phosphinites　亜ホスフィン酸塩　18
phosphites　亜リン酸エステル　26
phosphoglycerides　ホスホグリセリド　462
phospholipases　ホスホリパーゼ　463
phospholipids　リン脂質　526
phosphomolybdates　リンモリブデン酸塩　527
phosphonates　ホスホン酸エステル　463
phosphonates　ホスホン酸塩　463
phosphonites　亜ホスホン酸エステル　18
phosphonitrilic derivatives　ホスホニトリル誘導体　463
phosphonium salts　ホスホニウム塩　462
phosphoproteins　リンタンパク質　527
phosphoranes　ホスホラン　463
phosphorescence, luminescence　リン光　525
phosphoric acids　リン酸　526
phosphorimetry　リン光分析　525
phosphorous acid　亜リン酸　26
phosphors　蛍リン光体　158
phosphorus　リン　523
phosphorus chemistry　リンの化学的性質　523
phosphorus halides　リンのハロゲン化物　524
phosphorus hydrides　リンの水素化物　524
phosphorus oxides　リンの酸化物　524
phosphorus oxyacids　リンの酸素酸　524
phosphorus sulphides　リンの硫化物　525
phosphorus(organophosphorus acids)　有機リン酸エステル類　501
phosphoryl halides　ハロゲン化ホスホリル　380
phosphorylases　リン酸化酵素　526
phosphotungstates　リンタングステン酸塩　527
photo-acoustic spectroscopy(PAS)　光音響分光法　168
photochemistry　光化学　168
photochromism　フォトクロミズム　411
photoconduction　光伝導　173
photodissociation　光解離　168
photoelectric effect　光電効果　173

photo-electron spectroscopy　光電子分光法　173
photoemission spectroscopy　発光分光法　372
photographic developers　写真用現像試薬　225
photographic gelatin　写真用ゼラチン　225
photography　写真　225
photoisomerization　光異性化　385
photoluminescence　光ルミネッセンス　385
photolysis　光分解　173
photon　光子（フォトン）　170
photosensitization　光増感　385
photostationary state　光定常状態　385
photosynthesis　光合成　170
phototropy　光変形　385
phototropy　フォトトロピー　411
photovoltaic cells(PV), photoelectric cells　光電池　173
phrenosin　フレノシン　431
phthalamide　フタルアミド　415
phthalic acid　フタル酸　415
phthalic anhydride(1,3-isobenzofurandione)　無水フタル酸　484
phthalic esters　フタル酸エステル　415
phthalide　フタリド　415
phthalimide　フタルイミド　415
phthalocyanines　フタロシアニン　415
phthalonitrile　フタロニトリル　416
phthioic acids(phthienoic acids)　フチオン酸　416
phyllins　フィリン類　405
phytic acid(1,2,3,4,5,6-cyclohexanehexolphosphoric acid)　フィチン酸　405
phytin　フィチン　405
phytochemistry　植物化学　239
phytol(2,6,10,14-tetramethylhexadec-14-en-16-ol)　フィトール　405
phytoremediation　フィトレメディエーション　405
π-arene complexes　アレーン錯体（π-）　33
π-bonding　π結合　367
phytotoxic　植物毒性　239
pickling　酸浴浸漬　198
picolines(methylpyridines)　ピコリン　386
picramic acid(2-amino-4,6-dinitrophenol)　ピクラミン酸　386
picrates　ピクラート　386
picric acid(2,4,6-trinitrophenol)　ピクリン酸　386
picrolonic acid(2,4-dihydro-5-methyl-4-nitro-2-(4-nitrophenyl)-3H-pyrazol-3-one)　ピクロロン酸　386
piezoelectricity　ピエゾ電気効果　384
pig iron　銑鉄　272
pigments　顔料, 色素　115
pimelic acid(heptanedioic acid)　ピメリン酸　398
pinacol(pinacone, 2,3-dimethylbutane-2,3-diol)　ピナコール　395
pinacolone(pinacolin, 3,3-dimethyl-2-butanone)　ピナコロン　395
pinacol-pinacolone rearrangement　ピナコール-ピナコロン転位　395
pinacols　ピナコール類　395
pinacone　ピナコン　395
α-pinene(2,6,6,-trimethylbicyclo[3,1,1]-2-heptene)　α-ピネン　397
β-pinene (nopinene, 6,6-dimethyl-2-methylenebicyclo[3.1.1] heptane)　β-ピネン　397
pink salt　ピンク塩　403
pinocamphone　ピノカンフォン　397
pinocarveol　ピノカルベオール　397
piperazine(hexahydropyrazine)　ピペラジン　397
2,5-piperazinedione　2,5-ピペラジンジオン　398
piperidine(hexahydropyridine)　ピペリジン　398
piperitol　ピペリトール　398
piperitone　ピペリトン　398
piperonal(3,4-methylenedioxybenzaldehyde, 1,3-benzodioxole-5-carboxaldehyde)　ピペロナール　398
piperonyl butoxide　ピペロニルブトキシド　398
pipette　ピペット　397
pitch(coal tar pitch)　ピッチ　392
pitchblende　ピッチブレンド　392
pivalic acid(trimethylacetic acid, 2,2-dimethylpropanoic acid)　ピバリン酸　397
planar complexes　平面型錯体　441
Planck's constant(h)　プランク定数　426
plane of symmetry　対称面　278
planetary electrons　軌道運動電子　121
plant hormones(plant growth substances)　植物ホルモン　239
plasma　血漿　159
plasma　細胞質　185

plasma　プラズマ　424
plasma　緑玉髄　523
plasmalogens　プラスマローゲン　424
plasmoids　プラズモイド　424
plaster　プラスター　424
plaster of Paris　焼石膏　499
plastic additives　プラスチック添加物　424
plastic explosives　プラスチック爆薬　424
plasticizers　可塑剤　98
plastics　プラスチック　424
plastoquinones　プラストキノン　424
plate column(tray column)　多段蒸留カラム　281
plate column　段塔　292
plate efficiency(tray efficiency)　段効率　287
plate(tray)　蒸留段　238
platforming　プラットホーミング　425
platinum　白金　370
platinum ammines　白金アンミン錯体　371
platinum black　白金黒　371
platinum chemistry　白金の化学的性質　371
platinum halides　白金のハロゲン化物　371
platinum metals　白金族元素　371
platinum oxides　白金の酸化物　371
platinum, organic derivatives　白金の有機誘導体　371
pleochroism　多色性　281
plumbates　鉛酸塩　347
plutonium　プルトニウム　429
plutonium compounds　プルトニウム化合物　430
plywood　合板　173
pnictogens　ニクトゲン(窒素属元素)　349
point group　点群　323
Poisson.Boltzmann equation　ポアソン-ボルツマンの式　456
polar bond(electrovalent bond)　極性結合　129
polar molecule　極性分子　129
polar solvent　極性溶媒　129
polarimeter　偏光計　451
polarizability　分極性　438
polarization　分極　438
polarography　ポーラログラフィー　464
pollucite　ポルクス石　469
polonium　ポロニウム　472
polonium chemistry　ポロニウムの化学的性質　472
poly(alkylene oxides)　ポリアルキレンオキシド　465

poly(oxyphenylenes)(poly(phenylene oxides), poly(phenylene ethers))　ポリオキシフェニレン　467
poly(oxytetramethylene)glycols　ポリオキシテトラメチレングリコール　466
poly(phenylene ethers)　ポリフェニレンエーテル　468
poly(phenylene oxides)　ポリフェニレンオキシド　468
poly(phenylene sulphides)　ポリフェニレンスルフィド　468
poly(tetramethylene oxide)　ポリ(テトラメチレンオキシド)　468
poly(vinyl acetals)　ポリビニルアセタール　468
poly(vinyl alcohol)　ポリビニルアルコール　468
polyacetaldehyde　ポリアセトアルデヒド　465
polyacetals　ポリアセタール　465
polyacrylamide　ポリアクリルアミド　465
polyacrylonitrile　ポリアクリロニトリル　465
polyalkenes　ポリアルケン　465
polyalkylidenes　ポリアルキリデン　465
polyamides　ポリアミド　465
polyamines(poly(alkylene polyamines))　ポリアルキレンポリアミン　465
polyamines(poly(alkylenepolyamines))　ポリアミン　465
polyampholyte　高分子両性電解質　174
polyaniline　ポリアニリン　465
polyanion　ポリアニオン　465
polybenzimidazoles　ポリベンズイミダゾール　469
polycarbonates　ポリカーボネート　467
polycation　ポリカチオン　467
polychloral　ポリクロラール　467
polychlorinated biphenyls　ポリ塩素化ビフェニル　466
polychloroprene(neoprene)　ポリクロロプレン　467
polychlorotrifluoroethene　ポリクロロトリフルオロエチレン　467
polydextrose　ポリデキストロース　467
polydispersion　多分散　282
polyelectrolyte　高分子電解質　174
polyene antibiotics　ポリエン系抗生物質　466
polyenes　ポリエン類　466
polyesters　ポリエステル　466
polyethene(polyethylene)　ポリエチレン

466
polyethers ポリエーテル 466
polyethylene glycols(PEG) ポリエチレングリコール 466
polyethylene terephthalate(PET) ポリエチレンテレフタレート 466
polyethyleneimine ポリエチレンイミン 466
polyformaldehyde ポリホルムアルデヒド 469
polyglycols ポリグリコール 467
polyhalides ポリハロゲン化物 468
polyhedral skeletal electron pair theory (PSEPT) 多面体型骨格電子対理論 282
polyhexafluoropropene ポリヘキサフルオロプロピレン 469
polyimides ポリイミド 465
polyiodides ポリヨウ化物 469
polyketides ポリケチド 467
polylactic acids(polylactide) ポリ乳酸 468
polymannuronic acid ポリマンヌロン酸 469
polymer blends(poly blends) ブレンドポリマー 431
polymeric reagents 高分子試薬 173
polymerization 重合 227
polymer-supported reagents ポリマー担持試薬 469
polymethine dyes ポリメチン染料 469
polymethyl methacrylate ポリメタクリル酸メチル 469
polymethyl methacrylate(PMMA) ポリメチルメタクリレート 469
polymethylene ポリメチレン 469
polymethylene glycols ポリメチレングリコール 469
polymorphism 多形 280
polymyxins ポリミキシン 469
polyolefins ポリオレフィン 467
polyoxyethylene polymers ポリオキシエチレンポリマー 466
polyoxymethylene ポリオキシメチレン 467
polyphenol antioxidants ポリフェノール抗酸化剤 468
polyphosphates ポリリン酸塩 469
polyprenols ポリプレノール 468
polypropene ポリプロペン 469
polypropylene ポリプロピレン 468
polypyridine ポリピリジン 468
polysaccharides 多糖類 282
polysorbates ポリソルビン酸塩 467
polystyrene(polyvinylbenzene) ポリスチレン 467
polysulphide rubber(thiokol) 多硫化ゴム(チオコール) 284
polysulphides 多硫化物 284
polyterephthalic acid ポリテレフタル酸 468
polytetrafluoroethene(polytetrafluoroethylene, Teflon, Fluon, PTFE) ポリテトラフルオロエチレン 467
polythionic acids(polythionates) ポリチオン酸 467
polyurethanes ポリウレタン 466
polyvinyl acetate ポリ酢酸ビニル 467
porphin ポルフィン 470
porphyrinogens ポルフィリノーゲン 470
porphyrins ポルフィリン 470
Portland cement ポルトランドセメント 469
positive ray analysis 正荷電粒子線利用分析 259
positron 陽電子 506
positron decay ポジトロン崩壊 462
positron decay 陽電子崩壊 506
positron emission tomography(PET) 陽電子放出トモグラフィ 506
positron(β^+) ポジトロン 462
post-actinide elements アクチニド後続元素 3
potash ポタシュ 463
potash alum カリミョウバン 107
potassamide(potassium amide) ポタサマイド 463
potassium カリウム 105
potassium acetate 酢酸カリウム 187
potassium amide(potassamide) カリウムアミド 106
potassium arsenate ヒ酸カリウム 386
potassium bromate(potassium bromate(V)) 臭素酸カリウム 230
potassium bromide 臭化カリウム 226
potassium t-butoxide カリウム t-ブトキシド 106
potassium carbonate(pearl ash) 炭酸カリウム 288
potassium chemistry カリウムの化学的性質 105
potassium chlorate(potassium chlorate(V)) 塩素酸カリウム 78
potassium chloride 塩化カリウム 72
potassium chromate クロム酸カリウム 149
potassium citrate クエン酸カリウム 136
potassium cyanate シアン酸カリウム 204

potassium cyanide　シアン化カリウム　203
potassium dichromate　二クロム酸カリウム　350
potassium ethanoate　エタン酸カリウム　62
potassium ethoxide　カリウムエトキシド　106
potassium ferricyanide　フェリシアン化カリウム　410
potassium ferrocyanide　フェロシアン化カリウム　410
potassium fluoride　フッ化カリウム　418
potassium hydrogen carbonate　炭酸水素カリウム　288
potassium hydrogen fluoride　フッ化水素カリウム　418
potassium hydrogen sulphate　硫酸水素カリウム　520
potassium hydrogen tartrate(potassium bitartrate, argol, cream of tartar)　酒石酸水素カリウム　231
potassium hydroxide　水酸化カリウム　246
potassium iodate　ヨウ素酸カリウム　506
potassium iodide　ヨウ化カリウム　504
potassium metabisulphite　メタ重亜硫酸カリウム　486
potassium methoxide　カリウムメトキシド　106
potassium nitrate　硝酸カリウム　235
potassium nitrite　亜硝酸カリウム　6
potassium oxalate　シュウ酸カリウム　228
potassium oxides　カリウムの酸化物　105
potassium perchlorate(potassium chlorate(Ⅶ))　過塩素酸カリウム　90
potassium periodate(potassium iodate(Ⅶ))　過ヨウ素酸カリウム　104
potassium permanganate(potassium manganate(Ⅶ))　過マンガン酸カリウム　103
potassium peroxydisulphate　ペルオキシ二硫酸カリウム　449
potassium phosphates　カリウムのリン酸塩　106
potassium sodium tartrate tetra-hydrate (Rochelle salt, Seignette salt)　酒石酸ナトリウムカリウム　232
potassium sulphate　硫酸カリウム　519
potassium sulphite　亜硫酸カリウム　24
potassium tetrafluoroborate　テトラフルオロホウ酸カリウム　315
potassium thiocyanate　チオシアン酸カリウム　296

potassium, organic derivatives　カリウムの有機誘導体　106
potential energy　ポテンシャルエネルギー　464
potentiometric titration　電位差滴定　320
potter's clay　陶土　331
powder diffraction　粉末X線回折　441
powder metallurgy　粉末冶金　441
praseodymium　プラセオジム　424
praseodymium compounds　プラセオジムの化合物　424
precipitation　降水　170
precipitation　沈殿(沈澱)　305
precipitation hardening(age hardening)　析出硬化　262
precipitation hardening(age hardening)　沈積硬化　304
precipitation indicator　沈殿指示薬　305
prednisolone($11\beta, 17\alpha, 21$-trihydroxypregna-1,4-diene-3,20-dione)　プレドニソロン　431
pregnane(17β-ethylaetiocholane)　プレグナン　431
pregnanediol(5β-pregnane-$3\alpha, 20\alpha$-diol)　プレグナンジオール　431
prehnitene(1,2,3,4-tetramethylbenzene)　プレニテン　431
premetallized dyes　金属前処理染料　134
prephenic acid　プレフェン酸　431
pressure of gases　気体の圧力　119
prilling　プリル化　427
primary carbon　第一級炭素　277
primaverose　プリマベロース　427
primitive lattice　単純格子　290
principal quantum number　主量子数　232
printing inks　印刷インキ　51
prion　プリオン　426
prismanes　プリズマン　426
procaine(diethylaminoethyl 4-aminobenzoate)　プロカイン　432
prochiral　プロキラル　432
producer gas(blow gas)　発生炉ガス　372
progesterone　プロゲステロン　432
proguanil　プログアニル　432
prolactin(lactation-stimulating hormone)　プロラクチン　437
prolamines　プロラミン　437
proline(2-pyrrolidinecarboxylic acid)　プロリン　437
promazine　プロマジン　436

promethazine (10-(2-dimethylaminopropyl) phenothiazine) プロメタジン 436
promethium プロメチウム 436
promethium compounds プロメチウム化合物 436
prontosil プロントジル 438
proof spirit プルーフスピリッツ 430
1,2-propadiene (allene) プロパジエン (アレン) 433
propanal (propionaldehyde) プロパナール 433
propane プロパン 434
propanedioic acid プロパン二酸 434
1,3-propanediol 1,3-プロパンジオール 434
1,2-propanediol (propyleneglycol) 1,2-プロパンジオール 434
1,3-propanedithiol 1,3-プロパンジチオール 434
propanoic acid (propionic acid) プロパン酸 434
2-propanol (isopropyl alcohol) 2-プロパノール 433
1-propanol (n-propyl alcohol) 1-プロパノール 433
propanol, propylalcohol プロパノール 433
2-propanolamines (isopropanolamines) 2-プロパノールアミン 433
propanone (acetone, dimethyl ketone) プロパノン 433
propargyl alcohol (2-propin-1-ol, propiolic alcohol) プロパルギルアルコール 433
propellants 推進剤 247
propellants 推進薬 247
propenal (acrolein, acraldehyde, vinyl aldehyde) プロペナール 435
propene oxide プロペンオキシド 435
propene polymers (polypropene, polypropylene) プロペンポリマー 436
propene (propylene) プロペン 435
propenenitrile (acrylonitrile, vinyl cyanide) プロペンニトリル 435
propenoic acid (acrylic acid, vinyl-formic acid) プロペン酸 (アクリル酸) 435
propenol (allyl alcohol) プロペノール (アリルアルコール) 435
propenyl isothiocyanate (allyl isothiocyanate, mustard oil) プロペニルイソチオシアナート 435
propenyl polymers プロペニルポリマー 435
propenyl (allyl) プロペニル基 (アリル基) 435
propenylthiourea (allylthiourea, thiosinamine, rhodallin) プロペニルチオ尿素 435
β-propiolactone β-プロピオラクトン 434
propiolic acid プロピオール酸 434
propiolic alcohol プロピオールアルコール 434
propionaldehyde プロピオンアルデヒド 434
propionic acid (propanoic acid, propiolic acid) プロピオン酸 434
propiophenone プロピオフェノン 434
propyl プロピル基 434
propyl acetate 酢酸プロピル 188
n-propyl alcohol n-プロピルアルコール 434
propyl alcohols プロピルアルコール 434
propyl gallate 没食子酸プロピル 464
n-propylbenzene n-プロピルベンゼン 434
propylene chlorohydrins プロピレンクロロヒドリン 435
propylene dichloride 二塩化プロピレン 348
propylene glycol, 1,2-dihydroxypropane, 1,2-propanediol プロピレングリコール 435
propylene oxide (1,2-epoxypropane methyl oxinane) プロピレンオキシド 435
propylene (propene) プロピレン 434
propylparaben (4-hydroxybenzoic acid, propyl ester) プロピルパラベン 434
propyne (allylene, methylethyne) プロピン 435
propynol プロピノール 434
prostaglandins プロスタグランジン 432
prosthetic group 補綴原子団 464
protactinium プロトアクチニウム 432
protactinium compounds プロトアクチニウム化合物 433
protamines プロタミン 432
proteases プロテアーゼ 432
proteasome プロテアソーム 432
protecting group 保護基 462
protective colloids 保護コロイド 462
proteins 蛋白質 293
proteomics プロテオミクス 432
proteosome プロテオソーム 432
prothrombin プロトロンビン 433
protocatechuic acid (3,4-dihydroxybenzoic acid) プロトカテキュ酸 433
protogenic プロトン供与性 433
proton プロトン 433
proton motive force プロトン駆動力 433

protonation プロトン化 433
protonic acid プロトン酸 433
protophilic 親プロトン性 244
protoporphyrin プロトポルフィリン 433
Prussian blue プルシアンブルー 429
prussiates 青酸塩 259
prussic acid 青酸 259
pseudocumene(1,2,4-trimethylbenzene) プソイドクメン 414
pseudohalogens 擬ハロゲン 122
pseudoionone プソイドイオノン 414
pseudomorphic 仮像 98
psychotomimetic drugs(psychopharmacological agents) 幻覚誘発剤 163
psychotomimetic drugs(psychopharmacological agents) 向精神薬剤 171
pteridines プテリジン類 421
pterins プテリン類 421
pteroylglutamic acid プテロイルグルタミン酸 421
pulp パルプ 379
pumice 軽石 107
pump ポンプ 472
purine プリン 427
purple of cassius カシウスの紫 96
putrescine(tetramethylenediamine, 1,4-diaminobutane) プトレッシン 422
putty powder パテ粉 372
pyknometer ピクノメーター 386
pyranose ピラノース 401
pyrazinamide ピラジンアミド 400
pyrazine(1,4-diazine) ピラジン 400
pyrazole(1,2-diazole) ピラゾール 400
pyrazolidine ピラゾリジン 400
pyrazoline ピラゾリン 400
pyrazolinones ピラゾリノン 400
pyrazolones(pyrazolinones, oxopyrazolines, 5-oxo-1,3-substituted pyrazolines) ピラゾロン類 401
pyrethrins ピレトリン類 402
pyrethroids ピレスロイド 402
pyrethrum 除虫菊剤 239
Pyrex パイレックス(商品名) 368
pyridine ピリジン 401
pyridine N-oxide ピリジン N-オキシド 401
pyridinium ピリジニウム 401
pyridinium bromide(perbromide) 過臭化ピリジニウム 96
pyridoxal ピリドキサール 401
pyridoxine(vitamin B_6, 2-methyl-3-hydroxy-4,5-bis(hydroxymethyl)pyridine) ピリドキシン 401
pyrimidine ピリミジン 401
pyrites 黄鉄鉱 81
pyro acids ピロ酸類 402
pyrocatechol ピロカテコール 402
pyrochlore(pyrochlorite) パイロクロア 368
pyrogallol(1,2,3-trihydroxybenzene) ピロガロール 402
pyroligneous acid 木酢液 494
pyrolusite 軟マンガン鉱 348
pyrolysis 熱分解(1) 361
pyromellitic acid(1,2,4,5-benzenetetracarboxylic acid) ピロメリット酸 402
pyromucic acid ピロ粘液酸 402
pyrones ピロン 403
pyrophoric metals 発火性金属 370
pyrophosphates ピロリン酸塩 403
pyrosols パイロゾル 368
pyrosulphuric acid ピロ硫酸 403
pyrosulphurous acid ピロ亜硫酸 402
pyrotechnics 火工品 95
pyroxenes 輝石 118
pyrrocoline ring system ピロコリン環系 402
pyrrole(azole, imidole) ピロール 403
pyrrolidine(tetrahydropyrrole) ピロリジン 403
2-pyrrolidinone(2-oxopyrrolidine) 2-ピロリジノン 402
pyruvic acid(2-oxopropanoic acid) ピルビン酸 402
pyruvic aldehyde ピルビンアルデヒド 402

Q

quadruple point 四重点 215
quadrupole moment 四極子モーメント 208
qualitative analysis 定性分析 307
quantitative analysis 定量分析 308
quantum 量子 522
quantum efficiency 量子効率 522
quantum number 量子数 522
quantum yield 量子収率 522
quartering 四分法 221
quartet 四重線 215
quartz 石英 262
quartz glass 石英ガラス 262

quasicrystals 準結晶 233
quaternary salts 第四級塩類 279
quenching 急冷 125
quenching 遮断 225
quenching 消光 234
quenching 消止 236
quenching 焼き入れ 499
quercitrin ケルシトリン 162
quicklime 生石灰 260
quick-setting(cement) 急結セメント 124
quicksilver クイックシルヴァー 135
quinaldine(2-methylquinoline) キナルジン 121
quinhydrone キンヒドロン 134
quinhydrone electrode キンヒドロン電極 134
quinidine キニジン 121
quinine キニーネ 121
quinitol キニトール 121
quinizarin(1,4-dihydroxy-9,10-anthraquinone) キニザリン 121
quinol キノール 122
quinoline(benzazine) キノリン 122
quinolinol キノリノール 122
quinone キノン 122
quinones キノン類 122
quintet 五重線 175
quinuclidine キヌクリジン 121
Quorn(lycoprotein) クォーン(商品名) 136

R

Racah parameters ラカーパラメーター 508
racemate(racemic mixture) ラセミ体 510
racemic acid ブドウ酸(葡萄酸) 422
racemization ラセミ化 510
radiation 放射線 459
radiative decay process 輻射失活過程 412
radical ラジカル(遊離基) 510
radii 半径 381
radioactive decay series 放射壊変系列 458
radioactivity 放射能 459
radioactivity, artificial 人工放射能 242
radiocarbon dating 放射性炭素年代決定法 458
radium ラジウム 509
radium compounds ラジウム化合物 509
radon ラドン 510

raffinate ラフィネート 511
raffinose(melitose) ラフィノース 511
Raman effect ラマン効果 511
Raney nickel ラネーニッケル 510
Raoult's law ラウールの法則 508
rare earths 希土類元素 121
rare gases, noble gases 希ガス元素(貴ガス元素) 116
Raschig process ラシッヒ法 510
rasorite ラゾライト 510
Rast's method ラスト法 510
rate of reaction(velocity of reaction, reaction velocity) 反応速度 383
rate-determining step 律速段階 515
ratio of specific heats 比熱容量の比 396
rayon レーヨン 533
reaction mechanism 反応機構 383
reactive dyes 反応性染料 383
reactor 反応装置 383
realgar 鶏冠石 155
rearrangement 転位(分子) 320
reboiler 再気化機 185
reboiler 熱交換機 361
recoil atom 反跳原子 382
recrystallization 再結晶 185
rectification 整流 261
rectification 精留 261
rectified spirit 精留アルコール(90%) 261
rectifying column 精留塔 261
rectifying column 精留用カラム 261
recuperators(regenerators) 復熱装置 412
red lead, minium 鉛丹 79
red mercury レッドマーキュリー 532
redox レドックス 532
redox catalyst 酸化還元触媒 194
redox indicator, oxidation.reduction indicator 酸化還元指示薬 194
reduced mass 換算質量 114
reducing agent 還元剤 113
reducing sugar 還元糖 113
reduction 還元 113
reductones レダクトン 532
reference electrode 参照電極 196
reference state 基準状態 118
refining 精錬 262
refining, petroleum 石油精製 263
reflux 還流 115
reform gas 改質ガス 88
Reformatski reaction レフォルマツキイ反応 533

reforming　改質　88
refractory materials(refractories)　耐火材料　277
refrigerants　冷媒　530
refrigeration　冷凍　530
regioselectivity　位置選択性　48
regiospecific　位置特異的　48
regular system　等軸晶系　330
Reinecke salts　ライネッケ塩　508
reinforced plastics　強化プラスチック　126
relative atomic mass(A_r)　相対的原子質量　274
relativistic effects　相対論的効果　274
relaxation　緩和　116
release agents　脱離試薬　282
remote handling facilities　遠隔操作機器　72
rennet　レンネット　534
rennin　レンニン　534
Reppe process　レッペ法　532
reserve acidity and alkalinity　貯蔵酸度・貯蔵アルカリ度　304
resins　樹脂　231
resolution　光学分割　169
resolution　分解能　438
resonance　共鳴　127
resonance ionization spectroscopy　共鳴イオン化分光法　128
resonance Raman spectroscopy　共鳴ラマン分光法　128
resorcinol(1,3-dihydroxybenzene, 1,3-benzenediol)　レゾルシノール　532
resorcinol(1,3-dihydroxybenzene, 1,3-benzenediol)　レゾルシン　532
respiratory pigments　呼吸色素　174
retinene(retinol, vitamin A aldehyde)　レチネン　532
retinoids　レチノイド　532
retrosynthesis　逆合成　123
reverse osmosis　逆浸透　123
reversible process　可逆過程　92
rhamnose, l-(methylpentose)　ラムノース　511
rhenates　レニウム酸塩　533
rhenium　レニウム　532
rhenium chemistry　レニウムの化学的性質　532
rhenium halides　レニウムのハロゲン化物　533
rhenium oxides　レニウムの酸化物　532
rheopexy　レオペクシー　530

rhodallin　ローダリン　536
rhodanine 6G　ローダミン 6G　536
rhodanine(2-thiooxo-4-thiazolidine)　ローダニン　536
rhodium　ロジウム　535
rhodium chemistry　ロジウムの化学的性質　535
rhodium halides　ロジウムのハロゲン化物　535
rhodium oxide　酸化ロジウム　196
rhodopsin　ロドプシン　536
rhombohedral system　菱面体晶系　523
riboflavin(vitamin B_2)　リボフラビン　517
ribonucleic acid　リボ核酸　517
D-ribose　D-リボース　517
ribosomes　リボソーム　517
ribozymes　リボザイム　517
ribulose　リブロース　517
ricin　リシン(ヒマ毒)　514
ricinoleic acid　リシノール酸　514
Rietveld analysis　リートフェルト解析法　516
rifampicin　リファンピシン　517
Rinmann's green　リンマングリーン　527
Rochelle salt　ロッシェル塩　536
rock crystal　水晶　247
rock salt　岩塩　113
rodinal(4-hydroxyaminobenzene)　ロディナール　536
Röntgen rays　レントゲン線　534
rosin　ロジン　535
rotamers　回転異性体　89
rotational spectrum　回転スペクトル　89
rotaxanes　ロタキサン　536
rouge　ベンガラ　450
royal jelly　ローヤルゼリー　536
rubber　ゴム　179
rubber conversion products　ゴム転換製品　179
rubber oxidation products　ゴムの酸化物　179
rubbone　ラッボン　510
rubidium　ルビジウム　529
rubidium chemistry　ルビジウムの化学的性質　529
ruby　ルビー　529
Russell-Saunders coupling　ラッセル-ソーンダーズカップリング　510
rusting　錆び生成　189
ruthenates　ルテニウム酸塩　529

ruthenium　ルテニウム　528
ruthenium chemistry　ルテニウムの化学的性質　529
ruthenium halides　ルテニウムのハロゲン化物　529
ruthenium oxides　ルテニウムの酸化物　529
Rutherford back scattering(RBS)　ラザフォード後方散乱　509
rutherfordium　ラザホージウム(ラザフォルディウム)　509
rutile　ルチル　528
rutin　ルチン　528
Rydberg constant　リュードベリ定数　522
Rydberg states　リュードベリ状態　522

S

sabinene　サビネン　189
sabinol　サビノール　189
saccharates, sucrates　糖酸塩　330
saccharic acid　糖酸　330
saccharides　糖質　330
saccharin(1,2-benzisothiazol-3(2H)-one)　サッカリン　189
Sackur-Tetrode equation　サッカー-テトロードの式　189
safflower oil　サフラワー油　190
safrole　サフロール　190
sal ammoniac　サル・アンモニアック　191
sal ammoniac　天然塩安　326
sal volatile　気付け薬　120
sal volatile　サル・ヴォラティル　191
salicin　サリシン　190
salicyl alcohol(saligenin, 2-hydroxybenzyl alcohol)　サリチルアルコール　191
salicylaldehyde(2-hydroxybenzaldehyde)　サリチルアルデヒド　191
salicylamide(2-hydroxybenzamide)　サリチルアミド　191
salicylic acid(2-hydroxybenzoic acid)　サリチル酸　191
saligenin　サリゲニン　190
salinity　塩度　79
salinity　塩分　79
salinity　塩分濃度　79
salol　サロール　192
salt　塩　71
salt bridge　塩橋　76

salt hydrates　塩の水和物　71
salting out　塩析　76
salvarsan(arsphenamine, 4,4′-(1,2-diarsendiyl)bis(2-aminophenol)dihydrochloride)　サルヴァルサン　191
samarium　サマリウム　190
samarium compounds　サマリウムの化合物　190
sampling　サンプリング　198
sand　砂　255
Sandmeyer's reaction　ザントマイヤー反応　198
sandwich compounds　サンドイッチ化合物　197
sandwich plastics　サンドイッチプラスチック　198
Sanger's reagent(1-fluoro-2,4-dinitrobenzene)　サンガー試薬　194
α-santalol(5-(2,3-dimethyl)tricyclic[$2.2.0^{2,6}$]-hept-3-yl-2-methyl-2-penten-1-ol)　α-サンタロール　197
santene　サンテン　197
santenone(α-norcamphor)　サンテノン　197
sapogenin glycosides　サポゲニングリコシド　190
saponification　鹸化　163
saponins　サポニン　190
sapphire　サファイア　189
sarcosine(N-methylglycine, N-methylaminoethanoic acid)　サルコシン　191
sarin　サリン　191
satin white　サテンホワイト　189
saturated compound　飽和化合物　461
sawhorse projections　木挽台式投影　179
scandium　スカンジウム　250
scandium compounds　スカンジウムの化合物　250
scanning Auger electron microscopy　走査オージェ電子分光法　273
scanning electron microscopy(SEM)　走査電子顕微鏡法　273
scanning tunnelling microscopy　走査トンネル顕微鏡法　273
scavengers　スカヴェンジャー　250
Schaeffer's acid(2-hydroxy-6-naphthalenesulphonic acid)　シェファー酸　206
scheelite　灰重石　88
Schiff's bases(anils, N-arylimides)　シッフ塩基　216
Schiff's reagent　シッフ試薬　217

Schomaker-Stevenson equation　シューメイカー-スティヴンソンの式　232
schönite　シェーナイト　205
Schottky defect　ショットキー欠陥　239
Schrödinger wave equation　シュレーディンガーの波動方程式　232
Schweinfurter green　シュワインフルトグリーン　233
Schweizer's reagent　シュワイツァー試薬　232
scintillation counting　シンチレーション計数　243
scleroproteins　硬タンパク質　172
(−)-scopolamine (hyoscine)　(−)-スコポラミン(ヒオスシン)　251
screening　篩い分け　427
screens　篩　427
scrubbers　スクラバー　251
sea water　海水　88
seaborgium　シーボルギウム　223
seaweed colloids　海藻コロイド　89
sebacic acid (decanedioic acid)　セバシン酸　265
second law of thermodynamics　熱力学第二法則　361
secondary carbon　第二級炭素　278
secondary radiation　二次放射　351
second-order spectra　二次のスペクトル　351
sedimentation　沈降　304
seed crystals　種結晶　282
segregation　沈積　304
Seignette salt　セニエット塩　265
selection rules　選択律　272
selective electrodes　選択性電極　272
selenates　セレン酸塩　269
selenic acid　セレン酸　269
selenides　セレン化物　269
selenious acid　亜セレン酸　13
selenite　透石膏　330
selenites　亜セレン酸塩　13
selenium　セレン　268
selenium bromides　セレンの臭化物　269
selenium chemistry　セレンの化学的性質　268
selenium chlorides　セレンの塩化物　268
selenium fluorides　セレンのフッ化物　269
selenium oxides　セレンの酸化物　268
selenium oxyacids　セレンの酸素酸　269
selenium, organic derivatives　セレンの有機誘導体　269
selenocyanates　セレノシアン酸塩　268
selenonium ions　セレノニウムイオン　268
self-ionization　自己イオン化　214
semicarbazide　セミカルバジド　266
semicarbazones　セミカルバゾン　266
semi-conductors　半導体　382
semiochemicals　情報化学物質(セミオケミカルス)　237
semi-permeable membrane　半透膜　382
semi-polar bond　半極性結合　381
semiquinones　セミキノン　266
Semtex　セムテックス(商品名)　266
sensitizing dyes　増感色素　273
sensors　センサー　271
Sephadex　セファデックス(商品名)　265
sequence rules　順位則　233
sequestering agent (complexones)　金属イオン封鎖剤　133
sequestering agent (complexones)　硬水軟化剤(コンプレクソン)　171
series, spectroscopic　系列(スペクトルの)　158
serine (2-amino-3-hydroxypropanoic acid)　セリン　267
sesame oil　ゴマ油　179
sesqui (oxide)　セスキ酸化物　264
sesquiterpenes　セスキテルペン　264
sessile dislocation　不動転位　422
sewage treatment　廃水処理　367
SEXAFS (surface extended X-ray absorption fine-structure spectroscopy)　表面X線吸収広域微細構造分光　399
sextet　六重線　535
shale oil　頁岩油　158
shear structures　シア構造　199
shellac　シェラック　206
sherardizing (vapour galvanising)　亜鉛末含浸　2
shielding　遮蔽　225
shift conversion (shift reaction)　転化(シフト反応)　321
shikimic acid (3,4,5-trihydroxy-1-cyclohexene-1-carboxylic acd)　シキミ酸　208
sialic acid　シアル酸　203
sialons　サイアロン　185
side reactions　副反応　412
siderophores　シデロフォア　217
Siemens's process　シーメンス法　225
sienna　シェンナ(濃黄土)　206

sigma bond(σ-bonds)　σ結合　208
sigmatropic reaction　シグマトロピー反応　208
silanes(silicon hydrides)　シラン類　240
silazanes　シラザン類　240
silica gel　シリカゲル　240
silica(silicon dioxide)　シリカ　240
silica, vitreous(quartz glass)　ガラス状シリカ　104
silicates　ケイ酸塩　156
silicic acids　ケイ酸　156
silicides　ケイ化物　155
silicofluorides　ケイフッ化物　158
silicon　ケイ素　156
silicon bromides　ケイ素の臭化物　157
silicon carbide(carborundum)　炭化ケイ素（カーボランダム）　285
silicon chemistry　ケイ素の化学的性質　157
silicon chlorides　ケイ素の塩化物　157
silicon dioxide(silica)　二酸化ケイ素　350
silicon ester　シリコンエステル　240
silicon fluorides　ケイ素のフッ化物　157
silicon hydrides　ケイ素と水素の化合物　157
silicon nitrides　ケイ素の窒化物　157
silicon oxide chlorides　オキシ塩化ケイ素　81
silicon oxide chlorides　ケイ素の酸化塩化物　157
silicon oxides　ケイ素の酸化物　157
silicon, organic derivatives　ケイ素の有機誘導体　157
silicone rubbers　シリコーンゴム　240
silicones　シリコーン類　240
silicotungstates　ケイ素のタングステン酸塩　157
silk　絹　121
siloxanes　シロキサン類　242
silver　銀　131
silver bromide　臭化銀　226
silver carbonate　炭酸銀　288
silver chemistry　銀の化学的性質　131
silver chloride　塩化銀　72
silver fluorides　銀のフッ化物　132
silver fluoroborate　フルオロホウ酸銀　429
silver halide grains　ハロゲン化銀粒子　380
silver nitrate　硝酸銀　235
silver oxides　銀の酸化物　132
silver perchlorate　過塩素酸銀　90
silver phosphate　リン酸銀　526
silver salt　シルバー・ソルト(商品名)　241
silver sulphate　硫酸銀　520

silver sulphide　硫化銀　518
silyl compounds　シリル化合物　240
silylation　シリル化　240
Simmons-Smith reagent　シモンズ-スミス試薬　225
simulated moving bed technology(SMB)　擬似移動床法　118
single bond　単結合　287
singlet　一重線　48
singlet state　一重項状態　48
sintering　焼結　234
sitosterol((24R)-24-ethylcolesterol)　シトステロール　218
size exclusion chromatography　サイズ排除クロマトグラフィー　185
size measurement　粒度測定　522
size reduction equipment　粉砕機　439
sizing　サイジング　185
skatole(3-methylindole)　スカトール　250
slack wax　スラックワックス　257
slag　スラグ　257
slaked lime　消石灰　237
slip planes　滑り面　256
slow combustion　緩徐燃焼　114
slurry　スラリー　257
slush bath　スラッシュバス　257
smectic　スメクチック液晶　257
Smekal cracks　スメカルクラック　257
smelting　溶解製錬　503
smokeless fuel　無煙燃料　483
S_N1 reaction　S_N1 反応　60
S_N2 reaction(AnDn reaction)　S_N2 反応　60
soaps　石鹸類　264
soda ash　ソーダ灰　275
soda lime　ソーダ石灰(ソーダライム)　274
sodamide　ソーダミド　275
sodium　ナトリウム　343
sodium acetate　酢酸ナトリウム　187
sodium acetylides　ナトリウムアセチリド　344
sodium aluminate　アルミン酸ナトリウム　33
sodium amide　ナトリウムアミド　344
sodium ammonium hydrogen phosphate (microcosmic salt)　リン酸水素アンモニウムナトリウム　526
sodium antimonyl tartrate　酒石酸アンチモニルナトリウム　231
sodium arsenates　ヒ素の酸素酸のナトリウム塩類　390
sodium azide　アジ化ナトリウム　6

sodium benzoate 安息香酸ナトリウム 35
sodium bicarbonate 重炭酸ナトリウム 230
sodium bifluoride(sodium hydrogen fluoride) 重フッ化ナトリウム 230
sodium bismuthate ビスマス酸ナトリウム 389
sodium bisulphate 重硫酸ナトリウム 231
sodium bisulphite(sodium hydrogen) 重亜硫酸ナトリウム 225
sodium borate ホウ酸ナトリウム 458
sodium borohydride 水素化ホウ素ナトリウム 249
sodium bromate 臭素酸ナトリウム 230
sodium bromide 臭化ナトリウム 226
sodium carbonate 炭酸ナトリウム 288
sodium chemistry ナトリウムの化学的性質 344
sodium chlorate(V) 塩素酸ナトリウム 78
sodium chloride 塩化ナトリウム 73
sodium chlorite 亜塩素酸ナトリウム 2
sodium chromate(VI) クロム酸ナトリウム 150
sodium citrate クエン酸ナトリウム 136
sodium cyanate シアン酸ナトリウム 204
sodium cyanide シアン化ナトリウム 204
sodium cyanoborohydride シアノヒドリドホウ酸ナトリウム 202
sodium cyclopentadienide ナトリウムシクロペンタジエニド 344
sodium dichromate 二クロム酸ナトリウム 350
sodium dithionite 亜二チオン酸ナトリウム 16
sodium dodecyl benzene sulphonate ドデシルベンゼンスルホン酸ナトリウム 332
sodium ethanoate エタン酸ナトリウム 62
sodium ethoxide(sodium ethylate) ナトリウムエトキシド 344
sodium ferrocyanide フェロシアン化ナトリウム 410
sodium fluoride フッ化ナトリウム 419
sodium fluoroacetates(fluoroethanoates) フルオロ酢酸ナトリウム 428
sodium formaldehyde sulphoxylate dihydrate ホルムアルデヒドスルホキシル酸ナトリウム二水和物 471
sodium formaldehyde sulphoxylate dihydrate (rongalite) ヒドロキシメタンスルフィン酸ナトリウム二水和物 394
sodium formate ギ酸ナトリウム 118

sodium gluconate グルコン酸ナトリウム 144
sodium glutamate グルタミン酸ナトリウム 144
sodium hexafluoroaluminate ヘキサフルオロアルミン酸ナトリウム 442
sodium hexametaphosphate ヘキサメタリン酸ナトリウム 443
sodium hydride 水素化ナトリウム 249
sodium hydridotrimethoxyborate ヒドリドトリメトキシホウ酸ナトリウム 393
sodium hydrogen carbonate(sodium bicarbonate) 炭酸水素ナトリウム 288
sodium hydrogen fluoride フッ化水素ナトリウム 418
sodium hydrogen sulphate 硫酸水素ナトリウム 520
sodium hydrogen sulphite 亜硫酸水素ナトリウム 25
sodium hydrosulphite ハイドロサルファイトナトリウム 367
sodium hydroxide(caustic soda) 水酸化ナトリウム 246
sodium hypochlorite 次亜塩素酸ナトリウム 199
sodium iodate ヨウ素酸ナトリウム 506
sodium iodide ヨウ化ナトリウム 504
sodium lactate 乳酸ナトリウム 357
sodium lauryl sulphate ラウリル硫酸ナトリウム 508
sodium metabisulphate メタ重亜硫酸ナトリ 486
sodium methanoate メタン酸ナトリウム 487
sodium methoxide ナトリウムメトキシド 344
sodium molybdate モリブデン酸ナトリウム 497
sodium nitrate 硝酸ナトリウム 236
sodium nitrite 亜硝酸ナトリウム 7
sodium oxalate シュウ酸ナトリウム 229
sodium oxides ナトリウムの酸化物 344
sodium perborate 過ホウ酸ナトリウム 102
sodium percarbonate 過炭酸ナトリウム 98
sodium perchlorate 過塩素酸ナトリウム 91
sodium periodates 過ヨウ素酸ナトリウム 104
sodium permanganate 過マンガン酸ナトリウム 103
sodium permonosulphate 過一硫酸ナトリウ

ム　89
sodium permonosulphate　ペルオキシ一硫酸ナトリウム　449
sodium peroxide　過酸化ナトリウム　96
sodium peroxydisulphate　ペルオキシ二硫酸ナトリウム　450
sodium phosphates　ナトリウムのリン酸塩　344
sodium polysulphides　多硫化ナトリウム　284
sodium pump　ナトリウムポンプ　344
sodium pyrosulphite (sodium metabisulphite)　ピロ亜硫酸ナトリウム　402
sodium saccharine　サッカリンナトリウム　189
sodium salicylate　サリチル酸ナトリウム　191
sodium selenate　セレン酸ナトリウム　269
sodium silicates　ケイ酸ナトリウム　156
sodium stannate　スズ酸ナトリウム　253
sodium stearate　ステアリン酸ナトリウム　254
sodium sulphate (Glauber's salt)　硫酸ナトリウム　521
sodium sulphide　硫化ナトリウム　518
sodium sulphite　亜硫酸ナトリウム　25
sodium tellurate　テルル酸ナトリウム　320
sodium tetraborate　四ホウ酸ナトリウム　223
sodium tetradecyl sulphate　テトラデシル硫酸ナトリウム　314
sodium tetrahydroborate　テトラヒドロホウ酸ナトリウム　315
sodium tetraphenylborate　テトラフェニルホウ酸ナトリウム　315
sodium thiocyanate　チオシアン酸ナトリウム　296
sodium thioglycollate　チオグリコール酸ナトリウム　295
sodium thiosulphate　チオ硫酸ナトリウム　297
sodium tungstate　タングステン酸ナトリウム　287
sodium (mono)fluorophosphate　モノフルオロリン酸ナトリウム　495
sodium, organic derivatives　ナトリウムの有機誘導体　344
soft acids and bases　ソフトな酸・塩基　275
soft acids and bases　柔かい酸・塩基　499
soft detergents　ソフト型洗剤　275

softeners　軟化剤　348
sol　ゾル　275
solder　ハンダ（半田）　382
soldering　ハンダ付け　382
solid foams　固体泡　175
Solid fuels　固形燃料　175
solid solution　固溶体　180
solid-phase synthesis　固相合成　175
solids, structures　固体の構造　176
solid-state electrode　固体電極　175
solid-state reactions　固相反応　175
solidus curve　固相線　175
solketal (2,2-dimethyl-1,3-dioxolane-4-methanol, isopropylidene glycerol)　ソルケタール　275
solubility　溶解度　503
solubility constant　溶解度定数　504
solubility curve　溶解度曲線　503
solubility product　溶解度積　503
soluble oil　可溶性オイル　103
solute　溶質　505
solution　溶液　503
solvation　溶媒和　506
Solvay process　ソルヴェイ法　275
solvent　溶剤　505
solvent　溶媒　506
solvent extraction　溶媒抽出　506
solvolysis　ソルボリシス　275
soman　ソマン　275
somatostatin　ソマトスタチン　275
somatotropin　ソマトトロピン　275
sonochemistry　ソノケミストリー　275
sorbic acid (2,4-hexadiemic acid)　ソルビン酸　275
D-sorbitol, (D-glucitol)　D-ソルビトール　275
sour products　高硫黄留分　168
sour products　サワープロダクト　192
Soxhlet extractor　ソックスレー抽出器　275
space group　空間群　135
space lattice　空間格子　135
spalling　スポーリング（小片化）　256
spalling　破砕　369
Spandex　スパンデックス（商品名）　255
spark spectrum　閃光スペクトル　271
special boiling point spirits (SBP)　特定沸点留分　332
specific conductance　比伝導度　392
specific rotatory power　比旋光度　389
spectral sensitization　分光増感　439
spectral sensitizers　分光増感剤　439

spectrochemical series 分光化学系列 438
spectrophotometer 分光光度計 438
spectrophotometric methods of analysis 分光光度分析法 439
spectroscopic(series) スペクトル系列(分光学) 256
speed of light 光速度 172
sphingomyelins スフィンゴミエリン 256
sphingosine スフィンゴシン 256
spin density(ρ) スピン密度 256
spin label スピンラベル 256
spin moment スピンモーメント 256
spin multiplicity スピン多重度 256
spin quantum number スピン量子数 256
spin(s) スピン 255
spindle oil スピンドル油 256
spinel スピネル 255
spinels スピネル類 255
spin-orbit coupling スピン-軌道カップリング 255
spin-spin coupling スピン-スピンカップリング 255
spirans(spiro-compounds) スピラン 255
spirits of salt 塩精(塩化水素) 76
spodumene リチア輝石 515
spray ponds スプレーポンド 256
spray ponds 噴水冷却池 440
spray tower スプレータワー 256
spray tower 噴水塔 440
E-squalene(trans-2,6,10,15,19, 23-hexamethyl-2,6,10,14,18,22-tetracosa-hexaene) E-スクアレン 251
square antiprismatic co-ordination 正方アンチプリズム型配位 261
stability constant 安定度定数 37
stained glass ステンドグラス 254
standard cell potential 標準電極電位 399
standard electrode 標準電極 399
standard state 標準状態 399
standard temperature and pressure(stp) 標準温度圧力条件 399
stannane(tin hydride) スタンナン(水素化スズ) 253
stannanes(organotin hydrides) スタンナン(有機スズ水素化物) 253
stannates スズ(IV)酸塩 253
stannic compounds 第二スズ化合物 278
stannite 亜スズ(錫)酸塩 7
stannite 黄錫鉱 80
stannous compounds 第一スズ化合物 277

starch デンプン(澱粉) 327
Stark effect シュタルク効果 232
Stassfurt deposits シュタッスフルト岩塩鉱床 232
state 状態 237
state function 状態関数 237
state symbols 項記号 169
stationary phase 固定相 176
stationary state 定常状態 307
statistical thermodynamics 統計熱力学 330
steam 水蒸気 247
steam distillation 水蒸気蒸留 247
steam reforming 蒸気改質 234
stearic acid(n-octadecanoic acid) ステアリン酸 254
stearine ステアリン 254
stearyl alcohol(1-octadecanol) ステアリルアルコール 254
steel 鋼 168
stereochemistry 立体化学 516
stereoisomerism 立体異性 516
stereoselective reaction 立体選択的反応 516
stereospecific reaction 立体特異的反応 516
steric hindrance 立体障害 516
steroids ステロイド 254
sterols ステロール類 254
stibine スチビン 253
stibnite 輝安鉱 116
stigmasterol((24S)-24-ethyl-5,22-cholestadien-3β-ol) スチグマステロール 253
E-stilbene(trans-1,2-diphenylethene) E-スチルベン 253
stilbite 束沸石 274
stilboestrol(4,4′-dihydroxy-α,β-diethylstilbene) スチルベストロール 253
still 蒸留釜 238
stoicheiometric(stoichiometric) 化学量論的 92
stoicheiometry(stoichiometry) 化学量論 92
stopped flow spectrophotometry ストップドフロー分光法 254
straight-run 直留ガソリン 304
strain hardening 歪み硬化 389
stream double refraction 流動複屈折 522
streaming potential 流動電位 522
Strecker reaction シュトレッカー合成 232
strengths of acids and bases 酸と塩基の強さ 192
streptomycin ストレプトマイシン 255

stripping ストリッピング 255
strong electrolytes 強電解質 127
strontianite ストロンチアン石 255
strontium ストロンチウム 255
strontium carbonate 炭酸ストロンチウム 288
strontium chemistry ストロンチウムの化学的性質 255
strontium chloride 塩化ストロンチウム 73
strontium fluoride フッ化ストロンチウム 418
strontium hydroxide 水酸化ストロンチウム 246
strontium nitrate 硝酸ストロンチウム 235
strontium oxide 酸化ストロンチウム 194
strontium peroxide 過酸化ストロンチウム 96
strontium sulphate 硫酸ストロンチウム 520
strychnine ストリキニン(ストリキニーネ) 255
styphnic acid スチフニン酸 253
styrene oxide(1,2-epoxyethylbenzen, phenyloxirane) スチレンオキシド 254
styrene polymers スチレンポリマー 254
styrene(ethenylbenzen, phenylethen, vinylbenzene) スチレン 253
styrene-butadiene rubber スチレン-ブタジエンゴム 254
Styroform スチロフォーム(商品名) 254
suberane スベラン 256
suberic acid(1,6-hexanedicarboxylic acid, octanedioic acid) スベリン酸 256
sublimation 昇華 234
sublimation point(temperature) 昇華点 234
submicron サブミクロン 190
substitute natural gas 代替天然ガス 278
substitution reactions 置換反応 297
substrate 基質 118
substrate 基体 119
substrate 基板 122
substrate 底層 307
succinic acid(butanedioic acid) コハク酸 177
succinic anhydride 無水コハク酸 483
succinimide スクシンイミド 251
sucrase スクラーゼ 251
sucrose スクロース 251
sugar of lead 鉛糖 79
sugars 糖類 331
sulpha drugs(sulphonamides) サルファ剤 191
sulphamates スルファミン酸塩 258
sulphamic acid スルファミン酸 257
sulphamide スルファミド 257
sulphanes スルファン 258
sulphanilamides スルファニルアミド 257
sulphanilic acid(4-aminobenzenesulphonic acid) スルファニル酸 257
sulphatases サルファターゼ 191
sulphatases スルファターゼ 257
sulphates 硫酸塩 519
sulphides 硫化物 519
sulphinyl スルフィニル 258
sulphites 亜硫酸塩 24
sulpholane(tetrahydrothiophene-1,1-dioxide, tetramethylenesulphone) スルホラン 258
sulphonamides スルホンアミド 258
sulphonation スルホン化 258
sulphones スルホン 258
sulphonic acids(aliphatic) スルホン酸(脂肪族) 258
sulphonic acids(aromatic) スルホン酸(芳香族) 258
sulphonphthaleins スルホフタレイン系色素 258
sulphonyl halides ハロゲン化スルホニル 380
sulphoxides スルホキシド 258
sulphoxylic acid スルホキシル酸 258
sulphur 硫黄 40
sulphur bromide(sulphur monobromide) 臭化硫黄 226
sulphur chemistry 硫黄の化学的性質 41
sulphur chlorides 硫黄の塩化物 41
sulphur dyes 硫化染料 518
sulphur fluorides 硫黄のフッ化物 41
sulphur nitrogen derivatives 硫黄と窒素の化合物 40
sulphur oxide halides 硫黄のオキシハロゲン化物 41
sulphur oxides 硫黄の酸化物 41
sulphur oxyacids 硫黄の酸素酸 41
sulphuric acid 硫酸 519
sulphurous acid 亜硫酸 24
sulphuryl スルフリル基 258
sulphuryl halides ハロゲン化スルフリル 380
sulphydryl スルフヒドリル基 258
sunscreens 日焼け防止剤 398

super acids 超強酸 303
superconductivity 超伝導 304
supercooling 過冷却 112
supercritical fluid extraction 超臨界流体抽出 304
superheating 過熱 101
superheavy elements 超重元素 303
superoxide dismutase(SOD) スーパーオキシドジスムターゼ 255
superoxides 超酸化物 303
supersaturation 過飽和 102
supersulphated(cement) 石膏添加セメント 264
supported catalyst 担持触媒 289
supramolecule 超分子 304
surface activity 界面活性 89
surface combustion 表面燃焼 400
surface compounds 表面化合物 400
surface energy 表面エネルギー 399
surface orientation 表面配向 400
surface plasmon resonance(SPR) 表面プラズモン共鳴 400
surface potential 表面電位 400
surface pressure 表面圧 399
surface tension 表面張力 400
surface viscosity 表面粘度 400
surface-active agents(surfactants) 界面活性剤 89
surgical spirit 消毒用アルコール 237
suspended transformation 転移の凍結 321
suspending agents 懸濁剤 167
suxamethonium chloride(succinyl choline chloride, succinyl dicholine) 塩化スキサメトニウム 73
Suzuki reaction 鈴木反応 253
sweating スエッティング 250
sweetening スイートニング 250
sweetening agents 甘味料 115
swelling of colloids コロイドの膨潤 182
sydnones シドノン 218
sylvestrene シルベストレン 242
sylvine(sylvite) シルヴィン 241
sylvinite シルビナイト 242
symmetry elements 対称要素 278
symproportionation(conproportionation) 均化反応 132
synchrotron radiation シンクロトロン放射 242
syndiotactic シンジオタクチック 242
syneresis 離漿 514

synergism 相乗効果 273
synergist シネルジスト 219
synergist 相乗剤 274
syntactic polymers シンタクチックポリマー 243
synthesis 合成 171
synthesis gas 合成ガス 171
synthetic fibres 合成繊維 171
synthetic rubbers 合成ゴム 171
synthon シントン 244
systemic insecticides 神経性殺虫剤 242
Szilard-Chalmers effect シラード-チャルマース効果 240

T

tactosols タクトゾル 280
talc タルク 284
tall oil トール油 341
tallow 獣脂 229
talose タロース 284
tamoxifen タモキシフェン 282
Tanabe-Sugano diagram 田辺-菅野ダイアグラム 282
tanacetyl alcohol タナセチルアルコール 282
tannase タンナーゼ 292
tannic acid(gallotannic acid, tannin) タンニン酸 292
tanning なめし(鞣し) 348
tanning development タンニング現像 292
tannins タンニン 292
tantalates タンタル酸塩 292
tantalite タンタル石 292
tantalum タンタル 291
tantalum chemistry タンタルの化学的性質 291
tantalum halides タンタルのハロゲン化物 292
tantalum oxides タンタルの酸化物 292
tapiolite タピオライト 282
tar タール 284
tar acids タール酸 284
tar oils タール油 284
tartar emetic 吐酒石 332
tartaric acid(2,3-dihydroxybutanedioic acid) 酒石酸 231
tartrazine タートラジン 282
tartronic acid タルトロン酸 284

tau value(τ)　タウ値　280
taurine(β-aminoethanesulphonic acid)　タウリン　280
taurocholic acid　タウロコール酸　280
tautomerism(dynamic isomerism)　互変異性　179
taxol　タキソール　280
tear gas, lacrimator　催涙ガス　186
technetium　テクネチウム　310
technetium chemistry　テクネチウムの化学的性質　310
teeth　歯牙　207
Teflon　テフロン(商品名)　317
teichoic acids　テイコン酸類　307
tellurates　テルル酸塩　320
telluric acid　テルル酸　320
tellurides　テルル化物　320
tellurites, tellurates(IV)　亜テルル酸塩　15
tellurium　テルル　319
tellurium bromides　テルルの臭化物　319
tellurium chemistry　テルルの化学的性質　319
tellurium chlorides　テルルの塩化物　319
tellurium fluorides　テルルのフッ化物　319
tellurium oxides　テルルの酸化物　319
tellurium oxyacids　テルルの酸素酸　319
tellurium, organic derivatives　テルルの有機誘導体　320
tellurous acid　亜テルル酸　15
telomer　テロマー　320
telomerase　テロメラーゼ　320
telomerization　テロメリゼーション　320
temazapam　テマゼパム　317
temperature(T)　温度　87
tempering　焼き戻し　499
template reaction　テンプレート反応　327
teratogen　催奇性物質　185
terbium　テルビウム　318
terbium compounds　テルビウムの化学的性質　318
terebene　テレベン　320
terephthalic acid(1,4-benzenedicarboxylic acid)　テレフタル酸　320
term symbols　項の記号　173
ternary compound　三元化合物　196
terpenes　テルペン類　318
terpin(1,8-terpine, p-menthane-1,8-diol, dipentene glycol)　1,8-テルピン　318
terpinenes　テルピネン　318
tertiary carbon　第三級炭素　277

testosterone(17β-hydroxy-4-androsten-3-one)　テストステロン　310
tetraborane(10)　テトラボラン(10)　315
tetrabromomethane　テトラブロモメタン　315
tetrabutylammonium fluoride　フッ化テトラブチルアンモニウム　419
tetracene(naphthacene)　テトラセン(2)　314
tetracene(1-(5-tetrazolyl)-4-guanyltetrazene hydrate)　テトラセン(1)　314
2,3,7,8-tetrachlorodibenzo-p-dioxin(dioxin)　2,3,7,8-テトラクロロジベンゾ-p-ジオキシン　314
sym-tetrachloroethane　sym-テトラクロロエタン　313
tetrachloroethene(tetrachloroethylene, polychloroethylene, perchloroethylene)　テトラクロロエチレン　313
tetrachloromethane　テトラクロロメタン　314
tetrachlorophthalic anhydride　無水テトラクロロフタル酸　483
tetracosanoic acid　テトラコサン酸　314
tetracyanoethylene(TCNE)　テトラシアノエチレン　314
7,7,8,8-tetracyanoquinodimethane(TCNQ)　テトラシアノキノジメタン　314
tetracyclines　テトラサイクリン　314
tetracyclone　テトラサイクロン　314
tetradecanoic acid　テトラデカン酸　314
tetradecanol　テトラデカノール　314
tetraethyl lead(TEL)　テトラエチル鉛　313
tetraethyl plumbane　テトラエチルプルンバン　313
tetraethyl silicate　ケイ酸テトラエチル　156
tetraethylene glycol　テトラエチレングリコール　313
tetrafluoroberyllates　テトラフルオロベリリウム酸塩　315
tetrafluoroborates　テトラフルオロホウ酸塩　315
tetrafluorohydrazine　テトラフルオロヒドラジン　315
tetraglyme(tetraethylene glycol dimethyl ether, pentaoxapentadecane)　テトラグライム　313
tetragonal system　正方晶系　261
tetrahedral co-ordination　正四面体型配位　260

tetrahedron 正四面体 260
tetrahydrocannabinol テトラヒドロカンナビノール 314
tetrahydrofuran polymers (poly (oxytetramethylene) glycols, poly (tetramethylene oxide), polytetrahydrofuran) テトラヒドロフランポリマー 315
tetrahydrofuran (tetramethylene oxide, THF) テトラヒドロフラン 315
tetrahydrofurfuryl alcohol テトラヒドロフルフリルアルコール 315
tetrahydrothiophen (THT, tetramethylene sulphide) テトラヒドロチオフェン 314
N,N,N',N'-tetrakis (2-hydroxypropyl) ethylenediamine (EDTP) N,N,N',N'-テトラキス(2-ヒドロキシプロピル)エチレンジアミン 313
tetrakis (triphenylphosphine) metal complexes テトラキス(トリフェニルホスフィン)金属錯体 313
tetralin (1,2,3,4-tetrahydronaphthalene) テトラリン 316
Tetralite テトラライト(商品名) 316
N,N,N',N'-tetramethylethylenediamine (N,N,N',N'-tetramethyl-1,2-diaminoethane, TMEDA, TEMED) N,N,N',N'-テトラメチルエチレンジアミン 315
tetramethyl lead (TML) 四メチル鉛 224
1,2,3,4-tetramethylbenzene 1,2,3,4-テトラメチルベンゼン 316
1,2,3,5-tetramethylbenzene 1,2,3,5-テトラメチルベンゼン 316
1,2,4,5-tetramethylbenzene 1,2,4,5-テトラメチルベンゼン 316
3,3',5,5'-tetramethylbenzidine 3,3',5,5'-テトラメチルベンジジン 316
tetramethylsilane (TMS) テトラメチルシラン 316
tetramethylthiuram disulphide テトラメチルチウラムジスルフィド 316
tetranitromethane テトラニトロメタン 314
tetraphenylboron sodium テトラフェニルホウ素ナトリウム 315
tetraphenylcyclopentadienone (tetracyclone) テトラフェニルシクロペンタジエノン 315
tetrathionic acid 四チオン酸 216
tetrazoles テトラゾール 314
tetrazolium salts テトラゾリウム塩 314
tetritol テトリトール 316
tetrole テトロール 316
tetrolic acid テトロール酸 316
tetrose テトロース 316
tetryl (tetralite, N-methyl-N-(2,4,6-trinitrophenyl) nitramine, N-methyltetralite) テトリル 316
textiles 繊維製品 271
thallates タリウム酸塩 284
thallation タレーション 284
thallic compounds 第二タリウム化合物 278
thallium タリウム 283
thallium bromides タリウムの臭化物 283
thallium chemistry タリウムの化学的性質 283
thallium chlorides タリウムの塩化物 283
thallium chromate クロム酸タリウム 150
thallium fluorides タリウムのフッ化物 283
thallium hydroxide 水酸化タリウム 246
thallium iodides タリウムのヨウ化物 284
thallium nitrates タリウムの硝酸塩 283
thallium oxides タリウムの酸化物 283
thallium sulphates タリウムの硫酸塩 284
thallium trifluoroacetate トリフルオロ酢酸タリウム 338
thallium (I) carbonate 炭酸タリウム 288
thallium, organic derivatives タリウムの有機誘導体 283
thenyl テニル基 316
theobromine (3,7-dimethylxanthine) テオブロミン 308
theophylline (1,3-dimethylxanthine) テオフィリン 308
theoretical plate 理論段 523
thermal analysis 熱分析 361
thermal cracking サーマルクラッキング 190
thermal cracking 熱クラッキング 360
thermal reforming 熱改質 360
thermite reaction テルミット反応 318
thermobalance 熱天秤 361
thermochemistry 熱化学 360
thermochromism サーモクロミズム 190
thermodynamic control 熱力学的支配 361
thermodynamic data 熱力学的データ 361
thermodynamics 熱力学 361
thermogram サーモグラム 190
thermolysis 熱分解(2) 361
thermonuclear reaction 熱核反応 360
thermoplastic resins 熱可塑性樹脂 360

thermosetting resins 熱硬化性樹脂 360
thexyl テキシル基 309
thiamine diphosphate (thiamine pyrophosphate) チアミン二リン酸 295
thiamine (aneurine, vitamin B_1) チアミン 295
thiazole dyes チアゾール染料 295
thiazole ring チアゾール環 295
thiazyl ions チアジルイオン種 295
thickener 増粘剤 274
thickening 濃化 364
thienyl ring チエニル環 295
thiirane チイラン 295
thin-layer chromatography 薄層クロマトグラフィー 369
thio- チオ- 295
thiocarbanilide (sym-diphenylthiourea) チオカルバニリド 295
thiocarbonates チオ炭酸塩 296
thiocarbonic acid チオ炭酸 296
thiocarbonyl complexes チオカルボニル錯体 295
thiocyanates チオシアナート 295
thiocyanic acid チオシアン酸 296
thiocyanogen チオシアノーゲン 296
thioglycollic acid (mercaptoethanoic acid) チオグリコール酸 295
thiokols チオコール 295
thiols チオール 297
thiomolybdates チオモリブデン酸イオン 297
thionic acids チオン酸 297
thionocarbonates チオノ炭酸塩 296
thionyl チオニル基 296
thionyl chloride 塩化チオニル 73
thionyl halides ハロゲン化チオニル 380
thiopentone sodium チオペントンナトリウム 297
thiophene チオフェン 295
thiophenol (phenylthiol, phenylmercaptan, mercaptobenzene) チオフェノール 296
thiosinamine チオシナミン 296
thiosulphates チオ硫酸塩 297
thiosulphuric acid チオ硫酸 297
thiotungstates チオタングステン酸イオン 296
thiourea チオ尿素 296
third law of thermodynamics 熱力学第三法則 361
thiuram disulphides チウラムジスルフィド 295

thixotropy チキソトロピー 297
thorium トリウム 334
thorium compounds トリウムの化合物 334
thorium halides トリウムのハロゲン化物 334
thorium oxide 酸化トリウム 194
thorium oxyacid salts トリウムの酸素酸塩 334
thortveitite トルトヴェイト石 340
three-centre bond 三中心結合 197
threitols トレイトール 341
threonine (2-amino-3-hydroxybutanoic acid) トレオニン 341
threose (2,3,4-trihydroxybutanal) トレオース 341
threshold limit values (TLV) 閾値 43
threshold limit values (TLV) 閾値限界濃度 43
thrombin トロンビン 342
thromboxanes トロンボキサン 342
thujyl derivatives ツジル誘導体 305
thulium ツリウム 306
thulium compounds ツリウムの化合物 306
thymidine チミジン 302
thymine (5-methyluracil, 5-methyl-2,4(1H,3H)-pyrimidinedione) チミン 302
thymol (5-methyl-2-(1-methylethyl)phenol) チモール 302
thyroid hormones 甲状腺ホルモン 170
thyroxine チロキシン 304
tiglic acid (E-2-methyl-2-butenoic acid, cis-1,2-dimethylacrylic acid) チグリン酸 298
tin スズ(錫) 251
tin alloys スズ合金 253
tin bromides スズの臭化物 252
tin chemistry スズの化学的性質 252
tin chlorides スズの塩化物 252
tin fluorides スズのフッ化物 252
tin hydrides スズの水素化物 252
tin iodides スズのヨウ化物 252
tin oxides スズの酸化物 252
tin salt スズ塩 253
tin sulphate 硫酸スズ 520
tin sulphides スズの硫化物 252
tin, organic derivatives スズの有機誘導体 252
tincal 天然ホウ砂 327
tincture of iodine ヨードチンキ 507

tinning　スズメッキ　253
tinstone(cassiterite)　錫石　225
titanates　チタン酸エステル　299
titanates　チタン酸塩　299
titanium　チタン　298
titanium alloys　チタン合金　299
titanium carbide　炭化チタン　285
titanium chemistry　チタンの化学的性質　298
titanium chlorides　チタンの塩化物　298
titanium dioxide　二酸化チタン　351
titanium fluorides　チタンのフッ化物　298
titanium halides　チタンのハロゲン化物　298
titanium hydride　水素化チタン　248
titanium oxides　チタンの酸化物　298
titanium sulphates　チタンの硫酸塩　299
titanium, organic derivatives　チタンの有機誘導体　299
titration　滴定　309
toad venoms, batrachotoxins　ガマ毒　102
tobacco　タバコ　282
tocopherols　トコフェロール　332
4-t-octylphenol(diisobutylphenol)　4-t-オクチルフェノール　83
tolan(diphenylethyne)　トラン　333
tolidines　トリジン　336
Tollens reagent　トレンス試薬　341
toluene(methylbenzene)　トルエン　340
p-toluenesulphonic acid(4-methylbenzene sulphonic acid)　p-トルエンスルホン酸　340
toluene-4-sulphonyl chloride(tosyl chloride)　塩化トルエン-4-スルホニル　73
2-toluidine(2-aminotoluene)　2-トルイジン　340
4-toluidine(p-aminotoluene)　4-トルイジン　340
toluyl　トルイル基　340
tolyl　トリル基　339
tolylene-2,4-diisocyanate(2,4-tmethyl-1,3-phenylene diisocyanate, TDI)　トリレン-2,4-ジイソシアナート　339
N-m-tolylphthalaminic acid　N-m-トリルフタラミン酸　339
topaz　トパーズ　332
topotactic reaction　トポタクチック反応　333
Torr　トル　340
torsional barrier　ねじれ障壁　360
tosyl　トシル基　332
tosylation　トシル化　332

total pressure　全圧　270
total reflux　全還流　271
town gas　都市ガス　332
toxic wastes　有毒廃棄物　502
toxicity　毒性　331
toxins　毒素　332
tracer　トレーサー　341
tractor vapourizing oil(TVO)　トラクター用ガソリン　333
tragacanth gum　トラガカントゴム　333
trans effect　トランス効果　333
transactinides　超アクチニド元素　303
transaminases　アミノ基転移酵素　20
transcription　転写　326
transferrin　トランスフェリン　333
transformer oils　変圧器油　450
transition elements　遷移元素　270
transition interval　変色範囲　451
transition point　転移点　321
transition state theory　遷移状態理論　270
transition temperature　転移温度　320
transmethylases　メチル基転移酵素　489
transmission electron microscopy((S)TEM)　透過型電子顕微鏡法　329
transmutation　元素変成　167
transport number　輸率　502
traumatic acid(*trans*-2-dodecenedioic acid)　トラウマチン酸　333
tray　トレイ(蒸留)　341
tray column　段塔　292
tray column　トレイ蒸留塔　341
tray column, plate column　板塔　382
tray, plate　板(トレイ，プレート)　47
trehalose((α-d-glucosido)-α-D-glucoside)　トレハロース　341
tremolite　透角閃石　329
triacetin S　トリアセチン　333
triacetoneamine(2,2,6,6-tetramethyl-γ-piperidone)　トリアセトンアミン　333
triacontanol　トリアコンタノール　333
triangular diagram　三角図　194
triarylmethane dyes　トリアリールメタン系色素　334
triazine herbicides　トリアジン系除草剤　333
triazines　トリアジン　333
triazole(pyrrodiazole)　トリアゾール　334
tribasic acid　三塩基酸　192
triboluminescence　トリボルミネッセンス　338
tribromoethanal(tribromoacetaldehyde,

bromal) トリブロモアセトアルデヒド 338
tribromomethane(bromoform) ブロモホルム 437
tributyl citrate クエン酸トリブチル 136
tributyl phosphate リン酸トリブチル 526
tricarboxylic acid cycle トリカルボン酸サイクル 335
trichloroacetic acid トリクロロ酢酸 335
1,1,1-trichloroethane(methyl chloroform) 1,1,1-トリクロロエタン 335
trichloroethanoic acid トリクロロエタン酸 335
trichloroethylene, trichloroethene トリクロロエチレン 335
trichlorofluoromethane トリクロロフルオロメタン 335
trichloroisocyanuric acid トリクロロイソシアヌール酸 335
trichloromethane(chloroform) トリクロロメタン 335
trichloronitromethane トリクロロニトロメタン 335
2,4,6-trichlorophenol 2,4,6-トリクロロフェノール 335
tricine(N[tris(hydroxymethyl)methyl] glycine) トリシン 336
triclinic system, anorthic system 三斜晶系 196
tricresyl phosphate リン酸トリクレジル 526
tridecyl benzene トリデシルベンゼン 336
tridesan トリデサン 336
tridymite トリジマイト 335
triethanolamine(2,2′,2″-nitrilo triethanol) トリエタノールアミン 334
triethoxymethane トリエトキシメタン 335
triethyl orthoformate(orthoformic ester, triethoxymethane) オルトギ酸エチル 86
triethyl phosphate リン酸トリエチル 526
triethyl phosphite 亜リン酸トリエチル 26
triethylaluminium トリエチルアルミニウム 334
triethylamine トリエチルアミン 334
triethylene glycol(triglycol) トリエチレングリコール 334
triethylene melamine(2,4,6-tris-(1-aziridenyl) -s-triazine) トリエチレンメラミン 335
triethylene tetramine トリエチレンテトラミン 334
triflate トリフレート 338
triflic acid トリフル酸 338
trifluoroacetic acid(trifluoroethanoic acid) トリフルオロ酢酸 337
trifluoroiodomethane トリフルオロヨードメタン 338
trifluoromethanesulphonic acid トリフルオロメタンスルホン酸 338
trifluoromethyl derivatives トリフルオロメチル誘導体 338
triglyme トリグライム 335
trigol トリゴール 335
trigonal bipyramidal co-ordination 三方両錐型配位 198
trigonal prismatic co-ordination 三角プリズム型配位 194
trigonal system 三方晶系 198
trihydroxypropane トリヒドロキシプロパン 337
triiodomethane(iodoform) トリヨードメタン(ヨードホルム) 339
3,5,3′-triiodothyronine 3,5,3′-トリヨードチロニン 339
Trilene トリレン(商品名) 339
trimellitic acid(benzene-1,2,4-tricarboxylic acid) トリメリット酸 339
trimesic acid トリメシン酸 338
trimethyl borate ホウ酸トリメチル 458
trimethyl phosphine トリメチルホスフィン 339
trimethylamine トリメチルアミン 338
trimethylamine oxide トリメチルアミンオキシド 338
1,2,3-trimethylbenzene 1,2,3-トリメチルベンゼン 338
1,2,4-trimethylbenzene 1,2,4-トリメチルベンゼン 339
1,3,5-trimethylbenzene 1,3,5-トリメチルベンゼン 339
trimethylene トリメチレン 339
trimethylenedithiol(1,3-propanedithiol) トリメチレンジチオール 339
trimethyleneglycol(1,3-propanediol) トリメチレングリコール 339
trimethyleneoxide(oxetane) トリメチレンオキシド 339
N,N-2,3-trimethyl-2-isopropylbutamide N,N-2,3-トリメチル-2-イソプロピルブタミド 338

trimethylolethane (2-hydroxymethyl-2-methyl-1,3-propenediol)　トリメチロールエタン　339
trimethylolpropane (2-ethyl-2-hydroxymethyl-1,3-propanediol)　トリメチロールプロパン　339
2,2,4-trimethylpentane　2,2,4-トリメチルペンタン　339
2,4,6-trimethylpyridine (s-collidine)　2,4,6-トリメチルピリジン　338
trimethylsilyl derivatives　トリメチルシリル誘導体　338
trimyristin (trimeristryl glyceride)　トリミリスチン　338
2,4,6-trinitro-1,3-benzenediol (styphnic acid)　2,4,6-トリニトロ-1,3-ベンゼンジオール　336
1,3,5-trinitrobenzene　1,3,5-トリニトロベンゼン　336
2,4,6-trinitrotoluene (TNT)　2,4,6-トリニトロトルエン　336
triolein (9-octadecanoic acid-1,2,3-propantriyl ester, glyceryl trioleate)　トリオレイン　335
triose　トリオース　335
trioxane　トリオキサン　335
trioxymethylene　トリオキシメチレン　335
tripentaerythritol　トリペンタエリスリトール　338
triphenyl phosphate　リン酸トリフェニル　526
triphenylmethane dyes　トリフェニルメタン系色素　337
triphenylmethyl　トリフェニルメチル　337
triphenylphosphine　トリフェニルホスフィン　337
triphosgene　トリホスゲン　338
triple bond　三重結合　196
triple point　三重点　196
triplet　三重線　196
triplet state　三重項状態　196
tripolite　トリポライト　338
triptycene　トリプチセン　337
tris (hydroxymethyl) aminomethane (trimethamine, TRIS)　トリス (ヒドロキシメチル) アミノメタン　336
tris (triphenylphosphine) rhodium (I) chloride　モノクロロトリス (トリフェニルホスフィン) ロジウム (I)　495
tristearin (glyceryl tristearate)　トリステアリン　336
triterpenes　トリテルペン　336
trithiocarbonates　トリチオ炭酸塩　336
trithionic acid　三チオン酸　197
trithionic acid　トリチオン酸　336
tritium　トリチウム　336
tritolyl phosphate　リン酸トリトリル　526
Triton B　トリトンB　336
trityl　トリチル　336
trona　トロナ　341
tropilidene　トロピリデン　341
tropine (3-tropanol)　トロピン (3-トロパノール)　341
tropolones　トロポロン　341
tropylium　トロピリウム　341
Trouton's rule　トルートンの規則　340
tryparsamide (tryparsone)　トリパルサミド　336
trypsin　トリプシン　337
tryptamine (1H-indole-3-ethanamine)　トリプタミン　337
tryptophan (1-amino-2-indolylpropionic acid)　トリプトファン　337
tung oil (china-wood oil)　桐油　331
tungstates　タングステン酸塩　286
tungsten　タングステン　285
tungsten alloys　タングステン合金　286
tungsten blue　タングステンブルー　287
tungsten bronzes　タングステンブロンズ　287
tungsten carbides　タングステンの炭化物　286
tungsten carbonyl　タングステンカルボニル　286
tungsten chemistry　タングステンの化学的性質　286
tungsten halides　タングステンのハロゲン化物　286
tungsten oxides　タングステンの酸化物　286
tungsten, organic derivatives　タングステンの有機誘導体　286
tungstic acid　タングステン酸　286
tunnelling microscopy　トンネル効果電子顕微鏡　342
turbidimetry　比濁分析　390
turbidity indicators　懸濁指示薬　167
turbidity point　懸濁点　167
turkey-red oil　ロート油　536
Turnbull's blue　ターンブルブルー　294
turnover number (TON)　ターンオーバー数

284
turpentine, oil of turpentine(spirit of turpentine) テレビン油 320
turquoise トルコ石(ターコイス) 340
Tutton salts タットン塩 282
twinning 双晶 273
two-component system(binary system) 二成分系 351
Tyndall effect ティンダル効果 308
tyramine(4-(2-aminoethyl)phenol) チラミン 304
Tyrian purple ティリアンパープル 307
tyrosinase チロシナーゼ 304
tyrosine(4-hydroxyphenylalanine, 2-amino-3-(4-hydroxyphenyl)propanoic acid) チロシン 304

U

ubiquinones(coenzymes Q) ユビキノン 502
ulexite ウレキサイト 56
Ullmann reaction ウルマン反応 56
ulose ウロース 56
ultimate analysis 元素分析 167
ultracentrifuge 超遠心機 303
ultrafiltration 限外沪過 163
ultramarine ウルトラマリン 56
ultrasonics 超音波科学 303
ultrasound 超音波 303
ultraviolet absorbers(light stabilizers) 紫外線吸収剤 207
ultraviolet light(u.v.) 紫外線 207
ultraviolet photoelectron spectroscopy(UPS) 紫外光電子分光法 207
umbellic acid(2,4-dihydroxycinnamic acid) ウンベル酸 57
umbelliferone(7-hydroxycoumarin) ウンベリフェロン 57
umber アンバー 39
uncertainty principle 不確定性原理 411
undecane(hendecane) ウンデカン 57
2-undecanone(methyl nonyl ketone) 2-ウンデカノン 57
undecenoic acid(hendecenoic acid, Δ^{10}-undecylenic acid) ウンデセン酸 57
uniaxial 単軸性 289
unimolecular films 単分子膜 294
unimolecular reaction 単分子反応 294

unit cell 単位胞(単位格子) 284
universal indicator 万能指示薬 383
unsaturated compound 不飽和化合物 423
unsaturated polyesters(polyester alkyds) 不飽和ポリエステル樹脂 423
uracil(2,6-dioxytetrahydropyrimidine) ウラシル 54
uranates ウラン酸塩 55
uranium ウラン 54
uranium chemistry ウランの化学的性質 55
uranium halides ウランのハロゲン化物 55
uranium hydride 水素化ウラン 248
uranium oxides ウランの酸化物 55
uranyl derivatives ウラニル化合物 54
urao ウラオ 54
urea 尿素 358
urea adduction 尿素付加体生成 358
urea cycle 尿素サイクル 358
urea-formaldehyde resins 尿素-ホルムアルデヒド樹脂 358
urease ウレアーゼ 56
ureides ウレイド 56
urethane(ethyl carbamate) ウレタン 56
urethanes ウレタン類 56
uric acid(2,6,8-trihydroxypurine) 尿酸 358
uricase ウリカーゼ 55
uridine(1-β-D-ribofuranosyluracil) ウリジン 55
uronic acids ウロン酸 56
ursolic acid ウルソール酸 56

V

vacancy 空孔 136
vaccenic acid(trans-11-octadecenoic acid) バクセン酸 369
vacuum crystallizer 真空結晶化装置 242
vacuum pump 真空ポンプ 242
valence isomerization 原子価異性 164
valency 原子価 164
valency electrons 価電子 100
valency shell electron pair repulsion theory (VSEPR theory) 価電子殻電子対反撥理論 100
valency, theory of 原子価理論 164
valeric acids 吉草酸 120
valine(α-aminoisovaleric acid, L-2-amino-3-methylbutanoic acid) バリン 378

Valium　ヴェイリウム　54
valve tray　バルブトレイ　379
valve tray　弁板　450
van Arkel-de Boer process　ファン・アルケル-デ・ボーアプロセス　404
van der Waals' adsorption　ファン・デル・ワールス吸着　404
van der Waals' equation　ファン・デル・ワールスの式　404
van der Waals' forces　ファン・デル・ワールス力　404
van Slyke determination　ヴァンスライク定量法　53
van't Hoff equations　ファントホッフの式　404
van't Hoff isochore　ファントホッフの定容式　405
vanadates　バナジン酸イオン　375
vanadic acids　バナジン酸　375
vanadium　バナジウム　373
vanadium bromides　バナジウムの臭化物　374
vanadium carbides　炭化バナジウム　285
vanadium chemistry　バナジウムの化学的性質　374
vanadium chlorides　バナジウムの塩化物　374
vanadium fluorides　バナジウムのフッ化物　374
vanadium oxides　バナジウムの酸化物　374
vanadium sulphates　バナジウムの硫酸塩　375
vanady trichloride(vanadium oxide trichloride)　三塩化バナジル　192
vanadyl dibromride(vanadium oxide dibromide)　二臭化バナジル　351
vanadyl dichloride(vanadium oxide dichloride)　二塩化バナジル　348
vanadyl species　バナジル化学種　375
vanadyl tribromide, vanadium oxide tribromide　三臭化バナジル　196
vancomycin　バンコマイシン　381
vanillin(4-hydroxy-3-methoxybenzaldehyde)　バニリン　375
vanilloids　バニロイド　375
vapour density　蒸気密度　234
vapour galvanising　亜鉛蒸気メッキ　2
vapour lock　ベーパーロック　446
vapour phase osmometry　気相浸透圧測定　119

vapour pressure　蒸気圧　234
Vaseline　ワセリン(商品名)　537
Vaska's compound　ヴァスカ化合物　53
vasopressin　バソプレッシン　370
vat dyes　建染め染料　282
Vegard's law　ヴェガードの法則　54
veratraldehyde(3,4-dimethoxybenzaldehyde)　ベラトルムアルデヒド　448
veratric acid(3,4-dimethoxybenzoic acid)　ベラトルム酸　448
veratrole　ベラトロール　448
verbenone (4,6,6-trimethyl-bicyclo [3.1.1] hept-3-en-2-one)　ベルベノン　450
verdigris　緑青　535
vermiculite　バーミキュライト　376
vermiculite　蛭石　402
vermilion red　水銀朱　245
vesicles　ベシクル　444
vetivone　ベチボン　445
Vetrocoke process　ヴェトロコークプロセス　54
vibrational spectrum　振動スペクトル　243
vibrational-rotational spectrum　振動回転スペクトル　243
vicinal　ヴィシナル　53
Victor Meyer method for vapour densities　ヴィクトルマイヤー法(蒸気密度測定)　53
Vilsmeier reagent　フィルスマイヤー試薬　406
vinegar　食酢　238
vinyl acetate(ethenyl ethanoate, vinyl ethanoate)　酢酸ビニル　188
vinyl alcohol(ethenyl alcohol)　ビニルアルコール　395
vinyl chloride polymers (poly(vinyl chloride), PVC)　ポリ塩化ビニル　466
vinyl chloride(monochloroethylene, chloroethene)　塩化ビニル　74
vinyl cyanide(acrylonitrile, propenenitrile)　シアン化ビニル　204
vinyl ester polymers　ビニルエステルのポリマー　395
vinyl ethanoate　エタン酸ビニル　62
vinyl ether polymers　ビニルエーテルポリマー　396
vinyl ether(divinyl ether, diethenyl ether)　ビニルエーテル　396
vinyl ethers　ビニルエーテル類　396
vinyl fluoride　フッ化ビニル　419
vinyl polymers, vinyl resins　ビニルポリマー,

ビニル樹脂 396
vinyl(ethenyl) ビニル基 396
vinylacetylene ビニルアセチレン 395
vinylamines ビニルアミン類 395
vinylation ビニル化 396
vinylidene ビニリデン基 395
vinylidene chloride polymers ポリ塩化ビニリデン 466
vinylidene chloride polymers(Saran polymers) 塩化ビニリデンポリマー 74
vinylidene chloride(1,1-dichloroethene) 塩化ビニリデン 74
vinylidene fluoride フッ化ビニリデン 419
vinylogs ビニログ 396
vinylpyridines ビニルピリジン 396
N-vinylpyrrolidone(1-ethenyl-2-pyrrolidone) N-ビニルピロリドン 396
violaxanthin ビオラキサンチン 384
violuric acid(5-isonitrosobarbituric acid, alloxan-5-oxime) ビオルール酸 384
virial equations ビリアル方程式 401
viridian ビリジアン 401
viscoelasticity 粘弾性 363
viscose ビスコース 387
viscosity 粘度 363
vitamin A ビタミンA 390
vitamin B ビタミンB 390
vitamin B_1 ビタミンB_1 391
vitamin B_2 ビタミンB_2 391
vitamin B_3 ビタミンB_3 391
vitamin B_5 ビタミンB_5 391
vitamin B_6 ビタミンB_6 391
vitamin B_{12} ビタミンB_{12} 391
vitamin Bc ビタミンBc 391
vitamin C ビタミンC 391
vitamin D ビタミンD群 391
vitamin E ビタミンE 391
vitamin H ビタミンH 391
vitamin K group ビタミンK群 391
vitamin L ビタミンL 391
vitamin T(tegotin) ビタミンT 391
vitamin V ビタミンV 391
vitamins ビタミン類 391
vitellin ビテリン 392
vitreous state ガラス状態 105
VOC(volatile organic compound) 揮発性有機化合物 122
Volhard method フォルハルト法 411
volt ボルト(ヴォルト) 469
voltammetry ボルタンメトリー 469

vulcanite 加硫ゴム 107
vulcanite 硬化ゴム 169
vulcanization 加硫 107

W

Wacker process ワッカー法 537
Wade's rules ウェイド則 54
Wagner-Meerwein rearrangement ワーグナー-メールワイン転位 537
Walden inversion ワルデン反転 537
washing soda 洗濯ソーダ 272
waste heat boiler 余熱ボイラー 507
water 水 480
water gas(blue gas, blue warer gas) 水性ガス 247
water-glass 水ガラス 481
waterproofing(water repellency) 撥水処理 372
watt ワット 537
wave function(Ψ) 波動関数 372
wave mechanics 波動力学 372
wave number 波数 370
wavelength(λ) 波長 370
waxes 蝋 534
weak electrolytes 弱電解質 225
weedkillers 雑草駆除剤 189
Weston cell(cadmium cell) ウェストン電池 54
wetting agents 湿潤剤 216
white arsenic 白ヒ 369
white lead 鉛白 79
white oils ホワイトオイル 472
white spirits (mineral solvents) ホワイトスピリット 472
white vitriol 皓礬 173
whiting 胡粉 179
whiting 白堊(白亜) 368
Wilkinson's catalyst ウィルキンソン触媒 54
Williamson ether synthesis ウィリアムソンのエーテル合成 53
Wiswesser line notation ウィスウェッサー線形記載法 53
witherite 毒重土石 331
Wittig reaction ウィッティヒ反応 53
wolfram ウォルフラム 54
wolframite 鉄マンガン重石 313
wood 木材 494

wood flour 木粉 495
wood naphtha(wood spirit) 木質ナフサ 494
wood spirit (wood naphtha) 木精 494
Woodward's reagent K(N-ethyl-5-phenylisoxazolium-3′-sulphonate) ウッドワード試薬 K 54
Woodward-Hoffmann rules ウッドワード-ホフマン則 54
wool ウール 55
wool fat 羊毛脂 506
work 仕事 214
work function 仕事関数 214
work hardening 加工硬化 95
Wurster's salts ウルスター塩 55
Wurtz synthesis ウルツ合成 56
wurtzite ウルツ鉱 56

X

xanthan gum キサンタンガム 117
xanthates キサントゲン酸塩 117
xanthin キサンチン(1) 117
xanthine oxidase キサンチンオキシダーゼ 117
xanthine(2,6-oxypurine, 3,7-dihydro-1H-purine-2,6-dione) キサンチン(2) 117
xanthone(dibenzo-4-pyrone) キサントン 117
xanthophyll キサントフィル 117
xanthosine, xanthine riboside キサントシン 117
xanthydrol(9-hydroxyanthrene) キサントヒドロール 117
xenon キセノン 119
xenon chemistry キセノンの化学的性質 119
xenylamine(4-aminobiphenyl) キセニルアミン 119
xerogels キセロゲル 119
xerography ゼログラフィー 269
X-ray diffraction X線回折 65
X-ray diffractometer X線回折計 66
X-ray fluorescence, XRF X線蛍光 66
X-ray spectroscopy X線分光学 66
X-ray tube X線管 66
X-rays X線 65
xylans キシラン 118
xylene(dimethylbenzene) キシレン 118
xylenols キシレノール 118
xylic acid キシリル酸 118
xylidenes キシリジン 118
D-xylose(wood sugar) D-キシロース 118

Y

yellow ammonium sulphide 黄色硫化アンモニウム 80
ylides イリド 50
ytterbium イッテルビウム 48
ytterbium compounds イッテルビウムの化合物 48
yttrium イットリウム 48
yttrium compounds イットリウムの化合物 48

Z

zeaxanthin(zeaxanthol) ゼアキサンチン 259
Zeeman effect ゼーマン効果 266
zein ゼイン 262
Zeise's salt ツァイゼ塩 305
zeolites ゼオライト 262
zero-point energy 零点エネルギー 270
zeta(ζ)potential ゼータ電位 264
Ziegler catalysts ツィーグラー触媒 305
Ziegler-Natta polymerization ツィーグラー-ナッタ重合法 305
zinc 亜鉛 1
zinc acetate(zinc ethanoate) 酢酸亜鉛 186
zinc amalgam 亜鉛アマルガム 2
zinc borates ホウ酸亜鉛 458
zinc carbonate 炭酸亜鉛 287
zinc chemistry 亜鉛の化学的性質 2
zinc chloride 塩化亜鉛 71
zinc chromate クロム酸亜鉛 149
zinc dithionite(zinc hydrosulphite) 亜鉛ハイドロサルファイト 2
zinc dithionite(zinc hydrosulphite) 亜二チオン酸亜鉛 16
zinc ethanoate エタン酸亜鉛 62
zinc fluoride フッ化亜鉛 417
zinc fluorosilicate フルオロケイ酸亜鉛 428
zinc hydroxide 水酸化亜鉛 245

zinc nitrate 硝酸亜鉛 235
zinc oxide 酸化亜鉛 193
zinc perchlorate 過塩素酸亜鉛 90
zinc sulphate(white vitriol) 硫酸亜鉛 519
zinc sulphide 硫化亜鉛 517
zinc, organic derivatives 亜鉛の有機誘導体 2
zincates 亜鉛酸イオン 2
zincblende, sphalerite, blende 閃亜鉛鉱 270
zingiberene ジンジベレン 243
Zintl phases ツィントル相 305
zircon ジルコン 241
zirconium ジルコニウム 241

zirconium compounds ジルコニウムの化合物 241
zirconium halides ジルコニウムのハロゲン化物 241
zirconium oxides ジルコニウムの酸化物 241
zirconium oxyacid salts ジルコニウムの酸素酸塩 241
zone electrophoresis ゾーン電気泳動法 275
zone melting ゾーンメルティング 275
zone refining 帯域精製 277
zwitterion 両性イオン 523
zymase チマーゼ 302

監訳者略歴

山崎　昶（やまさき　あきら）

1937 年　関東州大連市に生まれる
1960 年　東京大学理学部化学科卒業
1965 年　東京大学大学院理学系研究科修了　理学博士
　　　　東京大学理学部助手，電気通信大学助教授を経て
2003 年まで日本赤十字看護大学教授

主な著書　『SF を化学する』（裳華房）
　　　　　『落語横丁の化学そぞろ歩き』（裳華房）
　　　　　『基礎演習シリーズ　無機化学』（裳華房）
　　　　　『法則の辞典』（朝倉書店）
　　　　　『家庭の化学』（平凡社）
　　　　　『化学トリック　だまされまいぞ！』（講談社）
訳書　　　『元素の百科事典』（丸善）　J. エムズリー著
　　　　　『化学するアタマ』（化学同人）　J. ギャラットほか著
　　　　　『科学捜査』（丸善）　S. ガーバーほか編著
　　　　　『化学の世界』（朝倉書店）　N. モルガンほか著
　　　　　『ジョリー無機化学』（東京化学同人）　W. L. ジョリー著
　　　　　『新・化学用語小辞典』（講談社）　J. ディンティス編
　　　　　『化学・薬学・生物・医学の最新 NMR 入門』（培風館）　W. ケンプ著
　　　　　『オックスフォード科学辞典』（朝倉書店）
　　　　　『殺人分子の事件簿』（化学同人）　J. エムズリー著
　　　　　『理科の辞典』（朝倉書店）

ペンギン
化　学　辞　典

定価はカバーに表示

2011 年 2 月 25 日　初版第 1 刷

監訳者　山　崎　　　昶
発行者　朝　倉　邦　造
発行所　株式会社　朝倉書店
　　　　東京都新宿区新小川町 6-29
　　　　郵便番号　162-8707
　　　　電　話　03（3260）0141
　　　　F A X　03（3260）0180
　　　　http://www.asakura.co.jp

〈検印省略〉

Ⓒ 2011〈無断複写・転載を禁ず〉　　　　教文堂・渡辺製本

ISBN 978-4-254-14081-1　C3543　　Printed in Japan

阪大 福住俊一編
生命環境化学入門
―地球を救う科学技術―
14089-7 C3043　　A 5 判 192頁 本体2800円

環境・資源問題の解決を目指し，グローバルな視点から物質と生命との関わりを化学的に解説。〔内容〕地球温暖化対策の現状と展望／残されたエネルギー資源／太陽電池／燃料電池／人工光合成／グリーンケミストリー／バイオ燃料・材料開発

千葉大 夏目雄平著
やさしい化学物理
―化学と物理の境界をめぐる―
14083-5 C3043　　A 5 判 164頁 本体2800円

分子運動や化学平衡など，化学で扱われる諸現象を，物理学者の視点で平易に解説。〔内容〕理想気体／熱力学／エントロピー／カルノーサイクル／分子運動／1成分系／電池と電解質／電気伝導／化学ポテンシャル／平衡／触媒／表面張力／ぬれ

阪大 山下弘巳・京大 杉村博之・熊本大 町田正人・大阪府大 齊藤丈靖・近畿大 古南　博・長崎大 森口　勇・長崎大 田邉秀二・大阪府大 成澤雅紀他著
熱力学 基礎と演習
25036-7 C3058　　A 5 判 192頁 本体2900円

理工系学部の材料工学，化学工学，応用化学などの学生1～3年生を対象に基礎をわかりやすく解説。例題と豊富な演習問題と丁寧な解答を掲載。構成は気体の性質，統計力学，熱力学第1～第3法則，化学平衡，溶液の熱力学，相平衡など

出来成人・辰巳砂昌弘・水畑　穰編著　山中昭司・幸塚広光・横尾俊信・中西和樹・高田十志和他著
役にたつ化学シリーズ 3
無機化学
25593-5 C3358　　B 5 判 224頁 本体3600円

工業的な応用も含めて無機化学の全体像を知るとともに，実際の生活への応用を理解できるよう，ポイントを絞り，ていねいに，わかりやすく解説した。〔内容〕構造と周期表／結合と構造／元素と化合物／無機反応／配位化学／無機材料化学

理科大 中井　泉・物質・材料研機構 泉富士夫編著
粉末X線解析の実際（第 2 版）
14082-8 C3043　　B 5 判 296頁 本体5800円

〔内容〕原理の理解／データの測定／データの読み方／データ解析の基礎知識／特殊な測定法と試料／結晶学の基礎／リートベルト法／RIETAN-FPの使い方／回折データの測定／MEMによる解析／粉末結晶構造解析／解析の実際／他

くらしき作陽大 馬淵久夫・前お茶の水女大 冨田　功・前名大 古川路明・前防衛大 菅野　等訳
科学史ライブラリー
周期表 成り立ちと思索
10644-2 C3340　　A 5 判 352頁 本体5400円

懇切丁寧な歴史の解説書。〔内容〕周期系／元素間の量的関係と周期表の起源／周期系の発見者たち／メンデレーエフ／元素の予言と配置／原子核と周期性／電子と化学的周期性／周期系の電子論的解釈／量子力学と周期表／天体物理，原子核合成

東大 渡辺　正監訳
元素大百科事典
14078-1 C3543　　B 5 判 712頁 本体26000円

すべての元素について，元素ごとにその性質，発見史，現代の採取・生産法，抽出・製造法，用途と主な化合物・合金，生化学と環境問題等の面から平易に解説。読みやすさと教育に強く配慮するとともに，各元素の冒頭には化学的・物理的・熱力学的・磁気的性質の定量的データを掲載し，専門家の需要に耐えるデータブック的役割も担う。"科学教師のみならず社会学・歴史学の教師にとって金鉱に等しい本"と絶賛されたP. Enghag著の翻訳。日本が直面する資源問題の理解にも役立つ。

首都大 伊与田正彦・東工大 榎　敏明・東工大 玉浦　裕編
炭素の事典
14076-7 C3543　　A 5 判 660頁 本体22000円

幅広く利用されている炭素について，いかに身近な存在かを明らかにすることに力点を置き，平易に解説。〔内容〕炭素の科学：基礎（原子の性質／同素体／グラファイト層間化合物／メタロフラーレン／他）無機化合物（一酸化炭素／二酸化炭素／炭酸塩／コークス）有機化合物（天然ガス／石油／コールタール／石炭）炭素の科学：応用（素材としての利用／ナノ材料としての利用／吸着特性／導電体，半導体／燃料電池／複合材料／他）環境エネルギー関連の科学（新燃料／地球環境／処理技術）

上記価格（税別）は 2011 年 1 月現在